Michael Wink, Christian Dietzen
und Benedikt Gießing

Die Vögel des Rheinlandes (Nordrhein)

Ein Atlas zur Brut- und Wintervogelverbreitung 1990 bis 2000

Im Auftrag der Gesellschaft Rheinischer Ornithologen (GRO)
Herausgegeben von der Nordrhein-Westfälischen Ornithologengesellschaft (NWO)
Mit finanzieller Förderung durch die Nordrhein-Westfalen-Stiftung

Die Deutsche Bibliothek - CIP-Einheitsaufnahme

Im Auftrag der **Gesellschaft Rheinischer Ornithologen (GRO).**
Herausgegeben von der **Nordrhein-Westfälischen Ornithologengesellschaft (NWO).**
Die Vögel des Rheinlandes. Ein Atlas der Brut- und Wintervogelverbreitung 1990-2000. Beiträge zur Avifauna Nordrhein-Westfalens, Bd. 36. Bonn 2005.

Zitiervorschlag
WINK, M., C. DIETZEN & B. GIEßING (2005): Die Vögel des Rheinlandes. Atlas zur Brut- und Wintervogelverbreitung 1990-2000. Beiträge zur Avifauna Nordrhein-Westfalens, Bd. 36.

ISBN 3.934502-05-9
ISBN 3-931921-07-7

Fotos
MATHIAS SCHÄF, JOCHEN GERLACH, THOMAS HELMBERG, ANDREAS KLEIN, EWALD LIPPOK, MATHIAS JÖNCK, FELIX JACHMANN, KARL-HEINZ GRAß, MICHELE MENDI, JUHA NIEMI, G. NUMME, CHRISTIAN WOLF, SVEN ACHTERMANN, SA-SCHA RÖSNER, PETER LENGLER, LUTZ RITZEL, CHRISTOPH ENGELHARDT, MARTIN SCHLORF, JAN-OLE KRIEGS, NORBERT ULHAAS, DÉSIRÉE ALTENBURG, KARL-HEINZ KÜHNAPFEL, KLAUS VANSCHEID, NORBERT KÜHNBERGER, AXEL MÜLLER, CHRISTIAN DIETZEN, BENEDIKT GIEßING, MICHAEL WINK, JOHANNES FERDINAND

Druck
Druckerei & Verlag STEINMEIER
Reutheweg 29-31
86720 Nördlingen

erschienen in Kooperation bei

Romneya Verlag
Dr. Coralie WINK
Schriesheimer Str. 55
69221 Dossenheim

und

Verlag Natur in Buch und Kunst (Bestellanschrift)
Dieter PRESTEL
Hermerather Str. 9
53819 Neunkirchen

"Panta rhei - Alles ist im Fluss"

(HERAKLIT)

Inhaltsverzeichnis

Vorwort

Nachdem der erste rheinische Brutvogelatlas 1987 und der erste Winterverbreitungsatlas 1990 erschienen waren (WINK 1987, 1990) beschlossen die Mitglieder der Arbeitsgruppe `Rasterkartierung´ der Gesellschaft Rheinischer Ornithologen (GRO) die Durchführung eines weiteren Kartierungsdurchgangs. Geplant war eine zügige halbquantitative Kartierung der Brut- und Wintervogelverbreitung auf TK25-Quadrantenbasis, die als "Avifauna 2000" publiziert werden sollte.

Solche ehrgeizigen Ziele haben ihre eigene Dynamik. Leider war es nicht möglich, für alle Gebiete Nordrheins rechtzeitig Kartierer zu finden. Erfreulicherweise erklärten sich etliche Mitarbeiter bereit, auch Flächen weit außerhalb ihres eigentlichen Beobachtungsgebietes aufzusuchen. Dennoch wurden einige Jahre benötigt, um bestehende Erfassungslücken zu füllen. Erst im Jahr 2000 konnten die Feldarbeiten endgültig abgeschlossen werden.

Unsere optimistische Planung, die Auswertung der Daten und das Erstellen des Atlasmanuskriptes in einem Jahr bewältigen zu können, war erwartungsgemäß nicht einzuhalten. Da diese Arbeit hauptsächlich neben der eigentlichen Forschungs- und Lehrtätigkeit zu erledigen war, haben wir über vier Jahre für diesen Arbeitsschritt benötigt, was aber keineswegs unüblich ist.

Die Texte im vorliegenden Atlas sind bewusst deskriptiv und kurz gehalten. Wir wiederholen absichtlich nicht alle Informationen zu Lebensraum, Brutbiologie etc., die bereits in der Avifauna des Rheinlandes (MILDENBERGER 1982, 1984) oder in den früheren Atlanten (WINK 1987, 1990, NWO 2002) sowie diversen Handbüchern u. ä. (z. B. GLUTZ et al. 1966-97) enthalten sind.

Die wesentlichen Informationen zur Verbreitung und Häufigkeit der Vögel sind in den Karten und Tabellen enthalten, die meist für sich sprechen.

Graureiher, *Ardea cinerea*.
Foto: MATHIAS SCHÄF

Die Literatur wurde nur zitiert oder ausgewertet (vor allem Daten aus Nordrhein-Westfalen und den Niederlanden), soweit sie für das Verständnis der aktuellen Verbreitungskarten oder Bestandstrends notwendig sind. Ergebnisse aus anderen Teilen Deutschlands werden nur am Rande diskutiert. Besonders interessant ist der Vergleich der neuen Ergebnisse mit der ersten Kartierung (WINK 1987), womit erstmals großflächige Arealveränderungen der einheimischen Brutvögel dokumentiert werden können. Daraus ergeben sich wichtige Erkenntnisse zur Bestandsentwicklung vieler Arten. Der Atlas über die Vogelwelt in Nordrhein ergänzt den 2002 von der NORDRHEIN-WESTFÄLISCHEN ORNITHOLOGENGESELLSCHAFT (NWO) herausgegebenen Band "Die Vögel Westfalens. Ein Atlas der Brutvögel von 1989 bis 1994", so dass nun eine das ganze Land Nordrhein-Westfalen umfassende Darstellung der Brutvogelverbreitung vorliegt.

Der vorliegende Atlas beansprucht nicht für sich, fehlerfrei und umfassend zu sein. Der vermutlich größte Fehler liegt nicht darin, das er falsche positive Kartierungsangaben enthält, sondern eher darin, dass er unvollständig ist und dass die Bestandszahlen unterschätzt werden. Da sich das Verbreitungsbild der einzelnen Arten ständig verändert, kann eigentlich nur eine konservative Momentaufnahme vorliegen, welche die realen Verbreitungen und Bestände in der Regel unterschätzt. Wie bei den früheren Atlanten haben wir das Motto "Mut zur Lücke" beherzigt und legen hiermit diesen neuen Atlas den Faunisten, Ornithologen, Natur- und Landschaftsschützern sowie interessierten Laien in der Hoffnung vor, dass er zu neuen Beobachtungsaktivitäten stimuliert und dazu auffordert, die noch vorhandene Vogelwelt und ihre Lebensräume nachhaltig zu schützen.

Heidelberg, im Frühjahr 2005

M. Wink, C. Dietzen und B. Gießing

Vorgeschichte

Bis Mitte der siebziger Jahre des 20. Jahrhunderts beruhten fast alle Angaben zur Brutverbreitung in Bestimmungs-, Lehr- und Handbüchern, Avifaunen und Atlanten auf meist reiner Literaturauswertung von Daten, die nur in seltenen Fällen systematisch in einem größeren geschlossenen Areal erhoben worden waren. Seit Anfang der 1970er Jahre hat sich diese Situation mit dem Aufkommen von systematischen Kartierungsprogrammen geändert, die Rasterkarten als Grundlage wählten (BEZZEL 1971, KUSCH & DEGEN 1984). In den systematisch durchgeführten Programmen wird das Vorkommen einer Art in jedem einzelnen Gitterfeld überprüft, so dass ein systematisch und meist großräumig erhobenes Datenmaterial für die Karten und deren Interpretation zur Verfügung steht. Diese Programme erfordern jedoch eine große Schar von Faunisten, die bereit ist, sich mehrere Jahre lang auf eine solche Gemeinschaftsaufgabe zu konzentrieren.

In Europa sind Atlanten auf der Basis von Rasterkartierungen in mehreren Ländern publiziert worden, und zwar als vollständige Erfassungen in z. B. Großbritannien und Irland (Fläche ca. 300.000 km²) zwischen 1968 und 1972 auf der Ebene von 10 x 10-km-Gitterfeldern (SHARROCK 1976); in Dänemark (Fläche ca. 43.000 km²) zwischen 1971 und 1974 auf der Ebene von 5 x 5-km-UTM-Feldern (DYBBRO 1976); in Frankreich (Fläche ca. 500.000 km²) auf der Ebene von 20 x 27-km-Feldern (YEATMAN 1976); in den Niederlanden (Fläche 33.000 km²) zwischen 1973 und 1977 bzw. 1998 und 2000 auf der Ebene von 5 x 5-km-Feldern (TEIXEIRA 1979; SOVON 1987, 2002), in der Schweiz (Fläche 41.300 km²) 10 x 10 km-Felder 1972-1976 und 1993-1996 (SCHIFFERLI et al. 1980, SCHMID et al. 1998); auf 5,55 x 6,25-km-Feldern in Österreich (Fläche 83.871 km²) 1981-1985 (DVORAK et al. 1993) und für Europa auf 50 x 50 km-Feldern (HAGEMEIJER & BLAIR 1998).

Für die Bundesrepublik Deutschland liegt ein nationaler Atlas auf der Grundlage von 25 x 25 km Gitterfeldern vor (RHEINWALD 1993), während Brutvogel-Atlanten mit feinerer Maschenweite (10 x 10 km oder 5 x 5 km-Gitterfelder) in vielen anderen Ländern bereits existieren (s. oben). Regionale Brutvogelatlanten wurden für einige Bundesländer (Niedersachsen, Bayern, Hessen, Baden-Württemberg) erstellt (BEZZEL et al. 1980; BEZZEL et al. 2005; HECKENROTH 1985; HECKENROTH & LASKE 1997; NITSCHE & PLACHTER 1987; HGON 1993; HÖLZINGER 1997, 1999; HÖLZINGER & BOSCHERT 2001; HÖLZINGER & MAHLER 2001). Auf der Grundlage kleinflächiger Gitterfelder liegen aber wesentlich mehr Kartierungen vor, so z. B. für das Werdenfelser Land (BEZZEL & LECHNER 1978), für das Inntal (REICHHOLF 1978), für den Großraum Bonn (RHEINWALD et al. 1984, 1987; RHEINWALD & KNEITZ 2002), für das Bodenseegebiet (OAG BODENSEE 1983; HEINE et al. 1999), für das württembergische Allgäu (HEINE et al. 1994); für Westberlin (OAG BERLIN 1984), für den Großraum Bielefeld (LASKE et al. 1991), für den Drömling (SEELIG et al. 1996) und für das Rheinland (WINK 1987).

Angeregt durch die Arbeiten von BEZZEL (1971) wurde im Rheinland bereits um 1971 die Durchführung einer Rasterkartierung geplant. Als Vorläuferprojekt wurde 1972 die Brutverbreitung der Nachtigall und drei weiterer Arten auf der Basis von Minutenfeldern bearbeitet (WINK 1973). Als nächsten Schritt wurde im Großraum Bonn eine Rasterkartierung aller Vogelarten auf der Minutenfeldebene (1,18 km x 1,84 km = 2,2 km²) begonnen. Da es für einen einzelnen Bearbeiter nahezu unmöglich ist, die Fläche einer topografischen Karte (TK 25; 11,8 x 11,2 km = 132 km²) in einem Jahr genau zu kartieren, wurde in jedem von vier aufeinanderfolgenden Jahren jeweils ein Quadrant mit 15 Minutenfeldern erfasst (WINK 1975; RHEINWALD et al. 1984, 1987). Da dieses Konzept erfolgversprechend war, wurde 1975 mit der ersten großräumigen Kartierung des Rheinlandes begonnen. Als Erfassungsgebiet wurde damals noch das Rheinland (Regierungsbezirke Düsseldorf und Köln in Nordrhein-Westfalen sowie Koblenz und Trier in Rheinland-Pfalz) gewählt, obwohl es als politische Einheit - in Gestalt der preußischen Rheinprovinz - nicht mehr existierte. Aber dieses Gesamtgebiet mit einer Flächengröße von ca. 20.000 km² war das Thema einer bestehenden Avifauna (NEUBAUR 1957) und das der geplanten Avifauna (MILDENBERGER 1982, 1984). Das Ergebnis der ersten Kartierung war ein Brutvogelatlas, der 1987 von M. WINK als "Die Vögel des Rheinlandes - Atlas zur Brutvogelverbreitung" im Rahmen der Avifauna des Rheinlandes publiziert wurde.

Atlanten der Winterverbreitung wurden erst später in Angriff genommen und in mehreren europäischen Ländern mittlerweile fertiggestellt. Einige umfassende Arbeiten dieser neuen Phase der feldornithologischen Kartierungen sind bisher erschienen: 1. Der Atlas der Wintervogelverbreitung in Großbritannien, der auf einer Erfassung in den Jahren 1981-1984 auf der Basis von 10 x 10 km Gitterfeldern fußt (LACK 1986); 2. In den Niederlanden wurde die Vogelverbreitung zwischen 1978 und 1983 in allen zwölf Kalendermonaten in 5 x 5 km-Feldern erfasst. Somit liegt ebenfalls ein Atlas zur Vogelverbreitung im Winterhalbjahr vor (SOVON 1987), der für unser Gebiet besonders relevant ist, da das erfasste Areal unmittelbar an das Rheinland grenzt. In Frankreich wurde die Winterverbreitung auf 20 x 27 km-Basis zwischen 1977 und 1981 erfasst und 1991 publiziert (YEATMAN-BERTHELO 1991).

Im Rheinland begannen wir 1983-1986 mit der ersten Kartierung der Winterverbreitung, die als erster Wintervogelverbreitungsatlas für eine deutsche Region 1990 als "Die Vögel des Rheinlandes - Atlas zur Wintervogelverbreitung" publiziert wurde (Wink 1990). Vorarbeiten zur Erfassung der Vogelverbreitung im Winterhalbjahr begannen im Winter 1982/83 (Wink 1983). Eine systematische Kartierung erfolgte dann in den Winterhalbjahren 1983/84, 1984/85 und 1985/86. Im Gegensatz zum Brutvogelatlas, der das gesamte Rheinland, also Teile von NRW und von Rheinland-Pfalz umfasste, wurde bei der Wintervogel-Kartierung die heutige politische Gliederung zugrunde gelegt und die Kartierung auf das Bundesland Nordrhein-Westfalen beschränkt. Insbesondere wurde versucht, den Landesteil Nordrhein möglichst vollständig zu kartieren. Zusätzlich wurden Gitterfelder im angrenzenden Ruhrgebiet und im Münsterland miterfasst und aus pragmatischen Gründen ebenfalls in diesem Atlas mit ausgewertet. Aus Zeitgründen hatten wir die topografische Karte 1:25.000 (TK 25) als Grundeinheit (11,8 x 11, 2 km = 132 km^2) gewählt, also eine ähnliche Flächengröße wie im englischen und niederländischen Atlas (Lack 1986; SOVON 1987) oder im "Atlas der Farn- und Blütenpflanzen der Bundesrepublik Deutschland" von Haeupler & Schönfelder (1988). Ein Wintervogelatlas wurde in anderen Bundesländern bislang nur in Baden-Württemberg (Bauer et al. 1995) erstellt.

Nachdem die ersten Atlanten für die Brut- und Winterverbreitung erstellt waren, wurde von Seiten der Arbeitsgruppe Rasterkartierung innerhalb der ehemaligen GRO (Gesellschaft Rheinischer Ornithologen) und heutigen Nordrhein-Westfälischen Ornithologengesellschaft (NWO) der Wunsch geäußert, die Kartierungen zu wiederholen, da die Verbreitung keine konstante Größe ist, sondern sich ständig verändert. So wurde in den frühen 1990er Jahren begonnen, sowohl die Verbreitung der Brutvögel als auch die der Wintervögel erneut zu kartieren. Als Basis wurde der Quadrant einer TK25-Karte (Fläche ca. 33 km^2) gewählt, um die enorme Aufgabe in angemessener Zeit durchführen zu können. Außerdem wurde versucht, nicht nur die Verbreitung, sondern auch eine zugegebenermaßen grobe Bestandsabschätzung (halbquantitative Erfassung) vorzunehmen. Der vorliegende Atlas ist das Ergebnis dieser Bemühungen. Er vermittelt nicht nur einen Überblick über die Verbreitung der rheinischen Vogelwelt Ende des 20. Jahrhunderts, sondern erlaubt im Vergleich mit den früheren Atlanten und den Atlanten in den benachbarten Niederlanden (SOVON 2002) und Westfalen (NWO 2002) auch eine Analyse der Bestandsentwicklungen, die sich über die Arealveränderungen (Rasterfrequenzänderungen) erschließen.

Danksagung und Mitarbeiter

Der vorliegende Atlas ist das Ergebnis einer langjährigen Teamarbeit vieler rheinischer Faunisten und Ornithologen. Zwischen 1990 und 2000 wurden viele tausend Stunden ehrenamtlicher Kartierungsarbeit erbracht. Hätte man sie bezahlen wollen, so wäre eine 6-stellige Euro-Summe anzusetzen gewesen. Die nachfolgende Liste zeigt die Namen der einzelnen Mitarbeiter auf, die sich an der Kartierung beteiligten. Diese Liste ist sicher unvollständig, da nicht immer alle Kartierer gemeldet wurden, die mitgearbeitet haben. Wir möchten uns nachdrücklich bei allen Mitarbeitern für die wertvolle Arbeit bedanken und uns bei denen entschuldigen, deren Namen trotz sorgfältiger Bemühungen in der Liste fehlen!

Die Nummern entsprechen den Nummern der Topographischen Karten 1:25.000 für das Land Nordrhein-Westfalen. Aufgelistet sind die Kartierer der Brutvogelkartierung (BV) und der Wintervogelkartierung (WV).
NW = Nordwest-Quadrant, NO = Nordost-Quadrant, SW = Südwest-Quadrant, SO = Südost-Quadrant

4102 BV: L. Maserak
WV: L. Maserak

4103 BV: L. Maserak
WV: L. Maserak

4104 BV: L. Maserak
WV: L. Maserak

4201 BV: **NO, SO** K.-H. Gaßling, M. Klinkmüller

4202 BV: K.-H. Gaßling, M. Klinkmüller
WV: K.-H. Gaßling

4203 BV: G. Hussmann
WV: G. Hussmann

4204 BV: W. Spranger, P. Schnitzler
WV: W. Spranger

4205 BV: K.-H. Gaßling, M. Klinkmüller, P. Schnitzler (**NO, SO**)
WV: K.-H. Gaßling

4206 BV: M. Reinhardt, P. Schnitzler
WV: M. Reinhardt, F. Kötter

4302 BV: K.-H. Gaßling, M. Klinkmüller
WV: K.-H. Gaßling

4303 BV: **NW** M. Reinhardt, W. Stöver; **NO, SW** M. Reinhardt; **SO** M. Reinhardt, K-H. Gaßling, M. Klinkmüller
WV: M. Reinhardt

4304 BV: M. Reinhardt, P. Schnitzler
WV: M. Reinhardt

4305 BV: D. Biela, M. Böing, P. Laakmann, P. Schnitzler
WV: D. Biela, M. Böing, P. Laakmann

4306 BV: G. Kalisch, P. Schnitzler (**NO**)
WV: G. Kalisch

4307 BV: **NW** P. Schnitzler

4403 BV: B. Engfeld, K.-H. Gaßling (**NW**), M. Klinkmüller (**NW**)
WV: B. Engfeld

4404 BV: J. Gasthaus
WV: J. Schwerdt

4405 BV: K.-H. Gaßling, C. Gebauer, P. Schnitzler (**NO**)
WV: K.-H. Gaßling

4406 BV: **NW** K.-H. Gaßling, M. Klinkmüller, J. Meßer, M. Kladny, M. Schott;

NO K.-H. Gaßling, M. Klinkmüller;
SW J. Meßer, M. Kladny, M. Schott;
SO H. Meier, J. Meßer
WV: **NW**, **NO** K.-H. Gaßling,
SW K.-H. Gaßling, M. Becker; **SO** J. Meier
4503 BV: J. Schwerdt
WV: J. Schwerdt
4504 BV: M. Klinkmüller
WV: M. Klinkmüller
4505 BV: **NW**, **NO** G. Dachsel;
SW, **SO** K.-H. Gaßling, M. Klinkmüller,
M. Reinhardt, H.-W. Siebeneicher (**SW**, **SO**)
WV: K.-H. Gaßling, G. Dachsel (**NW**),
M. Reinhardt (**SW**, **SO**), H.-W. Siebeneicher
(**SW**, **SO**)
4506 BV: J. Meier, K.-H. Dietz, U. Dietz,
W. Küppers, J. Meßer, M. Reinhardt,
P. Barran (**NW**)
WV: J. Meier, K.-H. Dietz, U. Dietz,
W. Küppers, J. Meßer, M. Reinhardt
4508 BV: **SW**, **SO** H. Schulte
WV: **SW**, **SO** H. Schulte
4603 BV: K. Habicht, H. Schwarthoff
WV: OAG Krefeld²
4604 BV: OAG Krefeld²
WV: OAG Krefeld²
4605 BV: OAG Krefeld²
WV: OAG Krefeld², M. Wink (**NO**)
4606 BV: K.-H Dietz, U. Dietz (**NW**, **NO**),
S. Hohnwald (**NW**, **NO**, **SO**), K. Pörsch (**SO**),
M. Beser (**NW**, **SW**), E. Arzberger (**SO**),
H. Zeberl (**SO**), U. Siewers (**SW**)
WV: OAG Krefeld², **NO** Dietz,
SO A. Leisten
4607 BV: OAG Krefeld², **NO** H. Schulte
WV: OAG Krefeld², **NO** H. Schulte
4608 BV: **NW** H. Schulte
WV: **NW** H. Schulte
4702 BV: K. Habicht
WV: K. Habicht
4703 BV: K. Habicht
WV: K. Habicht
4704 BV: OAG Krefeld², K. Habicht
WV: OAG Krefeld², K. Habicht
4705 BV: S. Hohnwald, K. Habicht (**NW**, **SW**),
U. Siewers (**NW**, **NO**), H. Zeberl (**NO**, **SO**),
OAG Krefeld²
WV: M. Wink, K. Habicht (**NW**, **SW**)
OAG Krefeld²
4706 BV: **NW** A. Leisten, K. ter Veer,
W. Höhnen; **NO** A. Leisten, K. Pörsch,
M. Wink, H. Zeberl; **SW** A. Leisten;
SO F. Lienau, I. Hess, H.-J. Marbach
WV: **NW** M. Wink, W. Höhnen, A. Leisten;
NO M. Wink; **SW**, **SO** A. Leisten
4707 BV: **NW**, **NO** E. Arzberger, W. Höhnen;
SW, **SO** E. Arzberger, K. Pörsch,
F.-J. Schneider
WV: NaBu Düsseldorf
4708 BV: **NW**, **NO** K. Habicht; **SW** V. Hasenfuß;
SO J. Carl, v. d. Steinen
WV: **SW** V. Hasenfuß, **SO** v. d. Steinen
4709 BV: **NW** M. Richter; **NO** Winzer; SW
R. Skiba, M. Richter; **SO** J. Huhn
WV: **NW** M. Richter; **NO** Winzer; **SW**
R. Skiba, Richter; **SO** J. Huhn
4802 BV: **NO**, **SO** M. Raschke
WV: **NO**, **SO** M. Raschke
4803 BV: M. Wink, M. Gellissen
WV: M. Wink, M. Gellissen, K. Habicht
4804 BV: G. Erdtmann
WV: G. Erdtmann
4805 BV: M. Wink, B. Klein (**NW**),
W. v. Kannen (**NW**), O. Tillmanns (**SW**, **SO**)
WV: M. Wink, B. Klein (**NW**),
W. v. Kannen (NW), O. Tillmanns (**SW**, **SO**)
4806 BV: M. Wink, M. Neubauer (**NO**),
H. Pieren (**NO**), A. Leisten (**NO**)
WV: M. Wink, A. Leisten (NW),
Kieker (NO), M. Neubauer (**NO**)
4807 BV: **NW** A. Leisten, NO V. Hasenfuß,
SW H. Pieren, W. Knebel
WV: **NW** E. Arzenberger, A. Leisten,
V. Hasenfuß; **NO** V. Hasenfuß;
SW W. Knebel
4808 BV: U. Siewers, R. Werner,
V. Hasenfuß (**NW**), M. Becker (**SW**, **SO**),
H. Zeberl (**SO**)
WV: **NW** V. Hasenfuß
4809 BV: **SW**, **SO** H. Osing
4810 BV: **NW**, **NO** H. Völz
WV: **NW**, **NO** H. Völz
4901 BV: P. Hamacher
WV: P. Hamacher
4902 BV: M. Raschke
WV: M. Raschke
4903 BV: M. Raschke
WV: M. Raschke
4904 BV: H. Schwarthoff, I. Serpekian,
T. Serpekian
WV: H. Schwarthoff
4905 BV: M. Wink, O. Tillmanns (**NW**, **NO**)
WV: M. Wink, W. Knebel (**NW**, **NO**)
4906 BV: **NO** H. Zeberl; **SO** H. Böttcher,
H. Zeberl
WV: **NO** J. Esser
4907 BV: **NW** H. Pieren, W. Knebel; **NO**
A. Skibbe; **SW** A. Ciupka, A. Kemper,
H. Böttcher; **SO** A. Ciupka, A. Skibbe
WV: **NW** W. Knebel, A. Ciupka; **NO**
A. Skibbe; **SW** A. Ciupka, **SO** S. Glinka
4908 BV: A. Skibbe, J. Forster (**SW**),
H. Zeberl (**NW**, **NO**)
WV: **SW** J. Forster, Kraus,
Schaffrath, Fahne, Thal, Wolf
4909 BV: **NW**, **NO** H. Osing, **SW** H. Gerstner
WV: H. Gerstner
4910 BV: H. Völz, H. Flosbach, R. Ufer
WV: H. Völz
4911 WV: **SO** J. Riegel
4912 BV: **NW**, **SW** J. Riegel
WV: **NW**, **SW** J. Riegel
5001 BV: **NW**, **NO** P. Hamacher
WV: **NW**, **NO** P. Hamacher
5002 BV: **NW**, **SW** W. Tholen
WV: **NW**, **SW**, **NO** M. Wink
5003 BV: **NW**, **NO** H. Schwarthoff,
SW, **SO** J. Esser
WV: H. Schwarthoff, M. Wink (**SW**, **SO**)
5004 BV: H. Schwarthoff, I. Serpekian
WV: H. Schwarthoff
5005 BV: M. Wink, A. Kahl-Dunkel (**NW**, **NO**),
O. Krischer (SW), Nöttgen (SW),
H. Schwarthoff (**SW**, **SO**)
WV: **SW**, **SO** H. Schwarthoff
5006 BV: **NO**, **SO** S. Glinka, F. Wertz (**SO**)
WV: **NO** H. Böttcher
5007 BV: **NW** H. Böttcher; **NO** A. Glinka,

S. GLINKA, R. WERNER, H. BÖTTCHER;
SW K. GIEßING, K. ZEIDLER, B. WALTER;
SO A. KAHL-DUNKEL, P. HANDSCHUH,
R. WERNER, S. SUDMANN; H. ZEBERL (**NW**, **NO**)
WV: **NW** H. BÖTTCHER, **NO** S. GLINKA;
SW K. ZEIDLER; **SO** A. KAHL-DUNKEL

5008 BV: **NW** M. KAPPF, F. DISTELRATH, T. BECKER, R. WERNER, J. FORSTER; **NO** G. SCHÄFER, U. SCHÄFER; **SW** P. HOFFMANN, F. DISTELRATH; **SO** G. SCHÄFER, Kartier.-Gem. Wahner Heide[3]
WV: **NW** T. BECKER, M. KAPPF, F. DISTELRATH; **NO** G SCHÄFER, U. SCHÄFER; SW P. HOFFMANN; **SO** G. SCHÄFER, U. SCHÄFER

5009 BV: S. HUBERT, E. GUTHMANN (**NW**), M. GIERATHS (**NW**), T. GIERATHS (**NW**)
WV: S. HUBERT

5010 BV: **SW**, **SO** J. HEIMANN
WV: **SO** J. HEIMANN; **NW**, **NO** G. KARTHAUS

5011 BV: F. HERHAUS, U. SCHÖNFELD (**SW**, **SO**)
WV: **NO**, **SO** J. RIEGEL

5012 BV: U. SCHÖNFELD
WV: J. RIEGEL

5102 BV: **NW**, **NO**, **SO** G. MOLL; **SW** K. GLUTH
WV: G. MOLL

5103 BV: G. ERDTMANN, G. MOLL (**NW**)
WV: G. ERDTMANN

5104 BV: G. ERDTMANN
WV: G. ERDTMANN

5105 BV: J. KLÜNDER
WV: J. KLÜNDER

5106 BV: W. v. DEWITZ
WV: W. v. DEWITZ, H.-J. SCHMAUS (**NO**, **SO**)

5107 BV: W. v. DEWITZ, H.-J. SCHMAUS (**NW**), U. EUL (**NO, SO**), A. KAHL-DUNKEL (**NW**), M. KUHN (**SW**), N. WITTLING (**SO**)
WV: W. v. DEWITZ, U. EUL, R. EHRHARDT, A. KAHL-DUNKEL (**NO**), M. KUHN (**SW**), F.-J. SCHMAUS (**SW**), N. WITTLING (**SO**)

5108 BV: E. HAUTH, A. KAHL-DUNKEL (**NW**), Kartierer-Gem. Wahner Heide[3] (**NO**), H. ZEBERL (**SO**)
WV: E. HAUTH, D. BUSCHMANN (**NW**), J. DRESBACH (**NO**)

5109 BV: **NW** Kartierer-Gem. Wahner Heide[3], **NO** A. GINTAUT, J. HEIMANN
WV: **NW**, **NO** M. HINTERKEUSER, J. HEIMANN

5110 BV: M. HINTERKEUSER, U. SCHÖNFELD
WV: M. HINTERKEUSER

5111 BV: U. SCHÖNFELD, M. HINTERKEUSER (**NW**, **SW**)
WV: **NW**, **SW**, M. HINTERKEUSER, **NO** K. UNGER

5112 BV: **NW**, **NO**, **SW** U. SCHÖNFELD, **NW** C. BUCHEN
WV: **NW** C. BUCHEN

5202: BV: H.-G. BOMMER, J. KAISER
WV: H.-G. BOMMER, J. KAISER

5203 BV: NaBu Aachen-Land
WV: NaBu Aachen-Land

5204 BV: **NW** K. FRANKENBERG; **SW, SO** J. KLÜNDER
WV: **NW** K. FRANKENBERG, **NO** MÜLLER, O. KRISCHER; **SW** J. KLÜNDER, **SO** O. KRISCHER

5205 BV: K.-H. WINK, O. KRISCHER (**NW, SW**)
WV: K.-H. WINK, O. KRISCHER (**NW, SW**), J. KLÜNDER (**NW**)

5206 BV: M. KUHN, H.-J. SCHMAUS, J. GÖRGEN (**NW**), R. SCHAEFERS (**SW**), K.-W. ZENS (**SW**), K.-H. WINK (**SW**); K. BRUSKE (**SO**)
WV: M. KUHN, K.-H. WINK (**SW**), M. WINK (**SW**)

5207 BV: G. HUBER, K. JASCHKE, H. WEISER
WV: G. HUBER, K. JASCHKE, H. WEISER

5208 BV: H. HOFER (**NO**), H. ZEBERL (**NW**)
WV: H. HOFER

5209 BV: H.-E. JOACHIM
WV: **NW**, **NO** M. HINTERKEUSER

5210 BV: M. HINTERKEUSER
WV: M. HINTERKEUSER

5211 BV: **NW** M. HINTERKEUSER
WV: **NW** M. HINTERKEUSER

5303 BV: **NW**, **NO**, **SO** U. BICK, S. EISELER
WV: S. EISELER

5304 BV: **NW**, **SO** G. ERDTMANN; **NO, SW** G. KRINGS
WV: **NW** G. ERDTMANN, **NO** O. KRISCHER, **SW** H. WEISHAUPT, **SO** G. ERDTMANN, O. KRISCHER, H. WEISHAUPT

5305 BV: K.-H. WINK, O. KRISCHER
WV: K.-H. WINK, M. WINK (**NW, NO**), R. EHRHARD, O. KRISCHER

5306 BV: K.-H. WINK, L. WITT (**NW**, **NO**)
WV: K.-H. WINK, M. WINK (**NW**)

5307 BV: **NW** R. EHRHARD; **NO** G. LOCHERER, H. WEISER; **SW** R. EHRHARD, W. HESSE, R. STEINHAUS, KROYLMANN; **SO** W. HESSE
WV: **NW** R. EHRHARD, **NO** G. LOCHERER; **SW, SO** W. HESSE

5308 BV: KEMMERER (**NO**), H. HOFER
WV: S. KNEITZ

5309 BV: W. GEHLHOFF
WV: W. HESSE

5310 BV: B. WAGNER, SCHMITZ
WV: H.-E. JOACHIM

5403 BV: H. WEISHAUPT
WV: H. WEISHAUPT

5404 BV: **NW** G. KRINGS, **SW, SO** H. WEISHAUPT
WV: H. WEISHAUPT, G. KRINGS (**NW**)

5405 BV: M. WINK;
WV: M. WINK

5406 BV: M. WINK
WV: M. WINK

5407 BV: **NW** R. EHRHARD, W. HESSE, R. STEINHAUS; **NO** A. PLÜMER; **SW** A. PLÜMER, W. HESSE; **SO** G. LOCHERER
WV: **NW** R. EHRHARD, W. HESSE, R. STEINHAUS; **NO** A. PLÜMER; **SW** A. PLÜMER, W. HESSE; **SO** G. LOCHERER

5504 BV: H. WEISHAUPT
WV: H. WEISHAUPT

5505 BV: M. WINK
WV: M. WINK

5506 BV: M. WINK
WV: M. WINK

5507 BV: **NW** A. PLÜMER, W. HESSE, R. POMP
WV: **NW** A. PLÜMER, W. HESSE

5604 BV: **NW**, **NO** M. WINK
WV: **NW**, **NO** M. WINK

5605 BV: **NW**, **NO** M. WINK
WV: **NW**, **NO** M. WINK

5606 BV: **NW**, **NO** M. WINK
WV: **NW**, **NO** M. WINK

[2] Für die OAG Krefeld kartierten K. BÄCKER, N. BAILLEUL, H. BAILLEUL, M. BARTODZIEJ, L. BERTRAMS, M. BISTER, W. BRAND, R. BRANDENBURG, F. CASSESE, K.-H. CHRISTMANN, L. DELLING, W. DRAKEN, G. ELLINGHOVEN, D. ERTING, K. ESTERS, H. FIESELER, J. GEHNEN, A. HABICHT, K. HABICHT, E. HÄRDTLE, W. HÄRDTLE,

K. Hamacher, H. Hülse, V.Huisman-Fiegen, K.-H. Jankowski, V. Klosinski, G. Kloth, T. Kohnen, A. Krentorz, R. Kruck, B. Meyer, H.-C. Mittag, U. Peters, L. Riemer, H. Rother, L. Rothschuh, A. Scherp, W. Schiller, M. Schmidt, N. Schmitz, H. Schroers, E. Schraetz, M. Schüren, M. Seebauer, R. Seebauer, U. Steinfeld, H. Töllner, U. Uiting, D. Vogel, H. Weghs, W. Wiedemer, H. Wilbers, M.-L. Wohlert, S. Wormanns und C. Zurek.

[3] Für die Kartierer-Gemeinschaft Wahner Heide arbeiteten E. Hauth, L. Kessler, H. Unverhau, D. Buschmann, H. Sticht, I. Hofmann, D. Duff, A. Skibbe, G. & U. Schäfer, J. Dresbach, I. Kusen, C. Norton.

Bei der Übertragung der Kartierungsdaten in Karten halfen u. a. Joachim Griesinger, Charlotte Wink und Leonie Wink. Die Erstellung der Kartengrundlage und die Übertragung der Kartierungsdaten in die Karten erfolgte durch N. Anthes (Universität Münster). Die Rohkarten wurden von einigen erfahrenen Faunisten geprüft, korrigiert und ergänzt: V. Wille, J. Mooij, V. Huisman-Fiegen, W. Kunz, L. Beelitz, H. Franck, H. Ernst, K.-H. Gaßling, F. Herhaus, H. Kowalski, J. Riegel, B. Vehlow, S. Frick, A. Kahl-Dunkel, A. Plümer, S. R. Sudmann, G. Rheinwald, G. Erdtmann, W. Hesse, H. Weishaupt, S. Pleines, W. v. Dewitz, H. Völz, C. Buchen, T. Macke, M. Hinterkeuser, M. Kuhn, H. Schwarthoff, E. Hauth, M. Böing, G. Moll, A. Skibbe, G. Hubert H. Hofer, S. Hubert, G. Krings, J. Heimann, K.-H. Wink und W. Gehlhoff. Kritische Korrekturen und wertvolle Anregungen besonders zu Bestandsangaben und -entwicklungen im Verlauf der Fertigstellung des Buches verdanken wir S. R. Sudmann (Wasservögel, Wiesenlimikolen, Seeschwalben), S. Frick, A. Skibbe, A. Müller, H. E. Joachim, E. Guthmann und J. Mooij (Gänse). M. Steinbüchel half bei der Literaturrecherche.

Rotschenkel, *Tringa totanus*. Foto: Mathias Schäf

Zahlreiche Fotographen stellten ihre exzellenten Aufnahmen unkompliziert zur Illustration dieses Buches zur Verfügung, wofür wir uns recht herzlich bedanken:

Mathias Schäf, Jochen Gerlach, Thomas Helmberg, Andreas Klein, Ewald Lippok, Mathias Jönck, Felix Jachmann, Karl-Heinz Graß, Michele Mendi, Juha Niemi, G. Numme, Christian Wolf, Sven Achtermann, Sascha Rösner, Peter Lengler, Lutz Ritzel, Jan-Ole Kriegs, Christoph Engelhardt, Martin Schlorf, Norbert Ulhaas, Désirée Altenburg, Karl-Heinz Kühnapfel, Klaus Vanscheid, Axel Müller, Norbert Kühnberger, Johannes Ferdinand.

Wir möchten allen Personen, die zum Gelingen des Werkes beitrugen, für die Unterstützung, Hilfe und Geduld danken. Unser besonderer Dank gilt auch der Nordrhein-Westfalen Stiftung für finanzielle Förderung der Drucklegung.

Zielsetzung

Ziel dieser Kartierung des Rheinlandes (Landesteil Nordrhein; Abb. **1** und **2a**) war die systematische Erfassung **aller** Brut- und Wintervogelarten. Diese Daten sollen einerseits eine Grundlage für die Landschaftsplanung und den Naturschutz darstellen und andererseits eine ökologische Analyse der verbreitungsbestimmenden Faktoren erlauben (vgl. Bezzel 1971, Wink 1973, Schifferli 1985). Als Kartierungseinheit dienten die Quadranten der Topographischen Karten 1:25.000 (TK25), die einer Fläche von ca. 5,9 x 5,6 km = 33 km² entsprechen. Bis 2000 konnte ein Großteil (>98 %) von Nordrhein erfasst werden. Lücken blieben in peripheren Bereichen der Eifel und des Bergischen Landes (Abb. **2b** u. **2c**).

Der Atlas enthält **für fast alle Brutvogelarten zwei Karten**. Eine Karte gibt die erfasste **Brutverbreitung** im Zeitraum 1990-2000 kumulativ wieder, die andere Karte zeigt einen **Vergleich mit der Brutvogelkartierung von 1974-1984** und weist auf die Arealveränderungen hin. Dieser Vergleich erlaubt Rückschlüsse auf eventuelle Bestandsveränderungen. Wenn eine Vogelart ihren Bestand stark vergrößert oder verkleinert, so spiegelt sich dies in der Regel auch in der Anzahl der besiedelten Gitterfelder wider (Wink 1980, Erhard & Wink 1991, Schmid et al. 1998, Heine et al. 1999, Bezzel et al. 2005). Wir haben auf diese Weise die Möglichkeit, regionale und überregionale Bestandstrends zu erkennen. Da nicht nur das reine Vorkommen, sondern auch eine Bestandsschätzung abgefragt wurde, ist es zudem möglich, eine vorsichtige Hochrechnung der Vogelbestände vorzunehmen. Es handelt sich hierbei jedoch oft um eine grobe, kumulative Schätzung und nicht um eine exakte Zählung; dies muss bei der Interpretation der angegebenen Zahlenwerte immer beachtet werden (s. unten). Soweit relevant wird für jede Vogelart, die im Mittwinter im Rheinland vorkommt, außerdem eine **Karte zur Winterverbreitung** dargestellt.

Material und Methoden

Bearbeitungsgebiet

Für das Arbeitsgebiet wurde die heutige politische Gliederung zugrunde gelegt und die Kartierung auf das Bundesland Nordrhein-Westfalen (Landesteil Nordrhein) beschränkt, d. h. die in der ersten Kartierung enthaltenen Teile von Rheinland-Pfalz bleiben hier unberücksichtigt. Insbesondere wurde versucht, den Landesteil Nordrhein (Regierungsbezirke Köln und Düsseldorf) möglichst vollständig zu kartieren. Erfassungslücken verblieben in den nordöstlichen Randbereichen des Gebietes (Kreise Wesel, Oberhausen, Essen, Mettmann, Gummersbach). Im Winter bestehen außerdem Lücken im Bergischen Land und der Hocheifel. Somit ergänzt dieser Atlas räumlich die Kartierung in Westfalen, die als "Die Vögel Westfalens. Ein Atlas der Brutvögel von 1989 bis 1994" (NWO 2002) publiziert wurde. Im Gesamtergebnis liegt damit eine komplette Darstellung der Brutvogelverbreitung für das Bundesland Nordrhein-Westfalen vor. Die naturräumliche Gliederung des Untersuchungsgebietes ist in Abb. **1** dargestellt, während Abb. **2a** die Lage einiger Städte, Fließgewässer und die Höhengliederung illustriert. Es war nicht möglich die gesamte Fläche systematisch zu kartieren; nicht systematisch erfasste Quadranten sind in Abb. **2b** (Brutzeit) und Abb. **2c** (Winter) dargestellt.

Kartierungsanleitung

Brutvogelkartierung

Grundlage der Erfassung ist die topografische Karte im Maßstab 1:25.000 (TK 25), die in vier gleichgroße Gitterfelder (Quadranten) unterteilt wird. Für jedes dieser Gitterfelder war zu ermitteln, welche Vogelarten hier brüten. Dazu mussten alle Habitate eines Gitterfeldes mehrmals unter Berücksichtigung optimaler artspezifischer Erfassungszeiträume (vgl. z. B. ANDRETZKE et al. 2005) in den Monaten März bis Juli kontrolliert werden. Da Singvögel hauptsächlich in den Morgenstunden gesangsaktiv sind, sollte besonders zu dieser Tageszeit kartiert werden. Regnerisches und windiges Wetter war zu meiden.

Als Brutvorkommen wurde gewertet, wenn nestbauende, brütende, futtertragende oder fütternde Altvögel oder Altvögel mit nicht oder gerade flüggen Jungvögeln gesichtet wurden; ferner singende Männchen im geeigneten Bruthabitat, wenn sie mehrmals und zum Ausschluss von singenden Durchzüglern nach den für jede Art angegebenen Terminen festgestellt wurden.

Als Brutverdacht wurde gewertet, wenn eine Art in einem Feld mit geeignetem Habitat zur Brutzeit gesichtet wurde, der Kartierer sich aber nicht sicher war, ob es sich wirklich um einen Brutvogel gehandelt hat. In die ausgegebenen Kartierungslisten sollte am Ende einer Exkursion nicht nur eingetragen werden, ob eine Art beobachtet wurde, sondern gleichzeitig in welcher Häufigkeitsstufe sie im TK25-Quadranten anzutreffen war. Zur Schätzung wurden folgende Häufigkeitsklassen unterschieden: A = 1-10, B = 11-100, C = 101-1.000, D = 1.001-... Brutpaare. Brutverdacht war als solcher zu kennzeichnen. Falls die Kartierung in einer Saison unvollständig erschien, wurde sie in den darauffolgenden Jahren wiederholt. Insgesamt wurden im Rahmen der Brutvogelkartierung 413 TK25-Quadranten bearbeitet (13.629 km²)*.

Winterkartierung

Die Kartierung im Winter erfolgte nach folgenden Kriterien, die in WINK (1983, 1990) ausführlich dargestellt und begründet wurden: In der Regel wurde von einem Mitarbeiter jeweils eine TK25 pro Winterhalbjahr bearbeitet. In einigen Fällen wurde dieselbe TK in mehreren Wintern erfasst. Der Erfassungszeitraum wurde auf den Mittwinter (01. Dezember - 15. Februar) beschränkt, damit Durchzügler weitgehend ausgeschlossen werden konnten. In diesem Zweieinhalb-Monatszeitraum sollten mindestens sechs Exkursionen durchgeführt werden (zur Begründung s. WINK 1983). Im Mittel erfolgten jedoch zwölf Exkursionen/Quadrant. Dabei galt es, alle relevanten Lebensräume einer TK 25 (Wälder, Ortschaften, Gewässer, Feldflure etc.) zu kontrollieren. In der Regel lagen Einzelexkursionen von zwei bis drei und mehr Stunden Dauer zugrunde. In die ausgegebenen Kartierungslisten sollte am Ende einer Exkursion nicht nur eingetragen werden, ob eine Art beobachtet wurde, sondern gleichzeitig, in welcher Häufigkeitsstufe sie anzutreffen war. Dabei wurden, wie bei der Brutvogelkartierung, folgende Häufigkeitsklassen unterschieden: A = 1-10, B = 11-100, C = 101-1.000, D = 1.001-10.000, E = 10.001-... Vögel (Exemplare/Individuen). Falls eine Art das Gebiet nur überflog, war dies entsprechend zu vermerken. Insgesamt wurden für die Wintervogelerfassung 393 TK25-Quadranten kartiert (12.969 km²)*.

Für die kartographische Darstellung wurde die jeweils höchste registrierte Häufigkeitsstufe herangezogen. Wurde eine Art sowohl überfliegend als auch nahrungssuchend angetroffen, so wurde nur die Häufigkeitsstufe der nahrungssuchenden Vögel gewertet. Falls die Kartierung in einem Winterhalbjahr unvollständig erschien, wurde sie in den darauffolgenden Jahren wiederholt. Da bei der neuerlichen Winterkartierung (1990-2000) die Erfassung allgemein besser und der Erfassungszeitraum deutlich länger war als 1983-86, ergaben sich für viele Arten in der Summe leicht höhere Rasterfrequenzen (*kumulativer Effekt*). Dies beruht einerseits darauf, dass viele Arten im Winter ihren Aufenthaltsort öfter wechseln (Witterung, Nahrungsverfügbarkeit) und so innerhalb eines Jahres in mehreren Gitterfeldern kartiert werden und andererseits

* Da die Quadranten meist ± komplett kartiert wurden, sind randständige Quadranten, die nicht vollständig zum Landesteil Nordrhein gehören, in die Berechnungen mit einer Fläche von 33 km² eingegangen. Daher ergibt sich rechnerisch eine größere Fläche als der tatsächliche Wert: Nordrhein 12.658 km², Westfalen 21.424 km², NRW 34.082 km².

Abb. 1: Naturräumliche Gliederung des Rheinlandes

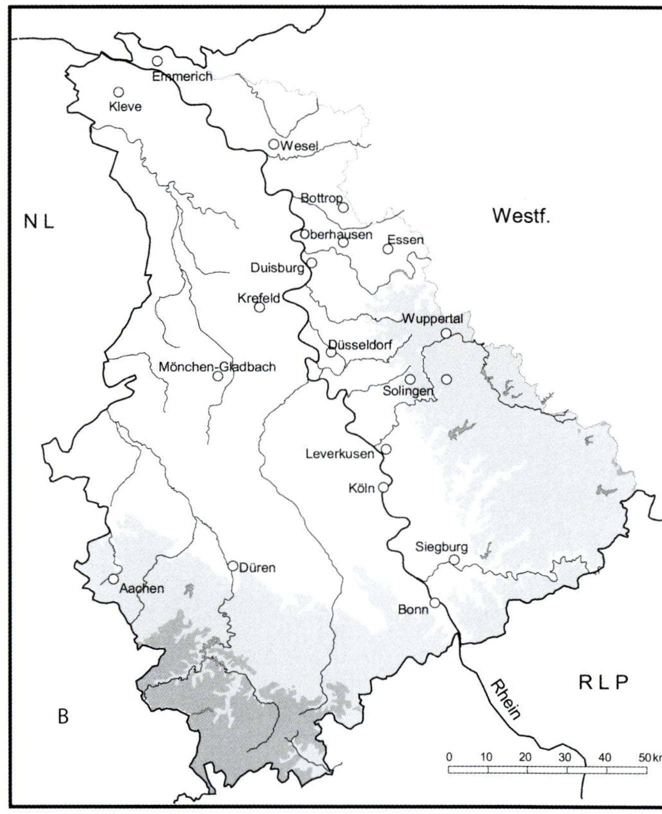

Abb. 2a: Überblick zur Höhengliederung (bis 150, 150-450, über 450 mNN), Städte sowie Fließgewässer des Bearbeitungsgebietes

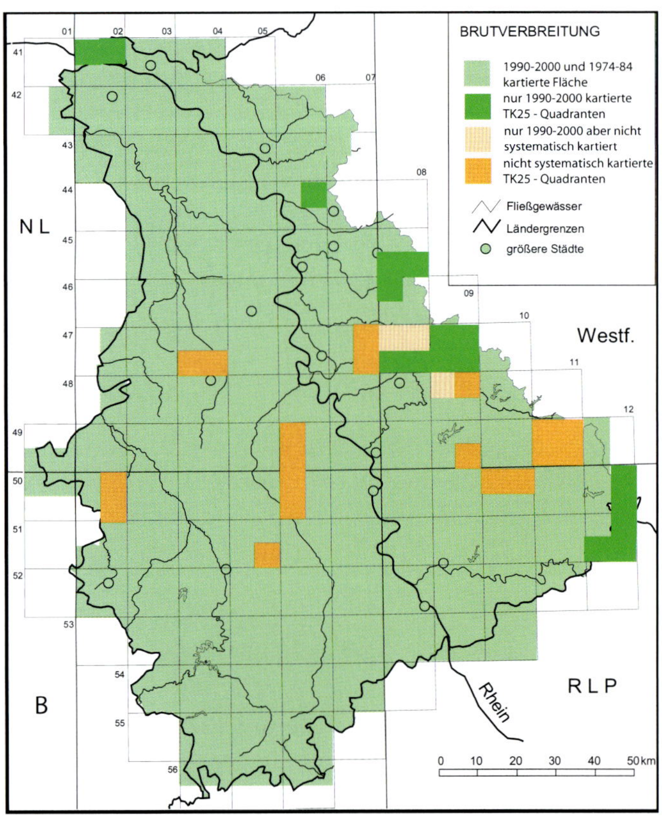

Abb. 2b: Kartierungsfläche, nicht systematisch kartierte und nur 1990-2000 kartierte Gitterfelder der Brutvogelkartierung.

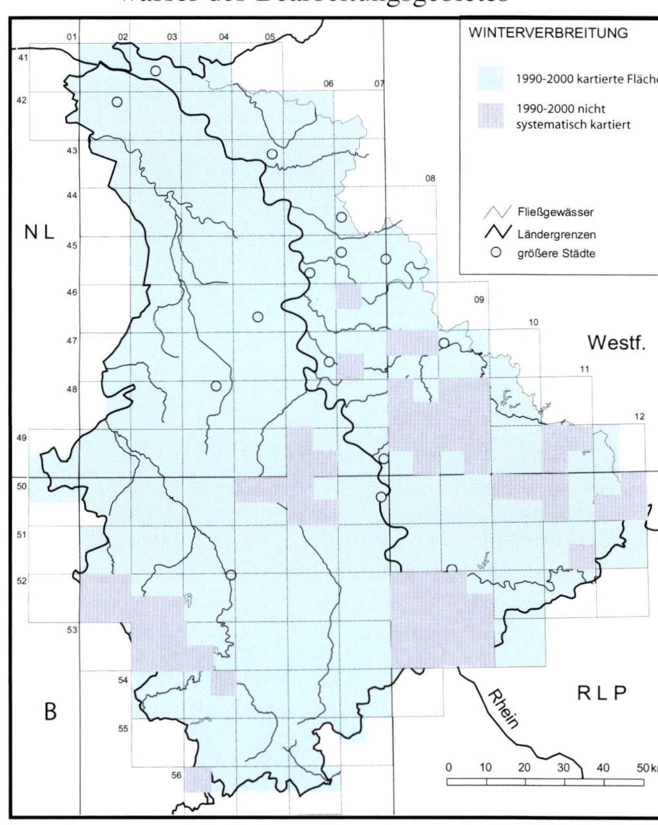

Abb. 2c: Kartierungsfläche und nicht systematisch kartierte Gitterfelder der Wintervogelkartierung 1990-2000.

werden von Jahr zu Jahr u. U. unterschiedliche Rastplätze aufgesucht. Daher ist die kumulative Verbreitung über mehrere Jahre betrachtet bei Arten mit geringer Verbreitung größer als in nur einem einzigen Jahr. In den Karten sind positive Angaben aus einem einzigen Jahr nicht zu unterscheiden von regelmäßigen Vorkommen in mehreren Jahren.

Datenerfassung und -verarbeitung

In die Auswertung flossen im Wesentlichen die Ergebnisse der systematischen Kartierung ein (>98 % der Brutvogeldaten und >95 % der Wintervogeldaten). Bei seltenen Arten wurden auch andere Informationsquellen berücksichtigt. So wurden die im CHARADRIUS publizierten Zufallsbeobachtungen ausgewertet (Ornithologischer Sammelbericht für das Rheinland 47-58: ENGLÄNDER & PRESTEL 1991-93, ENGLÄNDER et al. 1992-96; die Ornithologischen Sammelberichte für Nordrhein-Westfalen 1-4: KRETZSCHMAR et al. 1997-99; die Avifaunistischen Jahresberichte für Nordrhein-Westfalen, z. B. MÜLLER et al. 1999). In einigen Fällen wurden auch ergänzende Meldungen oder Zufallsbeobachtungen weiterer Beobachter herangezogen, soweit sie verlässlich erschienen. Zum Teil waren diese faunistischen Zusatzmeldungen nicht auswertbar, da die Ortsangaben so ungenau waren, dass sie keinem TK25-Quadranten eindeutig zugeordnet werden konnten. Ergänzungen zu den Kartierungsdaten - besonders bezüglich der nicht systematisch erfassten Gitterfelder (s. Abb. **2b** u. **2c**) - erfolgten zusätzlich durch einzelne mit dem Untersuchungsgebiet vertraute Faunisten, denen die Karten nach Fertigstellung vorlagen.

Kartenerstellung und Fehlerquellen

Die Problematik der Kartierungsmethode ist in Fachkreisen in den letzten Jahrzehnten ausführlich diskutiert worden (BERTHOLD 1976, GNIELKA 1992, BIBBY et al. 1995, SÜDBECK et al. 2005). Trotz aller Sorgfalt und Mühe, die in die Vorbereitung und Durchführung der Kartierung gesteckt wurden, ließen sich manche Fehler oder Unzulänglichkeiten nicht vermeiden. Eine Reihe von Problemen gilt für **alle** Kartierungsprojekte, die auf der Methode der Gitterfeld-Erfassung beruhen.

1) Erfassbarkeit. Neben einer großen Anzahl von gut erfassbaren Arten gibt es eine Reihe von Vogelarten, die schwerer zu kartieren sind: Diese Arten werden in allen Atlasprojekten nur unvollständig registriert. Will man die genaue Verbreitung dieser Arten kennen, so benötigt man Spezialprogramme.

- Nachtaktive Arten (Eulen, Ziegenmelker, Waldschnepfe) lassen sich nur durch gezielte Programme **vollständig** erfassen, nicht aber "nebenher" im Rahmen eines großflächigen Kartierungsprojektes. Die dargestellte Erfassung ist daher sicher unvollständig.
- Heimlich lebende sowie wenig sing- und ruffreudige Arten werden leicht übersehen bzw. überhört, wenn sie in geringer Dichte vorkommen. Dies gilt für Sperber, Habicht, Wasserralle, Tüpfelsumpfhuhn, Eisvogel, Kleinspecht, Feldschwirl, Grauschnäpper, Tannenhäher, Kernbeißer, Gimpel etc. Als Resultat sind die entsprechenden Karten teilweise unvollständig.
- Einige Arten können von weniger erfahrenen Faunisten falsch angesprochen werden. Mit diesem Fehler muss man bei Wespen- und Mäusebussard, bei Habicht und Sperber sowie bei den sog. Zwillingsarten Garten-/Waldbaumläufer, Weiden-/Sumpfmeise und Winter-/Sommergoldhähnchen rechnen.

Rotmilan, *Milvus milvus*. Foto: MATHIAS SCHÄF

2) Revieranzeigende Durchzügler. Die Männchen einiger Singvogelarten verhalten sich auf dem Zuge territorial. Um die nur singenden Vögel von Brutvögeln unterscheiden zu können, enthielten die Kartierungslisten Eckdaten für jede Vogelart, die nach unserer Erfahrung den Zeitpunkt angeben, nach dem meist nicht mehr mit Durchzüglern gerechnet werden muss (WINK 1987). In einigen Fällen wurden vermutlich dennoch Durchzügler fälschlich als Brutvögel erfasst. Quantitativ stellt dieser Fehler vermutlich kein großes Problem dar. Der quantitativ größte Mangel besteht sicher darin, dass vorhandene Brutvögel übersehen wurden.

3) Reviergröße. Einige Vogelarten (z. B. Greifvögel wie Rotmilan, Wespenbussard) haben Reviere, die mehr als ein Gitterfeld umfassen. In diesen Fällen könnte es vorkommen, dass dasselbe Brutpaar für zwei und mehr TK's oder Gitterfelder angegeben wurde. Dies kann auch bei randständigen Revieren geschehen, die an der Grenze zweier benachbarter Gitterfelder liegen.

4) Großräumige Erfassung. Andere Probleme entstehen durch die Notwendigkeit der großräumigen Erfassung:

- Eine großflächige Kartierung ist auf die Mitarbeit vieler Faunisten angewiesen. Es bleibt dabei nicht aus, dass auch unerfahrene Anfänger mitarbeiten. Im allgemeinen kann man die entsprechenden Gebiete daran erkennen, dass die Erfassung unvollständig ist (z. B. dass allgemein verbreitete Arten nicht gemeldet wurden, auch wenn das notwendige Bruthabitat vorhanden ist). Ein Großteil der Mitarbeiter war bereits bei der ersten Atlaskartierung involviert.
- Die Vollständigkeit einer Kartierung hängt stark von der Sorgfalt und der Zeit ab, die ein Kartierer im Gelände verbringt (deshalb kann ein mäßig guter Faunist, der zeitintensiv gearbeitet hat, eine bessere Kartierung vorlegen als ein exzellenter Vogelkenner, der nur wenig Zeit zur Erfassung aufgewandt hat). Diese Fehlerquelle ist leider kaum quantitativ erfass- bzw. darstellbar. Schlecht kartierte Gebiete sind häufig daran zu erkennen, dass hier typische Arten fehlen, die im besser erfassten Nachbargitterfeld kartiert wurden. In den Vorarbeiten konnte gezeigt werden, dass in der Regel über 90 % aller vorhandenen Arten bereits nach sechs bis acht Exkursionen erfasst wurden.
- Das Verbreitungsgebiet einer Vogelart ist meist nicht konstant, sondern verändert sich mit der Zeit, bedingt durch naturräumliche Veränderungen (Habitatverlust) aber auch andere Faktoren (Epidemien, Populationsschwankungen, Wanderungen). Da die Daten aus mehreren bis vielen Jahren zusammengefasst wurden, können die Verbreitungskarten auch nicht im absoluten Sinne genau sein, sondern sie stellen eher das von einer Art potenziell besiedelbare Areal dar. In einigen Fällen wird es so sein, dass das in den Karten wiedergegebene Brutgebiet größer als das von einer Art in einer Brutperiode tatsächlich besetzte Areal ist (*kumulativer Effekt*). Bei den Wintervogelatlanten kommt noch als weiterer Aspekt zum Tragen, dass die Durchzugs- und Winterverbreitung einer Art häufig nur von kurzer Dauer ist und zudem sehr stark von den jeweiligen Witterungsbedingungen abhängen kann. Hier ist der kumulative Effekt besonders ausgeprägt.
- Wie oben geschildert, wurden ganze vierzehn Jahre für das Kartierungsprojekt vom Zeitpunkt der ersten Kartierung bis zum Erscheinen des Atlanten benötigt. Wurde ein Gebiet Anfang der 1990er Jahre kartiert, so kann die Verbreitung einiger Arten anders aussehen als wenn das Gebiet um 2000 kartiert worden wäre. Eine Reihe von Arten hat im Erfassungszeitraum ihre Bestände und damit meist auch ihre Brutareale entweder vergrößert oder verkleinert (vergl. Tab. **2-4**). Als Resultat wird die Verbreitungskarte dieser Arten entweder zu wenig besetzte Gitterfelder zeigen, da manche zum Zeitpunkt der Kartierung noch nicht besetzt waren, oder im Gegenteil, sie zeigt Gebiete als besiedelt an, die 2000 schon längst verlassen waren (vergl. Rebhuhn, Haubenlerche, Schafstelze). Andere Arten brüten den jeweiligen Umständen entsprechend jedes Jahr an anderer Stelle (z. B. Flussregenpfeifer, Säbelschnäbler) und die Karte gibt eine kumulierte Darstellung über den gesamten Zeitraum wider. Diese Ungenauigkeit ließe sich nur durch eine ganz aktuelle Kartierung in einem Jahr beheben. Für alle Arten ist dies großflächig unmöglich, eventuell jedoch für die gezielte Erfassung von seltenen, streng habitatgebundenen Arten, wie z. B. Feuchtgebietsarten. Bei den einzelnen Verbreitungskarten wird auf diese Ungenauigkeit hingewiesen, soweit sie erkannt wurde. Andererseits kann die zeitliche Veränderung des Verbreitungsbildes gut für die Analyse von Verbreitungs- und Bestandsveränderungen herangezogen werden (vgl. BEZZEL & UTSCHIK 1979, WINK 1980).
- Der Schwerpunkt der Wintervogelkartierung lag naturgemäß auf der Erfassung der regelmäßig anwesenden Arten. Selten und unregelmäßig erscheinende Arten, die dem Faunisten häufig besonders wertvoll erscheinen, werden in solchen Atlasprojekten meist unvollständig erfasst. Man muss jedoch berücksichtigen, dass diese Arten für das Ökosystem und für die Bewertung eines Areals nur von untergeordneter Bedeutung sind.

Zaunkönig, *Troglodytes troglodytes*.
Foto: MATHIAS SCHÄF

5) Bestandsschätzung. Da es unmöglich ist, auf einer so großen Fläche alle Reviere komplett zu erfassen, kann der Bestand lediglich geschätzt werden. Die hierfür verwendete Vorgehensweise wird unten näher erläutert. Es soll aber an dieser Stelle ausdrücklich betont werden, dass die Bestandsschätzungen mit gewissen methodischen Unsicherheiten behaftet sind (z. B. kumulativer Effekt der Kartierung über zehn Jahre) und lediglich als mehr oder weniger gute Näherungswerte verstanden werden dürfen. Wo immer dies möglich war, wurde versucht, die Schätzwerte durch weitere publizierte und unpublizierte Befunde zu validieren. Hinzu kommt, dass die Kartierer dazu neigen die Schätzungen für häufige Arten zu niedrig anzusetzen, so dass hier vielfach zu niedrige Bestandsgrößen angenommen werden.

6) Datenverarbeitung. Die Daten wurden manuell in die elektronische Datenbank übertragen. Es kann dabei nicht ausbleiben, dass Übertragungsfehler auftreten. Hierfür sind die Autoren verantwortlich, aber es wurde angestrebt, derartige Fehler durch mehrfaches Korrekturlesen und Überprüfen zu vermeiden. Für die Qualität der Originaldaten kann nur der jeweilige Faunist verantwortlich sein.

Auswertung

Erfasste und berechnete Parameter

Die Daten wurden nach dem Prinzip der Rasterkartierung erhoben (BEZZEL 1983, BEZZEL & UTSCHICK 1979). Wie bereits angedeutet, gaben die Kartierer für jedes bearbeitete Gitterfeld eine Liste der dort festgestellten Arten sowie deren Häufigkeit in halbquantitativer Form ab. Diese Daten wurden in elektronische Datenverarbeitungsprogramme eingegeben und ausgewertet. Generell wurde immer der höchste ermittelte Wert für die Endauswertung übernommen.

Verbreitung

Als ein Maß für die Verbreitung einer Vogelart wurde die Rasterfrequenz (RF) berechnet als

$$\mathbf{RF = n / N\ [\%]}$$

mit n = Anzahl besetzter Raster und N = Anzahl aller Raster (413 bei der Brutvogelkartierung bzw. 393 Wintervogelkartierung). Sie entspricht der Antreffwahrscheinlichkeit einer Art auf einer Probefläche mit dieser Maschenweite, die wiederum von Abundanz und Verteilung der Vogelart abhängt (BEZZEL & UTSCHICK 1979).

An dieser Stelle sei auf einige begriffliche Probleme hingewiesen: Die bei derartigen Kartierungen oft verwendeten Bezeichnungen wurden von WITT (1985) kritisch hinterfragt. Obwohl diese Kritik durchaus berechtigt war, haben sich viele der Vorschläge nicht dauerhaft durchsetzen können und die "falschen" Bezeichnungen halten sich hartnäckig in der ornithologischen Literatur. Um hier den Vergleich zu erleichtern, haben wir diese Bezeichnungen ebenfalls beibehalten bzw. gebrauchen sie als Synonyme; wir sind uns aber der Problematik bewusst. Die Bezeichnung Raster entspricht dem Gitterfeld bei WITT (1985), Rasterfrequenz ist gleichbedeutend mit Verteilungsgrad oder Verbreitungsgrad.

Die Rasterfrequenz ermöglicht die Zuordnung eines definierten Verbreitungsstatus zu jeder Vogelart (BEZZEL & LECHNER 1978):

RF =	1 %	Einzelvorkommen
RF =	2-10 %	zerstreut verbreitet
RF =	11-20 %	lückenhaft verbreitet
RF =	21-40 %	teilweise verbreitet
RF =	41-60 %	verbreitet
RF =	61-80 %	allgemein verbreitet
RF =	81-100 %	stark verbreitet

Häufigkeit

Neben der Verbreitung sollte auch die Häufigkeit der Arten im Untersuchungsgebiet analysiert werden. Da es auf einer derart großen Fläche unmöglich ist, den Brutbestand weit verbreiteter Arten exakt zu erheben, bedienen wir uns der Methodik der halb- oder semiquantitativen Erfassung (SCHUSTER 1982, BUSCHE & STAUDTE 1985), d. h. für jedes Gitterfeld wird der Bestand einer Größenklasse zugeordnet: A = 1-10 Brutpaare, B = 11-100 BP, C = 101-1.000 BP usw. Meist wurde die höchste Kategorie unter Zuhilfenahme von Literaturdaten (z. B. NWO 2002) und Erfahrungswerten etwas eingegrenzt, d. h. kommt eine Art nicht mit mehr als 1.500 BP pro TK-Quadrant vor, wurde die Häufigkeitsklasse von 1.001-10.000 auf 1.001-3.000 reduziert. Schätzt man den Gesamtbestand des kompletten Untersuchungsgebietes jetzt einfach durch Aufsummierung der Einzeldaten, ergeben sich zwei Werte, die - besonders bei häufigen Arten - eine sehr große Spanne und damit auch einen großen Schätzfehler und eine hohe Ungenauigkeit aufweisen. Um präzisere Bestandsschätzungen zu erhalten, wurde der Bestand durch Multiplikation der Anzahl besetzter Gitterfelder mit den unterhalb des Maximums liegenden Mittelwerten berechnet. Bei linksschiefer Verteilung auf die Häufigkeitsklassen (s. Beispiel **1**) wurden für die Kategorien links vom Maximum der höhere Wert angenommen (also 7 bei 1-10 BP, 70 bei 11-100 BP usw.) und rechts davon der niedrigere (also 300 bei 101-1.000, 3.000 bei 1.001-10.000 usw.). Die so für jede Größenklasse erhaltenen Werte wurden aufsummiert und der Gesamtbestand als Streuung von +/-30 % um diesen Schätzwert festgelegt.

<u>Beispiel 1</u>: Eine Modellart zeigt die folgende Verteilung auf die Häufigkeitsklassen:

Kategorie [BP]	GF	RF %
1-10	23	5,5
11-100	112	27,1
101-1.000	98	23,7
1.001-3.000	4	1,0
Summe	**237**	**57,4**

Damit lässt sich ein Schätzwert von (23 x 7) + (112 x 70)

+ (98 x 300) + (4 x 1.300) = 42.600 Brutpaaren (gerundet) berechnen und es ergibt sich ein geschätzter Bestand von 42.600 +/- 30% = 29.800 - 55.400 Brutpaaren, im Vergleich zu 15.160 - 121.430 Brutpaaren bei einfacher Aufsummierung. Rechnet man die so erhaltenen Bestandsangaben in großflächige Siedlungsdichten (BP/km²) um und vergleicht diese mit den Ergebnissen anderer Kartierungsprojekte (z. B. NWO 2002), zeigt sich meist eine gute Übereinstimmung der Abundanzen.

Beispiel 2: Bei Arten, mit einer rechtsschiefen Verteilung auf die Häufigkeitsklassen, d. h. die Verteilung auf die verschiedenen Größenklassen nimmt exponentiell ab, wurde immer der niedrigere Medianwert als Multiplikator verwendet.

Kategorie [BP]	GF	RF %
1-10	89	21,5
11-100	21	5,1
101-200	3	0,7
Summe	**113**	**27,3**

Daraus ergibt sich (89 x 3) + (21 x 30) + (3 x 130) = 1.290 Brutpaare und ein geschätzter Bestand von 900 - 1.700 Brutpaaren, statt 620-3.600 bei einfacher Addition.

Natürlich sind auch diese Werte mit gewissen Unsicherheiten behaftet, bieten aber einen brauchbaren Anhaltspunkt, wie Vergleiche der so berechneten Bestände mit Spezial-Erfassungen bestimmter Arten zeigen. Zusätzlich wird außerdem bei weiter verbreiteten, regelmäßigen Brutvögeln (RF >20 %) noch der tatsächlich ermittelte Mindestbestand der besetzten Gitterfelder angegeben, der sich aus der Aufsummierung der von den Kartierern gelieferten Mindestangaben pro Gitterfeld ergibt. In Beispiel **1** sind dies (23 x 1) + (112 x 11) + (98 x 101) + (4 x 1.001) = 15.160 und in Beispiel **2** entsprechend (89 x 1) + (21 x 11) + (3 x 101) = 620 Brutpaare. Da die Häufigkeiten meist deutlich unterschätzt werden, sind auch diese "Minimalbestände" in der Regel viel zu niedrig (Ausnahmen sind unregelmäßig brütende seltene Arten, wo der tatsächliche jährliche Brutbestand niedriger sein kann als der kumulative "Minimalbestand"). Bis auf die erwähnten Ausnahmen (Arten mit RF <20 %) geben wir den Minimalbestand immer an, da dieser direkt erfasst und durch nachträglichen Einschätzungen und Berechnungen nicht verändert wurde. Dieser Wert dient jedoch weniger als tatsächliche Bestandsangabe, sondern eher der Dokumentation der Kartierungsergebnisse.

Für einige seltenere Arten konnten die Bestände im Rahmen der Kartierung genauer ermittelt werden (Koloniebrüter, seltene Brutvögel) oder es liegen Ergebnisse aus Spezialerfassungen vor (z. B. Wiesenbrüter, Greifvögel, Rote-Liste-Arten), die entsprechend vorrangig verwendet wurden. Beim Vergleich der Schätzungen für das Rheinland mit den Werten aus Westfalen (NWO 2002) ist zu beachten, dass die absoluten Werte dort aufgrund der wesentlich größeren Fläche (23.859 km² gegenüber 13.629 km² im Rheinland) für allgemein verbreitete Arten deutlich höher liegen. Aus diesem Grund geben wir zusätzlich die großflächige Siedlungsdichte (BP/km² oder BP/10 km²) in Bezug auf die besiedelte Fläche (= Anzahl besetzter Quadranten x 33 km²) an. Diese Werte dürfen nicht mit auf kleinen Probeflächen erhobenen Siedlungsdichtewerten verglichen werden (vgl. RHEINWALD et al. 1984, 1987).

Bei den Wintervögeln wurde auf derartige Bestandsschätzungen verzichtet, da sich durch den stärker ausgeprägten Kumulationseffekt (starke jährliche Schwankungen der Häufigkeit und Verteilung) hier wesentlich größere Fehler ergeben. Dies gilt besonders für nicht alljährlich erscheinende Wintergäste und Ausnahmeerscheinungen.

Vergleich der Kartierungen

Eine besondere Stärke der hier durchgeführten Analyse besteht in der Möglichkeit, die aktuelle Verbreitung (1990-2000) mit der Verbreitung in der ersten Kartierung 1974-1984 (WINK 1987) vergleichen zu können. Dass Änderungen des Brutareals (Veränderung der Anzahl besetzter Gitterfelder) eng mit Bestandsveränderungen korrelieren, konnte bereits mehrfach gezeigt werden (WINK 1980, 1992a, b, 1995, RHEINWALD et al. 1997, EHRHARD & WINK 1987, 1991, SCHMID et al. 1998, HEINE et al. 1999, SOVON 2002, BEZZEL et al. 2005). Für diesen Vergleich wurden nur die in beiden Perioden untersuchten Gitterfelder herangezogen (n = 393). Daraus ergeben sich unterschiedliche Anzahlen besetzter Gitterfelder in den Tabellen "Bilanz der Brutvogelkartierung" und "Vergleich der Kartierung". Beim Vergleich wurden außerdem Brutverdacht und Brutzeitbeobachtungen nicht mitgezählt. Berechnet wurde die Anzahl nur in einem Zeitraum besetzter Gitterfelder und die Anzahl in beiden Zeiträumen gemeinsam besetzter Gitterfelder. Daraus konnte die Arealveränderung in Prozent des Brutareals aus der ersten Kartierung berechnet werden. Gleichermaßen wurde mit den Rasterfrequenzen verfahren. *Einige der 1990-2000 kartierten Quadranten wurden 1974-84 nicht kartiert (s. Abb. 2b). Daraus ergibt sich, dass nicht jedem Eintrag in der Karte "Brutverbreitung" auch ein Eintrag in der Karte "Arealveränderungen" zugewiesen werden konnte.* Entsprechend blieben diese Raster auch bei den Berechnungen unberücksichtigt.

Die Ähnlichkeit der Verbreitung zwischen den beiden Atlasperioden wurde mit dem Identitäts-Index (I_D) nach SCHERNER (1982) berechnet und er liefert ein Maß für die Ähnlichkeit der Verteilungsmuster in den beiden Zeiträumen:

$$I_D = Q_{ij} / Q_i * Q_j$$

Dabei ist Q_{ij} die Anzahl in beiden Zeitabschnitten besetzter Gitterfelder und Q_i und Q_j die insgesamt in je einem Erfassungszeitraum besetzten Felder. I_D erreicht Werte zwischen 0 und 1, je näher der Wert an 1 liegt, desto größer die Übereinstimmung der Verbreitungsmuster (SCHERNER 1982).

In der Literatur wurden in der Vergangenheit zur Absicherung der Aussagen zur Arealveränderung verschiedene statistische Tests verwendet (z. B. HEINE et al. 1999). Um dem Leser den Vergleich unsere Ergebnisse mit den Ergebnissen anderer Untersuchungen zu erleichtern, haben wir unsere Daten drei in der Literatur häufig verwendeten statistischen Testverfahren unterzogen und geben immer alle Ergebnisse an: **(1)** 4-Felder-X^2-Test, **(2)** Vorzeichentest (DUCKWORTH & WYATT 1958) und **(3)** MCNEMAR-Test (MCNEMAR 1947). Unseres Erachtens ist jedoch der MCNEMAR-Test am besten für den Vergleich der Verbreitungen (Rasterfrequenzen) in den beiden Kartierungsperioden geeignet und wir sprechen nur dann von signifikanten Veränderungen, wenn dieser Test einen signifikanten Wert liefert. Meist stimmen die Ergebnisse der verschiedenen Tests überein, in Einzelfällen gibt es allerdings Abweichungen. Für die Signifikanz-Niveaus gelten die üblichen Grenzen mit $p < 0{,}1$ als Tendenz ($^+$), $p < 0{,}05$ als signifikant (*), $p < 0{,}01$ als hoch signifkant (**) und $p < 0{,}001$ als höchst signifikant (***). Beim Vergleich der Arealveränderungen verschiedener langjähriger Kartierungsprojekte (Tab. **2-4**) wurden soweit möglich alle Daten aufgrund der publizierten Ergebnisse mit dem MCNEMAR-Test neu berechnet, um den Vergleich zu ermöglichen (HEINE et al. 1999, SCHMID et al. 1998, SOVON 2002).

Da sich die Maschenweite und Rasteranzahl (TK25 als Rastereinheit) der ersten Wintervogelkartierung ganz wesentlich von der aktuellen Kartierung (TK25-Quadranten als Rastereinheit) unterscheidet, konnten für die Winterkartierung keine detaillierten, statistisch verifizierbaren Vergleiche durchgeführt werden. Hier sind derzeit nur allgemein formulierte Aussagen möglich.

Die Vogelverbreitungskarten zeigen für alle Arten bestimmte Muster, die mit geographischen, klimatischen oder Habitatvorkommen korreliert sind. Da entsprechende Klima- und Habitatkarten im ersten Brutvogelatlas (WINK 1987) ausführlich behandelt wurden, haben wir auf eine erneute Dokumentation in diesem Atlas verzichtet. Es gilt aber zu beachten, dass die alten Karten nicht mehr in allen Punkten aktuell sind und lediglich als Anhaltspunkte verstanden werden dürfen. In Abb. **2a** ist eine grobe Höhenstufung dargestellt, in der die höher gelegenen Mittelgebirgslagen von 150 bis 400 m NN und über 400 m NN markiert wurden. Die Höhenlage beeinflusst in starkem Maße das Gesamtklima, so dass die Karten über Temperatur und Niederschlag deutliche Korrelationen aufweisen. Als Grundregel gilt, dass die Lufttemperatur mit steigender Höhe abnimmt, während aber die Niederschläge zunehmen. Demnach sind die niedrigen Lagen häufig die klimatisch günstigeren (höhere Durchschnittstemperaturen, längere Vegetationsperiode, geringere Niederschlagsmengen) und werden von einigen Vogelarten als Brut- und Überwinterungsraum bevorzugt (ausführliche Diskussion in WINK 1974, 1987).

Viele Vogelarten sind auf einen spezifischen Lebensraum angewiesen und werden demnach nur dort angetroffen, wo diese Lebensräume vorhanden sind. Im Brutvogelatlas von 1987 sind einige Karten zur Vegetationsstruktur, zur landwirtschaftlichen Nutzung, zur menschlichen Besiedlung und zur Physiogeographie im Detail dargestellt (WINK 1987). Im Winterhalbjahr, wenn das artspezifische Bruthabitat keine Rolle spielt, ist das Spektrum geeigneter Lebensräume für die meisten Arten viel breiter und vorwiegend durch erreichbare Nahrung, Deckung und Schutz vor Wetterunbilden bestimmt.

Allgemeine Ergebnisse zur Vogelverbreitung im Rheinland (Nordrhein)

Im Rahmen der vorliegenden Kartierung wurden Daten zur Verbreitung von insgesamt 240 Vogelarten erhoben (s. Anhang 1). Davon waren 128 Arten ganzjährig anwesend, 49 Arten nur im Sommer- und 44 Arten nur im Winterhalbjahr. Weitere 19 Arten konnten nur sehr unre-

Braunkehlchen, *Saxicola rubetra*.
Foto: MATHIAS SCHÄF

gelmäßig im Winter (17 Arten) oder zur Brutzeit (2 Arten) angetroffen werden und sind abschließend ohne Verbreitungskarte kurz abgehandelt.

Brutvogelarten

Von den 168 zwischen 1990-2000 als Brutvögel aufgetretenen Arten haben 18 Arten (11 %) das Rheinland seit der ersten Kartierung neu besiedelt. Davon ist bei 12 Arten (7 %) eine direkte oder indirekte Einwirkung des Menschen nachweisbar und betrifft vor allem viele Gänse, Enten und Papageien (Neozoen). Einige Arten haben ihr natürliches Verbreitungsgebiet erweitert und im Zuge dessen unser Bearbeitungsgebiet (wieder) erreicht, z. B. Schwarzstorch, Orpheusspötter sowie verschiedene Möwenarten. Auf der anderen Seite sind einige Brutvögel inzwischen ausgestorben bzw. verschollen, z. B. Zwergdommel, Kampfläufer, Rohrschwirl, Brachpieper.

In Abb. **3** wurde die Anzahl der Brutvogelarten je Quadrant ermittelt und nach zusammenfassenden Häufigkeits-Kategorien dargestellt. Einige sehr häufige Arten erreichten Rasterfrequenzen von 100 % (z. B. Zaunkönig, Heckenbraunelle, Singdrossel, Zilpzalp usw.; s. Anhang 1) und weitergehende ökologische Analysen sind hier nicht möglich, da das Gitternetz für diese Arten offensichtlich nicht fein genug war (Bezzel & Utschik 1979). Zu den am weitesten verbreiteten Nichtsingvögeln gehören Ringeltaube (RF = 99,8 %), Buntspecht (97,6 %), Mäusebussard (99,0 %) und Stockente (93,8 %). Die Verteilung der Brutvogelarten auf die Rasterfrequenzklassen zeigt unter Berücksichtigung aller Arten einen U-förmigen Verlauf und deutlich mehr gering verbreitete als weit verbreitete Arten (Abb. **5**). Bei den Singvögeln ist der Verlauf ebenfalls U-förmig, aber es gibt mehr weit verbreitete als gering verbeitete Arten. Während der Kurvenverlauf bei den landbewohnenden Non-Passeres sehr flach ist, zeigt sich bei den Wasservögeln i. w. S. ein deutlich rechtsschiefer Verlauf mit überproportional vielen gering verbreiteten Arten.

Nach der Arten-Areal-Kurve für die mitteleuropäische Kulturlandschaft sind pro TK-Quadrant (ca. 33 km^2) im Mittel 67 Brutvogelarten zu erwarten (Banse & Bezzel 1984). Im Rheinland konnten pro TK25-Quadrant durchschnittlich 72,8 Arten festgestellt werden (Abb. **6**). Quadranten mit weniger als 40 Arten befinden sich in den waldreichen Mittelgebirgslagen und in der großflächig ausgeräumten Agrarlandschaft der Köln-Aachener Bucht (sofern keine Feuchtgebiete oder Siedlungsbereiche vorhanden sind). Das Niederrheinische Tiefland weist im Bereich der Rheinauen und im Schwalm-Nette-Gebiet Quadranten mit bis zu 109 Brutvogelarten auf (Abb. **3**). Aber auch die Randlagen zwischen Tiefland und Mittelgebirge (Voreifel) sowie die rekultivierten Braunkohlen-Abbaugebiete zeigen z. T. eine erfreulich hohe Biodiversität der Avizönose.

Schränkt man die Auswertung auf die bedrohten Arten der Roten Liste ein (Abb. **4**), so ergibt sich ein grundsätzlich ähnliches Bild wie bei der Gesamtbiodiversität (Abb. **3**). Die Gebiete mit hoher Gesamtartenzahl sind auch die Gebiete mit einer großen Anzahl von Rote Liste - Arten der Kategorien 1 ("vom Aussterben bedroht") und 2 ("stark gefährdet"). Erwartungsgemäß sind dies Areale mit hoher Habitatdiversität, die großräumige Schutzgebiete aufweisen, z. B. am Unteren Niederrhein, im Schwalm-Nette-Gebiet, der Voreifel (Zülpicher Börde) und der Wahner Heide. Bemerkenswert ist

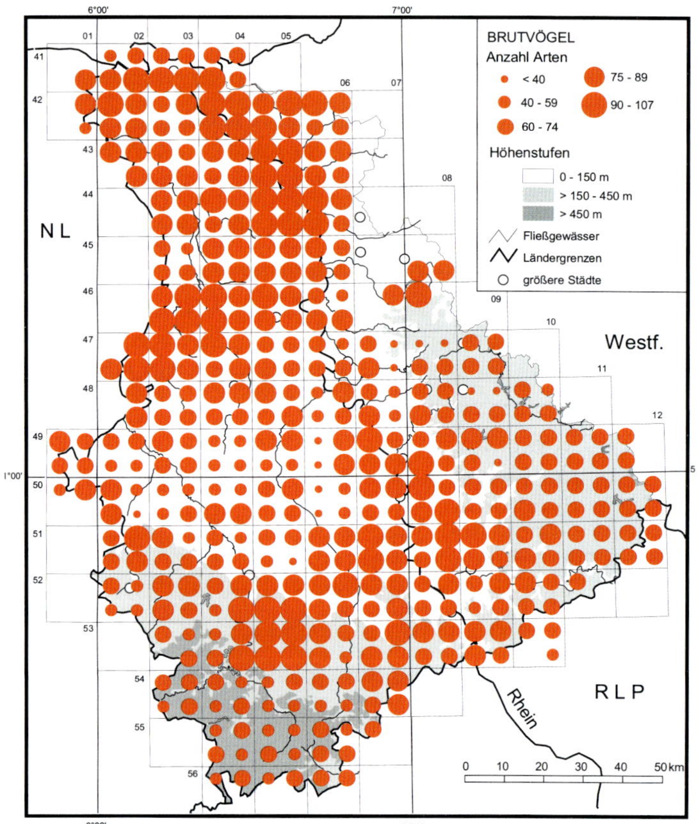

Abb. 3: Biodiversität im Rheinland - Anzahl der Brutvogelarten pro Kartierungseinheit

die Beobachtung, dass Landschaftsveränderungen aber nicht immer negativ sein müssen. Die Niederrheinische Bucht zwischen Köln-Aachen und Mönchengladbach wird landwirtschaftlich seit langer Zeit intensiv genutzt. Entsprechend niedrig ist hier die Artenanzahl und das Vorkommen von Rote Liste-Arten (Abb. **3, 4**). In diesem Gebiet liegen aber auch die großen Braunkohlenvorkommen, die großräumig ausgebeutet wurden und werden. Während des Abbaus und vor allem nach der Rekultivierung entstanden hier zumindest mittelfristig neue Habitate durch verschiedene Sukzessionsstadien, die eine Heimat für Vogelarten bieten, die in der reinen Ackerbörde fehlten.

Es gibt verschiedene Kriterien (z. B. Habitatansprüche, brutbiologische Parameter, Phylogenie) um die Brutvogelarten zu bestimmten Gruppen oder Gilden zusammenzufassen (Tab. **1**). Die Einteilung in ökologische Gilden oder biozönotische Gruppen ermöglicht die Ana-

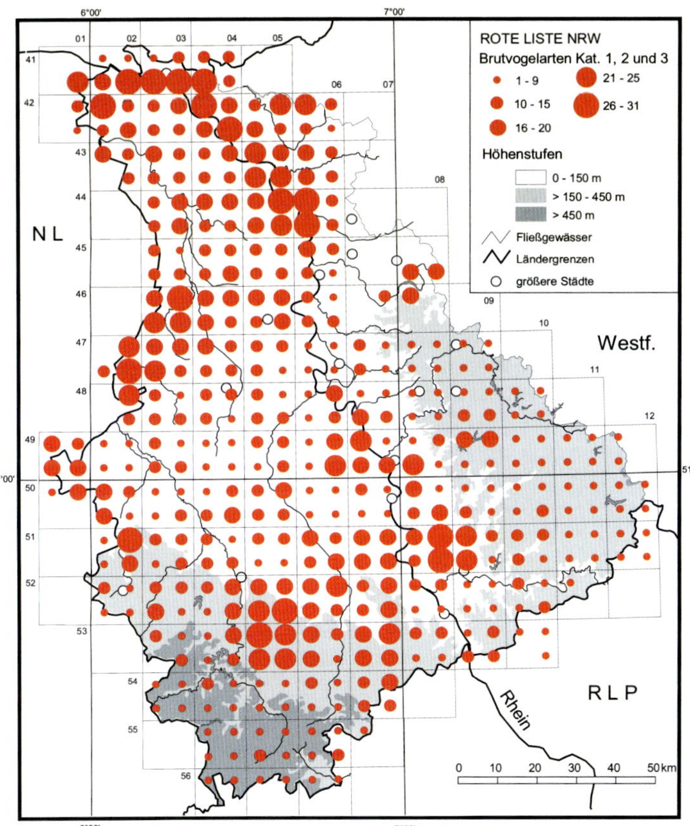

Abb. 4: Vorkommen der Rote Liste-Arten der Kategorien 1 (vom Aussterben bedroht), 2 (stark gefährdet) und 3 (gefährdet).

lyse der räumlichen Verteilung von Habitatstrukturen im Kartierungsgebiet. (NITSCHE & PLACHTER 1987, BEZZEL et al. 2005). Die Abgrenzung der einzelnen Gilden ist keineswegs strikt und je nach der Auswahl verwendeter Kriterien können einzelne Arten mehreren Gilden zugeordnet werden. Die hier zugrunde gelegte Einteilung ist relativ grob und soll lediglich einen allgemeinen Überblick bieten. Eine feinere Unterteilung wäre möglich. Da entsprechende Lebensraumkriterien häufig in enger Nachbarschaft zueinander lokalisiert sind, ergäbe die kartographische Darstellung auf Quadranten-Ebene aber vielfach ein reduntantes Bild.

In Abb. **7** ist das Vorkommen der Feuchtgebietsarten zusammengefasst. Ihr Verbreitungsschwerpunkt liegt in den Rheinauen, vor allem am Unteren Niederrhein, im Schwalm-Nette-Gebiet, an den Gewässern des Mittelgebirgsbereiches sowie an den Braunkohlen-Restseen und Baggerseen der Niederrheinischen Bucht. Die meisten Arten dieser Gilde besitzen sehr spezifische Habitatansprüche und entsprechend begrenzte Verbreitungen. Eine hohe Dispersionsdynamik ermöglicht die rasche Besiedlung neu entstehender Lebensräume. Hierher gehört auch eine Reihe von Arten, die sich in den letzten 20 Jahren stark ausgebreitet und ihr Verbreitungsgebiet z. T. stark vergrößert haben (z. B. verschiedene Möwen-, Enten- und Gänsearten).

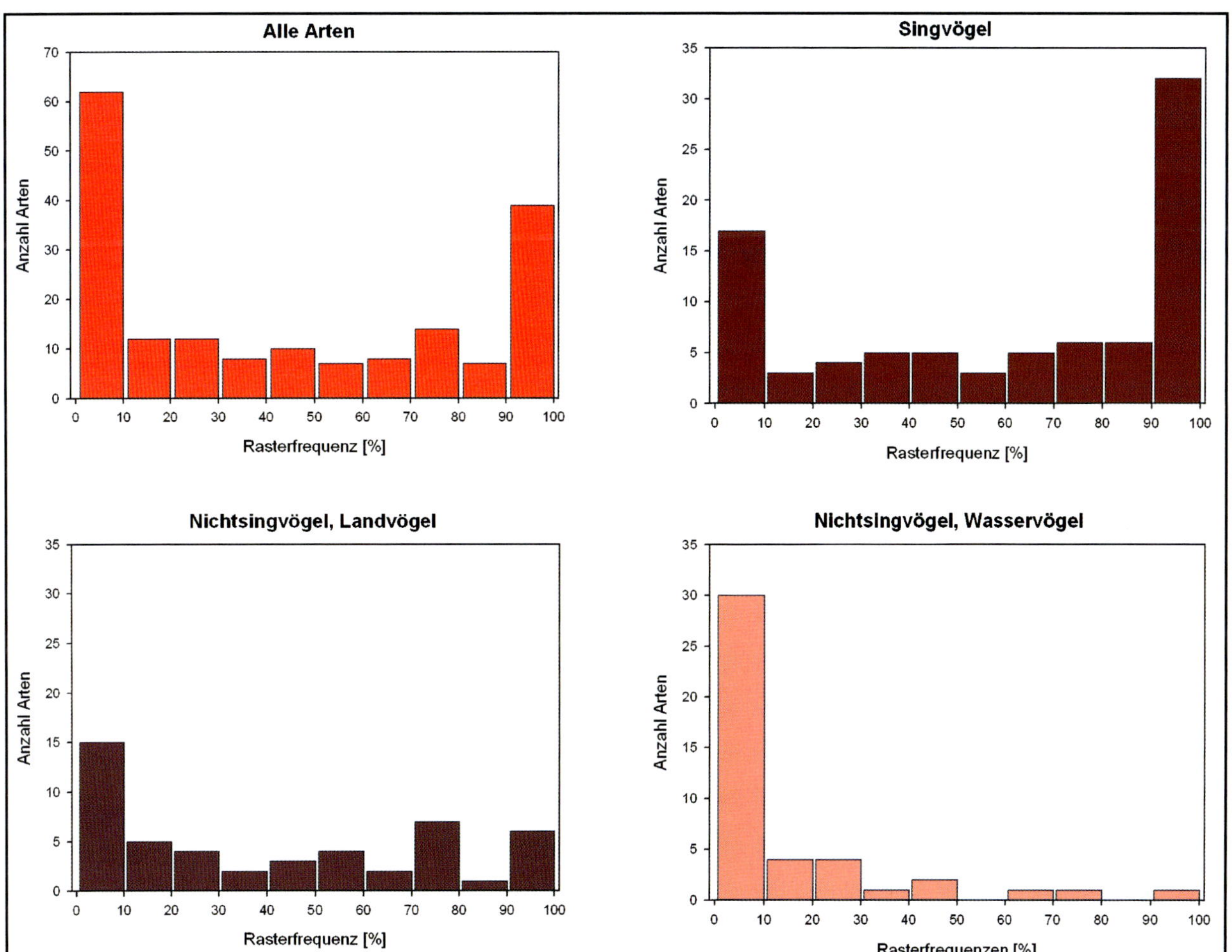

Abb. 5: Die Verteilung der Brutvögel auf die verschiedenen Rasterfrequenz-Klassen im Rheinland (Nordrhein) 1990-2000.

Tabelle 1: Einteilung der Brutvogelarten in ökologische Gilden (verändert nach WINK 1992).

Ökologische Gilde	Typische Arten
Arten der **Feuchtgebiete** fließender und stehender Gewässer	Haubentaucher, Graureiher, Höckerschwan, Graugans, Stockente, Blässhuhn, Teichhuhn, Flussregenpfeifer, Lachmöwe, Sturmmöwe, Eisvogel, Uferschwalbe, Gebirgsstelze, Wasseramsel, Teichrohrsänger
Arten der **Wälder**, Feldgehölze, Gärten und Parkanlagen	Habicht, Sperber, Waldschnepfe, Hohltaube, Kuckuck, Waldkauz, Waldohreule, Grauspecht, Schwarzspecht, Buntspecht, Kleinspecht, Zaunkönig, Heckenbraunelle, Rotkehlchen, Nachtigall, Wacholderdrossel, Singdrossel, Misteldrossel, Gelbspötter, Gartengrasmücke, Klappergrasmücke, Mönchsgrasmücke, Waldlaubsänger, Fitis, Zilpzalp, Sommergoldhähnchen, Wintergoldhähnchen, Trauerschnäpper, Schwanzmeise, Weidenmeise, Sumpfmeise, Tannenmeise, Haubenmeise, Blaumeise, Kohlmeise, Kleiber, Gartenbaumläufer, Waldbaumläufer, Pirol, Eichelhäher, Buchfink, Grünfink, Birkenzeisig, Gimpel, Kernbeißer
Arten der offenen **Kulturlandschaft** (Felder, Wiesen, Weiden, Heidebiotope)	Mäusebussard, Turmfalke, Fasan, Rebhuhn, Wachtel, Kiebitz, Ringeltaube, Turteltaube, Steinkauz, Ziegenmelker, Grünspecht, Haubenlerche, Heidelerche, Feldlerche, Baumpieper, Wiesenpieper, Schafstelze, Gartenrotschwanz, Schwarzkehlchen, Braunkehlchen, Steinschmätzer, Feldschwirl, Dorngrasmücke, Raubwürger, Elster, Rabenkrähe, Star, Feldsperling, Girlitz, Stieglitz, Bluthänfling, Goldammer, Rohrammer, Grauammer
Arten des menschlichen **Siedlungsbereiches**	Türkentaube, Schleiereule, Mauersegler, Mehlschwalbe, Rauchschwalbe, Bachstelze, Hausrotschwanz, Amsel, Grauschnäpper, Dohle, Haussperling,

Die Verbreitung der Waldvogelarten (Abb. **8**) ist erwartungsgemäß streng an das Vorkommen von Gehölzbeständen gebunden. Da diese Habitate besonders zahlreich im Mittelgebirge liegen, findet man hier auch den Verbreitungsschwerpunkt der Waldvogelarten. Hieraus ergibt sich für einige in ihrer Verbreitung weitgehend auf Europa beschränkte Waldvogelarten, die im Rheinland hohe Verteilungsgrade erreichen (z. B. Sommergoldhähnchen, Sumpfmeise, Ringeltaube, Misteldrossel, Gartenbaumläufer, Haubenmeise, Waldlaubsänger) eine besondere Verantwortung für den Naturschutz (FLADE 1998). Besonders die Spechte nehmen eine zentrale ökologische Schlüsselrolle ein, da sie u. a. die Nistmöglichkeiten für eine Reihe weiterer Arten schaffen. Auch die Waldgebiete des Niederrheinischen Tieflands sind klar zu erkennen. Abb. **8** identifiziert desweiteren gut die Areale mit intensiver Landwirtschaft, in denen Wälder oder Feldgehölze weitgehend verschwunden sind. Dies sind Gebiete mit insgesamt geringer Artenanzahl (Abb. **3**), die aus ökologischer Sicht als besonders kritisch einzustufen sind. Wie nachfolgend ausgeführt, sind dies auch die Gebiete mit dem stärksten Rückgang der Biodiversität.

Betrachtet man die Gilde der Kulturlandarten (Abb. **9**), so erscheinen viele Gebiete, die in Abb. **3** oder **8** mit einer geringen Diversität hervortreten, als die schwerpunktmäßigen Siedlungsgebiete dieser Gruppe. Sie konzentrieren sich erwartungsgemäß in den Tieflagen der Niederrheinischen Bucht und des Niederrheinischen Tieflandes mit ertragreichen Böden und Klimagunst.

In allen Landesteilen kommt die Gilde der Siedlungsbewohner in beachtenswerter Artenanzahl vor (Abb. **10**). Dies spiegelt die hohe Dichte menschlicher Siedlungen im Rheinland wider. Nur die landwirtschaftlich intensiv genutzten Gitterfelder der Niederrheinischen Bucht fallen auch hier teilweise als artenarm auf. Anders ausgedrückt: Wenn garten- und parkreiche Siedlungen in der artenarmen Agrarsteppe vorhanden sind, steigt die Biodiversität an.

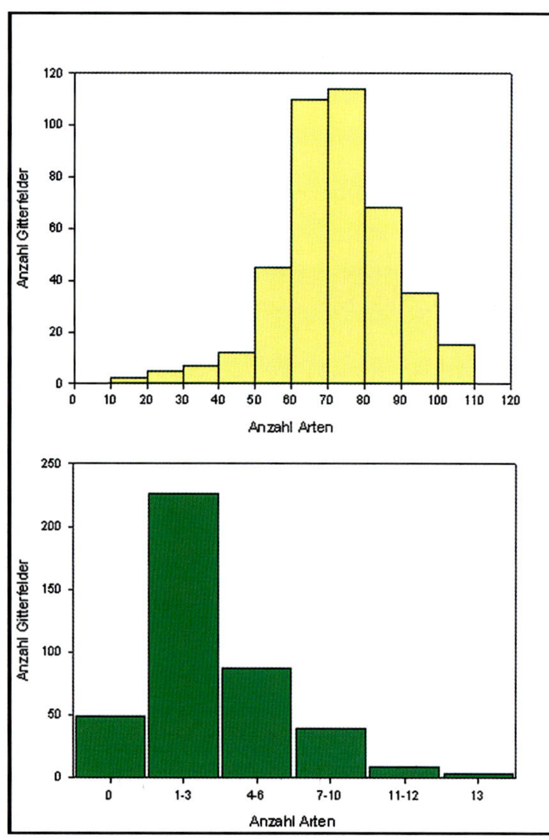

Abb. 6: Verteilung aller Brutvogelarten (oben) und der Rote Liste-Arten (unten) auf die einzelnen Gitterfelder im Untersuchungsgebiet

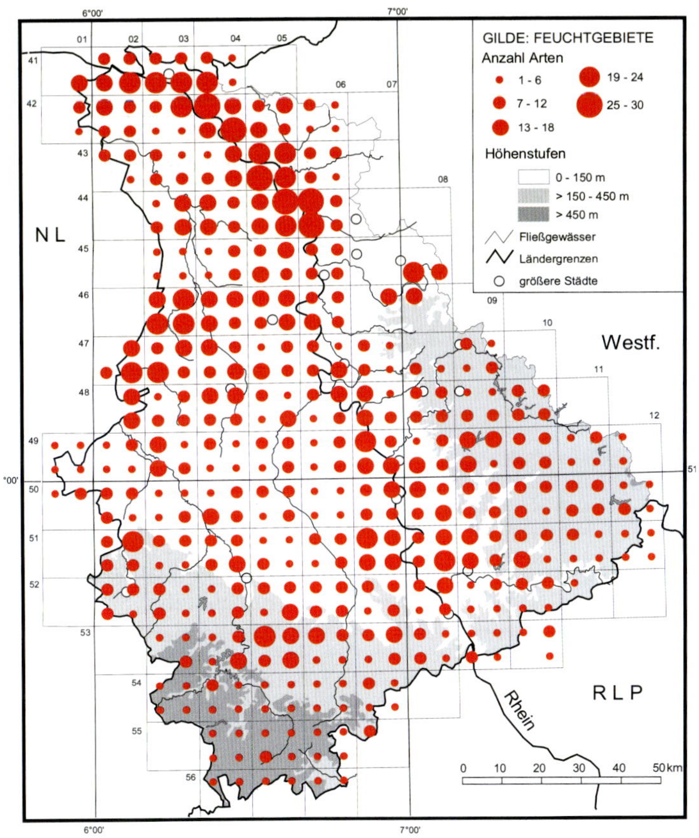

Abb. 7: Vorkommen der Feuchtgebietsarten

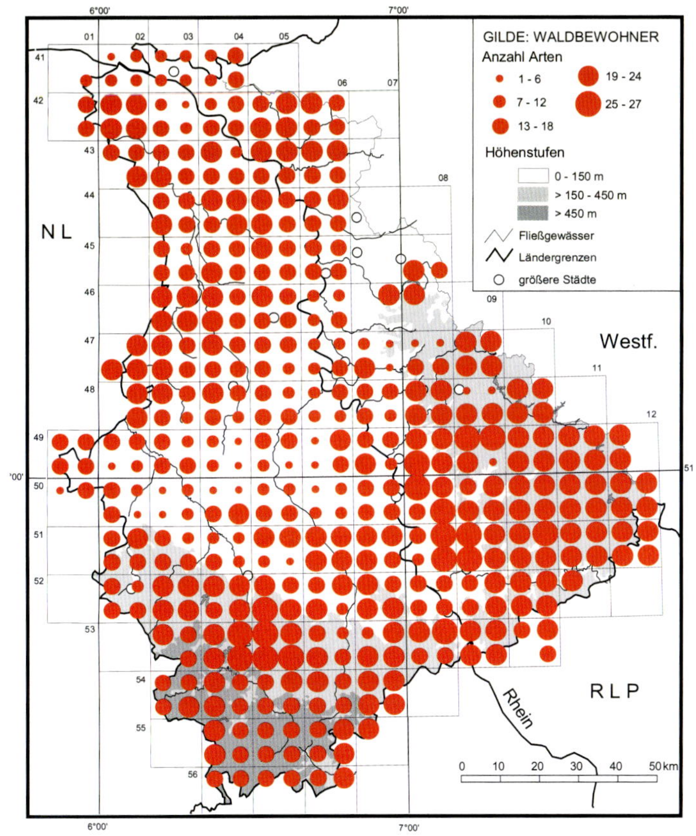

Abb. 8: Vorkommen von Waldvogelarten

Wintervogelarten

Die Artendiversität im Winterhalbjahr unterscheidet sich teilweise stark von der Brutzeitverbreitung. Die waldreichen Mittelgebirgslagen und die landwirtschaftlich intensiv genutzte Ackerbörde des Tieflands sind relativ artenarm (Abb. **11**). In 50 % der Gitterfelder liegt die Zahl der Wintervogelarten zwischen 50 und 70 Arten (Abb. **12**). Die Verteilung der Arten auf die Rasterfrequenzklassen ist deutlich weniger U-fömig und es gibt signifikant mehr gering verbreitete als sehr weit verbreitete Arten (Abb. **13**). Für sich betrachtet zeigen nur die Singvögel annähernd gleiche Anteile gering und weit verbreiteter Arten, während besonders bei den Wasservögeln wiederum ein extrem rechtsschiefer Kurvenverlauf offensichtlich ist. Eine höhere Artendichte findet sich vor allem in Gitterfeldern mit größeren Gewässern oder Feuchtgebieten. Als Überwinterungsraum von besonderer Bedeutung sind der Untere Niederrhein mit dem Rheinstrom sowie angrenzenden Altrheinarmen und Nebengewässern, und das Schwalm-Nette-Gebiet zu nennen. Im Bereich der Niederrheinischen Bucht sind es vor allem die rekultivierten Braunkohlen-Restseen und Baggerseen, die für Wasservögel attraktiv sind und dadurch Schwerpunkte der winterlichen Biodiversität darstellen.

Bestandstrends

Die Verbreitung von Vögeln und zugehörige Populationsgrößen sind im allgemeinen nicht konstant, sondern unterliegen ständigen Schwankungen. Da die Brutverbreitung der rheinischen Avifauna schon einmal systematisch in den Jahren 1974-1984 erfasst wurde (WINK

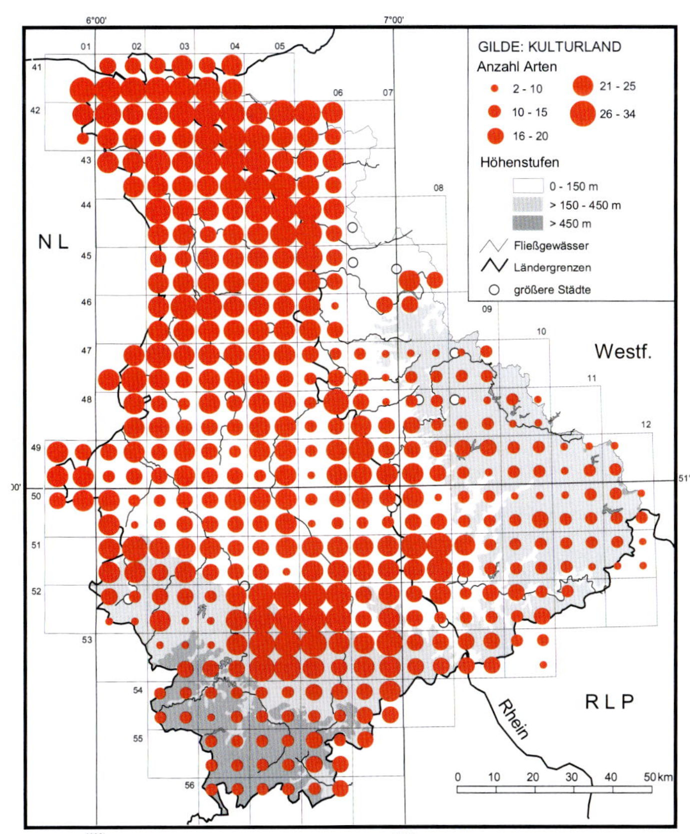

Abb. 9: Vorkommen der Kulturlandarten

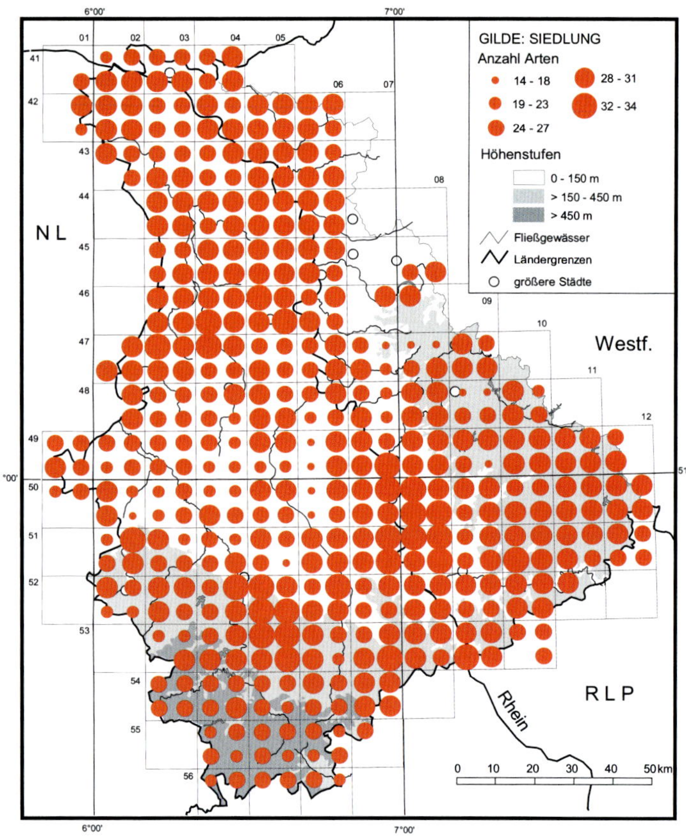

Abb. 10: Vorkommen der Brutvogelarten menschlicher Siedlungen.

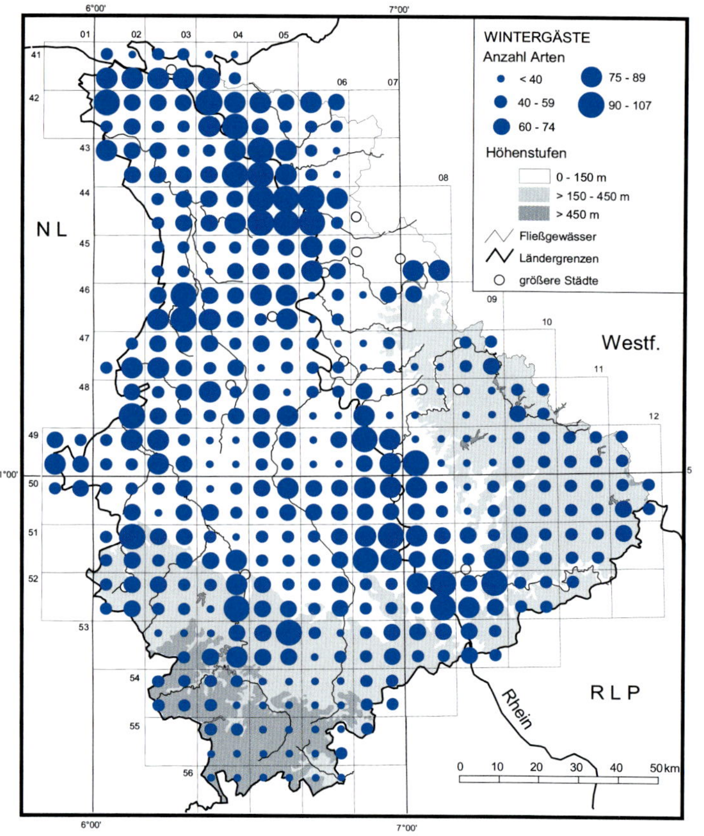

Abb. 11: Biodiversität der Wintergäste

1987), ergibt sich mit der vorliegenden Kartierung die Möglichkeit zu prüfen, inwieweit sich die Siedlungsareale inzwischen verändert haben. Die Veränderung lässt sich über die Anzahl besetzter Gitterfelder direkt ermitteln. Eine Veränderung der Anzahl besetzter Gitterfelder geht fast immer mit einer Veränderung der Populationsgröße einher. Bei rückläufigen Beständen nimmt die Anzahl besetzter Gitterfelder meist ab; umgekehrt ist eine Zunahme der Anzahl besetzter Gitterfelder ein guter Hinweis auf eine Bestandszunahme (Wink 1980, Erhard & Wink 1991; Grummt & Wink 1991; Rheinwald et al. 1997, Schmid et al. 1998, Heine et al. 1999,

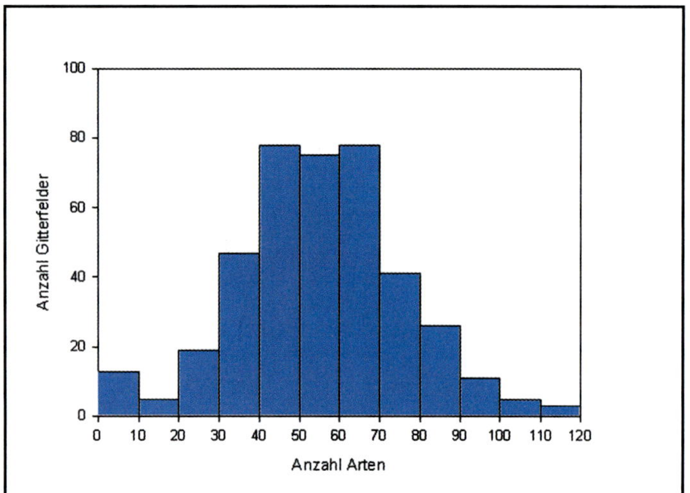

Abb. 12: Verteilung der Vogelarten auf die Gitterfelder im Winter in Nordrhein 1990-2000.

SOVON 2002). Der Anteil in beiden Erfassungsperioden besetzter Gitterfelder ist eine lineare Funktion der insgesamt besetzten Gitterfelder, wie in Abb. **14** dargestellt (vgl. Bezzel et al. 2005). Daraus folgt, dass bei weit verbreiteten Arten Veränderungen in der Rasterfeldbelegung weniger stark auffallen, da der Spielraum kleiner ist als bei gering verbreiteten Arten. Weit über der durch die Funktion beschriebenen Trendlinie liegen vor allem Arten mit einem recht eng begrenzten Verbreitungsgebiet und/oder sehr spezifischen Lebensraumansprüchen, die im Rheinland nur begrenzt zur Verfügung stehen (z. B. Zippammer, Wasseramsel, Uferschnepfe). Diese Arten zeigen eine hohe Konstanz der Verbreitung zwischen beiden Kartierungen. Zu den Arten mit geringer Konstanz, die weit unterhalb der Trendlinie liegen, gehören zum Einen solche mit geringer Siedlungsdichte, großen Revieren oder schwieriger Erfassbarkeit (Wespenbussard, Grauspecht, Eulen) und zum Anderen Arten mit jahrweise stark schwankendem Auftreten (Fichtenkreuzschnabel, Erlenzeisig, Wachtel) bzw. hoher Umsiedlungsrate (Flussregenpfeifer, Säbelschnäbler). So ist der geringe Deckungsgrad der Verteilungen nicht immer eine Folge natürlicher, dynamischer Prozesse, sondern auch von Erfassungsproblemen. Sehr häufige und weit verbreitete Arten mit ebenfalls hohen Konstanzwerten fallen sowieso aus dem Rahmen, da sie bei beiden Kartierungen Verteilungsgrade von über 90 % erreicht haben und kaum Raum für Veränderungen bleibt (z. B. Zaunkönig, Heckenbraunelle, Kohlmeise, Haussperling, Feldlerche). Für Arten mit hohen Verteilungs-

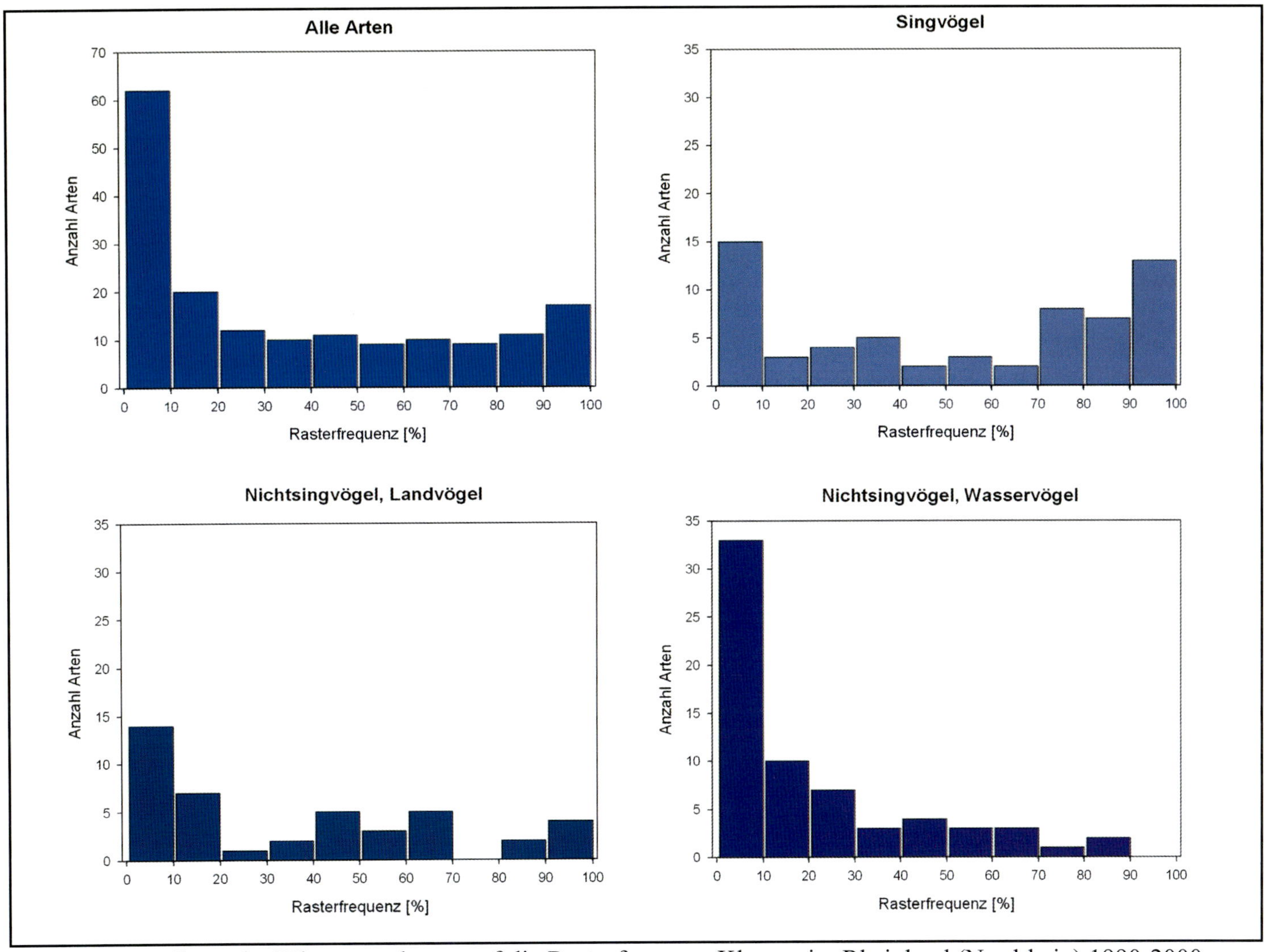

Abb. 13: Verteilung der Wintervogelarten auf die Rasterfrequenz-Klassen im Rheinland (Nordrhein) 1990-2000.

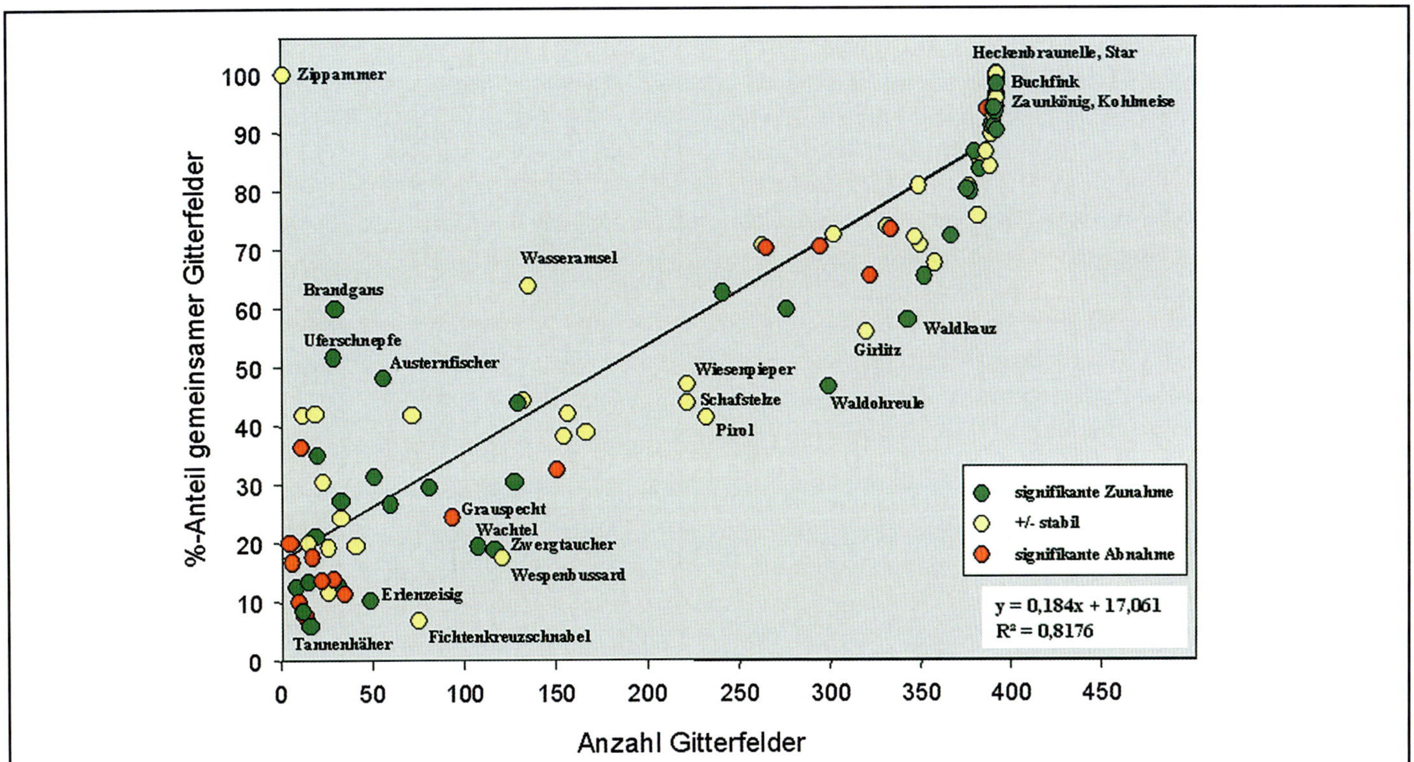

Abb. 14: Prozentualer Anteil in beiden Erfassungszeiträumen gemeinsam besetzter Gitterfelder bezogen auf die insgesamt besetzten Gitterfelder der Arten mit relativ konstanter Verbreitung (Veränderung der Rasterfrequenz um weniger als 10 %) zwischen 1974-84 und 1990-2000.

graden lassen sich folglich mit Hilfe von zeitlichen Veränderungen der Verteilungsmuster keine Bestandstrends ableiten.

Die Tabellen **2-4** fassen die Veränderungen der Anzahl besetzter Gitterfelder zwischen 1974-84 und 1990-2000 für 393 TK25-Quadranten in Nordrhein zusammen und vergleichen sie mit dokumentierten Bestandstrends in anderen Teilen (Mittel-)Europas (SOVON 2002, Bezzel et al. 2005, Heine et al. 1999, Schmid et al. 1998, Noble et al. 2001, BirdLife International 2004). In vielen Fällen sieht man einen übereinstimmenden Trend, ein weiterer Hinweis darauf, dass der rheinische Kartierungsvergleich relevante Ergebnisse liefert (s. a. Rheinwald et al. 1997). Dies wird durch unseren Vergleich der Bestandsentwicklungen in NRW und den benachbarten Niederlanden bestätigt (vgl. Sudmann & Hustings 2003). Positive Entwicklungen finden sich allgemein unter den Stand- und Strichvögeln, während insektenfressende Zugvögel und Vögel der Agrarlandschaft in ihren Beständen oft abnahmen (z. B. Skiba 1998, Donald et al. 2001). Bei den Vögeln der offenen Agrarlandschaft wird die Bestandsentwicklung körnerfressender Sing- und Zugvögel von der Wintermortalität bestimmt, während für Nicht-Singvögel der Bruterfolg entscheidender Faktor ist (Gregory et al. 2004). Mehrfach konnte gezeigt werden, dass die allgemeine Siedlungsdichte auf verschiedenen Probeflächen zwar anstieg, die Artenvielfalt aber abnahm (z. B. Gerss 1994, Skiba 1998).

Erwartungsgemäß sehen wir auch im Rheinland, dass die Bestände einiger Vogelarten (n=33; 20,2 %) weiterhin **zurückgehen** (Tabelle **2**). Es handelt sich hierbei besonders um Arten,

- der intensiv genutzten **Agrarlandschaft** (Rebhuhn, Fasan, Kiebitz, Haubenlerche, Feldlerche, Ortolan, Grauammer, Schwarzkehlchen). Durch Entfernung von Hecken und Unkrautrainen, dem Einsatz von Herbiziden und Pestiziden nimmt die Anzahl der Pflanzenarten und damit der Nahrungsgrundlage für Insekten ab. Die daraus resultierende Nahrungsarmut für pflanzen- bzw. insektenfressende Vögel ist evident. Nachweisliche negative Effekte durch Pestizideinsatz sind für Rebhuhn, Grau- und Goldammer erwiesen sowie für weitere Arten sehr wahrscheinlich (Campbell et al. 1997, Boatman et al. 2004). Außerdem wirkt sich die regelmäßige Bewirtschaftung der Agrarflächen durch Großmaschinen störend aus bzw. führt zu Brutverlusten. Die Vergrößerung bebauter Bereiche führt ebenfalls zu Rückgängen (z. B. Meßer 2004). In mehreren Untersuchungen konnte gezeigt werden (z. B. besonders für die Feldlerche, Donald 2004), dass der Wechsel von der ursprünglich durch den Anbau von Sommergetreide geprägten Landnutzung hin zum Anbau von Wintergetreide ein wesentlicher Faktor für den Bestandsrückgang ist.
- **Feuchtgebietsarten** (Teichhuhn, Bekassine, Drosselrohrsänger, Schilfrohrsänger, Rohrammer). Neben den Problemen in den Durchzugs- und Überwinterungsgebieten spielen Beeinträchtigungen der Lebensräume in den Brutgebieten (Meliorationen, Freizeitnutzung) eine wesentliche Rolle.
- **insektenfressende Zugvogelarten**, die in Afrika überwintern (Kuckuck, Wendehals, Mehlschwalbe, Brachpieper, Baumpieper, Nachtigall, Gartenrotschwanz, Braunkehlchen, Steinschmätzer, Feldschwirl, Drosselrohrsänger, Schilfrohrsänger). Auf den Zugwegen und in den Winterquartieren kommt es zu Verlusten durch Habitatveränderungen, Pestizidvergiftungen und direkte Verfolgung.

Der Rückgang von Raubwürger und Haselhuhn ist vermutlich auf Verlust und Beeinträchtigung geeigneter Lebensräume zurückzuführen. Weitere Arten zeigten ebenfalls rückläufige Rasterfrequenzen, die aufgrund der kleinen Stichprobengröße statistisch nicht signifikant waren (Tabelle **3**). Zu ihnen zählen: Rohrdommel, Zwergdommel, Krickente, Uferschnepfe, Lachmöwe, Trauerseeschwalbe, Schafstelze, Rohrschwirl und Bartmeise. Weitere Arten zeigen ebenfalls rückläufige Entwicklungen, die gerade noch nicht signifikant sind (Waldschnepfe, Ziegenmelker, Heidelerche, Schafstelze, Gelbspötter, Pirol und Gimpel).

Überraschend hoch liegt der Anteil der Arten (n = 75; 46,0 %) mit einer **positiven Arealveränderung** (Tabelle **4**). In den meisten Fällen wurden ähnlich positive Trends auch

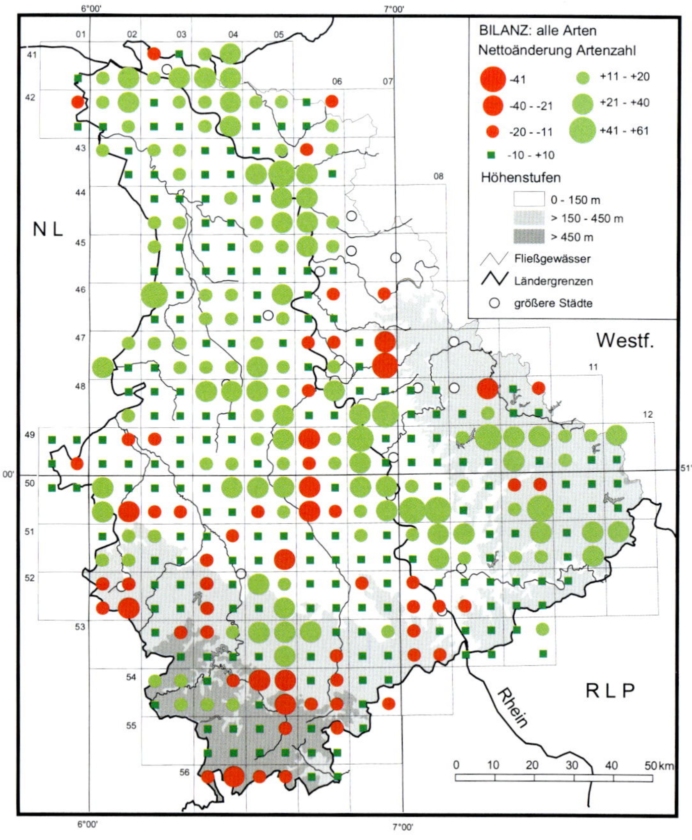

Abb. 15: Bilanz der Anzahl der Brutvogelarten mit Arealveränderungen je Gitterfeld.

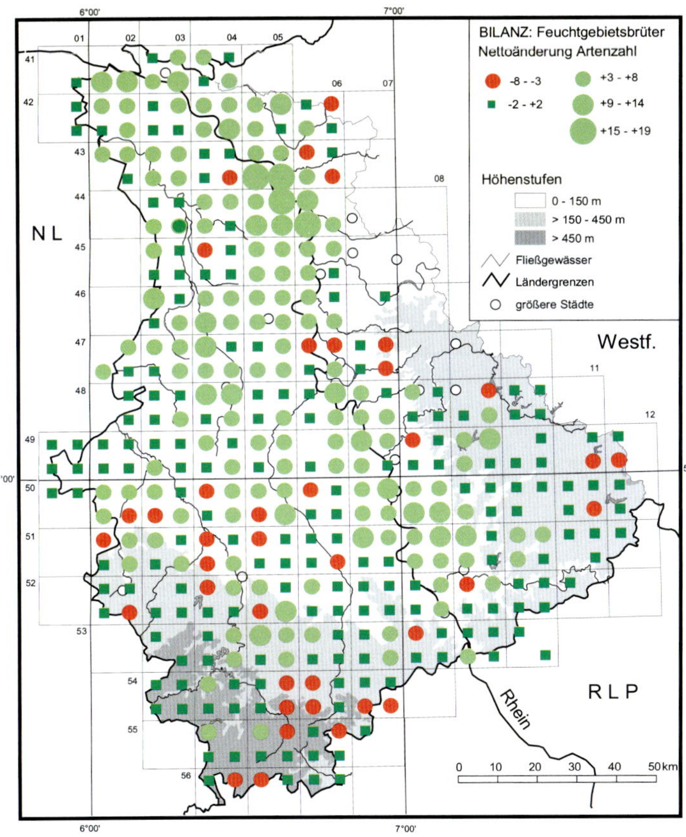

Abb. 16: Bilanz der Wasser- und Feuchtgebietsarten

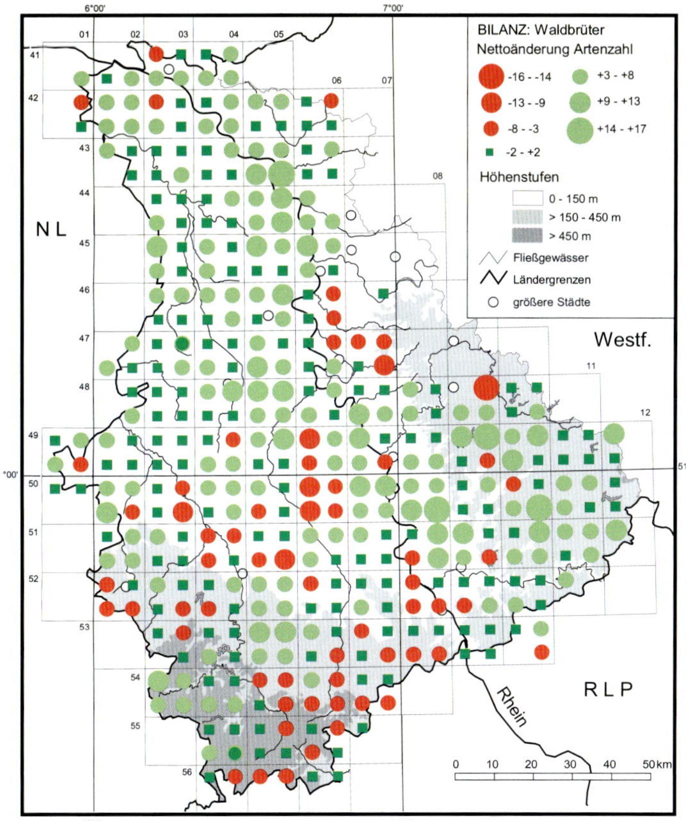

Abb. 17: Bilanz der Waldvogelarten

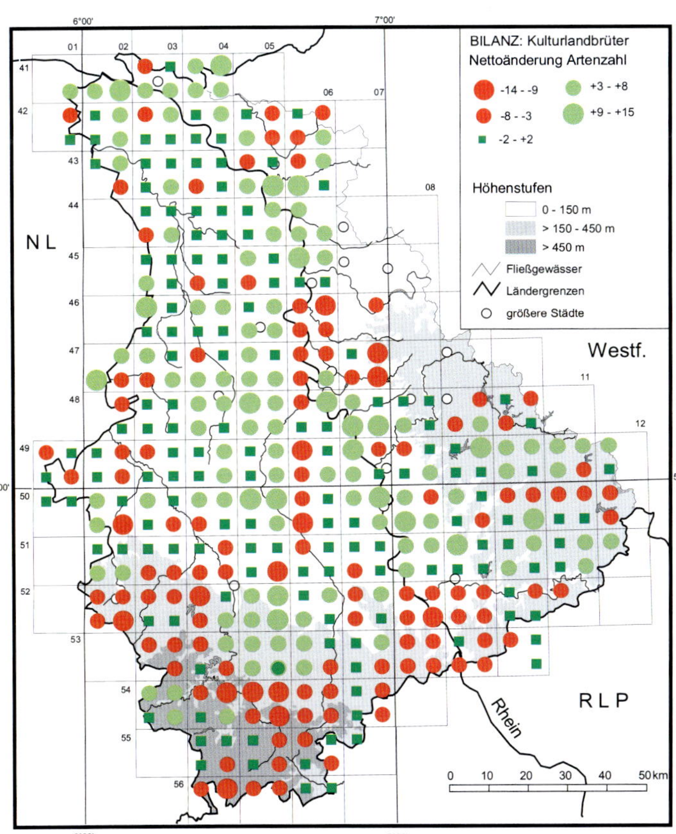

Abb. 18: Bilanz der Kulturlandarten

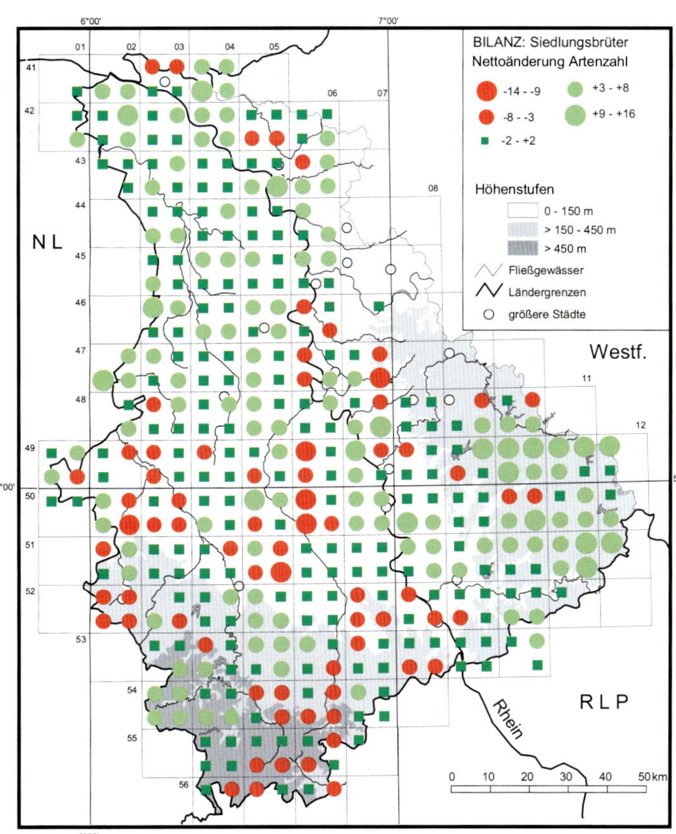

Abb. 19: Bilanz der Arten menschlicher Siedlungen

in den Niederlanden, in der Schweiz und in Großbritannien nachgewiesen, während in anderen Regionen auch gegensätzliche Tendenzen bekannt sind. Die Ursachen hierfür sind komplex und vielschichtig. Neben konkreten Schutzmaßnahmen spielen sicher auch klimatische Veränderungen (GERSTENGARBE & WERNER 2005, HANKE 2005; s. Anhang 2) und die Anpassungsfähigkeit einzelner Arten an Umweltveränderungen eine Rolle. In der Gruppe der zunehmenden Arten lassen sich einige Untergruppen erkennen.

- **Wasservogelarten** (Zwergtaucher, Haubentaucher, Kormoran, Graureiher, Höckerschwan, Graugans, Schnatterente, Reiherente, Wasserralle, Blässhuhn, Sturmmöwe, Silbermöwe). Ursachen liegen in einem Rückgang der Verfolgung (Jagd) und in der Neuanlage sowie Eutrophierung diverser Gewässer (Baggerseen, Braunkohlen-Restseen, Talsperren).
- **Neozoen** (Kanadagans, Nilgans, Rostgans, Mandarinente, Brautente, Halsbandsittich, u. a.)
- **Feuchtgebietsarten** und andere Arten mit starkem Populationswachstum in den Niederlanden (Brandgans, Rohrweihe, Austernfischer, Teichrohrsänger, Hohltaube). Die rheinische Population kann dabei als Ausläufer der größeren niederländischen Population angesehen werden
- **Greifvögel** und **Eulen** (Rotmilan, Schwarzmilan, Rohrweihe, Habicht, Sperber, Turmfalke, Baumfalke, Wanderfalke, Schleiereule, Waldkauz, Waldohreule, Uhu). Die Einstellung der Jagd ab 1970 und das Verbot von DDT dürften hier von entscheidender Bedeutung sein. Da es sich vielfach um ganzjährig anwesende Standvögel handelt, haben sich auch die milden Winter der letzten Jahrzehnte positiv ausgewirkt.
- **Waldvogelarten** (Schwarzstorch, Grünspecht, Schwarzspecht, Mittelspecht, Kleinspecht, Misteldrossel, Wintergoldhähnchen, Sommergoldhähnchen, Trauerschnäpper, Schwanzmeise, Sumpfmeise, Weidenmeise, Haubenmeise, Tannenmeise, Kleiber, Waldbaumläufer, Gartenbaumläufer, Eichelhäher, Tannenhäher, Erlenzeisig, Birkenzeisig, Kernbeißer). Es handelt sich hierbei in den meisten Fällen um nicht ziehende Standvogelarten, die von der Vergrößerung der Waldbestände und von den milden Wintern in den letzten Jahrzehnten profitiert haben (s. auch FLADE & SCHWARZ 2005, MEßER 2004, RHEINWALD et al. 1997).
- Arten der **menschlichen Siedlungen** (Mauersegler, Wacholderdrossel, Meisen, Rabenkrähe, Elster)
- Arten mit **genereller Arealausweitungstendenz** in Mitteleuropa (Kormoran, Silbermöwe, Mittelmeermöwe, Orpheusspötter, Beutelmeise, Tannenhäher, Kolkrabe, Birkenzeisig).
- **Ansiedlungsförderung** durch spezielle Programme (Wanderfalke, Uhu, Weißstorch, Kolkrabe).

In Abb. **15-19** wurde unter Berücksichtigung der ökologischen Gilden analysiert, in welchen Gitterfeldern es zu einer Veränderung der Artenanzahl kam. In Abb. **15** werden alle Arten betrachtet. Die Gitterfelder mit negativer Artenentwicklung (z. B. in TK 5405, 5008, 4707) beruhen teilweise auf einer unvollständigen Erfassung bei der aktuellen Kartierung. Gleichfalls dürfte die Zunahme der Artenanzahl in einigen Flächen auf einer verbesserten Erfassung gegenüber 1974-84 basieren. Generell sieht man eine positive Entwicklung vor allem in Gitterfeldern mit Gewässern, da Wasser- und Feuchtgebietsarten überwiegend positive Arealveränderungen aufweisen (Tab. **4**). Abbildung **16** belegt die positiven Veränderungen der Wasser- und Feuchtgebietsarten (Tab. **4**). Entsprechend zahlreich sind die Gitterfelder, in denen die Anzahl der Wasser- und Feuchtgebietsarten um zwei bis zehn Arten zunahmen. Auch viele Arten der Wälder (Abb. **17**) zeigen signifikante Zunahmen (s. oben, Tabelle **4**). Es ist deshalb nicht überraschend, dass sich in etlichen Gitterfeldern die Anzahl der Waldvogelarten vergrößern konnte, wobei diese Zunahme besonders außerhalb der geschlossenen Waldgebiete evident ist (FLADE & SCHWARZ 2005). Davon sind besonders die Raster des Tieflandes mit Gärten, Parklandschaften und Feldgehölzen betroffen. Arten der intensiv genutzten Agrarlandschaft weisen eher negative Arealentwicklungen auf (Tabelle **2**). Dies sieht man auch an der größeren Anzahl von Gitterfeldern mit negativer Artenentwicklung, wenn man die Gilde der Kulturlandarten betrachtet (Abb. **18**). Interessanterweise ist dieser Trend in den Mittelgebirgslagen besonders deutlich, während die Tieflagen entweder unveränderte oder leicht positive Artenanzahlen aufweisen. In letzteren Arealen hat die Intensivierung schon vor längerer Zeit stattgefunden, während sie sich in den für die Landwirtschaft suboptimaleren Mittelgebirgsregionen erst in neuerer Zeit vollzogen hat. Bei den Vogelarten der menschlichen Siedlungen (Abb. **19**) hat sich die Situation in den meisten Gitterfeldern nicht verändert. Die Anzahl der Felder mit Zunahmen liegt nur leicht über der Anzahl der Gitterfelder mit Abnahmen. Weitere Arten mit positiven, aber nicht signifikanten, sowie Arten ohne Arealveränderungen sind in Tabelle **3** aufgelistet (n = 55; 33,7 %).

Haubenlerche, *Galerida cristata*.
Foto: MATHIAS SCHÄF

Tabelle 2: Negative Arealveränderungen der Brutvögel des Rheinlandes (**Rhl**. 1974-84 und 1990-2000) im Vergleich zu weiteren langfristigen Atlasuntersuchungen: **EUR** (Status in Europe; BirdLife International 2004), **NL** (Niederlande 1973-77 und 1998-2000; SOVON 2002), **BAY** (Bayern 1979-83 und 1996-99; Bezzel et al. 2005), **CH** (Schweiz 1972-76 und 1993-96, Schmid et al. 1998), **BS** (Bodensee 1980-81 und 1990-92, Heine et al. 1999), **UK** (Großbritannien 1994 und 2000; Noble et al. 2001). Signifikante Veränderungen sind **fett** hervorgehoben. Die Veränderung der Anzahl besetzter Gitterfelder wird in Prozent angegeben. Signifikanz der Veränderung nach McNemar (gilt nicht für UK) mit "*" p < 0,05; "**" p < 0,01 und "***" p < 0,001.

Art	EUR	Rhl.	NL	BAY	CH	BS	UK
Rohrdommel	dezimiert	-50%	**-50%*** **				
Zwergdommel	dezimiert	-100%	**-81%*** **	**-62%*** **	-2%	+66%	
Haselhuhn	sicher	**-64%*** **		+3%	-2%	-?	
Rebhuhn	zurückgehend	**-18%*** **	**-31%*** **	**-13%*** **	**-85%*** **	**-80%*** **	**-22%* **
Fasan	sicher	**-17%*** **	**-5%*** **	**-31%*** **	**-56%*** **	**-35%*** **	**+41%* **
Teichhuhn	sicher	**-10%** **	**-2%*** **	**-10%*** **	0	**-42%*** **	**+18%** **
Kiebitz	zurückgehend	**-5%* **	**-1%*** **	**-25%*** **	**-19%** **	-12%	**-13%* **
Bekassine	zurückgehend	**-50%* **	**-64%*** **	**-34%*** **	**-81%*** **	**-30%* **	**+35%* **
Lachmöwe	sicher	-50%	**-24%*** **	**-27%* **	+8%	+55%	**-20%* **
Trauerseeschwalbe	dezimiert	-80%	**-65%*** **				
Kuckuck	sicher	**-16%*** **	**-7%*** **	**-9%*** **	0	**-5%* **	**-19%* **
Wendehals	zurückgehend	**-67%* **	**-41%*** **	**-41%*** **	**-22%*** **	**-31%** **	
Grauspecht	dezimiert	**-28%* **		**-19%*** **	**-25%*** **	-2%	
Haubenlerche	dezimiert	**-83%*** **	**-91%*** **	**-65%*** **	-100%		
Feldlerche	dezimiert	**-3%* **	**-7%*** **	**-7%*** **	-2%	**-22%*** **	**-8%* **
Mehlschwalbe	zurückgehend	**-4%** **	**-8%*** **	**-6%*** **	0	+1%	**+34%* **
Brachpieper	zurückgehend	**-100%* **	**-79%*** **		0		
Baumpieper	sicher	**-21%*** **	**-8%*** **	**-18%*** **	**-10%*** **	**-38%*** **	+12%
Nachtigall	sicher	**-12%** **	**-20%*** **	+13%	**-11%* **	+7%	
Gartenrotschwanz	dezimiert	**-35%*** **	**-16%*** **	**-38%*** **	0	**-43%*** **	**+45%* **
Braunkehlchen	sicher	**-69%*** **	**-54%*** **	**-29%*** **	**-16%*** **	**-31%* **	-21%
Schwarzkehlchen	zunehmend	**-29%*** **	**-8%** **	+20%	**+20%* **	+250%	**+115%* **
Steinschmätzer	zurückgehend	**-82%*** **	**-66%*** **	**-51%*** **	**+11%*** **		-6%
Rohrschwirl	sicher	-100%	**-42%*** **	+16%	+34%	-10%	
Feldschwirl	sicher	**-33%*** **	**+27%*** **	-1%	-9%	**-18%*** **	+5%
Schilfrohrsänger	sicher	**-61%* **	**-27%*** **	**-42%*** **	**-100%* **	+100%	**+55%* **
Drosselrohrsänger	sicher	**-78%* **	**-78%*** **	**-45%*** **	-14%	-4%	
Raubwürger	dezimiert	**-74%*** **	**-89%*** **	**-51%*** **	**-100%*** **	-75%	
Fichtenkreuzschnabel	sicher	**-38%* **	**+398%*** **	+6%	**-7%** **	**+159%*** **	
Goldammer	sicher	**-3%* **	**-24%*** **	**-5%*** **	+2%	-2%	**-12%* **
Ortolan	dezimiert	**-91%* **	**-92%*** **	**-45%*** **	**-52%*** **		
Rohrammer	sicher	**-25%*** **	**-8%*** **	-2%	-5%	-10%	-4%
Grauammer	zurückgehend	**-55%*** **	**-88%*** **	**-61%*** **	**-48%*** **	**-62%*** **	**-35%* **

Tabelle 3: Brutvögel des Rheinlandes ohne statistisch signifikante Arealveränderungen (**Rhl**. 1974-84 und 1990-2000) im Vergleich zu weiteren langfristigen Atlasuntersuchungen: **EUR** (Status in Europe; BirdLife International 2004), **NL** (Niederlande 1973-77 und 1998-2000; SOVON 2002), **BAY** (Bayern 1979-83 und 1996-99; Bezzel et al. 2005), **CH** (Schweiz 1972-76 und 1993-96, Schmid et al. 1998), **BS** (Bodensee 1980-81 und 1990-92, Heine et al. 1999), **UK** (Großbritannien 1994 und 2000; Noble et al. 2001). Signifikante Veränderungen sind **fett** hervorgehoben. Die Veränderung der Anzahl besetzter Gitterfelder wird in Prozent angegeben. Signifikanz der Veränderung nach McNemar (gilt nicht für UK) mit "*" $p < 0{,}05$; "**" $p < 0{,}01$ und "***" $p < 0{,}001$.

Art	**EUR**	**Rhl.**	**NL**	**BAY**	**CH**	**BS**	**UK**
Weißstorch	dezimiert	0	__+669%***__	+16%	__+355%***__	+	
Schwarzschwan	-	+	__+***__				
Krickente	sicher	-31%	__-45%***__	__-33%***__	__-83%***__	+25%	
Stockente	sicher	+4%	0	+2	__+14%***__	+2%	__+25%*__
Knäkente	zurückgehend	+43%	__-36%***__	-11%	__-73%***__	+28%	
Löffelente	zurückgehend	+73%	__-16%***__		-87%		
Tafelente	zurückgehend	+2%	-7%	+7%	__-55%**__	+114%	
Wespenbussard	sicher	+29%+	__+76%***__	+3%	+1%	__-57%*__	
Wiesenweihe	sicher	0	-16%		-100%		
Tüpfelsumpfhuhn	sicher	+100%	__+79%***__	__-50%*__	-37%	0	
Wachtelkönig	dezimiert	+90%	__+109%***__	__+51%*__	__-53%***__	-100%	
Flussregenpfeifer	sicher	+7%	__+53%***__	__+36%***__	__+46%**__	-20%	
Waldschnepfe	zurückgehend	-14%+	__-12%**__	__+34%***__	-7%		
Uferschnepfe	zurückgehend	+10%	__-17%***__				
Gr. Brachvogel	zurückgehend	+100%	__+5%*__	__-27%***__	__-80%**__	-25%	__-13%*__
Rotschenkel	zurückgehend	+25%	__-15%***__				+8%
Heringsmöwe	zunehmend	+	__+329%***__				__+34%*__
Flussseeschwalbe	sicher	+83%	-8%		__+125%*__	+50%	-4%
Ringeltaube	sicher	+0,5%	0	-1%	0	-4%	__+5%*__
Türkentaube	sicher	+3%	__+8%***__	__-5%***__	__+17%***__	__+11%**__	__+18%*__
Turteltaube	zurückgehend	-4%	__-21%***__	+7%	-1%	__+143%***__	__-24%*__
Steinkauz	zurückgehend	-3%	__-16%***__	__-68%***__	__-88%***__	-42%	+8%
Waldohreule	sicher	+4%	__-7%***__	__-16%***__	__-8%*__	-16%	
Ziegenmelker	dezimiert	-29%	__-30%***__	__-59%***__	-28%		
Heidelerche	dezimiert	-11%	__+32%***__	__-33%***__	__-31%**__	+300%	
Uferschwalbe	dezimiert	+7%	__-23%***__	-7%	__-28%***__	-30%	__+39%*__
Rauchschwalbe	dezimiert	+0,5%	0	__-6%***__	__+4%**__	-1%	__+21%*__
Wiesenpieper	sicher	-2%	__-7%***__	__+21%**__	__+400%***__	-100%	+4%
Schafstelze	sicher	-7%	__-14%***__	__-23%***__	__-45%***__	__-29%*__	-5%
Bachstelze	sicher	+0,5%	0	__-4%***__	__+1%*__	+1%	__+25%*__
Wasseramsel	sicher	+3%		__+24%***__	__+8%***__	__+80%*__	
Zaunkönig	sicher	-0,3%	__+1%*__	__-3%***__	__+1%*__	+2%	__+24%*__
Heckenbraunelle	sicher	0	__+3%***__	__-7%***__	__+3%***__	-1%	__+8%*__
Hausrotschwanz	sicher	+2%	__+36%***__	__-4%***__	__+1%*__	0	
Amsel	sicher	+0,5%	0	__-4%***__	__+1%*__	0	__+13%*__
Singdrossel	sicher	+0,5%	__+2%***__	__-4%***__	__+1%*__	+1%	__+12%*__
Sumpfrohrsänger	sicher	+6%	+1%	__-4%*__	__+31%***__	__-7%*__	
Gelbspötter	sicher	-5%	__-7%***__	-2%	__-42%***__	-4%	
Klappergrasmücke	sicher	-2%	+1%	__-18%***__	__+29%***__	__-24%***__	__-20%*__
Dorngrasmücke	sicher	+2%	+1%	__-16%***__	__-35%***__	__-27%***__	__+26%*__

Tabelle 3: Fortsetzung

Art	EUR	Rhl.	NL	BAY	CH	BS	UK
Mönchsgrasmücke	sicher	+1%	**+15%*** **	**-3%** **	**+7%*** **	0	**+49%***
Waldlaubsänger	zurückgehend	+5%	**-19%*** **	**-12%*** **	**+5%***	-6%	**-43%***
Zilpzalp	sicher	+0,5%	**+7%*** **	**-3%*** **	+1%	0	+5%
Fitis	sicher	-1%	0	**-5%*** **	**-10%*** **	**-11%*** **	**+13%***
Grauschnäpper	dezimiert	-1%	0	0	**+7%*** **	-2%	**-21%***
Bartmeise	sicher	-33%	-8%		+80%	+500%	
Blaumeise	sicher	+0,5%	**+3%*** **	**-4%*** **	**+14%*** **	0	+3%*
Kohlmeise	sicher	+0,3%	**+1%*** **	**-4%*** **	**+3%*** **	0	**+18%***
Pirol	sicher	-8%	**-25%*** **	**-18%*** **	**-10%***	-6%	
Neuntöter	dezimiert	+14%	-10%	**+9%*** **	**+2%***	-11%	
Elster	sicher	+3%	**+6%*** **	-1%	**+5%*** **	**+13%*** **	**+9%***
Star	zurückgehend	0	0	**-5%*** **	**-5%*** **	0	-5%
Haussperling	zurückgehend	0	0	**-6%*** **	0	+1%	**-5%***
Feldsperling	zurückgehend	-2%	-1%	**-3%***	-1%	-3%	**+25%***
Buchfink	sicher	-0,3%	**+7%*** **	**-4%*** **	**+1%***	0	**+6%***
Girlitz	sicher	-7%	+2%	**+11%*** **	**+12%*** **	**+6%***	
Bluthänfling	zurückgehend	-3%	**-2%*** **	**-14%*** **	**+6%** **	**-21%*** **	-6%
Gimpel	sicher	-4%	**-8%*** **	**-11%*** **	0	**-11%** **	**-25%***

Grauschnäpper, *Muscicapa striata*. Foto: MATHIAS SCHÄF

Tabelle 4: Positive Arealveränderungen der Brutvögel des Rheinlandes (**Rhl**. 1974-84 und 1990-2000) im Vergleich zu weiteren langfristigen Atlasuntersuchungen: **EUR** (Status in Europe; BirdLife International 2004), **NL** (Niederlande 1973-77 und 1998-2000; SOVON 2002), **BAY** (Bayern 1979-83 und 1996-99; Bezzel et al. 2005), **CH** (Schweiz 1972-76 und 1993-96, Schmid et al. 1998), **BS** (Bodensee 1980-81 und 1990-92, Heine et al. 1999), **UK** (Großbritannien 1994 und 2000; Noble et al. 2001). Signifikante Veränderungen sind **fett** hervorgehoben. Die Veränderung der Anzahl besetzter Gitterfelder wird in Prozent angegeben. Signifikanz der Veränderung nach McNemar (gilt nicht für UK) mit "*" p < 0,05; "**" p < 0,01 und "***" p < 0,001.

Art	EUR	Rhl.	NL	BAY	CH	BS	UK
Zwergtaucher	sicher	**+57%***	-7%	+4%	+5%	0	**+26%***
Haubentaucher	sicher	**+67%*****	**+61%*****	**+22%*****	+9%	+1%	+30%
Kormoran	zunehmend	**+600%***	**+1.300%*****				**+31%***
Graureiher	sicher	**+518%*****	**+54%*****	**+67%*****	-10%	+125%	**+18%***
Schwarzstorch	selten/zunehmend	**+*****					
Höckerschwan	zunehmend	**+49%*****	**+31%*****	+1%	-2%	-5%	**+20%***
Graugans	zunehmend	**+553%*****	**+1.178%*****				**+69%***
Kanadagans	sicher	**+*****	**+4.300%*****				**+51%***
Nilgans	-	**+*****	**+4.405%*****				
Brandgans	sicher	+52%	**+41%*****				**-47%***
Rostgans	-	**+*****	**+1.200%*****				
Brauente	-	+*					
Mandarinente	-	**+*****	**+1.914%*****		**+600%****		
Pfeifente	sicher	**+***	**+164%*****				
Schnatterente	dezimiert	**+550%****	**+153%*****	**+97%*****	-38%	+62%	
Reiherente	zurückgehend	**+296%*****	**+50%*****	**+97%*****	**+43%***	**+157%*****	**+83%***
Rotmilan	zurückgehend	**+69%*****	-88%	+1%	**+95%*****	+30%	
Schwarzmilan	zurückgehend	**+250%****	-50%	+15%	**+13%*****	+8%	
Rohrweihe	sicher	**+130%*****	**+84%*****	**+204%*****	-66%	+200%	
Habicht	sicher	**+51%*****	**+311%*****	-4%	**+58%*****	**+154%*****	
Sperber	sicher	**+214%*****	**+191%*****	+4%	**+24%*****	**+128%*****	-2%
Mäusebussard	sicher	**+9%*****	**+120%*****	-0	**+7%*****	+5%	**+41%***
Turmfalke	zurückgehend	**+10%*****	**+2%**	**+6%*****	**+5%*****	0	**-29%***
Baumfalke	sicher	**+66%*****	**+24%*****	**+51%*****	**+36%*****	-4%	
Wachtel	dezimiert	**+48%****	**+133%*****	**+54%*****	**+16%***	-29%	
Wasserralle	sicher	**+82%****	-6%	**+22%***	-7%	**-23%***	
Blässhuhn	sicher	**+59%*****	**+8*****	+2%	**+13%*****	**+11%***	**+55%***
Austernfischer	sicher	**+52%****	**+5%*****				**-8%***
Sturmmöwe	dezimiert	**+150%***	**+87%*****				+8%
Silbermöwe	sicher	**+900%****	**+52%*****				+6%
Hohltaube	sicher	**+73%*****	**+26%*****	**+62%*****	+8%	+18%	+9%
Halsbandsittich	-	**+425%*****	**+429%*****				
Schleiereule	zurückgehend	**+74%*****	**-78%*****	**+70%*****	**+10%***	**+200%****	
Waldkauz	sicher	**+17%****	**+34%*****	-2%	**+9%*****	**-18%*****	-8%
Mauersegler	sicher	**+8%***	**+6%*****	-1%	-1%	-1%	**-18%***
Eisvogel	dezimiert	**+146%*****	-10	**+71%*****	**+15%***	**+143%***	**+76%***
Grünspecht	dezimiert	**+22%*****	**+16%*****	**-6%***	**+7%*****	-4%	**+22%***
Schwarzspecht	sicher	**+36%*****	**+5%***	**+11%*****	**+14%*****	+5%	
Buntspecht	sicher	**+4%***	**+29%*****	**-3%****	**+4%*****	**+5%****	**+55%***
Mittelspecht	sicher	**+100%*****	+200%	-6%	-3%	**-47%***	
Kleinspecht	sicher	**+36%*****	**+64%*****	-6%	**+10%***	-11%	

Tabelle 4: Fortsetzung

Art	EUR	Rhl.	NL	BAY	CH	BS	UK
Gebirgsstelze	sicher	+23%***	+58%***	+3%	+4%***	+18%	+41%*
Rotkehlchen	sicher	+2%*	+8%***	-3%**	+1%*	+3%*	+20%*
Blaukehlchen	sicher	+60%	+318%***	+88%***			
Wacholderdrossel	sicher	+17%***	+76%***	-5%***	+6%***	+1%	
Misteldrossel	sicher	+3%*	+7%***	+0	+4%***	+26%***	-2%
Teichrohrsänger	sicher	+58%***	+12%***	+5%	+24%***	+5%	+14%*
Orpheusspötter	sicher	+**	+*		+114%***		
Gartengrasmücke	sicher	+6%***	+3%***	-5%***	+2%*	-2%	-5%
Wintergoldhähnchen	sicher	+22%***	+15%***	-3%	+4%***	+9%*	+87%*
Sommergoldhähnchen	sicher	+41%***	+40%***	-3%*	+13%***	0	
Trauerschnäpper	sicher	+40%***	+15%***	-21%***	+1%	+37%*	-16%
Schwanzmeise	sicher	+14%***	+27%***	+3%	+19%***	+78%***	-22%*
Sumpfmeise	zurückgehend	+12%**	-18%***	-8%***	+8%***	+8%***	+45%*
Weidenmeise	sicher	+6%*	-5%***	+0	+2%	-40%	-54%*
Haubenmeise	zurückgehend	+39%***	+11%***	+4%	+4%***	+11%	
Tannenmeise	sicher	+16%***	+1%	-3%**	+2%*	+9%***	+7%
Kleiber	sicher	+7%***	+61%***	-4%***	+4%***	+2%	+14%
Waldbaumläufer	sicher	+53%***	+1.100%**	+7%**	+15%***	+9%	+12%
Gartenbaumläufer	sicher	+7%***	+20%***	-7%**	+5%*	0	
Beutelmeise	sicher	+***	+4.467%***	+128%***	+66%	+**	
Eichelhäher	sicher	+4%**	+22%***	-3%**	+4%***	+7%**	-7%
Tannenhäher	sicher	+1.500%***		+18%**	+6%**	0	
Dohle	sicher	+11%*	+8%***	-4%	-23%***	-44%**	+17%*
Saatkrähe	sicher	+161%***	+55%***	-29%	+300%***		+6%
Rabenkrähe	sicher	+5%***	+7%***	-5%***	0	0	+17%*
Kolkrabe	sicher	+	+1.229%***	+99%***	+9%***	-10%	+64%*
Grünfink	sicher	+2%*	+4%***	-5%***	+9%***	0	+34%*
Stieglitz	sicher	+10%*	+78%***	`-2%	+4%***	0	+11%
Erlenzeisig	sicher	+215%***	+162%***	-5%	+30%***	+250%	+19%
Birkenzeisig	sicher	+260%***	-23%*		+6%*	+450%*	+8%
Kernbeißer	sicher	+27%***	+125%***	+20%***	+27%***	+17%**	

Heringsmöwe, *Larus fuscus*. Foto: Mathias Schäf

Die Vögel des Rheinlandes (Nordrhein)

Im Folgenden werden die Ergebnisse der Brut- und Wintervogelkartierung für insgesamt 240 Vogelarten vorgestellt. Reihenfolge* und Nomenklatur folgen weitgehend BARTHEL (1993), neuere Erkenntnisse wurden berücksichtigt (DICKINSON 2003, SVENSSON et al. 1999). Zwischenzeitlich ist die neue offizielle Artenliste der Vögel Deutschlands erschienen (HELBIG & BARTHEL 2005). Um den Vergleich mit dem Westfalen-Atlas (NWO 2002) zu erleichtern, wurde hier die "alte" Reihenfolge der Arten beibehalten. Arten mit wenigen unregelmäßigen Brutnachweisen oder Wintervorkommen werden im Anhang ohne Verbreitungskarten kurz zusammengefasst. Der Aufbau der Artkapitel mit kartographischer Darstellung mehr oder weniger regelmäßiger Brutvögel und Wintergäste gestaltet sich wie folgt:

Jedes Kapitel beginnt mit dem deutschen und wissenschaftlichen Artnamen und einer kurzen Statusangabe:

Jahresvogel: Die Art ist ganzjährig anwesend und es gibt keinen nennenswerten Austausch mit anderen Populationen.

Brutvogel: Die Art ist, zumindest in der Vergangenheit (vor 1990), als sicher brütend nachgewiesen.

Durchzügler: Die Art passiert das Rheinland auf dem Zug zwischen Brut- und Winterquartier.

Wintergast: Die Art erscheint, zumindest unregelmäßig, zwischen 01. Dezember und 15. Februar im Rheinland. Hierbei muss es sich nicht um durchgängige Überwinterungen handeln.

Neben dem Artnamen wird der Gefährdungsstatus der betreffenden Art angegeben. Zum Einen wird der Status entsprechend der aktuellen Roten Liste für Nordrhein-Westfalen aufgeführt (Kategorien: **0** = ausgestorben, verschollen; **1** = vom Aussterben bedroht; **2** = stark gefährdet; **3** = gefährdet; **R** = arealbedingt selten; **V** = zurückgehend; NOTTMEYER-LINDEN et al. 1997). Des weiteren werden die europäischen Gefährdungskategorien nach BIRDLIFE INTERNATIONAL (2004) genannt (zur Erläuterung s. dort).

Bei Brutvögeln folgt anschließend eine Beschreibung der gefundenen **Verbreitung** im Rheinland und der hier besiedelten Lebensräume. Hier werden lediglich die im Rahmen der Kartierung erhaltenen Befunde zusammenfassend aufgeführt und nicht noch einmal die gesamte (mittel-)europäische Literatur rezitiert. Weiterführende Angaben finden sich z. B. im "Handbuch der Vögel Mitteleuropas" und, mit näherem Bezug zum Rheinland, bei MILDENBERGER (1982, 1984), WINK (1987) und NWO (2002). Dem folgt eine kurze Diskussion zu eventuell festgestellten **Arealveränderungen**, besonders im Vergleich zur ersten Kartierung 1974-84 (WINK 1987), der Avifauna des Rheinlandes (MILDENBERGER 1982, 1984) und Einzelarbeiten. Ergänzt wird dieser Abschnitt durch eine grobe **Schätzung** des Gesamtbrutbestandes im Rheinland von 1990-2000. Abschließend wird die **Winterverbreitung** beschrieben und kurz diskutiert, sowie qualitativ mit älteren Daten (WINK 1990, MILDENBERGER 1982, 1984) verglichen.

Jedes Artkapitel enthält 1-3 **Verbreitungskarten** mit den Begrenzungen der Topographischen Karten 1:25.000 für Nordrhein-Westfalen zur A.) **Brutverbreitung** 1990-2000, B.) **Arealveränderung** 1990-2000 gegenüber 1974-1984 (WINK 1987), und C.) **Winterverbreitung** 1990-2000 (A. und C. mit semiquantitativer Darstellung der Vorkommen). Kartierungseinheiten sind TK25-Quadranten, in einigen Fällen wurden die Vorkommen aus Schutzgründen nur auf vollständiger TK-Ebene dargestellt.

Zu jeder Karte gibt es (fast) immer auch eine Tabelle. Für die Brutverbreitung wird hier die Anzahl besetzter Gitterfelder insgesamt und für die einzelnen Größenklassen, die zugehörigen Rasterfrequenzen und der Minimalbestand aufgelistet (s. auch Kapitel *Material und Methoden*).

Die Tabelle zur Arealveränderung gibt ebenfalls die Anzahl besetzter Gitterfelder in nur einem Kartierungszeitraum, in beiden, insgesamt und die Veränderung mit entsprechenden prozentualen Anteilen und Rasterfrequenzen an. Statistisch signifikante Veränderungen sind gekennzeichnet und die Übereinstimmung der Verbreitungsmuster (Identitäts-Index I_D nach SCHERNER 1982) aufgeführt.

Die Tabelle zur Winterverbreitung entspricht in ihrem Aufbau weitgehend der Tabelle zur Brutverbreitung, nur dass hier Einzelindividuen und nicht Brutpaare gezählt wurden. Aufgrund des kumulativen Effektes sind Bestandsangaben hier riskant (Überschätzung). Es wurde deshalb darauf verzichtet.

Die folgenden Abkürzungen werden verwendet:

Ex.	Exemplar(e)
Ind.	Individuum, Individuen
BP	Brutpaar(e)
Rev.	Revier(e)
RF	Rasterfrequenz/Verbreitungsgrad/Verteilungsgrad in Prozent
GF	Gitterfeld/Raster
NL	Niederlande
NRW	Nordrhein-Westfalen

* Um Doppelseiten auf gegenüberliegenden Seiten zu platzieren, wurde in Einzelfällen von der systematischen Reihenfolge abgewichen.

Eistaucher *Gavia immer*

Status: Durchzügler, Wintergast

Gefährdung:
Non-SPEC (nicht gefährdet)

WINTERVERBREITUNG

Der Eistaucher überwintert an den Küsten Nordamerikas, Islands und Nordeuropas einschließlich der gesamten Nordsee (GLUTZ & BAUER 1987). Im hier bearbeiteten Zeitraum wurden fast jährlich einzelne Eistaucher im deutschen Binnenland nachgewiesen. Dies gilt auch für das Rheinland: einzelne Individuen rasteten/überwinterten unregelmäßig auf größeren Kiesseen, Baggerseen und Braunkohlen-Restseen des Flachlandes, meist in Rheinnähe. Von 1990-2000 wurden in sieben Gitterfeldern (RF = 1,8 %) Nachweise erbracht. Die Art hat somit im Vergleich zu früher deutlich zugenommen; MILDENBERGER (1982) führt zehn Nachweise zwischen 1872 und 1978 auf, während die Art 1983-86 nicht festgestellt wurde.

Die Eistaucher vom Lucherberger See (Dezember 2000) und von den Krickenbecker Seen (Januar 2003) verstarben und konnten genetisch untersucht werden. Der Haplotyp ihres Cytochrom b-Gens entsprach dem des in Nordamerika vorherrschenden Haplotyps (WINK et al. 2002). Da aber kein Vergleichsmaterial aus Island und Grönland vorlag, muss die Herkunft offen bleiben.

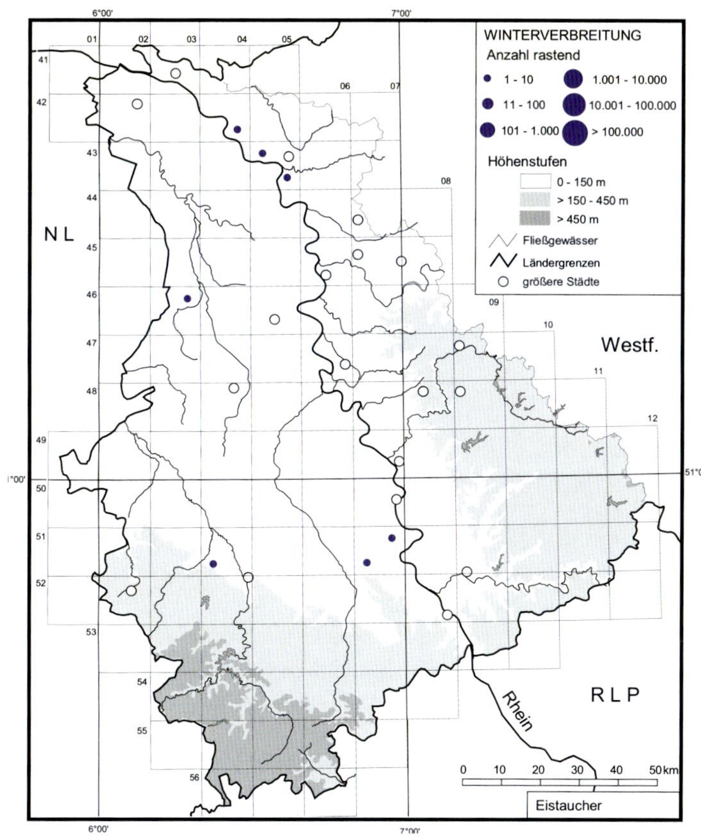

Winterverbreitung 1990-2000

Eistaucher, *Gavia immer*, 1. Winter. Foto: CHRISTIAN DIETZEN

Prachttaucher *Gavia arctica*

Status: Durchzügler, Wintergast

Gefährdung:
SPEC 3 (gefährdet)

WINTERVERBREITUNG

Der Prachttaucher rastet und überwintert im Rheinland regelmäßig auf größeren (>15 ha) tiefen und vegetationsarmen Kiesgruben, Baggerseen und Braunkohlen-Restseen des Flachlandes, insbesondere im Bereich des Rheintales. Aber auch Talsperren im Mittelgebirgsbereich werden aufgesucht. Im Gegensatz zum Sterntaucher konzentrieren sich die Vorkommen eher auf das südliche Rheinland (Köln-Aachener Bucht), während nördlich der Linie Mönchengladbach - Düsseldorf aus dem Bearbeitungszeitraum keine Nachweise vorliegen. Der Prachttaucher wurde im Vergleich zum Sterntaucher etwas häufiger nachgewiesen, sowohl im hier bearbeiteten Zeitraum als auch vor 1990 (Neubaur 1957, Mildenberger 1982, Wink 1990). Im Kartierungszeitraum wurden von insgesamt 20 Gitterfeldern (RF = 5,1 %) Winterbeobachtungen gemeldet (meist einzelne Individuen, seltener 2-3 Ind. gleichzeitig). Die Art wird auf den meisten Gewässern nicht alljährlich beobachtet. Die Hauptdurchzugszeit erstreckt sich von Ende Oktober bis Anfang Dezember, so dass im Rahmen der hier durchgeführten Winterkartierung lediglich ein kleiner Teil der Durchzügler und die spärlicheren Wintergäste erfasst wurden. Im Vergleich zur ersten Kartierung (1983-86) hat sich die Winterverbreitung nicht nennenswert verändert (RF = 6,8 %). Die Aufenthaltsdauer einzelner Vögel umfasst meist nur wenige Tage bis Wochen, aber durchgehende Überwinterungen sind dokumentiert (z. B. Janzing 1994).

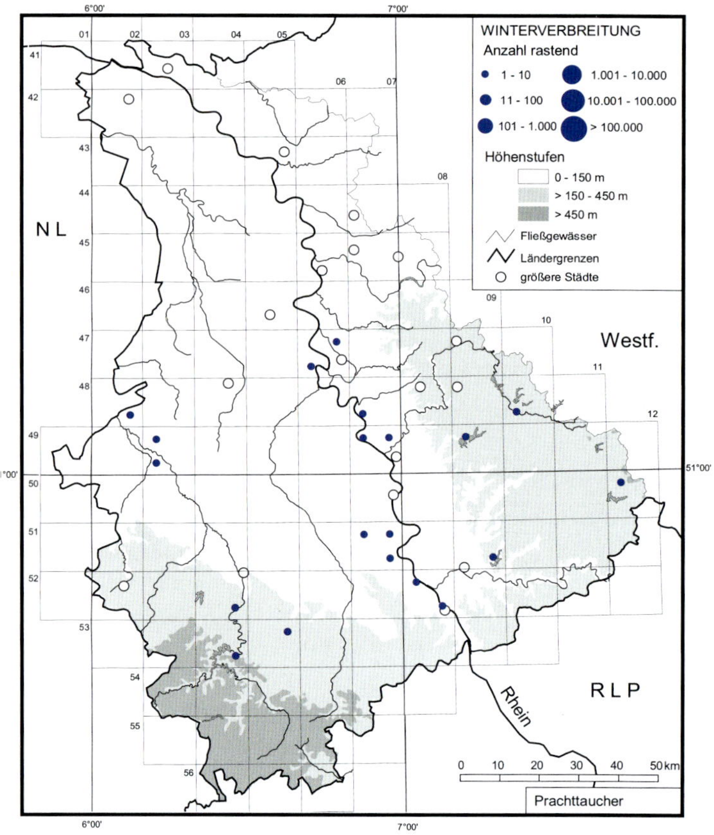

Winterverbreitung 1990-2000

Prachttaucher, *Gavia arctica*, 1. Winter. Foto: Christian Dietzen

Sterntaucher *Gavia stellata*

Status: Durchzügler, Wintergast

Gefährdung:
SPEC 3 (gefährdet)

WINTERVERBREITUNG

Einzelne Sterntaucher rasten und überwintern regelmäßig auf Kiesgruben, Baggerseen und Braunkohlen-Restseen des Flachlandes, insbesondere im Bereich des Rheins, sowie gelegentlich auch auf Talsperren im unteren Mittelgebirgsbereich. Ganz im Gegensatz zum Prachttaucher wird der Sterntaucher im nördlichen Rheinland (Unterer Niederrhein) deutlich häufiger nachgewiesen als im südlichen Rheinland, wo der Prachttaucher vermehrt beobachtet wird. Zwischen 1990 und 2000 trat der Sterntaucher in 15 Gitterfeldern (RF = 3,8 %) und damit etwas spärlicher als der Prachttaucher auf (vgl. MILDENBERGER 1982). Seit der ersten Kartierung hat sich die Verbreitung im Winterhalbjahr nicht verändert. Auf einigen Gewässern rastet bzw. überwintert die Art nahezu alljährlich. Wie beim Prachttaucher wird nur ein kleiner Teil der Durchzügler erfasst, weil der Durchzug vor allem im November stattfindet. Beobachtungen von mehr als einem Exemplar gleichzeitig sind selten.

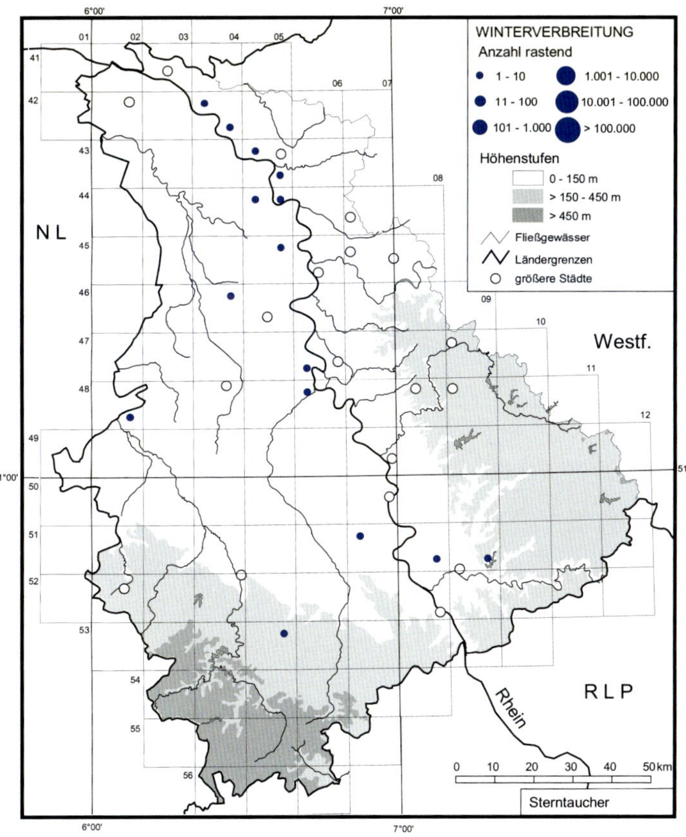

Winterverbreitung 1990-2000

Sterntaucher, *Gavia stellata*, 1. Winter. Foto: MATHIAS JÖNCK

Zwergtaucher *Tachybaptus ruficollis*

Status: Brutvogel, Durchzügler, Wintergast

Gefährdung:
Rote Liste 2 (stark gefährdet)
Non-SPEC (nicht gefährdet)

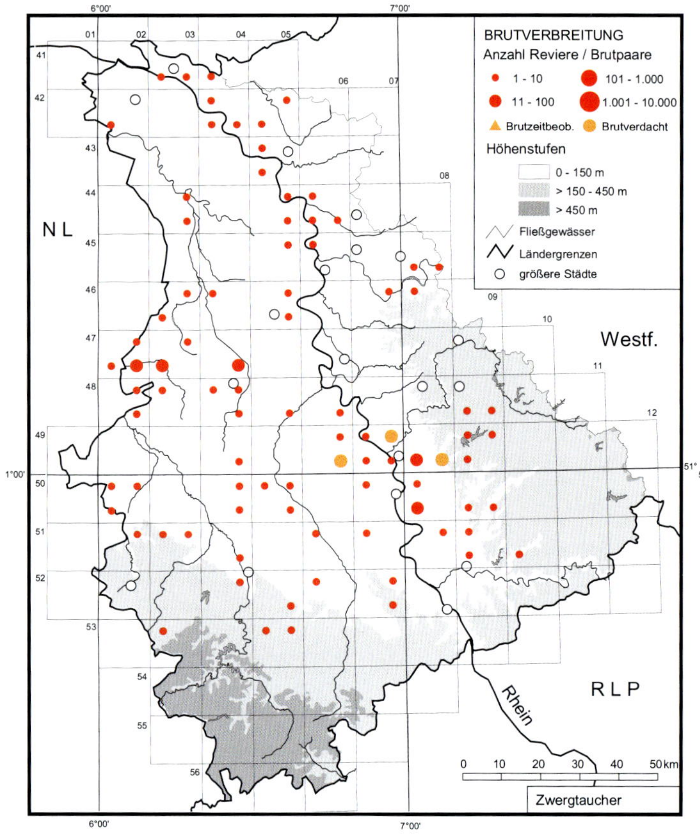

Brutverbreitung 1990-2000

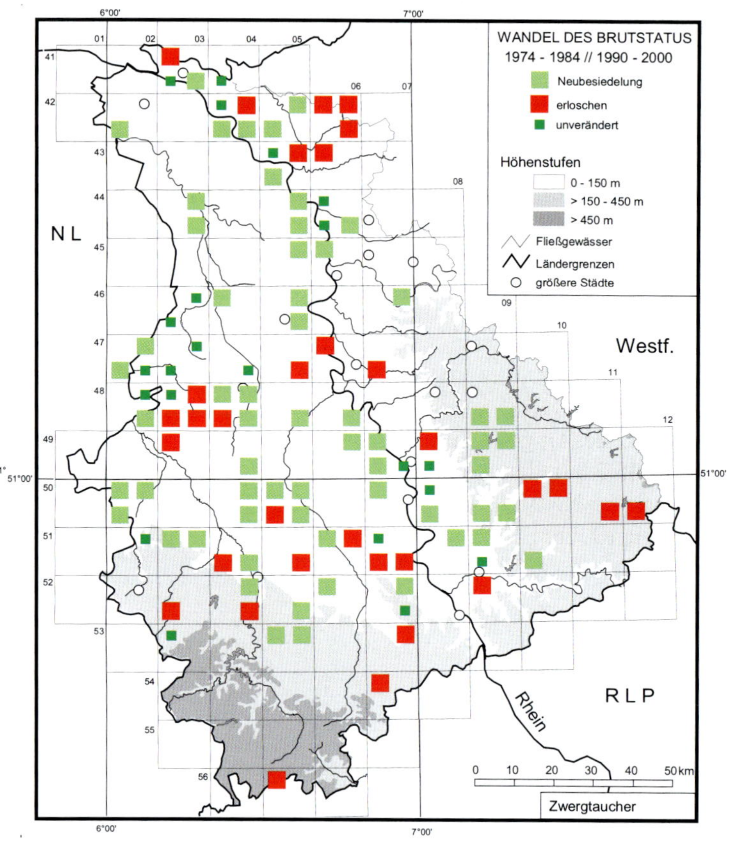

Arealveränderung zwischen 1974-84 und 1990-2000

BRUTVERBREITUNG

Die Vorkommen liegen in Gitterfeldern mit Teichen, Gruben, Talsperren und Seen oder langsam fließenden Gewässern (Altarme der Flüsse), die Flachwasserzonen mit dichter Vegetation aufweisen. Siedlungsschwerpunkte sind der Kölner Raum, das Maas-Schwalm-Nette-Gebiet und der Untere Niederrhein. Auch die Mittelgebirge werden in den Lagen bis 200 m NN in geringer Dichte besiedelt. Vorkommen wurden auf insgesamt 22,6 % der Gitterfelder des Untersuchungsgebietes festgestellt. Der Zwergtaucher ist somit im Rheinland etwas weiter verbreitet als im benachbarten Westfalen (RF = 16 %; NWO 2002), allerdings werden östlich des Rheins (besonders im Ruhrgebiet) insgesamt höhere Bestände festgestellt (SUDMANN & JÖBGES 2002).

AREALVERÄNDERUNGEN

Bislang wurden für den Zwergtaucher meist rückläufige Bestandsentwicklungen angenommen (MILDENBERGER 1982, WINK 1987, MÜLLER 1995). Der Vergleich zwischen den beiden Kartierungszeiträumen zeigt jedoch eine deutlich positive Entwicklung mit erheblichen Arealgewinnen, wie sie auch bei anderen Wasservogelarten beobachtet werden. Die Ursachen dafür sind nicht ganz klar; die zunehmende Eutrophierung und Alterung der Kiesgruben könnte eine Rolle spielen. Die positive Entwicklung wird durch aktuelle Bestandserfassungen für ganz NRW bestätigt (SUDMANN & JÖBGES 2002) und findet sich in ähnlicher Form auch in den NL (SOVON 2002). Von Jahr zu Jahr zeigt die Art jedoch oft starke Schwankungen der Brutbestände in Abhängigkeit des Wasserstandes und der Härte des vorangegangenen Winters (z. B. BIJLSMA 1995, SCHMIDTKE et al. 2001, DIERMEN et al. 2002). Für das Rheinland ergibt sich in den 1990er Jahren ein geschätzter Gesamtbestand von 290-360 Brutpaaren (0,10 - 0,12 BP/km² bezogen auf die besiedelte Fläche), während der Bestand 2001 bei 277-344 BP lag (SUDMANN & JÖBGES 2002).

Bilanz der Brutvogelkartierung:

Kategorie [BP]	GF	RF %	Minimum [BP]
1-10	80	19,4	80
11-20	6	1,5	66
Brutverdacht	3	0,7	
Summe	**89**	**21,5**	**144**

Vergleich der Kartierung von 1974-1984 mit 1990-2000:

Kategorie	GF	%	RF %
1 - Nur 1974-84	32	27,5	8,1
2 - Nur 1990-2000	63	53,9	16,0
3 - Gemeinsame GF	22	18,8	5,6
1974-84: 1 & 3	54		13,7
1990-2000: 2 & 3	85		21,6
Veränderung	+31 (57%)		+7,9

Die Zunahme ist statistisch signifikant (4-Felder X^2-Test***; Vorzeichentest*; McNemar-Test**). Identitäts-Index (nach SCHERNER 1982): 0,32.

WINTERVERBREITUNG

Die Verbreitung des Zwergtauchers im Winterhalbjahr entspricht generell der Brutverbreitung, jedoch werden jetzt auch Gewässer der Mittelgebirge (bis 400 m NN) vermehrt aufgesucht, soweit sie eisfrei sind. Auffällige Schwerpunkte sind aber die Niederungen entlang der großen Flüsse (Rhein, Rur, Nette, Niers und Erft), wo im Gegensatz zur Brutzeit jetzt auch vegetationsarme Baggerseen u. ä. aufgesucht werden. Die Rasterfrequenz liegt im Winter mit 44,9 % fast doppelt so hoch wie zur Brutzeit (22,6 %). Vermutlich erfolgt demnach neben der Verteilung der Brutvögel und ihres Nachswuches auch ein Zuzug aus anderen Teilen Europas. Der mittlere nordrhein-westfälische Winterbestand beläuft sich auf 1.000-2.000 Individuen, davon entfallen 50-60 % auf die Ruhr (SUDFELDT et al. 2000, SUDMANN 2004a). Ansammlungen von 50 Zwergtauchern und darüber kommen vor. Gegenüber der Kartierung 1983-86 ging die Rasterfrequenz im Winterhalbjahr trotz des längeren Erfassungszeitraumes zurück (von 62,5 % auf 45,2 %), dem jedoch nach den Daten der Wasservogelzählung in NRW - bei deutlichen Schwankungen zwischen einzelnen Jahren - eine Zunahme entgegensteht (SUDFELDT et al. 2000).

Bilanz der Winterkartierung:

Kategorie [Ex.]	GF	RF %
1-10	119	33,2
11-100	43	12,0
Summe	**162**	**45,2**

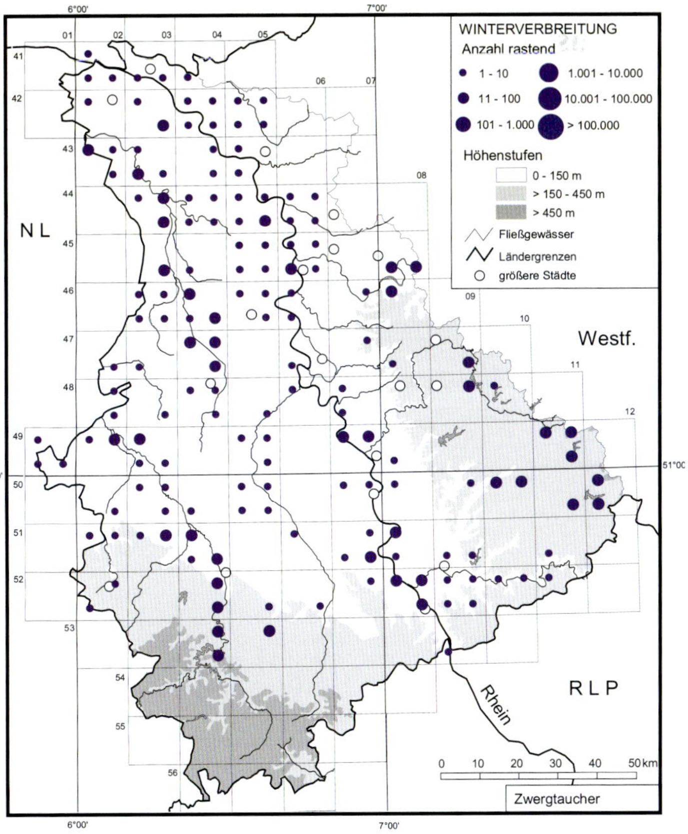

Winterverbreitung 1990-2000

Zwergtaucher, *Tachybaptus ruficollis*. Foto: MATHIAS SCHÄF

Haubentaucher *Podiceps cristatus*

Status: Brutvogel, Durchzügler, Wintergast

Gefährdung:
Rote Liste N (nicht gefährdet)
Non-SPEC (nicht gefährdet)

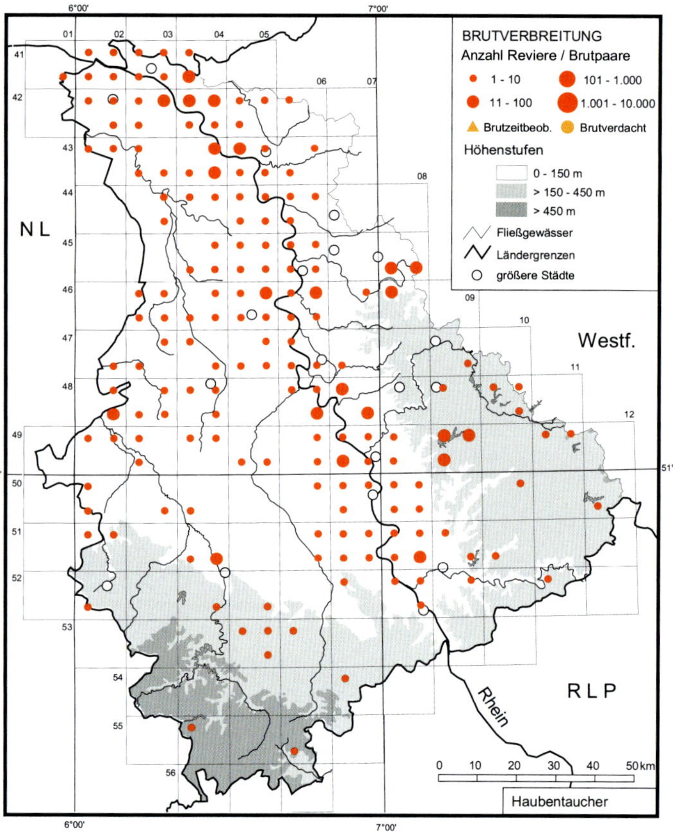

Brutverbreitung 1990-2000

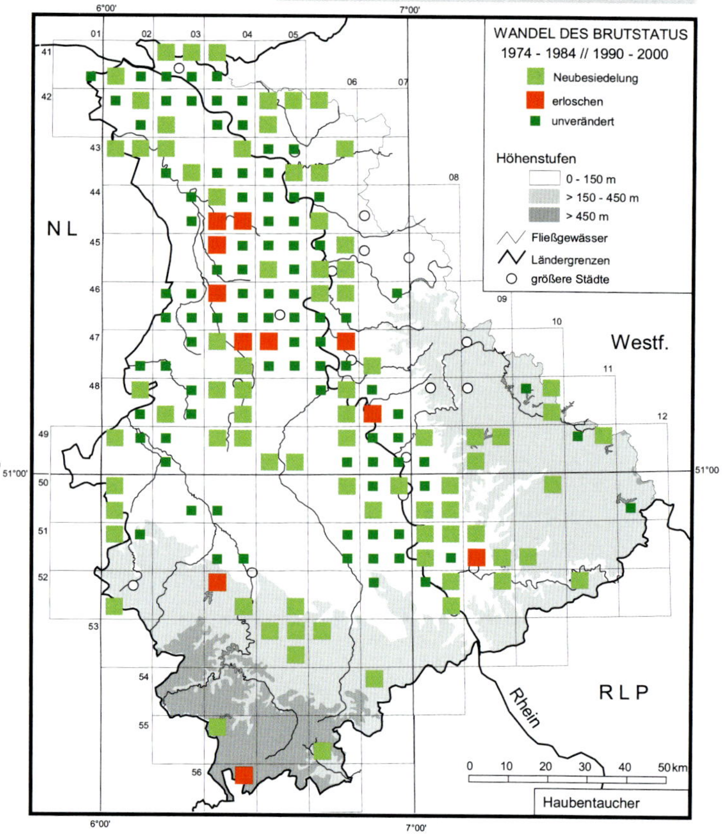

Arealveränderung zwischen 1974-84 und 1990-2000

BRUTVERBREITUNG

Die Brutvorkommen liegen in Gitterfeldern mit stehenden oder langsam fließenden Gewässern, die vegetationsreiche Flachwasserzonen und freie Wasserflächen aufweisen. Schwerpunkte der Brutverbreitung befinden sich im Rheinland entlang des Rheins und seinen Nebenflüssen sowie an Rur, Nette und Niers, wobei weniger die Flüsse selbst als angrenzende stehende Gewässer besiedelt werden. Wenn adäquate Habitate zur Verfügung stehen, werden auch Stauseen und natürliche Gewässer des Mittelgebirgsbereiches besiedelt. Größere Lücken treten vor allem in den gewässerarmen Bereichen der Kreise Aachen und Düren sowie weiten Teilen der Mittelgebirge auf. Der Haubentaucher ist im rheinischen Teil (RF = 44,7 %) deutlich weiter verbreitet als im westfälischen Teil von NRW (RF = 26 %; NWO 2002). Entsprechend dem Vorkommen geeigneter Gewässer zeigt sich eine kontinuierliche Zunahme der Verbreitung von Westfalen über das Rheinland zu den NL (RF = 70 %; SOVON 2002).

AREALVERÄNDERUNGEN

Der bereits in der ersten Kartierung postulierte Trend der Arealerweiterung (und Bestandserhöhung) wird durch den Vergleich der Kartierungen 1974-84 und 1990-2000 sowie weitere Spezialuntersuchungen (SUDMANN & JÖBGES 2002) bestätigt. Ähnlich positive Entwicklungen sind auch in vielen anderen Teilen Deutschlands und Europas, z. B. in den NL (SOVON 2002) festzustellen. Die Art profitiert von der Schaffung künstlicher Gewässer sowie der Verbesserung des Nahrungsangebotes durch Eutrophierung und künstlichen Fischbesatz. Neuansiedlungen erfolgten häufig an "künstlich" entstandenen Sekundärgewässern, wie Stauseen oder Baggerseen; insbesondere in den Mittelgebirgen über 150 m NN, aber auch am Rhein und seinen Nebenflüssen. Für das Rheinland ergibt sich ein geschätzter Gesamtbestand von 950-1.270 BP (0,16 - 0,22 BP/km² bezogen auf die besiedelte Fläche). Im Jahr 2001 wurden 774-1.083 BP ermittelt (SUDMANN & JÖBGES 2002). Seit der Besiedlung des Rheinlandes zu Beginn des 20. Jahrhunderts zeigt der Haubentaucher eine bis heute anhaltende Arealausdehnung und Bestandszunahme, die durch wiederholte Erfassungen gut dokumentiert ist:

Bilanz der Brutvogelkartierung:

Kategorie [BP]	GF	RF %	Minimum [BP]
1-10	155	37,5	155
11-20	22	5,3	242
Summe	**177**	**42,9**	**397**

Vergleich der Kartierung von 1974-1984 mit 1990-2000:

Kategorie	GF	%	RF %
1 - Nur 1974-84	11	6,1	2,8
2 - Nur 1990-2000	79	43,7	20,1
3 - Gemeinsame GF	91	50,3	23,2
1974-84: 1 & 3	102		26,0
1990-2000: 2 & 3	170		43,3
Veränderung	+68 (67%)		17,3

Die Zunahme ist statistisch signifikant (4-Felder X^2-Test***; Vorzeichentest*; McNemar-Test***). Identitäts-Index (nach SCHERNER 1982): 0,69.

1967 brüteten in Nordrhein 121-159 BP (EBER 1968) und 1970-1976 waren es 200-250 Paare (WOG 1974, MILDENBERGER 1982).

WINTERVERBREITUNG

Die Verbreitung des Haubentauchers im Winter entspricht weitgehend der Brutverbreitung, mit Schwerpunkten besonders entlang des Rheins. Da stehende Gewässer (besonders in den Mittelgebirgen) in einigen Wintern zufrieren, liegt der Verbreitungsschwerpunkt auf den größeren, nicht vereisenden Gewässern der Niederrheinischen Tiefebene. Wenn die Stillgewässer zufrieren, wechseln die Haubentaucher auf den Rhein und größere Nebenflüsse (vgl. SUDMANN 2000). Im Vergleich zur Kartierung 1983-86 gab es keine auffällige Veränderung der Rasterfrequenz. Der Mittwinterbestand in NRW umfasst 3.500-4.000 Individuen und hat seit Ende der 1960er Jahre deutlich zugenommen (SUDFELDT et al. 2000, SUDMANN 2004a). Ansammlungen von mehr als 100 Haubentauchern sind selten, meist werden bis zu 50 Ind. beobachtet, regelmäßig jedoch nur am Unteren Niederrhein und den Krickenbecker Seen.

Bilanz der Winterkartierung:

Kategorie [Ex.]	GF	RF %
1-10	92	25,7
11-100	89	24,9
101-200	4	1,1
Summe	185	51,7

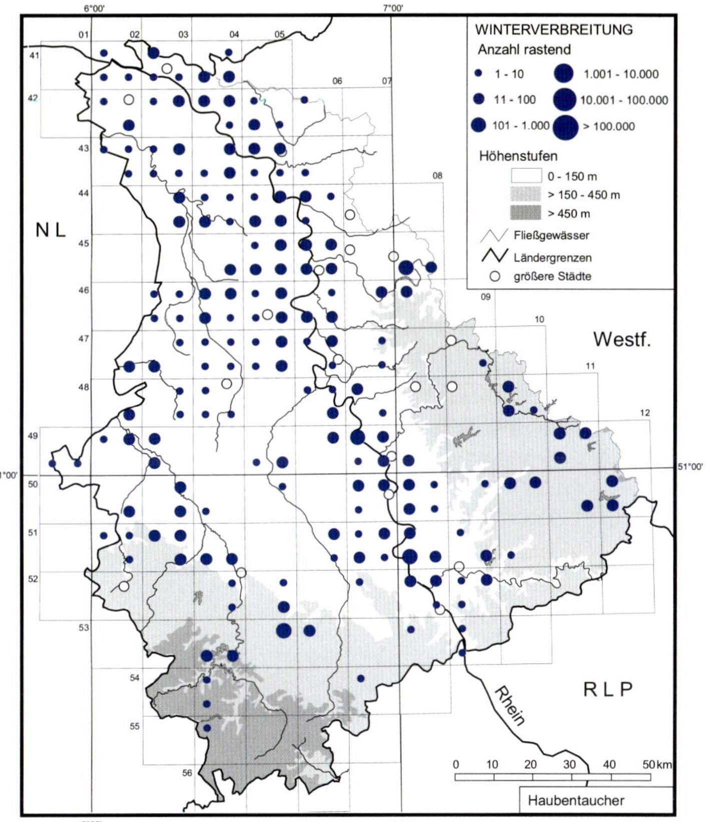

Winterverbreitung 1990-2000

Haubentaucher, *Podiceps cristatus*. Foto: MATHIAS SCHÄF

Rothalstaucher *Podiceps grisegena*

Status: Durchzügler, Wintergast

Gefährdung:
Non-SPEC (nicht gefährdet)

WINTERVERBREITUNG

Die europäischen Rothalstaucher überwintern hauptsächlich in den Mittelmeerländern und am Schwarzen Meer (GLUTZ & BAUER 1987). Die Art ist regelmäßiger Durchzügler und Wintergast auf stehenden Gewässern im Rheintal und den Tieflagen unter 200 m NN. Er erscheint nur selten in den höheren Lagen der Mittelgebirge. Kiesbaggerseen, Braunkohlen-Restseen und andere stehende Gewässer ab 15 ha Größe zählen zu den bevorzugten Rasthabitaten. Bei Vereisung der Stillgewässer werden auch Fließgewässer aufgesucht. Gegenüber dem Winteratlas 1983-86 hat sich die Anzahl der Gitterfelder mit Rothalstaucher-Vorkommen verringert, evtl. als Folge der milden Winter in den 1990er Jahren. Winternachweise von meist einzelnen Durchzüglern und Überwinterern erfolgten 1990-2000 in 31 Gitterfeldern (RF = 7,9 %). Die Art wird nicht auf jedem Rastgewässer alljährlich angetroffen und im Laufe des Winters geht die Anzahl der Nachweise zurück (Hauptdurchzug von Oktober bis Dezember; MILDENBERGER 1982, GLUTZ & BAUER 1987, WINK 1990).

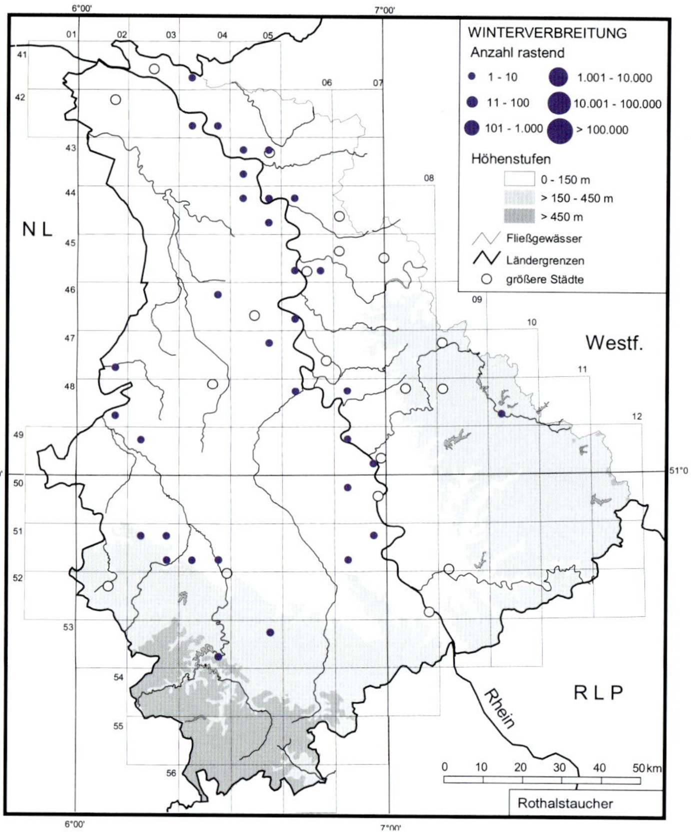

Winterverbreitung 1990-2000

Rothalstaucher, *Podiceps grisegena*. Foto: FELIX JACHMANN

Ohrentaucher *Podiceps auritus*

Status: Durchzügler, Wintergast

Gefährdung:
SPEC 3 (zurückgehend)

WINTERVERBREITUNG

Die nordeuropäischen Ohrentaucher überwintern an den Küsten West- und Mitteleuropas sowie in geringerer Zahl am Mittelmeer (GLUTZ & BAUER 1987). Im Rheinland ist die Art regelmäßiger, aber seltener Wintergast in einzelnen Individuen auf Kiesgruben, Baggerseen und Braunkohlen-Restseen des Flachlandes mit gering entwickelter Verlandungszone, insbesondere im Bereich des Rheines sowie der Köln-Aachener Bucht. Aber auch Talsperren im Mittelgebirgsbereich und Fließgewässer werden vereinzelt aufgesucht. Im Bearbeitungszeitraum gelangen Nachweise in 13 Gitterfeldern (RF = 3,3 %), regelmäßige und alljährliche Rastplätze gibt es kaum. Im Vergleich zur ersten Kartierung offenbaren sich keine nennenswerten Unterschiede.

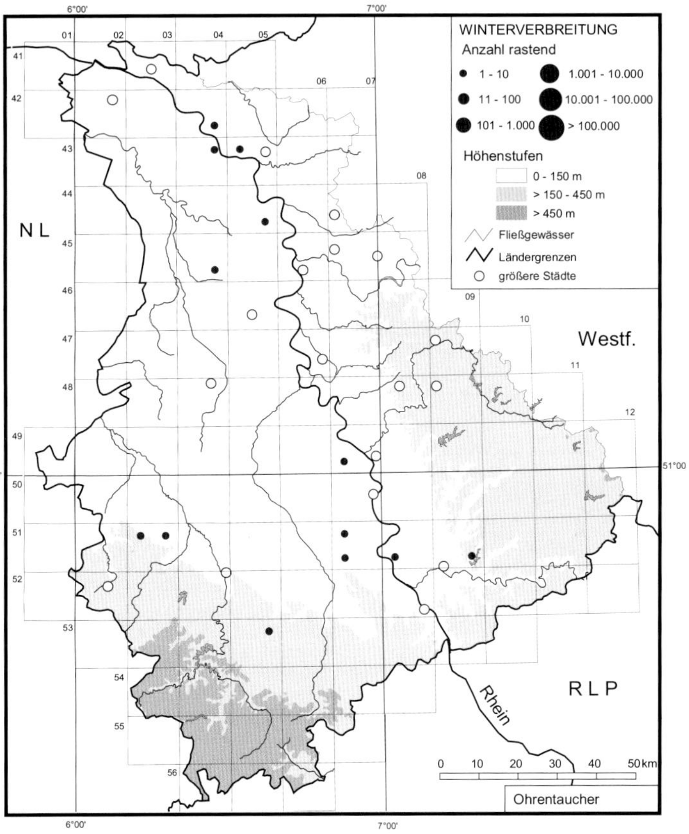

Winterverbreitung 1990-2000

Ohrentaucher, *Podiceps auritus*. Foto: FELIX JACHMANN

Schwarzhalstaucher *Podiceps nigricollis*

Status: Durchzügler, Wintergast

Gefährdung:
Non-SPEC (nicht gefährdet)

WINTERVERBREITUNG

Obwohl aus einigen potenziell geeigneten Gebieten Brutzeitbeobachtungen vorliegen, gab es im Bearbeitungszeitraum keinen Brutnachweis im Rheinland.

Der Schwarzhalstaucher überwintert überwiegend in West- und Südeuropa; einzelne Individuen verbleiben in milden Wintern weiter nördlich (GLUTZ & BAUER 1987). Im Landesteil Nordrhein ist er dementsprechend auf dem Durchzug (März-Mai, August-November) häufiger als im Mittwinter. Die Art kann nur als unregelmäßiger Wintergast gelten. Vorkommen meist einzelner Vögel gab es im Bearbeitungszeitraum sowohl auf vegetationsarmen Baggerseen, Braunkohlen-Restseen oder Talsperren als auch auf eutrophen Gewässern mit gut ausgebildetem Vegetationsgürtel in insgesamt neun Gitterfeldern (RF = 2,3 %) der Tieflagen des südlichen Rheinlandes (Rhein- und Rurtal). Die Art erscheint nur selten auf Talsperren im Mittelgebirge oder am Unteren Niederrhein.

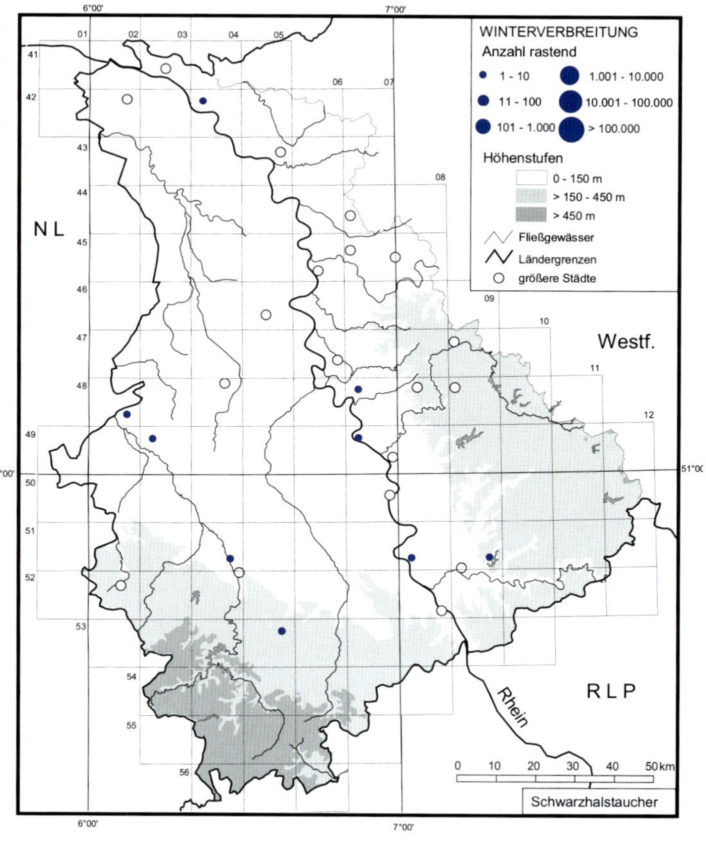

Winterverbreitung 1990-2000

Schwarzhalstaucher, *Podiceps nigricollis*. Foto: MATHIAS SCHÄF

Zwergdommel *Ixobrychus minutus*

Status: unregelmäßiger Brutvogel, Durchzügler

Gefährdung:
Rote Liste 0 (Ausgestorben)
SPEC 3 (dezimiert)

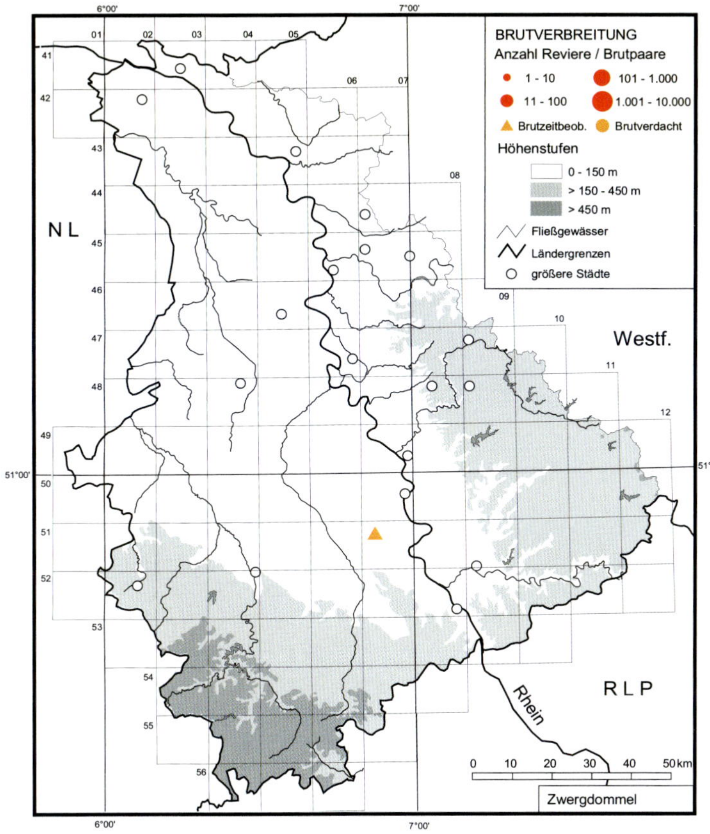

Brutverbreitung 1990-2000

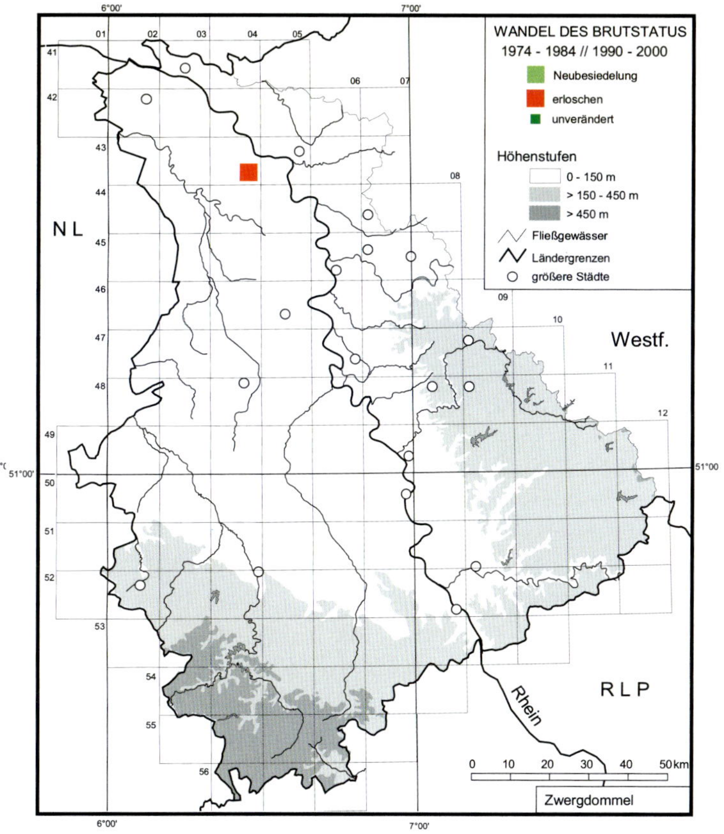

Arealveränderung zwischen 1974-84 und 1990-2000

BRUTVERBREITUNG

Im Kartierungszeitraum wurde die Zwergdommel lediglich noch in einem Gebiet zur Brutzeit festgestellt, wobei kein eindeutiger Brutnachweis gelang. Wohl in demselben Gebiet (Hürther Waldsee) konnten zwischen 2002 und 2004 zumindest in zwei Brutperioden eindeutige Brutnachweise erbracht werden. Die Art brütete an mit Röhricht bestandenen Ufern stehender Gewässer aller Art.

AREALVERÄNDERUNGEN

Die Zwerdommel war bereits im ersten Kartierungszeitraum sehr selten und hat wohl 1983 letztmals am Unteren Niederrhein gebrütet (MESSER et al. 1995). Anschließend gelangen nur noch unregelmäßige Brutzeitbeobachtungen, wie z. B. auch in der hier präsentierten Kartierung. Die Art wird daher in der Roten Liste als "ausgestorben bzw. verschollen" geführt (NOTTMEYER-LINDEN et al. 1997). Ab 2002 liegen allerdings wieder vereinzelte Brutnachweise vor, so dass zumindest noch von unregelmäßigen Einzelbruten auszugehen ist.

Ende der 1960er/Anfang der 1970er Jahre wurde der Brutbestand am Unteren Niederrhein noch auf 20-40 Brutpaare mit stark abnehmender Tendenz geschätzt (MILDENBERGER 1982). Ähnlich hohe Verluste wurden gleichfalls in den benachbarten Niederlanden festgestellt (Rückgang auf 10-30 BP; SOVON 2002). Der Rückgang beruht vermutlich weniger auf Lebensraumveränderungen in den Brutgebieten als vielmehr auf hohen Verlusten auf den Zugwegen und im Winterquartier (MESSER et al. 1995, SOVON 2002).

Vergleich der Kartierung von 1974-1984 mit 1990-2000:

Kategorie	GF	%	RF %
1 - Nur 1974-84	1	100	0,3
2 - Nur 1990-2000	0	0	0
3 - Gemeinsame GF	0	0	0
1974-84: 1 & 3	1		0,3
1990-2000: 2 & 3	0		0
Veränderung	-1 (-100%)		-0,3

Rohrdommel *Botaurus stellaris*

Status: Brutvogel, Durchzügler, Wintergast

Gefährdung:
Rote Liste 1 (vom Aussterben bedroht)
SPEC 3 (dezimiert)

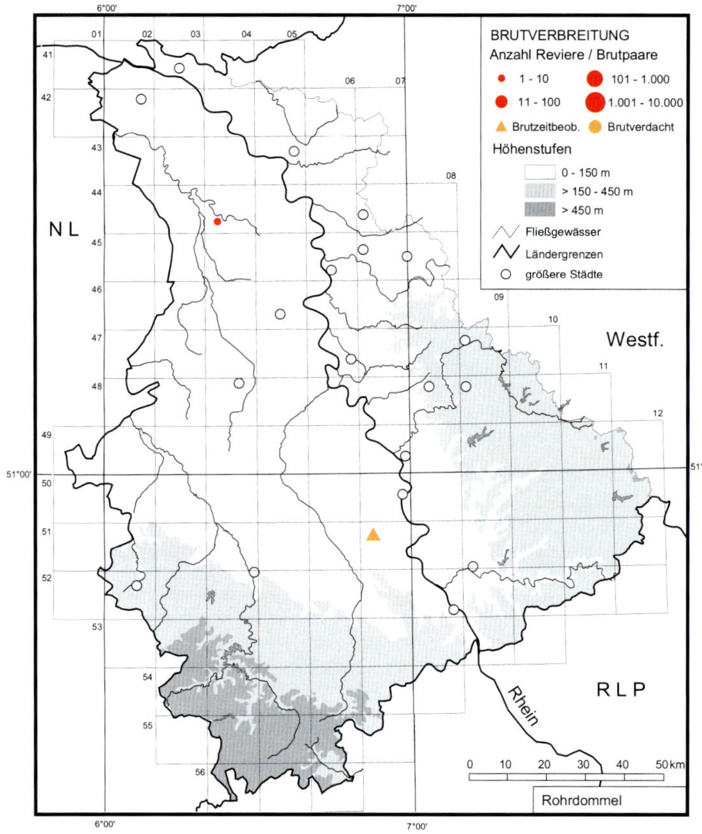

Brutverbreitung 1990-2000

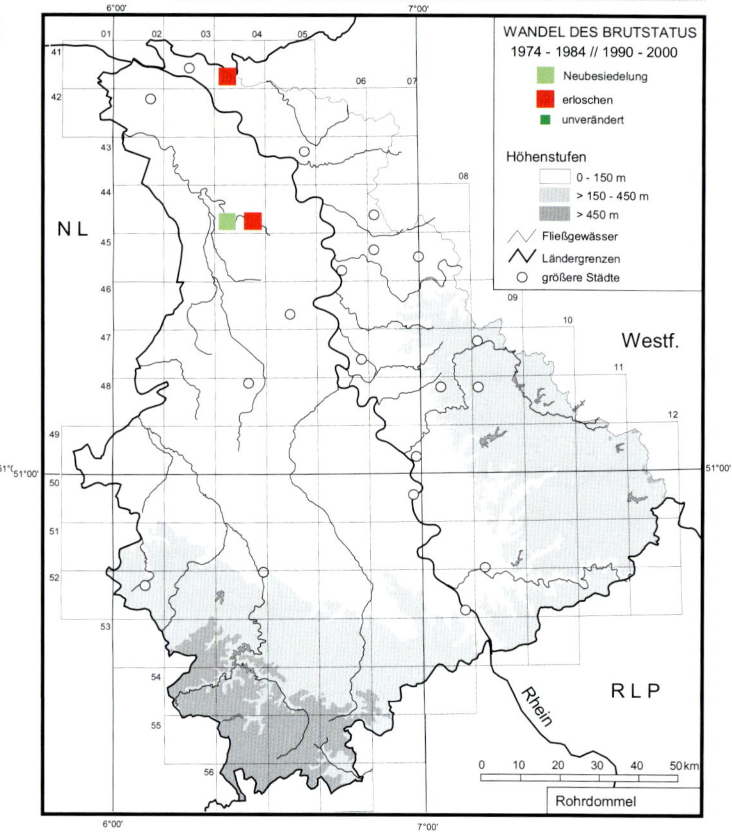

Arealveränderung zwischen 1974-84 und 1990-2000

BRUTVERBREITUNG

Nachdem das letzte Vorkommen am Unteren Niederrhein um 1981 erloschen ist, konnte lediglich 1992 bei Geldern noch einmal ein Brutnachweis erbracht werden (Müller 1995). Auf der Roten Liste für NRW wird die Rohrdommel in Kategorie 1 (vom Aussterben bedroht) geführt (Nottmeyer-Linden et al. 1997), muss aber aktuell eher als "ausgestorben oder verschollen" gelten. Insgesamt gelingen nur noch ganz ausnahmsweise Brutzeitfeststellungen an Seen, Weihern oder Altrheinen mit ausgedehnten schilfreichen Flachwasserzonen. In den Nachbarregionen fehlt die Art (Westfalen) oder ist weiter verbreitet (NL, RF = 11 %; SOVON 2002).

AREALVERÄNDERUNGEN

Die langfristige Abnahme hat ihren Tiefpunkt erreicht und die Rohrdommel kann derzeit nicht mehr als rheinischer Brutvogel betrachtet werden. 1976 wurden in den niederrheinischen Kreisen Kleve, Wesel und Viersen noch 9-11 Reviere gezählt (Mildenberger 1982). Die letzten gesicherten Brutvorkommen stammen vom Bienener Altrhein 1982 (Holland & Wille 1991) und dem Gelderland 1992 (Müller 1995). In den Niederlanden wurden seit 1970 mehr als die Hälfte aller bekannten Brutgebiete aufgegeben (SOVON 2002), d. h. der im Rheinland beobachtete Trend (aufgrund der geringen Populationsgröße nicht statistisch signifikant) folgt dem generellen Bestandstrend der Art in Mitteleuropa. Rückgangsursache ist der Lebensraumverlust (besonders der Mangel ausreichend großer Altschilfbestände).

Bilanz der Brutvogelkartierung:

Kategorie [BP]	GF	RF %
1-2	1	0,2
Brutverdacht	1	0,2
Summe	**2**	**0,5**

Vergleich der Kartierung von 1974-1984 mit 1990-2000:

Kategorie	GF	%	RF %
1 - Nur 1974-84	2	66,7	0,5
2 - Nur 1990-2000	1	33,3	0,3
3 - Gemeinsame GF	0	0	0
1974-84: 1 & 3	2		0,5
1990-2000: 2 & 3	1		0,3
Veränderung	-1 (-50 %)		-0,2

WINTERVERBREITUNG

Im Gegensatz zur Brutverbreitung zeigt die Winterverbreitung einen eher positiven Verlauf. Im Winterhalbjahr werden Rohrdommeln regelmäßig in Feuchtgebieten mit ausgedehnten Schilfarealen, aber auch an kleinen und vegetationsarmen stehenden und fließenden Gewässern der Flussniederungen (z. B. Rhein, Erft, Schwalm, Nette) angetroffen. Sie erscheint nur sehr selten in höheren Lagen über 100 m NN. Die ermittelte Rasterfrequenz liegt mit 6,4 % (21 besetzte Gitterfelder) etwas höher als 1983-1986. Ob es sich um eine reale Zunahme (milde Winter) oder um eine verbesserte Erfassung handelt, kann nicht eindeutig entschieden werden. Auch der kumulative Kartierungseffekt ist zu berücksichtigen. Da die Art als Brutvogel nicht mehr in Erscheinung tritt, handelt es sich hier um Zuzug nordosteuropäischer Vögel. Nur in wenigen Gebieten wird die Art alljährlich festgestellt. Der Winterbestand dürfte zwischen 10-20 Exemplaren liegen und ist stark witterungsabhängig. Bei starken Frostperioden kommt es zu erheblichen Verlusten.

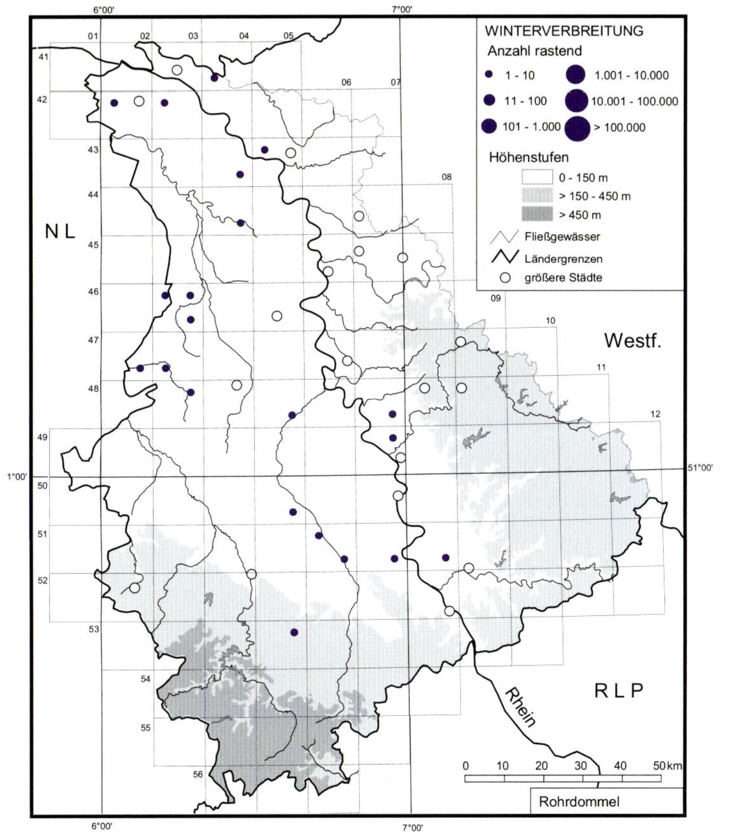

Winterverbreitung 1990-2000

Große Rohrdommel, *Botaurus stellaris*.
Foto: MICHELE MENDI

Graureiher *Ardea cinerea*

Status: Brutvogel, Durchzügler, Wintergast

Gefährdung:
Rote Liste N (nicht gefährdet)
Non-SPEC (nicht gefährdet)

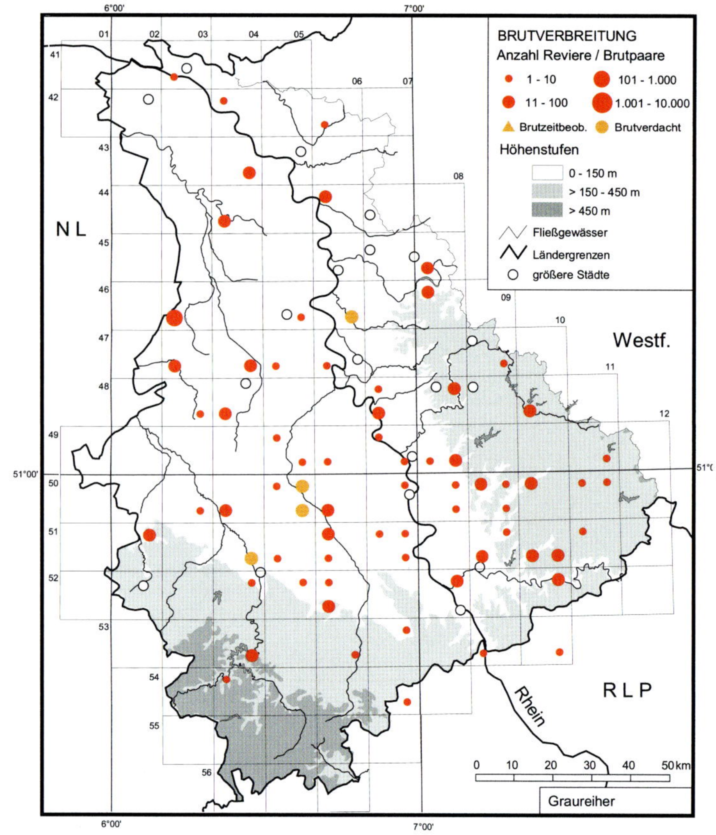

Brutverbreitung 1990-2000

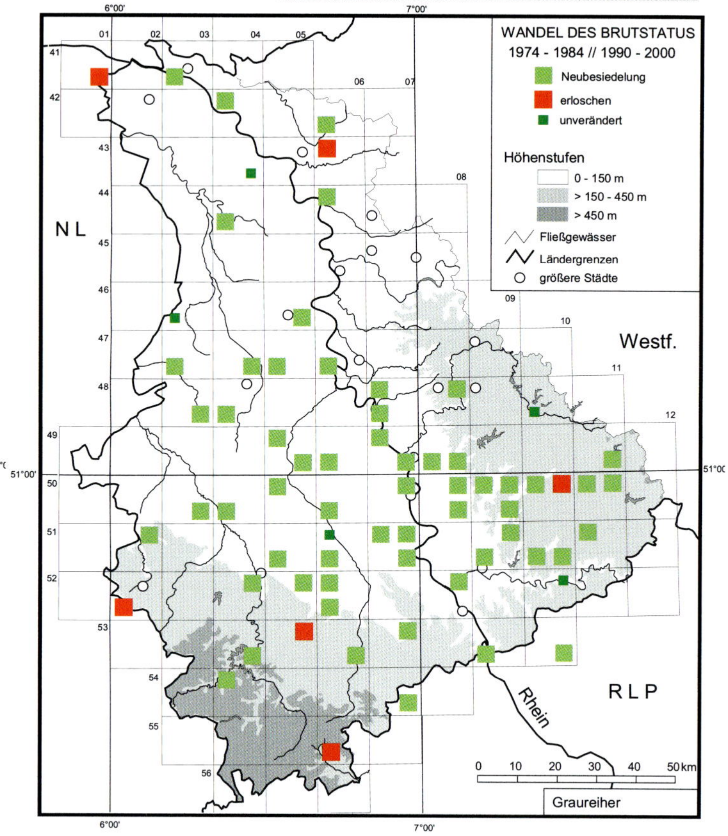

Arealveränderung zwischen 1974-84 und 1990-2000

BRUTVERBREITUNG

Die Brutkolonien befinden sich auf Bäumen aller Art meist in der Nähe von größeren Gewässern (Flüsse, Seen). Vereinzelt kommt es zu Bodenbruten in Schilfröhrichten. Neben dem Rhein werden insbesondere die Rheinnebenflüsse besiedelt. Nichtbrüter sind auch während der Brutzeit an fast allen Gewässern zur Nahrungssuche anzutreffen. Insgesamt sind alle Naturräume besiedelt (RF = 18,2 %), die höheren Lagen jedoch in deutlich geringerer Dichte. Die Vergleichswerte betragen für Westfalen RF = 12 % und die NL RF = 30 % (NWO 2002, SOVON 2002).

AREALVERÄNDERUNGEN

Seit Einstellung der Graureiher-Jagd im Jahre 1974 weisen die Reiherbestände im Rheinland, wie im übrigen Deutschland, eine deutliche Erholung und Zunahme auf. Dieser positive Trend, der bereits in der früheren Kartierung klar wurde (Wink 1987), hat sich im folgenden Jahrzehnt fortgesetzt. Gegenüber 1984 nahm die Rasterfrequenz um mehr als Faktor 5 zu. Die Zahl der größeren Brutkolonien (mehr als 10 BP) liegt heute bei über 26. Im Jahre 1938 brüteten rund 600 Paare im Rheinland und der Bestand sank daraufhin kontinuierlich bis zu seinem absoluten Tiefstand von nur noch 41 Brutpaaren 1965. Anschließend erholten sich die Bestände und 1976 waren es bereits wieder 120 Brutpaare in fünf Kolonien (Mildenberger 1982). Für das Jahr 1990 wurden 710 Brutpaare in 15 Kolonien erfasst (Hubatsch 1993). Heute ist ein Bestand von schätzungsweise 800-1.200 Brutpaaren anzunehmen.

Bilanz der Brutvogelkartierung:

Kategorie [BP]	GF	RF %
1-10	41	9,9
11-100	25	6,1
101-200	2	0,5
Brutverdacht	4	1,0
Summe	**72**	**17,4**

Vergleich der Kartierung von 1974-1984 mit 1990-2000:

Kategorie	GF	%	RF %
1 - Nur 1974-84	6	8,1	1,5
2 - Nur 1990-2000	63	85,1	16,0
3 - Gemeinsame GF	5	6,8	1,3
1974-84: 1 & 3	11		2,8
1990-2000: 2 & 3	68		17,3
Veränderung	+57 (+518 %)		+14,5

Die Zunahme ist statistisch signifikant (4-Felder X^2-Test***; Vorzeichentest*; McNemar-Test***). Identitäts-Index (nach Scherner 1982): 0,18.

WINTERVERBREITUNG

Außerhalb der Brutzeit tritt der Graureiher einzeln oder in kleinen Trupps überall im Rheinland auf, wo Nahrungsquellen (Fische, Amphibien, Mäuse, Insekten) vorhanden sind. Neben Feuchtgebieten können dies auch ausgedehnte Agrarflächen sein, die weit von einem Gewässer entfernt liegen. Bis auf die geschlossen bewaldeten Mittelgebirgsareale, trifft man Graureiher auch regelmäßig bis 500 m NN an. Die Winterverbreitung ist somit, bedingt durch eine stärkere räumliche Verteilung der Brutvögel und wohl auch durch Zuzug von Graureihern aus anderen Teilen Europas (s. Ringfunde in MILDENBERGER 1982), sehr viel größer als die Brutverbreitung. Die Zahlen sinken im Laufe des Winters kontinuierlich ab (SUDMANN 2002). Gegenüber der Wintervogelkartierung 1983/86 hat sich die Rasterfrequenz allerdings nur wenig erhöht, von 87,5 % auf heute 89,5 % (beachte aber unterschiedlich Rastergröße).

Bilanz der Winterkartierung:

Kategorie [Ex.]	GF	RF %
1-10	231	60,5
11-100	106	27,8
101-200	5	1,3
Summe	**342**	**89,5**

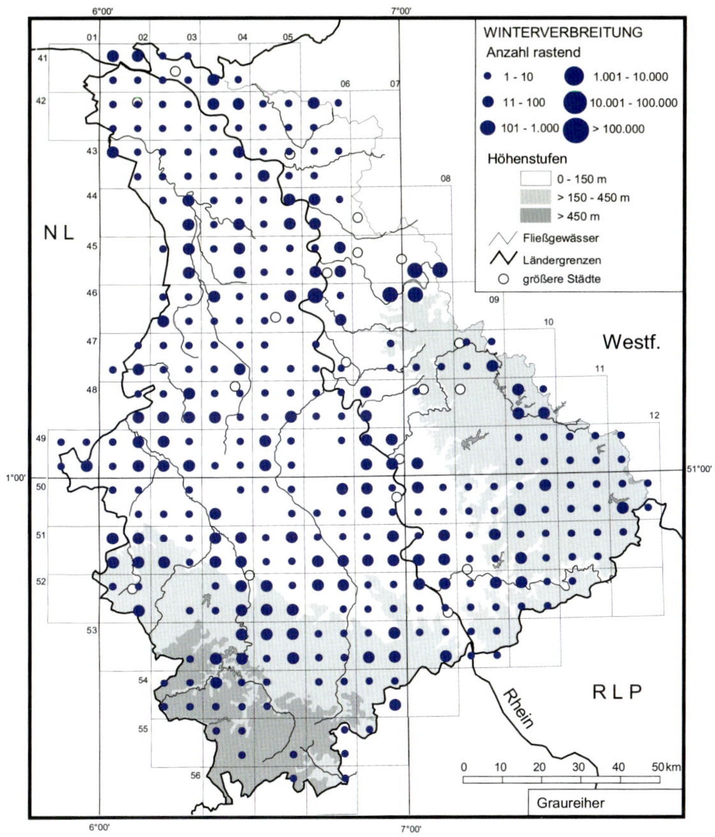

Winterverbreitung 1990-2000

Graureiher, *Ardea cinerea*. Foto: MATHIAS SCHÄF

Silberreiher *Casmerodius alba*

Status: Durchzügler, Wintergast

Gefährdung:
Non-SPEC (nicht gefährdet)

WINTERVERBREITUNG

Bedingt durch das starke Anwachsen der Brutbestände des Silberreihers in den Niederlanden und in Südosteuropa wird die Art in den letzten 15 Jahren vermehrt beobachtet (Barthel 2004). In der Winterkartierung 1983-1986 wurde noch kein einziger Nachweis erbracht, während zwischen 1990-2000 in 15 Gitterfeldern (RF = 4,2 %) meist einzelne Individuen auftraten, überwiegend am Unteren Niederrhein und im Schwalm-Nette-Gebiet. Nicht alle Flächen werden jährlich besucht, aber in einigen Gebieten (z. B. Bislicher Insel) überwintern seit den frühen 1990er Jahren regelmäßig bis zu zehn Exemplare (Sudmann in lit.). Der Silbereiher sucht vor allem schilfbestandene Gewässer auf, wird jedoch auch auf Wiesen beobachtet, wo er dem Mäusefang nachgeht.

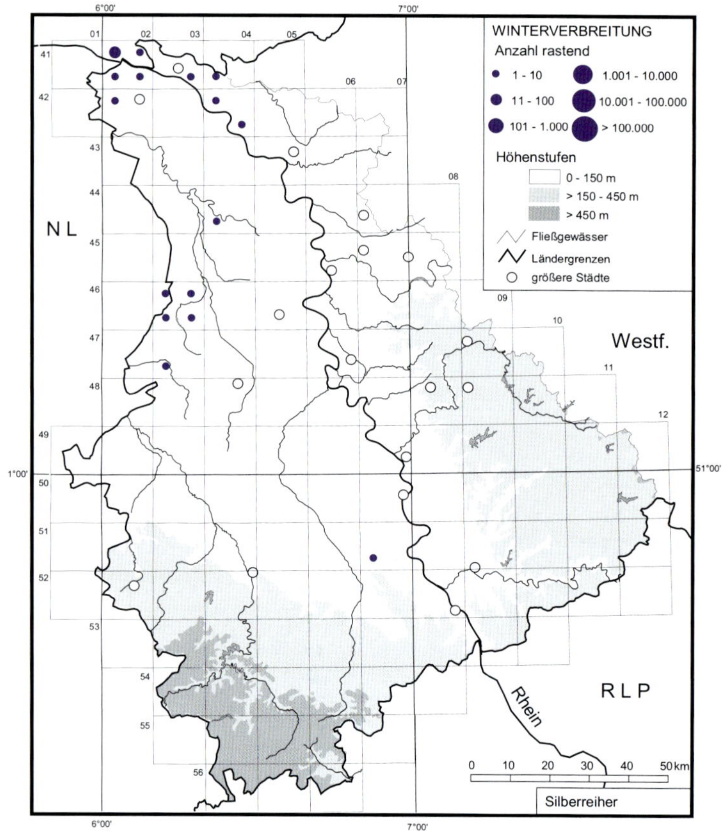

Winterverbreitung 1990-2000

Silberreiher, *Casmerodius albus*. Foto: Mathias Schäf

Schwarzstorch *Ciconia nigra*

Status: Brutvogel, Durchzügler

Gefährdung:
Rote Liste 2 (stark gefährdet)
SPEC 2 (selten)

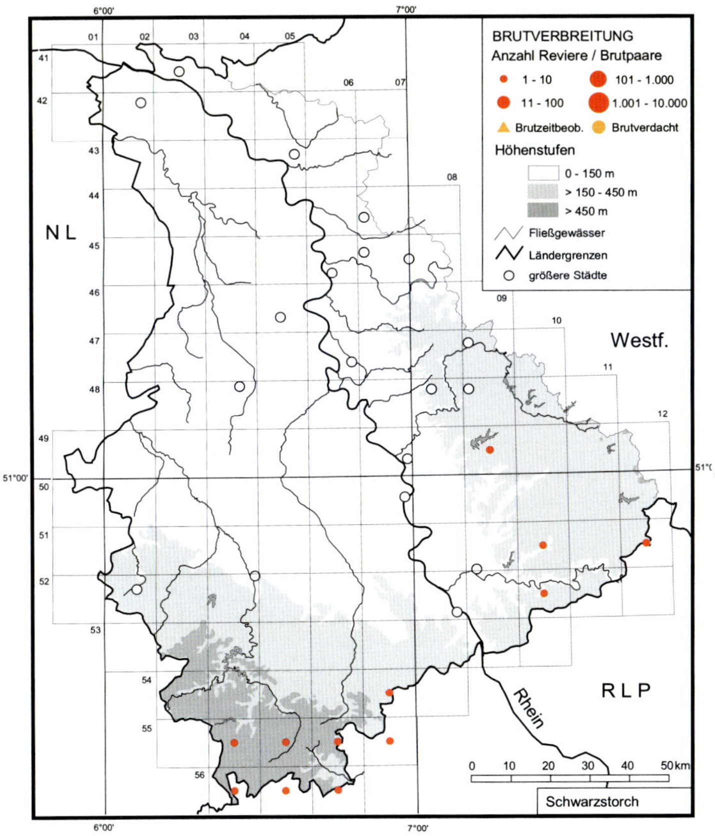

Brutverbreitung 1990-2000#

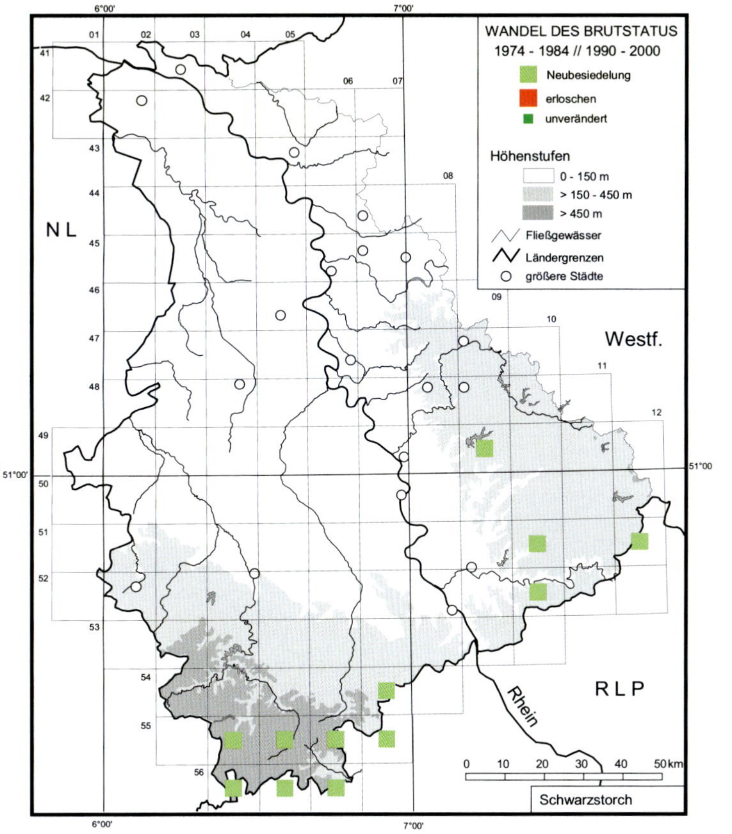

Arealveränderung zwischen 1974-84 und 1990-2000#

BRUTVERBREITUNG

Der Schwarzstorch bewohnt im Rheinland vor allem ausgedehnte Laub- und Mischwälder des Bergischen Landes und der Hocheifel, meist in der Nähe von kleineren stehenden oder fließenden Gewässern. Aus Schutzgründen erfolgt die Darstellung der Verbreitung nur auf der Ebene der TK25. Einige Brutvorkommen wurden vermutlich übersehen, da die Art scheu ist und die Brutgebiete häufig nur schwer zugänglich sind. Zwischen 1990-2000 waren 12 TK25-Quadranten (RF = 2,9 %) besetzt. In Westfalen wurde eine Rasterfrequenz von 3 % ermittelt (NWO 2002).

AREALVERÄNDERUNGEN

Der Schwarzstorch hat die Westgrenze seines Brutareals in den letzten 20 Jahren kontinuierlich weiter nach Westen ausgedehnt, was zur Wiederbesiedlung westdeutscher Bundesländer (NRW, RLP, Hessen), Belgiens, Luxemburgs und Frankreichs führte. Nach dem Erlöschen der Bestände um 1910 gelang der erste Brutnachweis in NRW 1978 im Sauerland (NWO 2002). In den folgenden Jahren nahm der Bestand kontinuierlich zu und bis 1996 wurden für Nordrhein-Westfalen 30-35 Brutpaare angenommen (Jöbges & Conrad 1996). Im Rheinland gab es bei der ersten Brutvogelkartierung 1974-1985 noch keine Vorkommen. Für den Kartierungszeitraum 1990-2000 wurden 15-20 Reviere (0,95 - 1,26 Bp./100 km² bezogen auf die besiedelte Fläche) angenommen, die in unmittelbarer Nachbarschaft zu den rheinland-pfälzischen Vorkommen in der Eifel und im Westerwald sowie den westfälischen Vorkommen (24-35 Reviere; NWO 2002) liegen. In Rheinland-Pfalz brüten derzeit etwa 20 Paare (Dietzen et al. 2003). In NRW hält die Zunahme weiterhin an und der Bestand lag 2005 bereits bei etwa 60 Brutpaaren (Jöbges in lit.).

Vergleich der Kartierung von 1974-1984 mit 1990-2000:

Kategorie	GF	%	RF %
1 - Nur 1974-84	0	0	0
2 - Nur 1990-2000	12	100	2,9
3 - Gemeinsame GF	0	0	0
1974-84: 1 & 3	0		0
1990-2000: 2 & 3	12		2,9
Veränderung	+12		+2,9

Die Zunahme ist statistisch signifikant (4-Felder X^2-Test***; Vorzeichentest*; McNemar-Test***).

bezogen auf TK25

Weißstorch *Ciconia ciconia*

Status: Brutvogel, Durchzügler, Wintergast

Gefährdung:
Rote Liste 1 (vom Aussterben bedroht)
SPEC 2 (dezimiert)

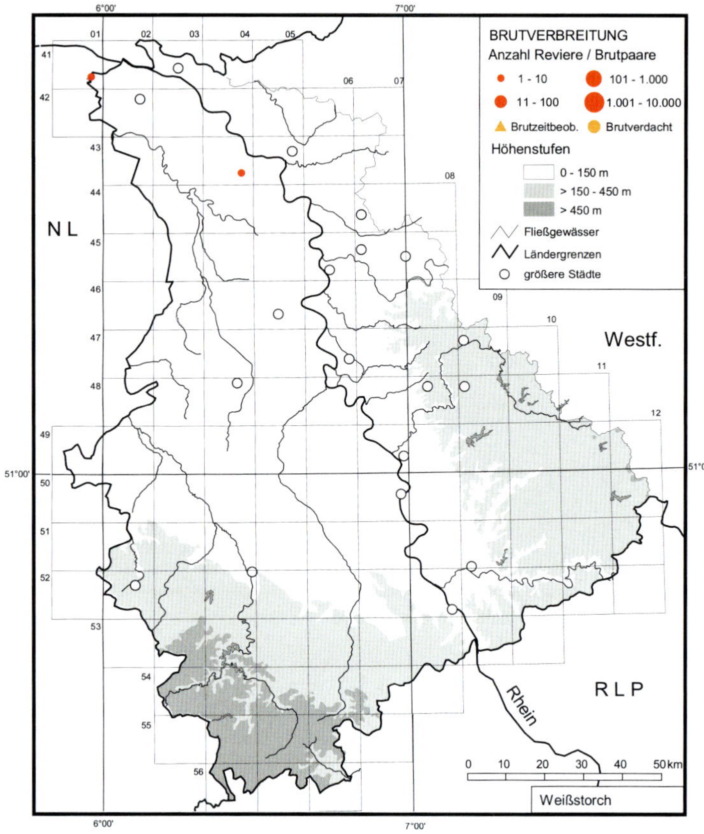

Brutverbreitung 1990-2000

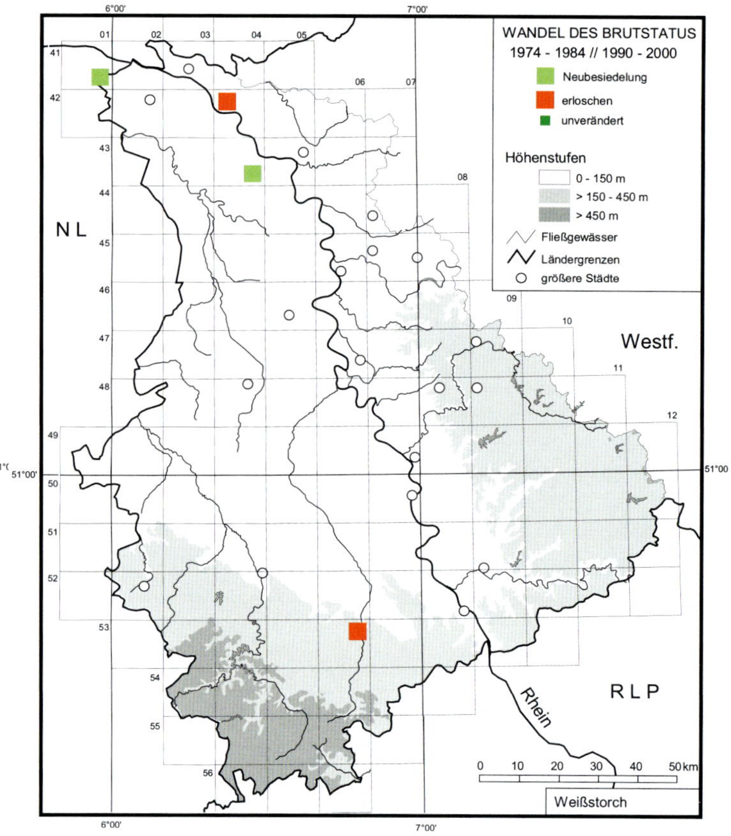

Arealveränderung zwischen 1974-84 und 1990-2000

BRUTVERBREITUNG

Der Weißstorch war im Bearbeitungszeitraum lediglich am Unteren Niederrhein in zwei Gebieten (Bislicher Insel und Zyfflich, Düffel) mit Brutvorkommen vertreten (RF = 0,5 %). Er benötigt nahrungsreiche Agrarflächen und Feuchtwiesen.

AREALVERÄNDERUNGEN

Im Zeitraum 1974-1984 wurden zwei Brutversuche bekannt, die in der jetzt vorliegenden Kartierung nicht mehr existierten. Statt dessen haben sich zwei neue Brutplätze (Düffel, Bislicher Insel) mit 2-3 Brutpaaren etabliert. Nach einem Tiefstand der deutschen Storchenpopulation um 1988 mit 2.428 Paaren kam es zu einer leichten Erholung der Bestände in den 1990er Jahren (1994: 4.155 BP), die z. T. auf die vielerorts durchgeführten Wiedereinbürgerungsprogramme zurückgehen (Mahler & Weick 1994). Bei einer Brut im Kreis Kleve stammten die Altvögel aus den Niederlanden und dem Kreis Minden-Lübbecke, Westfalen (Kersten et al. 1997). Die zuvor letzten erfolgreichen Bruten gelangen im Rheinland 1944-1947, anschließend gab es mehrfach unregelmäßige Brutversuche ohne Erfolg (Mildenberger 1982, Wink 1987). Mitte der 1990er Jahre waren in NRW 6-7 Brutpaare bekannt (Nottmeyer-Linden et al. 1997, Mädlow & Model 2000), die überwiegend im Westfälischen angesiedelt waren (NWO 2002). 2005 betrug der rheinische Brutbestand drei Paare (Jöbges in lit.). In den benachbarten Niederlanden nahm die Zahl der Brutvögel von 5-9 BP um 1974/77 auf über 360 BP im Jahre 2000 zu (SOVON 2002). Die Brutplätze im Rheinland können der nahen niederländischen Population zugerechnet werden bzw. gehen auf ausgewilderte “Projektstörche” zurück. Eine weitere Ausbreitung und Zunahme im Rheinland erscheint möglich.

Vergleich der Kartierung von 1974-1984 mit 1990-2000:

Kategorie	GF	%	RF %
1 - Nur 1974-84	2	50,0	0,5
2 - Nur 1990-2000	2	50,0	0,5
3 - Gemeinsame GF	0	0	0
1974-84: 1 & 3	2		0,5
1990-2000: 2 & 3	2		0,5
Veränderung	0		0

WINTERVERBREITUNG

In der Wintervogelkartierung 1983-86 wurden Weißstörche nur in zwei TK25 angetroffen und Winterbeobachtungen waren insgesamt sehr selten (MILDENBERGER 1982, WINK 1990). Die zweite Kartierung 1990-2000 belegt einen deutlichen Anstieg der Winterbeobachtungen in 15 Rasterflächen, RF = 4,4 % (s. auch AMEN 1993). Die überwinternden Weißstörche gehen überwiegend auf freifliegende Zoostörche (u. a. Tierpark Rheine) und auf Tiere aus den Wiederansiedlungsprojekten zurück, die z. T. nicht länger nach Afrika ziehen, sondern lokal überwintern. Die meisten Gitterfelder werden unregelmäßig und nicht in jedem Jahr aufgesucht. Der Schwerpunkt der Wintervorkommen liegt am Rhein zwischen Duisburg und Leverkusen. Die Art tritt seltener am Niederrhein und den Mittelgebirgsschwellen auf.

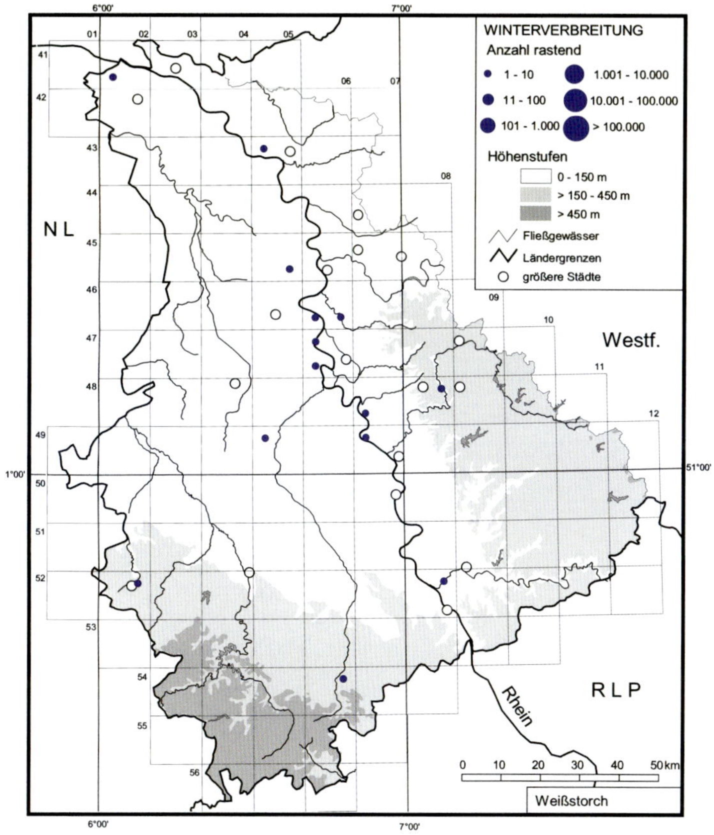

Winterverbreitung 1990-2000

Schwarzstorch, *Ciconia nigra*.
Foto: CHRISTOPH ENGELHARDT

Weißstorch, *Ciconia ciconia*.
Foto: MATHIAS SCHÄF

Kormoran *Phalacrocorax carbo*

Status: Brutvogel, Durchzügler, Wintergast

Gefährdung:
Rote Liste R (arealbedingt selten)
Non-SPEC (nicht gefährdet)

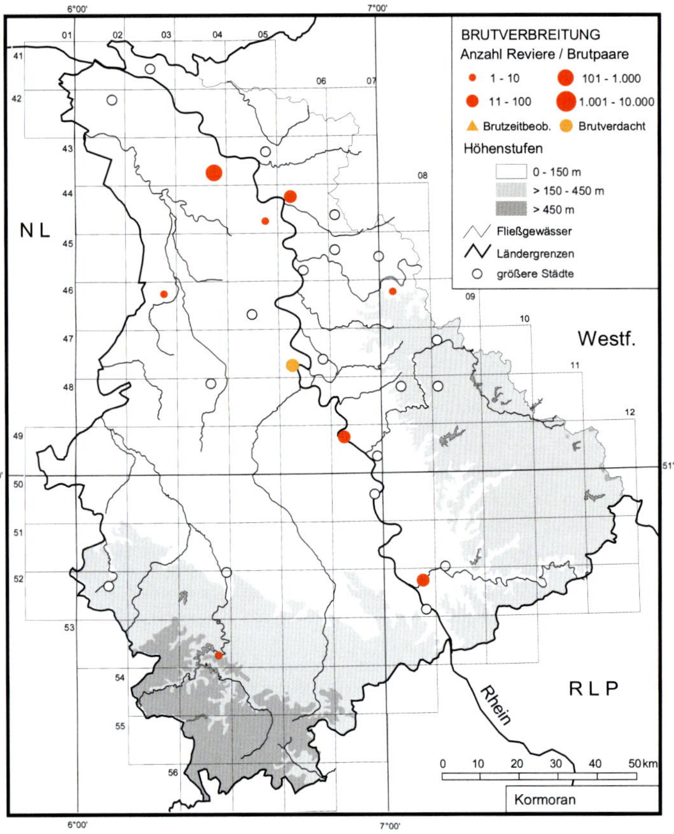

Brutverbreitung 1990-2000

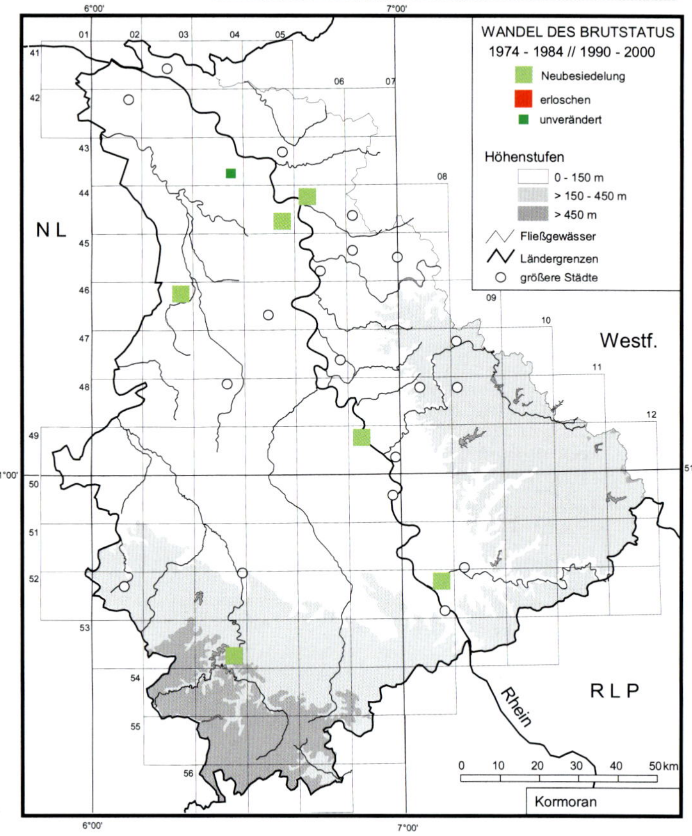

Arealveränderung zwischen 1974-84 und 1990-2000

BRUTVERBREITUNG

Die Schwerpunkte der Verbreitung liegen in Deutschland im Bereich der Ostsee, Mecklenburg-Vorpommern, Schleswig-Holstein sowie an Rhein, Weser und Elbe (Bregnballe et al. 2003). Neben der größten rheinischen Kolonie auf der Bislicher Insel befinden sich drei weitere mittelgroße Kolonien in Auwäldern des Rheins. Kleinere Ansiedlungen wurden mehrfach festgestellt, sind jedoch nicht immer von Dauer. Zur Brutzeit werden nicht brütende immature und adulte Kormorane an nahezu allen Gewässern im Rheinland beobachtet; zur Nahrungssuche erscheint die Art bevorzugt an fischreichen Seen und Talsperren sowie Fließgewässern. Aus dem Westfälischen sind fünf Kolonien bekannt (NWO 2002).

AREALVERÄNDERUNGEN

Die ersten Brutvorkommen entstanden im Rheinland 1985 bei Xanten und 1986 im Kreis Heinsberg (Wink 1987, Gaßling 1989, Hubatsch 1989). Die erstgenannte Kolonie (Bislicher Insel) besteht seitdem und ist die größte Kormorankolonie in NRW. Die Kormoranbestände sind in Deutschland, wie überall in Mitteleuropa, stark angewachsen von 794 Nestern im Jahre 1980 auf 20.055 Nester 2001 (Bregnballe et al. 2003). Dies gilt nicht nur für die Küstenregionen, sondern auch im Binnenland wurden zahlreiche Neuansiedlungen verzeichnet, z. B. die erste Brut in NRW 1985. Somit folgt die beim Vergleich der beiden Atlasperioden auffallende positive Arealentwicklung im Rheinland dem allgemeinen Trend. Der Gesamtbestand hat seit der Besiedlung des Rheinlandes 1985 auf geschätzte 200-300 Brutpaare an vier regelmäßigen Koloniestandorten zugenommen (vgl. Mädlow & Model 2000).

Bilanz der Brutvogelkartierung:

Kategorie [BP]	GF	RF %
1-10	4	1,0
11-100	3	0,7
101-200	1	0,2
Brutverdacht	1	0,2
Summe	**9**	**2,2**

Vergleich der Kartierung von 1974-1984 mit 1990-2000:

Kategorie	GF	%	RF %
1 - Nur 1974-84	0	0	0
2 - Nur 1990-2000	6	85,7	1,5
3 - Gemeinsame GF	1	14,3	0,3
1974-84: 1 & 3	1		0,3
1990-2000: 2 & 3	7		1,8
Veränderung	+6 (+600 %)		+1,5

Die Zunahme ist statistisch signifikant (4-Felder X^2-Test**; Vorzeichentest*; McNemar-Test*). Identitäts-Index (nach Scherner 1982): 0,35.

WINTERVERBREITUNG

Schon seit Beginn der siebziger Jahre wird parallel zur Brutbestandsentwicklung eine starke Zunahme durchziehender und überwinternder Kormorane im Rheinland festgestellt. Die Rasterfrequenz im Winter stieg von 15,9 % in den Jahren 1983-86 auf über 60 % in der aktuellen Kartierung. Der Kormoran wird an allen stehenden und fließenden Gewässern beobachtet, seltener auch in den höheren Mittelgebirgslagen (soweit sie eisfrei bleiben). Große Ansammlungen (Schlafplätze mit über 100 Individuen) treten besonders im Bereich des Rheins und seinen Nebenflüssen auf. Im Winter 2000/2001 belief sich der im Rahmen des Wasservogelmonitorings ermittelte nordrhein-westfälische Winterbestand auf 2.700-3.000 Exemplare (SUDMANN 2002). Zur Entwicklung des Rastbestandes s. auch BUCHHEIM (1998).

Bilanz der Winterkartierung:

Kategorie [Ex.]	GF	RF %
1-10	86	23,7
11-100	96	26,5
101-1.000	37	10,2
1.001-2.000	2	0,6
Summe	221	60,9

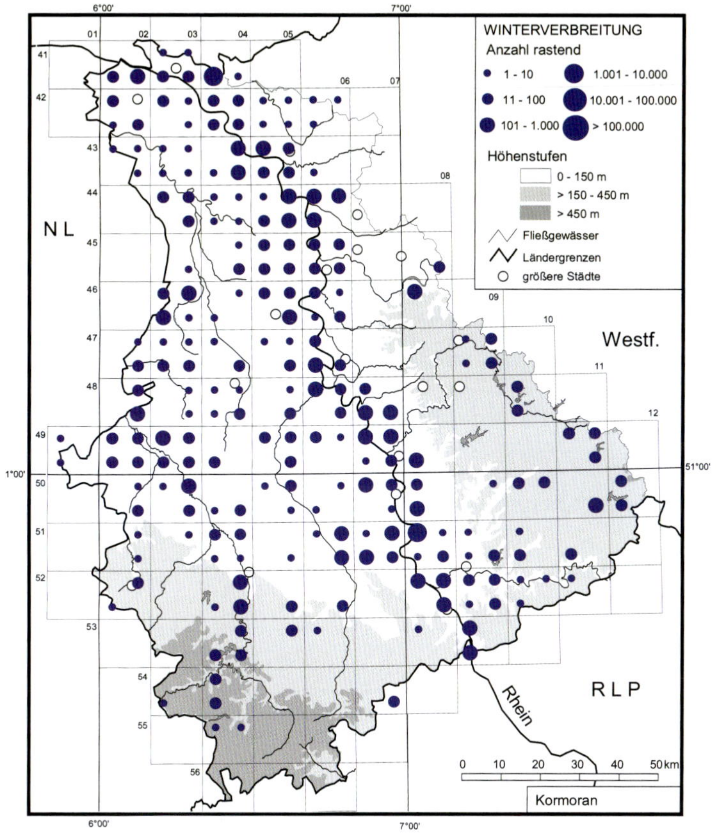

Winterverbreitung 1990-2000

Kormoran, *Phalacrocorax carbo*. Foto: EWALD LIPPOK

Höckerschwan *Cygnus olor*

Status: Brutvogel, Durchzügler, Wintergast

Gefährdung:
Rote Liste N (nicht gefährdet)
Non-SPEC (nicht gefährdet)

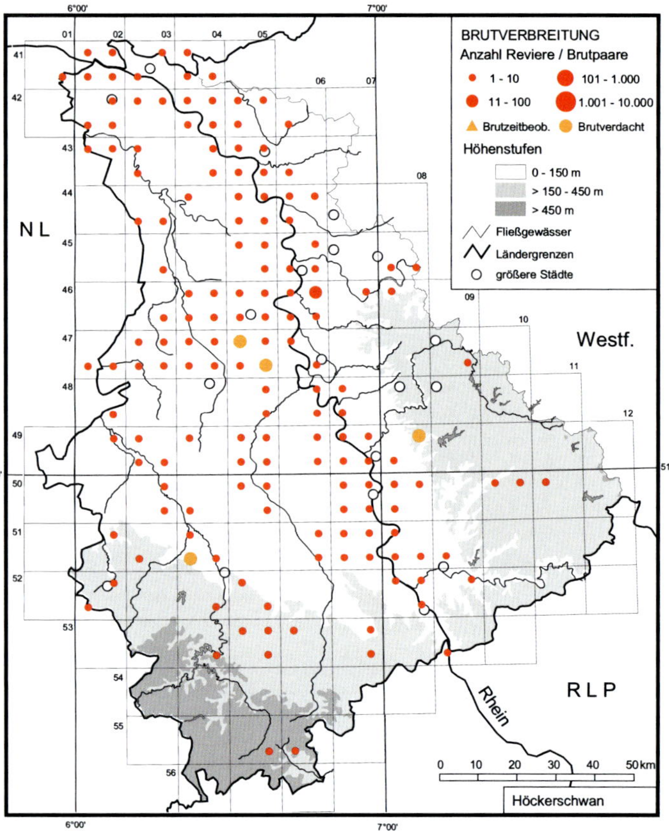

Brutverbreitung 1990-2000

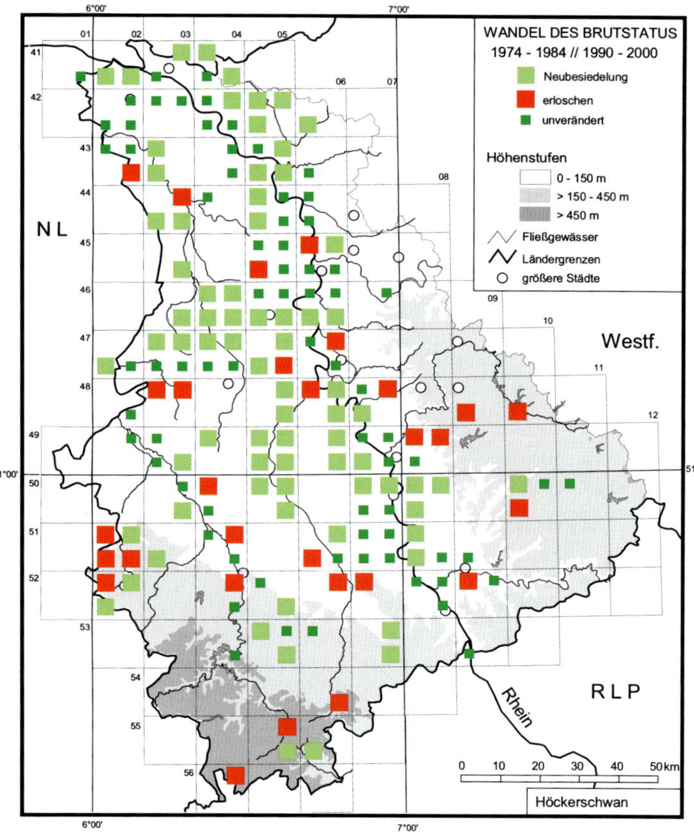

Arealveränderung zwischen 1974-84 und 1990-2000

BRUTVERBREITUNG

Brutvorkommen des Höckerschwans gab es in nahezu allen Gitterfeldern mit geeigneten Bruthabitaten (besonders Teiche, Baggerseen, Talsperren, Staustufen, langsam fließende Gewässer, Altrheinarme). Die Schwerpunkte liegen im Rheintal und den Nebenflüssen des Rheins. Deutlich seltener werden auch einzelne Gewässer der Mittelgebirge (über 150 m NN) besiedelt. Die Rasterfrequenzen steigen von Westfalen (RF = 31 %) über das Rheinland (RF = 40,3 %) zu den NL (RF = 67 %) stetig an (NWO 2002, SOVON 2002).

AREALVERÄNDERUNGEN

Im Vergleich zur Kartierung 1974-84 wurden einige Rasterflächen, insbesondere im Mittelgebirgsbereich, aufgegeben, aber 77 Rasterflächen, vor allem im Flachland, neu besiedelt, was insgesamt zu einer statistisch signifikanten Arealerweiterung um fast 50 % führte. Auch in den benachbarten Niederlanden, wo der Höckerschwan immer schon häufig war, wurde in den letzten Jahrzehnten eine deutliche Zunahme verzeichnet (SOVON 2002). Für NRW wird ein Bestand von 480-660 Brutpaaren angenommen, davon entfallen 230-310 Brutpaare (0,04-0,06 BP/km² bezogen auf die besiedelte Fläche) auf das Rheinland (SUDMANN & JÖBGES 2002). Für 1975 wurden 50-65 rheinische Brutpaare (inkl. Rheinland-Pfalz) gemeldet (MILDENBERGER 1982). Alle Brutvögel gehen wohl auf Aussetzungsprojekte oder deren Nachkommen zurück (BAUER & GLUTZ 1990).

Bilanz der Brutvogelkartierung:

Kategorie [BP]	GF	RF %	Minimum [BP]
1-10	154	37,3	154
11-20	1	0,2	11
Brutverdacht	4	1,0	
Summe	**159**	**38,5**	**165**

Vergleich der Kartierung von 1974-1984 mit 1990-2000:

Kategorie	GF	%	RF %
1 - Nur 1974-84	27	15,1	6,9
2 - Nur 1990-2000	77	43,0	19,6
3 - Gemeinsame GF	75	41,9	19,1
1974-84: 1 & 3	102		26,0
1990-2000: 2 & 3	152		38,7
Veränderung	+50 (+49 %)		+12,7

Die Zunahme ist statistisch signifikant (4-Felder X^2-Test***; Vorzeichentest*; McNemar-Test***). Identitäts-Index (nach SCHERNER 1982): 0,60.

WINTERVERBREITUNG

Die generelle Verbreitung entspricht im Winter weitgehend der Brutverbreitung. Die Rasterfrequenz in den Wintermonaten (RF = 52,5 %) liegt jedoch um 10 % höher als zur Brutzeit und hat sich im Vergleich zur ersten Kartierung nicht wesentlich verändert. Auch im Winter konzentrieren sich die Vorkommen entlang der großen Flüsse (besonders Rhein), während gewässerarme Bereiche der Tieflagen und besonders der Mittelgebirge sehr lückenhaft besetzt sind. Betrachtet man die hohe Anzahl der Rasterfelder mit mehr als zehn Individuen, so wird deutlich, dass der lokale Brutbestand durch Wintergäste verstärkt wird. Wie überall in Europa hat auch der nordrhein-westfälische Winterbestand seit Ende der 1960er Jahre stark zugenommen (4 % pro Jahr) und wird von 1989-1998 auf 2.000 Individuen geschätzt (SUDFELDT et al. 2000).

Bilanz der Winterkartierung:

Kategorie [Ex.]	GF	RF %
1-10	135	37,1
11-100	56	15,4
Summe	**191**	**52,5**

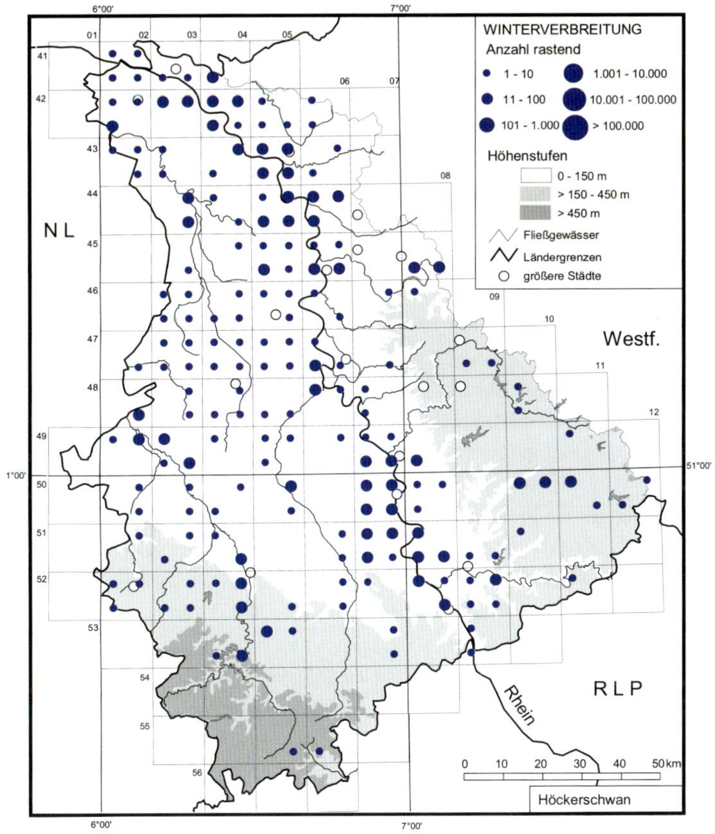

Winterverbreitung 1990-2000

Höckerschwan, *Cygnus olor*. Foto: MATHIAS SCHÄF

Zwergschwan *Cygnus columbianus*

Status: Durchzügler, Wintergast

Gefährdung:
Rote Liste: W (gefährdete wandernde Arten)
SPEC 3W (gefährdet)

WINTERVERBREITUNG

Die Winterverbreitung des Zwergschwans umfasst im Bearbeitungsgebiet vor allem den Unteren Niederrhein zwischen Krefeld und der deutsch-niederländischen Grenze (Kreise Wesel, Kleve) im Bereich der Rheinauen, an Altrheinarmen und Baggerseen. Auch an den Krickenbecker Seen wurde die Art regelmäßig angetroffen. Die Vorkommen am Unteren Niederrhein stehen im Zusammenhang mit dem Hauptüberwinterungsgebiet der Art in den NL (VAN ROOMEN et al. 2004). Die dortigen Winterbestände nahmen von Anfang der 1970er bis Mitte der 1990er Jahre deutlich zu und stabilisierten sich anschließend auf etwas geringerem Niveau (VAN ROOMEN et al. 2004). Eine ähnliche Tendenz ist auch im Rheinland zu sehen: der Zwergschwan trat hier zwischen 1990-2000 im Mittwinter mit einer leicht höheren Rasterfrequenz (6,7 %) auf als noch 1983-86 (4,5 %), allerdings war die Maschenweite des Gitternetzes unterschiedlich. Der Winterbestand liegt in NRW - im Gegensatz zum Frühjahrszug, wenn teilweise deutlich über 100 Individuen angetroffen werden - meist unter 50 Ind. (SUDFELDT et al. 2000). Im Rahmen der Kartierung wurden jedoch auch größere Bestände ermittelt (z. B. TK4102).

Bilanz der Winterkartierung:

Kategorie [Ex.]	GF	RF %
1-10	7	1,8
11-100	18	4,6
101-200	1	0,3
Summe	**26**	**6,7**

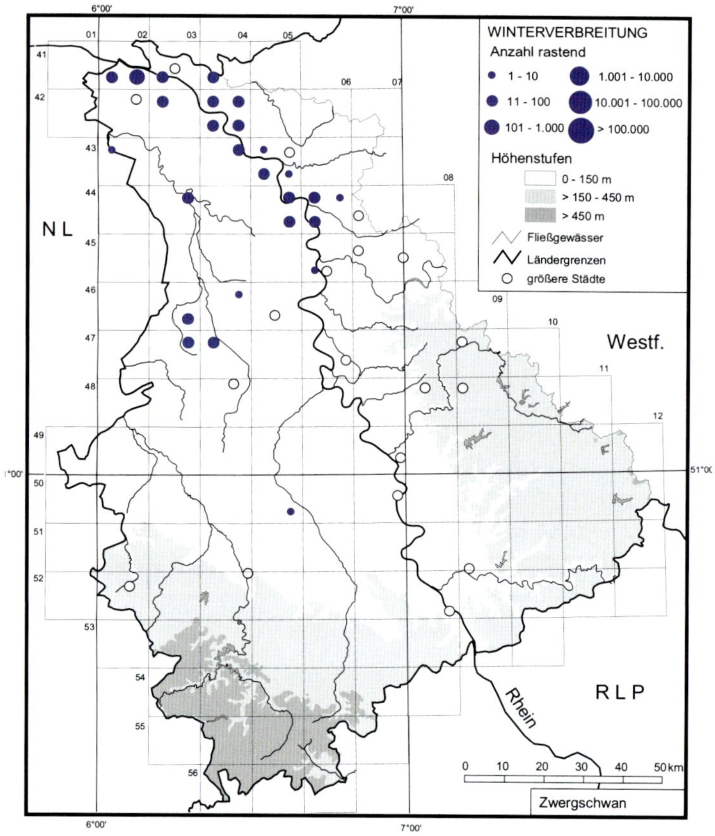

Winterverbreitung 1990-2000

Zwergschwan, *Cygnus columbianus*. Foto: MATHIAS SCHÄF

Singschwan *Cygnus cygnus*

Status: Durchzügler, Wintergast

Gefährdung:
SPEC ^{E}W (nicht gefährdet)

WINTERVERBREITUNG

Der Schwerpunkt der regelmäßigen Winterverbreitung im Rheinland liegt am Unteren Niederrhein in den Kreisen Wesel und Kleve. Zusätzlich treten Singschwäne ausnahmsweise auch an Seen, Baggerseen und Talsperren in anderen Regionen des Rheinlandes auf, auch wenn sie dort meist nicht sehr lange verweilen. Dieses Verbreitungsmuster war bereits in der Wintervogelkartierung 1983-86 zu erkennen. Die Verbreitung ist beim Singschwan (RF = 8,2 %) nicht so strikt auf den Niederrhein beschränkt und erreicht ausnahmsweise den Nordrand der Eifel (im Gegensatz zum Zwergschwan existieren auch Nachweise über 150 m NN). Der nordrhein-westfälische Mittwinterbestand wird auf etwa 180 Individuen geschätzt, während des Durchzuges werden aber noch höhere Anzahlen erreicht. Gegenüber den 1960er bis frühen 1980er Jahren hat der Bestand in den späten 1980er und 1990er Jahren deutlich zugenommen (SUDFELDT et al. 2000). Die Rasterfrequenz hat sich im Rheinland gegenüber 1983-86 nicht erhöht, wohingegen die Überwinterungszahlen in den NL von 1995-2000 um den Faktor 2-3 höher liegen als 1980-1985 (BIJLSMA et al. 2001).

Bilanz der Winterkartierung:

Kategorie [Ex.]	GF	RF %
1-10	20	5,1
11-100	12	3,1
Summe	**32**	**8,2**

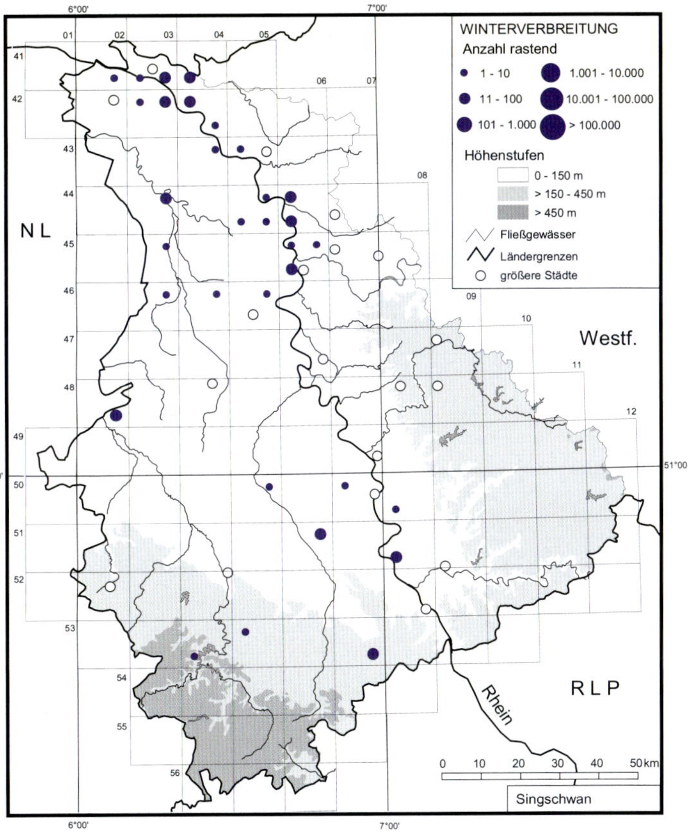

Winterverbreitung 1990-2000

Singschwan, *Cygnus cygnus*. Foto: CHRISTIAN DIETZEN

Schwarzschwan *Cygnus atratus*

Status: Brutvogel, Wintergast (Neozoon)

Gefährdung:
Rote Liste N (nicht gefährdet)
Non-SPEC (nicht gefährdet)

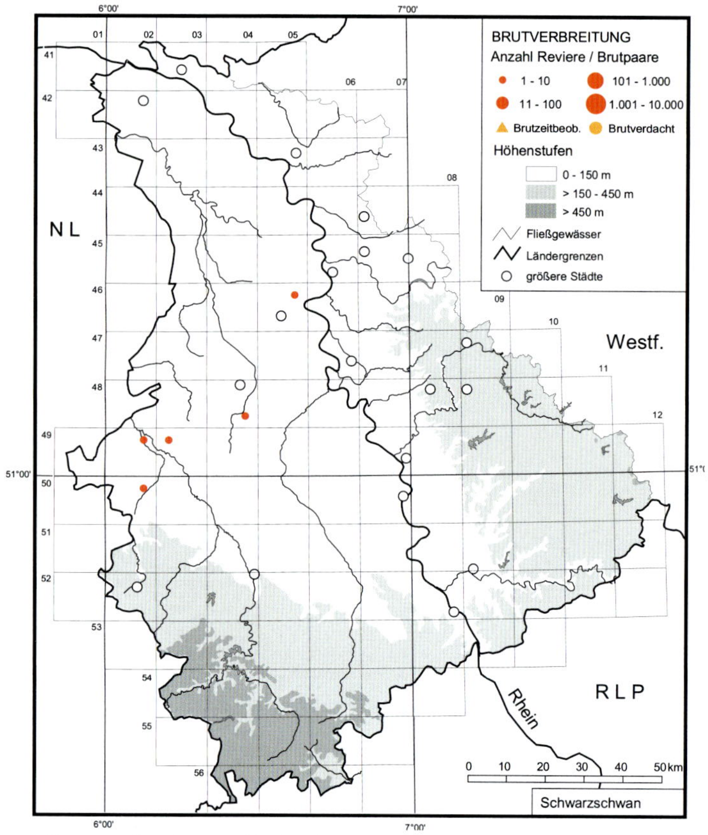

Brutverbreitung 1990-2000

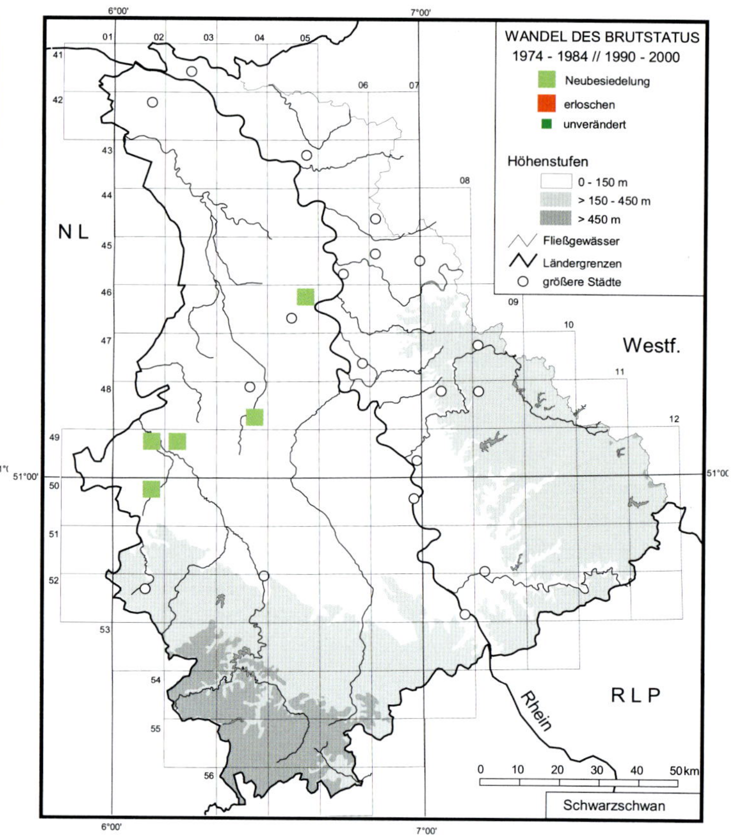

Arealveränderung zwischen 1974-84 und 1990-2000

BRUTVERBREITUNG

Der aus Australien stammende Trauer- oder Schwarzschwan ist in Deutschland ein Neubürger, der sich als Gefangenschaftsflüchtling an mehreren Orten angesiedelt hat. Aufgrund des sehr geringen Bruterfolges gibt es im Rheinland bisher keine dauerhaften Ansiedlungen (KRETZSCHMAR 1999). Insgesamt wurden im Bearbeitungszeitraum Bruten in fünf Rasterflächen (RF = 1,2 %) nachgewiesen. In den benachbarten Niederlanden ist die Art mit 5 % besetzter Gitterfelder schon weiter verbreitet (SOVON 2002).

AREALVERÄNDERUNGEN

Während der ersten Kartierungsphase 1974-84 wurde die Art im Rheinland noch nicht festgestellt. Die Ansiedlung des Schwarzschwans erfolgte in Nordrhein-Westfalen 1987 in Dortmund (KRETZSCHMAR 1999). Da die meisten Vorkommen unregelmäßig sind, liegt der jährliche rheinische Brutbestand deutlich unter fünf Paaren. In den NL, wo der Bestand heute bei über 60 Brutpaaren liegt, erfolgten erste Brutansiedlungen um 1985 (BIJLSMA et al. 2001; SOVON 2002).

Vergleich der Kartierung von 1974-1984 mit 1990-2000:

Kategorie	GF	%	RF %
1 - Nur 1974-84	0	0	0
2 - Nur 1990-2000	5	100,0	1,3
3 - Gemeinsame GF	0	0	0
1974-84: 1 & 3	0		0
1990-2000: 2 & 3	5		1,3
Veränderung	+5		+1,3

WINTERVERBREITUNG

Die Winterverbreitung ist mit einer Rasterfrequenz von 7,3 % (25 Gitterfelder) deutlich größer als die Verbreitung zur Brutzeit, wobei der (Nieder-) Rhein und seine Nebengewässer einen Verbreitungsschwerpunkt bilden. In den südlichen und östlichen Teilen des Untersuchungsgebietes, besonders in den Mittelgebirgen, ist der Trauerschwan nur seltener Wintergast. Möglicherweise erfolgt ein Zuzug aus anderen Arealen (z. B. den NL). Ein Teil der Feststellungen geht jedoch auf ganzjährige anwesende Parkvögel zurück, die (noch) nicht brüten. Bereits 1983-86 wurden Schwarzschwäne in fünf Gitterfeldern nachgewiesen; demnach erfolgte seither eine merkliche Zunahme und Ausbreitung.

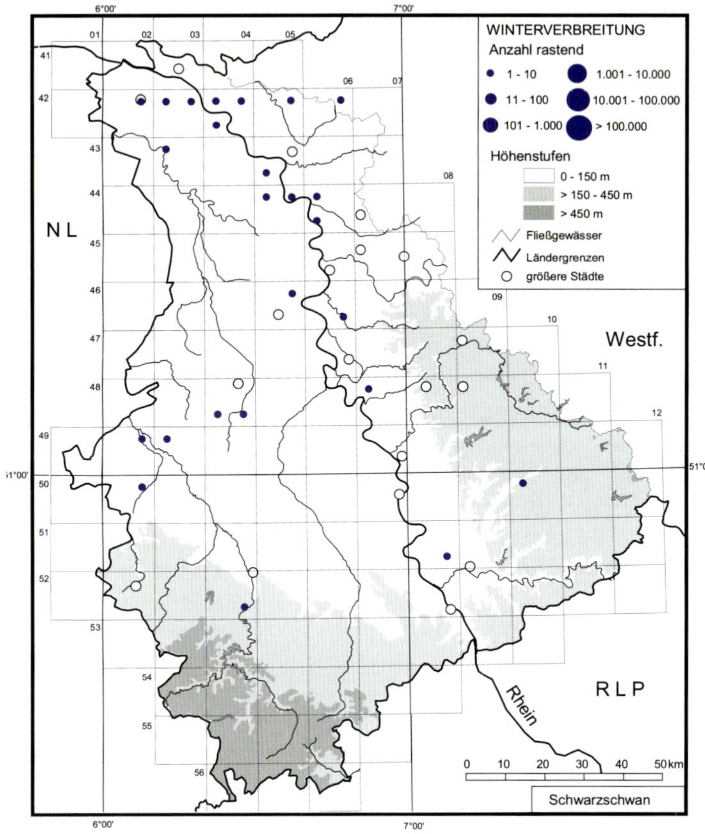

Winterverbreitung 1990-2000

Schwarzschwan, *Cygnus atratus*. Foto: CHRISTIAN DIETZEN

Saatgans *Anser fabalis*

Status: Durchzügler, Wintergast

Gefährdung:
Rote Liste W (lokal gefährdet)
SPEC ^{E}W(nicht gefährdet)

WINTERVERBREITUNG

Der Schwerpunkt der Saatgansverbreitung liegt auf ruhigem Acker- und Weideland (Nahrungsplätze) sowie ungestörten Gewässern (Schlafplätze) am Unteren Niederrhein (Kreise Wesel und Kleve), wo aktuell zur Zeit des Wintermaximums um die 20.000 Tiere überwintern. In den 1980er Jahren lag das Wintermaximum am Niederrhein noch bei 70.000 Vögeln, ging jedoch bis Anfang der 1990er Jahre zurück. Anschließend stiegen die Anzahlen kontinuierlich an, von >6.000 Vögeln 1992/93 (AG Wildgänse 1996) auf >25.000 Vögel 1998/99 (Wille 1998, 2000). Beobachtungen durchziehender und rastender Saatgänse erfolgen auch andernorts in der freien Ackerbörde der Kölner Bucht/Zülpicher Börde. Diese Vorkommen sind jedoch nur als sporadisch anzusehen. In den NL überwintern zwischen 100.000 und 150.000 Tundrasaatgänse (Bijlsma et al. 2001): das rheinische Wintervorkommen kann als Ausläufer des niederländischen Wintergebietes angesehen werden.

Am Niederrhein überwintern gegenwärtig fast ausschließlich Tundrasaatgänse (*A. f. rossicus*). Regelmäßig werden jedoch Einzelvögel bzw. kleine Familienverbände anderer Subspezies, vornehmlich der Waldsaatgans (*A. f. fabalis*), beobachtet. Ausgehend von älteren Literaturangaben (z. B. Mildenberger 1982) konnten früher 20-25 % der niederrheinischen Saatgänse der Nominatform (Waldsaatgans) zugerechnet werden. Obwohl der Anteil der Waldsaatgänse früher zweifellos größer war, gelten die damals für die Trennung beider Subspezies benutzten Kriterien gegenwärtig als unzuverlässig.

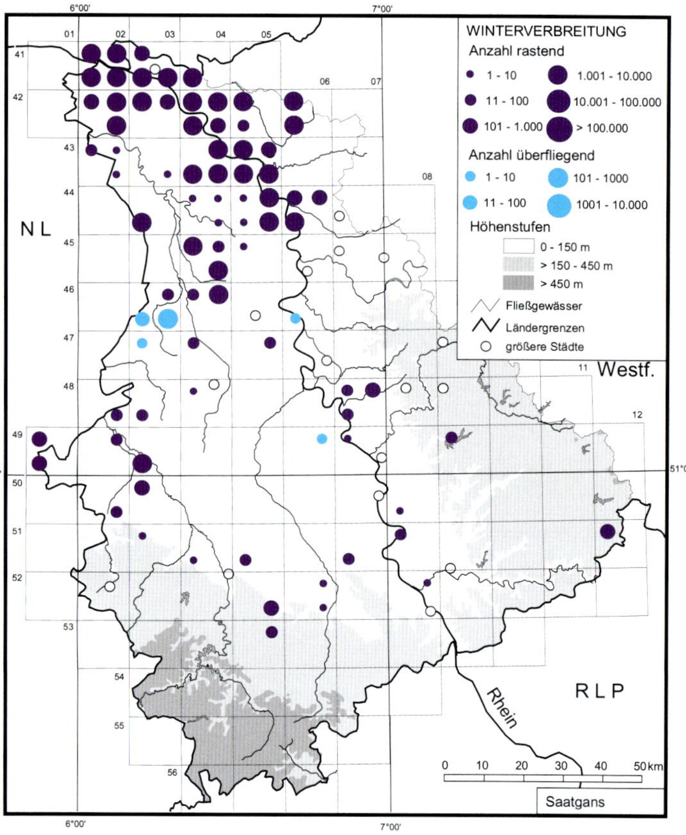

Winterverbreitung 1990-2000

Bilanz der Winterkartierung:

Kategorie [Ex.]	GF	RF %
1-10	17	4,4
11-100	18	4,6
101-1.000	13	3,3
1.001-3.000	31	8,0
Summe	**79**	**20,3**

Tundrasaatgans, *Anser fabalis rossicus*.
Foto: Ewald Lippok

Kurzschnabelgans *Anser brachyrhynchus*

Status: Durchzügler, Wintergast

Gefährdung:
Non-SPEC^{E} (nicht gefährdet)

WINTERVERBREITUNG

Die Kurzschnabelgans überwintert in geringer Anzahl und vergesellschaftet mit anderen Gänsearten, vor allem Saatgänsen, regelmäßig am Unteren Niederrhein (Kreise Wesel und Kleve). Obwohl hier in den 1990er Jahren während der monatlichen internationalen Gänsezählungen selten mehr als 10 Individuen beobachtet wurden (WILLE 1998), ist die Anzahl der tatsächlich überwinternden Vögel zweifellos größer. Aufgrund ihrer Ähnlichkeit mit der Tundrasaatgans werden Kurzschnabelgänse häufig übersehen. Bei gezielten Beobachtungen wurden in den 1970er und 1980er Jahren am Niederrhein regelmäßig Maxima von bis zu 50 Ind. festgestellt (VAN DEN BERGH, pers. Mit., MOOIJ 1993). Auch auf den ostdeutschen Rastplätzen erbrachten gezielte Beobachtungen in den letzten Jahren deutlich höhere Kurzschnabelgans-Bestände als bis dahin angenommen (HEINICKE, pers. Mit.).

Nur ganz ausnahmsweise wurden im Rheinland Einzeltiere abseits des Niederrheins festgestellt. Die Anzahl der überwinternden Vögel und die Rasterfrequenz haben sich unter Berücksichtigung der unterschiedlich langen Erfassungszeiträume seit 1983-86, als nur wenige Vögel auf sechs TK25-Flächen nachgewiesen wurden, leicht vergrößert (RF = 6,7 %, 26 Gitterfelder). In den NL erfolgte eine deutliche Zunahme und die Anzahl der Wintergäste/Durchzügler stieg von etwa 10.000 in den 1970er Jahren auf ca. 30.000 Vögel im Jahre 2000 (BIJLSMA et al. 2001).

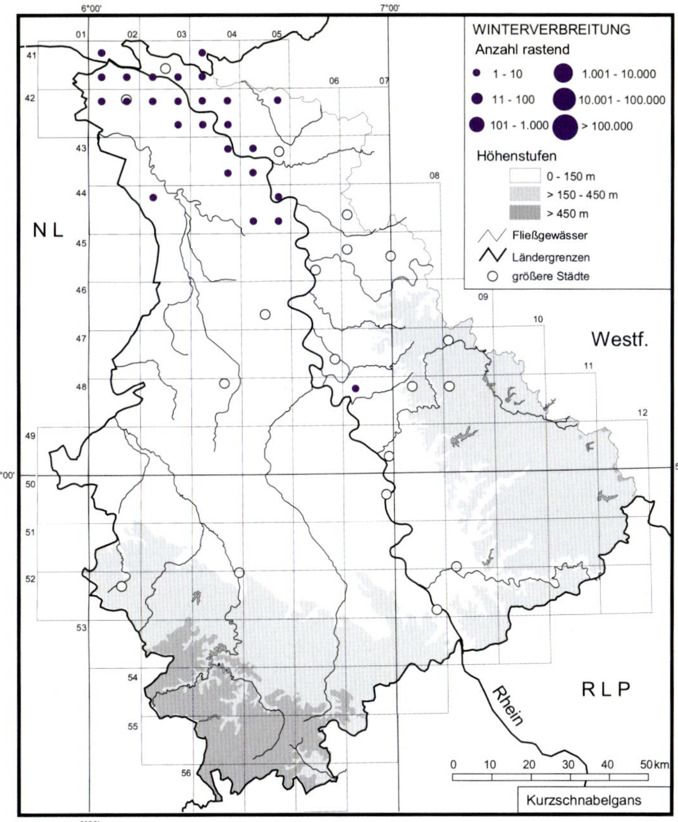

Winterverbreitung 1990-2000

Kurzschnabelgans, *Anser brachyrhynchus*. Foto: CHRISTIAN DIETZEN

Blässgans *Anser albifrons*

Status: Brutvogel, Durchzügler, Wintergast

Gefährdung:
Non-SPEC (nicht gefährdet)

BRUTVERBREITUNG

Ein erster Brutversuch im Rheinland wurde 1991 im Bereich der Bislicher Insel (TK 4304) festgestellt. Das Paar erbrütete vier Eier, zog jedoch keine Junge groß. Im Jahre 2001 brütete ein Paar erfolgreich im Bereich des Reeserschanz (TK 4204), wobei drei von vier Jungen flügge wurden. Seitdem wurden keine Brutversuche mehr gemeldet. In beiden Fällen handelte es sich um Paare, bei denen einer der Partner nur eingeschränkt flugfähig war. In den nahen NL gab es erste Bruten um 1980 und der Bestand blieb bis Ende der 1980er Jahre auf wenige Brutpaare beschränkt. Zweifellos als Folge des Verbots vom Oktober 1988, zahme Blässgänse als Lockvögel bei der Jagd zu nutzen, nahm die Zahl in den NL brütender Blässgänse ab Ende der 1980er Jahre stark zu (Bjilsma et al. 2001). Inzwischen sind in den NL 140 Gitterfelder (RF = 8 %) mit Brutvorkommen bekannt und die Zahl der Brutpaare liegt zwischen 200 und 250 (SOVON 2002). Die Brutversuche im Rheinland sind sicherlich als eigenständige Entwicklung, unabhängig von der Entwicklung in den Niederlanden zu sehen.

WINTERVERBREITUNG

Der Schwerpunkt der Winterverbreitung der Blässgans in Nordrhein liegt am Unteren Niederrhein bis zur Niersniederung mit jährlich 150.000 bis 180.000 Vögeln (AG Wildgänse 1996, Wille 1998, 2000); sporadische Einzelvorkommen wurden auch aus dem südlichen Rheinland gemeldet. Die ersten regelmäßigen Überwinterungen von Blässgänsen am Unteren Niederrhein wurden Ende der 1950er Jahre gemeldet. Bis 1970 überwinterten hier nur wenige hundert bis maximal 2.000 Individuen und bis 1980 stieg das Wintermaximum auf ca. 10.000 Vögel an. Danach erfolgte eine schnelle Zunahme bis etwa 1990 das gegenwärtige Plateau von 150.000 bis 180.000 Ind. erreicht wurde (Mooij 1993). In den nahen NL nahmen die Winterbestände von 100.000 (1980) auf über 500.000 Tiere (2000) signifikant zu (Bijlsma et al. 2001). Das niederrheinische Blässgans-Winterquartier bildet eine Einheit mit den Überwinterungsgebieten in den NL, Belgien, West-England und Südost-Niedersachsen (Dollart) und scheint eine Drehscheiben-Funktion für das Überwinterungsgeschehen im gesamten westeuropäischen Wintergebiet der Art zu erfüllen (Kruckenberg 2003).

Bilanz der Winterkartierung:

Kategorie [Ex.]	GF	RF %
1-10	11	3,2
11-100	9	2,6
101-1.000	12	3,5
1.001-10.000	17	4,9
10.001-20.000	30	8,7
Summe	79	22,9

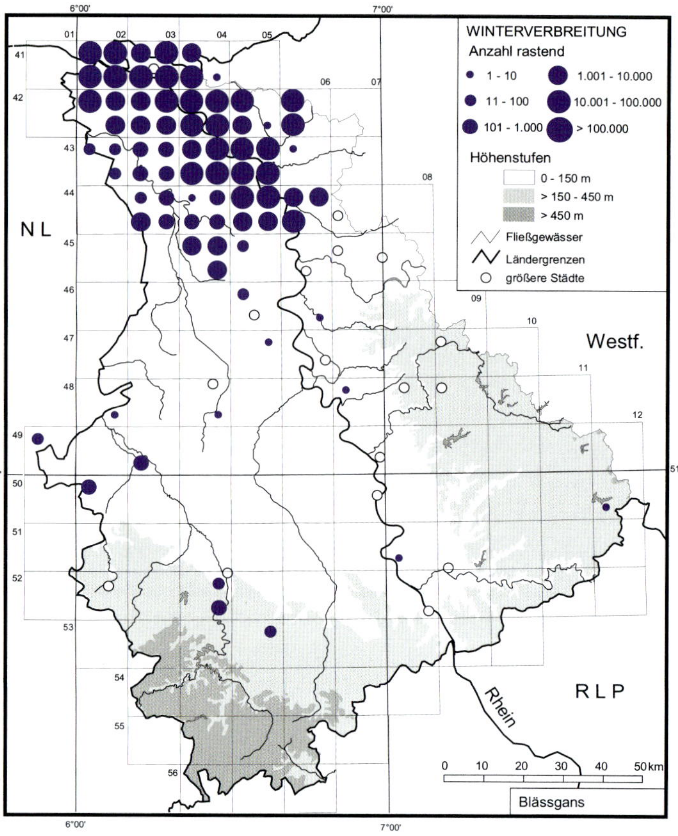

Winterverbereitung 1990-2000

Blässgans, *Anser albifrons*. Foto: Ewald Lippok

Zwerggans *Anser erythropus*

Status: Durchzügler, Wintergast

Gefährdung:
SPEC 1 (bedroht)

WINTERVERBREITUNG

Die wenigen Winterbeobachtungen der Zwerggans in Nordrhein sind auf den Unteren Niederrhein beschränkt, wo sie, vergesellschaftet mit Blässgänsen, regelmäßig in kleiner Zahl beobachtet wird. Im Rahmen der Kartierung 1990-2000 liegen aus sieben Gitterfeldern (RF = 1,8 %) Nachweise vor. Die Art erscheint mittlerweile alljährlich in kleiner Zahl. Ähnlich wie bei der Kurzschnabelgans wird - aufgrund der Ähnlichkeit mit der Blässgans - die tatsächliche Anzahl der am Unteren Niederrhein durchziehenden bzw. überwinternden Zwerggänse stark unterschätzt. Seit Mitte der 1970er Jahre intensivere Beobachtungen der niederrheinischen Gänsebestände einsetzten, wurden alljährlich bis zu zehn Individuen festgestellt. Aufgrund der Tatsache, dass die beobachteten Vögel immer mit Blässgänsen vergesellschaftet waren, nie markierte Vögel gesichtet wurden und die Mehrzahl der Beobachtungen in den Monaten Dezember bis Februar lag, dürfte es sich hierbei vornehmlich um überwinternde Vögel der russischen Population gehandelt haben (van den Bergh, pers. Mit., Mooij 1993, Mooij & Heinicke in Vorb.). Auch in den NL wurden im 20. Jahrhundert regelmäßig Zwerggänse gesichtet. Bei 51 Beobachtungen (64-75 Ind.) aus dem Zeitraum 1976-1989 lag der Schwerpunkt ebenfalls in den Monaten Dezember bis Februar. Ab 1990 nahm die Zahl der jährlichen Beobachtungen, vornehmlich als Folge des schwedischen Wiedereinbürgerungsprogrammes, zu (Bijlsma 2001).

In Skandinavien wurden zwischen 1981 und 1999 junge Zwerggänse ausgesetzt. Die Vögel fliegen in ihrem ersten Winter unter Leitung ihrer Adoptiveltern (Weißwangengänse) zu den Winterrastplätzen in den Niederlanden und behalten diese Zugroute in den Folgejahren bei. In den NL werden seit Mitte der 1990er Jahre jährlich ca. 50 Individuen dieser Population, vornehmlich im Westen des Landes, beobachtet (Bijlsma et al. 2001). Auf ihren Wanderungen, vor allem entlang der Wattenmeerküste, werden diese Vögel fast ausschließlich vergesellschaftet mit Weißwangengänsen gesehen. 1999 wurden in Skandinavien aufgezogene Jungvögel unter Einsatz eines Ultraleichtflugzeuges als "Leitgans" zur Bislicher Insel bei Xanten geführt, wo die Jungvögel geschützt überwintern und im anschließenden Frühjahr mehrheitlich selbstständig in ihre schwedische Heimat zurückfanden (Mooij in NWO 2000, Mooij 2001).

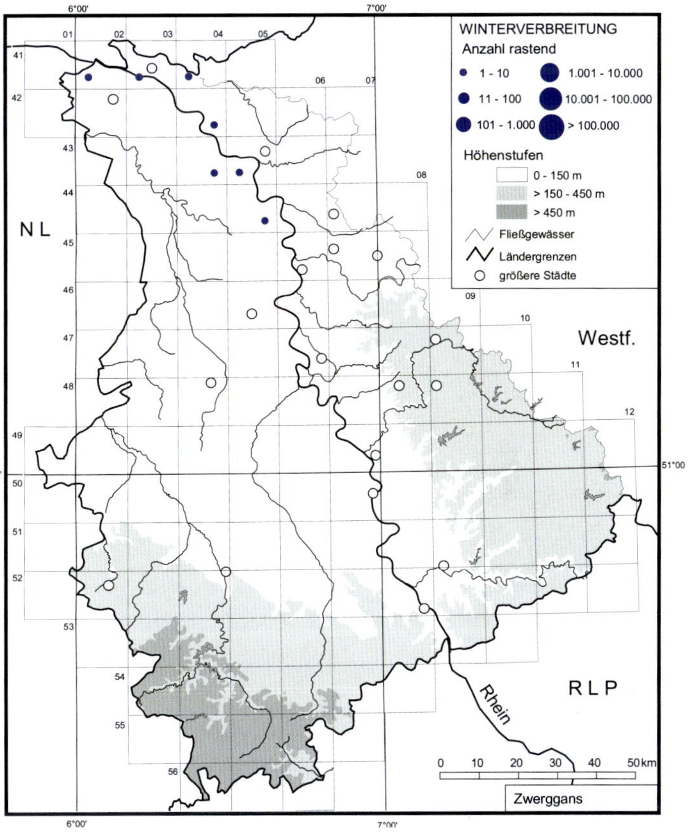

Winterverbreitung 1990-2000

Zwerggans, *Anser erythropus*. Foto: Martin Schlorf

Graugans *Anser anser*

Status: Brutvogel, Durchzügler, Wintergast

Gefährdung:
Rote Liste N (nicht gefährdet)
Non-SPEC (nicht gefährdet)

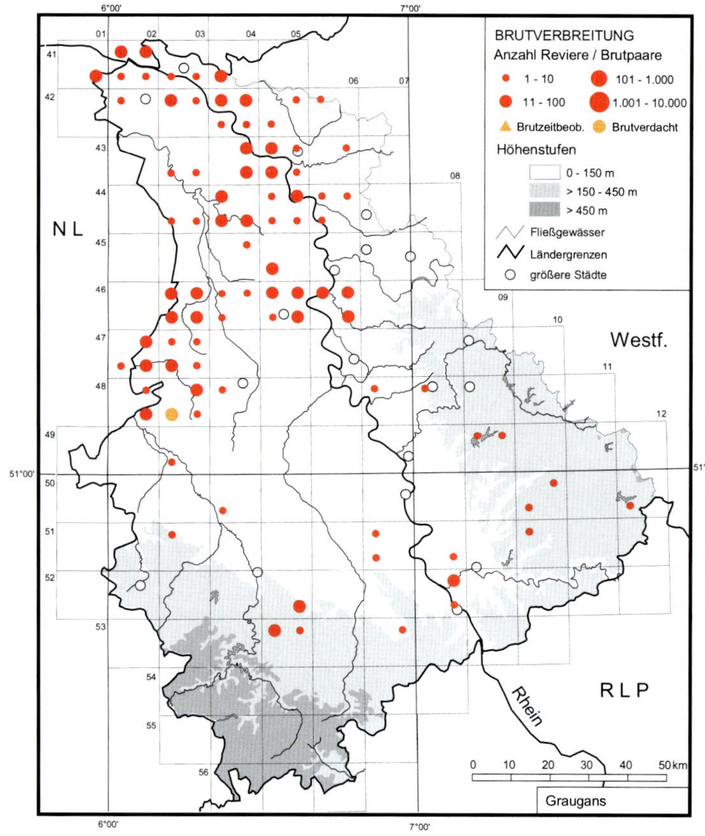

Brutverbreitung 1990-2000

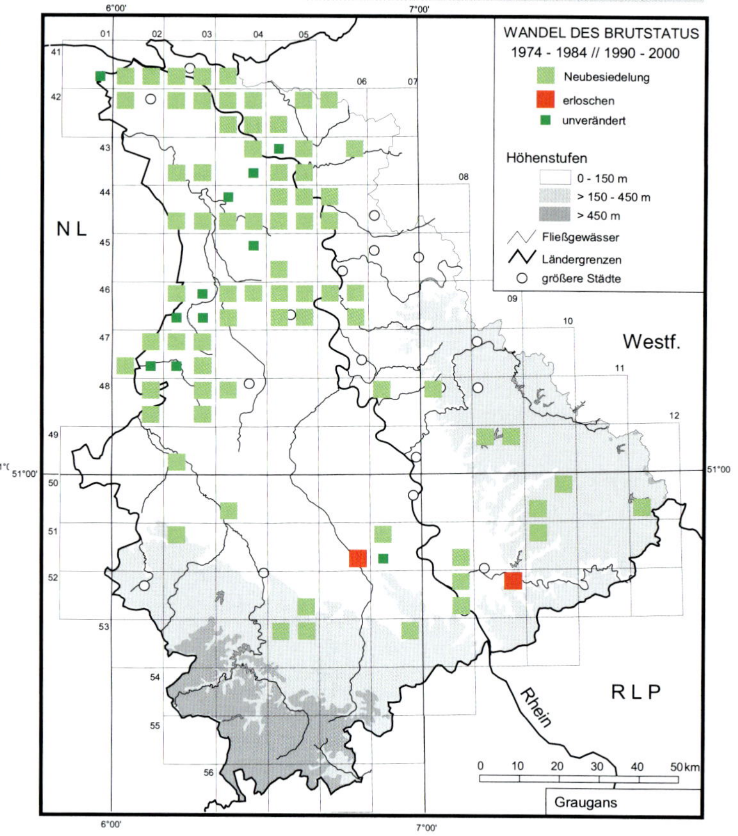

Arealveränderung zwischen 1974-84 und 1990-2000

BRUTVERBREITUNG

Ausgehend von regionalen Wiedereinbürgerungsaktionen in den 1960er/70er Jahren hat die Graugans mittlerweile weite Teile des Rheinlandes (RF = 22,7 %) besiedelt. Der Verbreitungsschwerpunkt liegt in den Tieflagen im Bereich der Rheinauen und im Schwalm-Nette-Gebiet. Aber auch Eifel und Bergisches Land weisen lokale Brutvorkommen zwischen 150-300 m NN auf. Besiedelt werden eutrophe Altrheinarme, Baggerseen und Teiche mit ausgeprägter Ufervegetation oder dicht bewachsenen Inseln. Im benachbarten Westfalen ist die Graugans deutlich spärlicher verbreitet (RF = 6 %), während in den NL 33 % der Gitterfelder besetzt waren (NWO 2002, SOVON 2002).

AREALVERÄNDERUNGEN

Ursprünglich war die Graugans in allen geeigneten Habitaten (Fluss- und Küstenebenen, Sümpfe, Moore) als Brutvogel anzutreffen, aber aufgrund der Trockenlegung von Feuchtgebieten sowie menschlicher Verfolgung war sie bereits Ende des 19. Jahrhunderts in den NL und im Westen Deutschlands nahezu ausgestorben (Alphéraki 1904, Niethammer 1938, Voous 1960). Als Relikt dessen ist die natürliche Verbreitung der Graugans in Deutschland auf die Tieflagen der nördlichen und östlichen Bundesländer (Schleswig-Holstein, Mecklenburg-Vorpommern, Brandenburg, Sachsen, Sachsen-Anhalt) beschränkt (Glutz & Bauer 1990). Die Art wurde um 1961 im Rheinland angesiedelt. 1966 brütete erstmalig ein Paar auf der Bislicher Insel und 1967 waren es drei Paare, wonach eine stetige Ausbreitung einsetzte (Mildenberger 1982). Die Besiedlung Westfalens erfolgte ebenfalls durch Aussetzungen zwischen 1973 und 1979 (NWO 2002). Im Rheinland stieg die Rasterfrequenz von 3,3 % zwischen 1974 und 1984 auf 21,5 % in den Jahren 1990 bis 2000. Eine ähnlich starke Zunahme wurde in den NL festgestellt: 1977 lag die Zahl der Brutpaare schon wieder bei 100-150 (nachdem die Art zu Beginn des 20. Jahrhunderts nahezu ausgestorben war) und stieg auf über 8.000-9.000 BP in den Jahren 1998-2000 (SOVON 2002).

Bilanz der Brutvogelkartierung:

Kategorie [BP]	GF	RF %	Minimum [BP]
1-10	54	13,1	54
11-100	34	8,2	374
Brutverdacht	1	0,2	
Summe	**89**	**21,5**	**428**

Vergleich der Kartierung von 1974-1984 mit 1990-2000:

Kategorie	GF	%	RF %
1 - Nur 1974-84	2	2,3	0,5
2 - Nur 1990-2000	74	85,1	18,8
3 - Gemeinsame GF	11	12,6	2,8
1974-84: 1 & 3	13		3,3
1990-2000: 2 & 3	85		21,3
Veränderung	+72 (+553 %)		+18,0

Die Zunahme ist statistisch signifikant (4-Felder X^2-Test***; Vorzeichentest*; McNemar-Test***). Identitäts-Index (nach Scherner 1982): 0,33.

Die rheinische Population hat sich unabhängig von der niederländischen Population entwickelt und erst in jüngster Vergangenheit kam der Kontakt zustande. Im Rheinland brüten derzeit 300-500 Paare (0,1-0,2 BP/km² bezogen auf die besiedelte Fläche), die von zahlreichen Nichtbrütern ergänzt werden (Gesamtbestand 3.000-5.000 Individuen). Hauptmausergebiet ist die Bislicher Insel (max. 2.000 Vögel).

WINTERVERBREITUNG

Die Verbreitung im Winter ähnelt grundsätzlich der Brutverbreitung, jedoch liegt die Rasterfrequenz um 11 % höher, d. h. es werden vermehrt auch Gebiete aufgesucht, wo die Art nicht brütet. Wie zur Brutzeit konzentrieren sich die Vorkommen auf den Unteren Niederrhein und das Schwalm-Nette-Gebiet. Die Gesamtgröße der rheinischen Winterpopulation liegt nur unwesentlich höher als die Brutpopulation (zwischen 3.000 und 6.000 Tieren). Die Brutvögel sind Standvögel und werden nur durch relativ wenige Zuzügler aus Nordosteuropa verstärkt (vgl. MILDENBERGER 1982). Der Winterbestand am Unteren Niederhein schwankt in den letzten Jahrzehnten jährlich zwischen 1.000-4.800 Graugänsen (AG WILDGÄNSE 1996, WILLE 1998 und in lit.). Gegenüber der Winterkartierung 1983-86 hat sich das winterliche Verbreitungsareal stark vergrößert, was sicher mit der generellen Bestandszunahme in Zusammenhang steht. In den NL stieg der Winterbestand von ca. 50.000 (1980) auf derzeit über 160.000 Individuen (BIJLSMA et al. 2001).

Bilanz der Winterkartierung:

Kategorie [Ex.]	GF	RF %
1-10	42	12,0
11-100	40	11,4
101-300	36	10,3
Summe	**118**	**33,7**

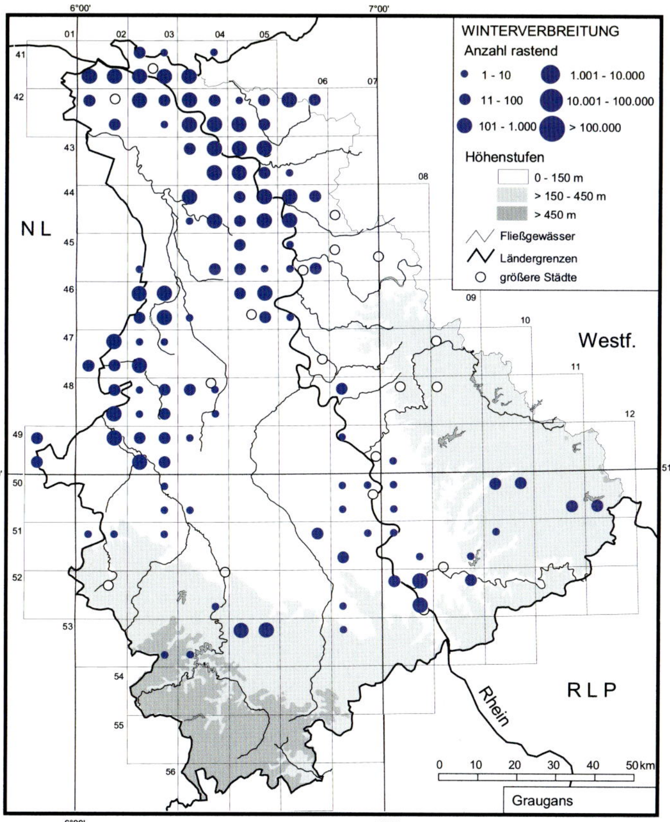

Winterverbreitung 1990-2000

Graugans, *Anser anser*. Foto: MICHELE MENDI

Schneegans *Anser caerulescens*

Status: Durchzügler, Wintergast

Gefährdung:
Non-SPEC (nicht gefährdet)

WINTERVERBREITUNG

Schneegänse werden vereinzelt zwischen anderen Gänsearten am Unteren Niederrhein in den Kreisen Wesel und Kleve beobachtet. Die Anwesenheit von Gefangenschaftsflüchtlingen unter den kartierten Schneegänsen ist wahrscheinlich (besonders bei dem Vogel an der Sieg).

Die Zahl der überwinternden Vögel ist seit 1970 deutlich angestiegen, mit drei Nachweisen in den 1970er Jahren und 17 Nachweisen 1985/86 in den TK 4102 und 4305 (MILDENBERGER 1982, WINK 1990). Zwischen 1990-2000 gelangen Beobachtungen in insgesamt neun Gitterfeldern (RF = 2,3 %). In den NL erfolgte ebenfalls ein leichter Anstieg und die Anzahl der Wintergäste/Durchzügler liegt bei 150 Vögeln (BIJLSMA et al. 2001).

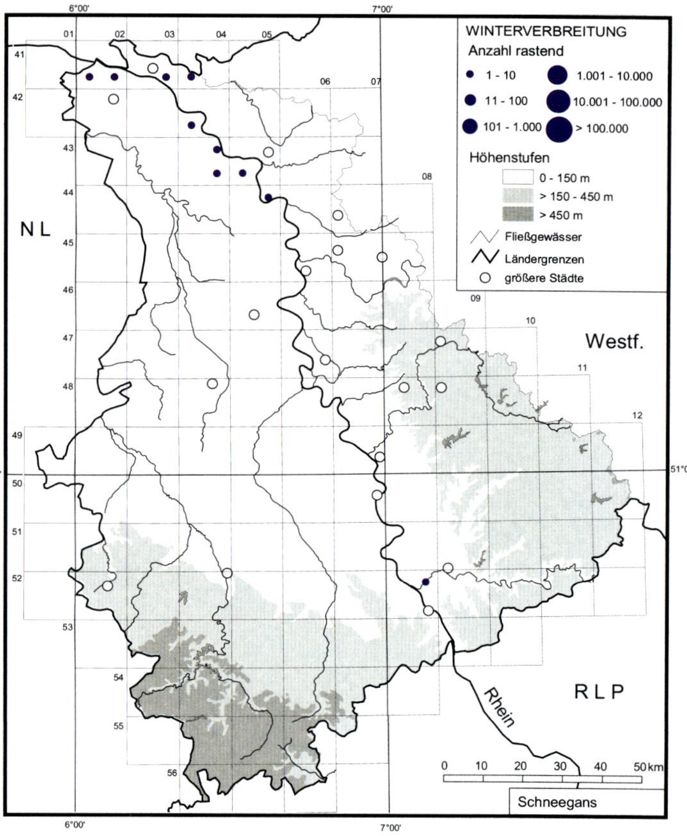

Winterverbreitung 1990-2000

Schwanengans *Anser cygnoides*

Status: Jahresvogel (Neozoon)

Gefährdung:
Non-SPEC (nicht gefährdet)

VERBREITUNG

Im südlichen Ostsibirien und Nordchina liegt die Heimat der Schwanengans, die gerne in Zoos und Parks gehalten wird. In den letzten zwei Jahrzehnten haben sich Zooflüchtlinge, der auch als `**Höckergans**´ bekannten Zuchtform, an etlichen Stellen in Deutschland angesiedelt. Sie sind ganzjährig anwesend und brüten z. T. eigenständig. Die gemeldeten rheinischen Vorkommen ganzjährig anwesender Paare liegen meist im Bereich von städtischen Parkanlagen, besonders im Raum Köln-Bonn. Sichere Brutnachweise fehlen bisher allerdings. Mit einer weiteren Ausbreitung ist zu rechnen. Da bisher keine Zugbewegungen festgestellt wurden und die Vögel ganzjährig relativ ortstreu sind (Brut- und Winterverbreitung sind weitgehend identisch), erfolgt hier keine jahreszeitlich differenzierte Darstellung.

Bilanz der Kartierung:

Kategorie [Ex.]	GF	RF %
1-10	8	2,5
11-100	1	0,3
Summe	**9**	**2,8**

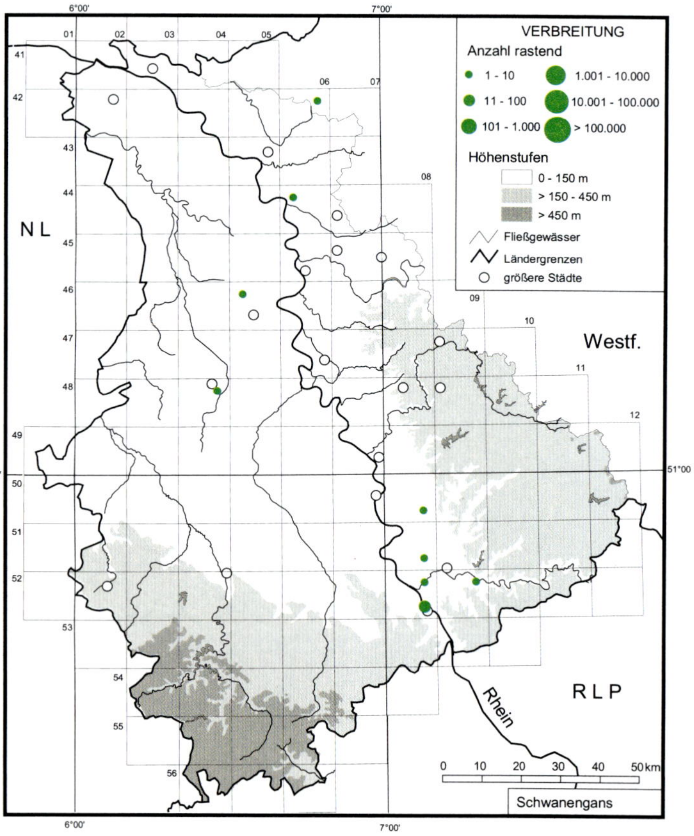

Jahresverbreitung 1990-2000

Schwanengans, *Anser cygnoides*. Foto: MICHAEL WINK

Streifengans, *Anser indicus*. Foto: CHRISTIAN DIETZEN

Streifengans *Anser indicus*

Status: Jahresvogel (Neozoon)

Gefährdung:
Non-SPEC (nicht gefährdet)

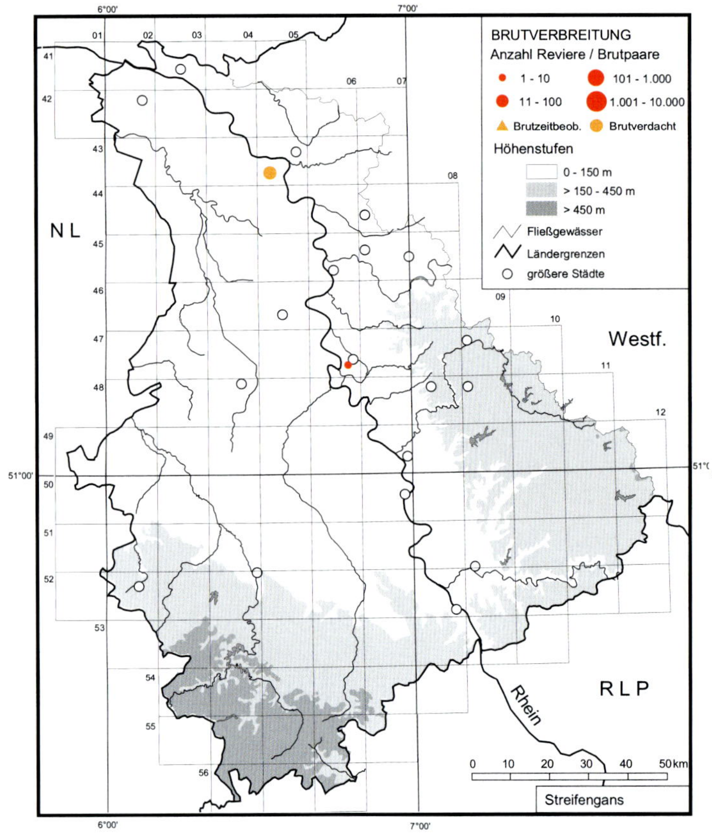

Brutverbreitung 1990-2000

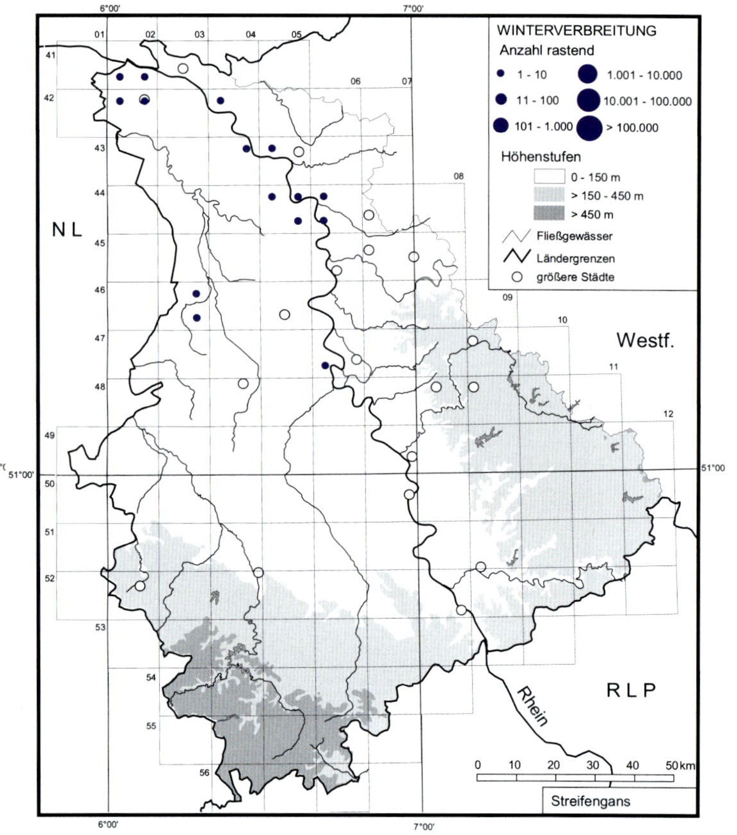

Winterverbreitung 1990-2000

BRUTVERBREITUNG

Die aus Asien stammende Streifengans wird vielerorts in Gefangenschaft oder freifliegend gehalten. Zahlreiche Gänse haben sich inzwischen in Europa angesiedelt. Die erste Brut im Rheinland wurde 1999 in Düsseldorf festgestellt (LEISTEN in NWO 2000), es gibt aber bisher keine fest etablierte Population (0-2 BP); mit einer weiteren Ausbreitung ist zu rechnen. In den NL gibt es seit 1986 Bruten mit derzeit über 100 BP (SOVON 2002).

WINTERVERBREITUNG

Im Winterhalbjahr wurden Streifengänse insbesondere an den Gänserastplätzen am Unteren Niederrhein angetroffen, meist in der Nähe vom Rhein oder auf rheinnahen Gewässern (Baggerseen, Altrheinarme). Im Winter waren deutlich mehr Raster besetzt als im Sommer, was zum Einen durch den kumulativen Kartiereffekt und zum Anderen durch Zuzug in Vergesellschaftung mit anderen Gänsearten aus anderen Teilen Mitteleuropas erklärt werden könnte. Allerdings wurden Nicht-Brüter ohne brutverdächtiges Verhalten bei der Brutvogelkartierung nicht mitgeteilt, so dass der Sommerbestand anhand der Kartierungsdaten unterschätzt wird. In der ersten Winterkartierung 1983-86 wurde die Art nur in einer TK25-Fläche festgestellt; demnach ist die Streifengans in den letzten zwei Jahrzehnten deutlich häufiger geworden.

Bilanz der Brutvogelkartierung:

Kategorie [BP]	GF	RF %
1-10	1	0,2
Brutverdacht	1	0,2
Summe	**2**	**0,5**

Bilanz der Winterkartierung:

Kategorie [Ex.]	GF	RF %
1-10	15	3,9

Weißwangengans *Branta leucopsis*

Status: Brutvogel, Durchzügler, Wintergast

Gefährdung:
Non-SPEC[E] (nicht gefährdet)

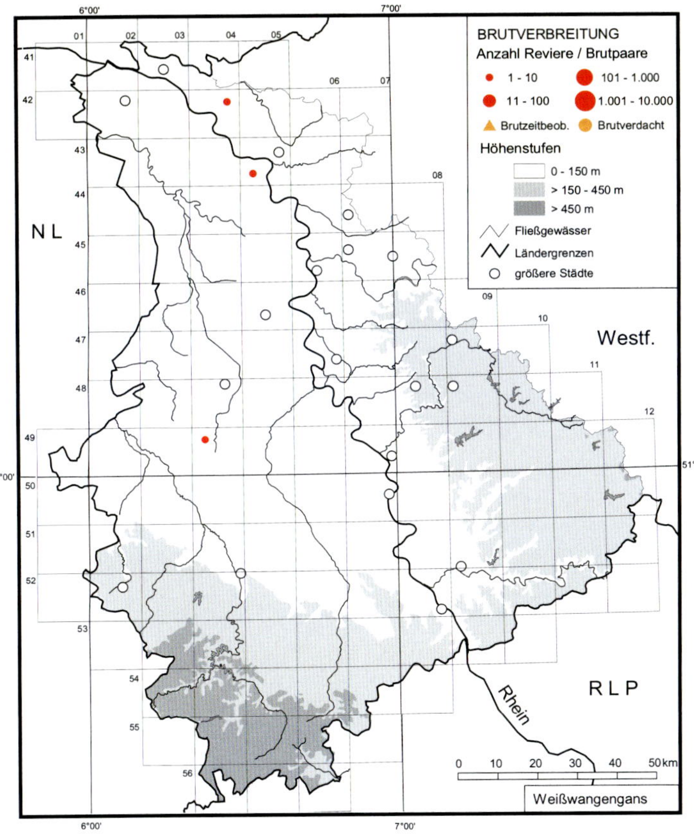

Brutverbreitung 1990-2000

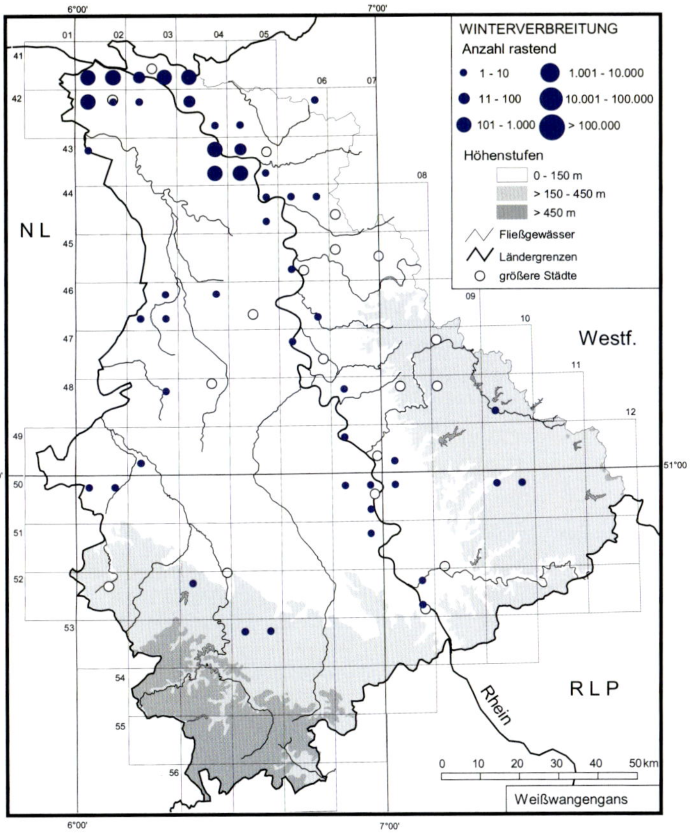

Winterverbreitung 1990-2000

BRUTVERBREITUNG

In den NL traten erste Bruten 1984 auf; seitdem sind die Brutbestände angewachsen und liegen bei 750-1.100 Paaren in 212 Rasterflächen (SOVON 2002). Am Unteren Niederrhein brüteten 1990-94 vier Paare und 1997 fünf Brutpaare, RF = 0,7 % (Hüppeler et al. 1998, Kretzschmar 1999). Ob die kartierten Brutvorkommen auf die niederländischen Vögel oder Gefangenschaftsflüchtlinge zurückgehen, bleibt eine offene Frage. In Anbetracht der wachsenden Bestände in den NL kann in den nächsten Jahren mit weiteren Brutvorkommen im Rheinland gerechnet werden.

WINTERVERBREITUNG

Der Schwerpunkt der rheinischen Winterverbreitung der Weißwangengans liegt am Unteren Niederrhein. Weitere Einzelnachweise stammen aus dem Rheintal, sowie von Gewässern in der Zülpicher Börde und im Schwalm-Nette-Gebiet. Nur wenige Beobachtungen gelangen in den höheren Lagen der Mittelgebirge. Die Einzelvorkommen im südlichen Rheinland dürften z. T. auf Gefangenschaftsflüchtlinge zurückgehen. Die Anzahl der überwinternden Weißwangengänse ist in den NL von 50.000 in den 1970er Jahren auf 250.000 im Jahr 1999 gestiegen (Bijlsma et al. 2001). Entsprechend sind auch die Bestände im Rheinland angewachsen. Die Zahl der Wintergäste liegt heute bei über 1.000 Vögeln und damit deutlich höher als bei der ersten Winterkartierung 1983-86 (Bestand um 100 Vögel). Alleine am Unteren Niederrhein hat sich der Bestand von 30-130 Vögeln Anfang der 1990er Jahre auf 1.000 Vögel 1998/99 vergrößert (AG Wildgänse 1996, Wille 2000). Die Zunahme der Weißwangengans-Bestände in Ostdeutschland (Heinicke in lit.) deutet darauf hin, dass sich eine küstenferne neue Frühjahrszugroute von der niederländischen Provinz Zeeland über den Niederrhein und Ostdeutschland gen Osten entwickelt (Mooij in lit.).

Bilanz der Winterkartierung:

Kategorie [Ex.]	GF	RF %
1-10	39	11,2
11-100	3	0,9
101-1.000	9	2,6
Summe	**51**	**14,7**

Weißwangengans, *Branta leucopsis*.
Foto: Christian Dietzen

Ringelgans *Branta bernicla*

Status: Durchzügler, Wintergast

Gefährdung:
SPEC 3W (gefährdet)

WINTERVERBREITUNG

Die Ringelgans erscheint in geringer Zahl zusammen mit den anderen Gänsearten regelmäßig nur am Unteren Niederrhein (RF = 3,9 %). Die Anzahl der überwinternden Vögel ist seit 1983-86, als nur wenige Vögel im Bereich der TKs 4102, 4305 und 4903 nachgewiesen wurden, leicht angestiegen. Pro Jahr gelingen 1-10 Beobachtungen, die auf wenige Individuen zurückgehen, so dass die Ringelgans nicht mehr als sehr seltener sondern als regelmäßiger Gast in geringer Anzahl betrachtet werden kann (vgl. MILDENBERGER 1982, WINK 1990). In den Niederlanden erfolgte ebenfalls ein deutlicher Anstieg und die Anzahl der Wintergäste/Durchzügler lag Mitte der 1990er Jahre bei 120.000 Vögeln, die sich hauptsächlich im Küstenbereich aufhielten. Anfang der 1970er Jahre lag der Bestand dort noch unter 20.000 Vögeln (BIJLSMA et al. 2001). Seit Mitte der 1990er Jahre ist der westeuropäische Winterbestand insgesamt wieder stark rückläufig: von über 300.000 auf gegenwärtig rund 200.000 Ind. (EBBINGE, pers. Mit.).

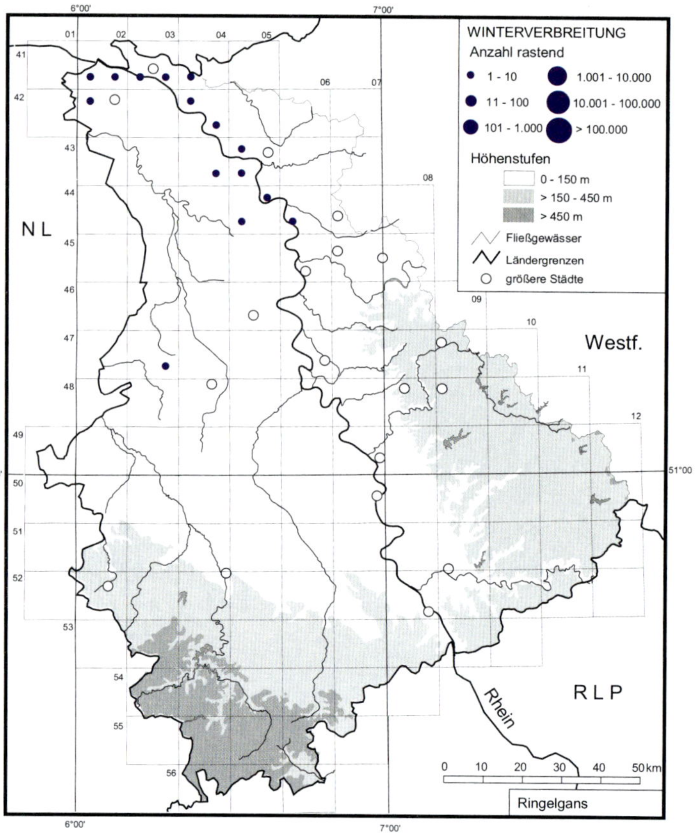

Winterverbreitung 1990-2000

Ringelgans, *Branta bernicla*. Foto: SVEN ACHTERMANN

Rothalsgans *Branta ruficollis*

Status: Durchzügler, Wintergast

Gefährdung:
SPEC 1W (gefährdet Winter)

WINTERVERBREITUNG

Die Rothalsgans überwintert in geringer Anzahl zusammen mit den anderen Gänsearten regelmäßig am Unteren Niederrhein. Bei der ersten Kartierung 1983-86 wurden im Rahmen der Kartierung in jedem Winter nur 1-2 Vögel im TK 4102 (Wesel) nachgewiesen. Zusätzliche Festsellungen von jährlich 4-6 Individuen zu dieser Zeit im Bereich Salmorth, Bienen-Praest und Bislicher Insel, zeigen, dass die Anzahl der Nachweise stark von der Beobachtungsintensität abhängt (Mooij & van den Bergh in lit.). Insgesamt wurden zwischen 1990-2000 auf 22 Rasterflächen Rothalsgänse festgestellt (RF = 5,6 %) und jährlich gelangen 1-10 Nachweise. Die Zahl der Feststellungen hat somit in den letzten 50 Jahren merklich zugenommen (vgl. Mildenberger 1982, Wink 1990), genauso wie die Intensität der Beobachtungen und die Anzahl der Beobachter. In den NL erfolgte ebenfalls ein kleiner Anstieg und die Anzahl der Wintergäste wird dort auf 20-100 Vögel geschätzt (Bijlsma et al. 2001). Es ist anzunehmen, dass ein Teil der Beobachtungen auf Gefangenschaftsflüchtlinge zurückgeht, besonders bei Feststellungen abseits der großen Gänserastplätze am Niederrhein.

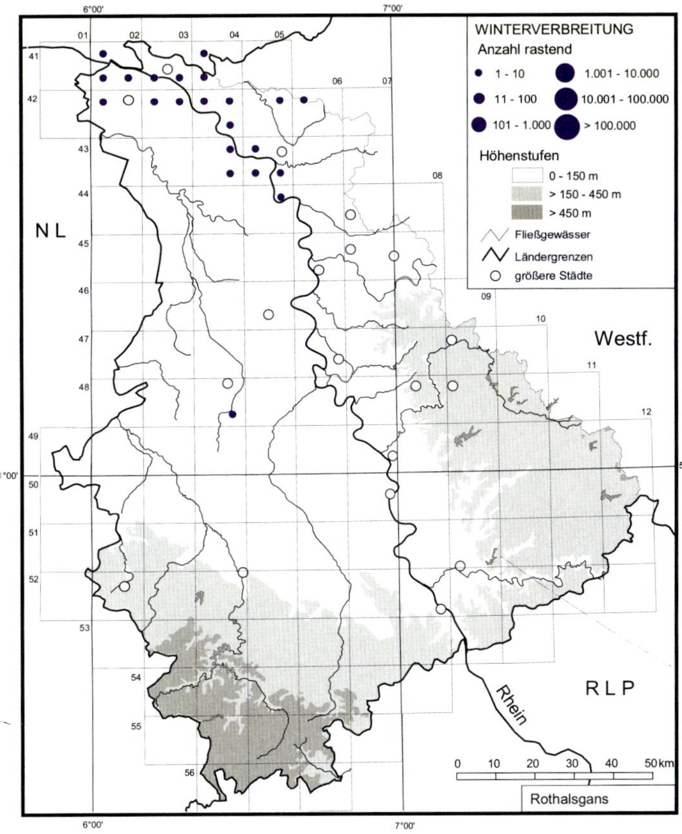

Winterverbreitung 1990-2000

Rothalsgans, *Branta ruficollis,* mit Weißwangengänsen. Foto: Christian Wolf

Kanadagans *Branta canadensis*

Status: Brutvogel, Wintergast (Neozoon)

Gefährdung:
Rote Liste N (nicht gefährdet)
Non-SPEC (nicht gefährdet)

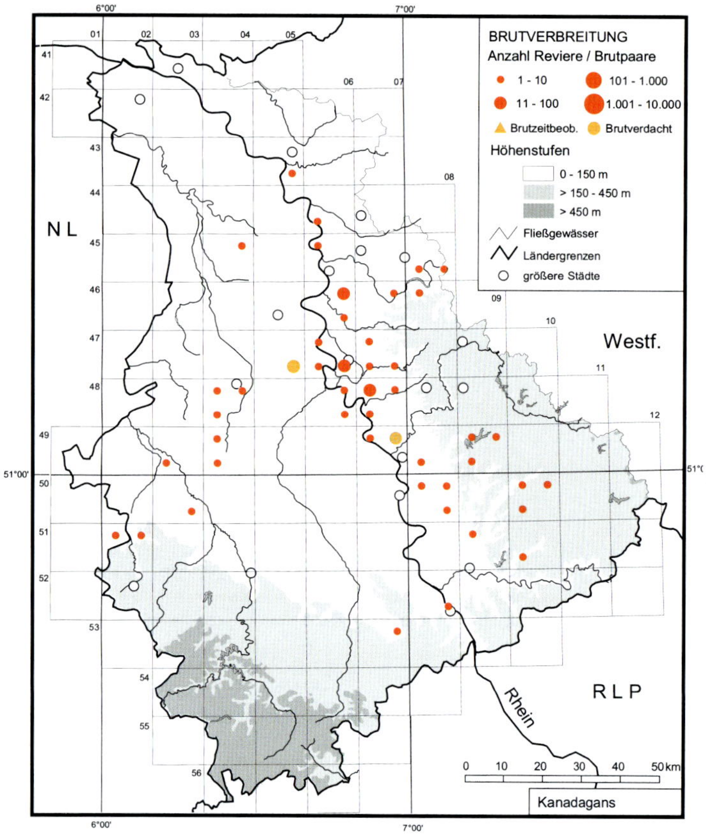

Brutverbreitung 1990-2000

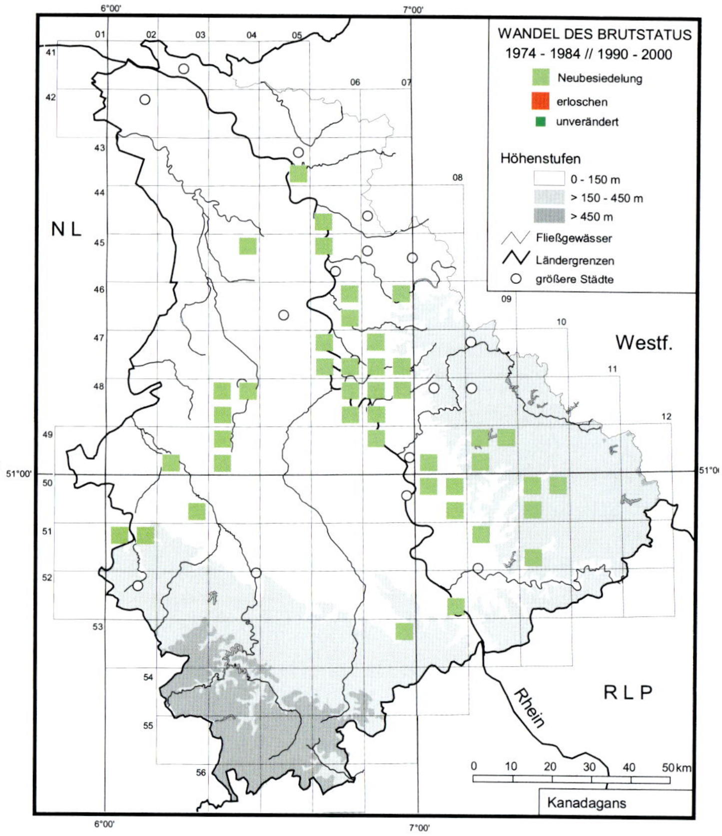

Arealveränderung zwischen 1974-84 und 1990-2000

BRUTVERBREITUNG

Der Verbreitungsschwerpunkt liegt im Rheinland im Bereich des Rheins um Düsseldorf. Weitere lokale Vorkommen existieren auch abseits des Rheins und sogar in den mittleren Höhenstufen (bis 300 m NN) der Mittelgebirge. Besiedelt werden Teiche, Baggerseen, Staustufen, Braunkohlen-Restseen und Altrheinarme sowie Parkanlagen. Im Westfälischen ist die Art deutlich spärlicher (RF = 2 %), aber in den NL noch weiter verbreitet (RF = 22 %) als im Rheinland (NWO 2002, SOVON 2002).

AREALVERÄNDERUNGEN

Die ersten Kanadagänse wurden im Winter 1959 am Niederrhein beobachtet und könnten auf schwedische Einbürgerungsversuche zurückgehen (Mildenberger 1982). In den 1970er Jahren kam es zu einer ersten Brutansiedlung im Braunkohlenrevier bei Frechen und Ende der 1980er (um 1989) sowie besonders in den 1990er Jahren erfolgte eine rasche Besiedlung des Rheinlandes, die immer noch anhält. Waren es anfänglich wohl am ehesten Gefangenschaftsflüchtlinge, so sind die heutigen Brutvögel bereits meist in freier Wildbahn geschlüpft. Für ganz NRW wurde Ende der 1990er Jahre ein Bestand von >100 Brutpaaren angenommen (Kretzschmar 1999), was angesichts der hier ermittelten Verbreitung etwas zu niedrig erscheint. Allein in Nordrhein ist von mindestens 60-80 Brutpaaren (0,04-0,05 Bp./km^2 bezogen auf die besiedelte Fläche) auszugehen, gegenüber nur 39-43 Brutpaaren in Westfalen (NWO 2002). Auch in den benachbarten NL sowie in anderen Teilen Europas wurde ein ähnlicher Zunahmetrend festgestellt. In den NL liegt der Bestand bei ca. 1.000-1.400 BP (SOVON 2002).

Bilanz der Brutvogelkartierung:

Kategorie [BP]	GF	RF %
1-10	42	10,2
11-100	3	0,7
Brutverdacht	2	0,5
Summe	**47**	**11,4**

Vergleich der Kartierung von 1974-1984 mit 1990-2000:

Kategorie	GF	%	RF %
1 - Nur 1974-84	0	0	0
2 - Nur 1990-2000	47	100,0	11,9
3 - Gemeinsame GF	0	0	0
1974-84: 1 & 3	0		0
1990-2000: 2 & 3	47		11,9
Veränderung	+47		+11,9

Die Zunahme ist statistisch signifikant (4-Felder X^2-Test***; Vorzeichentest*; McNemar-Test***).

WINTERVERBREITUNG

Im Winterhalbjahr tritt die Kanadagans besonders am Rhein und seinen Nebengewässern sowie an Nette, Niers und Rur in Erscheinung, so dass die Winterverbreitung deutlich größer ist als zur Brutzeit. Die Rasterfrequenz liegt bei 25,2 % im Vergleich zu 11,9 % zur Brutzeit. Offenbar erfolgt im Winterhalbjahr ein deutlicher Zuzug, der besonders am Unteren Niederrhein auffällt, wo die Art nicht brütet; Wintergäste aus Skandinavien wurden bereits in den 60er Jahren festgestellt (KRETZSCHMAR 1999). Im Vergleich zur Winterkartierung 1983-86 hat eine deutliche Arealerweiterung stattgefunden und aus der Kartierung ergibt sich ein geschätzter Winterbestand von 600-1.100 Vögeln.

Bilanz der Winterkartierung:

Kategorie [Ex.]	GF	RF %
1-10	48	13,7
11-100	36	10,3
101-200	4	1,2
Summe	**88**	**25,2**

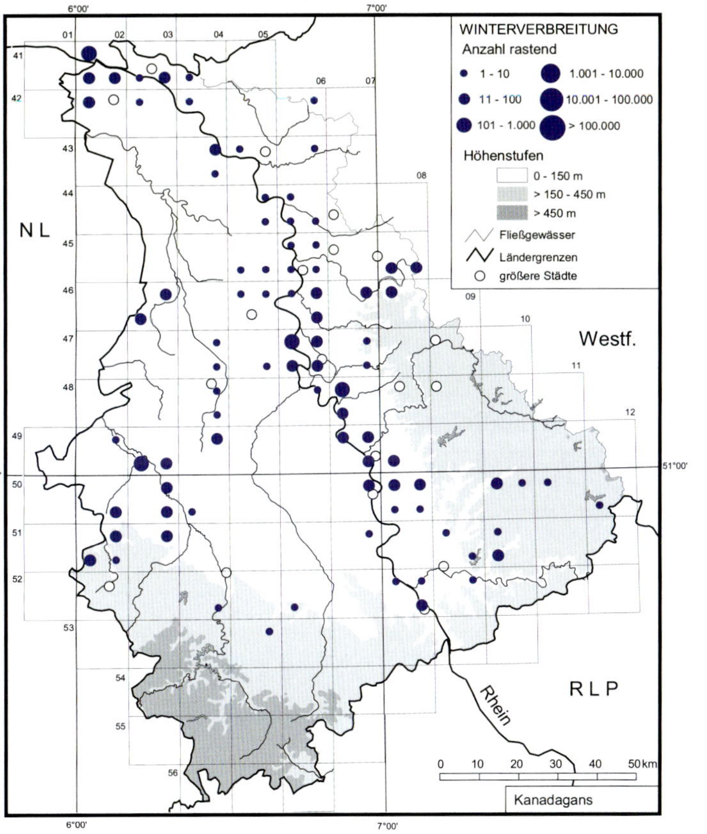

Winterverbreitung 1990-2000

Kanadagans, *Branta canadensis*. Foto: SASCHA RÖSNER

Nilgans *Alopochen aegyptiacus*

Status: Brutvogel, Wintergast (Neozoon)

Gefährdung:
Rote Liste N (nicht gefährdet)
Non-SPEC (nicht gefährdet)

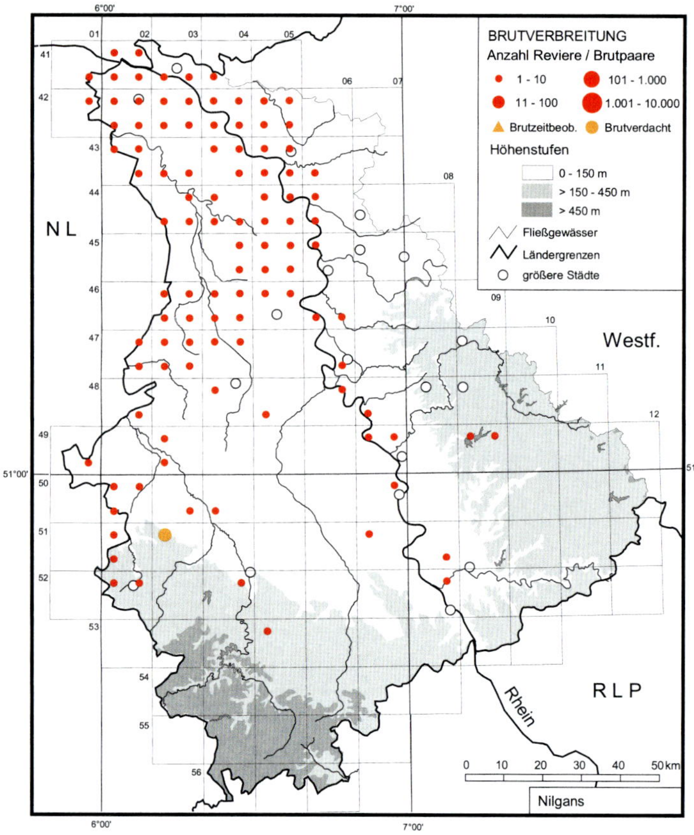

Brutverbreitung 1990-2000

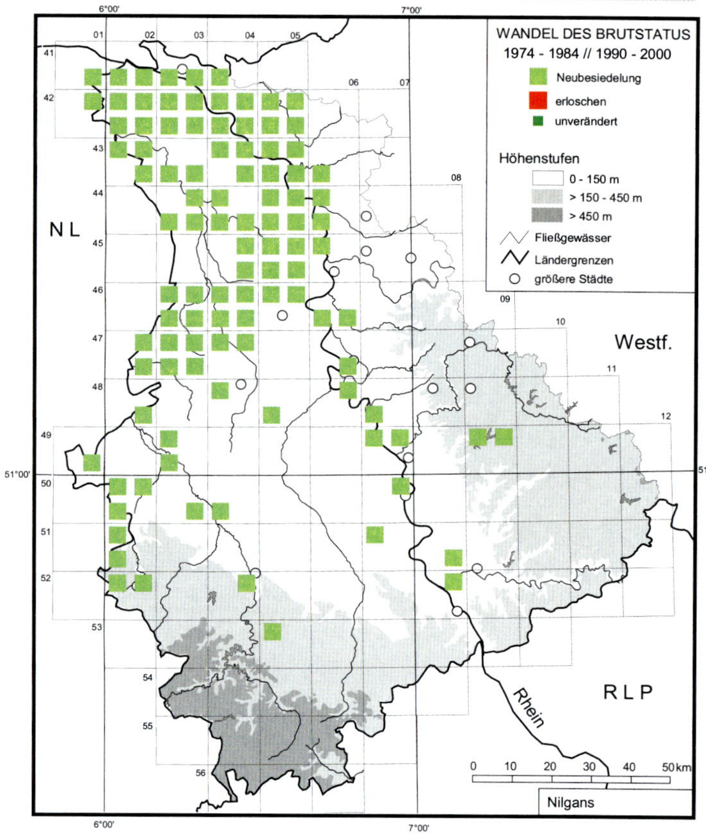

Arealveränderung zwischen 1974-84 und 1990-2000

BRUTVERBREITUNG

Besonders im nördlichen Rheinland (Unterer Niederrhein, Niers, Rur, Schwalm und Nette) ist die Nilgans inzwischen weit verbreitet. Teiche, Baggerseen, Braunkohlen-Restseen und Altrheinarme sowie Parkanlagen der Tieflagen unter 150 m NN weisen Brutpopulationen auf, die ausnahmslos auf Gefangenschaftsflüchtlinge und deren Nachkommen zurückgehen. Die Art erscheint nur selten in den mittleren Höhenlagen (150-400 m NN) der Eifel und des Bergischen Landes. Die Verbreitung nimmt von Westfalen (RF = 2 %) zu den NL (RF = 61 %) zu (SOVON 2002, NWO 2002). Das Rheinland liegt mit RF = 25,9 % dazwischen.

AREALVERÄNDERUNGEN

Obwohl Mildenberger (1982) bereits von regelmäßigen Beobachtungen freifliegender Nilgänse berichtete, gelangen die ersten Brutnachweise am Niederrhein erst 1986. Es handelte sich hierbei um zwei erfolgreiche Brutpaare; eins auf der Bislicher Insel und eins bei Rheinberg (Bode & Hussmann 1990, Bräsecke 1998, Mooij & Bräsecke 2000, 2001). Seit Ende der 1980er, besonders in den 1990er Jahren, erfolgte ausgehend vom Unteren Niederrhein eine rasche Besiedlung des Rheinlandes, die vermutlich mit den stark angestiegenen Beständen in den benachbarten Niederlanden in Zusammenhang steht. Für NRW wurde Ende der 1990er Jahre ein Gesamtbestand von 220-270 Brutpaaren angenommen (Kretzschmar 1999, Hüppeler 2000, Wille 2000). Für die Kreise Wesel und Kleve, wo der rheinische Verbreitungsschwerpunkt liegt, wurde der Brutbestand 1995 auf 120-150 BP geschätzt (Mooij & Bräsecke 2001). Aufgrund dieser Daten und der Kartierungsergebnisse muss davon ausgegangen werden, dass der gegenwärtige Brutbestand in Nordrhein bei über 200 Paaren liegt (vgl. Kretzschmar 1999). Für Westfalen ist die Entwicklung seit der ersten Ansiedlung 1986 gut dokumentiert und nach zehn Jahren war der Bestand bereits auf über 30 Brutpaare angewachsen (Kretzschmar 1999). In den NL gab es 1967 die erste Brut; 1977 waren es 48 BP, 1989 345 BP und um 2000 über 4.500 BP (SOVON 2002). Eine weitere Ausbreitung im Rheinland ist sehr wahrscheinlich.

Bilanz der Brutvogelkartierung:

Kategorie [BP]	GF	RF %	Minimum [BP]
1-10	106	25,7	106
Brutverdacht	1	0,2	
Summe	**107**	**25,9**	**106**

Vergleich der Kartierung von 1974-1984 mit 1990-2000:

Kategorie	GF	%	RF %
1 - Nur 1974-84	0	0	0
2 - Nur 1990-2000	106	100,0	27,0
3 - Gemeinsame GF	0	0	0
1974-84: 1 & 3	0		0
1990-2000: 2 & 3	106		27,0
Veränderung	+106		+27,0

Die Zunahme ist statistisch signifikant (4-Felder X^2-Test***; Vorzeichentest*; McNemar-Test***).

WINTERVERBREITUNG

Das Areal der Winterverbreitung deckt sich weitgehend mit der Brutverbreitung. Die Anzahl der Rasterflächen mit über zehn Nilgänsen ist jedoch deutlich größer als zur Brutzeit. Diese Diskrepanz beruht zum Einen auf dem sommerlichen Zuwachs, da die höchste Mortalität erst im Winter, insbesondere bei strengen Kälteperioden, stattfindet. Aufgrund der jährlichen Reproduktionsrate von 12-36 % ist die Population im Herbst/Winter zwischen 10-30 % größer als zur Brutzeit (Mooij in lit.). Zum Anderen ist in kleinerem Umfang auch ein Zuzug aus anderen Gebieten Europas, vor allem aus den Niederlanden, denkbar, wo die Art bereits wesentlich weiter verbreitet ist (Winterbestand über 10.000 Vögel; Bijlsma et al. 2001). Wie die Brutverbreitung hat sich auch die Winterverbreitung seit der letzten Kartierung 1983-86 sehr stark vergrößert; damals wurden nur wenige Nilgänse in drei TK25 Flächen registriert. Am Unteren Niederrhein lag der Winterbestand Mitte der 1990er Jahre bei über 350 Vögeln (Wille 1998).

Bilanz der Winterkartierung:

Kategorie [Ex.]	GF	RF %
1-10	68	19,4
11-100	34	9,7
101-200	3	0,9
Summe	**105**	**29,9**

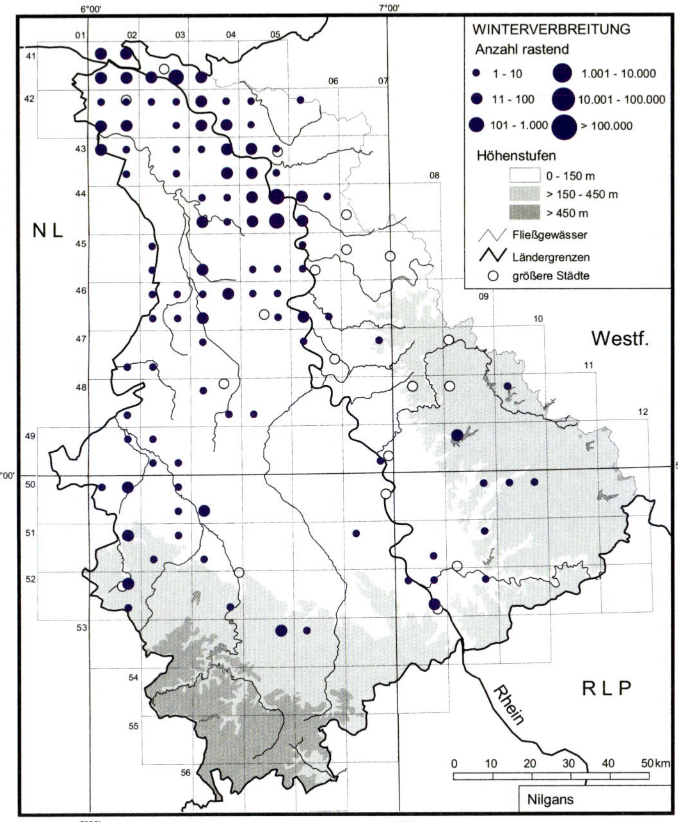

Winterverbreitung 1990-2000

Nilgans, *Alopochen aegyptiacus*. Foto: Norbert Kühnberger

Rostgans *Tadorna ferruginea*

Status: Brutvogel, Wintergast (Neozoon)

Gefährdung:
Rote Liste N (nicht gefährdet)
SPEC 3 (gefährdet)

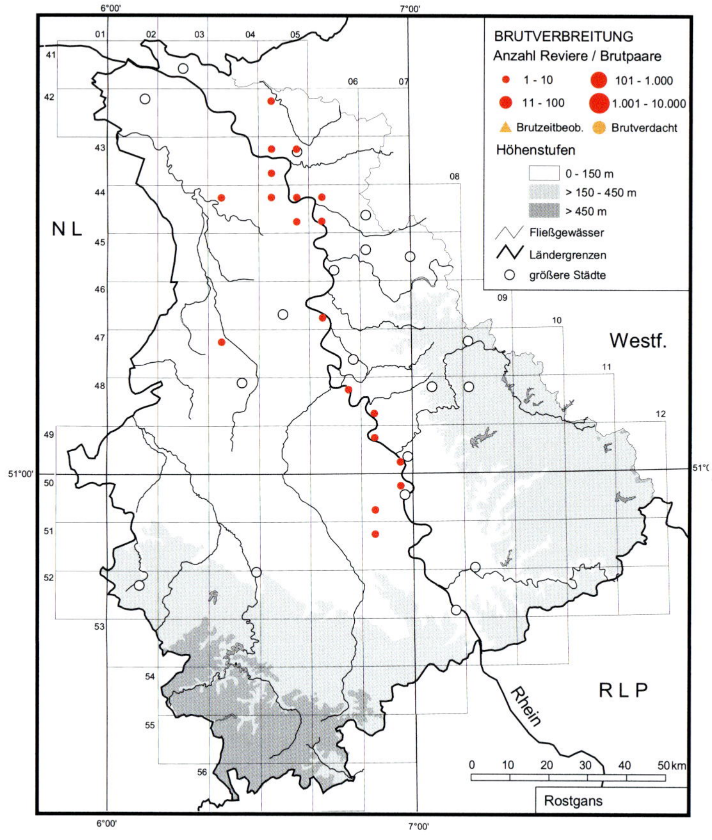

Brutverbreitung 1990-2000

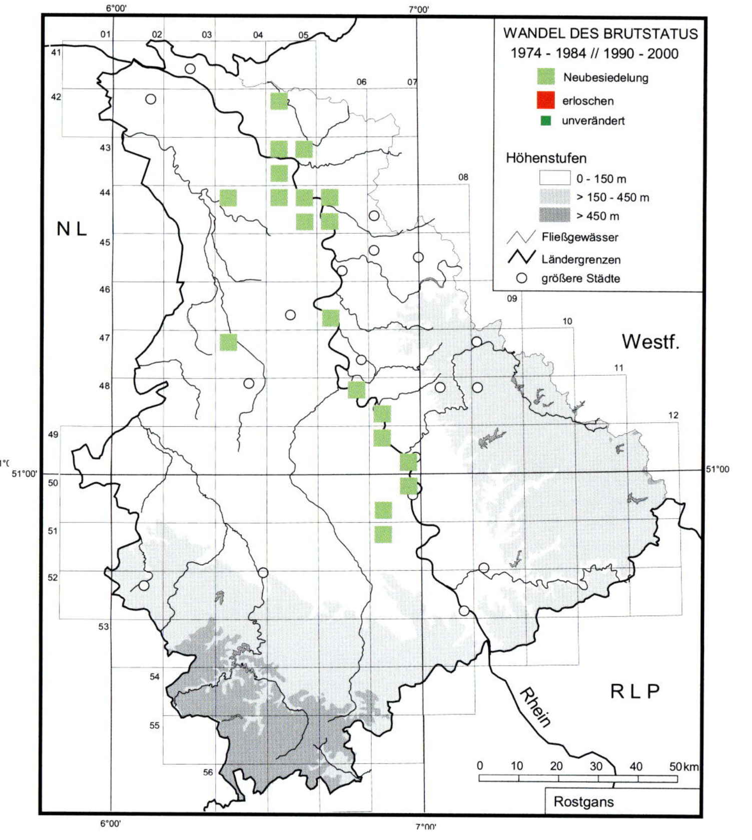

Arealveränderung zwischen 1974-84 und 1990-2000

BRUTVERBREITUNG

Brutvorkommen von Rostgänsen existieren im Wesentlichen entlang des Rheins zwischen Köln und Wesel, wo Teiche, Baggerseen, Braunkohlen-Restseen und Altrheinarme besiedelt werden. Vorkommen bestehen auch in Parkanlagen. Alle Brutnachweise gehen am wahrscheinlichsten auf Gefangenschaftsflüchtlinge und deren Nachkommen zurück. Im Kartierungszeitraum wurden in 19 Gitterfeldern (RF = 4,6 %) Brutvorkommen festgestellt, die jedoch oft nur temporärer Natur sind.

AREALVERÄNDERUNGEN

Eine erste erfolgreiche Brut für das Rheinland wurde 1975 am Unteren Niederrhein (Kreis Wesel) dokumentiert (Mildenberger 1982). Spätestens seit 1989 brüten Rostgänse regelmäßig in der Umgebung von Wesel und gegenwärtig wird der Bestand in diesem Landkreis auf 100-120 Individuen (darunter 10 BP) geschätzt, die vornehmlich zwischen Rheinberg und Rees brüten (Mooij in lit.). Für ganz Nordrhein-Westfalen gibt Kretzschmar (1999) nur maximal fünf Brutpaare an, was aber zu niedrig liegen dürfte. Alleine am Rhein zwischen Rees und Rheinberg brüten jährlich 5-10 Paare und für das gesamte Rheinland sind 10-15 Brutpaare durchaus anzunehmen. Auch in den NL nahm die Rostgans in den letzten zehn Jahren deutlich zu und erreicht bereits einen Verteilungsgrad von 31 % (SOVON 2002).

Vergleich der Kartierung von 1974-1984 mit 1990-2000:

Kategorie	GF	%	RF %
1 - Nur 1974-84	0	0	0
2 - Nur 1990-2000	19	100,0	4,9
3 - Gemeinsame GF	0	0	0
1974-84: 1 & 3	0		0
1990-2000: 2 & 3	19		4,9
Veränderung	+19		+4,9

Die Zunahme ist statistisch signifikant (4-Felder X^2-Test***; Vorzeichentest**; McNemar-Test***).

WINTERVERBREITUNG

Im Winter ist die Art deutlich weiter verbreitet (RF = 11,7 %) als zur Brutzeit (RF = 4,9 %), was wohl nicht nur durch die Dispersion der lokalen Brutvögel und den kumulativen Kartiereffekt sondern auch durch ganzjährig anwesende Nichtbrüter bedingt wird, die bei der Brutvogelkartierung nicht erfasst wurden. Gegenüber der Kartierung 1983-86 erfolgte eine bemerkenswerte Zunahme; damals gab es nur zwei TK25-Flächen mit Rostgans-Nachweisen. Bei einem starken Einflug der Art in West- und Nordeuropa im Herbst 1994 wird die Beteiligung wilder Rostgänse für möglich und wahrscheinlich gehalten (VINICOMBE & HARROP 1999).

Bilanz der Winterkartierung:

Kategorie [Ex.]	GF	RF %
1-10	32	9,4
11-20	8	2,3
Summe	**40**	**11,7**

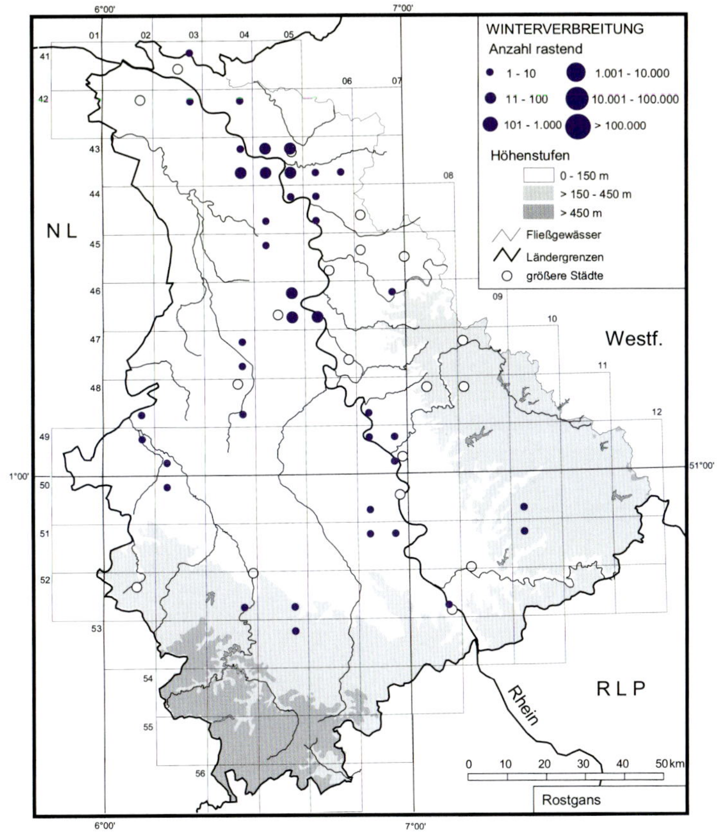

Winterverbreitung 1990-2000

Rostgans, *Tadorna ferruginea*. Foto: EWALD LIPPOK

Brandgans *Tadorna tadorna*

Status: Brutvogel, Durchzügler, Wintergast

Gefährdung:
Rote Liste R (arealbedingt selten)
Non-SPEC (nicht gefährdet)

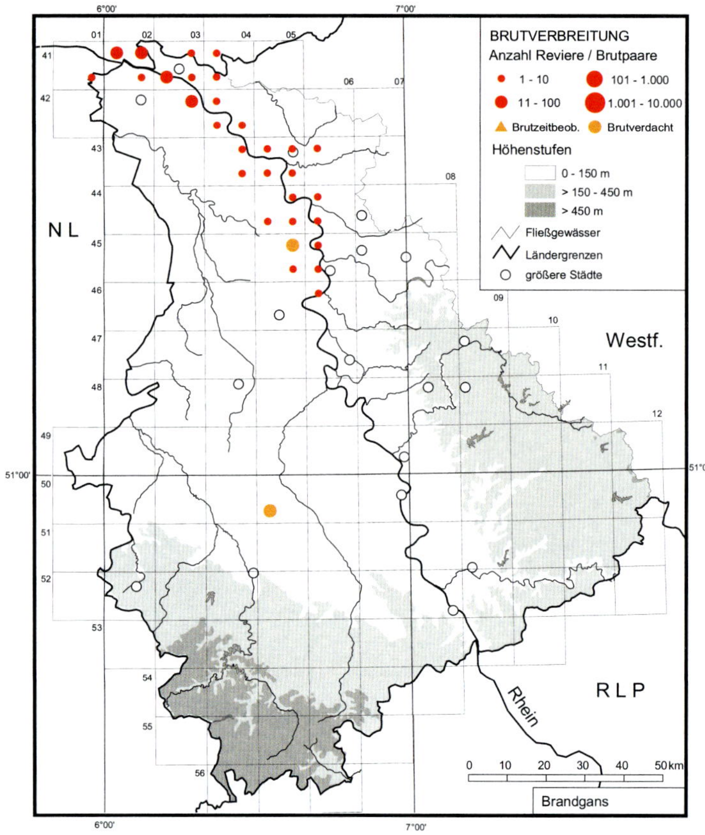

Brutverbreitung 1990-2000

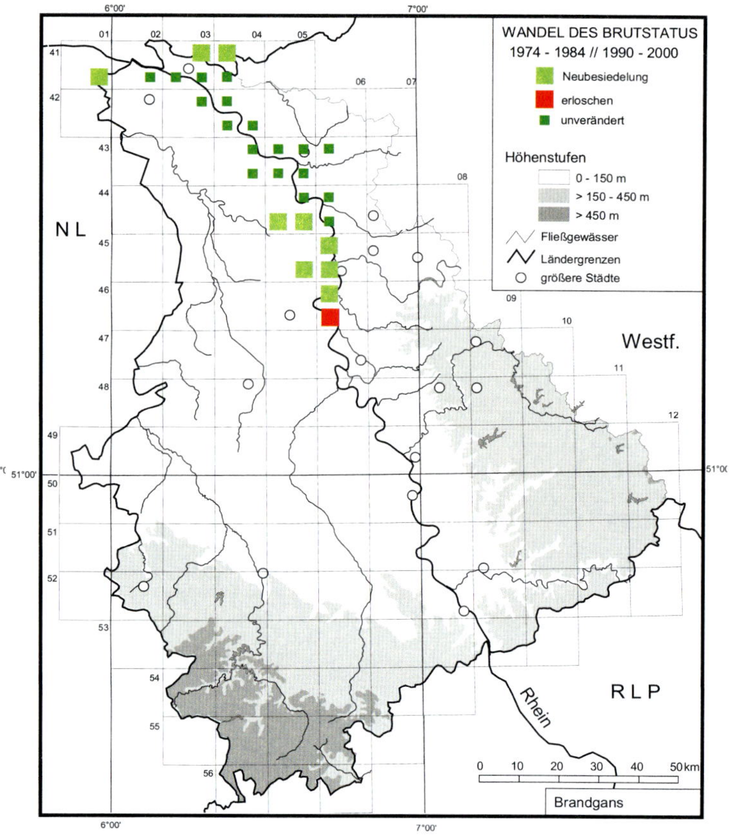

Arealveränderung zwischen 1974-84 und 1990-2000

BRUTVERBREITUNG

Der Schwerpunkt der Brutverbreitung liegt in einem relativ schmalen Streifen entlang des Niederrheins zwischen Duisburg und der deutsch-niederländischen Grenze. Die Brandgans brütet vor allem an ruhigen Rheinbuchten, Altrheinarmen und Baggerseen. Die rheinischen Vorkommen können als Ausläufer der niederländischen Population angesehen werden. In den NL kommt die Art fast flächendeckend vor und erreicht eine Rasterfrequenz von 58 % (SOVON 2002). In Westfalen gibt es nur vereinzelte Vorkommen (RF = 1 %) an der Weser, bei Münster und Haltern (NWO 2002).

AREALVERÄNDERUNGEN

Bereits in der ersten Brutvogelkartierung 1974-84 konnte, ausgehend von den Niederlanden, wo die Art seit Mitte der siebziger Jahre zunehmend das Binnenland besiedelt (SOVON 2002), eine deutliche Ausbreitung der Brandgans in das Rheinland hinein beobachtet werden. Die Besiedlung begann spätestens 1961, wahrscheinlich schon 1955 und die Art hat seitdem in ihrem Bestand kontinuierlich auf 20 Brutpaare 1975-77 zugenommen (MILDENBERGER 1982). Dieser Trend hat sich weiter fortgesetzt, indem die damals bereits besetzten Rasterflächen jetzt höhere Brutpaarzahlen aufweisen und neue, rheinaufwärts gelegene Brutplätze dazu gewonnen wurden (Arealerweiterung um 52 %). Auch in Westfalen wurde eine positive Entwicklung festgestellt (NWO 2002). Für Nordrhein ergibt sich ein geschätzter Bestand von 100-180 Brutpaaren (0,10 - 0,18 Bp./km² bezogen auf die besiedelte Fläche).

Bilanz der Brutvogelkartierung:

Kategorie [BP]	GF	RF %
1-10	25	6,1
11-30	4	1,0
Brutverdacht	2	0,5
Summe	**31**	**7,5**

Vergleich der Kartierung von 1974-1984 mit 1990-2000:

Kategorie	GF	%	RF %
1 - Nur 1974-84	1	3,3	0,3
2 - Nur 1990-2000	11	36,7	2,8
3 - Gemeinsame GF	18	60,0	4,6
1974-84: 1 & 3	19		4,8
1990-2000: 2 & 3	29		7,4
Veränderung	+10 (+52 %)		+2,5

Die Zunahme ist statistisch nicht signifikant (4-Felder X^2-Test*; Vorzeichentest$^+$; McNemar-Test n. s.). Identitäts-Index (nach SCHERNER 1982): 0,77.

WINTERVERBREITUNG

Die Winterverbreitung deckt sich weitgehend mit der Brutverbreitung, jedoch werden zusätzlich Baggerseen, Braunkohlen-Restseen und andere Gewässer der Tieflagen abseits des Rheintales unter 200 m NN aufgesucht. Der Schwerpunkt der überwinternden Brandgänse liegt am Unteren Niederrhein. Ein Teil der Feststellungen betrifft jedoch bereits früh zurückgekehrte Brutvögel, da die Brutplätze sehr zeitig besetzt werden. Besonders abseits des Niederrheines sind wirkliche Überwinterungen, soweit sie überhaupt vorkommen, sehr selten und meist handelt es sich um kurzzeitig rastende Wintergäste unbekannter Herkunft. Die Bestände im Januar/Februar liegen witterungsbedingt vermutlich zwischen <100 und 150 Individuen.

Bilanz der Winterkartierung:

Kategorie [Ex.]	GF	RF %
1-10	25	7,3
11-100	12	3,5
Summe	**37**	**10,8**

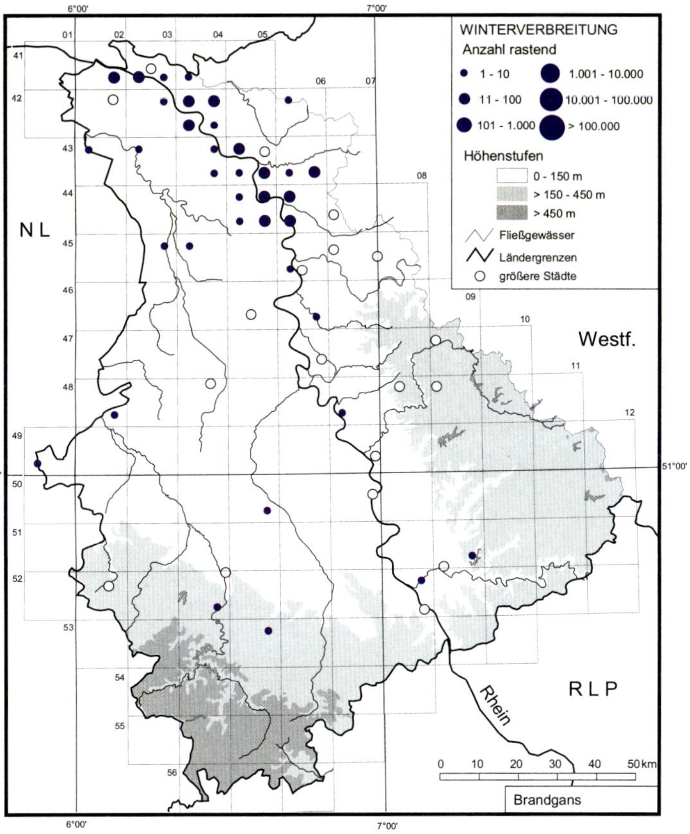

Winterverbreitung 1990-2000

Brandgans, *Tadorna tadorna*. Foto: MATHIAS SCHÄF

Moschusente *Cairina moschata*

Status: Jahresvogel (Neozoon)

Gefährdung:
Non-SPEC (nicht gefährdet)

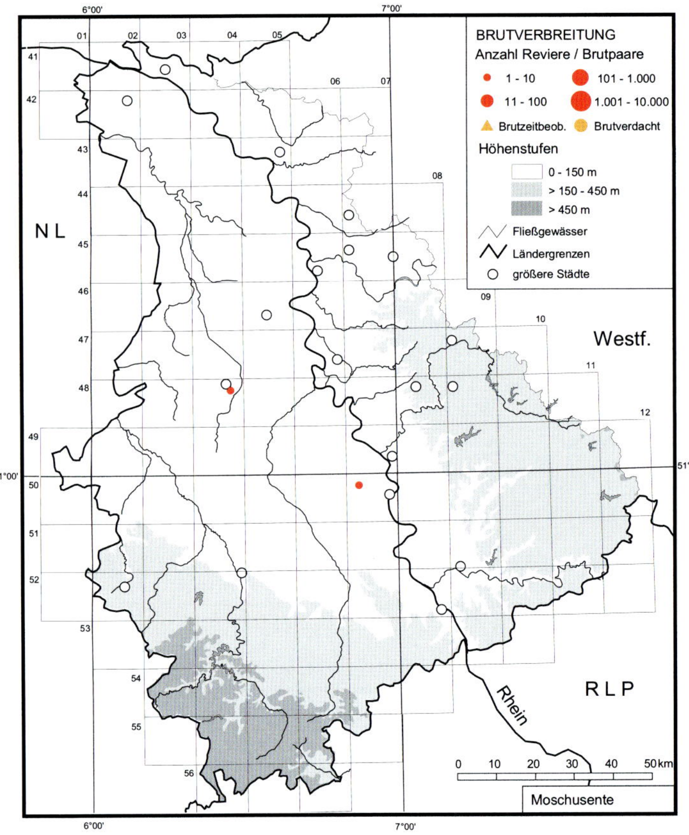

Brutverbreitung 1990-2000

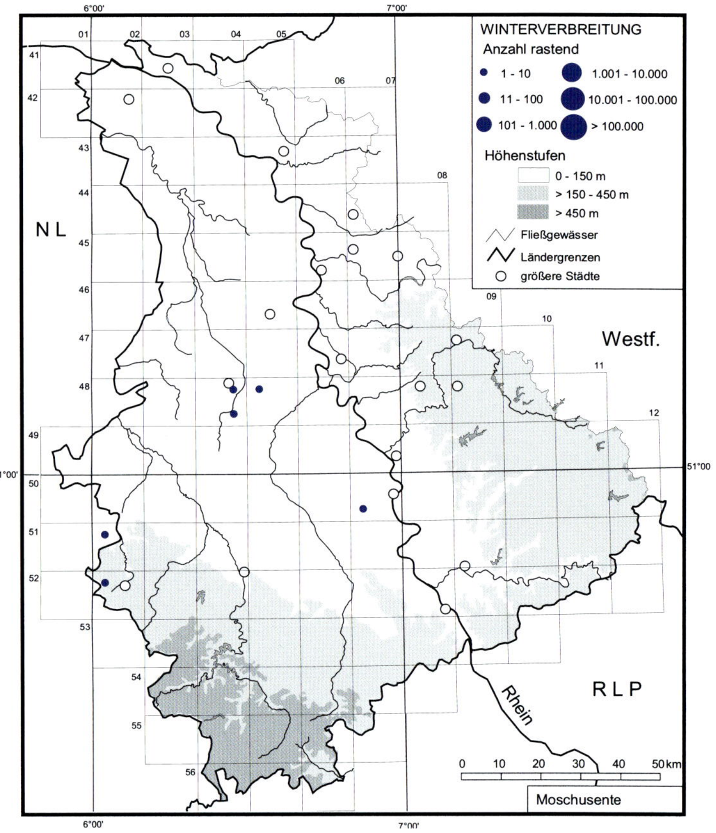

Winterverbreitung 1990-2000

BRUTVERBREITUNG

Die Moschusente stammt aus Südamerika und wird häufig in Gefangenschaft gehalten. Ausgehend von diesen Zoovögeln bzw. deren Nachkommen gibt es inzwischen erste Ansiedlungen in Mitteleuropa. So brüten z. B. in den NL inzwischen 15-30 Brutpaare meist in der Nähe menschlicher Siedlungen (SOVON 2002). Auch im Rheinland wurden in zwei Gitterfeldern sporadische Brutvorkommen nachgewiesen. Möglicherweise ist die wahre Verbreitung bereits größer, da die Art häufig als zahm angesehen und nicht gemeldet wurde. KRETZSCHMAR (1999) schätzt den nordrhein-westfälischen Gesamtbestand Ende der 1990er Jahre auf maximal drei Brutpaare.

WINTERVERBREITUNG

Die Winterbeobachtungen erfolgten z. T. in der Nähe der Brutplätze (Mönchengladbach, Erftstadt) und dürften auf lokal umherstreifende Vögel zurückgehen, die ganzjährig sehr ortstreu sind. Weitere Feststellungen gelangen auch im Raum Aachen.

Bilanz der Winterkartierung:

Kategorie [Ex.]	GF	RF %
1-10	6	1,5

Brautente *Aix sponsa*

Status: Jahresvogel (Neozoon)

Gefährdung:
Rote Liste N (nicht gefährdet)
Non-SPEC (nicht gefährdet)

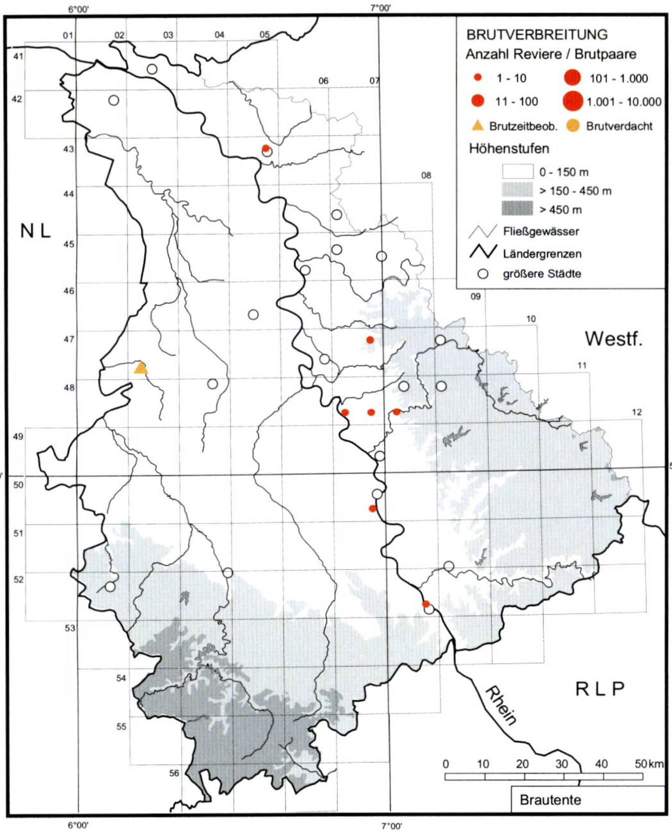

Brutverbreitung 1990-2000

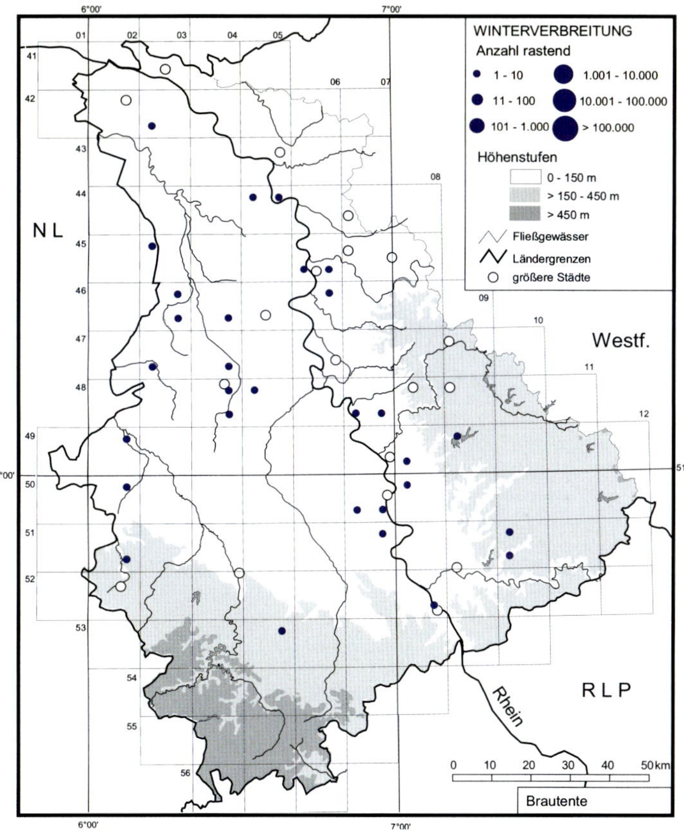

Winterverbreitung 1990-2000

BRUTVERBREITUNG

In den letzten zehn Jahren erfolgten lokale Ansiedlungen, die auf Zooflüchtlinge oder deren Nachkommen zurückgehen. Besiedelt wurden stehende Gewässer im Rheintal, oft im Bereich von Parkanlagen. Die meisten Gitterfelder waren nicht in jedem Jahr besetzt.

AREALVERÄNDERUNGEN

Im Rheinland gab es in der Brutvogelkartierung 1974-1984 noch keine Brautenten-Vorkommen. Die ersten Ansiedlungen wurden nach 1990 festgestellt und für NRW wird ein regelmäßiger Brutbestand von ca. vier Paaren angenommen (KRETZSCHMAR 1999), wovon jährlich 0-2 auf das Rheinland entfallen. In den NL tritt die Brautente seit 1982 als Brutvogel auf. Die Rasterfrequenz liegt hier bereits bei 2 % (SOVON 2002). Die Brautente ist deutlich spärlicher verbreitet als die Mandarinente und noch gibt es in den NL, wie auch in NRW, keine Hinweise auf eine Zunahme und Stabilisierung der sporadischen Vorkommen.

WINTERVERBREITUNG

Im Winterhalbjahr tritt die Brautente 1990-2000 an diversen Fließgewässern des Rheinlandes auf, z. B. an Rhein, Rur und Nette sowie an Baggerseen, Braunkohlen-Restseen und Parkgewässern. In der Winterkartierung 1983-86 wurde die Brautente nur in zwei TK25-Feldern nachgewiesen. Demnach zeigt sich in der zweiten Kartierung eine deutliche weitere Verbreitung, auch wenn die meisten Gitterfelder nicht in jedem Jahr aufgesucht wurden. Aufgrund zahlreicher ganzjährig anwesender Nichtbrüter und übersehener Brutvorkommen - bzw. leichterer Erfassbarkeit außerhalb der Brutperiode - ist die Verbreitung im Winter größer als zur Brutzeit.

Bilanz der Brutvogelkartierung:

Kategorie [BP]	GF	RF %
1-10	7	1,7
Brutverdacht	1	0,2
Summe	8	1,9

Vergleich der Kartierung von 1974-1984 mit 1990-2000:

Kategorie	GF	%	RF %
1 - Nur 1974-84	0	0	0
2 - Nur 1990-2000	8	100,0	2,1
3 - Gemeinsame GF	0	0	0
1974-84: 1 & 3	0		0
1990-2000: 2 & 3	8		2,1
Veränderung	+8		+2,1

Die Zunahme ist statistisch signifikant (4-Felder X^2-Test**; Vorzeichentest*; McNemar-Test*).

Bilanz der Winterkartierung:

Kategorie [Ex.]	GF	RF %
1-10	30	8,8

Mandarinente *Aix galericulata*

Status: Brutvogel, Wintergast (Neozoon)

Gefährdung:
Rote Liste N (nicht gefährdet)
Non-SPEC (nicht gefährdet)

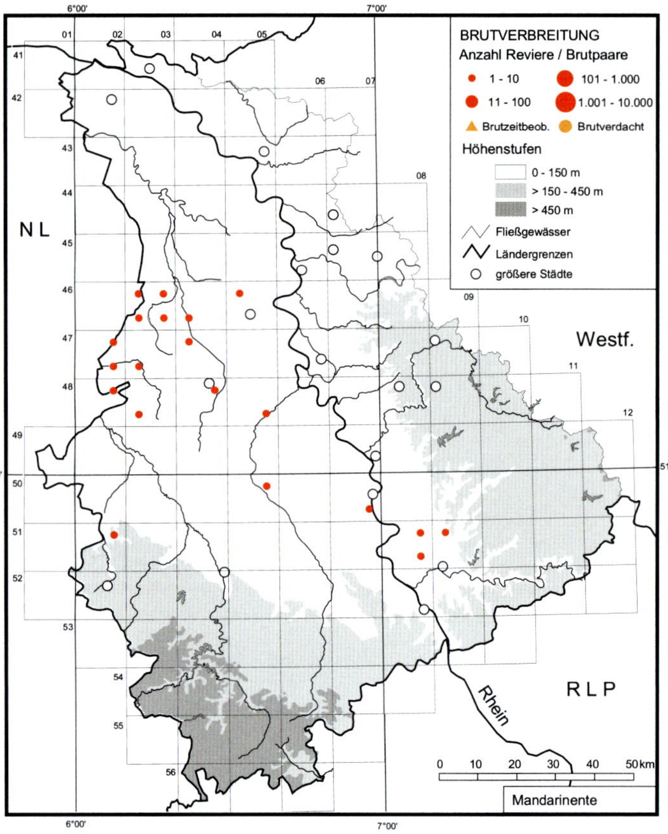

Brutverbreitung 1990-2000

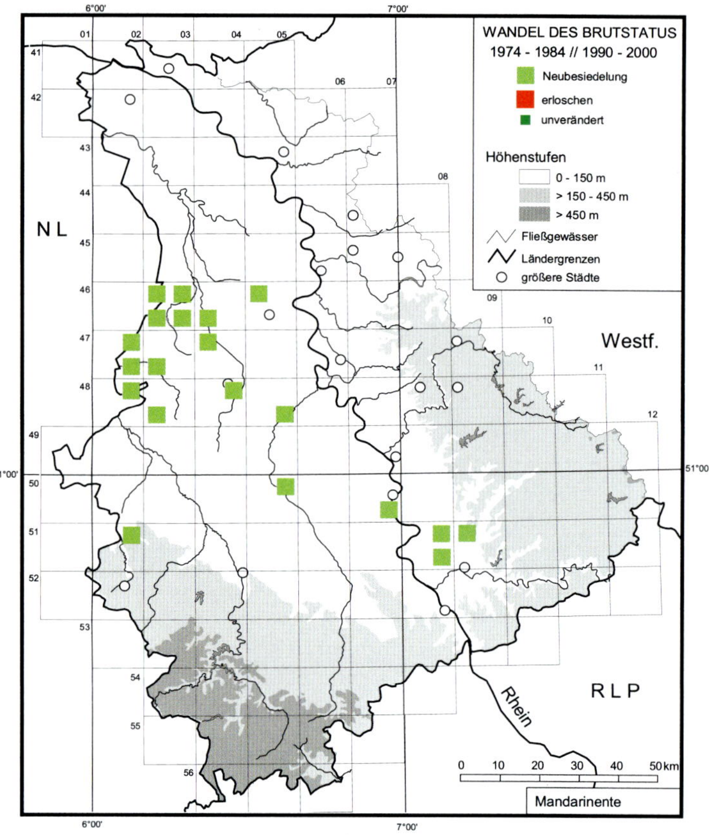

Arealveränderung zwischen 1974-84 und 1990-2000

BRUTVERBREITUNG

Als Parkvogel trat die Mandarinente im Rheinland bereits in den 1960er Jahren auf (z. B. Botanischer Garten Bonn), aber erst seit 1985 hat sie sich als Brutvogel nachhaltig etabliert. Sie erreichte 1990-2000 bereits eine Rasterfrequenz von 5,6 %, wobei aber nicht alle Gitterfelder in jedem Jahr besetzt sind. Der Schwerpunkt der Verbreitung liegt im Bereich der Krickenbecker Seen (Schwalm-Nette-Gebiet). Die Mandarinente besiedelt Parkgewässer, größere vegetationsreiche Teiche und Baggerseen in Waldgebieten. In Westfalen erreicht sie eine ähnliche Verbreitung mit 3 % besetzter Gitterfelder (NWO 2002).

AREALVERÄNDERUNGEN

Innerhalb von zwei Jahrzehnten hat sich die Mandarinente an vielen Stellen in Mitteleuropa angesiedelt, so im Rheinland wie auch in Westfalen (NWO 2002). Der erste Brutnachweis in NRW gelang 1960 in Bonn und der Bestand ist auf heute ca. 30 Brutpaare angewachsen (Kretzschmar 1999). Vor diesem Hintergrund ist anzunehmen, dass die Art auch zur Zeit der ersten Kartierung (1974-1984) im Rheinland gebrütet hat, auch wenn entsprechende Daten nicht vorliegen. In den NL stieg die Anzahl der Brutvögel von 3-8 BP (1973-1977) auf 200-260 BP (1998-2000) an (SOVON 2002). Mit weiterer Ausbreitung ist zu rechnen.

Bilanz der Brutvogelkartierung:

Kategorie [BP]	GF	RF %
1-10	22	5,3

Vergleich der Kartierung von 1974-1984 mit 1990-2000:

Kategorie	GF	%	RF %
1 - Nur 1974-84	0	0	0
2 - Nur 1990-2000	22	100,0	5,6
3 - Gemeinsame GF	0	0	0
1974-84: 2 & 3	0		0
1990-2000: 1 & 3	22		5,6
Veränderung	+22		+5,6

Die Zunahme ist statistisch signifikant (4-Felder X^2-Test***; Vorzeichentest*; McNemar-Test***).

WINTERVERBREITUNG

Die Winterverbreitung entspricht weitgehend der Brutverbreitung, jedoch liegt die Anzahl besetzter Gitterfelder nahezu doppelt so hoch (Dispersion der Brut- und Jungvögel). Hinzu kommen Nichtbrüter und übersehene Brutvorkommen, die ebenfalls zu einer höheren Rasterfrequenz beitragen. Die einzigen regelmäßigen Wintervorkommen sind auf die Krickenbecker Seen und den Köln-Bonner Raum beschränkt. Die übrigen Nachweise betreffen umherstreifende Einzeltiere oder kleine Gruppen. Bereits in der Winterkartierung 1983-86 wurde die Mandarinente in sieben TK25-Feldern angetroffen; inzwischen hat sich das Überwinterungsareal deutlich vergrößert (41 Gitterfelder, RF = 11,8 %). Im benachbarten Westfalen hat der Winterbestand an den größeren Rastplätzen im Ruhrgebiet in den letzten Jahren um 10 % zugenommen (NWO 2002). Gleiches gilt wohl auch für das Rheinland.

Bilanz der Winterkartierung:

Kategorie [Ex.]	GF	RF %
1-10	39	11,2
11-100	2	0,6
Summe	**41**	**11,8**

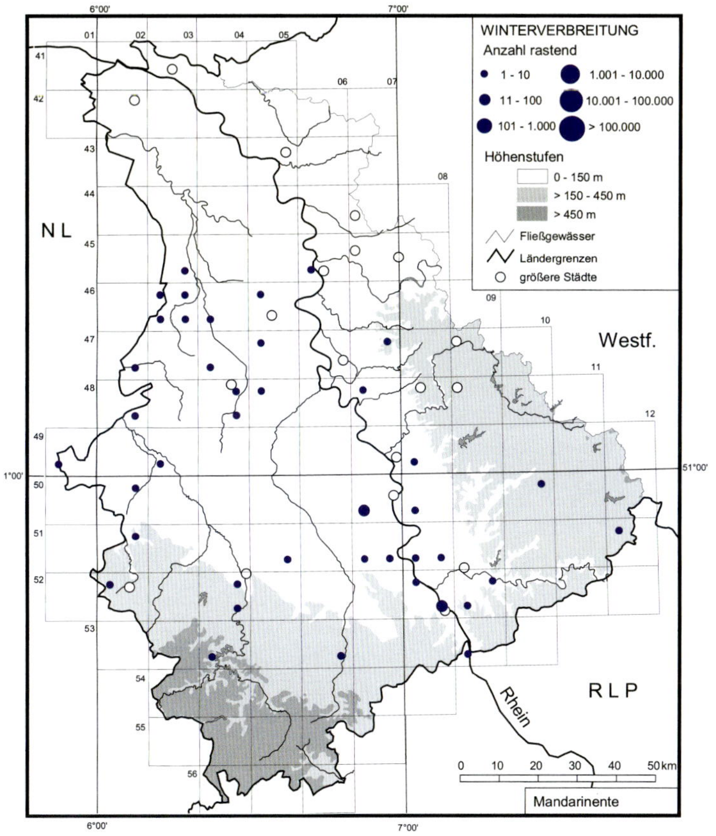

Winterverbreitung 1990-2000

Mandarinente, *Aix galericulata*. Foto: SASCHA RÖSNER

Schnatterente *Anas strepera*

Status: Brutvogel, Durchzügler, Wintergast

Gefährdung:
Rote Liste N (nicht gefährdet)
SPEC 3 (dezimiert)

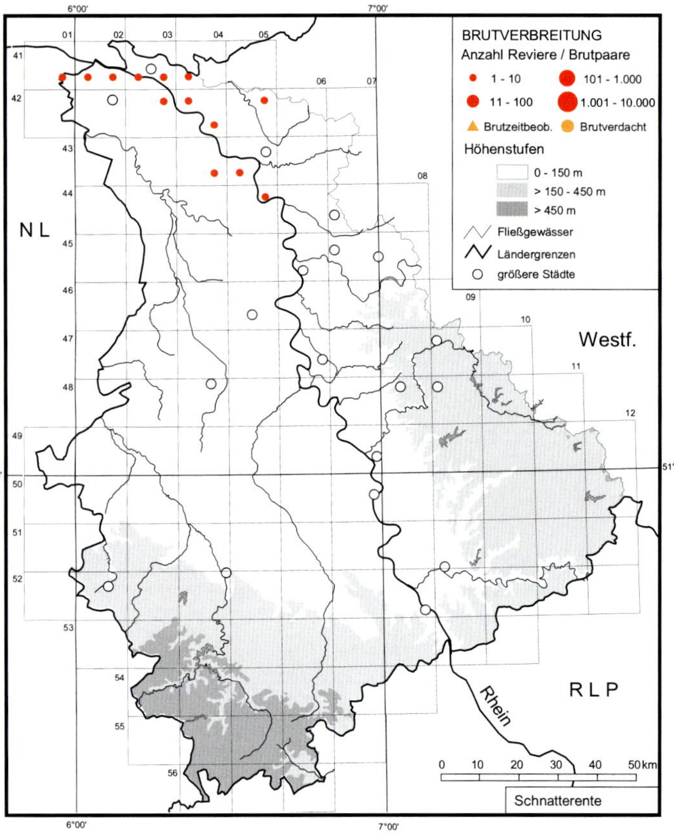

Brutverbreitung 1990-2000

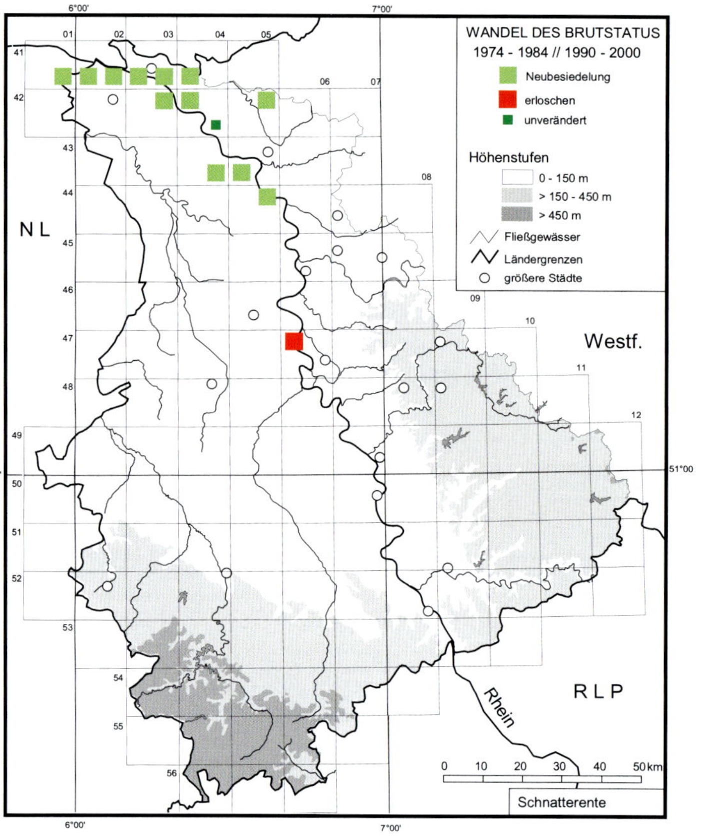

Arealveränderung zwischen 1974-84 und 1990-2000

BRUTVERBREITUNG

Einzelne Brutvorkommen wurden nur am Unteren Niederrhein festgestellt, vor allem an seichten, eutrophen, schilf- und vegetationsreichen Gewässern mit größerer offener Wasserfläche (Altwässer, Seen). Nicht alle Gitterfelder sind in jedem Jahr besetzt. Der Bestand am Niederrhein steht in Zusammenhang mit der großen niederländischen Population (RF = 42 %), während die Schnatterente in Westfalen nur sehr lokal verbreitet ist (RF = 1 %; SOVON 2002, NWO 2002).

AREALVERÄNDERUNGEN

Der erste Brutnachweis der Schnatterente im Rheinland gelang 1979 bei Meerbusch-Büderich (MILDENBERGER 1982). Seit 1974-84 hat die Art ihr Brutareal signifikant erweitern können; damals waren nur zwei Gitterfelder besetzt. Der z. T. stark schwankende jährliche Brutbestand im Kartierungszeitraum kann auf 5-30 Paare geschätzt werden (SUDMANN in lit.), mit kontinuierlichem Anstieg von 1990 bis 2000. Aktuell sind es bereits >40 Brutpaare (AG WASSERVÖGEL NWO). Auch die Brutpopulationen in den benachbarten Niederlanden, mit denen die rheinischen Schnatterenten vermutlich im Austausch stehen, hat sich vergrößert. Dort stiegen die Brutpaarzahlen von 550-800 BP in den Jahren 1973-77 auf 6.000-7.000 BP in den Jahren 1998-2000 (SOVON 2002) an. Im niederrheinischen Grenzgebiet Gelderse Poort erfolgte eine Zunahme von der ersten Brut 1971 auf 185 Bp. in 2000 (DIERMEN et al. 2002). Mit einer weiteren Ausbreitung kann gerechnet werden.

Bilanz der Brutvogelkartierung:

Kategorie [BP]	GF	RF %
1-10	13	3,1

Vergleich der Kartierung von 1974-1984 mit 1990-2000:

Kategorie	GF	%	RF %
1 - Nur 1974-84	1	7,1	0,3
2 - Nur 1990-2000	12	85,7	3,1
3 - Gemeinsame GF	1	7,1	0,3
1974-84: 1 & 3	2		0,5
1990-2000: 2 & 3	13		3,3
Veränderung	+11 (+550 %)		+2,8

Die Zunahme ist statistisch signifikant (4-Felder X^2-Test**; Vorzeichentest*; McNemar-Test**). Identitäts-Index (nach SCHERNER 1982): 0,19.

WINTERVERBREITUNG

Die Schnatterente überwintert an vielen Gewässern des Rheinlandes, besonders am Rhein und seinen Nebengewässern, wo Altrheinarme, Baggerseen, Braunkohlen-Restseen und Talsperren als Rastplätze fungieren. Gegenüber der Winterkartierung 1983-86 ist eine deutliche Arealausweitung festzustellen, die mit dem Anstieg der Brutpopulationen in Mitteleuropa in Zusammenhang steht. Am gesamten Unteren Niederrhein betrug der Rastbestand (1993-1997) nur maximal 200 Schnatterenten (SUDFELDT et al. 2000). Der Winterbestand in NRW liegt bei 1.000-1.200 Individuen, der Großteil davon entfällt auf die Rieselfelder Münster (SUDMANN 2004a). Der Durchzugshöhepunkt liegt bereits im November und der Winterbestand ist geringer. In den NL stieg die Anzahl der Überwinterer von ca. 2.000 Schnatterenten in den 1970er Jahren auf fast 10.000 Vögel in den 1990er Jahren (BIJLSMA et al. 2001).

Bilanz der Winterkartierung:

Kategorie [Ex.]	GF	RF %
1-10	47	13,6
11-100	24	6,9
101-500	1	0,3
Summe	**72**	**20,8**

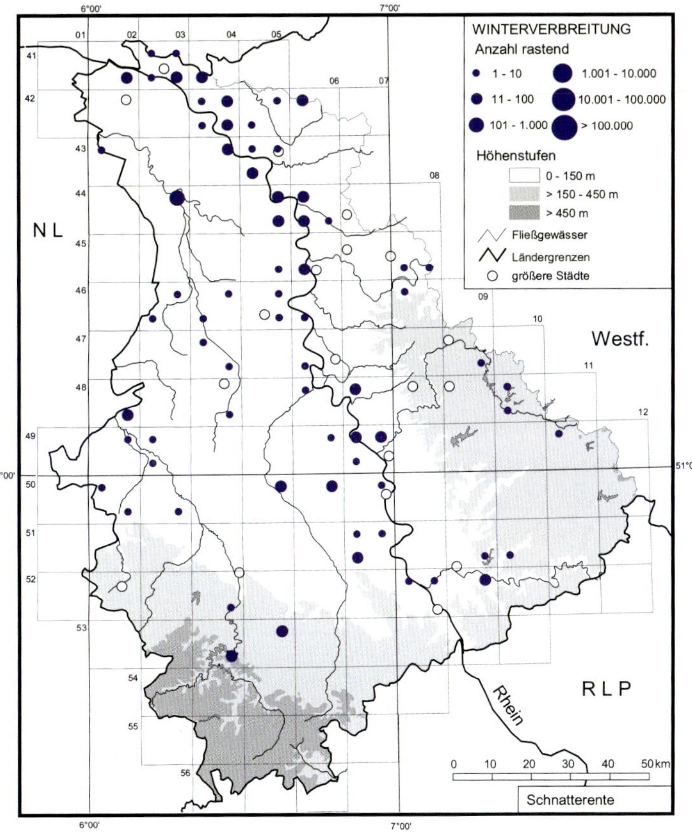

Winterverbreitung 1990-2000

Schnatterente, *Anas strepera*, Männchen. Foto: ANDREAS KLEIN

Pfeifente *Anas penelope*

Status: Durchzügler, Wintergast

Gefährdung:
Non-SPEC ^{E}W (nicht gefährdet)

WINTERVERBREITUNG

Der Schwerpunkt der Winterverbreitung der Pfeifente liegt an den Küsten Nordwesteuropas, z. T. auch im küstennahen Binnenland (GILISSEN et al. 2002). Im Rheinland überwintert die Pfeifente fast ausschließlich am Unteren Niederrhein im Bereich der Rheinauen und Altrheingebiete. Kleinere Vorkommen wurden im übrigen Rheinland festgestellt, soweit Seen, Baggerseen, Braunkohlen-Restseen, Talsperren oder ruhige Flussbereiche vorhanden sind. Am Niederrhein tritt die Pfeifente oft in größeren bis großen Trupps auf, die mehrere hundert Vögel umfassen. Gegenüber der Winterkartierung 1983-86 ist eine Ausweitung des Winterareals erkennbar. Der Winterbestand am Niederrhein ist jedoch seit Ende der 1980er Jahre recht konstant (>6.000 Ind.; SUDMANN 2004b) und steht in engem Zusammenhang mit den in den Niederlanden überwinternden Pfeifenten, deren Zahlen in den vergangenen Jahrzehnten von etwa 100.000 Individuen in den 1960er Jahren auf über 800.000 Ind. anstiegen (BIJLSMA et al. 2001).

Bilanz der Winterkartierung:

Kategorie [Ex.]	GF	RF %
1-10	45	11,5
11-100	16	4,1
101-1.000	13	3,3
1.001-3.000	1	0,3
Summe	**75**	**19,2**

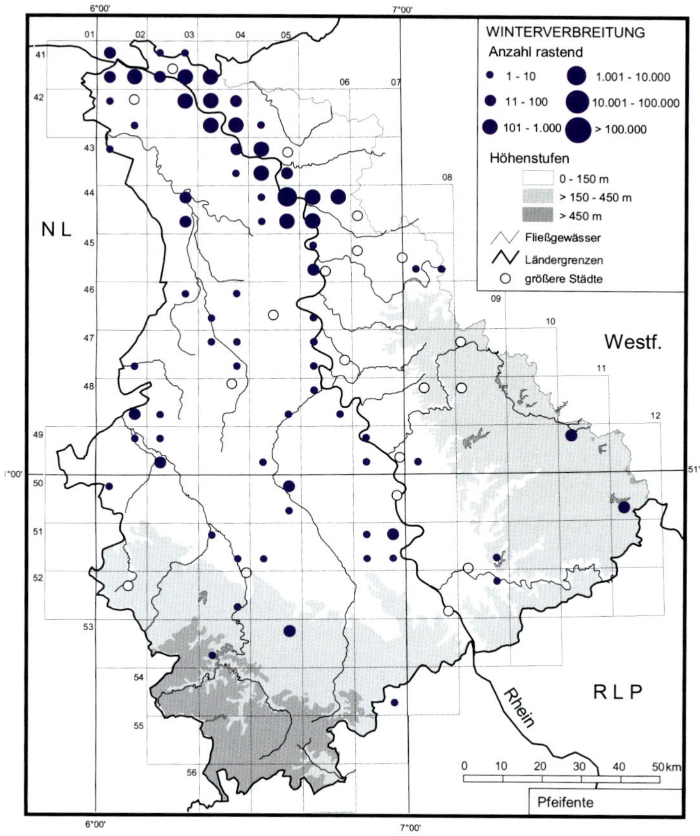

Winterverbreitung 1990-2000

Pfeifente, *Anas penelope,* Männchen. Foto: MATHIAS SCHÄF

Spießente *Anas acuta*

Status: Brutvogel, Durchzügler, Wintergast

Gefährdung:
SPEC 3 (zurückgehend)

WINTERVERBREITUNG

Der Schwerpunkt der Winterverbreitung liegt in Mitteleuropa an den Küsten der Nordsee und weniger im Binnenland. Im Rheinland überwintert die Art regelmäßig am Rhein und rheinnahen Gewässern (Altrheinarme, Baggerseen), besonders im Bereich des Unteren Niederrheins. Spießenten werden aber auch in geringer Zahl an anderen rheinischen Gewässern (Braunkohlen-Restseen, Talsperren, Flüsse) angetroffen. Viele Gitterfelder sind nicht alljährlich besetzt und der Mittwinterbestand für NRW beträgt <100 Individuen (SUDMANN 2004a). Gegenüber der Winterkartierung 1983-86 wurde die Spießente 1990-2000 in deutlich mehr Gitterfeldern nachgewiesen (man beachte aber unterschiedliche Erfassungszeiträume und den kumulativen Effekt). Bereits MILDENBERGER (1982) stellte eine Zunahme der Winterbeobachtungen fest. Nach BIJLSMA et al. (2001) gingen die Winterbestände in den Niederlanden in den letzten drei Jahrzehnten um mehr als 50 % zurück (7.000-11.000 Ind. in den 1990er Jahren), während VAN ROOMEN et al. (2004) einen deutlich höheren Bestand (22.500 Ind. 1996/97 - 2002/03) angeben. Mitunter beginnt der im Binnenland im Allgemeinen stärker ausgeprägte Heimzug bereits sehr früh, so dass ein Teil der rheinischen Beobachtungen wohl auf solche Durchzügler zurückgeht.

Bilanz der Winterkartierung:

Kategorie [Ex.]	GF	RF %
1-10	52	14,9
11-100	7	2,0
Summe	**59**	**16,9**

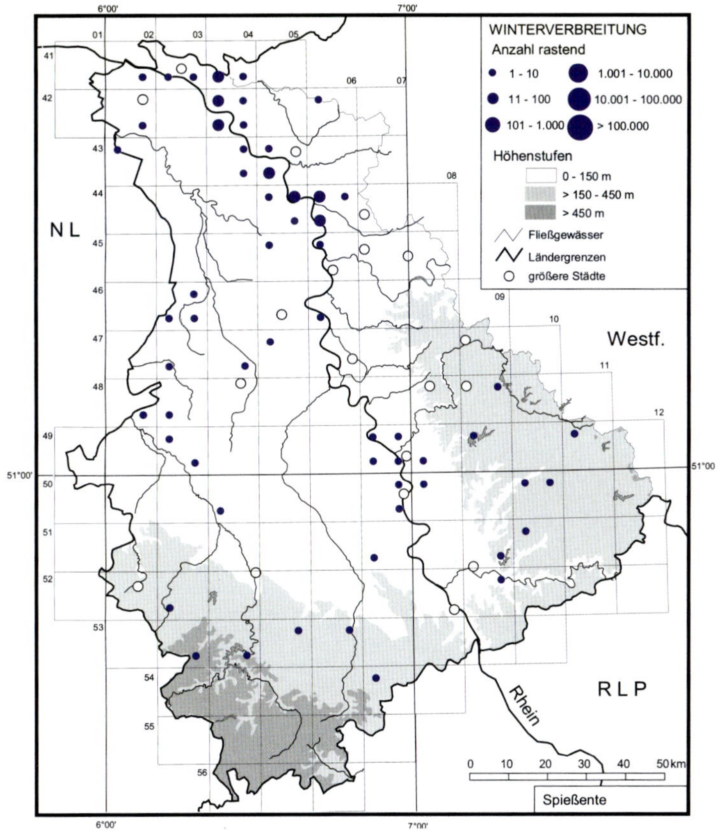

Winterverbreitung 1990-2000

Spießente, *Anas acuta,* Männchen. Foto: MATHIAS SCHÄF

Krickente *Anas crecca*

Status: Brutvogel, Durchzügler, Wintergast

Gefährdung:
Rote Liste N (nicht gefährdet)
Non-SPEC (nicht gefährdet)

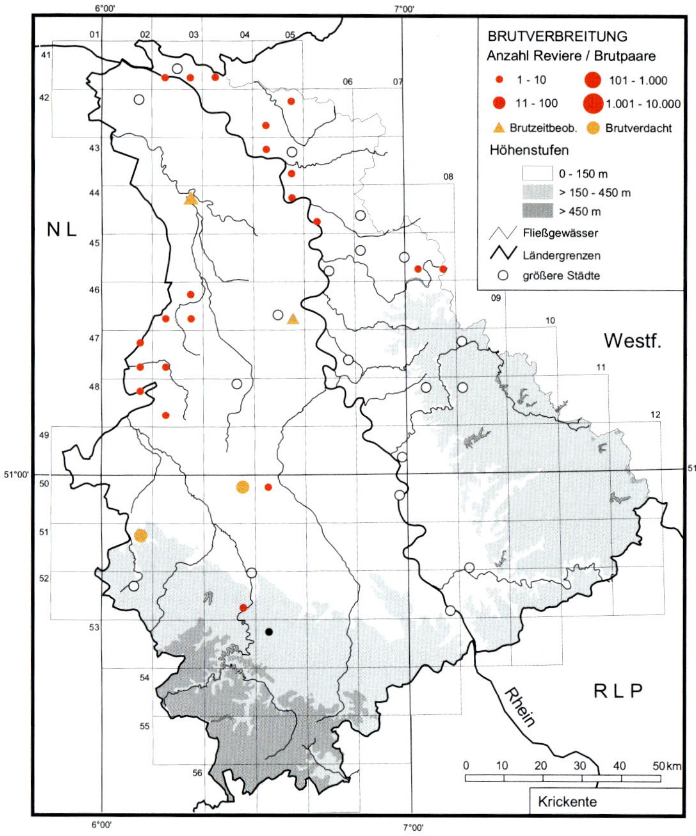

Brutverbreitung 1990-2000

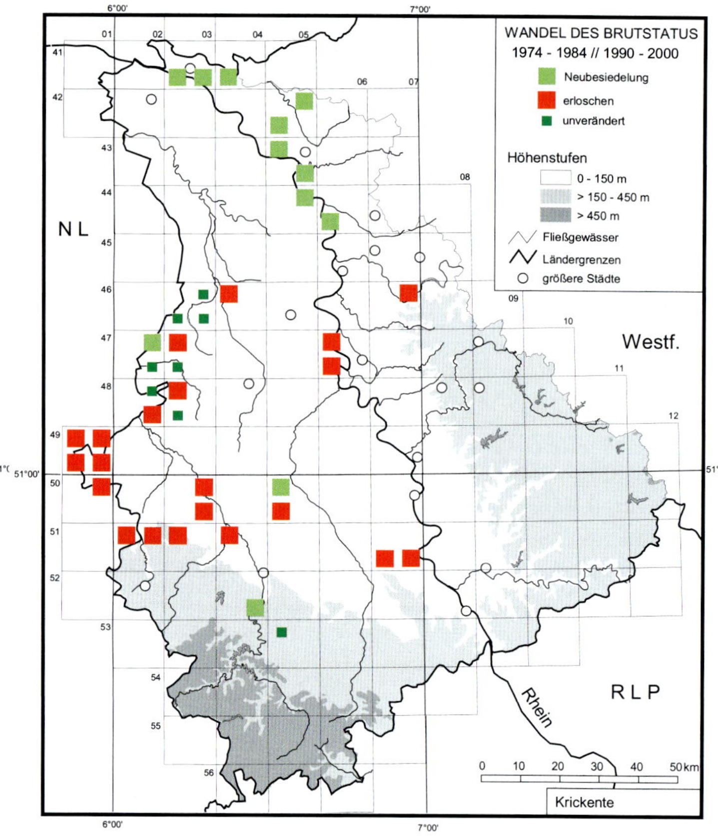

Arealveränderung zwischen 1974-84 und 1990-2000

BRUTVERBREITUNG

Für Mitteleuropa liegt ein Schwerpunkt der Krickenten-Verbreitung in der norddeutschen Tiefebene und den NL (Glutz & Bauer 1990, Hagemeijer & Blair 2000). Im Rheinland brütet die Art in geringer Zahl an seichten Altrheinarmen, Baggerseen, Teichen und Braunkohlen-Restseen mit dichter Ufervegetation. Die Vorkommen konzentrieren sich daher am Unteren Niederrhein und im Bereich der Krickenbecker Seen/ Schwalm-Nette-Gebiet. Die Mittelgebirge sind wegen des Fehlens geeigneter Gewässer kaum besiedelt. Nicht alle Gitterfelder mit Nachweisen sind regelmäßig besetzt. In Westfalen ist die Art mit RF = 7 % ähnlich gering verbreitet (NWO 2002), in den NL sind aufgrund des größeren Habitatangebotes dagegen deutlich mehr Gitterfelder besetzt (RF = 36 %; SOVON 2002).

AREALVERÄNDERUNGEN

Brutgebiete im Bereich des südlichen niederrheinischen Tieflandes sind z. T. aufgegeben worden, während neue Vorkommen am Unteren Niederrhein hinzukamen. In absoluten Zahlen liegt ein negativer Trend mit einer Abnahme der Rasterfrequenz um 31 % im Vergleich zur Kartierung 1974-1984 vor; dieser ist jedoch statistisch nicht signifikant. Als Rückgangsursachen werden Meliorationen von Moor- und Feuchtgebieten, Botulismus, direkte und indirekte Einflüsse der Jagd sowie die Intensivierung der Landschaftsnutzung (Freizeitbetrieb) diskutiert (Bauer & Berthold 1996). Auch in den benachbarten Niederlanden gingen die Bestände merklich zurück, und die Art verschwand aus zahlreichen Gebieten (SOVON 2002). Im niederrheinischen Grenzgebiet Gelderse Poort erreichte die Art um 1990 das Maximum von 20 Paaren, sank dann aber auf <10 BP (Diermen et al. 2002). In Westfalen führten intensive Schutzmaßnahmen zu einer Erholung und Zunahme der Bestände auf 110-220 Brutpaare (NWO 2002). Für das Rheinland schätzen wir den jährlichen Brutbestand im Zeitraum von 1990-2000 auf 15-25 Paare, während Ende der 1970er/Anfang der 1980er Jahre noch 30-50 Brutpaare angenommen wurden (Mildenberger 1982).

Bilanz der Brutvogelkartierung:

Kategorie [BP]	GF	RF %
1-10	23	5,6
Brutverdacht	4	1,0
Summe	**27**	**6,5**

Vergleich der Kartierung von 1974-1984 mit 1990-2000:

Kategorie	GF	%	RF %
1 - Nur 1974-84	21	51,2	5,3
2 - Nur 1990-2000	12	29,3	3,1
3 - Gemeinsame GF	8	19,5	2,0
1974-84: 1 & 3	29		7,4
1990-2000: 2 & 3	20		5,0
Veränderung	-9 (-31 %)		-2,4

Identitäts-Index (nach Scherner 1982): 0,33.

WINTERVERBREITUNG

Der Schwerpunkt der Winterverbreitung der Krickente liegt in Nordwest- und Südeuropa (GILISSEN et al. 2002). Im Rheinland überwintert sie vielerorts an vegetationsreichen fließenden und stehenden Gewässern (besonders Klärteiche und Altarme), insbesondere in milden Wintern auch in größerer Zahl. Die Vorkommen finden sich hauptsächlich im Tiefland entlang des Rheins und weiteren Flussniederungen (z. B. Erft, Rur, Nette, Schwalm), seltener auch an Talsperren im Mittelgebirge. Die Krickente ist in den mittleren Lagen über 100 m NN lückenhaft verbreitet und erscheint nur ausnahmsweise über 400 m NN. Das Winterverbreitungsgebiet deckt sich mit dem der Kartierung 1983-86. Die vorliegenden Daten lassen keine Arealveränderungen erkennen, aber bereits MILDENBERGER (1982) sprach von einer Zunahme des Winterbestandes seit 1960. In NRW überwintern 3.500-4.000 Krickenten, überwiegend an den Rieselfeldern Münster (SUDMANN 2004a). Am Unteren Niederrhein wird das winterliche Maximum im Dezember erreicht und beläuft sich im Mittel auf ca. 1.500 Krickenten (SUDFELDT et al. 2000). Verglichen mit 1.000-1.500 Exemplaren im gesamten Rheinland Anfang der 1980er Jahre (MILDENBERGER 1982) macht sich eine leichte Zunahme des Winterbestandes bemerkbar. Hier könnte die Veränderung des Zugverhaltens eine Rolle spielen (vgl. SUDMANN 2002). In den benachbarten Niederlanden kam es zwischen den 1970er und 1990er Jahren zu einem Rückgang der Überwinterungsbestände, die seitdem jedoch wieder deutlich anstiegen (VAN ROOMEN et al. 2004).

Bilanz der Winterkartierung:

Kategorie [Ex.]	GF	RF %
1-10	61	17,1
11-100	62	17,4
101-1.000	23	6,5
1.001-2.000	1	0,3
Summe	**147**	**41,3**

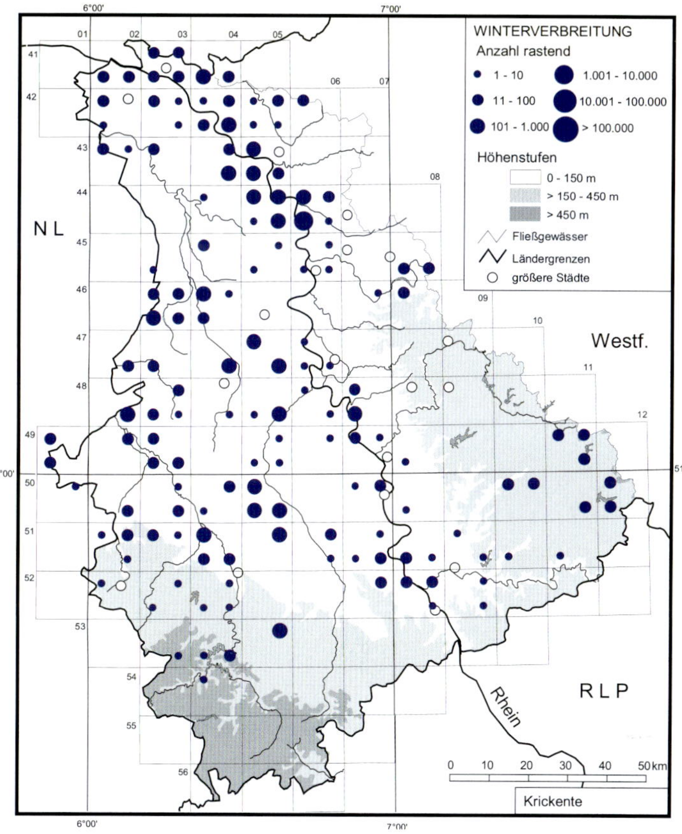

Winterverbreitung 1990-2000

Krickente, *Anas crecca,* Männchen. Foto: EWALD LIPPOK

Stockente *Anas platyrhynchos*

Status: Brutvogel, Durchzügler, Wintergast

Gefährdung:
Rote Liste N (nicht gefährdet)
Non-SPEC (nicht gefährdet)

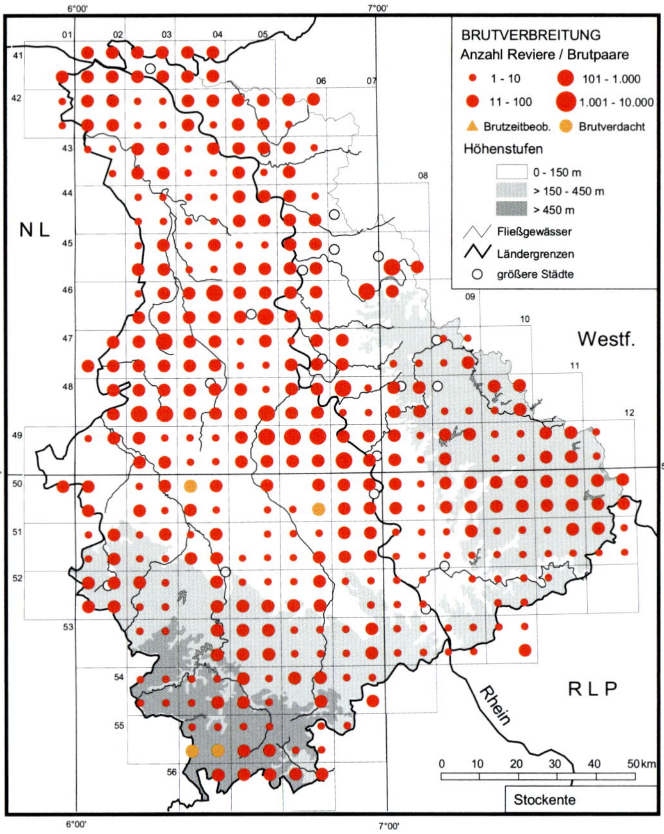

Brutverbreitung 1990-2000

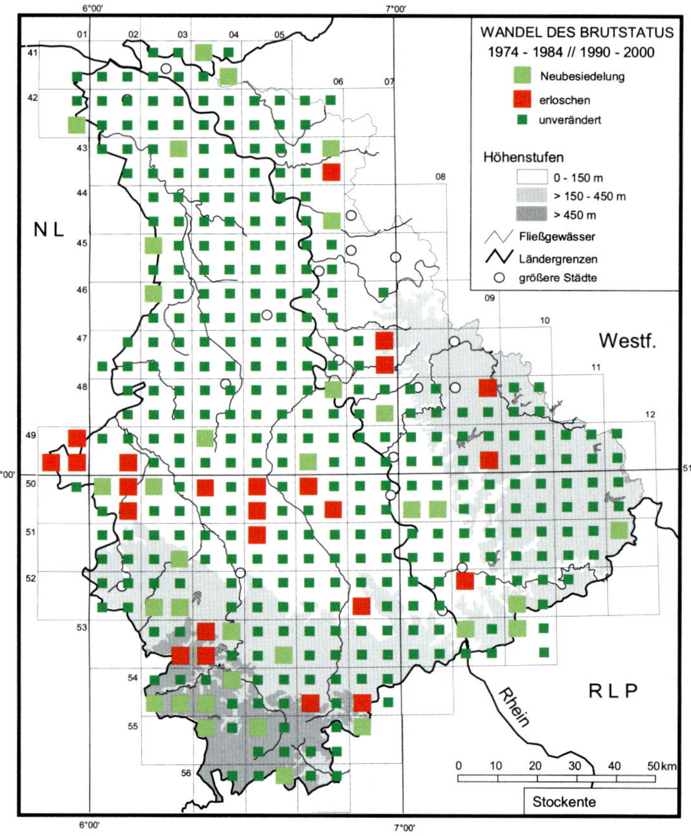

Arealveränderung zwischen 1974-84 und 1990-2000

BRUTVERBREITUNG

Die Stockente weist die höchsten Brutpaarzahlen und das größte Verbreitungsgebiet aller Wasservögel im Rheinland (und anderen Regionen Mitteleuropas) auf. Die Art brütet in allen Landesteilen, besonders in der Tiefebene, aber auch an Gewässern der Mittelgebirge. Größere Verbreitungslücken bestehen lediglich in den stark bewaldeten Mittelgebirgsbereichen und den Agrargebieten der Köln-Aachener Bucht/ Zülpicher Börde. Alle Arten stehender und fließender Gewässer mit Flachwasserzonen werden besiedelt, auch innerhalb dicht bebauter Bereiche. In Westfalen (RF = 99 %) und den NL (RF = 98 %) wurden ähnlich hohe Verteilungsgrade registriert (NWO 2002, SOVON 2002).

AREALVERÄNDERUNGEN

Da die Stockente bereits 1974-84 in nahezu allen Gitterfeldern mit Gewässern vorkam, konnte in dieser Kartierung keine weitere signifikante Zunahme ermittelt werden. Der Trend scheint jedoch insgesamt positiv. Aus den Daten der vorliegenden Kartierung ergibt sich ein geschätzer Bestand von 11.000-21.000 Brutpaaren (0,88 - 1,68 Bp./km² bezogen auf die besiedelte Fläche), was ebenfalls eine deutliche Zunahme widerspiegelt, denn MILDENBERGER (1982) gab für das Rheinland nur ca. 4.000-5.000 Brutpaare an. In den NL, wie in Nordwesteuropa insgesamt, sind die Bestände seit den 1970er Jahren mehr oder weniger stabil (SOVON 2002).

Bilanz der Brutvogelkartierung:

Kategorie [BP]	GF	RF %	Minimum [BP]
1-10	155	37,5	155
11-100	207	50,1	2.277
101-300	13	3,1	1.313
Brutverdacht	4	1,0	
Summe	**379**	**91,8**	**3.745**

Vergleich der Kartierung von 1974-1984 mit 1990-2000:

Kategorie	GF	%	RF %
1 - Nur 1974-84	22	5,7	5,6
2 - Nur 1990-2000	35	9,1	8,9
3 - Gemeinsame GF	326	85,1	83,0
1974-84: 1 & 3	348		88,6
1990-2000: 2 & 3	361		91,9
Veränderung	+13 (+3,7 %)		+3,3

Identitäts-Index (nach SCHERNER 1982): 0,92.

WINTERVERBREITUNG

Auch im Winterhalbjahr ist die Stockente - vor allem durch ihre Widerstandsfähigkeit gegenüber vereisten Gewässern - die häufigste Entenart mit der größten Verbreitung. Besonders hohe Zahlen werden entlang des Rheins und im Schwalm-Nette-Gebiet angetroffen, ein bestimmter Gewässertyp wird dabei nicht bevorzugt. Im Mittelgebirgsraum tritt sie - obgleich auch dort die häufigste Art - mangels geeigneter Gewässer deutlich lückenhafter auf. Im Mittwinter, wenn die Rastbestände in weiten Teilen Deutschlands ihren Höhepunkt erreichen (WAHL & SUDFELDT 2005), werden für ganz NRW 60.000-80.000 Stockenten geschätzt (SUDMANN 2004a). Während die Winterbestände deutschlandweit vielfach rückläufig sind (WAHL & SUDFELDT 2005), ließ sich für NRW im hier betrachteten Zeitraum keine Abnahme nachweisen (SUDFELDT et al. 2000). Anfang bis Mitte der 1970er Jahre lag der Mittwinterbestand im Rheinland bei 20.000-23.000 Individuen (MILDENBERGER 1982).

Bilanz der Winterkartierung:

Kategorie [Ex.]	GF	RF %
1-10	47	12,1
11-100	171	43,9
101-200	118	30,3
1.001-3.000	13	3,3
Summe	**349**	**89,5**

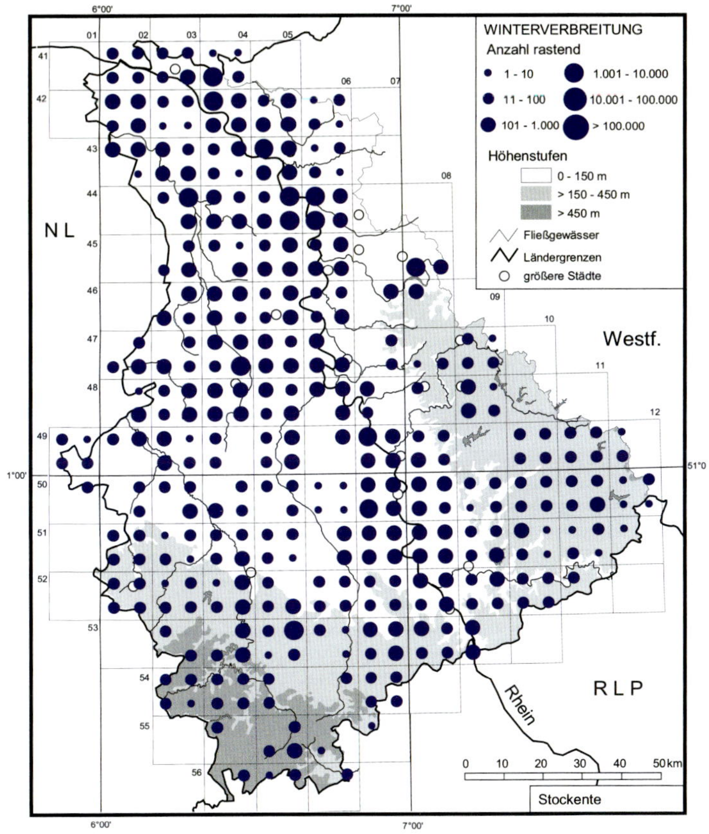

Winterverbreitung 1990-2000

Stockente, *Anas platyrhynchos,* Männchen. Foto: MATHIAS SCHÄF

Knäkente *Anas querquedula*

Status: Brutvogel, Durchzügler

Gefährdung:
Rote Liste 1 (vom Aussterben bedroht)
SPEC 3 (zurückgehend)

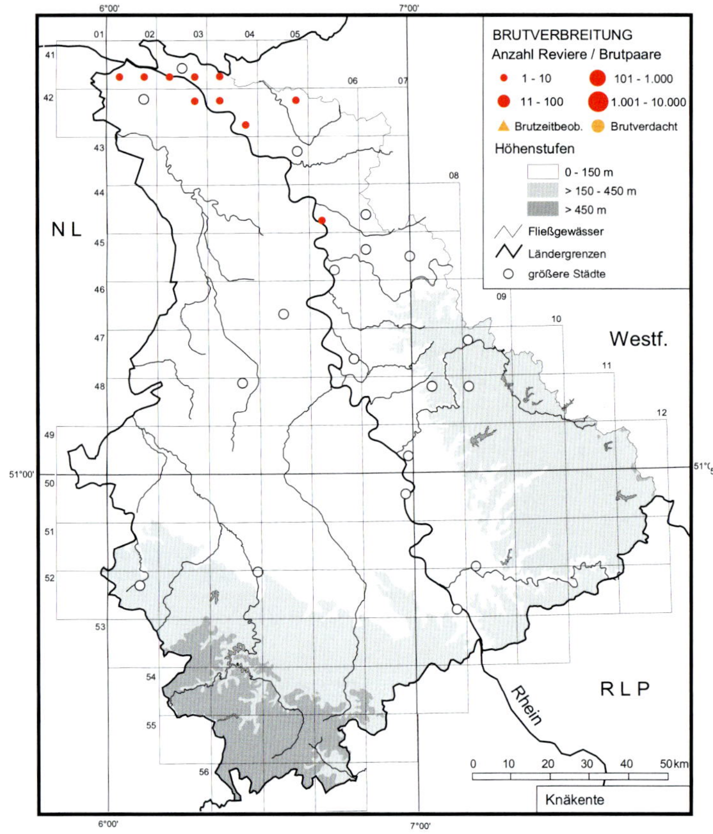

Brutverbreitung 1990-2000

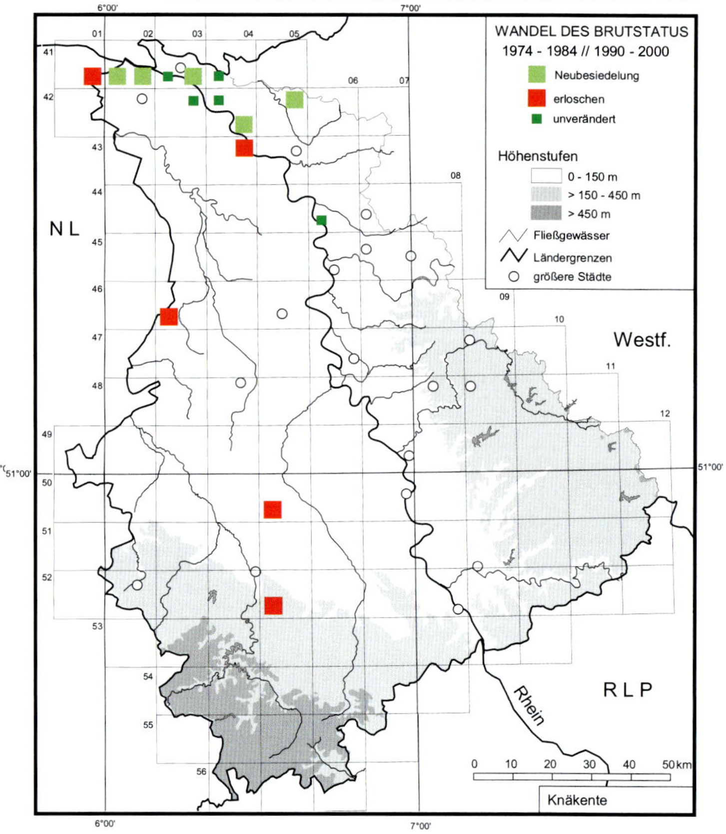

Arealveränderung zwischen 1974-84 und 1990-2000

BRUTVERBREITUNG

Der Schwerpunkt der zentraleuropäischen Brutverbreitung liegt in Norddeutschland und den Niederlanden (Hagemeijer & Blair 1997). Im Rheinland bestehen unregelmäßige Brutvorkommen am Unteren Niederrhein, die mit der niederländischen Population (späte 1990er Jahre 1.600-1.900 BP) im Zusammenhang stehen. Besiedelt werden Gebiete mit eutrophen Gewässern, die eine reichhaltige Ufervegetation aufweisen. Im Rheinland und Westfalen mit jeweils etwa zwei Prozent besetzter Gitterfelder (NWO 2002) deutlich weniger weit verbreitet als in den Niederlanden (RF = 38%; SOVON 2002).

AREALVERÄNDERUNGEN

Isolierte, sporadische Brutvorkommen abseits des Unteren Niederrheins, die zwischen 1974 und 1984 registriert wurden, waren im Betrachtungszeitraum alle nicht mehr besetzt. Dafür sind am Unteren Niederrhein neue Vorkommen hinzugekommen, die aber meist ebenfalls nur temporären Charakter zeigten. Dadurch bleibt die Gesamtarealentwicklung eher stabil bis leicht positiv. Der Bestand der Knäkente zeigt im Rheinland von jeher starke Fluktuationen, die mit klimatischen Veränderungen in Zusammenhang gebracht werden (Glutz & Bauer 1990). Auch die Wasserstände spielen eine Rolle. In der ersten Hälfte des 20. Jahrhunderts war die Art nur seltener Brutvogel und nahm ab 1950 auf 140-160 Brutpaare alleine am Unteren Niederrhein zu, ging anschließend aber wieder zurück auf 65-75 Paare 1975 (Mildenberger 1982). Im Rheinland brüteten in den 1990er Jahren nicht mehr als 5-25 Paare (noch 2000 wurden >20 Paare registriert; AG Wasservögel NWO), so dass der Brutbestand seit Ende der 1970er Jahre weiter zurückgegangen ist und sich auf einem sehr niedrigen Niveau befindet (Holland & Wille 1990, Nottmeyer-Linden et al. 1997). Ein vollständiges Erlöschen der Brutvorkommen - wie auch in Westfalen (vgl. NWO 2002) - ist nicht auszuschließen. In den nahen Niederlanden wurde in den letzten drei Jahrzehnten eine deutliche Abnahme (70-90%) festgestellt, die mit Habitatverlusten und Problemen im Winterquartier (z. B. Trockenheit in der Sahelzone) in Zusammenhang gebracht werden (Bijlsma et al. 2001, SOVON 2002). Seit 1990 haben sich die Bestände in

Bilanz der Brutvogelkartierung:

Kategorie [BP]	GF	RF %
1-10	10	2,4

Vergleich der Kartierung von 1974-1984 mit 1990-2000:

Kategorie	GF	%	RF %
1 - Nur 1974-84	2	16,6	0,5
2 - Nur 1990-2000	5	41,7	1,3
3 - Gemeinsame GF	5	41,7	1,3
1974-84: 1 & 3	7		1,8
1990-2000: 2 & 3	10		2,6
Veränderung	+3 (+43%)		+0,8

Identitäts-Index (nach Scherner 1982): 0,60.

den NLweitgehend auf diesem sehr niedrigen Niveau stabilisiert, gingen lokal (z. B. Gelderse Poort) aber noch bis 2000 weiter zurück (DIERMEN et al. 2002).

WINTERVERBREITUNG

Die Knäkente überwintert insbesondere in der Sahelzone in Afrika zwischen der Sahara und dem Äquator (BAUER & GLUTZ 1990). Wenige Vögel werden ausnahmsweise im Winterhalbjahr in Mitteleuropa angetroffen, bei denen es sich aber eher um frühe Rückkehrer aus Afrika (Februar) oder späte Wegzügler (Dezember) als um tatsächliche Wintergäste handelt. Gesicherte Januarfeststellungen und durchgehende Überwinterungen fehlen bisher. Nachweise liegen im Rheinland aus fünf Gitterfeldern (1,5 %) vor. In der ersten Kartierung gab es im Mittwinter (Dezember/Januar) nur Beobachtungen in einem Gitterfeld. Somit zeigt sich in den letzten Jahren eine tendenzielle Zunahme der Nachweise, die zumindest teilweise mit der Reihe relativ milder Winter erklärt werden könnte, aber der längere Erfassungszeitraum (kumulativer Kartiereffekt) spielt sicher ebenfalls eine große Rolle. Gerade bei den jahreszeitlich ungewöhnlichen Winterbeobachtungen ist auch eine Beteiligung von Gefangenschaftsflüchtlingen möglich.

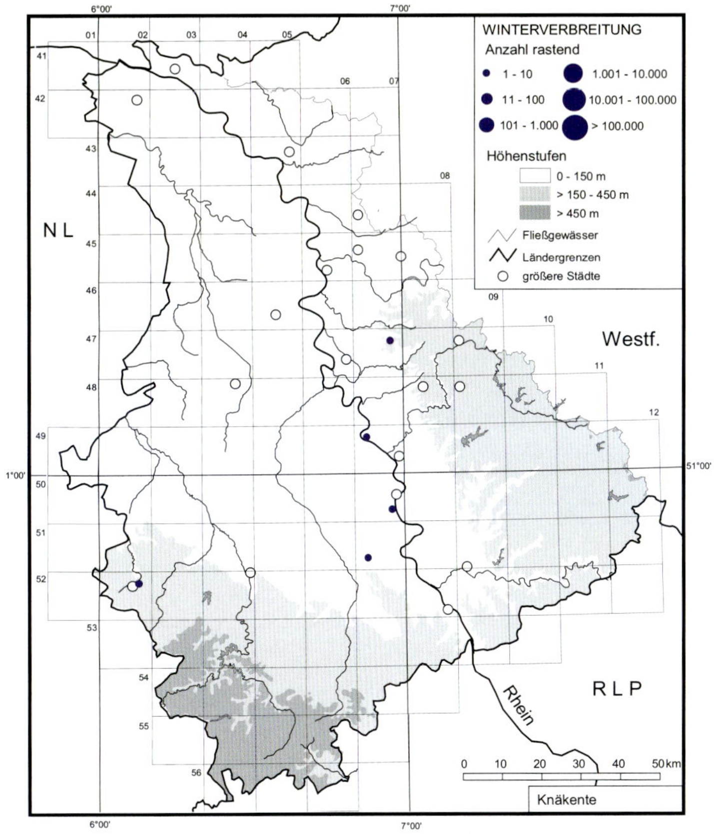

Winterverbreitung 1990-2000

Knäkente, *Anas querquedula,* Männchen. Foto: JOCHEN GERLACH

Löffelente *Anas clypeata*

Status: Brutvogel, Durchzügler, Wintergast

Gefährdung:
Rote Liste 2 (stark gefährdet)
SPEC 3 (zurückgehend)

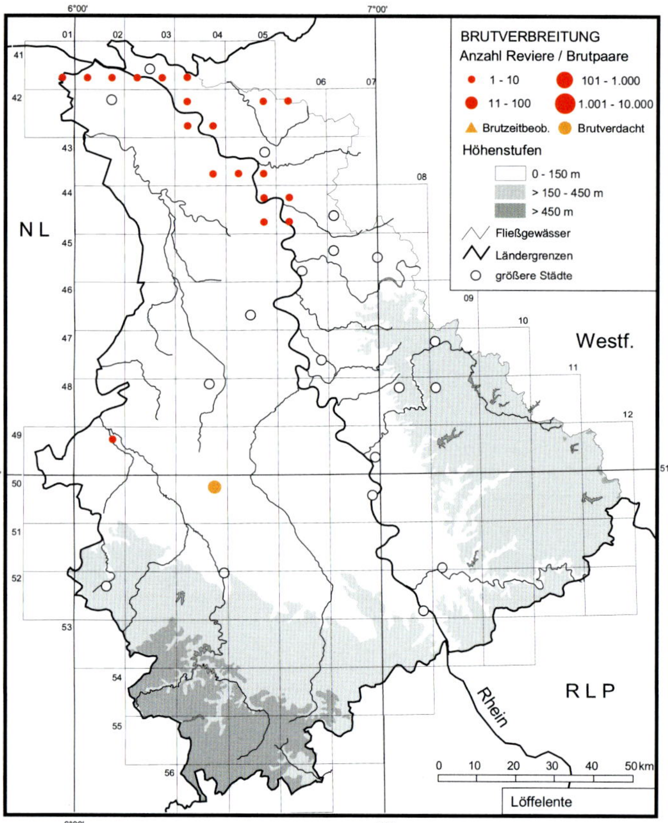

Brutverbreitung 1990-2000

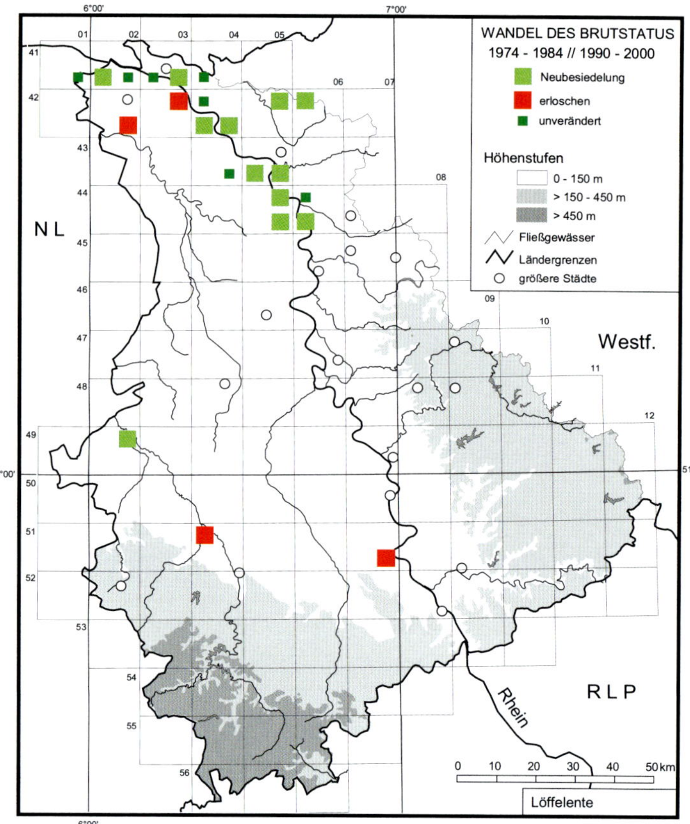

Arealveränderung zwischen 1974-84 und 1990-2000

BRUTVERBREITUNG

Der Schwerpunkt der Brutverbreitung liegt in Mitteleuropa im Bereich der norddeutschen Tiefebene und in den Niederlanden (Hagemeijer & Blair 1997). Im Rheinland befinden sich die Brutvorkommen hauptsächlich am Unteren Niederrhein (Altrheinarme, vegetationsreiche und flachgründige Seen). Nur in einem kleinen Teil der 1990-2000 als besetzt gemeldeten Gebiete brütet die Art alljährlich, besonders abseits des Niederrheins sind Vorkommen nur sporadischer Natur. Die rheinische Population kann als Teil der größeren niederländischen Population angesehen werden. In den NL brüten etwa 8.000 bis 9.000 Brutpaare (SOVON 2002). Die Verbreitung ist in den NL (RF = 55 %) um ein Vielfaches größer als im Rheinland (RF = 5,2 %) und in Westfalen (RF = 3 %; SOVON 2002, NWO 2002).

AREALVERÄNDERUNGEN

Im Vergleich zur Kartierung 1974-84 wurden einige Brutvorkommen, insbesondere abseits des Niederrheins aufgegeben, während einige Areale am Unteren Niederrhein, zumindest kurzzeitig, neu besiedelt wurden. Rechnerisch ergibt sich eine Zunahme der Rasterfrequenz um 73 %, die jedoch aufgrund der geringen Populationsgröße statistisch nicht signifikant ist. Nach dem ersten Brutnachweis 1907 hat der Bestand besonders in den 1950er und 1960er Jahren stark zugenommen und 1971 maximal 200 Brutpaare erreicht (Mildenberger 1982). Seither gehen die Bestände stark zurück; 1989/90 waren es noch 45-60 Brutpaare (Holland & Wille 1991) und Ende der 1990er Jahre lag der jährliche Brutbestand bei nur noch 15-40 Paaren (Sudmann in lit.). In Westfalen konnte der Abwärtstrend zumindest lokal durch intensive Schutzmaßnahmen in den Brutgebieten aufgehalten werden (NWO 2002). In den Niederlanden gingen die Brutpaarzahlen der Löffelente partiell zurück, vor allem in Dünenhabitaten, während die Bestände in landwirtschaftlich genutzten Gebieten sowie den Marschen stabil blieben (SOVON 2002). Im grenznahen Gebiet Gelderse Poort kam es gerade in den 1990er Jahren zu einem Rückgang von >200 auf 100 Paare (Diermen et al. 2002).

Bilanz der Brutvogelkartierung:

Kategorie [BP]	GF	RF %
1-10	19	4,6
Brutverdacht	1	0,2
Summe	**20**	**4,8**

Vergleich der Kartierung von 1974-1984 mit 1990-2000:

Kategorie	GF	%	RF %
1 - Nur 1974-84	4	17,4	1,0
2 - Nur 1990-2000	12	52,2	3,1
3 - Gemeinsame GF	7	30,4	1,8
1974-84: 1 & 3	11		2,8
1990-2000: 2 & 3	19		4,8
Veränderung	+8 (+73 %)		+2,0

Die Zunahme ist statistisch nicht signifikant (4-Felder X^2-Test n. s.; Vorzeichentest$^+$; McNemar-Test n. s.). Identitäts-Index (nach Scherner 1982): 0,48.

WINTERVERBREITUNG

Die Löffelente hat ein weites Überwinterungsgebiet, das von seiner Nordostgrenze in Deutschland bis nach Westafrika reicht (SCOTT & ROSE 1997). In Europa liegt der Schwerpunkt der Winterverbreitung im Nordwesten und Süden. Im Rheinland tritt die Löffelente am Rhein, an Altrheinarmen, an einigen kleineren Flüssen, Baggerseen, Teichen und Talsperren in kleineren bis mittelgroßen Trupps (selten über 50 Exemplare) auf. Der Winterbestand (Dez.-Feb.) in NRW liegt bei <400 Individuen (SUDMANN 2004a). Im Rheinland liegt der Schwerpunkt der Winterverbreitung am Unteren Niederrhein (150-250 Ex.; SUDMANN 2002). Die meisten Feststellungen betreffen Gastvögel Anfang Dezember und Ende Februar, im Mittwinter (Januar) gehen die Zahlen deutlich auf unter 50 Individuen zurück (MILDENBERGER 1982, SUDFELDT et al. 2000, SUDMANN 2002). Im Vergleich zur Winterkartierung 1983-86 wurden in der zweiten Kartierung wesentlich mehr Gitterfelder mit überwinternden Löffelenten gemeldet. Auch die herbstlichen Rastbestände in NRW steigen - wie in Nordwestdeutschland insgesamt (WAHL & SUDFELDT 2005) - seit Beginn der Wasservogelzählungen deutlich an (SUDFELDT et al. 2000).

In den Niederlanden wird ein Rückgang der Winterbestände von 6.000-8.500 in den 1970er und 1980er Jahren auf 1.500-3.000 Enten in den 1990er Jahren gemeldet (BIJLSMA et al. 2001).

Bilanz der Winterkartierung:

Kategorie [Ex.]	GF	RF %
1-10	41	11,8
11-100	13	3,8
101-200	1	0,3
Summe	**55**	**15,9**

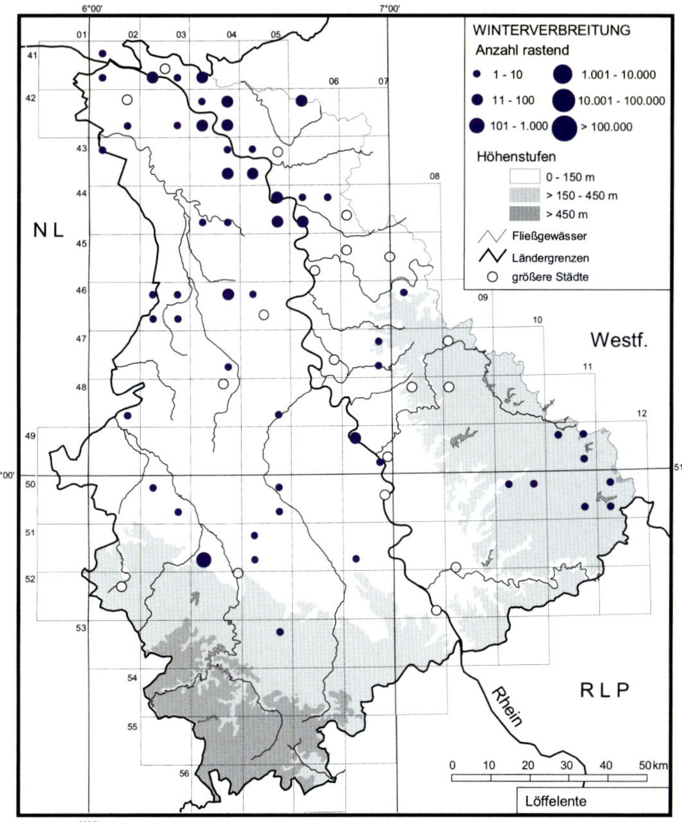

Winterverbreitung 1990-2000

Löffelente, *Anas clypeata,* Männchen. Foto: MATHIAS SCHÄF

Kolbenente *Netta rufina*

Status: Durchzügler, Wintergast

Gefährdung:
Non-SPEC (nicht gefährdet)

BRUTVERBREITUNG

Ein isoliertes Brutvorkommen in Köln, TK 5107 (NW Quadrant), das vermutlich auf Gefangenschaftsflüchtlinge zurückging, ist inzwischen erloschen. Da die Kolbenente aber in Mitteleuropa zunehmende Brutbestände aufweist (in den NL stiegt die Zahl der Brutpaare von 40-60 BP um 1977 auf 120-170 zwischen 1998-2000; SOVON 2002), darf auch im Rheinland mit weiteren Brutversuchen gerechnet werden. Der Brutbestand am Bodensee hat von 1980/81 (235 BP) bis 1990-92 (367 BP) um über 50 % zugenommen (JACOBY in HEINE et al. 1999).

WINTERVERBREITUNG

Der Schwerpunkt der Winterverbreitung befand sich für viele Jahrzehnte im westlichen Mittelmeerraum. Mittlerweile verlagern sich die Bestände jedoch zunehmend auch in das Voralpengebiet, z. B. Bodensee und Schweizer Seen; KELLER 2000). Am Bodensee stieg der Bestand von knapp 500 Individuen in den 1960er Jahren auf fast 2.500 Ind. Mitte der 1990er Jahre an (JACOBY in HEINE et al. 1999). Im Rheinland wurden Kolbenenten meist in kleinen Trupps an Altrheinarmen und Baggerseen im Rheintal zwischen Wesel und dem Raum Köln angetroffen. Sie tritt nur selten in den mittleren Höhenlagen über 100 m NN auf. Gegenüber der Winterkartierung 1983-86, in der die Kolbenente nur sehr spärlich nachgewiesen wurde, weist die neuerliche Kartierung (n = 31 Gitterfelder, RF = 9,1 %) auf eine deutliche Zunahme der Wintervorkommen und -bestände hin, wenn auch viele Gitterfelder nicht in jedem Jahr aufgesucht wurden. Neben den überwiegend relativ milden Wintern im Bearbeitungszeitraum steht die Zunahme vermutlich in Zusammenhang mit den wachsenden Brutpopulationen in den benachbarten Niederlanden und in Süddeutschland.

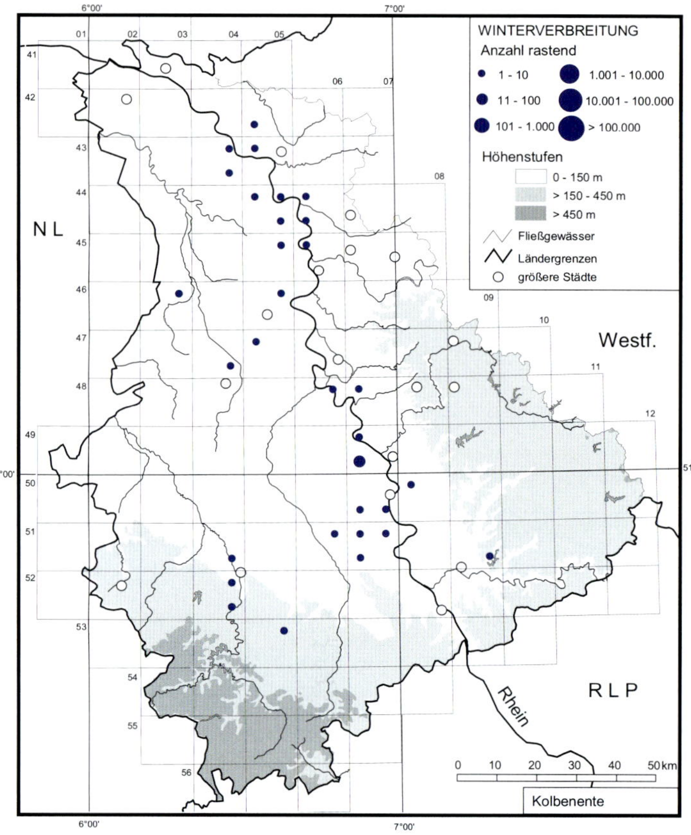

Winterverbreitung 1990-2000

Kolbenente, *Netta rufina,* Männchen. Foto: MATHIAS SCHÄF

Moorente *Aythya nyroca*

Status: Durchzügler, Wintergast

Gefährdung:
SPEC 1 (gefährdet)

WINTERVERBREITUNG

Der Schwerpunkt der Winterverbreitung der Moorente liegt im Mittelmeergebiet, SE-Europa und Afrika. Im Rheinland treten einzelne kurzzeitig rastende Moorenten relativ regelmäßig auf. 1990-2000 wurden Nachweise für zehn Rasterflächen dokumentiert (RF = 2,9 %). Die Vorkommen liegen an Seen, Braunkohlen-Restseen, Baggerseen, Altrheinarmen und Talsperren der Tieflagen im zentralen und südlichen Rheinland. Ganz im Gegensatz zu MILDENBERGER (1982), wonach die Moorente besonders am Unteren Niederrhein regelmäßig anzutreffen war, liegen im Bearbeitungszeitraum von dort gar keine Beobachtungen mehr vor. Regelmäßige Rastplätze gibt es im Rheinland nicht. Die Truppstärke und das Auftreten haben seit Mitte des 20. Jahrhunderts deutlich abgenommen (wenige Beobachtungen von 1-2 Exemplaren pro Winter), was sich auch beim Vergleich mit der ersten Kartierung zeigt (RF = 7,9 %). Die Abnahme der Wintervorkommen steht wohl im Zusammenhang mit dem Rückgang der Brutbestände in Deutschland und Europa (BAUER et al. 2002, BIRDLIFE INTERNATIONAL 2004). Da die Moorente gerne in Gefangenschaft gehalten wird, gehen die meisten Nachweise sicher auf Gefangenschaftsflüchtlinge zurück.

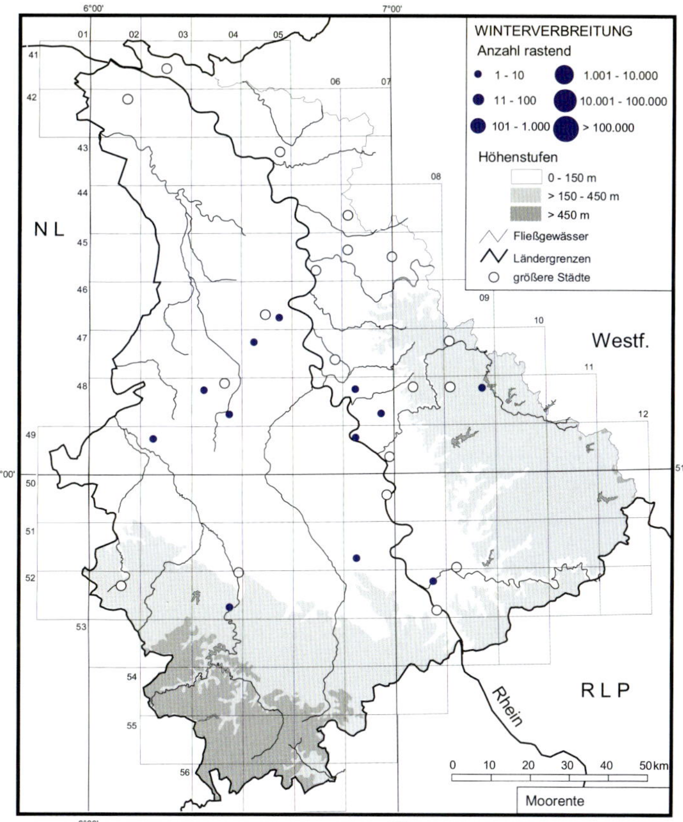

Winterverbreitung 1990-2000

Moorente, *Aythya nyroca,* Männchen. Foto: EWALD LIPPOK

Tafelente *Aythya ferina*

Status: Brutvogel, Durchzügler, Wintergast

Gefährdung:
Rote Liste 2 (stark gefährdet)
SPEC 2 (zurückgehend)

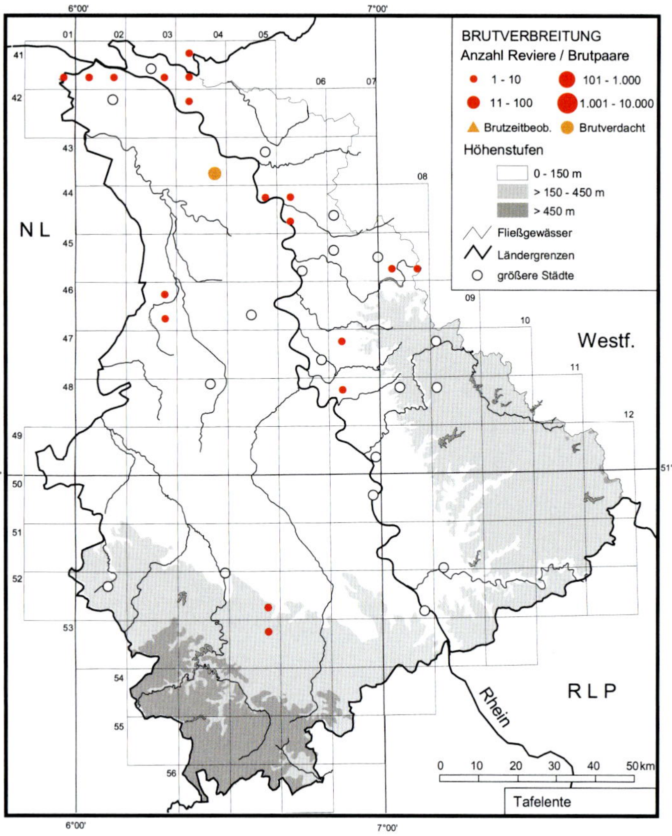

Brutverbreitung 1990-2000

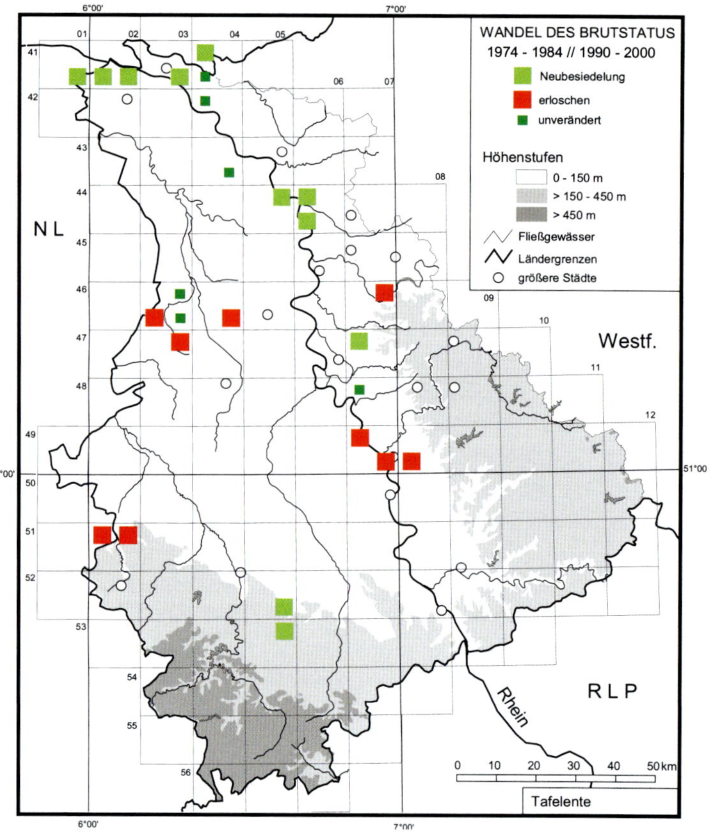

Arealveränderung zwischen 1974-84 und 1990-2000[1]

BRUTVERBREITUNG

Brutvorkommen wurden vor allem vom Rhein und benachbarten Gewässern gemeldet, sporadische Einzelvorkommen gelangen auch abseits dieser Gebiete. Nicht alle in der Karte dargestellten Vorkommen sind von Dauer. Auffällig ist die Häufung in benachbarten Gitterfeldern, die vermutlich auf den kumulativen Kartierungseffekt und die Umsiedlung in aufeinanderfolgenden Jahren zurückzuführen ist. Besiedelt werden vegetationsreiche Seen, Braunkohlen-Restseen und Altrheinarme mit freier Wasserfläche, submerser Flora und gut ausgebildeter Ufervegetation. Im benachbarten Westfalen ermittelte die NWO (2002) eine ähnliche Verbreitung (RF = 4 %), in den NL ist die Tafelente dagegen deutlich weiter verbreitet und besetzte dort 25 % der Rasterflächen (SOVON 2002).

AREALVERÄNDERUNGEN

Die Tafelente ist erst seit 1954 Brutvogel im Rheinland. Die Ausbreitung erfolgte langsamer als erwartet, besonders im Vergleich zur Reiherente, die eine stärkere Zunahme zeigt. Im Kartierungszeitraum wurden neue Brutplätze erschlossen, dafür aber früher besetzte Areale aufgegeben, so dass die Anzahl besetzter Gitterfelder nahezu identisch war. Der erste Brutnachweis im Süderbergland gelang 1998 (Behle & Klein 1999). Die Vorkommen sind überwiegend sehr unstet und nur kurzfristiger Natur. Ein geschätzter jährlicher Bestand von 0-15 Brutpaaren erscheint für das Rheinland realistisch (Sudmann in lit.) und bedeutet einen deutlichen Rückgang seit 1975 (40-50 BP; Mildenberger 1982). Landesweit nahm die Tafelente seit den 1950er Jahren zu, erreichte Ende der 1980er ihr Bestandsmaximum und ging seitdem wieder zurück (Nottmeyer-Linden et al. 1997, Sudmann et. al. 2002, NWO 2002). In den Niederlanden lagen die Brutbestände mit 1.700-2.100 Paaren in den Jahren 1998-2000 deutlich höher als in den 1970er Jahren (1.000-1.300 BP). Seit Anfang der 1980er Jahre sind die Brutpaarzahlen jedoch mehr oder weniger konstant (SOVON 2002). Im Grenzgebiet Gelderse Poort wurde ein Rückgang von 80 Brutpaaren (1990) auf 20 Paare (2000) festgestellt (Diermen et al. 2002).

Bilanz der Brutvogelkartierung:

Kategorie [BP]	GF	RF %
1-10	18	4,4
Brutverdacht	1	0,2
Summe	**19**	**4,6**

Vergleich der Kartierung von 1974-84 mit 1990-2000:

Kategorie	GF	%	RF %
1 - Nur 1974-84	10	38,5	2,5
2 - Nur 1990-2000	11	42,3	2,8
3 - Gemeinsame GF	5	19,2	1,3
1974-84: 1 & 3	15		3,8
1990-2000: 2 & 3	16		4,1
Veränderung	+1 (+6,7%)		+0,3

Identitäts-Index (nach Scherner 1982): 0,32.

WINTERVERBREITUNG

Der Schwerpunkt der Winterverbreitung liegt in NW-Europa sowie in S- und SE-Europa. Im Rheinland ist die Tafelente ein zahlreicher Überwinterer mit weiter Verbreitung. Aufgesucht werden stehende und fließende Gewässer im Bereich von Rhein (Hauptvorkommen am Unteren Niederrhein und im Raum Köln), Rur, Erft, Schwalm, Niers und Nette, insbesondere Altrheinarme, Baggerseen und Braunkohlen-Restseen mit gut entwickelter Unterwasserflora. Im Mittelgebirgsbereich tritt die Art an Talsperren und anderen Gewässern auf, soweit diese im Winter nicht vereisen. Im Vergleich zur Winterkartierung 1983-86 sind nur wenige Veränderungen zu sehen. Der kumulative Kartiereffekt und jährliche, witterungsbedingte Schwankungen machen Bestandsschätzungen schwierig. Im Rheinland rasteten in den 1960er und 1970er Jahren maximal 15.000 Individuen (MILDENBERGER 1982). Für NRW kann in den 1990er Jahren von einem Winterrastbestand von 6.000-9.000 Ind. ausgegangen werden (SUDFELDT et al. 2000, SUDMANN 2004a). Gegenüber den 1970er Jahren bedeutet dies einen Rückgang auf etwa ein Drittel der damaligen Rastzahlen. Dies steht im Einklang mit dem anhaltenden Bestandsrückgang in den NL seit Mitte der 1970er Jahre und anderen westeuropäischen Ländern (z. B. KOFFIJBERG et al. 2001, VAN ROOMEN et al. 2004). Im Gegensatz zu ganz NRW und den NL, wo die Phänologie deutlich zweigipflig erscheint (November und Januar), wird im Rheinland und hier besonders am Unteren Niederrhein lediglich ein Wintermaximum im Januar/Februar festgestellt (MILDENBERGER 1982, SUDMANN 2002).

Bilanz der Winterkartierung:

Kategorie [Ex.]	GF	RF %
1-10	54	15,2
11-100	84	23,7
101-1.000	38	10,7
1.001-2.000	1	0,3
Summe	177	49,9

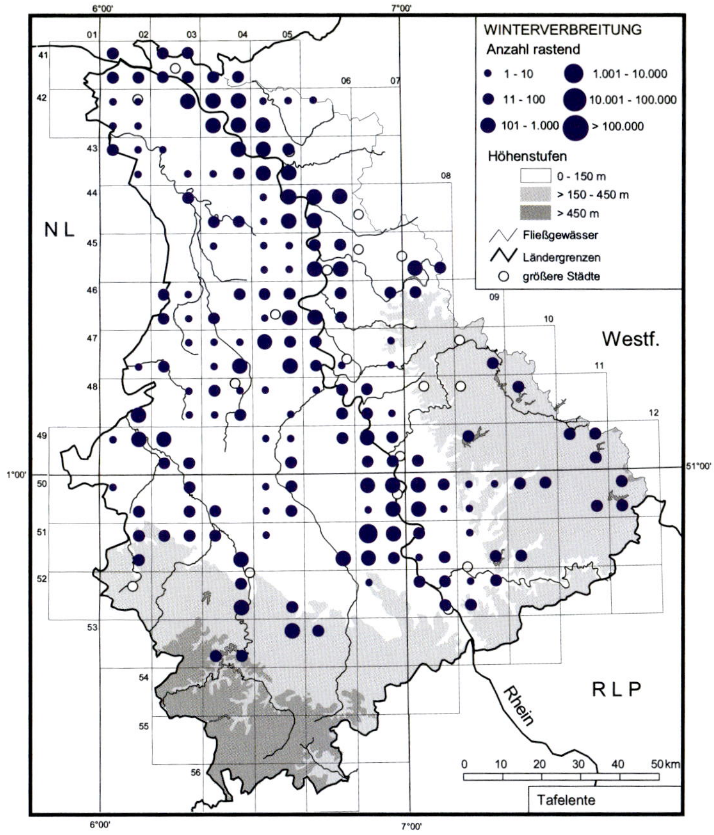

Winterverbreitung 1990-2000

Tafelente, *Aythya ferina,* Männchen. Foto: JUHA NIEMI

Reiherente *Aythya fuligula*

Status: Brutvogel, Durchzügler, Wintergast

Gefährdung:
Rote Liste N (nicht gefährdet)
SPEC 3 (zurückgehend)

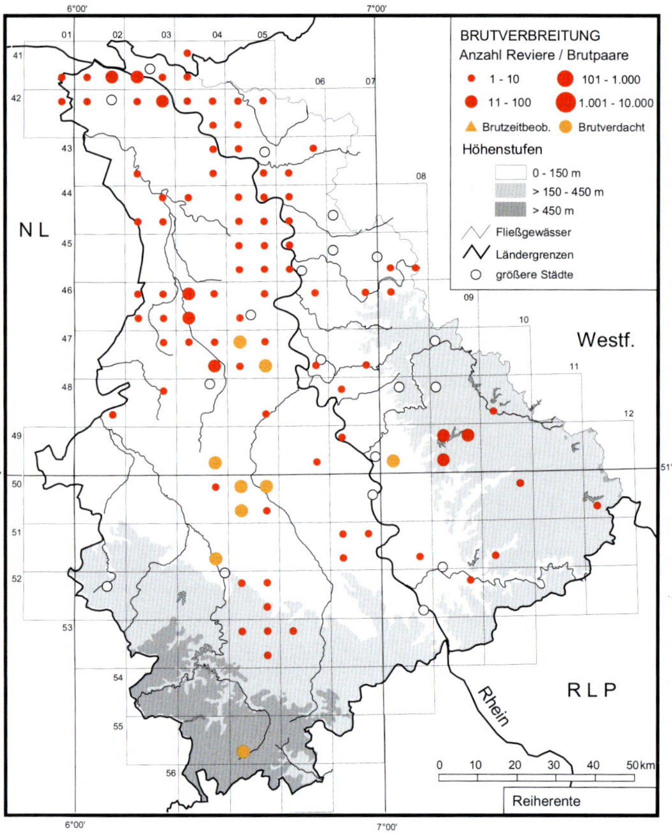

Brutverbreitung 1990-2000

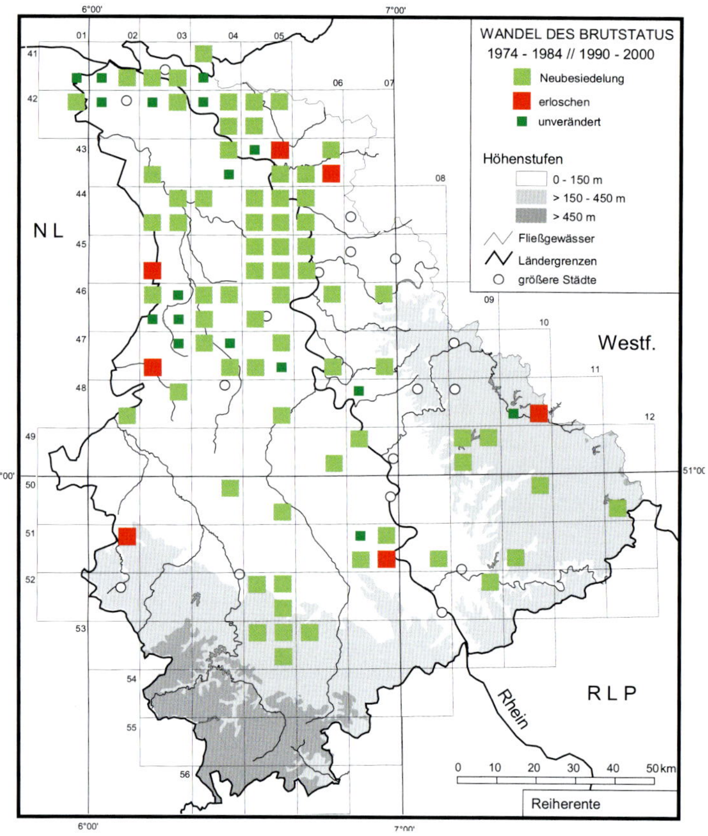

Arealveränderung zwischen 1974-84 und 1990-2000

BRUTVERBREITUNG

Die Reiherente ist ein verbreiteter Brutvogel in Mitteleuropa und besiedelt im Rheinland ein breites Spektrum von Gewässern der unteren und mittleren Höhenlagen bis 400 m NN, insbesondere Seen, Teiche, Altrheinarme und Talsperren, soweit eine reichhaltige Ufer- und Unterwasservegetation sowie ein guter Muschelbesatz (besonders *Dreissena polymorpha*) vorhanden ist. Der Verbreitungsschwerpunkt liegt am Unteren Niederrhein und im Niers-Nette-Gebiet. In den NL ist die Reiherente deutlich weiter verbreitet (RF = 75 %), wohingegen für Westfalen (RF = 31 %) ähnliche Werte wie im Rheinland erhoben wurden (NWO 2002, SOVON 2002).

AREALVERÄNDERUNGEN

Gegenüber der Kartierung 1974-84 hat die Reiherente ihr Brutareal statistisch signifikant vergrößert (Steigerung der Anzahl besetzter Gitterfelder um 296 %!). Der Brutbestand umfasste im Bearbeitungszeitraum etwa 250-460 Paare (0,08-0,14 BP/km² bezogen auf die besiedelte Fläche) und ist innerhalb dieser Zeit angestiegen. Nach der ersten Brut 1952 (Glabbacher Bruch) hat somit eine starke Bestandszunahme im Rheinland stattgefunden; 1975 wurde der rheinische Bestand auf 25-30 Brutpaare geschätzt (Mildenberger 1982). Im angrenzenden Westfalen hat sich die Art ebenfalls stark ausgebreitet und in ihrem Bestand zugenommen (NWO 2002). Vermutlich profitiert die Reiherente von der Eutrophierung der Gewässer und einem verbessertem Nahrungsangebot. In den Niederlanden - wie in vielen anderen Regionen Mitteleuropas - gab es ebenfalls einen deutlichen Bestandszuwachs von 6.000 BP in den Jahren 1973-77 auf 14.000-18.000 BP in den Jahren 1998-2000 (SOVON 2002). Im grenznahen Gelderse Poort wurde in den 1990er Jahren Stagnation bis leichter Rückgang registriert (Diermen et al. 2002).

Bilanz der Brutvogelkartierung:

Kategorie [BP]	GF	RF %	Minimum [BP]
1-10	80	19,4	80
11-20	9	2,2	99
Brutverdacht	9	2,2	
Summe	**98**	**23,7**	**179**

Vergleich der Kartierung von 1974-1984 mit 1990-2000:

Kategorie	GF	%	RF %
1 - Nur 1974-84	7	6,8	1,8
2 - Nur 1990-2000	78	76,5	19,8
3 - Gemeinsame GF	17	16,7	4,3
1974-84: 1 & 3	24		6,1
1990-2000: 2 & 3	95		24,2
Veränderung	+71 (+296%)		+18,1

Die Zunahme ist statistisch signifikant (4-Felder X^2-Test***; Vorzeichentest*; McNemar-Test***). Identitäts-Index (nach Scherner 1982): 0,36.

WINTERVERBREITUNG

Im Winterhalbjahr tritt die Reiherente in mittelgroßen bis großen Trupps in nahezu allen Bereichen des Rheinlandes auf, wo adäquate Wasserflächen (besonders Kies- und Baggerseen) vorhanden sind. Verbreitungsschwerpunkte wurden im Rheintal und anderen Flussniederungen (z. B. Niers, Rur) festgestellt. Auffällig ist die weitgehende Übereinstimmung der Verteilungsmuster von Reiher- und Tafelente, die häufig gemeinsam überwintern, aber Unterschiede auf Gewässerebene sind existent (SUDMANN in lit.). Der mittlere Winterbestand in NRW betrug 1989-1998 rund 12.000-15.000 Individuen, davon alleine >2.000 am Niederrhein (SUDFELDT et al. 2000, SUDMANN 2002, 2004a). Das Verbreitungsgebiet unterscheidet sich nicht von dem der Winterkartierung 1983-86, aber der nordrhein-westfälische Winterbestand stieg bis Anfang der 1990er an und ging anschließend wieder etwas zurück (SUDFELDT et al. 2000). In den Niederlanden scheinen die Winterbestände nur witterungsbedingt zu variieren, d. h. in milden Jahren überwintern mehr Reiherenten als in strengen, eisreichen Wintern (BIJLSMA et al. 2001).

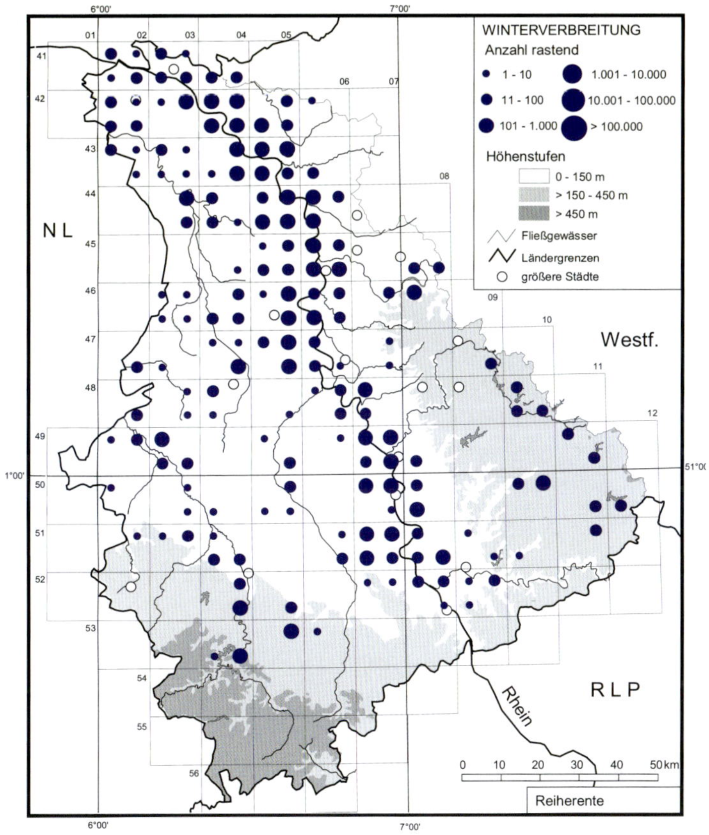

Winterverbreitung 1990-2000

Bilanz der Winterkartierung:

Kategorie [Ex.]	GF	RF %
1-10	55	15,6
11-100	73	42,7
101-1.000	43	25,2
Summe	**171**	**48,6**

Reiherente, *Aythya fuligula,* Männchen. Foto: MATHIAS SCHÄF

Bergente *Aythya marila*

Status: Durchzügler, Wintergast

Gefährdung:
SPEC 3W (bedroht)

WINTERVERBREITUNG

Die Bergente überwintert in Europa überwiegend im Bereich der westlichen Ostsee und des Ijsselmeers (GILISSEN et al. 2002, SUDFELDT et al. 2002). Unterschiedlich große Trupps werden jedoch auch regelmäßig weit im Binnenland nachgewiesen. Im Rheinland erscheint die Bergente am Rhein, auf Altrheinarmen, Baggerseen und Braunkohlen-Restseen der Tieflagen. Insgesamt liegen Feststellungen für 15 Gitterfelder (RF = 3,9 %) vor, die aber meist nicht in jedem Jahr besetzt waren. In der Winterkartierung 1983-86 wurde die Bergente in neun TK25-Flächen erfasst. Die Art (besonders immature Vögel) wird in großen Tauchententrupps gerne übersehen. Meist liegen pro Winter nur wenige Beobachtungen einzelner Individuen vor, in manchen Jahren wurden aber größere Einflüge registriert (vgl. MILDENBERGER 1982), z. B. in den Wintern 1990/1991 und 1998/99 erfolgten überdurchschnittliche viele Beobachtungen mit bis zu neun Individuen.

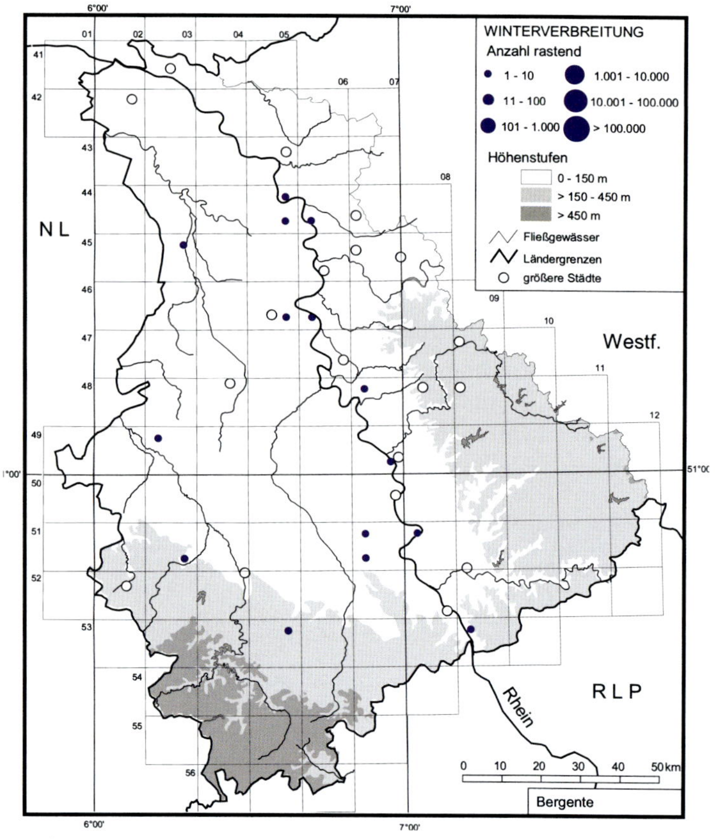

Winterverbreitung 1990-2000

Bergente, *Aythya marila,* Männchen K2. Foto: MATHIAS JÖNCK

Eiderente *Somateria mollissima*

Status: Durchzügler, Wintergast

Gefährdung:
Non-SPEC^{E} (nicht gefährdet)

WINTERVERBREITUNG

Die Hauptüberwinterungsgebiete der europäischen Eiderenten erstrecken sich von der westlichen Ostsee bis in die Niederlande (GILISSEN et al. 2002). Sie tritt im Rheinland in geringer Zahl regelmäßig als Wintergast und Durchzügler auf. Vorkommen sind insbesondere vom Rhein oder rheinnahen Gewässern (große Seen, Baggerseen, Braunkohlen-Restseen und Altrheinarme mit gutem Muschelbesatz) bekannt. Aber auch Talsperren im Mittelgebirgsbereich werden gelegentlich aufgesucht. Die meisten Feststellungen stammen vom Rhein zwischen Duisburg und Bonn. Im Zeitraum 1990-2000 wurden insgesamt 30 Gitterfelder mindestens in einem Winter aufgesucht (RF = 7,7 %), wobei ein Teil der Beobachtungen ganzjährig verweilende, einzelne Männchen betrifft, die auf Gefangenschaftsflüchtlinge zurückgehen.

Gegenüber der Winterkartierung 1983-86, in der die Eiderente in neun TK-25-Flächen nachgewiesen wurde, haben sich das Winterareal und die Anzahl der Nachweise leicht vergrößert, was aber zumindest teilweise auf den unterschiedlichen Erfassungszeitraum zurückgehen dürfte (kumulativer Effekt). Bereits MILDENBERGER (1982) wies auf einen positiven Trend hin, der durch die Ergebnisse der Winterkartierungen bestätigt wurde. In manchen Jahren wurden größere Einflüge registriert. Der Aufwärtstrend könnte u. a. mit der Zunahme der Brutpaarzahlen in den NL innerhalb der letzten drei Jahrzehnte in Zusammenhang stehen (SOVON 2002).

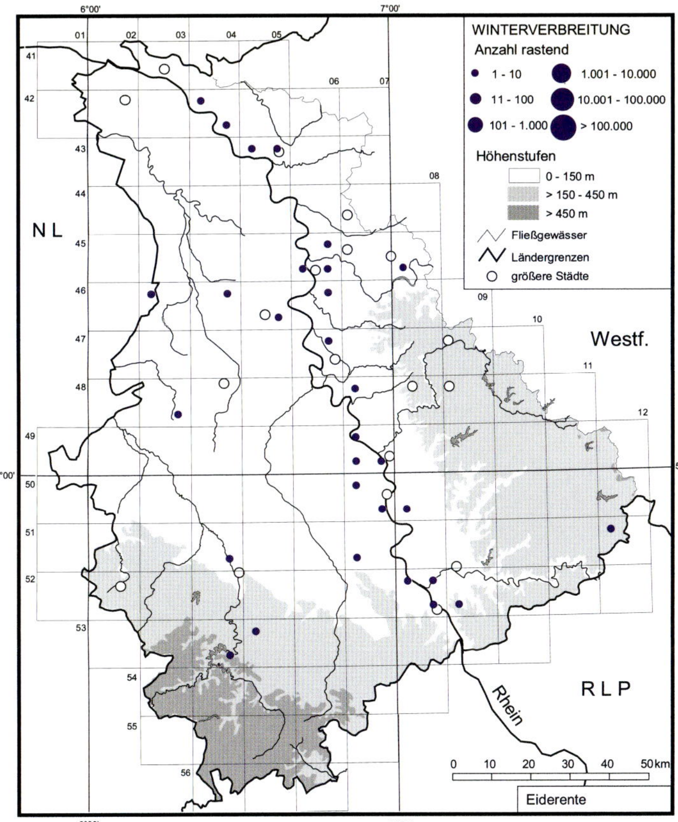

Winterverbreitung 1990-2000

Eiderenten, *Somateria mollissima*. Foto: MATHIAS SCHÄF

Eisente *Clangula hyemalis*

Status: Durchzügler, Wintergast

Gefährdung:
Non-SPEC (nicht gefährdet)

WINTERVERBREITUNG

Der Schwerpunkt der Winterverbreitung der Eisente liegt in Europa vor allem in der Ostsee von der Pommerschen Bucht ostwärts bis ins Baltikum (Gilissen et al. 2002, Garthe 2003). Sie wird in geringer Zahl alljährlich auch im deutschen Binnenland angetroffen. Nachweise von Einzeltieren gelangen in Nordrhein am Rhein, rheinnahen Baggerseen und Braunkohlen-Restseen mit insgesamt zehn besetzten Gitterfeldern (RF = 2,6 %), die aber keine regelmäßigen Rastplätze, sondern sporadische Wintergäste betreffen. Die Eisente wird nicht in jedem Winter beobachtet. Im Vergleich zur Winterkartierung 1983-1986 hat sich die Verteilung der Nachweise kaum verändert.

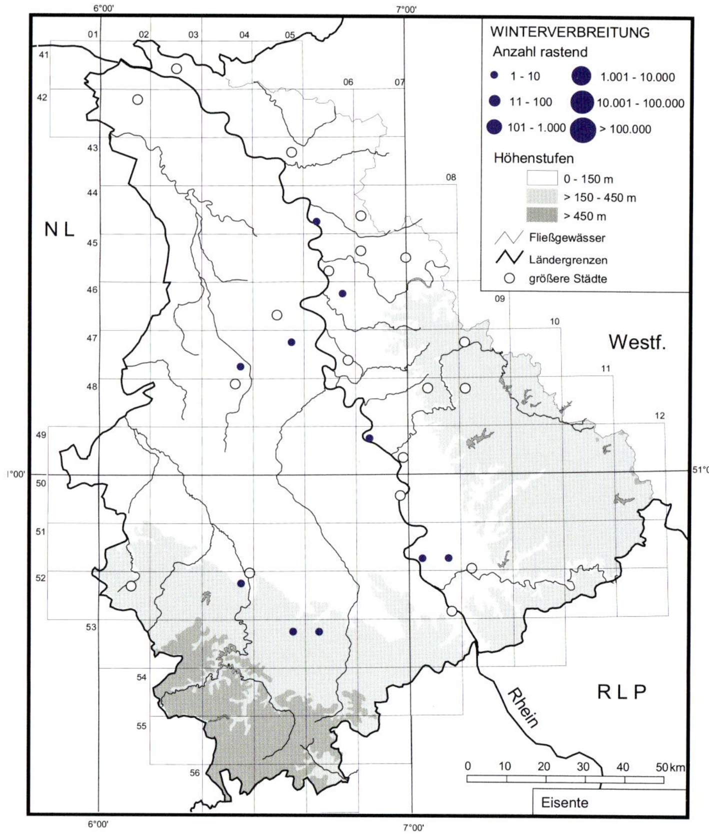

Winterverbreitung 1990-2000

Eisente, *Hyemalis clangula*. Foto: Michele Mendi

Trauerente *Melanitta nigra*

Status: Durchzügler, Wintergast

Gefährdung:
Non-SPEC (nicht gefährdet)

WINTERVERBREITUNG

Die Winterverbreitung der Trauerente liegt in Europa schwerpunktmäßig vor den Küsten von Nord- und Ostsee (z. B. SKOV et al. 1995, GARTHE 2003). Sie rastet und/oder überwintert alljährlich auch in geringer Zahl im rheinischen Binnenland, wo zwischen 1990 und 2000 in 13 Gitterfeldern Feststellungen (meist von Einzeltieren oder kleinen Trupps) erfolgten (RF = 3,3 %). Die Mehrzahl der besetzten Gitterfelder weist nicht in jedem Jahr Beobachtungen auf. Vorkommen lagen am Rhein, Altrheinarmen, rheinnahen Baggerseen und Braunkohlen-Restseen. Die Trauerente erscheint seltener und in geringerer Anzahl als die Samtente. Im Vergleich zur Winterkartierung 1983-86 (zwei Vorkommen) hat sich die Rasterfrequenz leicht erhöht, allerdings ist hierbei auch der kumulative Kartierungseffekt durch den längeren Erfassungszeitraum zu beachten. Eine deutliche Zu- oder Abnahme ist nicht feststellbar.

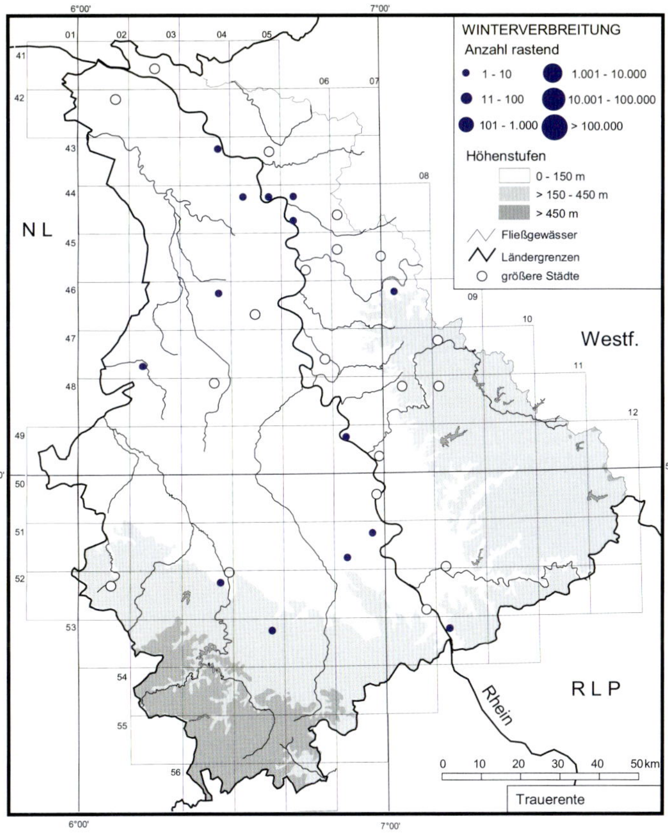

Winterverbreitung 1990-2000

Trauerenten, *Melanitta nigra*, Männchen (hinten) und Weibchen.
Foto: THOMAS HELMBERG

Samtente *Melanitta fusca*

Status: Durchzügler, Wintergast

Gefährdung:
SPEC 3 (zurückgehend)

WINTERVERBREITUNG

Vor allem in der östlichen Ostsee konzentrieren sich die europäischen Wintervorkommen der Samtente (GILISSEN et al. 2002, GARTHE 2003). Sie wird in geringer Anzahl auch regelmäßig im rheinischen Binnenland angetroffen, aber es gibt kaum alljährlich besetzte Rastplätze. Insgesamt erscheint die Samtente jedoch häufiger und regelmäßiger als die Trauerente, besonders im Süden der Köln-Aachener Bucht. Vorkommen von Einzeltieren und kleinen Trupps (bis 5 Ind.) existieren vom Rhein, rheinnahen Baggerseen und Braunkohlen-Restseen, eher als bei der Trauerente auch weit abseits vom Rhein. Im Vergleich zur Winterkartierung 1983-86 (zehn Vorkommen) hat sich die Verteilung der Vorkommen im Rheinland (n = 21, RF = 5,4 %) unter Berücksichtigung des kumulativen Kartiereffekts kaum vergrößert.

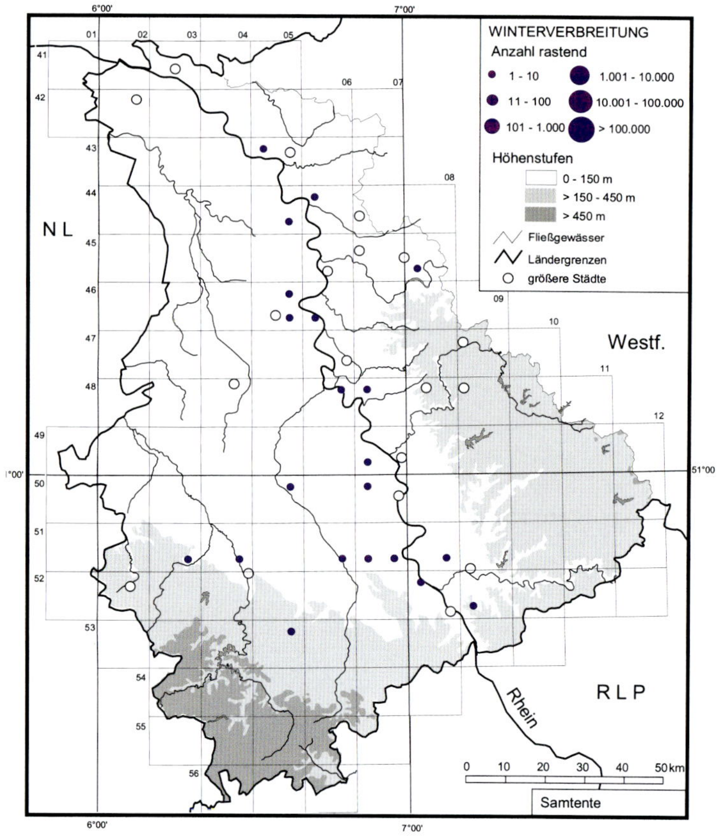

Winterverbreitung 1990-2000

Samtente, *Melanitta fusca,* Männchen. Foto: FELIX JACHMANN

Schellente *Bucephala clangula*

Status: Durchzügler, Wintergast

Gefährdung:
Non-SPEC (nicht gefährdet)

WINTERVERBREITUNG

Der Schwerpunkt der Winterverbreitung liegt bei der Schellente an den Küsten von Nord- und Ostsee, aber auch im mittel-, west- und südosteuropäischen Binnenland (GILISSEN et al. 2002, SUDFELDT et al. 2002). Im Rheinland überwintert sie bevorzugt am Rhein und auf rheinnahen Baggerseen; ferner auf Talsperren (selten auch im Mittelgebirge) und Braunkohlen-Restseen. Die Schellente tritt meist in kleinen Trupps, an einigen Stellen aber auch in Ansammlungen mit über 100 Vögeln auf. Im Vergleich zur Winterkartierung 1983-86 (27 TK25-Flächen) hat sich die Rasterfrequenz leicht erhöht (beachte aber unterschiedlichen Erfassungszeitraum). Allerdings berichtete MILDENBERGER (1982) von einem drastischen Rückgang der Winterbestände von 500-600 Individuen in den 1950ern auf 60-100 Ind. Mitte der 1970er Jahre. Aus den Daten der Wasservogelzählung erscheint der nordrhein-westfälische Winterbestand in den letzten 25 Jahren weitgehend stabil und beläuft sich auf 1.000-1.250 Individuen (SUDFELDT et al. 2000, SUDMANN 2004a). Der Bestand unterliegt jedoch witterungsbedingten saisonalen und jährlichen Schwankungen. In den NL ist die Anzahl der Überwinterer von 5.000-10.000 (1967-89) auf 12.000-20.000 (1993-98) angestiegen (BIJLSMA et al. 2001).

Bilanz der Winterkartierung:

Kategorie [Ex.]	GF	RF %
1-10	53	13,6
11-100	27	6,9
101-200	8	2,1
Summe	**88**	**22,6**

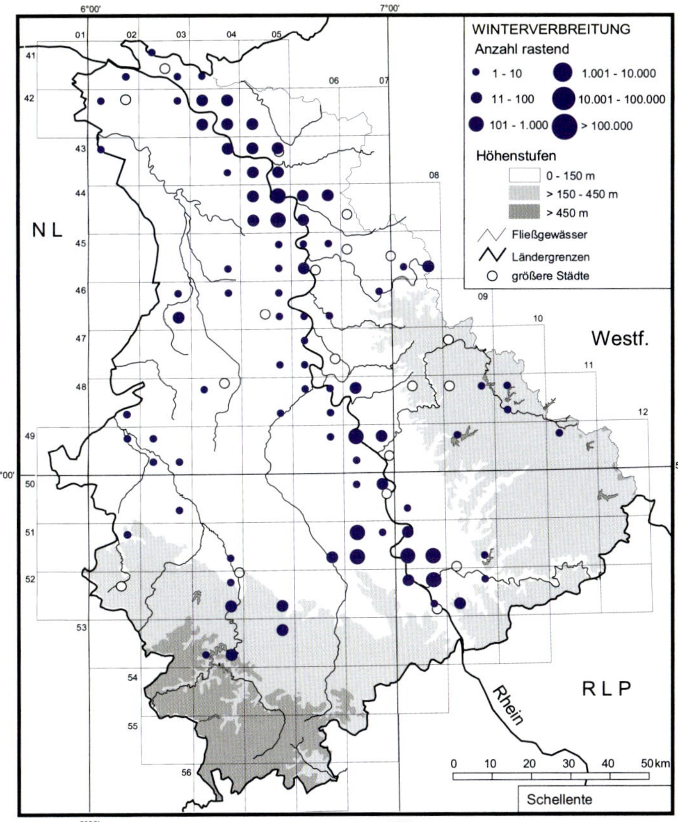

Winterverbreitung 1990-2000

Schellente, *Bucephala clangula,* Männchen. Foto: MICHELE MENDI

Zwergsäger *Mergus albellus*

Status: Durchzügler, Wintergast

Gefährdung:
SPEC 3 (zurückgehend)

WINTERVERBREITUNG

Der Zwergsäger überwintert überwiegend in der Ostsee sowie einem kleineren Schwerpunktvorkommen in den Niederlanden (GILISSEN et al. 2002, VAN ROOMEN et al. 2004). Im Rheinland ist er regelmäßiger Wintergast in kleinen bis mittelgroßen Trupps am Rhein und dessen Altarmen (besonders am Unteren Niederrhein), aber auch auf anderen Fließgewässern, Baggerseen, Braunkohlen-Restseen und Talsperren mit seichten Flachwasserzonen. Er erscheint seltener in den mittleren bis höheren Lagen der Mittelgebirge. Die Anzahl der Gitterfelder mit Zwergsägervorkommen hat gegenüber der Winterkartierung 1983-86 leicht zugenommen, obwohl ab den 1950er Jahren ein Rückgang der Winterbestände von 700-800 auf nur noch 150-200 Exemplare 1976/77 erfolgt war (MILDENBERGER 1982). In guten Jahren (Kältewinter, z. B. 1995/1996) können sich in NRW etwa 300-500 Zwergsäger aufhalten, sonst eher nur um die 200 (SUDFELDT et al. 2000). Alleine am Unteren Niederrhein können bis zu 250 Exemplare rasten, allerdings ist die Tendenz eher abnehmend (SUDMANN in lit.). In den NL fluktuiert der Winterbestand - in Abhängigkeit von der Eislage in der Ostsee - teilweise sehr stark, mit Extremen zwischen 1.000 und 22.000 Individuen (BIJLSMA et al. 2001).

Bilanz der Winterkartierung:

Kategorie [Ex.]	GF	RF %
1-10	60	15,4
11-100	24	6,2
101-200	1	0,3
Summe	**85**	**21,8**

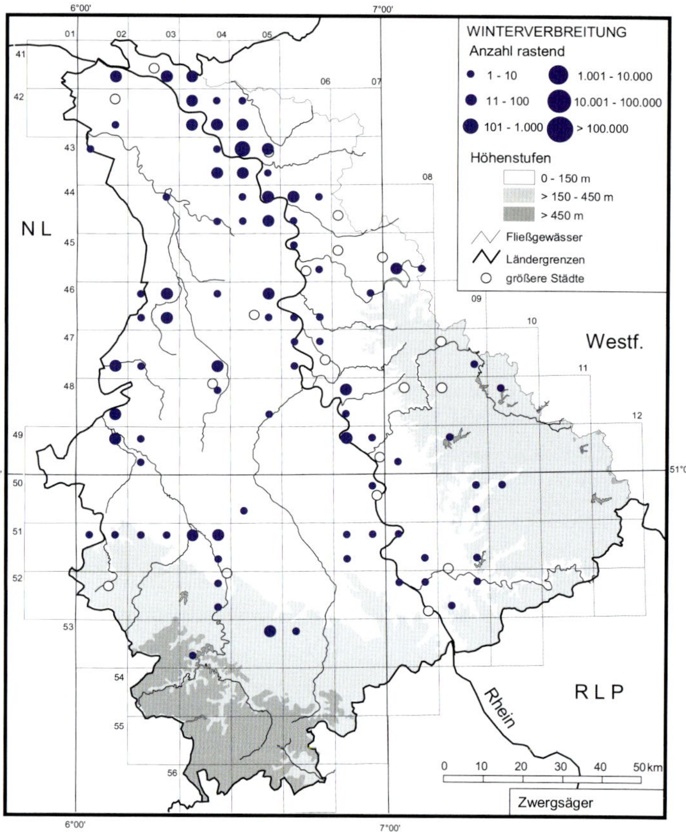

Winterverbreitung 1990-2000

Zwergsäger, *Mergus albellus*, Männchen. Foto: MICHELE MENDI

Mittelsäger *Mergus serrator*

Status: Durchzügler, Wintergast

Gefährdung:
Non-SPEC (nicht gefährdet)

WINTERVERBREITUNG

Der Mittelsäger überwintert vorwiegend an den Küsten von Nord- und Ostsee (GILISSEN et al. 2002). Im Binnenland tritt er nur gelegentlich auf. Von allen drei Sägerarten ist er der seltenste. Im Rheinland ist er regelmäßiger Wintergast in geringer Anzahl am Rhein und seinen Altarmen, gelegentlich aber auch auf anderen Fließgewässern, Baggerseen und Braunkohlen-Restseen des Flachlandes, seltener auf Talsperren im Mittelgebirge. Insgesamt konnten im Bearbeitungszeitraum in 26 Gitterfeldern (RF = 6,7 %) Mittelsäger festgestellt werden. Regelmäßige Rastplätze gab es kaum und die meisten Gitterfelder wurden nur sporadisch aufgesucht. Die Anzahl der Gitterfelder mit Wintervorkommen hat gegenüber der ersten Kartierung 1983-86 (neun besetzte TK25-Felder) leicht zugenommen, allerdings ist die unterschiedliche Ausdehnung des Erfassungszeitraumes zu beachten. Die Winterbestände können witterungsbedingt schwanken; in den NL fluktuiert der Bestand zwischen 10.000 Ind. in milden Wintern und 20.000 Sägern in strengen Wintern, wenn die Vögel aus den Rastgebieten in der Ostsee dorthin ausweichen (BIJLSMA et al. 2001, SUDFELDT et al. 2002).

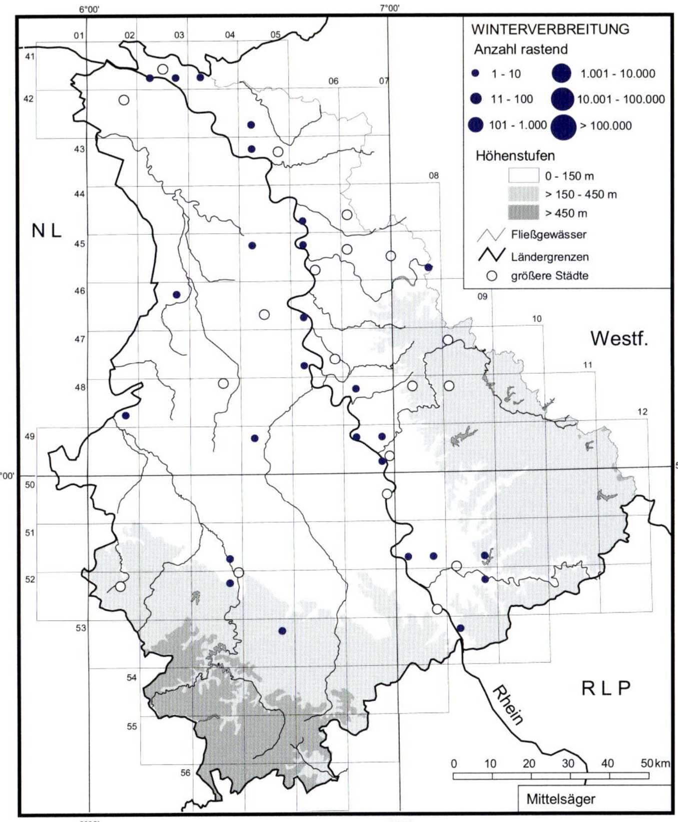

Winterverbreitung 1990-2000

Mittelsäger, *Mergus serrator*, Männchen. Foto: ANDREAS KLEIN

Gänsesäger *Mergus merganser*

Status: Durchzügler, Wintergast

Gefährdung:
Non-SPEC (nicht gefährdet)

BRUTVERBREITUNG

Ein Brutnachweis gelang am 05. Juli 1993 mit der Beobachtung eines Weibchens mit zwei nicht flüggen Jungvögeln auf dem Rhein bei Meerbusch, TK 4706 (BESER 1995). Eine permanente Ansiedlung erfolgte jedoch nicht.

WINTERVERBREITUNG

Der Schwerpunkt der Winterverbreitung konzentriert sich besonders in der südlichen Ostsee (SVAZAS et al.1994), größere Überwinterungsbestände finden sich jedoch auch in den Niederlanden und in Großbritannien (GILISSEN et al. 2002). Im Gegensatz zu den beiden anderen Sägerarten überwintert ein bedeutender Teil auch im mitteleuropäischen Binnenland. Im Rheinland überwintert der Gänsesäger bevorzugt an Rhein, Rur und Sieg, an Altrheinarmen sowie auf flussnahen Seen, Talsperren (auch im Mittelgebirge) und Braunkohlen-Restseen. Die Art tritt meist in kleinen Trupps, an einigen Stellen aber auch in Ansammlungen mit über 100 Individuen auf. Im Vergleich zur Winterkartierung 1983-86 (24 TK25-Flächen) hat sich das Verbreitungsareal leicht vergrößert, aber nicht alle Gitterfelder wurden regelmäßig aufgesucht. Der nordrhein-westfälische Winterbestand umfasste in den 1990er Jahren je nach Witterung 700-1.200 Ind., davon nur etwa ein Drittel in Nordrhein (SUDFELDT et al. 2000, SUDMANN 2004a).

Die rheinischen Winterbestände haben sich seit dem Rückgang von 400-500 Exemplaren (1960) auf 70-100 Ex. (1975) wieder spürbar erholt (SUDFELDT et al. 2000, MILDENBERGER 1982). In den NL fluktuiert die Anzahl der Überwinterer je nach Härte des Winters und dem Nahrungsangebot teilweise sehr stark (BIJLSMA et al. 2001).

Bilanz der Winterkartierung:

Kategorie [Ex.]	GF	RF %
1-10	63	17,8
11-100	63	17,8
101-200	6	1,7
Summe	**132**	**37,3**

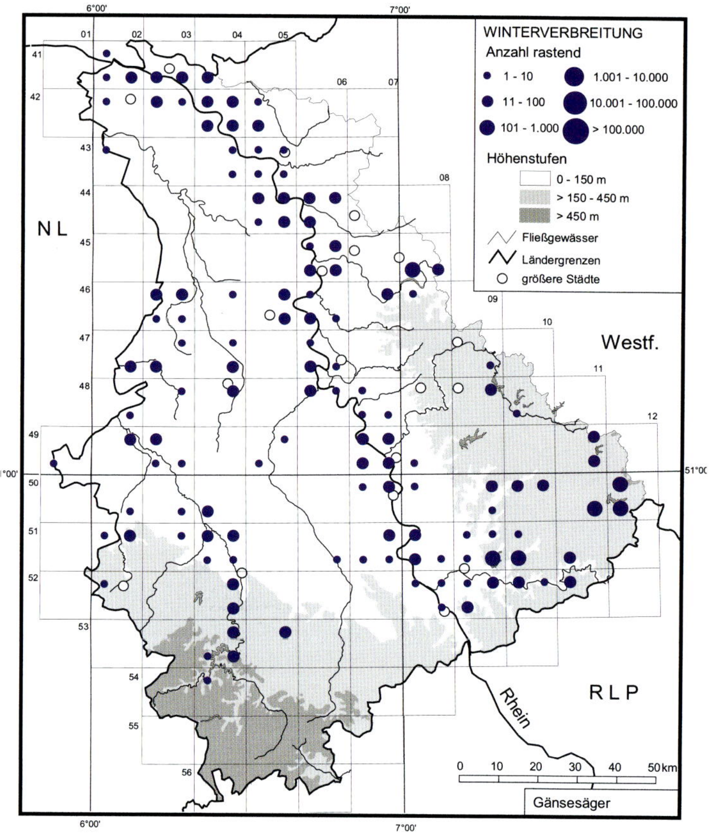

Winterverbreitung 1990-2000

Gänsesäger, *Mergus merganser,* Männchen. Foto: FELIX JACHMANN

Wespenbussard *Pernis apivorus*

Status: Brutvogel, Durchzügler

Gefährdung:
Rote Liste 3 (gefährdet)
Non-SPEC^E (nicht gefährdet)

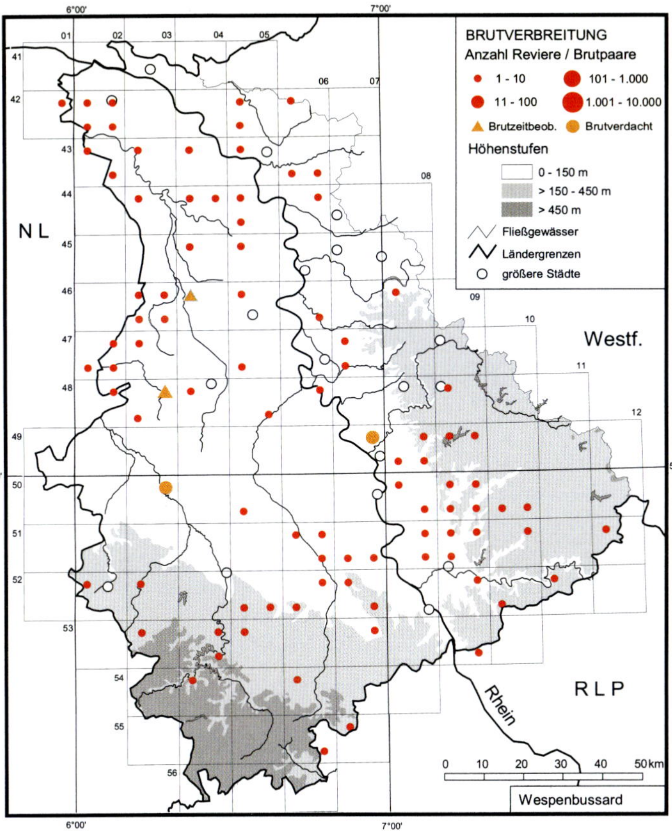

Brutverbreitung 1990-2000

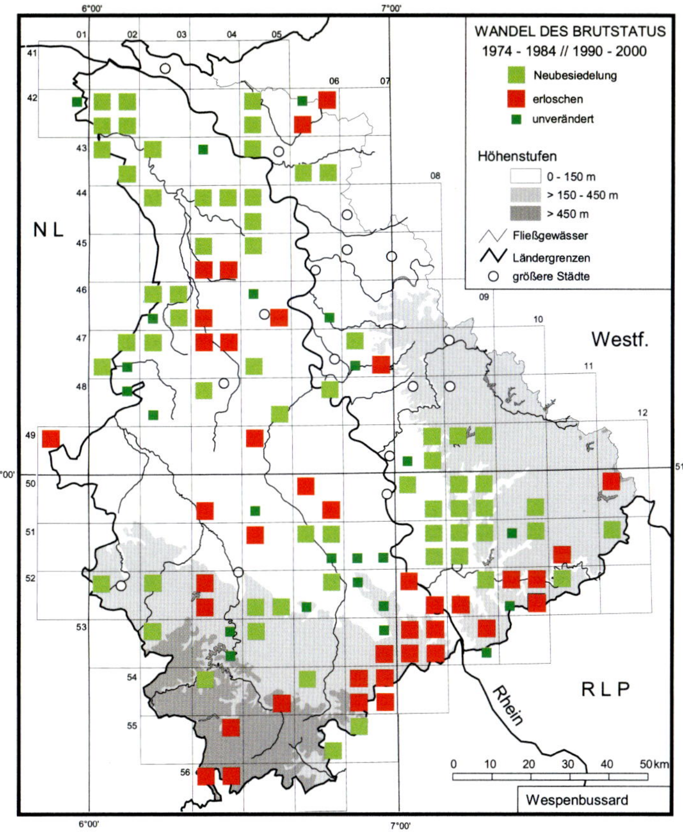

Arealveränderung zwischen 1974-84 und 1990-2000

BRUTVERBREITUNG

Die Brutvorkommen liegen in reichhaltig strukturierten Rasterfeldern mit größeren Waldgebieten in Nachbarschaft von Grünlandarealen und Feldfluren, besonders im Bereich von Niers, Schwalm, Nette und in der Kölner Bucht/Voreifel sowie im Bergischen Land. Die Mittelgebirge über 200 m NN und die intensiv genutzte Ackerbörde sowie der dicht besiedelte menschliche Siedlungsraum werden weitgehend gemieden. In Westfalen wurde eine etwas höhere Rasterfrequenz (29 %) erreicht (NWO 2002). Da der Wespenbussard leicht übersehen wird, dürften die Karten die Verbreitung eher unterschätzen.

AREALVERÄNDERUNGEN

Im Vergleich zur Kartierung 1974-84 hat sich die Rasterfrequenz leicht erhöht ($p < 0,1$). Diese Zunahme deutet zumindest auf einen halbwegs stabilen Brutbestand hin, während es in Westfalen teilweise zu merklichen Rückgängen gekommen ist (NWO 2002). 1995-98 wird für ganz NRW ein Bestand von 266-317 Brutpaaren mit abnehmender Tendenz angenommen (AG Greifvögel 2000). Nach der Kartierung für das Rheinland ergibt sich ein geschätzer Bestand von 90-120 Brutpaaren (0,3 - 0,4 Bp./10 km² bezogen auf die besiedelte Fläche), was zusammen mit den korrigierten Schätzungen für Westfalen (160-250 Bp.; Mebs in NWO 2002) auf einen Gesamtbestand für NRW zwischen 270-370 Paaren hinweist. Der rheinische Bestand scheint sich somit in den letzten 20 Jahren (Mildenberger (1982): 90-110 Brutpaare) kaum verändert zu haben. In den Niederlanden wurde ab 1970 eine leichte Zunahme der Art festgestellt; seit 1990 sind die Bestände jedoch eher stabil oder leicht rückläufig (SOVON 2002). Die Hauptgefährdungsursachen betreffen vor allem die Zugwege und die Überwinterungsgebiete in Afrika.

Bilanz der Brutvogelkartierung:

Kategorie [BP]	GF	RF %	Minimum [BP]
1-3	84	20,3	84
Brutverdacht	12	2,9	
Summe	**96**	**23,2**	**84**

Vergleich der Kartierung von 1974-1984 mit 1990-2000:

Kategorie	GF	%	RF %
1 - Nur 1974-84	41	33,9	10,4
2 - Nur 1990-2000	59	48,8	15,0
3 - Gemeinsame GF	21	17,4	5,3
1974-84: 1 & 3	62		15,8
1990-2000: 2 & 3	80		20,4
Veränderung	+18 (+29%)		+4,6

Die Zunahme ist statistisch signifikant (4-Felder X^2-Test n. s.; Vorzeichentest*; McNemar-Test$^+$). Identitäts-Index (nach Scherner 1982): 0,30.

Seeadler *Haliaeetus albicilla*

Status: Durchzügler, Wintergast

Gefährdung: SPEC 1 (selten)

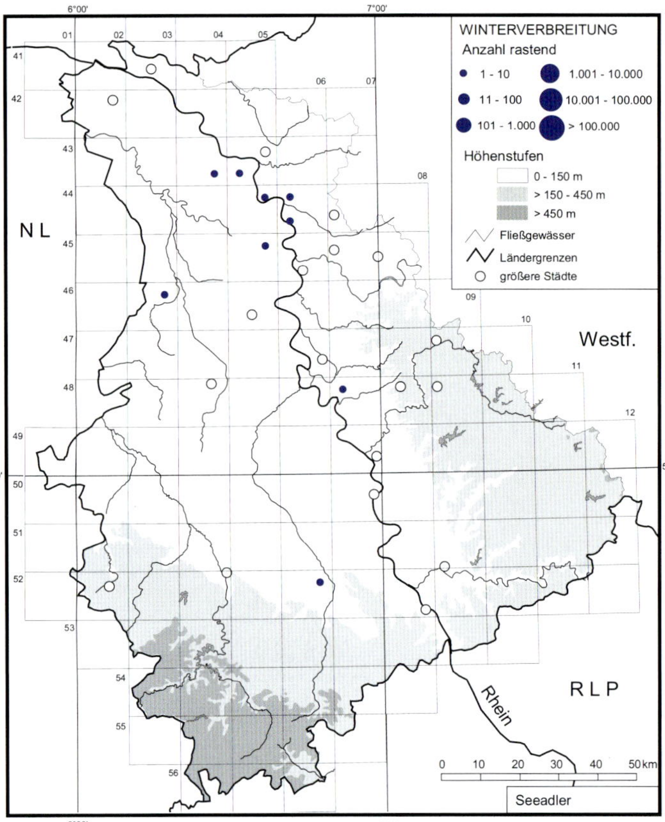

Winterverbreitung 1990-2000

Seeadler, *Haliaeetus albicilla*.
Foto: ANDREAS KLEIN

WINTERVERBREITUNG

Da sich die Brutbestände in Ostdeutschland, Osteuropa und Skandinavien seit 2-3 Jahrzehnten wieder deutlich erholt haben (Ende der DDT-Anwendung; Reduktion der Jagd), werden Seeadler neuerdings vermehrt auch in Westdeutschland angetroffen. Einzelne Individuen treten inzwischen alljährlich überwinternd oder umherstreifend im Rheinland auf. Von 1990-2000 gelangen Beobachtungen von Einzeltieren in neun Gitterfeldern (RF = 2,3 %). Einziger regelmäßiger Rastplatz ist die Bislicher Insel, wo alljährlich 1-2 Exemplare überwintern und zur Nahrungssuche in der Umgebung umherstreifen. Die übrigen Feststellungen betreffen sporadische Wintergäste oder Durchzügler. Der Hauptdurchzug findet bereits im November statt (MILDENBERGER 1982), so dass im Rahmen der Kartierung nur ein Teil der Vögel erfasst wurde. In den Niederlanden liegt die Zahl der Überwinterer bereits bei bis zu zehn Vögeln (BIJLSMA et al. 2001).

Wespenbussard, *Pernis apivorus*.
Foto: MATHIAS SCHÄF

Schwarzmilan, *Milvus migrans*.
Foto: MATHIAS SCHÄF

Schwarzmilan *Milvus migrans*

Status: Brutvogel, Durchzügler

Gefährdung:
Rote Liste 3 (gefährdet)
SPEC 3 (gefährdet)

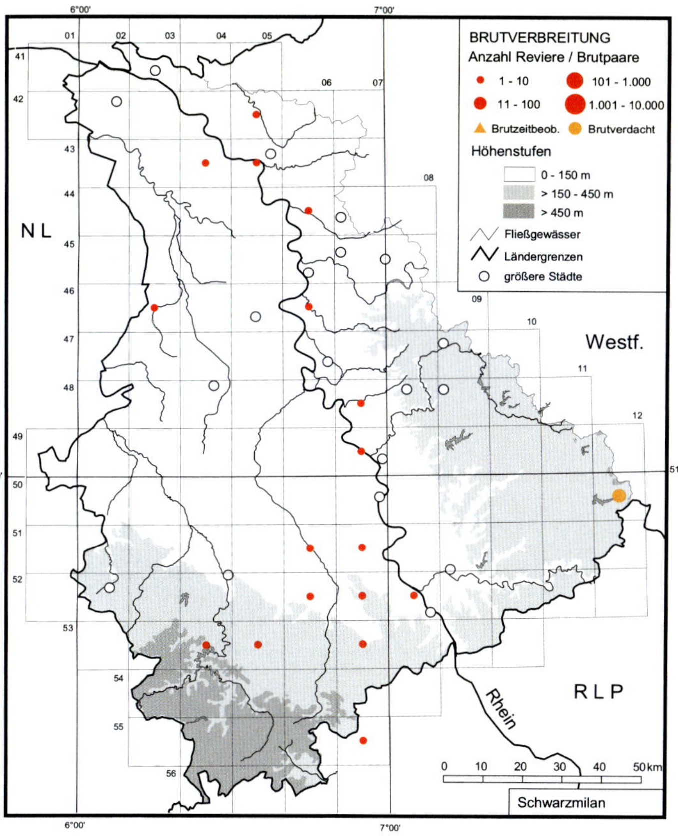

Brutverbreitung 1990-2000#

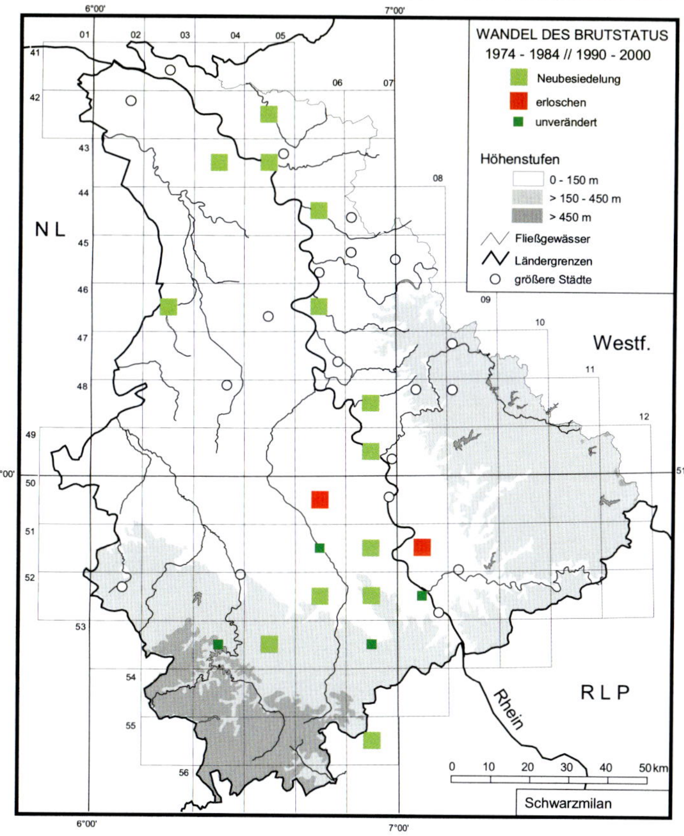

Arealveränderung zwischen 1974-84 und 1990-2000#

BRUTVERBREITUNG

Der Schwarzmilan ist im südlichen Europa weit verbreitet und erreicht in Nordrhein-Westfalen seine nördliche Verbreitungsgrenze. Brutvorkommen liegen im Rheinland vor allem in den Auwäldern des Rheines und weniger anderer Flussniederungen (Erft, Nette, Rur), aber auch in Waldgebieten mit eingestreuten Gewässern (Flüsse, Seen) der Voreifel (Kölner Bucht, Ville). Meist sind diese nördlichen Vorkommen nicht von Dauer. Der Schwarzmilan brütet nur selten in Lagen über 150-200 m NN.

Überwinterungen finden im Rheinland nicht statt, jedoch werden in manchen Jahren späte bzw. frühe Durchzügler gesichtet.

Bilanz der Brutvogelkartierung:

Kategorie [BP]	GF	RF %
1-3	17	4,2
Brutverdacht	1	0,3
Summe	**18**	**4,5**

AREALVERÄNDERUNGEN

Der Schwarzmilan hat gegenüber der Kartierung 1974-84 sein Areal statistisch signifikant nach Norden erweitern können, auch wenn diese Ansiedlungen oft noch sporadischer Natur sind. Der erste Brutnachweis im Kreis Viersen gelang 1995 am Hinsbecker Bruch (FRANKEN 1996). Der jährliche Bestand beträgt 10-15 Brutpaare (0,4 - 0,6 Bp./ 100 km²) bezogen auf die besiedelte Fläche) und hat somit ebenfalls zugenommen (Anfang der 1980er Jahre 3-6 Brutpaare; MILDENBERGER 1982). Die Schwarzmilanbestände im südlichen Deutschland und im Mittelmeergebiet sind überwiegend konstant oder zeigen eine leichte Zunahme (TUCKER & HEATH 1994). Auch im nördlichen Rheinland-Pfalz (Eifel) werden zunehmend Neuansiedlungen registriert (z. B. DIETZEN et al. 2004).

Vergleich der Kartierung von 1974-84 mit 1990-2000:

Kategorie	GF	%	RF %
1 - Nur 1974-84	2	10,5	0,5
2 - Nur 1990-2000	13	68,4	3,3
3 - Gemeinsame GF	4	21,1	1,0
1974-84: 1 & 3	6		1,5
1990-2000: 2 & 3	17		3,8
Veränderung	+11 (+183%)		+2,3

Die Zunahme ist statistisch signifikant (4-Felder X^2-Test**; Vorzeichentest*; McNemar-Test**). Identitäts-Index nach SCHERNER (1982): 0,40.

bezogen auf TK25

Rotmilan *Milvus milvus*

Status: Brutvogel, Durchzügler, Wintergast

Gefährdung:
Rote Liste 2 (stark gefährdet)
SPEC 2 (zurückgehend)

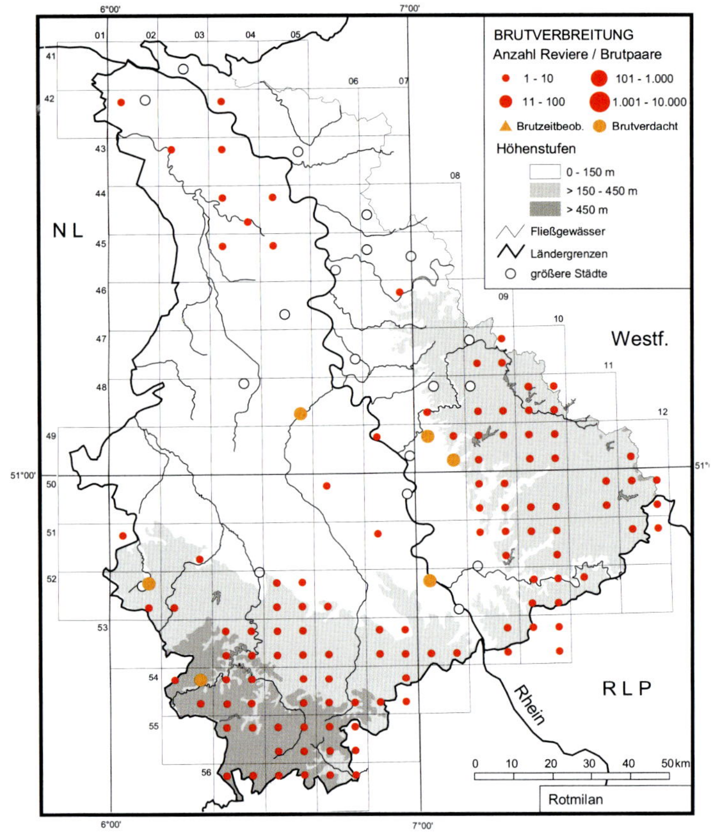

Brutverbreitung 1990-2000

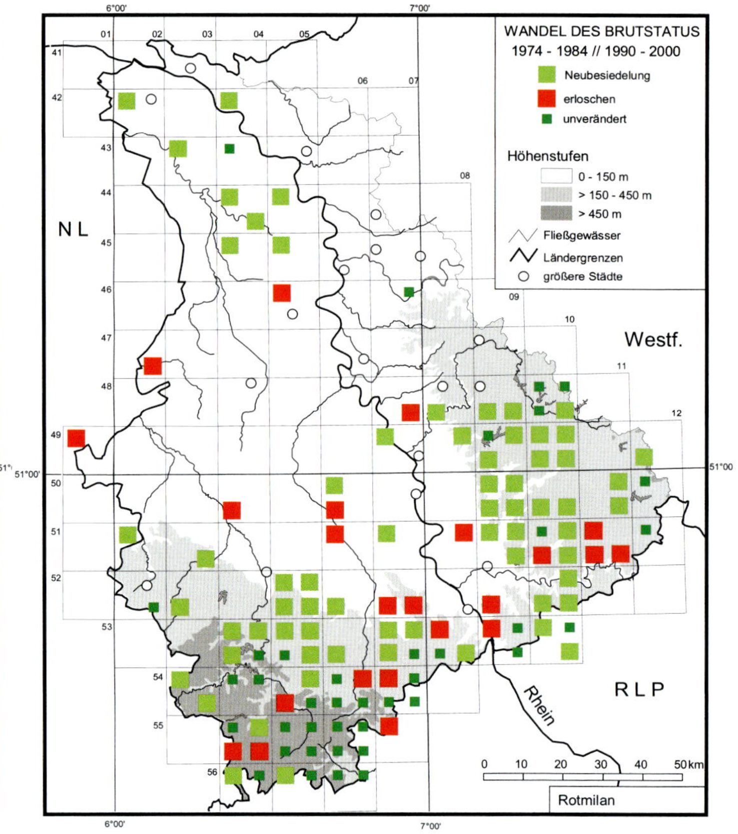

Arealveränderung zwischen 1974-84 und 1990-2000

BRUTVERBREITUNG

Der Rotmilan brütet ausschließlich in Europa mit einem Schwerpunkt in Deutschland. Durch das Rheinland verläuft die nordwestliche Verbreitungsgrenze der Art und die meisten Brutvorkommen liegen in den Mittelgebirgen im Süden (Eifel) und Südosten (Bergisches Land) über 150 m NN, insbesondere in Gebieten mit ausgeprägter Strukturdiversität. Einige Brutvorkommen wurden auch im Tiefland, besonders am Unteren Niederrhein nachgewiesen. In Westfalen ist der Rotmilan noch weiter verbreitet (Rasterfrequenz 49 %); hier siedelt er auch wesentlich häufiger in den Tieflagen unter 150 m NN (NWO 2002). In den NL ist die Art neuerdings nur noch sehr spärlicher Brutvogel (RF < 1 %; SOVON 2002).

AREALVERÄNDERUNGEN

Im Vergleich zur Kartierung 1974-1984 konnte der Rotmilan sein Brutareal deutlich ausweiten (signifikante Zunahme der Anzahl besetzter Gitterfelder um +69 %). Neuansiedlungen erfolgten besonders im rechtsrheinischen Mittelgebirge. Die Zunahmen dürften mit der ganzjährigen Schonzeit ab 1970 und dem Rückgang der DDT-Anwendung im Zusammenhang stehen. Für NRW wurden 2000/01 landesweit 424-512 Brutpaare ermittelt, davon 63-105 in Nordrhein (Brune et al. 2002). Unter Berücksichtigung jährlicher Schwankungen ergibt sich ein geschätzer Bestand von 70-120 Brutpaaren (0,2-0,3 Bp./10 km² bezogen auf die besiedelte Fläche). Somit zeigt sich auch bei der Bestandsentwicklung eine deutliche Zunahme seit 1974-77 als nur schätzungsweise 15-20 Paare brüteten (Mildenberger 1982). Zu Beginn der 1990er Jahre wurde der Bestand auf 30-40 Paare geschätzt (AG Greifvögel 1997). Gegen Ende der 1990er Jahre hat sich der positive Trend nicht überall weiter fortgesetzt und es kam vermehrt zu deutlichen Areal- und Bestandsverlusten, deren Ursachen noch nicht vollends geklärt sind. Einbußen durch neuartige Rodentizide und Bewirtschaftungsformen scheinen eine Rolle zu spielen (Mammen & Stubbe 2000, Brune et al. 2002, Ntampakis & Carter 2005). Im Zuge dieser Rückgänge wurde das Siedlungsgebiet am Niederrhein, wie auch die östlichen Niederlande (Bjilsma et al. 2001) wieder ge-

Bilanz der Brutvogelkartierung:

Kategorie [BP]	GF	RF %	Minimum [BP]
1-10	119	28,8	119
Brutverdacht	6	1,5	
Summe	**125**	**30,3**	**119**

Vergleich der Kartierung von 1974-1984 mit 1990-2000:

Kategorie	GF	%	RF %
1 - Nur 1974-84	23	18,0	5,9
2 - Nur 1990-2000	66	51,6	16,8
3 - Gemeinsame GF	39	30,4	9,9
1974-84: 1 & 3	62		15,8
1990-2000: 2 & 3	105		26,7
Veränderung	+43 (+69%)		+10,9

Die Zunahme ist statistisch signifikant (4-Felder X²-Test***; Vorzeichentest*; McNemar-Test***). Identitäts-Index (nach Scherner 1982): 0,48.

räumt, während in Eifel und Bergischem Land noch immer Zunahmen verzeichnet wurden (BRUNE et al. 2002). Ähnlich gegenläufige Trends zeigen sich überall in Europa (z. B. MEBS 2002, MÜLLER 1995, ADAMSKI 1995, DENNIS 1995, HIRALDO et al. 1995, THIOLLAY 2001).

WINTERVERBREITUNG

Im Winterhalbjahr wird der Rotmilan inzwischen regelmäßig umherstreifend und z. T. auch durchgehend überwinternd im Rheinland angetroffen (vgl. MILDENBERGER 1982, BRUNE et al. 2002). Beobachtungen gelangen vor allem im Tiefland (gerne an Mülldeponien), bei entsprechender Witterung aber auch in den Brutgebieten des Mittelgebirges. Ein Teil der Winternachweise betrifft vermutlich Brutvögel, die in milden Jahren bereits Anfang Februar in ihre Brutreviere zurückgekehrt waren. Teilweise können auch noch im Dezember späte Wegzügler angetroffen werden. In den meisten Gitterfeldern gelangen Winternachweise nicht in jedem Jahr und die Vorkommen konzentrieren sich im südlichen Nordrhein, den Verbreitungsschwerpunkten zur Brutzeit.

Bilanz der Winterkartierung:

Kategorie [Ex.]	GF	RF %
1-10	43	12,5
11-20	1	0,3
Summe	**44**	**12,8**

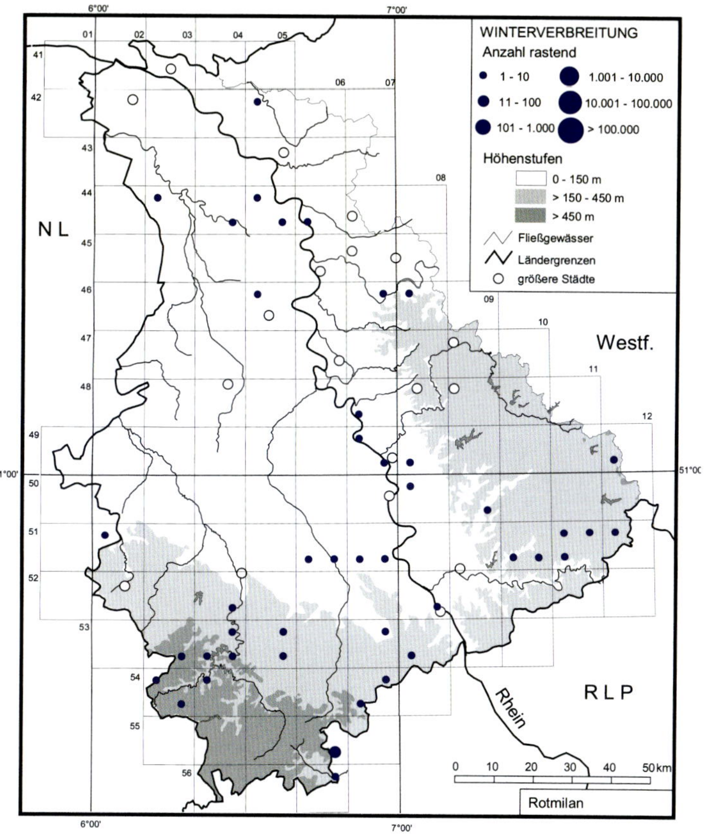

Winterverbreitung 1990-2000

Rotmilan, *Milvus milvus*. Foto: MATHIAS SCHÄF

Rohrweihe *Circus aeruginosus*

Status: Brutvogel, Durchzügler

Gefährdung:
Rote Liste 2 (stark gefährdet)
Non-SPEC (nicht gefährdet)

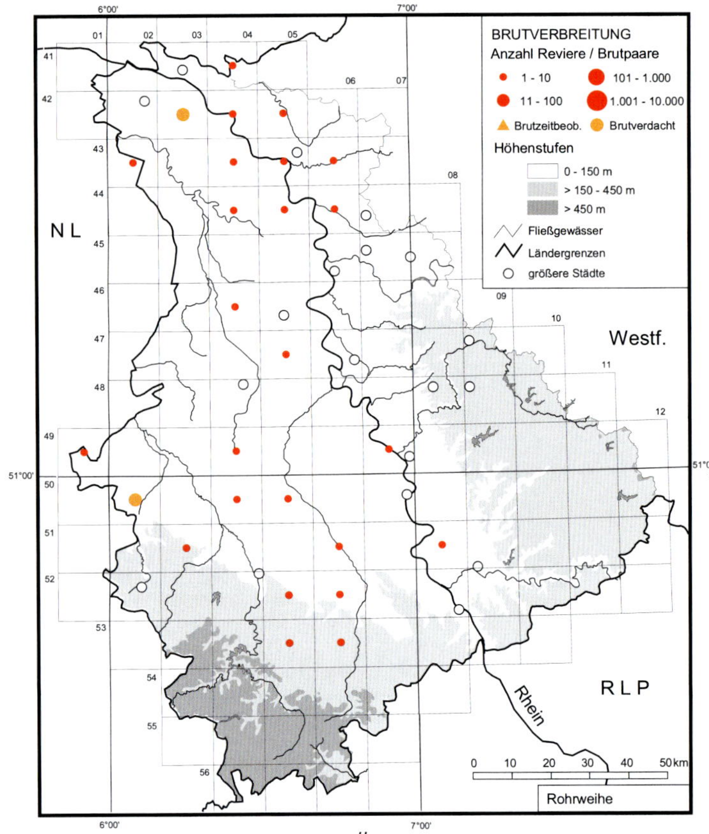

Brutverbreitung 1990-2000#

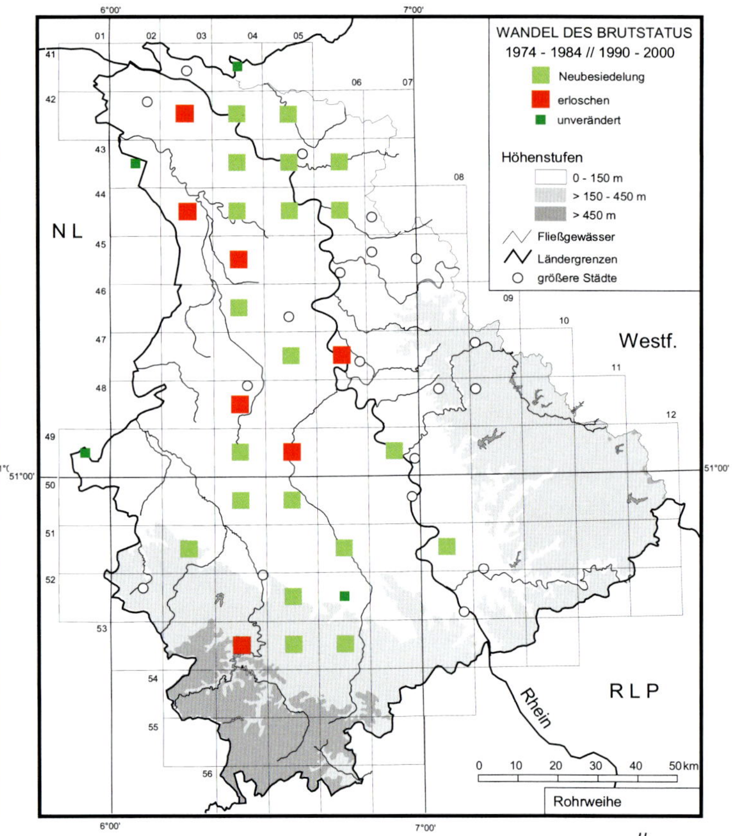

Arealveränderung zwischen 1974-84 und 1990-2000#

BRUTVERBREITUNG

In Deutschland liegt der Schwerpunkt der Rohrweihenverbreitung in den Tieflagen von Nord- und Ostdeutschland. Im Rheinland befanden sich im Kartierungszeitraum alle Brutvorkommen in den Tieflagen unter 200 m NN, vor allem in der Köln-Aachener Bucht und am Unteren Niederrhein. Besiedelt werden Feuchtgebiete mit ausgedehnten Schilf-, Rohrkolben- und Binsenarealen gerne mit eingestreuten Weidenbüschen. Seit zwei Jahrzehnten werden aber auch zunehmend Bruten in Agrarflächen (Getreidefelder, Rapsfelder) nachgewiesen. In Westfalen wurden bereits 52,4 % aller Bruten in Agrarflächen festgestellt (NWO 2002). Sowohl in Westfalen (RF = 15 %) als auch in den NL (RF = 44 %) ist die Rohrweihe weiter verbreitet (NWO 2002, SOVON 2002).

AREALVERÄNDERUNGEN

Seit Mitte der 1970er Jahre (1-2 Brutpaare am Niederrhein; Mildenberger 1982) wird eine deutliche Erholung der Brutbestände und damit einhergehende signifikante Arealerweiterung beobachtet. 1993 wurden im Rheinland 16-20 BP ermittelt und die Tendenz war steigend (Hölker & Jöbges 1995). Dieser Wert kann als jährlicher Brutbestand im gesamten Kartierungszeitraum angenommen werden (0,5 - 0,6 Bp./ 100 km² bezogen auf die besiedelte Fläche) und die Rohrweihe hatte somit in etwa wieder den Bestand erreicht, den sie vor dem Einsetzen des Rückgangs Mitte der 1950er Jahre inne hatte (Mildenberger 1982). Nicht alle Brutplätze sind dauerhaft besetzt; so brütet die Art z. B. seit 1995 nicht mehr im Kreis Wesel. Gegenwärtig geht der Bestand wieder zurück; im Jahr 2004 wurden nur noch etwa zehn Brutpaare gezählt (Jöbges in lit.). In Mitteleuropa wurden vielerorts Bestandszunahmen festgestellt, so in Westfalen (NWO 2002) und in den nahen Niederlanden; hier stiegen die Brutbestände von 725-850 BP in den 1970er Jahren auf 1.300-1.450 BP in den Jahren 1998-2000 (SOVON 2002). Dafür sind vermutlich die ganzjährige Schonzeit seit 1970, der Rückgang der DDT-Verwendung, die Akzeptanz von Agrargebieten durch die Rohrweihe sowie ein verbessertes Nahrungsangebot verantwortlich.

Bilanz der Brutvogelkartierung:

Kategorie [BP]	GF	RF %
1-10	24	5,8
Brutverdacht	2	0,5
Summe	**26**	**6,3**

bezogen auf TK25

Vergleich der Kartierung von 1974-84 mit 1990-2000:

Kategorie	GF	%	RF %
1 - Nur 1974-84	7	22,6	1,8
2 - Nur 1990-2000	20	64,5	5,1
3 - Gemeinsame GF	4	12,9	1,0
1974-84: 1 & 3	11		2,8
1990-2000: 2 & 3	24		6,1
Veränderung	+13 (+118%)		+3,3

Die Zunahme ist statistisch signifikant (4-Felder X^2-Test***; Vorzeichentest*; McNemar-Test***). Identitäts-Index (nach Scherner 1982): 0,03.

Kornweihe *Circus cyaneus*

Status: Durchzügler, Wintergast

Gefährdung:
SPEC 3 (dezimiert)

WINTERVERBREITUNG

Die Kornweihe überwintert vor allem in Mittel- und Westeuropa. Im Rheinland trifft man überwinternde Vögel regelmäßig besonders in den offenen Agrar- und Grünlandschaften an (Köln-Aachener Bucht, Schwalm-Nette-Gebiet und Unterer Niederrhein). Wenn geeignete offene Jagdgebiete vorhanden sind, kann die Art selbst in den höheren Lagen der Eifel beobachtet werden. Sie fehlt allerdings weitgehend im rechtsrheinischen Bergischen Land. Gegenüber der Winterkartierung 1983-86 hat sich die Rasterfrequenz leicht erhöht. Ein Teil der Winterbeobachtungen betrifft Durchzügler und der jährliche Winterbestand umfasst schätzungsweise 240-400 Exemplare.

Bruten wurden im Rheinland letztmals 1967 bei Brüggen-Bracht, Kreis Viersen, festgestellt (MILDENBERGER 1982). Da die Art aber, z. B. in Rheinland-Pfalz, sporadisch auch in Ackerbaugebieten brütet und in den NL leicht zunimmt, sind zukünftige gelegentliche Ansiedlungen auch im Rheinland vorstellbar.

Bilanz der Winterkartierung:

Kategorie [Ex.]	GF	RF %
1-10	150	38,5
11-30	2	0,5
Summe	**152**	**39,0**

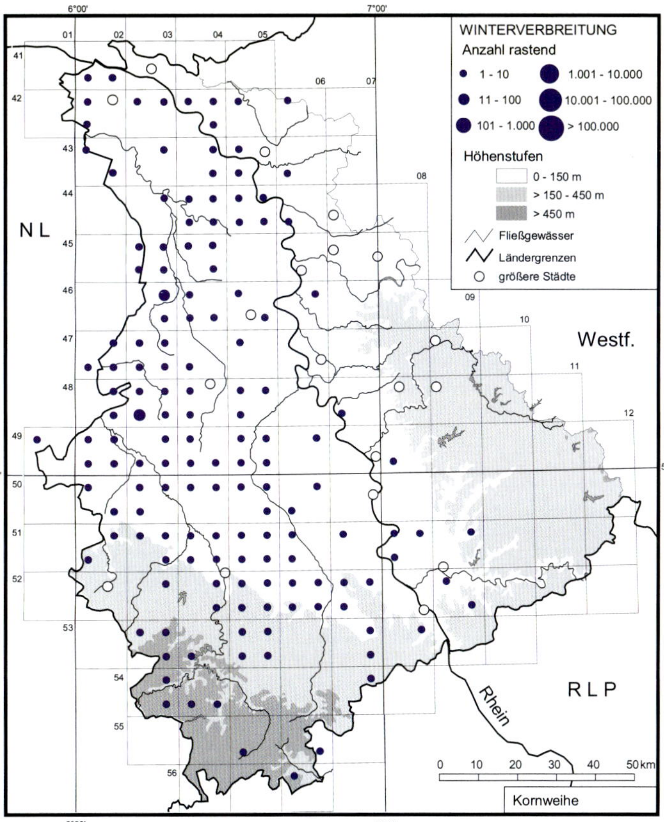

Winterverbreitung 1990-2000

Rohrweihe, *Circus aeruginosus,* Männchen.
Foto: MATHIAS SCHÄF

Kornweihe, *Circus cyaneus,* Weibchen.
Foto: MATHIAS SCHÄF

Wiesenweihe *Circus pygargus*

Status: Brutvogel, Durchzügler

Gefährdung:
Rote Liste 1 (vom Aussterben bedroht)
Non-SPEC^{E} (nicht gefährdet)

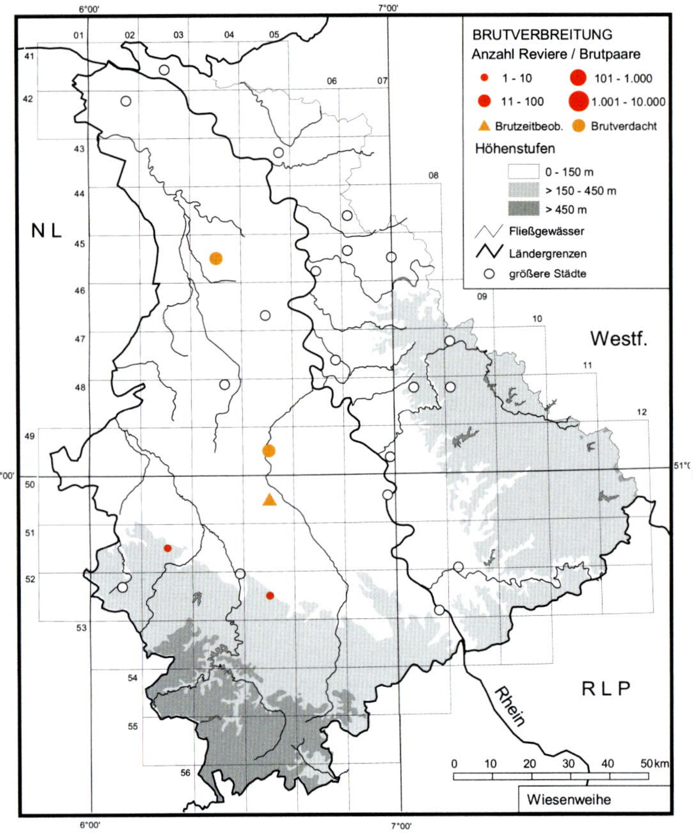

Brutverbreitung 1990-2000#

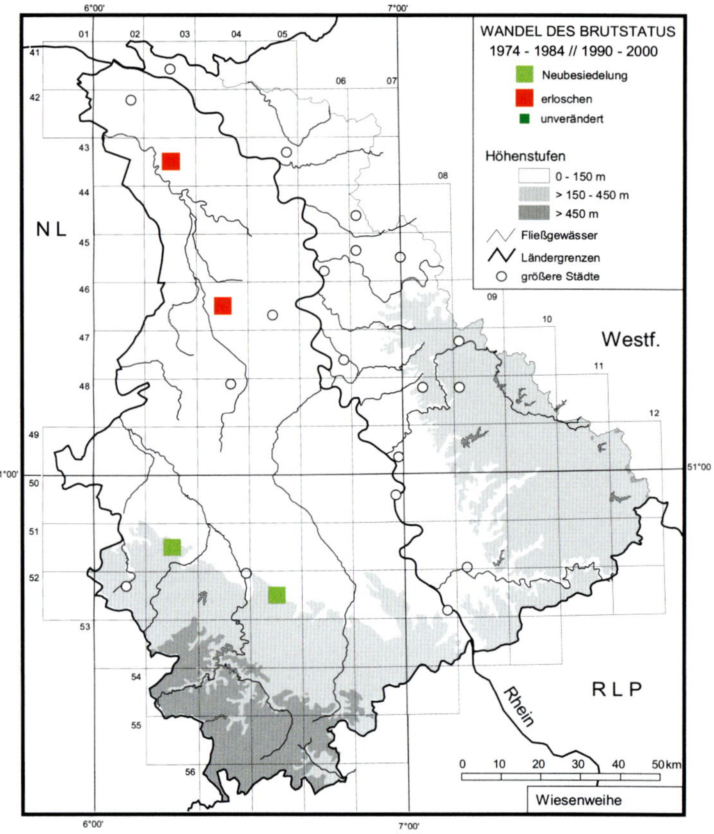

Arealveränderung zwischen 1974-84 und 1990-2000#

BRUTVERBREITUNG

Die Wiesenweihe brütet im Rheinland nur noch vereinzelt und nicht in jedem Jahr. Sie benötigt eine weiträumige offene Landschaft mit wechselfeuchten Heiden, Verlandungszonen, staunasses Grünland mit trockeneren Stellen. Vereinzelte Bruten gibt es auch in Gebieten mit großflächigem Getreide- und Hackfruchtanbau. Alle Brutzeitvorkommen stammen aus den Niederungen unter 200 m NN zwischen Niersniederung und Eifelnordrand. Sowohl in Westfalen (RF = 4 %) als auch in den NL (RF = 3 %) ist die Art etwas weiter verbreitet (NWO 2002, SOVON 2002).

Bilanz der Brutvogelkartierung:

Kategorie [BP]	GF	RF %
1-10	3	0,7
Brutverdacht	3	0,7
Summe	**6**	**1,4**

AREALVERÄNDERUNGEN

Die Wiesenweihe hat ihre rheinischen Brutbestände bereits in der ersten Hälfte des 20. Jahrhunderts durch Meliorationsmaßnahmen weitgehend eingebüßt und brütet seitdem nur noch in wenigen Paaren (MILDENBERGER 1982). Einzeltiere oder Paare wurden zur Brutzeit regelmäßig beobachtet. Im Rheinland existierte im Kartierungszeitraum allerdings keine fest etablierte Brutpopulation, sondern nur sporadische Einzelvorkommen. In Westfalen kam es in den 1980er und 1990er Jahren zu einer deutlichen Erholung des Brutbestandes, der fast 40-50 Paare umfasst (NWO 2002). Auch in den Niederlanden erholte sich die Brutpopulation in den letzten Jahrzehnten und stabilisierte sich auf niedrigem Niveau (40 BP gegenüber 500 BP zu Anfang des 20. Jahrhunderts; BIJLSMA et al. 2001).

Vergleich der Kartierung von 1974-84 mit 1990-2000:

Kategorie	GF	%	RF %
1 - Nur 1974-84	2	40,0	0,5
2 - Nur 1990-2000	3	60,0	0,8
3 - Gemeinsame GF	0	0	0
1974-84: 1 & 3	2		0,5
1990-2000: 2 & 3	3		0,8
Veränderung	+1 (+33%)		+0,3

bezogen auf TK25

Raufußbussard *Buteo lagopus*

Status: Durchzügler, Wintergast

Gefährdung:
Non-SPEC (nicht gefährdet)

WINTERVERBREITUNG

Raufußbussarde überwintern bevorzugt in Mittel- und Osteuropa. Im Rheinland tritt die Art regelmäßig in kleinerer Zahl auf. Die Vorkommen liegen im Rheintal (besonders Unterer Niederrhein), Schwalm-Nette-Gebiet, Erfttal und am Nordrand der Eifel von der Zülpicher Börde bis Aachen. Er tritt bevorzugt in offenen Acker- und Grünlandgebieten auf. Insgesamt waren im Untersuchungszeitraum 34 Rasterflächen (RF = 8,7 %) wenigstens in einem Jahr besetzt. Nicht alle Gitterfelder zeigen regelmäßige Vorkommen und das jährliche Auftreten unterliegt witterungs- und nahrungsbedingten Schwankungen. Die lokale Verdichtung der Feststellungen deutet daraufhin, dass bestimmte Regionen bevorzugt aufgesucht werden und die beteiligten Vögel dort umherstreifen.

Gegenüber der Winterkartierung 1983-86 kann eine leichte Zunahme der Nachweise beobachtet werden, man beachte jedoch auch den größeren Erfassungszeitraum. In den Niederlanden schwanken die Winterbestände von Jahr zu Jahr; in einigen Jahren werden verstärkt Einflüge beobachtet, die mit dem wechselnden Nahrungsangebot in den skandinavischen Brutgebieten in Zusammenhang stehen. Der letzte größere Einflug erfolgte dort im Winter 1995/96 (Bijlsma et al. 2001).

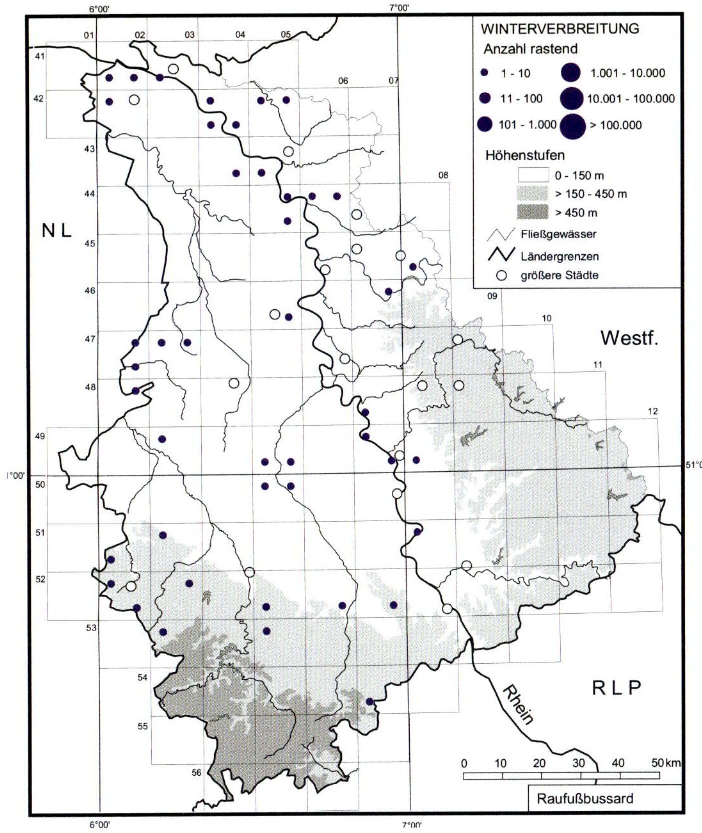

Winterverbreitung 1990-2000

Raufußbussard, *Buteo lagopus*. Foto: Benedikt Gießing

Mäusebussard *Buteo buteo*

Status: Brutvogel, Durchzügler, Wintergast

Gefährdung:
Rote Liste N (nicht gefährdet)
Non-SPEC (nicht gefährdet)

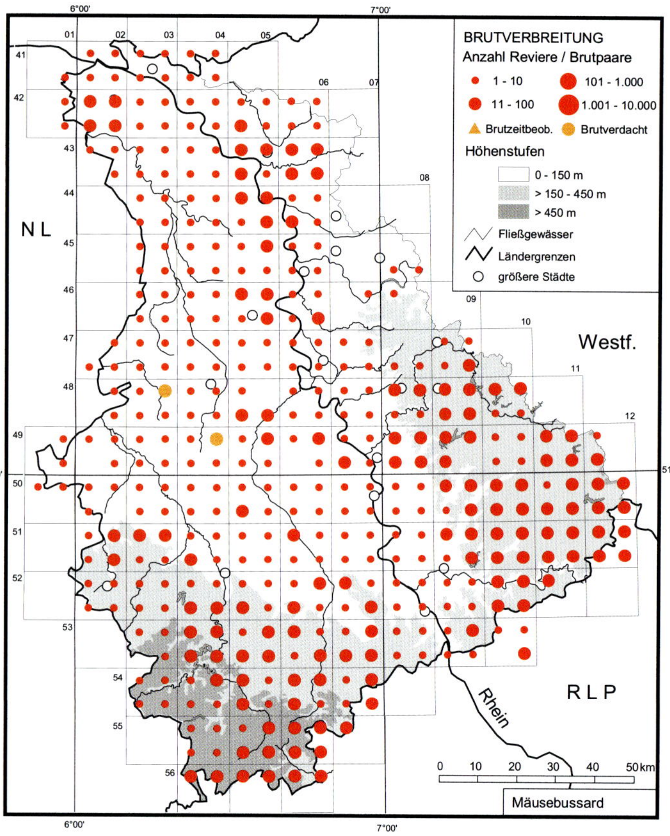

Brutverbreitung 1990-2000

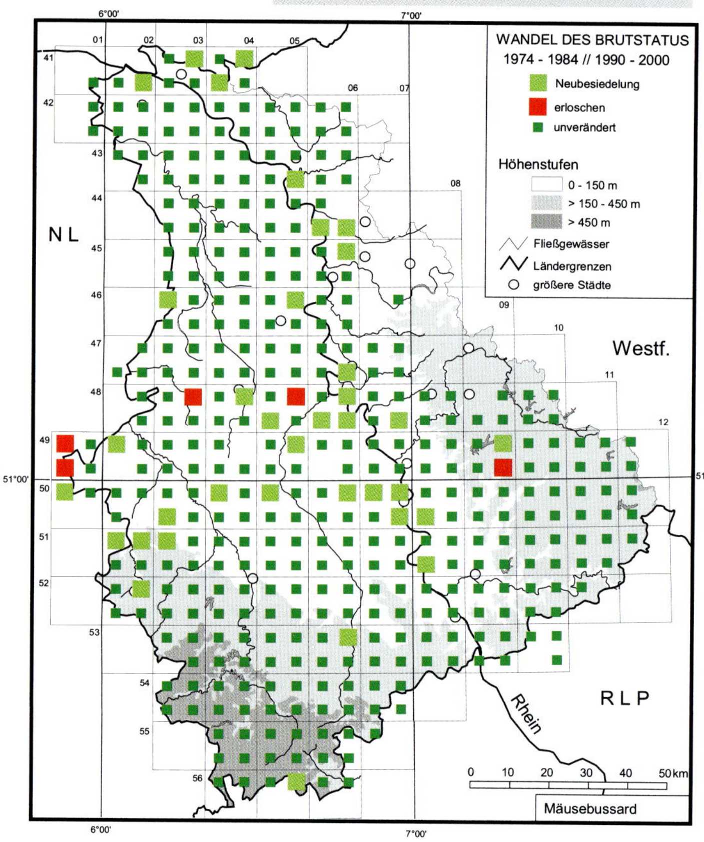

Arealveränderung zwischen 1974-84 und 1990-2000

BRUTVERBREITUNG

Der Mäusebussard ist im gesamten Rheinland verbreiteter Brutvogel mit einer Rasterfrequenz von 99 %. Damit ist er der am weitesten und gleichmäßigsten verbreitete Greifvogel im Rheinland, da er im Gegensatz zum Turmfalken auch größere Waldgebiete besiedelt. In den Mittelgebirgsbereichen mit lockeren Waldbeständen und angrenzendem Offenland erreichte die Art ihre höchsten Dichten. Die Ackerbörde wurde auch besiedelt, soweit geeignete Brutbäume vorhanden waren. Vergleichbare Verteilungsgrade wurden in Westfalen (RF = 99 %) erreicht, wo die Art aber noch homogener verbreitet ist und eine höhere Dichte aufweist (NWO 2002). In den NL ist der Mäusebussard nicht ganz so weit verbreitet (RF = 88 %; SOVON 2002).

AREALVERÄNDERUNGEN

Auch der Mäusebussard hat von der Einführung der ganzjährigen Schonzeit im Jahre 1970 profitiert und seine Brutverbreitung weiter vergrößern können. So wurde seit der letzten Kartierung 1974-1984 eine statistisch signifikante Zunahme der Anzahl besetzter Gitterfelder um 9 % festgestellt. 1975-1979 wurde ein grob geschätzter Brutbestand von ca. 2.000-2.300 Paaren angenommen (MILDENBERGER 1982), der bis heute auf mindestens 1.800-3.300 Brutpaare zugenommen hat (1,3 - 2,4 BP/10 km² bezogen auf die besiedelte Fläche). In den NL stieg die Zahl der Brutpaare von 2.000-2.500 in den Jahren 1973-77 auf 8.000-10.000 in den Jahren 1998-2000 an (SOVON 2002).

Bilanz der Brutvogelkartierung:

Kategorie [BP]	GF	RF %	Minimum [BP]
1-10	273	66,1	273
11-30	134	32,4	1.474
Brutverdacht	2	0,5	
Summe	**409**	**99,0**	**1.747**

Vergleich der Kartierung von 1974-1984 mit 1990-2000:

Kategorie	GF	%	RF %
1 - Nur 1974-84	4	1,0	1,0
2 - Nur 1990-2000	37	9,5	9,4
3 - Gemeinsame GF	349	89,5	88,8
1974-84: 1 & 3	353		89,8
1990-2000: 2 & 3	386		98,2
Veränderung	+33 (+9,0%)		+8,4

Die Zunahme ist statistisch signifikant (4-Felder X²-Test***; Vorzeichentest⁺; McNemar-Test***). Identitäts-Index (nach SCHERNER 1982): 0,95.

WINTERVERBREITUNG

Im Winterhalbjahr gab es kaum Quadranten, wo keine Mäusebussarde festgestellt werden konnten und die Lücken gehen eher auf Erfassungsdefizite als auf tatsächliche Verbreitungslücken zurück. Eine Bevorzugung bestimmter Regionen war nicht nachweisbar. Neben umherstreifenden Brut- und Jungvögeln kommt es auch zu einem Zuzug von Mäusebussarden nördlicher und östlicher Populationen. Die Winterverbreitung entspricht weitgehend der Brutverbreitung; jedoch ist die Anzahl der Gitterfelder mit Bestandsdichten über zehn Bussarden pro Quadrant vor allem im Bereich der Niederrheinischen Tiefebene, Nette-Niers-Niederung, Köln-Aachener-Bucht und Teilen des Unteren Niederrheins deutlich erhöht.

Bilanz der Winterkartierung:

Kategorie [Ex.]	GF	RF %
1-10	133	33,5
11-100	259	65,2
101-200	2	0,5
Summe	**394**	**99,2**

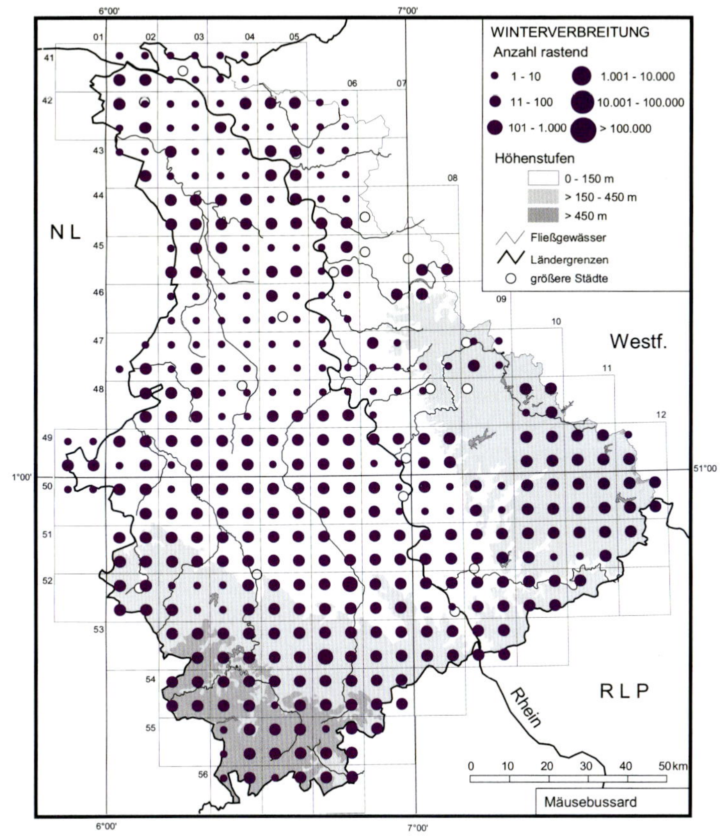

Winterverbreitung 1990-2000

Mäusebussard, *Buteo buteo*. Foto: MATHIAS SCHÄF

Habicht *Accipiter gentilis*

Status: Brutvogel, Durchzügler, Wintergast

Gefährdung:
Rote Liste N (nicht gefährdet)
Non-SPEC (nicht gefährdet)

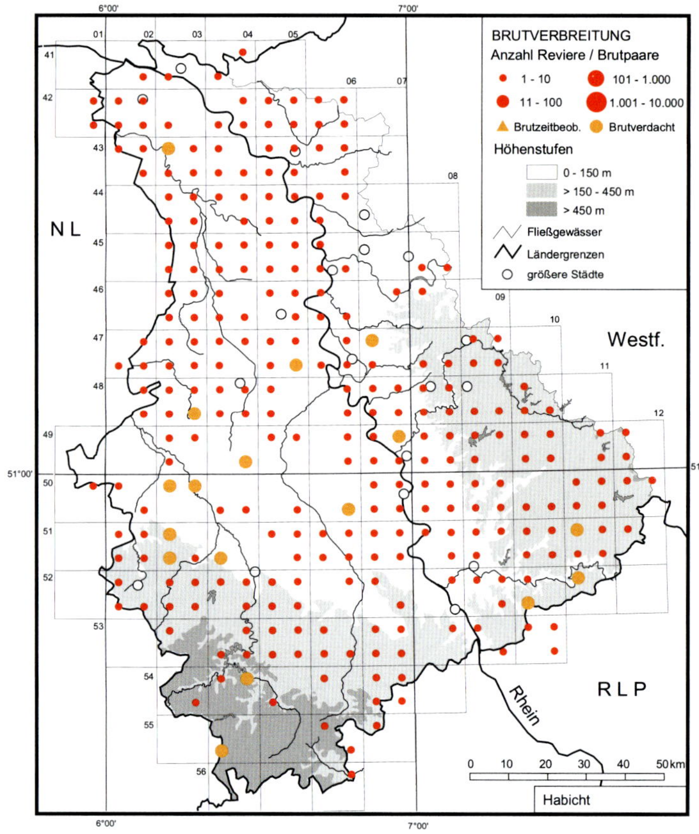

Brutverbreitung 1990-2000

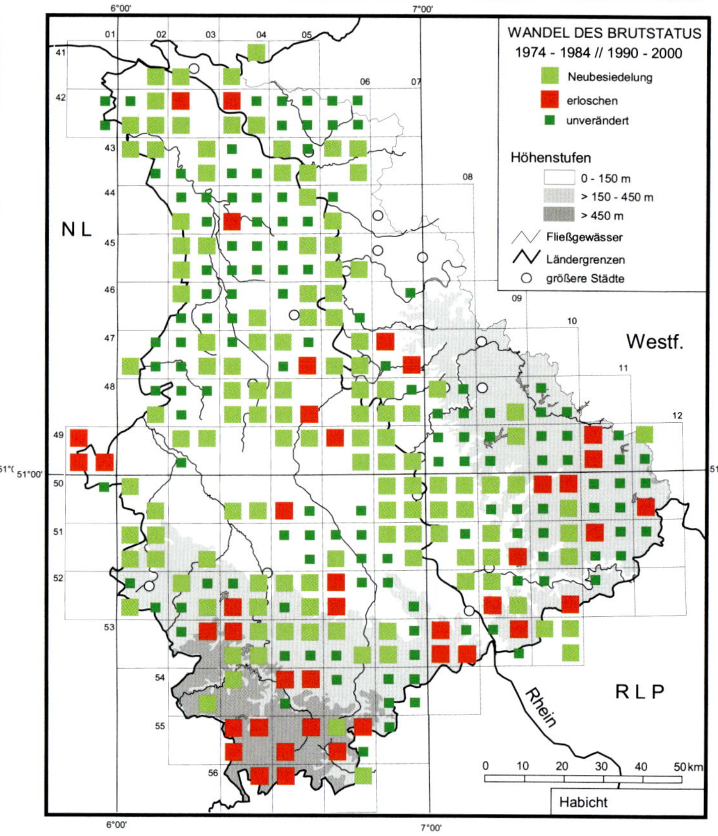

Arealveränderung zwischen 1974-84 und 1990-2000

BRUTVERBREITUNG

Der Habicht ist ein weit verbreiteter Brutvogel in Europa und Asien. Er besiedelt zunehmend die abwechslungsreiche Kulturlandschaft mit Feldgehölzen, kleinen Wäldern und offenen Grünlandflächen. Bruten erfolgen neuerdings auch in städtischen Parkanlagen, z. B. in Köln und Düsseldorf. Alle naturräumlichen Einheiten des Rheinlandes sind besiedelt, mit größeren Lücken in der ausgeräumten Ackerbörde und den geschlossen bewaldeten Hochlagen der Mittelgebirge. Da der Habicht zur Brutzeit sehr heimlich ist, sind vor allem in den großen Waldgebieten Erfassungslücken anzunehmen. Die Verbreitung nimmt großräumig mit der Waldverteilung von den NL (RF = 57 %) über das Rheinland (RF = 72,6 %) nach Westfalen (RF = 90 %) zu (SOVON 2002, NWO 2002).

AREALVERÄNDERUNGEN

Nach Einführung der ganzjährigen Schonzeit im Jahre 1970 wurden in NRW und dem übrigen Mitteleuropa starke Zunahmen der Brutbestände festgestellt und der Habicht erreichte Siedlungsdichten zwischen vier und 25 BP/100 km² (Mildenberger 1982, AG Greifvögel 2002, NWO 2002). Diese Zunahme hielt bis Ende der 1980er Jahre an und anschließend haben sich die Bestände auf relativ hohem Niveau stabilisiert oder gingen leicht zurück (AG Greifvögel 2002). Gegenüber 1974-1984 wurde in der zweiten Kartierung 1990-2000 eine weitere statistisch signifikante Arealerweiterung um über 50 % beobachtet, obwohl im südlichen Rheinland zahlreiche Quadranten nicht mehr besetzt waren. Das heisst, die positive Entwicklung betrifft vor allem die Tieflagen, wo der Habicht zunehmend auch in die anthropogenen Siedlungsbereiche einwandert, z. B. im Stadtgebiet von Köln (200 km²) stieg der Bestand von drei Brutpaaren (1989) auf 23 Brutpaare (1996) an (Würfels 1999). In der Niederrheinischen Bucht nahm die Territoriendichte von 1981 bis 1998 ebenfalls leicht zu (Kostrzewa et al. 2000). Nach den Kartierungsergebnissen und Bestandsangaben der AG Greif-

Bilanz der Brutvogelkartierung:

Kategorie [BP]	GF	RF %	Minimum [BP]
1-10	274	66,3	274
Brutverdacht	17	4,1	
Summe	**291**	**70,5**	**274**

Vergleich der Kartierung von 1974-1984 mit 1990-2000:

Kategorie	GF	%	RF %
1 - Nur 1974-84	42	14,0	10,7
2 - Nur 1990-2000	129	43,0	32,8
3 - Gemeinsame GF	129	43,0	32,8
1974-84: 1 & 3	171		43,5
1990-2000: 2 & 3	258		65,6
Veränderung	+87 (+51%)		+22,1

Die Zunahme ist statistisch signifikant (4-Felder X^2-Test***; Vorzeichentest*; McNemar-Test***). Identitäts-Index (nach Scherner 1982): 0,61.

VÖGEL (2002) ergibt sich im Rheinland ein geschätzter Bestand von 520-640 Paaren (0,6 - 0,7 BP/10 km² bezogen auf die besiedelte Fläche). Generell ist die Siedlungsdichte in den großen Waldgebieten höher als in mosaikartiger Parklandschaft (KRÜGER & STEFFNER 1996, AG GREIFVÖGEL 2002). Ähnlich starke Zunahmen wurden bis Mitte der 1990er Jahre auch in den Niederlanden festgestellt; nachfolgend kam es auch hier zu leichten Rückgängen (SOVON 2002).

WINTERVERBREITUNG

Da der Habicht im Rheinland überwiegend Standvogel ist, gleicht die Winterverbreitung erwartungsgemäß der Brutverbreitung, zumal die Reviere oft bereits im Januar besetzt werden (MILDENBERGER 1982). Ein schwacher Zuzug aus nördlichen Regionen, dispergierende Brutvögel und die leichtere Erfassbarkeit führen lokal zu etwas höheren Habichtdichten (d. h. >10 Habichte/TK-Quadrant). Auch im Winter sind Erfassungsdefizite besonders in den schwer zugänglichen Hochlagen der Mittelgebirge anzunehmen.

Bilanz der Winterkartierung:

Kategorie [Ex.]	GF	RF %
1-10	257	68,4
11-20	4	1,0
Summe	**261**	**69,4**

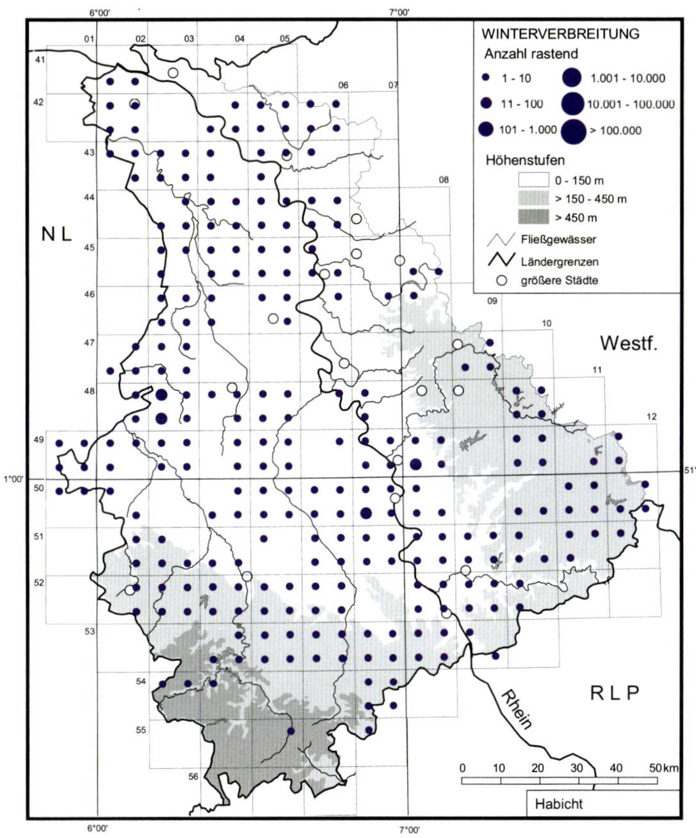

Winterverbreitung 1990-2000

Habicht, *Accipiter gentilis,* Männchen. Foto: JUHA NIEMI

Sperber *Accipiter nisus*

Status: Brutvogel, Durchzügler, Wintergast

Gefährdung:
Rote Liste N (nicht gefährdet)
Non-SPEC (nicht gefährdet)

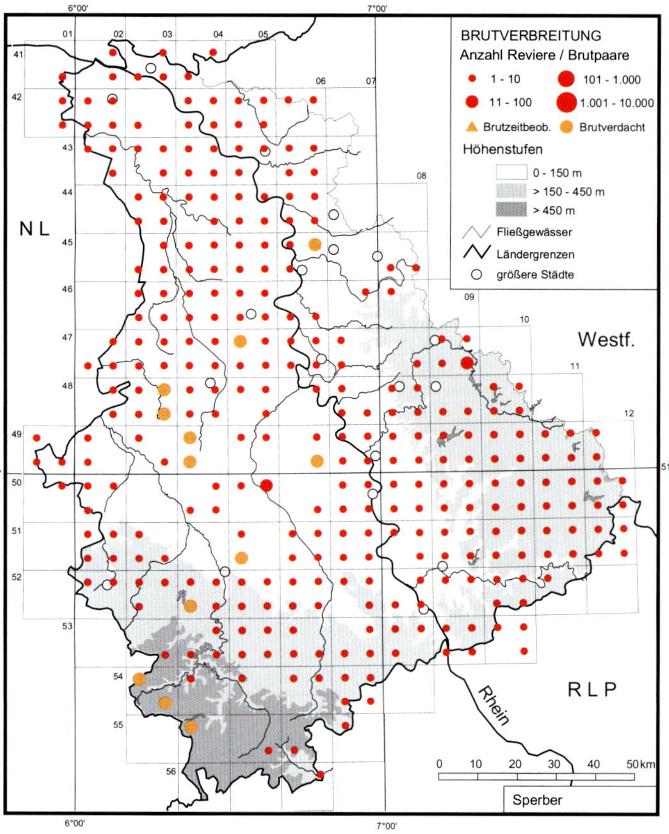

Brutverbreitung 1990-2000

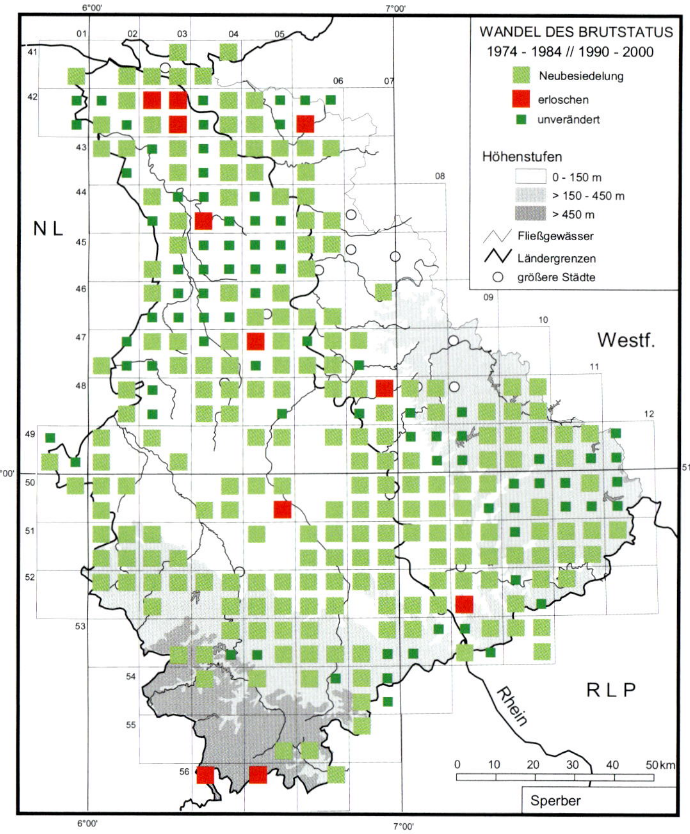

Arealveränderung zwischen 1974-84 und 1990-2000

BRUTVERBREITUNG

Der Sperber besiedelt Gitterfelder, die eine reichhaltige Strukturierung aufweisen, in der sich Wälder und Feldgehölze mit offenen Bereichen abwechseln. Die Horststandorte befinden sich fast ausschließlich in Fichten- oder Kiefernwäldern (MILDENBERGER 1982). Die intensiv genutzte Ackerbörde, z. B. in der Kölner Bucht, die mancherorts kaum noch Feldgehölze aufweist, wird vom Sperber gemieden. Deutliche (Erfassungs-?) Lücken sind auch in den Hochlagen der Eifel evident. Städtische Areale mit größeren Parkanlagen werden inzwischen ebenfalls besiedelt. Insgesamt ist der Sperber weit verbreitet und in allen Naturräumen vertreten. Dies wurde auch in Westfalen beobachtet, wo eine noch weitere Verbreitung (RF = 96 %) ermittelt wurde (NWO 2002).

Bilanz der Brutvogelkartierung:

Kategorie [BP]	GF	RF %	Minimum [BP]
1-10	307	74,3	307
11-100	2	0,5	22
Brutverdacht	12	2,9	
Summe	**321**	**77,7**	**329**

AREALVERÄNDERUNGEN

Seit Mitte der 1950er Jahre ging der Bestand im gesamten Rheinland stark zurück, lokal bis zum völligen Verschwinden (MILDENBERGER 1982). Gegenüber der Kartierung 1974-84 hat sich das Verbreitungsareal um 214 % statistisch signifikant erhöht. Lag die Rasterfrequenz damals bei ca. 25 %, so ist sie inzwischen auf über 75 % angestiegen. Der geschätzte Brutbestand liegt zwischen 650 und 1.200 Paaren (0,6 - 1,1 BP/10 km² bezogen auf die besiedelte Fläche) und hat sich somit in den letzten zwanzig Jahren fast verzehnfacht (1979: 90-120 Brutpaare; MILDENBERGER 1982). Eine ähnliche Zunahme (s. S. 24-26 für mögliche Ursachen) wurde vielerorts in Europa festgestellt: In den Niederlanden liegt die Rasterfrequenz bei 80 % und die Zahl der Brutpaare bei 4.000-5.000 BP; es wurde eine vierfache Zunahme seit 1973-77 nachgewiesen (SOVON 2002).

Vergleich der Kartierung von 1974-1984 mit 1990-2000:

Kategorie	GF	%	RF %
1 - Nur 1974-84	11	3,7	2,8
2 - Nur 1990-2000	208	69,3	52,9
3 - Gemeinsame GF	81	27,0	20,6
1974-84: 1 & 3	92		23,4
1990-2000: 2 & 3	289		73,5
Veränderung	+197 (+214%)		+50,1

Die Zunahme ist statistisch signifikant (4-Felder X^2-Test***; Vorzeichentest*; McNemar-Test***). Identitäts-Index (nach SCHERNER 1982): 0,50.

WINTERVERBREITUNG

Die Winterverbreitung entspricht im wesentlichen der Brutverbreitung, jedoch werden die tiefer gelegenen Areale unter 200 m NN etwas stärker besiedelt als die Lagen über 450 m NN. Die Beobachtungen konzentrieren sich vor allem zwischen Schwalm und Rur sowie im Erfttal. Ähnlich wie beim Habicht sind in den höheren Lagen der Mittelgebirge Erfassungslücken nicht auszuschließen. Gegenüber der Winterkartierung 1983-86 ist die Rasterfrequenz von 69 % (auf TK25 Ebene) auf über 81 % angestiegen. Diese im Vergleich zur Brutzeit etwas höheren Zahlen im Winter dürften auf umherstreifende Jungvögel und zum Teil auch auf Zu- bzw. Durchzügler aus ost- und nordeuropäischen Brutgebieten zurückgehen, was durch Ringfunde fennoskandinavischer Vögel schon früher belegt wurde (MILDENBERGER 1982).

Bilanz der Winterkartierung:

Kategorie [Ex.]	GF	RF %
1-10	302	77,8
11-20	16	4,1
Summe	**318**	**81,9**

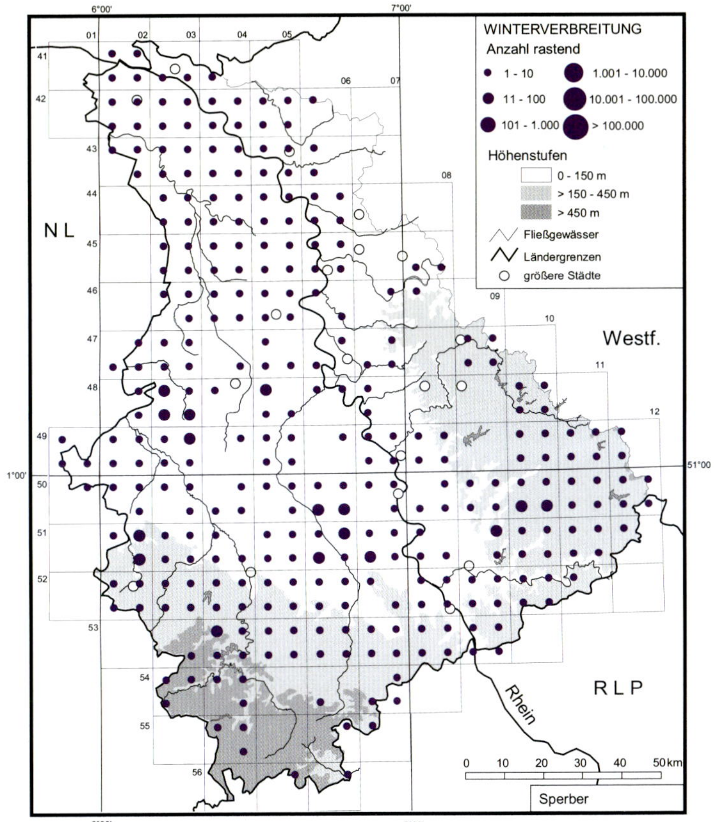

Winterverbreitung 1990-2000

Sperber, *Accipiter nisus,* Männchen.
Foto: CHRISTIAN WOLF

Turmfalke *Falco tinnunculus*

Status: Jahresvogel

Gefährdung:
Rote Liste N (nicht gefährdet)
SPEC 3 (zurückgehend)

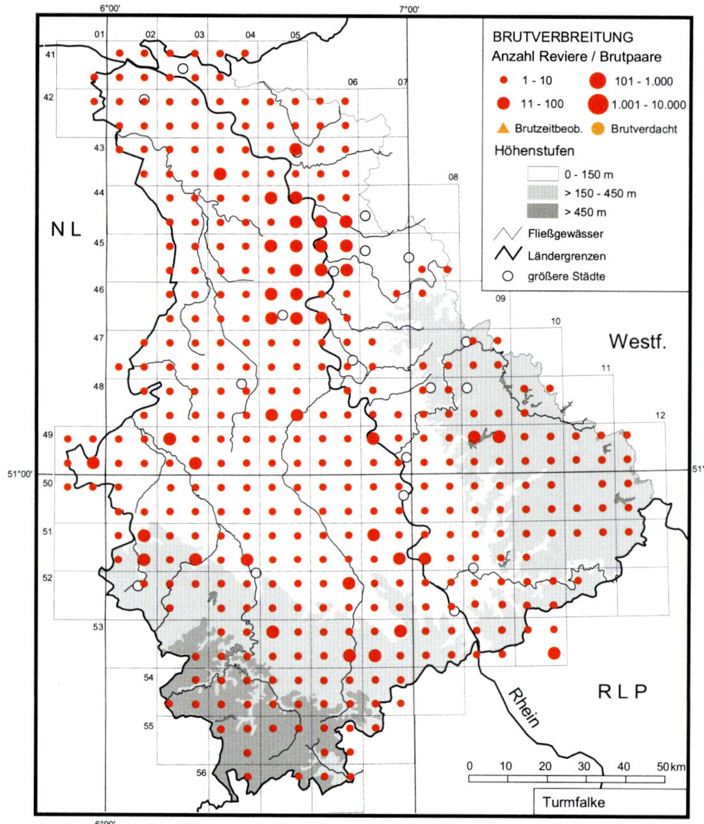

Brutverbreitung 1990-2000

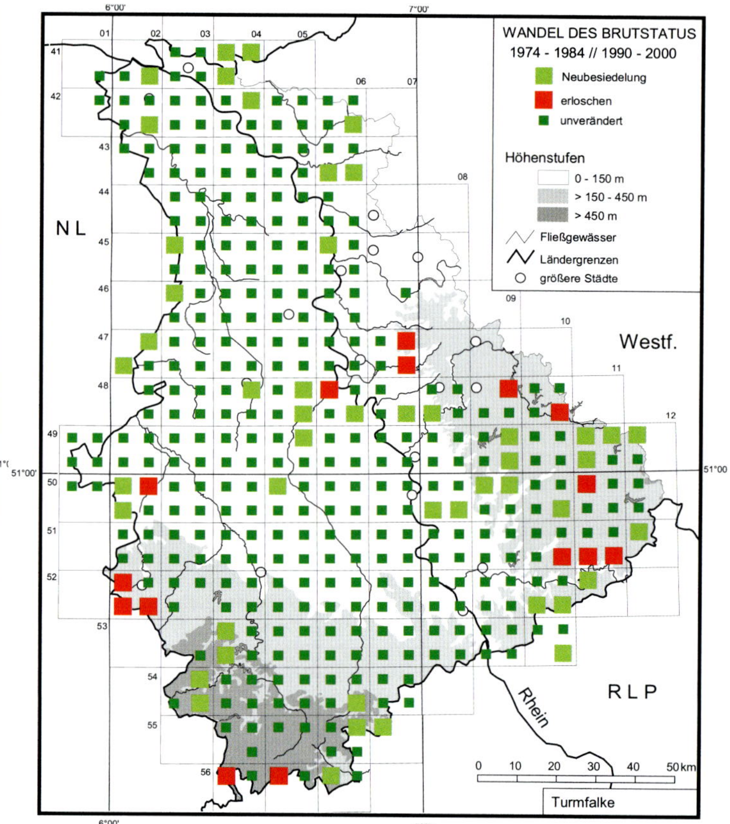

Arealveränderung zwischen 1974-84 und 1990-2000

BRUTVERBREITUNG

Der Turmfalke ist nach dem Mäusebussard der verbreitetste Greifvogel im Rheinland, vor allem in Gitterfeldern mit ausgeprägter Mosaikstruktur, in denen der Anteil menschlicher Siedlungen (20 %), Grünland und Ackerbau (60-70 %) den Waldanteil (10-25 %) überwiegt (MILDENBERGER 1982). Deshalb fehlt die Art teilweise in Rastern mit ausgedehnten Waldgebieten, wie man sie in den Hochlagen von Eifel und Bergischem Land antrifft. Ein deutlicher Verbreitungsschwerpunkt liegt im Rheintal zwischen Duisburg und Wesel. Mit 92-98 % ist der Turmfalke in den Nachbarregionen Westfalens und der NL ähnlich weit verbreitet (NWO 2002, SOVON 2002).

AREALVERÄNDERUNGEN

Obwohl der Turmfalke bereits bei der Kartierung 1974-84 eine hohe Rasterfrequenz von 88 % aufwies, hat die Art inzwischen ihr Areal noch etwas erweitern können und erreicht nun einen Verteilungsgrad von über 90 %. Es ergibt sich ein Brutbestand von schätzungsweise 1.500-2.000 Paaren (1,2 - 1,6 BP/10 km² bezogen auf die besiedelte Fläche). In den Niederlanden wurde in den 1970er Jahren eine Bestandszunahme festgestellt, die sich in den letzten Jahren jedoch durch Landschaftsveränderungen, Verfolgung durch Beutegreifer sowie durch nahrungs- und witterungsbedingte Schwankungen (schlechte Mäusejahre) lokal umkehrte (SOVON 2002). Derartige Schwankungen konnten auch im Rheinland festgestellt werden, insgesamt scheinen die Bestände jedoch überwiegend stabil und haben sich seit Anfang der 1980er Jahre (1.500-1.800 Brutpaare) kaum verändert (MILDENBERGER 1982). Lokal kam es durch Intensivierung der Landwirtschaft auch in NRW zu Rückgängen (NWO 2002).

Bilanz der Brutvogelkartierung:

Kategorie [BP]	GF	RF %	Minimum [BP]
1-10	340	82,3	340
11-20	40	9,7	440
Summe	**380**	**92,0**	**780**

Vergleich der Kartierung von 1974-1984 mit 1990-2000:

Kategorie	GF	%	RF %
1 - Nur 1974-84	15	3,9	3,8
2 - Nur 1990-2000	48	12,5	12,2
3 - Gemeinsame GF	320	83,6	81,4
1974-84: 1 & 3	335		85,2
1990-2000: 2 & 3	368		93,6
Veränderung	+33 (+9,8%)		+8,4

Die Zunahme ist statistisch signifikant (4-Felder X^2-Test***; Vorzeichentest*; McNemar-Test***). Identitäts-Index (nach SCHERNER 1982): 0,91.

WINTERVERBREITUNG

Die Winterverbreitung entspricht weitgehend der Brutverbreitung. Die Hochlagen der Mittelgebirge werden teilweise geräumt (Erfassungslücken im Bergischen Land) und die Vögel konzentrieren sich in den klimatisch günstigeren Tieflagen, z. B. Köln-Aachener Bucht bis zur Schwalm- und Niers-Niederung. In kalten Wintern kann ein Zuzug aus anderen Teilen Europas erfolgen. Gegenüber der Kartierung 1983-86 wurden keine nennenswerten Unterschiede festgestellt.

Bilanz der Winterkartierung:

Kategorie [Ex.]	GF	RF %
1-10	250	64,9
11-30	103	26,8
Summe	**353**	**91,7**

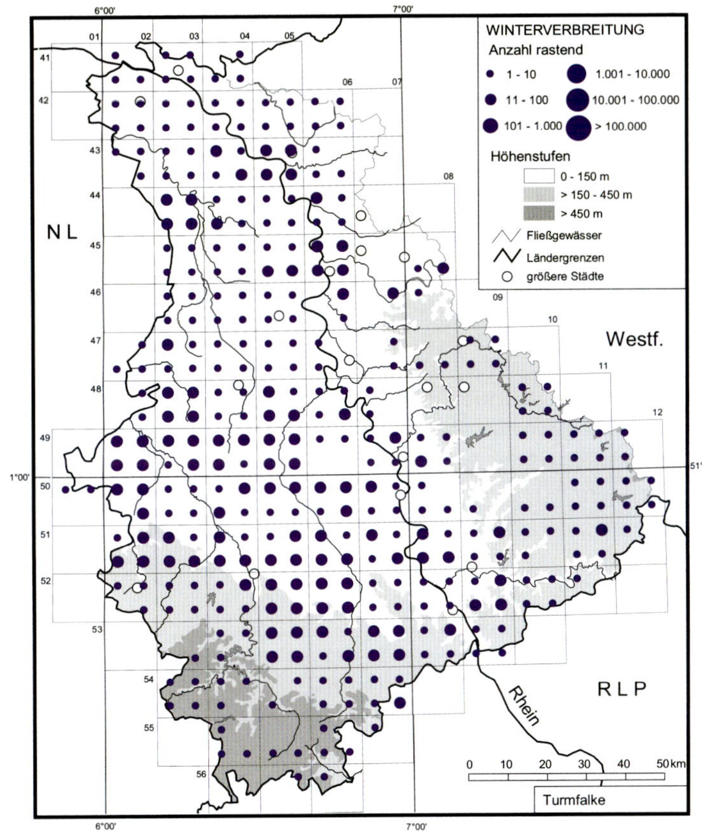

Winterverbreitung 1990-2000

Turmfalke, *Falco tinnunculus*. Foto: MATHIAS SCHÄF

Merlin *Falco columbarius*

Status: Durchzügler, Wintergast

Gefährdung:
Non-SPEC (nicht gefährdet)

WINTERVERBREITUNG

In Europa überwintern Merline südlich des 60. Breitengrades. Im Rheinland tritt die Art regelmäßig im Winterhalbjahr auf, insbesondere in offener aber strukturierter Agrarlandschaft mit einem reichhaltigen Nahrungsangebot (Kleinvögel; MILDENBERGER 1982). So befinden sich die Schwerpunkte am nördlichen Eifelrand (Zülpicher Börde), im Rheintal, zwischen Schwalm und Niers sowie lokal am Unteren Niederrhein. Im Kartierungszeitraum liegen aus 50 Gitterfeldern (RF = 12,9 %) Beobachtungen von 1-2 Individuen vor, wobei es sich zum Einen um Durchzügler und zum Anderen in geringerer Zahl um echte Überwinterer handelt. In den meisten Gitterfeldern gelingen Nachweise nicht in jedem Jahr. Gegenüber der Kartierung 1983-86 ist keine auffällige Veränderung festzustellen. In den nahen Niederlanden überwintern mehrere hundert Merline; auch hier scheinen die Winterbestände weitgehend konstant zu sein (BIJLSMA et al. 2001).

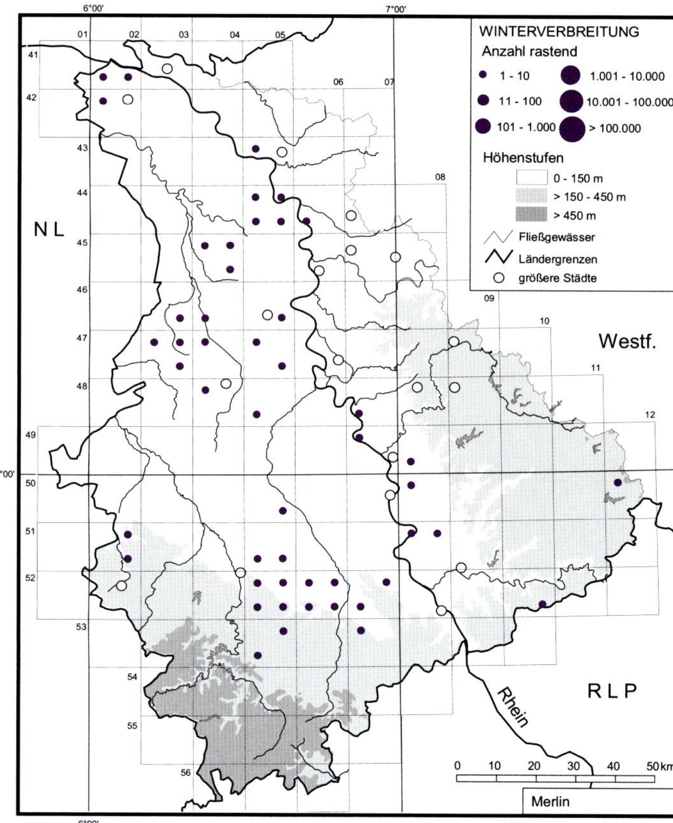

Winterverbreitung 1990-2000

Baumfalke, *Falco subbuteo*, diesjährig. Foto: MATHIAS SCHÄF

Baumfalke *Falco subbuteo*

Status: Brutvogel, Durchzügler

Gefährdung:
Rote Liste 3 (gefährdet)
Non-SPEC (nicht gefährdet)

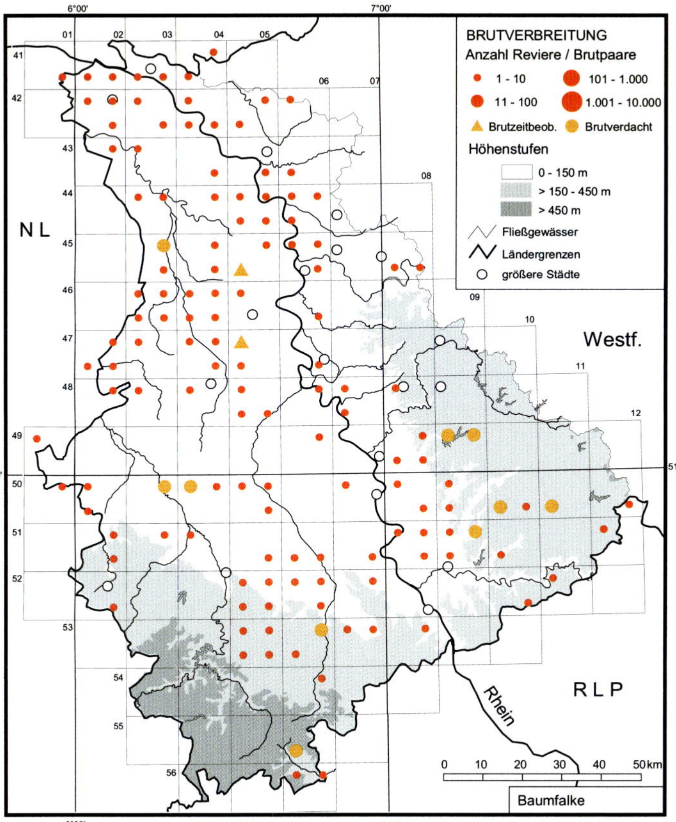

Brutverbreitung 1990-2000

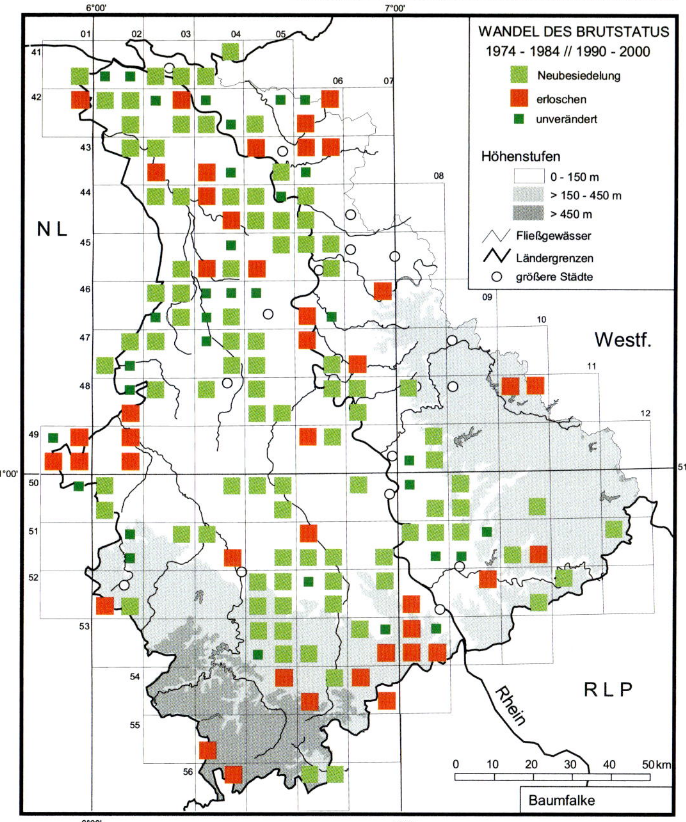

Arealveränderung zwischen 1974-84 und 1990-2000

BRUTVERBREITUNG

Der Baumfalke brütet verbreitet in Mitteleuropa und Asien. Im Rheinland werden besonders Gitterfelder, in denen sich lichte Wälder, Feldgehölze und Baumgruppen mit offenem Gelände abwechseln, sowie Parklandschaften besiedelt. Die Art fehlt in der baumarmen Ackerbörde der Kölner Bucht, sowie in weiten Teilen der geschlossen bewaldeten, niederschlagsreicheren Mittelgebirgslagen. Die Schwerpunkte des Vorkommens liegen im Rheintal und am Eifelnordrand zwischen Erft und Rur sowie an Schwalm, Nette und Niers. Damit ist der Baumfalke im Rheinland ähnlich weit verbreitet wie in Westfalen (RF = 33 %), während in den NL ein deutlich höherer Verteilungsgrad (RF = 63 %) erreicht wurde (NWO 2002, SOVON 2002). Da die Art zur Brutzeit recht heimlich ist, sind Erfassungsdefizite nicht auszuschließen.

AREALVERÄNDERUNGEN

Im Vergleich zur Kartierung 1974-84 wurde eine statistisch signifikante Zunahme der Anzahl besetzter Gitterfelder um 66 % festgestellt. Die jährlichen Brutbestände fluktuieren relativ stark (AG Greifvögel 1996) und viele Gitterfelder sind nicht in jedem Jahr besetzt. In NRW wurden 1991 auf 82 TK25 durchschnittlich 1,36 BP/100 km² ermittelt, woraus ein maximaler Landesbestand von 474 Brutpaaren hochgerechnet wurde (AG Greifvögel 1997). Für das Rheinland ergibt sich ein geschätzter Bestand von 110-200 Brutpaaren (0,2 - 0,4 BP/10 km² bezogen auf die besiedelte Fläche) und nachdem in der zweiten Hälfte des 20. Jahrhunderts vielfach von Rückgängen berichtet wurde (Mildenberger 1982), scheinen sich die Bestände zumindest stabilisiert zu haben. In den Niederlanden kam es regional zu Bestandszunahmen; in anderen Regionen wurden rückläufige Bestände gemeldet (SOVON 2002). Als Gefährdungsursachen werden u. a. Lebensraumverschlechterungen (Flurbereinigung, Pestizidbelastung) sowie Verluste in den Durchzugs- und Überwinterungsgebieten genannt.

Bilanz der Brutvogelkartierung:

Kategorie [BP]	GF	RF %	Minimum [BP]
1-10	128	31,0	128
Brutverdacht	12	2,9	
Summe	**140**	**33,9**	**128**

Vergleich der Kartierung von 1974-1984 mit 1990-2000:

Kategorie	GF	%	RF %
1 - Nur 1974-84	43	25,9	10,9
2 - Nur 1990-2000	92	55,4	23,4
3 - Gemeinsame GF	31	18,7	7,9
1974-84: 1 & 3	74		18,8
1990-2000: 2 & 3	123		31,3
Veränderung	+49 (+66%)		+12,5

Die Zunahme ist statistisch signifikant (4-Felder X^2-Test***; Vorzeichentest*; McNemar-Test***). Identitäts-Index (nach Scherner 1982): 0,32.

Wanderfalke *Falco peregrinus*

Status: Brutvogel, Durchzügler, Wintergast

Gefährdung:
Rote Liste 1 (vom Aussterben bedroht)
Non-SPEC (nicht gefährdet)

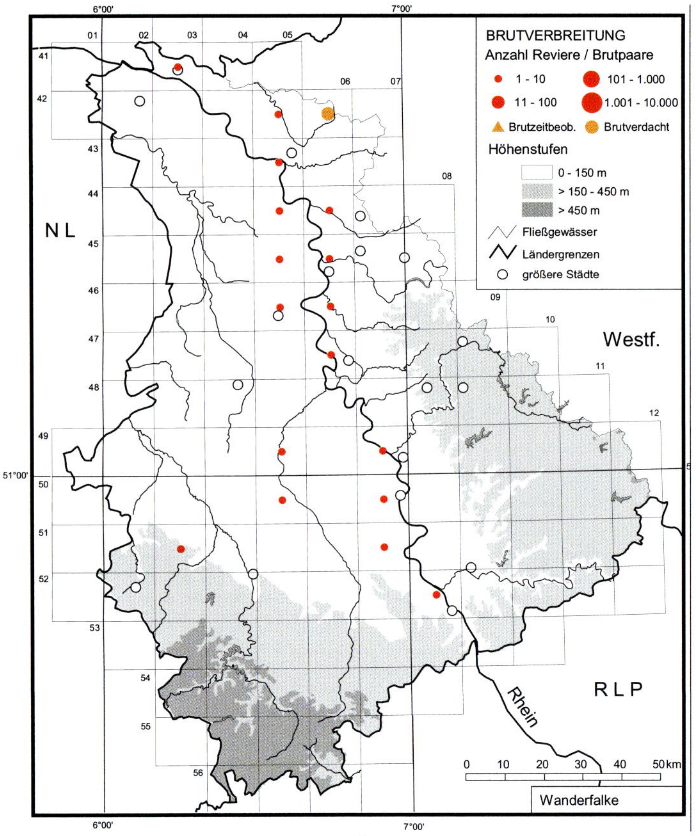

Brutverbreitung 1990-2000#2

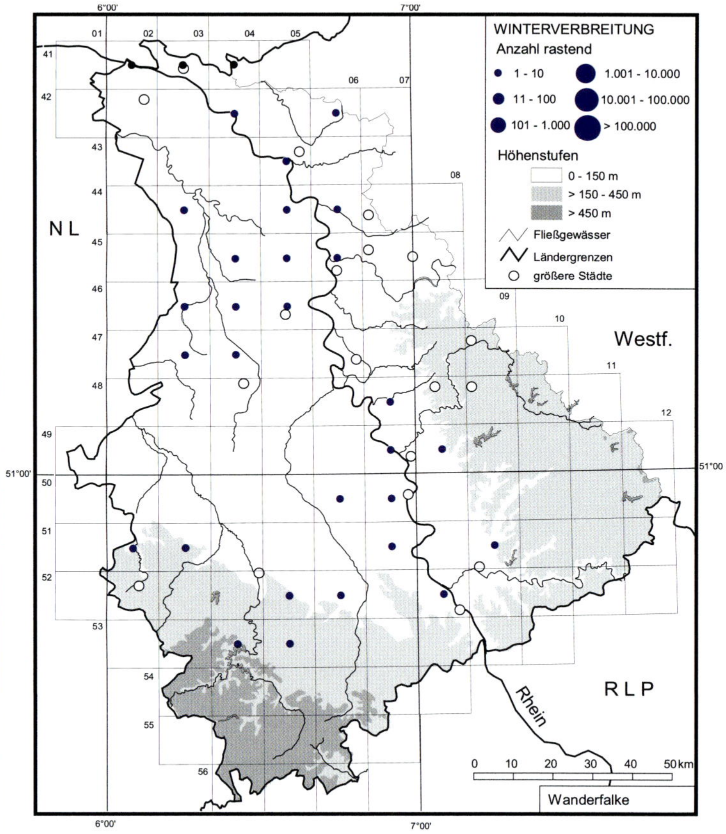

Winterverbreitung 1990-2000#2

BRUTVERBREITUNG und AREALVERÄNDERUNGEN#1

Die Brutvorkommen des Wanderfalken im Rheinland erloschen in den 1960er Jahren, nachdem die Art vorher durch Verfolgung und Pestizide über Jahrzehnte dezimiert worden war (MILDENBERGER 1982, WEGNER 1994). In ganz Mitteleuropa haben sich die Bestände seit den 1970er Jahren kontinuierlich erholt. Die Wiederbesiedlung des Rheinlandes begann mit Aussetzungsaktionen am Kölner Dom ab 1984, nachdem erste Versuche 1979 gescheitert waren (WEGNER 1994). In Nordrhein brüteten 2004 bereits wieder 40 BP (AGW-NRW), also mehr als zu Beginn des 20. Jahrhunderts im gesamten Rheinland inkl. der rheinland-pfälzischen Bereiche (30-35 Horstplätze; MILDENBERGER 1982). Die Brutvorkommen befanden sich vor allem in den größeren Flusstälern von Rhein, Erft und Rur. Im Gegensatz zu früher liegen die meisten Brutplätze (95 %) heute an Gebäuden (Kirchen, Kühltürme, Fernsehtürme, Brücken) und seltener an Naturfelsen. Die Bestandsentwicklung verlief besonders im Kartierungszeitraum sehr positiv und die ARBEITSGEMEINSCHAFT WANDERFALKENSCHUTZ in NRW ermittelte 1990 ein Brutpaar (vier ausgeflogene juv.), 1995 waren es 11 BP (20 juv.) und 2000 dann 25 Bp. mit 49 ausgeflogenen Jungfalken im Rheinland (Regierungsbezirke Köln und Düsseldorf). Man kann damit rechnen, dass die Bestände auch zukünftig weiter wachsen.

Die Herkunft der Wanderfalken ist durch Ringablesungen gut dokumentiert. Nach einer "Initialzündung" durch die Auswilderung gezüchteter und beschlagnahmter Wanderfalken erfolgte der Populationsaufbau im Wesentlichen (>60 %) durch Zuwanderungen aus angrenzenden Regionen (Ringfunde von Altfalken - überwiegend Weibchen - u. a. aus Rheinland-Pfalz, Baden-Württemberg, Ostdeutschland, von der Nordseeküste und den Niederlanden liegen vor; AG WANDERFALKENSCHUTZ in lit.).

Genetische Untersuchungen haben gezeigt, dass bei den mitteleuropäischen Wanderfalken zwei genetische Linien vertreten sind (GERLACH & WINK 2004): Erwartungsgemäß *F. p. peregrinus*, aber überraschenderweise auch *F. p. brookei* aus dem Mittelmeergebiet. Inwieweit diese Unterarten im Rheinland vertreten sind und sich bereits vermischt haben, müssen weitere Untersuchungen zeigen.

Bilanz der Brutvogelkartierung:

Kategorie [BP]	GF	RF %
1-3	18	4,4
Brutverdacht	1	0,3
Summe	**19**	**4,7**

#1 Die ARBEITSGEMEINSCHAFT WANDERFALKENSCHUTZ NRW im NABU Landesverband NRW (AGW-NRW) stellte wichtige Informationen zu Brutverbreitung und Bestandsentwicklung zur Verfügung

#2 bezogen auf TK25-Ebene

WINTERVERBREITUNG

Die Winterverbreitung ist deutlich größer als die Brutverbreitung und geht einerseits auf umherstreifende Brutvögel (besonders die Jungvögel) und andererseits in geringem Ausmaß auf Durchzügler und Wintergäste aus Nord- und Osteuropa zurück. Wie zur Brutzeit ist auch im Winter eine deutliche Zunahme zu beobachten: 1983-86 wurde der Wanderfalke nur in drei Rastern festgestellt, 1990-2000 dagegen in 31 (RF = 23,5 %). Im Rheinland halten sich im Winterhalbjahr schätzungsweise 100-160 Exemplare auf. In den Niederlanden überwinterten in den letzten Jahren um die 200 Wanderfalken (BIJLSMA et al. 2001).

Bilanz der Winterkartierung:

Kategorie [Ex.]	GF	RF %
1-5	31	7,5

Wanderfalke, *Falco peregrinus,* Jungvogel. Foto: MATHIAS SCHÄF

Haselhuhn *Bonasa bonasia*

Status: Jahresvogel

Gefährdung:
Rote Liste 1 (vom Aussterben bedroht)
Non-SPEC (nicht gefährdet)

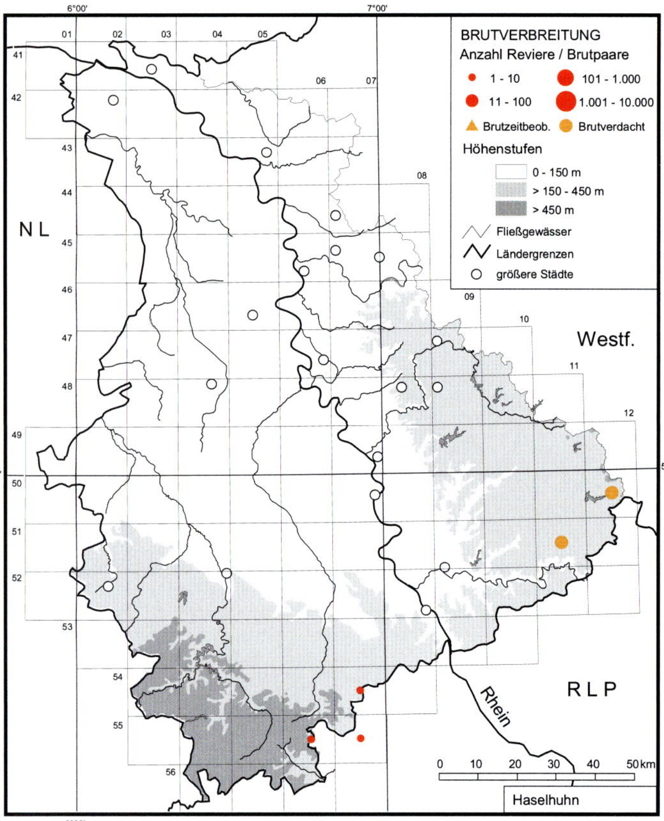

Brutverbreitung 1990-2000#

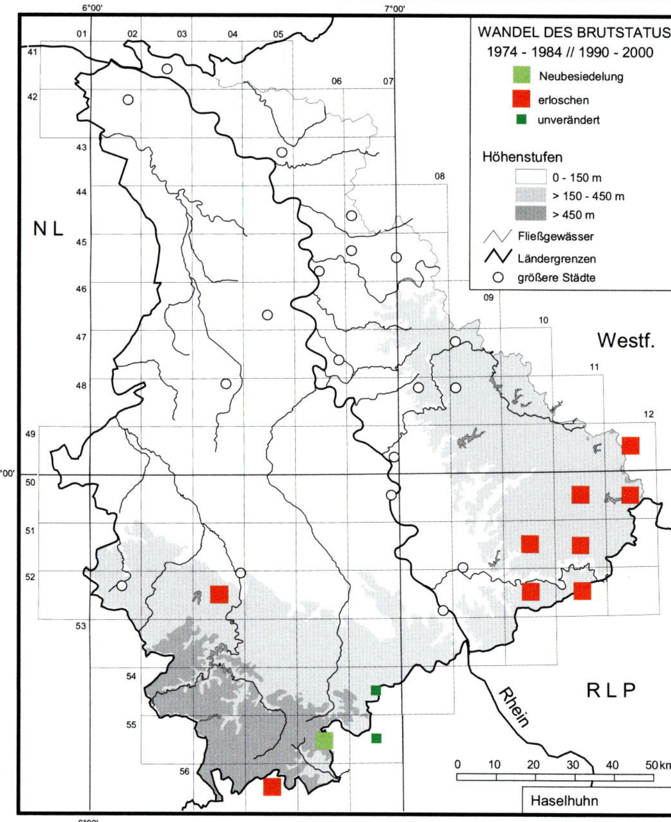

Arealveränderung zwischen 1974-84 und 1990-2000#

BRUTVERBREITUNG

Das Haselhuhn besiedelt in Deutschland die Mittelgebirge, wie das Rheinische Schiefergebirge, den Schwarzwald und den alpinen Bereich. Aufgrund seiner Seltenheit und heimlichen Lebensweise sind Verbreitung und Bestand mit den herkömmlichen Atlasmethoden nicht hinreichend zu erfassen. Im Rheinland liegen die Brutvorkommen in Rastern mit hohem Niederwaldanteil in sonnigen Hanglagen, wie man sie an den Hängen von Ahr, Our oder Mosel vorfindet (MILDENBERGER 1982). Nur in wenigen Rastern (n = 5, RF = 1,3 %) von Eifel und Bergischem Land wurden noch Haselhuhn-Reviere festgestellt (vgl. KLAUS & BERGMANN 2004).

AREALVERÄNDERUNGEN

Die rheinischen Bestände sind bereits seit der ersten Hälfte des 20. Jahrhunderts stark rückläufig, was sich besonders in den Randbereichen des Verbreitungsgebietes (Nordeifel, Bergisches Land) bemerkbar machte, während sich die Situation in den Verbreitungszentren in den 1960er Jahren auf niedrigerem Niveau stabilisiert zu haben schien (MILDENBERGER 1982). Im Vergleich zur Kartierung 1974-84 wurde ein weiterer Arealverlust festgestellt, so dass ein Aussterben der Art in unserer Region befürchtet werden muss. Ursache ist vor allem der Verlust der Niederwälder durch Umwandlung in artenarme Hochwälder und exzessive Aufforstung mit Nadelhölzern sowie veränderter Feinddruck und zunehmende Beunruhigungen durch Freizeitaktivitäten (MILDENBERGER 1982, NWO 2002, KLAUS & BERGMANN 2004). Aufgrund der bereits erwähnten Schwierigkeiten bei der Erfassung, lassen sich keine verlässlichen aktuellen Bestandsangaben machen. NOTTMEYER-LINDEN et al. (1997) schätzten den nordrhein-westfälischen Bestand vorsichtig auf 15-25 Brutpaare, wovon 5-15 auf den Landesteil Nordrhein entfallen. Neuere Erfassungen gehen für Westfalen von 20-40 Brutpaaren aus (NWO 2002). Für den Zeitraum 1990-2004 wird der Bestand im gesamten Rheinischen Schiefergebirge auf deutlich unter 120 BP geschätzt und davon entfällt nur ein sehr geringer Teil auf das Rheinland und NRW (s. KLAUS & BERGMANN 2004).

WINTERVERBREITUNG

Da das Haselhuhn Standvogel ist, entspricht die Winterverbreitung weitgehend der Brutverbreitung. Auch hier gelten die gleichen Einschränkungen durch Erfassungsschwierigkeiten. 1990-2000 wurde die Art im Winterhalbjahr nur auf einem TK25-Raster (RF = 0,7 %) festgestellt.

Vergleich der Kartierung von 1974-84 mit 1990-2000:

Kategorie	GF	%	RF %
1 - Nur 1974-84	7	58,3	1,7
2 - Nur 1990-2000	1	8,30	0,3
3 - Gemeinsame GF	4	33,3	1,0
1974-84: 1 & 3	11		2,7
1990-2000: 2 & 3	5		1,3
Veränderung	-6 (-55%)		-1,4

Die Abnahme ist statistisch signifikant (4-Felder X^2-Test***; Vorzeichentest*; McNemar-Test***).

bezogen auf TK25

Wachtel *Coturnix coturnix*

Status: Brutvogel, Durchzügler

Gefährdung:
Rote Liste 2 (stark gefährdet)
SPEC 3 (dezimiert)

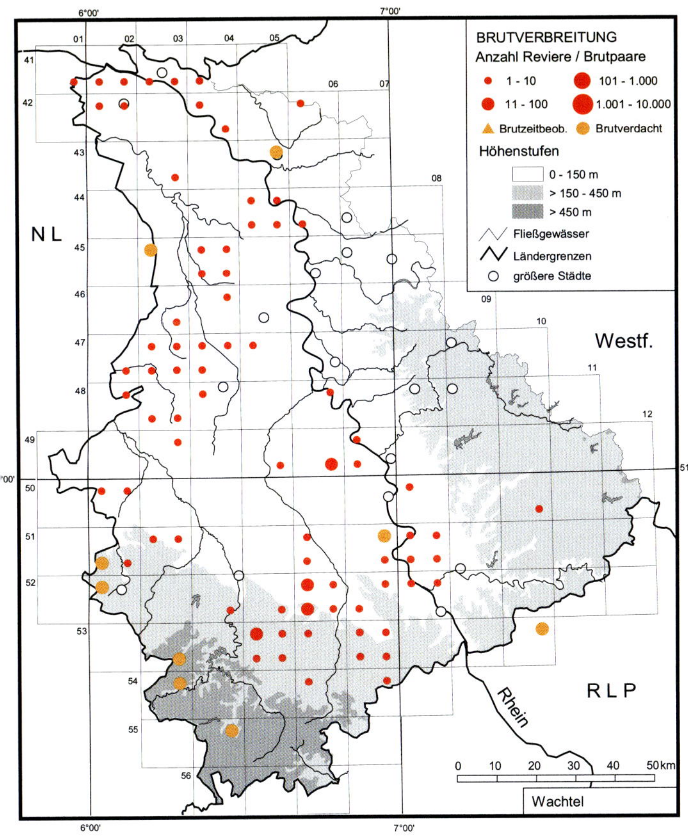

Brutverbreitung 1990-2000

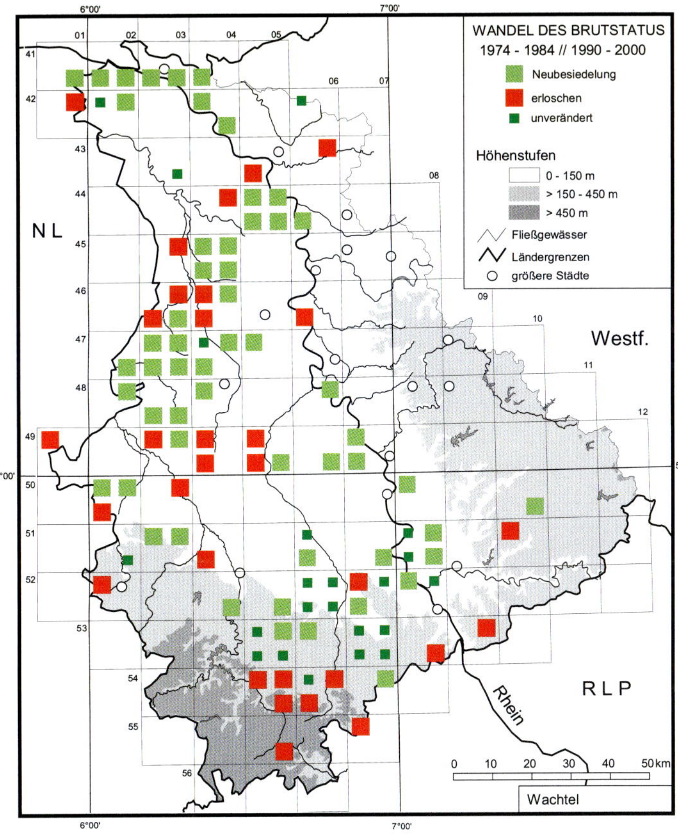

Arealveränderung zwischen 1974-84 und 1990-2000

BRUTVERBREITUNG

Die rheinischen Brutvorkommen befinden sich in Gitterfeldern mit weiträumig offener Feldlandschaft, insbesondere Ackerbaugebieten auf trockenen Böden. Die Wachtel besiedelt vor allem Gebiete unter 300 m NN, nur selten darüber. Im Rheinland liegen die Schwerpunkte der Verbreitung daher insbesondere am Eifelnordrand im Osten der Köln-Aachener Bucht, im Schwalm-Nette-Gebiet und am Unteren Niederrhein. Da die Wachtel schwierig zu erfassen ist, wurden ihre Brutvorkommen sicher unterschätzt. In Westfalen wurde eine vergleichbare Verbreitung (RF = 24 %) festgestellt (NWO 2002).

AREALVERÄNDERUNGEN

Gegenüber der Kartierung 1974-84 konnte eine signifikante Arealerweiterung um fast 50 % beobachtet werden. Nicht alle Gitterfelder sind in jedem Jahr besetzt (hohe Umsiedlungsrate, z. B. bedingt durch Fruchtwechsel; George 2001) und in manchen Jahren kommt es zu invasionsartigem Auftreten (z. B. 1994). Aufgrund des irregulären Vorkommens und jährlich stark schwankender Zahlen sind Bestandsschätzungen schwierig. In Invasionsjahren kann ein Brutbestand von 190-350 Paaren angenommen werden (0,07 - 0,12 BP/km^2 bezogen auf die besiedelte Fläche). Auch in den Niederlanden, Ostdeutschland und der Schweiz wurden in den letzten Jahrzehnten tendenziell Bestandszunahmen angenommen (Schmid et al. 1998, George 2001, SOVON 2002). Die Ursachen für die Fluktuationen sind komplex; Klimaschwankungen, Fruchtwechsel, Umsiedlungen, Polyandrie und Ereignisse in den Durchzugs- und Überwinterungsgebieten spielen eine Rolle (Mildenberger 1982, George 2001, Nabu 2004).

Bilanz der Brutvogelkartierung:

Kategorie [BP]	GF	RF %	Minimum [BP]
1-10	73	17,7	73
11-20	4	1,0	44
Brutverdacht	9	2,2	
Summe	**86**	**20,8**	**117**

Vergleich der Kartierung von 1974-1984 mit 1990-2000:

Kategorie	GF	%	RF %
1 - Nur 1974-84	31	28,7	7,9
2 - Nur 1990-2000	56	52,9	14,2
3 - Gemeinsame GF	21	19,4	5,3
1974-84: 1 & 3	52		13,2
1990-2000: 2 & 3	77		19,6
Veränderung	+25 (+48%)		+6,4

Die Zunahme ist statistisch signifikant (4-Felder X^2-Test*; Vorzeichentest*; McNemar-Test**). Identitäts-Index (nach Scherner 1982): 0,33.

Rebhuhn *Perdix perdix*

Status: Jahresvogel

Gefährdung:
Rote Liste 2 (stark gefährdet)
SPEC 3 (gefährdet)

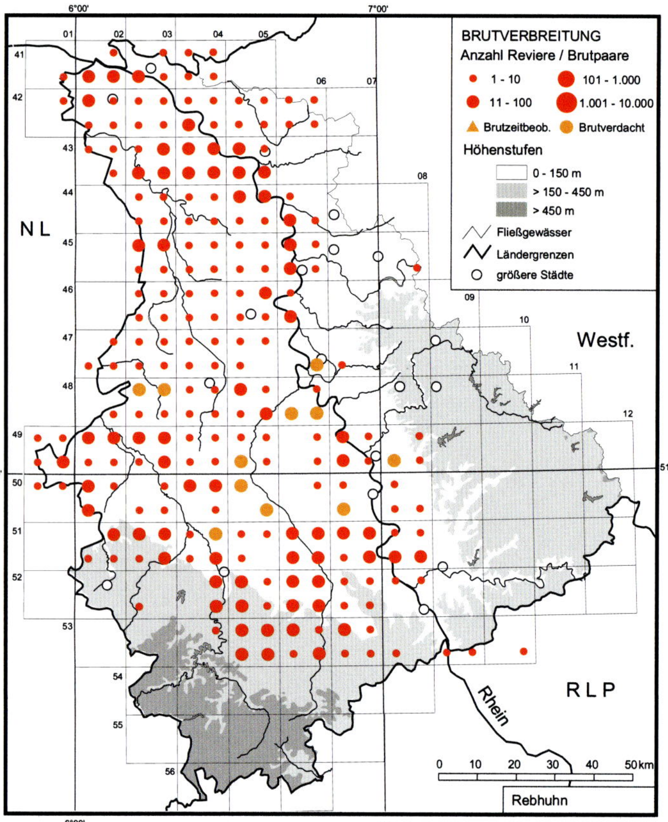

Brutverbreitung 1990-2000

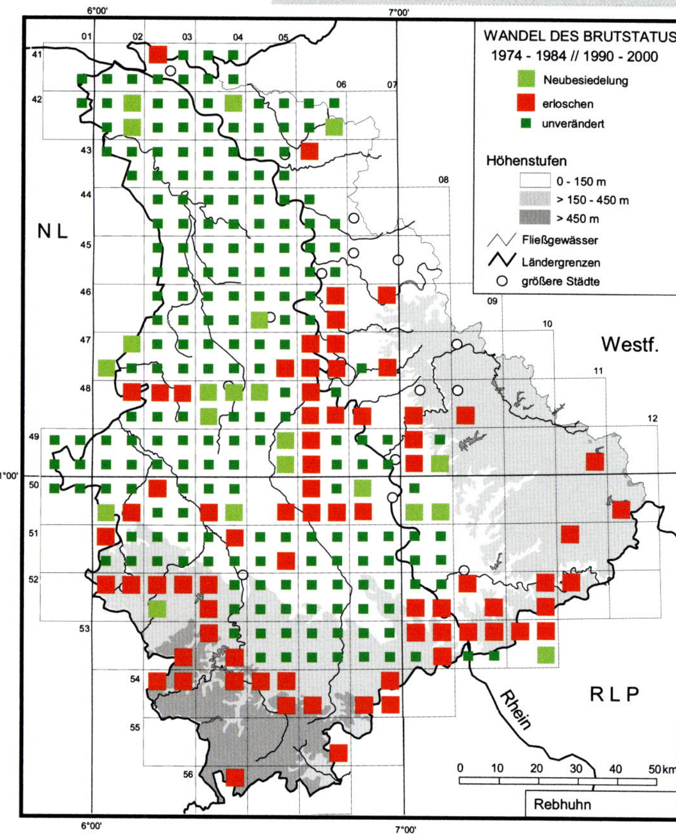

Arealveränderung zwischen 1974-84 und 1990-2000

BRUTVERBREITUNG

Der Schwerpunkt der Brutverbreitung liegt in Gitterfeldern mit ausgedehnten Ackerbau- und Grünlandbereichen sowie angrenzenden Brach- und Ruderalflächen der unteren und mittleren Höhenlagen. Mittelgebirgsbereiche über 350 m NN werden weitgehend gemieden. Auf der rechtsrheinischen Seite verläuft die Höhengrenze bereits bei 150 m NN. Der Verbreitungsschwerpunkt liegt im Bereich der Köln-Aachener Bucht und vom Unteren Niederrhein bis ins Nette- und Rurtal. Sowohl in Westfalen (RF = 72 %) als auch in den NL (RF = 66 %) ist die Art weiter verbreitet (NWO 2002, SOVON 2002).

AREALVERÄNDERUNGEN

Die Rebhuhnbestände sind in Europa seit Jahrzehnten stark rückläufig (Tucker & Heath 1994, Gregory et al. 2004). Dieser Trend wird seit den 1930er Jahren auch im Rheinland beobachtet (Mildenberger 1982) und die großflächige Rebhuhndichte ist seitdem auf ein Zehntel zurückgegangen (Eylert 2003). Im Vergleich zu den bereits reduzierten Beständen, die in der ersten Kartierung 1974-1984 erfasst wurden, hat es weitere signifikante Arealverluste um -18 % gegeben. Diese betreffen vor allem die Randbereiche der Verbreitung, z. B. in den schon immer schwächer besiedelten Mittelgebirgen (z. B. Skiba 1993). Am Unteren Niederrhein hat sich der Bestand nach starken Rückgängen auf niedrigem Niveau stabilisiert (Mooij 1997). Aus den Kartierungsdaten errechnet sich für Nordrhein ein geschätzter Bestand von 2.500-5.000 Brutpaaren (0,33 - 0,65 BP/km² bezogen auf die besiedelte Fläche), verglichen zu maximal 15.000 Brutpaaren für ganz NRW (Eylert 2003). Zwischen 1960 und 1977 betrug die jährliche, witterungsbedingt (kalte Winter, regnerische Frühjahre) schwankende Jagdstrecke in den Regierungsbezirken Köln und Düsseldorf 18.192-68.025 Exemplare (Mildenberger 1982) und die weiter negative Entwicklung bis zum Beginn des 21. Jahrhunderts dokumentiert den anhaltenden Rückgang (Eylert 2003). Die zunehmende Industrialisierung und veränderten landwirtschaftlichen Nutzungsweisen mit verstärktem Pestizideinsatz sind für die europaweiten Rückgänge verantwortlich (Potts 1986, SOVON 2002).

Bilanz der Brutvogelkartierung:

Kategorie [BP]	GF	RF %	Minimum [BP]
1-10	155	37,5	155
11-20	67	16,2	737
Brutverdacht	11	2,7	
Summe	**233**	**56,4**	**892**

Vergleich der Kartierung von 1974-1984 mit 1990-2000:

Kategorie	GF	%	RF %
1 - Nur 1974-84	73	24,7	18,6
2 - Nur 1990-2000	23	7,8	8,4
3 - Gemeinsame GF	199	67,5	50,6
1974-84: 1 & 3	272		69,2
1990-2000: 2 & 3	222		56,5
Veränderung	-50 (-18%)		-12,7

Die Abnahme ist statistisch signifikant (4-Felder X^2-Test**; Vorzeichentest*; McNemar-Test***). Identitäts-Index (nach Scherner 1982): 0,83.

WINTERVERBREITUNG

Da das Rebhuhn Standvogel ist, entspricht die Winterverbreitung weitgehend der Brutverbreitung, und die Schwerpunkte im Winter stimmen gut mit den Brutzeitvorkommen überein. Aufgrund der schwierigeren Erfassung im Winter bleibt die ermittelte Rasterfrequenz (RF = 53,4 %) etwas hinter der Brutzeit (RF = 59,1 %) zurück. Für einen umfangreicheren Zu- oder Abzug gibt es keine Anhaltspunkte; allerdings führen lange, schneereiche Winter zu einer erheblichen Reduktion des Brutbestandes im Folgejahr. Im Vergleich zur ersten Kartierung 1983-86 zeigen sich keine wesentlichen Unterschiede in der winterlichen Verbreitung.

Bilanz der Winterkartierung:

Kategorie [Ex]	GF	RF %
1-10	93	26,3
11-100	95	26,8
101-300	1	0,3
Summe	**189**	**53,4**

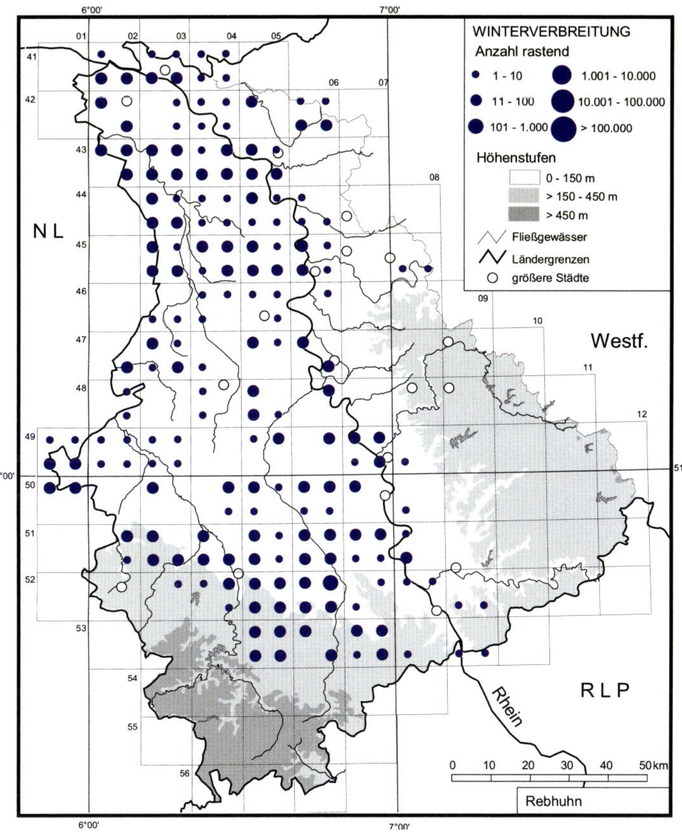

Winterverbreitung 1990-2000

Rebhuhn, *Perdix perdix*. Foto: MATHIAS SCHÄF

Fasan *Phasianus colchicus*

Status: Jahresvogel

Gefährdung:
Rote Liste N (nicht gefährdet)
Non-SPEC (nicht gefährdet)

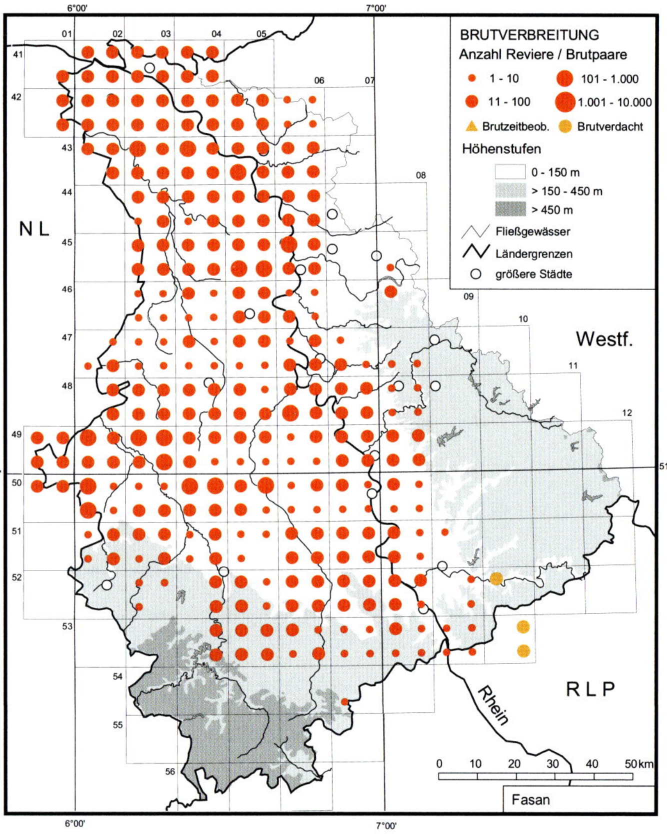

Brutverbreitung 1990-2000

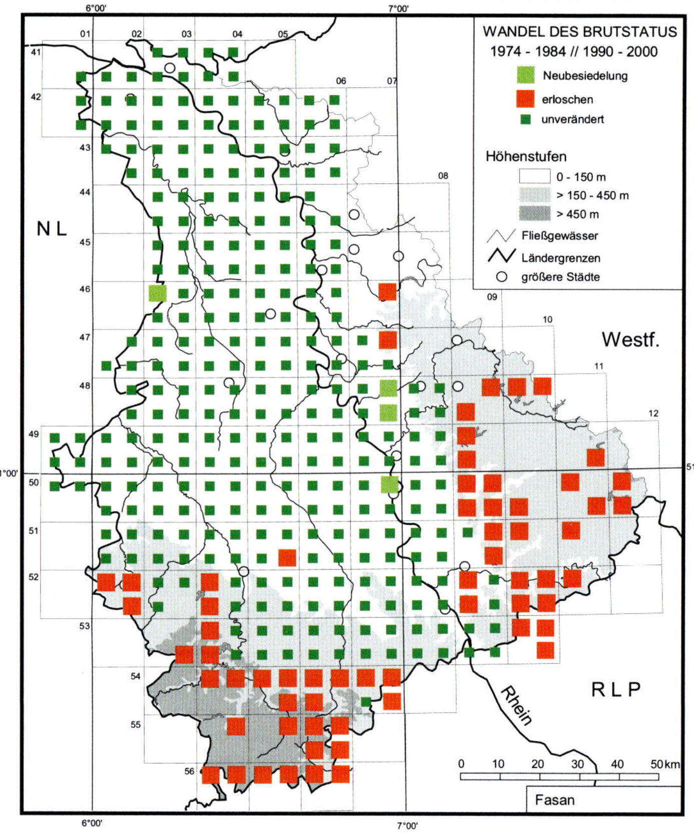

Arealveränderung zwischen 1974-84 und 1990-2000

BRUTVERBREITUNG

Der Fasan ist weit verbreitet in Rastern mit einer abwechslungsreichen Landschaft, d. h. hecken- und gehölzreiches Grün- und Ackerland. Die Mittelgebirgslagen über 200 m NN werden weitgehend gemieden, und die Art hält sich dort nur bei wiederholten Neuaussetzungen. Rechtsrheinisch geht die Höhenverbreitung sogar nur bis 150 m NN. Dies könnte mit den erhöhten Niederschlägen in diesen Arealen zusammenhängen. Deutlich geringere Dichten finden sich in reinen Ackerbau- und Waldgebieten. Im angrenzenden Westfalen ist die Verbreitung ebenfalls auf die Niederungen beschränkt und erreicht eine fast identische Dimension (RF = 73 %; NWO 2002). In den NL ist der Fasan mit 93 % besetzter Raster deutlich weiter verbreitet (SOVON 2002).

AREALVERÄNDERUNGEN

Besonders seit den 1930er und 1950er Jahren hat der Bestand und die Verbreitung durch kontinuierliche Aussetzungen bis zu Beginn der 1980er Jahre stetig zugenommen (MILDENBERGER 1982). Gegenüber der Kartierung 1974-84 ist dann jedoch ein signifikanter Arealverlust um -17 % festzustellen, der im besonderen die Mittelgebirgsbereiche über 200 m NN betrifft (Reduktion der Aussetzungen?), wo die Art aber schon immer geringer verbreitet war (MILDENBERGER 1982). In den Niederungen unter 150 m NN ist die Situation weitgehend stabil, aber auch hier wurden lokale Bestandsabnahmen registriert (z. B. MEẞER 2004). Rückgänge wurden auch aus anderen Teilen Mitteleuropas vermeldet, z. B. aus den Niederlanden und der Schweiz (SCHMID et al. 1998, SOVON 2002). Die Bestände werden regelmäßig durch Massenfreisetzungen von Fasanen für die Jagd ergänzt. Dies könnte die hohe Diskrepanz zwischen dem hier geschätzten Brutbestand von 10.500-19.500 BP (1,1-2,1 BP/km² bezogen auf die besiedelte Fläche) und den jährlichen Abschusszahlen von ca. 150.000 Fasanen in NRW erklären (NWO 2002). Eine Unterschätzung des Brutbestandes ist dennoch möglich, da die Art kein ausgeprägtes Revierverhalten zeigt, polygyn und daher schwer exakt zu erfassen ist.

Bilanz der Brutvogelkartierung:

Kategorie [BP]	GF	RF %	Minimum [BP]
1-10	91	22,0	91
11-100	183	44,3	2.013
101-300	16	3,9	1.616
Brutverdacht	3	0,7	
Summe	**293**	**70,9**	**3.720**

Vergleich der Kartierung von 1974-1984 mit 1990-2000:

Kategorie	GF	%	RF %
1 - Nur 1974-84	61	17,6	15,5
2 - Nur 1990-2000	4	1,2	1,0
3 - Gemeinsame GF	282	81,3	71,8
1974-84: 1 & 3	343		87,3
1990-2000: 2 & 3	286		72,8
Veränderung	-57 (-17%)		-14,5

Die Abnahme ist statistisch signifikant (4-Felder X^2-Test***; Vorzeichentest*; McNemar-Test***). Identitäts-Index (nach SCHERNER 1982): 0,90.

WINTERVERBREITUNG

Die Winterverbreitung entspricht erwartungsgemäß der Brutverbreitung, da der Fasan Standvogel ist. Auch im Winter werden fast ausschließlich die Niederungen unter 150 m NN besetzt, lediglich am Nordrand der Eifel teilweise auch darüber. Gegenüber der ersten Kartierung sind keine nennenswerten Veränderungen erkennbar.

Bilanz der Winterkartierung:

Kategorie [Ex.]	GF	RF %
1-10	91	25,1
11-100	157	43,3
101-300	6	1,7
Summe	**254**	**70,0**

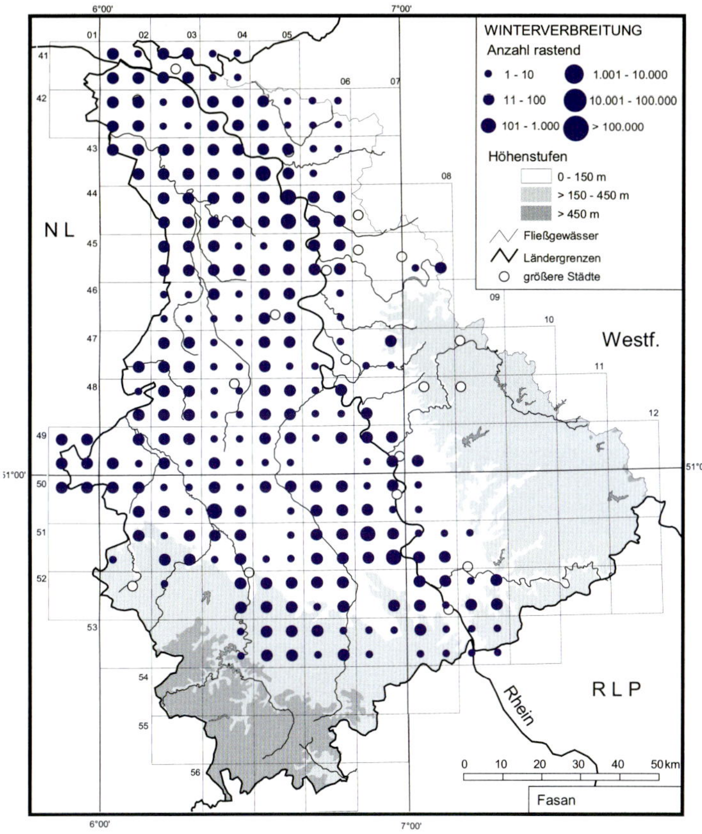

Winterverbreitung 1990-2000

Fasan, *Phasianus colchicus,* Männchen. Foto: MATHIAS SCHÄF

Truthuhn *Meleagris pavo*

Status: Jahresvogel (Neozoon)

Gefährdung:
Rote Liste N (nicht gefährdet)
Non-SPEC (nicht gefährdet)

BRUTVERBREITUNG

Seit 1959 wurde die Art im Kottenforst bei Bonn ausgebürgert. In diesem Bereich bestehen Vorkommen in mindestens zwei Rastern (RF = 0,5 %). Aktuell wird ein Bestand von 20-50 Brutpaaren angenommen (KRETZSCHMAR 1999). Ohne ständige Neuaussetzungen kann sich der rheinische Bestand nicht erhalten. Ältere Ansiedlungen in anderen Teilen Nordrheins (z. B. am Unteren Niederrhein) scheinen mittlerweile erloschen zu sein (MILDENBERGER 1982).

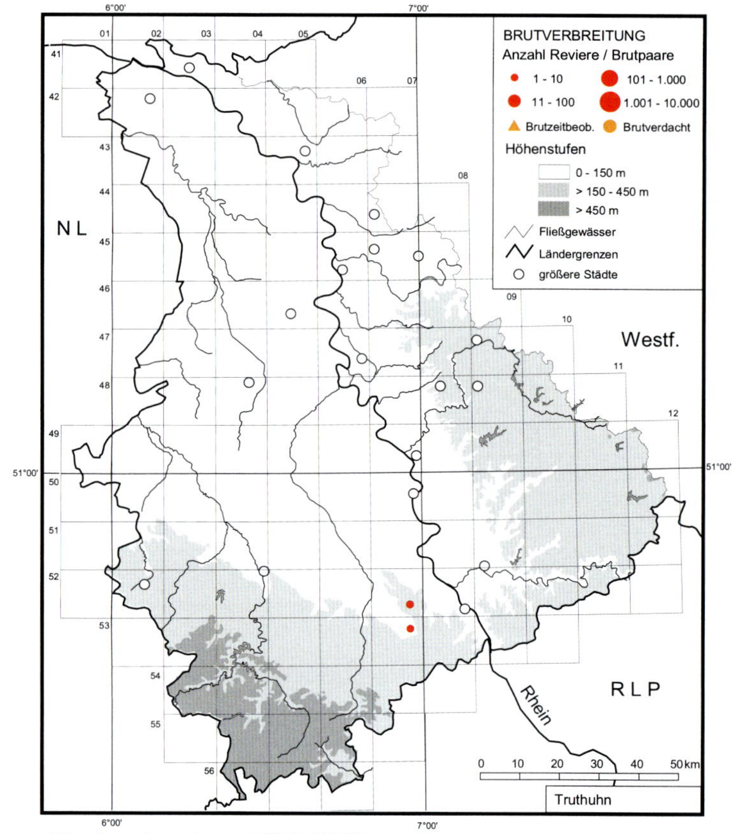

Brutverbreitung 1990-2000

Wasserralle *Rallus aquaticus*

Status: Brutvogel, Durchzügler, Wintergast

Gefährdung:
Rote Liste 2 (stark gefährdet)
Non-SPEC (nicht gefährdet)

BRUTVERBREITUNG

Die Wasserralle brütet in vegetationsreichen Verlandungszonen stehender und langsam fließender Gewässer. Da diese Habitate im Rheinland weitgehend auf die Niederungen unter 150 m NN beschränkt sind, befindet sich hier auch der Verbreitungsschwerpunkt; darüber gibt es nur sehr spärliche Vorkommen. Brutplätze liegen an Teichen, Abgrabungsflächen, Baggerseen, Lehmstichen, Erlenbrüchen, nassen Dauerweiden und Altrheinarmen der Köln-Bonner Bucht (Erfttal), im Schwalm-Nette-Niers-Gebiet sowie am Unteren Niederrhein. Die Art wurde, bedingt durch ihre heimliche Lebensweise, vermutlich nur unvollständig erfasst (s. a. WONNEBERGER & LOMME 2001). Entsprechend dem Vorkommen geeigneter Lebensräume ist die Verbreitung im Rheinland (RF = 13,2 %) und in Westfalen (RF = 10 %) deutlich geringer als in den NL (RF = 37 %; NWO 2002, SOVON 2002).

Bilanz der Brutvogelkartierung:

Kategorie [BP]	GF	RF %
1-10	43	10,4
11-20	1	0,2
Brutverdacht	7	1,7
Summe	**51**	**12,3**

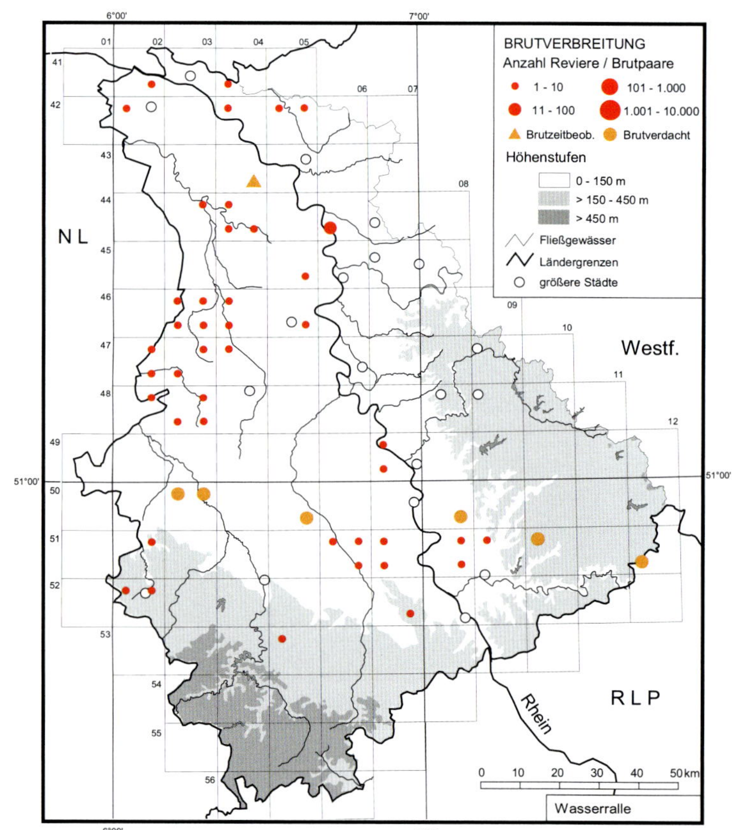

Brutverbreitung 1990-2000

AREALVERÄNDERUNGEN

Gegenüber der Kartierung 1974-84 wurde eine signifikante Arealzunahme um über 80 % festgestellt, die mit der Ausweitung von Feuchtbiotopen im Rheinland und den milden Wintern der letzten Jahrzehnte im Zusammenhang stehen könnte. Eine verbesserte Erfassung hat evtl. ebenfalls zu einer Zunahme der Feststellungen beigetragen. Nach den Kartierungsdaten ergibt sich ein geschätzter Bestand von mindestens 100 - 180 Brutpaaren (0,06-0,11 BP/km² bezogen auf die besiedelte Fläche), was eine stabile Situation seit Anfang der 1980er Jahre (110-130 Brutpaare) widerspiegelt, und der damals festgestellte rückläufige Trend scheint zu einem vorübergehenden Stillstand gekommen zu sein (MILDENBERGER 1982). In den Niederlanden (Bestand 1998-2000 zwischen 2.500 und 3.200 BP) wurden lokal Bestandszunahmen verzeichnet, obwohl von einem langfristigen Bestandsrückgang ausgegangen wird (SOVON 2002).

Vergleich der Kartierung von 1974-1984 mit 1990-2000:

Kategorie	GF	%	RF %
1 - Nur 1974-84	11	18,3	2,8
2 - Nur 1990-2000	33	55,0	8,4
3 - Gemeinsame GF	16	26,7	4,1
1974-84: 1 & 3	27		6,9
1990-2000: 2 & 3	49		12,5
Veränderung	+22 (+82%)		+5,6

Die Zunahme ist statistisch signifikant (4-Felder X^2-Test**; Vorzeichentest*; McNemar-Test**). Identitäts-Index (nach SCHERNER 1982): 0,44.

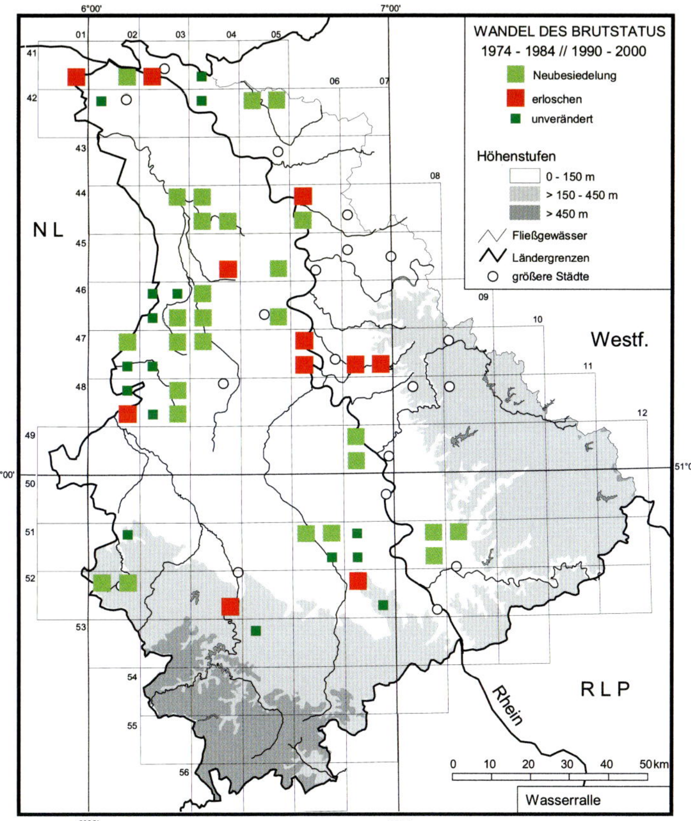

Arealveränderung zwischen 1974-84 und 1990-2000

WINTERVERBREITUNG

Die Winterverbreitung gleicht der Brutverbreitung vor allem im Bereich der Köln-Bonner Bucht und im Schwalm-Nette-Gebiet, allerdings wird durch reduzierte Rufaktivität auch die Erfassung erschwert. Ob dabei die Brutvögel ganzjährig verweilen oder abziehen und durch nördliche Populationen ersetzt werden kann nicht entschieden werden. Bei starken Kälte- und Wintereinbrüchen zieht zumindest ein Teil der Wintergäste ab, aber einige Vögel harren immer noch aus. Gegenüber der ersten Kartierung 1983-86 wurde in der neuen Erfassung - sicherlich begünstigt durch die milden Winter - eine deutlich höhere Anzahl an Gitterfeldern mit Wasserrallen-Vorkommen registriert. MILDENBERGER (1982) schätzte den Winterbestand auf etwa ein Fünftel des Brutbestandes (20-35 Ex.), was auch heute noch weitgehend zutrifft.

Bilanz der Winterkartierung:

Kategorie [Ex.]	GF	RF %
1-10	37	10,8

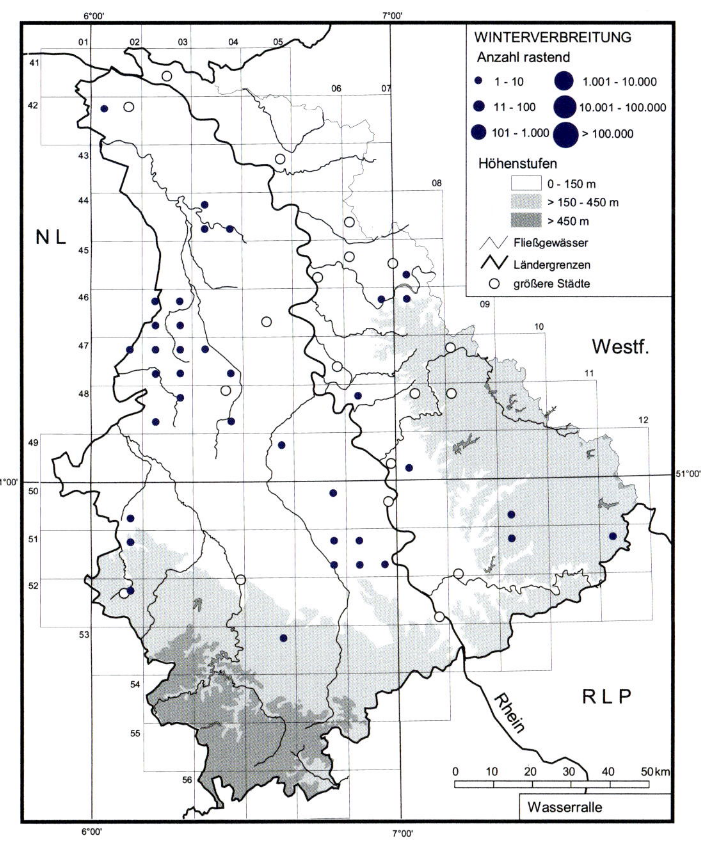

Winterverbreitung 1990-2000

Tüpfelsumpfhuhn *Porzana porzana*

Status: Brutvogel, Durchzügler

Gefährdung:
Rote Liste 1 (stark gefährdet)
Non-SPEC^{E} (nicht gefährdet)

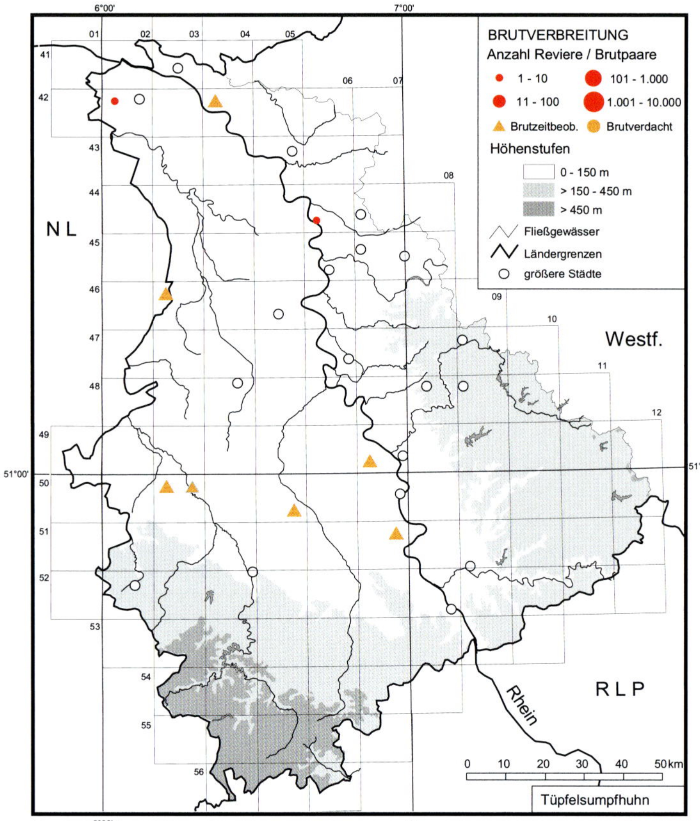

Brutverbreitung 1990-2000

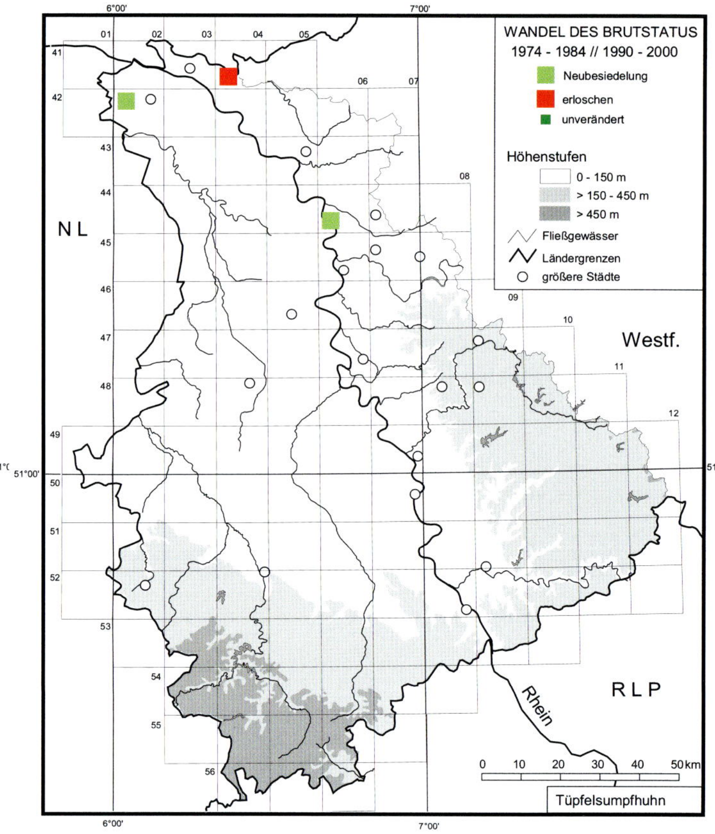

Arealveränderung zwischen 1974-84 und 1990-2000

BRUTVERBREITUNG

Das Tüpfelsumpfhuhn trat in schilf- und vegetationsreichen Feuchtbiotopen der Flussniederungen von Rhein (besonders Kreise Wesel und Kleve am Unteren Niederrhein), Erft, Rur und Nette auf. Die Brutzeitbeobachtungen deuten auf Brutvorkommen hin, dennoch sind revierhaltende Durchzügler nicht immer auszuschließen. Viele Gebiete sind nicht in jedem Jahr besetzt. Da die Art heimlich lebt, wurde sie sicher an manchen Orten übersehen. Im westfälischen Teil gibt es nur in den Rieselfeldern Münster regelmäßige Brutvorkommen (NWO 2002), während die Art in den NL (RF = 14 %) deutlich weiter verbreitet ist (SOVON 2002).

Bilanz der Brutvogelkartierung:

Kategorie [BP]	GF	RF %
1-10	2	0,5
Brutverdacht	7	1,7
Summe	**9**	**2,2**

AREALVERÄNDERUNGEN

In der früheren Kartierung war nur ein Standort bekannt, an dem das Tüpfelsumpfhuhn vorkam, obwohl zahlreiche ältere Brutnachweise/-verdachte aus dem gesamten Rheinland vorliegen, die aber oft nur temporär waren. Der Schwerpunkt lag von jeher am Unteren Niederrhein (Kreise Kleve und Wesel), besonders am Altrhein Bienen-Praest (MILDENBERGER 1982). Im Vergleich dazu zeigt die aktuelle Kartierung eine signifikante Zunahme von Brutzeitbeobachtungen, es ist jedoch nicht anzunehmen, dass es hier überall zu Bruten kam. Ein jährlicher Brutbestand von mehr als 0-5 Paaren ist im Rheinland nicht anzunehmen. In den Niederlanden, wo die Art deutlich häufiger vorkommt, wurden regelmäßige Bestandsschwankungen beobachtet; lokal wurden dort Zunahmen verzeichnet (SOVON 2002). Die Bestände werden vor allem von zu hohen oder stark schwankenden Wasserständen sowie Meliorationsmaßnahmen negativ beeinflusst.

Vergleich der Kartierung von 1974-1984 mit 1990-2000:

Kategorie	GF	%	RF %
1 - Nur 1974-84	1	33,3	0,3
2 - Nur 1990-2000	2	66,7	0,6
3 - Gemeinsame GF	0	0	0
1974-84: 1 & 3	1		0,3
1990-2000: 2 & 3	2		0,5
Veränderung	+1 (+100%)		+0,2

Identitäts-Index (nach SCHERNER 1982): 0,0.

Tüpfelsumpfhuhn, *Porzana porzana*. Foto: MATHIAS SCHÄF

Wachtelkönig, *Crex crex*. Foto: G. NUMME

Teichhuhn *Gallinula chloropus*

Status: Brutvogel, Durchzügler, Wintergast

Gefährdung:
Rote Liste N (nicht gefährdet)
Non-SPEC (nicht gefährdet)

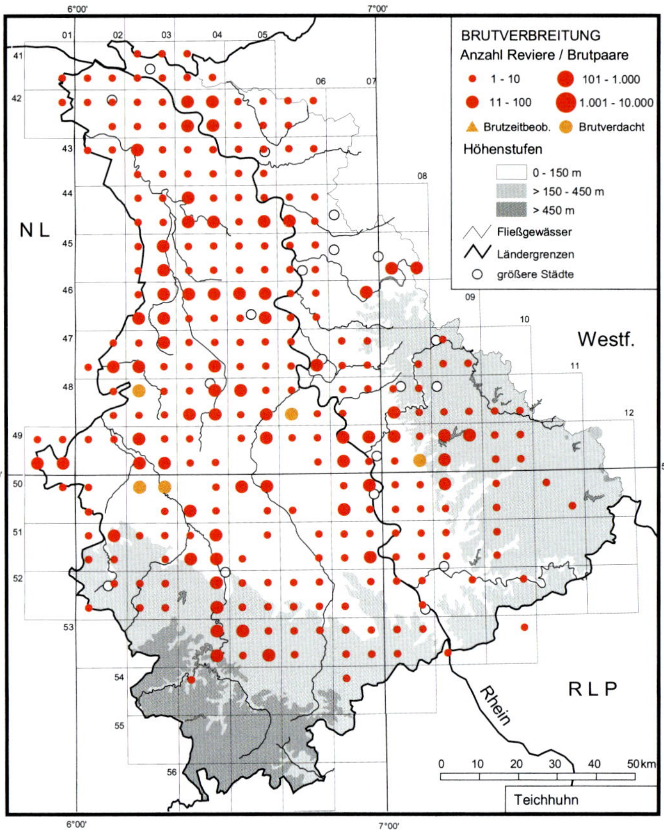

Brutverbreitung 1990-2000

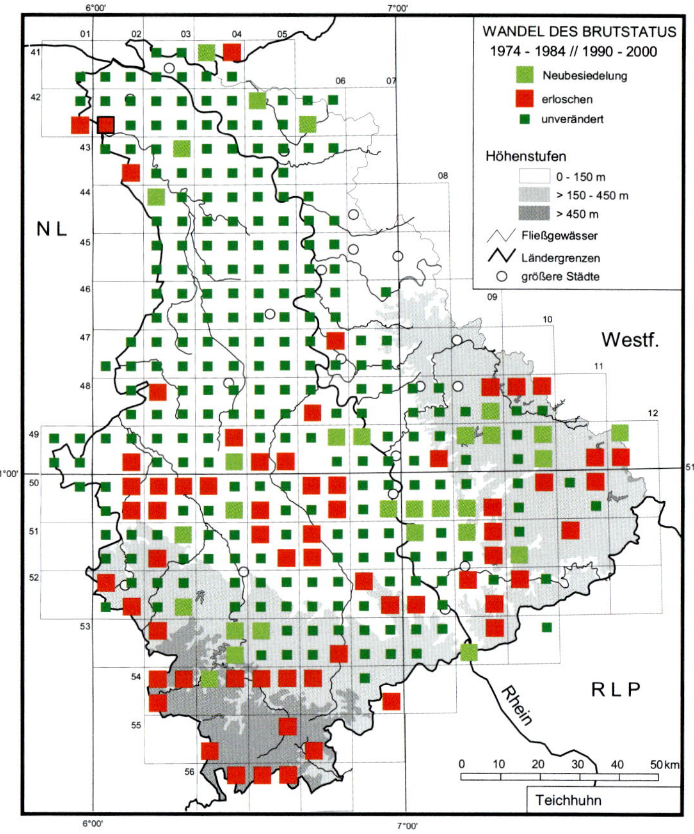

Arealveränderung zwischen 1974-84 und 1990-2000

BRUTVERBREITUNG

Das Teichhuhn ist ein weit verbreiteter Brutvogel an stehenden oder langsam fließenden Gewässern besonders in den Tieflagen, auch innerhalb von Ortschaften. Mittlere und höhere Lagen werden besiedelt, wenn geeignetes Habitat vorhanden ist. Daher vor allem in den gewässerarmen waldreichen Mittelgebirgen über 450 m NN und den Bördelandschaften nur spärlich vorkommend. Da aber auch kleinste Gewässer besiedelt werden, sind die Verbreitungslücken kleiner als beim Blässhuhn. Sowohl in Westfalen (RF = 81 %) als auch in den NL (RF = 92 %) ist das Teichhuhn weiter verbreitet (NWO 2002, SOVON 2002).

AREALVERÄNDERUNGEN

Im Vergleich zur Kartierung 1974-84 wurde eine signifikante Verringerung des Brutareals um etwa 10 % festgestellt, die besonders Vorkommen in den Randbereichen der Verbreitung (z. B. im Mittelgebirge) betrifft. Im Norden des Rheinlandes, wo seit jeher der Verbreitungsschwerpunkt liegt, ist die Situation weitgehend stabil, aber lokale Abnahmen sind dokumentiert (z. B. Meßer 2004). Bestandsschätzungen mittels Revierkartierungsmethode sind bei dieser Art schwierig und der ermittelte Brutbestand für das Rheinland lag 2001 bei 1.588-2.424 Paaren (0,19 - 0,28 BP/ km² bezogen auf die besiedelte Fläche; Sudmann & Jöbges 2002). Obwohl Anfang der 1980er Jahre von einer überwiegend positiven Entwicklung berichtet wurde (zunehmende Verstädterung, Neuschaffung von Gewässern; Mildenberger 1982), scheinen die Bestände seitdem von 2.400-2.900 Brutpaaren zurückgegangen zu sein (s. a. Sudmann & Jöbges 2002). In den Niederlanden ist die Art noch wesentlich häufiger, zeigt aber auch dort lokale Bestandsrückgänge, z. B. nach strengen Wintern (SOVON 2002). Im grenznahen Gebiet Gelderse Poort hat der Bestand von >600 Paaren (1970) auf <200 Paare (2000) abgenommen (Diermen et al. 2002).

Bilanz der Brutvogelkartierung:

Kategorie [BP]	GF	RF %	Minimum [BP]
1-10	211	51,1	211
11-100	64	15,5	704
Brutverdacht	5	1,2	
Summe	**280**	**67,8**	**915**

Vergleich der Kartierung von 1974-1984 mit 1990-2000:

Kategorie	GF	%	RF %
1 - Nur 1974-84	58	17,5	14,8
2 - Nur 1990-2000	29	8,7	7,4
3 - Gemeinsame GF	245	73,8	62,3
1974-84: 1 & 3	303		77,1
1990-2000: 2 & 3	274		69,7
Veränderung	-29 (-9,6%)		-7,4

Die Abnahme ist statistisch signifikant (4-Felder X²-Test*; Vorzeichentest*; McNemar-Test**). Identitäts-Index (nach Scherner 1982): 0,85.

WINTERVERBREITUNG

Prinzipiell entspricht die Winterverbreitung der Brutverbreitung, allerdings sind im Winter (RF = 62,2 %) insgesamt weniger Gitterfelder besetzt als zur Brutzeit (RF = 70,6 %). Der Verbreitungsschwerpunkt liegt in den größeren Flusstälern, vor allem von Rhein, Rur, Nette und Niers. Verbreitungslücken bestehen im Winter, wie auch bereits im Sommer, in den mittleren bis höheren Mittelgebirgslagen und der gewässerarmen Ackerbörde. Bei einsetzendem Frost werden kleinere, schneller zufrierende Gewässer geräumt und die Teichhühner konzentrieren sich auf größeren eisfreien Seen. Große Ansammlungen mit über 300 Individuen (MILDENBERGER 1982) gab es in den 1990er Jahren jedoch nicht mehr. Zumindest bei starken Kälteeinbrüchen zieht ein Teil der Vögel wohl ab; einige können aber auch bei Dauerfrost und völliger Vereisung der Gewässer ausharren (z. B. städtische Parkteiche). Der Winterbestand ist in NRW (7.500-15.000 Ind.) in den letzten 30 Jahren deutlich zurückgegangen und es deutet sich ein Zusammenhang mit der Härte der Winter an: nach einer Periode kalter Winter gingen die Bestände zurück und erholten sich im Zuge einer Reihe milder Winter (z. B. Anfang bis Mitte der 1990er Jahre) wieder (SUDFELDT et al. 2000).

Bilanz der Winterkartierung:

Kategorie [Ex.]	GF	RF %
1-10	144	39,5
11-100	79	21,6
101-200	4	1,1
Summe	**227**	**62,2**

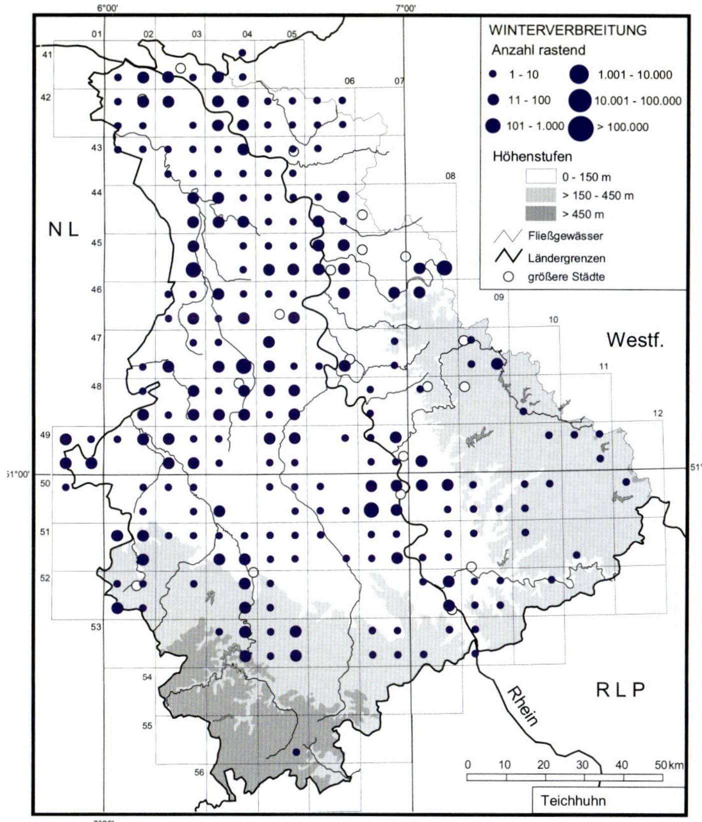

Winterverbreitung 1990-2000

Teichhuhn, *Gallinula chloropus*. Foto: MATHIAS SCHÄF

Blässhuhn *Fulica atra*

Status: Brutvogel, Durchzügler, Wintergast

Gefährdung:
Rote Liste N (nicht gefährdet)
Non-SPEC (nicht gefährdet)

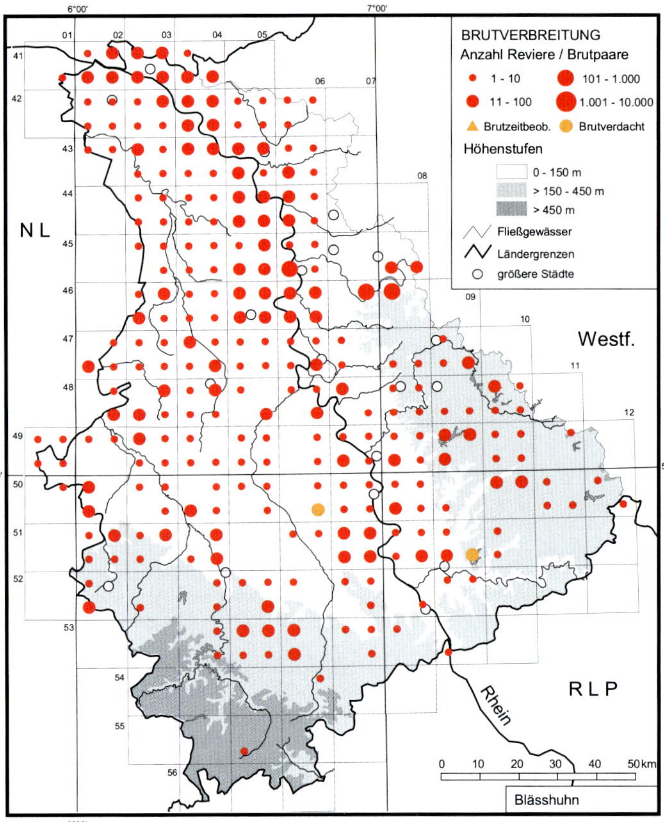

Brutverbreitung 1990-2000

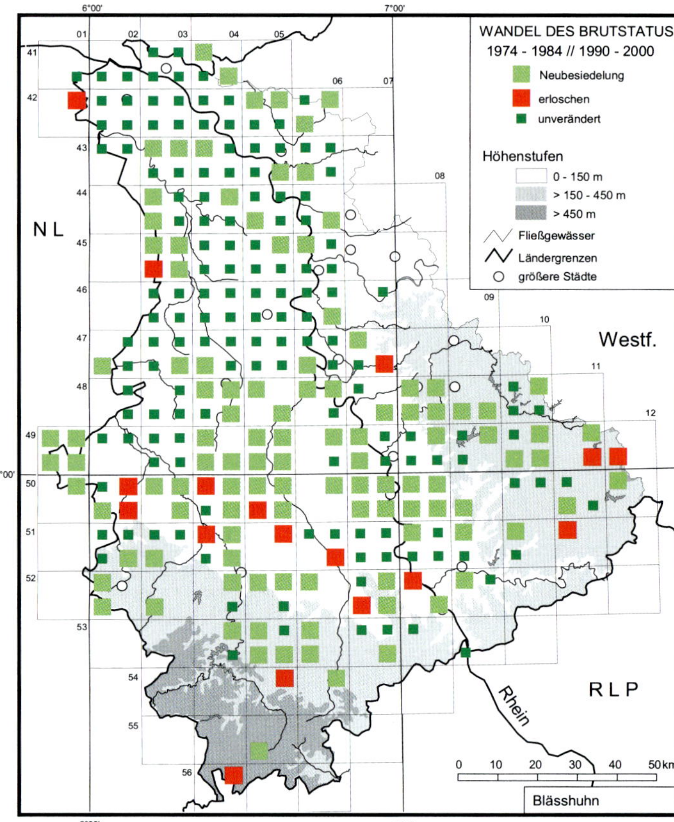

Arealveränderung zwischen 1974-84 und 1990-2000

BRUTVERBREITUNG

Das Blässhuhn ist weit verbreiteter Brutvogel an stehenden und langsam fließenden Gewässern auf den Niederterrassen des Rheins und seinen Nebenflüssen sowie an Baggerseen und Braunkohlen-Restseen. Eine besonders hohe Dichte erreicht die Art am Unteren Niederrhein, während die gewässerarmen Bördelandschaften und Waldgebiete der Mittelgebirge größere Verbreitungslücken aufweisen. Das Blässhuhn ist aufgrund seiner Bevorzugung größerer Gewässer nicht so weit verbreitet wie das Teichhuhn. Die Niederrhein-Population ist die Fortsetzung der großen niederländischen Vorkommen, wo 1998-2000 eine Rasterfrequenz von 91 % ermittelt wurde (SOVON 2002). In Westfalen sind der Verteilungsgrad (RF = 65 %) und das Verbreitungsmuster ähnlich wie im Rheinland (NWO 2002).

AREALVERÄNDERUNGEN

Im Vergleich zur Kartierung 1974-84 kann eine signifikante Vergrößerung des Brutareals um 59 % beobachtet werden. Diese Zunahme hängt mit der Neuanlage von Gewässern (Abgrabungen, Braunkohlen-Restseen, Talsperren), einer Eutrophierung der Gewässer und einer Reduktion der Jagd zusammen. In 2001 - wie auch im Kartierungszeitraum 1990-2000 - ergibt sich für das Rheinland ein geschätzter Brutbestand von 2.795-3.745 Paaren (0,34 - 0,45 BP/km² bezogen auf die besiedelte Fläche; SUDMANN & JÖBGES 2002), also deutlich mehr als noch vor 20 Jahren (700-900 BP; MILDENBERGER 1982). Bereits damals wurde eine positive Bestandsentwicklung diagnostiziert. Die Blässhuhnbestände zeigen fast überall in Europa klare Zunahmen.

Bilanz der Brutvogelkartierung:

Kategorie [BP]	GF	RF %	Minimum [BP]
1-10	185	44,8	185
11-100	83	20,1	913
101-300	3	0,7	303
Brutverdacht	2	0,5	
Summe	**273**	**66,1**	**1.401**

Vergleich der Kartierung von 1974-1984 mit 1990-2000:

Kategorie	GF	%	RF %
1 - Nur 1974-84	17	6,1	4,3
2 - Nur 1990-2000	113	40,8	28,8
3 - Gemeinsame GF	147	53,1	37,4
1974-84: 1 & 3	164		41,7
1990-2000: 2 & 3	260		66,2
Veränderung	+96 (+59%)		+24,4

Die Zunahme ist statistisch signifikant (4-Felder X^2-Test***; Vorzeichentest*; McNemar-Test***). Identitäts-Index (nach SCHERNER 1982): 0,71.

WINTERVERBREITUNG

Die Winterverbreitung entspricht im Wesentlichen der Brutverbreitung, d. h. alle geeigneten Gewässer (soweit eisfrei auch im Mittelgebirge) dienen als Überwinterungsgebiete, mit einem deutlichen Schwerpunkt im Rheintal (Unterer Niederrhein, Kölner Bucht). In Lagen über 150 m NN (größere Anzahl Frosttage) ist die Art deutlich spärlicher verbreitet. Gegenüber der ersten Kartierung hat sich die Winterverbreitung kaum verändert. Parallel zu den Brutbeständen scheinen auch die Maximalzahlen im Winter angestiegen zu sein. Die Winterbestände lagen in den 1990er Jahren in NRW bei etwa 50.000-60.000 Vögeln. Anfang der 1980er Jahre überwinterten im Rheinland 10.000-20.000 Individuen (MILDENBERGER 1982). Langfristig scheinen die Winterbestände in NRW allerdings recht stabil (SUDFELDT et al. 2000). Ähnlich erscheint die Situation in den NL: hier lag die Anzahl überwinternder Blässhühner in den 1960er Jahren zwischen 100.000 und 200.000, heute übersteigt sie bereits 300.000 Vögel (BIJLSMA et al. 2001). Seit Mitte der 1990er Jahre ist der Trend jedoch stabil (VAN ROOMEN et al. 2004).

Bilanz der Winterkartierung:

Kategorie [Ex.]	GF	RF %
1-10	51	14,0
11-100	109	30,0
101-1.000	65	17,9
1.001-3.000	15	4,1
Summe	**240**	**65,9**

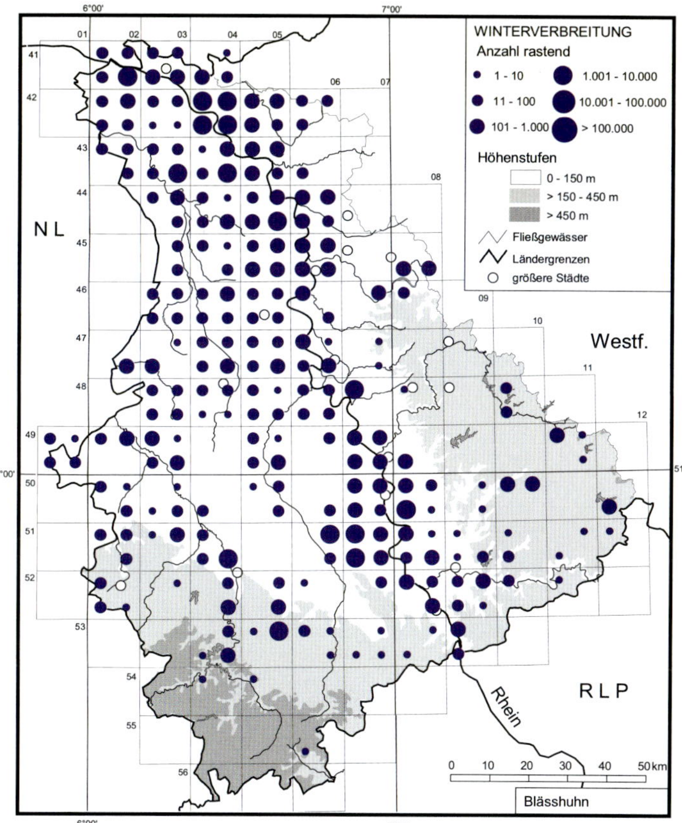

Winterverbreitung 1990-2000

Blässhuhn, *Fulica atra*. Foto: MATHIAS SCHÄF

Wachtelkönig *Crex crex*

Status: Brutvogel, Durchzügler

Gefährdung:
Rote Liste 1 (vom Aussterben bedroht)
SPEC 1 (dezimiert)

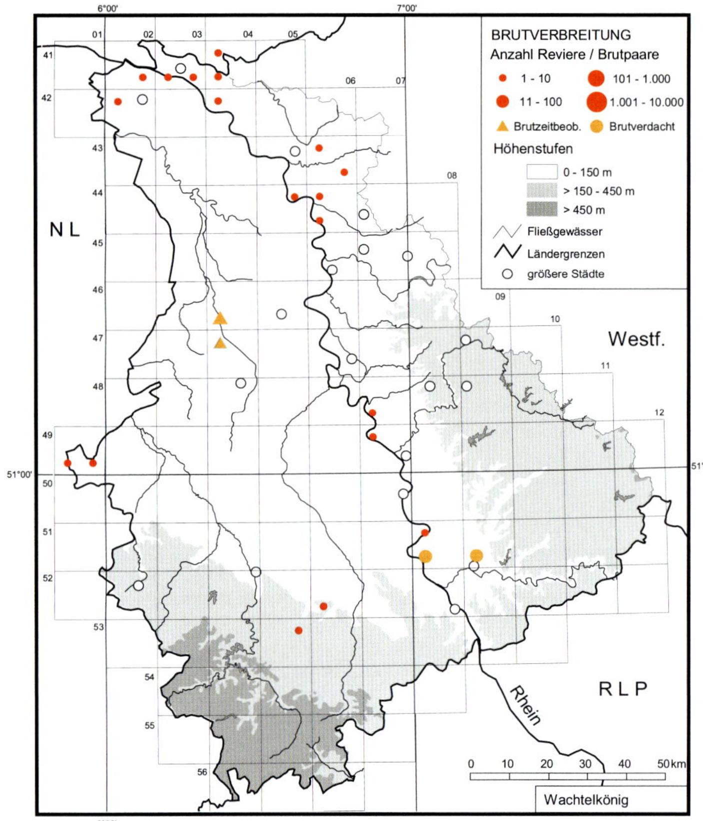

Brutverbreitung 1990-2000

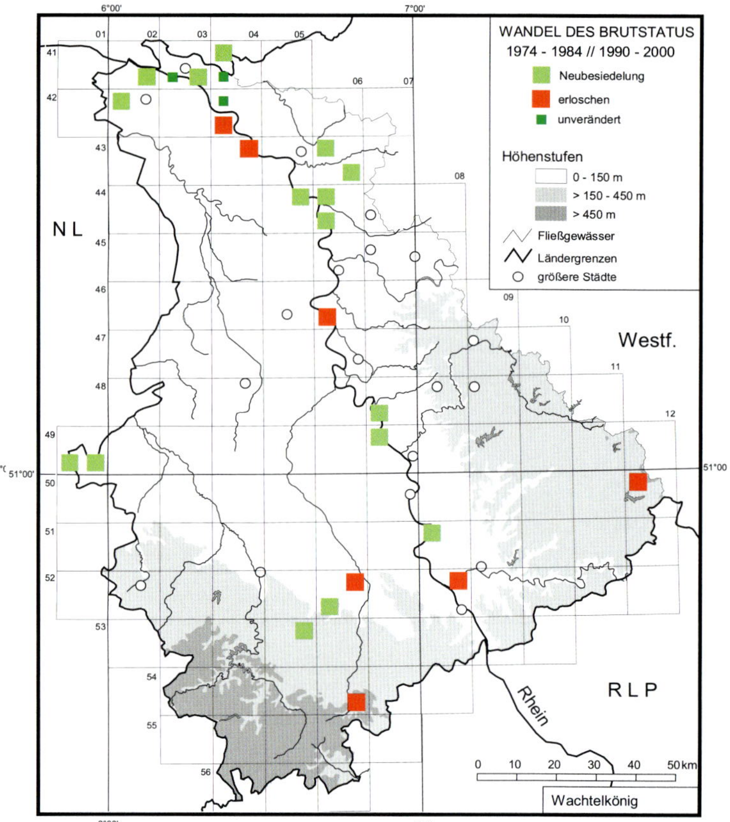

Arealveränderung zwischen 1974-84 und 1990-2000

BRUTVERBREITUNG

Der Wachtelkönig besiedelt grünlandreiche, feuchte und offene Areale, insbesondere die Feuchtwiesen der Rheinauen mit nicht zu dichten Mähwiesen oder niedrigwüchsigen Röhrichten. Mittelgebirgslagen über 150 m NN werden im allgemeinen gemieden, aber auch von dort liegen Feststellungen vor. Die Verbreitungsschwerpunkte befinden sich am Unteren Niederrhein bei Kleve und Wesel. Die Anzahl besetzter Gitterfelder ist von Jahr zu Jahr sehr unterschiedlich, besonders abseits der Schwerpunkte. In manchen Jahren fehlt die Art fast vollständig. Nachweise betreffen fast ausschließlich rufende Männchen, ob tatsächlich auch eine Brut erfolgte ist ohne Spezialuntersuchungen nicht zu ermitteln. In Westfalen wurde eine ähnliche (RF = 6 %; NWO 2002), und in den NL eine etwas weitere Verbreitung (RF = 18 %) festgestellt (SOVON 2002).

AREALVERÄNDERUNGEN

Im Vergleich zur Kartierung 1974-84 kam es zu einer leichten Arealausdehnung, die jedoch statistisch als nicht signifikant berechnet wurde. Aufgrund des stark schwankenden Auftretens sind Bestandschätzungen und -trends über mehrere Jahre kaum möglich. 1990-2000 wurden im Rheinland zwischen 2-43 Rufer ermittelt, mit stärkerem Vorkommen 1997, 1998 und 1999 (Müller & Illner 2001). Nach den starken Wachtelkönigjahren 1968/1969 (120 Rufer) gingen die Bestände insgesamt zurück und erreichten nur noch ausnahmsweise 60-70 Rufer (z. B. 1976; Mildenberger 1982). Offenbar haben sich die Bestände seit Mitte der 1980er bis Anfang der 1990er Jahre wieder leicht erholt, denn auch in den Niederlanden wurde eine auffällige Bestandszunahme in den letzten beiden Jahrzehnten beobachtet; die Zahl rufender Männchen wird auf 500-700 Ind. geschätzt (SOVON 2002). Gezielte Programme sind im Rheinland wichtig, um die vermutlich positive Entwicklung zu fördern.

Bilanz der Brutvogelkartierung:

Kategorie [BP]	GF	RF %
1-10	19	4,6
Brutverdacht	4	1,0
Summe	**23**	**5,6**

Vergleich der Kartierung von 1974-1984 mit 1990-2000:

Kategorie	GF	%	RF %
1 - Nur 1974-84	7	26,9	1,8
2 - Nur 1990-2000	16	61,5	4,1
3 - Gemeinsame GF	3	11,5	0,8
1974-84: 1 & 3	10		2,5
1990-2000: 2 & 3	19		4,8
Veränderung	+9 (+90%)		+2,3

Die Zunahme ist statistisch nicht signifikant (4-Felder X^2-Test n. s.; Vorzeichentest$^+$; McNemar-Test n. s.). Iden-titäts-Index (nach Scherner 1982): 0,22.

Kranich *Grus grus*

Status: Durchzügler, Wintergast

Gefährdung:
SPEC 2 (dezimiert)

WINTERVERBREITUNG

Kraniche werden auf dem Herbst- (Oktober-Dezember) und Frühjahrszug (Januar-März) in großer Anzahl (50.000 - 100.000 durchziehende Vögel) beobachtet. Das gesamte Rheinland wird in breiter Front in Nordost-Südwest-Richtung überflogen, besonders am Nordrand der Mittelgebirge und über das rheinische Schiefergebirge hinweg verläuft die Hauptflugroute, wie in der Karte ansatzweise zu erkennen ist. Die Überwinterungsgebiete erstrecken sich von Südfrankreich über die Iberische Halbinsel bis Nordafrika; die Brutgebiete liegen in Ostdeutschland und Nordeuropa. In den einzelnen Jahren können witterungsbedingte Gegebenheiten (Schlechtwettergebiete) die Zugroute entsprechend weiter nach Norden oder Süden verschieben, so dass über die Jahre aus dem gesamten Landesteil Nordrhein Beobachtungen vorliegen, mehrheitlich jedoch aus der Südhälfte.

Der zeitlich Ablauf des Zuges wird ebenfalls stark vom Wetter beeinflusst, so dass sich der Wegzug von Ende September bis Anfang Januar und der Heimzug von Anfang Januar bis Anfang April erstreckt. Die Kraniche können sich in dieser Zeit je nach Wetterlage (Zugstau) auch einmal länger im Gebiet aufhalten. Rastende Vögel wurden besonders am Niederrhein und im Erfttal/Zülpicher Börde festgestellt. Die Anzahl der Dezember- und Januarfeststellungen hat im Vergleich zur ersten Kartierung deutlich zugenommen, sie betreffen aber nach wie vor überwiegend durchziehende Kraniche. Rastende Vögel sind am ehesten am Unteren Niederrhein anzutreffen. Durchgehende Überwinterungen gab es bisher nicht.

Die Bestände in den Brutgebieten Ostdeutschlands, Ost- und Nordeuropas haben in den letzten Jahrzehnten erfreulicherweise zugenommen (Bauer & Berthold 1996, Bauer et al. 2002), so dass die Anzahl der Durchzügler von Jahr zu Jahr steigt.

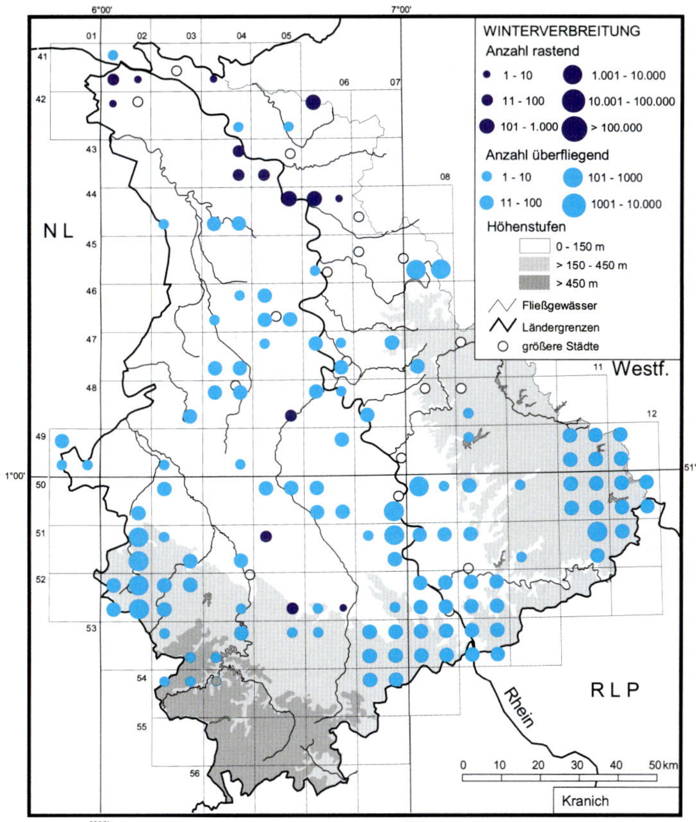

Winterverbreitung 1990-2000

Kranich, *Grus grus*. Foto: Juha Niemi

Austernfischer *Haematopus ostralegus*

Status: Brutvogel, Durchzügler, Wintergast

Gefährdung:
Rote Liste N (nicht gefährdet)
Non-SPEC (nicht gefährdet)

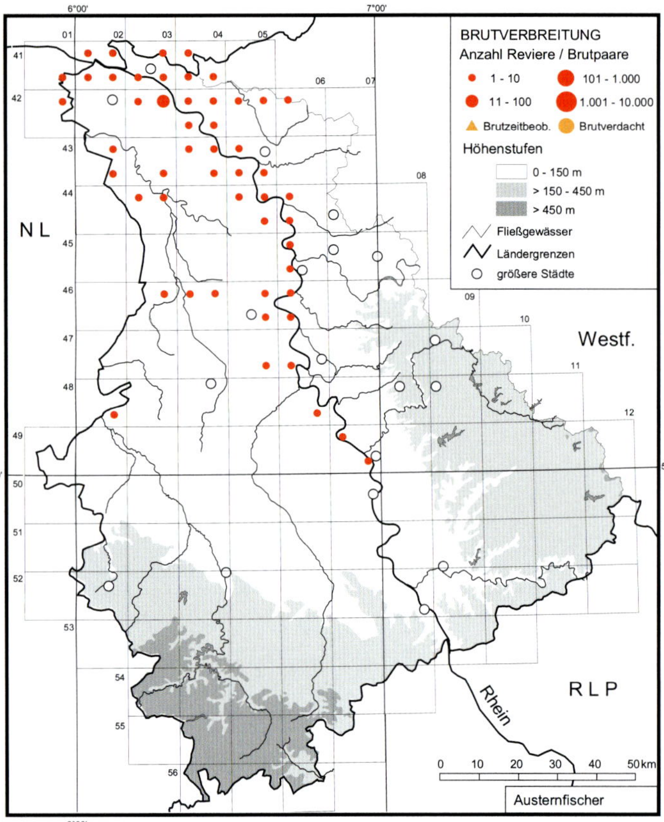

Brutverbreitung 1990-2000

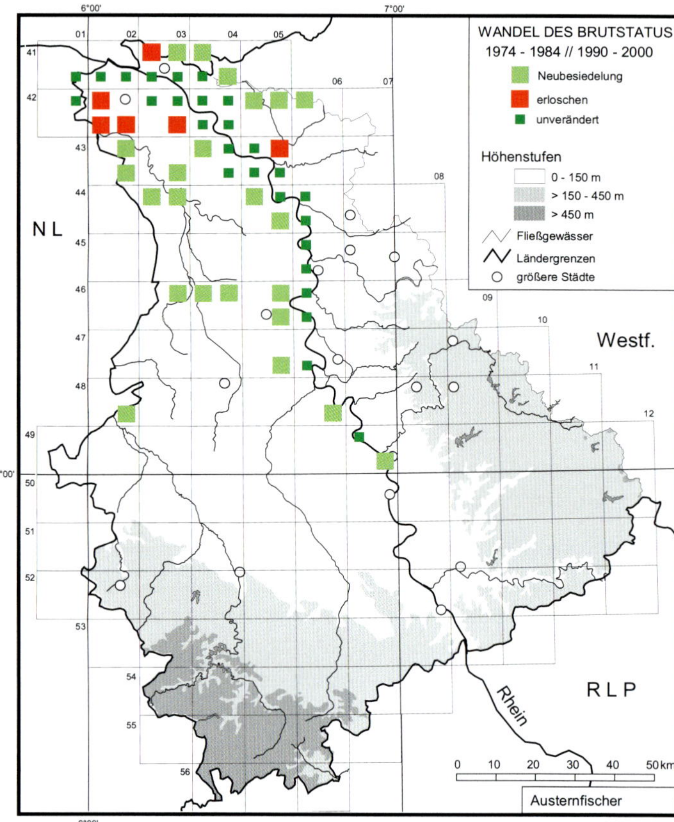

Arealveränderung zwischen 1974-84 und 1990-2000

BRUTVERBREITUNG

Der Austernfischer ist verbreiteter Brutvogel an der Nord- und Ostseeküste, teilweise auch im Binnenland. Am Unteren Niederrhein ist er seit 1950 (Altrhein Bienen-Praest und Bislicher Insel) regelmäßiger Brutvogel (MILDENBERGER 1982). Der Verbreitungsschwerpunkt liegt im Rheinland ebenfalls in diesem Bereich. Die südlichsten Vorkommen befanden sich im Kartierungszeitraum bei Leverkusen, mittlerweile (2004) ist der Austernfischer bis südlich von Köln vorgedrungen. Besiedelt werden vegetationsarme Kies- und Sandstrände am Rhein, Altrheinarme, Kies- und Baggerseen. Die rheinischen Vorkommen müssen als Fortsetzung der niederländischen Binnenlandpopulation verstanden werden.

AREALVERÄNDERUNGEN

Der Austernfischer hat sein Brutareal seit der ersten Erfassung 1974-84 um über 50 % deutlich und statistisch signifikant ausgedehnt. Dies zeigt sich besonders in der Neubesiedlung zahlreicher Gitterfelder abseits des Rheintales, z. B. in der Niersniederung (MÜLLER & WIßEN 1992). Die südlichsten Vorkommen bis 2000 befanden sich bei Leverkusen (BROMBACH 1992). Aus den Kartierungsdaten ergibt sich ein geschätzter Bestand von 100-200 Brutpaaren (0,06 - 0,12 BP/km² bezogen auf die besiedelte Fläche). Der Brutbestand hat somit seit der Besiedlung Nordrheins 1950 (2 BP) über 25-30 Paare 1962 (in den Kreisen Kleve und Wesel), 50-70 Paare 1971 (Nordrhein) und 75-85 BP 1977 (Nordrhein) stetig zugenommen (MILDENBERGER 1982). Die Ausbreitung hält weiterhin an. Auch in den NL stiegen die Bestände im Binnenland bis Anfang der 1990er Jahr kontinuierlich an, gehen neuerdings aber wieder zurück. Aktuell brüten dort 80.000-130.000 BP (SOVON 2002). Vor diesem Hintergrund ist die weitere Entwicklung im Rheinland schwer vorhersagbar. 2004 kam es zur ersten Beobachtung kopulierender Austernfischer in Rheinland-Pfalz bei Koblenz (HEUSER in DIETZEN et al. 2005).

Bilanz der Brutvogelkartierung:

Kategorie [BP]	GF	RF %
1-10	51	12,3
11-20	1	0,2
Summe	**52**	**12,6**

Vergleich der Kartierung von 1974-1984 mit 1990-2000:

Kategorie	GF	%	RF %
1 - Nur 1974-84	6	10,7	1,5
2 - Nur 1990-2000	23	41,1	5,9
3 - Gemeinsame GF	27	48,2	6,9
1974-84: 1 & 3	33		8,4
1990-2000: 2 & 3	50		12,7
Veränderung	+17 (+52%)		+4,3

Die Zunahme ist statistisch signifikant (4-Felder X^2-Test*; Vorzeichentest*; McNemar-Test**). Identitäts-Index (nach SCHERNER 1982): 0,66.

WINTERVERBREITUNG

Während der Großteil der Brutvögel das Rheinland im Winter verlässt, harren wenige Vögel auch im Winter entlang des Rheins aus. Brut- und Winterverbreitung sind weitgehend identisch, die rheinfernen Brutplätze weisen jedoch deutlich weniger Feststellungen auf. Die meisten Gitterfelder sind nicht regelmäßig besetzt. Da die Brutplätze schon im Spätwinter (Februar) besetzt werden, betreffen viele der Winterfeststellungen bereits früh zurückgekehrte Brutvögel. Im Vergleich zur ersten Kartierung (RF = 3,7 %) hat die Winterverbreitung, wohl infolge der relativ milden Witterung in den letzten Jahrzehnten, deutlich zugenommen. In den NL konzentriert sich der Winterbestand im Bereich des Wattenmeeres und des Rheindeltas (BIJLSMA et al. 2001).

Bilanz der Winterkartierung:

Kategorie [Ex]	GF	RF %
1-10	26	7,6
11-20	1	0,3
Summe	**27**	**7,9**

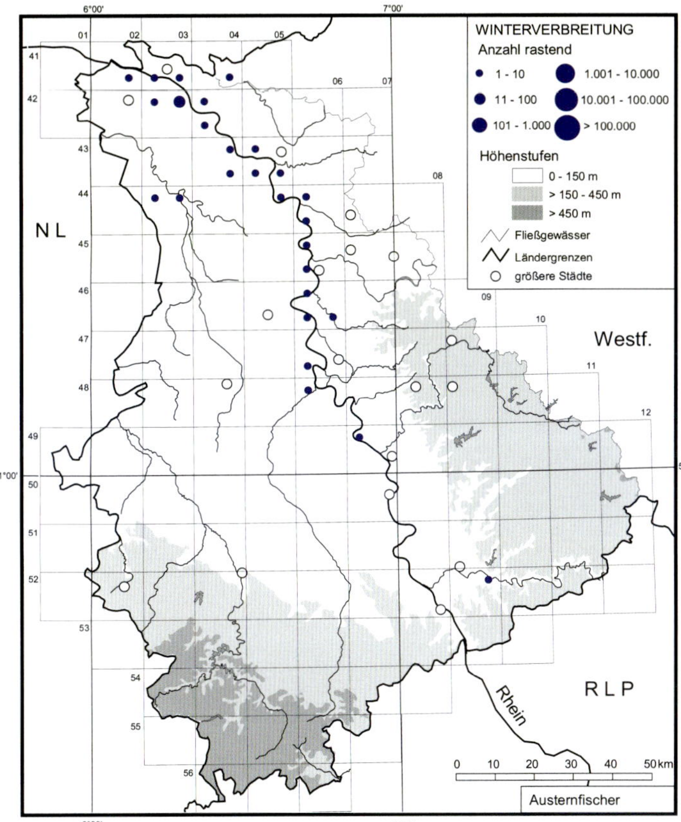

Winterverbreitung 1990-2000

Austernfischer, *Haematopus ostralegus*. Foto: MATHIAS SCHÄF

Säbelschnäbler *Recurvirostra avosetta*

Status: Brutvogel, Durchzügler, Wintergast

Gefährdung:
Rote Liste N (nicht gefährdet)
Non-SPEC (nicht gefährdet)

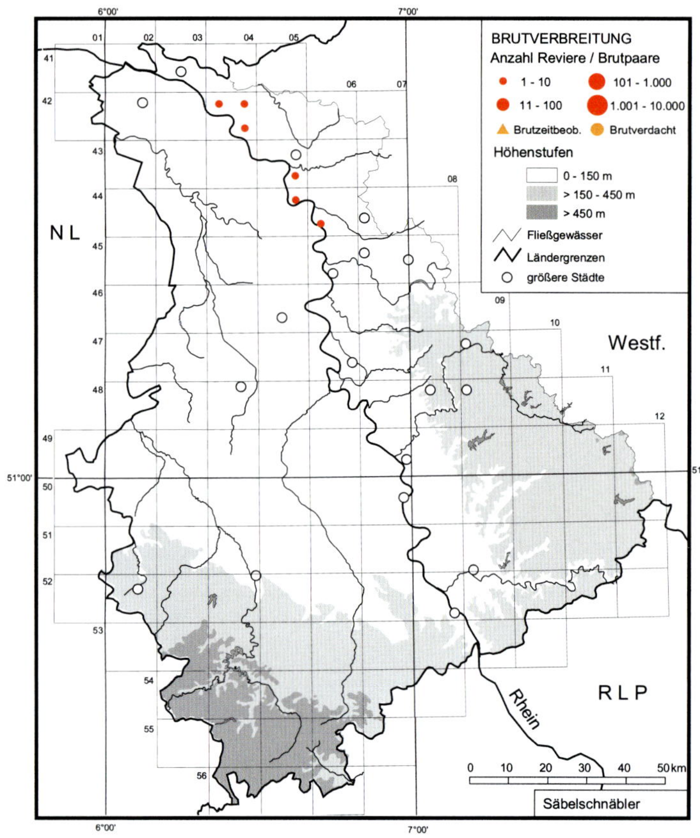

Brutverbreitung 1990-2000

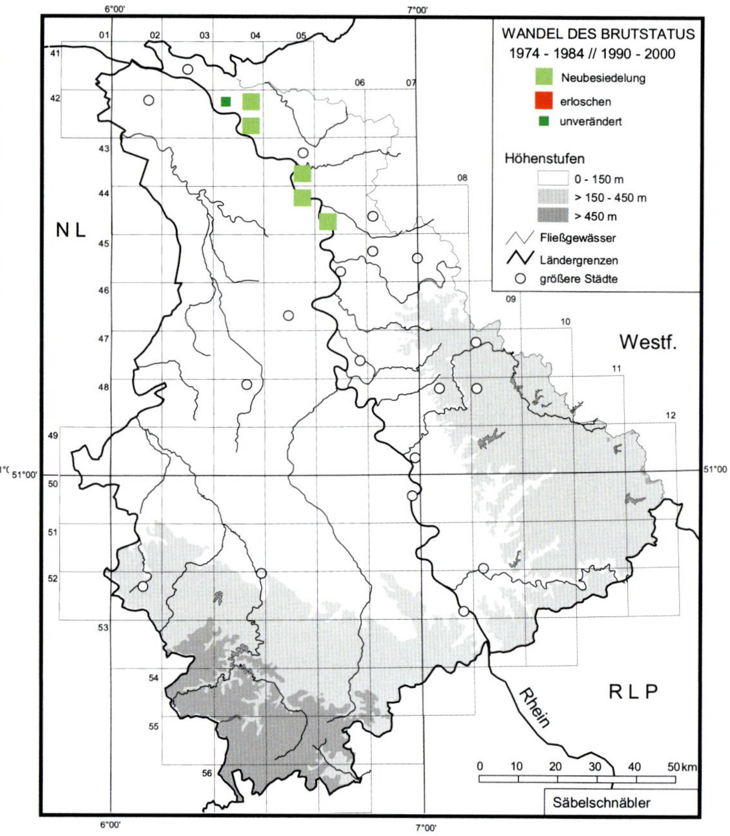

Arealveränderung zwischen 1974-84 und 1990-2000

BRUTVERBREITUNG

In Mitteleuropa konzentriert sich die Brutverbreitung auf die Nordseeküste; die Art brütet nur selten im Binnenland. In der aktuellen Kartierung wurden im Rheinland sechs unregelmäßig besetzte Rasterflächen (RF = 1,5 %) am Unteren Niederrhein gefunden. Vegetationsarme Lebensräume (Rheinufer, Baggerseen) werden bevorzugt. Dauerhafte Ansiedlungen gibt es im Rheinland bisher nicht und die Brutplätze sind in der Regel nur 1-2 Jahre besetzt (z. B. Meßer 1990). Die nächsten Vorkommen liegen in den benachbarten NL (RF = 21 %; SOVON 2002) und die Population im Rheinland steht mit ihnen wohl in direktem Zusammenhang. In Westfalen wurde der Säbelschnäbler bisher als Brutvogel nicht nachgewiesen.

AREALVERÄNDERUNGEN

Beim Vergleich mit der ersten Brutvogelkartierung zeigt sich eine deutliche Areralerweiterung, die aber aufgrund der geringen Populationsgröße statistisch nicht signifikant ist. Der erste Brutversuch erfolgte 1975 im Kreis Kleve (Mildenberger 1982). Die Ansiedlungen im Rheinland sind von kurzer Dauer und der Brutbestand beträgt jährlich nur 0-2 Paare. In den NL hat der Säbelschnäbler von 5.000 BP 1973-77 auf 7.000-9.000 BP 1998-2000 zugenommen, wobei sich die Verbreitung im Wesentlichen auf das Wattenmeer konzentriert (SOVON 2002). Die Zunahme des Bestandes im Küstenbereich dürfte den Anstieg vereinzelter und temporärer Brutvorkommen im Binnenland positiv beeinflusst haben.

Bilanz der Brutvogelkartierung:

Kategorie [BP]	GF	RF %
1-3	6	1,5

WINTERVERBREITUNG

Die Hauptpüberwinterungsgebiete befinden sich in Südeuropa und Afrika. Auch die Mehrzahl der niederländischen Brutvögel verlässt die Brutgebiete im Winter; nur 200-500 Exemplare bleiben in milden Wintern im Wattenmeer bzw. bis zu 1.250 Exemplare im niederländischen Rheindelta (Bijlsma et al. 2001). Wirkliche Überwinterungen sind im Rheinland bisher nicht nachgewiesen, und es kommt allenfalls zu sporadischen Einzelbeobachtungen. Von 1990-2000 liegt nur eine Feststellung (RF = 0,3 %) aus dem Erftal (5005/SO) vor.

Vergleich der Kartierung von 1974-1984 mit 1990-2000:

Kategorie	GF	%	RF %
1 - Nur 1974-84	0	0	0
2 - Nur 1990-2000	5	83,3	1,3
3 - Gemeinsame GF	1	16,7	0,3
1974-84: 1 & 3	1		0,3
1990-2000: 2 & 3	6		1,5
Veränderung	+5 (+500%)		+1,3

Die Zunahme ist statistisch nicht signifikant (4-Felder X^2-Test n. s.; Vorzeichentest**; McNemar-Test n. s.). Identitäts-Index (nach Scherner 1982): 0,40.

Säbelschnäbler, *Recurvirostra avosetta*. Foto: MATHIAS SCHÄF

Flussregenpfeifer, *Charadrius dubius*. Foto: MATHIAS SCHÄF

Flussregenpfeifer *Charadrius dubius*

Status: Brutvogel, Durchzügler

Gefährdung:
Rote Liste 3 (gefährdet)
Non-SPEC (nicht gefährdet)

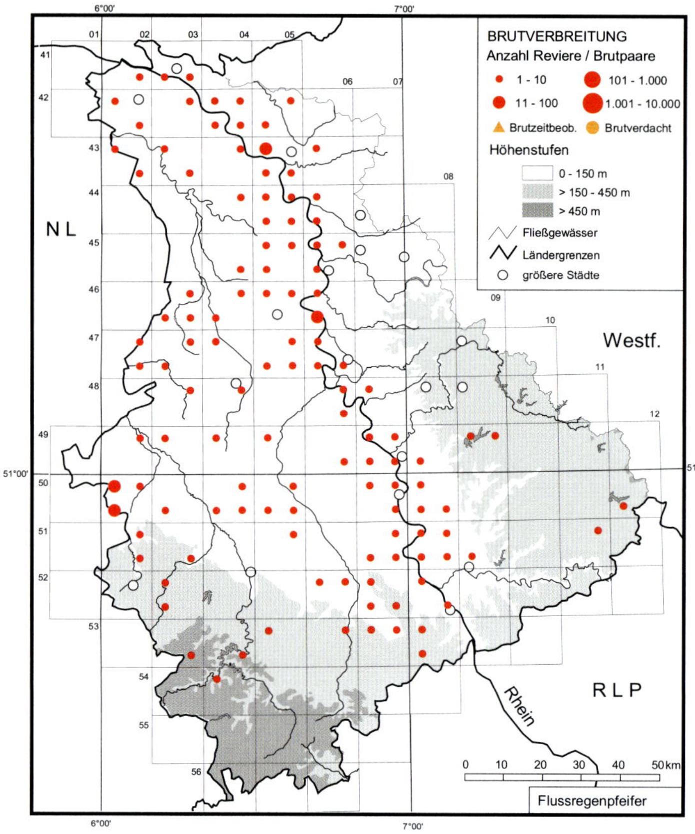

Brutverbreitung 1990-2000

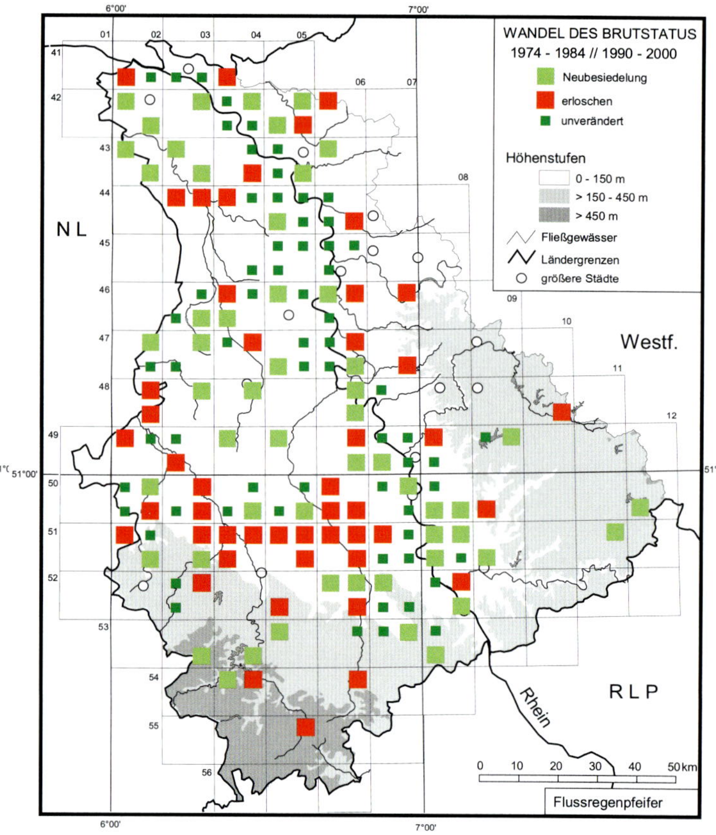

Arealveränderung zwischen 1974-84 und 1990-2000

BRUTVERBREITUNG

Der Flussregenpfeifer besiedelt vornehmlich Abgrabungen fluviatiler Kiese und Sande sowie natürliche Kies- und Sandufer an fließenden und stehenden Gewässern. Er brütet teilweise auch in Industriegebieten auf Flachdächern u. ä. Entsprechend dem Vorkommen alluvialer Ablagerungen erstreckt sich die Verbreitung im Rheinland hauptsächlich auf die Niederungen entlang der großen Flüsse, vor allem im Rheintal. Die Schwerpunkte liegen eindeutig in den tieferen Lagen bis 150 m NN, nur wenige Vorkommen darüber. In Westfalen (RF = 27 %; NWO 2002) und den NL (RF = 37 %; SOVON 2002) wurde eine ähnliche Rasterfrequenz wie im Rheinland (RF = 31 %) festgestellt.

AREALVERÄNDERUNGEN

Bedingt durch die Dynamik und den oft temporären Charakter der bevorzugten Bruthabitate kommt es zu einer hohen Umsiedlungsrate. Insgesamt scheinen sich Brutbestand und -areal zwischen den beiden Kartierungsperioden kaum verändert zu haben. Beide Größen zeigen jedoch leicht gegenläufige Trends: das Areal nimmt durch Entstehung neuer Auskiesungsflächen zu, während der Brutbestand durch Zunahme von Störungen (z. B. Freizeitbetrieb) zurückgeht. Aktuell ergibt sich ein geschätzter Bestand von 270-500 Brutpaaren (0,07 - 0,13 BP/km² bezogen auf die besiedelte Fläche). Zu beachten ist allerdings der kumulative Effekt der Erfassung, der zu einer Überschätzung führen kann, so dass der tatsächliche Wert eher im unteren Bereich dieser Spanne liegt. Anfang der 1980er Jahre wurden 400-500 Brutpaare angenommen (MILDENBERGER 1982). Für Westfalen wurden 420-570 Brutpaare errechnet (NWO 2002). Ähnlich wie im Rheinland hat die Art in den NL in den zurückliegenden drei Jahrzehnten leicht abgenommen, von 800-1.300 BP 1973-77 auf 750-1.100 BP 1998-2000, wobei sich das Verbreitungsareal durch Entstehung und Besiedlung neuer Habitate dort ebenfalls vergrößert hat (SOVON 2002).

Bilanz der Brutvogelkartierung:

Kategorie [BP]	GF	RF %	Minimum [BP]
1-10	117	28,3	117
11-20	4	1,0	44
Summe	**121**	**29,3**	**161**

Vergleich der Kartierung von 1974-1984 mit 1990-2000:

Kategorie	GF	%	RF %
1 - Nur 1974-84	47	28,1	12,0
2 - Nur 1990-2000	55	32,9	14,0
3 - Gemeinsame GF	65	38,9	16,5
1974-84: 2 & 3	112		28,5
1990-2000: 1 & 3	120		30,5
Veränderung	+8 (+7,1%)		2,0

Identitäts-Index (nach SCHERNER 1982): 0,56.

Goldregenpfeifer *Pluvialis apricaria*

Status: Durchzügler, Wintergast

Gefährdung:
Non-SPEC^{E} (nicht gefährdet)

WINTERVERBREITUNG

Der Goldregenpfeifer ist im Rheinland heute nur noch regelmäßiger Durchzügler (letzte Brut Anfang des 20. Jahrhunderts; MILDENBERGER 1982). Er brütet von Nord- und Nordosteuropa bis Nordsibirien, die Bestände gehen jedoch seit der zweiten Hälfte des 19. Jahrhunderts am Südrand des Brutgebietes stark zurück und die Art verschwand als Brutvogel u. a. in Belgien, den Niederlanden und NW-Deutschland, wo sich ein kleines Restvorkommen in Niedersachsen hält (GLUTZ et al. 1999, MÄDLOW & MODEL 2000).

Kleine bis mittelgroße Trupps halten sich im Winterhalbjahr oft mit Kiebitzen vergesellschaftet auf offenem Acker- und Weideland in der Kölner Bucht/Voreifel und am Unteren Niederrhein auf. Im Vergleich zur ersten Kartierung (RF = 5,7 %) zeigt sich kein wesentlicher Unterschied, aber die Tendenz ist parallel zur Entwicklung der nordeuropäischen Brutbestände leicht rückläufig. Ein Teil der Beobachtungen geht eher auf späte bzw. frühe Durchzügler als auf wirkliche Überwinterer zurück, die aber in milden Jahren durchaus nachgewiesen wurden (MILDENBERGER 1982). Nicht alle Gitterfelder wurden alljährlich aufgesucht. In den benachbarten NL liegt der frühwinterliche Rastbestand traditionell deutlich höher (Okt.-Nov. 1996: 217.000 Exemplare), geht aber ebenfalls zurück (BIJLSMA et al. 2001).

Bilanz der Winterkartierung:

Kategorie [Ex.]	GF	RF %
1-10	7	2,0
11-100	9	2,6
Summe	**16**	**4,6**

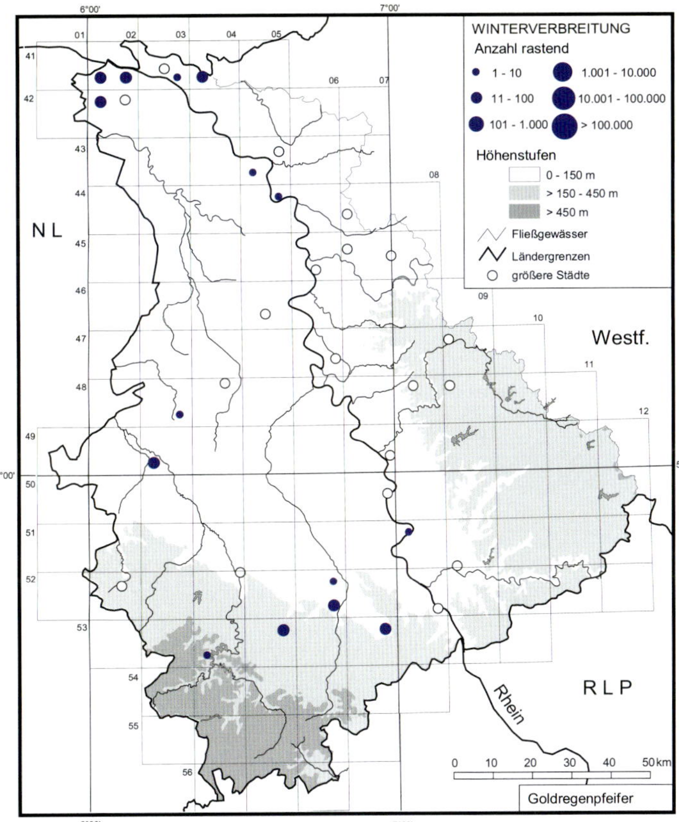

Winterverbreitung 1990-2000

Goldregenpfeifer, *Pluvialis apricaria*. Foto: MATHIAS SCHÄF

Kiebitz *Vanellus vanellus*

Status: Brutvogel, Durchzügler, Wintergast

Gefährdung:
Rote Liste 3 (gefährdet)
SPEC 2 (gefährdet)

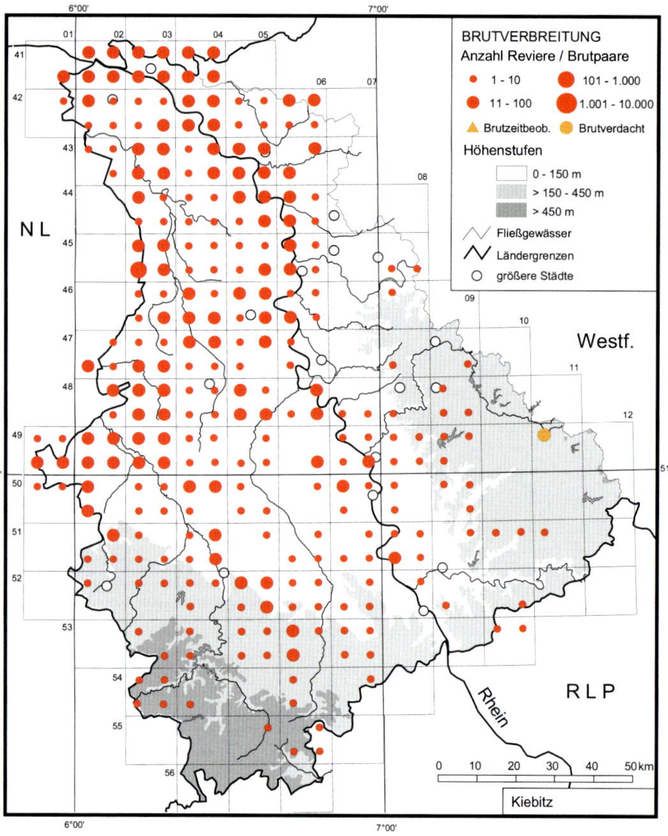

Brutverbreitung 1990-2000

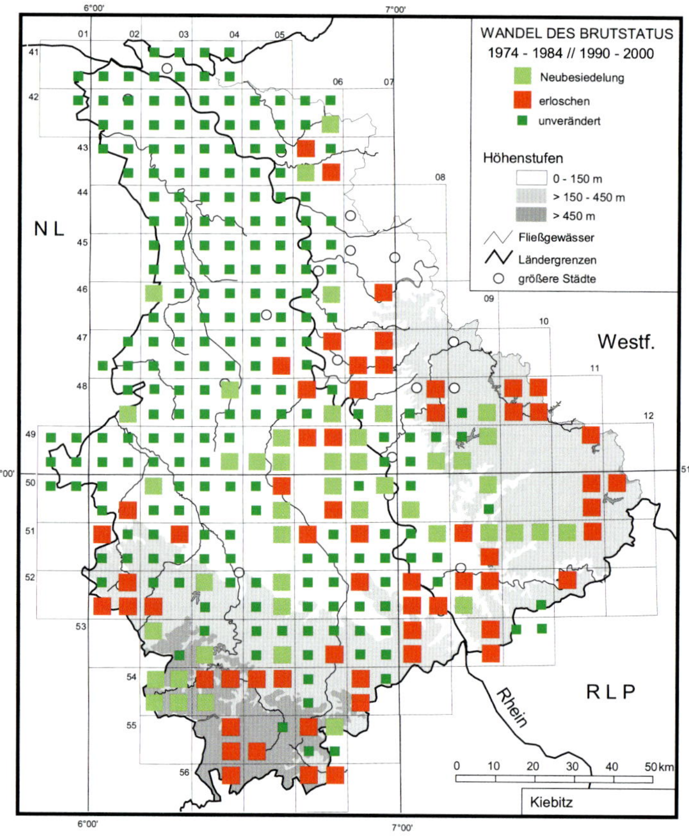

Arealveränderung zwischen 1974-84 und 1990-2000

BRUTVERBREITUNG

Der Kiebitz besiedelt Gitterfelder mit natürlichen Feuchtgebieten (Moore, Feuchtwiesen), feuchtem Grünland und, seit den 1950er Jahren auch vermehrt, bewirtschaftetes Ackerland. Im Rheinland liegen die Schwerpunkte der Verbreitung in den Niederungen, besonders am Unteren Niederrhein und entlang der holländischen Grenze im Niers-Schwalm-Nette-Gebiet. Die mittleren bis höheren Lagen der Mittelgebirge sind nur (noch) spärlich besiedelt, besonders rechtsrheinisch. Mit einer Rasterfrequenz von 75 % ist der Kiebitz in Westfalen (NWO 2002) ähnlich weit verbreitet wie im Rheinland, erreicht in den NL (RF = 95 %) aber einen deutlich höheren Wert (SOVON 2002).

AREALVERÄNDERUNGEN

Im Vergleich zu 1974-84 hat sich das Verbreitungsareal 1990-2000 deutlich verkleinert. Besonders in den mittleren bis hohen Lagen der Mittelgebirgsregionen von Eifel und Süderbergland sind viele Rasterflächen verwaist, aber auch am Unteren Niederrhein geht die Art zurück (Mooij 1997). Der Brutbestand kann anhand der Kartierungsdaten auf 2.500-4.500 Paare geschätzt werden (0,29 - 0,54 BP/km² bezogen auf die besiedelte Fläche). Zu Beginn der Kartierungsarbeiten waren die Bestände noch deutlich höher als gegen Ende, d. h. der kumulative Effekt führt zu einer Überschätzung der aktuellen Situation. Nach starken Rückgängen seit der zweiten Hälfte des 19. Jahrhunderts kam es ab Mitte des 20. Jahrhunderts zu einer Erholung (4.800-5.300 BP 1972-75) mit zahlreichen Neubesiedlungen als Folge der Umstellung von Grünland- auf Ackerlandbruten (Mildenberger 1982). Der im Rheinland festgestellte Rückgang wird durch die Ergebnisse in den NL bestätigt, wo ebenfalls ein Arealverlust von 21 % festgestellt wurde (SOVON 2002). Auch im rheinland-pfälzischen Teil von Eifel und Westerwald gingen die Bestände gegen Ende der 1990er Jahre stark zurück (Dietzen & Schmidt 2002, Dietzen et al. 2003).

Bilanz der Brutvogelkartierung:

Kategorie [BP]	GF	RF %	Minimum [BP]
1-10	175	42,4	175
11-100	95	23,0	1.045
101-200	1	0,2	101
Brutverdacht	1	0,2	
Summe	272	65,9	1.321

Vergleich der Kartierung von 1974-1984 mit 1990-2000:

Kategorie	GF	%	RF %
1 - Nur 1974-84	61	20,2	16,8
2 - Nur 1990-2000	47	14,4	12,0
3 - Gemeinsame GF	214	65,4	54,5
1974-84: 1 & 3	275		70,0
1990-2000: 2 & 3	261		66,4
Veränderung	-14 (-5,1%)		-3,6

Die Abnahme ist statistisch signifikant (4-Felder X^2-Test*; Vorzeichentest*; McNemar-Test*). Identitäts-Index (nach Scherner 1982): 0,80.

Als Rückgangsursache wird vor allem der durch die Intensivierung der Landwirtschaft bedingte geringe Bruterfolg verantwortlich gemacht.

WINTERVERBREITUNG

Der Winterbestand hängt stark von der jeweiligen Witterung ab und die Maximalzahlen schwanken entsprechend von Jahr zu Jahr zwischen schätzungsweise 20.000 und 100.000 Exemplaren. Die Verbreitung konzentriert sich auf die klimatisch günstigeren Tieflagen am Niederrhein, Schwalm-Rur und in der Köln-Aachener Bucht/Voreifel; nur vereinzelt in den höheren Lagen. Bei Kälteeinbrüchen zieht ein großer Teil der Überwinterer ab (Winterflucht) und das Rheinland kann dann nahezu komplett geräumt werden. Die Verbreitung hat sich seit der ersten Kartierung kaum verändert, aber bedingt durch die relativ milden Winter hat die Anzahl durchgehender Überwinterungen zugenommen. In den benachbarten NL ist der Winterbestand deutlich größer (BIJLSMA et al. 2001) und die Bestände am Unteren Niederrhein können als Ausläufer dieser Winterpopulation angesehen werden. Da sich die Zugzeiten bis in den Winter hineinziehen, kann ein Teil der Feststellungen auch bereits frühe Heimzügler oder späte Wegzügler betreffen.

Bilanz der Winterkartierung:

Kategorie [Ex.]	GF	RF %
1-10	34	9,7
11-100	73	20,9
101-1.000	49	14,0
1.001-5.000	15	4,3
Summe	**171**	**49,0**

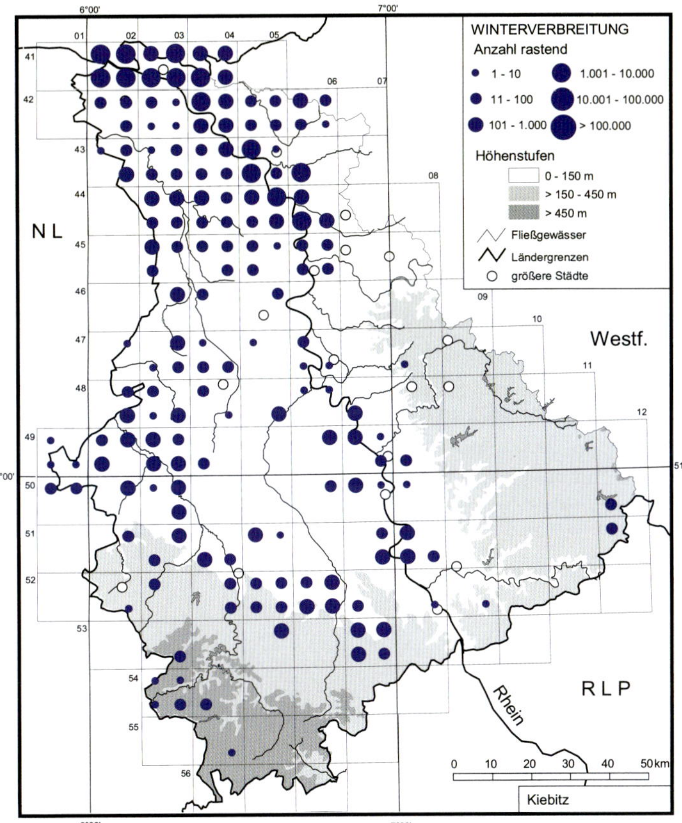

Winterverbreitung 1990-2000

Kiebitz, *Vanellus vanellus*. Foto: MATHIAS SCHÄF

Alpenstrandläufer *Calidris alpina*

Status: Durchzügler, Wintergast

Gefährdung:
SPEC 3 (dezimiert)

WINTERVERBREITUNG

Der Alpenstrandläufer ist ein zahlreicher Durchzügler auf dem Weg von nordeuropäischen und sibirischen Brutgebieten in die afrikanischen und südeuropäischen Wintergebiete. Bevorzugte Rasthabitate sind flache Schlamm- und Sandbänke an Gewässerrändern von z. B. Klärteichen, Rieselfeldern, Altwässern, Baggerseen usw. Die Art ist auch an der Nordseeküste regelmäßiger und zahlreicher Wintergast, z. B. bis zu 225.000 in den NL, aber nur selten im küstenfernen Binnenland (Bijlsma et al. 2001). Im Rheinland gelangen nur vereinzelte und unregelmäßige Winterbeobachtungen, in den tieferen Lagen bis 150 m NN. Für 1990-2000 liegen Beobachtungen von fünf Gitterfeldern vor (RF = 1,5 %). Regelmäßige Überwinterungsgebiete gibt es im Rheinland nicht und es handelt sich eher um extrem frühe oder späte Durchzügler.

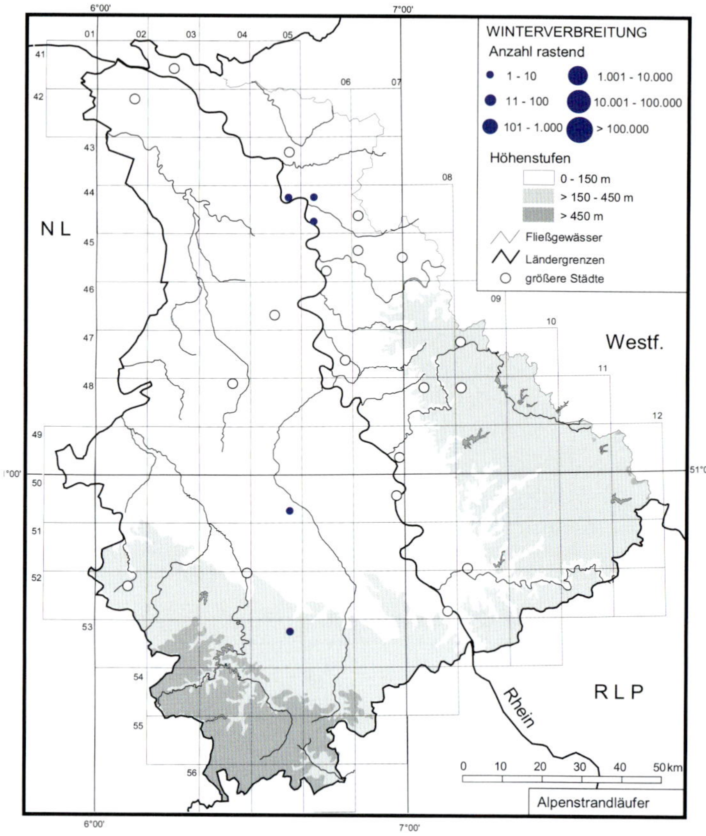

Winterverbreitung 1990-2000

Alpenstrandläufer, *Calidris alpina,* Altvogel (links) und Jungvogel (rechts). Fotos: Mathias Schäf

Zwergschnepfe *Lymnocryptes minimus*

Status: Durchzügler, Wintergast

Gefährdung:
SPEC 3 (zurückgehend)

WINTERVERBREITUNG

Die Überwinterungsgebiete liegen in Nordwest-Europa und Afrika. Gezielte Erfassungen nach 2000 zeigen, dass es zumindest im Schwalm-Nette-Gebiet zu regelmäßigen Überwinterungen kommt. Abseits davon gelangen weitere, nicht alljährliche Einzelfunde im Rheintal, vor allem am Unteren Niederrhein. Die Feststellungen sind auf die unteren Höhenstufen (bis 150 m NN) beschränkt. Bevorzugte Rasthabitate sind nasse Wiesen mit niedriger Vegetation, Verlandungszonen stehender und langsam fließender Gewässer und Klärteiche. Aufgrund der heimlichen Lebensweise ist die Erfassung sicherlich sehr unvollständig. Auch in den NL überwintert die Art regelmäßig (Bijlsma et al. 2001).

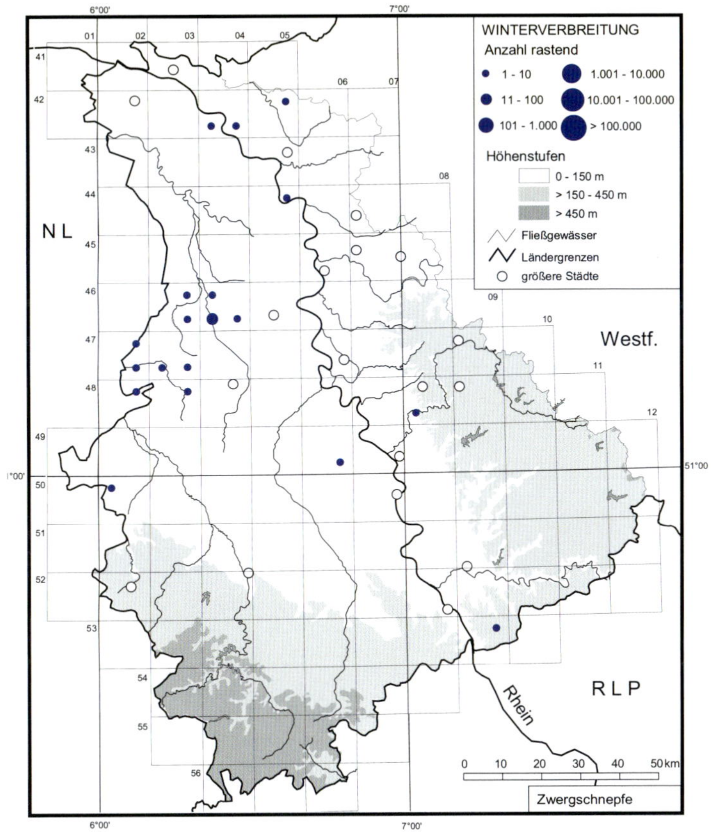

Winterverbreitung 1990-2000

Bilanz der Winterkartierung:

Kategorie [Ex.]	GF	RF %
1-10	19	5,5
11-20	1	0,3
Summe	**20**	**5,8**

Zwergschnepfe, *Lymnocryptes minimus*. Foto: Mathias Schäf

Bekassine *Gallinago gallinago*

Status: Brutvogel, Durchzügler, Wintergast

Gefährdung:
Rote Liste 1 (vom Aussterben bedroht)
SPEC 3 (zurückgehend)

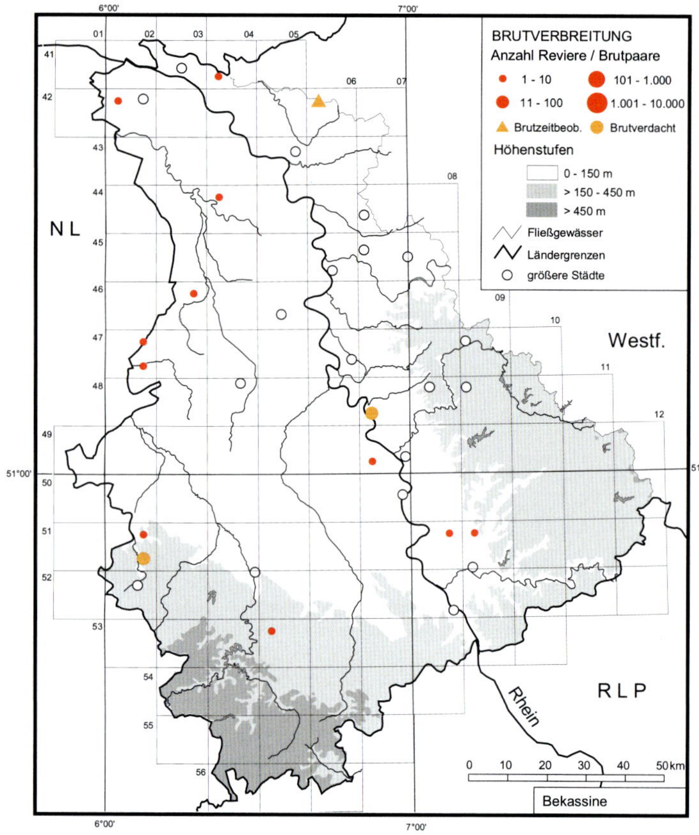

Brutverbreitung 1990-2000

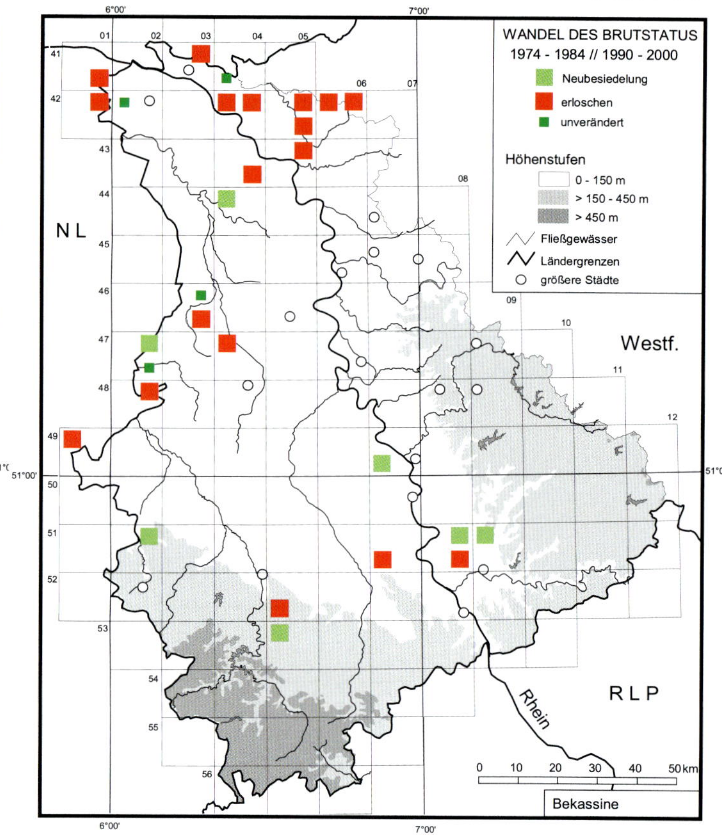

Arealveränderung zwischen 1974-84 und 1990-2000

BRUTVERBREITUNG

Die Bekassine besiedelt Gitterfelder mit nassem bis wechselfeuchtem Grünland, Verlandungszonen stehender Gewässer und Altrheinarmen sowie Niedermooren. Die Verbreitung im Kartierungszeitraum 1990-2000 beschränkte sich auf wenige, weit verteilte Gitterfelder (n = 14; RF = 3,6 %) in den Flusstälern von Rhein, Nette, Schwalm und Rur, von denen jedoch viele aktuell nicht mehr besetzt sind (PÜCHEL-WIELING et al. 2002). Auch in Eifel und Bergischem Land gibt es aktuell wohl keine Reviere mehr (JÖBGES in lit.). Die mittleren und oberen Höhenstufen sind weitgehend unbesiedelt. Im benachbarten Westfalen (RF = 11 %) und den NL (RF = 26 %) ist die Verbreitung noch deutlich größer (NWO 2002, SOVON 2002).

AREALVERÄNDERUNGEN

Der Vergleich der vorliegenden Kartierungsergebnisse mit der ersten Erfassung 1974-84 zeigt einen signifikanten Arealverlust von 50 %. Besonders am Unteren Niederrhein wurden dramatische Rückgänge registriert, die nicht mehr mit den bekannten jährlichen Fluktuationen erklärt werden können. In NRW wurden 2000 landesweit noch 76 Brutpaare ermittelt, wovon nur eines (!) - bei allerdings unvollständiger Erfassung - auf den Landesteil Nordrhein (Kreis Kleve) entfiel (PÜCHEL-WIELING et al. 2002). Der tatsächliche Bestand war höher und liegt aktuell (2002-2003) bei 10-11 Paaren (PÜCHEL-WIELING et al. in Vorb., AG WIESENVOGELSCHUTZ). Die Bekassine ist somit in Nordrhein nahezu ausgestorben und größere Vorkommen gibt es nur noch in westfälischen Moorgebieten. 1975/76 lag der rheinische Brutbestand noch bei 40-50 Paaren (MILDENBERGER 1982). Vergleichbare Entwicklungen zeigen sich auch in anderen Regionen Mitteleuropas, z. B. in den NL schrumpfte das Verbreitungsareal in den vergangenen drei Jahrzehnten um 64 % einhergehend mit einem Bestandsrückgang von 5.500-10.000 BP (1973-77) auf 1.200-1.500 BP (1998-2000; SOVON 2002). Im grenznahen Gebiet Gelderse Poort ging der Bestand von 130 BP (1970) auf <10 BP in 2000 zurück (DIERMEN et al. 2002).

Bilanz der Brutvogelkartierung:

Kategorie [BP]	GF	RF %
1-10	11	2,7
Brutverdacht	3	0,7
Summe	**14**	**3.4**

Vergleich der Kartierung von 1974-1984 mit 1990-2000:

Kategorie	GF	%	RF %
1 - Nur 1974-84	18	62,1	4,6
2 - Nur 1990-2000	7	24,1	1,8
3 - Gemeinsame GF	4	13,8	1,0
1974-84: 1 & 3	22		5,6
1990-2000: 2 & 3	11		2,8
Veränderung	-11 (-50%)		-2,8

Die Abnahme ist statistisch signifikant (4-Felder X^2-Test*; Vorzeichentest*; McNemar-Test*). Identitäts-Index (nach SCHERNER 1982): 0,26.

Als Rückgangsursachen kommen Intensivierung der Landwirtschaft, Absenkung des Grundwasserspiegels und Meliorationsmaßnahmen sowie Gefährdung auf dem Zug in die Winterquartiere in Frage.

WINTERVERBREITUNG

Auf dem Weg von und zu den nordwest-europäischen, mediterranen und nordafrikanischen Winterquartieren ist die Bekassine regelmäßiger Gast im Rheinland. Je nach Witterung überwintern einzelne Vögel in den unteren bis mittleren Lagen, vor allem im Bereich des Unteren Niederrheins und des Schwalm-Nette-Gebietes. Abseits dieser Schwerpunkte gelangen nur sporadische Einzelbeobachtungen, die zum Teil auch späte bzw. frühe Durchzügler betreffen. Bei Kälteeinbrüchen weichen die Schnepfen in klimatisch günstigere Gebiete aus, kehren bei Erwärmung aber schnell wieder zurück. Seit der ersten Kartierung 1983-86 hat sich die Winterverbreitung nicht wesentlich verändert. Da der Winterbestand erheblich größer ist als der Brutbestand, kann von einem Zuzug aus Nordosteuropa ausgegangen werden. In den nahe gelegenen NL überwintern bei milder Witterung bis zu 25.000 Bekassinen (BIJLSMA et al. 2001).

Bilanz der Winterkartierung:

Kategorie [Ex.]	GF	RF %
1-10	45	12,9
11-100	6	1,7
Summe	**51**	**14,6**

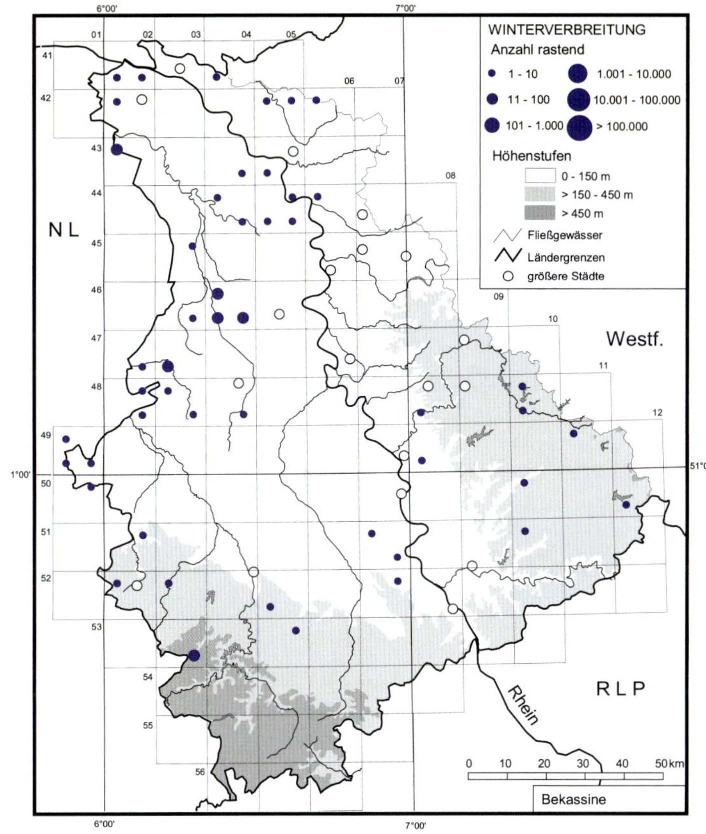

Winterverbreitung 1990-2000

Bekassine, *Gallinago gallinago*. Foto: MATHIAS SCHÄF

Waldschnepfe *Scolopax rusticola*

Status: Brutvogel, Durchzügler, Wintergast

Gefährdung:
Rote Liste V (zurückgehend)
SPEC 3 (zurückgehend)

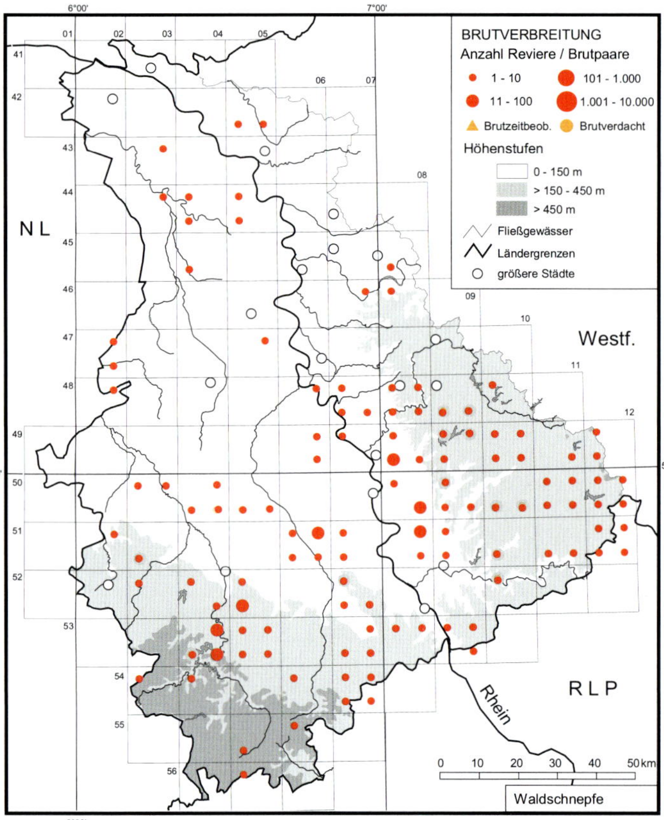

Brutverbreitung 1990-2000

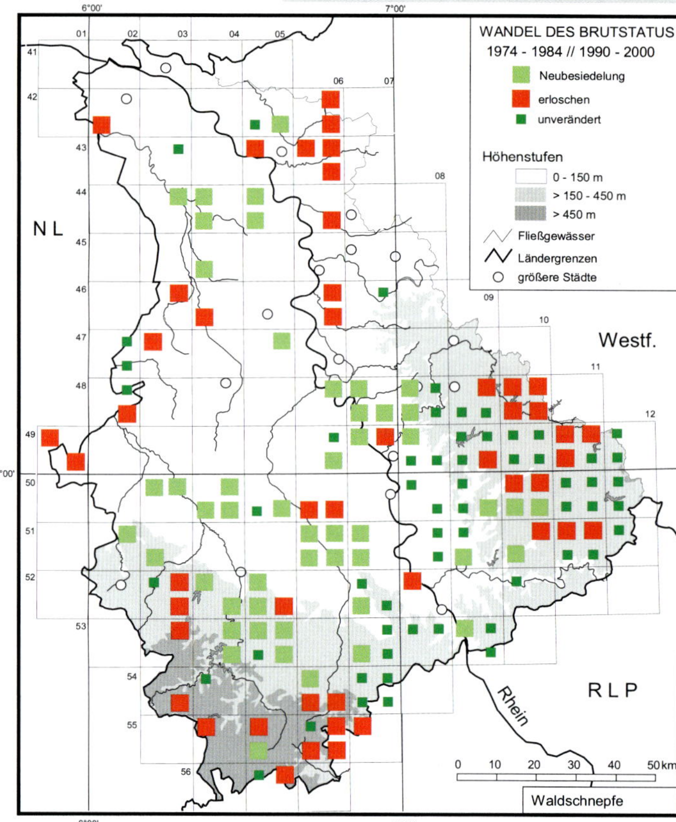

Arealveränderung zwischen 1974-84 und 1990-2000

BRUTVERBREITUNG

Die Waldschnepfe ist in gut strukturierten lichten Mischwaldarealen mit lockerer Strauch- und Krautschicht teilweise verbreitet. Die Balzflüge führen meist entlang von Schneisen, Stromtrassen, Waldrändern, Lichtungen und Kahlschlägen. Sie fehlt in den von der Landwirtschaft dominierten waldarmen Regionen der Niederrheinischen Bucht und des Niederrheinischen Tieflandes. Die Schwerpunkte der Verbreitung liegen in den mittleren Höhenstufen (150-450 m NN) der Mittelgebirge. Dichte und Verbreitung nehmen von Süden nach Norden stark ab. Eine rein qualitative Analyse der Verbreitung erbrachte 1994 besonders geringe Verbreitung bzw. Verbreitungslücken in den Bördegebieten und der Niederrheinischen Bucht, während das übrige Nordrhein, zumindest in geringer Dichte, besiedelt war (EYLERT 2000). Je nach Waldanteil weisen die Nachbarregionen höhere (Westfalen, RF = 54 %; NWO 2002) oder niedrigere (NL, RF = 24 %; SOVON 2002) Verteilungsgrade auf. Bedingt durch die nächtliche Lebensweise ist die vorliegende Kartierung als unvollständig anzusehen (vgl. EYLERT 2000).

Bilanz der Brutvogelkartierung:

Kategorie [BP]	GF	RF %	Minimum [BP]
1-10	110	28,0	110
11-20	7	1,8	77
Summe	**117**	**29,8**	**187**

AREALVERÄNDERUNGEN

Insgesamt zeigen sich keine signifikanten Veränderungen zwischen 1974-84 und 1990-2000, aber der Trend ist eindeutig rückläufig ($p < 0,1$). Bereits um 1900 wird von abnehmenden Beständen berichtet (LE ROI 1906), was sich bis heute fortgesetzt hat. Anfang der 1980er Jahre wurden in Nordrhein 900-1.300 brütende Weibchen angenommen (MILDENBERGER 1982). Anhand der Kartierungsdaten lässt sich heute ein geschätzter Bestand von nur noch 240-460 Brutpaaren berechnen (0,06-0,12 BP/km² bezogen auf die besiedelte Fläche), deutlich weniger als im waldreicheren Westfalen (1.210-2.200 Reviere; NWO 2002). Dabei ist zu beachten, dass die quantitative Erfassung der Waldschnepfe außerordentlich schwierig ist und diese Zahlen mit großen Ungenauigkeiten verbunden sind (EYLERT 2000). In den NL überwiegen die Arealverluste (-12 %), aber die Trends sind regional unterschiedlich; die Gesamtpopulation wird auf 2.000-3.000 BP geschätzt (SOVON 2002).

Vergleich der Kartierung von 1974-1984 mit 1990-2000:

Kategorie	GF	%	RF %
1 - Nur 1974-84	56	36,1	14,2
2 - Nur 1990-2000	40	25,8	10,2
3 - Gemeinsame GF	59	38,1	15,0
1974-84: 1 & 3	115		29,2
1990-2000: 2 & 3	99		25,2
Veränderung	-16 (-14%)		-4,0

Die Abnahme ist statistisch nicht signifikant (4-Felder X^2-Test n. s.; Vorzeichentest$^+$; McNemar-Test$^+$). Identitäts-Index (nach SCHERNER 1982): 0,51.

WINTERVERBREITUNG

Die Hauptwinterquartiere liegen jenseits der 2°C-Januarisotherme in Westeuropa. Im Areal mit einer mittleren Januartemperatur von 0-2°C hängt der Winterbestand stark von der Witterung ab (BEZZEL 1985). In den Wintermonaten zeigt sich im Rheinland eine deutliche Verschiebung der Vorkommen von den Brutgebieten in den Mittelgebirgen in die klimatisch günstigeren Tieflagen, besonders der Täler von Rhein, Erft und Schwalm. Bei Kälteeinbrüchen weichen die Überwinterer aus. Gleiches gilt für die NL, wo in milden Wintern mehrere hundert Waldschnepfen ausharren können (BIJLSMA et al. 2001). Im Winter ist die systematische Erfassung besonders schwierig und die Ergebnisse sind sicher unvollständig. Ein Teil der Nachweise betrifft eher späte bzw. frühe Durchzügler als wirkliche Überwinterer, und nur wenige Rasterflächen erbrachten regelmäßige Feststellungen in mehreren aufeinanderfolgenden Jahren. Es kann nicht entschieden werden, ob die merkliche Zunahme der Verbreitung seit 1983-86 (von 1,1 auf 15,7 %) tatsächlich eine Vergrößerung des Winterbestandes bedeutet (die relativ milde Witterung der letzten Jahrzehnte spräche dafür) oder ob lediglich die Erfassung verbessert wurde bzw. der kumulative Kartiereffekt stärker zum Tragen kommt.

Bilanz der Winterkartierung:

Kategorie [Ex.]	GF	RF %
1-10	56	15,7

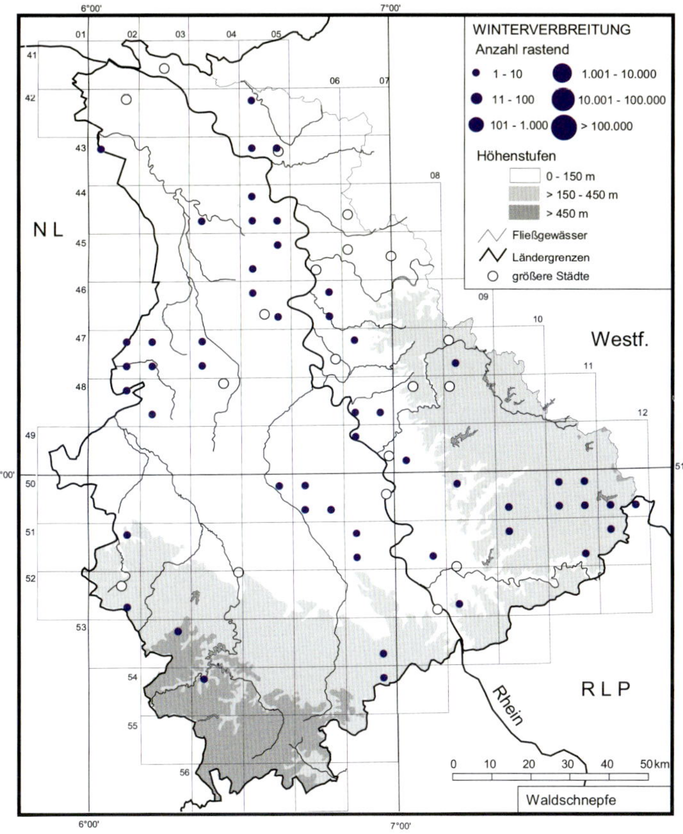

Winterverbreitung 1990-2000

Waldschnepfe, *Scolopax rusticola*. Foto: KARL-HEINZ KÜHNAPFEL

Uferschnepfe *Limosa limosa*

Status: Brutvogel, Durchzügler, Wintergast

Gefährdung:
Rote Liste 2 (stark gefährdet)
SPEC 2 (gefährdet)

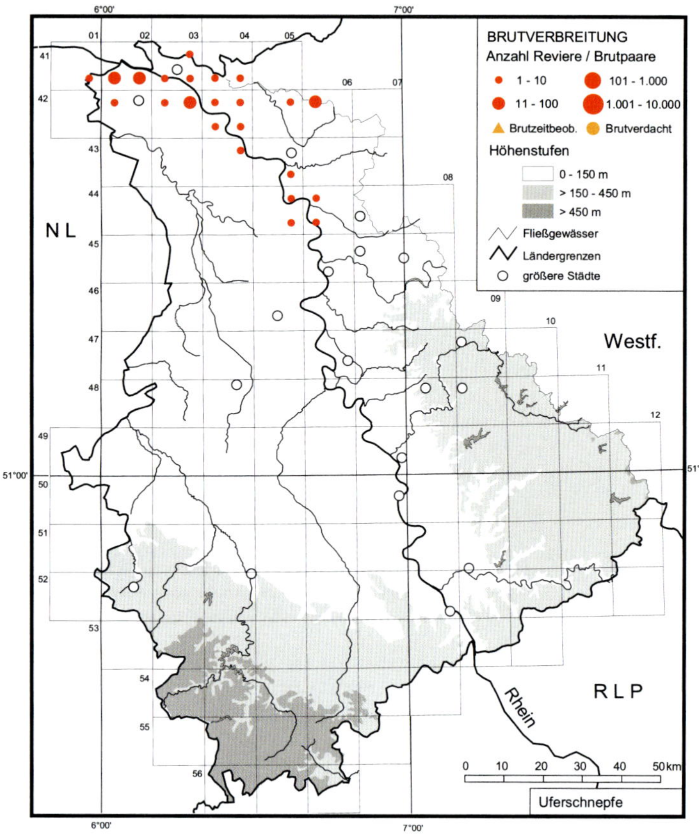

Brutverbreitung 1990-2000

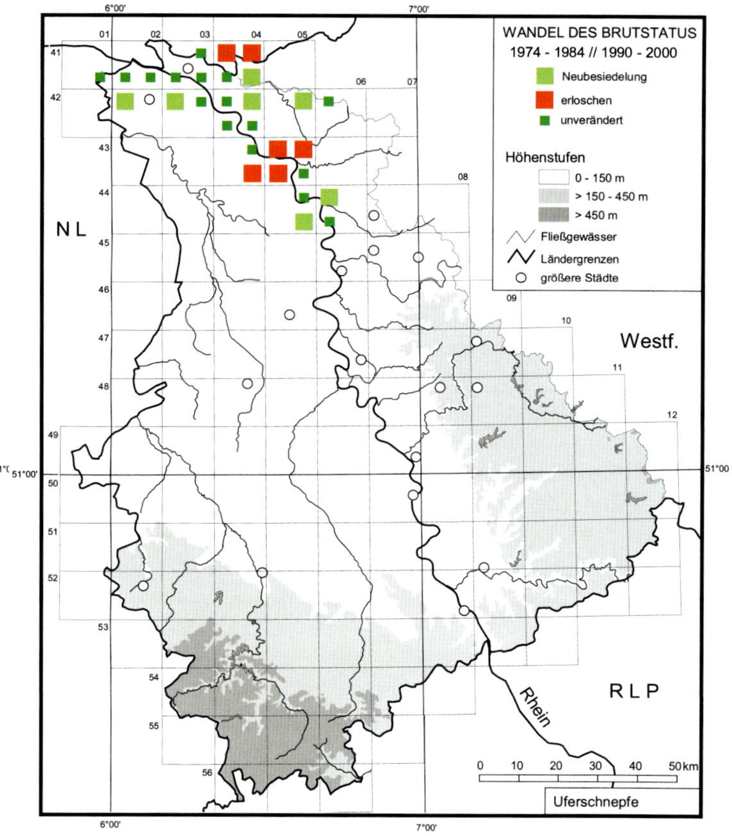

Arealveränderung zwischen 1974-84 und 1990-2000

BRUTVERBREITUNG

Ausgehend von der nahezu geschlossenen Verbreitung in den NL erfolgte in den 1920er Jahren die Besiedlung des Rheinlandes (MILDENBERGER 1982). Die Verbreitung ist von jeher auf den Unteren Niederrhein (Kreise Kleve, Wesel, Duisburg) beschränkt, der südlichste Punkt liegt bei Walsum. Besiedelt wird vor allem extensiv genutztes Dauergrünland in Rheinnähe, vereinzelt wird auch von möglichen Brutvorkommen auf Ackerflächen berichtet (MÖLLER 1998). Der rheinische Bestand ist noch immer eng an die Vorkommen in den NL gekoppelt, wo 68 % der Rasterflächen besetzt sind (SOVON 2002). In Westfalen wurde eine ähnliche Verbreitung (RF = 5 %) wie im Rheinland ermittelt (NWO 2002).

AREALVERÄNDERUNGEN

Zwar wurden seit 1974-84 einige Gitterfelder aufgegeben, aber es wurden fast ebensoviele neu besetzt, so dass die Nettoverbreitung nahezu unverändert blieb. Von im Jahr 2000 in NRW landesweit 219-227 Brutpaaren entfielen 29 % (62-66 Brutpaare) auf das Rheinland (MOOIJ 1997, AG WIESENVOGELSCHUTZ 2000, PÜCHEL-WIELING et al. 2002). 1975 bis 1977 brüteten in Nordrhein noch 300-370 Brutpaare (MILDENBERGER 1982), das heißt trotz nahezu identischer Anzahl besetzter Gitterfelder ist der Bestand deutlich zurückgegangen. Ausgehend von der Besiedlung des Niederrheins aus den Niederlanden um 1925 und der zumindest vorrübergehenden Besiedlung der rechtsrheinischen Hauptterrasse zwischen 1940-1960 von Westfalen aus hatte sich der Bestand Anfang der 1970er Jahre stabilisiert (MILDENBERGER 1982). Da die rheinische Population relativ klein ist und die Bestandsentwicklung in den Nachbarregionen ebenfalls negativ verläuft, z. B. Abnahme in den NL von 120.000 BP 1975 auf 45.000-50.000 BP 1998-2000 (SOVON 2002), im grenznahen Gelderse Poort von 800 BP (1970) auf 200 BP in 2000 (DIERMEN et al. 2002) und in Westfalen von 350 BP 1970 über 305 BP 1993 auf 157-162 BP 2000 (NWO 2002, PÜCHEL-WIELING et al. 2002), muss die weitere Bestandsentwicklung im Rheinland sorgfältig überwacht werden.

Bilanz der Brutvogelkartierung:

Kategorie [BP]	GF	RF %
1-10	19	4,6
11-20	4	1,0
Summe	**23**	**5,6**

Vergleich der Kartierung von 1974-1984 mit 1990-2000:

Kategorie	GF	%	RF %
1 - Nur 1974-84	6	20,7	1,5
2 - Nur 1990-2000	8	27,6	2,0
3 - Gemeinsame GF	15	51,7	3,8
1974-84: 1 & 3	21		5,3
1990-2000: 2 & 3	23		5,8
Veränderung	+2 (+9,5%)		+0,5

Identitäts-Index (nach SCHERNER 1982): 0,68.

WINTERVERBREITUNG

Die Überwinterungsgebiete befinden sich an den Küsten des Mittelmeeres und Atlantiks von Frankreich bis Äquatorialafrika. Im Rheinland gab es in den Wintermonaten nur sporadische Einzelbeobachtungen, bei denen es sich überwiegend wohl um frühe Heimkehrer (Ende Januar/Anfang Februar) in milden Jahren handelte. In der ersten Kartierung wurden von November bis Januar keine Uferschnepfen festgestellt und erst im Februar trafen die ersten Vögel ein (WINK 1990). Alle Winterfeststellungen stammen aus Gebieten, wo die Art brütet. In den NL überwinternde Uferschnepfen (bis zu 295 Exemplare 1987-1993) werden der isländischen Unterart *L. l. islandica* zugerechnet (BIJLSMA et al. 2001). Ob dies auch für die spärlichen (Winter-)beobachtungen im Rheinland gilt, ist fraglich.

Bilanz der Winterkartierung:

Kategorie [Ex.]	GF	RF %
1-10	2	0,6
11-20	2	0,6
Summe	**4**	**1,2**

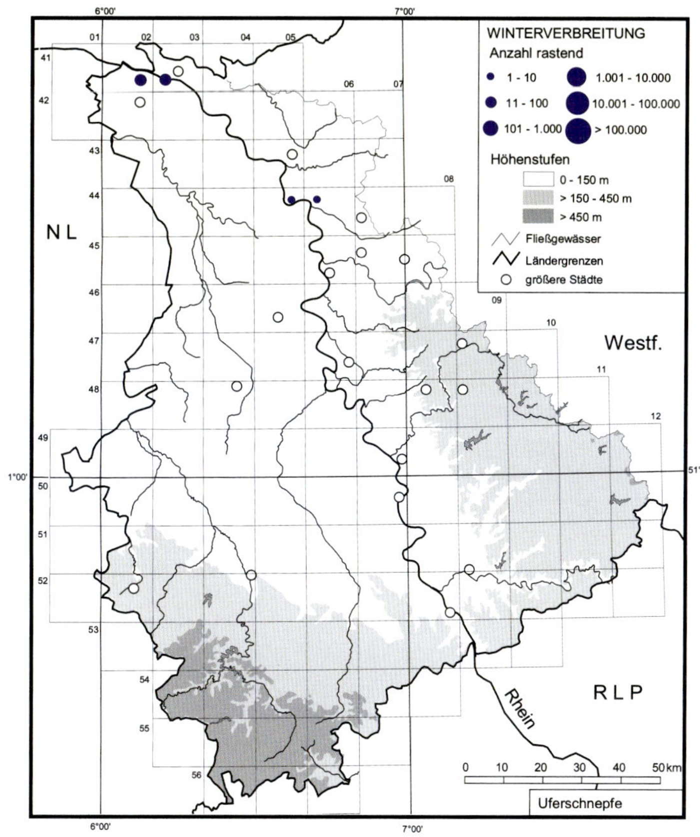

Winterverbreitung 1990-2000

Uferschnepfe, *Limosa limosa*. Foto: MATHIAS SCHÄF

Großer Brachvogel *Numenius arquata*

Status: Brutvogel, Durchzügler, Wintergast

Gefährdung:
Rote Liste 2 (stark gefährdet)
SPEC 2 (zurückgehend)

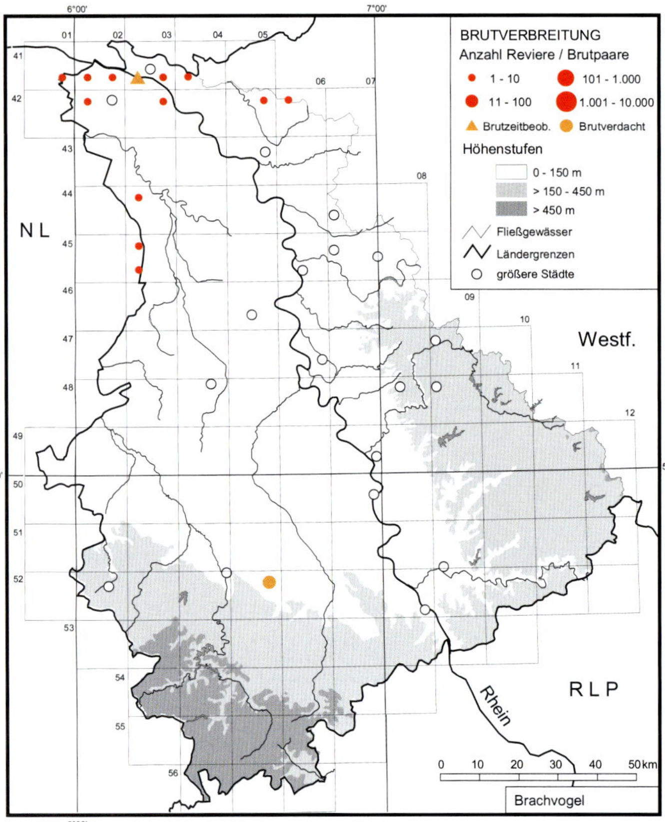

Brutverbreitung 1990-2000

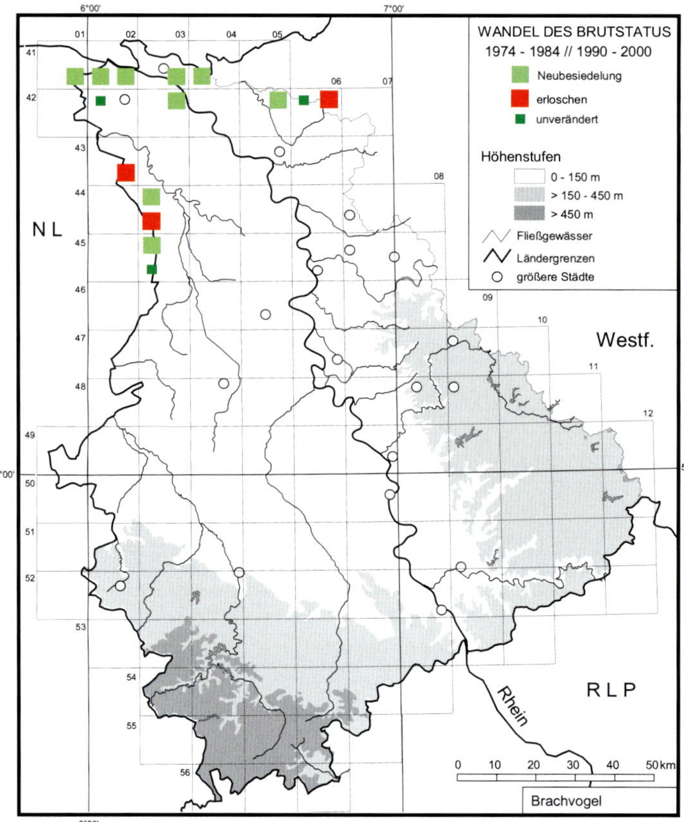

Arealveränderung zwischen 1974-84 und 1990-2000

BRUTVERBREITUNG

Der Große Brachvogel ist zerstreut verbreiteter Brutvogel in Heidegebieten, Feuchtgebieten und extensiven Grünlandflächen am Unteren Niederrhein und entlang der niederländischen Grenze (Niers- und Nettetal). Brutverdacht wurde ausserdem für die Zülpicher Börde (TK 5205) geäußert. Mit Verteilungsgraden von 17 % bzw. 48 % ist die Art im angrenzenden Westfalen bzw. in den NL deutlich weiter verbreitet (NWO 2002, SOVON 2002).

AREALVERÄNDERUNGEN

Vom Beginn des 20. Jahrhunderts bis in die siebziger Jahre hat der Große Brachvogel sein rheinisches Brutareal kontinuierlich verkleinert und zahlreiche ehemalige Brutplätze geräumt (MILDENBERGER 1982). Im Vergleich zur ersten Kartierung hat sich das Verbreitungsareal wieder deutlich vergrößert, aber aufgrund der geringen Anzahl besetzter Gitterfelder sind diese Veränderungen statistisch nicht signifikant. In vielen westfälischen Gebieten sind die Bestandsentwicklungen deutlich negativ (z. B. KIPP 2003). In NRW brüteten 1999 596-611 und 2000 (unvollständige Erfassung) 584-588 Brutpaare, davon aber nur knapp 5 % (24-28 BP) im Rheinland (AG WIESENVOGELSCHUTZ 2000, PÜCHEL-WIELING et al. 2002). In den NL kam es zu einer Vergrößerung der Bestände von 3.000 BP (1973-77) auf 6.400-7.400 BP (1998-2000), die mit einer Verschiebung des Bruthabitates von natürlichen Feuchtgebieten hin zu Agrarland in den 1980er und 1990er Jahren einhergeht (SOVON 2002). Die niederrheinischen Vorkommen stehen nicht zwangsläufig mit der niederländischen Population in Zusammenhang, da die Art z. B. im grenznahen Gelderse Poort fast nur auf deutscher Seite brütet (SUDMANN in lit.). Eine Beziehung zur ebenfalls unmittelbar angrenzenden westfälischen Population ist zumindest für die rechtsrheinischen Vorkommen wahrscheinlicher.

Bilanz der Brutvogelkartierung:

Kategorie [BP]	GF	RF %
1-10	12	2,9
Brutverdacht	2	0,5
Summe	**14**	**2,9**

Vergleich der Kartierung von 1974-1984 mit 1990-2000:

Kategorie	GF	%	RF %
1 - Nur 1974-84	3	20,0	0,8
2 - Nur 1990-2000	9	60,0	2,3
3 - Gemeinsame GF	3	20,0	0,8
1974-84: 1 & 3	6		1,6
1990-2000: 2 & 3	12		3,1
Veränderung	+6 (+100%)		+1,5

Identitäts-Index (nach SCHERNER 1982): 0,32.

WINTERVERBREITUNG

Die Überwinterungsgebiete der Art befinden sich vornehmlich an den Küsten Nordwest-Europas und Afrikas. In den NL überwintern je nach Witterungsbedingungen 40.000-100.000 Vögel, besonders im Wattenmeer (BIJLSMA et al. 2001). Der Brachvogel ist im Rheinland nur am Unteren Niederrhein regelmäßiger Wintergast in kleiner Anzahl. Abseits des Rheins gelangen lediglich unregelmäßige Einzelbeobachtungen. Ein Teil der Winternachweise betrifft wohl frühe oder späte Durchzügler, denn der Heimzug beginnt nicht selten bereits Anfang Februar und die Vögel harren im Frühwinter bis zum Einsetzen der ersten Fröste aus (MILDENBERGER 1982). Seit der ersten Kartierung hat sich die Verbreitung im Winterhalbjahr nicht wesentlich verändert.

Bilanz der Winterkartierung:

Kategorie [Ex.]	GF	RF %
1-10	17	5,0
11-100	10	2,9
101-200	4	1,2
Summe	**31**	**9,1**

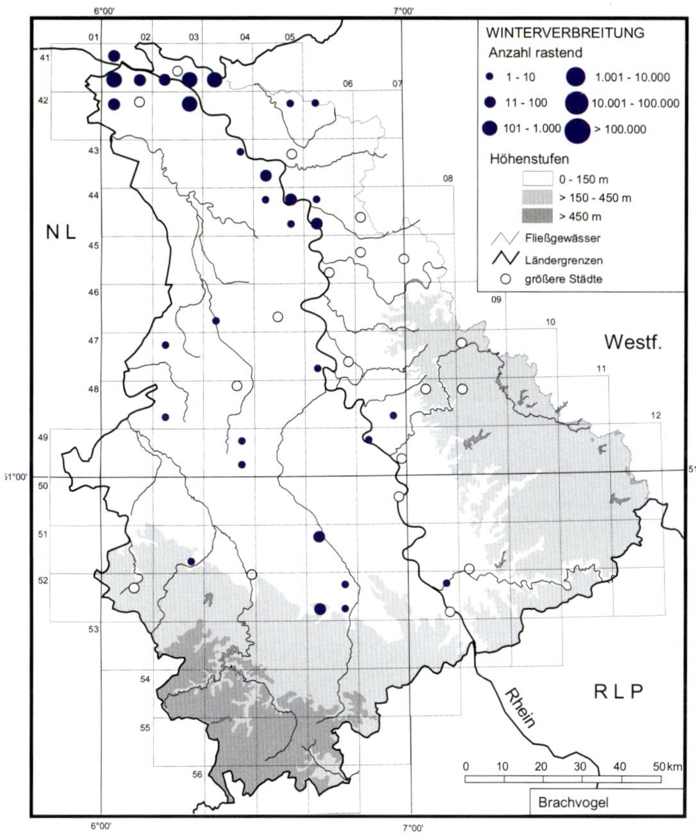

Winterverbreitung 1990-2000

Großer Brachvogel, *Numenius arquata*. Foto: MATHIAS SCHÄF

Rotschenkel *Tringa totanus*

Status: Brutvogel, Durchzügler, Wintergast

Gefährdung:
Rote Liste 1 (vom Aussterben bedroht)
SPEC 2 (zurückgehend)

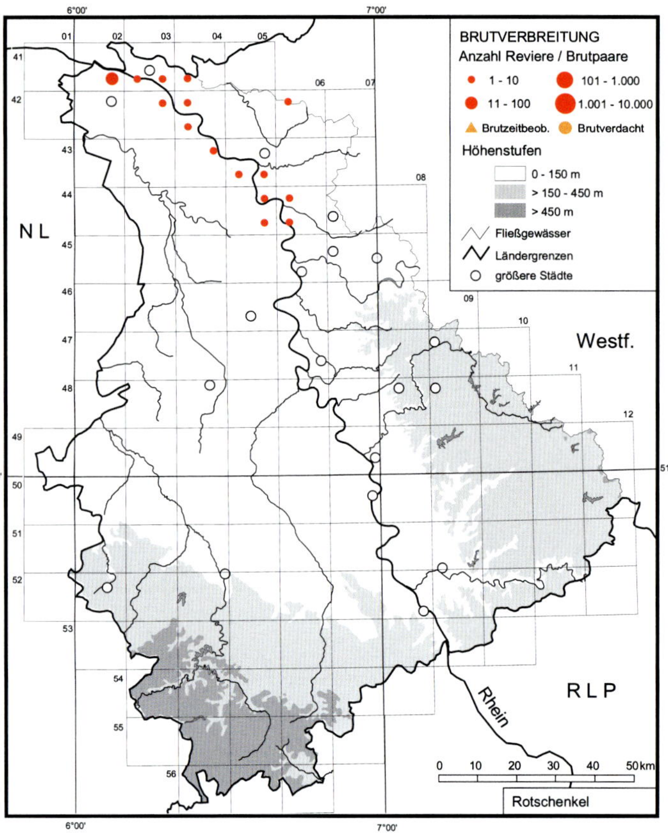

Brutverbreitung 1990-2000

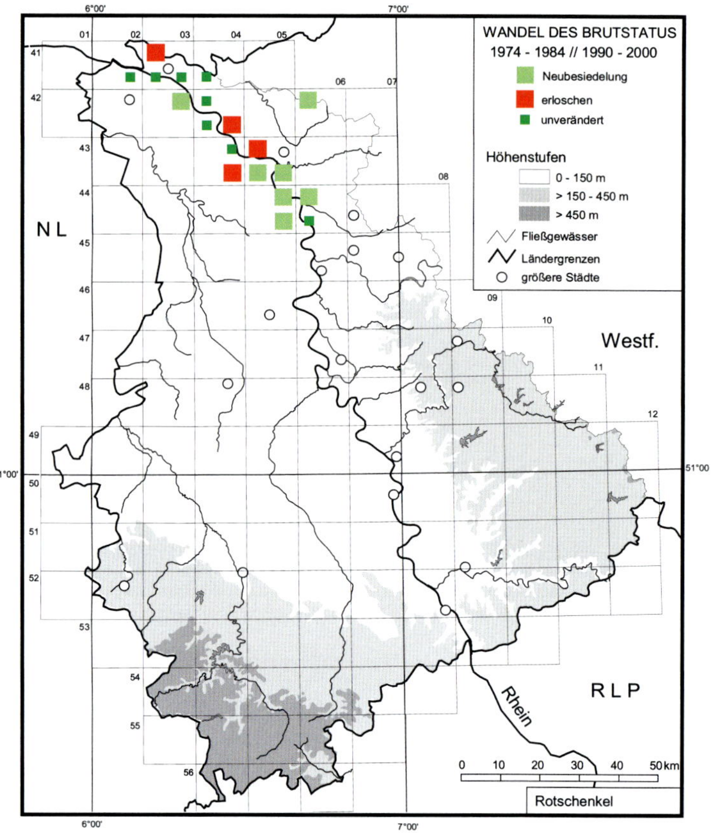

Arealveränderung zwischen 1974-84 und 1990-2000

BRUTVERBREITUNG

Fast alle Brutvorkommen liegen auf extensivem Dauergrünland schwerer Flutlehmböden mit flachen Tümpeln und an seichten Baggerseen in einem 4-6 Kilometer breiten Streifen beiderseits vom Rheinstrom (MILDENBERGER 1982). Die Verbreitung erstreckt sich von der niederländischen Grenze bis Duisburg-Walsum. Die räumlich relativ begrenzten Vorkommen im Rheinland (RF = 3,9 %), wie auch in Westfalen (RF = 1,2 %; NWO 2002), gelten als Ausläufer der größeren niederländischen Population (RF = 61 %; SOVON 2002).

AREALVERÄNDERUNGEN

Ausgehend von den NL setzte die Besiedlung des Unteren Niederrheins ab 1949 ein und hatte 1978 bereits die Rheinauen von Wesel und Walsum erreicht (MILDENBERGER 1982). Im Vergleich zur ersten Erfassung ergibt sich ein Nettozuwachs von 25 %, aufgrund der geringen Anzahl insgesamt besetzter Gitterfelder ist dieser Wert jedoch statistisch nicht signifikant. Im Gegensatz zu den angrenzenden Vorkommen in Westfalen und den NL, die mehr oder weniger stark zurückgehen (NWO 2002, SOVON 2002), zeigt die rheinische Population in den letzten zehn Jahren recht stabile Bestände (HOLLAND & WILLE 1991, AG WIESENVOGELSCHUTZ 2000). Auch im grenznahen Gebiet Gelderse Poort sind die Bestände stabil und erreichten ihr Maximum 1990 (DIERMEN et al. 2002). Fast 90 % (40-45 BP) des nordrhein-westfälischen Gesamtbestandes von 48-51 Brutpaaren (2000) entfallen auf das Rheinland (PÜCHEL-WIELING et al. 2002). Zwischen 1970 und 1980 schwankte der jährliche Brutbestand um die 45-60 Paare (MILDENBERGER 1982). Zum Teil werden jedoch auch am Niederrhein rückläufige Entwicklungen festgestellt (MOOIJ 1997).

Bilanz der Brutvogelkartierung:

Kategorie [BP]	GF	RF %
1-10	14	3,2
11-20	1	0,2
Summe	**15**	**3,4**

Vergleich der Kartierung von 1974-1984 mit 1990-2000:

Kategorie	GF	%	RF %
1 - Nur 1974-84	4	21,1	1,0
2 - Nur 1990-2000	7	36,8	1,8
3 - Gemeinsame GF	8	42,1	2,0
1974-84: 1 & 3	12		3,0
1990-2000: 2 & 3	15		3,8
Veränderung	+3 (+25%)		+0,8

Identitäts-Index (nach SCHERNER 1982): 0,60.

WINTERVERBREITUNG

Die Wintervorkommen konzentrieren sich überwiegend auf die Küstenregionen Nordwest- und Südeuropas, Afrikas und Asiens. Im Rheinland gelangen nur vereinzelte und sporadische Beobachtungen an der Sieg und Ruhr (n = 3, RF = 0,9 %). Es gibt keine regelmäßigen Überwinterungen bzw. Winterfeststellungen, und der Rotschenkel wurde auch 1983-86 im Januar und Februar nicht festgestellt. An der niederländischen Küste überwintern witterungsbedingt zwischen 4.000 und 14.000 Vögel (BIJLSMA et al. 2001).

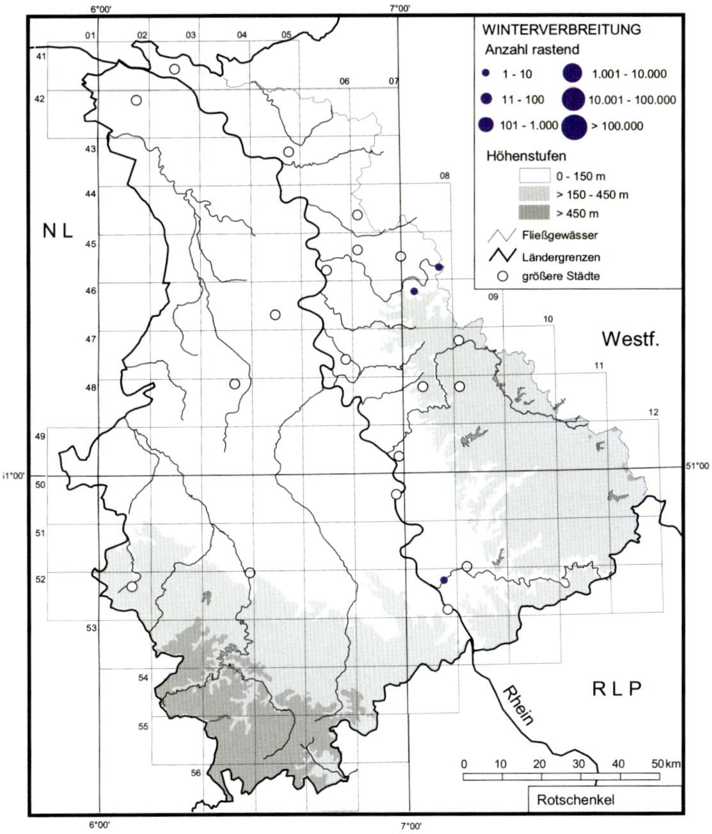

Winterverbreitung 1990-2000

Rotschenkel, *Tringa totanus*. Foto: MATHIAS SCHÄF

Waldwasserläufer *Tringa ochropus*

Status: Durchzügler, Wintergast

Gefährdung:
Non-SPEC (nicht gefährdet)

WINTERVERBREITUNG

Der Waldwasserläufer überwintert vom atlantischen Westeuropa südlich bis Äquatorialafrika (BEZZEL 1985) und passiert das Rheinland in breiter Front. Die Art ist regelmäßiger Wintergast in kleiner Zahl an Gewässerufern aller Art (Fluss- und Bach- sowie Kanalufer, Baggerseen, Talsperren, Klärteiche) in den unteren und mittleren Höhenstufen bis 350 m NN. Die Vorkommen liegen hauptsächlich entlang der Flusstäler, nur selten in den höheren Lagen. Etwas größere Bestände werden bei milder Witterung erreicht, während bei Kälteeinbrüchen allenfalls einige wenige Vögel verweilen. Daher sind nicht in jedem Winter alle Gitterfelder besetzt. Im Kartierungszeitraum wurde der Waldwasserläufer insgesamt in 50 Gitterfeldern (RF = 14,6 %) und somit ähnlich weit verbreitet wie bereits 1983-86 festgestellt. Ein ähnliches Bild zeigt sich in den angrenzenden NL (BIJLSMA et al. 2001).

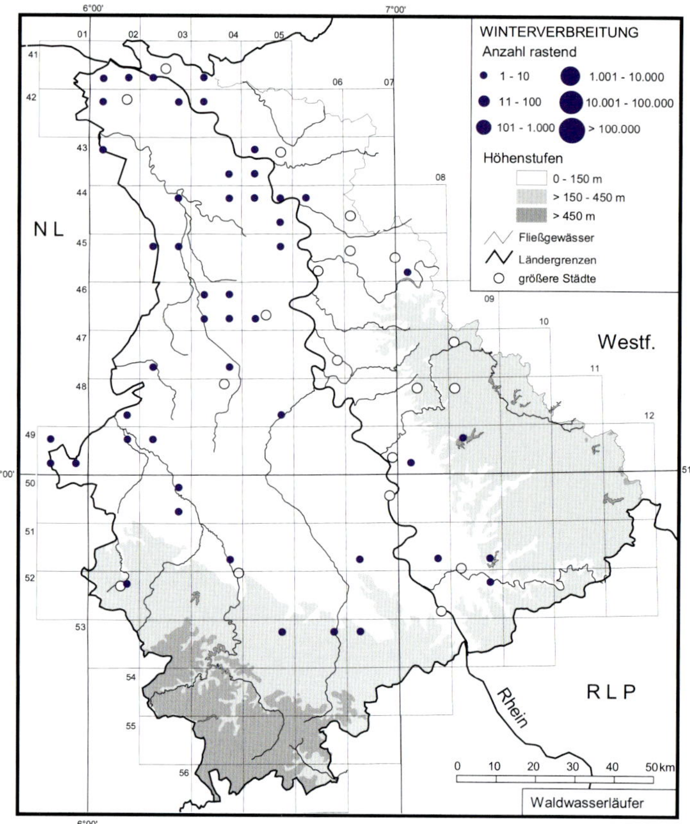

Winterverbreitung 1990-2000

Waldwasserläufer, *Tringa ochropus*. Foto: MATHIAS SCHÄF

Flussuferläufer *Actitis hypoleucos*

Status: ehemals Brutvogel, Durchzügler, Wintergast

Gefährdung:
Rote Liste 0 (ausgestorben)
SPEC 3 (zurückgehend)

BRUTVERBREITUNG

Die fast nahtlos ineinander übergehenden Zugperioden (vgl. Dietzen & Schmidt 2003) machen die Einordnung sog. "Brutzeitbeobachtungen" sehr schwierig. Im Kartierungszeitraum wurde ein Brutverdacht von der Dhünn (TK 4907) gemeldet. Auch hier können Durchzügler nicht mit Sicherheit ausgeschlossen werden. Zwar wurden bei der ersten Kartierung 1974-84 "einige Bruten" gemeldet (Wink 1987), doch kann auch dort nur ein Nachweis (TK 4204) als sicher gelten. Bei allen anderen Feststellungen sind Durchzügler oder Übersommerer nicht auszuschließen. Der Flussuferläufer kann aktuell nicht mehr als regelmäßiger Brutvogel betrachtet werden und alle verdächtigen Beobachtungen sind sorgfältig zu überprüfen. Nachweise von Bruten können nur akzeptiert werden, wenn Altvögel mit flugunfähigen Jungvögeln beobachtet werden (Sudmann et al. 2002, Andretzke et al. 2005) und die bloße Anwesenheit zur "Brutzeit" reicht nicht aus. Sporadische Brutnachweise gab es auch schon zwischen 1954 und 1970 (Mildenberger 1982).

WINTERVERBREITUNG

Auf dem Durchzug von den fennoskandinavischen Brutgebieten in die westeuropäischen und afrikanischen Überwinterungsgebiete ist der Flussuferläufer regelmäßiger Gast im Rheinland. Er wurde im Winter unregelmäßig und in kleiner Anzahl vor allem an Fließgewässern, aber auch an Baggerseen, Talsperren und Klärteichen festgestellt. Beobachtungen liegen vornehmlich aus dem Rheintal und seinen Nebenflüssen in den unteren Höhenlagen bis 300 m NN vor. Im Vergleich zur ersten Kartierung hat die Zahl der Winternachweise leicht zugenommen (RF = 5,2 %). Auch in den NL ist er eher unregelmäßiger Wintergast, mit einer leichten Zunahme in den letzten Dekaden (Bijlsma et al. 2001). Da die Karten die gemeldeten Daten kumulativ widerspiegeln und nicht jedes Gitterfeld alljährlich besetzt war, fällt die tatsächliche Verbreitung in einem gegebenen Winter geringer aus. Der Flussuferläufer ist im Winterhalbjahr spärlicher verbreitet als der Waldwasserläufer.

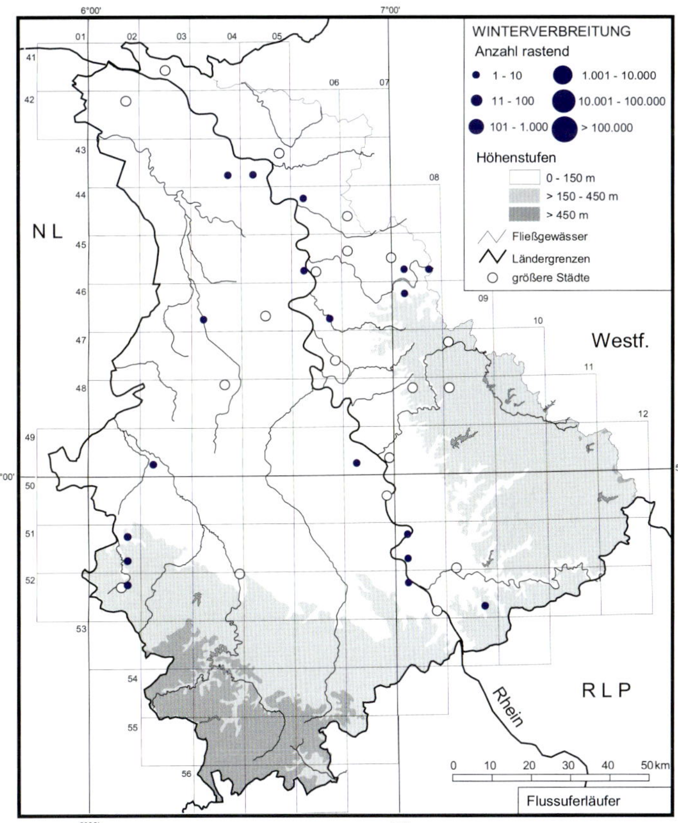

Winterverbreitung 1990-2000

Flussuferläufer, *Actitis hypoleucos*. Foto: Mathias Schäf

Kampfläufer *Philomachus pugnax*

Status: (ehemals) Brutvogel, Durchzügler, Wintergast

Gefährdung:
Rote Liste 1 (vom Aussterben bedroht)
SPEC 2 (zurückgehend)

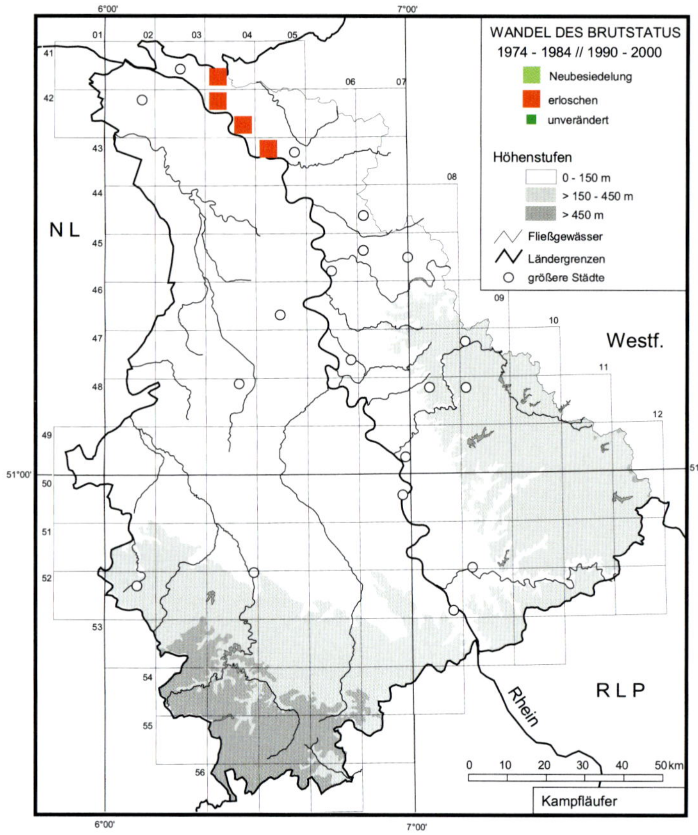

Arealveränderung zwischen 1974-84 und 1990-2000

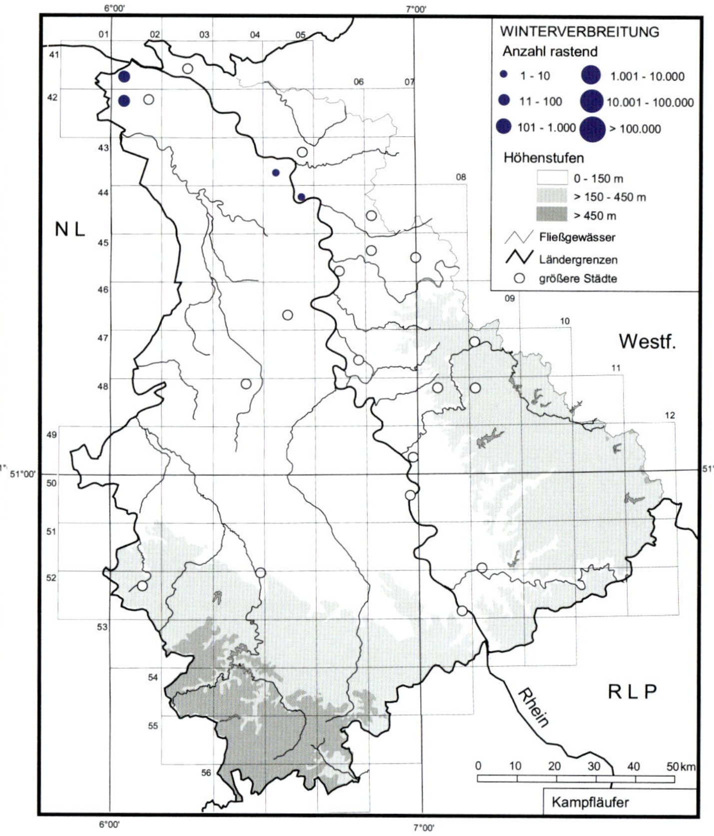

Winterverbreitung 1990-2000

BRUTVERBREITUNG und AREALVERÄNDERUNGEN

Die während der ersten Kartierung (1974-84) besetzten Gebiete am Unteren Niederrhein waren in der aktuellen Erfassungsperiode nicht mehr besetzt und es wurden keine weiteren Brutplätze gefunden, so dass der Kampfläufer in NRW als ausgestorben gelten muss (letzte Brut 1987 im Ellewicker Feld; NOTTMEYER-LINDEN et al. 1997). Im Landesteil Nordrhein stammt der letzte Brutnachweis aus dem Jahr 1979 (HOLLAND & WILLE 1991). Die Vorkommen am Niederrhein waren Ausläufer der niederländischen Population, aber auch dort sind die Bestände seit 1973-77 um 81 % zurückgegangen. Dieser Arealverlust geht mit einem starken Bestandsrückgang von 1.500 BP 1978 auf nur noch 100-140 BP 1998-2000 einher (SOVON 2002).

WINTERVERBREITUNG

Die Überwinterungsgebiete liegen überwiegend in Afrika südlich der Sahara und der Kampfläufer ist während des Durchzuges von und zu den Winterquartieren regelmäßiger Gast auf Schlamm- und Sandbänken stehender Gewässer im Rheinland. Kleinere Anzahlen überwintern auch im Bereich der Nordsee, z. B. in den NL in milden Wintern bis zu 2.730 Individuen (BIJLSMA et al. 2001). Im Rheinland gibt es nur wenige sporadische Einzelbeobachtungen vom Unteren Niederrhein, die aber auch schon auf frühe Heimzügler (Februar) in milden Jahren zurückgehen können. Regelmäßige Überwinterungen sind hier nicht bekannt.

Bilanz der Wintervogelkartierung:

Kategorie [Ex.]	GF	RF %
1-10	2	0,6
11-20	3	0,9
Summe	**5**	**1,5**

Kampfläufer, *Philomachus pugnax,* Weibchen.
Foto: MATHIAS SCHÄF

Mantelmöwe *Larus marinus*

Status: Durchzügler, Wintergast

Gefährdung:
SPEC^{E} (nicht gefährdet)

WINTERVERBREITUNG

Die Mantelmöwe überwintert überwiegend im Küstenbereich Nord- und Westeuropas. Im Rheinland verteilen sich die Winterbeobachtungen entlang des Rheins bis südlich von Köln mit einem Schwerpunkt am Unteren Niederrhein; Einzelnachweise gelingen auch sporadisch an rheinfernen Rastplätzen. Die Art erscheint seit den 1950er Jahren relativ regelmäßig am Unteren Niederrhein und nur selten weiter südlich; der Winterbestand betrug damals 80-120 Exemplare (MILDENBERGER 1982) und dürfte um die Jahrtausendwende bei 100-250 Ind. gelegen haben. Im Vergleich zur Kartierung 1983-86 (RF = 5,7 %) ist die Anzahl besetzter Gitterfelder weiter angestiegen. Auch die Bestände im Bereich der Nordsee nahmen in den letzten Jahrzehnten zu. In den NL liegt der Winterbestand an der Küste bei 4.000-16.000 Exemplaren (SOVON 2002, BIJLSMA et al. 2001).

Bilanz der Winterkartierung:

Kategorie [Ex.]	GF	RF %
1-10	24	7,0
11-20	10	2,9
Summe	**34**	**9,9**

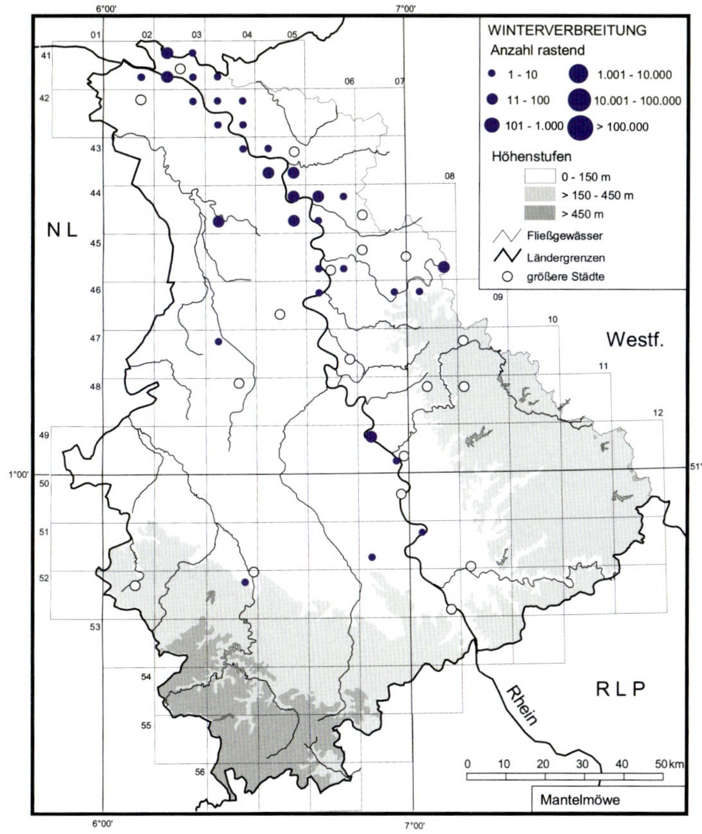

Winterverbreitung 1990-2000

Mantelmöwe, *Larus marinus*. Foto: MATHIAS SCHÄF

Sturmmöwe *Larus canus*

Status: Brutvogel, Durchzügler, Wintergast

Gefährdung:
Rote Liste R (arealbedingt selten)
SPEC 2 (dezimiert)

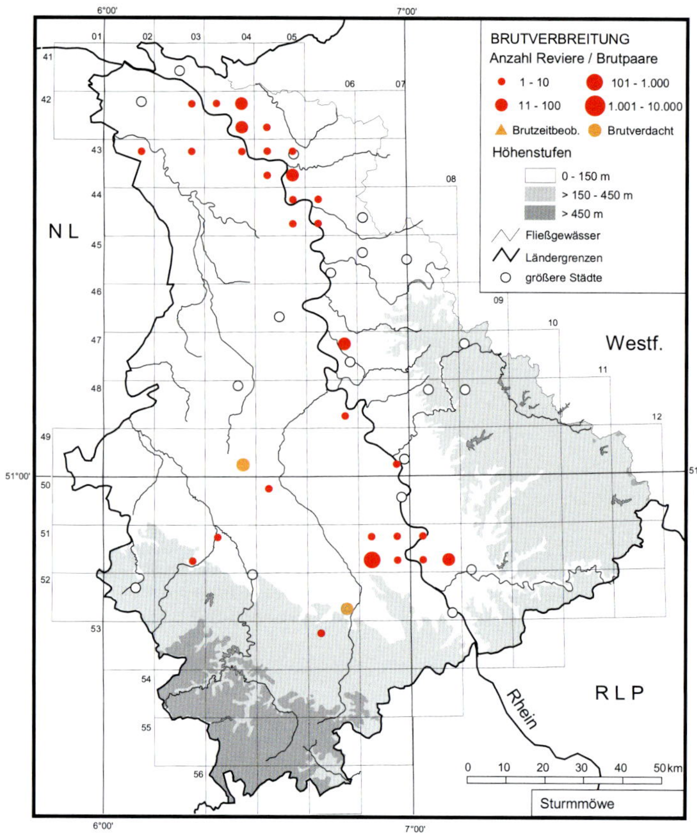

Brutverbreitung 1990-2000

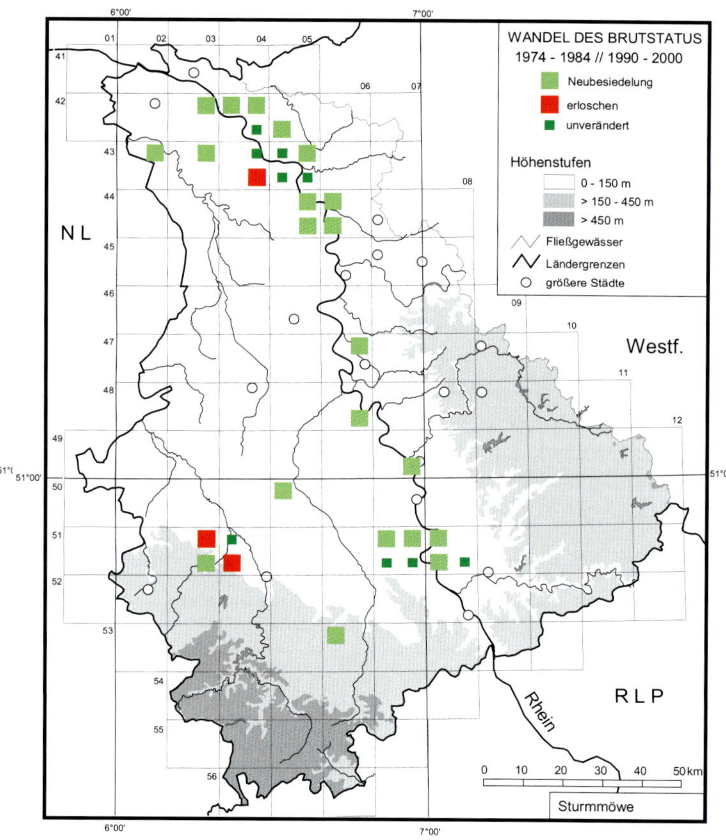

Arealveränderung zwischen 1974-84 und 1990-2000

BRUTVERBREITUNG

Das Hauptverbreitungsgebiet der Sturmmöwe liegt im Küstenbereich von Nord- und Ostsee. Seit 1951 (Bislicher Insel) ist sie regelmäßiger Brutvogel im Rheinland (MILDENBERGER 1982). Besiedelt werden Braunkohlen-Restseen und Baggerseen des Tieflandes, vor allem in der Köln-Aachener Bucht und am Unteren Niederrhein. Insbesondere die größeren Ansiedlungen bestehen länger, während kleinere Kolonien und rheinferne Brutplätze oft nur temporär besetzt sind. Gleiches wurde auch in Westfalen festgestellt, wo 1 % der Gitterfelder besetzt war (NWO 2002).

AREALVERÄNDERUNGEN

Im Vergleich zur Kartierung 1974-84 hat die Sturmmöwe ihr Brutareal und ihre Brutbestände signifikant um 150 % vergrößern können. 1975 waren im Landesteil Nordrhein nur vier feste sowie weitere temporäre Brutplätze bekannt (MILDENBERGER 1982). Die Bestandsentwicklung am Niederrhein in den 1990er Jahren wurde intensiv von MEYER & SUDMANN (1996) untersucht. So stieg der Bestand z. B. am Reeser Meer von einem Brutpaar 1991 auf 24 BP 1996 an. Im gesamten Rheinland wurde der Bestand 1975-77 auf 80-100 Paare (MILDENBERGER 1982) und Mitte der 1990er Jahre auf 200-250 Brutpaare geschätzt. Die größte Kolonie besteht am Franziskussee bei Köln mit ca. 90 Paaren (MEYER & SUDMANN 1996). Auch hier zeigt sich demnach eine deutliche Zunahme seit 1975 (22 Brutpaare; MILDENBERGER 1982). In den Niederlanden wurde im Küstenbereich eine Abnahme der Sturmmöwe seit 1980 beobachtet und Brutpaarzahlen liegen bei 5.600-6.500 (SOVON 2002). Ursache soll die Verfolgung durch Füchse sein (BIJLSMA et al. 2001). Im Rheinland wirkt sich auf den Brutflößen eher das mangelnde Platzangebot (Reduktion der Nestabstände verringert den Bruterfolg) als limitierender Faktor aus (MEYER & SUDMANN 1996).

Bilanz der Brutvogelkartierung:

Kategorie [BP]	GF	RF %
1-10	24	5,8
11-100	5	1,2
101-200	1	0,2
Brutverdacht	2	0,5
Summe	**32**	**7,7**

Vergleich der Kartierung von 1974-1984 mit 1990-2000:

Kategorie	GF	%	RF %
1 - Nur 1974-84	3	9,1	0,8
2 - Nur 1990-2000	21	63,6	5,3
3 - Gemeinsame GF	9	27,3	2,3
1974-84: 1 & 3	12		3,1
1990-2000: 2 & 3	30		7,6
Veränderung	+18 (+150%)		+4,6

Die Zunahme ist statistisch signifikant (4-Felder X²-Test***; Vorzeichentest*; McNemar-Test*). Identitäts-Index (nach SCHERNER 1982): 0,47.

WINTERVERBREITUNG

Winterfeststellungen kommen vor allem vom Rhein und den Seen der Köln-Aachener Bucht sowie dem Raum Heinsberg und dem Schwalm-Nette-Gebiet. Prinzipiell verteilen sich die Winterbeobachtungen im weiteren Umkreis der Hauptbrutgebiete. Gegenüber der Winterkartierung 1983-86 kann keine Änderung des Areals festgestellt werden. Durch die AG Möwen (1996) wurde in NRW 1994-96 ein Winterbestand von 8.000-15.000 Sturmmöwen ermittelt, der größte Teil davon entfällt auf das Rheinland. Allerdings überwintert der rheinische Brutbestand nicht in Nordrhein (Meyer & Sudmann unveröff.). In den Niederlanden überwintern 90.000-190.000 Sturmmöwen im Binnenland (Bijlsma et al. 2001).

Bilanz der Winterkartierung:

Kategorie [Ex.]	GF	RF %
1-10	47	13,5
11-100	65	18,6
101-1.000	21	6,0
1.001-3.000	5	1,4
Summe	138	39,5

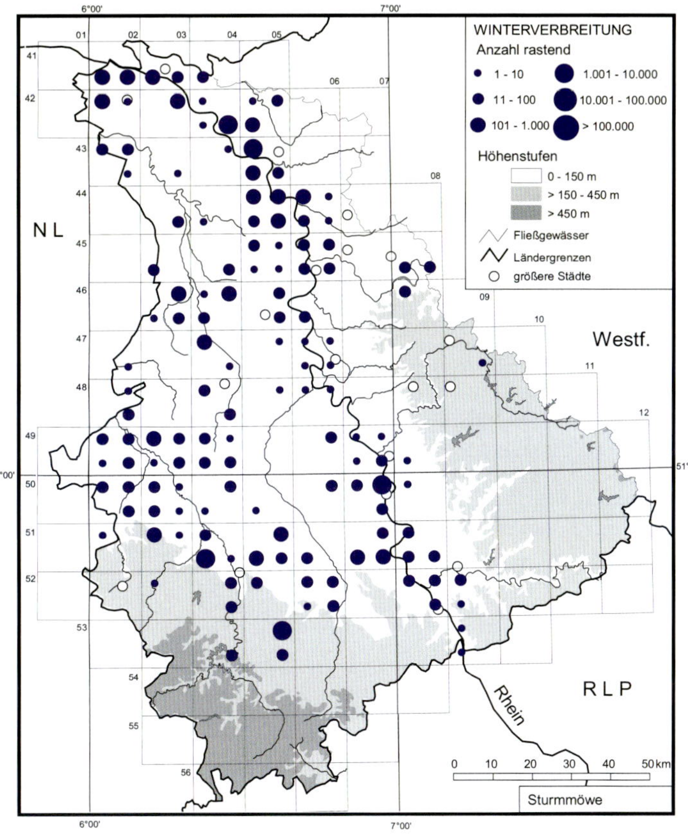

Winterverbreitung 1990-2000

Sturmmöwe, *Larus canus*. Foto: Mathias Schäf

Heringsmöwe *Larus fuscus*

Status: Brutvogel, Durchzügler, Wintergast

Gefährdung:
Rote Liste N (nicht gefährdet)
Non-SPEC^{E} (nicht gefährdet)

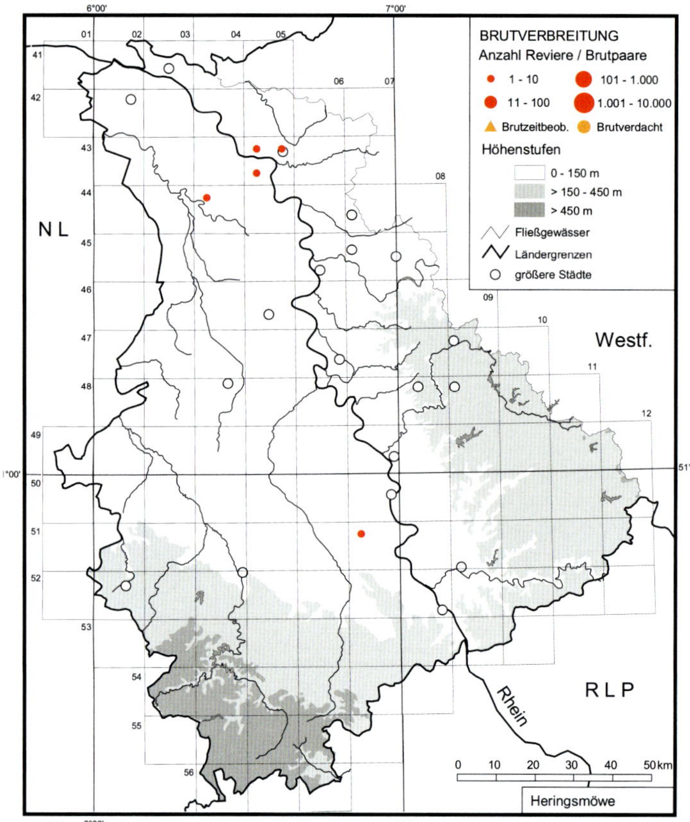

Brutverbreitung 1990-2000

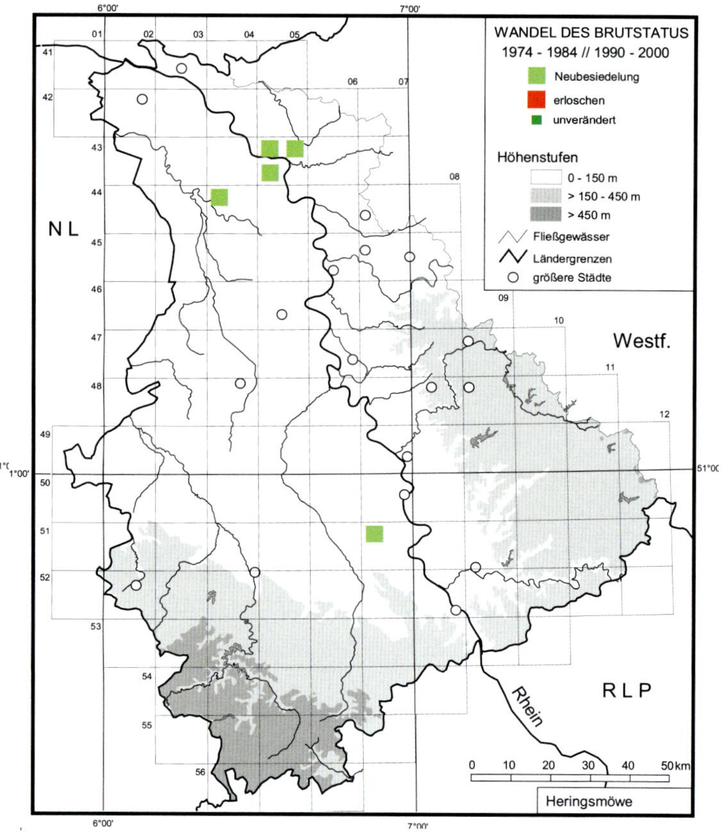

Arealveränderung zwischen 1974-84 und 1990-2000

BRUTVERBREITUNG

Die Heringsmöwe ist in ihrer Brutverbreitung strikt an die Küstenregionen gebunden; nur wenige isolierte Einzelvorkommen existieren im Binnenland abseits der Küste (Glutz & Bauer 1999, Bijlsma et al. 2001, SOVON 2002). Im Kartierungszeitraum gelang im Rheinland der erste Brutnachweis für NRW 1992 bei Perrich (Laakmann & Böing 1993). Weitere Einzelbruten und Brutversuche folgten, von einem regelmäßigen Brutbestand kann bisher allerdings nicht gesprochen werden. Nicht selten kommt es zu Mischbruten mit anderen Großmöwen (besonders Silbermöwe). Insgesamt wurden zwischen 1990-2000 in fünf Gitterfeldern (RF = 1,2 %) Brutnachweise erbracht. In Westfalen gibt es bisher keine Nachweise (NWO 2002).

AREALVERÄNDERUNGEN

In den NL ist die Heringsmöwe die einzige Art, deren Bestand in den 1990er Jahren zugenommen hat (Bijlsma et al. 2001). 1973-77 wurden 9.700 BP gezählt, 1998-2000 58.500-72.000 (SOVON 2002). Es ist zu vermuten, dass die sporadischen Ansiedlungen im Rheinland (zum Großteil Mischbruten) mit dieser Bestandszunahme in den Niederlanden zusammenhängen. Hierauf deuten auch zahlreiche Ringfunde aus NRW hin (Deutsch et al. 1996). Die Anzahl übersommernder Vögel ist in NRW und besonders am Unteren Niederrhein seit 1987 stetig gestiegen (Deutsch et al. 1996), so dass weitere Ansiedlungen nicht unwahrscheinlich sind.

Vergleich der Kartierung von 1974-1984 mit 1990-2000:

Kategorie	GF	%	RF %
1 - Nur 1974-84	0	0	0
2 - Nur 1990-2000	5	100,0	1,3
3 - Gemeinsame GF	0	0	0
1974-84: 2 & 3	0		0
1990-2000: 1 & 3	5		1,3
Veränderung	+5		+1,3

WINTERVERBREITUNG

Das Winterverbreitungsgebiet erstreckt sich von NW-Europa bis Afrika. BIJLSMA et al. (2001) bezeichnen die Heringsmöwe allerdings als seltenen Wintergast für die NL. Die Tendenz zur Überwinterung im Norden des Areals ist steigend (BEZZEL 1985). Im Rheinland erscheint sie seit den 1970er Jahren vor allem an den großen Möwenrastplätzen entlang des Rheins sowie an größeren Baggerseen und Talsperren, solange diese eisfrei bleiben. Die Heringsmöwe sucht ebenso wie andere Möwen Mülldeponien zur Nahrungssuche auf. Sporadische Einzelnachweise gelingen auch abseits regelmäßiger Rastplätze. Gegenüber der ersten Winterkartierung 1983-86 hat die Anzahl der Nachweise zugenommen, wobei hier neben dem längeren Erfassungszeitraum auch verbesserte Kenntnisse der Bestimmung, vor allem immaturer Vögel, eine Rolle spielen. Aufgrund der Schwierigkeiten bei der Bestimmung von Großmöwen sind Erfassungsdefizite nicht auszuschließen.

Bilanz der Winterkartierung:

Kategorie [Ex.]	GF	RF %
1-10	35	10,2
11-100	5	1,5
Summe	**40**	**11,7**

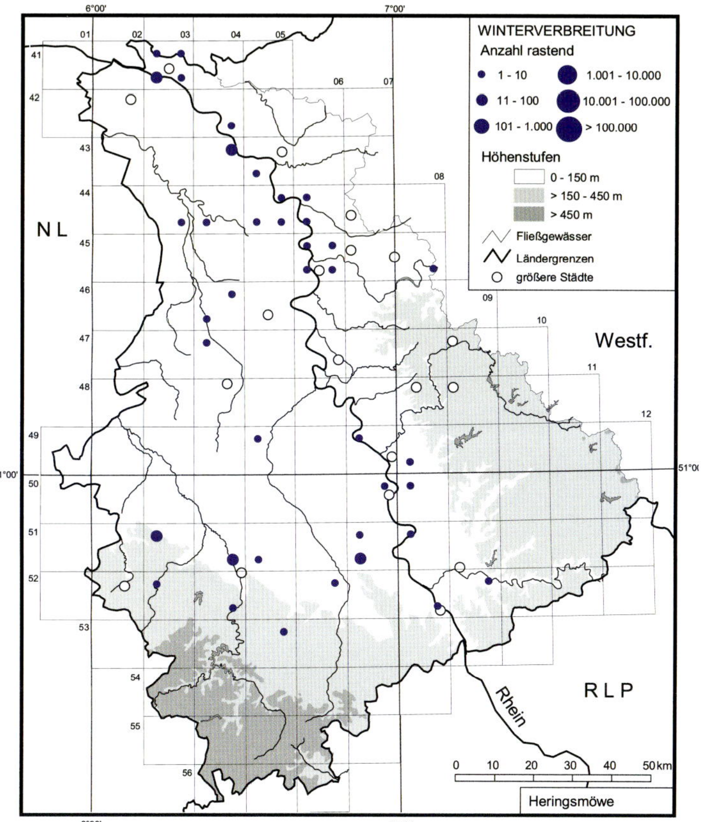

Winterverbreitung 1990-2000

Heringsmöwe, *Larus fuscus*. Foto: MATHIAS SCHÄF

Silbermöwe *Larus argentatus*

Status: Brutvogel, Durchzügler, Wintergast

Gefährdung:
Rote Liste R (arealbedingt selten)
Non-SPEC^{E} (nicht gefährdet)

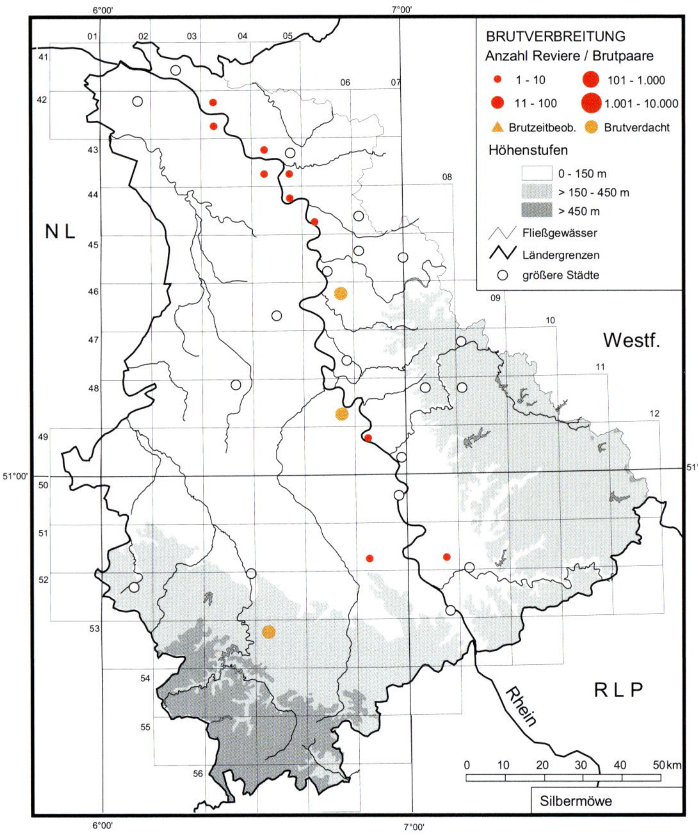

Brutverbreitung 1990-2000

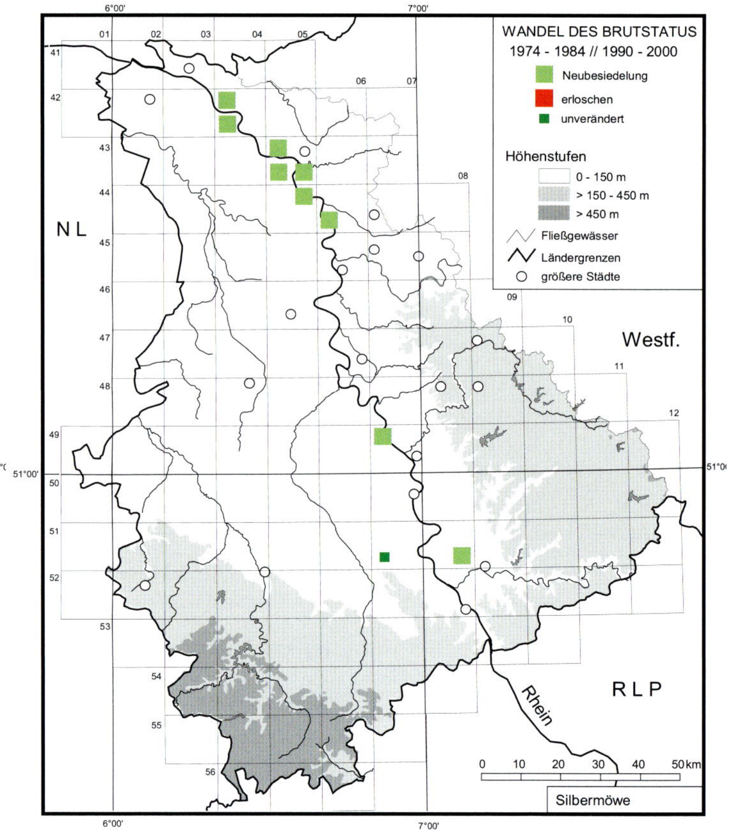

Arealveränderung zwischen 1974-84 und 1990-2000

BRUTVERBREITUNG

Regelmäßige Bruten gab es nur am Unteren Niederrhein zwischen Kleve und Duisburg. In neuerer Zeit existieren auch Brutzeitbeobachtungen und Einzelbruten aus dem südlichen Rheinland bis in den Bonner Raum. Die Möwen wandern offensichtlich entlang des Rheinstroms von den NL aus ein, wo die Art hauptsächlich im Küstenbereich, aber nur spärlich im küstenfernen Hinterland, brütet (SOVON 2002). In Westfalen ist sie mit nur zwei besetzten Gitterfeldern (RF = 0,35 %) noch deutlich spärlicher verbreitet (NWO 2002).

AREALVERÄNDERUNGEN

Die Silbermöwe hat seit der ersten Kartierung (1974-84) in ihrem Bestand deutlich zugenommen und ihr Brutareal erweitert. Der erste Brutnachweis im Rheinland gelang 1953 als Folge von Verfrachtungsversuchen der Vogelwarte Helgoland auf der Bislicher Insel, wo sich bis 1963 eine kleine Kolonie mit maximal 12 Brutpaaren (1955) hielt (MILDENBERGER 1982). In den 1970er Jahren kam es zu weiteren Bruten im Braunkohlenrevier, die mit der Entstehung der Überwinterungstradition im Binnenland in den 1960er Jahren sowie dem Bestandszuwachs und verbessertem Nahrungsangebot durch Mülldeponien in Zusammenhang gebracht werden. Der jährliche Bestand dürfte im Rheinland heute bei 5-15 Brutpaaren liegen, z. T. gab es Mischbruten mit anderen Großmöwen. Westfalen wurde erst 1991 besiedelt und der Bestand umfasste 1994 nur vier Brutpaare (NWO 2002). In den NL stiegen die Bestände nach 1973-77 von 53.000 BP zunächst auf über 90.000 BP (1985) an, seither gehen die Zahlen jedoch wieder zurück auf 62.000-67.000 BP 1998-2000 (SOVON 2002). Auf die weitere Populationsentwicklung der Silbermöwe sollte vermehrt geachtet werden, vor allem auf die Unterscheidung von Steppen- und Mittelmeermöwe.

Bilanz der Brutvogelkartierung:

Kategorie [BP]	GF	RF %
1-10	10	2,4
Brutverdacht	3	0,7
Summe	**13**	**3,1**

Vergleich der Kartierung von 1974-1984 mit 1990-2000:

Kategorie	GF	%	RF %
1 - Nur 1974-84	0	0	0
2 - Nur 1990-2000	9	90,0	2,8
3 - Gemeinsame GF	1	10,0	0,3
1974-84: 1 & 3	1		0,3
1990-2000: 2 & 3	10		3,1
Veränderung	+9 (+900%)		+2,8

Die Zunahme ist statistisch signifikant (4-Felder X^2-Test**; Vorzeichentest*; McNemar-Test**). Identitäts-Index (nach SCHERNER 1982): 0,60.

WINTERVERBREITUNG

Die Silbermöwe überwintert vor allem im Küstenbereich von Nordsee, Ostsee und NO-Atlantik, z. B. 110.000 an der niederländischen Küste und weitere 60.000 auf dem angrenzenden Meer (BIJLSMA et al. 2001). Im Rheinland ist sie verbreiteter Wintergast an den traditionellen Möwenrastplätzen entlang des Rheins, im Schwalm-Nette-Gebiet und den großen Bagger- und Braunkohlen-Restseen der Köln-Aachener Bucht. Die AG MÖWEN (1996) ermittelte für NRW 1994-96 durch Schlafplatzzählungen einen Winterbestand von 15.000-20.000 Individuen. Auch unter Berücksichtigung des kumulativen Effektes deutet die Kartierung auf größere Anzahlen hin. Zur Nahrungssuche sind die Wintergäste auf Mülldeponien angewiesen (AG MÖWEN 1996). Nur wenige Nachweise kommen aus den gewässerarmen mittleren bis höheren Lagen (>150 m NN). Nachdem die Silbermöwe in den 1960er Jahren das rheinische Binnenland als Überwinterungsgebiet eroberte (WINK 1974), konnten seit 1983-86 keine wesentlichen Veränderungen in der Winterverbreitung festgestellt werden, obwohl der Bestand zugenommen hat.

Bilanz der Winterkartierung:

Kategorie [Ex.]	GF	RF %
1-10	64	18,2
11-100	83	23,6
101-1.000	27	7,7
1.001-7.000	11	3,1
Summe	**185**	**52,7**

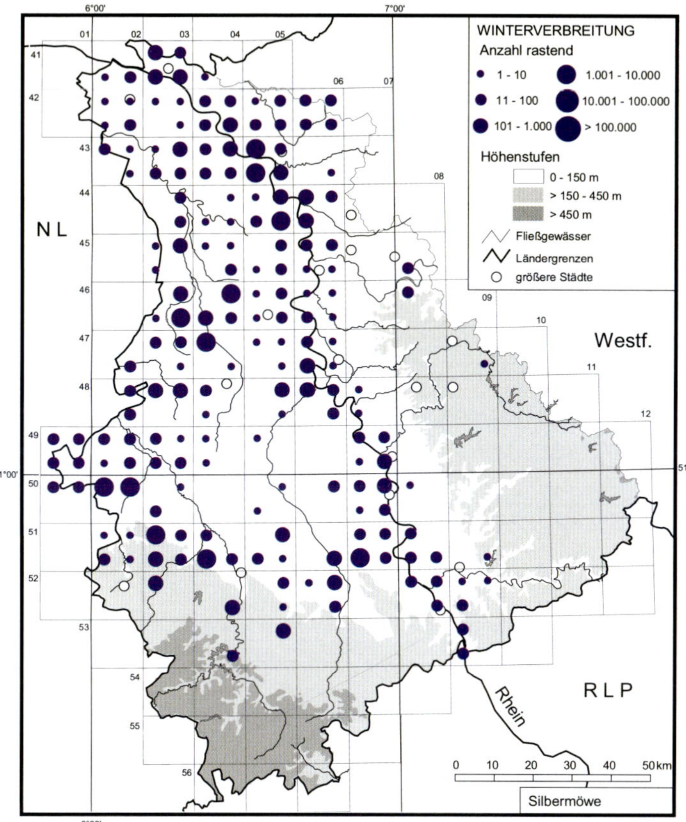

Winterverbreitung 1990-2000

Silbermöwe, *Larus argentatus*. Foto: MATHIAS SCHÄF

Mittelmeermöwe *Larus* [*c.*] *michahellis*
Status: Brutvogel, Durchzügler, Wintergast

Steppenmöwe *Larus* [*c.*] *cachinnans*
Status: Durchzügler, Wintergast

Gefährdung:
Rote Liste N (nicht gefährdet)
Non-SPEC^{E} (nicht gefährdet)

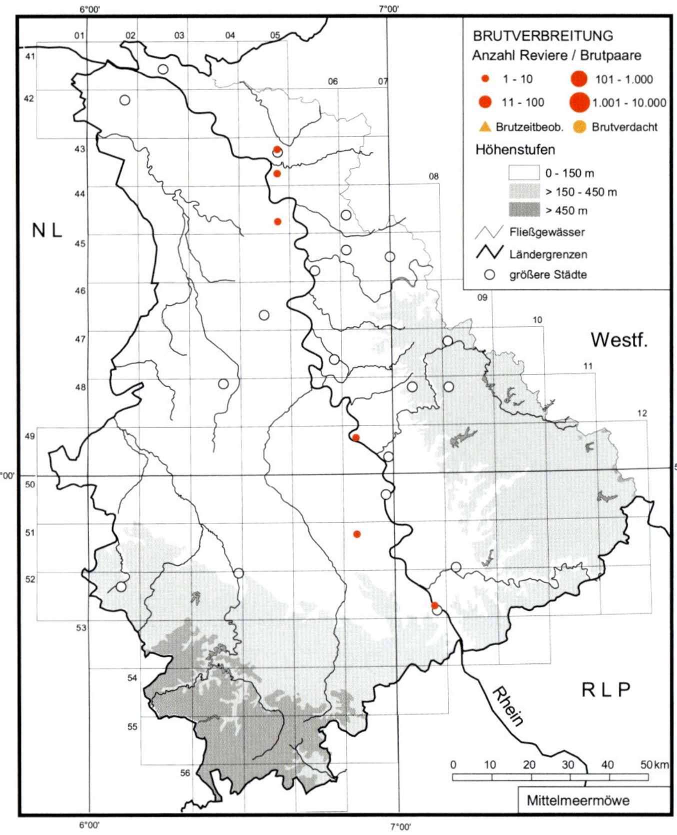

Brutverbreitung 1990-2000 (*L.* [*c.*] *michahellis*)

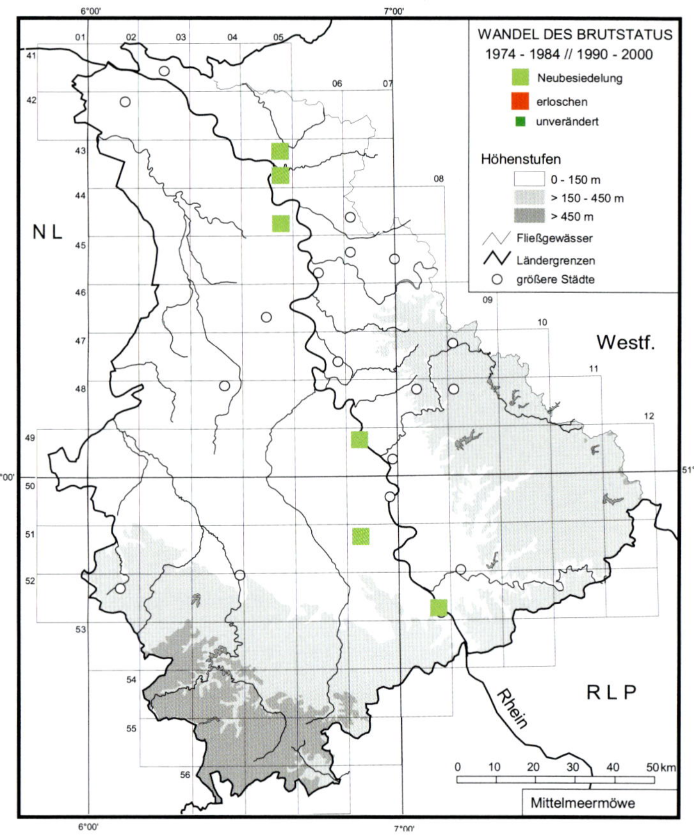

Arealveränderung zwischen 1974-84 und 1990-2000

BRUTVERBREITUNG

Die Systematik und Bestimmung der Großmöwen hat in den letzten 20 Jahren viele neue Impulse und Veränderungen erfahren. Neue Erkenntnisse führten zur Aufspaltung der "Silbermöwe" in einige eigenständige Arten (z. B. Klein & Gruber 1997). Da jedoch die Bestimmung nicht immer einfach ist, existieren noch erhebliche Unklarheiten bezüglich des Auftretens bestimmter Taxa. Die anfangs als Weißkopfmöwe bezeichnete Art umfasst mittlerweile wiederum zwei eigenständige Arten: **Mittelmeermöwe** *L.* [*c.*] *michahellis* und **Steppenmöwe** *L.* [*c.*] *cachinnans*, die beide im Rheinland auftreten. Im Rahmen der vorliegenden Kartierungen wurde meist nicht zwischen diesen beiden Taxa unterschieden. Brutvorkommen betreffen jedoch ausschließlich Mittelmeermöwen. Insgesamt wurden seit 1997 sechs Brutnachweise erbracht, immer an rheinnahen Gewässern, die aber nicht alljährlich besetzt sind. In Rheinland-Pfalz brütet die Mittelmeermöwe seit den 1990er Jahren regelmäßig im Rheintal mit aktuell 11 Brutpaaren (Dietzen et al. 2005). Die NL sind seit 1985 besiedelt, aber die Verbreitung ist noch gering (RF = 1 %; SOVON 2002).

Bilanz der Brutvogelkartierung:

Kategorie [BP]	GF	RF %
1-3	6	1,5

AREALVERÄNDERUNGEN

Die Mittelmeermöwe erweitert seit zwei Jahrzehnten kontinuierlich ihr Brutareal in Mittel- und Westeuropa, was zu zahlreichen Neuansiedlungen führte, unter anderem auch im Rheinland, wo ein jährlicher Bestand von 1-5 Brutpaaren anzunehmen ist. Die weitere Ausbreitung und Bestandsentwicklung sollte genau verfolgt werden. In den NL hat der Bestand seit der ersten Brut 1985 auf 16-32 BP 1998-2000 zugenommen (SOVON 2002). Im südlichen Rheinland-Pfalz stieg der Bestand von einem Brutpaar (1996) auf 11 BP (2004) kontinuierlich an (Dietzen et al. 2005).

Vergleich der Kartierung von 1974-1984 mit 1990-2000:

Kategorie	GF	%	RF %
1 - Nur 1974-84	0	0	0
2 - Nur 1990-2000	6	100,0	1,5
3 - Gemeinsame GF	0	0	0
1974-84: 1 & 3	0		0
1990-2000: 2 & 3	6		1,5
Veränderung	+6		+1,5

WINTERVERBREITUNG

Im Winter wird zunehmend die weiter östlich verbreitete Steppenmöwe in Deutschland nachgewiesen (Maximum im Dez.-Feb.). Da bei der Erfassung noch nicht zwischen beiden Taxa unterschieden werden konnte, werden hier alle “Weißkopfmöwen”-Nachweise gemeinsam dargestellt, auch wenn die Winterfeststellungen im Rheinland vielfach Steppenmöwen betreffen dürften. Einzelne Individuen können in großen Möwenansammlungen leicht übersehen werden und die Erfassung ist sicher noch nicht vollständig. Die Wintervorkommen konzentrieren sich im Rheinland auf den Unteren Niederrhein und auf die Bagger- und Braunkohlen-Restseen in der Kölner Bucht. Meist werden einzelne Weißkopfmöwen in Ansammlungen anderer Arten festgestellt (RF = 11,8 %).

Bilanz der Winterkartierung:

Kategorie [Ex.]	GF	RF %
1-10	36	10,4
11-30	5	1,4
Summe	**41**	**11,8**

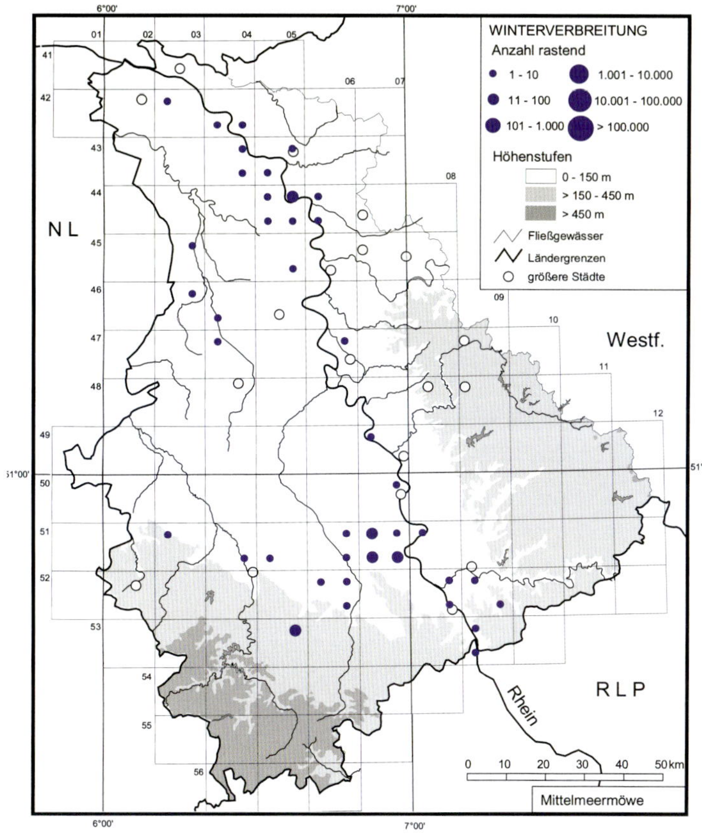

Winterverbreitung 1990-2000

Mittelmeermöwe, *Larus michahellis*. Oben: 2. Sommer, unten: adult. Fotos: EWALD LIPPOK (oben), MATHIAS SCHÄF (unten)

Steppenmöwe, *Larus cachinnans*. Oben: adult, unten: 1. Winter. Fotos: MATHIAS JÖNCK

Lachmöwe *Larus ridibundus*

Status: Brutvogel, Durchzügler, Wintergast

Gefährdung:
Rote Liste N (nicht gefährdet)
Non-SPEC^{E} (nicht gefährdet)

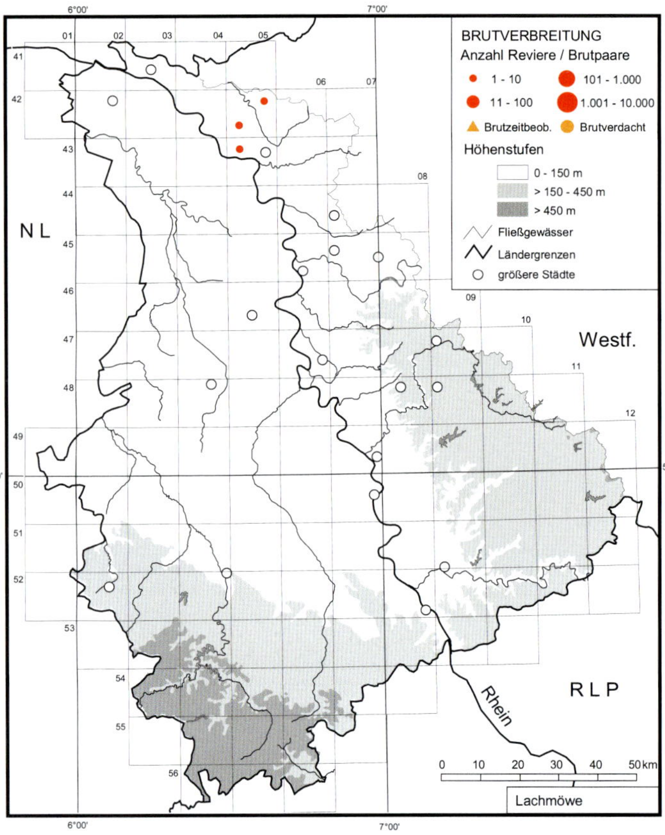

Brutverbreitung 1990-2000

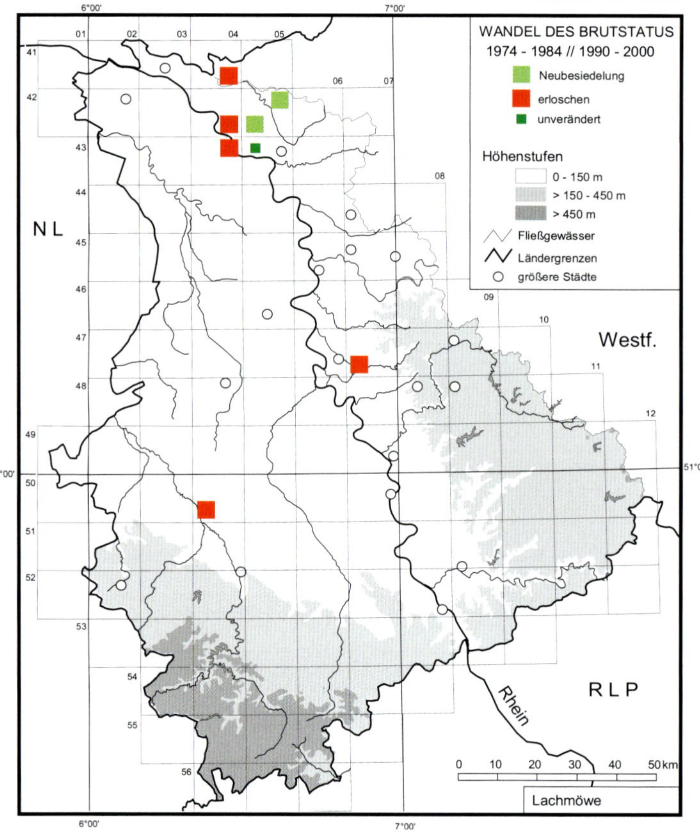

Arealveränderung zwischen 1974-84 und 1990-2000

BRUTVERBREITUNG

Im Rahmen der Kartierung 1990-2000 wurden nur vier Koloniestandorte am Unteren Niederrhein im Raum Wesel gefunden: Kiesgrube Bislich bis 1990, Dingdener Heide 1992-1995, Rheinberg-Eversael 1993 sowie Diersfordter Waldsee bis 1991 und 1995 (Bellebaum & Ikemeyer 1996). In keinem Fall wurden mehr als zehn Brutpaare gemeldet. Aktuell gibt es im Rheinland keine Brutvorkommen mehr (Bellebaum 2002). Mit einem Verteilungsgrad von 2 % (13 Kolonien mit bis zu >2.500 BP) ist die Lachmöwe im westfälischen Teil von NRW merklich weiter verbreitet und häufiger (NWO 2002).

AREALVERÄNDERUNGEN

Nach den ersten dokumentierten Bruten 1908 hat die Lachmöwe mehrfach an verschiedenen Orten im Rheinland gebrütet (Mildenberger 1982). Während der ersten Kartierungsphase war sie noch deutlich weiter verbreitet und die damals prognostizierte weitere Zunahme ist nicht eingetreten (Wink 1987). Die Bestände sind in den 1960er und 1970er Jahren vielerorts stark angestiegen, erreichten in den 1980ern ihr Maximum, gehen aber neuerdings wieder zurück bzw. der Bruterfolg ist schlecht. Dies hat zum Verschwinden der Lachmöwe als Brutvogel im Rheinland gegen Mitte der 1990er Jahre geführt, wo sich im Gegensatz zu Westfalen und den NL nie eine langfristig stabile Kolonie etabliert hat (Bellebaum & Ikemeyer 1996, Bellebaum 2002). Kurzfristige Ansiedlungen mit raschem Bestandsanstieg und ebenso raschem Zusammenbruch sind typisch für die Art, deren natürliche Bruthabitate (Schlamm-, Kies- und Sandbänke bzw. -inseln) instabil sind und starker Dynamik unterliegen. Stabile Kolonien entwickeln sich nur in Sekundärhabitaten, wo die Sukzession aufgehalten wird (Klärteiche, Rieselfelder). Der rückläufige Trend bestätigt sich auch in Westfalen (1987 im Zwillbrocker Venn 15.200 BP, 1996 ca. 8.000 BP; Bellebaum & Ikemeyer 1996, NWO 2002) und den NL, wo der Brutbestand von 225.000-275.000 Brutpaaren (1980-85) auf 132.000-137.000 Brutpaare (1998-2000) gesunken ist (SOVON 2002). In Rheinland-Pfalz ist sie Anfang des 21. Jahrhunderts ebenfalls als regelmäßiger Brutvogel aus vielen Gebieten verschwunden (Dietzen et al. 2005). Veränderungen im Nahrungsangebot werden als die wichtigste Ursache für den Rückgang diskutiert (Bellebaum & Ikemeyer 1996).

Bilanz der Brutvogelkartierung:

Kategorie [BP]	GF	RF %
1-10	3	0,7

Vergleich der Kartierung von 1974-1984 mit 1990-2000:

Kategorie	GF	%	RF %
1 - Nur 1974-84	5	62,5	1,3
2 - Nur 1990-2000	2	25,0	0,5
3 - Gemeinsame GF	1	12,5	0,3
1974-84: 1 & 3	6		1,6
1990-2000: 2 & 3	3		0,8
Veränderung	-3 (-50%)		-0,8

Identitäts-Index (nach Scherner 1982): 0,23.

WINTERVERBREITUNG

Im Winter ist die Lachmöwe regelmäßiger und verbreiteter Gast an Gewässern aller Art. Besonders zahlreich entlang des Rheins und seinen Nebengewässern sowie größeren Baggerseen, Talsperren u. ä. solange sie eisfrei bleiben. Im Winter auch gerne in Städten. Die gewässerarme zentrale Ackerbörde sowie die höheren Lagen der Mittelgebirge sind meist nicht besetzt, da die wenigen vorhandenen Gewässer schnell zufrieren. Die AG Möwen (1996) ermittelte 1994-96 durch synchrone Schlafplatzzählungen in NRW einen Winterbestand von 70.000-90.000 Lachmöwen, wovon gut die Hälfte auf das Rheinland entfällt. Die Lachmöwe ist in den NL im Binnenland die häufigste Möwe, wobei die Zahlen hier von 1980 bis 1997 um 60 % abgenommen haben (Bijlsma et al. 2001). Im Rheinland zeigen sich bisher keine Anhaltspunkte für einen Rückgang des Winterbestandes.

Bilanz der Winterkartierung:

Kategorie [Ex.]	GF	RF %
1-10	26	7,3
11-100	76	21,3
101-1.000	113	31,7
1.001-10.000	36	10,1
10.001-20.000	1	0,3
Summe	**252**	**70,6**

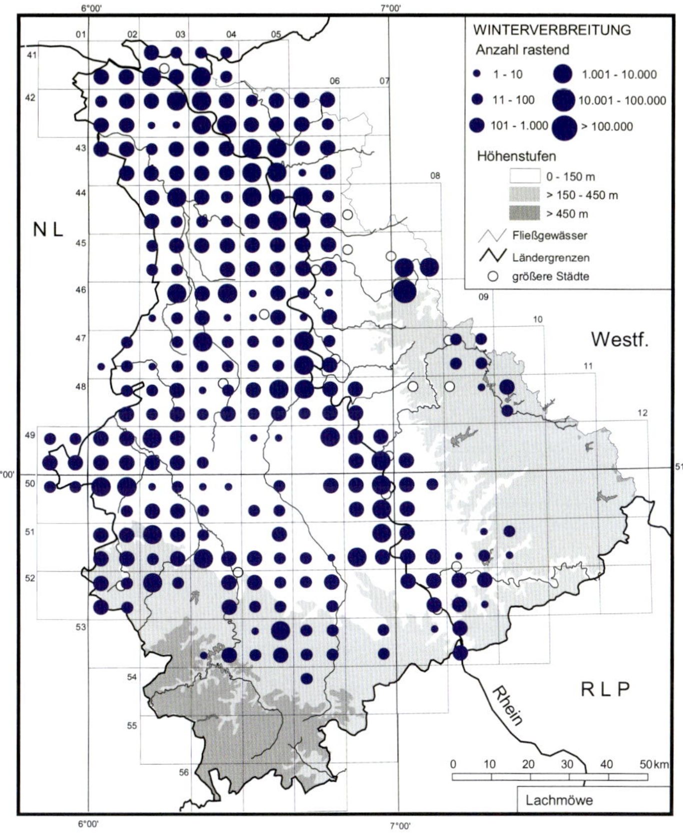

Winterverbreitung 1990-2000

Lachmöwe, *Larus ridibundus*. Foto: Mathias Schäf

Schwarzkopfmöwe *Larus melanocephalus*

Status: Brutvogel, Durchzügler

Gefährdung:
Rote Liste R (arealbedingt selten)
Non-SPEC^{E} (nicht gefährdet)

BRUTVERBREITUNG

Bis zur ersten Hälfte des 20. Jahrhunderts war die Schwarzkopfmöwe als regelmäßiger Brutvogel des Mittelmeerraumes und Südosteuropas (Schwarzes Meer) in Deutschland ein seltener Gast, der seit den 1930er Jahren zunahm. Der erste Brutnachweis gelang 1951 an der Ostseeküste in Mecklenburg-Vorpommern. Ab den 1960er und weiter in den 1980er Jahren kam es zu einer Ausweitung der Brutplätze nach Schleswig-Holstein, Sachsen, Niedersachsen, Sachsen-Anhalt, Bayern, Baden-Württemberg, Brandenburg und Thüringen sowie Bestandsanstiegen in den regelmäßig besetzten Kolonien. 1999 wurden in Deutschland insgesamt 116 Brutpaare mit steigender Tendenz ermittelt (BOSCHERT 2002).

Die erste rheinische und gleichzeitig nordrhein-westfälische Beobachtung datiert aus dem Jahr 1959 und die Art war bis Anfang der 1980er Jahre nur unregelmäßiger Gast, die Zahl der Feststellungen nahm anschließend aber stetig zu (MILDENBERGER 1982, BUCHHEIM 1996). Der erste nordrhein-westfälische Brutnachweis gelang 1969 im Zwillbrocker Venn, wo die Art seit 1992 regelmäßig mit bis zu sechs Paaren brütet (PEITZMEIER 1979, IKEMEYER 1996). Für den Landesteil Nordrhein wurde bereits seit 1980 mehrfach Brutverdacht geäußert und der erste Brutnachweis gelang 1987 bei Bislich (IKEMEYER 1996, LAAKMANN 1987). Die Ansiedlung erfolgt häufig in großen Möwen-Kolonien (vor allem Lachmöwe, seltener Sturmmöwe; BOSCHERT 2002), so auch am Unteren Niederrhein bei Wesel/Xanten, wo sich im Kartierungszeitraum das einzige rheinische Vorkommen befand. Über Mischbruten wurde mehrfach berichtet (IKEMEYER 1996). Territoriale Paare wurden auch von anderen Orten gemeldet, es gelang jedoch bisher kein Brutnachweis. Im Rheinland kann bisher nicht von einem regelmäßigen Vorkommen gespochen werden. Der stetige Anstieg in den Nachbarregionen lässt auf eine weitere Ausbreitung auch im Rheinland hoffen. In den NL wächst der Bestand seit 1970 kontinuierlich an von 7-8 BP 1973-77 auf 1.150 BP 2001 (SOVON 2002).

Da einzelne Vögel (besonders Immature) in großen Möwentrupps leicht übersehen werden können, ist anzunehmen, dass die Erfassung außerhalb der Brutzeit bei weitem nicht vollständig ist. Auch in den Wintermonaten halten sich Einzelvögel in NRW auf (z. B. BUCHHEIM 1996), wurden jedoch im Rahmen dieser Kartierung nicht festgestellt.

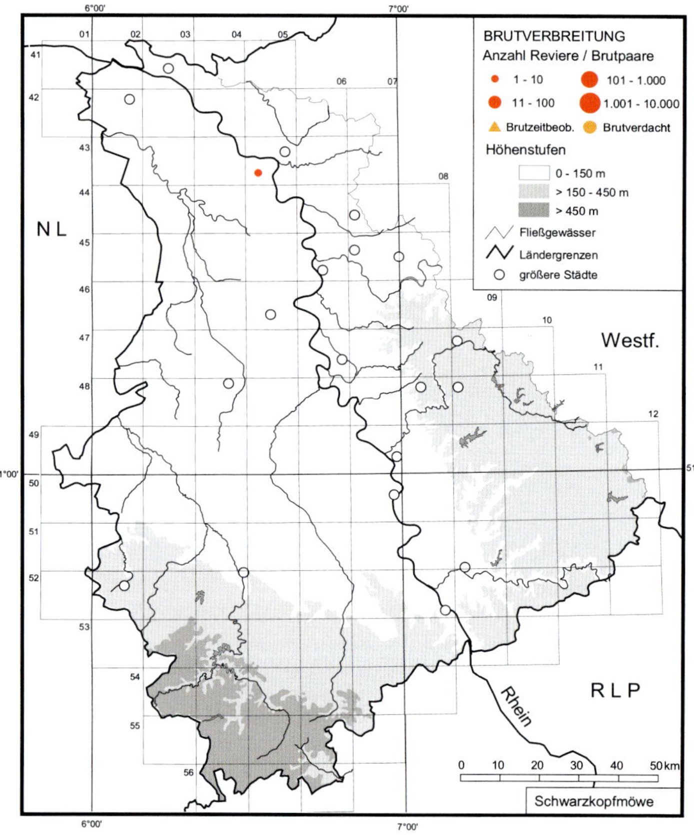

Brutverbreitung 1990-2000

Schwarzkopfmöwe, *Larus melanocephalus,* adult.
Foto: MATHIAS SCHÄF

Schwarzkopfmöwe, *Larus melanocephalus,* 1. Winter.
Foto: MATHIAS JÖNCK

Flussseeschwalbe *Sterna hirundo*

Status: Brutvogel, Durchzügler

Gefährdung:
Rote Liste 1 (vom Aussterben bedroht)
Non-SPEC (nicht gefährdet)

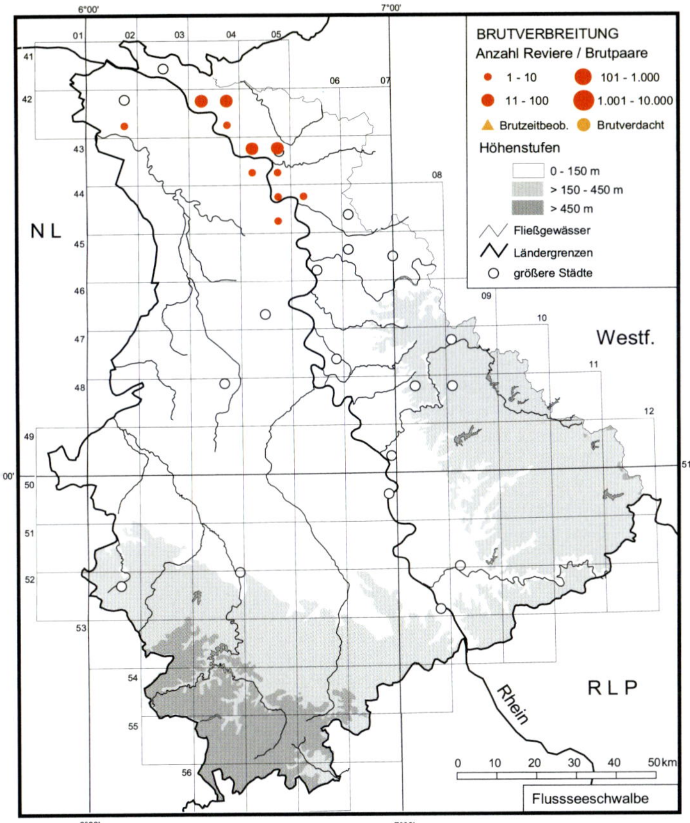

Brutverbreitung 1990-2000

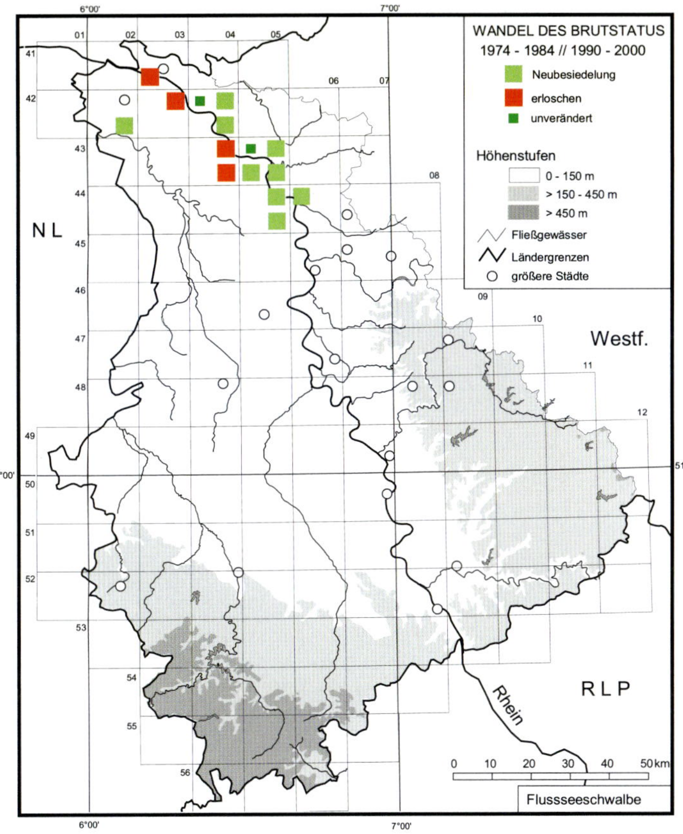

Arealveränderung zwischen 1974-84 und 1990-2000

BRUTVERBREITUNG

Der Schwerpunkt der mitteleuropäischen Brutvorkommen liegt im Küstenbereich von Nord- und Ostsee. Da die Bestände dort rückläufige Tendenzen zeigen, gewinnen die Binnenlandvorkommen vor allem an Rhein, Elbe und den Voralpenseen zunehmend an Bedeutung (SUDMANN et al. 2003). In NRW brütete die Flussseeschwalbe im Kartierungszeitraum nur am Unteren Niederrhein im Bereich der Stromaue, meist an Baggerseen (Reeser Meer, Lohrwardsee, Diersforter Waldsee, Auesee). Aktuell existieren weitere Vorkommen an der Weser und bei Bocholt (SUDMANN in lit.). Die meisten Brutkolonien befinden sich auf künstlichen Nistflößen und nur noch sehr selten auf "natürlichen" Kiesinseln/-ufern, z. B. 1998 im Reeser Meer (MEYER & SUDMANN 1999, SUDMANN et al. 2003).

AREALVERÄNDERUNGEN

In der ersten Hälfte des 20. Jahrhunderts wurden viele Brutplätze im Rheinland und in Westfalen aufgegeben. In den 1950er Jahren kam es zu einer Schwerpunktbildung am Unteren Niederrhein, wo 1954 knapp 90 Paare brüteten (MILDENBERGER 1982). Anschließend ging der Bestand kontinuierlich zurück und erreichte 1972 mit 8-9 Paaren seinen Tiefstand. Durch das Ausbringen künstlicher Nistflöße stiegen die Anzahl der Kolonien und der Brutpaare besonders ab Mitte der 1980er Jahre wieder auf 52-55 Brutpaare (1991) an (MÜLLER 1996). Auch während der gesamten Kartierungsphase von 1990-2000 hat sich der Bestand anhaltend vergrößert und erreichte 1997 erstmals hundert Brutpaare in fünf Kolonien (MEYER & SUDMANN 1999). Im Jahre 2000 war der Bestand auf ca. 145 Paare angewachsen (SUDMANN et al. 2003). Im deutsch-niederländischen Grenzgebiet sind die Bestandszahlen seit 1992 relativ stabil (MEYER & SUDMANN 1999). Ab 1980 sind fast alle rheinischen Brutkolonien auf künstliche Nistflöße beschränkt, wo es neuerdings zu Problemen durch intra- und interspezifische Nistplatzkonkurrenz und dadurch reduzierten Bruterfolg kommt (SUDMANN 1998, MEYER & SUDMANN 1999, SUDMANN et al. 2003). Limitierender Faktor ist eindeutig das Nistplatzangebot und der Bestand ist nur durch die Schaffung geeigneter Brutplätze (flache Kiesinseln, Kiesufer) zu sichern und erhalten (MEYER & SUDMANN 1999).

Bilanz der Brutvogelkartierung:

Kategorie [BP]	GF	RF %
1-10	7	1,7
11-100	4	1,0
Summe	**11**	**2,7**

Vergleich der Kartierung von 1974-1984 mit 1990-2000:

Kategorie	GF	%	RF %
1 - Nur 1974-84	4	26,7	1,0
2 - Nur 1990-2000	9	60,0	2,3
3 - Gemeinsame GF	2	13,3	0,5
1974-84: 1 & 3	6		1,5
1990-2000: 2 & 3	11		2,8
Veränderung	+5 (+83%)		+1,3

Identitäts-Index (nach SCHERNER 1982): 0,24.

Flussseeschwalbe, *Sterna hirundo*. Foto: MATHIAS SCHÄF

Trauerseeschwalbe, *Chlidonias niger*. Foto: SASCHA RÖSNER

Trauerseeschwalbe *Chlidonias niger*

Status: Brutvogel, Durchzügler

Gefährdung:
Rote Liste 1 (vom Aussterben bedroht)
SPEC 3 (dezimiert)

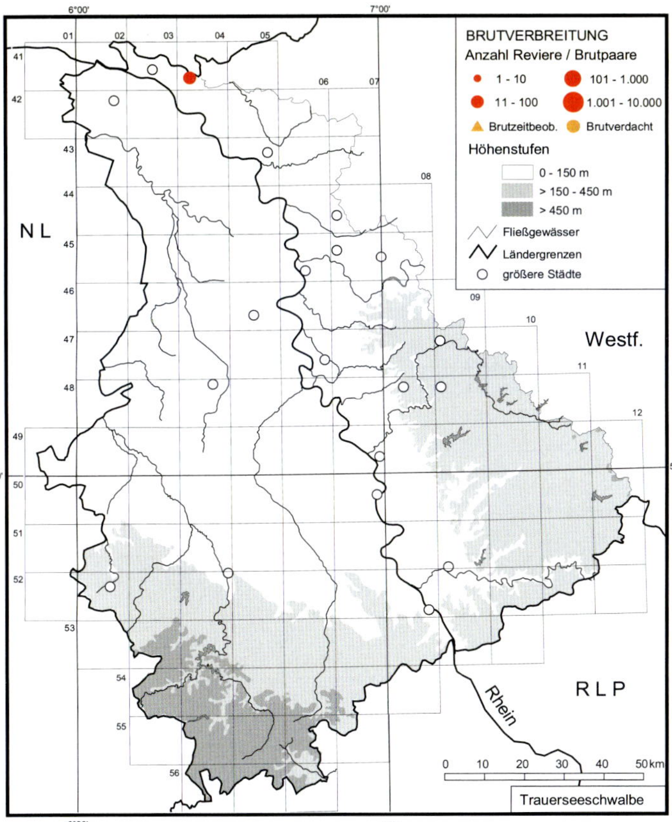

Brutverbreitung 1990-2000

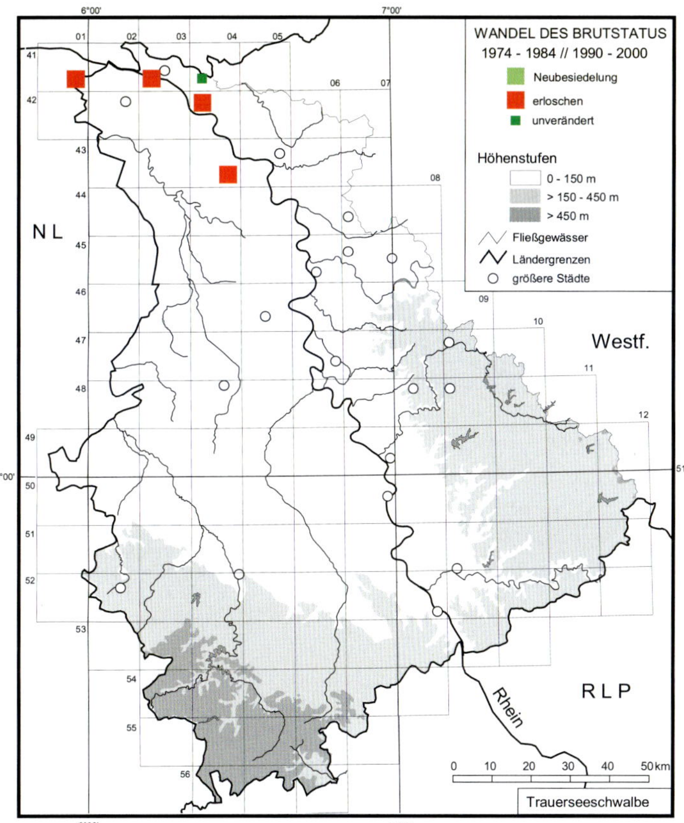

Arealveränderung zwischen 1974-84 und 1990-2000

BRUTVERBREITUNG

Die Trauerseeschwalbe hatte früher einige Brutvorkommen am Unteren Niederrhein in den Kreisen Kleve und Wesel an Auengewässern (Altrheine, "Meere", Kolke, Woyen) mit ausgeprägter Verlandungszone (MILDENBERGER 1982). In der ersten Hälfte des 20. Jahrhunderts bildeten die nordrhein-westfälischen Vorkommen den Ostrand der großen niederländischen Population bzw. markierten die südliche Grenze des nordwestdeutschen Verbreitungsgebietes. Zur Zeit der Kartierung (1990-2000) existierte nur noch am Bienener Altrhein eine erfolgreiche Brutkolonie, die durch Schutzmaßnahmen gefördert wurde. Aktuell gibt es ein weiteres Vorkommen am Millinger Meer (SUDMANN in lit.).

AREALVERÄNDERUNGEN

Gegenüber der Kartierung 1974-1984 wurden vier Brutplätze aufgegeben. Ein deutlicher Bestandsrückgang wurde auch in den benachbarten Niederlanden festgestellt (von 3.500-4.500 BP in den Jahren 1973-77 auf 1.000-1.250 BP in den Jahren 1998-2000; SOVON 2002). Der Höchststand der Brutpopulation am Bienener Altrhein wurde Ende der 1950er Jahre mit ca. 80 Brutpaaren erreicht. Wie in ganz Mitteleuropa wurde danach auch hier ein dramatischer Rückgang beobachtet, dessen vorläufiger Tiefpunkt 1974 mit weniger als 20 Brutpaaren erreicht war (MILDENBERGER 1982). Der Bestand erholte sich aber wieder und lag bis Ende der 1980er Jahre bei ca. 30 Brutpaaren (BARFKNECHT & SCHOTTEN-FINCK 1990). Als dann 1988 nur noch zwei, in den beiden Folgejahren wegen einzelner, besonders effektiv nestplündernden Rabenkrähen und trotz des Einsatzes künstlicher Nisthilfen kein einziger Jungvogel mehr flügge wurde, wurde der Brutplatz aufgegeben (ENGLÄNDER 1991). In den darauffolgenden sechs Jahren bis einschließlich 1996 wurden nur noch sporadisch von maximal drei Brutpaaren z. T. erfolgreiche Brutversuche unternommen, die Rückkehr einer Kolonie alter Größe zeichnete sich nicht ab. Durch das Ausbringen von Brutflößen im Jahre 1997 durch das NATURSCHUTZZENTRUM IM KREIS KLEVE e. V. konnte die Kolonie aber gerettet werden. 1997 brüteten über 12 Brutpaare, 15 im Jahr 1998, 28 im Jahr 1999 und 37 im Jahr 2000 (jeweils alle Bruten auf Flößen). 2001 wurden bereits 41 Brutpaare registriert (NIEHUES & SCHWÖPPE 2001).

Vergleich der Kartierung von 1974-1984 mit 1990-2000:

Kategorie	GF	%	RF %
1 - Nur 1974-84	4	80,0	1,0
2 - Nur 1990-2000	0	0	0
3 - Gemeinsame GF	1	20,0	0,3
1974-84: 2 & 3	5		1,3
1990-2000: 1 & 3	1		0,3
Veränderung	-4 (-80%)		-1,0

Identitäts-Index (nach SCHERNER 1982): 0,44.

Hohltaube *Columba oenas*

Status: Brutvogel, Durchzügler, Wintergast

Gefährdung:
Rote Liste N (nicht gefährdet)
Non-SPEC^E (nicht gefährdet)

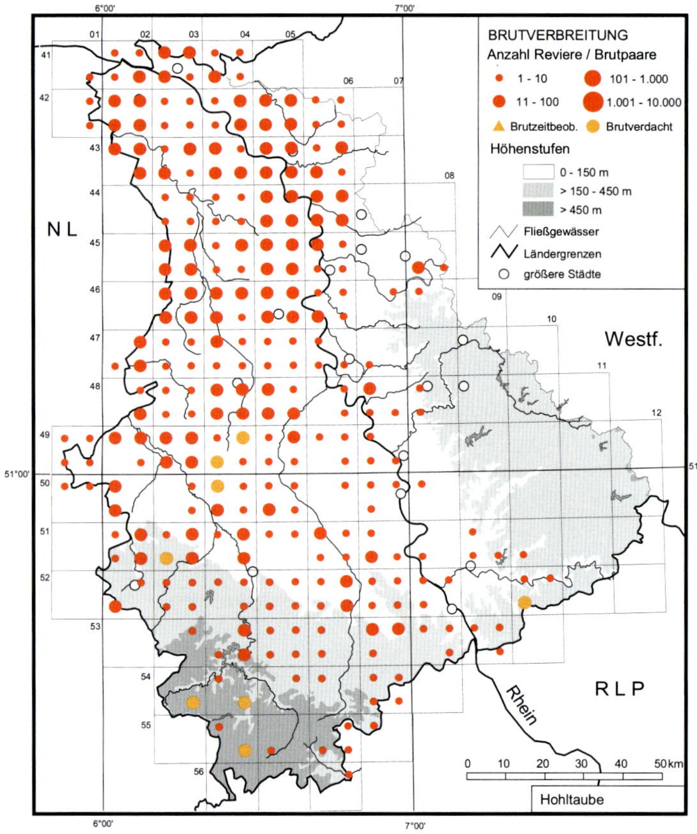

Brutverbreitung 1990-2000

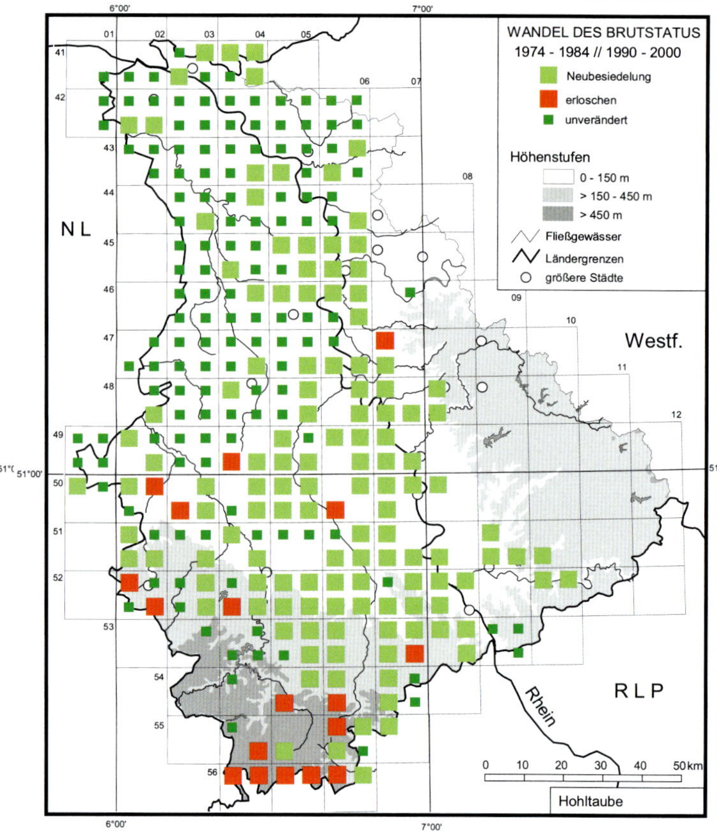

Arealveränderung zwischen 1974-84 und 1990-2000

BRUTVERBREITUNG

Die Hohltaube besiedelt Gitterfelder mit altholzreichen Waldbeständen (Nisthöhlen bevorzugt in Buchenalthölzern), die von Offenland zur Nahrungssuche umgeben sind. Sie brütet auch in Feldgehölzen, Parkanlagen, Alleen und kleinen Baumgruppen sowie in der Stromaue mit Kopfbäumen und Schwarzpappeln. Ausnahmsweise auch im Stadtgebiet, z. B. Kleve (Herkenrath 1990). Sie fehlt in baumloser Agrarlandschaft, Braunkohlen-Abbaugebieten, ausgedehnten Ballungszentren und großflächig geschlossenen Nadelwaldgebieten (Eifel, Bergisches Land). Der Schwerpunkt der Verbreitung liegt am Niederrhein und im Niers-Schwalm-Nette-Rur-Gebiet, wo die abwechslungsreiche Landschaft mit kleinen Wäldchen sowie Acker- und Grünlandflächen der Holtaube sehr zusagt. Die Population im Rheinland steht in Zusammenhang mit den großen Beständen in den NL. Der Verbreitungsgrad nimmt von Ost nach West zu, mit RF = 55 % in Westfalen (NWO 2002), 70 % im Rheinland und 94 % in den NL (SOVON 2002). Auffallend ist die Ähnlichkeit des Verbreitungsmusters zu dem der Dohle.

Bilanz der Brutvogelkartierung:

Kategorie [BP]	GF	RF %	Minimum [BP]
1-10	172	41,6	172
11-100	98	23,7	1.078
Brutverdacht	8	1,9	
Summe	**278**	**67,3**	**1.250**

AREALVERÄNDERUNGEN

Seit der ersten Kartierung 1974-84 hat die Hohltaube ihr Verbreitungsgebiet im Rheinland deutlich und signifikant um >70 % vergrößert. Dies gilt besonders für den Süden des Untersuchungsgebietes (Niederrheinische Bucht, Voreifel), wo zahlreiche Gitterfelder neu besiedelt wurden. Der rheinische Bestand kann auf 2.600-4.900 Brutpaare geschätzt werden (0,28 - 0,53 BP/ km² bezogen auf die besiedelte Fläche) und liegt damit in derselben Größenordnung wie im flächenmäßig größeren Westfalen (2.720-5.450 BP; NWO 2002). Von 1976-1980 wurden für Nordrhein 800-1.000 Brutpaare angenommen (Mildenberger 1984). Das Anbringen künstlicher Nisthöhlen kann die Brutbestandsentwicklung sehr positiv beeinflussen (Klein 1994). Auch in den NL wurde in den letzten drei Dekaden eine Arealerweiterung (+26 %) registriert. Die Bestände haben hier durch Anpassung an die moderne Landwirtschaft von 30.000-40.000 BP 1979-85

Vergleich der Kartierung von 1974-1984 mit 1990-2000:

Kategorie	GF	%	RF %
1 - Nur 1974-84	18	6,4	4,6
2 - Nur 1990-2000	129	45,7	32,8
3 - Gemeinsame GF	135	47,9	34,4
1974-84: 1 & 3	153		38,9
1990-2000: 2 & 3	264		67,2
Veränderung	+111 (+73%)		+28,2

Die Zunahme ist statistisch signifikant (4-Felder X²-Test***; Vorzeichentest*; McNemar-Test***). Identitäts-Index (nach Scherner 1982): 0,67.

auf 50.000-70.000 BP 1998-2000 zugenommen (SOVON 2002).

WINTERVERBREITUNG

Die Hohltauben ziehen sich im Winter aus den höheren Lagen der Mittelgebirgsschwelle ins Niederrheinische Tiefland zurück, so dass die Winterverbreitung etwas geringer als die Brutverbreitung ausfällt. Ein Teil der Vögel zieht ganz ab. Das Überwinterungsgebiet reicht von Nordwesteuropa bis nach Nordafrika. Im Vergleich zur ersten Kartierung (RF = 29,5 %) hat sich das rheinische Überwinterungsareal in der Ausdehnung nahezu verdoppelt, vermutlich als Folge zunehmend milder Winter und steigender Brutbestände. In den NL stieg die Anzahl überwinternder Vögel bereits in den 1980er Jahren auf über 150.000 Vögel (BIJLSMA et al. 2001).

Bilanz der Winterkartierung:

Kategorie [Ex.]	GF	RF %
1-10	108	29,6
11-100	111	30,4
101-300	6	1,6
Summe	**225**	**61,6**

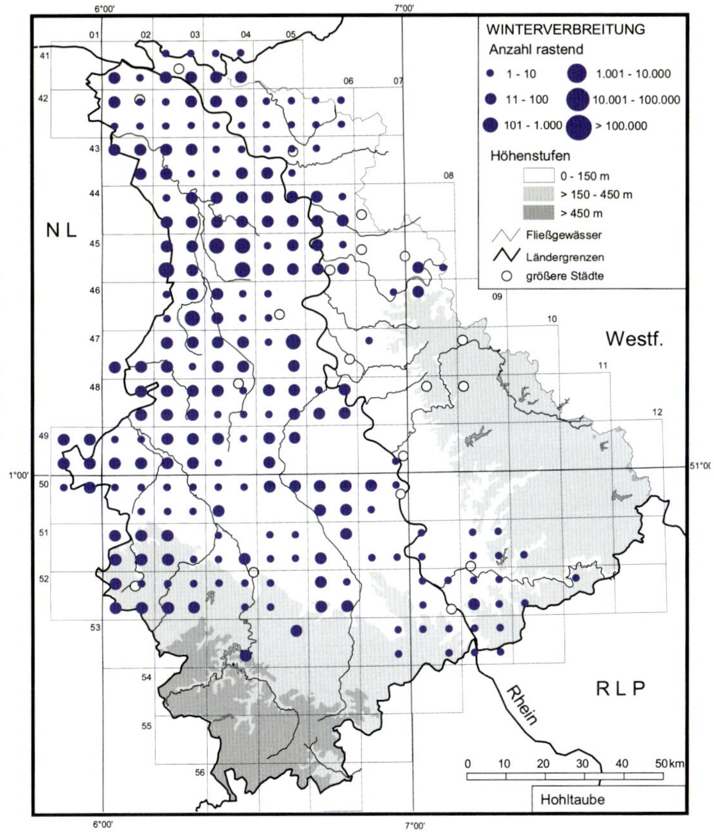

Winterverbreitung 1990-2000

Hohltaube, *Columba oenas*. Foto: CHRISTOPH ENGELHARDT

Ringeltaube *Columba palumbus*

Status: Brutvogel, Durchzügler, Wintergast

Gefährdung:
Rote Liste N (nicht gefährdet)
Non-SPEC^E (nicht gefährdet)

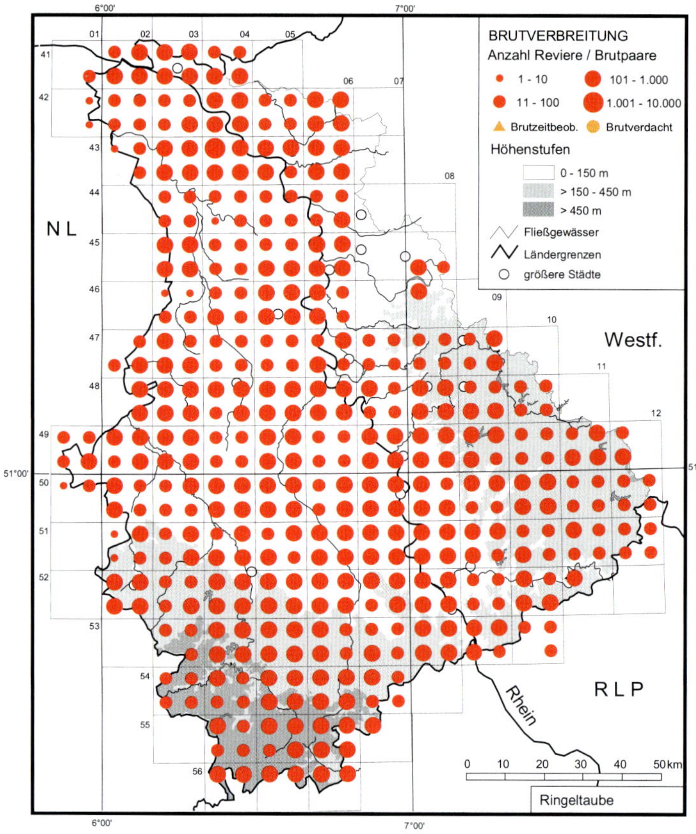

Brutverbreitung 1990-2000

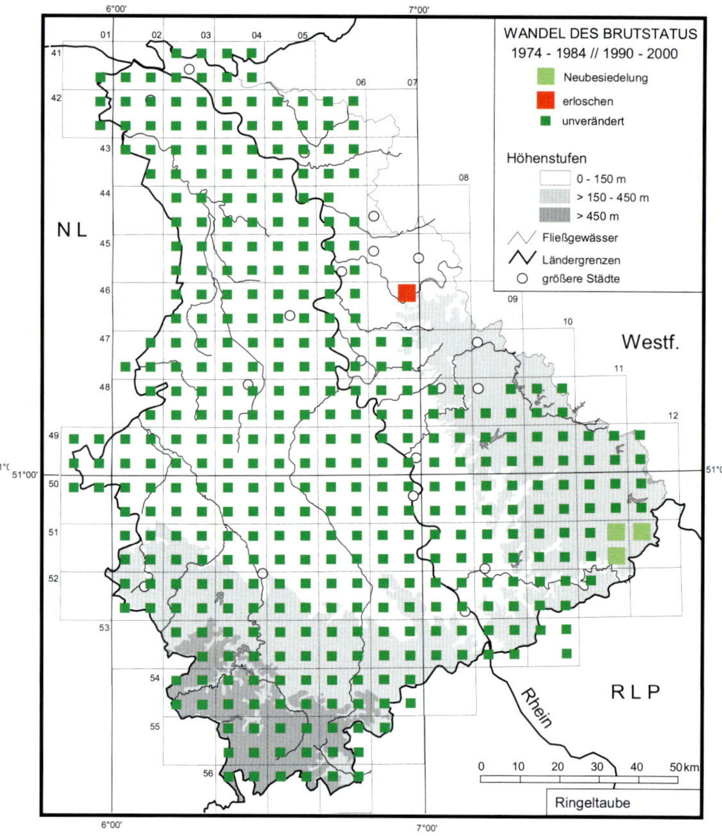

Arealveränderung zwischen 1974-84 und 1990-2000

BRUTVERBREITUNG

Da selbst Gebüsche und Hecken zur Nestanlage ausreichen, fehlt die Ringeltaube eigentlich nirgends, wo ein minimaler Gehölzbestand vorhanden ist. Selbst Städte und baumarme Agrarlandschaft werden besiedelt. Das Rheinland ist flächendeckend besetzt. Gleiches gilt für die Nachbarregionen, wo ähnlich hohe Verbreitungsgrade von 97-99 % ermittelt wurden (NWO 2002, SOVON 2002).

AREALVERÄNDERUNGEN

Bereits 1974-84 war die Ringeltaube flächendeckend verbreitet und es können im Vergleich zur neuerlichen Kartierung keine Arealveränderungen registriert werden. Im Rheinland weist die Ringeltaube eine eher zunehmende Bestandsentwicklung auf, die bereits vor zwanzig Jahren registriert wurde (MILDENBERGER 1984, SKIBA 1993). Im Zuge dessen besiedelt sie vermehrt auch den städtischen Siedlungsraum. Anhand der Kartierungsdaten ergibt sich 1990-2000 ein geschätzter Brutbestand von 117.400-218.000 Paaren (8,6 - 16,0 BP/km² bezogen auf die besiedelte Fläche). In den NL hat sich das Verbreitungsareal ebenfalls nicht verändert, aber die Bestände sind in den vergangenen drei Jahrzehnten stark zurückgegangen, von 500.000-800.000 BP (1979-85) auf 400.000-500.000 BP (1998-2000). Dieser Rückgang wird mit Umstellungen von Getreide- auf Maisanbau und ein dadurch verringertes Nahrungsangebot erklärt (SOVON 2002, BIJLSMA et al. 2001).

Bilanz der Brutvogelkartierung:

Kategorie [BP]	GF	RF %	Minimum [BP]
1-10	9	2,2	9
11-100	169	40,9	1.859
101-1.000	233	56,4	23.533
1.001-2.000	1	0,3	1.001
Summe	**412**	**99,8**	**26.402**

Vergleich der Kartierung von 1974-1984 mit 1990-2000:

Kategorie	GF	%	RF %
1 - Nur 1974-84	1	0,2	0,2
2 - Nur 1990-2000	3	0,8	0,8
3 - Gemeinsame GF	389	99,0	99,0
1974-84: 1 & 3	390		99,2
1990-2000: 2 & 3	392		99,8
Veränderung	+2 (+0,5%)		+0,6

Identitäts-Index (nach SCHERNER 1982): 0,99.

WINTERVERBREITUNG

Zwischen Winter- und Brutverbreitung existieren keine deutlichen Unterschiede, lediglich in den Hochlagen dünnen die Bestände etwas aus. In einigen Gitterfeldern geht das Fehlen der Art auf Erfassungslücken zurück. Bei milder Witterung verweilen mehr Vögel in unserer Region als bei extremen Kälteperioden. RADERMACHER (1992) konnte zeigen, dass die Winterbestände im Bergischen Land von Jahr zu Jahr erheblichen Schwankungen unterliegen und nicht nur von der Witterung bestimmt werden. Im Winter erfolgt ein deutlicher Zuzug von nord- und osteuropäischen Ringeltauben, so dass Gitterfelder mit hohen Beständen (> 1.000 Individuen) im Winter deutlich häufiger sind als zur Brutzeit.

Bilanz der Winterkartierung:

Kategorie [Ex.]	GF	RF %
1-10	14	3,6
11-100	121	30,8
101-1.000	214	54,5
1.001-5.000	38	9,7
Summe	**387**	**98,5**

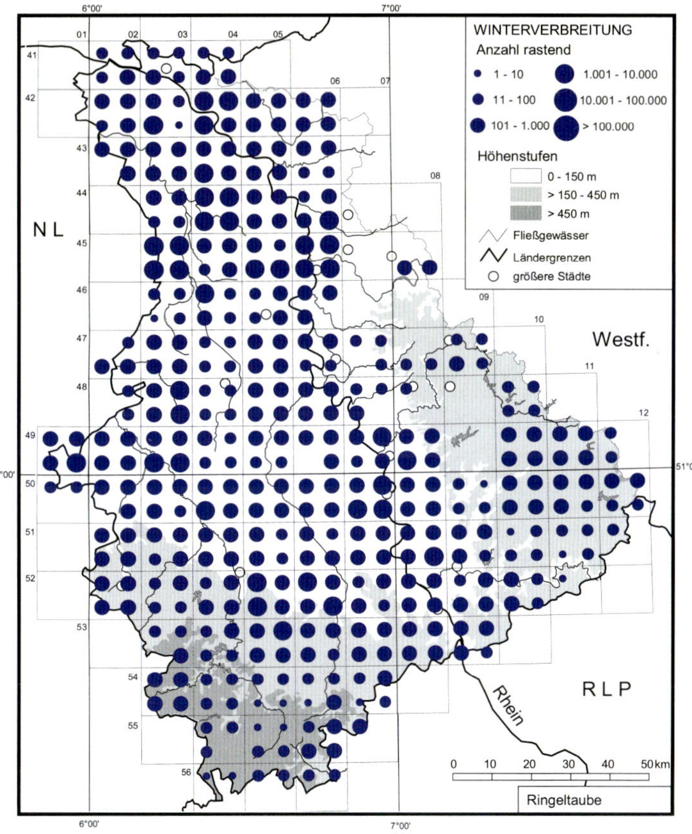

Winterverbreitung 1990-2000

Ringeltaube, *Columba palumbus*. Foto: MATHIAS SCHÄF

Straßentaube *Columba livia f. domestica*

Status: Jahresvogel

Gefährdung:
Rote Liste N (nicht gefährdet)
Non-SPEC (nicht gefährdet)

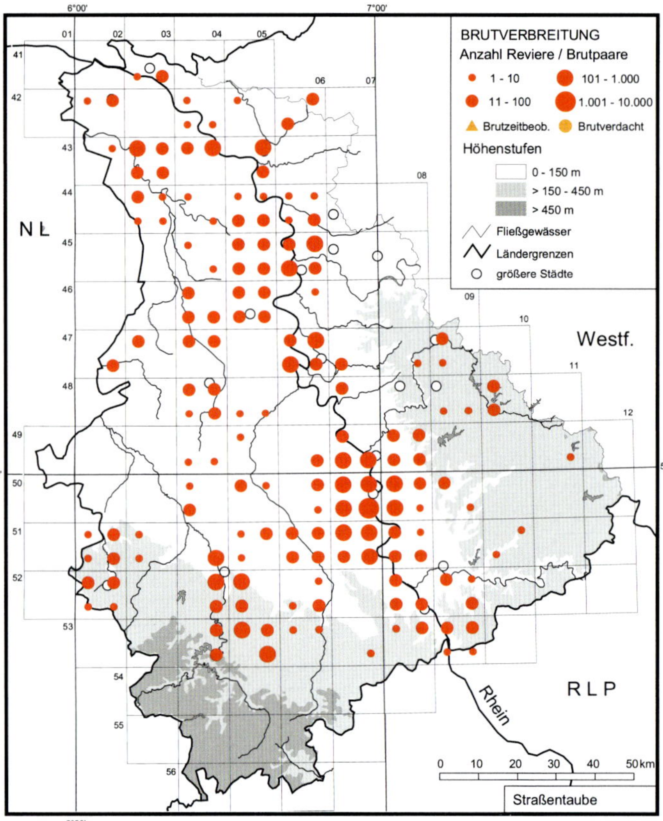

Brutverbreitung 1990-2000

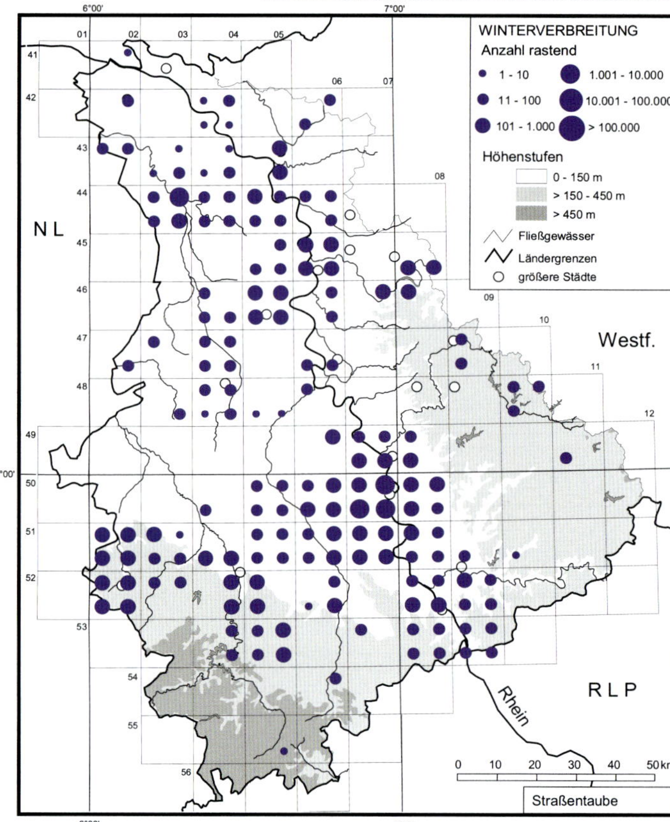

Winterverbreitung 1990-2000

BRUTVERBREITUNG

Die Straßentaube ist verbreiteter Brutvogel im Tiefland, besonders in und um die größeren Städte entlang des Rheins und der Köln-Aachener Bucht. Die höheren Lagen der Mittelgebirge scheinen unbesiedelt. Die hier wiedergegebene Verbreitung ist sicher unvollständig, da die Art nicht ausreichend beachtet wird und nicht von jedem Kartierer gemeldet wurde. Mit einer Rasterfrequenz von 40,1 % ist die Strassentaube im Rheinland ähnlich verbreitet wie in Westfalen (39 %; NWO 2002) und den NL (49 %; SOVON 2002).

AREALVERÄNDERUNGEN

Die Art wurde 1974-84 nicht erfasst, so dass keine Aussagen zu Areal- und Bestandsentwicklungen möglich sind; vermutlich kam es im Rheinland wie andernorts zu Zunahmen (vgl. NWO 2002). Die aktuelle Entwicklung ist unklar und zumindest lokal werden aus Deutschland rückläufige Tendenzen gemeldet (z. B. GARTHE 1996). Verlässliche Bestandsschätzungen sind auf Grundlage der vorliegenden Daten kaum möglich; der Gesamtbestand dürfte aber deutlich über 10.000 Brutpaare liegen.

Bilanz der Brutvogelkartierung:

Kategorie [BP]	GF	RF %	Minimum [BP]
1-10	56	13,6	56
11-100	78	18,9	858
101-1.000	22	5,3	2.222
1.001-2.000	1	0,2	1.001
Summe	**157**	**38,0**	**4.137**

WINTERVERBREITUNG

Die Winterverbreitung ist weitgehend mit der Brutverbreitung identisch und die Tauben halten sich ganzjährig im Umfeld der Brutgebiete auf.

Bilanz der Winterkartierung:

Kategorie [Ex.]	GF	RF %
1-10	15	4,1
11-100	91	24,8
101-1.000	55	15,0
1.001-3.000	4	1,1
Summe	**165**	**45,0**

Straßentaube, *Columba livia*. Foto: SASCHA RÖSNER

Turteltaube *Streptopelia turtur*

Status: Brutvogel, Durchzügler

Gefährdung:
Rote Liste 3 (gefährdet)
SPEC 3 (zurückgehend)

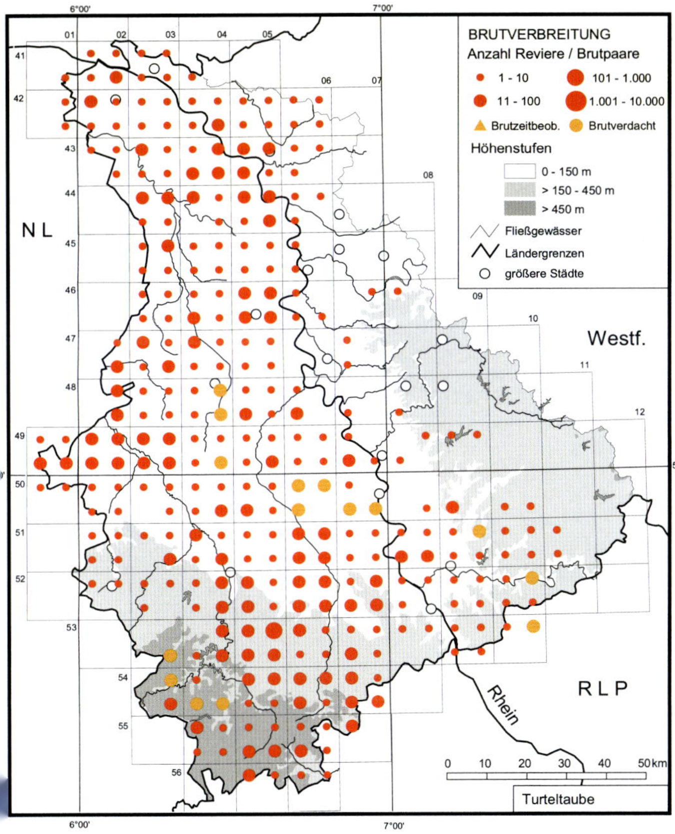

Brutverbreitung 1990-2000

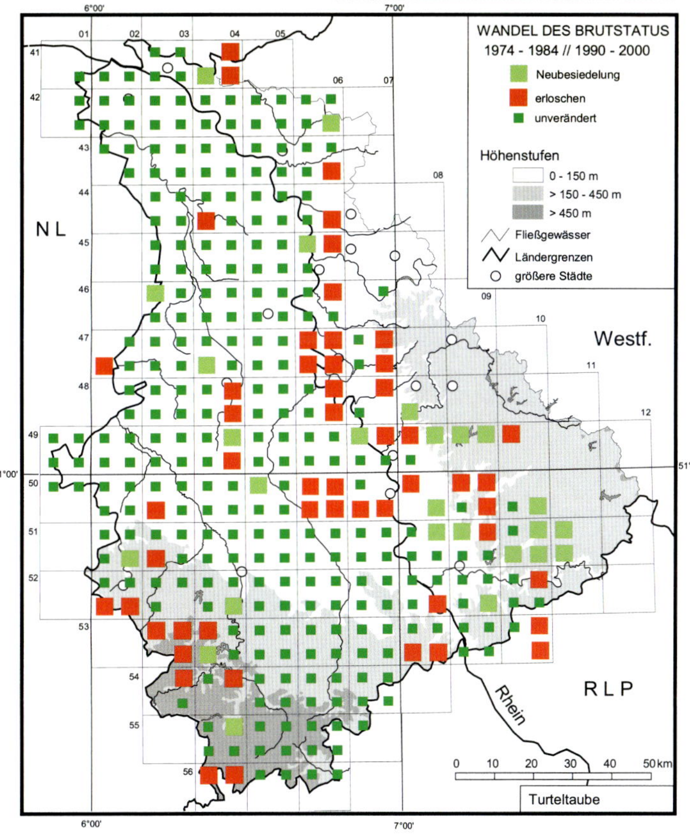

Arealveränderung zwischen 1974-84 und 1990-2000

BRUTVERBREITUNG

Die Turteltaube bevorzugt reich strukturierte Lebensräume mit Feldgehölzen, lichten, gebüschreichen (Au-)wäldern, Parkanlagen sowie baum- und gebüschreiches Agrarland. Sie fehlt in geschlossenen Waldgebieten, ausgeräumter Ackerbörde und vegetationsarmen Ballungsräumen. Im Rheinland sind die Verbreitungsschwerpunkte am Niederrhein, im Schwalm-Nette-Rur-Gebiet sowie am Südrand der Köln-Aachener Bucht. Das fast vollständige Fehlen im rechtsrheinischen Mittelgebirge kann nicht alleine durch die Höhenlage erklärt werden, da die höheren Lagen der Eifel lückenhaft besetzt sind. Vermutlich spielen klimatische Faktoren (Niederschlagsmenge) eine Rolle (s. a. Kuckuck und Nachtigall). Vergleichbare Rasterfrequenzen von ca. 70 % gab es auch in Westfalen (NWO 2002) und den Niederlanden (SOVON 2002).

AREALVERÄNDERUNGEN

Der Vergleich mit der ersten Kartierung zeigt einen leichten, aber nicht signifikanten Arealverlust. Für den Zeitraum 1990-2000 wurde im Rheinland ein geschätzter Bestand von 2.500-4.700 Brutpaaren errechnet (0,24 - 0,45 BP/km² bezogen auf die besiedelte Fläche), während sich die Schätzungen für die frühen 1980er Jahre auf 2.200-2.500 Brutpaare belaufen (MILDENBERGER 1984). In Westfalen zeigt sich ein langfristiger Rückgang, lokal werden aber auch positive Entwicklungen beobachtet (NWO 2002). In den NL geht die Turteltaube seit den 1970er Jahren zurück (-21 %) und der Bestand hat sich von 35.000-50.000 BP 1973-85 auf 10.000-12.000 BP 1998-2000 verringert (SOVON 2002). Gleichermaßen wurde in Großbritannien seit 1970 ein Rückgang um 77 % ermittelt (GREGORY et al. 2004). Die Rückgangsursachen scheinen vielfältig und es kommen klimatische Veränderungen in den afrikanischen Überwinterungsgebieten, geringere Reproduktionsraten, starker Jagddruck auf dem Zug sowie verschlechterte Nahrungsverfügbarkeit (Herbizideinsatz) in den Brutgebieten in Frage (BROWNE & AEBISCHER 2005).

Bilanz der Brutvogelkartierung:

Kategorie [BP]	GF	RF %	Minimum [BP]
1-10	211	51,1	211
11-100	88	21,3	968
101-300	1	0,2	101
Brutverdacht	15	3,6	
Summe	**315**	**76,3**	**1.280**

Vergleich der Kartierung von 1974-1984 mit 1990-2000:

Kategorie	GF	%	RF %
1 - Nur 1974-84	41	11,2	9,9
2 - Nur 1990-2000	28	8,0	7,1
3 - Gemeinsame GF	280	80,8	67,8
1974-84: 1 & 3	321		77,7
1990-2000: 3 & 3	308		74,6
Veränderung	-13 (-4,0%)		-3,1

Identitäts-Index (nach SCHERNER 1982): 0,89.

Türkentaube *Streptopelia decaocto*

Status: Jahresvogel

Gefährdung:
Rote Liste N (nicht gefährdet)
Non-SPEC (nicht gefährdet)

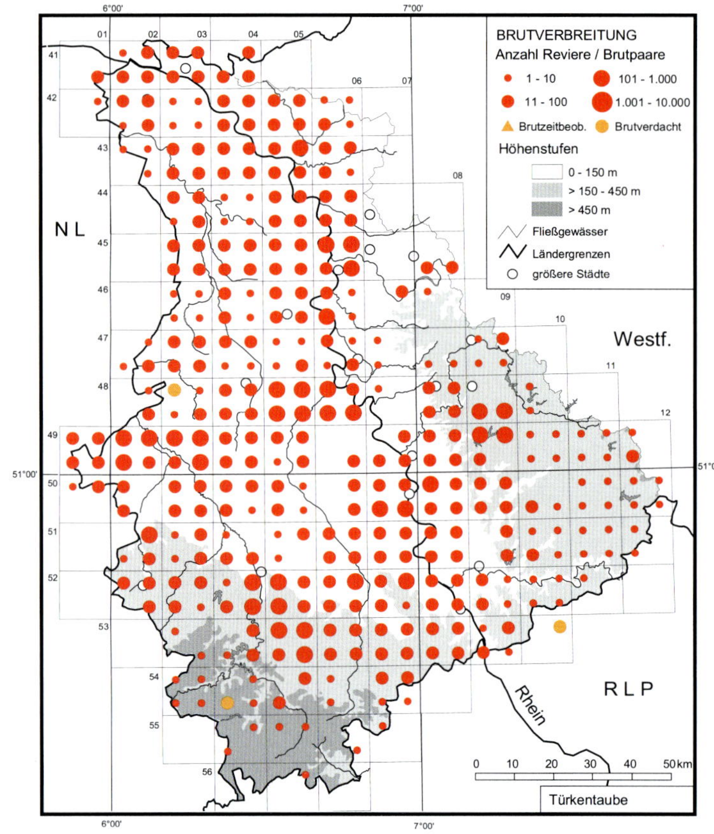

Brutverbreitung 1990-2000

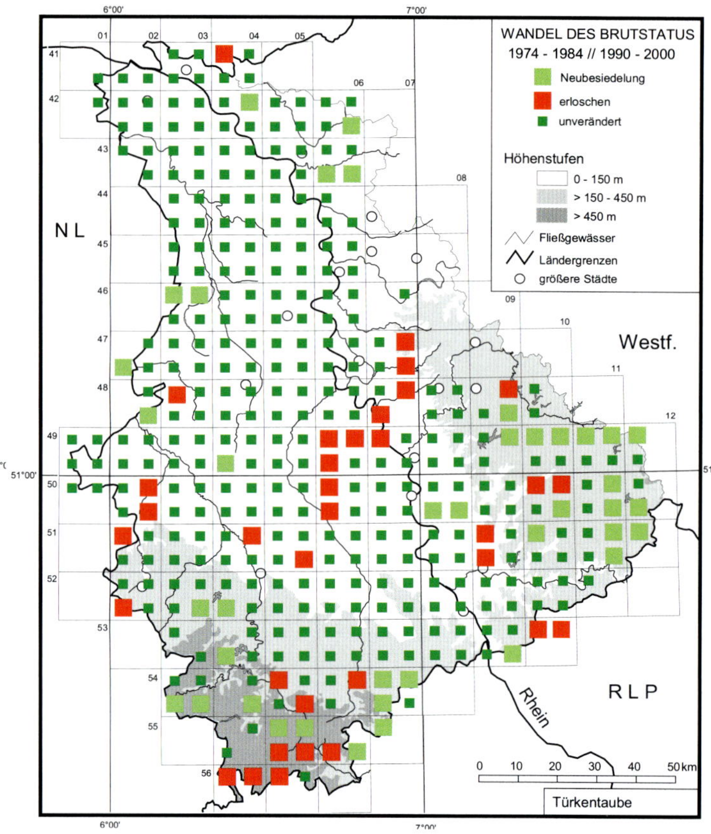

Arealveränderung zwischen 1974-84 und 1990-2000

BRUTVERBREITUNG

Die Türkentaube ist in ihrer Verbreitung an menschliche Siedlungen gebunden, und kommt von größeren Einzelgehöften bis ins Innere der Großstädte vor. Es zeigt sich ein deutlicher Höhengradient von den nahezu flächendeckend besiedelten Tieflagen in die weniger dicht besetzten höheren Lagen der Mittelgebirge. Ausgeräumte Agrarlandschaft wird ebenso gemieden wie geschlossene Waldgebiete. Die Verbreitung entspricht im Wesentlichen der Verteilung menschlicher Siedlungen. Ähnliche Verbreitungsmuster wurden in den benachbarten NL (RF = 92 %) und Westfalen (RF = 92 %) gefunden (SOVON 2002, NWO 2002).

AREALVERÄNDERUNGEN

Die Türkentaube erreichte das Rheinland erstmals 1951 und hat sich seither kontinuierlich von Südosten nach Nordwesten ausgebreitet. Um 1970 war der Landesteil Nordrhein flächendeckend besiedelt, aber bereits im Laufe der 1970er Jahre kam es vielerorts zu Stagnationen und Rückgängen (MILDENBERGER 1984). Zwar wurden seit der letzten Kartierung 1974-84 einige Gitterfelder neu besiedelt, aber die Zunahme ist nicht mehr statistisch signifikant. Neuerdings wird immer noch von Bestandsrückgängen berichtet (z. B. MEßER 2004), die sich aber offensichtlich noch nicht in einer Reduktion des Verbreitungsareals widerspiegeln. Für den Kartierungszeitraum ergibt sich ein geschätzter Gesamtbestand von mindestens 13.100-24.300 Brutpaaren (1,1 - 2,1 BP/ km² bezogen auf die besiedelte Fläche). Anfang der 1980er Jahre wurden für das Rheinland ca. 20.000 Brutpaare angenommen (MILDENBERGER 1984). In den NL hat sich das Brutareal in den letzten drei Jahrzehnten ebenfalls noch leicht vergrößert, während die Bestände von 100.000-150.000 BP 1979-85 auf 50.000-100.000 BP 1998-2000 zurückgingen (SOVON 2002). Die weitere Bestandsentwicklung und deren Dokumentation verdient erhöhte Aufmerksamkeit.

Bilanz der Brutvogelkartierung:

Kategorie [BP]	GF	RF %	Minimum [BP]
1-10	120	29,1	120
11-100	202	48,9	2.222
101-200	35	8,5	3.535
Brutverdacht	3	0,7	
Summe	**360**	**87,2**	**5.877**

Vergleich der Kartierung von 1974-1984 mit 1990-2000:

Kategorie	GF	%	RF %
1 - Nur 1974-84	32	8,5	8,1
2 - Nur 1990-2000	41	10,9	10,4
3 - Gemeinsame GF	304	80,6	77,4
1974-84: 1 & 3	336		85,5
1990-2000: 2 & 3	345		87,8
Veränderung	+9 (+2,7%)		+2,3

Identitäts-Index (nach SCHERNER 1982): 0,89.

WINTERVERBREITUNG

Winter- und Brutverbreitung sind weitgehend identisch (nur die ohnehin spärlicher besiedelten Höhenlagen von Eifel und Bergischem Land werden teilweise geräumt). Auch scheint sich die Winterverbreitung seit der ersten Erfassung nicht verändert zu haben. Im Winterhalbjahr kann es an günstigen Nahrungsplätzen zu größeren Konzentrationen kommen, ansonsten wurden bisher keine auffälligeren Zug- oder Ausweichbewegungen registriert.

Bilanz der Winterkartierung:

Kategorie [Ex.]	GF	RF %
1-10	69	18,7
11-100	200	54,2
101-300	32	8,7
Summe	**301**	**81,6**

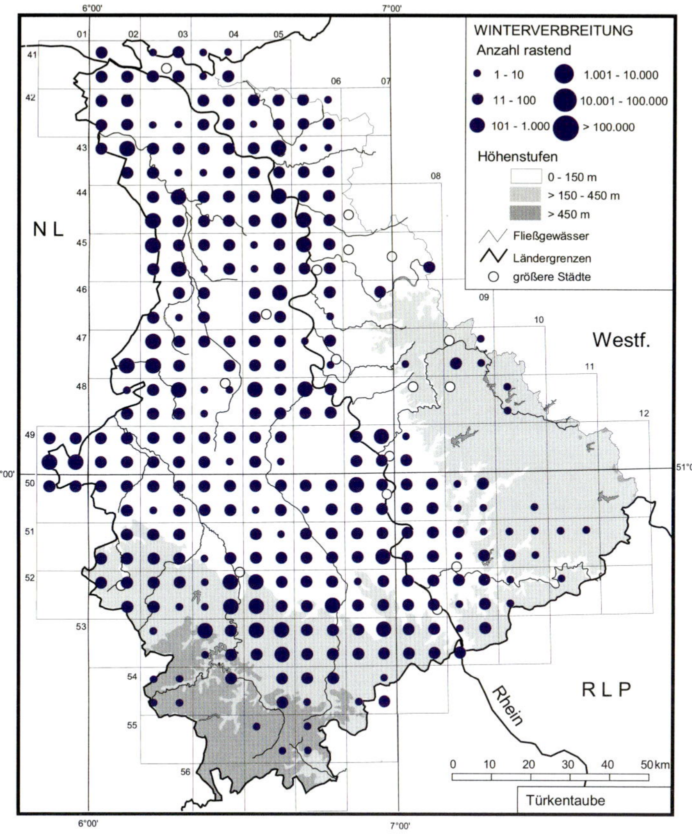

Winterverbreitung 1990-2000

Türkentaube, *Streptopelia decaocto*. Foto: MATHIAS SCHÄF

Kuckuck *Cuculus canorus*

Status: Brutvogel, Durchzügler

Gefährdung:
Rote Liste V (zurückgehend)
Non-SPEC (nicht gefährdet)

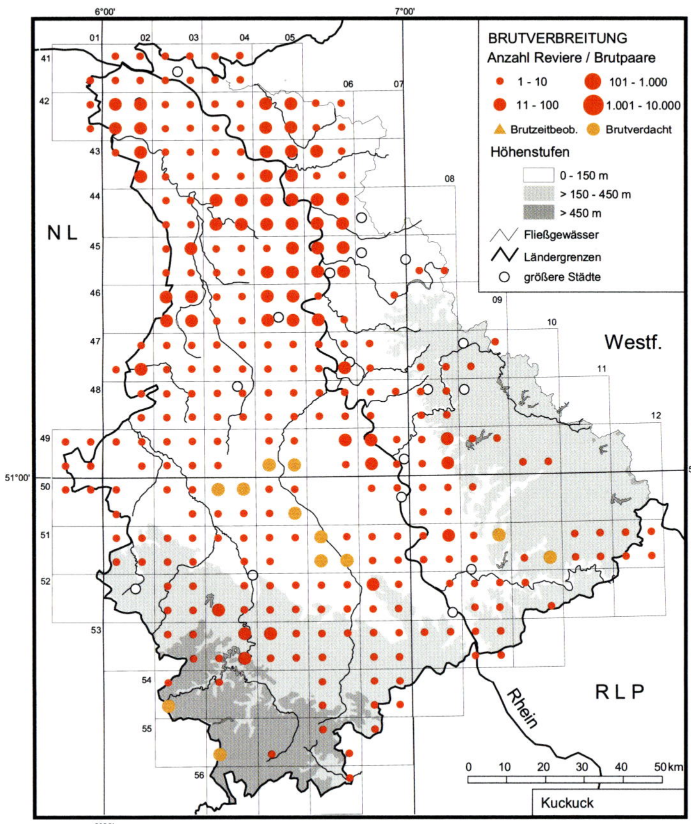

Brutverbreitung 1990-2000

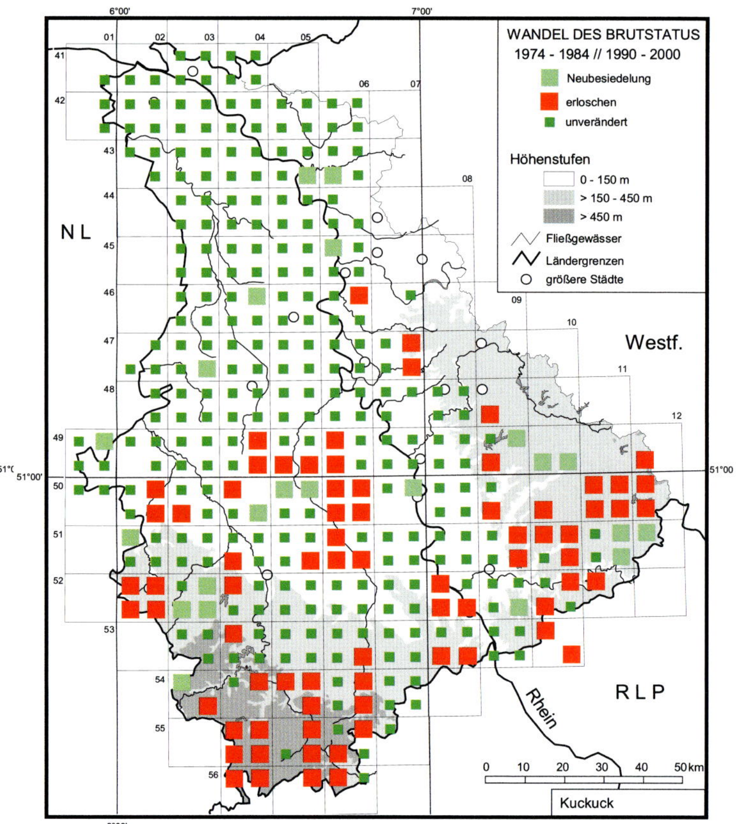

Arealveränderung zwischen 1974-84 und 1990-2000

BRUTVERBREITUNG

Der Kuckuck bevorzugt gut strukturierte halboffene Landschaften und lichte Wälder. Schwerpunkt der rheinischen Verbreitung ist daher der Untere Niederrhein. Größere Lücken befinden sich in der ausgeräumten Ackerbörde und den höheren (nadelholzreichen) Lagen der Mittelgebirge über 350 m NN. Auffällig ist das Fehlen des Kuckucks in weiten Teilen des niederschlagsreicheren, rechtsrheinischen Bergischen Landes, wo die Art früher häufiger vorkam (MILDENBERGER 1984). Generell sind jedoch alle Höhenstufen besiedelt, die Niederungen aber deutlich dichter. In den Nachbarregionen ist die Art mit einem Verteilungsgrad von 90 % etwas weiter verbreitet (NWO 2002, SOVON 2002).

AREALVERÄNDERUNGEN

Der Vergleich zeigt für 1990-2000 einen deutlichen Arealverlust um -16 % gegenüber 1974-84. Besonders im südlichen Rheinland (Eifel, Süderbergland, Köln-Aachener Bucht) waren viele Raster nicht mehr besetzt. Bestandsschätzungen sind aufgrund des spezifischen Brutverhaltens schwierig und belaufen sich auf 1.400-2.600 rufende Männchen (0,14 - 0,25 BP/km² bezogen auf die besiedelte Fläche). Auch in den NL wird ein Bestandsrückgang vermutet, der durch Arealverluste bestätigt wird (SOVON 2002). Die Entwicklungen verlaufen allerdings nicht überall gleich; in Feuchtgebieten zeigen sich stabile bis steigende und im Agrarland abnehmende Trends, vermutlich als Folge der Bestandsentwicklungen der Wirtsvogelarten (BIJLSMA et al. 2001, MILDENBERGER 1984, SKIBA 1993). Als mögliche Rückgangsursachen kommen des weiteren ein reduziertes Nahrungsangebot (verstärkter Pestizideinsatz) und Verluste auf den Zugwegen in die afrikanischen Winterquartiere in Frage.

Bilanz der Brutvogelkartierung:

Kategorie [BP]	GF	RF %	Minimum [BP]
1-10	241	58,4	241
11-100	57	13,8	627
Brutverdacht	12	2,9	
Summe	**310**	**75,1**	**868**

Vergleich der Kartierung von 1974-1984 mit 1990-2000:

Kategorie	GF	%	RF %
1 - Nur 1974-84	75	20,8	19,1
2 - Nur 1990-2000	22	6,1	5,6
3 - Gemeinsame GF	264	73,1	67,2
1974-84: 1 & 3	339		86,3
1990-2000: 2 & 3	286		72,8
Veränderung	-53 (-16%)		-13,5

Die Abnahme ist statistisch signifikant (4-Felder X^2-Test***; Vorzeichentest*; McNemar-Test***). Identitäts-Index (nach SCHERNER 1982): 0,85.

Turteltaube, *Streptopelia turtur*. Foto: MATHIAS SCHÄF

Kuckuck, *Cuculus canorus*. Foto: MATHIAS SCHÄF

Halsbandsittich *Psittacula krameri*

Status: Jahresvogel (Neozoon)

Gefährdung:
Rote Liste N (nicht gefährdet)
Non-SPEC (nicht gefährdet)

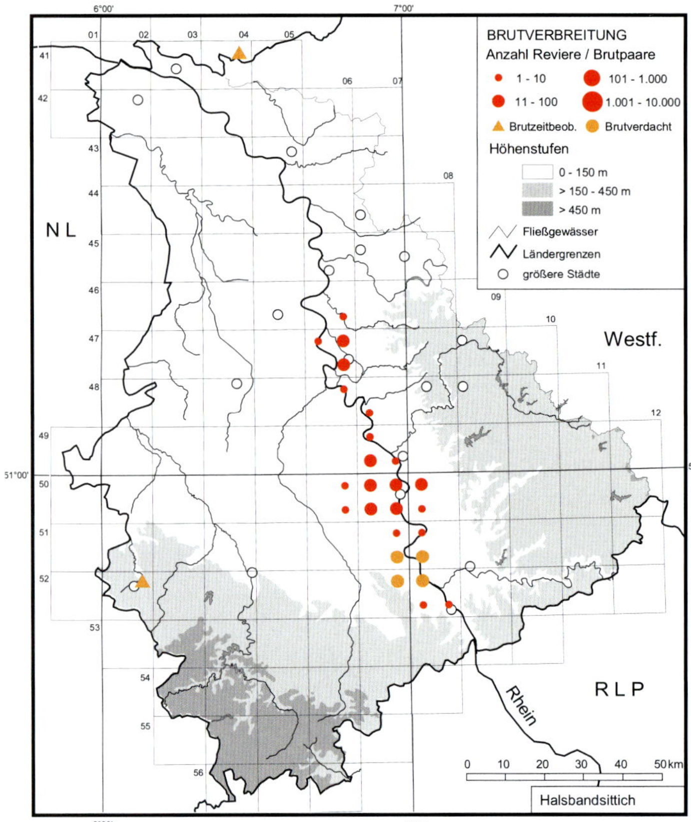

Brutverbreitung 1990-2000

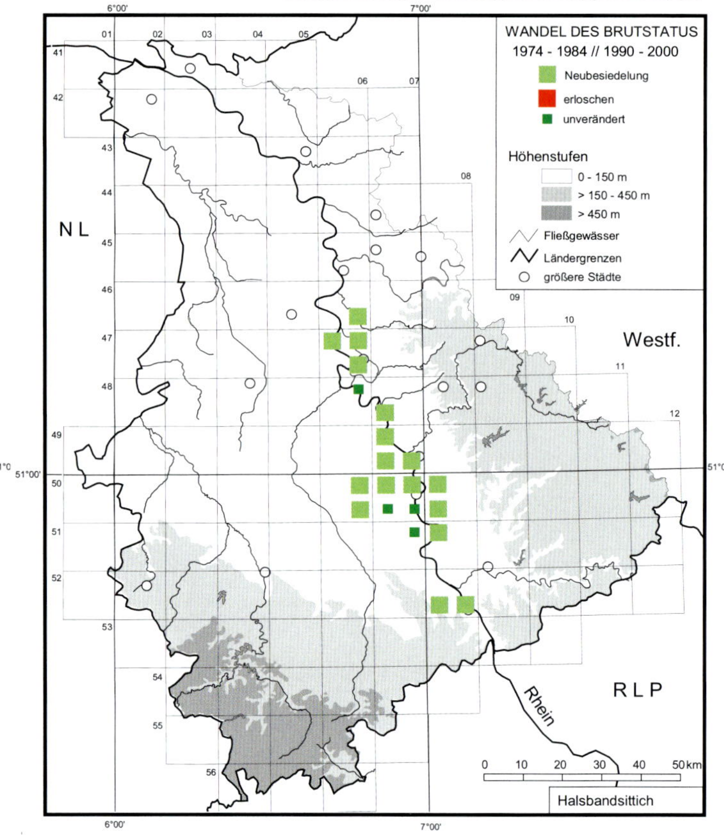

Arealveränderung zwischen 1974-84 und 1990-2000

BRUTVERBREITUNG

Die Brutverbreitung konzentriert sich auf große Parkanlagen im Rheintal. Die größten Vorkommen befinden sich im Rheinland derzeit im Großraum Köln, aber auch in Bonn, Leverkusen und Düsseldorf (Ernst 1995, Leisten 2002, Franz & Krause 2003a, b). Isolierte Feststellungen zur Brutzeit gelangen neuerdings auch in Aachen und am Unteren Niederrhein. In den NL ist der Halsbandsittich seit 1970 Brutvogel in Amsterdam und Den Haag und in den 1990er Jahren gab es dort Neuansiedlungen in zusätzlichen Städten (Bijlsma et al. 2001, SOVON 2002). In Deutschland existieren weitere Vorkommen in Hamburg, am Oberrhein im Raum Mainz-Wiesbaden sowie im Rhein-Neckar-Dreieck zwischen Worms und Heidelberg (Franz & Krause 2003a, b).

AREALVERÄNDERUNGEN

In Deutschland wurde die Art 1967 erstmals in Köln festgestellt. Ausgehend von den ersten Brutansiedlungen dort (1969) und in Düsseldorf (1984) hat der Halsbandsittich sein Verbreitungsareal in den letzten 20 Jahren enorm vergrößert (>400 %) und für NRW wird ein Gesamtbestand von 750-800 Vögeln (>300 BP im Rheinland) angenommen (Michels 1992, Ernst 1995, Kretzschmar 1999). Im Raum Köln ist von 180-200 Brutpaaren, in Bonn 35 BP (2001) und in Düsseldorf 36-69 BP (1999/2000) auszugehen (Kretzschmar 1999, Franz & Krause 2003a, b). Bis 2003 war der bei Schlafplatzzählungen ermittelte Bestand in NRW (Köln, Bonn, Düsseldorf) bereits auf 1.500 Ex. angestiegen (Braun 2004). Die Populationen in den NL wachsen jährlich um 22,5 % und der Gesamtbestand lag 1998-2000 bei 220 BP (SOVON 2002). Auf die weitere Bestandsentwicklung sollte geachtet werden, insbesondere auf neue Ansiedlungen abseits der bekannten Schwerpunkte (s. a. Kahl-Dunkel 2002). Eine Übersicht zur Biologie und Lebensweise der Art publizierten Ernst (1995) und Franz et al. (2002).

Bilanz der Brutvogelkartierung:

Kategorie [BP]	GF	RF %
1-10	13	3,1
11-100	8	1,9
Brutverdacht	6	1,5
Summe	**27**	**6,5**

Vergleich der Kartierung von 1974-1984 mit 1990-2000:

Kategorie	GF	%	RF %
1 - Nur 1974-84	0	0	0
2 - Nur 1990-2000	17	81,0	4,3
3 - Gemeinsame GF	4	19,0	1,0
1974-84: 1 & 3	4		1,0
1990-2000: 2 & 3	21		5,3
Veränderung	+17 (+425%)		(+4,3)

Die Zunahme ist statistisch signifikant (4-Felder X^2-Test***; Vorzeichentest*; McNemar-Test***).

WINTERVERBREITUNG

Im Wesentlichen stimmen Brut- und Winterverbreitung überein, die Beobachtungen streuen im Winter jedoch etwas weiter um die bekannten Verbreitungszentren, da sich die Vögel offensichtlich während der Nahrungssuche im Winterhalbjahr weiter von den Brutplätzen entfernen bzw. die Erfassung dann nicht nur auf die tatsächlichen Brutvögel beschränkt ist. Erfassungsdefizite sind nicht ausgeschlossen. Am Kölner Schlafplatz wurden im Winterhalbjahr 620-650 Exemplare (1997/1998), 900-1.000 Exemplare (1999/2000) und 1.524 Ex. (2003) gezählt (KRETZSCHMAR 1999, KAHL-DUNKEL 2002, KAHL-DUNKEL & WERNER 2002). Für Bonn wurden im Winter 2003/2004 400 Ex. und in Düsseldorf 750 Ex. ermittelt (FRANZ & KRAUSE 2004), so dass der aktuelle Winterbestand im Rheinland bei mindestens 2.650 Halsbandsittichen anzusetzen ist. Die Existenz weiterer Schlafplätze ist nicht auszuschließen.

Bilanz der Winterkartierung:

Kategorie [Ex.]	GF	RF %
1-10	13	3,7
11-100	13	3,79
101-1.000	2	0,6
Summe	**28**	**8,0**

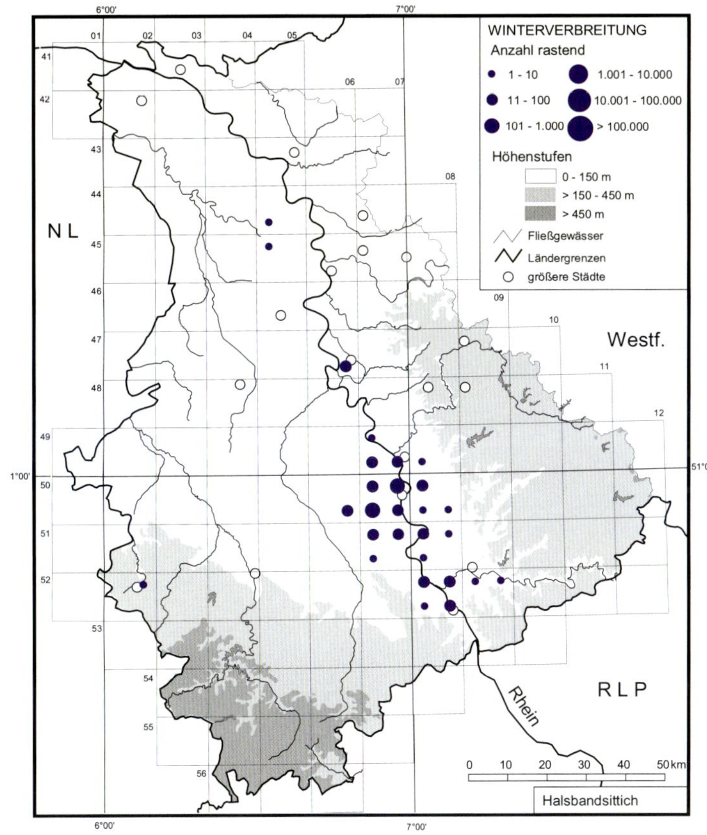

Winterverbreitung 1990-2000

Halsbandsittich, *Psittacula krameri,* Männchen. Foto: MATHIAS SCHÄF

Großer Alexandersittich *Psittacula eupatria*

Status: Jahresvogel (Neozoon)

Gefährdung:
Rote Liste N (nicht gefährdet)
Non-SPEC (nicht gefährdet)

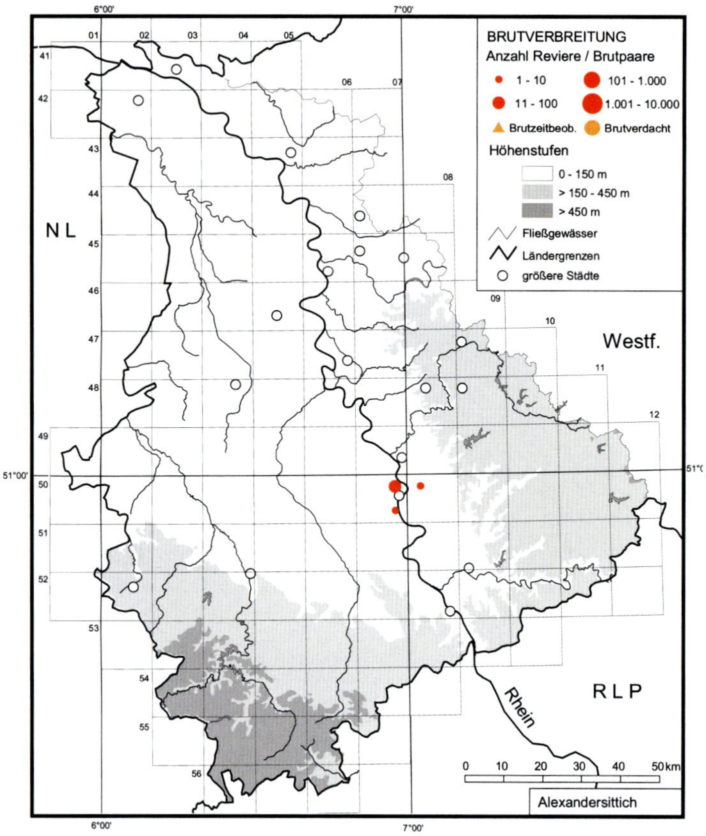

Brutverbreitung 1990-2000

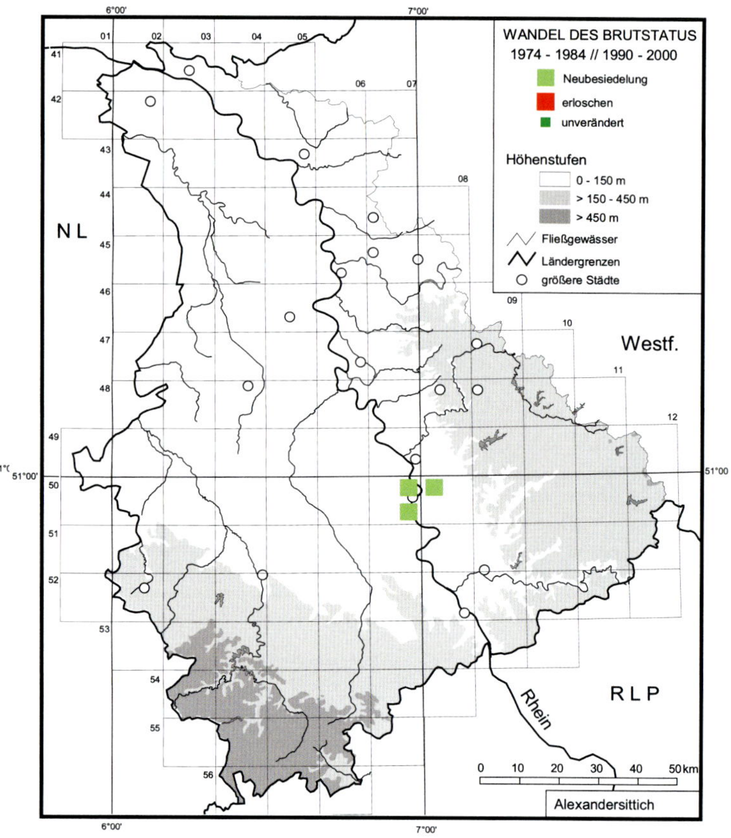

Arealveränderung zwischen 1974-84 und 1990-2000

BRUTVERBREITUNG

Einzelne Bruten Großer Alexandersittiche wurden in Parkanlagen und Gärten im Stadtbereich von Köln festgestellt. Auch aus Bonn und Düsseldorf (Mischbruten mit *P. krameri*) liegen Beobachtungen vor; artreine Brutnachweise gibt es von dort bisher aber nicht (Ernst 1995, Krause 2004). Schwierigkeiten bei der Bestimmung könnten zu einer Unterschätzung der tatsächlichen Verbreitung geführt haben, da die Unterscheidung von Halsband- und Alexandersittichen nicht immer einfach ist.

AREALVERÄNDERUNGEN

Seit 1987 sind Alexandersittich-Vorkommen in Deutschland bekannt und auf den Raum Wiesbaden beschränkt, wo der Bestand von zwei Brutpaaren 1988 auf 23 BP (2000) zugenommen hat (Zingel 2000). Die Art trat bei der ersten Kartierung 1974-84 im Rheinland noch nicht als Brutvogel in Erscheinung und hat diese Region erst nach 1990 besiedelt. 1993 und 1995 wurden in Köln 11 Brutpaare, 1997 zehn Brutpaare erfasst (Ernst 1995, Kretzschmar 1999). In Düsseldorf sind Mischbruten eines Großen Alexandersittich-Weibchens mit Halsbandsittichen bekannt (Krause 2004). Ähnlich wie beim Halsbandsittich ist mit einer weiteren Zunahme zu rechnen.

Bilanz der Brutvogelkartierung:

Kategorie [BP]	GF	RF %
1-10	2	0,5
11-100	1	0,2
Summe	**3**	**0,7**

Vergleich der Kartierung von 1974-1984 mit 1990-2000:

Kategorie	GF	%	RF %
1 - Nur 1974-84	0	0	0
2 - Nur 1990-2000	3	100,0	0,8
3 - Gemeinsame GF	0	0	0
1974-84: 2 & 3	0		0
1990-2000: 1 & 3	3		0,8
Veränderung	+3		+0,8

WINTERVERBREITUNG

Neben den ganzjährigen Vorkommen im Raum Köln fielen einzelne Vögel im Winter auch in größeren Parkanlagen im Bonner Stadtgebiet auf. Insgesamt gelangen Nachweise in fünf Gitterfeldern (RF = 1,5 %). Zur exakten Klärung der Winterverbreitung sind weitere Untersuchungen notwendig. Einige Beobachtungen aus Köln deuten darauf hin, dass die Großen Alexandersittiche zusammen mit den Halsbandsittichen übernachten, aber getrennt am Schlafplatz einfliegen (Ernst 1995). In Wiesbaden übernachten die Großen Alexandersittiche z. T. ganzjährig in ihren Bruthöhlen (Zingel 2000).

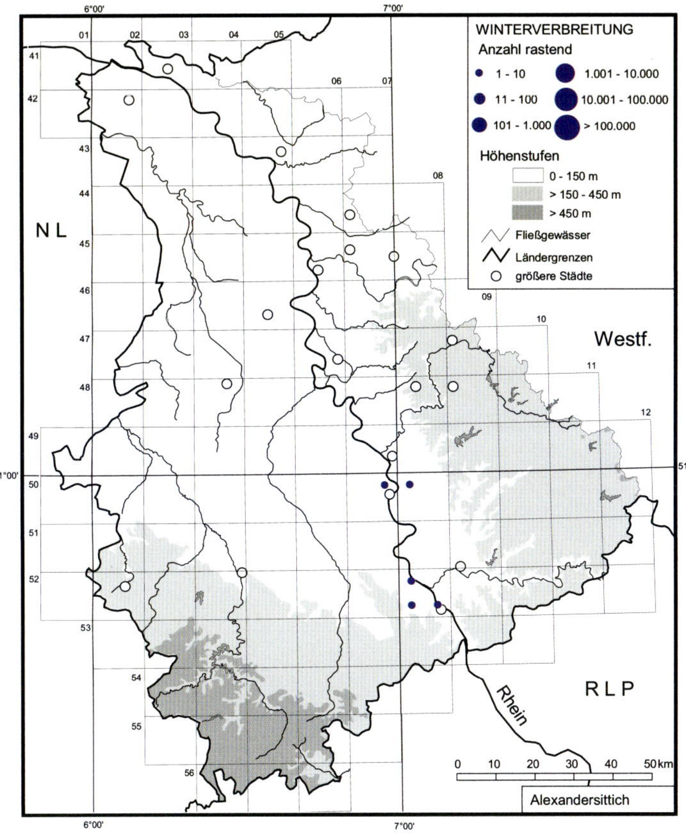

Winterverbreitung 1990-2000

Großer Alexandersittich, *Psittacula eupatria*.
Foto: Karl-Heinz Graß

Schleiereule *Tyto alba*

Status: Jahresvogel

Gefährdung:
Rote Liste N (nicht gefährdet)
SPEC 3 (zurückgehend)

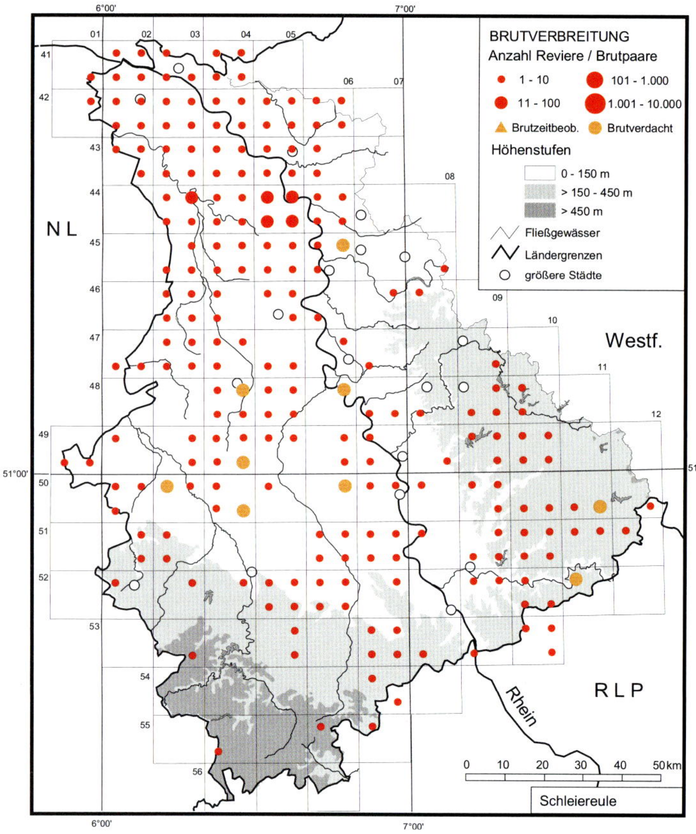

Brutverbreitung 1990-2000

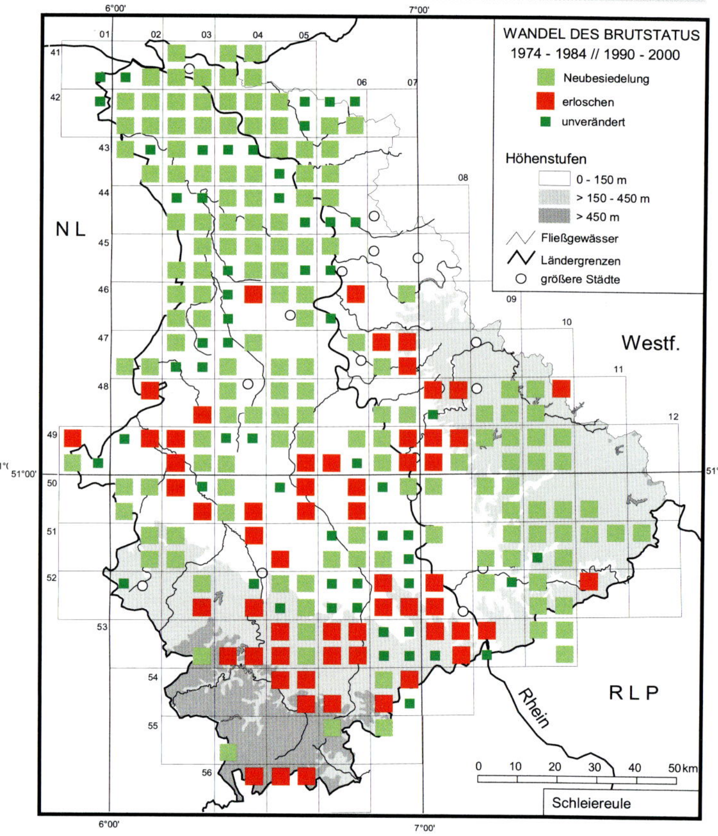

Arealveränderung zwischen 1974-84 und 1990-2000

BRUTVERBREITUNG

Die Nistplätze befinden sich meist in Gebäuden (Kirchen, Scheunen, Ställe etc.), die von Acker- und Weideland umgeben sind. Daher kommt die Art bevorzugt in den ländlichen Regionen der Niederungen vor, wo Dörfer und Einzelhöfe Nistplätze bieten. Innenstädte und geschlossene Waldgebiete werden gemieden. Die Schwerpunkte der Verbreitung im Rheinland liegen in den Tieflagen am Unteren Niederrhein. Größere Lücken existieren weiter südlich, besonders in den Mittelgebirgen (Eifel). Die Schleiereule ist im Bergischen Land weiter verbreitet als in der Eifel. Die Bestände hängen stark vom Nahrungsangebot (Nagergradationen) sowie der Härte der Winter ab und schwanken dementsprechend von Jahr zu Jahr (vgl. BIJLSMA et al. 2001). In den Nachbarregionen Westfalens (NWO 2002) und der NL (SOVON 2002) wurden ähnliche Verbreitungsmuster (RF = 59-67 %) festgestellt. Aufgrund der nächtlichen Lebensweise ist die Erfassung sicher unvollständig.

Bilanz der Brutvogelkartierung:

Kategorie [BP]	GF	RF %	Minimum [BP]
1-10	215	52,1	215
11-20	5	1,2	55
Brutverdacht	9	2,2	
Summe	229	55,4	270

AREALVERÄNDERUNGEN

In den 1970er Jahren hatte die Schleiereule ihr Bestandstief, so dass im Vergleich zur ersten Kartierung (1974-1984) das Brutareal signifikant um +75 % erweitert wurde. Besonders im rechtsrheinischen Teil des Untersuchungsgebietes und am Unteren Niederrhein wurden zahlreiche Gitterfelder neu besetzt. Für die 1990er Jahre kann der Bestand auf 490-910 Brutpaare geschätzt werden (0,06-0,12 BP/km² bezogen auf die besiedelte Fläche). Im Mäusegradationsjahr 1978 wurde ein rheinischer Bestand von 500 Brutpaaren angenommen (MILDENBERGER 1984). In den NL gab es ebenfalls eine deutliche Arealerweiterung um +78 % und Bestandszunahme (200-700 BP 1975 auf 1.150-2.000 BP 1998-2000; SOVON 2002). Die relativ milden Winter und spezielle Schutzprogramme (Nistkästen), wirkten sich positiv auf die Bestandsentwicklung aus.

Vergleich der Kartierung von 1974-1984 mit 1990-2000:

Kategorie	GF	%	RF %
1 - Nur 1974-84	62	23,3	15,8
2 - Nur 1990-2000	152	56,0	37,9
3 - Gemeinsame GF	58	20,7	67,7
1974-84: 1 & 3	120		29,8
1990-2000: 2 & 3	210		51,9
Veränderung	+90 (+75%)		+22,1

Die Zunahme ist statistisch signifikant (4-Felder X^2-Test***; Vorzeichentest*; McNemar-Test***). Identitäts-Index (nach SCHERNER 1982): 0,36.

WINTERVERBREITUNG

Es zeigt sich kein nennenswerter Unterschied zwischen Winter- und Brutverbreitung. Ein deutlicher Verbreitungsschwerpunkt befindet sich auch in den Wintermonaten am Unteren Niederrhein. Die Anzahl besetzter Gitterfelder hat sich gegenüber der ersten Kartierung enorm vergrößert, was weitgehend auf die Bestandserholung der Brutpopulation und die Reihe relativ milder Winter zurückzuführen ist. In strengen Wintern kann der Bestand um bis zu 40 % zurückgehen und die Art zumindest lokal komplett verschwinden (MILDENBERGER 1984). Da die Erfassung besonders außerhalb der Brutzeit sehr schwierig und aufwendig ist, existieren bei der Winterkartierung sicherlich erhebliche Defizite.

Bilanz der Winterkartierung:

Kategorie [Ex.]	GF	RF %
1-10	148	41,5
11-100	16	4,5
Summe	**164**	**46,0**

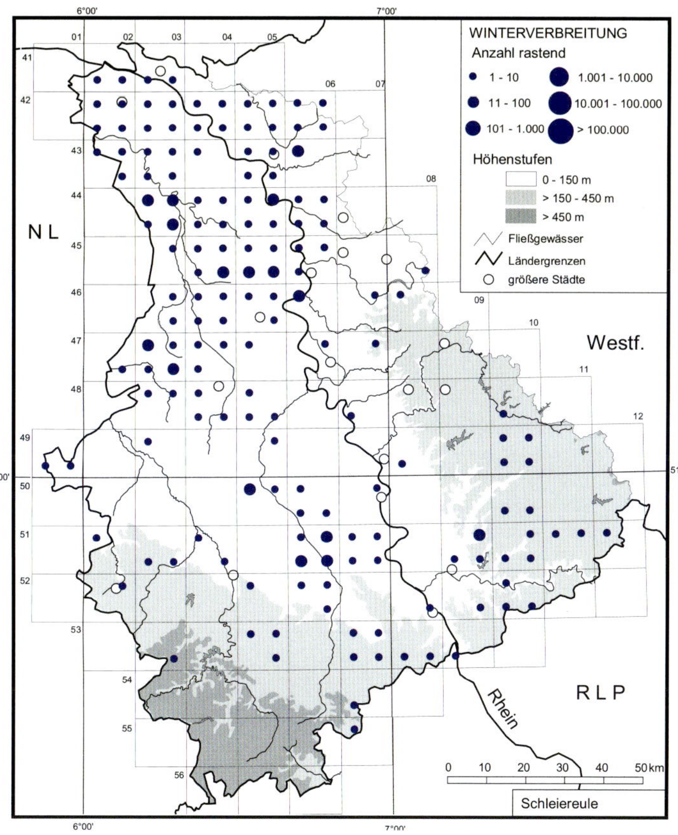

Winterverbreitung 1990-2000

Schleiereule, *Tyto alba*.
Foto: PETER LENGLER

Steinkauz *Athene noctua*

Status: Jahresvogel

Gefährdung:
Rote Liste 3 (gefährdet)
SPEC 3 (zurückgehend)

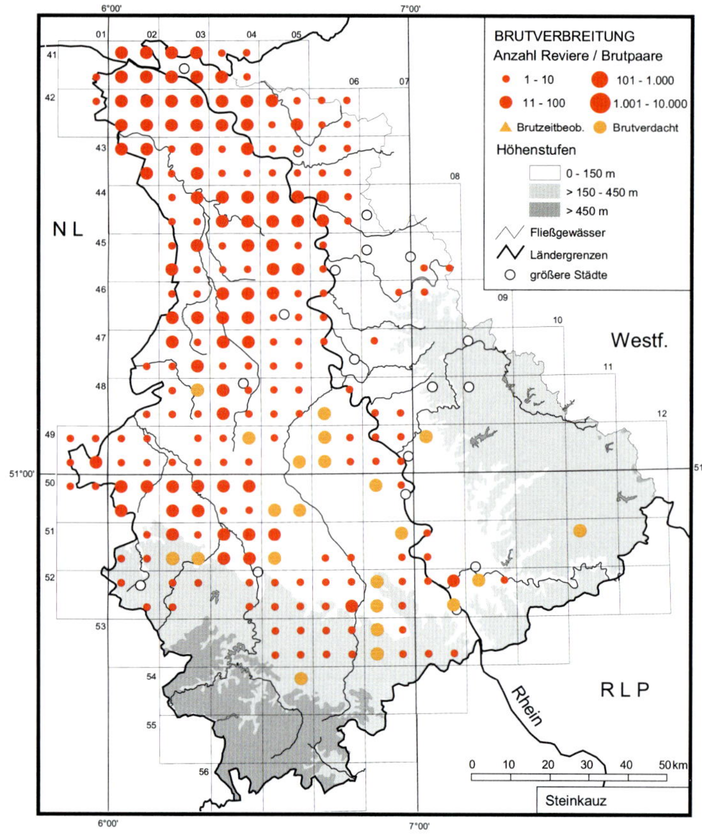

Brutverbreitung 1990-2000

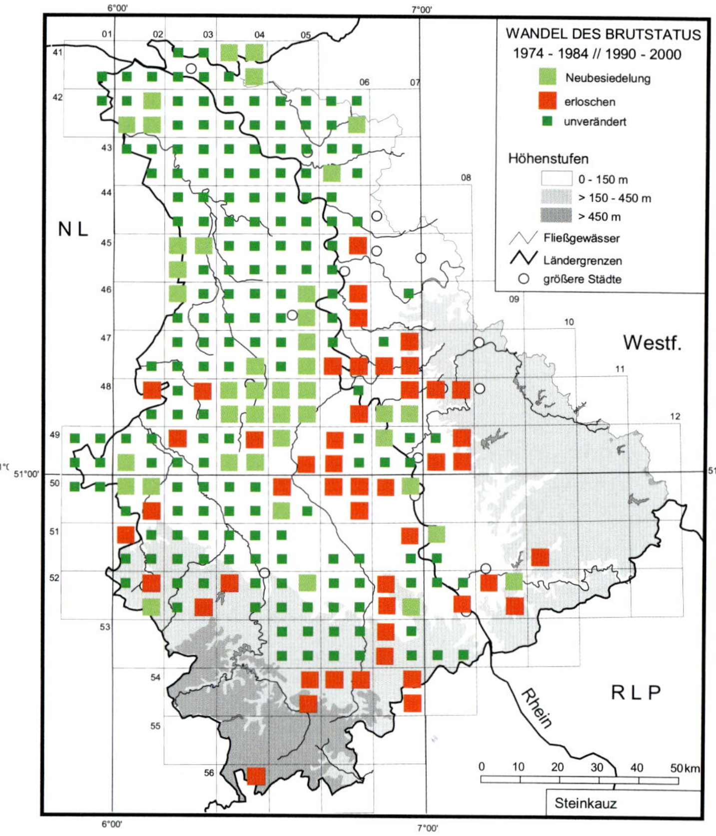

Arealveränderung zwischen 1974-84 und 1990-2000

BRUTVERBREITUNG

Der Steinkauz ist in gut strukturierten Gitterfeldern mit hohem Grünlandanteil und geeigneten Brutplätzen (Kopfbäume, Streuobstwiesen) verbreitet (Dalbeck et al. 1999). Er fehlt in der ausgeräumten Agrarlandschaft und geschlossenen Waldgebieten. Der Verbreitungsschwerpunkt liegt am Unteren Niederrhein (besonders Kreis Kleve) und im Westen der Niederrheinischen Bucht. Die Art geht in der Eifel in Höhen bis zu 350 m NN, rechtsrheinisch jedoch nur bis 150 m NN; d. h. klimatisch ungünstige Regionen (kühl, niederschlagsreich) werden gemieden. Gleiches gilt für die angrenzenden NL und Westfalen, wo ähnliche Verbreitungsgrade (RF = 49-55 %) gefunden wurden (SOVON 2002, NWO 2002). In Nordrhein-Westfalen liegt - begünstigt durch geeignete Lebensräume, mildes Klima (schneearme Winter) und Artenhilfsprogramme - der Verbreitungsschwerpunkt des Steinkauzes in Deutschland (73 % des Gesamtbestandes; Naturschutzzentrum Kreis Kleve 2004, Jöbges in Gedeon et al. 2004).

Bilanz der Brutvogelkartierung:

Kategorie [BP]	GF	RF %	Minimum [BP]
1-10	136	32,9	136
11-100	77	18,6	847
Brutverdacht	22	5,3	
Summe	**235**	**56,9**	**983**

AREALVERÄNDERUNGEN

Arealverluste und Neubesiedlungen halten sich seit der ersten Kartierung in etwa die Waage und es sind keine nennenswerten Veränderungen feststellbar. Verluste betreffen vor allem die Randbereiche des geschlossenen Verbreitungsgebietes. Für den Kartierungszeitraum ergibt sich ein geschätzter Brutbestand von 1.500-2.500 Paaren (0,19 - 0,32 BP/km² bezogen auf die besiedelte Fläche), so dass der Bestand seit den 1980er Jahren (1.800-2.200 BP) mehr oder weniger gleich geblieben ist (Mildenberger 1984). Für ganz NRW gaben Mebs & Scherzinger den Gesamtbestand mit 4.500 Brutpaaren an. Am Unteren Niederrhein existiert mit 1.500 BP der größte zusammenhängende Bestand in Deutschland (Jöbges in Gedeon et al. 2004) und im Kreis Kleve wurden 1996-2003 insgesamt 755 Reviere (0,6 Rev./km²) ermittelt (Naturschutzzentrum Kreis Kleve 2004). Seit 1970 nahmen die Bestände bundesweit um 30 % ab.

Vergleich der Kartierung von 1974-1984 mit 1990-2000:

Kategorie	GF	%	RF %
1 - Nur 1974-84	47	12,9	12,0
2 - Nur 1990-2000	41	16,3	10,4
3 - Gemeinsame GF	173	70,7	44,0
1974-84: 1 & 3	220		56,0
1990-2000: 2 & 3	214		54,4
Veränderung	-6 (-2,7%)		-1,6

Identitäts-Index (nach Scherner 1982): 0,83.

In NRW - wie in Rheinland-Pfalz und Baden-Württemberg - stabilisierten sich nach diesen Rückgängen die Bestände ab 1990 (JÖBGES in GEDEON et al. 2004). In den NL gab es 1998-2000 im Vergleich zu 1979-85 sowohl Areal- (-16%) als auch Bestandsrückgänge von 8.000-12.000 BP auf 5.500-6.500 BP (SOVON 2002). Als Gefährdungsursache ist in erster Linie der kontinuierliche Lebensraumverlust (Vernichtung der Streuobstbestände, Ausweisung von Neubaugebieten in Ortsrandlagen, Mangel geeigneter Nistmöglichkeiten) zu nennen, aber auch strenge Winter können zu erheblichen Bestandseinbrüchen führen (MILDENBERGER 1984, JÖBGES in GEDEON et al. 2004).

WINTERVERBREITUNG

Brut- und Winterverbreitung stimmen weitgehend überein, größere Zug- oder Ausweichbewegungen wurden nicht beobachtet. Der Schwerpunkt der Winterverbreitung liegt wiederum im Bereich des Unteren Niederrheins. Abweichungen im Vergleich zur Brutverbreitung gehen eher auf Erfassungsdefizite als auf Abzug zurück, da sich die Vögel außerhalb der Brutzeit wesentlich unauffälliger verhalten. Die Altvögel bleiben ganzjährig im Brutrevier und die Jungvögel haben meist bereits im Frühwinter ihr zukünftiges Territorium besetzt (MILDENBERGER 1984). Auch in den NL ist der Steinkauz ganzjährig anwesend (BIJLSMA et al. 2001).

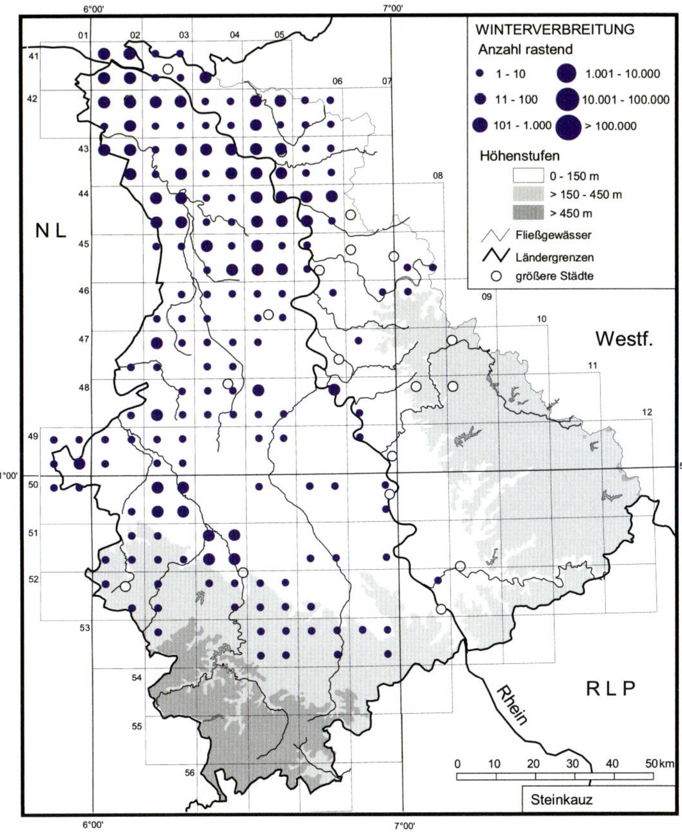

Winterverbreitung 1990-2000

Bilanz der Winterkartierung:

Kategorie [Ex.]	GF	RF %
1-10	124	35,5
11-30	54	15,5
Summe	**178**	**51,0**

Steinkauz, *Athene noctua*.
Foto: JOCHEN GERLACH

Waldkauz *Strix aluco*

Status: Jahresvogel

Gefährdung:
Rote Liste N (nicht gefährdet)
Non-SPEC^{E} (nicht gefährdet)

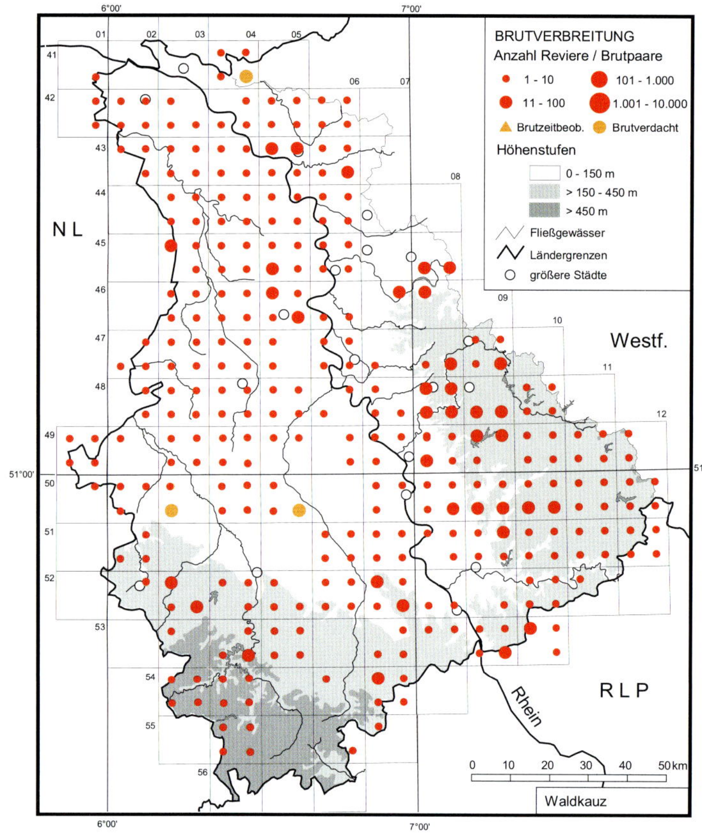

Brutverbreitung 1990-2000

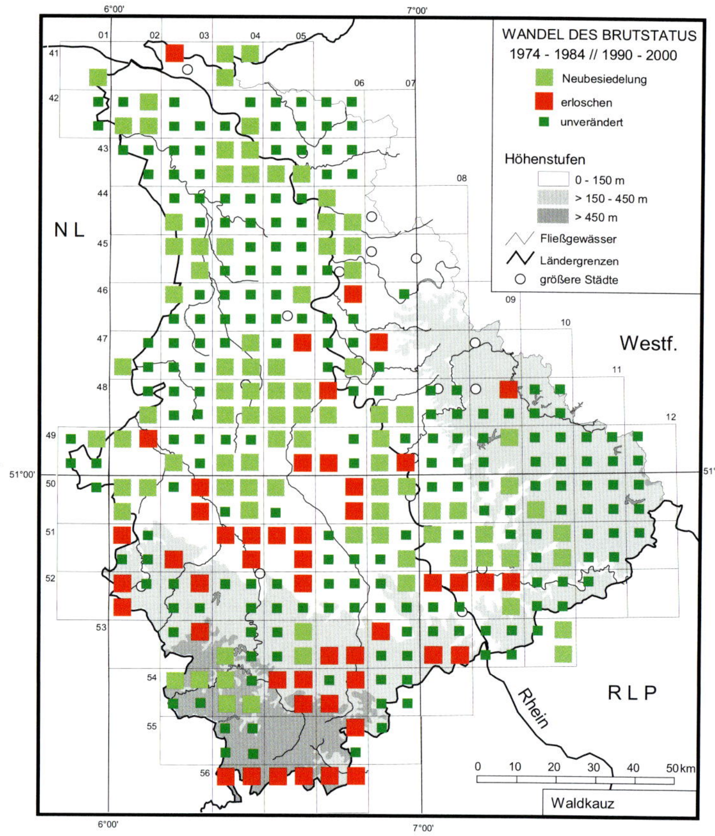

Arealveränderung zwischen 1974-84 und 1990-2000

BRUTVERBREITUNG

Der Waldkauz ist die am weitesten verbreitete Eulenart im Rheinland und kommt in allen älteren Baumbeständen (Parkanlagen, Feldgehölze bis hin zu geschlossenen Wäldern) vor. Er fehlt in baumloser Agrarlandschaft. Laub- und Mischwälder werden gegenüber reinen Nadelwäldern bevorzugt. Im Rheinland sind alle Klima- und Höhenstufen vom Niederrhein bis in die Mittelgebirge besiedelt. Lücken in potenziell geeigneten Bereichen (z. B. Eifel) gehen wahrscheinlich auf Erfassungsmängel zurück. Die großräumige Betrachtung offenbart einen der Waldverteilung folgenden Dichtegradienten von Westfalen (RF = 97 %; NWO 2002) zu den NL (RF = 48 %; SOVON 2002).

Bilanz der Brutvogelkartierung:

Kategorie [BP]	GF	RF %	Minimum [BP]
1-10	275	66,6	275
11-20	36	8,7	396
Brutverdacht	3	0,7	
Summe	**314**	**76,0**	**671**

AREALVERÄNDERUNGEN

Beim Vergleich mit der Erfassung 1974-84 zeigt sich ein leichter Arealgewinn von 17 %, der zumindest teilweise mit zunehmender Verstädterung und durch die milden Winter der letzten Jahrzehnte erklärt werden kann. Für den kartierten Zeitraum 1990-2000 berechnet sich ein geschätzter Bestand von 1.700-3.100 Brutpaaren (0,16 - 0,30 BP/km² bezogen auf die besiedelte Fläche). Trotz einer signifikanten Arealerweiterung bleibt diese Bestandsangabe deutlich unter den sehr grob geschätzten Zahlen von 7.000-9.000 Brutpaaren Anfang der 1980er Jahre zurück (MILDENBERGER 1984). Wie bei vielen anderen nachtaktiven Arten, wird auch der Waldkauzbestand im Rahmen dieser Kartierung sicherlich unterschätzt. In den NL wurde eine deutliche Zunahme registriert, von 2.500-3.000 BP 1973-77 auf 4.500-5.500 BP 1998-2000 (SOVON 2002).

Vergleich der Kartierung von 1974-1984 mit 1990-2000:

Kategorie	GF	%	RF %
1 - Nur 1974-84	48	18,3	15,5
2 - Nur 1990-2000	91	23,7	20,1
3 - Gemeinsame GF	204	58,0	49,1
1974-84: 1 & 3	252		64,6
1990-2000: 2 & 3	295		69,2
Veränderung	+43 (+17,1%)		+4,6

Die Zunahme ist statistisch signifikant (4-Felder X^2-Test*; Vorzeichentest*; McNemar-Test*).Identitäts-Index (nach SCHERNER 1982): 0,73.

WINTERVERBREITUNG

Aufgrund der schwierigeren Erfassung ist der Waldkauz im Winter scheinbar deutlich spärlicher verbreitet als zur Brutzeit. Im Vergleich mit der ersten Wintervogelkartierung fällt eine deutliche Zunahme auf, die zum Einen die positive Entwicklung der Brutverbreitung und zum Anderen eine verbesserte Erfassung widerspiegelt. Es kann angenommen werden, dass die meisten Käuze im Rheinland, wie in den NL (vgl. BIJLSMA et al. 2001), ganzjährig im Brutgebiet verweilen.

Bilanz der Winterkartierung:

Kategorie [Ex.]	GF	RF %
1-10	201	52,9
11-20	28	7,4
Summe	**229**	**60,3**

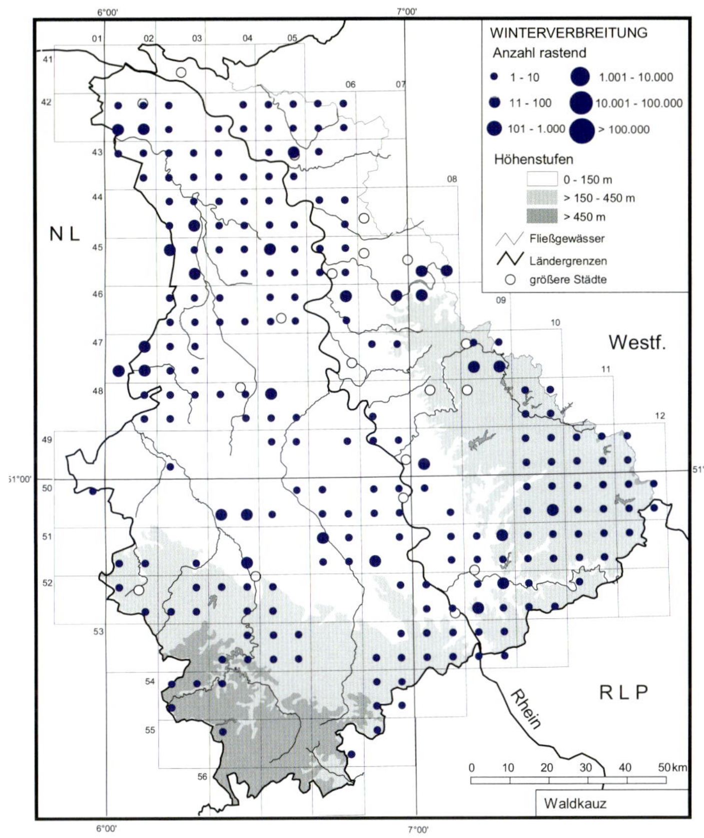

Winterverbreitung 1990-2000

Waldkauz, *Strix aluco*. Foto: CHRISTOPH ENGELHARDT

Waldohreule *Asio otus*

Status: Brutvogel, Durchzügler, Wintergast

Gefährdung:
Rote Liste V (zurückgehend)
Non-SPEC (nicht gefährdet)

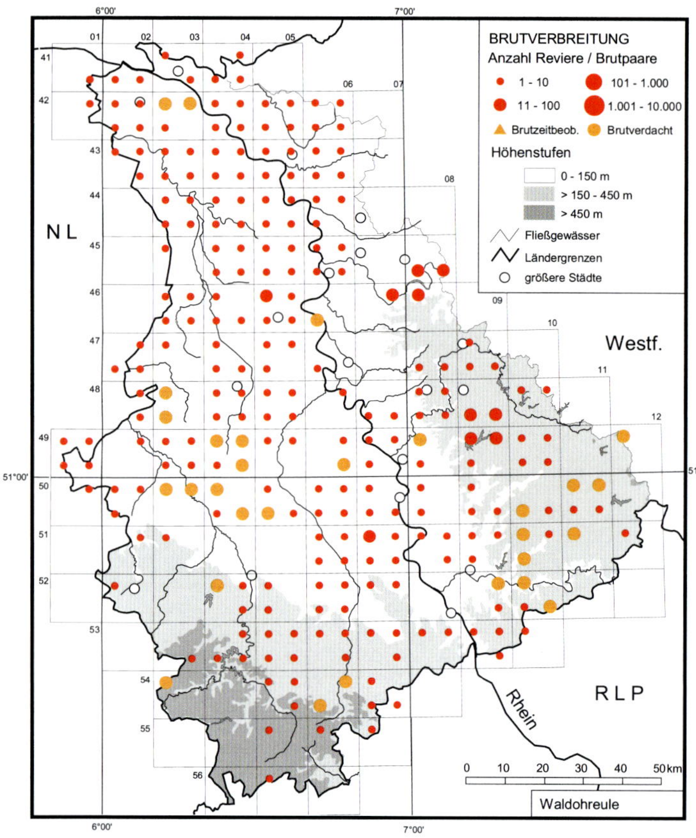

Brutverbreitung 1990-2000

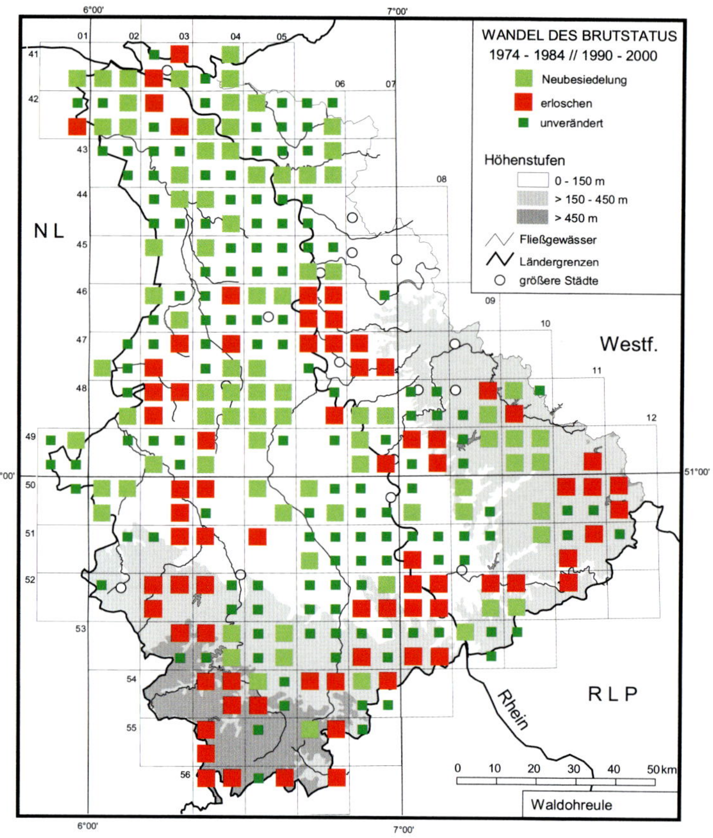

Arealveränderung zwischen 1974-84 und 1990-2000

BRUTVERBREITUNG

Die Waldohreule besiedelt hauptsächlich Waldrandlagen, Feldgehölze und Parkanlagen mit umgebendem offenem Weideland. Sie meidet das Innere geschlossener Wälder (bzw. ist dort auf Kahlschläge und Lichtungen beschränkt), Stadtgebiete und ausgeräumte Ackerbörde. Eine Bevorzugung bestimmter Höhenstufen ist nicht gegeben, aber die waldreicheren Mittelgebirge sind weniger dicht besiedelt als die Parklandschaften der Niederungen. Eine Unterschätzung der tatsächlichen Verbreitung aufgrund von Erfassungsdefiziten ist wahrscheinlich, zumal höhere Rasterfrequenzen sowohl in Westfalen (RF = 93 %) als auch in den NL (RF = 80 %) ermittelt wurden (NWO 2002, SOVON 2002).

AREALVERÄNDERUNGEN

Der Vergleich der Ergebnisse mit der Kartierung 1974-84 ergibt im Rheinland eine leichte Arealausdehnung, während die Waldohreule in den NL einige Gitterfelder aufgegeben hat (-7 %; SOVON 2002). Unter Berücksichtigung der Schwierigkeiten bei der Erfassung, liegen diese Ergebnisse durchaus im Rahmen der natürlichen Schwankungen. Aus der Kartierung ergibt sich für Nordrhein ein geschätzter Brutbestand von 1.600-2.200 Paaren (0,19 - 0,26 BP/km² bezogen auf die besiedelte Fläche), während MILDENBERGER (1984) noch von einem sehr grob geschätzten Bestand von 3.500-4.000 Brutpaaren ausging. Eine Unterschätzung des aktuellen Bestandes ist wahrscheinlich. In den NL wird der Habicht direkt oder indirekt mit dem Rückgang der Waldohreule in Waldgebieten in Beziehung gebracht: zum einen erbeutet er die Waldohreule selbst, zum anderen Rabenkrähen und andere Arten, die als Nestbauer für die Waldohreule von Bedeutung sind (SOVON 2002). Dies dürfte im Rheinland aber keine Rolle spielen (vgl. Kapitel *Rabenkrähe*).

Bilanz der Brutvogelkartierung:

Kategorie [BP]	GF	RF %	Minimum [BP]
1-10	222	53,8	222
11-20	10	2,4	110
Brutverdacht	29	7,0	
Summe	**261**	**63,2**	**332**

Vergleich der Kartierung von 1974-1984 mit 1990-2000:

Kategorie	GF	%	RF %
1 - Nur 1974-84	76	25,4	19,3
2 - Nur 1990-2000	84	28,1	21,4
3 - Gemeinsame GF	139	46,5	35,4
1974-84: 1 & 3	215		54,7
1990-2000: 2 & 3	223		56,7
Veränderung	+8 (+3,7%)		+2,0

Identitäts-Index (nach SCHERNER 1982): 0,63.

WINTERVERBREITUNG

Die Vögel konzentrieren sich im Winter in den tieferen Lagen unter 150 m NN, wo sie gerne an gemeinschaftlichen Tageseinständen rasten. Diese befinden sich oft im menschlichen Siedlungsbereich (Gärten und Parks mit immergrünen Bäumen). Die Erfassung außerhalb dieser Schlafplätze ist noch schwieriger als zur Brutzeit, so dass sicher etliche Vorkommen übersehen wurden. Dennoch hat die Rasterfrequenz gegenüber 1983-86 deutlich zugenommen. Besonders im Niederrheinischen Tiefland ist die Waldohreule im Winter weit verbreitet, während im südlichen Rheinland größere Lücken auffallen, besonders in den mittleren bis hohen Lagen der Mittelgebirge. Zum Teil erfolgt Zuzug aus Nord- und Osteuropa, aber es ist nach wie vor unklar ob und in welchem Ausmaß die rheinischen Brutvögel das Gebiet im Winter verlassen (vgl. MILDENBERGER 1984).

Bilanz der Winterkartierung:

Kategorie [Ex.]	GF	RF %
1-10	119	33,7
11-20	39	11,0
Summe	**158**	**44,7**

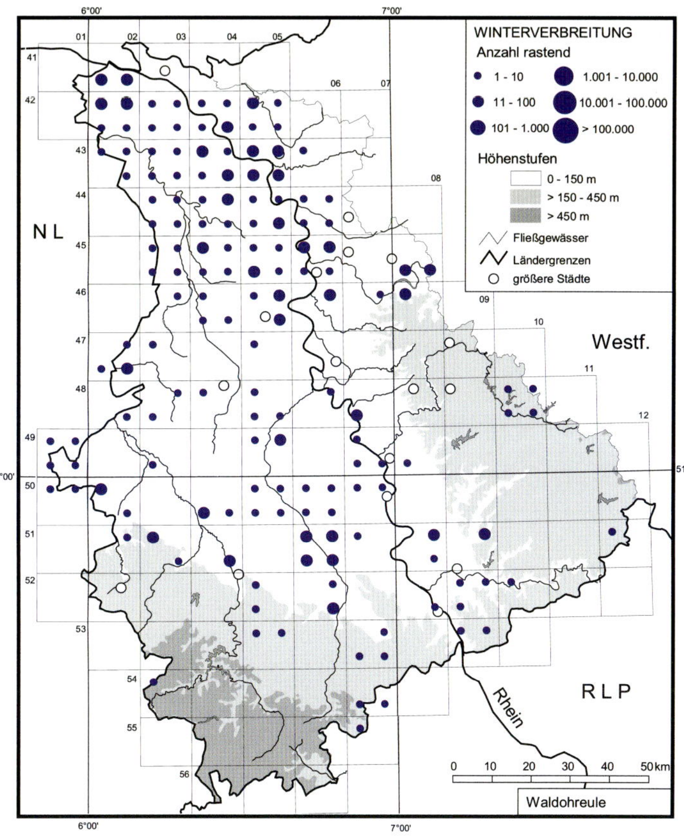

Winterverbreitung 1990-2000

Waldohreule, *Asio otus*. Foto: CHRISTIAN WOLF

Sumpfohreule *Asio flammeus*

Status: Durchzügler, Wintergast

Gefährdung:
Rote Liste 0 (ausgestorben)
SPEC 3 (dezimiert)

WINTERVERBREITUNG

Das Überwinterungsgebiet erstreckt sich von Nordwesteuropa bis Afrika und die Sumpfohreule ist z. B. regelmäßiger Wintergast entlang der deutschen und niederländischen Nordseeküste (Bijlsma et al. 2001). Im küstenfernen Binnenland ist sie deutlich seltener und nicht alljährlich anzutreffen. Gelegentlich kommt es zu größeren Einflügen. In den mitteleuropäischen Brutgebieten sind die Bestände stark rückläufig (z. B. SOVON 2002) und das könnte auch den Rückgang der überwinternden Sumpfohreulen im Rheinland zwischen 1983-86 und 1990-2000 erklären. Alle kartierten Vorkommen (n = 9, RF = 2,6 %) betreffen eher sporadische Einzelbeobachtungen und es gibt keine regelmäßigen Überwinterungsplätze in unserem Raum. Ein nicht unerheblicher Teil der Feststellungen betrifft Durchzügler. Hervorzuheben ist die Beobachtung von 31 Sumpfohreulen im NSG Salmorth (TK 4102) am 09.01.1996 (Arntz in Engländer et al. 1996). Normalerweise werden Einzeltiere oder kleine Ansammlungen mit 2-4 Exemplaren beobachtet.

Ältere Brutvorkommen bestanden in den 1960er und 1970er Jahren vermutlich mehrfach im Bereich der Dingdender Heide und Brutzeitbeobachtungen liegen aus weiteren Gebieten vor (s. Mildenberger 1984).

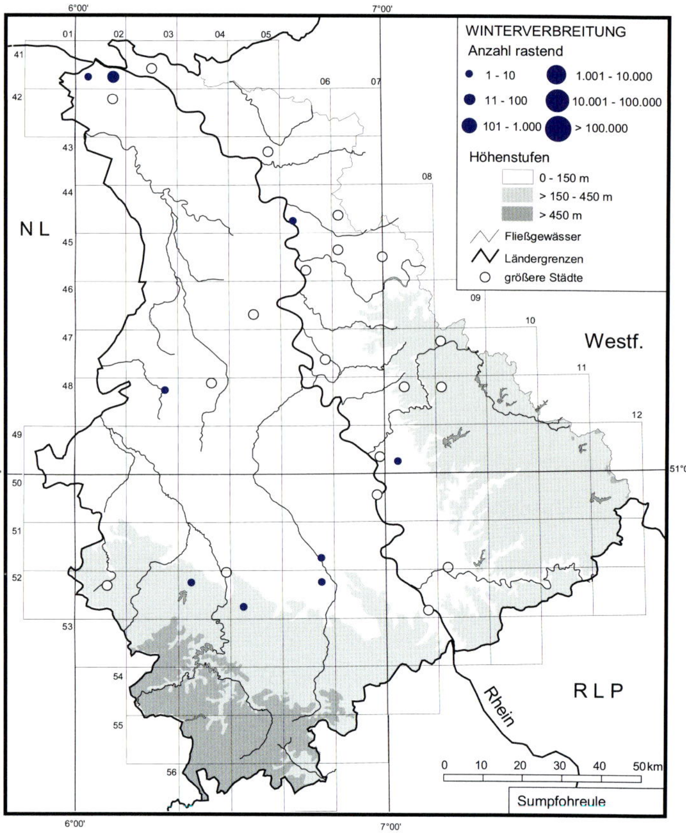

Winterverbreitung 1990-2000

Sumpfohreule, *Asio flammeus*. Foto: Mathias Schäf

Uhu *Bubo bubo*

Status: Jahresvogel

Gefährdung:
Rote Liste 3 (gefährdet)
SPEC 3 (dezimiert)

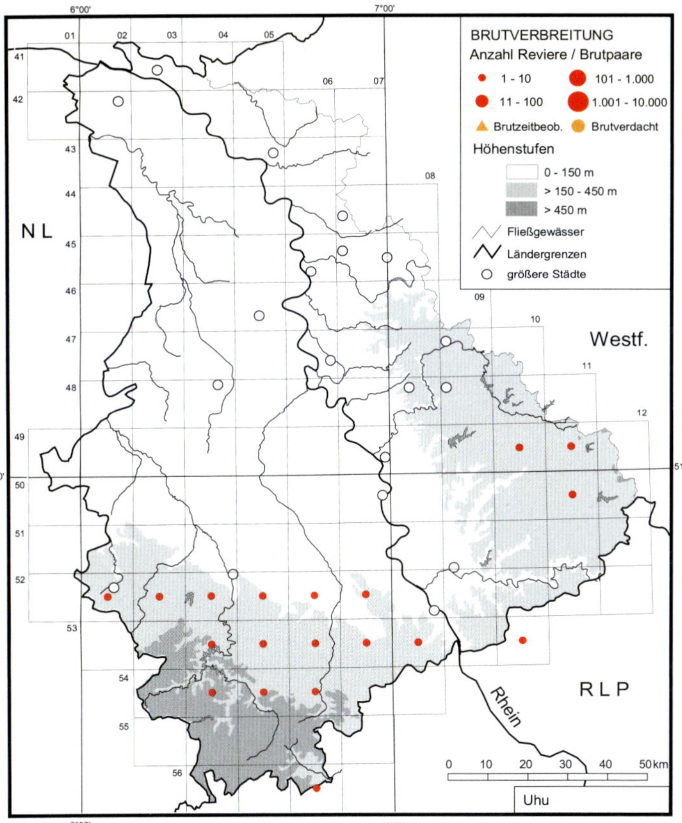

Brutverbreitung 1990-2000#

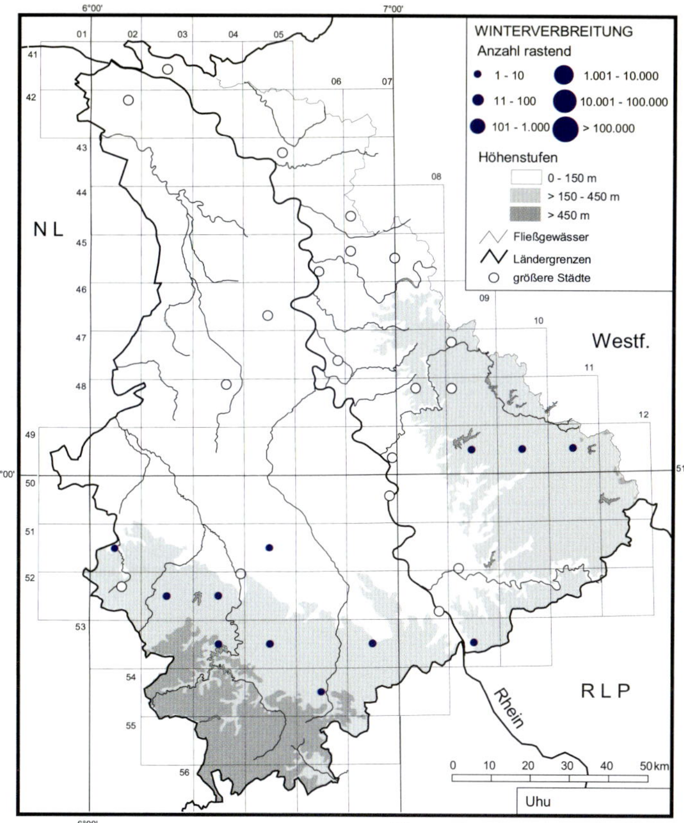

Winterverbreitung 1990-2000#

BRUTVERBREITUNG und AREALVERÄNDERUNGEN

Zwischen 1958 und 1964 verschwand der Uhu aus den meisten Brutgebieten und im Frühjahr 1973 wurde der letzte wilde Uhu tot aufgefunden (MILDENBERGER 1984). Bereits zu dieser Zeit erfolgten erste Wiedereinbürgerungsversuche durch Aussetzungen. Mitte der 1980er Jahre waren die meisten ehemaligen Brutplätze in Eifel und Süderbergland wieder besetzt (MILDENBERGER 1984, WINK 1987). In den letzten zwei Jahrzehnten gab es weitere Bestandszunahmen, so dass aktuell alle geeigneten Brutplätze (meist Steinbrüche) in den mittleren und höheren Lagen der Mittelgebirge belegt sind. Der rheinische Bestand kann aktuell auf 20-25 Brutpaare geschätzt werden. Alle Vorkommen liegen im Mittelgebirgsbereich über 150 m NN. Eine vergleichbare Verbreitung (RF = 8 %) zeigt sich in Westfalen (NWO 2002). Die geringe Bestandsgröße und Verluste durch Verkehrsopfer, Verluste an Strommasten u. ä. verlangen eine exakte Kontrolle der Bestandsentwicklung (vgl. NWO 2002).

WINTERVERBREITUNG

Der Uhu gilt als ortstreuer Standvogel und grundsätzlich stimmen Brut- und Wintervogelverbreitung überein. Es muss jedoch beachtet werden, dass aufgrund der Lebensweise die Erfassung außerhalb der Brutzeit sehr schwierig ist, was zu Erfassungsdefiziten führt. Da die Balz und Besetzung der Brutplätze vielfach schon im Januar stattfinden, betrifft ein Teil der Winterbeobachtungen sicherlich bereits Brutvögel.

Bilanz der Brutvogelkartierung:

Kategorie [BP]	GF	RF %
1-3	19	4,6

Bilanz der Winterkartierung:

Kategorie [Ex.]	GF	RF %
1-3	12	3,1

bezogen auf TK25

Uhu, *Bubo bubo*, Jungvögel.
Foto: MATHIAS SCHÄF

Raufußkauz *Aegolius funereus*

Status: Jahresvogel

Gefährdung:
Rote Liste R (arealbedingt selten)
Non-SPEC (nicht gefährdet)

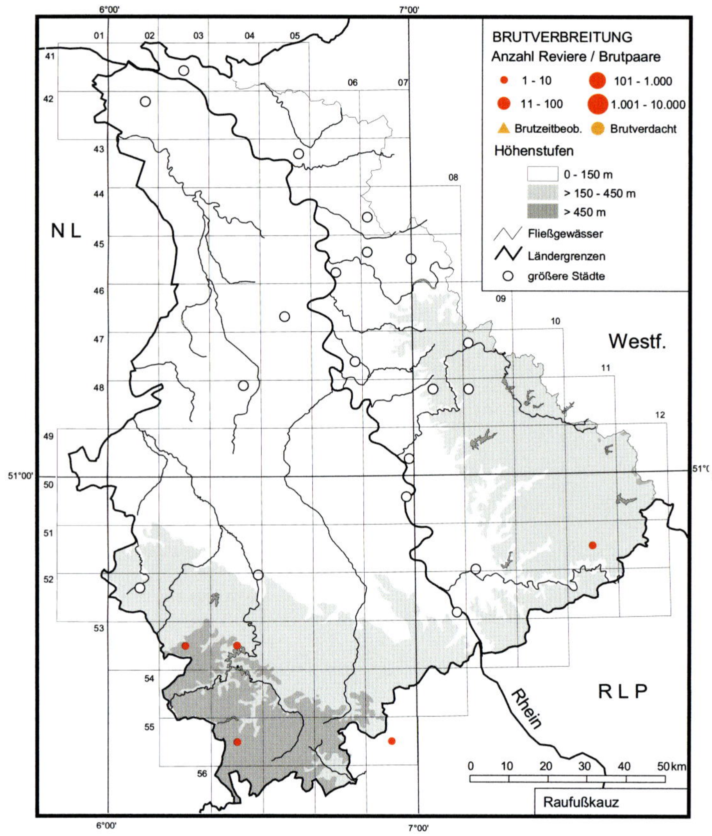

Brutverbreitung 1990-2000#

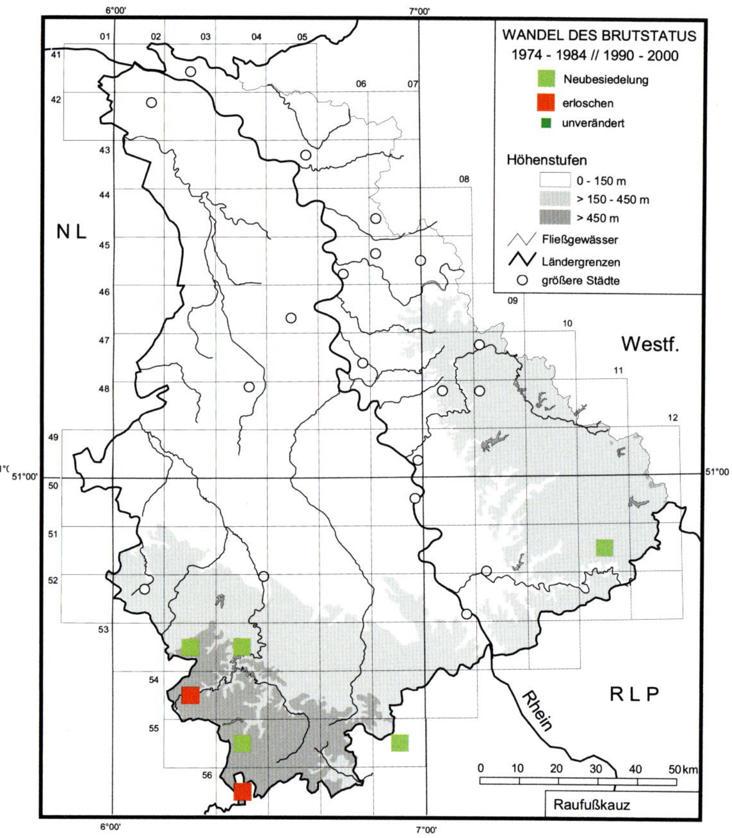

Arealveränderung zwischen 1974-84 und 1990-2000#

VERBREITUNG

Die nordwestliche Grenze der Brutverbreitung erreicht den Süden des Landesteiles Nordrhein, wo einige besetzte Gitterfelder in den Mittelgebirgen (> 300 m NN) festgestellt wurden. Die Art bewohnt vorzugsweise größere Buchenaltholzbestände mit ausreichendem Höhlenangebot. Durch das Anbringen spezieller Nistkästen kann der Raufußkauz jedoch auch in ausgedehnten Nadelwaldgebieten angesiedelt werden (Osswald 1992). Die nächsten größeren Vorkommen befinden sich in Westfalen, wo 16 % der Gitterfelder besetzt sind, und dem belgischen Hohen Venn sowie den Ardennen (Jöbges & Conrad 1996, NWO 2002, Jöbges in lit.). Auch im rheinland-pfälzischen Teil der Eifel und des Westerwaldes befinden sich regelmäßige Brutplätze (z. B. Fuchs & Stickel in Dietzen et al. 2003). Bedingt durch die heimliche Lebensweise in großen, oft schwer zugänglichen Waldgebieten, dürfte die aktuelle Verbreitung bereits größer sein als hier wiedergegeben. Die Bestände unterliegen allerdings starken jährlichen Schwankungen.

AREALVERÄNDERUNGEN

Im Kartierungszeitraum 1990-2000 wurden erste regelmäßige Bruten im Rheinland bekannt, wo die Art zuvor nur sehr sporadisch brütete, z. B. 1974 bei Monschau (Mildenberger 1984). Am Rande der Verbreitung und in Abhängigkeit von Mäusegradationen unterliegen die Vorkommen jährlich starken Fluktuationen (z. B. in Westfalen 202 BP 1991, 10 BP 1992, 188 BP 1993, 80 BP 1994 und 50 BP 1995), die Gesamttendenz ist jedoch positiv (Jöbges & Conrad 1996), so dass besonders in den höheren Lagen der Eifel mit weiteren Vorkommen und Bestandszunahmen zu rechnen ist. Für Nordrhein ergibt sich anhand der Kartierungsergebnisse ein geschätzer Bestand von nur 5-10 Bruten, in schlechten Jahren auch nur eher 0-5 Bruten.

Bilanz der Brutvogelkartierung:

Kategorie [BP]	GF	RF %
1-3	5	1,2

WINTERVERBREITUNG

Der Raufußkauz gilt allgemein als Standvogel. Im Rahmen einer Wintervogelkartierung ist die Art aufgrund ihres unauffälligen Verhaltens jedoch kaum komplett zu erfassen. Im Zeitraum 1990-2000 gelang nur ein Winternachweis auf der TK 5403.

Vergleich der Kartierung von 1974-84 mit 1990-2000:

Kategorie	GF	%	RF %
1 - Nur 1974-84	2	28,6	0,5
2 - Nur 1990-2000	5	71,4	1,3
3 - Gemeinsame GF	0	0	0
1974-84: 1 & 3	2		0,5
1990-2000: 2 & 3	5		1,3
Veränderung	+3		+0,8

Bezogen auf TK25

Ziegenmelker *Caprimulgus europaeus*

Status: Brutvogel, Durchzügler

Gefährdung:
Rote Liste 2 (stark gefährdet)
SPEC 2 (dezimiert)

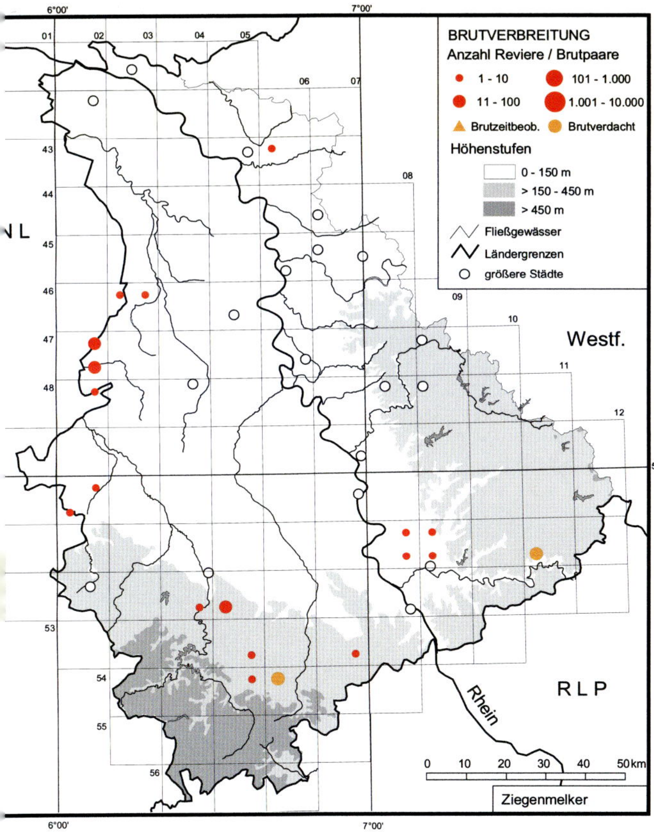

Brutverbreitung 1990-2000

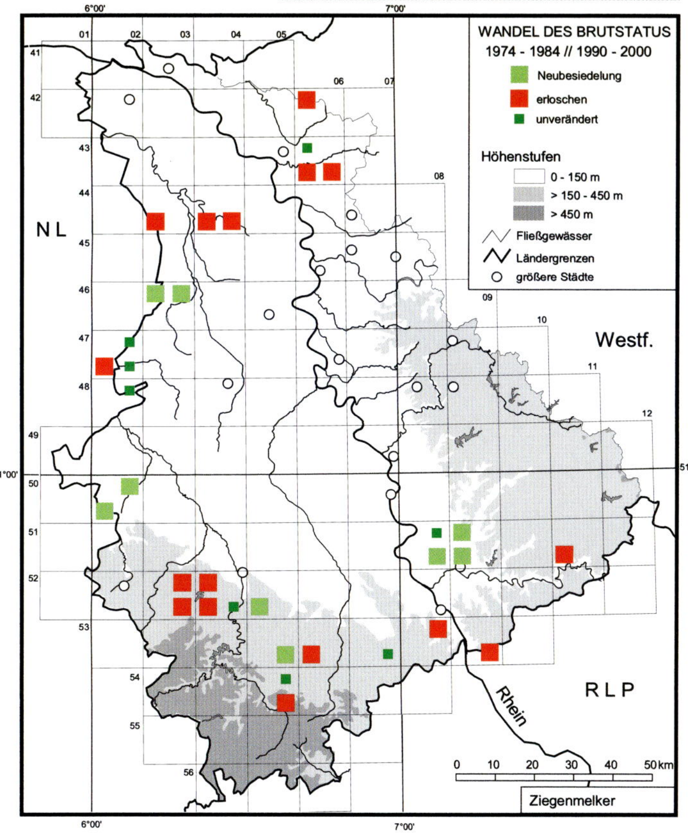

Arealveränderung zwischen 1974-84 und 1990-2000

BRUTVERBREITUNG

Es gibt in Nordrhein nur noch wenige isolierte Vorkommen in Heidegebieten sowie aufgelockerten und lichten Wäldern mit Kahlschlägen. Der Ziegenmelker bewohnt gerne Kieferwälder auf sandigen Böden. Das größte rheinische Vorkommen befindet sich derzeit im Schwalm-Nette-Gebiet und steht in engem Zusammenhang mit der angrenzenden niederländischen Population. In den NL sind 159 Gitterfelder (9 %) besetzt (SOVON 2002). In Westfalen ist die Art, wie im Rheinland, nur spärlich verbreitet (RF = 4 %; NWO 2002). Es ist möglich, dass aufgrund der nächtlichen Lebensweise noch einige Vorkommen unentdeckt blieben.

AREALVERÄNDERUNGEN

Zwar wurden seit der ersten Kartierung 1974-84 einige Gitterfelder neu besetzt, insgesamt überwiegen jedoch die Arealverluste (-29 %). Die Vorkommen am Unteren Niederrhein sind weitgehend erloschen und gleiches gilt für den Nordrand der Eifel. Selbst im landesweit bedeutenden Verbreitungsschwerpunkt des Schwalm-Nette-Gebietes wurden rückläufige Tendenzen festgestellt. In den 1980er Jahren wurde für das Rheinland ein Bestand von 160-200 Brutpaaren angenommen (MILDENBERGER 1984), während neuere Erhebungen 1995-1998 sich für ganz NRW auf nur 190-200 Paare belaufen (JÖBGES & CONRAD 1999), so dass von einem anhaltenden Bestandsrückgang auszugehen ist. Auf den Landesteil Nordrhein entfallen noch 80-90 Brutpaare. Rund 25 % (45 BP) des nordrhein-westfälischen Bestandes brüten im ehemaligen Munitionsdepot Brüggen-Bracht, Kreis Viersen (KOLSHORN & KLEIN 1999). Bis Mitte des 20. Jahrhunderts war die Art noch weit verbreitet, ging jedoch ab den 1950er Jahren überall stark zurück und das Verbreitungsareal war bereits Anfang der 1980er Jahre auf kärgliche Reste zusammengeschrumpft (MILDENBERGER 1984). Lebensraumverluste (Aufforstung von Heidegebieten), Verschlechterung des Nahrungsangebotes (Insektizide) sowie Verluste auf dem Zug und während des Aufenthalts in den afrikanischen Winterquartieren werden als Hauptrückgangsursachen vermutet (JÖBGES & CONRAD 1999). In den NL hat sich das Brutareal ebenfalls um ein Drittel verkleinert (SOVON 2002).

Bilanz der Brutvogelkartierung:

Kategorie [BP]	GF	RF %
1-10	15	3,6
11-20	3	0,7
Brutverdacht	2	0,5
Summe	**20**	**4,8**

Vergleich der Kartierung von 1974-1984 mit 1990-2000:

Kategorie	GF	%	RF %
1 - Nur 1974-84	16	48,5	4,1
2 - Nur 1990-2000	9	27,3	2,3
3 - Gemeinsame GF	8	24,2	2,0
1974-84: 1 & 3	24		6,1
1990-2000: 2 & 3	17		4,3
Veränderung	-7 (-29%)		-1,8

Identitäts-Index (nach SCHERNER 1982): 0,40.

Eisvogel *Alcedo atthis*

Status: Jahresvogel

Gefährdung:
Rote Liste 3 (gefährdet)
SPEC 3 (dezimiert)

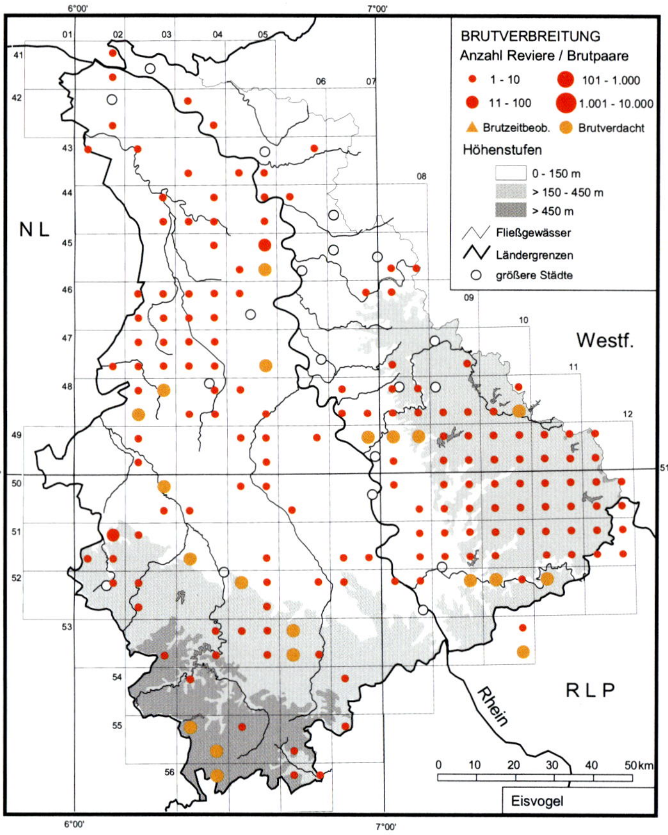

Brutverbreitung 1990-2000

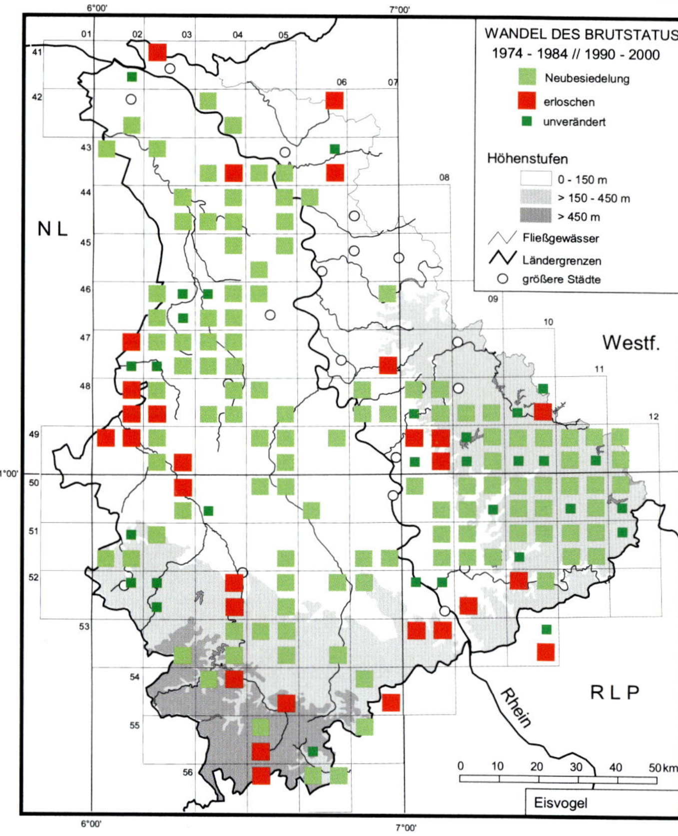

Arealveränderung zwischen 1974-84 und 1990-2000

BRUTVERBREITUNG

Die Bruthöhlen werden bevorzugt an Steilufern und Abbruchkanten fließender Gewässer sowie neuerdings auch vermehrt an entsprechenden Steilwänden in Sand- und Kiesgruben angelegt. Die Schwerpunkte der Verbreitung befinden sich entlang der schnell fließenden Mittelläufe der Bäche und kleiner Flüsse in den Mittelgebirgen. Hier ist er besonders rechtsrheinisch weit verbreitet, in der Eifel deutlich spärlicher. Zahlreiche Vorkommen existieren auch im Schwalm-Nette-Gebiet. Entsprechend des Angebotes geeigneter Fließgewässer zeigt der Eisvogel im benachbarten Westfalen eine weitere Verbreitung (51 %; NWO 2002) als im Rheinland (RF = 44 %) und in den NL (21%; SOVON 2002).

AREALVERÄNDERUNGEN

Beim Vergleich mit der Kartierung von 1974-84 zeigt sich ein sehr großer Arealgewinn von 146 %, der vor allem auf die Ausweitung des Brutgebietes in die Niederungen zurückgeführt werden kann. Die verstärkte Besetzung anthropogen entstandener Brutplätze (Sand-, Kiesgruben) sowie die verbesserte Wasserqualität haben sicherlich zu der Zunahme beigetragen, wie auch die Schaffung von Brutmöglichkeiten und Nisthilfen (von Dewitz 2003). Andererseits werden die Bestände sehr stark von der Härte der Winter beeinflusst, was kurzfristig zu starken Fluktuationen führen kann. Der Großteil der hier verwendeten Daten stammt aus einer Zeit relativ milder Winter in den 1990er Jahren. Aus den Kartierungsergebnissen lässt sich für das Rheinland ein Bestand von 230-430 Brutpaaren abschätzen (0,04 - 0,07 BP/km² bezogen auf die besiedelte Fläche), was verglichen mit Angaben für 1975-1978 von nur 48 Brutpaaren (Mildenberger 1984) die positive Entwicklung verdeutlicht. In den NL haben sich die kalten Winter 1995/96 und 1996/97 sehr negativ auf die Bestände ausgewirkt, wodurch der deutliche Arealverlust gegenüber den 1970er Jahren erklärt wird. Von 1998-2000 stieg der Bestand dann wieder von 90 BP auf über 250 BP an (SOVON 2002).

Bilanz der Brutvogelkartierung:

Kategorie [BP]	GF	RF %	Minimum [BP]
1-10	154	37,3	154
11-20	2	0,5	22
Brutverdacht	20	4,8	
Summe	**176**	**42,6**	**176**

Vergleich der Kartierung von 1974-1984 mit 1990-2000:

Kategorie	GF	%	RF %
1 - Nur 1974-84	29	16,7	7,4
2 - Nur 1990-2000	115	66,1	29,3
3 - Gemeinsame GF	30	17,2	7,6
1974-84: 1 & 3	59		15,0
1990-2000: 2 & 3	145		36,9
Veränderung	+86 (+146%)		+21,9

Die Zunahme ist statistisch signifikant (4-Felder X²-Test***; Vorzeichentest*; McNemar-Test***). Identitäts-Index (nach Scherner 1982): 0,32.

WINTERVERBREITUNG

Solange geeignete Nahrungsgewässer eisfrei sind, verbleibt der Eisvogel im Winter in der Regel im Brutgebiet, so dass sich zwischen Brut- und Winterverbreitung keine nennenswerten Unterschiede ergeben. Im Vergleich zur ersten Kartierung 1983-86 hat die Rasterfrequenz leicht zugenommen. Bei starkem Frost kommt es zu Konzentrationen an eisfreien Stellen und die Art besucht dann auch gerne größere stehende Gewässer, die zur Brutzeit wegen des Mangels geeigneter Nistplätze unbesetzt sind. Aufgrund der auch im Winter ausgeprägten Standorttreue kommt es zu starken Verlusten, da viele Vögel verhungern, wenn sie keinen Zugang zu eisfreien Gewässern finden. So können in einem strengen Winter bis zu 90 % der Brutpopulation zugrunde gehen (MILDENBERGER 1984, BIJLSMA et al. 2001).

Bilanz der Winterkartierung:

Kategorie [Ex.]	GF	RF %
1-10	195	52,1
11-20	2	0,5
Summe	**197**	**52,6**

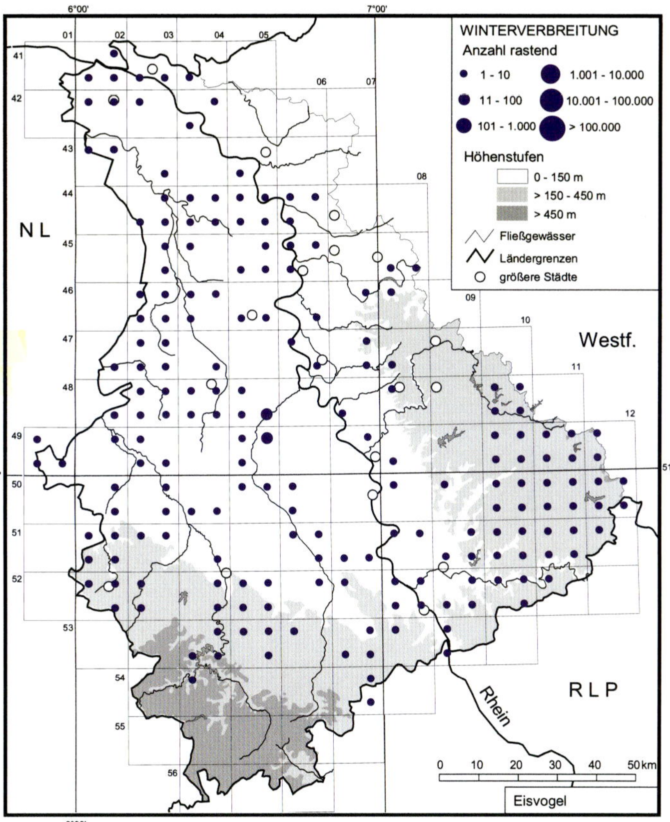

Winterverbreitung 1990-2000

Mauersegler, *Apus apus*. Foto: MATHIAS SCHÄF

Eisvogel, *Alcedo atthis*. Foto: JOCHEN GERLACH

Mauersegler *Apus apus*

Status: Brutvogel, Durchzügler

Gefährdung:
Rote Liste N (nicht gefährdet)
Non-SPEC (nicht gefährdet)

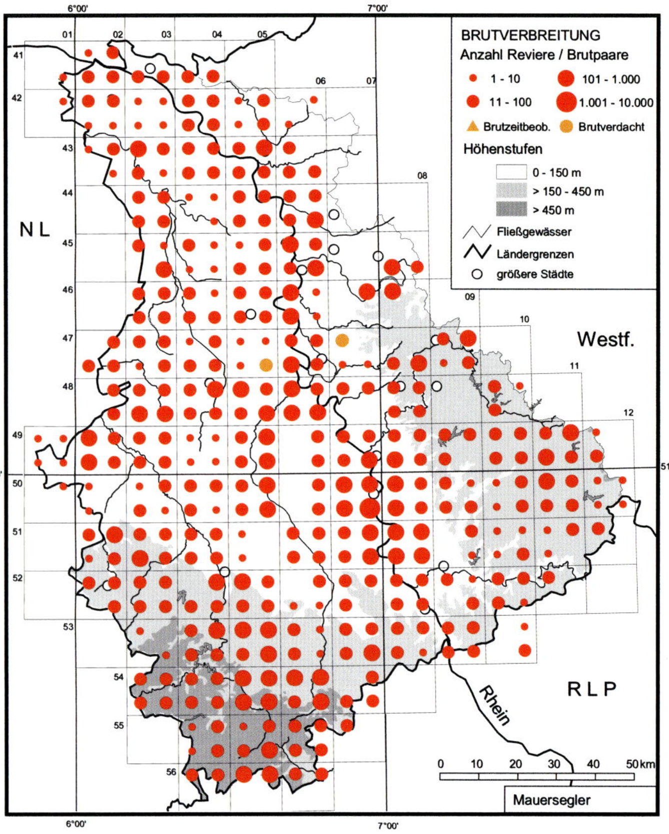

Brutverbreitung 1990-2000

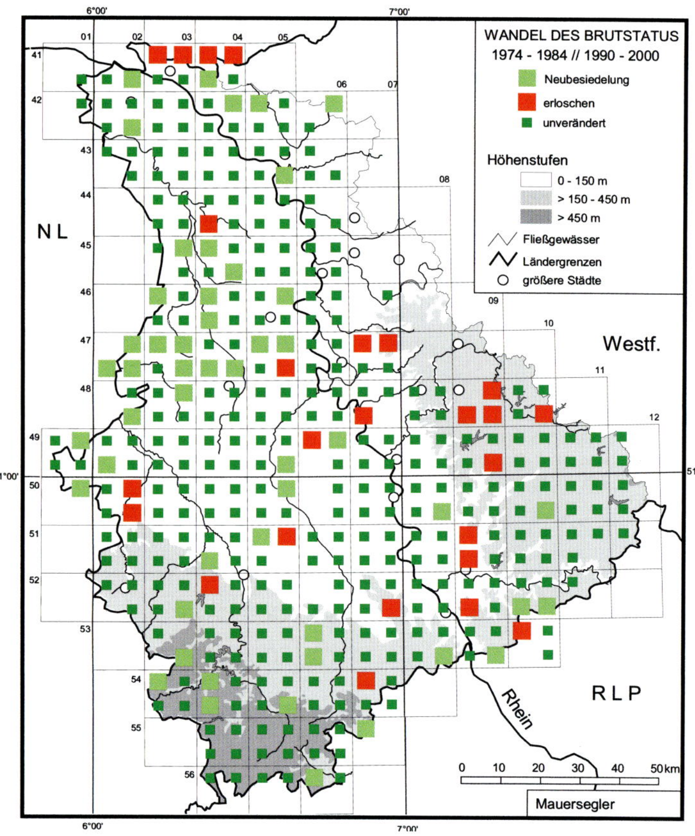

Arealveränderung zwischen 1974-84 und 1990-2000

BRUTVERBREITUNG

Der Mauersegler brütet in der Regel an (hohen) Gebäuden. Große Dichten wurden in den Städten und größeren Ortschaften am Rhein erreicht. Kleinere Dörfer oder Weiler sind meist spärlicher besiedelt. Die Art kommt aber auch in isolierten Kirchen, Burgen u. ä. vor, wenn geeignete Nistmöglichkeiten vorhanden sind. In den stark bewaldeten Mittelgebirgsregionen sollte auf das Vorkommen baumbrütender Mauersegler geachtet werden (z. B. EISLÖFFEL 1993). Das Rheinland ist prinzipiell flächendeckend besiedelt, kleinere Lücken existieren in den dünn besiedelten ländlichen Regionen und Waldgebieten. In Westfalen und den NL ist die Art ähnlich weit verbreitet (NWO 2002, SOVON 2002).

AREALVERÄNDERUNGEN

Das Verbreitungsareal hat sich im Rheinland im Vergleich zur ersten Kartierung leicht, aber statistisch signifikant vergrößert. Zahlreiche Industrieansiedlungen und Hochbauten auch in Dörfern wirkten sich positiv aus. Auf der anderen Seite kommt es zu Rückgängen durch die moderne Beton- und Glasbauweise, Restaurierung alter Gebäude und damit einhergehende Verluste von Brutplätzen. Aufgrund des fehlenden Territorialverhaltens sind Bestandsschätzungen sehr schwierig und belaufen sich für den Kartierungszeitraum auf ca. 21.200-36.700 Brutpaare (1,7 - 3,0 BP/km² bezogen auf die besiedelte Fläche) in Nordrhein. In den NL hat sich das Brutareal ebenfalls um 6 % vergrößert (SOVON 2002).

Bilanz der Brutvogelkartierung:

Kategorie [BP]	GF	RF %	Minimum [BP]
1-10	80	19,4	80
11-100	223	54,0	2.453
101-1.000	63	15,3	6.363
1.001-2.000	1	0,2	1.001
Brutverdacht	2	0,5	
Summe	**369**	**89,3**	**9.897**

Vergleich der Kartierung von 1974-1984 mit 1990-2000:

Kategorie	GF	%	RF %
1 - Nur 1974-84	25	6,6	6,4
2 - Nur 1990-2000	51	13,5	13,0
3 - Gemeinsame GF	302	79,9	76,8
1974-84: 1 & 3	327		83,2
1990-2000: 2 & 3	353		89,9
Veränderung	+26 (+8,0%)		+6,6

Die Zunahme ist statistisch signifikant (4-Felder X^2-Test***; Vorzeichentest^{+}; McNemar-Test**). Identitäts-Index (nach SCHERNER 1982): 0,89.

Bienenfresser *Merops apiaster*

Status: Brutvogel, Durchzügler

Gefährdung:
Rote Liste R (arealbedingt selten)
SPEC 3 (dezimiert)

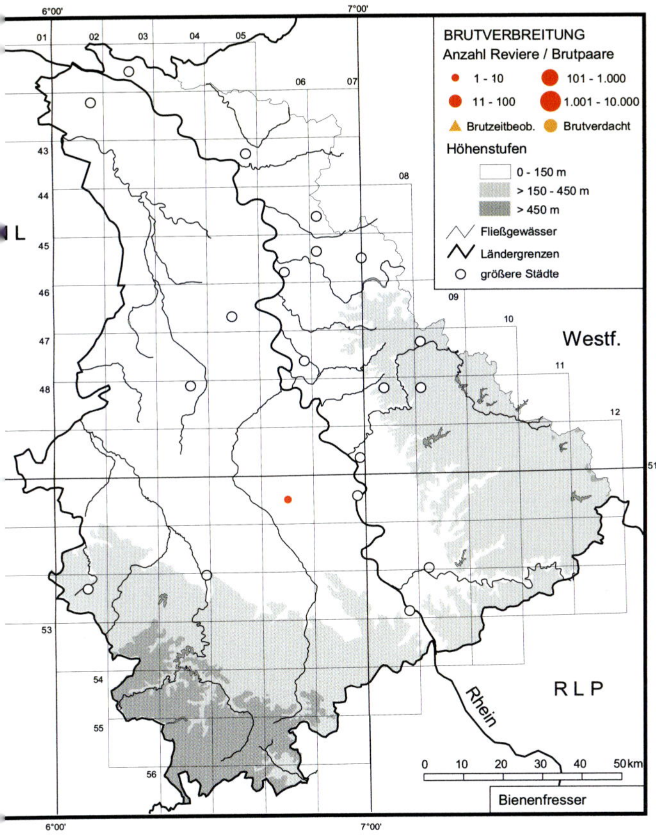

Brutverbreitung 1990-2000#

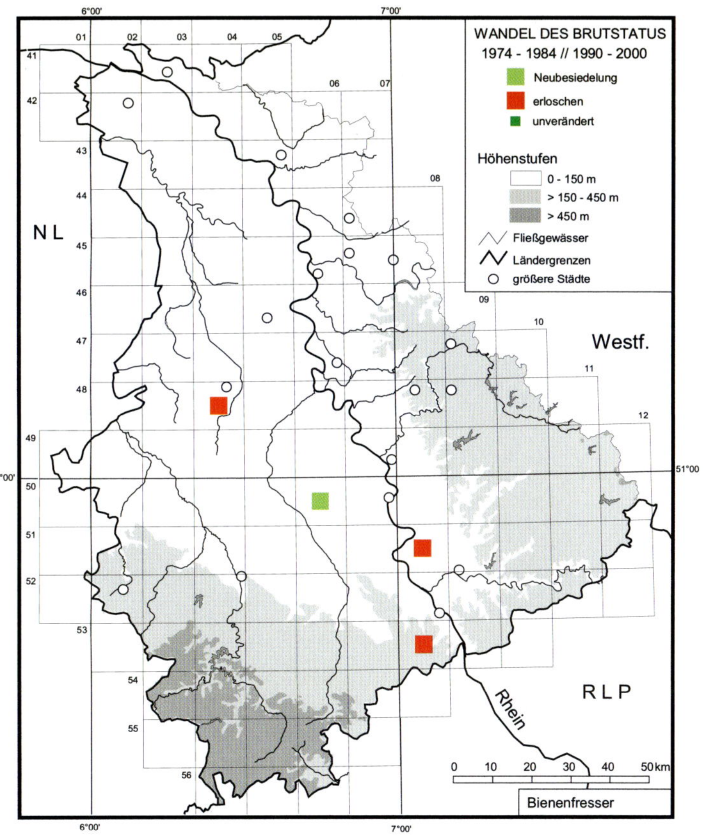

Arealveränderung zwischen 1974-84 und 1990-2000#

BRUTVERBREITUNG

Der Bienenfresser ist ein mediterraner Brutvogel, der in Mitteleuropa lokal aber zunehmend häufiger brütet. Bruthöhlen werden in sandigen und lehmigen Steilwänden angelegt, oft in Kies- und Sandgruben. Der jährliche Bestand ist stark schwankend und einzelne Brutplätze sind oft nur kurzzeitig besetzt. Im Rheinland gab es von 1990 bis 2000 nur ein sporadisches Brutvorkommen in der Kölner Bucht (RF = 0,2 %). Seit 2000 sind Bienenfresser auch wiederholt in einer Kiesgrube bei Bonn erschienen. Die nächsten regelmäßigen Vorkommen befinden sich südlich des rheinischen Schiefergebirges im Oberrheingebiet (Baden-Württemberg, Rheinland-Pfalz). Die Art wurde in Westfalen als Brutvogel in den 1990er Jahren nicht nachgewiesen (NWO 2002) und brütet in den NL nur unregelmäßig, z. B. zuletzt 1983 (Bijlsma et al. 2001). Da die Ansiedlungen oft strikter Geheimhaltung unterliegen, ist nicht auszuschließen, dass weitere Brutplätze existiert haben.

AREALVERÄNDERUNGEN

Der Bienenfresser kann nicht als regelmäßiger Brutvogel im Rheinland gelten und jährlich starke Fluktuationen am Nordrand des Verbreitungsgebietes sind die Regel. Auch ältere Vorkommen waren nur kurzfristig besetzt (Mildenberger 1984, Wink 1987). Ursächlich beteiligt sind dabei wohl vor allem klimatische Faktoren (Temperatur, Niederschlag) und die Nahrungssituation (Angebot an großen Fluginsekten) im jeweiligen Frühjahr und Sommer, die Vorstöße über das regelmäßige Brutgebiet hinaus begünstigen. In den letzten 15 Jahren wurden Bruten in Deutschland vermehrt festgestellt. Im Oberrheingebiet brütet der Bienenfresser z. T. schon mehrere Jahre lang hintereinander am selben Ort.

Vergleich der Kartierung von 1974-84 mit 1990-2000:

Kategorie	GF	%	RF %
1 - Nur 1974-84	3	75,0	0,8
2 - Nur 1990-2000	1	25,0	0,3
3 - Gemeinsame GF	0	0	0
1974-84: 1 & 3	3		0,8
1990-2000: 2 & 3	1		0,3
Veränderung	-2 (-50%)		-0,5

bezogen auf TK25

Bienenfresser, *Merops apiaster*. Foto: MATHIAS SCHÄF

Wendehals, *Jynx torquilla*. Foto: CHRISTIAN DIETZEN

Wendehals *Jynx torquilla*

Status: Brutvogel, Durchzügler

Gefährdung:
Rote Liste 1 (vom Aussterben bedroht)
SPEC 3 (zurückgehend)

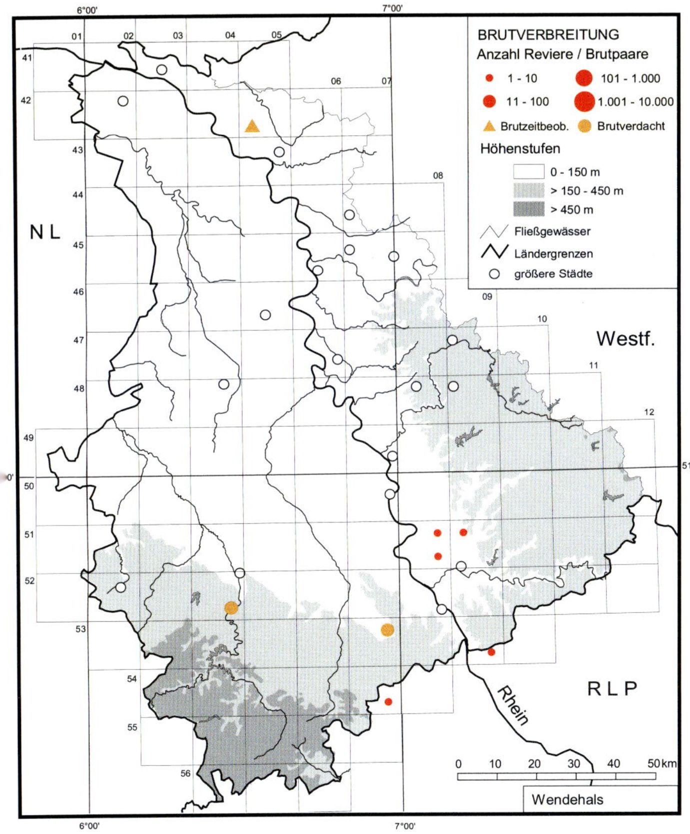

Brutverbreitung 1990-2000

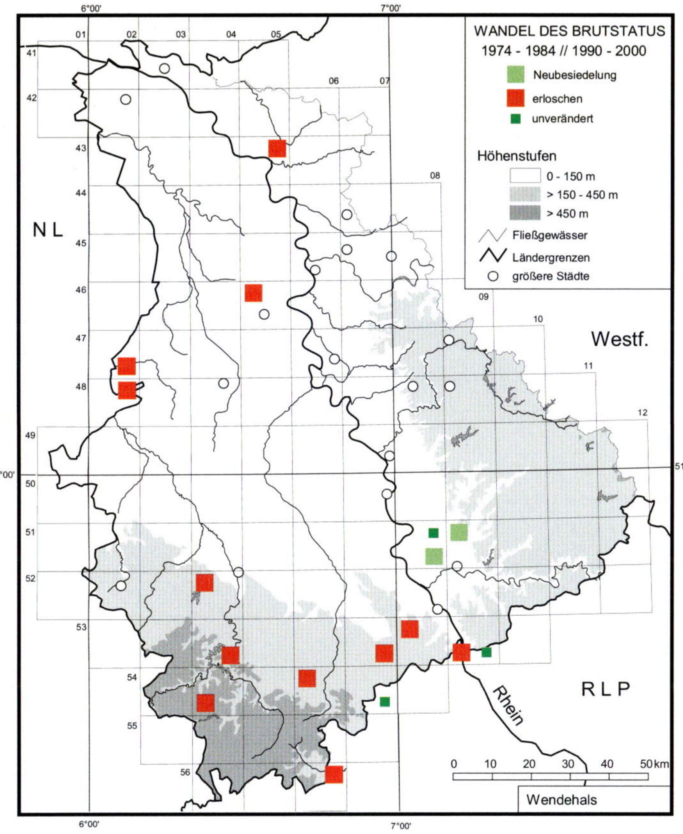

Arealveränderung zwischen 1974-84 und 1990-2000

BRUTVERBREITUNG

Der Wendehals kommt nur noch spärlich verbreitet im Süden des Untersuchungsgebietes vor. Das wichtigste aktuell und regelmäßig besetzte Brutgebiet liegt im Bereich der Wahner Heide. Die besiedelten Gitterfeldern zeichnen sich durch ein trockenes (Niederschläge unter 200 mm) und warmes Klima (> 14°C Jahresdurchschnittstemperatur) sowie reich strukturierte halboffene Lebensräume aus, wie z. B. aufgelassene Weinberge, Streuobstwiesen, lichte Wälder und Heidegebiete. Obwohl geeignet erscheinende Lebensräume auch weiter nördlich vorhanden sind, fehlt die Art dort. Die nordwestliche Arealgrenze des Wendehalses verläuft durch das Rheinland und es gibt immer wieder Fluktuationen in diesem Bereich mit temporären Vorstößen nach Norden (Mildenberger 1984). In den weiter nördlich gelegenen NL (RF = 4 %) und auch in Westfalen (RF = 6 %) ist die Art ebenfalls nur (noch) spärlich verbreitet (SOVON 2002, NWO 2002).

AREALVERÄNDERUNGEN

Neben den bereits erwähnten Fluktuationen im Bereich der Arealgrenze zeigt sich in ganz Mitteleuropa eine starke Bestandsabnahme. Im Rheinland hat sich der bereits in den 1950er Jahren einsetzende Rückgang weiter fortgesetzt (Arealverlust von -67 %) und der Wendehals steht kurz vor dem Aussterben (vgl. auch NWO 2002). Ende der 1990er Jahre ist der Bestand in NRW auf mindestens 16 Brutpaare zurückgegangen (Jöbges et al. 1998). Für Nordrhein sind mehr als fünf Brutpaare im Bearbeitungszeitraum nicht anzunehmen, während Anfang der 1980er Jahre noch 40-60 Paare gezählt wurden (Mildenberger 1984). Ähnliche Tendenzen werden in weiten Teilen des europäischen Verbreitungsgebietes festgestellt (z. B. SOVON 2002, Schmid et al. 1998, Bammerlin 1993, Heine et al. 1999). Die Ursachen für diesen Rückgang sind Lebensraumzerstörung (Flurbereinigung in Weinbergen, Reduktion der Streuobstbestände) und Entzug der Nahrungsgrundlage (Ameisen) durch intensivierten Pestizideinsatz (Nabu 2004) sowie auch Gefährdung auf den Zugwegen und im Winterquartier.

Bilanz der Brutvogelkartierung:

Kategorie [BP]	GF	RF %
1-5	5	1,2
Brutverdacht	3	0,7
Summe	**8**	**1,9**

Vergleich der Kartierung von 1974-1984 mit 1990-2000:

Kategorie	GF	%	RF %
1 - Nur 1974-84	12	70,6	3,1
2 - Nur 1990-2000	2	11,8	0,5
3 - Gemeinsame GF	3	17,6	0,8
1974-84: 1 & 3	15		3,8
1990-2000: 2 & 3	5		1,3
Veränderung	-10 (-67%)		-2,5

Die Abnahme ist statistisch signifikant (4-Felder X^2-Test*; Vorzeichentest*; McNemar-Test*). Identitäts-Index (nach Scherner 1982): 0,34.

Grauspecht *Picus canus*

Status: Jahresvogel

Gefährdung:
Rote Liste 3 (gefährdet)
SPEC 3 (dezimiert)

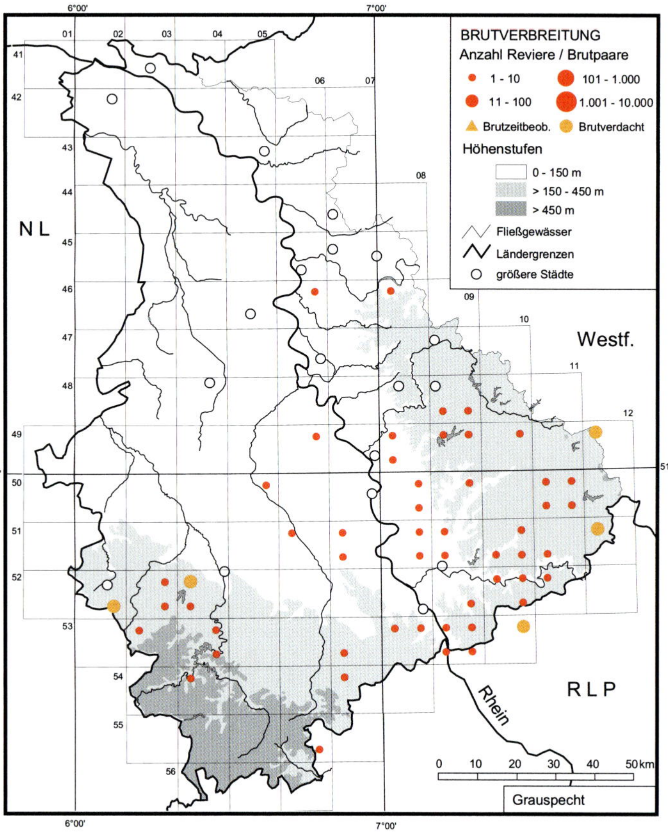

Brutverbreitung 1990-2000

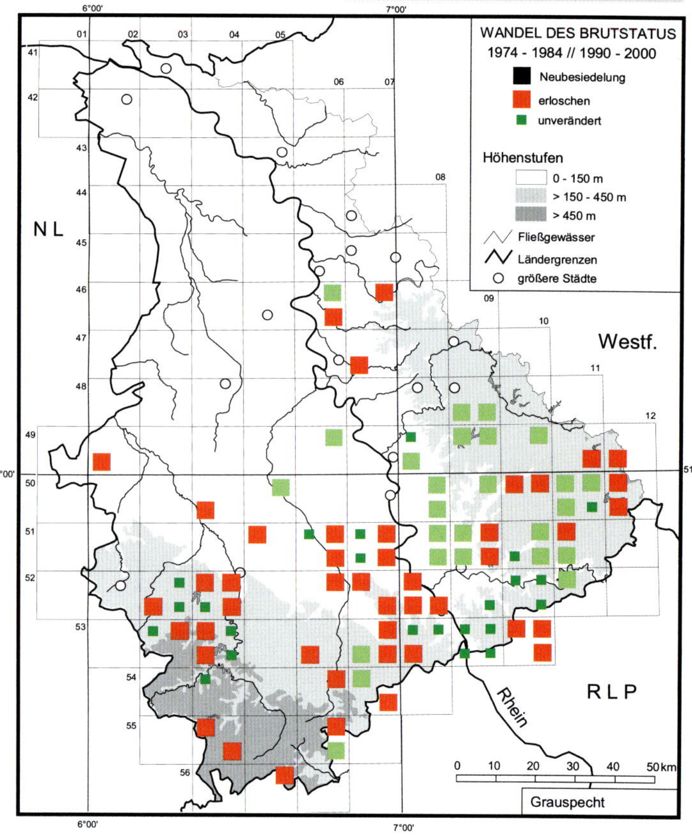

Arealveränderung zwischen 1974-84 und 1990-2000

BRUTVERBREITUNG

Die nordwestliche Verbreitungsgrenze verläuft durch Nordrhein-Westfalen (WEISS 1998, MILDENBERGER 1984). Im Landesteil Nordrhein liegen die Verbreitungsschwerpunkte in den unteren bis mittleren Lagen der Mittelgebirge am Nordrand der Eifel und im rechtsrheinischen Bergischen Land. In den Tieflagen existieren nur wenige Vorkommen zwischen Rhein und Erft. Der Nordwesten des Rheinlandes ist unbesiedelt, ebenso wie die angrenzenden Niederlande (SOVON 2002). In Westfalen ist der Grauspecht deutlich weiter verbreitet (RF = 36 %; NWO 2002). Bewohnt werden lichte, altholzreiche Laub- und Mischwälder, seltener Feldgehölze, große Parkanlagen und Gärten. Die Erfassung erscheint aufgrund der relativ heimlichen Lebensweise zumindest im Bereich der Eifel unvollständig, und die Art könnte in den Mittelgebirgen tatsächlich weiter verbreitet sein als die Ergebnisse suggerieren (vgl. MILDENBERGER 1984).

Bilanz der Brutvogelkartierung:

Kategorie [BP]	GF	RF %
1-10	50	12,1
Brutverdacht	5	1,2
Summe	**55**	**13,3**

AREALVERÄNDERUNGEN

Im Vergleich zur ersten Kartierung ist ein deutlicher und statistisch signifikanter Arealschwund feststellbar, der bereits in den 1980er Jahren vermutet wurde (WINK 1987). Ähnliche Entwicklungen gibt es auch in anderen Teilen Nordrhein-Westfalens; lokal bleiben die Bestände aber auch stabil oder nehmen sogar zu (WEISS 1998). Langfristige und gezielte Untersuchungen sind erforderlich. Die Art dürfte von der Auflichtung der Wälder nach den Sturmschäden in den 1970er und 1980er Jahren profitiert haben, mittlerweile wachsen diese offenen Flächen aber wieder zu, wodurch das Nahrungsangebot (Ameisen) negativ beeinflusst wird. Für NRW wird ein Gesamtbestand von 650-1.200 Paaren angenommen (WEISS 1998), davon entfallen nur geschätzte 110-200 Brutpaare auf das Rheinland (0,06 - 0,11 BP/km² bezogen auf die besiedelte Fläche). Der Bestand hat sich somit seit MILDENBERGER (1984) mehr als halbiert (360-450 BP).

Vergleich der Kartierung von 1974-1984 mit 1990-2000:

Kategorie	GF	%	RF %
1 - Nur 1974-84	45	47,9	11,5
2 - Nur 1990-2000	26	27,7	6,6
3 - Gemeinsame GF	23	24,4	5,9
1974-84: 1 & 3	68		17,3
1990-2000: 2 & 3	49		12,5
Veränderung	-19 (-28%)		-4,8

Die Abnahme ist statistisch signifikant (4-Felder X^2-Test n. s.; Vorzeichentest*; McNemar-Test*). Identitäts-Index (nach SCHERNER 1982): 0,40.

WINTERVERBREITUNG

Die Verbreitung ändert sich im Jahresverlauf eigentlich nicht. Die scheinbar geringere Verbreitung im Winter wird sicherlich durch die reduzierte Rufaktivität und damit einhergehenden Erfassungsschwierigkeiten bedingt. Wie zur Brutzeit zeigen sich zwei Verbreitungszentren am Nordrand der Eifel und im rechtsrheinischen Süderbergland. Die leichte Zunahme der Rasterfrequenz im Vergleich zur ersten Kartierung 1983-86 hat eher methodische Ursachen (längerer Erfassungszeitraum, bessere Erfassungsgenauigkeit), als dass sie eine tatsächliche Bestandszunahme widerspiegelt.

Bilanz der Winterkartierung:

Kategorie [Ex.]	GF	RF %
1-10	30	8,5

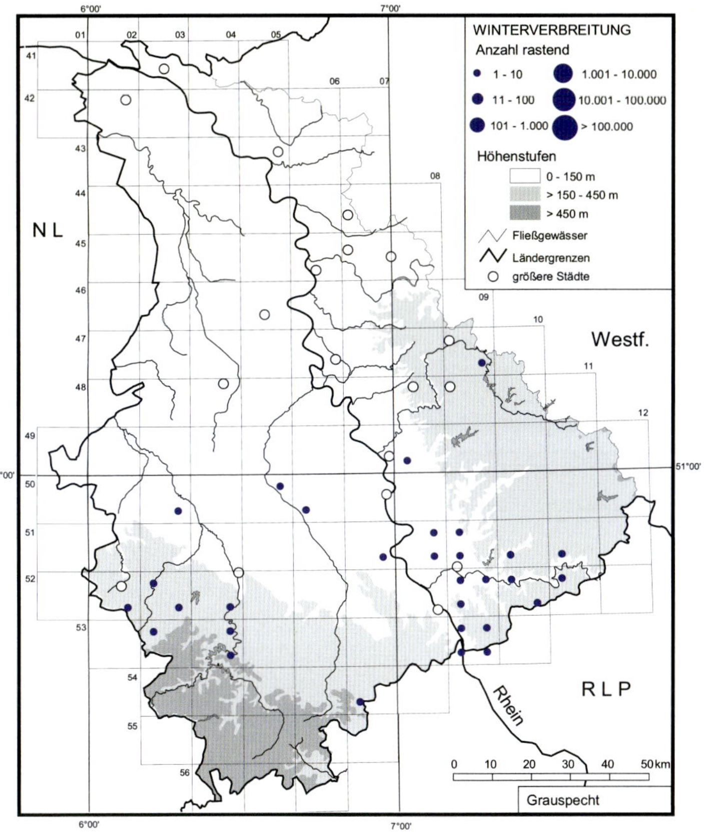

Winterverbreitung 1990-2000

Grauspecht, *Picus canus,* Weibchen. Foto: KLAUS VANSCHEIDT

Grünspecht *Picus viridis*

Status: Jahresvogel

Gefährdung:
Rote Liste 3 (gefährdet)
SPEC 2 (dezimiert)

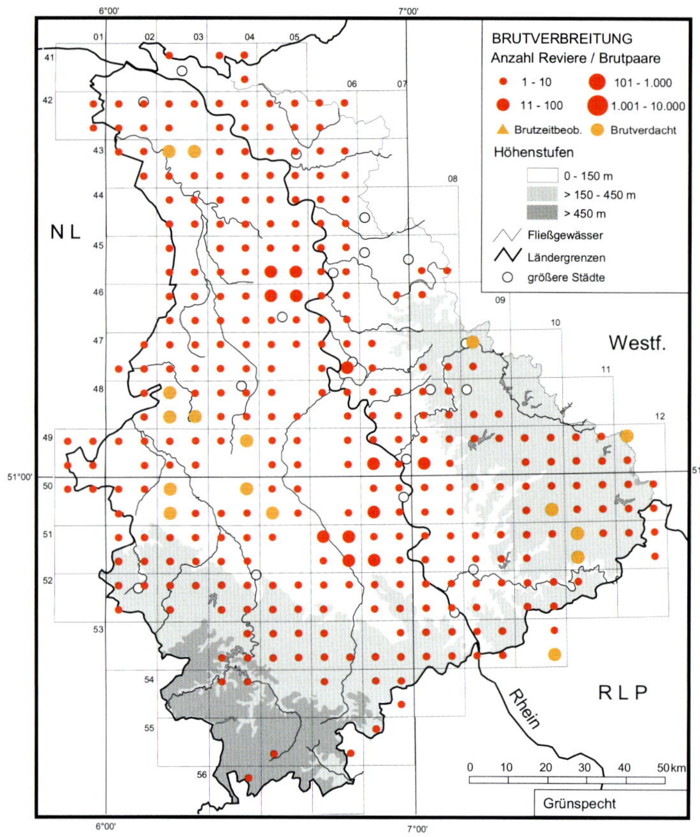

Brutverbreitung 1990-2000

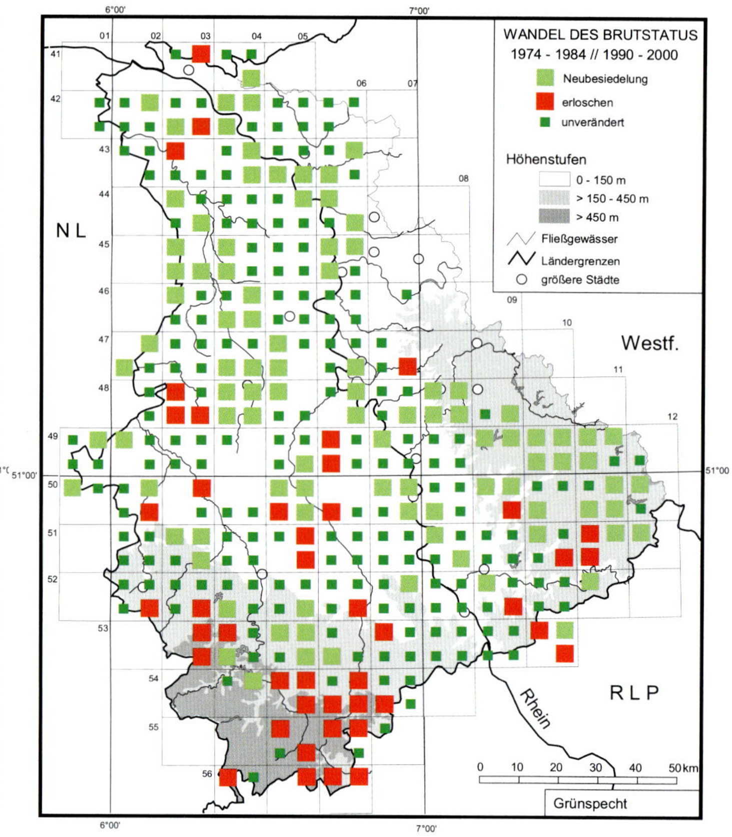

Arealveränderung zwischen 1974-84 und 1990-2000

BRUTVERBREITUNG

Der Grünspecht ist im Rheinland deutlich weiter verbreitet als der Grauspecht. Er besiedelt vor allem Laub-, Misch- und Auwälder, Feldgehölze, Parkanlagen und Gärten. Die nadelholzreichen Hochlagen werden gemieden und die Art fehlt natürlich in der gehölzarmen Ackerflur. Die wärmeren und trockeneren Tieflagen sind dichter besiedelt als die klimatisch ungünstigeren Hochlagen. Das Verbreitungsbild ist somit teilweise komplementär zur Verbreitung des Grauspechtes. Die Art ist im Rheinland deutlich weiter verbreitet als in den Nachbarregionen der NL (58 %; SOVON 2002) und Westfalen (42 %; NWO 2002).

AREALVERÄNDERUNGEN

Zwischen 1974-84 und 1990-2000 ist ein deutlicher Arealgewinn um 22 % feststellbar, der sich besonders im nördlichen Rheinland bemerkbar macht. Während vor allem in den höheren Lagen der Eifel zahlreiche Gitterfelder geräumt wurden, kam es im Niederrheinischen Tiefland und Süderbergland zu umfangreichen Neubesiedlungen und der Bestand kann auf 730-1.360 Brutpaare geschätzt werden (0,07 - 0,13 BP/km² bezogen auf die besiedelte Fläche). Der Brutbestand hat sich demnach in den letzten zwanzig Jahren leicht verringert (1.250-1.500 BP; MILDENBERGER 1984). Nach den hohen Beständen in den 1950er Jahren und landesweiten Rückgängen wurde in den 1980er Jahren ein deutliches Bestandstief erreicht, von dem sich die Art langsam erholt, u. a. durch die zunehmende Besiedlung der Ortslagen (SUDMANN & HUSTINGS 2003) und der Grünspecht nimmt seither wieder zu (JÖBGES in lit.). Ähnlich ist die Situation in Westfalen (NWO 2002). Die Rückgänge betreffen vor allem die offenen und halboffenen Landschaften mit intensiver landwirtschaftlicher Nutzung und verschlechtertem Nahrungsangebot und die Bestände in den 1990er Jahren liegen noch deutlich unter den Werten der 1950er Jahre (WEISS 1998). Auch in den NL wurde eine Arealvergrößerung bemerkt, die auf Veränderungen der Altersstruktur der Waldgebiete zurückgeführt wird (SOVON 2002).

Bilanz der Brutvogelkartierung:

Kategorie [BP]	GF	RF %	Minimum [BP]
1-10	297	71,9	297
11-20	12	2,9	132
Brutverdacht	16	3,9	
Summe	**325**	**78,7**	**429**

Vergleich der Kartierung von 1974-1984 mit 1990-2000:

Kategorie	GF	%	RF %
1 - Nur 1974-84	44	12,9	11,2
2 - Nur 1990-2000	98	28,7	24,9
3 - Gemeinsame GF	200	58,5	50,9
1974-84: 1 & 3	244		62,1
1990-2000: 2 & 3	298		75,8
Veränderung	+54 (+22%)		+13,7

Die Zunahme ist statistisch signifikant (4-Felder X^2-Test***; Vorzeichentest*; McNemar-Test***). Identitäts-Index (nach SCHERNER 1982): 0,74.

WINTERVERBREITUNG

Die Winterverbreitung deckt sich weitgehend mit der Brutverbreitung. Im Winterhalbjahr werden die höheren Lagen der Mittelgebirge teilweise geräumt, so dass die Rasterfrequenzen etwas niedriger ausfallen als im Sommerhalbjahr. Da die Vögel jedoch im Winter deutlich schwieriger zu kartieren sind (geringere Rufaktivität), ist nicht auszuschließen, dass die Erfassung unvollständig ist. Der überwiegende Teil der Population ist ganzjährig anwesend.

Bilanz der Winterkartierung:

Kategorie [Ex.]	GF	RF %
1-10	233	63,3
11-100	16	4,3
Summe	**249**	**67,6**

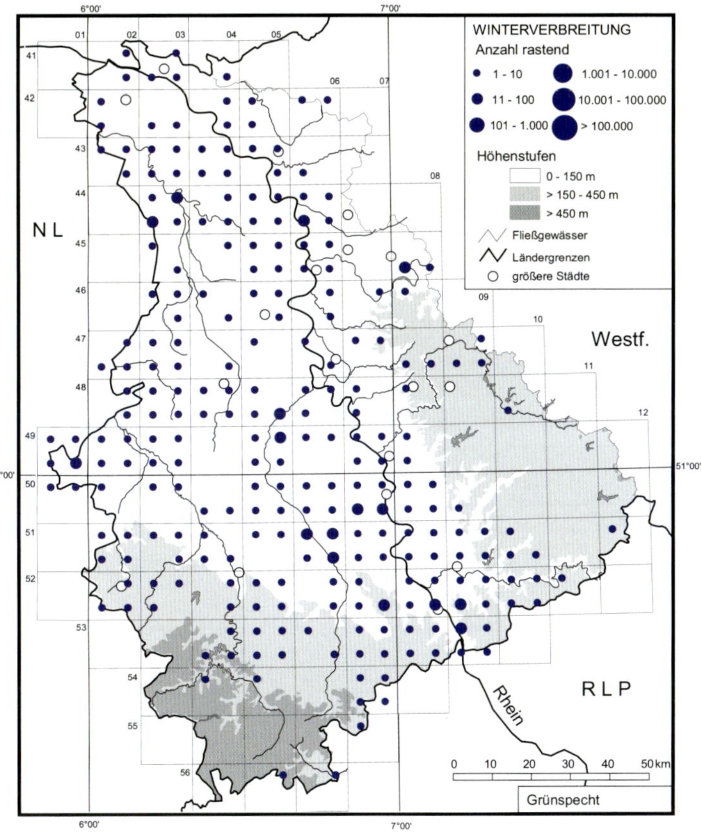

Winterverbreitung 1990-2000

Grünspecht, *Picus viridis,* Männchen. Foto: MATHIAS SCHÄF

Schwarzspecht *Dryocopus martius*

Status: Jahresvogel

Gefährdung:
Rote Liste 3 (gefährdet)
Non-SPEC (nicht gefährdet)

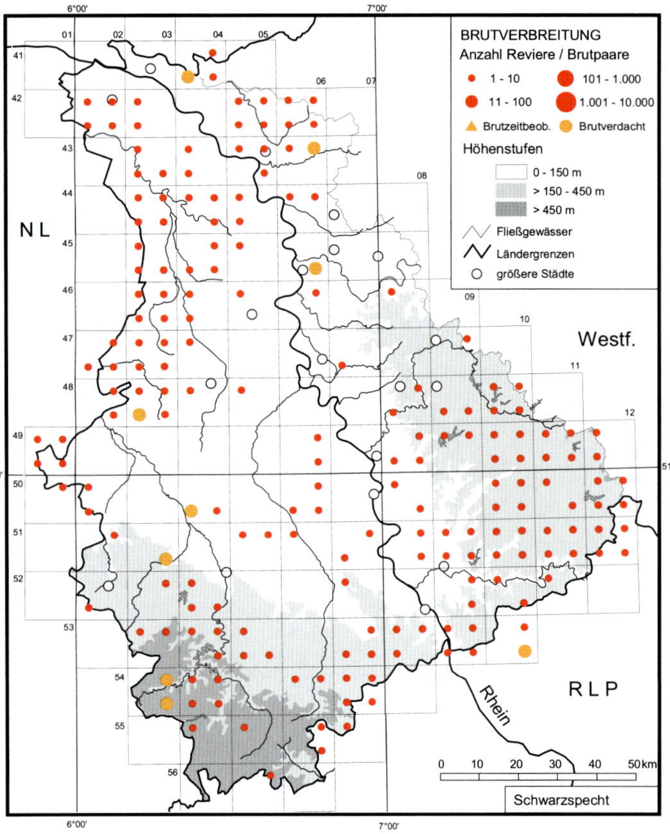

Brutverbreitung 1990-2000

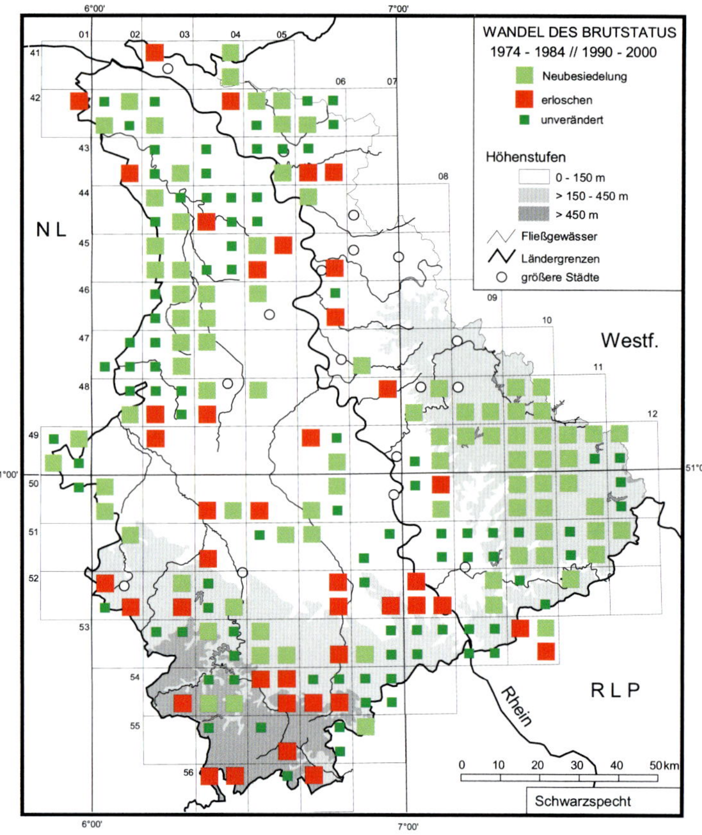

Arealveränderung zwischen 1974-84 und 1990-2000

BRUTVERBREITUNG

Größere Waldareale sowohl der Niederungs- als auch der Hochlagen sind gleichermaßen besiedelt. Der Schwarzspecht fehlt in der landwirtschaftlich intensiv genutzten, waldarmen Ackerbörde. Im Rheinland zeigen sich aktuell vier Verbreitungsschwerpunkte: die Mittelgebirge mit dem rechtsrheinischen Süderbergland und der linksrheinischen Eifel sowie das Schwalm-Nette-Niers-Gebiet und der Untere Niederrhein. In den waldärmeren NL ist er weniger weit verbreitet (RF = 35 %; SOVON 2002), aber im benachbarten Westfalen waren noch mehr Gitterfelder besetzt (RF = 66 %; NWO 2002).

AREALVERÄNDERUNGEN

Im Vergleich von der ersten zur zweiten Kartierungsperiode hat der Schwarzspecht zahlreiche Gitterfelder neu besiedelt (besonders im rechtsrheinischen Teil des Untersuchungsgebietes). Der landesweite Brutbestand in NRW wird auf 1.300-1.800 Paare geschätzt (WEISS 1998) und die Kartierungsergebnisse legen einen rheinischen Anteil von 390-730 Paaren nahe (0,06 - 0,11 BP/km² bezogen auf die besiedelte Fläche). Im Vergleich mit Daten der frühen 1980er Jahre (390-490 BP; MILDENBERGER 1984) scheint der Bestand allenfalls leicht angestiegen zu sein. Ein positiver Trend zeigt sich auch in den benachbarten südlichen Niederlanden (SOVON 2002) und Westfalen (NWO 2002). Änderungen in der Forstwirtschaft (vermehrte Aufforstung mit einheimischen Laubhölzern), Veränderungen in der Alterstruktur der Wälder und die milden Winter der letzten Jahrzehnte haben sich positiv auf die Bestände ausgewirkt.

Bilanz der Brutvogelkartierung:

Kategorie [BP]	GF	RF %	Minimum [BP]
1-10	188	45,5	188
Brutverdacht	9	2,2	
Summe	**197**	**47,7**	**188**

Vergleich der Kartierung von 1974-1984 mit 1990-2000:

Kategorie	GF	%	RF %
1 - Nur 1974-84	42	19,0	10,7
2 - Nur 1990-2000	89	40,3	22,6
3 - Gemeinsame GF	90	40,7	22,9
1974-84: 1 & 3	132		33,6
1990-2000: 2 & 3	179		45,5
Veränderung	+47 (+36%)		+11,9

Die Zunahme ist statistisch signifikant (4-Felder X^2-Test***; Vorzeichentest*; McNemar-Test***). Identitäts-Index (nach SCHERNER 1982): 0,59.

WINTERVERBREITUNG

Zwischen Brut- und Winterverbreitung lassen sich keine signifikanten Unterschiede feststellen und die Art kann als ausgesprochener Standvogel betrachtet werden. Die meisten Vögel bleiben ganzjährig im Brutrevier. Abweichungen gegenüber der Brutverbreitung gehen eher auf Erfassungsdefizite (geringere Rufaktivität außerhalb der Brutzeit) als auf Abwanderung der Vögel zurück. Im Vergleich zur ersten Kartierung ist die Rasterfrequenz stark angestiegen, was aber weniger auf eine Bestandszunahme, sondern eher auf methodische Ursachen (Erfassungszeitraum, Maschenweite) zurückzuführen sein dürfte.

Bilanz der Winterkartierung:

Kategorie [Ex.]	GF	RF %
1-10	160	42,1
11-100	2	0,5
Summe	**162**	**42,6**

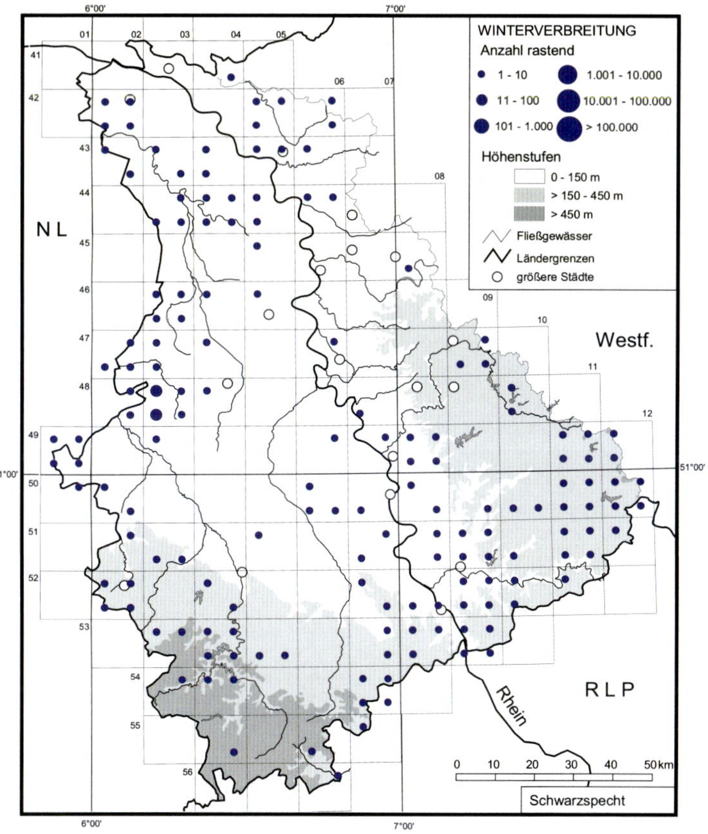

Winterverbreitung 1990-2000

Schwarzspecht, *Dryocopus martius,* Weibchen. Foto: EWALD LIPPOK

Buntspecht *Dendrocopos major*

Status: Jahresvogel

Gefährdung:
Rote Liste N (nicht gefährdet)
Non-SPEC (nicht gefährdet)

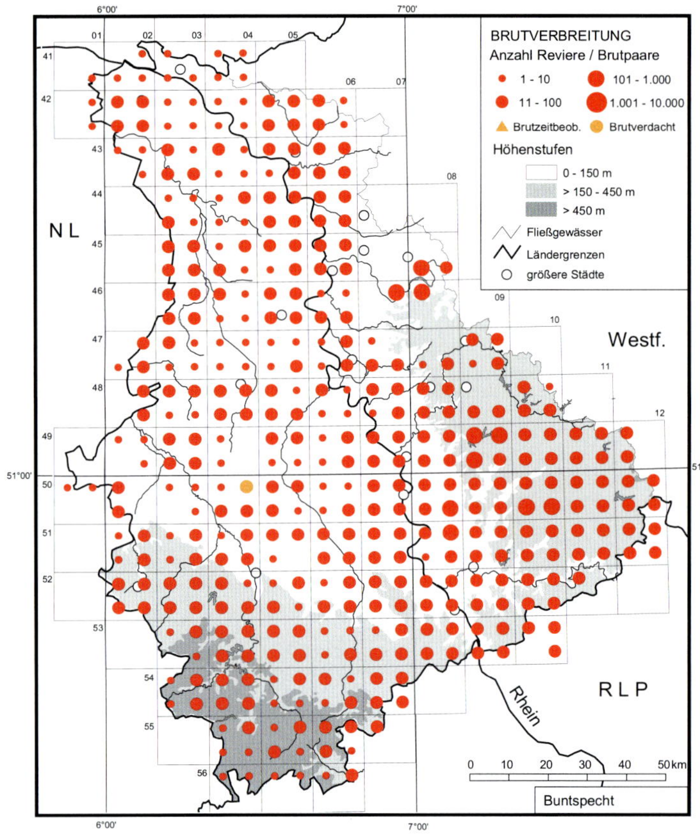

Brutverbreitung 1990-2000

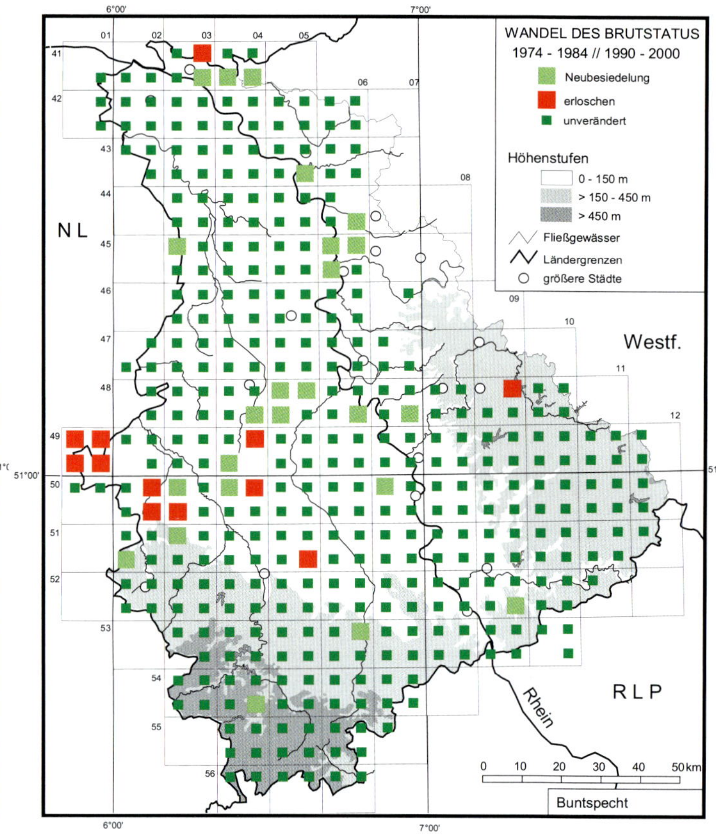

Arealveränderung zwischen 1974-84 und 1990-2000

BRUTVERBREITUNG

Der Buntspecht ist der häufigste Specht im Untersuchungsgebiet und zeigt eine nahezu flächendeckende Verbreitung. Er fehlt allenfalls in ackerbaulich intensiv genutzten und daher gehölzfreien Bereichen der Tieflagen. Brutvorkommen wurden in allen Gitterfeldern mit geschlossenen Wäldern, Feldgehölzen, Gärten, Parks und sonstigen Gehölzformationen nachgewiesen. Die mittleren und höheren Lagen sind aufgrund ihrer ausgedehnteren Gehölzvorkommen etwas dichter besiedelt als die waldärmeren Niederungen. Im angrenzenden Westfalen und den NL ist die Art ähnlich weit verbreitet (SOVON 2002, NWO 2002).

AREALVERÄNDERUNGEN

Seit der ersten Kartierung 1974-84 hat das Verbreitungsareal des Buntspechtes weiter leicht, aber statistisch signifikant, zugenommen, obwohl bereits damals fast alle Gebiete besiedelt waren. Zu Neubesiedlungen kam es vor allem in den Tieflagen der Köln-Aachener Bucht und am Unteren Niederrhein. In NRW brüteten Ende der 1990er Jahre 29.000-50.000 Paare (Weiss 1998) und auf die Region Nordrhein entfallen schätzungsweise 13.500-20.000 Brutpaare (1,0 - 1,9 BP/km² bezogen auf die besiedelte Fläche). Mildenberger (1984) nahm für das gesamte Rheinland (inkl. nördliches Rheinland-Pfalz) 12.000-15.000 Brutpaare an. Die positive Bestandsentwicklung kann auf vorteilhafte Veränderungen der Waldlebensräume (z. B. Zunahme von Alt- und Totholz), veränderte Waldwirtschaftsformen und die milden Winter der letzten Jahrzehnte zurückgeführt werden. Davon profitierten auch zahlreiche weitere Höhlenbrüter, da Buntspechte ihre Höhle nur für eine Brut nutzen und sie damit anschließend anderen Arten zur Verfügung steht. In den benachbarten Niederlanden wurde eine noch wesentlich stärkere Zunahme der Bestände festgestellt (SOVON 2002).

Bilanz der Brutvogelkartierung:

Kategorie [BP]	GF	RF %	Minimum [BP]
1-10	124	30,0	124
11-100	261	63,2	2.871
101-200	10	2,4	1.010
Brutverdacht	1	0,2	
Summe	**396**	**95,9**	**4.005**

Vergleich der Kartierung von 1974-1984 mit 1990-2000:

Kategorie	GF	%	RF %
1 - Nur 1974-84	11	2,8	2,8
2 - Nur 1990-2000	24	6,2	6,1
3 - Gemeinsame GF	355	91,0	90,3
1974-84: 1 & 3	366		93,1
1990-2000: 2 & 3	379		96,4
Veränderung	+13 (+3,6%)		+3,3

Die Zunahme ist statistisch signifikant (4-Felder X^2-Test*; Vorzeichentest*; McNemar-Test*). Identitäts-Index (nach Scherner 1982): 0,95.

WINTERVERBREITUNG

Abgesehen von durch unauffälligeres Verhalten bedingten kleineren Erfassungsdefiziten unterscheiden sich Winter- und Brutverbreitung nicht. Die meisten Vögel sind ganzjährig anwesend und es sind keine besonders auffälligen Ausweich- oder Zugbewegungen feststellbar. Lediglich die Wälder der Hochlagen der Mittelgebirge werden in schneereichen Wintern verlassen und die tieferen Lagen aufgesucht. Im Vergleich zur ersten Kartierung sind keine Veränderungen evident.

Bilanz der Winterkartierung:

Kategorie [Ex.]	GF	RF %
1-10	162	42,4
11-100	186	48,7
101-200	11	2,9
Summe	**359**	**94,0**

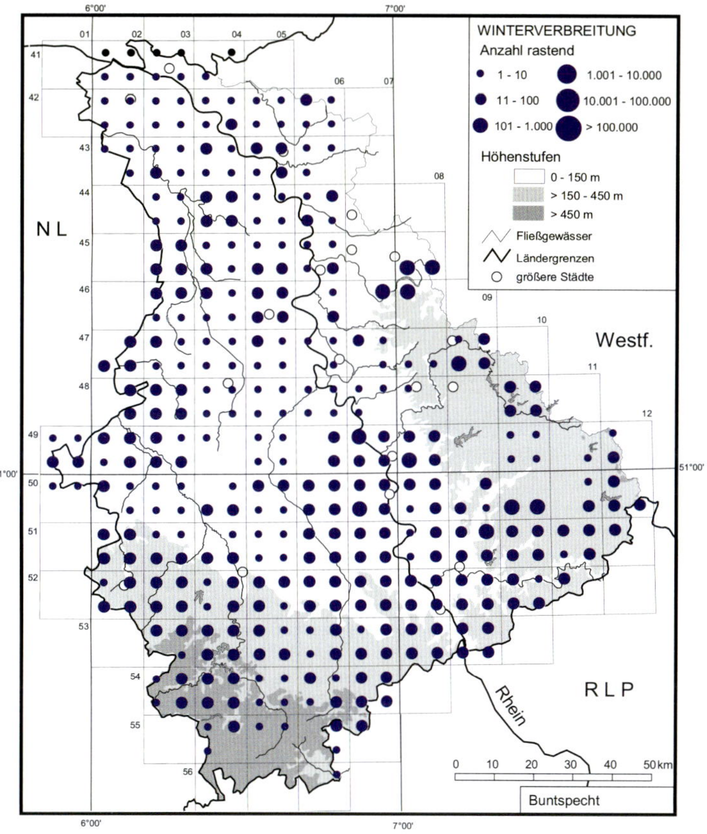

Winterverbreitung 1990-2000

Buntspecht, *Dendrocopos major,* Männchen. Foto: EWALD LIPPOK

Mittelspecht *Dendrocopos medius*

Status: Jahresvogel

Gefährdung:
Rote Liste 2 (stark gefährdet)
Non-SPEC^{E} (nicht gefährdet)

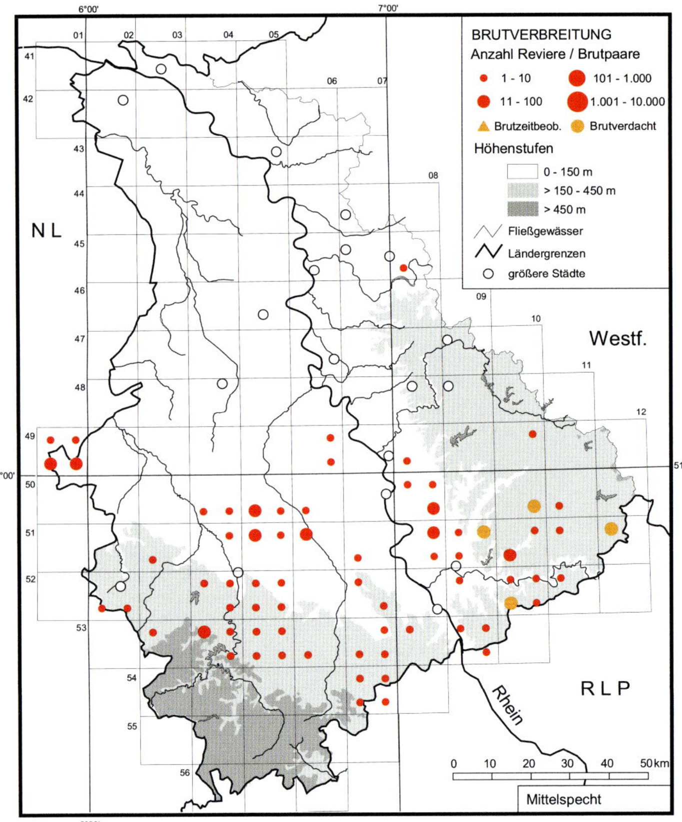

Brutverbreitung 1990-2000

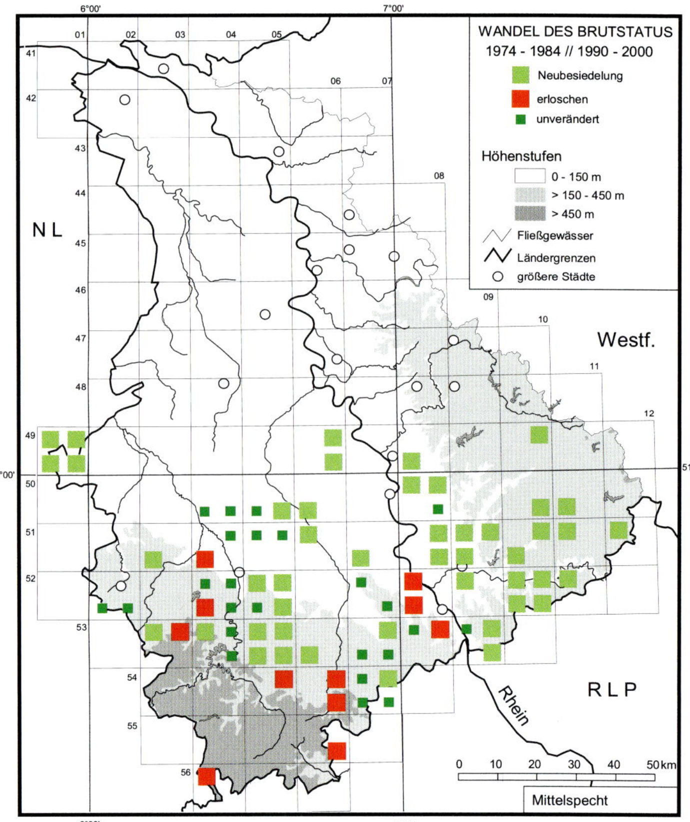

Arealveränderung zwischen 1974-84 und 1990-2000

BRUTVERBREITUNG

Die nördliche Verbreitungsgrenze verläuft durch das Rheinland (Mildenberger 1984, Weiss 1998), und die angrenzenden Niederlande wie auch Westfalen weisen nur relativ spärliche Vorkommen auf (Jöbges & König 2001, SOVON 2002). Ähnlich wie beim Grauspecht beschränkt sich die Verbreitung auf das südliche Rheinland. Der Mittelspecht benötigt in seinem Brutgebiet umfangreiches Alt- und Totholz sowie grobrindige Laubbäume (bes. alte Eichen). Da letztere vornehmlich in den unteren und mittleren Höhenlagen (bis 350 m NN) vorkommen, konzentrieren sich auch die Spechtvorkommen auf diesen Bereich. Es werden hauptsächlich Wälder mit ausgedehnten Eichenbeständen, besonders in den Flusstälern und südlich exponierten Hanglagen von Eifel, Jülicher und Zülpicher Börde, Ville (Hambacher Forst - dieses Gebiet wurde durch den Braunkohlenabbau nahezu vollständig zerstört -, Kottenforst) und dem rechtsrheinischen Mittelgebirge (Bergisches Land) besiedelt. Über Vorkommen in älteren Erlenwäldern berichtete Wirthmüller (2002).

Bilanz der Brutvogelkartierung:

Kategorie [BP]	GF	RF %
1-10	59	14,3
11-50	9	2,2
Brutverdacht	4	1,0
Summe	**72**	**17,4**

AREALVERÄNDERUNGEN

Der Mittelspecht hat sein Verbreitungsgebiet im Rheinland seit Mitte der 1980er Jahre verdoppelt und im Süden und Osten viele Gitterfelder neu besetzt, nachdem er zuvor aus zahlreichen, um die Jahrhundertwende (19./20.) noch besetzten, Gebieten (z. B. am Unteren Niederrhein) verschwunden war (Mildenberger 1984). Besonders auffällig ist die Zunahme im rechtsrheinischen Süderbergland (Hinterkeuser 1998). Für den Bearbeitungszeitraum ergibt sich ein geschätzter Bestand von mindestens 280-300 Brutpaaren (0,12 - 0,13 BP/km² bezogen auf die besiedelte Fläche), so dass sich auch hier eine deutliche Zunahme gegenüber den frühen 1980er Jahren (130-170 BP) zeigt (Mildenberger 1984). Extensivierung der Forstwirtschaft, Veränderungen in der Alterszusammensetzung der Wälder und milde Winter begünstigen die Ausbreitung.

Vergleich der Kartierung von 1974-1984 mit 1990-2000:

Kategorie	GF	%	RF %
1 - Nur 1974-84	11	13,6	2,8
2 - Nur 1990-2000	46	56,8	11,7
3 - Gemeinsame GF	24	29,6	6,1
1974-84: 1 & 3	35		8,9
1990-2000: 2 & 3	70		17,8
Veränderung	+35 (+100%)		+8,9

Die Zunahme ist statistisch signifikant (4-Felder X^2-Test***; Vorzeichentest*; McNemar-Test***). Identitäts-Index (nach Scherner 1982): 0,48.

Insgesamt kann für das Rheinland und Nordrhein-Westfalen eine positive Bestandsentwicklung angenommen werden, die noch immer anhält (Jöbges in lit.). Landesweit wird von ca. 850 Brutpaaren ausgegangen (Jöbges & König 2001). Im Bereich der Jülicher Börde (Hambacher Forst) wurden 1995 und 1998 jeweils 0,24 Rev./10 ha festgestellt, wobei der fortschreitende Braunkohlentagebau zu einer teilweisen Verlagerung aus vernichteten Waldarealen in bis dahin unbesetzte Bereiche geführt hatte, während der Gesamtbestand weitgehend gleich blieb (Denz 1999). Da in Deutschland ein großer Teil der Gesamtpopulation des Mittelspechtes brütet, kommt den Vorkommen im Rheinland und NRW eine besondere Bedeutung zu. In den Niederlanden wird ebenfalls von einer leichten Zunahme berichtet (SOVON 2002) und die Art scheint sich langsam (wieder) nach Nordwesten auszubreiten.

WINTERVERBREITUNG

Unter Berücksichtigung der im Winter schwierigeren Erfassung ist davon auszugehen, dass Brut- und Winterverbreitung nahezu identisch sind. Ausweichbewegungen, wie sie z. B. für Westfalen angenommen werden (NWO 2002), können für das Rheinland bisher nicht bestätigt werden. Spezialuntersuchungen könnten hier für Klarheit sorgen. Die Zunahme des Brutbestandes, spiegelt sich auch in einer verglichen zur ersten Kartierung leicht höheren Rasterfrequenz im Winterhalbjahr wider.

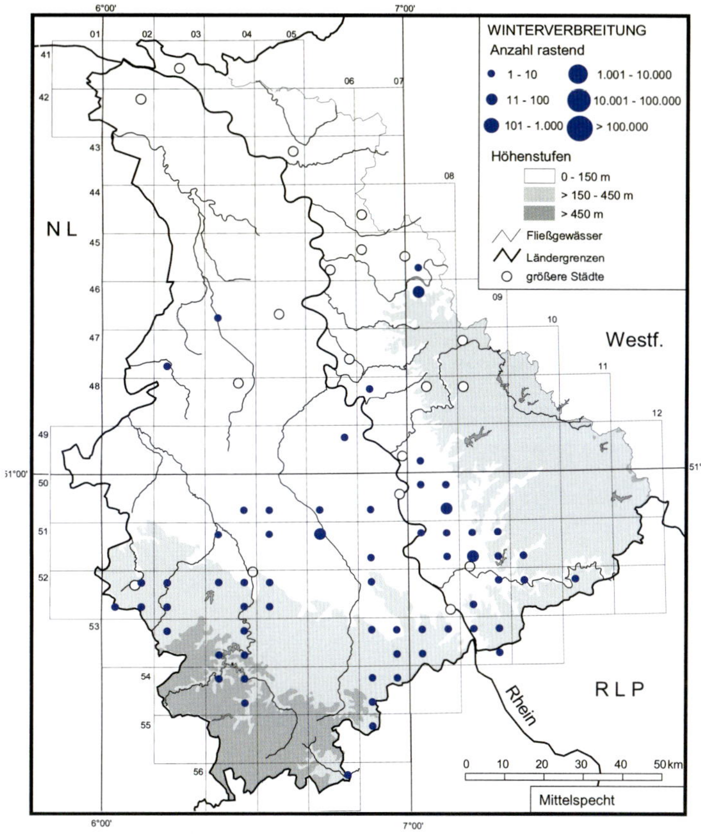

Winterverbreitung 1990-2000

Bilanz der Winterkartierung:

Kategorie [Ex.]	GF	RF %
1-10	58	16,3
11-100	4	1,1
Summe	**62**	**17,4**

Mittelspecht, *Dendrocopos medius*.
Foto: Mathias Schäf

Kleinspecht *Dendrocopos minor*

Status: Jahresvogel

Gefährdung:
Rote Liste 3 (gefährdet)
Non-SPEC (nicht gefährdet)

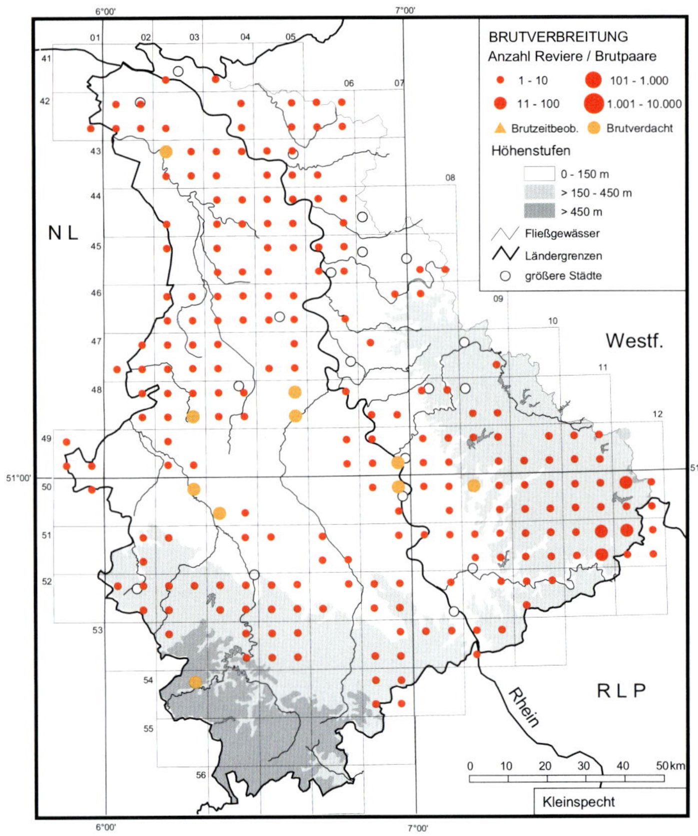

Brutverbreitung 1990-2000

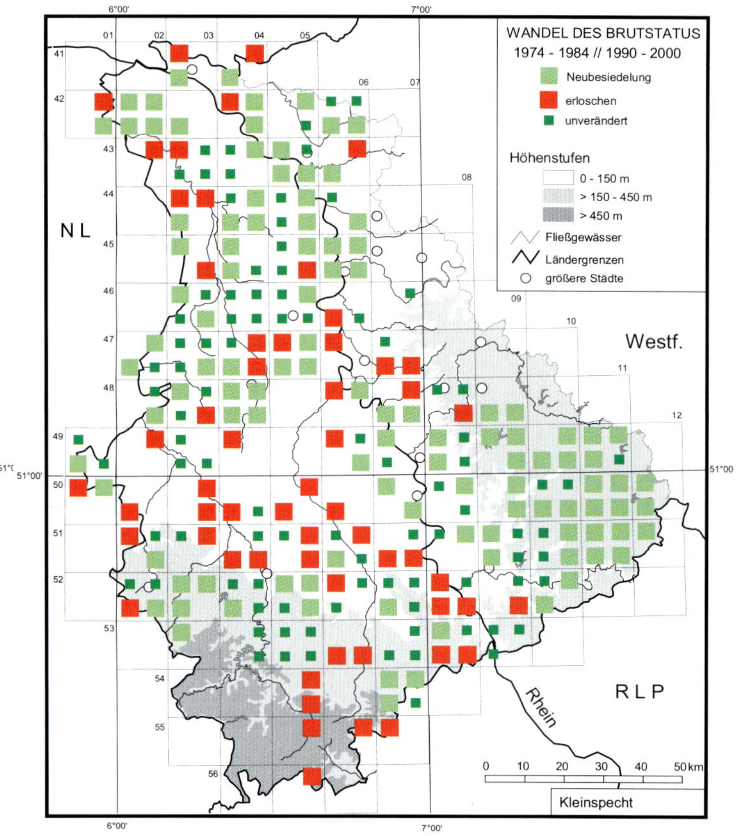

Arealveränderung zwischen 1974-84 und 1990-2000

BRUTVERBREITUNG

Bevorzugt wurden vom Kleinspecht Laubwälder, Gärten, Parks und Feldgehölze mit hohem Weichholzanteil besiedelt. Besonders weit verbreitet ist er daher in den Fluss- und Bachtälern (Weichholzaue) der Niederungen. Alle naturräumlichen Einheiten sind besiedelt; in den höheren Lagen der Mittelgebirge zeigen sich jedoch deutliche Verbreitungslücken, da reine Nadelwaldgebiete gemieden werden. Die Vorkommen konzentrieren sich in den Mittelgebirgen entlang der Fließgewässer. Klimatische Faktoren spielen allerdings keine Rolle, sondern lediglich die Waldzusammensetzung. Regionale Erfassungsdefizite sind nicht auszuschließen. Die Verbreitung nimmt von Westfalen (RF = 68 %; NWO 2002), über das Rheinland (RF = 56 %) zu den NL (RF = 44 %; SOVON 2002) ab.

AREALVERÄNDERUNGEN

Beim Vergleich der beiden Kartierungsprojekte zeigt sich für den Kleinspecht ein deutlicher Arealgewinn um 36 % und im gesamten Untersuchungsgebiet wurden zahlreiche Gitterfelder neu besiedelt. Auch in den benachbarten NL ist eine starke Zunahme festgestellt worden und die naturverträglichere Forstwirtschaft sowie die Altersentwicklung der Wälder werden dafür verantwortlich gemacht (SOVON 2002). Desweiteren wirkten sich die milden Winter der letzten Jahre offenbar bestandsfördernd aus. Lokal gab es aber auch rückläufige Entwicklungen (z. B. SKIBA 1993). In Nordrhein-Westfalen kann derzeit von landesweit 1.700-2.300 Brutpaaren ausgegangen werden (WEISS 1998), davon entfallen geschätzte 480-890 Paare auf das Rheinland (0,06 - 0,12 BP/km² bezogen auf die besiedelte Fläche).

Bilanz der Brutvogelkartierung:

Kategorie [BP]	GF	RF %	Minimum [BP]
1-10	210	50,8	210
11-20	4	1,0	44
Brutverdacht	11	2,7	
Summe	**225**	**54,5**	**254**

Vergleich der Kartierung von 1974-1984 mit 1990-2000:

Kategorie	GF	%	RF %
1 - Nur 1974-84	58	22,2	14,8
2 - Nur 1990-2000	112	42,9	28,5
3 - Gemeinsame GF	91	34,9	23,2
1974-84: 1 & 3	149		37,9
1990-2000: 2 & 3	203		51,7
Veränderung	+54 (+36%)		+13,7

Die Zunahme ist statistisch signifikant (4-Felder X^2-Test***; Vorzeichentest*; McNemar-Test***). Identitäts-Index (nach SCHERNER 1982): 0,52.

WINTERVERBREITUNG

Das unauffällige Verhalten außerhalb der Brutzeit erschwert die Erfassung im Winter. Dadurch lassen sich die etwas geringeren Rasterfrequenzen im Vergleich zur Brutvogelerfassung erklären. Im Sommer- und Winterhalbjahr kann eine identische Verbreitung angenommen werden und auch im Winter fällt die enge Bindung an die Fließgewässersysteme auf. Größere Ausweich- oder Zugbewegungen wurden nicht registriert. Wie die Brutverbreitung hat auch die Winterverbreitung seit der ersten Kartierung zugenommen.

Bilanz der Winterkartierung:

Kategorie [Ex.]	GF	RF %
1-10	131	36,4
11-20	4	1,1
Summe	**135**	**37,5**

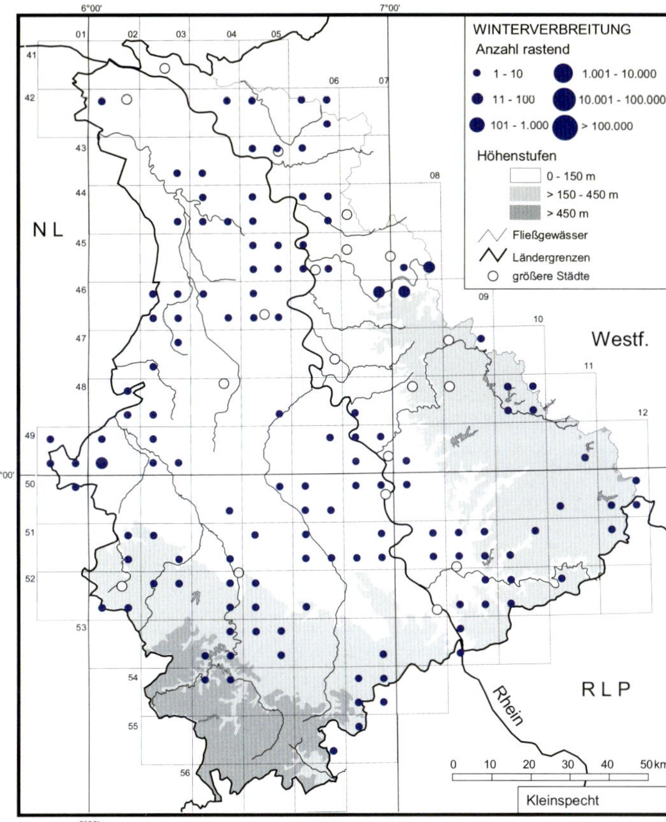

Winterverbreitung 1990-2000

Kleinspecht, *Dendrocopos minor*, Männchen. Foto: JOHANNES FERDINAND

Haubenlerche *Galerida cristata*

Status: Brutvogel, Durchzügler, Wintergast

Gefährdung:
Rote Liste 1 (vom Aussterben bedroht)
SPEC 3 (dezimiert)

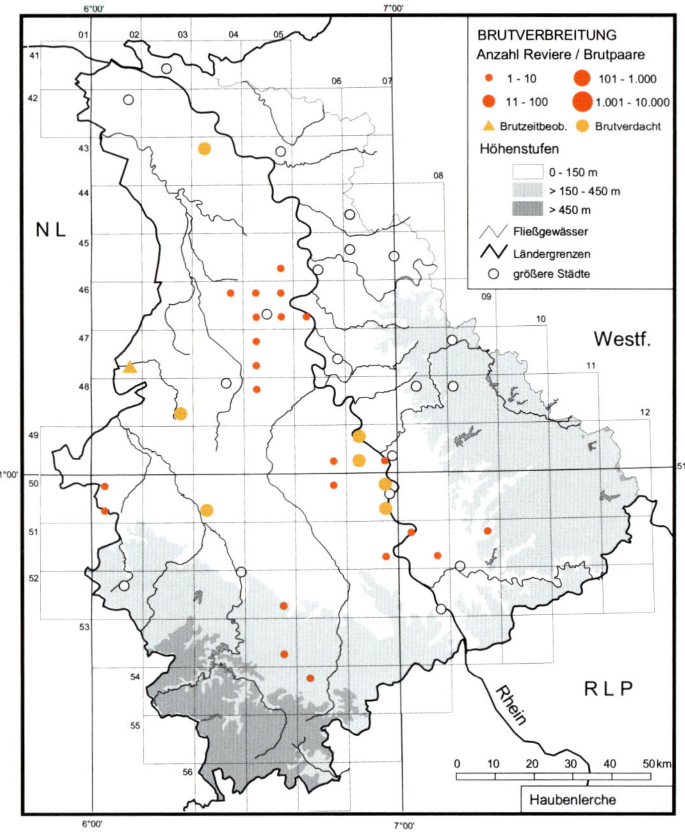

Brutverbreitung 1990-2000

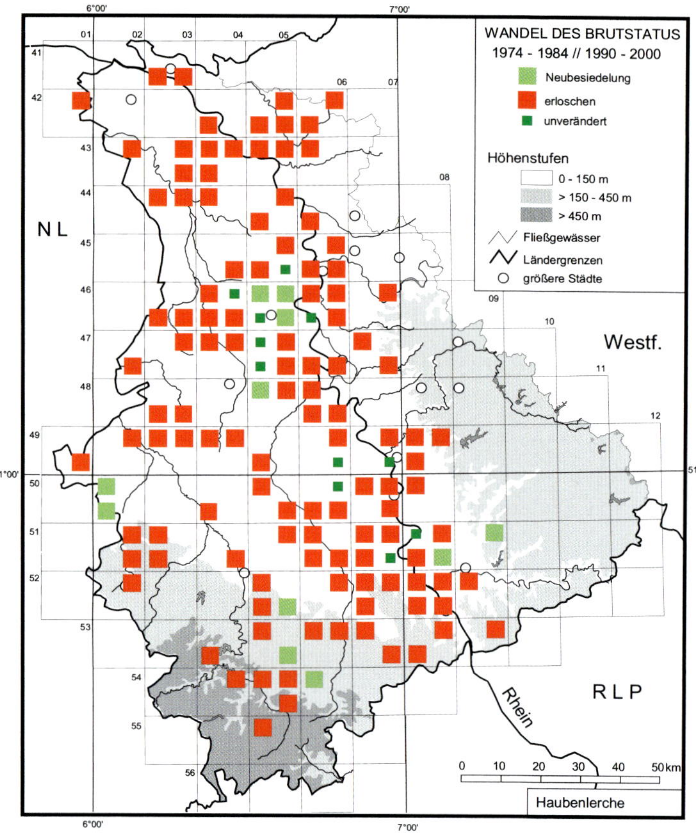

Arealveränderung zwischen 1974-84 und 1990-2000

BRUTVERBREITUNG

Die Haubenlerche wird ausschließlich in urbanen Bereichen angetroffen, wo Ruderalflächen, Industriebrachen, Parkplätze, Industriegebiete und dergleichen besiedelt werden. Während des Kartierungszeitraumes 1990-2000 lagen die Zentren der Brutverbreitung vor allem im Rheintal zwischen Duisburg und Bonn (besonders rund um Krefeld), wobei rechtsrheinisch nur wenige Quadranten besetzt waren; hier könnten klimatische Faktoren eine Rolle spielen (vgl. Kukkuck, Nachtigall). Abseits dieser Gebiete fanden sich nur vereinzelte Vorkommen. Wie bereits in der ersten Kartierung festgestellt, lag die Mehrzahl der Brutplätze in den trockenen und warmen Tieflagen unter 150 m NN. Vorkommen in höheren Lagen (bis 350 m NN) sind die Ausnahme. In den benachbarten Niederlanden (RF = 3 %) und Westfalen (RF = 10 %) sind die Verteilungsgrade ebenfalls gering (NWO 2002, SOVON 2002).

Bilanz der Brutvogelkartierung:

Kategorie [BP]	GF	RF %
1-3	22	5,3
Brutverdacht	8	1,9
Summe	**30**	**7,3**

AREALVERÄNDERUNGEN

Im Rheinland, wie insgesamt in Mitteleuropa, zeichnet sich ein dramatischer Bestandsrückgang und Arealverlust (-76 %) ab, der bereits Mitte des 20. Jahrhunderts begann (MILDENBERGER 1984). Dieser Rückgang führte bereits zum Verschwinden der Art in vielen Bereichen des Untersuchungsgebietes, z. B. gab es in den 1990er Jahren nur noch spärliche Reliktvorkommen zwischen Duisburg und Siegburg (Rückgang der Rasterfrequenz von 32,3 auf 7,7 %). Auch in diesem Hauptverbreitungsgebiet waren viele ehemalige Brutvorkommen erloschen. Ein Bestand von wesentlich mehr als 20-30 Brutpaaren (0,02 - 0,03 BP/km² bezogen auf die besiedelte Fläche) ist für den Erfassungszeitraum in Nordrhein nicht mehr anzunehmen. Aktuell (2005) sind in NRW - somit auch im Rheinland - keine Vorkommen mehr bekannt und die Haubenlerche scheint ausgestorben (JÖBGES in lit.).

Vergleich der Kartierung von 1974-1984 mit 1990-2000:

Kategorie	GF	%	RF %
1 - Nur 1974-84	116	84,0	29,5
2 - Nur 1990-2000	11	8,0	2,8
3 - Gemeinsame GF	11	8,0	2,8
1974-84: 1 & 3	127		32,3
1990-2000: 2 & 3	22		5,6
Veränderung	-105 (-83 %)		-26,7

Die Abnahme ist statistisch signifikant (4-Felder X^2-Test***; Vorzeichentest*; McNemar-Test***). Identitäts-Index (nach SCHERNER 1982): 0,28.

In den NL gingen die Bestände in den letzten drei Jahrzehnten kontinuierlich von 3.000-5.000 BP 1973-77 auf unter 100 BP 1997 zurück (BIJLSMA et al. 2001). Verantwortlich für den Rückgang sind vermutlich Veränderungen in der Landwirtschaft (daher das Verschwinden in vielen ländlichen Gebieten), Verschlechterung der städtischen Lebensräume (Bodenversiegelung, Verlust von Brachflächen) und eventuell auch klimatische Veränderungen (vgl. ZANG & SÜDBECK 2000).

WINTERVERBREITUNG

Der Anteil überwinternder Vögel erscheint deutlich geringer als die Brutverbreitung und die Vorkommen konzentrieren sich im Wesentlichen auf das Niederrheinische Tiefland und Lagen unter 200 m NN. Weite Teile des Brutgebietes werden offensichtlich im Winter geräumt und der Großteil der spärlichen Brutpopulation zieht ab. Erfassungsdefizite aufgrund des bevorzugten Lebensraumes (Parkplätze, Industriegebiete, Schulfhöfe werden in der Regel von den Beobachtern gemieden) sind nicht auszuschließen. Parallel zur Brutbestandsentwicklung ging auch die Verbreitung im Winterhalbjahr seit der ersten Kartierung sehr stark zurück.

Bilanz der Winterkartierung:

Kategorie [Ex.]	GF	RF %
1-10	10	2,9

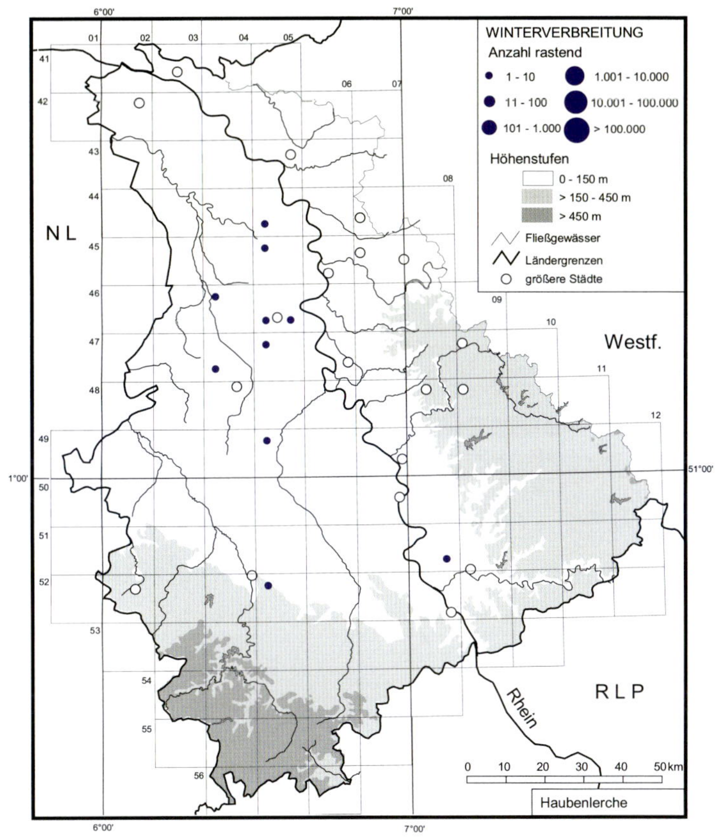

Winterverbreitung 1990-2000

Haubenlerche, *Galerida cristata*. Foto: MATHIAS SCHÄF

Heidelerche *Lullula arborea*

Status: Brutvogel, Durchzügler, Wintergast

Gefährdung:
Rote Liste 2 (stark gefährdet)
SPEC 2 (dezimiert)

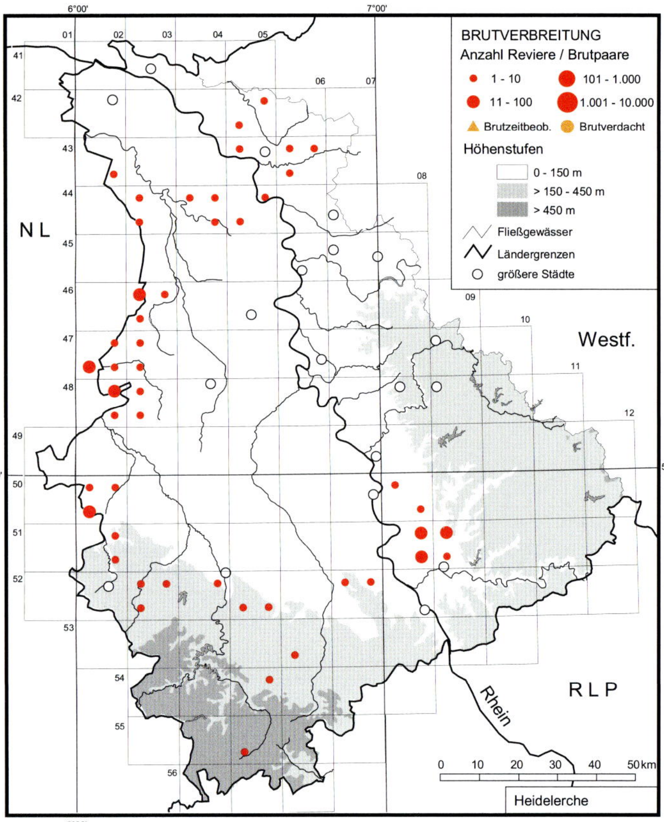

Brutverbreitung 1990-2000

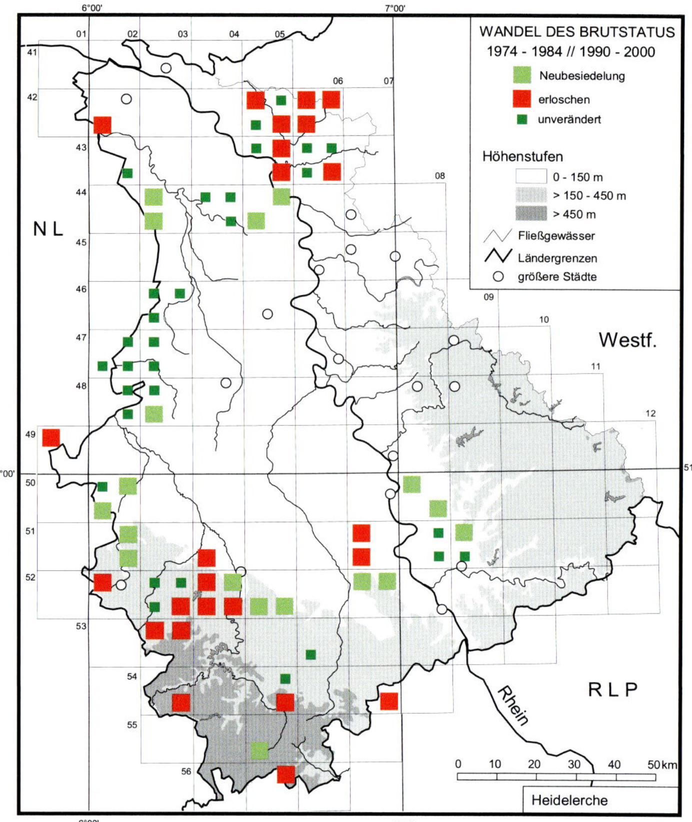

Arealveränderung zwischen 1974-84 und 1990-2000

BRUTVERBREITUNG

Die Heidelerche besiedelt Gitterfelder mit sonnenexponierten offenen vegetationsarmen Flächen (Trockenrasen, Heidegebiete, Lichtungen und Kahlschläge in lockeren Kiefern- oder Eichen-Birken-Wäldern) bevorzugt auf sandigen Böden. Zum Teil werden auch landwirtschaftlich genutzte Flächen besetzt (Venne 2003). Die rheinischen Verbreitungsschwerpunkte befinden sich im Schwalm-Nette-Gebiet und an den Übergängen der Niederrheinischen Bucht zu den Mittelgebirgen von Eifel und Süderbergland (Wahner Heide; vgl. Jöbges & Conrad 1999). Bis auf eine Ausnahme lagen alle Vorkommen unter 400 m NN. Während die Art in den NL mit einem Verteilungsgrad von 26 % deutlich weiter verbreitet ist (SOVON 2002), wurde in Westfalen eine ähnliche Verbreitungsdichte wie in Nordrhein festgestellt (RF = 11 %; NWO 2002).

AREALVERÄNDERUNGEN

In den NL ließ sich in den letzten drei Jahrzehnten eine deutliche Zunahme von 1.000-1.200 BP 1973-77 auf 5.000-6.000 BP 1998-2000 durch Verbesserung des Lebensraumangebotes beobachten (SOVON 2002). Währendessen setzt sich im Rheinland (wie auch in Westfalen; NWO 2002) der bereits in der ersten Kartierung festgestellte Trend zur Bestandsabnahme weiter fort. Die Veränderungen sind statistisch nicht signifikant und pendeln sich auf niedrigem Niveau ein. Starke Arealverluste sind am nördlichen Niederrhein und in der westlichen Voreifel zu verzeichnen, die aber durch Neuansiedlungen an anderer Stelle in der Gesamtbilanz teilweise ausgeglichen wurden. Für NRW wird ein Bestand von 700-750 Brutpaaren angenommen (Jöbges & Conrad 1999), wovon 250-320 Paare (0,15 - 0,19 BP/km² bezogen auf die besiedelte Fläche) auf den Landesteil Nordrhein entfallen. Alleine 15 % der nordrhein-westfälischen Heidelerchen (115 BP) brüten im ehemaligen Munitionsdepot Brüggen-Bracht, Kreis Viersen (Kolshorn & Klein 1999). In weiten Teilen Deutschlands verläuft die Entwicklung ähnlich negativ wie in NRW (Bauer & Berthold 1996).

Bilanz der Brutvogelkartierung:

Kategorie [BP]	GF	RF %
1-10	43	10,4
11-20	9	2,2
Summe	**52**	**12,6**

Vergleich der Kartierung von 1974-1984 mit 1990-2000:

Kategorie	GF	%	RF %
1 - Nur 1974-84	24	33,3	6,1
2 - Nur 1990-2000	18	25,0	4,6
3 - Gemeinsame GF	30	41,7	7,6
1974-84: 1 & 3	54		13,7
1990-2000: 2 & 3	48		12,2
Veränderung	-6 (-11%)		-1,5

Identitäts-Index (nach Scherner 1982): 0,59.

WINTERVERBREITUNG

Die Heidelerche überwintert vor allem in Südwesteuropa. Im Rheinland sind Winterbeobachtungen sehr selten (vgl. auch MILDENBERGER 1984) und auf die klimatisch günstigen Brutgebiete in der Schwalm-Nette-Niederung beschränkt. Im Gegensatz zu den Niederlanden (BIJLSMA et al. 2001) kann die Art bei uns nicht als regelmäßiger Wintergast bezeichnet werden, wobei die rheinischen Beobachtungen durchaus auf die niederländisch-belgische Winterpopulation zurückgehen könnten. Ein Teil der Beobachtungen betrifft zudem eher frühe Durchzügler, da die Heidelerche in milden Jahren bereits Ende Januar/Anfang Februar in die Brutgebiete zurückkehrt.

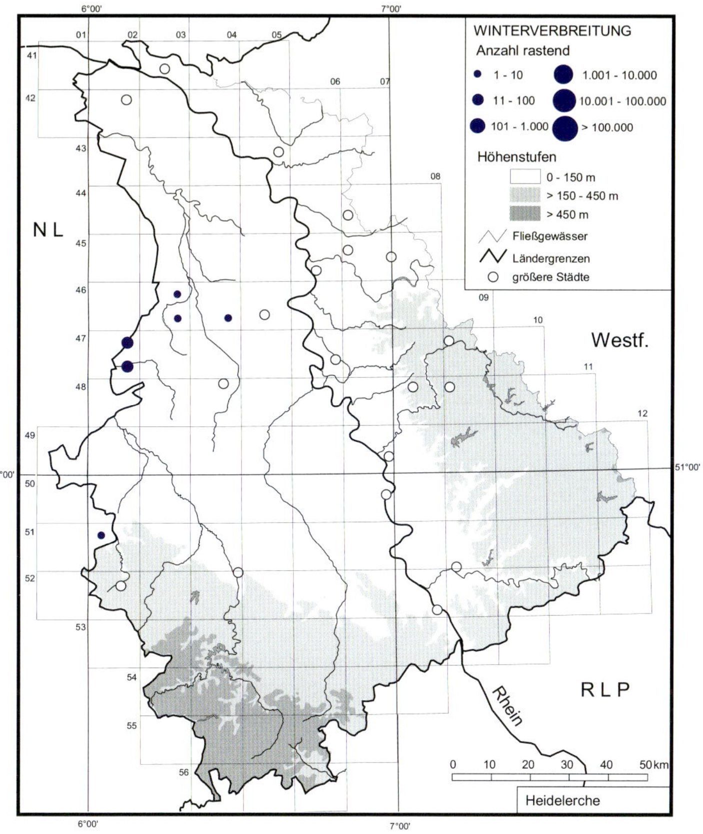

Winterverbreitung 1990-2000

Bilanz der Winterkartierung:

Kategorie [Ex.]	GF	RF %
1-10	4	1,2
11-20	2	0,6
Summe	**6**	**1,8**

Heidelerche, *Lullula arborea*. Foto: JUHA NIEMI

Feldlerche *Alauda arvensis*

Status: Brutvogel, Durchzügler, Wintergast

Gefährdung:
Rote Liste V (zurückgehend)
SPEC 3 (dezimiert)

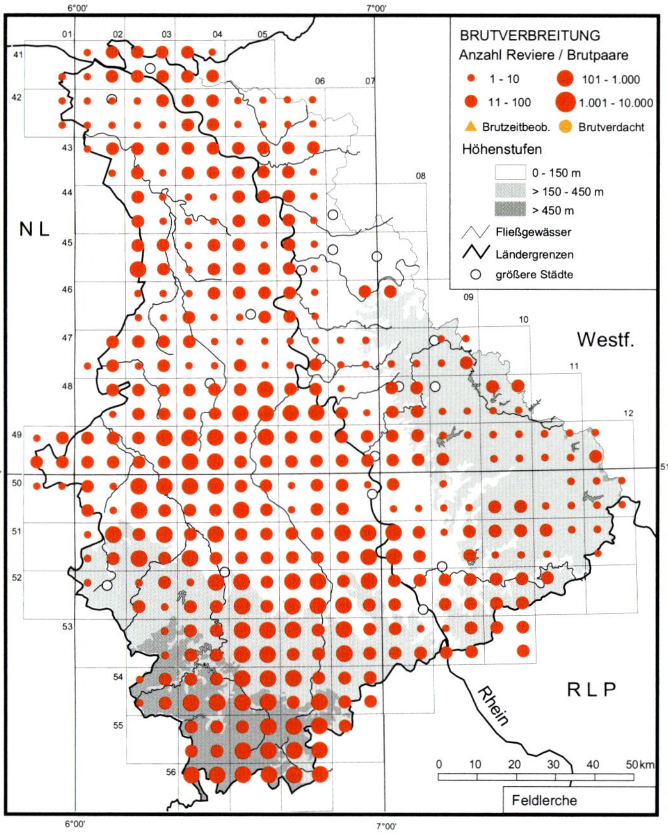

Brutverbreitung 1990-2000

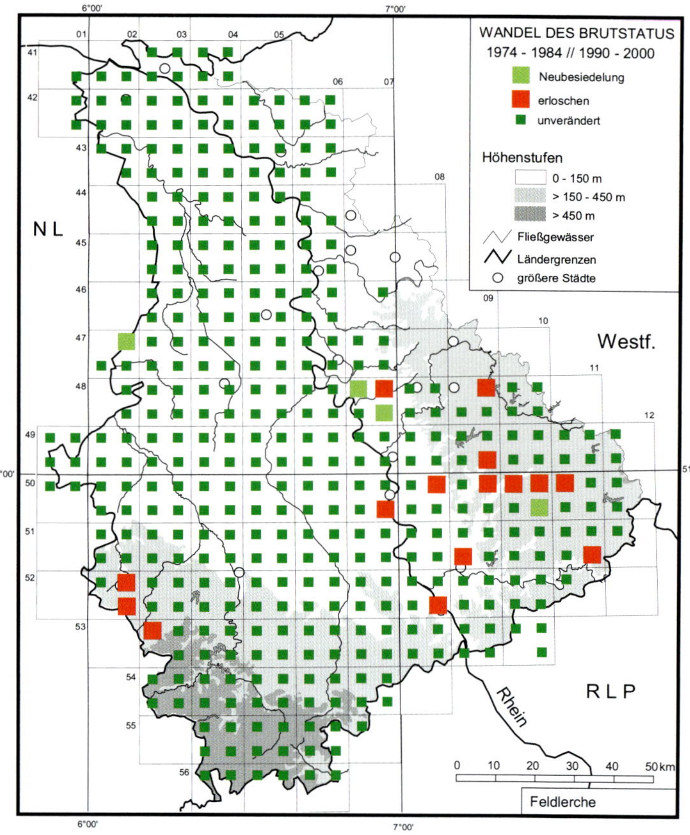

Arealveränderung zwischen 1974-84 und 1990-2000

BRUTVERBREITUNG

Die Feldlerche ist fast flächendeckend verbreitet, insbesondere in Quadranten mit landwirtschaftlicher Nutzung (Ackerbau und Grünland). Kleinere Lücken existieren lediglich in den stärker bewaldeten Hochlagen der Mittelgebirge (Eifel und Bergisches Land). Sie ist in den benachbarten NL (RF = 91 %; SOVON 2002) und in Westfalen (RF = 99 %) ebenfalls stark verbreitet (NWO 2002).

AREALVERÄNDERUNGEN

Im Vergleich zur ersten Kartierung ist ein leichter Arealverlust besonders im Bereich der rechtsrheinischen Mittelgebirgslagen feststellbar (s. a. Herkenrath & Flosbach 2000, Skiba 1993). Durch Aufforstung ehemals landwirtschaftlich genutzter Flächen, Verlust extensiv genutzten Grünlandes und Veränderungen der landwirtschaftlichen Nutzung (z. B. Umstellung von Sommer- auf Wintergetreide, Düngemittel- und Pestizideinsatz; Schläpfer 1988, Jenny 1990, Berndt et al. 2002, Donald 2004) gehen die Brutbestände stark zurück. Aber auch in noch besiedelten Bereichen sind regional Bestandsabnahmen spürbar (Intensivierung der Landwirtschaft), die aber meist noch nicht durch Arealverluste belegt werden können. Die Feldlerche zeigt aktuell europaweit dramatische Bestandsrückgänge (Donald 2004, Gregory et al. 2004), und diese Tendenz wird - nicht nur im Rheinland - lediglich durch die fast flächendeckende Verbreitung verdeckt. Für den bearbeiteten Zeitraum kann für die Region Nordrhein ein geschätzter Bestand von 24.900-46.200 Brutpaaren (1,9 - 3,6 BP/km² bezogen auf die besiedelte Fläche) angenommen werden. In den Niederlanden gingen die Bestände von 500.000-750.000 BP 1973-77 auf 50.000-70.000 BP 1998-2000 zurück (SOVON 2002). Im Rheinland dürfte die Entwicklung vergleichbar verlaufen; in Westfalen gab es z. T. Bestandsrückgänge um 50 % (NWO 2002). Deshalb sollte die weitere Bestandsentwicklung der Art, obwohl sie heute noch recht verbreitet ist, genauer erfasst werden.

Bilanz der Brutvogelkartierung:

Kategorie [BP]	GF	RF %	Minimum [BP]
1-10	124	30,0	124
11-100	202	48,9	2.222
101-1.000	65	15,7	6.565
Summe	**391**	**94,7**	**8.911**

Vergleich der Kartierung von 1974-1984 mit 1990-2000:

Kategorie	GF	%	RF %
1 - Nur 1974-84	15	3,8	3,8
2 - Nur 1990-2000	4	1,0	1,0
3 - Gemeinsame GF	373	95,2	94,9
1974-84: 1 & 3	388		98,7
1990-2000: 2 & 3	377		95,9
Veränderung	-11 (-3 %)		-2,8

Die Abnahme ist statistisch signifikant (4-Felder X^2-Test*; Vorzeichentest*; McNemar-Test*). Identitäts-Index (nach Scherner 1982): 0,98.

WINTERVERBREITUNG

Im Winter ist die Verbreitung auf die niedrigeren Lagen (unter 400 m NN) beschränkt und die Mittelgebirge werden weitgehend geräumt. Dies erklärt die im Vergleich zur Brutzeit deutlich geringere Verbreitungsdichte im Winter. Zu größeren Konzentrationen kommt es in landwirtschaftlich intensiver genutzten Gebieten des Schwalm-Nette-Tieflandes, Voreifel und Kölner Bucht. Inwieweit es sich bei den Wintervorkommen um rheinische Brutvögel handelt ist unklar, aber ein Zuzug nördlicher Populationen ist sehr wahrscheinlich. Bei starken Kälteeinbrüchen und Schneefall werden auch die Niederungsgebiete zumindest teilweise verlassen. Ein Teil der Beobachtungen geht bereits auf frühe/späte Durchzügler/Brutvögel in milden Jahren zurück, da die Reviere unter Umständen bereits im Januar besetzt werden können (MILDENBERGER 1984). Im Vergleich zur ersten Kartierung zeigen sich keine Unterschiede in der Verbreitung.

Bilanz der Winterkartierung:

Kategorie [Ex.]	GF	RF %
1-10	65	17,8
11-100	112	30,7
101-1.000	38	10,4
1.001-10.000	2	0,6
Summe	**217**	**59,5**

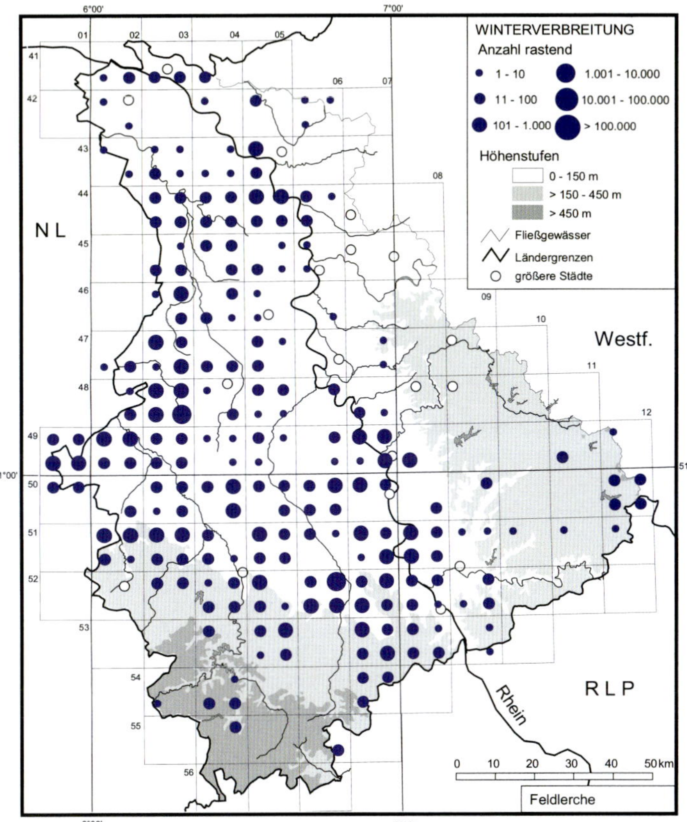

Winterverbreitung 1990-2000

Feldlerche, *Alauda arvensis*. Foto: MATHIAS SCHÄF

Uferschwalbe *Riparia riparia*

Status: Brutvogel, Durchzügler

Gefährdung:
Rote Liste 3 (gefährdet)
SPEC 3 (dezimiert)

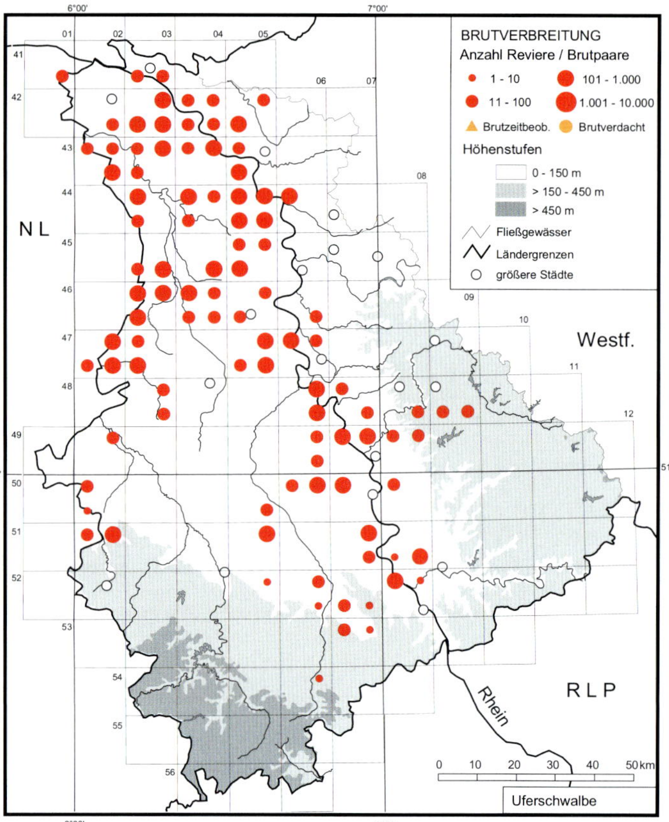

Brutverbreitung 1990-2000

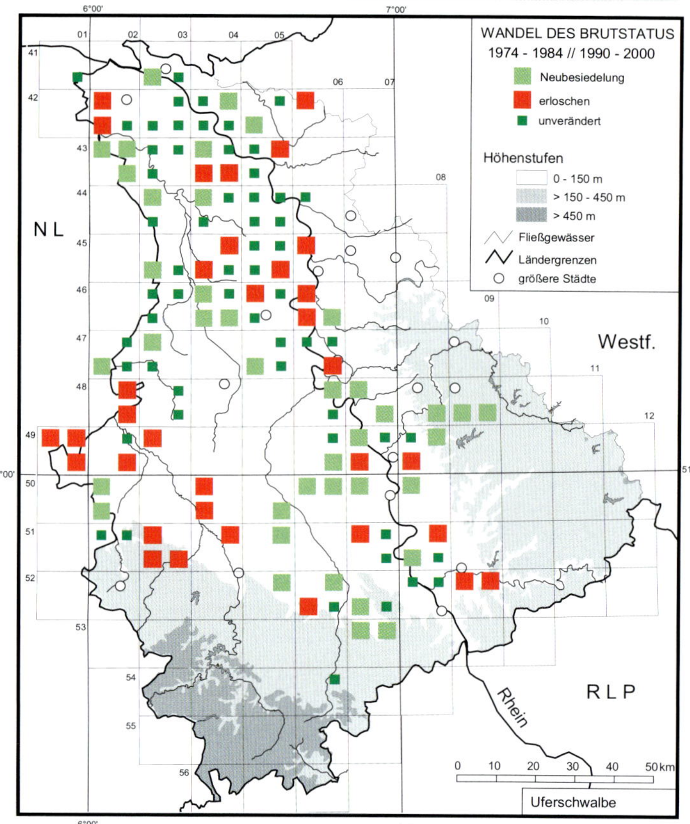

Arealveränderung zwischen 1974-84 und 1990-2000

BRUTVERBREITUNG

Die Koloniestandorte befinden sich in den Abbaugebieten alluvialer Böden (pleistozäne Sande mit geringem Ton- und Lehmanteil) in den Flussniederungen von Rhein, Sieg, Ruhr, Lippe, Rur, Erft, Schwalm, Nette und Niers. Der Verbreitungsschwerpunkt liegt im Niederrheinischen Tiefland und zieht sich von dort entlang des Rheins nach Süden. Es gibt kaum Vorkommen über 150 m NN. Während in den NL ein vergleichbarer Verteilungsgrad ermittelt wurde (RF = 24 %; SOVON 2002), zeigte sich in Westfalen aufgrund des geringeren Brutplatzangebotes eine niedrigere Rasterfrequenz (RF = 13 %; NWO 2002).

AREALVERÄNDERUNGEN

Das besiedelte Gesamtareal hat sich zwischen beiden Kartierungsperioden kaum verändert. Allerdings zeigt sich eine hohe Umsiedlungsrate (Identitäts-Index bei nahezu identischem Verteilungsgrad nur 0,62) und starke jährliche Fluktuationen des Brutbestandes sind die Regel (NWO 2002). Bedingt durch die temporären Abbautätigkeiten werden Kolonien häufig aufgegeben und an anderer Stelle neu gegründet. Dies kann zum lokalen Verschwinden der Art führen. Der ermittelte Gesamtbestand für den Landesteil Nordrhein von 6.591 Brutröhren in 101 Kolonien in 1998 (LOSKE et al. 1999) zeigt im Vergleich zu den frühen 1980er Jahren überwiegend leicht negative Entwicklungen. Am Unteren Niederrhein sind Bestandseinbrüche von über 40 % dokumentiert, im Kreis Heinsberg sogar um 80-90 %. Andernorts (z. B. Kreis Viersen) wurden bereits vor 1980 starke Rückgänge festgestellt und der Bestand hat sich anschließend auf niedrigerem Niveau stabilisiert (LOSKE et al. 1999). Eine Reihe natürlicher und anthropogener Faktoren sind direkt und indirekt für die festgestellten Rückgänge verantwortlich: Fließgewässerbegradigungen, Instabilität der Brutplätze, Prädation, Störungen durch Freizeitbetrieb, Klima (kühle, regnerische Sommer; Hochwasser), Meliorationen und Verluste auf dem Zug und im Winterquartier (LOSKE et al. 1999). In den NL haben sich die Bestände nach starken Rückgängen in den 1970er/1980er Jahren durch Zunahme von Erdbauarbeiten wieder erholt (SOVON 2002).

Bilanz der Brutvogelkartierung:

Kategorie [BP]	GF	RF %	Minimum [BP]
1-10	8	1,9	8
11-100	52	12,6	572
101-1.000	39	9,4	3.939
Summe	**99**	**24,0**	**4.519**

Vergleich der Kartierung von 1974-1984 mit 1990-2000:

Kategorie	GF	%	RF %
1 - Nur 1974-84	34	25,6	8,7
2 - Nur 1990-2000	40	30,1	10,2
3 - Gemeinsame GF	59	44,3	15,0
1974-84: 1 & 3	93		23,7
1990-2000: 2 & 3	99		25,2
Veränderung	+6 (+6,5 %)		+1,5

Identitäts-Index (nach SCHERNER 1982): 0,61.

Rauchschwalbe *Hirundo rustica*

Status: Brutvogel, Durchzügler

Gefährdung:
Rote Liste 3 (gefährdet)
SPEC 3 (dezimiert)

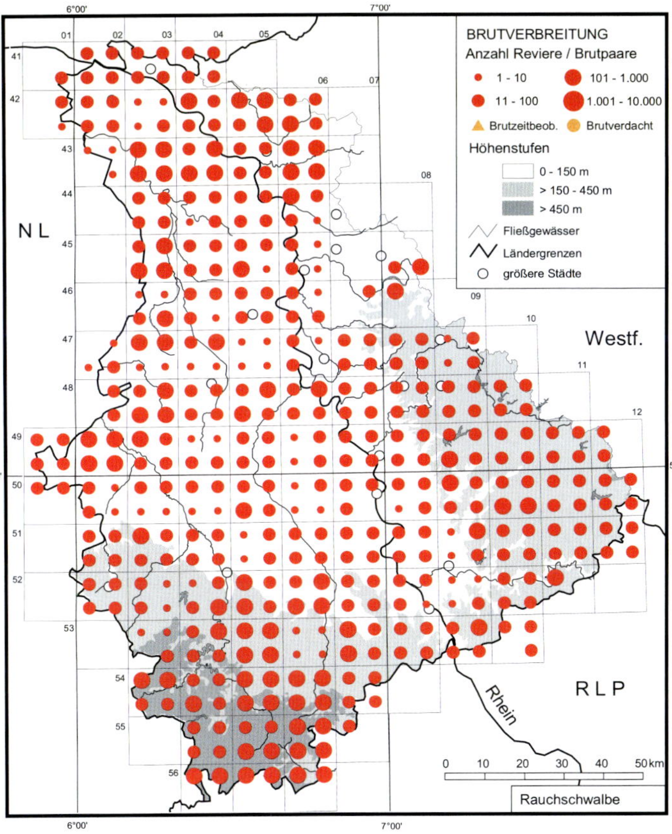

Brutverbreitung 1990-2000

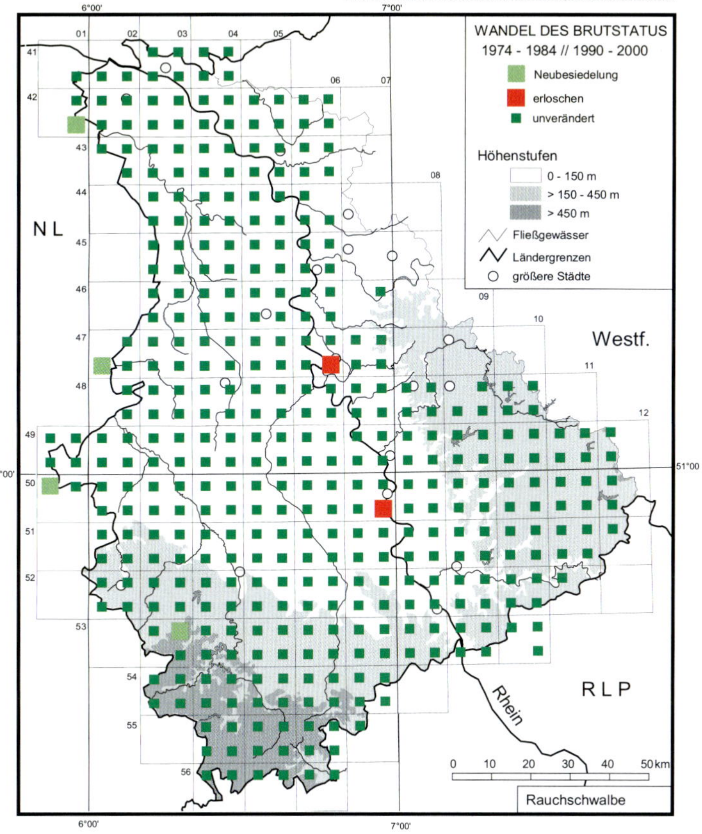

Arealveränderung zwischen 1974-84 und 1990-2000

BRUTVERBREITUNG

Die Rauchschwalbe ist mit Schwerpunkten in landwirtschaftlichen Gebieten (Viehhaltung) und entsprechenden Gebäuden (Ställe) flächendeckend stark verbreitet. Lokal gibt es kleinräumige Lücken in geschlossenen Waldgebieten und modernen Wohnsiedlungen. Die höchsten Dichten werden im Bereich des Niederrheinischen Tieflandes, der Niederrheinischen Bucht und Teilen der Eifel mit ausgeprägter Weidetierhaltung erreicht. Auch in Westfalen (RF = 99 %) und den NL (RF = 94 %) ist sie fast flächendeckend verbreitet (NWO 2002, SOVON 2002).

AREALVERÄNDERUNGEN

Bereits in den 1960er und 1970er Jahren wurden durch den Strukturwandel in der Landwirtschaft bedingte Bestandsabnahmen auch im Rheinland beobachtet, die Situation stabilisierte sich aber Anfang der 1980er Jahre in NRW teilweise wieder (Mildenberger 1984), während die Rückgänge andernorts anhielten (Loske & Lederer 1987). Zwischen den beiden Kartierungsperioden hat sich das Brutareal zwar kaum verändert, doch werden vielfach weitere Bestandsrückgänge gemeldet (vgl. auch SOVON 2002, NWO 2002, Skiba 1993). Im Raum Leverkusen ging der Bestand von 1960 bis 1995 um etwa 70 % zurück (Brombach 1997). Durch die Verschlechterung der Lebensbedingungen (z. B. reduziertes Nistplatz- und Nahrungsangebot) und den generellen Rückgang landwirtschaftlicher Betriebe hat der Bestand z. B. in Mittelwestfalen um über 50 % abgenommen (Marchant et al. 1990, Tucker & Heath 1994, Nottmeyer-Linden et al. 1997, Loske 1998). Da die Art fast alle Gitterfelder besetzt hat, machen sich diese Bestandsveränderungen noch nicht in einer Reduktion des Verbreitungsareals bemerkbar. Gefährdungen auf den Zugwegen und in den afrikanischen Winterquartieren spielen ebenfalls eine Rolle (Bauer & Berthold 1996, Loske 1996). Für den Erfassungszeitraum wird ein rheinischer Bestand von ca. 32.000-59.500 Brutpaaren angenommen (2,4 - 4,4 BP/km² bezogen auf die besiedelte Fläche). Eine vergleichbare Dichte (2,2 - 5,4 BP/km²) wurde auch im Landesteil Westfalen ermittelt (NWO 2002). Im Kreis Wesel wurden 1996 insgesamt 4.232 Brutpaare gezählt und eine rückläufige Entwicklung konstatiert (Conrad & Steinhoff 1999).

Bilanz der Brutvogelkartierung:

Kategorie [BP]	GF	RF %	Minimum [BP]
1-10	60	14,5	60
11-100	268	64,9	2.948
101-1.000	83	20,1	8.383
Summe	**411**	**99,5**	**11.391**

Vergleich der Kartierung von 1974-1984 mit 1990-2000:

Kategorie	GF	%	RF %
1 - Nur 1974-84	2	0,5	0,5
2 - Nur 1990-2000	4	1,5	1,0
3 - Gemeinsame GF	387	98,5	98,5
1974-84: 1 & 3	389		99,0
1990-2000: 2 & 3	391		99,5
Veränderung	+2 (+0,5 %)		+0,5

Identitäts-Index (nach Scherner 1982): 0,99.

Rauchschwalben, *Hirundo rustica*. Foto: MATHIAS SCHÄF

Mehlschwalbe, *Delichon urbicum*. Foto: MATHIAS SCHÄF

Mehlschwalbe *Delichon urbicum*

Status: Brutvogel, Durchzügler

Gefährdung:
Rote Liste V (zurückgehend)
SPEC 3 (zurückgehend)

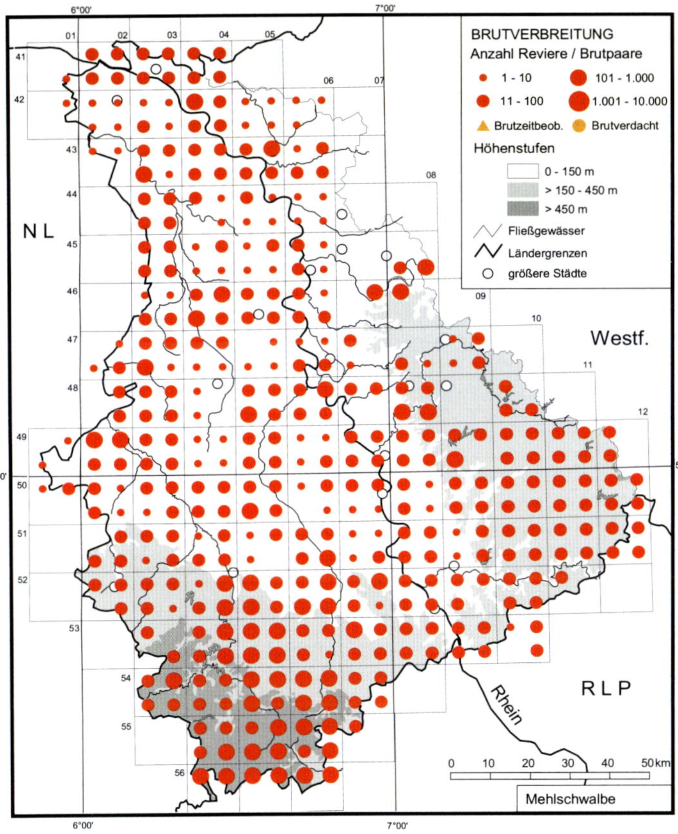

Brutverbreitung 1990-2000

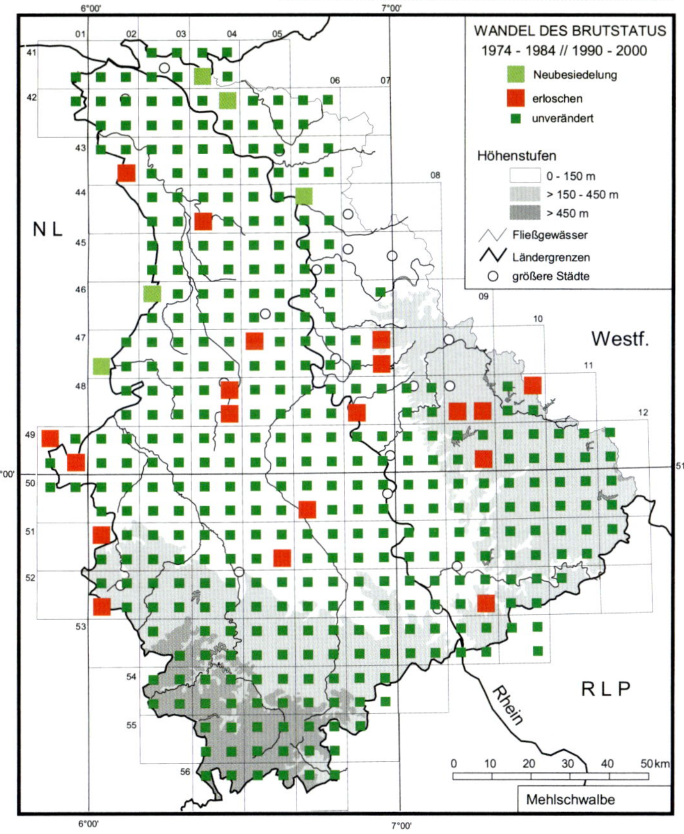

Arealveränderung zwischen 1974-84 und 1990-2000

BRUTVERBREITUNG

Die Mehlschwalbe ist nahezu flächendeckend und stark verbreitet. Sie kommt in allen Arten menschlicher Siedlungen vor. Die höchsten Dichten werden aus den höheren Lagen der Mittelgebirge (Eifel, Süderbergland) und entlang der deutsch-niederländischen Grenze gemeldet, während die Verbreitung in den Tieflagen vielfach lückenhafter erscheint. Dies steht im Widerspruch zu den Ergebnissen aus der ersten Kartierung und der Situation in Westfalen, wo die Besiedlung sehr homogen ist (NWO 2002). Zwar ist der bevorzugte Lebensraum in den Niederungsgebieten weiter verbreitet, aber möglicherweise ist das Nahrungsangebot dort schlechter (Luftverschmutzung) oder es fehlt aufgrund der stärkeren Bodenversiegelung an Nistmaterial. Generell nimmt der Verbreitungsgrad von Westfalen (RF = 99 %) über das Rheinland (RF = 95,5 %) zu den NL (RF = 86 %) ab (NWO 2002, SOVON 2002).

AREALVERÄNDERUNGEN

Der Vergleich der Ergebnisse aus den beiden Kartierungsperioden zeigt einen leichten aber statistisch signifikanten Arealverlust (-3,7 %). Ob es sich hier um langfristige Veränderungen oder nur um typische kurzfristige Bestandsfluktuationen handelt, kann anhand der vorliegenden Daten nicht entschieden werden. Historisch gab es immer mal wieder Phasen mit rückläufigen Tendenzen (z. B. 1950-1965), gefolgt von Perioden mit positiver Entwicklung (1965-1980; MILDENBERGER 1984). Rückgänge werden in neuerer Zeit aber auch aus anderen Regionen gemeldet und die Gesamtsituation wird negativ beurteilt, wobei regional gegenläufige Entwicklungen die Beurteilung erschweren (MILDENBERGER 1984, BAUER & BERTHOLD 1996, NWO 2002). Für das Rheinland wird der Bestand im Kartierungszeitraum auf 24.300-45.100 Brutpaare geschätzt (1,9 - 3,5 BP/km² bezogen auf die besiedelte Fläche). Ähnlich wie in den Niederlanden scheint der Bestand trotz relativ geringer Arealveränderungen deutlich zurückzugehen (vgl. SOVON 2002). Zumindest lokal haben sich in manchen Gegenden die Lebensbedingungen qualitativ verschlechtert (s. oben), aber auch Verluste auf den Zugwegen und in den Überwinterungsgebieten sind zu beachten.

Bilanz der Brutvogelkartierung:

Kategorie [BP]	GF	RF %	Minimum [BP]
1-10	89	21,5	89
11-100	243	58,8	2.673
101-1.000	54	13,1	5.454
Summe	**386**	**93,5**	**8.216**

Vergleich der Kartierung von 1974-1984 mit 1990-2000:

Kategorie	GF	%	RF %
1 - Nur 1974-84	19	4,9	4,8
2 - Nur 1990-2000	5	1,3	1,0
3 - Gemeinsame GF	364	93,8	92,6
1974-84: 1 & 3	383		97,6
1990-2000: 2 & 3	369		93,9
Veränderung	-14 (-3,7 %)		-3,7

Die Abnahme ist statistisch signifikant (4-Felder X^2-Test*; Vorzeichentest*; McNemar-Test**). Identitäts-Index (nach SCHERNER 1982): 0,97.

Brachpieper *Anthus campestris*

Status: ehemaliger Brutvogel, Durchzügler

Gefährdung:
Rote Liste 0 (ausgestorben)
SPEC 3 (zurückgehend)

BRUTVERBREITUNG

Aus dem Bearbeitungszeitraum liegen Brutzeitbeobachtungen nur noch aus dem Gebiet der Wahner Heide (Bergisches Land, TK 5109) vor. In Westfalen gab es in den 1990er Jahren keine Vorkommen mehr und die letzte nachweisliche Brut in NRW stammt aus dem Jahr 1984 (Nottmeyer-Linden et al. 1997, NWO 2002). In den NL gelten aktuell ebenfalls nur noch 1 % der Gitterfelder als besetzt (SOVON 2002).

AREALVERÄNDERUNGEN

Die ehemaligen Brutvorkommen in offenen Heide- und Braunkohlen-Abbaugebieten sind mittlerweile alle erloschen und es ist unwahrscheinlich, dass die Art überhaupt noch im Rheinland brütet. Mitte der 1950er Jahre brüteten noch 85-97 Paare am Unteren Niederrhein, 1970 war diese Population erloschen; ähnlich verlief die Entwicklung in den anderen Verbreitungsschwerpunkten (Heidegebiete im deutsch-niederländischen Grenzbereich, Braunkohlengebiet), wo Anfang der 1980er Jahre nur noch wenige Vorkommen persistierten (Mildenberger 1984). In den Nachbarländern sind die Entwicklungen ähnlich rückläufig (z. B. SOVON 2002, van Tuinhorst in prep.). In den NL nahm der Bestand von 75-90 BP 1973-77 auf 25-30 BP 1998-2000 ab (SOVON 2002). Die Rückgangsursachen sind in erster Linie dem Habitatverlust (z. B. Aufforstungen, fortschreitende Sukzession), Klimaveränderungen und wohl auch Problemen in den Durchzugs- und Überwinterungsgebieten zuzuschreiben (Bauer & Berthold 1996).

Vergleich der Kartierung von 1974-1984 mit 1990-2000:

Kategorie	GF	%	RF %
1 - Nur 1974-84	6	100,0	1,5
2 - Nur 1990-2000	0	0	0
3 - Gemeinsame GF	0	0	0
1974-84: 1 & 3	6		1,5
1990-2000: 2 & 3	0		0
Veränderung	-6 (-100 %)		-1,5

Die Abnahme ist statistisch signifikant (4-Felder X^2-Test*; Vorzeichentest*; McNemar-Test*).

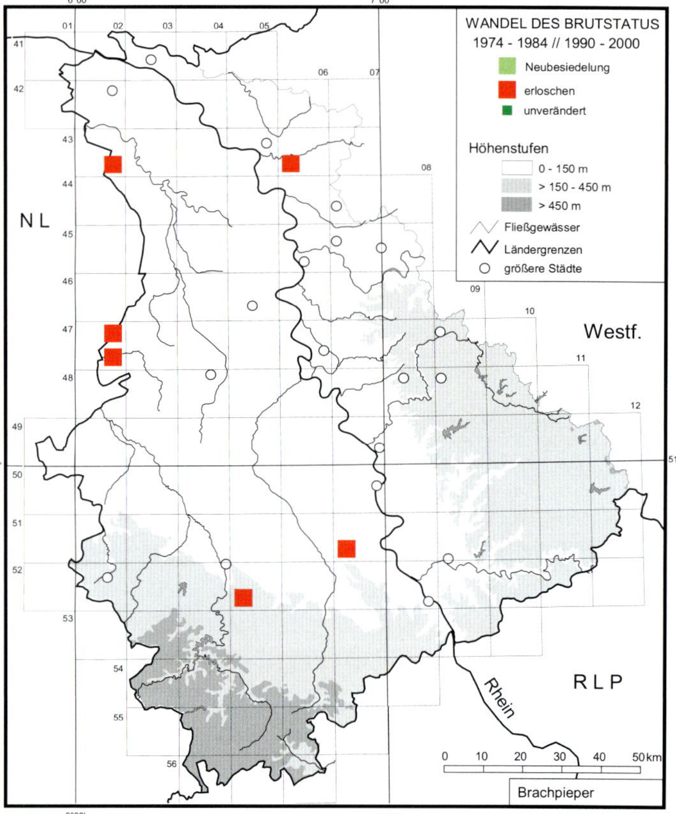

Arealveränderung zwischen 1974-84 und 1990-2000

Brachpieper, *Anthus campestris*. Foto: Mathias Schäf

Bergpieper *Anthus spinoletta*

Status: Durchzügler, Wintergast

Gefährdung:
Non-SPEC (nicht gefährdet)

WINTERVERBREITUNG

Beobachtungen liegen aus zahlreichen Feuchtgebieten der Tieflagen (Schwalm-Nette-Niederung, Kölner Bucht zwischen Erft und Sieg) aber auch aus den mittleren Höhenlagen (150-300 m NN) vor, während die extremen Hochlagen der Mittelgebirge im Winter nicht besucht werden. Erfassungsdefizite aufgrund der Schwierigkeiten bei der (akustischen) Bestimmung (Verwechslung mit Wiesenpieper) sind wahrscheinlich (z. B. Unterer Niederrhein; auf holländischer Seite relativ häufig und verbreitet). Die Zahlen unterliegen jährlich starken Fluktuationen, erreichen an Schlafplätzen (z. B. Krickenbecker Seen) aber nicht selten 50-100 Ex. MILDENBERGER (1984) schätzte den rheinischen Winterbestand auf 100-200 Vögel, während heute eher von 200-400 Exemplaren auszugehen ist. Am holländischen Niederrhein ging der Winterbestand an 13 Rastplätzen von 2.000-2.500 Exemplaren in den 1970ern auf <1.000 in den 1980ern deutlich zurück, stieg anschließend aber wieder auf mehrere tausend Vögel an (BIJLSMA et al. 2001).

Für ein Auftreten des ähnlichen **Strandpiepers** *Anthus petrosus* im Rheinland gibt es in neuerer Zeit bisher keine gesicherten Anhaltspunkte.

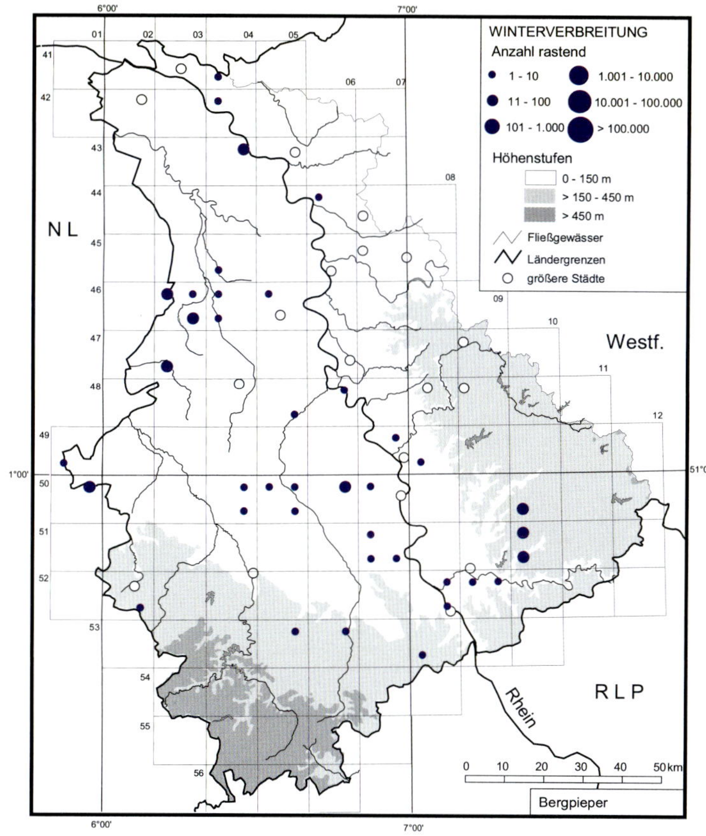

Winterverbreitung 1990-2000

Bilanz der Winterkartierung:

Kategorie [Ex.]	GF	RF %
1-10	30	7,7
11-100	9	2,3
Summe	**39**	**10,0**

Bergpieper, *Anthus spinoletta*. Foto: MATHIAS SCHÄF

Wiesenpieper *Anthus pratensis*

Status: Brutvogel, Durchzügler, Wintergast

Gefährdung:
Rote Liste 3 (gefährdet)
Non-SPEC^{E} (nicht gefährdet)

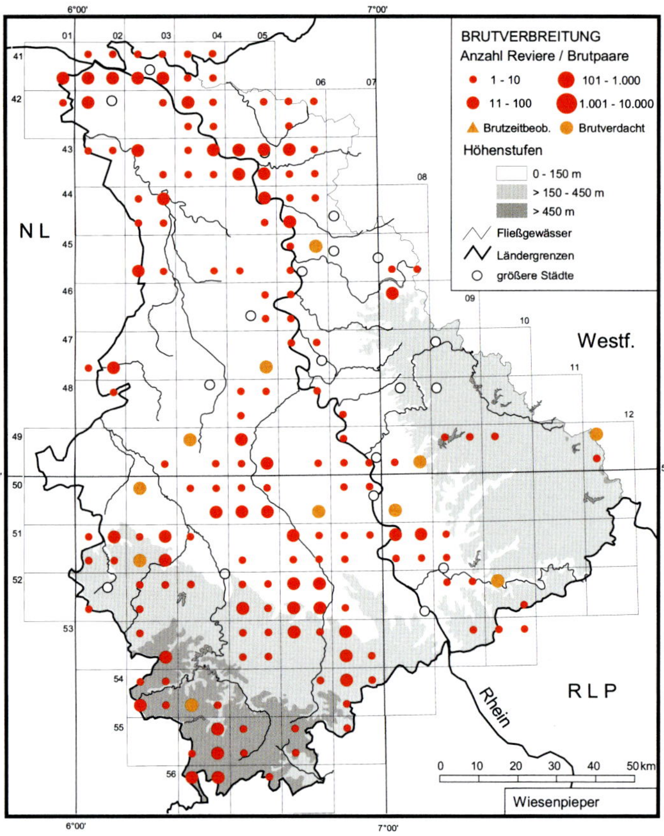

Brutverbreitung 1990-2000

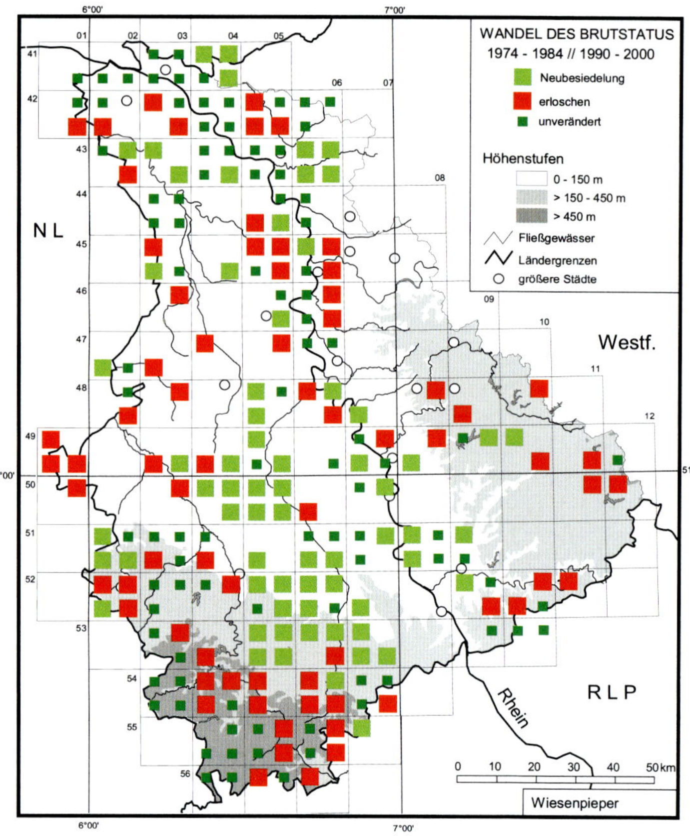

Arealveränderung zwischen 1974-84 und 1990-2000

BRUTVERBREITUNG

Die Vorkommen des Wiesenpiepers sind auf Gitterfelder mit Feuchtwiesen, Weide- und Dauergrünland beschränkt. Entsprechend der Verteilung dieser Habitate liegen die Schwerpunkte der Verbreitung im Bereich der Mittelgebirge (Eifel und Voreifel/Zülpicher Börde) sowie am Unteren Niederrhein, letztere als Ausläufer der niederländischen Population (RF = 88 %; SOVON 2002). Kleinere Vorkommen existieren in den Tieflagen an Niers, Nette, Schwalm und Erft. Größere Verbreitungslücken befinden sich im rechtsrheinischen Bergischen Land, den stärker bewaldeten Teilen der Eifel und landwirtschaftlich intensiv genutzten Bereichen der Niederungen. Im benachbarten Westfalen ist die Art weiter verbreitet (RF = 61 %; NWO 2002).

AREALVERÄNDERUNGEN

Das Gesamtverbreitungsareal hat sich im Vergleich zur ersten Kartierung kaum verändert, aber es zeigt sich eine hohe Umsiedlungsrate (Identitäts-Index bei nahezu identischem Verteilungsgrad nur 0,59). Während diese Umsiedlungen in den Niederungsgebieten sehr lokal und eher kleinräumig erfolgten, zeigt sich in den Mittelgebirgen (Eifel) eine deutliche Verlagerung vieler Brutplätze von den höheren Lagen (> 450 m NN) in niedrigere Höhen (150-450 m NN). Vom Unteren Niederrhein wurden starke Bestandsrückgänge mitgeteilt (Mooij 1997). Gleiches gilt für den Kreis Euskirchen, wo die Bestände infolge fortschreitender Sukzession abnahmen (Rieck 1996). Für den Kartierungszeitraum ergibt sich in Nordrhein ein geschätzter Brutbestand von 680-1.600 Paaren (0,11 - 0,27 BP/km² bezogen auf die besiedelte Fläche). Verglichen mit der groben Schätzung von 2.120-2.500 Brutpaaren Anfang der 1980er Jahre ein deutlicher Rückgang (Mildenberger 1984). Vielerorts nehmen die Bestände durch Intensivierung der Landwirtschaft (Habitatverluste, Grünlanddüngung) langfristig ab (Hötker 1990, Grummt & Wink 1991, Nabu 2004).

Bilanz der Brutvogelkartierung:

Kategorie [BP]	GF	RF %	Minimum [BP]
1-10	122	29,5	122
11-20	47	11,4	517
Brutverdacht	11	2,7	
Summe	**180**	**43,6**	**639**

Vergleich der Kartierung von 1974-1984 mit 1990-2000:

Kategorie	GF	%	RF %
1 - Nur 1974-84	70	30,2	17,8
2 - Nur 1990-2000	66	28,4	16,8
3 - Gemeinsame GF	96	41,4	24,4
1974-84: 1 & 3	166		42,2
1990-2000: 2 & 3	162		41,2
Veränderung	-4 (-2,4%)		-1,0

Identitäts-Index (nach Scherner 1982): 0,59.

WINTERVERBREITUNG

Die Hochlagen über 400 m NN werden im Winter nahezu komplett geräumt und der Winterbestand, der durch Zuzug aus nord- und nordosteuropäischen Brutgebieten verstärkt wird, konzentriert sich in den klimatisch günstigeren Tieflagen der Niederrheinischen Bucht und des Niederrheinischen Tieflandes. Besonders das Schwalm-Nette-Gebiet und die Flussniederungen von Rur, Erft und Rhein weisen höhere Bestände auf. In harten Wintern werden auch diese Gebiete geräumt. In den NL fluktuiert der Winterbestand ebenfalls witterungsbedingt (BIJLSMA et al. 2001).

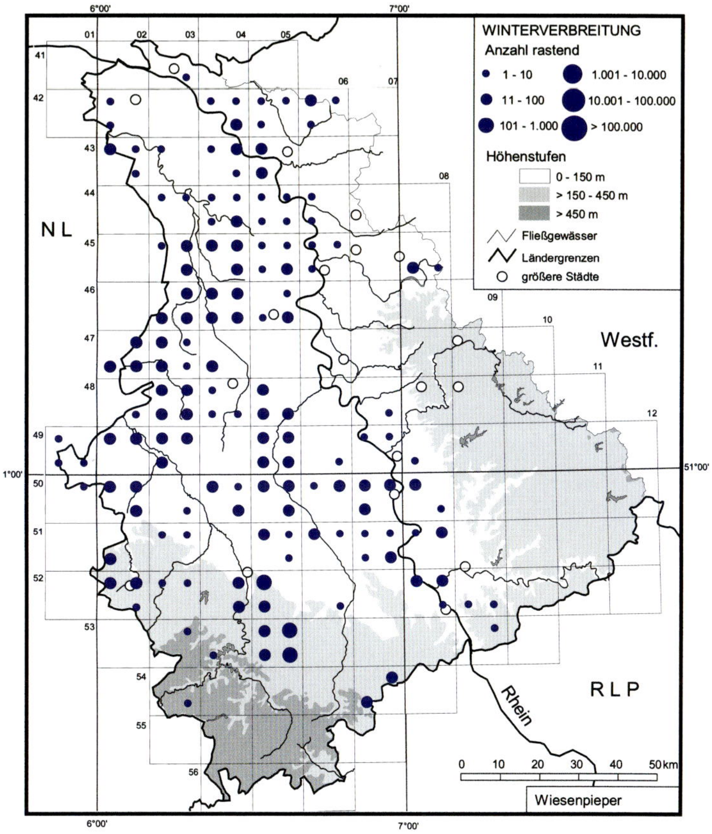

Winterverbreitung 1990-2000

Bilanz der Winterkartierung:

Kategorie [Ex.]	GF	RF %
1-10	75	21,0
11-100	74	20,7
101-1.000	3	0,8
Summe	**152**	**42,9**

Wiesenpieper, *Anthus pratensis*. Foto: MATHIAS SCHÄF

Baumpieper *Anthus trivialis*

Status: Brutvogel, Durchzügler

Gefährdung:
Rote Liste V (zurückgehend)
Non-SPEC (nicht gefährdet)

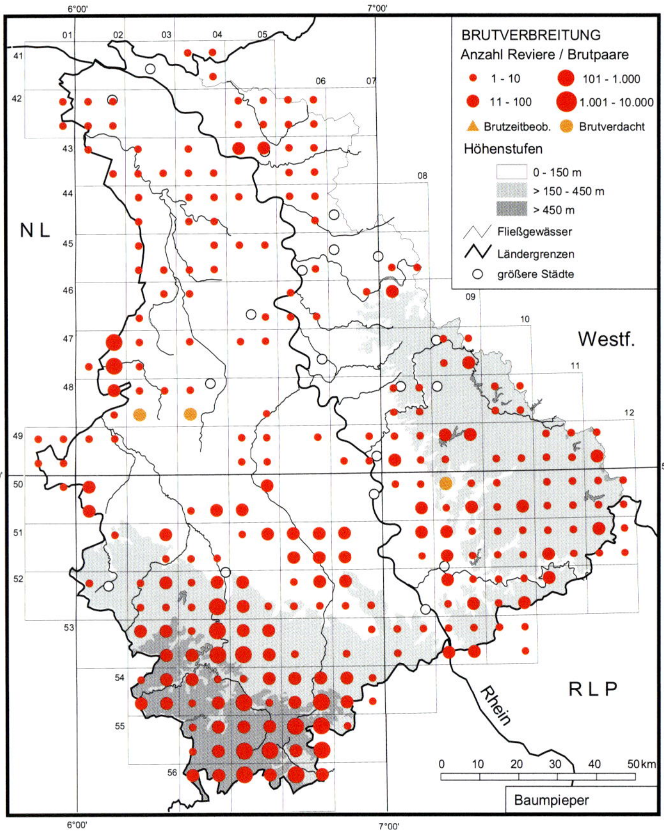

Brutverbreitung 1990-2000

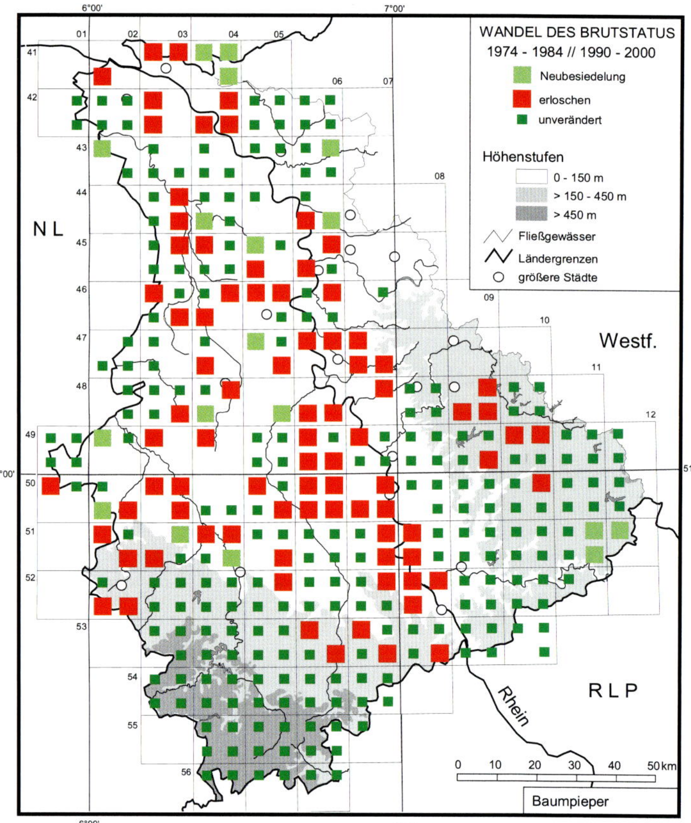

Arealveränderung zwischen 1974-84 und 1990-2000

BRUTVERBREITUNG

Generell werden alle naturräumlichen Einheiten durch den Baumpieper besiedelt, allerdings in unterschiedlichem Ausmaß. Bevorzugte Lebensräume sind Kahlschläge, Schonungen, Moore, Heidegebiete, Waldränder und -lichtungen sowie Weideland mit entsprechenden Singwarten. Die Schwerpunkte der Verbreitung liegen gemäß der Waldverbreitung in den höheren Lagen der Mittelgebirge (> 150 m NN) von Eifel und Süderbergland. Die landwirtschaftlich intensiver genutzten Bereiche des Niederrheinischen Tieflandes und der Niederrheinischen Bucht weisen eine deutlich geringere Dichte und Verbreitung auf. Gemäß der Waldverteilung zeigt sich in unserer Region ein deutlicher Ost-West-Gradient mit starker Verbreitung im waldreichen Westfalen (RF = 96 %; NWO 2002), allgemeiner Verbreitung im Rheinland (RF = 67 %) und spürbar geringeren Werten in den NL (RF = 50 %; SOVON 2002).

Bilanz der Brutvogelkartierung:

Kategorie [BP]	GF	RF %	Minimum [BP]
1-10	178	43,1	17
11-100	70	16,9	770
101-1.000	15	3,6	1.515
Brutverdacht	3	0,7	
Summe	**266**	**64,4**	**2.463**

AREALVERÄNDERUNGEN

Im Vergleich zur ersten Kartierung ist ein deutlicher und statistisch signifikanter Arealverlust um mehr als 20 % feststellbar, der sich bereits früh in der zweiten Hälfte des 20. Jahrhunderts angedeutet hat (MILDENBERGER 1984). In den Tieflagen, wo die größten Verluste registriert wurden, liegen die Gründe in der Intensivierung der Landwirtschaft mit einhergehender Ausräumung der Landschaft. In den höheren Lagen sind zahlreiche Windwurfflächen mittlerweile aufgeforstet bzw. in fortgeschrittenen Sukzessionsstadien und als Baumpieper-Habitat nicht mehr geeignet. Auch die Auswirkungen von Luftverschmutzung sowie Problemen auf den Zugwegen und in den Überwinterungsgebieten werden als Rückgangsursachen diskutiert (NWO 2002). Der rheinische Brutbestand kann für 1990-2000 auf 7.600-14.200 Brutpaare geschätzt werden (0,87 - 1,62 BP/km² bezogen auf die besiedelte Fläche).

Vergleich der Kartierung von 1974-1984 mit 1990-2000:

Kategorie	GF	%	RF %
1 - Nur 1974-84	84	25,0	21,4
2 - Nur 1990-2000	18	5,4	4,6
3 - Gemeinsame GF	234	69,6	59,5
1974-84: 1 & 3	318		80,9
1990-2000: 2 & 3	252		64,1
Veränderung	-66 (-21%)		-16,8

Die Abnahme ist statistisch signifikant (4-Felder X^2-Test***; Vorzeichentest*; McNemar-Test***). Identitäts-Index (nach SCHERNER 1982): 0,83.

Baumpieper, *Anthus trivialis*. Foto: THOMAS HELMBERG

Schafstelze, *Motacilla flava,* Männchen. Foto: MATHIAS SCHÄF

Bachstelze *Motacilla alba*

Status: Brutvogel, Durchzügler, Wintergast

Gefährdung:
Rote Liste N (nicht gefährdet)
Non-SPEC (nicht gefährdet)

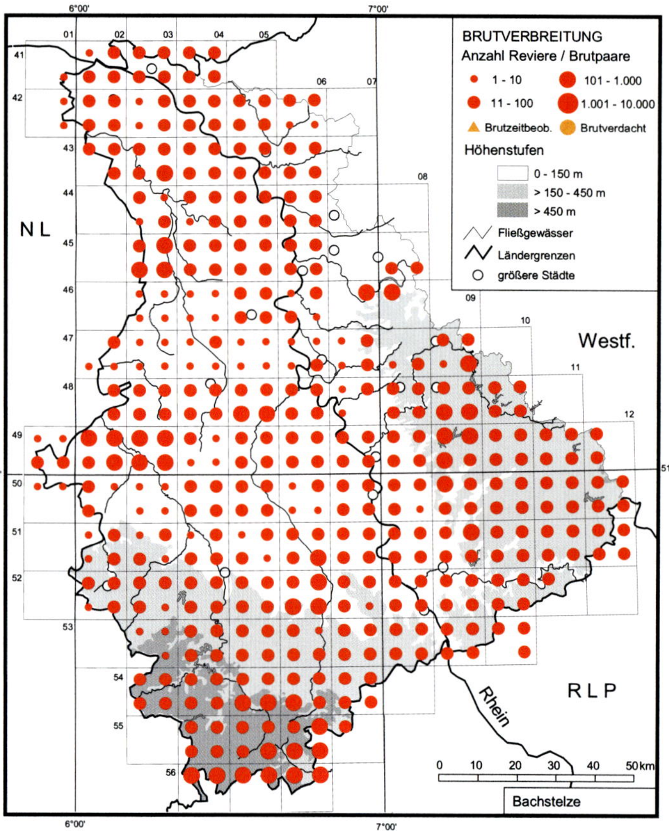

Brutverbreitung 1990-2000

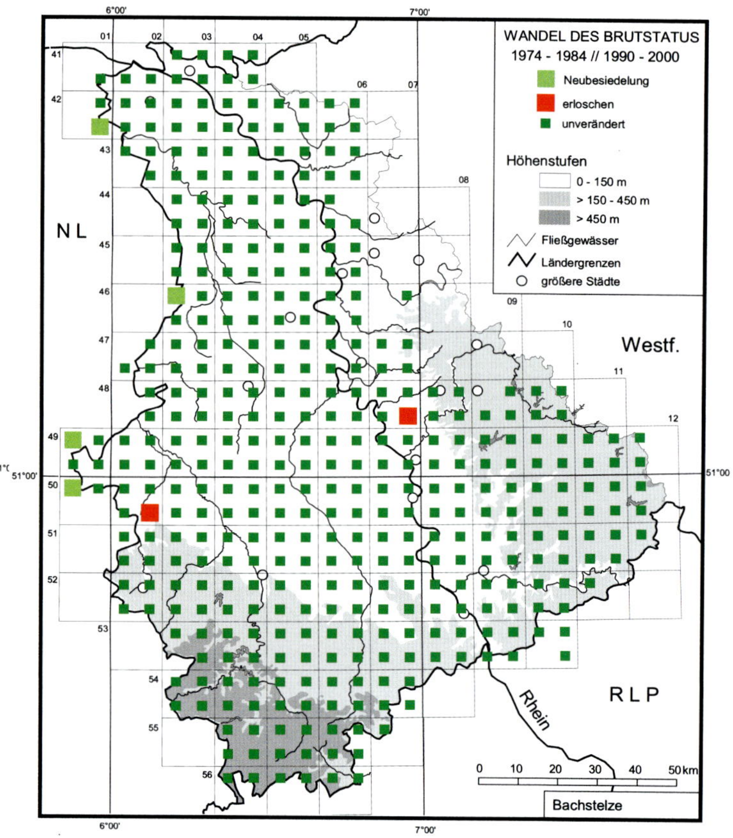

Arealveränderung zwischen 1974-84 und 1990-2000

BRUTVERBREITUNG

Besiedelt werden alle Gitterfelder mit menschlichen Siedlungen und Gewässern, umgeben von Acker- und Weideland, so dass die Verbreitung nahezu flächendeckend ist. Bevorzugt werden ausgedehnte Grünlandgebiete mit Viehhütten in der Kulturlandschaft mit Einzelhöfen und Dörfern. Auch städtische Siedlungen sind besiedelt sofern Rasenflächen, Industriebrachen o. ä. zur Nahrungsaufnahme vorhanden sind. Höhere Dichten finden sich im Westen der Niederrheinischen Bucht, der Eifel, Bergischem Land und Teilen des Niederrheinischen Tieflandes. Insgesamt ist keine Bevorzugung bestimmter Klima- oder Höhenzonen erkennbar. Die NL (RF = 98 %; SOVON 2002) und Westfalen (RF = 99 %; NWO 2002) sind gleichermaßen dicht besiedelt.

AREALVERÄNDERUNGEN

Ein Vergleich der beiden Kartierungsperioden zeigt kaum Arealveränderungen und bereits MILDENBERGER (1984) wies auf langfristig stabile Bestände hin. Für den Bearbeitungszeitraum 1990-2000 wird ein geschätzter Bestand von 23.500-43.600 Brutpaaren im Rheinland angenommen (1,7 - 3,2 BP/km² bezogen auf die besiedelte Fläche). Das benachbarte Westfalen wurde von der Bachstelze wesentlich homogener besiedelt, aber die großflächige Siedlungsdichte (1,9 - 4,7 Rev./km²) ist vergleichbar (NWO 2002).

Bilanz der Brutvogelkartierung:

Kategorie [BP]	GF	RF %	Minimum [BP]
1-10	74	17,9	74
11-100	296	71,7	3.256
101-1.000	40	9,7	4.040
Summe	**410**	**99,3**	**7.370**

Vergleich der Kartierung von 1974-1984 mit 1990-2000:

Kategorie	GF	%	RF %
1 - Nur 1974-84	2	0,5	0,5
2 - Nur 1990-2000	4	1,0	1,0
3 - Gemeinsame GF	387	98,5	98,5
1974-84: 1 & 3	389		99,0
1990-2000: 2 & 3	391		99,5
Veränderung	+2 (+0,5 %)		+0,5

Identitäts-Index (nach SCHERNER 1982): 0,99.

WINTERVERBREITUNG

Die Bachstelze verlässt ihre rheinischen Brutplätze im Winter weitgehend und die Hauptüberwinterungsgebiete befinden sich in Süd- und Westeuropa, aber auch aus klimatisch günstigen Regionen der NL und des Rheinlandes gibt es regelmäßige Nachweise (Bijlsma et al. 2001, Mildenberger 1984). Die Verbreitung der Wintergäste ist sehr lückenhaft und konzentriert sich auf das Rheintal und angrenzende Niederungsgebiete. Der überwiegende Teil der Vorkommen liegt unterhalb der 150 m-Höhenlinie. Je nach Witterung unterliegt der Winterbestand jährlich starken Schwankungen und besonders die Quadranten in den höheren Lagen sind nicht regelmäßig besetzt. In harten Wintern wird das Untersuchungsgebiet weitgehend geräumt, während in milden Wintern deutlich mehr Vögel ausharren. Der Heimzug kann bereits sehr früh einsetzen, so dass ein Teil der Beobachtungen Durchzügler betrifft (z. B. größere Ansammlungen von über 100 Vögeln in den TK 4508, 4907 und 5007). Bedingt durch die milden Winter der letzten Jahrzehnte hat die Anzahl überwinternder Bachstelzen im Rheinland und andernorts in Mitteleuropa zugenommen.

Bilanz der Winterkartierung:

Kategorie [Ex.]	GF	RF %
1-10	104	28,9
11-100	25	6,9
101-1.000	3	0,8
Summe	**132**	**36,7**

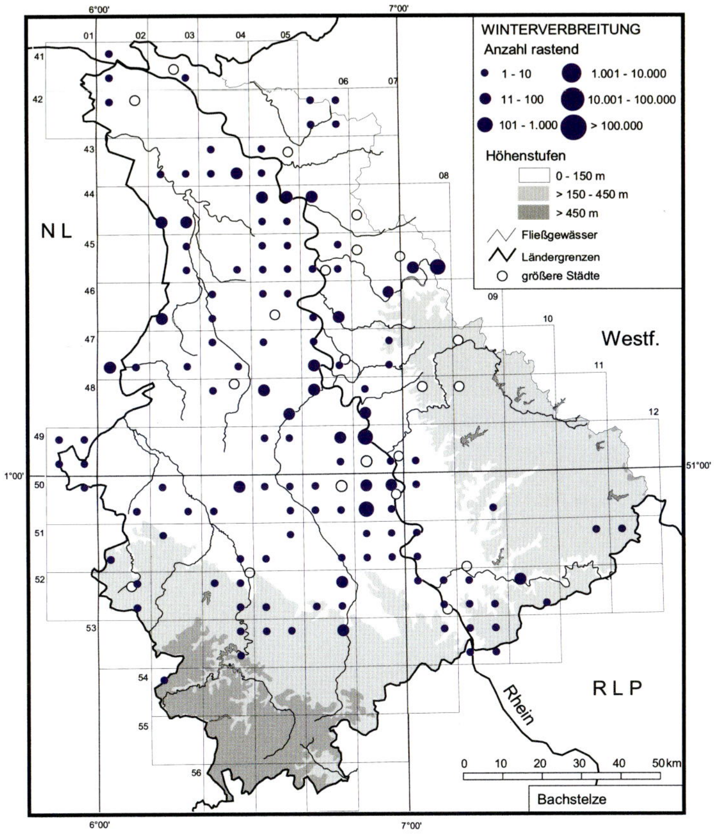

Winterverbreitung 1990-2000

Bachstelze, *Motacilla alba,* Männchen. Foto: Mathias Schäf

Gebirgsstelze *Motacilla cinerea*

Status: Brutvogel, Durchzügler, Wintergast

Gefährdung:
Rote Liste N (nicht gefährdet)
Non-SPEC (nicht gefährdet)

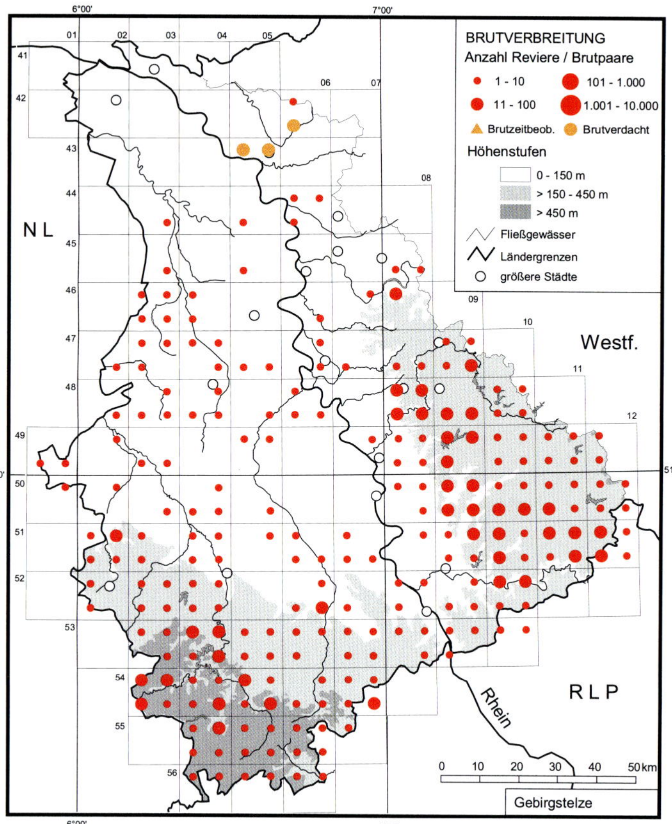

Brutverbreitung 1990-2000

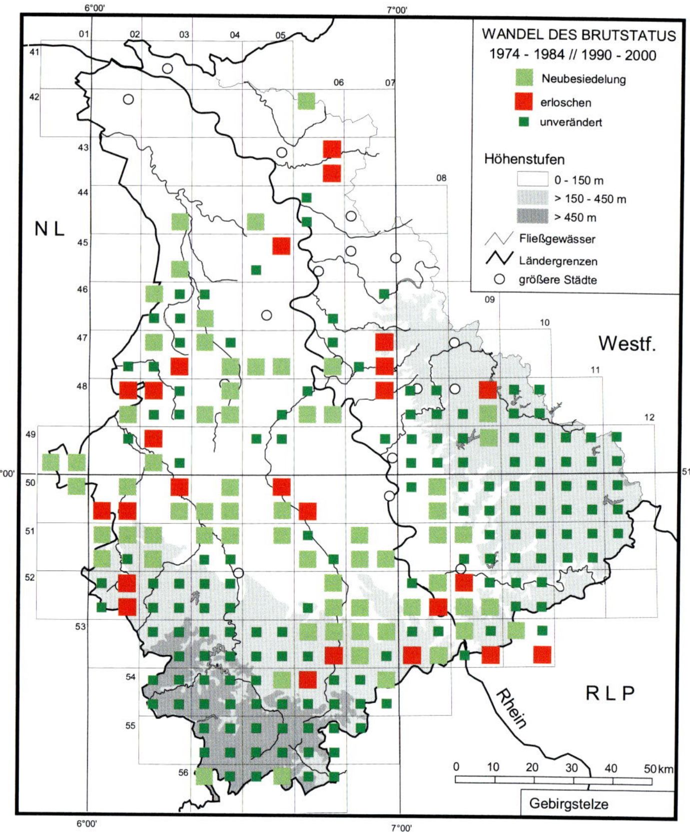

Arealveränderung zwischen 1974-84 und 1990-2000

BRUTVERBREITUNG

Die Verbreitung wird durch das Vorkommen kleiner bis mittelgroßer Fließgewässer bestimmt. Vereinzelt gibt es auch Vorkommen an größeren Flüssen und stehenden Gewässern. Die Verbreitungsschwerpunkte liegen ganz klar in den links- und rechtsrheinischen Mittelgebirgen (> 150 m NN), wo vor allem die Mittel- und Oberläufe besiedelt werden. Die Gebirgsstelze dringt entlang der Unterläufe aber auch in die Ebene vor. Nach Norden hin dünnt die Verbreitung deutlich aus und der Niederrhein ist kaum besiedelt. Diese Tendenz setzt sich in den NL fort, wo nur 7 % der Rasterfläche besetzt wurden (SOVON 2002). In Westfalen ist die Art weiter verbreitet (RF = 86 %; NWO 2002).

AREALVERÄNDERUNGEN

Während das Verbreitungsareal in den Schwerpunktgebieten mehr oder weniger stabil geblieben ist, gab es in den Tieflagen am Nordrand der Verbreitung deutliche Arealgewinne.

Bilanz der Brutvogelkartierung:

Kategorie [BP]	GF	RF %	Minimum [BP]
1-10	187	45,3	190
11-100	41	9,9	451
Brutverdacht	3	0,7	
Summe	**234**	**56,7**	**641**

Durch diese Neubesiedlungen hat sich das Verbreitungsgebiet im Rheinland statistisch signifikant um über 20 % vergrößert. Nach starken Zunahmen in den 1930er Jahren kam es Mitte des 20. Jahrhunderts infolge von Gewässerbegradigungen und -verschmutzungen zu deutlichen Rückgängen (MILDENBERGER 1984). Die Etablierung von Kläranlagen sowie die Reihe relativ milder Winter hat seit den 1970er Jahren zu einer Stabilisierung und Erholung der Bestände geführt (vgl. auch NWO 2002). Für das Rheinland resultiert aus den Kartierungsdaten ein geschätzter Bestand von 1.400-2.500 Brutpaaren (0,18 - 0,32 BP/km² bezogen auf die besiedelte Fläche). Entsprechend positive Veränderungen machten sich auch in den Niederlanden bemerkbar, wo der Bestand von 110-175 BP in den 1970er Jahren auf 240-300 BP 1998-2000 zugenommen hat (SOVON 2002).

Vergleich der Kartierung von 1974-1984 mit 1990-2000:

Kategorie	GF	%	RF %
1 - Nur 1974-84	25	10,4	6,4
2 - Nur 1990-2000	65	27,0	16,5
3 - Gemeinsame GF	151	62,6	38,4
1974-84: 1 & 3	176		44,8
1990-2000: 2 & 3	216		54,9
Veränderung	+40 (+22,7%)		+10,1

Die Zunahme ist statistisch signifikant (4-Felder X^2-Test**; Vorzeichentest*; McNemar-Test***). Identitäts-Index (nach SCHERNER 1982): 0,77.

WINTERVERBREITUNG

Die Hochlagen über 400 m NN insbesondere in der Eifel werden im Winter nahezu komplett geräumt und die Winterverbreitung konzentriert sich in den Niederungen von Rhein, Erft, Rur und des Schwalm-Nette-Gebietes. Im Gegensatz zur Eifel (Erfassungsdefizite?) zeigen sich im rechtsrheinischen Süderbergland kaum Veränderungen gegenüber der Brutverbreitung. Am Niederrhein gelangen, wie schon während der Brutzeit, kaum Feststellungen. Der Winterbestand scheint deutlich niedriger als der Brutbestand; demnach verlässt ein Großteil der Gebirgsstelzen das Rheinland zumindest bei starken Kälteeinbrüchen (vgl. BIJLSMA et al. 2001). Gegenüber der ersten Kartierung zeichnen sich keine Veränderungen ab.

Bilanz der Winterkartierung:

Kategorie [Ex.]	GF	RF %
1-10	163	42,2
11-100	11	2,9
Summe	**174**	**45,1**

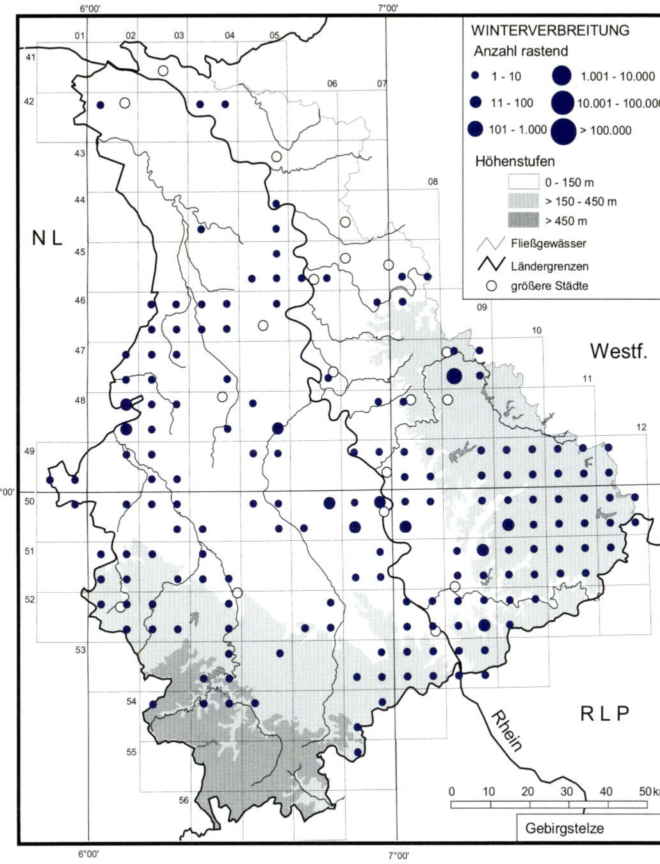

Winterverbreitung 1990-2000

Gebirgsstelze, *Motacilla cinerea*. Foto: MATHIAS SCHÄF

Schafstelze *Motacilla flava*

Status: Brutvogel, Durchzügler

Gefährdung:
Rote Liste 3 (gefährdet)
Non-SPEC (nicht gefährdet)

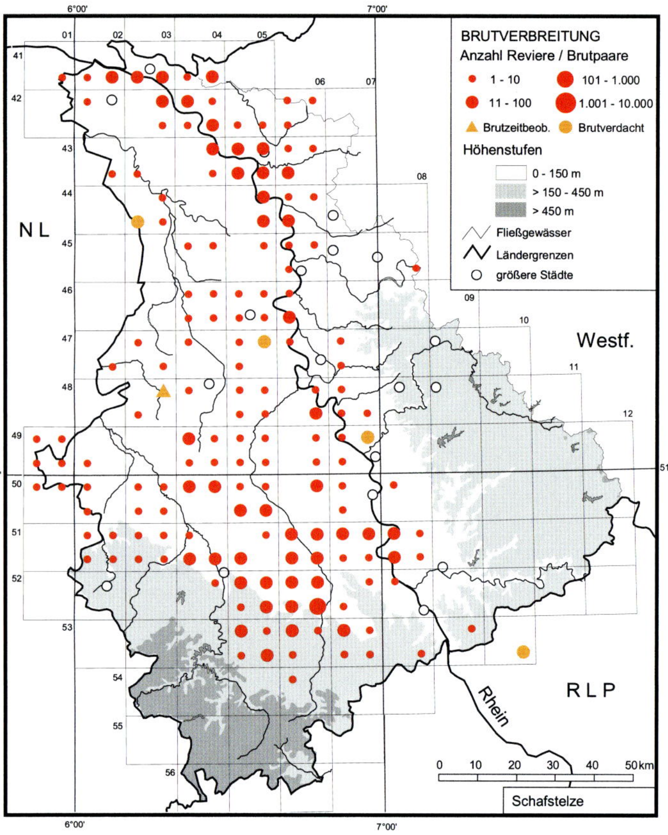

Brutverbreitung 1990-2000

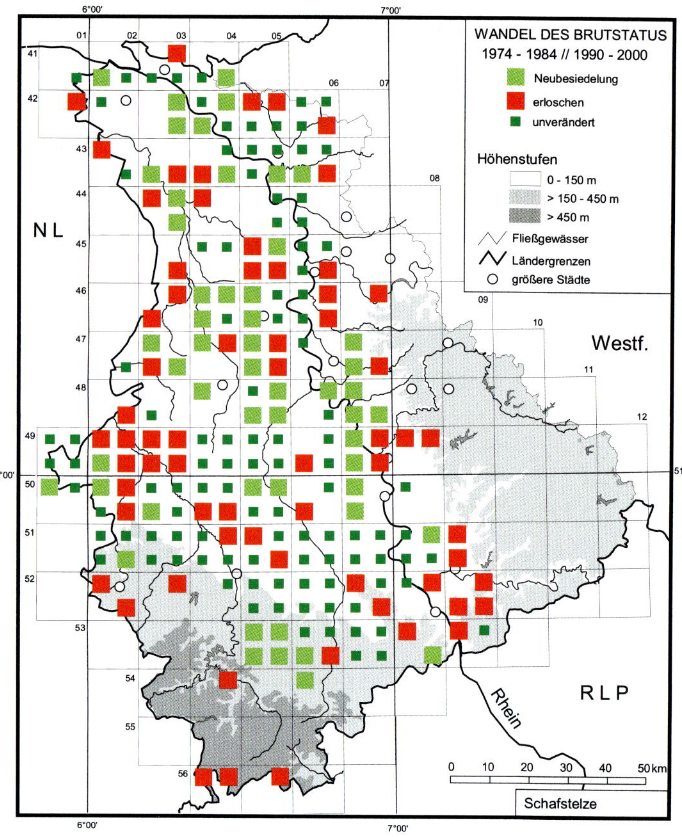

Arealveränderung zwischen 1974-84 und 1990-2000

BRUTVERBREITUNG

Die Verbreitung der Nominatform *M. f. flava* ist auf die grünlandreichen Niederungsgebiete beschränkt und die Schwerpunkte liegen entsprechend am Unteren Niederrhein und am Nordrand der Eifel. Ab den 1930er Jahren wurde zunehmend auch Ackerland besiedelt (Mildenberger 1984). Zahlreiche Studien identifizierten die Schafstelze als Charakterart von Kartoffelfeldern (Stiebel 1997, Schläpfer 1988, Anthes et al. 2002). Die höheren Lagen der Mittelgebirge (> 300 m NN) werden gemieden. Auffällig ist das Fehlen im rechtsrheinischen Gebiet (vgl. Kuckuck, Nachtigall). Im benachbarten Westfalen liegt eine ähnliche Verbreitungsdichte vor (RF = 43 %; NWO 2002), während die Schafstelze in den NL eine deutlich weitere Ausbreitung mit 77 % besetzter Gitterfelder zeigt (SOVON 2002).

AREALVERÄNDERUNGEN

Beim Vergleich der beiden Kartierungen ist insgesamt lediglich ein leichter Arealverlust feststellbar, der statistisch nicht signifikant ist. Bereits in der ersten Kartierung wurde ein starker Rückgang vermutet (Wink 1987). In den 1930er Jahren nahm die Art mit der Umstellung auf Ackerland deutlich zu, ging aber seit den 1960er Jahren infolge intensivierter Landwirtschaft und Meliorationsmaßnahmen wieder zurück (Mildenberger 1984, Skiba 1993, Müller 1995, NWO 2002). Der geschätzte rheinische Bestand 1990-2000 umfasste 1.300-2.500 Brutpaare (0,24 - 0,46 BP/km² bezogen auf die besiedelte Fläche). Ähnlich wie beim Wiesenpieper fällt wiederum eine relativ hohe Umsiedlungsrate auf (Identitäts-Index von 0,65 bei nahezu identischen Rasterfrequenzen). Hier könnten kurzfristige Schwankungen der Bewirtschaftung (Fruchtwechsel) neuerdings vermehrt besiedelter Ackerflächen eine Rolle spielen. In den NL (-14 %), wie auch in Großbritannien (-59 %) zeigte sich in den letzten drei Jahrzehnten ein deutlicherer Arealverlust durch Habitatverluste, Intensivierung der landwirtschaftlichen Nutzung und Gefährdung in den Durchzugs- und Überwinterungsgebieten (SOVON 2002, Gregory et al. 2004, Nabu 2004).

Bilanz der Brutvogelkartierung:

Kategorie [BP]	GF	RF %	Minimum [BP]
1-10	114	27,6	114
11-100	45	10,9	495
101-1.000	1	0,2	101
Brutverdacht	5	1,2	
Summe	**165**	**40,0**	**710**

Vergleich der Kartierung von 1974-1984 mit 1990-2000:

Kategorie	GF	%	RF %
1 - Nur 1974-84	64	28,8	16,3
2 - Nur 1990-2000	52	23,4	13,2
3 - Gemeinsame GF	106	47,0	27,0
1974-84: 1 & 3	170		43,3
1990-2000: 2 & 3	158		40,2
Veränderung	-12 (-7,1%)		-3,1

Identitäts-Index (nach Scherner 1982): 0,65.

Seidenschwanz *Bombycilla garrulus*

Status: Durchzügler, Wintergast (Invasionsvogel)

Gefährdung:
Non-SPEC (nicht gefährdet)

WINTERVERBREITUNG

Die Art erscheint nur sehr unregelmäßig und in sehr stark variierender Anzahl in den Wintermonaten. Feste Rastgebiete lassen sich nicht erkennen; Beobachtungen liegen aus allen naturräumlichen Einheiten vor (19 Gitterfelder, RF = 4,8 %), fehlen allerdings aus den Hochlagen (> 400 m NN). Meist werden kleinere Trupps mit 1-10 Exemplaren festgestellt, größere Flüge mit bis zu 50 Vögeln sind selten. Im Bearbeitungszeitraum 1990-2000 gab es keine richtig großen Invasionen wie im Winter 1988/89 oder zuletzt im Winter 2004/2005. Bevorzugte Rasthabitate sind Waldränder, Parks und Gärten mit beerentragenden Sträuchern in den Tieflagen.

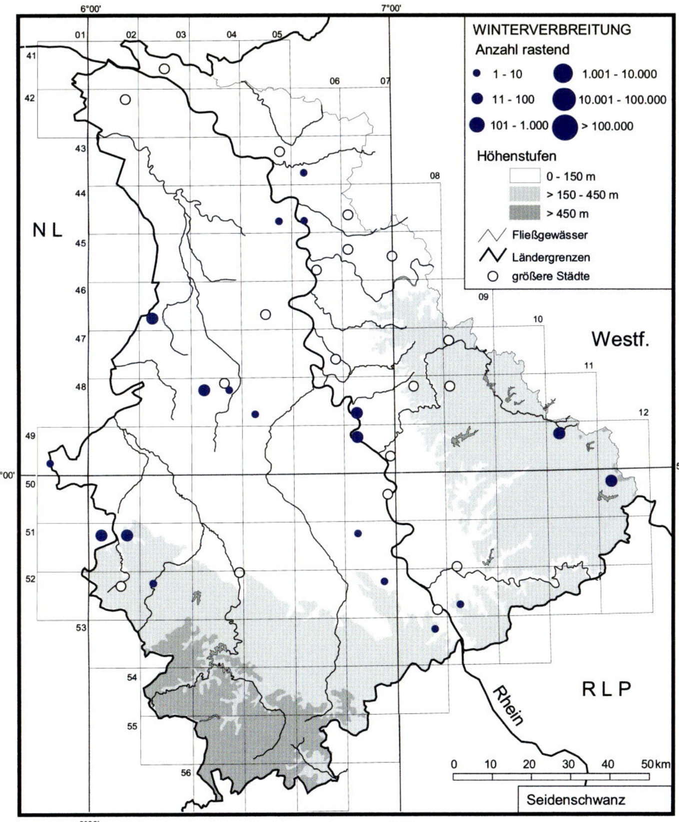

Winterverbreitung 1990-2000

Seidenschwanz, *Bombycilla garrulus*. Foto: Mathias Schäf

Wasseramsel *Cinclus cinclus*

Status: Brutvogel, Durchzügler, Wintergast

Gefährdung:
Rote Liste N (nicht gefährdet)
Non-SPEC (nicht gefährdet)

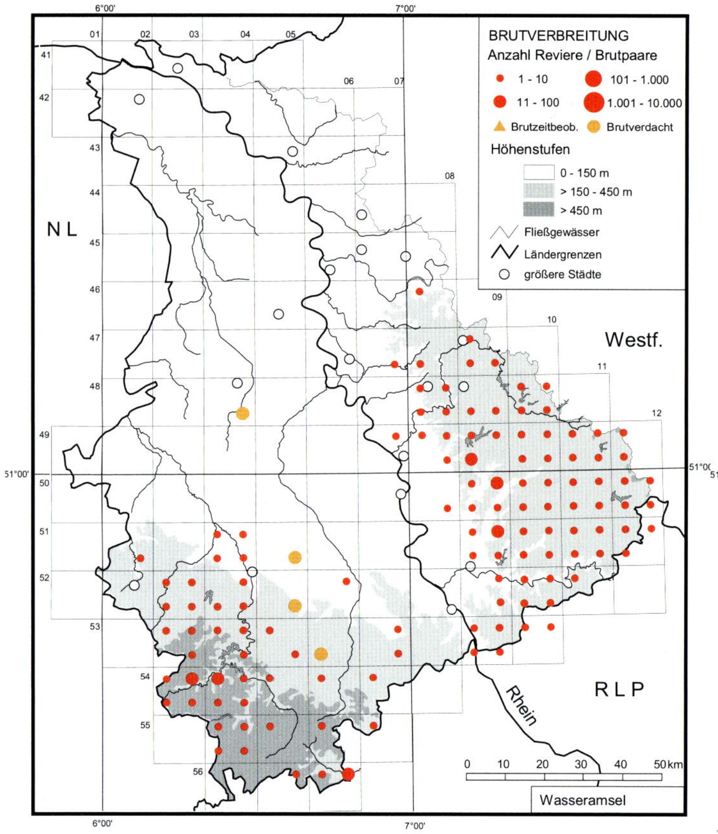

Brutverbreitung 1990-2000

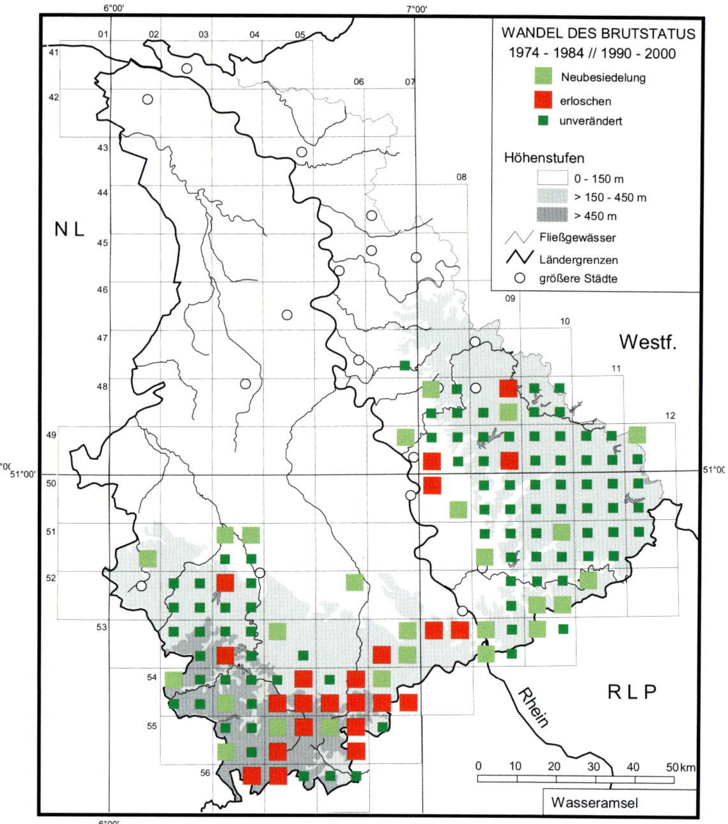

Arealveränderung zwischen 1974-84 und 1990-2000

BRUTVERBREITUNG

Für das Vorkommen der Wasseramsel ist das Vorhandensein schnell fließender sauberer Bäche und Flüsse entscheidend. Die Verbreitung konzentriert sich daher auf die Mittelgebirgsregionen ab 150 m NN in der Eifel (besonders Westeifel) und im Bergischen Land. Bruten im Tiefland sind selten und die Wasseramsel ist in diesem Bereich deutlich seltener als die ansonsten sehr ähnlich verbreitete Gebirgsstelze. Ein vergleichbares Verbreitungsbild mit nur etwas höherer Rasterfrequenz (RF = 43 %) zeigt sich auch in Westfalen (NWO 2002), während die Art in den NL als Brutvogel fehlt (SOVON 2002). Die Erfassung ist vermutlich unvollständig, da die Kartierung im Mittelgebirgsbereich sehr aufwendig ist (mehrfaches Abgehen der Bäche).

Bilanz der Brutvogelkartierung:

Kategorie [BP]	GF	RF %	Minimum [BP]
1-10	116	28,1	116
11-20	6	1,5	66
Brutverdacht	4	1,0	
Summe	**126**	**30,5**	**182**

AREALVERÄNDERUNGEN

Insgesamt hat sich das Brutareal zwischen beiden Kartierungen kaum verändert. Allerdings sind besonders im Bereich der Eifelpopulation zahlreiche Umsiedlungen erkennbar mit einer Tendenz zur vermehrten Besiedlung auch der Unterläufe in den niederen Lagen. Die Verbesserung der Wasserqualität in den letzten Jahrzehnten durch den Bau von Kläranlagen spielt hier eine entscheidende Rolle. Vergleichbar positive Entwicklungen wurden auch in anderen Teilen Deutschlands festgestellt, z. B. Niedersachsen (ZANG 2003). Aus den Ergebnissen der Kartierung kann der Bestand im Rheinland auf 450-650 Brutpaare geschätzt werden (0,11 - 0,16 BP/km² bezogen auf die besiedelte Fläche). Aufgrund des höheren Mittelgebirgsanteils (und der größeren Gesamtfläche) ergeben sich für Westfalen deutlich höhere Bestandsschätzungen (1.380-2.520 Reviere; NWO 2002).

Vergleich der Kartierung von 1974-1984 mit 1990-2000:

Kategorie	GF	%	RF %
1 - Nur 1974-84	23	16,9	5,9
2 - Nur 1990-2000	26	19,1	6,6
3 - Gemeinsame GF	87	63,9	22,1
1974-84: 1 & 3	110		28,0
1990-2000: 2 & 3	113		28,7
Veränderung	+3 (+2,7 %)		+0,7

Identitäts-Index (nach SCHERNER 1982): 0,77.

WINTERVERBREITUNG

Die Winterverbreitung deckt sich im Wesentlichen mit der Brutverbreitung, und die rheinischen Wasseramseln können als Standvögel betrachtet werden. Die Situation hat sich seit der ersten Kartierung kaum verändert. Lediglich in kalten Wintern, wenn die Brutgewässer zufrieren, kommt es zu lokalen Ausweichbewegungen. Bei Wasseramseln, die im Winter in den Tieflagen beobachtet werden (z. B. TK 4804), könnte es sich auch um Vögel nordöstlicher Herkunft der Unterart *C. c. cinclus* handeln (vgl. BIJLSMA et al. 2001). In Norddeutschland ist die Zahl skandinavischer Wintergäste in den letzten Jahrzehnten jedoch rückläufig (MÖNIG 2003, ZANG 2003). Wie zur Brutzeit sind auch im Winter Erfassungslücken im Mittelgebirgsbereich nicht auszuschließen.

Bilanz der Winterkartierung:

Kategorie [Ex.]	GF	RF %
1-10	94	25,4
11-20	9	2,4
Summe	**103**	**27,8**

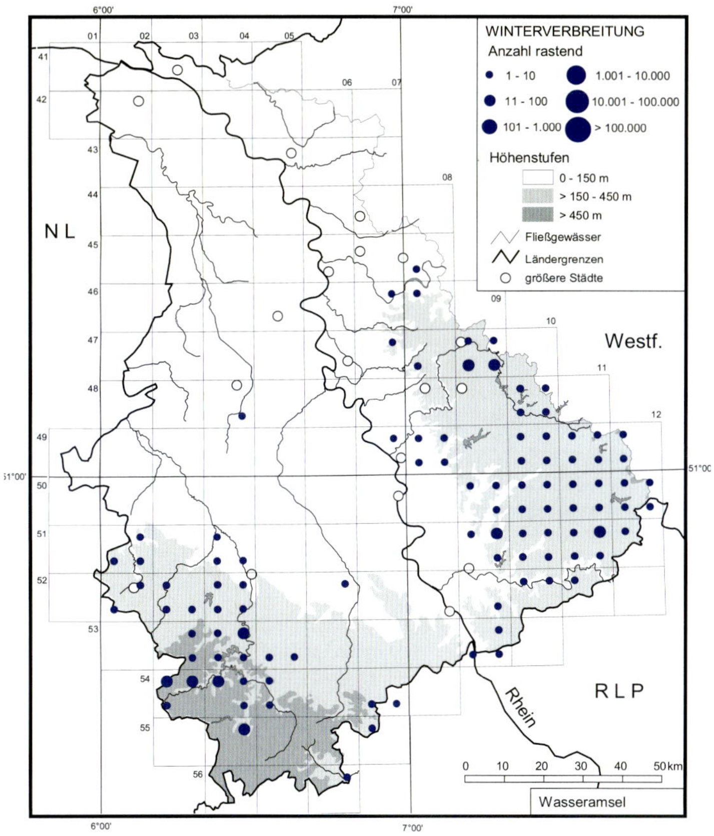

Winterverbreitung 1990-2000

Wasseramsel, *Cinclus cinclus*. Foto: NORBERT UHLHAAS

Zaunkönig *Troglodytes troglodytes*

Status: Jahresvogel

Gefährdung:
Rote Liste N (nicht gefährdet)
Non-SPEC (nicht gefährdet)

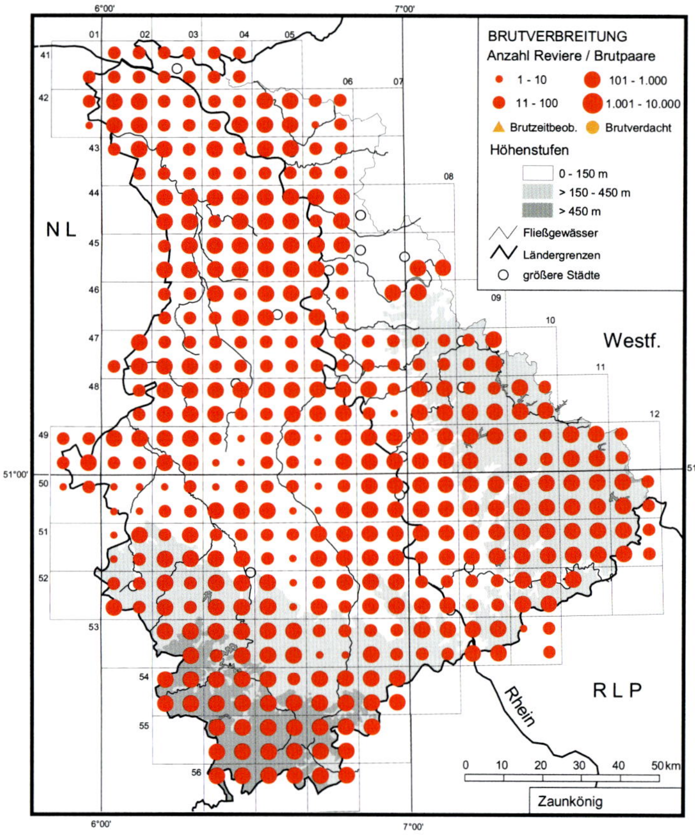

Brutverbreitung 1990-2000

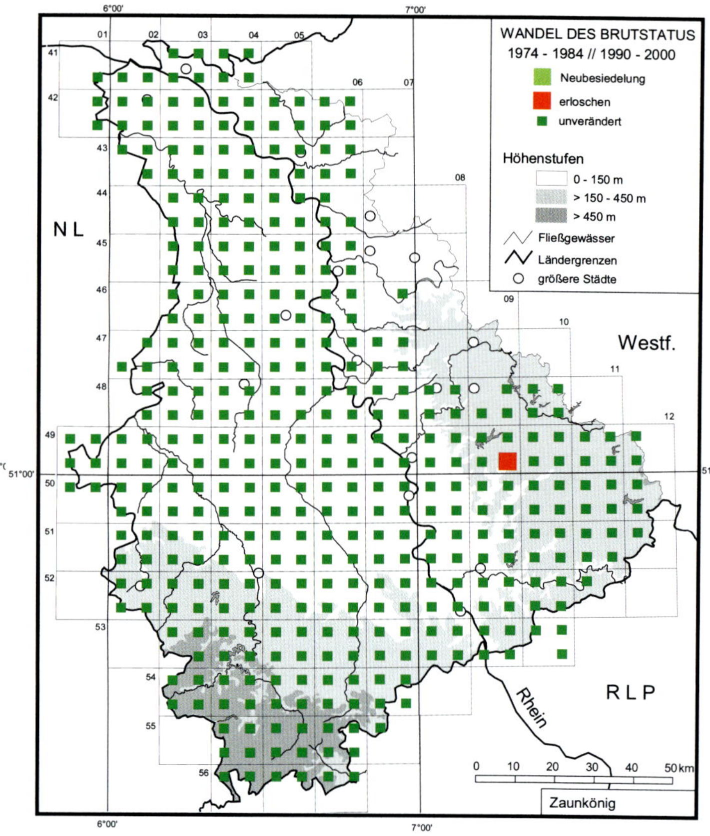

Arealveränderung zwischen 1974-84 und 1990-2000

BRUTVERBREITUNG

Der Zaunkönig ist im Rheinland flächendeckend verbreitet und fehlt nur in ausgeräumter Agrarlandschaft und vegetationsarmen Innenstädten. Geringere Dichten finden sich in den Braunkohlengebieten, die wohl erst relativ spät nach der Rekultivierung besiedelt wurden (MILDENBERGER 1984). Großflächige Verbreitungslücken sind nicht existent und Lücken in der Karte gehen auf lokale Erfassungsdefizite zurück. Die höchsten Dichten werden in Gitterfeldern mit ausgeprägtem Baum- und Gebüschbestand erreicht. Alle Klima- und Höhenstufen sind gleichermaßen besiedelt. Auch in Westfalen (RF = 100%; NWO 2002) und den NL (RF = 97 %; SOVON 2002) ist die Art stark verbreitet.

AREALVERÄNDERUNGEN

Beim Vergleich der beiden Kartierungen zeigen sich keine Arealveränderungen, da die Art große Brutbestände aufweist und im Erfassungszeitraum keine besonders strengen Winter auftraten, die zu Verlusten von bis zu 75 % führen können (MILDENBERGER 1984). Auch im überregionalen Vergleich kann von langfristig stabilen Beständen ausgegangen werden (z. B. NWO 2002, BAUER & BERTHOLD 1996). Bestandsschätzungen für das Rheinland belaufen sich auf 120.300-223.600 Brutpaare (8,8 - 16,4 BP/km² bezogen auf die besiedelte Fläche). Zumindest lokal wurden starke Bestandszunahmen (Faktor 5-10) festgestellt (MEßER 2004, SKIBA 1993).

Bilanz der Brutvogelkartierung:

Kategorie [BP]	GF	RF %	Minimum [BP]
1-10	26	6,3	26
11-100	145	35,1	1.584
101-1.000	242	58,6	24.442
Summe	**413**	**100,0**	**26.052**

Vergleich der Kartierung von 1974-1984 mit 1990-2000:

Kategorie	GF	%	RF %
1 - Nur 1974-84	1	0,3	0,3
2 - Nur 1990-2000	0	0	0
3 - Gemeinsame GF	392	99,7	99,7
1974-84: 1 & 3	393		100,0
1990-2000: 2 & 3	392		99,7
Veränderung	-1 (-0,3 %)		-0,3

Identitäts-Index (nach SCHERNER 1982): 1,00.

WINTERVERBREITUNG

Auch im Winter ist der Zaunkönig nahezu flächendeckend vertreten, allerdings dünnen die Bestände stark aus und ein Teil der Vögel scheint wegzuziehen (vgl. auch NEUBAUR 1957, MILDENBERGER 1984). Besonders in den gehölzarmen Tieflagen (Agrargebiete, Braunkohlen-Abbaugebiete) scheint die Individuendichte deutlich geringer als in den größeren Waldgebieten aller Höhenstufen. Erfassungsdefizite im Mittelgebirgsbereich können nicht ausgeschlossen werden, da die Vögel im Winter nicht oder kaum singen und besonders in großen Waldgebieten schwierig zu kartieren sind. Gegenüber der Kartierung 1983-86 hat sich die Verbreitung nicht geändert.

Bilanz der Winterkartierung:

Kategorie [Ex.]	GF	RF %
1-10	81	20,7
11-100	215	54,9
101-1.000	74	18,9
1.001-10.000	2	0,5
Summe	**372**	**95,0**

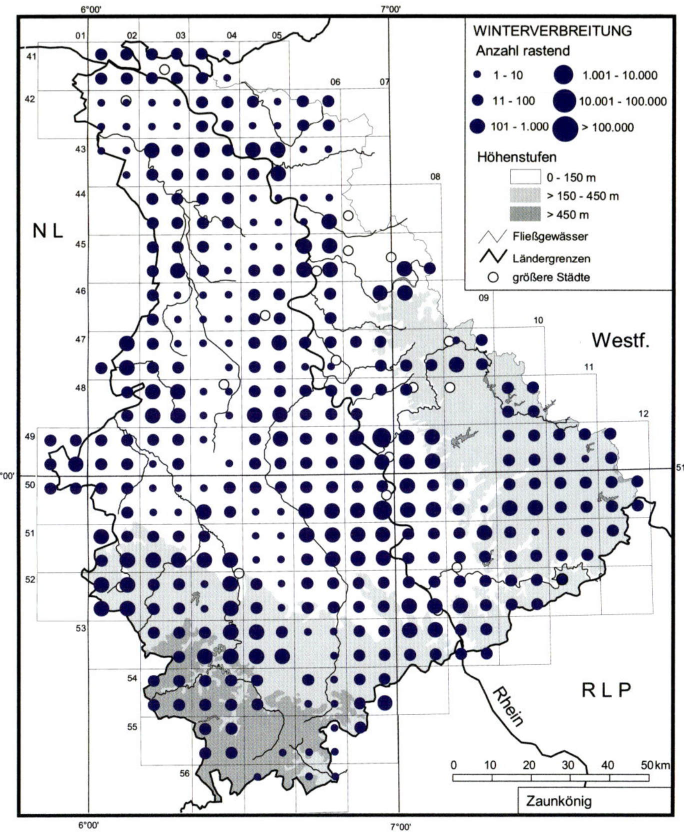

Winterverbreitung 1990-2000

Zaunkönig, *Troglodytes troglodytes*. Foto: MATHIAS SCHÄF

Heckenbraunelle *Prunella modularis*

Status: Brutvogel, Durchzügler, Wintergast

Gefährdung:
Rote Liste N (nicht gefährdet)
Non-SPEC^{E} (nicht gefährdet)

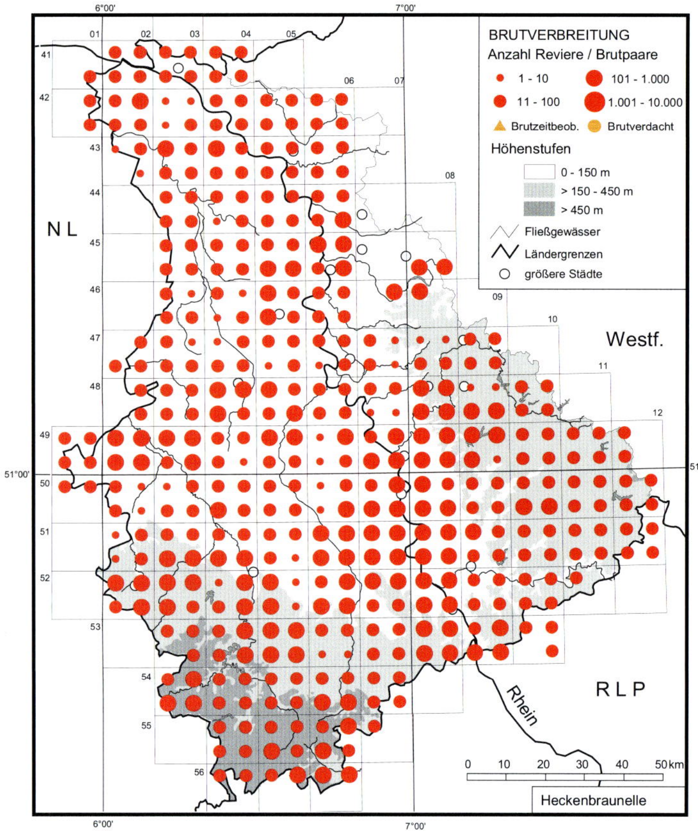

Brutverbreitung 1990-2000

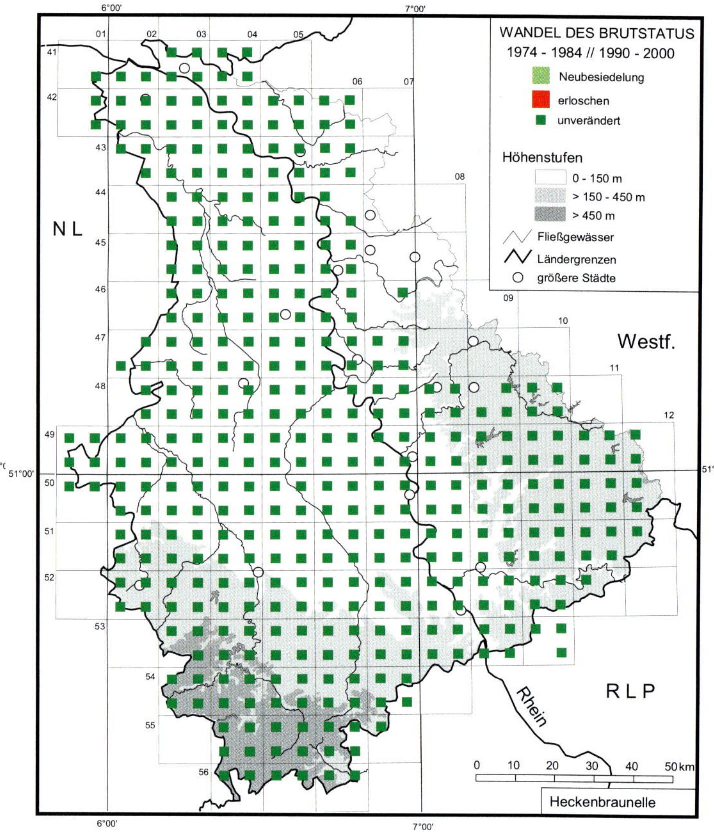

Arealveränderung zwischen 1974-84 und 1990-2000

BRUTVERBREITUNG

Das gesamte Untersuchungsgebiet ist flächendeckend besiedelt und eine Bevorzugung bestimmter Naturräume, Klimazonen oder Höhenstufen ist nicht erkennbar. Der Schwerpunkt der rheinischen Vorkommen liegt in der Niederrheinischen Bucht von den Übergängen zu den Mittelgebirgen bis zum Schwalm-Nette-Gebiet. In der landwirtschaftlich intensiv genutzten Ackerbörde und den höheren Mittelgebirgslagen finden sich z. T. geringere Verbreitungen. Überall können hohe Abundanzen erreicht werden, solange ein ausreichendes Gehölzangebot vorhanden ist. In den waldärmeren Tieflagen brütet die Heckenbraunelle besonders in Gärten und Parks der Siedlungen. In den angrenzenden Nachbarregionen ist sie gleichermaßen stark verbreitet (NL: RF = 96 %, SOVON 2002; Westfalen: RF = 100 %; NWO 2002).

Bilanz der Brutvogelkartierung:

Kategorie [BP]	GF	RF %	Minimum [BP]
1-10	38	9,2	38
11-100	259	62,7	2.849
101-500	116	28,1	11.716
Summe	**413**	**100,0**	**14.603**

AREALVERÄNDERUNGEN

Die Bestände der Heckenbraunelle haben mit dem zunehmenden Anbau der Fichte (Schonungen und Jungpflanzungen) sowie der Einwanderung in den anthropogenen Siedlungsbereich bis in die 1970er Jahre großflächig zugenommen und sind seither auf hohem Niveau recht stabil bzw. steigen lokal, je nach Habitatentwicklung, immer noch an (MILDENBERGER 1984, NWO 2002, MEßER 2004). Beim Vergleich der beiden Kartierungen zeigen sich keinerlei Areal- oder Bestandsveränderungen, da vergleichsweise hohe Bestände vorliegen und die Art offenbar sehr anpassungsfähig ist. Kleinere Schwankungen in folge strenger Winter sind bekannt. Regional wird jedoch auch von langfristigen Rückgängen berichtet, z. B. im Bergischen Land (HERKENRATH & FLOSBACH 2000). Für den Landesteil Nordrhein kann im Kartierungszeitraum ein geschätzter Brutbestand von mindestens 69.400-103.200 Paaren angenommen werden (5,1 - 7,6 BP/km² bezogen auf die besiedelte Fläche).

Vergleich der Kartierung von 1974-1984 mit 1990-2000:

Kategorie	GF	%	RF %
1 - Nur 1974-84	0	0	0
2 - Nur 1990-2000	0	0	0
3 - Gemeinsame GF	393	100,0	100,0
1974-84: 1 & 3	393		100,0
1990-2000: 2 & 3	393		100,0
Veränderung	0		0

Identitäts-Index (nach SCHERNER 1982): 1,00.

WINTERVERBREITUNG

Große Teile des Brutbestandes ziehen offenbar ab (vgl. MILDENBERGER 1984), werden aber teilweis durch Zuzügler aus Nord- und Nordosteuropa ersetzt. Im Winter zeigen sich deutliche Verbreitungslücken in den höheren Lagen der Mittelgebirge und die Vorkommen erstrecken sich von den Flussniederungen bis ca. 400 m NN. Stärkere Konzentrationen wurden im Bereich des Rheintals vor allem zwischen Köln und Rheinland-Pfalz sowie in der Schwalm-Nette-Niers-Niederung registriert. In harten Wintern sind die Bestände deutlich niedriger als bei vergleichsweise milder Witterung. Das heimliche Verhalten macht die vollständige Erfassung im Winter allerdings schwierig. Im Vergleich zur Kartierung 1983-86 ist die Winterverbreitung weitgehend konstant geblieben.

Bilanz der Winterkartierung:

Kategorie [Ex.]	GF	RF %
1-10	129	33,3
11-100	163	42,0
101-1.000	36	9,3
1.001-10.000	2	0,5
Summe	**330**	**85,1**

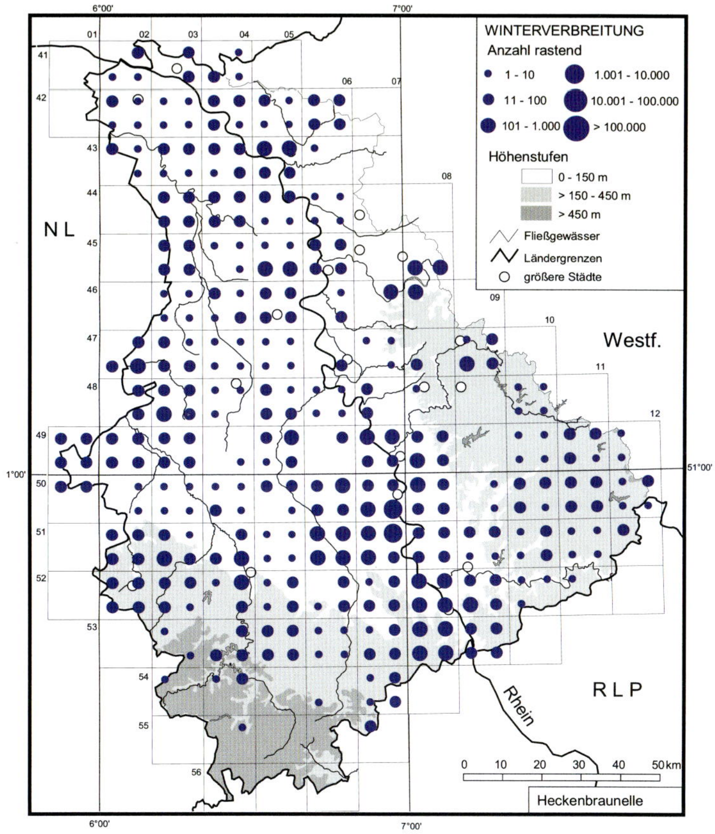

Winterverbreitung 1990-2000

Heckenbraunelle, *Prunella modularis*. Foto: MATHIAS SCHÄF

Rotkehlchen *Erithacus rubecula*

Status: Brutvogel, Durchzügler, Wintergast

Gefährdung:
Rote Liste N (nicht gefährdet)
Non-SPEC^{E} (nicht gefährdet)

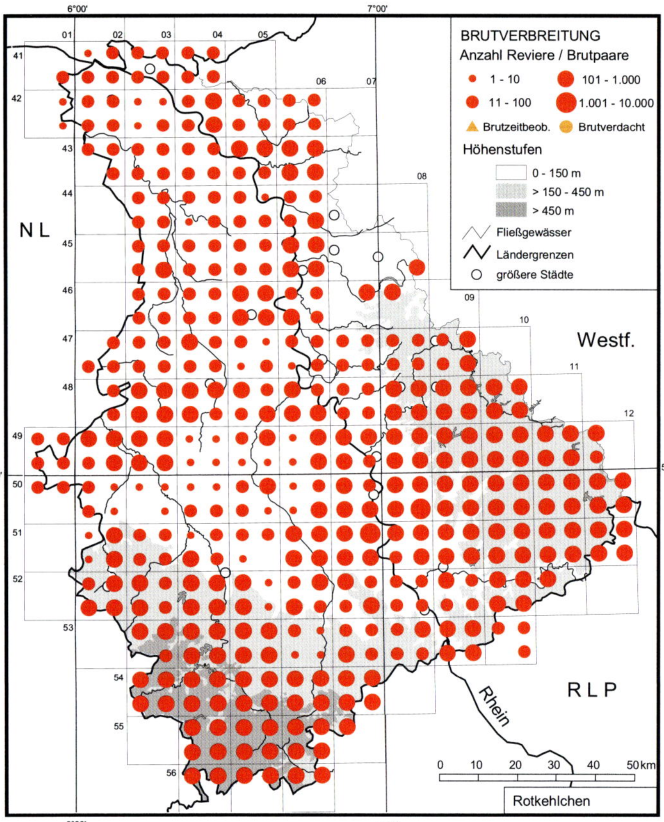

Brutverbreitung 1990-2000

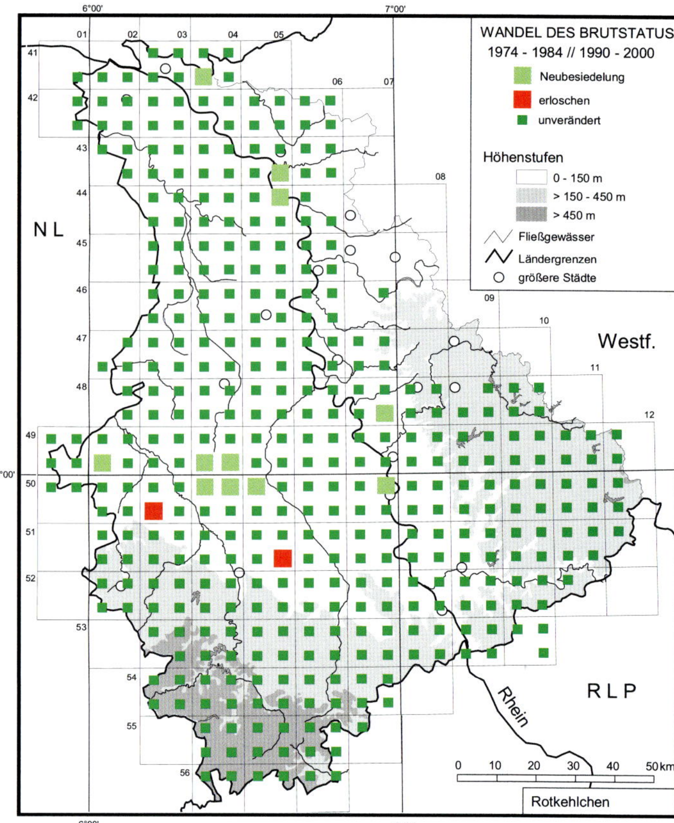

Arealveränderung zwischen 1974-84 und 1990-2000

BRUTVERBREITUNG

Das Rotkehlchen kommt in allen Gitterfeldern mit geeigneten Gehölzen (Wälder, Feldgehölze, Gärten und Parkanlagen) vor. Kleinere Lücken lediglich in der baumarmen Ackerbörde oder vegetationslosen Stadtzentren. Alle Naturräume sind besiedelt. Die höchsten Dichten werden aber in den waldreichen Mittelgebirgslagen und den Waldgebieten im deutsch-niederländischen Grenzbereich erreicht. In den waldärmeren NL ist das Rotkehlchen etwas weniger weit verbreitet (RF = 91 %; SOVON 2002) als in Westfalen (RF = 100 %; NWO 2002) und im Rheinland (RF = 99,5 %).

AREALVERÄNDERUNGEN

Der Vergleich mit der ersten Kartierung zeigt eine leichte, aber statistisch signifikante Arealerweiterung in Teilen der Tieflagen. Insgesamt sind die Bestände in ganz Mitteleuropa langfristig stabil bis zunehmend (Mildenberger 1984, Skiba 1993, Bauer & Berthold 1996, NWO 2002, Meßer 2004). Vergleichbare positive Trends wurden in den Nachbarregionen registriert (z. B. Niederlande: SOVON 2002). Dafür könnten die Schaffung neuer Lebensräume (Braunkohlen-Rekultivierung, Aufforstung, Stadtbegrünung) sowie die milden Winter der letzten Jahrzehnte eine Rolle spielen. Für das Rheinland berechnet sich aus den Kartierungsergebnissen ein geschätzter Gesamtbestand von 107.200-199.000 Brutpaaren (7,9 - 14,7 BP/km² bezogen auf die besiedelte Fläche).

Bilanz der Brutvogelkartierung:

Kategorie [BP]	GF	RF %	Minimum [BP]
1-10	38	9,2	38
11-100	162	39,2	1.782
101-1.000	208	50,4	21.008
1.001-3.000	2	0,5	2.002
Summe	**410**	**99,3**	**24.830**

Vergleich der Kartierung von 1974-1984 mit 1990-2000:

Kategorie	GF	%	RF %
1 - Nur 1974-84	2	0,5	0,5
2 - Nur 1990-2000	11	2,8	2,8
3 - Gemeinsame GF	380	96,7	96,7
1974-84: 1 & 3	382		97,2
1990-2000: 2 & 3	391		99,5
Veränderung	+9 (+2,4 %)		+2,3

Die Zunahme ist statistisch signifikant (4-Felder X^2-Test*; Vorzeichentest*; McNemar-Test*). Identitäts-Index (nach Scherner 1982): 0,98.

WINTERVERBREITUNG

Die Verbreitung während der Wintermonate ist im Wesentlichen mit der Brutverbreitung identisch. Höhere Dichten wurden um Köln zwischen Rhein und Erft, der Voreifel um Aachen sowie den Niederungen von Rur, Schwalm, Niers und Unterem Niederrhein registriert. Da ein nicht unerheblicher Teil der Brutvögel jedoch abzieht, dünnen die Bestände im Winter deutlich aus. Dies trifft besonders auf die klimatisch ungünstigeren Mittelgebirgsregionen (> 400 m NN) zu. Auf der anderen Seite erfolgt jedoch im Winter Zuzug aus Nordosteuropa. Größere Lücken gehen wohl auf Erfassungsdefizite zurück. Im Vergleich zur ersten Kartierung zeigt sich keine Veränderung des Verbreitungsbildes.

Bilanz der Winterkartierung:

Kategorie [Ex.]	GF	RF %
1-10	77	19,7
11-100	224	57,5
101-1.000	75	19,2
1.001-2.000	4	1,0
Summe	**380**	**97,4**

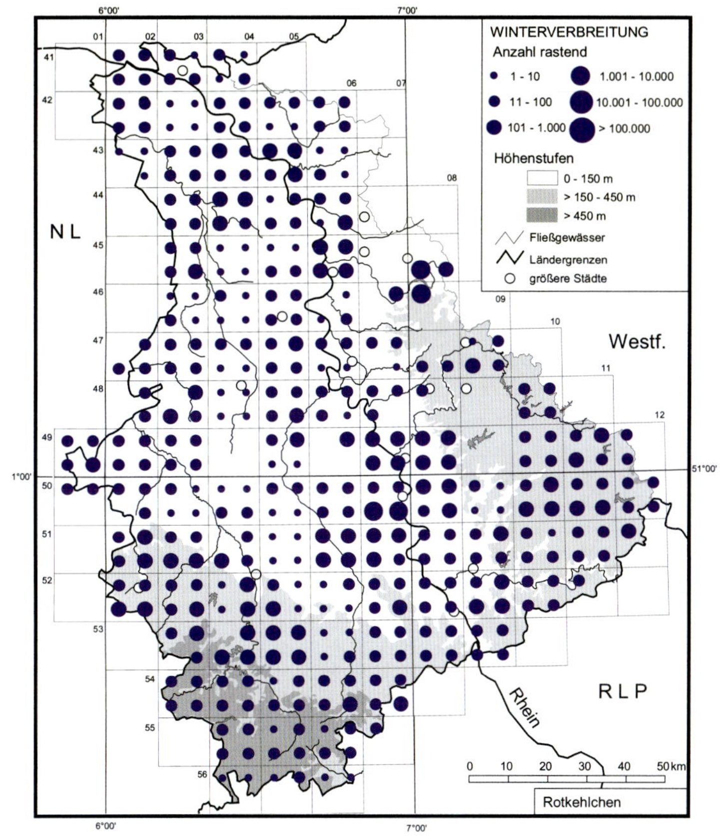

Winterverbreitung 1990-2000

Rotkehlchen, *Erithacus rubecula*. Foto: Mathias Schäf

Hausrotschwanz *Phoenicurus ochruros*

Status: Brutvogel, Durchzügler, Wintergast

Gefährdung:
Rote Liste N (nicht gefährdet)
Non-SPEC (nicht gefährdet)

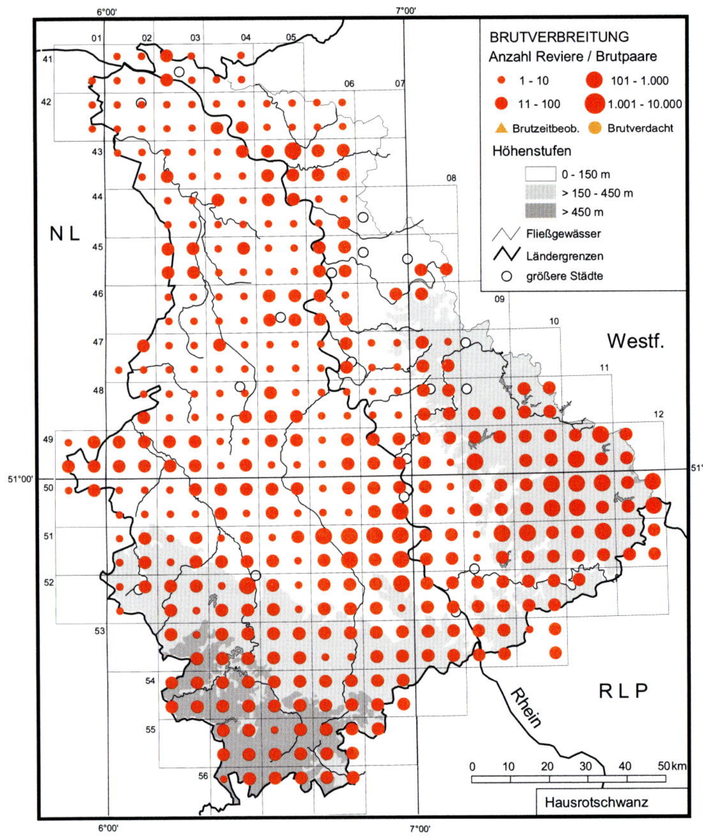

Brutverbreitung 1990-2000

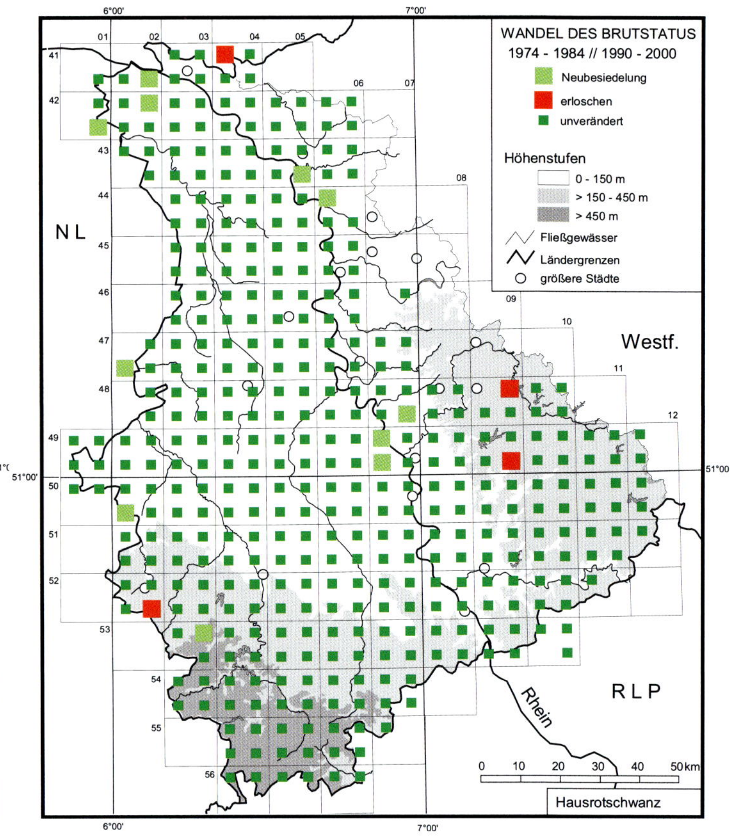

Arealveränderung zwischen 1974-84 und 1990-2000

BRUTVERBREITUNG

Der Hausrotschwanz besiedelt alle Gitterfelder mit menschlichen Siedlungen, von Einzelgehöften bis zum Innern der Städte. Seltener werden auch natürliche Felspartien, Steinbrüche und Brücken als Brutplätze besetzt. Die Art ist insgesamt nahezu flächendeckend verbreitet. Die größten Dichten werden in den mittleren Höhenlagen registriert (100 - 400 m NN), während weite Teile der tieferen Lagen vergleichsweise dünn besetzt sind. Der Hausrotschwanz ist auch in den NL (RF = 85 %; SOVON 2002) und Westfalen (RF = 100 %; NWO 2002) weit verbreitet, allerdings ist eine nordwestwärts abnehmende Dichte unübersehbar.

Bilanz der Brutvogelkartierung:

Kategorie [BP]	GF	RF %	Minimum [BP]
1-10	150	36,3	150
11-100	231	55,9	2.541
101-200	23	5,6	2.323
Summe	**404**	**97,8**	**5.014**

AREALVERÄNDERUNGEN

Das Verbreitungsareal hat sich im Zeitraum zwischen den beiden Erfassungszeiträumen nicht nennenswert verändert. Bereits MILDENBERGER (1984) gab für das Rheinland einen stabilen Bestand an, während in Westfalen seit den 1960er Jahren eine starke Zunahme registriert wurde (NWO 2002). In den NL wurde in der letzten Dekade eine starke Ausbreitung nach Norden und Westen festgestellt (SOVON 2002). Zwar sind die erreichten Rasterfrequenzen im Rheinland und Westfalen sehr ähnlich, die Verbreitungsdichte ist jedoch in der letztgenannten Region deutlich einheitlicher, so dass die Bestandsschätzungen für Westfalen unter Berücksichtigung der größeren Gesamtfläche (33.100-85.200 Reviere; NWO 2002) etwas höher ausfallen als im Rheinland mit ca. 16.900-31.400 Brutpaaren (1,3 - 2,4 BP/km² bezogen auf die besiedelte Fläche).

Vergleich der Kartierung von 1974-1984 mit 1990-2000:

Kategorie	GF	%	RF %
1 - Nur 1974-84	4	1,0	1,0
2 - Nur 1990-2000	11	2,8	2,8
3 - Gemeinsame GF	378	96,2	96,2
1974-84: 1 & 3	382		97,2
1990-2000: 2 & 3	389		99,0
Veränderung	+7 (+1,8 %)		+1,8

Identitäts-Index (nach SCHERNER 1982): 0,98.

WINTERVERBREITUNG

Das Überwinterungsgebiet des Hausrotschwanzes erstreckt sich von Westeuropa bis Nordafrika. Die Brutpopulation zieht aus dem Rheinland nahezu komplett weg. Daher sind Winterbeobachtungen selten und stark witterungsabhängig (z. B. BROMBACH 1993). Die Mehrzahl der Feststellungen stammt aus den klimatisch günstigeren Tieflagen, aber auch aus den Hochlagen der Mittelgebirge liegen Winternachweise vor. Nahezu alljährliche Beobachtungen gelingen am ehesten im Bereich der Kölner Bucht zwischen Rhein und Erft. Aufgrund des kumulativen Effektes der Kartierung über zehn Jahre spiegelt die Darstellung eine relativ weite Verbreitung wider, aber viele Gitterfelder sind nicht regelmäßig besetzt. Die Zunahme der Winterfeststellungen seit MILDENBERGER (1984) hängt u. a. mit den milden Wintern der letzten Jahre zusammen.

Bilanz der Winterkartierung:

Kategorie [Ex.]	GF	RF %
1-10	44	12,4
11-20	2	0,6
Summe	**46**	**13,0**

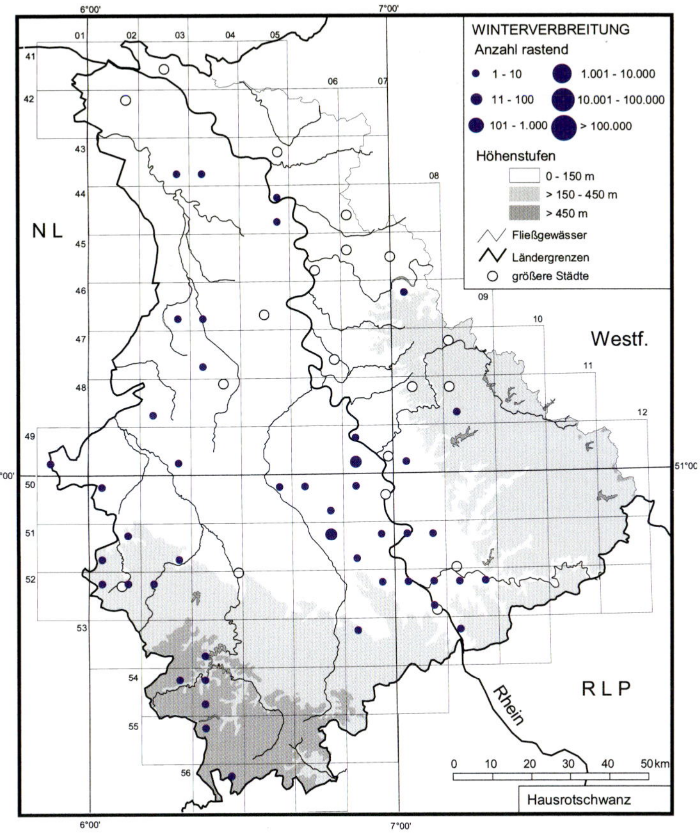

Winterverbreitung 1990-2000

Hausrotschwanz, *Phoenicurus ochruros,* Männchen. Foto: MATHIAS SCHÄF

Gartenrotschwanz *Phoenicurus phoenicurus*

Status: Brutvogel, Durchzügler

Gefährdung:
Rote Liste 3 (gefährdet)
SPEC 2 (dezimiert)

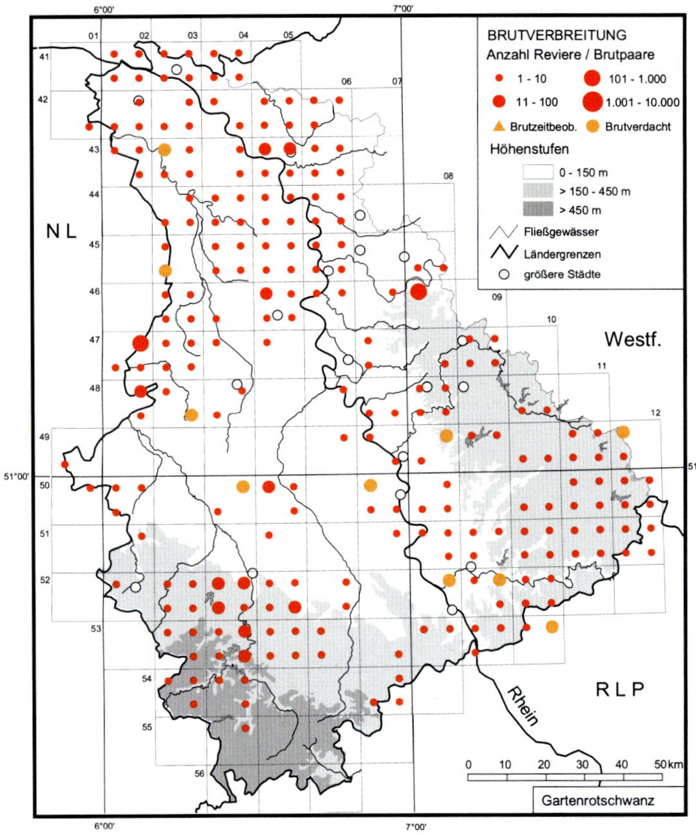

Brutverbreitung 1990-2000

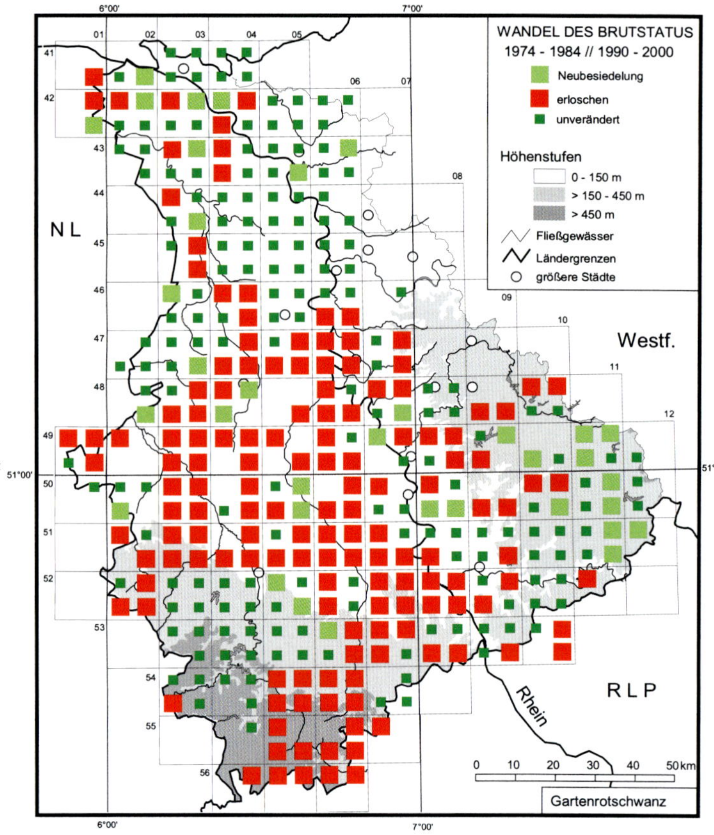

Arealveränderung zwischen 1974-84 und 1990-2000

BRUTVERBREITUNG

Die aktuelle Verbreitung zeigt drei durch deutliche Lücken getrennte Schwerpunktgebiete im Bereich des Niederrheines und entlang der niederländischen Grenze bis zur Schwalm, dem Eifelnordrand sowie dem Bergischen Land. Eine wichtige Voraussetzung für das Vorkommen der Art ist das Vorhandensein reich strukturierter Kulturlandschaft mit Streuobstwiesen, lichten Wäldern und Parklandschaften. Weite Teile der landwirtschaftlich intensiv genutzten Niederungsgebiete sind nicht besetzt. Die meisten Vorkommen liegen unter 450 m NN. In den NL (RF = 66 %; SOVON 2002) und Westfalen (RF = 83 %; NWO 2002) ist der Gartenrotschwanz z. T. deutlich weiter verbreitet.

AREALVERÄNDERUNGEN

Nachdem der Bestand bis Mitte der 1960er Jahre relativ konstant blieb, kam es ab 1968/69 zu starken Bestandsabnahmen, die bis 1975 anhielten und die Situation stabilisierte sich auf niederigerem Niveau (MILDENBERGER 1984). Der Vergleich mit den Ergebnissen der ersten Kartierung offenbart einen weiteren drastischen Arealverlust (-35 %) in allen Teilbereichen des Verbreitungsgebietes, besonders aber in den Tieflagen der Niederrheinischen Bucht. Dies führt zur Fragmentierung des ehemals zusammenhängenden Brutgebietes. Aber auch in den Hochlagen der (Ost-) Eifel (>450 m NN) zeigen sich erhebliche Rückgänge. Für die aktuelle Erfassungsperiode 1990-2000 ergibt sich ein geschätzter Bestand von 890-1.650 Brutpaaren (0,11 - 0,21 BP/km² bezogen auf die besiedelte Fläche). Ähnlich negative Tendenzen wurden aus vielen deutschen und europäischen Gebieten berichtet (BAUER & HEINE 1992, BUSCHE 1997, WITT 2000, SCHWARZ & FLADE 2000, MITSCHKE et al. 2000). In den NL ging der Brutbestand von 35.000-50.000 BP 1979-85 auf 23.000-30.000 BP 1998-2000 zurück (SOVON 2002).

Bilanz der Brutvogelkartierung:

Kategorie [BP]	GF	RF %	Minimum [BP]
1-10	214	51,8	214
11-100	11	2,7	121
101-200	2	0,5	202
Brutverdacht	10	2,4	
Summe	**237**	**57,4**	**537**

Vergleich der Kartierung von 1974-1984 mit 1990-2000:

Kategorie	GF	%	RF %
1 - Nur 1974-84	148	41,3	37,7
2 - Nur 1990-2000	35	9,8	8,9
3 - Gemeinsame GF	175	48,9	44,5
1974-84: 1 & 3	323		82,2
1990-2000: 2 & 3	210		53,4
Veränderung	-113 (-35 %)		-28,8

Die Abnahme ist statistisch signifikant (4-Felder X^2-Test***; Vorzeichentest*; McNemar-Test***). Identitäts-Index (nach SCHERNER 1982): 0,69.

Die Auslöser der Bestandsrückgänge liegen in der Sahelkatastrophe der 1960er Jahre (BERTHOLD 1973, 1974, BERNDT & WINKEL 1979, BRUDERER & HIRSCHI 1984, MARCHANT et al. 1990, FIEDLER 1998) und wurden anschließend vielfach durch Beeinträchtigungen in den Brutgebieten verstärkt. Dazu gehören die Intensivierung der Landwirtschaft (Niederungen), natürliche (Sukzession) und anthropogene Veränderungen der Waldstruktur, z. B. Aufforstungen in den Hochlagen (JONKERS & MARÉCHAL 1990, BAUER & HÖLZINGER 1999, SIEDLE in HEINE et al. 1999, HÖTKER et al. 2000).

Gartenrotschwanz, *Phoenicurus phoenicurus,* Jungvogel. Foto: THOMAS HELMBERG

Braunkehlchen, *Saxicola rubetra,* Männchen
Foto: MATHIAS SCHÄF

Steinschmätzer *Oenanthe oenanthe*

Status: Brutvogel, Durchzügler

Gefährdung:
Rote Liste 1 (vom Aussterben bedroht)
SPEC 3 (zurückgehend)

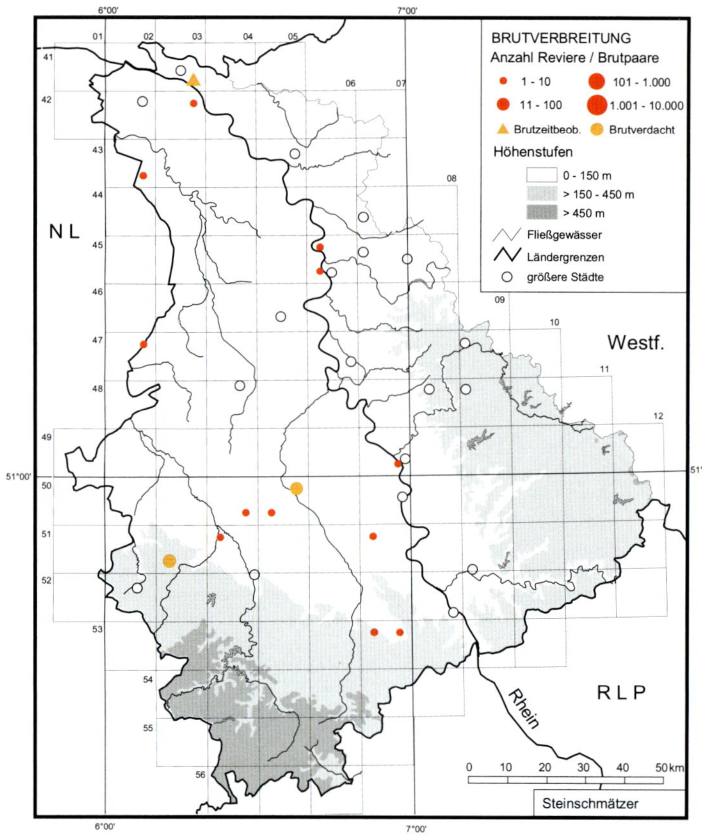

Brutverbreitung 1990-2000

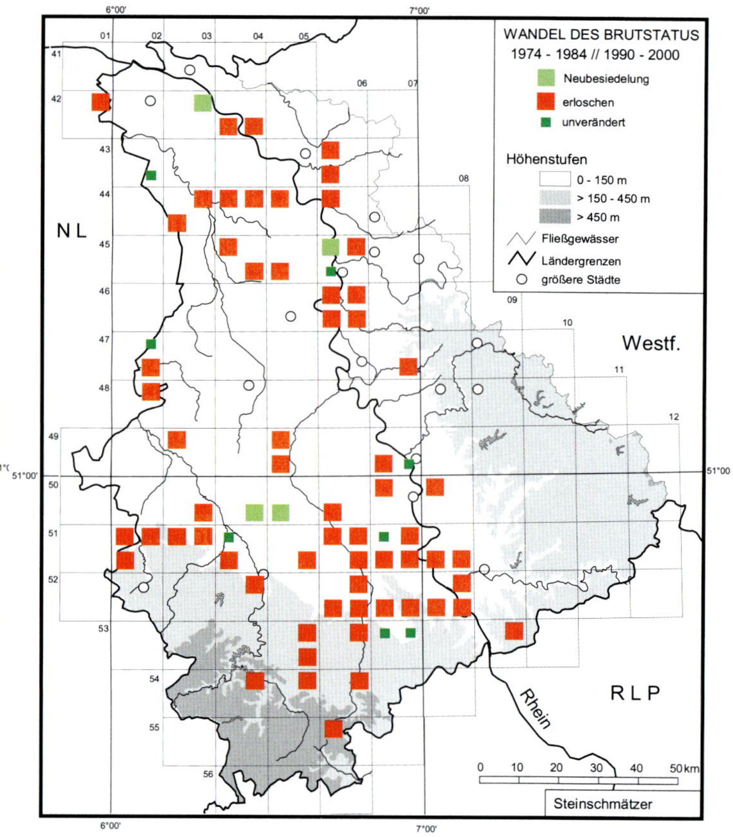

Arealveränderung zwischen 1974-84 und 1990-2000

BRUTVERBREITUNG

Der Steinschmätzer wurde nur in Gitterfeldern mit offenen, vegetationsarmen Habitaten (z. B. Braunkohlen-, Kies-, Sandgruben, Ruderalflächen, Industrieanlagen, Dünengebiete, Trockenrasen u. ä.) angetroffen, die oft nur temporär besiedelt werden können. Die aktuelle Brutverbreitung im Rheinland ist sehr lückenhaft und fragmentiert. Alle Vorkommen liegen unter 150 m NN im Bereich der Köln-Aachener Bucht und des Niederrheinischen Tieflandes. Die höheren Mittelgebirgslagen sind unbesetzt. Im angrenzenden Westfalen ist der Steinschmätzer gleichermaßen spärlich (RF = 4 %; NWO 2002), aber in den NL mit 16 % besetzter Gitterfelder etwas weiter verbreitet (SOVON 2002).

AREALVERÄNDERUNGEN

Der bereits in der ersten Kartierungsperiode registrierte Rückgang seit Anfang der 1970er Jahre hat sich weiter fortgesetzt und zu einem signifikanten Arealverlust von über 80 % geführt. Besonders im Gebiet des rheinischen Verbreitungsschwerpunktes im südlichen Nordrhein ist der Bestand nahezu vollständig zusammengebrochen. Gleiches gilt für die benachbarten Niederlande (1980: 1.900-2.500 BP und 1998-2000: 600-800 BP; SOVON 2002) und Westfalen (NWO 2002). Als Hauptrückgangsursache wird die Lebensraumzerstörung/-veränderung, aber vor allem Verluste auf dem Zug und in den Überwinterungsgebieten vermutet. Es ist zu befürchten, dass die Art in naher Zukunft als Brutvogel im Rheinland verschwinden wird. Für dieses Gebiet sind mehr als 5-10 Brutpaare derzeit nicht mehr anzunehmen. Ende der 1960er Jahre waren es noch 200-500 Brutpaare (Mildenberger 1984). Da sich der Durchzug nördlicher Populationen bis in den Juni hineinzieht, ist es mitunter schwierig, zwischen Brutvögeln und Durchzüglern zu unterscheiden.

Bilanz der Brutvogelkartierung:

Kategorie [BP]	GF	RF %
1-3	12	2,9
Brutverdacht	3	0,7
Summe	**15**	**3,6**

Vergleich der Kartierung von 1974-1984 mit 1990-2000:

Kategorie	GF	%	RF %
1 - Nur 1974-84	60	83,3	15,3
2 - Nur 1990-2000	4	5,6	1,0
3 - Gemeinsame GF	6	11,1	2,0
1974-84: 1 & 3	68		17,3
1990-2000: 2 & 3	12		3,1
Veränderung	-56 (-82%)		-14,2

Die Abnahme ist statistisch signifikant (4-Felder X^2-Test***; Vorzeichentest*; McNemar-Test***). Identitäts-Index (nach Scherner 1982): 0,28.

Braunkehlchen *Saxicola rubetra*

Status: Brutvogel, Durchzügler

Gefährdung:
Rote Liste 2 (stark gefährdet)
Non-SPEC^{E} (nicht gefährdet)

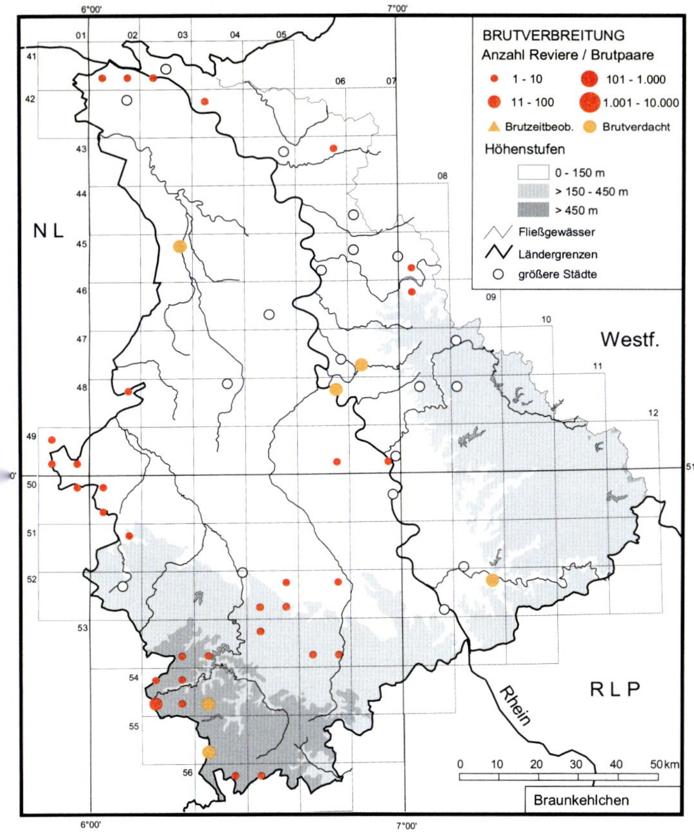

Brutverbreitung 1990-2000

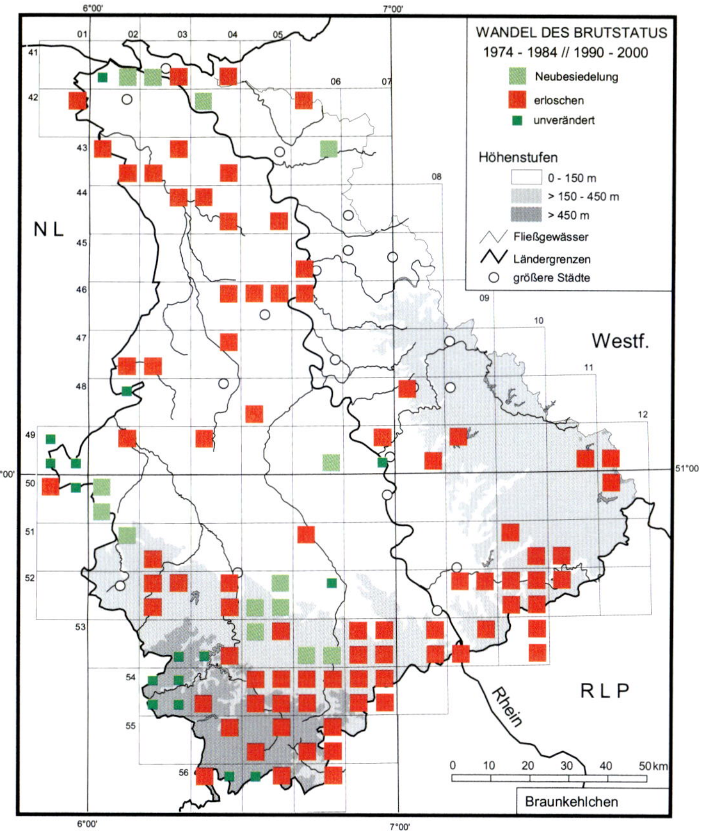

Arealveränderung zwischen 1974-84 und 1990-2000

BRUTVERBREITUNG

Der Schwerpunkt der Verbreitung lag im Erfassungszeitraum in den mittleren und höheren Lagen am nördlichen Eifelrand, während die Tieflandvorkommen bis auf einige Ausläufer der niederländischen Population erloschen sind. Verbreitungsbestimmend ist das Vorhandensein ausgedehnten Extensivgrünlandes (Wiesen, Weiden, Moore) mit Hochstauden und Weidezäunen als Sing- und Sitzwarten. In den rechtsrheinischen Gebieten wurden nur noch kleine Restvorkommen gefunden. Sowohl in den NL (RF = 19 %; SOVON 2002) als auch in Westfalen (RF = 53 %; NWO 2002) ist die Art weiter verbreitet.

AREALVERÄNDERUNGEN

Der bereits bei der ersten Erfassung festgestellte Rückgang hat sich fortgesetzt und zu einem weiteren dramatischen Arealverlust von über 70 % geführt (vgl. Jöbges et al. 1997). Fast alle rechtsrheinischen Vorkommen und fast die gesamte Tieflandpopulation sind erloschen. Um 1960 brüteten in den Kreisen Kleve und Wesel noch 1.600 Paare, 1975 weniger als 50. Auch in der Kölner Bucht nahmen die Bestände in den 1960er und 1970er Jahren dramatisch ab. Ende der 1970er Jahre brüteten in Nordrhein, vorwiegend in der Eifel, nur noch 70-90 Paare (Mildenberger 1984). Durch die Intensivierung der Landwirtschaft bedingte Habitatverluste, Verschlechterung des Nahrungsangebotes (Pestizideinsatz und Düngung führen zu einer Verarmung der Pflanzen- und Insektenvielfalt) sowie Verluste auf den Zugwegen und in den Überwinterungsgebieten südlich der Sahara können als Hauptrückgangsursachen angeführt werden (Bastian & Bastian 1996, Jöbges et al. 1997). 1994 wurden in NRW 326-347 BP kartiert, davon 41-51 in der Eifel, wo Ende der 1970er Jahre noch 56-72 Paare vorkamen (Jöbges et al. 1997, Mildenberger 1984). Insgesamt können die verbliebenen größeren Vorkommen allesamt nur noch als Relikte besserer Zeiten betrachtet werden. Auch in den Niederlanden (SOVON 2002), Westfalen (NWO 2002) und Rheinland-Pfalz (Fahl et al. 1998) werden rückläufige Trends verzeichnet.

Bilanz der Brutvogelkartierung:

Kategorie [BP]	GF	RF %
1-10	31	7,5
11-20	1	0,2
Brutverdacht	6	1,5
Summe	**38**	**9,2**

Vergleich der Kartierung von 1974-1984 mit 1990-2000:

Kategorie	GF	%	RF %
1 - Nur 1974-84	80	72,7	20,4
2 - Nur 1990-2000	14	12,7	3,6
3 - Gemeinsame GF	16	14,5	4,1
1974-84: 1 & 3	96		24,4
1990-2000: 2 & 3	30		7,6
Veränderung	-66 (-69 %)		-16,8

Die Abnahme ist statistisch signifikant (4-Felder X^2-Test***; Vorzeichentest*; McNemar-Test***). Identitäts-Index (nach Scherner 1982): 0,30.

Schwarzkehlchen *Saxicola rubicola*

Status: Brutvogel, Durchzügler, Wintergast

Gefährdung:
Rote Liste 2 (stark gefährdet)
Non-SPEC (nicht gefährdet)

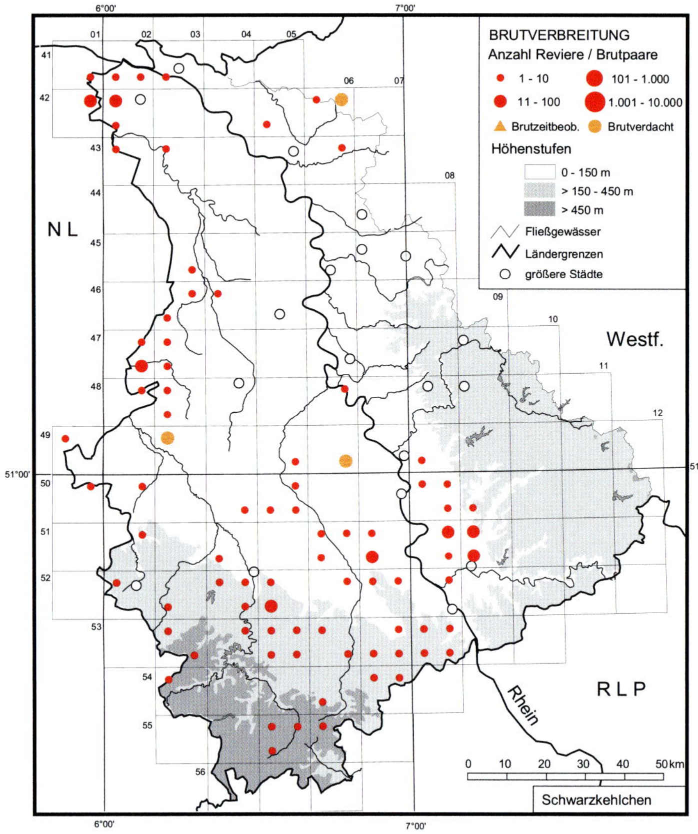

Brutverbreitung 1990-2000

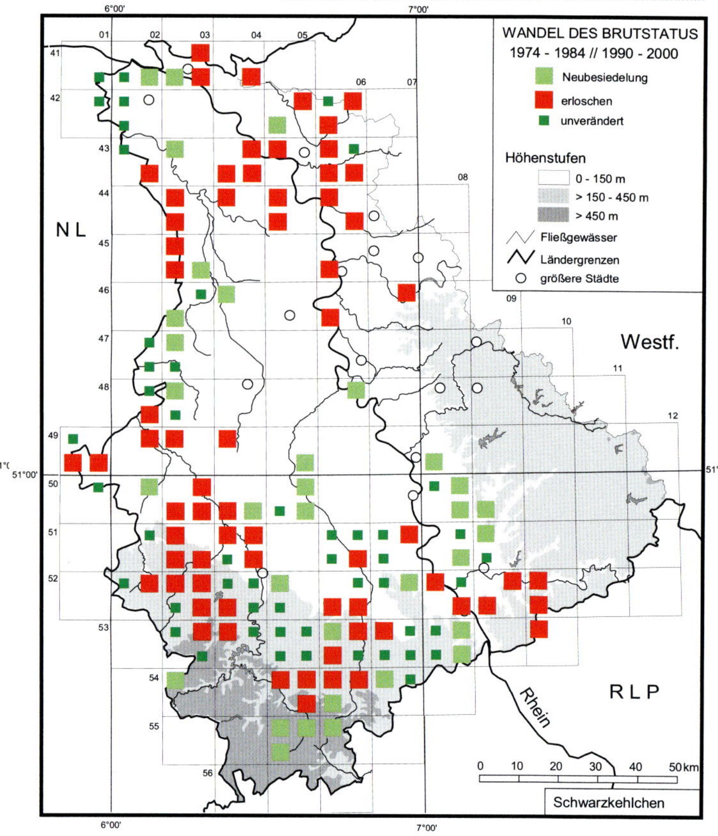

Arealveränderung zwischen 1974-84 und 1990-2000

BRUTVERBREITUNG

Die Brutplätze liegen in Gitterfeldern mit gut strukturierten offenen Habitaten (Heide, Moore, Grünland, Windwurfflächen, Ruderalflächen, Weinberge, Bahndämme etc.), die z. T. nur temporär besetzt werden und bei fortschreitender Sukzession verwaisen. Die Mehrzahl der Vorkommen befindet sich in den unteren bis mittleren Höhenlagen des Eifelnordrandes. Die Hochlagen der Mittelgebirge sind nur spärlich besetzt. Weitere Vorkommen im Schwalm-Nette-Gebiet und am Unteren Niederrhein hängen mit der angrenzenden niederländischen Population zusammen, wo die Art deutlich weiter verbreitet ist (RF = 41 %; SOVON 2002). In Westfalen wiesen nur 3 % der Gitterfelder Vorkommen auf (NWO 2002). Demnach zeigt das Schwarzkehlchen in unserer Region eine von West (NL) nach Ost (Westfalen) abnehmende Rasterfrequenz.

AREALVERÄNDERUNGEN

Bis Mitte der 1960er Jahre galten die Bestände als stabil, begannen jedoch anschließend zu schrumpfen (Mildenberger 1984). In allen Regionen des Kartierungsgebietes sind deutliche und statistisch signifikante Arealverluste (-29 %) feststellbar. Die Population am Niederrhein ist heute fast komplett erloschen und auch im südlichen Nordrhein zeigen sich starke Rückgänge. Der nordrhein-westfälische Bestand ist somit seit Mitte des vorigen Jahrhunderts kontinuierlich zurückgegangen von 2.500 BP in den 1960er Jahren, über 400-500 BP 1984 auf 306-355 BP 1990-93 (Stumpf 1994). Auf den Landesteil Nordrhein, wo um 1965 noch >1.300 Paare brüteten (Mildenberger 1984), entfielen im Kartierungszeitraum nur noch 210-240 Brutpaare (0,07 - 0,08 BP/km² bezogen auf die besiedelte Fläche). In den Niederlanden hat sich das Brutareal zwar ebenfalls verkleinert, aber die Bestände steigen nach Rückgängen aktuell wieder an: 4.100-5.800 BP 1975, 1.600-2.300 BP 1983 und 6.500-7.000 BP 1998-2000 (SOVON 2002). Als Rückgangsursache werden Lebensraumverluste bzw. -veränderungen sowie Intensivierung der Landwirtschaft vermutet.

Bilanz der Brutvogelkartierung:

Kategorie [BP]	GF	RF %	Minimum [BP]
1-10	75	18,2	75
11-100	9	2,2	99
Brutverdacht	3	0,7	
Summe	**87**	**21,1**	**174**

Vergleich der Kartierung von 1974-1984 mit 1990-2000:

Kategorie	GF	%	RF %
1 - Nur 1974-84	68	45,0	17,3
2 - Nur 1990-2000	34	22,5	8,7
3 - Gemeinsame GF	49	32,5	12,5
1974-84: 1 & 3	117		29,8
1990-2000: 2 & 3	83		21,1
Veränderung	-34 (-29%)		-8,7

Die Abnahme ist statistisch signifikant (4-Felder X^2-Test**; Vorzeichentest*; McNemar-Test***). Identitäts-Index (nach Scherner 1982): 0,50.

WINTERVERBREITUNG

Das Schwarzkehlchen überwintert von Nordwesteuropa bis Afrika, besonders im Mittelmeergebiet. Winterbeobachtungen sind im Rheinland die Ausnahme und die Art kann nicht als regelmäßiger Wintergast bezeichnet werden. Die sporadischen Einzelvorkommen in den Wintermonaten verteilen sich auf 16 Gitterfelder (RF = 4,1 %) und sind zumeist auf die klimatisch günstigeren Tieflagen (< 300 m NN) und die Brutgebiete beschränkt. Letzteres deutet darauf hin, dass zumindest ein Teil der Winterbeobachtungen auf Brutvögel zurückgeht, die vor allem in milden Wintern früh aus den Winterquartieren zurückkehren. Seit den 1950er Jahren hat die Zahl der Winterfeststellungen insgesamt zugenommen (MILDENBERGER 1984, WINK 1990).

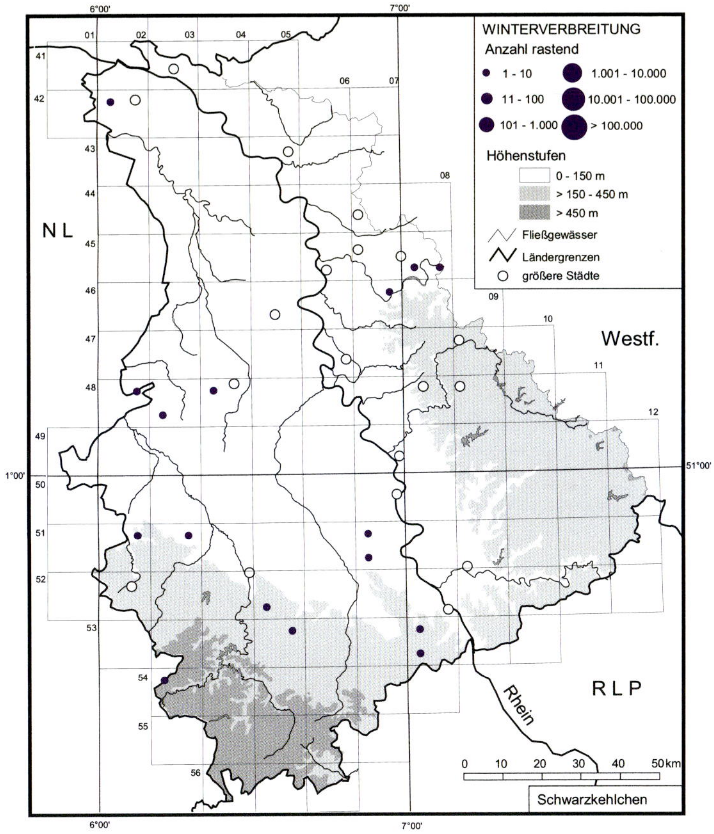

Winterverbreitung 1990-2000

Schwarzkehlchen, *Saxicola rubicola,* Männchen.
Foto: MATHIAS SCHÄF

Steinschmätzer, *Oenanthe oenanthe,* Männchen.
Foto: MATHIAS SCHÄF

Nachtigall *Luscinia megarhynchus*

Status: Brutvogel, Durchzügler

Gefährdung:
Rote Liste 3 (gefährdet)
Non-SPEC^{E} (nicht gefährdet)

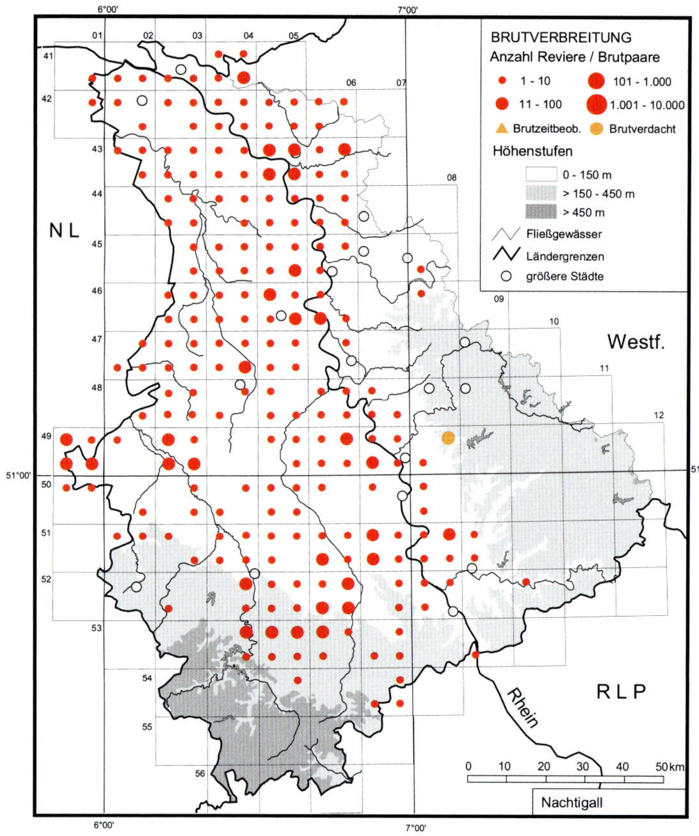

Brutverbreitung 1990-2000

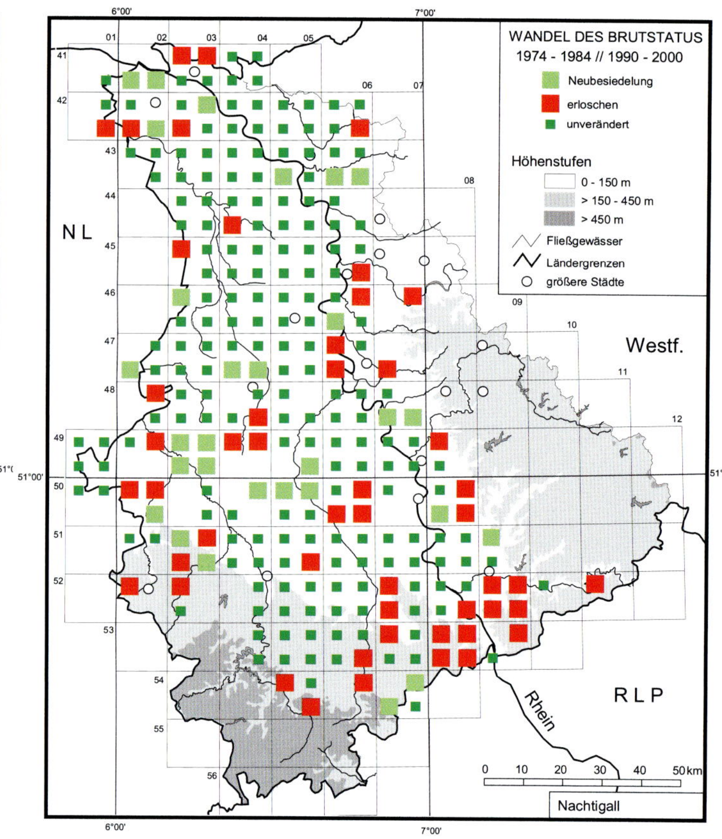

Arealveränderung zwischen 1974-84 und 1990-2000

BRUTVERBREITUNG

Die Nachtigall besiedelt lichte Laubwälder, Feldgehölze und Parkanlagen mit dichtem Unterwuchs in den unteren bis mittleren Höhenstufen (bis 350 m NN) mit Sommertemperaturen von mindestens 14°C und unter 700-750 mm jährlicher Niederschlagssumme (WINK 1973). Sie fehlt daher in den Hochlagen der Eifel und weiten Teilen des niederschlagsreichen rechtsrheinischen Untersuchungsgebietes (Bergisches Land). Lücken bestehen außerdem lokal in der ausgeräumten Ackerbörde. Ähnliche Verbreitungsmuster zeigten sich in den benachbarten NL (RF = 49 %; SOVON 2002) und Westfalen (RF = 56 %; NWO 2002).

AREALVERÄNDERUNGEN

Die aktuelle Brutverbreitung zeigt beim Vergleich mit der ersten Kartierung im gesamten rheinischen Brutgebiet deutliche Arealverluste von -12 %. Diese Entwicklung steht im Gegensatz zu anderen Regionen Mitteleuropas, wo die Bestände eher ansteigen (HEINE et al. 1999, BEZZEL et al. 2005). Aber lokal gegenläufige Trends werden bei der Nachtigall oft beobachtet (BAUER & BERTHOLD 1996). Im Rheinland nahm die Art in der ersten Hälfte des 20. Jahrhunderts stark zu. Ab 1960 kehrte sich der Trend um und die Bestände gingen zurück (MILDENBERGER 1984). Auch für den Landesteil Westfalen wird ein Rückgang angenommen (NWO 2002). Diese Entwicklung hält bis heute an. In den benachbarten Niederlanden zeigt sich ebenfalls eine deutliche Arealverkleinerung (SOVON 2002). Neben dem Verlust geeigneter Lebensräume (z. B. reich strukturierte Auenlandschaft entlang des Rheins) können auch klimatische Faktoren und Verluste auf den Zugwegen und im Überwinterungsgebiet eine Rolle spielen. Für das Rheinland ergibt sich im Bearbeitungszeitraum ein geschätzter Bestand von 1.100-2.100 Brutpaaren (0,15 - 0,29 BP/km² bezogen auf die besiedelte Fläche).

Bilanz der Brutvogelkartierung:

Kategorie [BP]	GF	RF %	Minimum [BP]
1-10	187	45,3	187
11-100	31	7,5	341
Brutverdacht	1	0,2	
Summe	**219**	**53,0**	**528**

Vergleich der Kartierung von 1974-1984 mit 1990-2000:

Kategorie	GF	%	RF %
1 - Nur 1974-84	54	20,4	13,7
2 - Nur 1990-2000	25	9,4	6,4
3 - Gemeinsame GF	186	70,2	47,3
1974-84: 1 & 3	240		61,0
1990-2000: 2 & 3	211		53,7
Veränderung	-29 (-12%)		-7,3

Die Abnahme ist statistisch signifikant (4-Felder X^2-Test*; Vorzeichentest*; McNemar-Test**). Identitäts-Index (nach SCHERNER 1982): 0,82.

Nachtigall, *Luscinia megarhynchos*. Foto: CHRISTIAN WOLF

Blaukehlchen, *Luscinia svecica,* Männchen. Foto: MATHIAS SCHÄF

Blaukehlchen *Luscinia svecica*

Status: Brutvogel, Durchzügler

Gefährdung:
Rote Liste 2 (stark gefährdet)
Non-SPEC (nicht gefährdet)

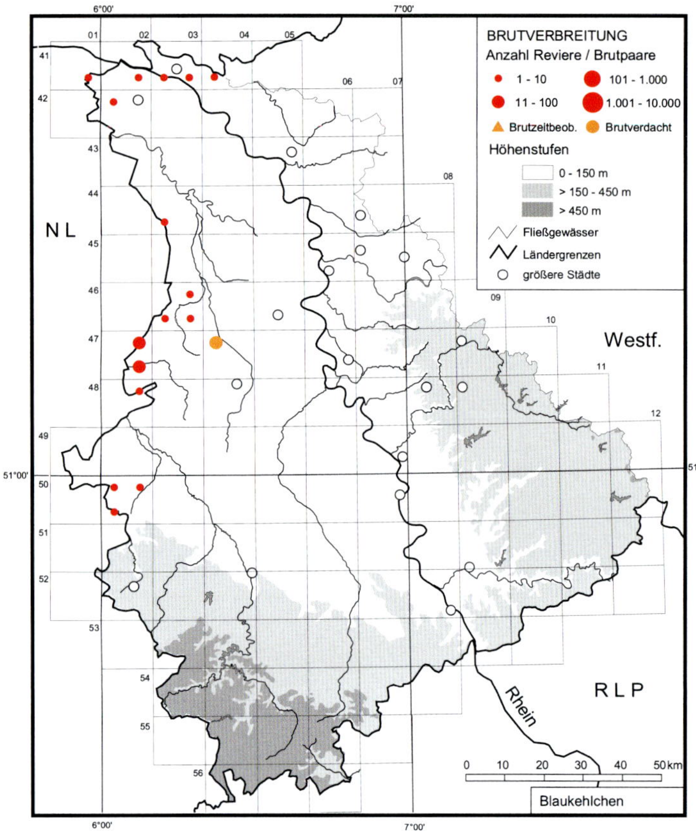

Brutverbreitung 1990-2000

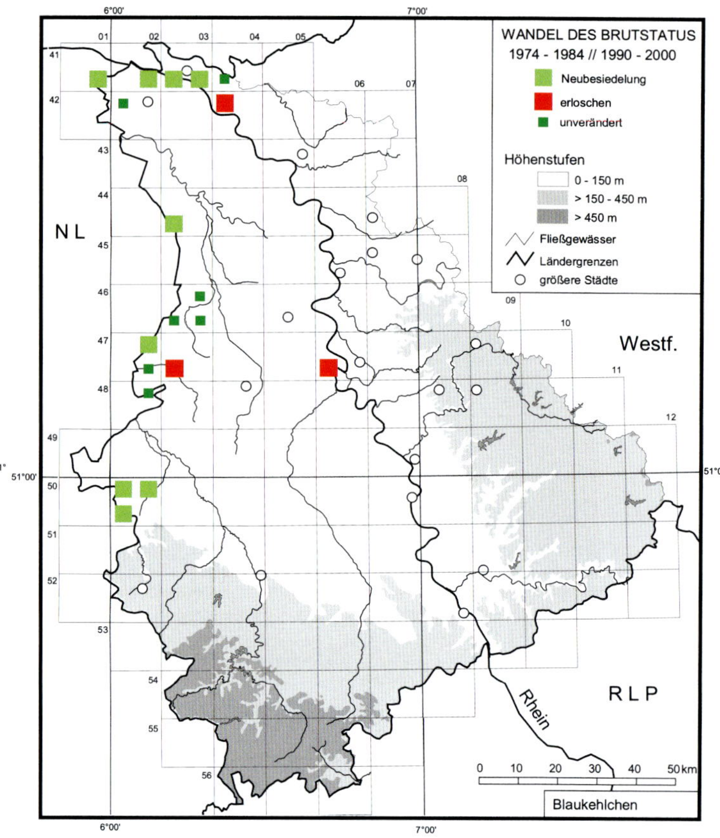

Arealveränderung zwischen 1974-84 und 1990-2000

BRUTVERBREITUNG

Die aktuellen Vorkommen des Weißsternigen Blaukehlchens *L. s. cyanecula* sind im Rheinland auf wenige Gitterfelder mit offenen, gebüschbestandenen Feuchtgebieten im deutsch-niederländischen Grenzbereich (Unterer Niederrhein und Schwalmtal, Nette-Seen, Wurmtal) beschränkt. Alle Brutplätze liegen unter 150 m NN. Im Vergleich zu den Niederlanden (RF = 48 %; SOVON 2002) sind das Rheinland (RF = 4,6 %) und Westfalen (RF = 1 %; NWO 2002) nur sehr schwach besiedelt.

AREALVERÄNDERUNGEN

Anfang des 20. Jahrhunderts galt das Blaukehlchen als häufiger Brutvogel im Rheinland und um 1930 brüteten ca. 200 Paare. Anschließend ging der Bestand jedoch überall stark zurück und besonders viele kleinere Vorkommen verschwanden (MILDENBERGER 1984). Am Unteren Niederrhein galt die Art seit 1983 als ausgestorben (HOLLAND & WILLE 1991). Das Verbreitungsareal hat sich im Vergleich zur letzten Erfassung um 70 % vergrößert, aber alle Neubesiedlungen liegen in unmittelbarer Nachbarschaft zu bereits existierenden Vorkommen und der geschätzte Gesamtbestand ist mit 80-120 Brutpaaren (0,13 - 0,20 BP/km² bezogen auf die besiedelte Fläche) relativ klein. Besonders am Niederrhein konnten zahlreiche neue Brutplätze gefunden werden. In den Niederlanden zeigt sich dieser positive Trend seit den 1980er Jahren noch viel ausgeprägter und führte zu einer Bestandszunahme von 900 BP (1975) auf 9.000-11.000 BP 1998-2000 (SOVON 2002). Aufgrund der räumlichen Nähe ist anzunehmen, dass die rheinischen Vorkommen mit den niederländischen Beständen zusammenhängen und daher von der in den NL beobachteten Bestandszunahme profitieren. Parallel dazu haben sich auch in Westfalen die Bestände in den 1980er/1990er Jahren leicht erholt und nach zahlreichen Neu- bzw. Wiederbesiedlungen brüteten Ende der 1990er Jahre wieder 34-40 Paare (NWO 2002).

Bilanz der Brutvogelkartierung:

Kategorie [BP]	GF	RF %
1-10	14	3,4
11-20	3	0,7
Brutverdacht	1	0,2
Summe	**18**	**4,4**

Vergleich der Kartierung von 1974-1984 mit 1990-2000:

Kategorie	GF	%	RF %
1 - Nur 1974-84	3	15,8	0,8
2 - Nur 1990-2000	9	47,4	2,3
3 - Gemeinsame GF	7	36,8	1,8
1974-84: 1 & 3	10		2,6
1990-2000: 2 & 3	16		4,1
Veränderung	+6 (+60 %)		+1,5

Die Zunahme ist statistisch nicht signifikant (4-Felder X^2-Test n. s.; Vorzeichentest^{+}; McNemar-Test n. s.). Identitäts-Index (nach SCHERNER 1982): 0,54.

Ringdrossel *Turdus torquatus*

Status: Brutvogel (?), Durchzügler, Wintergast

Gefährdung:
Non-SPEC^{E} (nicht gefährdet)

BRUTVERBREITUNG

Eindeutige rezente Brutnachweise gibt es für das Rheinland bisher nicht. Es werden jedoch zur Brutzeit gelegentlich Vögel in geeignet erscheinendem Habitat in den höheren Lagen über 450 m NN der Mittelgebirge (Eifel) beobachtet (vgl. DÜSTERHAUS 1995) und auch aus an das Untersuchungsgebiet angrenzenden Gebieten Belgiens liegen Brutnachweise/-verdacht vor (MILDENBERGER 1984). Aktuell (2002) gibt es Hinweise auf Brutvorkommen im Hunsrück, Rheinland-Pfalz (HEYNE in lit.). Die Feststellungen in den Tieflagen und unteren Höhenzonen gehen eher auf späte Durchzügler zurück. Es sollte zukünftig in den Hochlagen vermehrt auf Brutvorkommen geachtet werden, da sich die Art in den Mittelgebirgen auszubreiten scheint.

WINTERVERBREITUNG

Ringdrosseln überwintern normalerweise im Mittelmeerraum, z. B. Spanien, Griechenland und Nordafrika. Vereinzelte Winterbeobachtungen existieren im Rheinland (RF = 1,8 %, GF = 6) in den mittleren bis höheren Lagen der Eifel und seltener auch am Rhein. Es handelt sich hierbei um Ausnahmeerscheinungen (vgl. MILDENBERGER 1984, WINK 1990), evtl. auch extrem späte bzw. frühe Durchzügler. Regelmäßige und durchgehende Überwinterungen sind nicht belegt. In den NL wurde die Art im Dezember-Januar ebenfalls nur in sechs Gitterfeldern festgestellt (BIJLSMA et al. 2001).

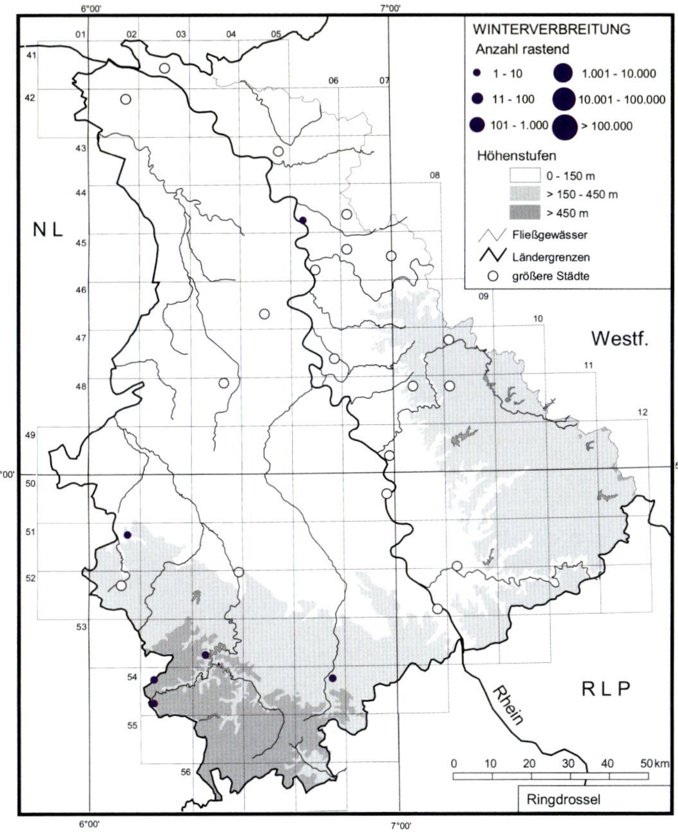

Winterverbreitung 1990-2000

Ringdrossel, *Turdus torquatus,* Männchen. Foto: JAN-OLE KRIEGS

Amsel *Turdus merula*

Status: Brutvogel, Durchzügler, Wintergast

Gefährdung:
Rote Liste N (nicht gefährdet)
Non-SPEC^{E} (nicht gefährdet)

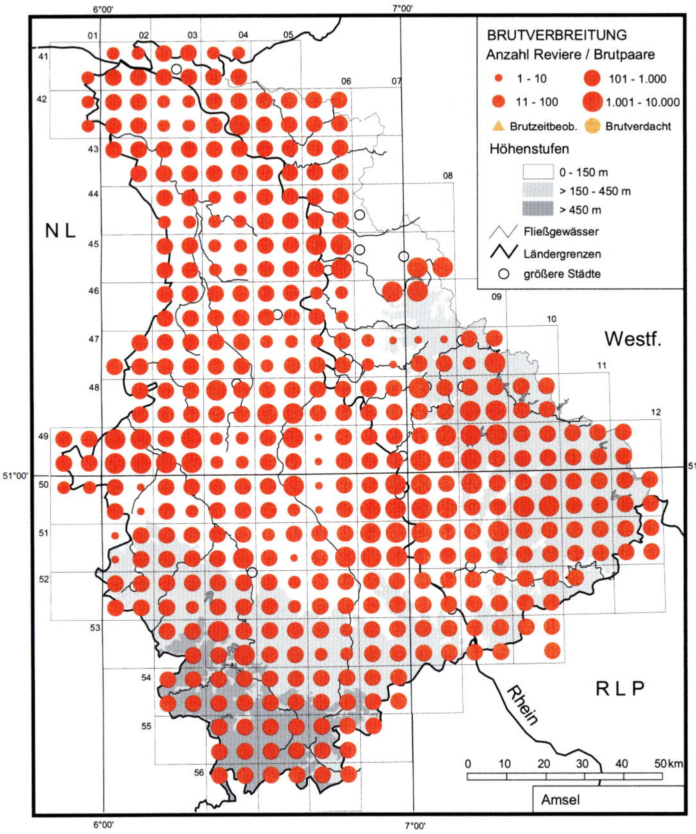

Brutverbreitung 1990-2000

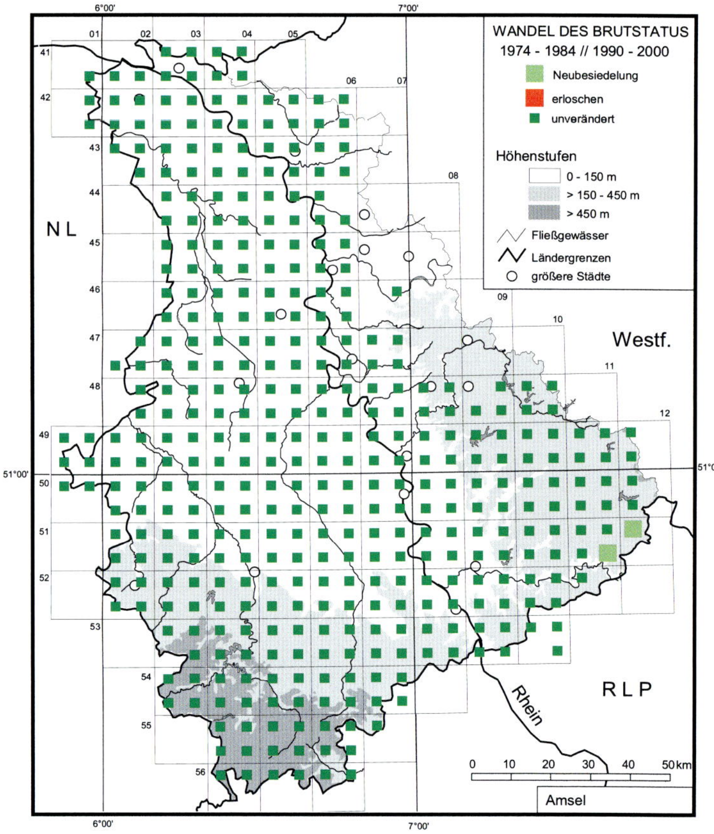

Arealveränderung zwischen 1974-84 und 1990-2000

BRUTVERBREITUNG

Die Amsel zeigt eine nahezu geschlossene Besiedlung des gesamten Rheinlandes in überwiegend sehr hoher Dichte (lokal ca. 50 BP/km²). Niedrigere Abundanzen oder lokales Fehlen gibt es allenfalls in landwirtschaftlich intensiv genutzten und ausgeräumten Bereichen der Börde. Besiedelt werden alle Lebensräume mit Gebüschen, Gehölzen und Wäldern, besonders auch Gärten und Parks in Ortschaften. In Westfalen (RF = 100 %; NWO 2002) und den NL (RF = 97 %; SOVON 2002) ist sie ebenfalls flächendeckend verbreitet.

AREALVERÄNDERUNGEN

Bis Mitte des 19. Jahrhunderts galt die Amsel als strikter Waldbewohner, begann dann jedoch auch in Siedlungsbereiche vorzudringen und hat bis Ende der 1970er Jahre stetig in ihrem Bestand zugenommen (Mildenberger 1984). Im Vergleich zur ersten Kartierung zeigen sich keine nennenswerten Veränderungen; da bereits damals alle Gitterfelder besetzt waren. Regional wurden in den letzten 20 Jahren jedoch auch langfristige Abnahmen festgestellt (Herkenrath & Flosbach 2000). In den benachbarten NL hat sich die Verbreitung in den letzen 30 Jahren ebenfalls nicht verändert, aber die Bestände sind aufgrund zunehmender Urbanisierung angestiegen (SOVON 2002). Dies gilt vermutlich auch für große Teile des Rheinlandes, wo der Bestand im Kartierungszeitraum 1990-2000 unter Berücksichtigung älterer Dichteangaben (z. B. Rheinwald et al. 1984) auf mindestens 300.000-900.000 Brutpaare geschätzt wird (22,0 - 66.0 BP/km² bezogen auf die besiedelte Fläche).

Bilanz der Brutvogelkartierung:

Kategorie [BP]	GF	RF %	Minimum [BP]
1-10	13	3,2	13
11-100	47	11,4	517
101-1.000	305	73,9	30.805
1.001-3.000	48	11,6	48.048
Summe	**413**	**100,0**	**79.383**

Vergleich der Kartierung von 1974-1984 mit 1990-2000:

Kategorie	GF	%	RF %
1 - Nur 1974-84	0	0	0
2 - Nur 1990-2000	2	0,5	0,5
3 - Gemeinsame GF	391	99,5	99,5
1974-84: 1 & 3	391		99,5
1990-2000: 2 & 3	393		100,0
Veränderung	+2 (+0,5 %)		+0,5

Identitäts-Index (nach Scherner 1982): 1,0.

WINTERVERBREITUNG

Die Amsel ist im Winter, wie auch zur Brutzeit, flächendeckend vertreten. Die meisten Amseln verweilen wohl ganzjährig im Brutgebiet bzw. der Abzug einheimischer Brutvögel wird durch Zuzug nordöstlicher Populationen ausgeglichen (vgl. MILDENBERGER 1984). Lücken in der Verbreitungskarte sind durch Erfassungsdefizite zu erklären. Veränderungen der Winterverbreitung sind in den letzten 20 Jahren nicht erkennbar.

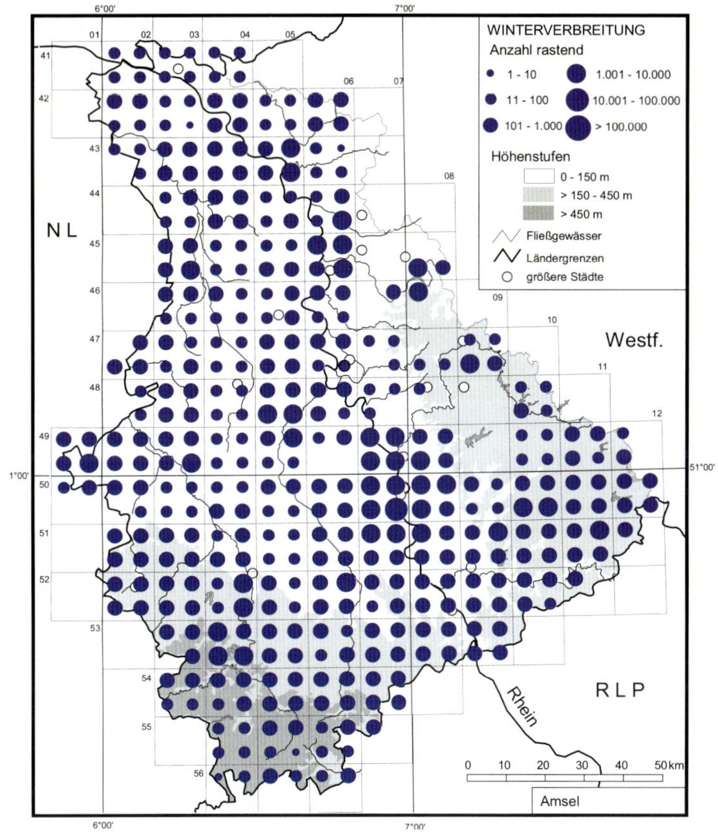

Winterverbreitung 1990-2000

Bilanz der Winterkartierung:

Kategorie [Ex.]	GF	RF %
1-10	4	1,0
11-100	132	33,8
101-200	213	54,5
1.001-10.000	39	10,0
10.001-15.000	1	0,3
Summe	**389**	**99,5**

Amsel, *Turdus merula,* Männchen. Foto: MATHIAS SCHÄF

Wacholderdrossel *Turdus pilaris*

Status: Brutvogel, Durchzügler, Wintergast

Gefährdung:
Rote Liste N (nicht gefährdet)
Non-SPEC EW (nicht gefährdet)

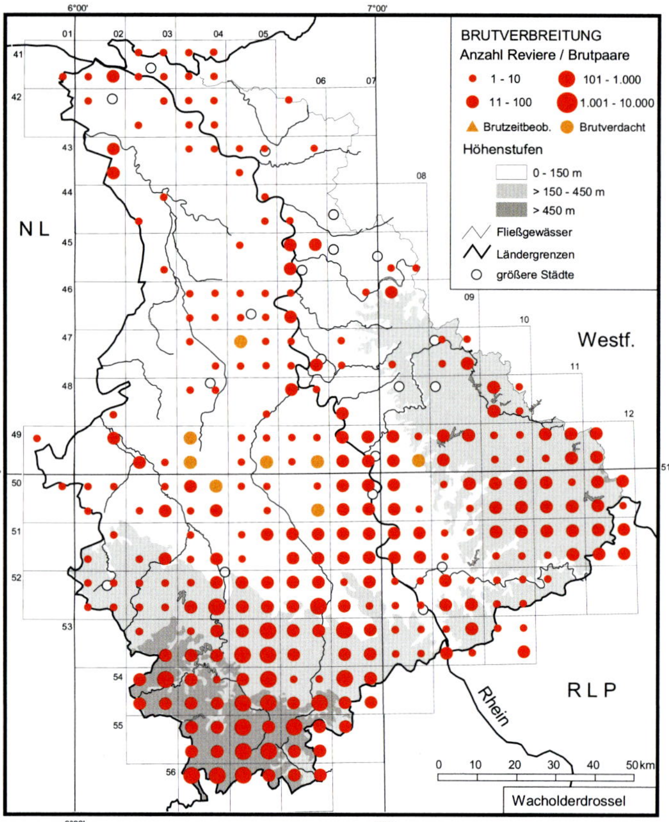

Brutverbreitung 1990-2000

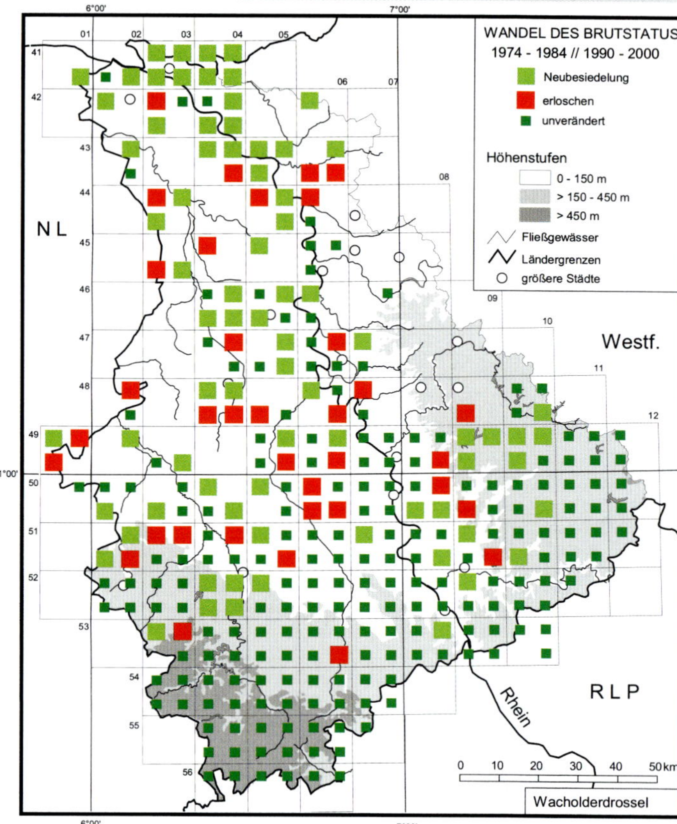

Arealveränderung zwischen 1974-84 und 1990-2000

BRUTVERBREITUNG

Die Verbreitung wird durch ausgedehntes Grünland (Wiesen, Weiden, Gärten zur Nahrungssuche) und Baumvorkommen (Waldränder, Feldgehölze, Parkanlagen zur Nestanlage), meist in der Nähe von Gewässern (Bach- und Flussläufe) bestimmt. Spätestens seit 1980 werden zunehmend auch die Städte besiedelt, z. B. Bonn (JASCHKE 1992). Der Verbreitungsschwerpunkt liegt nach wie vor in den links- und rechtsrheinischen Mittelgebirgen, aber auch in den Tieflagen ist die Art lückenhaft verbreitet, obwohl hier vielfach geeignet erscheinendes Bruthabitat noch nicht besiedelt ist. Eine Bevorzugung bestimmter Klimazonen oder Höhenstufen ist nicht gegeben. Überregional zeigt sich ein deutlicher Ost-West-Gradient der Verbreitung von Westfalen (RF = 83 %; NWO 2002) über das Rheinland (RF = 72,8 %) zu den NL (RF = 8 %; SOVON 2002).

AREALVERÄNDERUNGEN

Seit 1944 brütet die Wacholderdrossel in Westfalen, wo sich der Brutbestand von 1960-1967 verdreifachte und im Zuge dieser Zunahme wurde 1968 auch der Landesteil Nordrhein besiedelt (MILDENBERGER 1984). Bestand und Verbreitungsareal haben in den 1970er Jahren besonders entlang der als Leitlinien fungierenden Fließgewässer stark zugenommen (z. B. BOSSELMANN 1968, 1978, KRÖLL et al. 1968, NIETHAMMER & WOLTERS 1969, MILDENBERGER 1984). Der Vergleich der beiden Kartierungsprojekte lässt einen weiteren deutlichen und statistisch signifikanten Arealgewinn um 20 % erkennen. Während die Mittelgebirgs-Populationen weitgehend stabil blieben, kam es im Tiefland zu zahlreichen Neubesiedlungen und die Wacholderdrossel hat ihr Brutareal nach Nordwesten ausgedehnt. Diese Tendenz setzt sich in den Niederlanden fort, wo aber Anfang der 1990er Jahre das Bestandsmaximum erreicht wurde (SOVON 2002). Seitdem sind die Bestände wie auch in ganz Deutschland als Folge von Habitatverlusten leicht rückläufig (NABU 2004).

Bilanz der Brutvogelkartierung:

Kategorie [BP]	GF	RF %	Minimum [BP]
1-10	140	33,9	140
11-100	125	30,3	1.375
101-1.000	19	4,6	1.919
Brutverdacht	8	1,9	
Summe	**292**	**70,9**	**3.434**

Vergleich der Kartierung von 1974-1984 mit 1990-2000:

Kategorie	GF	%	RF %
1 - Nur 1974-84	36	11,7	9,2
2 - Nur 1990-2000	76	24,8	19,3
3 - Gemeinsame GF	195	63,5	49,6
1974-84: 1 & 3	231		58,8
1990-2000: 2 & 3	271		68,9
Veränderung	+40 (+17 %)		+10,1

Die Zunahme ist statistisch signifikant (4-Felder X^2-Test***; Vorzeichentest*; McNemar-Test***). Identitäts-Index (nach SCHERNER 1982): 0,78.

Im Rheinland brüteten im Bearbeitungszeitraum schätzungsweise 7.600-14.100 Paare (0,79 - 1,46 BP/km² bezogen auf die besiedelte Fläche).

WINTERVERBREITUNG

Ein großer Teil des Winterbestandes geht auf Durchzügler und Rastvögel nordosteuropäischer Populationen zurück, die bis zum Einsetzen starker Fröste im Januar ausharren (MILDENBERGER 1984). Die Winterverbreitung ist größer als die Brutverbreitung und zeigt zwei deutliche Schwerpunkte. Diese liegen zum Einen in den Mittelgebirgen im Bereich der Brutgebiete und zum Anderen am Unteren Niederrhein und entlang der deutsch-niederländischen Grenze. Insgesamt zeigt sich auch hier keine Bevorzugung bestimmter Einflussgrößen (Klima, Höhenlage) solange ausreichend Nahrung verfügbar ist. Die Wintervorkommen sind teilweise nur temporär und bei Kälteeinbrüchen ziehen viele Vögel - besonders aus den Mittelgebirgen - ab. Die Verbreitung hat sich seit der ersten Kartierung 1983-86 nicht geändert. Nach wie vor können bei entsprechender Witterung Trupps mit über Tausend Vögeln beobachtet werden (vgl. MILDENBERGER 1984).

Bilanz der Winterkartierung:

Kategorie [Ex.]	GF	RF %
1-10	60	15,6
11-100	170	44,2
101-1.000	88	22,9
1.001-10.000	6	1,6
Summe	**324**	**84,2**

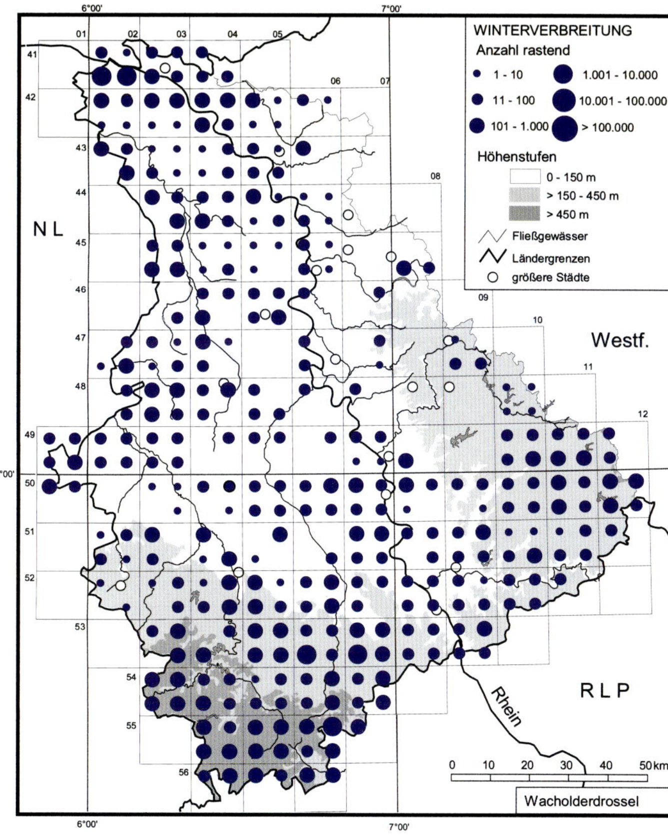

Winterverbreitung 1990-2000

Wacholderdrossel, *Turdus pilaris*. Foto: MATHIAS SCHÄF

Singdrossel *Turdus philomelos*

Status: Brutvogel, Durchzügler, Wintergast

Gefährdung:
Rote Liste N (nicht gefährdet)
Non-SPEC^{E} (nicht gefährdet)

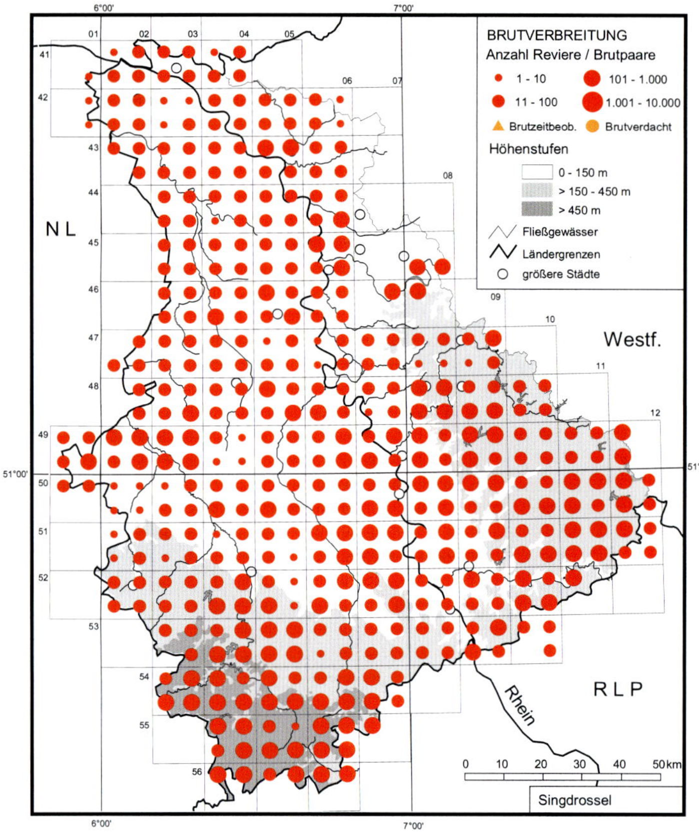

Brutverbreitung 1990-2000

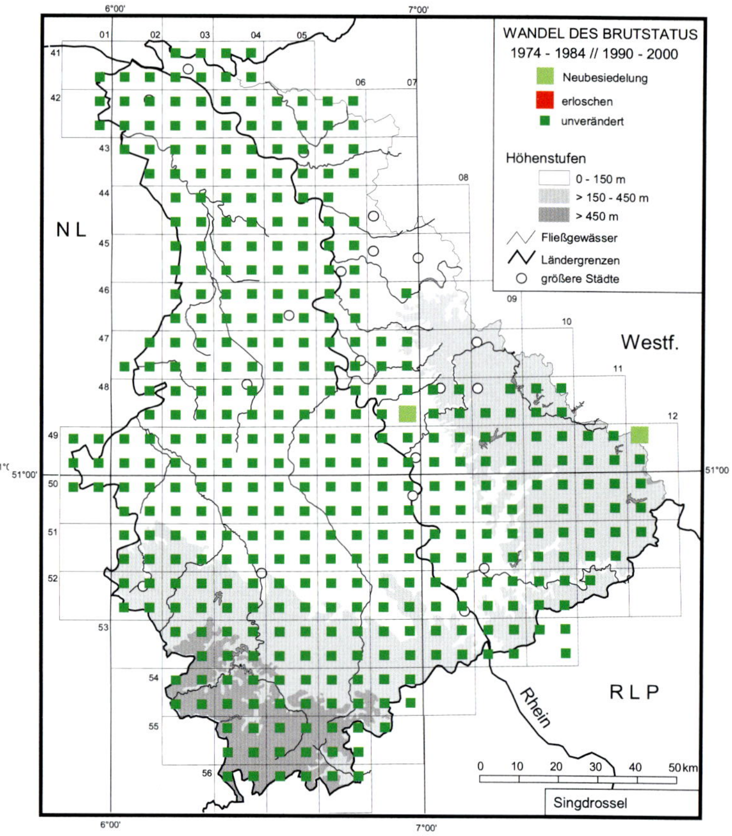

Arealveränderung zwischen 1974-84 und 1990-2000

BRUTVERBREITUNG

Die Singdrossel ist flächendeckend verbreitet und überall anzutreffen, wo ausreichend Baumbewuchs vorhanden ist. Kleinere Lücken bzw. niedrigere Abundanzen finden sich nur in der ausgeräumten Ackerbörde und dicht bebauten Siedlungsbereichen. Im Durchschnitt sind die mittleren und höheren Lagen der Mittelgebirge dichter besiedelt als die landwirtschaftlich stärker genutzten und waldärmeren Tieflagen. Entsprechend zeigt sich ein von Süd nach Nord verlaufender Dichtegradient. In Westfalen (RF = 99 %; NWO 2002) und den NL (RF = 96 %; SOVON 2002) wurden ähnliche Verbreitungen ermittelt.

AREALVERÄNDERUNGEN

In der ersten Hälfte des 20. Jahrhunderts wurden Bestandszunahmen festgestellt, die auf eine Einwanderung in Städte und Dörfer sowie auf den zunehmenden Anbau der Fichte zurückgeführt wurden, und z. T. noch immer anhalten (MILDENBERGER 1984, MEẞER 2004). Dem stehen Berichte von regional langfristigen Bestandsabnahmen gegenüber (HERKENRATH & FLOSBACH 2000). Aus England gibt es Hinweise, dass die Rückgänge durch erhöhte Mortalitätsraten infolge von Pestizideinsätzen und Verlust von Nahrungsplätzen begünstigt sein könnten (THOMSON et al. 1997). Beim Vergleich mit der ersten Kartierung 1974-1984 fallen im Rheinland keine Areal- oder Bestandsveränderungen auf, da die Art bereits damals flächendeckend verbreitet war. Gleiches gilt für die NL (SOVON 2002). Im Rheinland ergibt sich aus den Kartierungsergebnissen ein geschätzter Gesamtbestand von mindestens 50.000-120.000 Brutpaaren (3,7 - 8,8 BP/km² bezogen auf die besiedelte Fläche).

Bilanz der Brutvogelkartierung:

Kategorie [BP]	GF	RF %	Minimum [BP]
1-10	35	8,5	35
11-100	251	60,8	2.761
101-1.000	127	30,8	12.827
Summe	**413**	**100,0**	**15.623**

Vergleich der Kartierung von 1974-1984 mit 1990-2000:

Kategorie	GF	%	RF %
1 - Nur 1974-84	0	0	0
2 - Nur 1990-2000	2	0,5	0,5
3 - Gemeinsame GF	391	99,5	99,5
1974-84: 1 & 3	391		99,5
1990-2000: 2 & 3	393		100,0
Veränderung	+2 (+0,5 %)		0,5

Identitäts-Index (nach SCHERNER 1982): 1,00.

WINTERVERBREITUNG

Die Singdrossel verlässt Mitteleuropa im Winter und überwintert von Westeuropa bis Nordafrika. Im Rheinland liegen Beobachtungen aus allen Teilbereichen des Untersuchungsgebietes vor, zeigen jedoch einen deutlichen Schwerpunkt in den klimatisch günstigeren Tieflagen des Niederrheinischen Tieflandes und der Niederrheinischen Bucht. Einzelbeobachtungen gibt es aber auch in den Hochlagen. Die Anzahl überwinternder Tiere ist stark witterungsabhängig und unterliegt jährlichen Schwankungen, so dass die meisten in der Karte dargestellten Gitterfelder nicht in jedem Winter besetzt sind, besonders abseits der tieferen Lagen (> 150 m NN). Desweiteren dürften frühe Heimkehrer in milden Wintern das Verbreitungsbild beeinflusst haben. Auch in den NL überwintern je nach Härte des Winters unterschiedliche Anzahlen, besonders im klimatisch günstigeren Süden und Westen (Bijlsma et al. 2001).

Bilanz der Winterkartierung:

Kategorie [Ex.]	GF	RF %
1-10	105	30,2
11-100	10	2,9
101-1.000	1	0,3
Summe	**116**	**33,3**

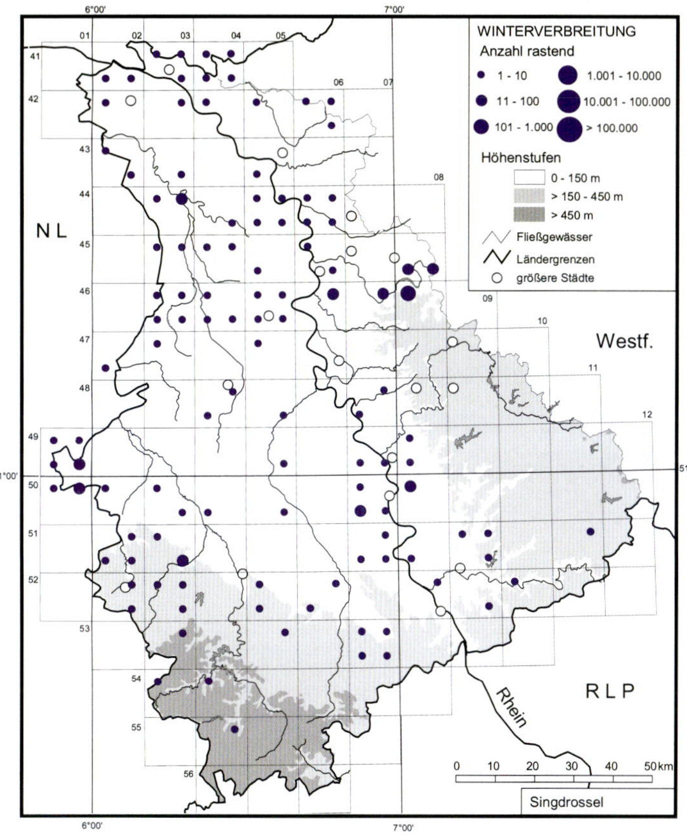

Winterverbreitung 1990-2000

Singdrossel, *Turdus philomelos*. Foto: Mathias Schäf

Misteldrossel *Turdus viscivorus*

Status: Brutvogel, Durchzügler, Wintergast

Gefährdung:
Rote Liste N (nicht gefährdet)
Non-SPEC^E (nicht gefährdet)

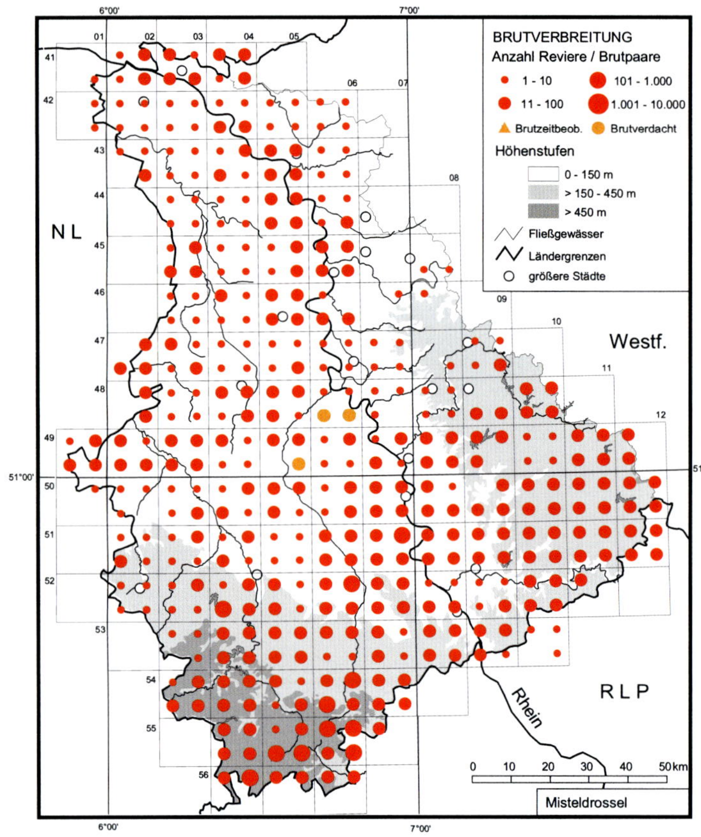

Brutverbreitung 1990-2000

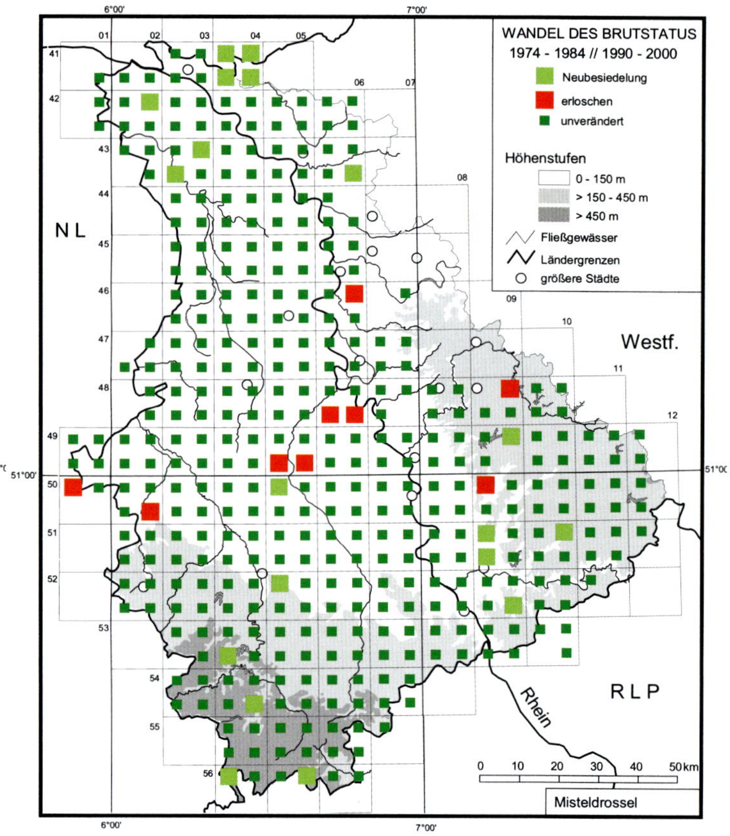

Arealveränderung zwischen 1974-84 und 1990-2000

BRUTVERBREITUNG

Die nahezu flächendeckende Besiedlung schließt alle Waldformationen ein (Kiefern- und Fichtenhochwälder, Feldgehölze, Gärten- und Parkanlagen) und zeigt lediglich in der ausgeräumten Ackerbörde und im vegetationsarmen Siedlungsbereich kleinere Lücken. Historisch kann zwischen den ursprünglich beheimateten "Waldvögeln" und später eingewanderten "Parkvögeln" unterschieden werden (MILDENBERGER 1984). Die größten Dichten werden im Süden des Bearbeitungsgebietes erreicht, wo sich die waldreichen Mittelgebirge befinden. Generell sind aber alle Klima- und Höhenstufen besetzt. Ähnlich weit verbreitet ist die Art in Westfalen (RF = 100 %; NWO 2002), während in den NL ein etwas niedrigerer Verbreitungsgrad (RF = 82 %) beobachtet wurde (SOVON 2002).

AREALVERÄNDERUNGEN

Anfang des 20. Jahrhunderts war die Misteldrossel auf die Wälder der Mittelgebirge beschränkt, hat aber seit Beginn der 1930er Jahre zunehmend die Parklandschaften und Siedlungen der Tieflagen besiedelt (MILDENBERGER 1984). Die Einwanderung erfolgte wohl von Frankreich über die Niederlande und Belgien ins Rheinland (PEITZMEIER 1951). Wie der Vergleich der Ergebnisse aus den beiden Erfassungsperioden zeigt, ist die Verbreitung in den letzten Jahrzehnten weitgehend stabil geblieben bzw. hat nur leicht zugenommen. Lokal wurden einige Quadranten neu besetzt, was die rechnerisch signifkanten Arealgewinne erklärt. Allerdings ist nicht auszuschließen, dass es dort in der ersten Kartierung Erfassungsdefizite gab. Für die Kartierungsperiode 1990-2000 ergibt sich ein geschätzter Bestand von mindestens 13.500-25.000 Brutpaaren (1,0 - 1,9 BP/km² bezogen auf die besiedelte Fläche). In den benachbarten Niederlanden ist die Bestandssituation ebenfalls stabil (SOVON 2002).

Bilanz der Brutvogelkartierung:

Kategorie [BP]	GF	RF %	Minimum [BP]
1-10	173	41,9	173
11-100	215	52,1	2.365
101-500	11	2,7	1.111
Brutverdacht	3	0,7	
Summe	**402**	**97,3**	**3.649**

Vergleich der Kartierung von 1974-1984 mit 1990-2000:

Kategorie	GF	%	RF %
1 - Nur 1974-84	9	2,3	2,3
2 - Nur 1990-2000	19	4,9	4,8
3 - Gemeinsame GF	363	92,8	92,4
1974-84: 1 & 3	372		94,7
1990-2000: 2 & 3	382		97,2
Veränderung	+10 (+2,7 %)		+2,5

Die Zunahme ist statistisch signifikant (4-Felder X^2-Test*; Vorzeichentest*; McNemar-Test*). Identitäts-Index (nach SCHERNER 1982): 0,97.

WINTERVERBREITUNG

Die Misteldrossel überwintert von Nordwesteuropa bis Nordafrika. Die Winterverbreitung zeigt im Rheinland deutliche Lücken und die Vögel konzentrieren sich in geeigneten Gebieten der unteren und mittleren Höhenstufen (Rhein- und Erfttal der Kölner Bucht, Schwalm-Nette-Niers-Gebiet). Geräumt werden vornehmlich die Hochlagen der Mittelgebirge (Eifel) und die ohnehin auch zur Brutzeit spärlicher besiedelten Städte und Ackerbörden. Die Winterverbreitung ist deutlich geringer als die Brutverbreitung, so dass offenbar viele Misteldrosseln das Rheinland im Winter verlassen. Nach MILDENBERGER (1984) überwintern am Niederrhein nur 10 % der Brutpopulation. Auch ein großer Teil der niederländischen Misteldrosseln zieht im Winter ab (BIJLSMA et al. 2001). Die Verbreitung hat im Rheinland gegenüber der ersten Kartierung, vielleicht als Folge der Reihe milder Winter, von 43,1 % (TK25) auf 80,4 % deutlich zugenommen.

Bilanz der Winterkartierung:

Kategorie [Ex.]	GF	RF %
1-10	186	48,1
11-100	122	31,5
101-1.000	2	0,5
Summe	**311**	**80,4**

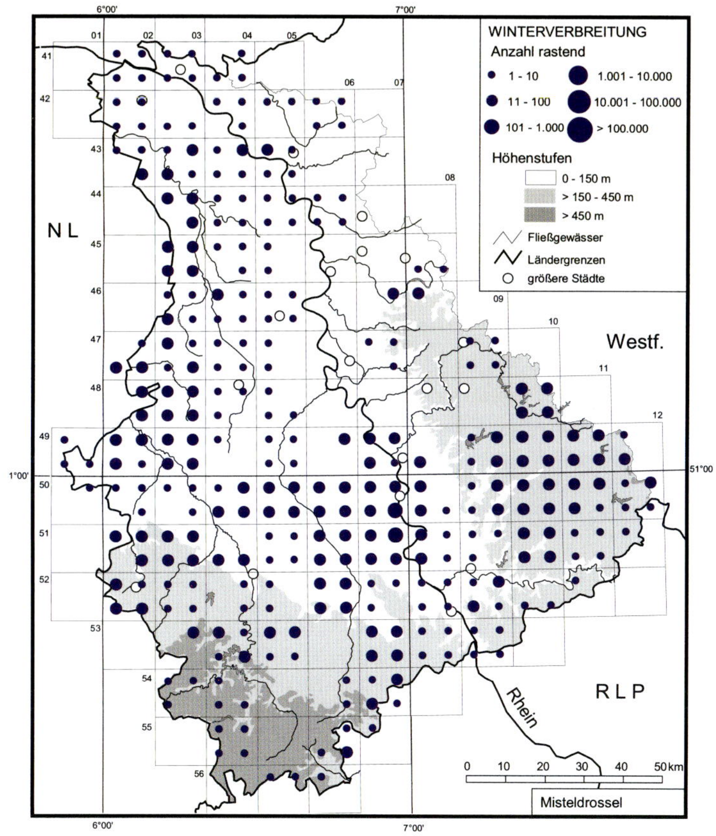

Winterverbreitung 1990-2000

Misteldrossel, *Turdus viscivorus*. Foto: MATHIAS SCHÄF

Rotdrossel *Turdus iliacus*

Status: Durchzügler, Wintergast

Gefährdung:
Non-SPEC ^{E}W (nicht gefährdet)

WINTERVERBREITUNG

Das Überwinterungsgebiet erstreckt sich von Nordwesteuropa bis Nordafrika. Die Rotdrossel überwintert in großer Zahl auch in den NL, besonders bei Kälteeinbrüchen steigen die Bestände an (BIJLSMA et al. 2001). Die z. T. temporären Wintervorkommen im Rheinland beschränken sich im Wesentlichen auf das Rheintal bis Krefeld im Norden, den Nordrand der Eifel sowie die angrenzenden Niederungsgebiete bis zur Schwalm. Kleinere Vorkommen existieren zudem am Unteren Niederrhein. Meist sind die Feststellungen auf die unteren bis mittleren Höhenstufen beschränkt, aber auch über 400 m NN gibt es Nachweise. Der Winterbestand ist deutlich witterungsabhängig und bei Kälteeinbrüchen zieht ein Großteil ab. Die Beteiligung von frühen Durchzüglern in milden Wintern ist wahrscheinlich.

Bilanz der Winterkartierung:

Kategorie [Ex.]	GF	RF %
1-10	51	13,1
11-100	63	16,2
101-1.000	5	1,3
Summe	**119**	**30,5**

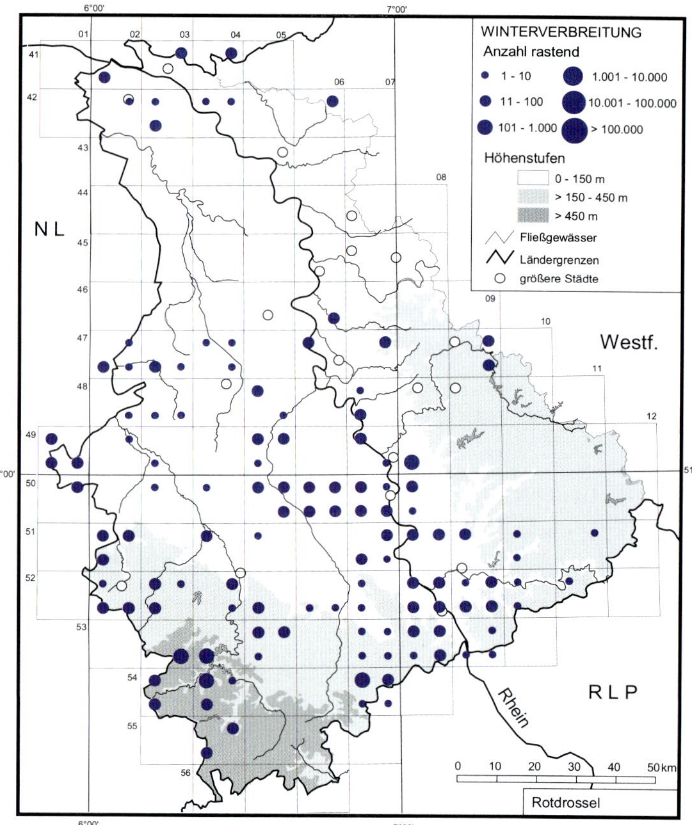

Winterverbreitung 1990-2000

Rotdrossel, *Turdus iliacus*. Foto: MATHIAS SCHÄF

Feldschwirl *Locustella naevia*

Status: Brutvogel, Durchzügler

Gefährdung:
Rote Liste 3 (gefährdet)
Non-SPEC^{E} (nicht gefährdet)

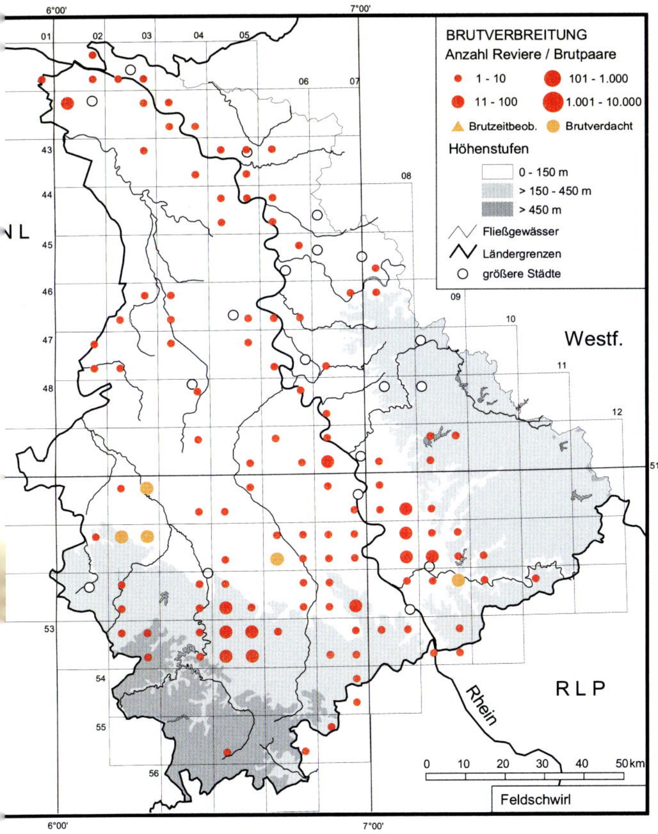

Brutverbreitung 1990-2000

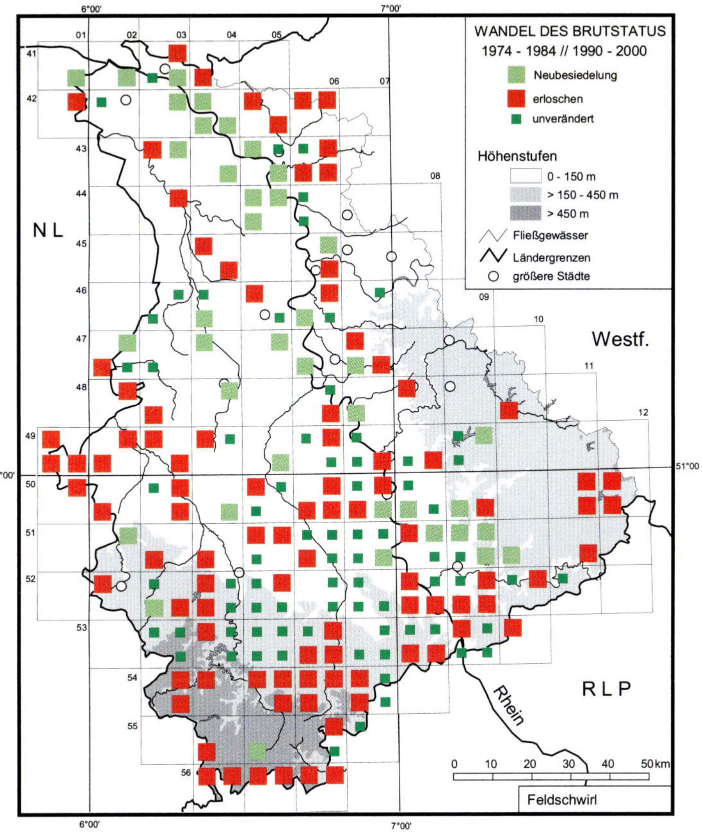

Arealveränderung zwischen 1974-84 und 1990-2000

BRUTVERBREITUNG

Besiedelt werden vornehmlich gut strukturierte Offenlandhabitate (Wiesen, extensive Dauerweiden mit Büschen) wechselfeuchter Standorte sowie Kahlschläge und junge Schonungen in den Mittelgebirgen. Die bevorzugten mosaikartig strukturierten Biotope finden sich besonders an den Übergängen zu den Mittelgebirgen von Eifel und Süderbergland zwischen 150-400 m NN, die daher am dichtesten besetzt sind. Nach Norden hin ist die Verbreitung deutlich lückenhafter und auf die Flussniederungen (Niederrhein, Schwalm, Nette, Niers) beschränkt. Auch die Hochlagen über 400 m und die landwirtschaftlich intensiver genutzten Regionen sind kaum besiedelt. In den NL und Westfalen ist der Feldschwirl mit 44 % bzw. 66 % besetzter Gitterfelder etwas weiter verbreitet (SOVON 2002, NWO 2002).

Bilanz der Brutvogelkartierung:

Kategorie [BP]	GF	RF %	Minimum [BP]
1-10	107	25,9	107
11-100	12	2,9	132
Brutverdacht	5	1,2	
Summe	**124**	**30,0**	**239**

AREALVERÄNDERUNGEN

Bei dem Vergleich der Ergebnisse beider Erfassungen wird ein deutlicher Arealverlust von -33 % sichtbar. Dies betrifft nicht nur den schon immer schwächer besetzten Norden des Rheinlandes, sondern auch die ehemals dichter besiedelten Mittelgebirgsregionen. Für den Kartierungszeitraum 1990-2000 ergeben die vorliegenden Daten einen geschätzten Bestand von 480-890 Brutpaaren (0,12 - 0,22 BP/km² bezogen auf die besiedelte Fläche). MILDENBERGER (1984) schätzte einen "rheinischen Brutbestand" (wohl inkl. der nördlichen Rheinland-Pfalz) von 1.100-1.500 Paaren. Als Rückgangsursachen kommen vor allem Lebensraumveränderungen (Meliorationen, Entbuschungen, Sukzession), aber auch Verluste auf den Zugwegen und im Winterquartier in Frage. Im Gegensatz zum Rheinland stieg der Bestand in den Niederlanden an (SOVON 2002).

Vergleich der Kartierung von 1974-1984 mit 1990-2000:

Kategorie	GF	%	RF %
1 - Nur 1974-84	96	45,7	24,4
2 - Nur 1990-2000	39	18,6	9,9
3 - Gemeinsame GF	75	35,7	19,1
1974-84: 1 & 3	171		43,5
1990-2000: 2 & 3	114		29,0
Veränderung	-57 (-33 %)		-14,5

Die Abnahme ist statistisch signifikant (4-Felder X^2-Test***; Vorzeichentest*; McNemar-Test***). Identitäts-Index (nach SCHERNER 1982): 0,54.

Rohrschwirl *Locustella luscinioides*

Status: ehemaliger Brutvogel, Durchzügler

Gefährdung:
Rote Liste 0 (ausgestorben)
Non-SPEC^{E} (nicht gefährdet)

BRUTVERBREITUNG

Im Kartierungszeitraum gelangen im Landesteil Nordrhein keine Feststellungen brütender oder brutverdächtiger Rohrschwirle mehr und die Brutpopulation am Unteren Niederrhein ist erloschen (letzte Brut 1984; WINK 1987, HOLLAND & WILLE 1991). In den NL waren 1998-2000 noch 14 % der Gitterfelder besetzt (SOVON 2002).

AREALVERÄNDERUNGEN

Mindestens von 1904-1973 brütete der Rohrschwirl im Kreis Viersen (Schwalm, Krickenbecker Seen) und um 1970 erschien die Art auch an Gewässern in den Kreisen Kleve und Wesel (MILDENBERGER 1984). Zwischen den beiden Kartierungen hat ein kompletter Zusammenbruch der kleinen Brutpopulation stattgefunden, die bereits 1978/79 nur noch vier Paare umfasste (MILDENBERGER 1984). Vergleichbare Tendenzen zeigen sich auch in anderen Gebieten (Niederlande, Rheinland-Pfalz). Da sich vielfach die Lebensbedingungen an den Brutplätzen äußerlich nicht wesentlich verändert haben, sind die Rückgangsursachen wohl eher in den Überwinterungs- oder Durchzugsgebieten zu suchen. In den NL ist das Verbreitungsareal um 42 % geschrumpft, besonders in den küstenfernen Gebieten, und der Brutbestand sank von 3.500 BP 1973-77 auf 1.700-2.100 BP 1998-2000 (SOVON 2002).

Vergleich der Kartierung von 1974-1984 mit 1990-2000:

Kategorie	GF	%	RF %
1 - Nur 1974-84	4	100	1,0
2 - Nur 1990-2000	0	0	0
3 - Gemeinsame GF	0	0	0
1974-84: 1 & 3	4		1,0
1990-2000: 2 & 3	0		0
Veränderung	-4 (-100 %)		-1,0

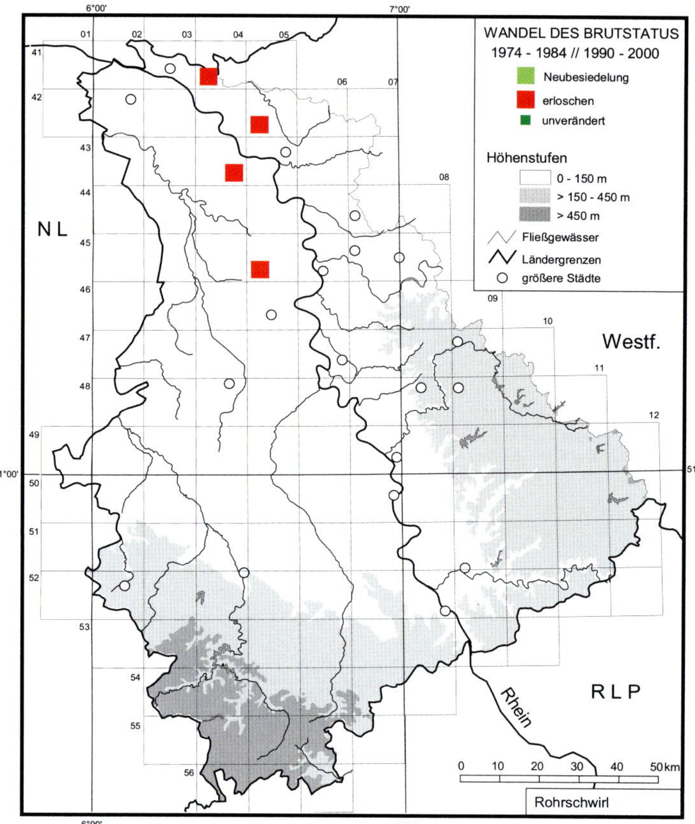

Arealveränderung zwischen 1974-84 und 1990-2000

Feldschwirl, *Locustella naevia*. Foto: CHRISTIAN DIETZEN

Schilfrohrsänger *Acrocephalus schoenobaenus*

Status: Brutvogel, Durchzügler

Gefährdung:
Rote Liste 1 (vom Aussterben bedroht)
Non-SPEC^E (nicht gefährdet)

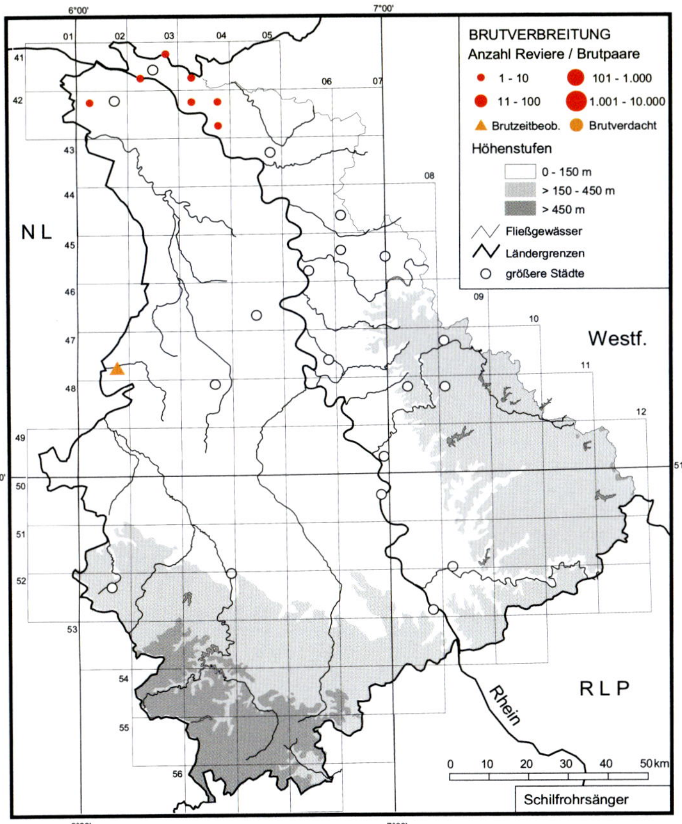

Brutverbreitung 1990-2000

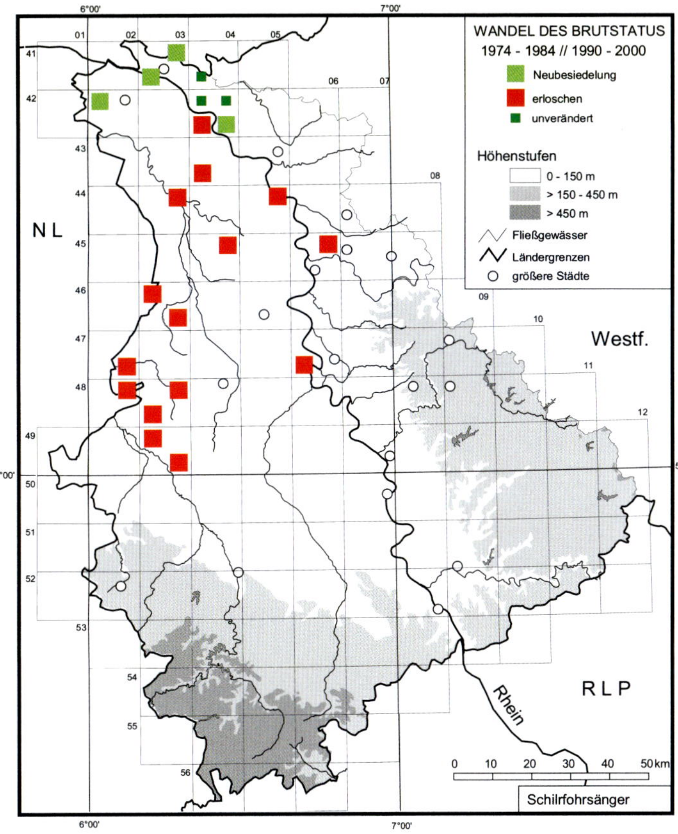

Arealveränderung zwischen 1974-84 und 1990-2000

BRUTVERBREITUNG

Die aktuelle Brutverbreitung ist auf wenige Quadranten am Unteren Niederrhein beschränkt und steht in direkter Verbindung zu der niederländischen Brutpopulation, wo noch 45 % der Rasterflächen besetzt sind (SOVON 2002). Bereits Anfang der 1990er Jahre war die Niederrhein-Population nicht mehr existent und Brutvorkommen hatten eher sporadischen Charakter (HOLLAND & WILLE 1991). Brutzeitbeobachtungen liegen außerdem aus der Schwalm-Niederung vor. 1995 wird von einer Brut im Kreis Euskirchen berichtet (JACOBS in NOTTMEYER-LINDEN et al. 1997). Besiedelt werden stehende Gewässer mit reich strukturierter Verlandungszone (Schilf, Seggen, Büsche) in den Tieflagen unter 150 m NN.

AREALVERÄNDERUNGEN

Aus dem Vergleich der beiden Erfassungszeiträume wird ein deutlicher Arealverlust um mehr als 60 % erkennbar und die südliche Verbreitungsgrenze in Nordrhein hat sich erheblich weiter nach Norden in Richtung niederländischer Grenze verschoben. Die Vorkommen im Schwalm-Nette-Gebiet und am Rhein zwischen Wesel und Düsseldorf sind erloschen. Der Bestand im Rheinland hat von 1960 (700-800 BP) bis 1979 (25-30 BP.) sowie darüber hinaus kontinuierlich abgenommen (MILDENBERGER 1984, HOLLAND & WILLE 1991) und lag im Bearbeitungszeitraum (1990-2000) bei nur noch 1-5 Paaren (NOTTMEYER-LINDEN et al. 1997). Als Rückgangsursachen in den Brutgebieten sind besonders Lebensraumverluste durch Meliorationen, Flurbereinigung und Intensivierung der Landwirtschaft zu nennen, aber auch die klimatischen Bedingungen in den Überwinterungsgebieten in Subsahara-Afrika scheinen großen Einfluss zu haben (PEACH et al. 1991, SOVON 2002).

Bilanz der Brutvogelkartierung:

Kategorie [BP]	GF	RF %	Minimum [BP]
1-10	7	1,7	7
Brutverdacht	1	0,2	
Summe	**8**	**1,9**	**7**

Vergleich der Kartierung von 1974-1984 mit 1990-2000:

Kategorie	GF	%	RF %
1 - Nur 1974-84	15	68,2	3,8
2 - Nur 1990-2000	4	18,2	1,0
3 - Gemeinsame GF	3	13,6	0,8
1974-84: 1 & 3	18		4,6
1990-2000: 2 & 3	7		1,8
Veränderung	-11 (-61%)		-2,8

Die Abnahme ist statistisch signifikant (4-Felder X^2-Test*; Vorzeichentest*; McNemar-Test*). Identitäts-Index (nach SCHERNER 1982): 0,27.

Sumpfrohrsänger *Acrocephalus palustris*

Status: Brutvogel, Durchzügler

Gefährdung:
Rote Liste N (nicht gefährdet)
Non-SPEC^{E} (nicht gefährdet)

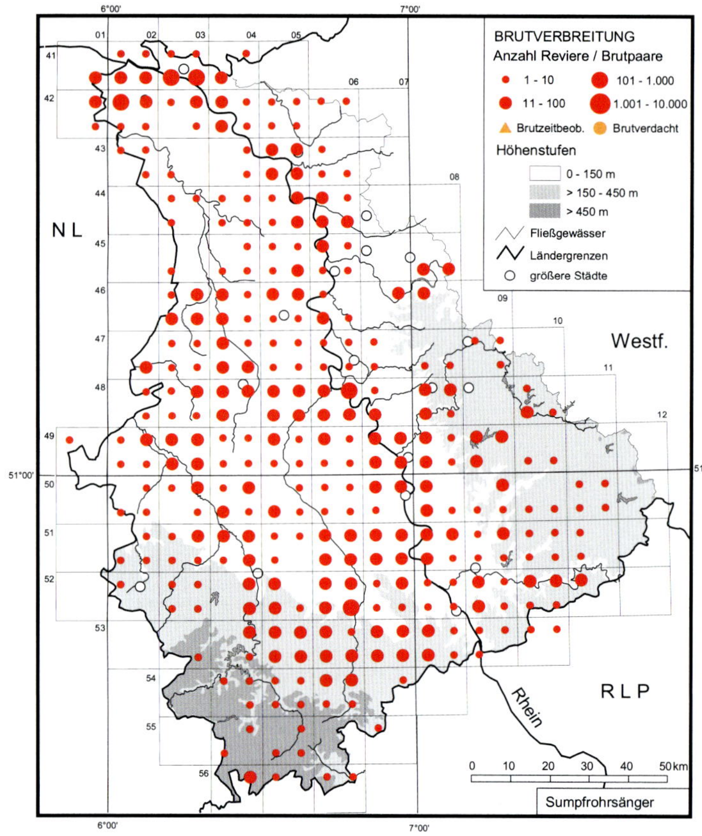

Brutverbreitung 1990-2000

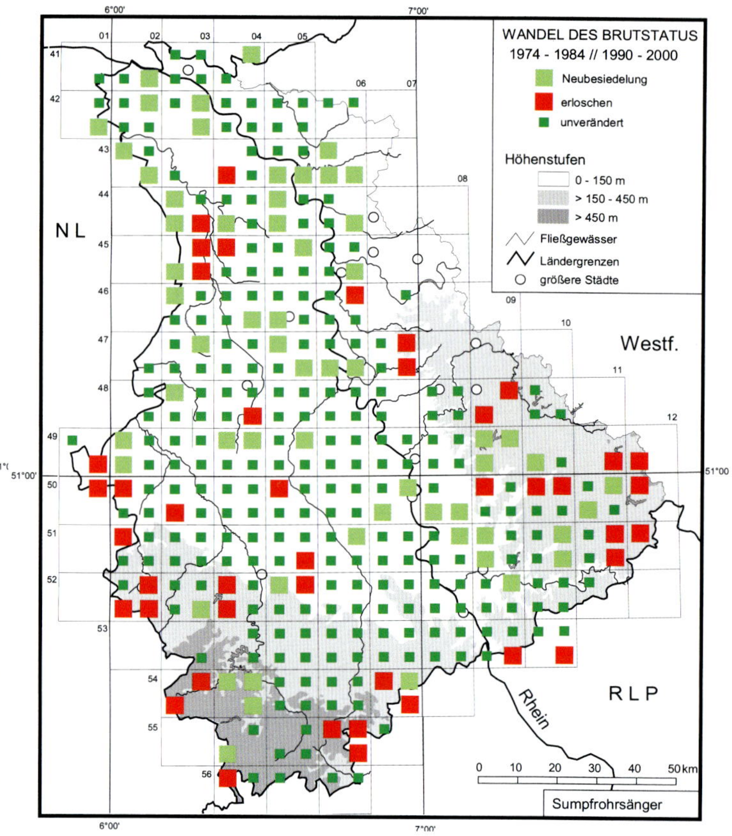

Arealveränderung zwischen 1974-84 und 1990-2000

BRUTVERBREITUNG

Die Art besiedelt vornehmlich Offenland-Biotope mit Ruderal- und Brennnesselbeständen (Ackerrandstreifen, Grabenränder, Weichholzauen etc.). Zwar sind alle Höhenstufen besetzt, die Hochlagen aber in deutlich geringerer Dichte als die mittleren und besonders die unteren Lagen (<200 m NN). Geschlossene Waldgebiete sind ebenso unbesiedelt wie ausgeräumte Ackerbörde und dicht bebaute Siedlungsgebiete. Die Siedlungsschwerpunkte im Rheinland liegen zwischen Schwalm-Nette-Gebiet und Rhein sowie am Unteren Niederrhein. Sowohl in Westfalen (RF = 94 %; NWO 2002) als auch in den NL (RF = 84 %; SOVON 2002) ist der Sumpfrohrsänger weiter verbreitet als im Rheinland. Erfassungslücken am Südostrand des Untersuchungsgebietes sind nicht auszuschließen.

AREALVERÄNDERUNGEN

Von der ersten Kartierung bis heute hat sich das Verbreitungsareal nur leicht vergrößert und es kann von einem stabilen Brutbestand ausgegangen werden. Veränderungen gehen überwiegend auf kleinräumige Umsiedlungen zurück, so dass großflächig keine Abweichungen auffallen. Die Bestände können jährlich zumindest regional stark schwanken, scheinen aber langfristig relativ stabil (MILDENBERGER 1984, NWO 2002). Im Niederbergischen Land wurden zumindest lokal größere Verluste festgestellt (SKIBA 1993). Für den Bearbeitungszeitraum kann im Rheinland ein geschätzter Bestand von 4.200-7.700 Brutpaaren angenommen werden (0,40 - 0,73 BP/km^2 bezogen auf die besiedelte Fläche).

Bilanz der Brutvogelkartierung:

Kategorie [BP]	GF	RF %	Minimum [BP]
1-10	191	46,2	191
11-100	123	29,8	1.353
101-1.000	5	1,2	505
Summe	**319**	**77,2**	**2.049**

Vergleich der Kartierung von 1974-1984 mit 1990-2000:

Kategorie	GF	%	RF %
1 - Nur 1974-84	43	12,3	10,9
2 - Nur 1990-2000	60	17,1	15,3
3 - Gemeinsame GF	247	70,6	62,9
1974-84: 1 & 3	290		73,8
1990-2000: 2 & 3	307		78,1
Veränderung	+17 (+5,9%)		+4,3

Die Zunahme ist statistisch nicht signifikant (4-Felder X^2-Test n. s.; Vorzeichentest^{+}; McNemar-Test n. s.). Identitäts-Index (nach SCHERNER 1982): 0,83.

Sumpfrohrsänger, *Acrocephalus palustris*. Foto: EWALD LIPPOK

Teichrohrsänger, *Acrocephalus scirpaceus*. Foto: ANDREAS KLEIN

Teichrohrsänger *Acrocephalus scirpaceus*

Status: Brutvogel, Durchzügler

Gefährdung:
Rote Liste 3 (gefährdet)
Non-SPEC^{E} (nicht gefährdet)

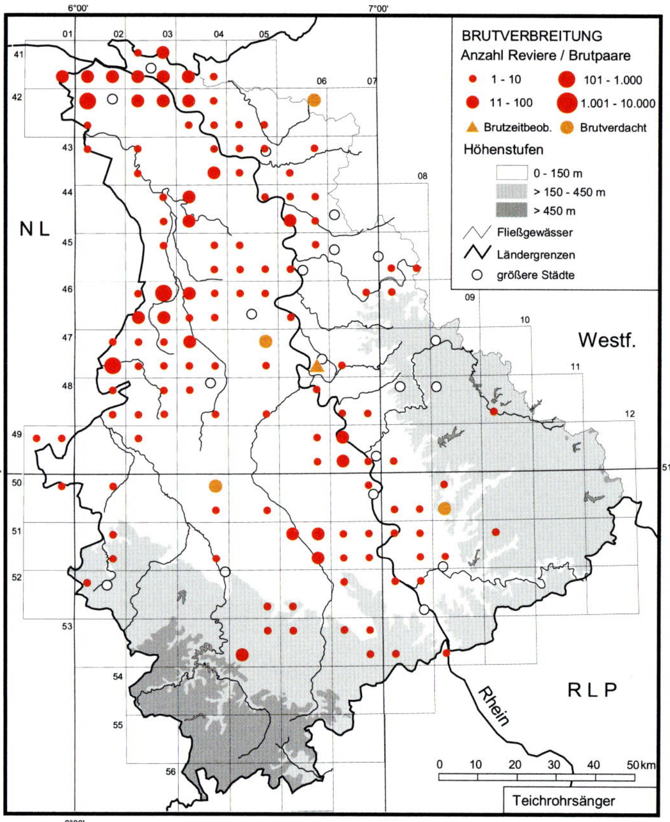

Brutverbreitung 1990-2000

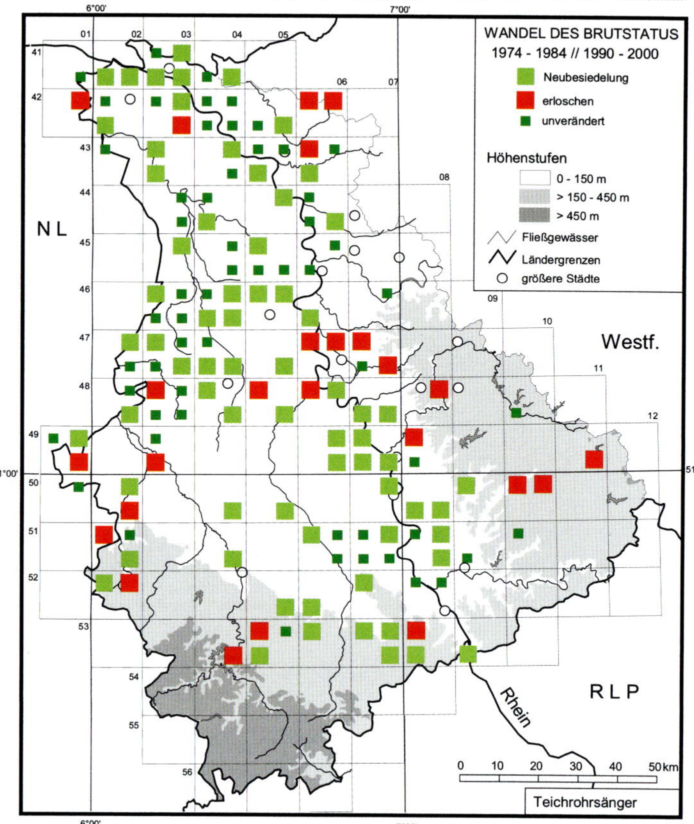

Arealveränderung zwischen 1974-84 und 1990-2000

BRUTVERBREITUNG

Der Teichrohrsänger bewohnt die Uferzone von stehenden oder langsam fließenden Gewässern mit Schilfvegetation; in den Höhenlagen auch Rohrkolben und seltener Weidendikkicht. Die Schwerpunkte liegen entsprechend der Schilfvorkommen hauptsächlich in den tieferen Lagen unter 150 m NN (Kreise Wesel, Kleve und Viersen), aber auch die mittleren Höhenlagen in Eifel und Süderbergland sind punktuell besetzt. Besonders dicht ist der deutsch-niederländische Grenzbereich am Unteren Niederrhein und das Schwalm-Nette-Gebiet besiedelt. In der Köln-Aachener Bucht konzentrieren sich die Vorkommen auf den Südosten zwischen Erft und Rhein. Entsprechend der Ausdehnung geeigneter Lebensräume ist die Verbreitung in den NL deutlich größer (RF = 84 %; SOVON 2002) und in Westfalen etwas geringer (RF = 21 %; NWO 2002).

Bilanz der Brutvogelkartierung:

Kategorie [BP]	GF	RF %	Minimum [BP]
1-10	103	24,9	103
11-100	25	6,1	275
101-200	3	0,7	303
Brutverdacht	5	1,2	
Summe	**136**	**32,9**	**681**

AREALVERÄNDERUNGEN

Mit Beginn der zweiten Hälfte des 20. Jahrhunderts begannen die rheinischen Brutbestände infolge von Lebensraumzerstörung (Meliorationen, Verfüllungen, Freizeitbetrieb etc.) überall zu schrumpfen (Mildenberger 1984). Im Vergleich zur ersten Kartierung zeigt sich jedoch eine signifikante Arealvergrößerung um 58 %, die das gesamte rheinische Verbreitungsgebiet umfasst. Für die 1990er Jahre errechnet sich ein geschätzter Brutbestand von 1.000-1.900 Paaren (0,22 - 0,42 BP/km² bezogen auf die besiedelte Fläche). Die durch Eutrophierungen bedingte Ausweitung der Schilfbestände könnte, neben der Neuschaffung von Feuchtbiotopen, z. B. in den Braunkohlen-Gebieten, eine der Hauptursachen für die Arealgewinne sein. In Westfalen können für die letzten 30 Jahre stabile Bestände angenommen werden (NWO 2002), während sich auch in den NL eine Bestandszunahme abzeichnet (SOVON 2002).

Vergleich der Kartierung von 1974-1984 mit 1990-2000:

Kategorie	GF	%	RF %
1 - Nur 1974-84	24	16,0	6,1
2 - Nur 1990-2000	70	46,7	17,8
3 - Gemeinsame GF	56	37,3	14,2
1974-84: 1 & 3	80		20,4
1990-2000: 2 & 3	126		32,1
Veränderung	+46 (+58%)		+11,7

Die Zunahme ist statistisch signifikant (4-Felder X^2-Test***; Vorzeichentest*; McNemar-Test***). Identitäts-Index (nach Scherner 1982): 0,56.

Drosselrohrsänger *Acrocephalus arundinaceus*

Status: Brutvogel, Durchzügler

Gefährdung:
Rote Liste 1 (vom Aussterben bedroht)
Non-SPEC (nicht gefährdet)

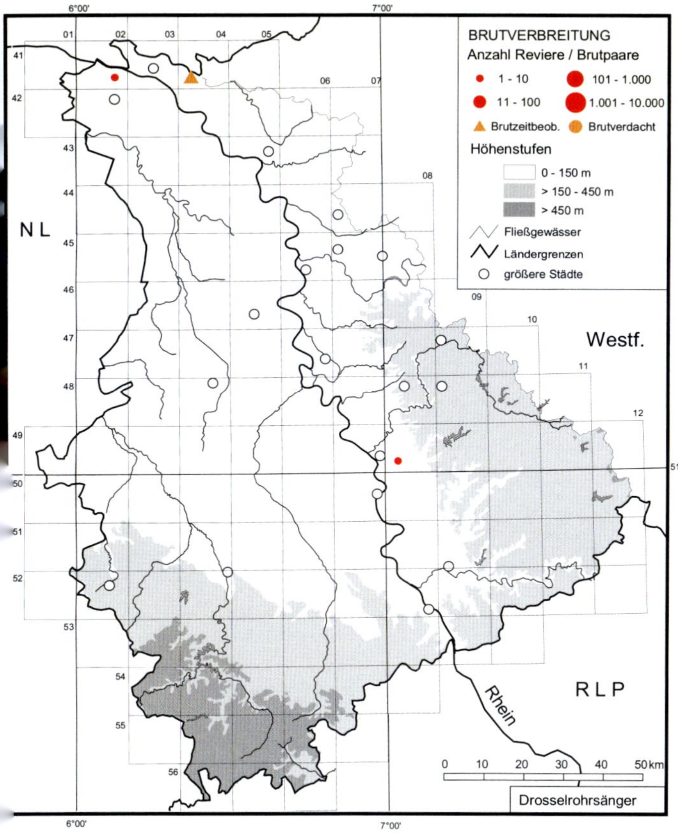

Brutverbreitung 1990-2000

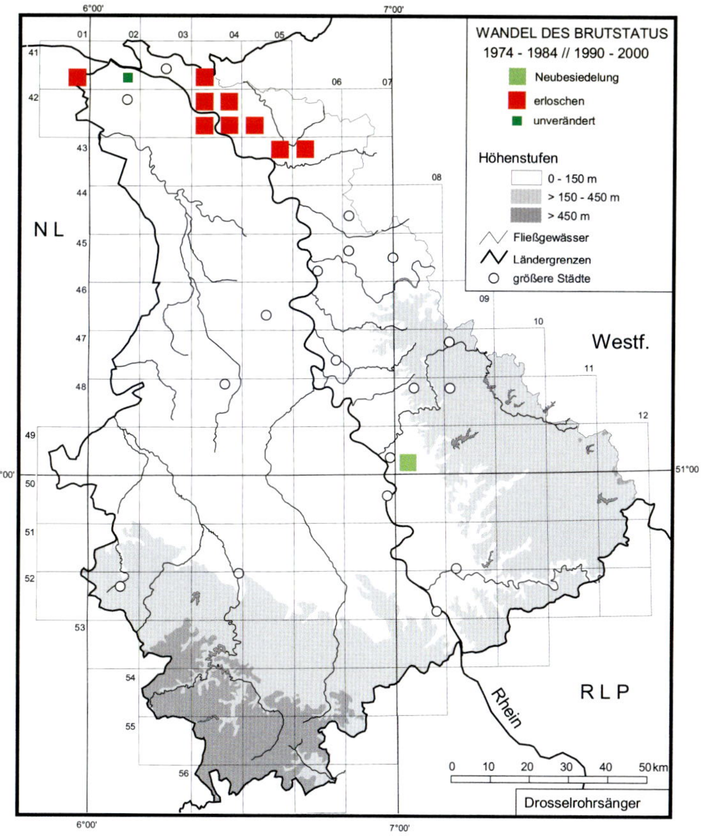

Arealveränderung zwischen 1974-84 und 1990-2000

BRUTVERBREITUNG

Der Drosselrohrsänger benötigt ausgedehnte Schilfbestände an Seen und Altrheinarmen. Da diese Habitate zunehmend selten werden, ist die aktuelle Verbreitung nur noch auf zwei Gitterfelder im Rheintal beschränkt, wo unregelmäßige Einzelvorkommen auftraten. Auffällig ist, dass zahlreiche geeignet erscheinende Gebiete nicht besetzt sind. Der Restbestand am Unteren Niederrhein steht in engem Zusammenhang zu der größeren niederländischen Population (RF = 7 %; SOVON 2002).

AREALVERÄNDERUNGEN

Beim Vergleich der beiden Kartierungsperioden zeigt sich ein ganz dramatischer Arealverlust um über 75 %. Selbst das ehemalige Schwerpunktgebiet der Brutverbreitung am Unteren Niederrhein (1950 noch 120-140 BP; Mildenberger 1984) ist weitgehend erloschen und die Art ist als regelmäßiger Brutvogel in NRW verschwunden (Holland & Wille 1991, Nottmeyer-Linden et al. 1997). Der Rückgang setzte bereits Anfang der 1950er Jahre ein als der rheinische Bestand noch 150-175 Paare betrug (Mildenberger 1984). Seit 1990 liegt der jährliche Brutbestand bei 0-1 Paar. Ähnliche Tendenzen zeigen sich in anderen Regionen Deutschlands und den Niederlanden, wo der Bestand von 5.000 BP 1950 über 1.200-1.600 BP 1973-77 auf 250-300 BP 1998-2000 zurückgegangen ist (SOVON 2002). Auf den ersten Blick scheint noch wesentlich mehr geeignetes Bruthabitat vorhanden als tatsächlich besiedelt ist. Offensichtlich spielen Dichte und Ausdehnung der Schilfflächen, Nahrungsangebot, Störungen durch Naherholung sowie vor allem aber Verluste in den Durchzugs- und Überwinterungsgebieten eine Rolle. Außerdem führt die Zunahme starker Sommerstürme und -gewitter in atlantisch geprägten Regionen zu extremen Brutverlusten, was als eine wichtige Ursache für die Bestandsrückgänge in diesem Bereich zu sehen ist (Fischer 1994).

Bilanz der Brutvogelkartierung:

Kategorie [BP]	GF	RF %
1-10	2	0,5
Brutverdacht	1	0,2
Summe	**3**	**0,7**

Vergleich der Kartierung von 1974-1984 mit 1990-2000:

Kategorie	GF	%	RF %
1 - Nur 1974-84	8	80,0	2,0
2 - Nur 1990-2000	1	10,0	0,3
3 - Gemeinsame GF	1	10,0	0,3
1974-84: 1 & 3	9		2,3
1990-2000: 2 & 3	2		0,6
Veränderung	-7 (-78 %)		-1,7

Die Abnahme ist statistisch signifikant (4-Felder X^2-Test*; Vorzeichentest*; McNemar-Test*). Identitäts-Index (nach Scherner 1982): 0,24.

Gelbspötter *Hippolais icterina*

Status: Brutvogel, Durchzügler

Gefährdung:
Rote Liste V (zurückgehend)
SPEC^{E} (nicht gefährdet)

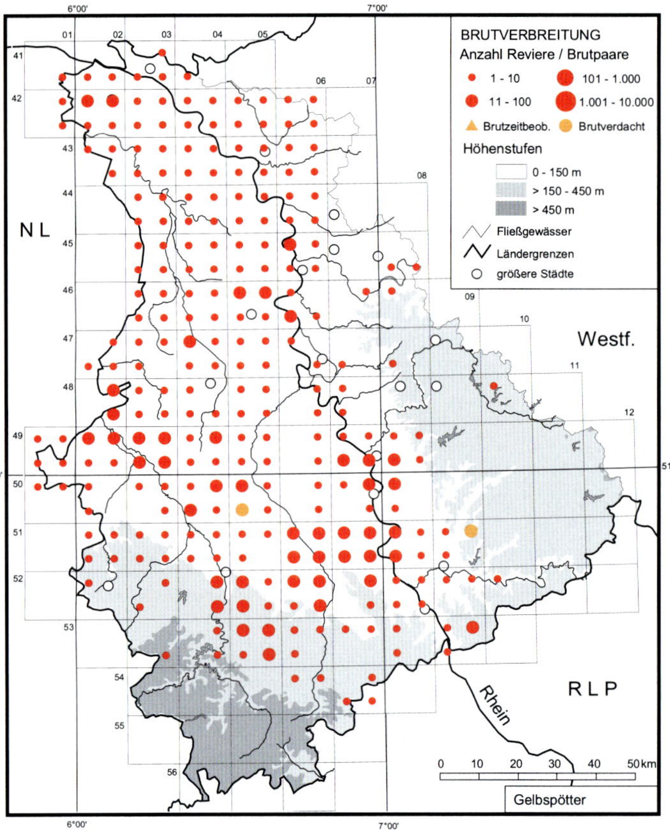

Brutverbreitung 1990-2000

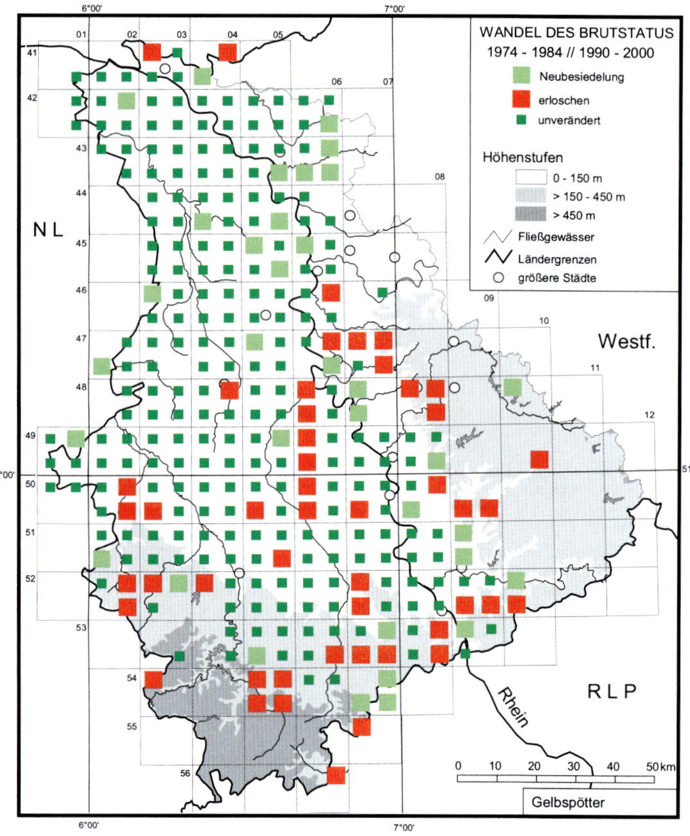

Arealveränderung zwischen 1974-84 und 1990-2000

BRUTVERBREITUNG

Die Verbreitung des Gelbspötters wird offensichtlich durch klimatische Faktoren bestimmt. Besiedelt sind hauptsächlich lichte Wälder, Feldgehölze und Parkanlagen in den Niederungsgebieten unter 150 m NN mit einer Jahresmitteltemperatur von mindestens 13°C und Niederschlagssummen unter 200 mm. Linksrheinisch reichen die Vorkommen bis an den Nordrand der Eifel, wo auch mittlere Höhenstufen zwischen 150-350 m NN besetzt sind, während die rechtsrheinischen Bereiche des Rheinlandes nur sehr spärliche Einzelvorkommen aufweisen (s. a. Kuckuck und Nachtigall). In Westfalen (RF = 79 %; NWO 2002) und den NL (RF = 89 %; SOVON 2002) ist die Art jeweils etwas weiter verbreitet.

AREALVERÄNDERUNGEN

Der Vergleich mit der ersten Kartierung ergibt überwiegend stabile Verbreitungsareale. Die meisten Veränderungen gehen auf kleinräumige Umsiedlungen zurück, so dass sich großräumig nur ein unwesentlicher Arealverlust ergibt. Lokal wird zum Einen von Zunahmen (z. B. Meßer 2004) und zum Anderen von Abnahmen (z. B. Skiba 1993) berichtet. Mildenberger (1984) gibt stabile bzw. jährlich stark schwankende Bestände an, die keine langfristigen Veränderungen erkennen lassen. Für das Rheinland ergibt sich aktuell ein geschätzter Bestand von 1.400-2.650 Brutpaaren (0,16 - 0,31 BP/km² bezogen auf die besiedelte Fläche) gegenüber 2.400-2.800 BP um 1980 (inkl. nördliches Rheinland-Pfalz; Mildenberger 1984). In den Niederlanden zeigen sich leichte Arealabnahmen (SOVON 2002).

Bilanz der Brutvogelkartierung:

Kategorie [BP]	GF	RF %	Minimum [BP]
1-10	214	51,8	214
11-100	46	11,1	506
Brutverdacht	2	0,5	
Summe	**262**	**63,4**	**720**

Vergleich der Kartierung von 1974-1984 mit 1990-2000:

Kategorie	GF	%	RF %
1 - Nur 1974-84	48	15,9	12,2
2 - Nur 1990-2000	35	11,6	8,9
3 - Gemeinsame GF	219	72,5	55,7
1974-84: 1 & 3	267		67,9
1990-2000: 2 & 3	254		64,6
Veränderung	-13 (-4,9%)		-3,3

Identitäts-Index (nach Scherner 1982): 0,84.

Gelbspötter, *Hippolais icterina*. Foto: JUHA NIEMI

Orpheusspötter, *Hippolais polyglotta*. Foto: EWALD LIPPOK

Orpheusspötter *Hippolais polyglotta*

Status: Brutvogel, Durchzügler

Gefährdung:
Rote Liste R (arealbedingt selten)
Non-SPEC^{E} (nicht gefährdet)

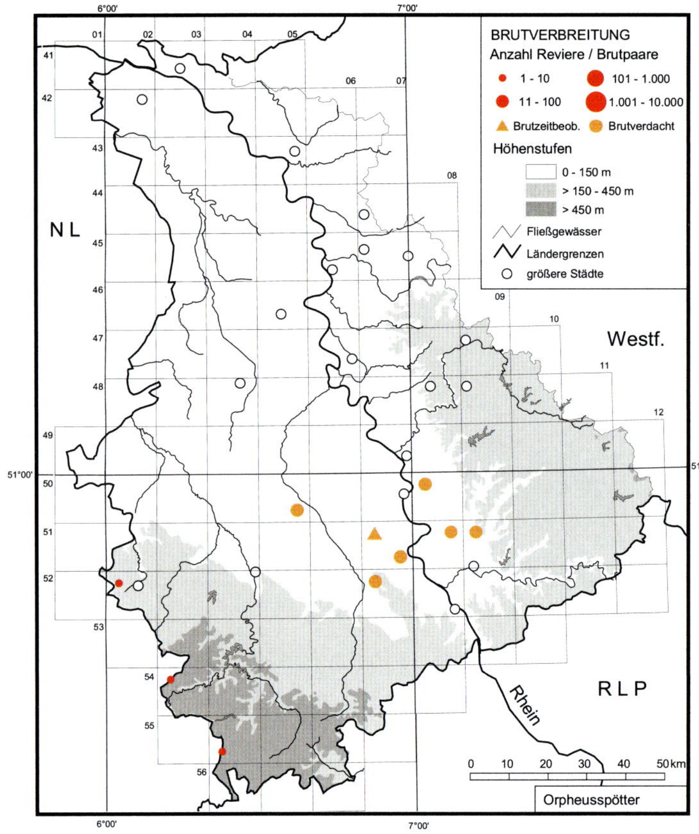

Brutverbreitung 1990-2000

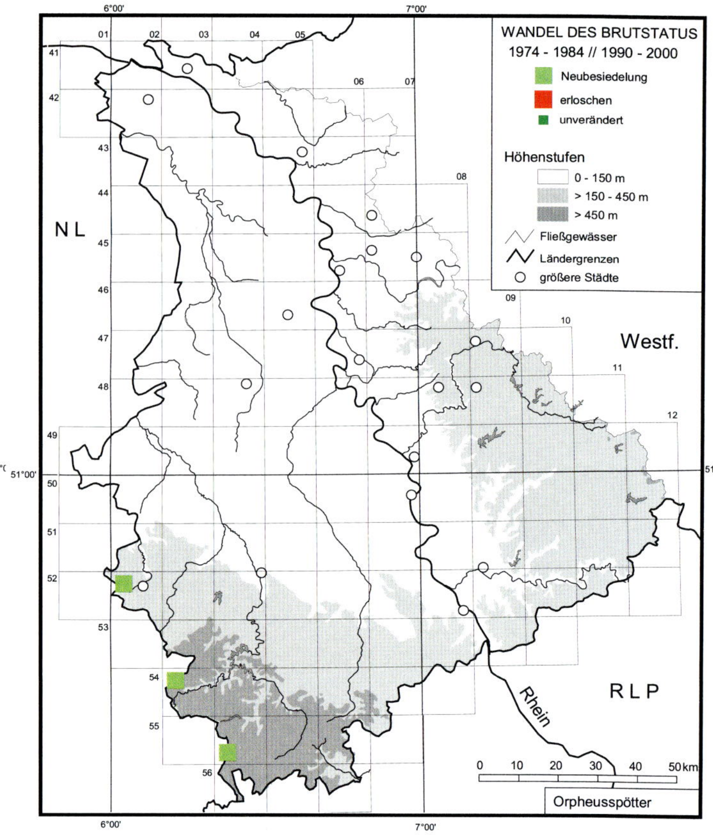

Arealveränderung zwischen 1974-84 und 1990-2000

BRUTVERBREITUNG

Diese südwesteuropäische Art dehnt ihr Verbreitungsgebiet noch immer weiter nach Norden aus. Entsprechend liegen die meisten Vorkommen im Südwesten des Untersuchungsgebietes an der belgischen Grenze, aber der Rhein wurde zwischen Köln und Bonn bereits mehrfach überschritten. Besiedelt werden vornehmlich offene gebüschreiche Wald- und Grünlandareale (besonders Ginsterheiden, Straßenböschungen, verbuschte Sandgruben) mit allenfalls einzelnen Bäumen. Alle Höhenstufen kommen in Frage, aber die Vorkommen sind bisher überall sporadisch und unregelmäßig. Die tieferen Lagen bis 300 m NN werden bevorzugt (Heyne mdl.). Von einer fest etablierten Population kann im Landesteil Nordrhein noch nicht ausgegangen werden. In den NL war ein Prozent der Gitterfelder besetzt (SOVON 2002). Auf die weitere Ausbreitung sollte verstärkt geachtet und nach Möglichkeit zwischen Brutnachweisen und territorialen Männchen unterschieden werden.

Bilanz der Brutvogelkartierung:

Kategorie [BP]	GF	RF %
1-10	3	0,7
Brutverdacht	7	1,7
Summe	**10**	**2,4**

AREALVERÄNDERUNGEN

Im ersten Kartierungszeitraum gab es keine Nachweise im Rheinland und die Besiedlung von Nordrhein-Westfalen begann ab 1991. 1990 und 1996 wurden auch in den niederländischen Nachbarprovinzen die ersten Brutnachweise erbracht (SOVON 2002). Das Saarland ist seit 1986 besetzt und stellt den Großteil (ca. 100 Brutpaare) des deutschen Bestandes (Roth et al. 1990). Der erste Brutnachweis in Rheinland-Pfalz gelang 1989 (Bammerlin 1991) und heute werden jährlich 50-90 Reviere gezählt (Folz u. Heyne in Dietzen & Schmidt 2002, Dietzen et al. 2003, 2004). In Baden-Württemberg brütet die Art seit 1983/84 mit bis zu 25 Brutpaaren in den 1990er Jahren (Rupp in Hölzinger 1999). Da die Arealausweitung in allen südwestdeutschen Regionen weiter anhält, ist auch im Rheinland (Voreifel, Kölner Bucht) mit weiteren Vorkommen zu rechnen.

Vergleich der Kartierung von 1974-1984 mit 1990-2000:

Kategorie	GF	%	RF %
1 - Nur 1974-84	0	0	0
2 - Nur 1990-2000	3	100	0,8
3 - Gemeinsame GF	0	0	0
1974-84: 1 & 3	0		0
1990-2000: 2 & 3	3		0,8
Veränderung	+3		+0,8

Die Zunahme ist statistisch signifikant (4-Felder X^2-Test*; Vorzeichentest*; McNemar-Test*).

Sperbergrasmücke *Sylvia nisoria*

Status: Ausnahmeerscheinung

Gefährdung:
SPEC 4 (nicht gefährdet)

BRUTVERBREITUNG

1997 gelang ein Brutnachweis in der Wahner Heide (RF = 0,2 %), wo bereits in den Jahren zuvor Einzelvögel beobachtet wurden (HAUTH 1999). In Anbetracht der Seltenheit der Art in Westdeutschland muss dieses Vorkommen als Ausnahme betrachtet werden. In der Vergangenheit hat sich jedoch immer wieder gezeigt, dass es zu regelmäßigen Vorstössen nach Westen mit sporadischen Brutansiedlungen kommt (z. B. in Rheinland-Pfalz; GROH 1978). Das eigentliche Verbreitungsgebiet ist in Deutschland auf die östlichen Bundesländer beschränkt (GLUTZ & BAUER 1991, RHEINWALD 1993).

AREALVERÄNDERUNGEN

Aus der ersten Kartierungsperiode liegen keine Hinweise auf Brutvorkommen dieser Art im Rheinland vor. MILDENBERGER (1984) zitiert drei Nachweise aus den 1960er und 1970er Jahren. Die in vielen Regionen Westdeutschlands beobachtete Ausbreitungswelle in den 1970er Jahren führte in NRW nicht zu Ansiedlungen (GLUTZ & BAUER 1991). Der "aktuelle" Brutnachweis fällt in eine potentielle weitere Ausbreitungswelle, die relativ viele Feststellungen in Westdeutschland und NRW Ende der 1980er/Anfang der 1990er Jahre andeuten (HAUTH 1999). Diese Feststellung kann jedoch nicht als dauerhafte Arealvergrößerung sondern allenfalls als sporadisches Einzelvorkommen betrachtet werden. 1998 fand keine Brut statt (HAUTH 1999).

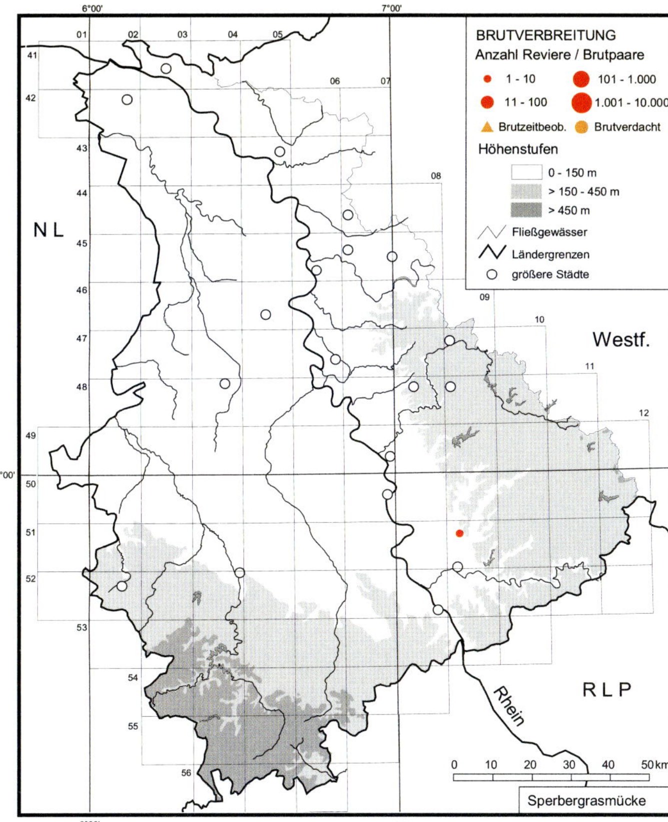

Brutverbreitung 1990-2000

Sperbergrasmücke, *Sylvia nisoria*, Weibchen. Foto: AXEL MÜLLER

Klappergrasmücke *Sylvia curruca*

Status: Brutvogel, Durchzügler

Gefährdung:
Rote Liste V (zurückgehend)
Non-SPEC (nicht gefährdet)

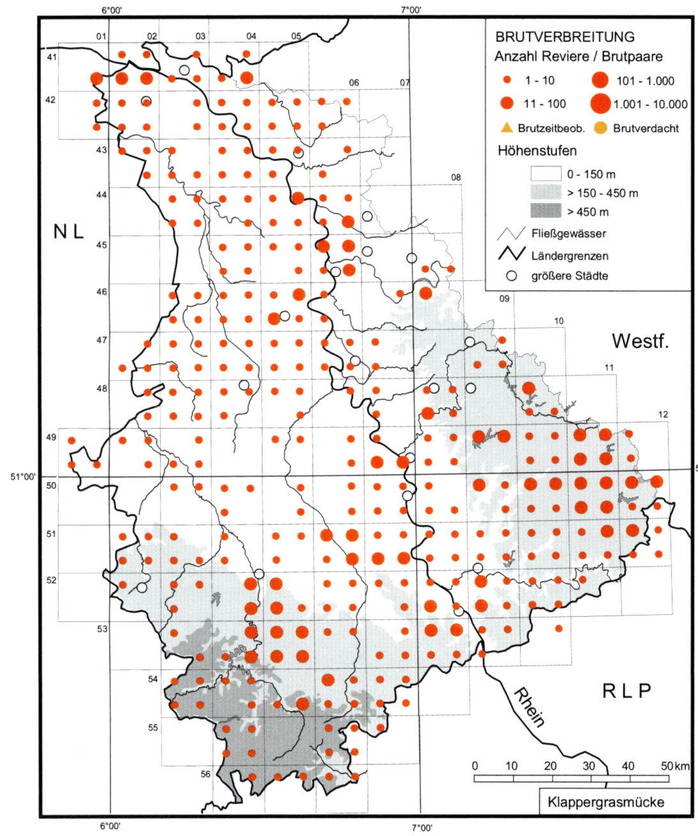

Brutverbreitung 1990-2000

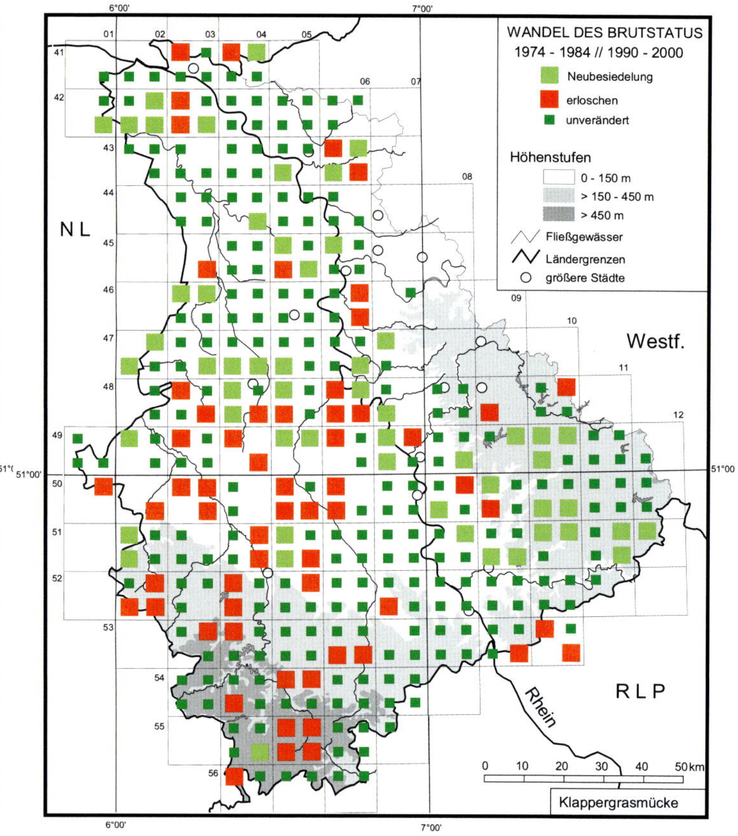

Arealveränderung zwischen 1974-84 und 1990-2000

BRUTVERBREITUNG

Die Klappergrasmücke bewohnt Gitterfelder mit gut strukturierten Grünland- und Ackerbereichen, gebüschreichen Parklandschaften oder Trockenhängen sowie Waldrandlagen, Windwurfflächen und Aufforstungen. Sie brütet vielfach auch im Siedlungsbereich auf Friedhöfen, Gärten und in Parkanlagen. Verbreitungsschwerpunkte befinden sich in den mittleren Höhenstufen der Mittelgebirge (150-400 m NN) sowie im Niederrheinischen Tiefland. Prinzipiell werden alle Höhenstufen besetzt. Sie fehlt in der ausgeräumten Ackerbörde und großflächig geschlossenen Waldgebieten. In Westfalen ist die Klappergrasmücke mit homogenerer Verteilung deutlich weiter verbreitet (RF = 98 %; NWO 2002) als im Rheinland (RF = 77,5 %) und in den NL (RF = 82 %; SOVON 2002).

Bilanz der Brutvogelkartierung:

Kategorie [BP]	GF	RF %	Minimum [BP]
1-10	265	64,2	265
11-100	55	13,3	605
Summe	**320**	**77,5**	**870**

AREALVERÄNDERUNGEN

Großflächig zeigen sich beim Vergleich der Kartierungsergebnisse keine auffälligen Arealveränderungen. Kleinräumig kommt es jedoch zu regelmäßigen Umsiedlungen und generell schwanken die Bestände von Jahr zu Jahr mitunter stark. Während im Südwesten (Eifel, Köln-Aachener Bucht) zahlreiche Vorkommen erloschen sind, gab es rechtsrheinisch (Süderbergland) und im Norden (Niederheinische Bucht und Tiefland) viele Neubesiedlungen und Zunahmen (z. B. Meßer 2004). Veränderungen des Lebensraumes (z. B. Sukzession, Aufforstung, Flurbereinigung) und jährliche Schwankungen dürften hier eine Rolle spielen. Für den bearbeiteten Zeitraum ergibt sich ein geschätzter Gesamtbestand von 2.400-4.500 Brutpaaren im Rheinland (0,23 - 0,43 BP/km² bezogen auf die besiedelte Fläche). Auch in den Nachbarregionen scheinen die Bestände langfristig recht stabil (NWO 2002, SOVON 2002).

Vergleich der Kartierung von 1974-1984 mit 1990-2000:

Kategorie	GF	%	RF %
1 - Nur 1974-84	61	17,0	15,5
2 - Nur 1990-2000	55	15,4	14,0
3 - Gemeinsame GF	242	67,6	61,6
1974-84: 1 & 3	303		77,1
1990-2000: 2 & 3	297		75,6
Veränderung	-6 (-2,0%)		-1,5

Identitäts-Index (nach Scherner 1982): 0,81.

Klappergrasmücke, *Sylvia curruca*. Foto: MATHIAS SCHÄF

Dorngrasmücke, *Sylvia communis*. Foto: MATHIAS SCHÄF

Dorngrasmücke *Sylvia communis*

Status: Brutvogel, Durchzügler

Gefährdung:
Rote Liste V (zurückgehend)
Non-SPEC^{E} (nicht gefährdet)

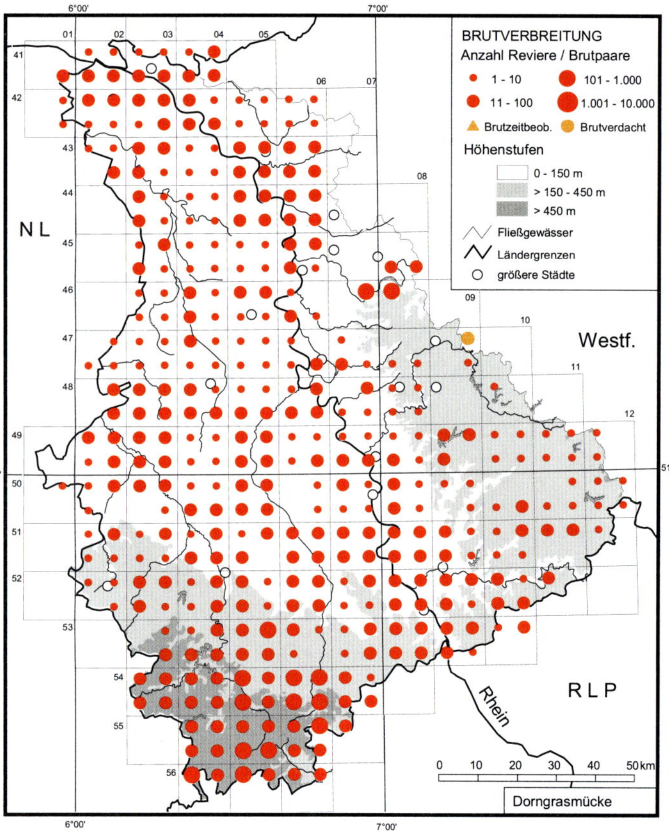

Brutverbreitung 1990-2000

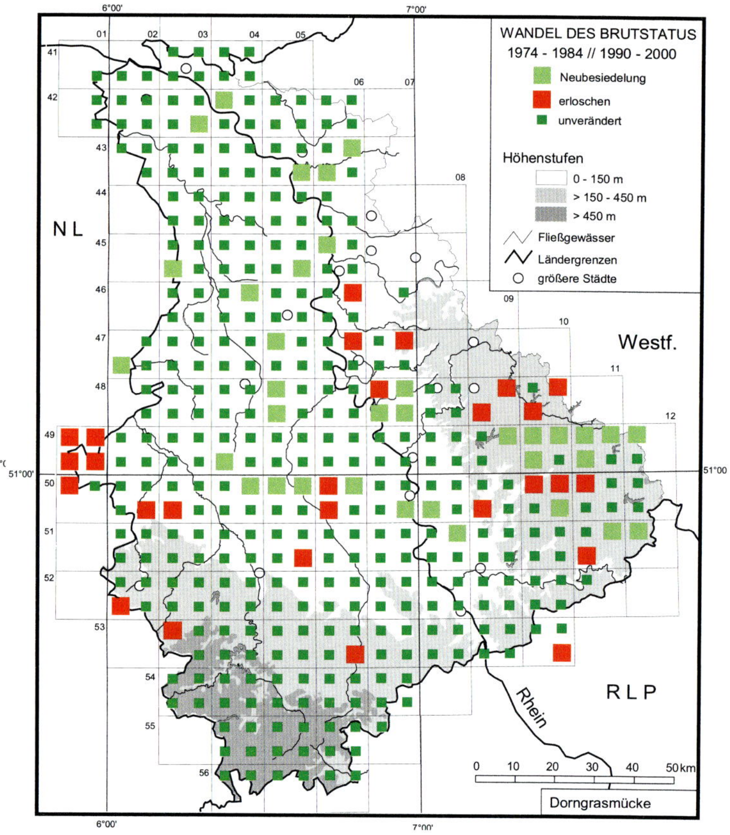

Arealveränderung zwischen 1974-84 und 1990-2000

BRUTVERBREITUNG

Die Dorngrasmücke kommt in allen Gitterfeldern mit gebüsch- und heckenreichen Grünlandarealen sowie Waldrandlagen bzw. auf Kahlschlägen, Aufforstungen etc. vor. Diese finden sich vor allem auf schlechteren Böden, die landwirtschaftlich weniger intensiv genutzt werden. Der Verbreitungsschwerpunkt liegt daher in den höheren Regionen der Mittelgebirge (Eifel), dem deutsch niederländischen Grenzgebiet und am Unteren Niederrhein. Generell werden jedoch alle Höhenstufen besetzt und die Art ist stark verbreitet. Kleinere Lücken existieren in der ausgeräumten Ackerbörde, im Inneren geschlossener Siedlungsbereiche und in geschlossenen Nadelwaldgebieten. Ähnlich weit verbreitet ist sie in Westfalen (RF = 97 %; NWO 2002) und den NL (RF = 94 %; SOVON 2002).

AREALVERÄNDERUNGEN

Verbreitungsareal und Bestände haben sich zwischen den beiden Erfassungsperioden kaum verändert. Lokales Verschwinden (z. B. SKIBA 1993) geht mit Neubesiedlungen an anderer Stelle einher und die Bestandssituation kann langfristig als weitgehend stabil betrachtet werden. Kurzfristige Schwankungen, die z. T. dramatische Ausmaße annehmen können (MILDENBERGER 1984), werden durch den kumulativen Kartiereffekt ausgeglichen. Ende der 1960er bis Anfang der 1970er Jahre gingen die Bestände überall in Mitteleuropa stark zurück (Sahelkatastrophe), haben sich anschließend zwar erholt, aber die Häufigkeiten vor 1960 nicht mehr erreicht (MILDENBERGER 1984, NWO 2002). Für das Rheinland wurde aus den Kartierungsergebnissen ein geschätzter Bestand von mindestens 6.100-11.400 Brutpaaren (0,49 - 0,92 BP/km² bezogen auf die besiedelte Fläche) berechnet. In den NL hat sich das Verbreitungsareal kaum verändert, der Brutbestand stieg jedoch von 50.000-70.000 BP 1975 auf 130.000-150.000 BP 1998-2000 (SOVON 2002).

Bilanz der Brutvogelkartierung:

Kategorie [BP]	GF	RF %	Minimum [BP]
1-10	168	40,7	168
11-100	192	46,5	2.112
101-500	14	3,4	1.414
Brutverdacht	1	0,2	
Summe	**375**	**90,8**	**3.694**

Vergleich der Kartierung von 1974-1984 mit 1990-2000:

Kategorie	GF	%	RF %
1 - Nur 1974-84	27	6,9	6,9
2 - Nur 1990-2000	35	9,0	8,9
3 - Gemeinsame GF	327	84,1	83,2
1974-84: 1 & 3	354		90,1
1990-2000: 2 & 3	362		92,1
Veränderung	+8 (+2,3 %)		+2,0

Identitäts-Index (nach SCHERNER 1982): 0,91.

Gartengrasmücke *Sylvia borin*

Status: Brutvogel, Durchzügler

Gefährdung:
Rote Liste N (nicht gefährdet)
Non-SPEC^{E} (nicht gefährdet)

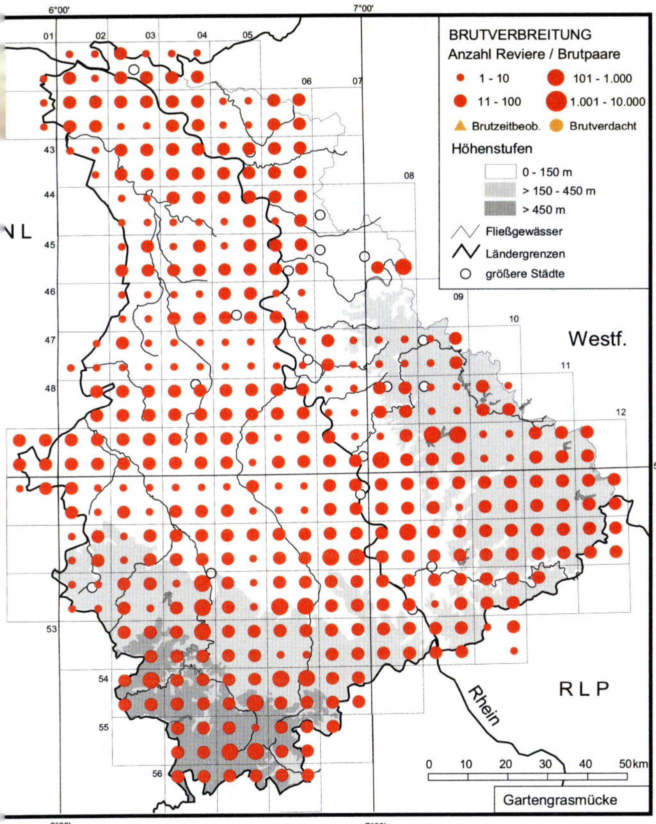

Brutverbreitung 1990-2000

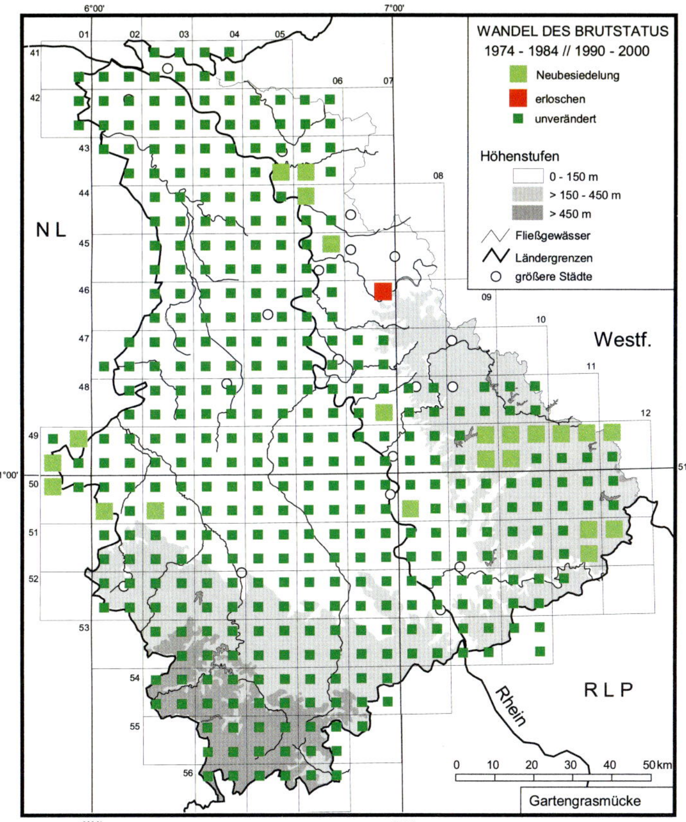

Arealveränderung zwischen 1974-84 und 1990-2000

BRUTVERBREITUNG

Die Gartengrasmücke ist in lichten Wäldern, Feldgehölzen, Gärten und Parkanlagen nahezu flächendeckend verbreitet. Sie fehlt allenfalls in baum- und gebüscharmer Ackerflur und Innenstädten. Besonders hohe Dichten wurden in den unterholzreichen Au-, Laub- und Mischwäldern der Tieflagen sowie landwirtschaftlich extensiver genutzten Mittelgebirgsregionen festgestellt. Generell sind jedoch alle Klima- und Höhenzonen gleichermaßen besiedelt. In den NL (RF = 95 %; SOVON 2002) und Westfalen (RF = 99 %; NWO 2002) wurde ebenfalls flächendeckende Verbreitung festgestellt.

AREALVERÄNDERUNGEN

Der Vergleich der Ergebnisse aus beiden Kartierungen zeigt eine leichte und statistisch signifikante Zunahme. Insgesamt scheinen die Bestände stabil bis leicht ansteigend, was durch lokale Untersuchungen bestätigt wird (z. B. MEßER 2004). Kurzfristig kann es zu größeren Schwankungen kommen und regional wurde in der Vergangenheit von negativen Entwicklungen berichtet (MILDENBERGER 1984). 1990-2000 gab es im Landesteil Nordrhein schätzungsweise 15.400-34.200 Brutpaare (1,1 - 2,5 BP/km² bezogen auf die besiedelte Fläche). Ein leicht steigender Trend zeigt sich gleichfalls in den benachbarten Niederlanden (SOVON 2002).

Gartengrasmücke, *Sylvia borin*. Foto: ANDREAS KLEIN

Bilanz der Brutvogelkartierung:

Kategorie [BP]	GF	RF %	Minimum [BP]
1-10	114	27,6	114
11-100	279	67,6	3.069
101-1.000	18	4,4	1.818
Summe	**411**	**99,5**	**5.001**

Vergleich der Kartierung von 1974-1984 mit 1990-2000:

Kategorie	GF	%	RF %
1 - Nur 1974-84	1	0,3	0,3
2 - Nur 1990-2000	22	5,6	5,6
3 - Gemeinsame GF	370	94,2	94,2
1974-84: 1 & 3	371		94,4
1990-2000: 2 & 3	392		99,8
Veränderung	+21 (+5,7 %)		+5,4

Die Zunahme ist statistisch signifikant (4-Felder X²-Test***; Vorzeichentest*; McNemar-Test***). Identitäts-Index (nach SCHERNER 1982): 0,97.

Mönchsgrasmücke *Sylvia atricapilla*

Status: Brutvogel, Durchzügler, Wintergast

Gefährdung:
Rote Liste N (nicht gefährdet)
Non-SPEC^{E} (nicht gefährdet)

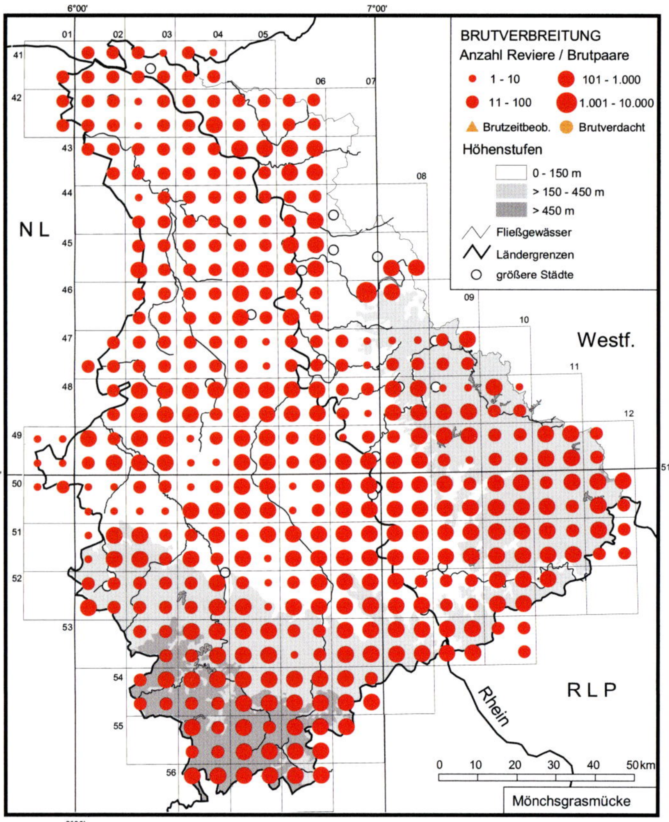

Brutverbreitung 1990-2000

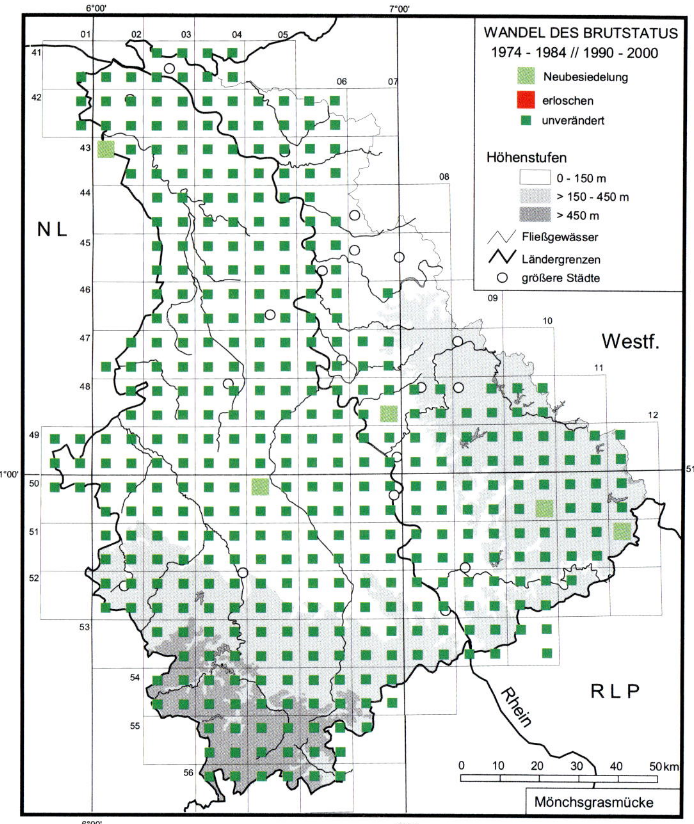

Arealveränderung zwischen 1974-84 und 1990-2000

BRUTVERBREITUNG

Die Mönchgrasmücke ist in hoher Dichte nahezu flächendekkend verbreitet. Sie fehlt allenfalls in völlig ausgeräumter Agrarlandschaft, aber kleinste Gehölzvorkommen reichen zur Ansiedlung aus. Nur in wenigen speziellen Lebensräumen wird sie in ihrer Häufigkeit von den anderen Grasmükkenarten übertroffen (s. MILDENBERGER 1984). Hohe Verbreitungsgrade von 100 % bzw. 95 % erreichte sie auch in Westfalen (NWO 2002) bzw. den NL (SOVON 2002).

AREALVERÄNDERUNGEN

Das Verbreitungsareal hat sich zwischen beiden Kartierungen kaum verändert. Vermeintliche Neubesiedlungen können auch auf die Schließung von Erfassungsdefiziten der ersten Kartierung zurückgeführt werden, aber lokal sind starke Bestandszunahmen dokumentiert (z. B. MEßER 2004, HERKENRATH & FLOSBACH 2000). Die Bestandssituation ist in Mitteleuropa insgesamt stabil bis steigend (vgl. z. B. SOVON 2002, NWO 2002, MILDENBERGER 1984). Für das Rheinland ergab sich ein geschätzter Bestand von 70.000-140.000 Brutpaaren (5,1 - 10,3 BP/km² bezogen auf die besiedelte Fläche).

Bilanz der Brutvogelkartierung:

Kategorie [BP]	GF	RF %	Minimum [BP]
1-10	40	9,7	40
11-100	181	43,8	1.991
101-1.000	191	46,3	19.291
1.001-10.000	1	0,2	1.001
Summe	**413**	**100,0**	**22.323**

Vergleich der Kartierung von 1974-1984 mit 1990-2000:

Kategorie	GF	%	RF %
1 - Nur 1974-84	0	0	0
2 - Nur 1990-2000	5	1,3	1,3
3 - Gemeinsame GF	388	98,7	98,7
1974-84: 1 & 3	388		98,7
1990-2000: 2 & 3	393		100,0
Veränderung	+5 (+1,3 %)		+1,3

Die Zunahme ist statistisch nicht signifikant (4-Felder X^2-Test*; Vorzeichentest*; McNemar-Test n. s.). Identitäts-Index (nach SCHERNER 1982): 0,99.

WINTERVERBREITUNG

Das Überwinterungsgebiet erstreckt sich von West- und Südeuropa bis Nordafrika. Winterbeobachtungen sind im Rheinland selten und unregelmäßig. Die Mehrzahl der Feststellungen stammt aus den Tieflagen (< 150 m NN) und sie erscheint seltener in den mittleren Höhenzonen. Nachweise gelangen in 14 Gitterfeldern (RF = 4,0 %), aber in keinem Gitterfeld regelmäßig in mehreren Jahren. In den NL wird seit den 1960er/1970er Jahren eine Zunahme der Überwinterungen festgestellt und bei milder Witterung können bis zu über 100 Vögel gezählt werden (BIJLSMA et al. 2001). Diese positive Entwicklung kann in schwächerem Ausmaß seit den 1950er Jahren ("überwinternde Mönchsgrasmücken niemals begegnet"; NEUBAUR 1957) auch in Nordrhein bestätigt werden (1966-1986 sechs Beobachtungen und 1990-2000 mind. 14 Beobachtungen; MILDENBERGER 1984, WINK 1990).

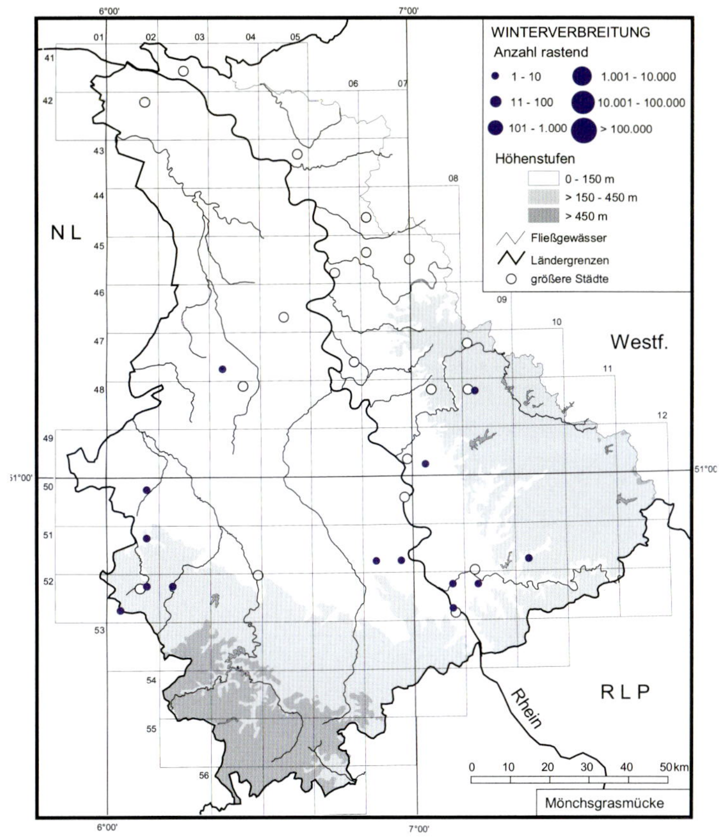

Winterverbreitung 1990-2000

Mönchsgrasmücke, *Sylvia atricapilla*, Männchen. Foto: MATHIAS SCHÄF

Waldlaubsänger *Phylloscopus sibilatrix*

Status: Brutvogel, Durchzügler

Gefährdung:
Rote Liste V (zurückgehend)
SPEC 2 (zurückgehend)

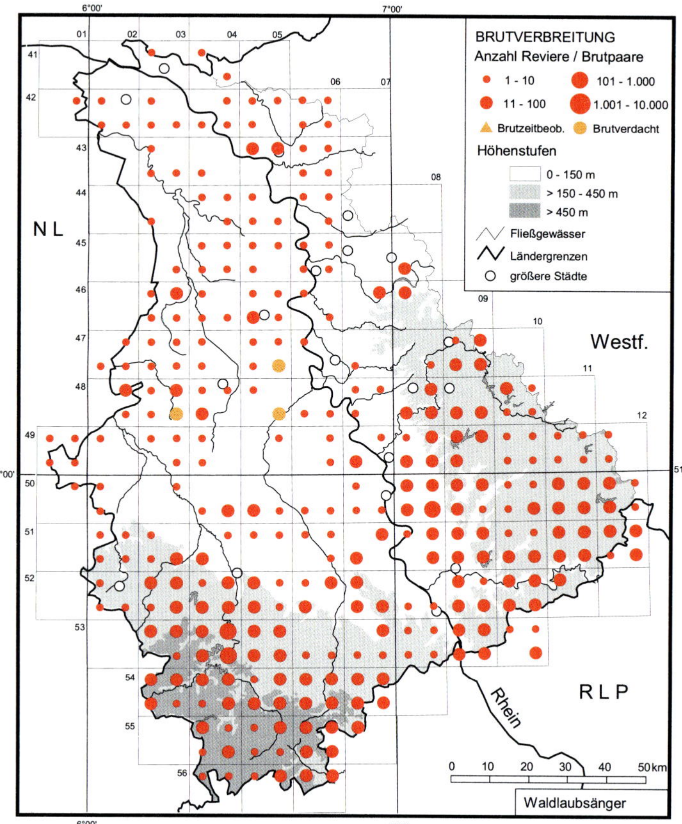

Brutverbreitung 1990-2000

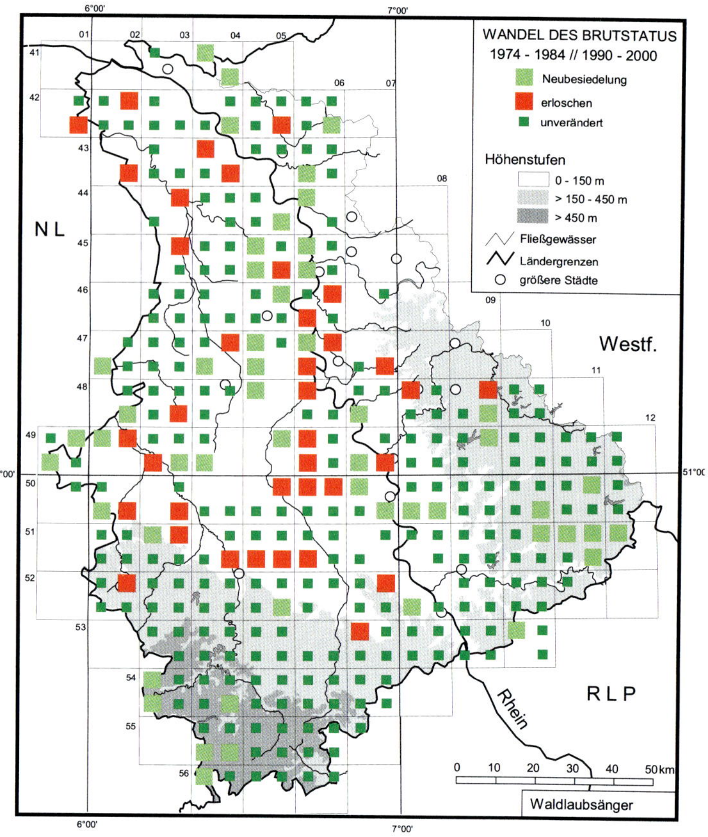

Arealveränderung zwischen 1974-84 und 1990-2000

BRUTVERBREITUNG

Die Brutverbreitung ist auf die Gitterfelder mit ausgedehnten Laub- und Mischwäldern beschränkt, bevorzugt werden Buchenalthölzer. Dementsprechend konzentriert sich das Vorkommen im Rheinland auf die waldreichen Mittelgebirgsregionen. Aber auch die tieferen Lagen sind besiedelt, wenn geeignete Wälder vorhanden sind. Fehlt in der waldarmen Ackerbörde, Siedlungsräumen und reinen Nadelwaldgebieten. Entsprechend der Waldvorkommen zeigt sich überregional ein deutlicher von Ost nach West verlaufender Verbreitungsgradient mit 93 % besetzter Gitterfelder in Westfalen (NWO 2002), 78 % im Rheinland und 30 % in den NL (SOVON 2002).

AREALVERÄNDERUNGEN

Der Vergleich zur ersten Kartierung ergibt eine überwiegend stabile Verbreitungssituation, wie es auch bereits von MILDENBERGER (1984) mitgeteilt wurde. Bei den kleinräumigen Umsiedlungen überwiegen die Neubesiedlungen leicht gegenüber dem lokalen Verschwinden. Eine hohe Umsiedlungsrate zeigt sich besonders in den waldarmen Niederungen, während in den Verbreitungszentren eine stabilere Situation registriert werden kann. In Westfalen sind die Bestände offenbar ebenfalls stabil bis zunehmend (NWO 2002). Regional verlaufen die Areal- und Bestandsentwicklungen in Mitteleuropa gegensätzlich (BAUER & BERTHOLD 1996), z. B. werden aus den NL, im Gegensatz zu NRW, Arealverluste (-19 %) und Bestandsrückgange (4.000-7.000 BP 1980 und 2.000-3.500 BP 1998-2000; SOVON 2002) gemeldet. Für das Rheinland darf ein geschätzter Bestand von 6.900-12.900 Brutpaaren angenommen werden (0,67 - 1,25 BP/km² bezogen auf die besiedelte Fläche).

Bilanz der Brutvogelkartierung:

Kategorie [BP]	GF	RF %	Minimum [BP]
1-10	183	44,3	183
11-100	123	29,8	1.353
101-200	3	0,7	303
Brutverdacht	3	0,7	
Summe	**312**	**75,8**	**1.839**

Vergleich der Kartierung von 1974-1984 mit 1990-2000:

Kategorie	GF	%	RF %
1 - Nur 1974-84	38	11,4	9,7
2 - Nur 1990-2000	51	15,3	13,0
3 - Gemeinsame GF	244	73,3	62,1
1974-84: 1 & 3	282		71,8
1990-2000: 2 & 3	295		75,1
Veränderung	+13 (+4,6 %)		+3,3

Die Zunahme ist statistisch nicht signifikant (4-Felder X^2-Test n. s.; Vorzeichentest^{+}; McNemar-Test n. s.). Identitäts-Index (nach SCHERNER 1982): 0,85.

Fitis *Phylloscopus trochilus*

Status: Brutvogel, Durchzügler

Gefährdung:
Rote Liste N (nicht gefährdet)
Non-SPEC (nicht gefährdet)

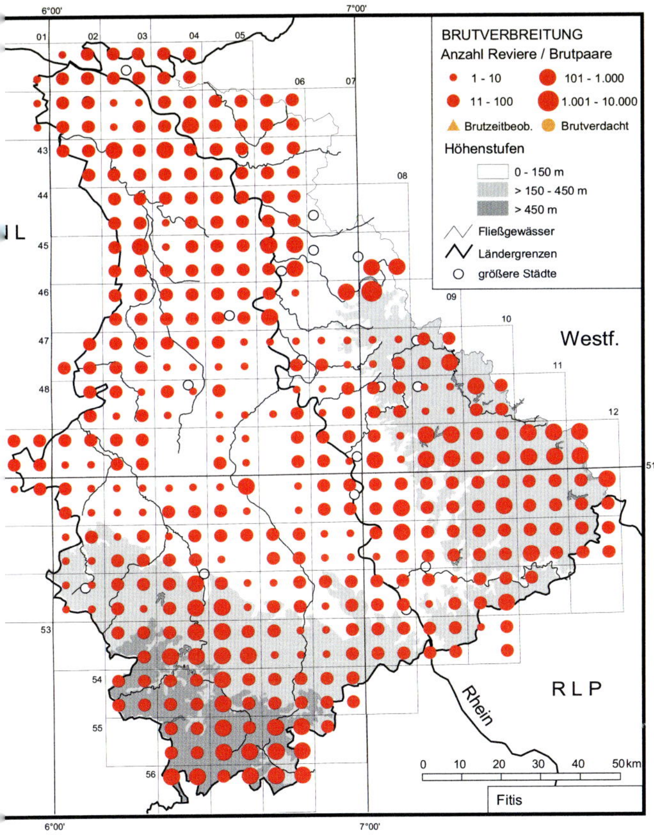

Brutverbreitung 1990-2000

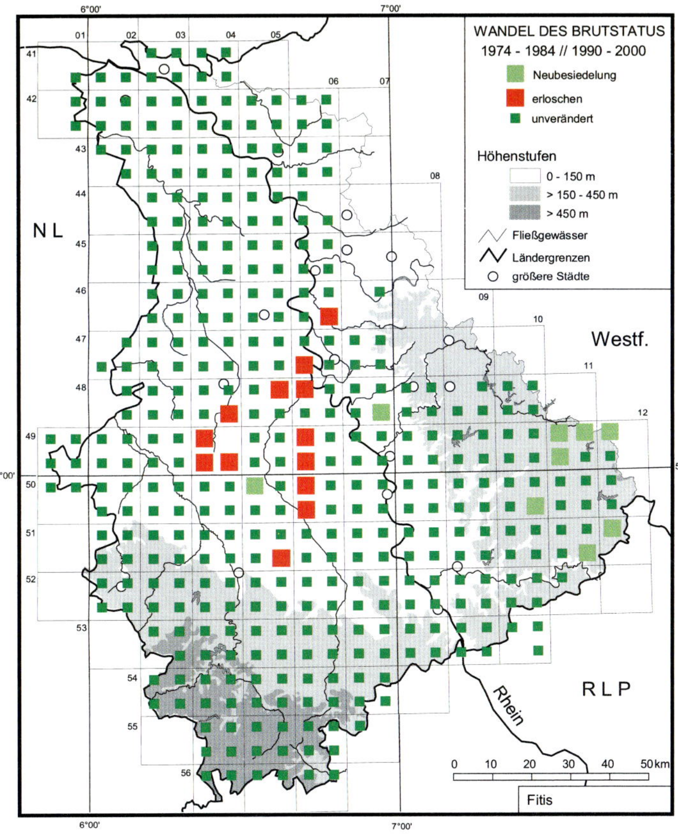

Arealveränderung zwischen 1974-84 und 1990-2000

BRUTVERBREITUNG

Aufgrund der spezifischeren Habitatansprüche ist der Fitis nicht ganz so weit verbreitet wie der nah verwandte Zilpzalp. Im zentralen Rheinland (Ackerbörde) sind größere Lücken erkennbar, während die Mittelgebirge (Eifel, Süderbergland) und das Niederrheinische Tiefland (Schwalm-Nette-Gebiet, Unterer Niederrhein) in hoher Dichte besetzt sind. Der Fitis dringt weniger weit in großflächig geschlossene Waldgebiete vor und ist eher auf die lichten Randbereiche und Sukzessionsstadien beschränkt. Parklandschaften und Gärten ohne waldartigen Charakter werden weniger stark besiedelt als vom Zilpzalp. Gehölzarmes Agrarland wird gemieden. Der Fitis ist auch in den benachbart angrenzenden NL (RF = 96 %; SOVON 2002) und Westfalen (RF = 100 %; NWO 2002) weit verbreitet.

AREALVERÄNDERUNGEN

Beim Vergleich der Ergebnisse mit der ersten Brutvogelerfassung werden keine gravierenden Veränderungen sichtbar. Auffällig ist jedoch das Verschwinden in einigen Quadranten des zentralen Rheinlandes, was zu der beobachteten Verbreitungslücke in diesem Areal führte. Da dieser Bereich landwirtschaftlich und durch Braunkohlenabbau intensiv genutzt wird, könnten damit einhergehende Eingriffe eine kausale Rolle spielen, aber kleinere Erfassungsdefizite sind möglich. Auch im Bergischen Land zeigte sich Anfang der 1990er Jahre ein deutlicher Bestandseinbruch und Stabilisierung auf niedrigerem Niveau (Herkenrath & Flosbach 2000). Insgesamt scheinen die Bestände jedoch stabil und beliefen sich im Kartierungszeitraum auf geschätzte 25.700-47.800 Brutpaare im Rheinland (2,0 - 3,6 BP/km² bezogen auf die besiedelte Fläche). Lokal wurden in der zweiten Hälfte des 20. Jahrhunderts negative Bestandsentwicklungen festgestellt (z. B. Skiba 1993), denen aber starke Zunahmen an anderer Stelle gegenüber stehen (Mildenberger 1984, Meßer 2004). Bei regional leichten Unterschieden ist der Gesamtbestand in den NL ebenfalls als stabil einzustufen (SOVON 2002).

Bilanz der Brutvogelkartierung:

Kategorie [BP]	GF	RF %	Minimum [BP]
1-10	86	20,8	86
11-100	258	62,5	2.838
101-1.000	55	13,3	5.555
Summe	**399**	**96,6**	**8.479**

Vergleich der Kartierung von 1974-1984 mit 1990-2000:

Kategorie	GF	%	RF %
1 - Nur 1974-84	13	3,3	3,3
2 - Nur 1990-2000	9	2,3	2,3
3 - Gemeinsame GF	370	94,4	94,2
1974-84: 1 & 3	383		97,5
1990-2000: 2 & 3	379		96,4
Veränderung	-4 (-1,0 %)		-1,1

Identitäts-Index (nach Scherner 1982): 0,97.

Zilpzalp *Phylloscopus collybita*

Status: Brutvogel, Durchzügler, Wintergast

Gefährdung:
Rote Liste N (nicht gefährdet)
Non-SPEC (nicht gefährdet)

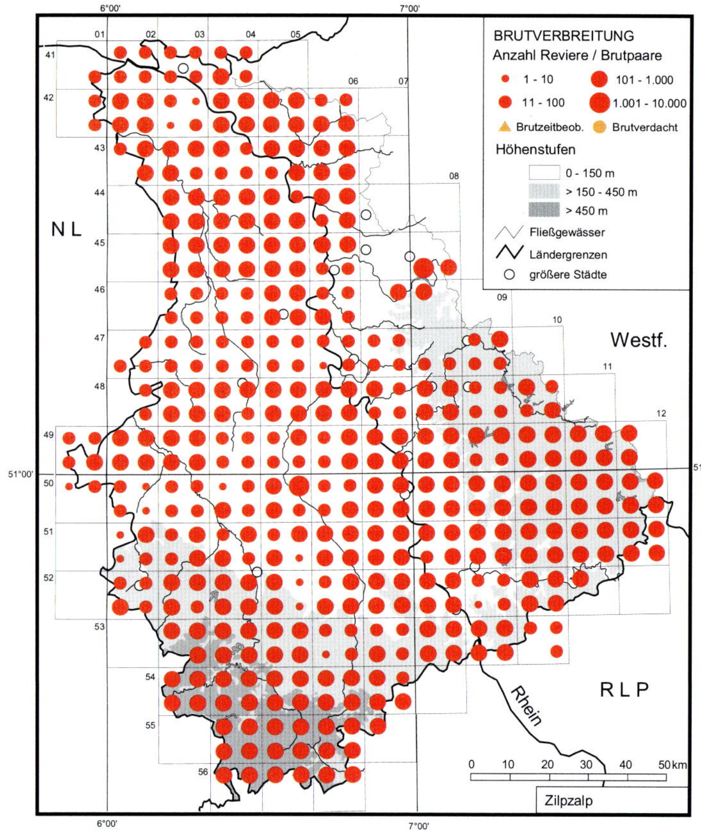

Brutverbreitung 1990-2000

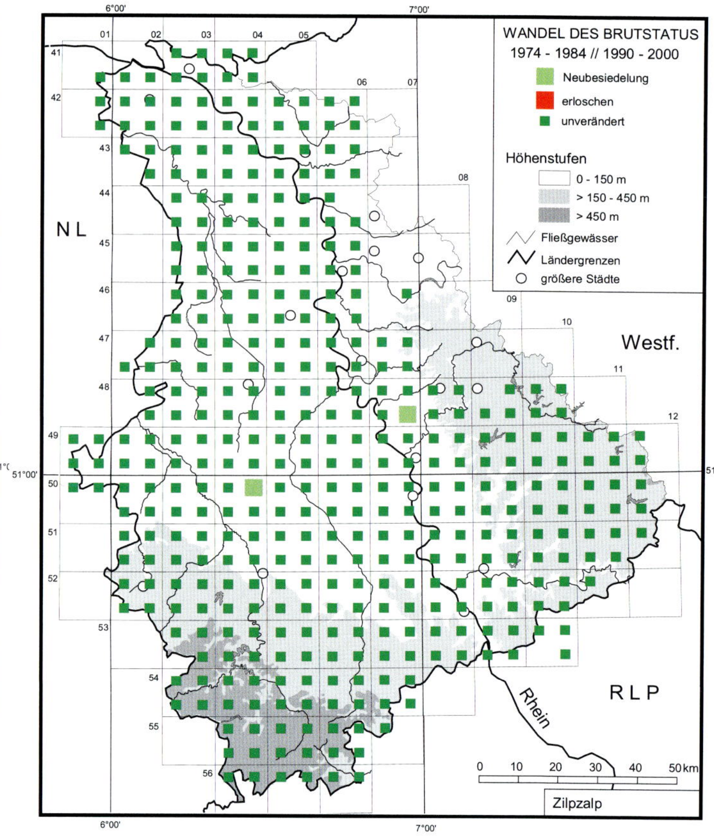

Arealveränderung zwischen 1974-84 und 1990-2000

BRUTVERBREITUNG

Der Zilpzalp ist in hoher Dichte flächendeckend verbreitet, mit kleineren Lücken allenfalls in ausgeräumter Feldflur und vegetationsarmen Innenstädten. Gleiches gilt für die benachbarten NL (RF = 97 %; SOVON 2002) und Westfalen (RF = 100 %; NWO 2002).

AREALVERÄNDERUNGEN

Areal- und Bestandsgröße dieser euryöken Art zeigen keine nennenswerten Veränderungen zwischen den beiden Kartierungsdurchgängen. Auch in den NL scheinen die Bestände stabil (SOVON 2002). Der Bestand wird für den Bearbeitungszeitraum im Rheinland auf 132.500-246.200 Brutpaare geschätzt (9,8 - 18,2 BP/km² bezogen auf die besiedelte Fläche). Durch Beseitigung oder Neupflanzung von Hecken und kleinen Feldgehölzen in generell gehölzarmen Regionen kann es kleinräumige Fluktationen geben. Langfristig scheinen die Bestände recht stabil, haben zumindest lokal in den letzten zwanzig Jahren aber auch stark zugenommen (vgl. MILDENBERGER 1984, MEßER 2004). Im Bergischen Land wird dagegen von einem deutlichen Bestandsrückgang Anfang der 1990er Jahre und anschließender Stabilisierung auf niedrigerem Niveau berichtet (HERKENRATH & FLOSBACH 2000, SKIBA 1993).

Bilanz der Brutvogelkartierung:

Kategorie [BP]	GF	RF %	Minimum [BP]
1-10	14	3,4	14
11-100	130	31,5	1.430
101-1.000	265	64,2	26.765
1.001-10.000	2	0,5	2.002
Summe	**411**	**99,5**	**30.211**

Vergleich der Kartierung von 1974-1984 mit 1990-2000:

Kategorie	GF	%	RF %
1 - Nur 1974-84	0	0	0
2 - Nur 1990-2000	2	0,5	0,5
3 - Gemeinsame GF	391	99,5	99,5
1974-84: 1 & 3	391		99,5
1990-2000: 2 & 3	393		100,0
Veränderung	+2 (+0,5 %)		+0,5

Identitäts-Index (nach SCHERNER 1982): 1,00.

WINTERVERBREITUNG

Der Zilpzalp überwintert hauptsächlich von West- und Südeuropa bis Nordafrika. Er ist regelmäßiger, aber seltener und meist nur temporärer Wintergast in den unteren bis mittleren Höhenstufen des Rheinlandes. Besonders regelmäßig erscheint er nur im Rheintal und den angrenzenden Niederungsgebieten. Im Vergleich zur ersten Kartierung ist eine deutliche Zunahme der Mittwinter-Beobachtungen feststellbar, aber ab Anfang Januar geht die Zahl der Feststellungen deutlich zurück. Bei extremen Kälteeinbrüchen wird das Rheinland geräumt. In milden Wintern harren mehrere hundert Vögel im Südwesten der NL aus, sonst ist die Art im Winter auch dort selten (Bijlsma et al. 2001). Für die Zunahme der Winterbeobachtungen in Mitteleuropa dürften u. a. die milden Winter der letzten Jahrzehnte verantwortlich sein. Vereinzelte Überwinterungsversuche gab es auch bereits in den 1960er und 1970er Jahren (Mildenberger 1984). Die scheinbare Dichte der Nachweise kommt z. T. durch den kumulativen Effekt der Kartierung zustande.

Bilanz der Winterkartierung:

Kategorie [Ex.]	GF	RF %
1-10	68	19,3
11-20	5	1,4
Summe	**73**	**20,7**

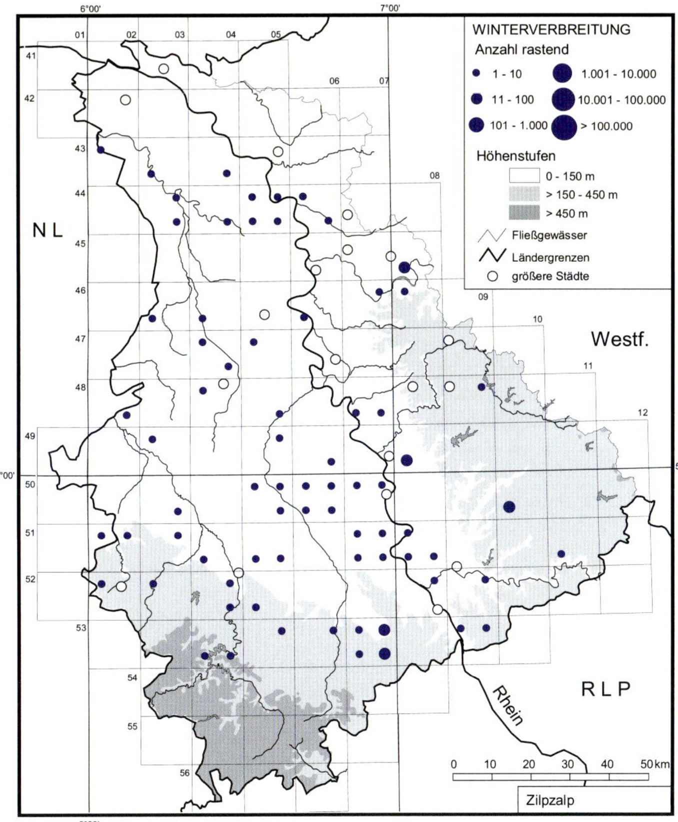

Winterverbreitung 1990-2000

Zilpzalp, *Phylloscopus collybita*.
Foto: Ewald Lippok

Fitis, *Phylloscopus trochilus*.
Foto: Andreas Klein

Wintergoldhähnchen *Regulus regulus*

Status: Brutvogel, Durchzügler, Wintergast

Gefährdung:
Rote Liste N (nicht gefährdet)
Non-SPEC^E (nicht gefährdet)

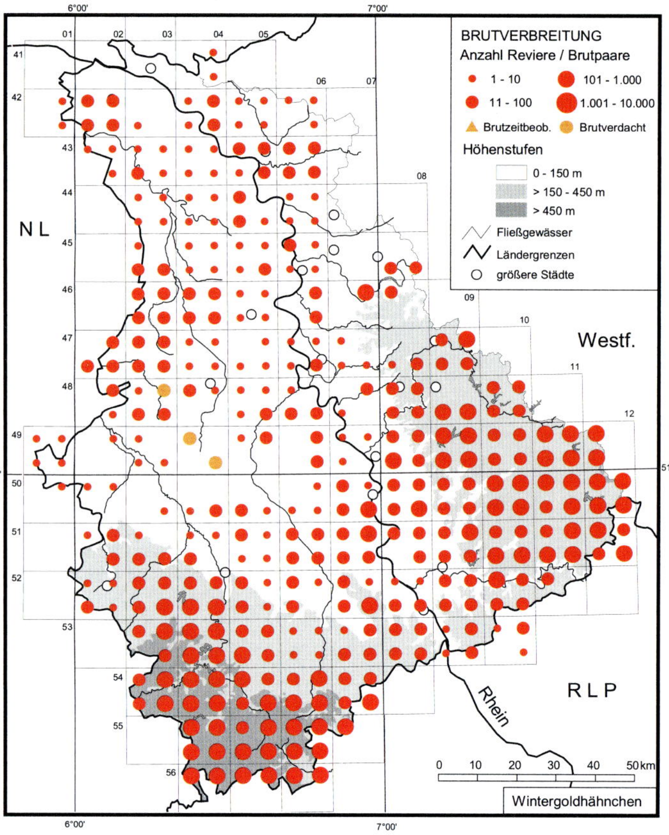

Brutverbreitung 1990-2000

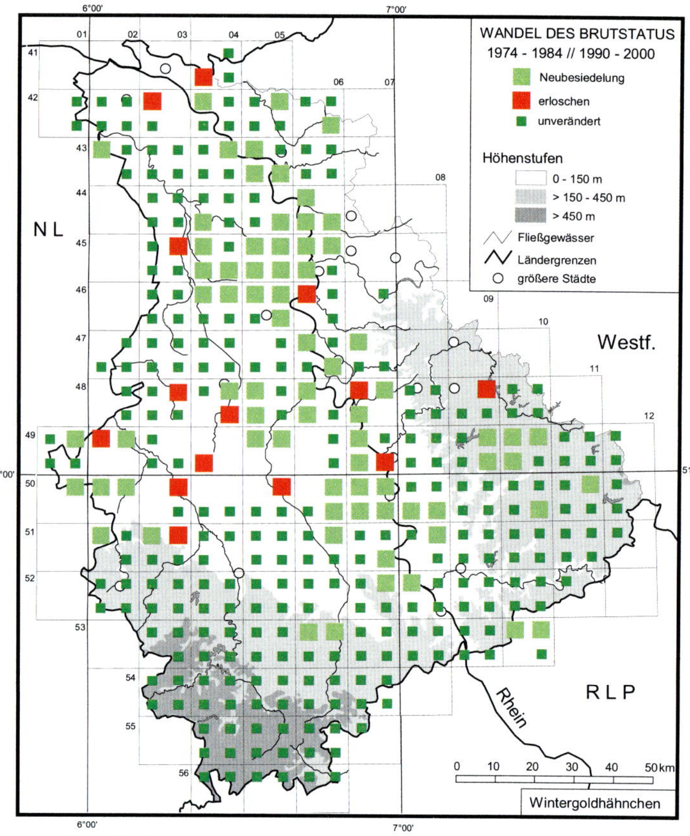

Arealveränderung zwischen 1974-84 und 1990-2000

BRUTVERBREITUNG

Die Verbreitung wird im Wesentlichen durch das Vorhandensein von Nadelholzbeständen bestimmt. Hierbei reichen auch einzelne Nadelbäume in Mischwäldern, Parkanlagen und Gärten aus. Die Schwerpunkte der Verbreitung liegen jedoch ganz klar in den waldreichen Mittelgebirgsregionen und dort besonders in den höheren Lagen (>450 m NN) mit ihren ausgedehnten Fichtenforsten. Größere Lücken existieren erwartungsgemäß in den landwirtschaftlich intensiver genutzten und daher waldärmeren Tieflagen, wo vornehmlich Kiefernwälder besiedelt werden (Schwalm-Nette-Gebiet). Dem entsprechend zeigt sich großräumig ein der Waldverteilung folgender Verbreitungsgradient mit hohen Rasterfrequenzen in Westfalen (RF = 95 %; NWO 2002) und über das Rheinland (RF = 88,1 %) zu den NL abnehmende Verbreitungen (RF = 51 %; SOVON 2002).

AREALVERÄNDERUNGEN

Mit der Ausbreitung der Fichte hat das Wintergoldhähnchen seit dem 18. Jahrhundert stark zugenommen (MILDENBERGER 1984). Während die Verbreitungssituation in den Mittelgebirgen seit der ersten Kartierung überwiegend stabil geblieben ist, zeigt sich im nördlichen Rheinland eine deutliche und statistisch signifikante Arealvergrößerung um 22 %. Besonders entlang des Rheines wurden zahlreiche Quadranten neu besiedelt. Diese Entwicklung zeigt sich auch in den benachbarten Niederlanden (SOVON 2002). Im Bergischen Land kam es Anfang der 1990er Jahre regional zu einem markanten Bestandseinbruch und die Bestände haben sich anschließend auf niedrigerem Niveau eingependelt (HERKENRATH & FLOSBACH 2000). In Westfalen erscheinen die Bestände seit Mitte des 20. Jahrhunderts stabil (NWO 2002). Die Art profitierte sicherlich von den relativ milden Wintern der letzten Jahrzehnte und der Ausweitung der Waldbestände. Für den Bearbeitungszeitraum wird ein geschätzter Brutbestand von 44.600-82.900 Paaren im Rheinland angenommen (3,8 - 7,1 BP/km² bezogen auf die besiedelte Fläche).

Bilanz der Brutvogelkartierung:

Kategorie [BP]	GF	RF %	Minimum [BP]
1-10	122	29,5	122
11-100	153	37,0	1.683
101-1.000	78	18,9	7.878
Brutverdacht	3	0,7	
Summe	**356**	**86,2**	**9.683**

Vergleich der Kartierung von 1974-1984 mit 1990-2000:

Kategorie	GF	%	RF %
1 - Nur 1974-84	13	3,7	3,3
2 - Nur 1990-2000	75	21,2	19,1
3 - Gemeinsame GF	266	75,1	67,7
1974-84: 1 & 3	279		71,0
1990-2000: 2 & 3	341		86,8
Veränderung	+62 (+22 %)		+15,8

Die Zunahme ist statistisch signifikant (4-Felder X^2-Test***; Vorzeichentest*; McNemar-Test***). Identitäts-Index (nach SCHERNER 1982): 0,86.

WINTERVERBREITUNG

Die Winterverbreitung ist im Wesentlichen mit der Brutverbreitung identisch und die rheinischen Wintergoldhähnchen können als Standvögel betrachtet werden. Wie auch zur Brutzeit sind wiederum die waldreichen Mittelgebirge am dichtesten besetzt. Weitere Schwerpunkte befinden sich in der Kölner Bucht und im Schwalm-Nette-Gebiet. In den Wintermonaten erfolgt außerdem Durch- und Zuzug nordöstlicher Populationen, was sich vor allem durch Vorkommen in zur Brutzeit nicht besetzten reinen Laubgehölzen der Tieflagen bemerkbar macht. Die Goldhähnchen schließen sich gerne umherstreifenden gemischten Meisentrupps an.

Bilanz der Winterkartierung:

Kategorie [Ex.]	GF	RF %
1-10	108	27,6
11-100	180	46,0
101-200	50	12,8
1.001-5.000	1	0,3
Summe	**339**	**86,7**

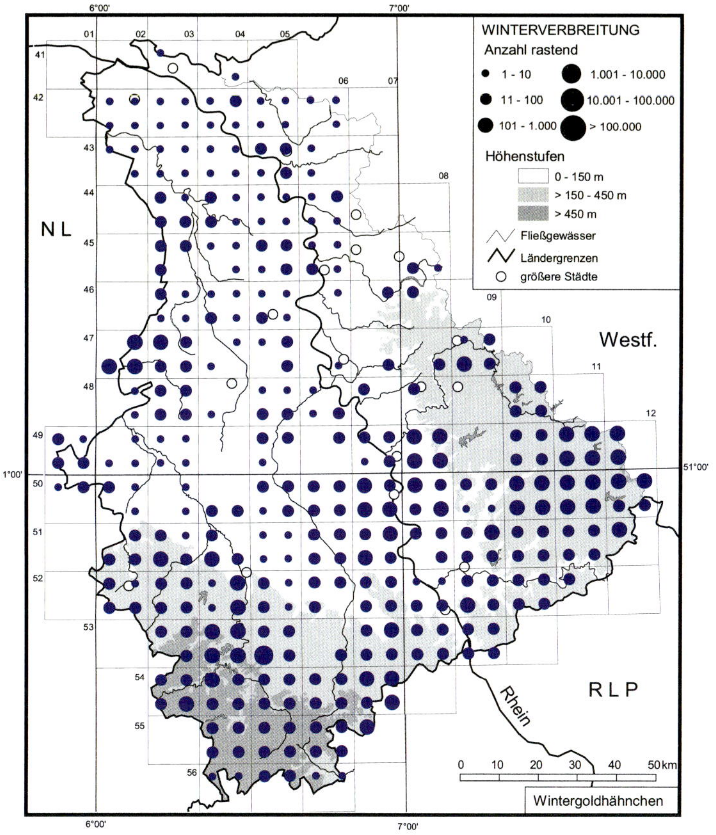

Winterverbreitung 1990-2000

Wintergoldhähnchen, *Regulus regulus*. Foto: FELIX JACHMANN

Sommergoldhähnchen *Regulus ignicapillus*

Status: Brutvogel, Durchzügler, Wintergast

Gefährdung:
Rote Liste N (nicht gefährdet)
Non-SPEC^{E} (nicht gefährdet)

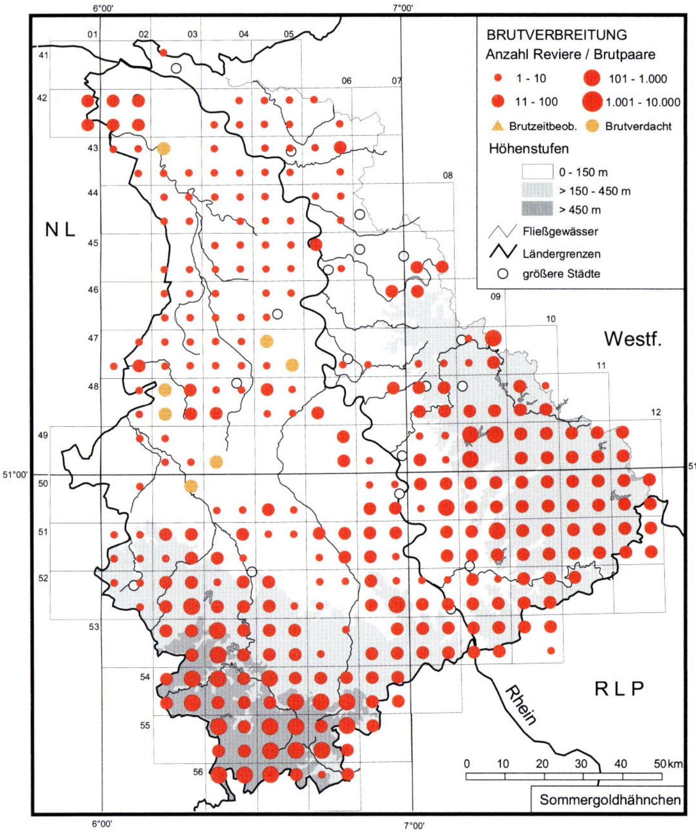

Brutverbreitung 1990-2000

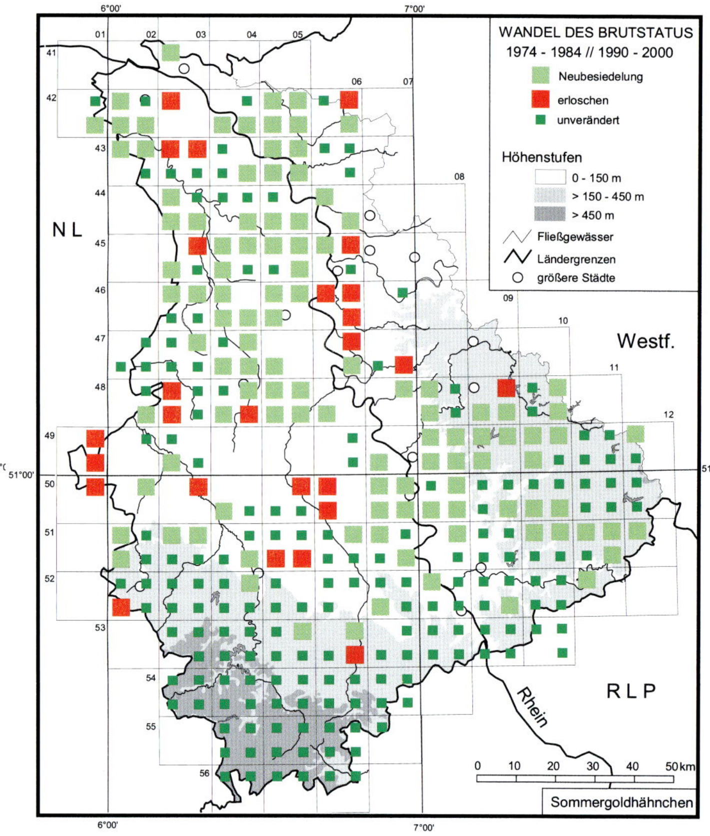

Arealveränderung zwischen 1974-84 und 1990-2000

BRUTVERBREITUNG

Die Brutverbreitung ist insgesamt ähnlich der des Wintergoldhähnchens mit Schwerpunkten in den waldreichen Mittelgebirgsregionen. Die Art ist in den Nadelwäldern der höheren und mittleren Lagen weit verbreitet, besiedelt jedoch verstärkt auch Mischwälder. Größere Verbreitungslücken befinden sich in den waldarmen Ackerlandschaften. Entgegen der Angaben bei MILDENBERGER (1984) scheint das Sommergoldhähnchen in den Kiefergebieten der Niederungen (Schwalm-Nette-Gebiet, Unterer Niederrhein) weniger weit verbreitet als das Wintergoldhähnchen. Auch hier zeigt sich eine Abnahme der Verbreitung von Westfalen (RF = 86 %; NWO 2002) über das Rheinland (RF = 78,1 %) zu den NL (RF = 30 %; SOVON 2002).

AREALVERÄNDERUNGEN

Ähnlich wie beim Wintergoldhähnchen steht langfristig stabilen Beständen in den dicht besiedelten Mittelgebirgen (Eifel) eine deutliche und statistisch signifikante Arealvergrößerung um 41 % im nördlichen Rheinland und rechtsrheinischen Gebieten sowie den sich anschließenden niederländischen Provinzen (SOVON 2002) gegenüber. Der rheinische Brutbestand wird auf 14.400-26.800 Paare geschätzt (1,4 - 2,6 BP/km² bezogen auf die besiedelte Fläche). Kurzfristig können die Bestände starken Schwankungen unterliegen (MILDENBERGER 1984), regional gibt es sogar langfristige Abnahmen (z. B. HERKENRATH & FLOSBACH 2000).

Bilanz der Brutvogelkartierung:

Kategorie [BP]	GF	RF %	Minimum [BP]
1-10	125	30,3	125
11-100	154	37,3	1.694
101-200	27	6,5	2.727
Brutverdacht	7	1,7	
Summe	**313**	**75,8**	**4.546**

Vergleich der Kartierung von 1974-1984 mit 1990-2000:

Kategorie	GF	%	RF %
1 - Nur 1974-84	26	8,2	6,6
2 - Nur 1990-2000	111	35,1	28,2
3 - Gemeinsame GF	179	56,6	45,5
1974-84: 1 & 3	205		52,2
1990-2000: 2 & 3	290		73,8
Veränderung	+85 (+41%)		+21,6

Die Zunahme ist statistisch signifikant (4-Felder X^2-Test***; Vorzeichentest*; McNemar-Test***). Identitäts-Index (nach SCHERNER 1982): 0,73.

WINTERVERBREITUNG

Die Sommergoldhähnchen verlassen das Rheinland im Winter weitgehend, um im Mittelmeerraum zu überwintern. In den klimatisch günstigeren Tallagen des Rheinlandes kommt es bei milder Witterung jedoch regelmäßig zu vereinzelten Winterbeobachtungen (selten mit durchgehender Anwesenheit), besonders im Rheintal, der Voreifel zwischen Aachen und Düren sowie im Bereich von Nette und Niers. Ähnlich wie beim Zilpzalp zeigt sich auch hier eine Zunahme der Feststellungen im Vergleich zur ersten Kartierung, was mit den milden Wintern der vergangenen beiden Jahrzehnte in Zusammenhang stehen könnte.

Bilanz der Winterkartierung:

Kategorie [Ex.]	GF	RF %
1-10	27	7,9
11-100	2	0,6
Summe	**29**	**8,5**

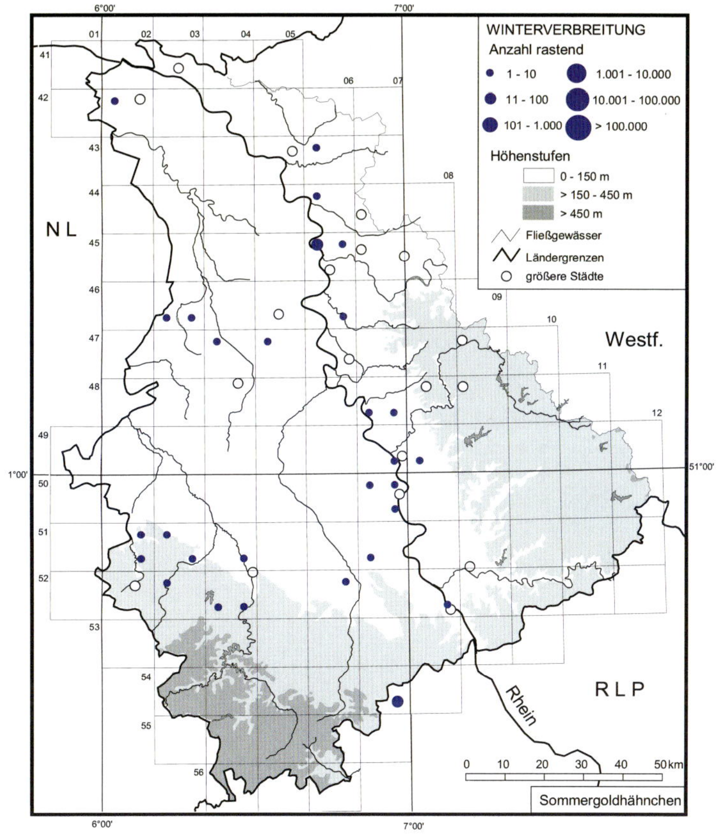

Winterverbreitung 1990-2000

Sommergoldhähnchen, *Regulus ignicapillus*. Foto: SVEN ACHTERMANN

Grauschnäpper *Muscicapa striata*

Status: Brutvogel, Durchzügler

Gefährdung:
Rote Liste N (nicht gefährdet)
SPEC 3 (dezimiert)

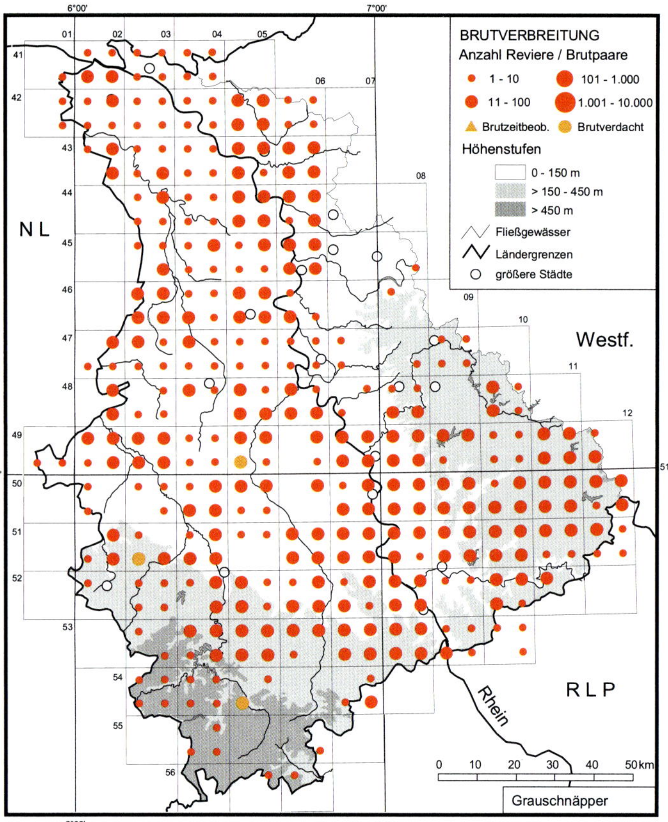

Brutverbreitung 1990-2000

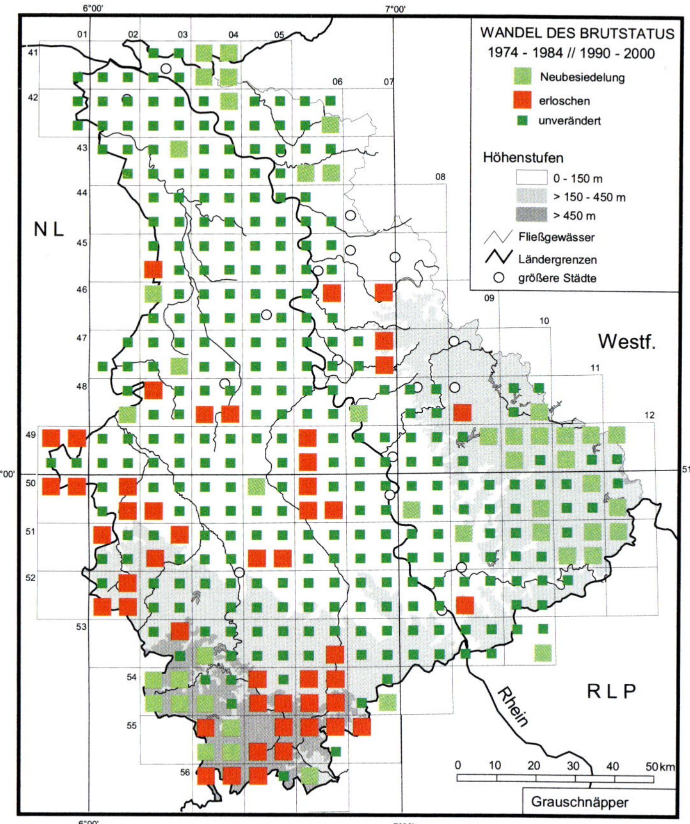

Arealveränderung zwischen 1974-84 und 1990-2000

BRUTVERBREITUNG

Der Grauschnäpper ist in Gitterfeldern mit lichten Laub- und Mischwäldern, Auwäldern, Streuobstwiesen, Parkanlagen und Gärten, gerne in der Nähe menschlicher Siedlungen, weit verbreitet. Generell werden alle Höhenstufen besiedelt, die Hochlagen der Mittelgebirge jedoch weniger dicht. Die Schwerpunkte der Brutverbreitung liegen unter 250 m NN. Er fehlt außerdem in strukturarmer, ausgeräumter Agrarlandschaft und im Innern geschlossener Waldgebiete. Aufgrund der kurzen Gesangsperiode und meist heimlicher Lebensweise sind Erfassungsdefizite möglich. In den Niederlanden war er ähnlich weit verbreitet (RF = 86 %; SOVON 2002), in Westfalen dagegen mit noch höherer Rasterfrequenz (98 %; NWO 2002).

Bilanz der Brutvogelkartierung:

Kategorie [BP]	GF	RF %	Minimum [BP]
1-10	173	41,9	173
11-100	174	42,1	1.914
Brutverdacht	3	0,7	
Summe	**350**	**84,7**	**2.087**

AREALVERÄNDERUNGEN

Der Vergleich der Kartierungsergebnisse der beiden Erfassungen zeigt insgesamt keine Arealveränderungen und bereits MILDENBERGER (1984) und NWO (2002) diagnostizierten großräumig stabile Bestände. Lokal, z. B. in der Eifel, sind jedoch auffällige Umsiedlungen feststellbar. Dem Verschwinden in vielen linksrheinischen Quadranten der Niederrheinischen Bucht steht die Neubesiedlung weiter Teile des rechtsrheinischen Mittelgebirges gegenüber (s. a. SKIBA 1993). Für den hier erfassten Zeitraum ergibt sich ein geschätzter Bestand von 9.000-16.800 Brutpaaren im Rheinland (0,78 - 1,45 BP/km² bezogen auf die besiedelte Fläche). In den NL zeigt sich ein weitgehend stabiles Brutareal, während die Bestände seit den 1980er Jahren deutlich zurückgehen (SOVON 2002).

Vergleich der Kartierung von 1974-1984 mit 1990-2000:

Kategorie	GF	%	RF %
1 - Nur 1974-84	49	12,9	12,5
2 - Nur 1990-2000	45	11,8	11,5
3 - Gemeinsame GF	287	75,3	73,0
1974-84: 1 & 3	336		85,5
1990-2000: 2 & 3	332		84,2
Veränderung	-4 (-1,2 %)		-1,0

Identitäts-Index (nach SCHERNER 1982): 0,86.

Grauschnäpper, *Muscicapa striata*. Foto: EWALD LIPPOK

Trauerschnäpper, *Ficedula hypoleuca,* Jungvogel. Foto: THOMAS HELMBERG

Trauerschnäpper *Ficedula hypoleuca*

Status: Brutvogel, Durchzügler

Gefährdung:
Rote Liste V (zurückgehend)
Non-SPEC[E] (nicht gefährdet)

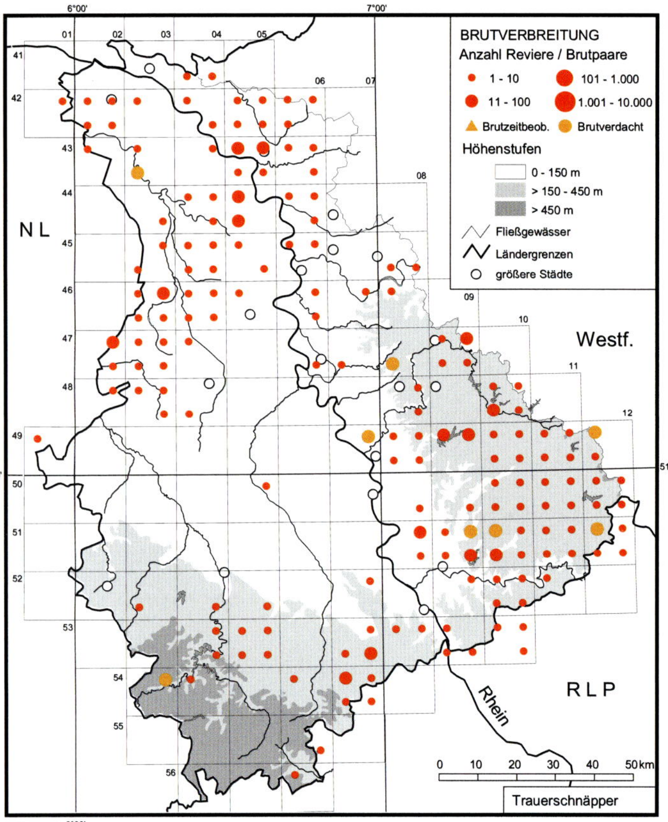

Brutverbreitung 1990-2000

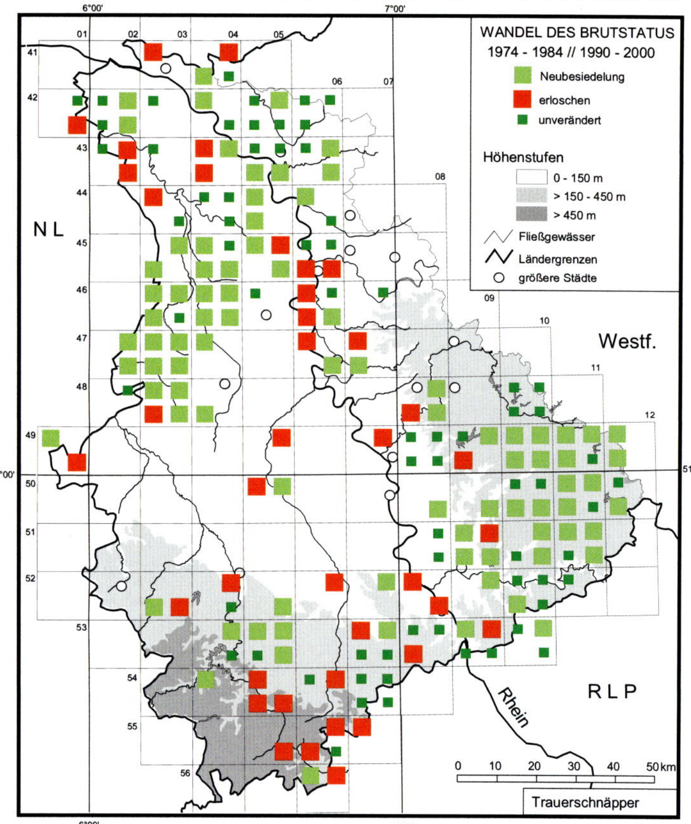

Arealveränderung zwischen 1974-84 und 1990-2000

BRUTVERBREITUNG

Der Trauerschnäpper besiedelt in erster Linie lichte Laub- und Laubmischwälder (Buchen-Eichen-Althölzer). Es zeigen sich zwei deutliche Verbreitungsschwerpunkte in den Flussniederungen des Unteren Niederrheins und dem Schwalm-Nette-Gebiet sowie dem rechtsrheinischen Mittelgebirge. Kleinere Vorkommen gibt es auch in den mittleren Lagen der Voreifel. Der Trauerschnäpper fehlt weitgehend in den nadelwaldreichen Hochlagen über 400 m NN und den linksrheinischen waldarmen Agrarlandschaften der Köln-Aachener Bucht, wo nur lokale Einzelvorkommen gefunden wurden. Nordrhein liegt im Bereich der westlichen Verbreitungsgrenze der Art. Entsprechend zeigt sich im stärker bewaldeten Westfalen eine weitere Verbreitung (RF = 91 %; NWO 2002) und in den gleichfalls waldarmen NL eine relativ geringe Verbreitung (RF = 50 %; SOVON 2002).

AREALVERÄNDERUNGEN

Die bereits in der ersten Kartierung und früher prognostizierte Arealausweitung aufgrund anhaltender Ausbreitung nach Westen und genereller Bestandszunahme ist tatsächlich eingetreten (MILDENBERGER 1984, WINK 1987) und der Trauerschnäpper hat sein Brutgebiet im Rheinland um fast 40 % vergrößert. Besonders auffällig sind diese Zunahmen im Bergischen Land und im Niederrheinischen Tiefland im Bereich der deutsch-niederländischen Grenze (Schwalm-Nette-Niederung). Auch in den NL hat der Trauerschnäpper sein Brutareal insgesamt ausgedehnt, besonders aufgrund der Zunahme in Kiefernwäldern, während in den Laubwaldarealen Rückgänge verzeichnet werden (SOVON 2002). Für Westfalen werden großräumig stabile, aber regional rückläufige Bestände angegeben (NWO 2002). Bei anhaltender Bestandszunahme ist im Rheinland zukünftig mit weiteren Neubesiedlungen zu rechnen. Für den Bearbeitungszeitraum 1990-2000 wird ein Bestand von 1.100-2.100 Brutpaaren geschätzt (0,19 - 0,36 BP/km² bezogen auf die besiedelte Fläche). Im gesamten Rheinland (inkl. Rheinland-Pfalz) entfiel von 3.000-3.500 BP in den 1970er Jahren nur ein kleiner Teil auf den Landesteil Nordrhein (MILDENBERGER 1984).

Bilanz der Brutvogelkartierung:

Kategorie [BP]	GF	RF %	Minimum [BP]
1-10	152	36,8	152
11-100	15	3,6	165
Brutverdacht	8	1,9	
Summe	**175**	**42,4**	**317**

Vergleich der Kartierung von 1974-1984 mit 1990-2000:

Kategorie	GF	%	RF %
1 - Nur 1974-84	40	20,7	10,2
2 - Nur 1990-2000	84	43,5	21,4
3 - Gemeinsame GF	69	35,8	17,6
1974-84: 1 & 3	109		27,7
1990-2000: 2 & 3	153		38,9
Veränderung	+44 (+40%)		+11,2

Die Zunahme ist statistisch signifikant (4-Felder X²-Test**; Vorzeichentest*; McNemar-Test***). Identitäts-Index (nach SCHERNER 1982): 0,53.

Beutelmeise *Remiz pendulinus*

Status: Brutvogel, Durchzügler

Gefährdung:
Rote Liste R (arealbedingt selten)
Non-SPEC (nicht gefährdet)

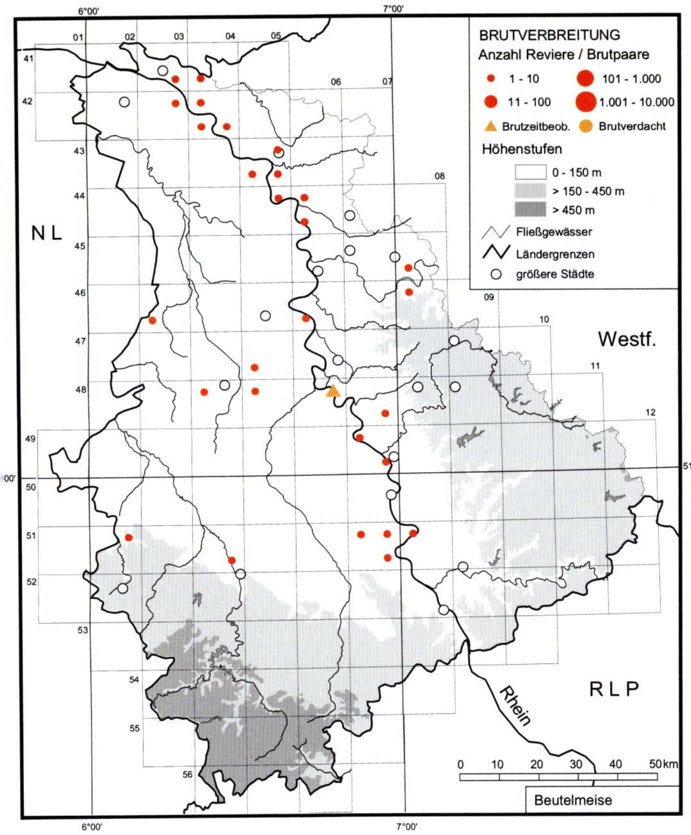

Brutverbreitung 1990-2000

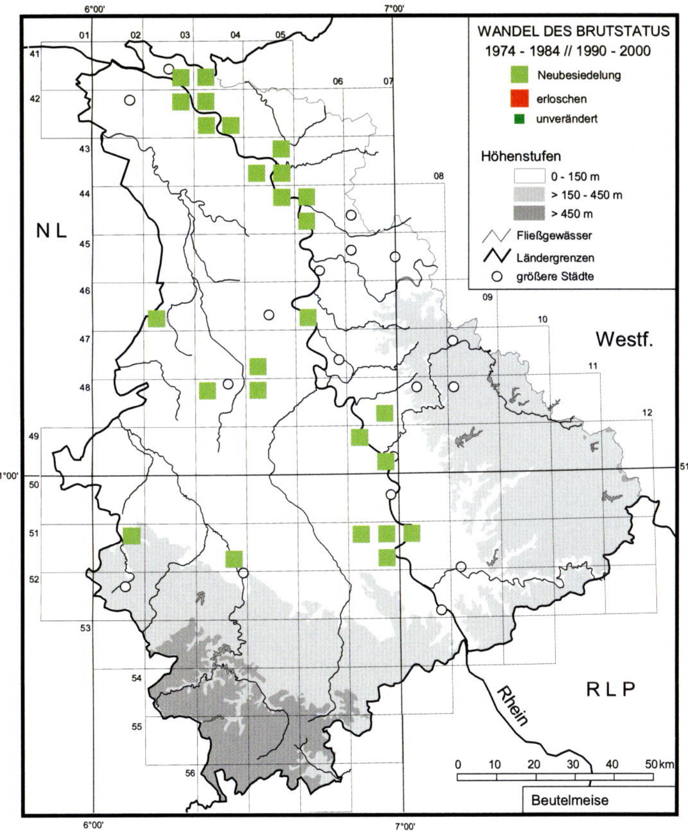

Arealveränderung zwischen 1974-84 und 1990-2000

BRUTVERBREITUNG

Nach ersten Brutversuchen in den 1960er Jahren (WINK 1968) wurden Anfang der 1990er Jahre die ersten regelmäßigen Bruten der Beutelmeise im Rheinland nachgewiesen (z. B. THOMAS & HUBATSCH 1992). Im Zuge der anhaltenden Westerweiterung des Verbreitungsgebietes konnten im Kartierungszeitraum weitere Vorkommen entdeckt werden. Das rheinische Brutareal umfasst die Auwaldbereiche der Flusstäler von Rhein, Ruhr, Niers und Rur sowie angrenzende stehende Gewässer mit Weidenbüschen im Uferbereich. Der Schwerpunkt der Verbreitung liegt am Unteren Niederrhein. Die Beutelmeise ist im benachbarten Westfalen (RF = 6 %; NWO 2002) und in den NL (RF = 9 %) ähnlich gering verbreitet (SOVON 2002).

AREALVERÄNDERUNGEN

1974-84 wurde die Beutelmeise noch nicht als Brutvogel im Untersuchungsgebiet festgestellt und die Besiedlung des Rheinlandes erfolgte im Zuge der generellen Ausbreitung in Mitteleuropa Ende der 1980er bis Anfang der 1990er Jahre (HOLLAND & WILLE 1991). Zwischen 1961 und 1979 gelangen im Rheinland 15 Nachweise inklusive der ersten Brutversuche bei Bonn (WINK 1968, MILDENBERGER 1984). Die Etablierung einer beständigen Brutpopulation in Westfalen erfolgte um 1983 und im Landesteil Nordrhein ab 1987 (NOTTMEYER-LINDEN et al. 1997). 1995 erfolgte die erste Brut im Kreis Mettmann (PREISS 1996). GIEẞING & SUDMANN (1994) geben für das nördliche Rheinland Anfang der 1990er Jahre 20-30 Brutpaare an, wobei die Bestände jährlich stark schwanken. Die Kartierung deutet auf noch höhere Brutbestände hin, allerdings ist hier der kumulative Kartiereffekt zu berücksichtigen und nicht alle Gitterfelder sind jedes Jahr besetzt. Mittlerweile zeigen sich vielerorts deutliche Rückgangserscheinungen (z. B. GLUTZ & BAUER 1993, NIEHUIS 2002, SOVON 2002). Die weitere Bestandsentwicklung sollte sorgfältig erfasst und dokumentiert werden.

Bilanz der Brutvogelkartierung:

Kategorie [BP]	GF	RF %
1-5	28	6,8
Brutverdacht	1	0,2
Summe	**29**	**7,0**

Vergleich der Kartierung von 1974-1984 mit 1990-2000:

Kategorie	GF	%	RF %
1 - Nur 1974-84	0	0	0
2 - Nur 1990-2000	27	100	6,9
3 - Gemeinsame GF	0	0	0
1974-84: 2 & 3	0		0
1990-2000: 1 & 3	27		6,9
Veränderung	+27		+6,9

Die Zunahme ist statistisch signifikant (4-Felder X^2-Test*** Vorzeichentest*; McNemar-Test***).

Bartmeise *Panurus biarmicus*

Status: Brutvogel, Durchzügler, Wintergast

Gefährdung:
Rote Liste R (arealbedingt selten)
Non-SPEC (nicht gefährdet)

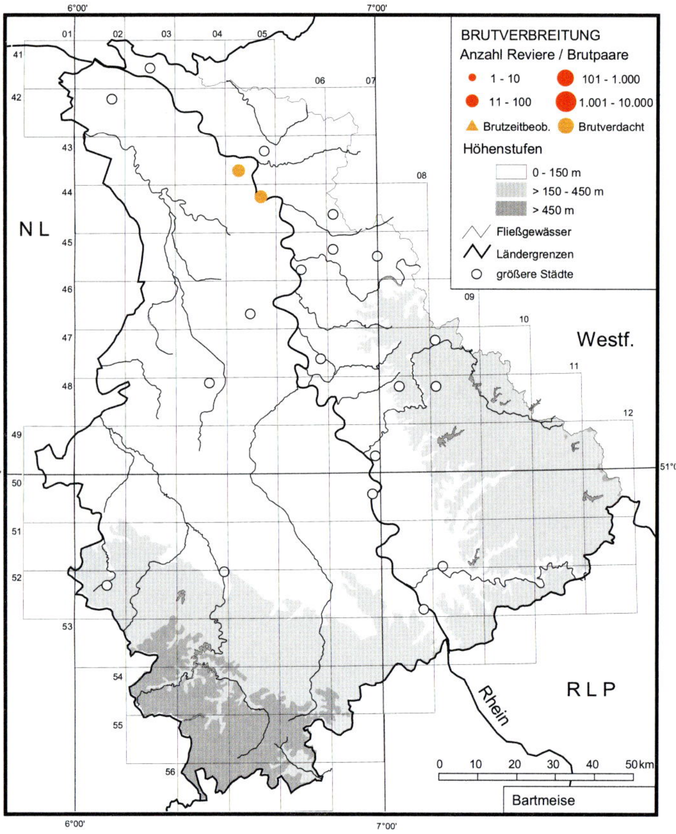

Brutverbreitung 1990-2000

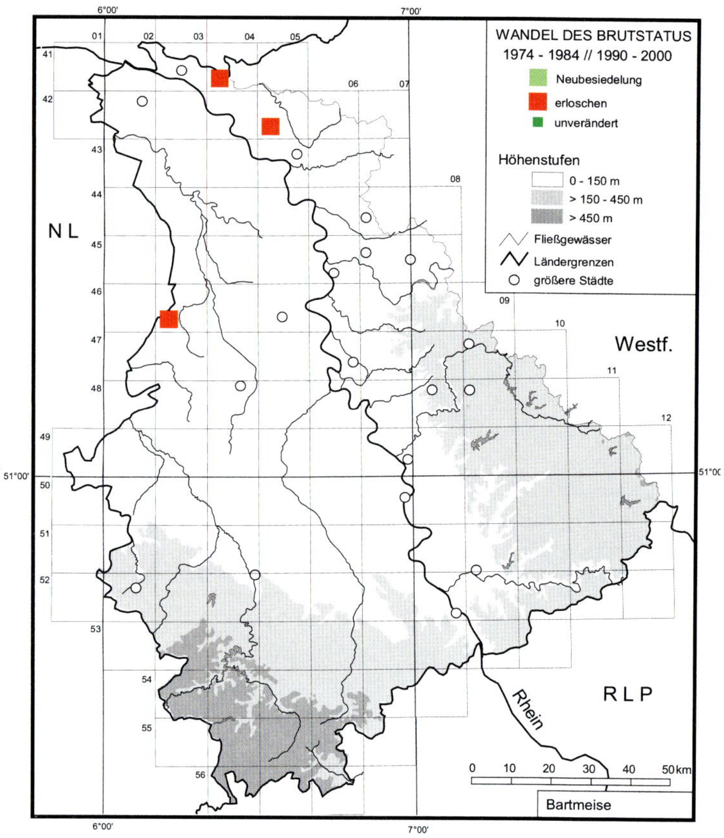

Arealveränderung zwischen 1974-84 und 1990-2000

BRUTVERBREITUNG

Die Vorkommen sind auf wenige ausgedehnte Schilfgebiete beschränkt. Im aktuellen Kartierungszeitraum wurden nur zwei besetzte Brutplätze am Unteren Niederrhein bei Wesel gefunden, wobei wirkliche Brutnachweise nicht gelangen. Von einem permanenten Brutvorkommen ist im Rheinland derzeit nicht auszugehen. Für Westfalen wurden Brutnachweise in den Rieselfeldern Münster für 1995/96 gemeldet (Nottmeyer-Linden et al. 1997). In den NL ist die Bartmeise wesentlich weiter verbreitet; es waren 12 % der Gitterfelder besetzt, jedoch nur wenige im küstenfernen Hinterland (SOVON 2002).

Bilanz der Brutvogelkartierung:

Kategorie [BP]	GF	RF %
Brutverdacht	2	0,5

AREALVERÄNDERUNGEN

Das Rheinland wurde von der Bartmeise in den 1960er Jahren besiedelt, aber eine regelmäßige Brutpopulation hat sich nie etabliert. Die letzten sicheren Bruten fanden 1966-68 an den Krickenbecker Seen, 1972/73 am Altrhein Bienen-Praest und 1972 am Bislicher Meer statt (Mildenberger 1984). Im Rahmen der ersten Kartierung 1974-84 gab es Beobachtungen an potenziellen Brutplätzen in drei Gitterfeldern, die aktuell (1990-2000) alle nicht mehr besetzt waren. Stattdessen gab es Brutverdacht in zwei neuen Gebieten am Rhein bei Wesel. In den benachbarten NL, wo sich die Bartmeise durch die Zunahme der Schilfgebiete in den 1970er Jahren stark ausbreiten konnte, geht der Bestand heute insgesamt zurück; aber auch hier stehen lokalen Verlusten teilweise Neubesiedlungen gegenüber (SOVON 2002).

Vergleich der Kartierung von 1974-1984 mit 1990-2000:

Kategorie	GF	%	RF %
1 - Nur 1974-84	3	100,0	0,8
2 - Nur 1990-2000	0	0	0
3 - Gemeinsame GF	0	0	0
1974-84: 1 & 3	3		0,8
1990-2000: 2 & 3	0		0
Veränderung	-3 (-100 %)		-0,8

Identitäts-Index (nach Scherner 1982): 0,0.

WINTERVERBREITUNG

Auch in den Wintermonaten ist die Bartmeise überwiegend an größere Schilfgebiete gebunden, kann aber auf dem Durchzug genauso abseits davon angetroffen werden. Die beiden einzigen vorliegenden Winterfeststellungen (RF = 0,6 %) stammen aus dem Bereich des Schwalm-Nette-Gebietes (Krickenbekker Seen) und stehen wohl in Zusammenhang mit der nahen niederländischen Population. Erfassungsdefizite sind nicht auszuschließen, aber regelmäßige Überwinterungsgebiete scheint es im Rheinland derzeit nicht zu geben.

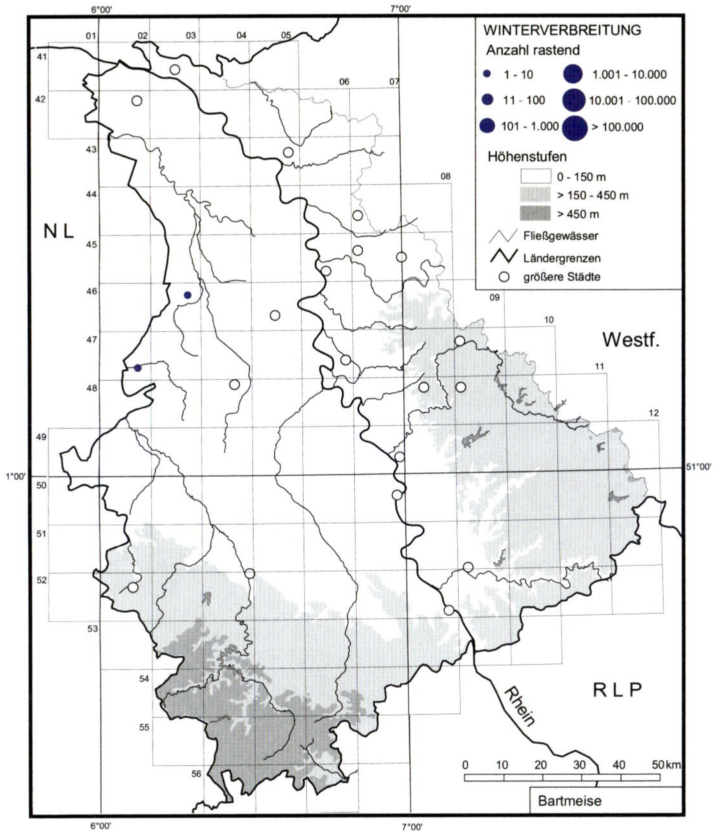

Winterverbreitung 1990-2000

Bartmeise, *Panurus biarmicus*. Foto: MATHIAS SCHÄF

Schwanzmeise *Aegithalos caudatus*

Status: Brutvogel, Durchzügler, Wintergast

Gefährdung:
Rote Liste N (nicht gefährdet)
Non-SPEC (nicht gefährdet)

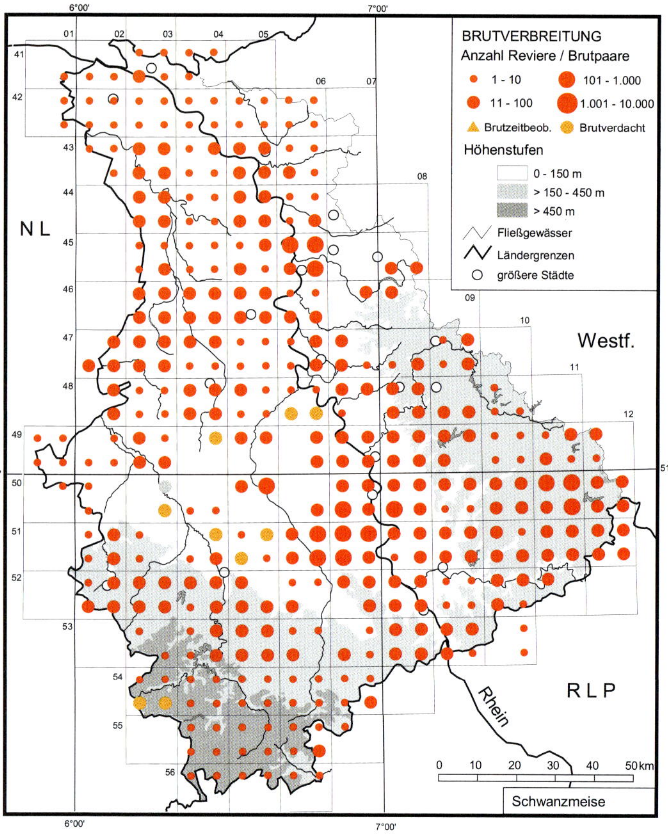

Brutverbreitung 1990-2000

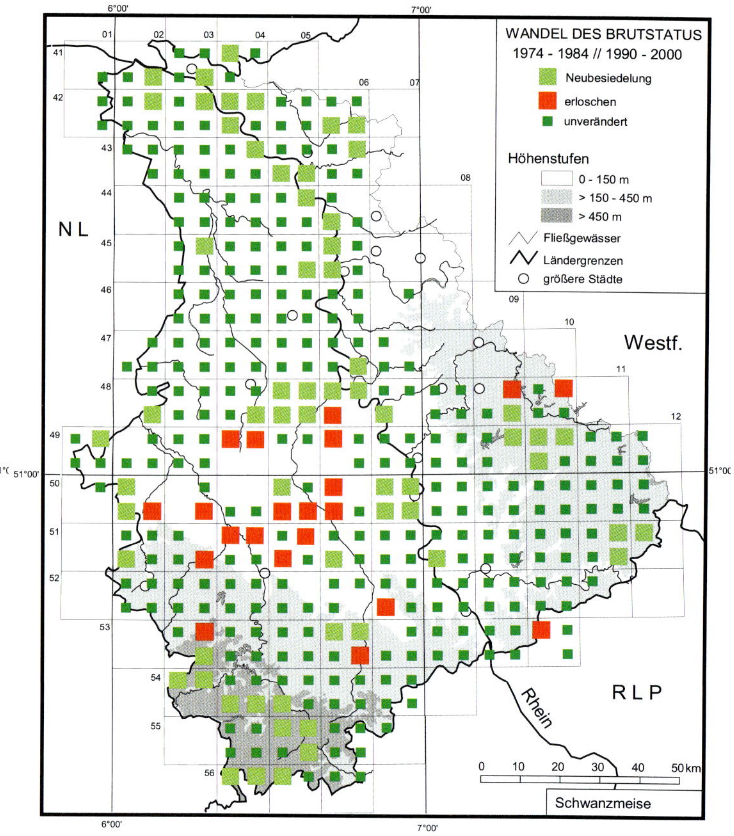

Arealveränderung zwischen 1974-84 und 1990-2000

BRUTVERBREITUNG

Die Schwanzmeise besiedelt vor allem unterholzreiche Laub- und Mischwaldareale, gerne in Gewässernähe. Sie kommt in allen Klima- und Höhenstufen in Auwäldern, Laub- und Mischwäldern, Parkanlagen und Gärten vor. Besonders hohe Dichten finden sich in den unteren und mittleren Höhenstufen (Rheintal, Schwalm-Nette-Gebiet, Nordeifel), während die nadelwaldreichen Hochlagen weniger dicht besiedelt sind. Sie fehlt außerdem partiell in der ausgeräumten Ackerbörde. Die Schwanzmeise ist ähnlich weit verbreitet in Westfalen (RF = 96 %; NWO 2002), während in den waldärmeren NL deutlich geringere Verbreitungsgrade (RF = 79 %) verzeichnet wurden (SOVON 2002).

AREALVERÄNDERUNGEN

Im Vergleich der beiden Karierungsperioden zeigt sich aktuell eine deutliche und statistisch signifikante Arealvergrößerung um 17 %. Die Bestände sind wie bei anderen nicht ziehenden Waldvogelarten ansteigend, z. B. SKIBA (1993). Auch in den NL fand seit 1970 eine Arealvergrößerung um 27 % statt (SOVON 2002). Für das Rheinland wird im Kartierungszeitraum ein geschätzter Brutbestand von 8.200-15.300 Paaren angenommen (0,67 - 1,24 BP/km² bezogen auf die besiedelte Fläche).

Bilanz der Brutvogelkartierung:

Kategorie [BP]	GF	RF %	Minimum [BP]
1-10	170	41,2	170
11-100	179	43,3	1.969
101-200	14	3,4	1.414
Brutverdacht	9	2,2	
Summe	**372**	**90,1**	**3.553**

Vergleich der Kartierung von 1974-1984 mit 1990-2000:

Kategorie	GF	%	RF %
1 - Nur 1974-84	21	5,7	5,3
2 - Nur 1990-2000	63	17,0	16,0
3 - Gemeinsame GF	285	77,2	72,5
1974-84: 1 & 3	306		77,8
1990-2000: 2 & 3	348		88,5
Veränderung	+42 (+14 %)		+10,7

Die Zunahme ist statistisch signifikant (4-Felder X²-Test***; Vorzeichentest*; McNemar-Test***). Identitäts-Index (nach SCHERNER 1982): 0,88.

WINTERVERBREITUNG

Die Verbreitung in den Wintermonaten stimmt weitgehend mit der Brutverbreitung überein. Die Brutvögel streifen im Winter - gerne in gemischten Meisenschwärmen - lediglich im weiteren Umfeld der Brutreviere umher; sie verlassen das Rheinland aber wohl nicht. Die ansässigen Brutvögel werden je nach Witterungsbedingungen in unterschiedlicher Anzahl durch nordosteuropäische Zuzügler verstärkt, wobei zu beachten ist, dass weißköpfige Individuen nicht zwangsläufig Vertreter der nordeuropäischen Nominatform *A. c. caudatus* sein müssen, sondern auch regelmäßig bei *A. c. europaeus* vorkommen (GLUTZ & BAUER 1995, NWO 2002). Lediglich die extremen Hochlagen der Eifel werden scheinbar geräumt. In überdurchschnittlich kalten Wintern kann es zu kurzfristig starken Bestandseinbrüchen kommen (MILDENBERGER 1984, NWO 2002).

Bilanz der Winterkartierung:

Kategorie [Ex.]	GF	RF %
1-10	58	14,9
11-100	246	63,2
101-1.000	38	9,8
Summe	**344**	**88,4**

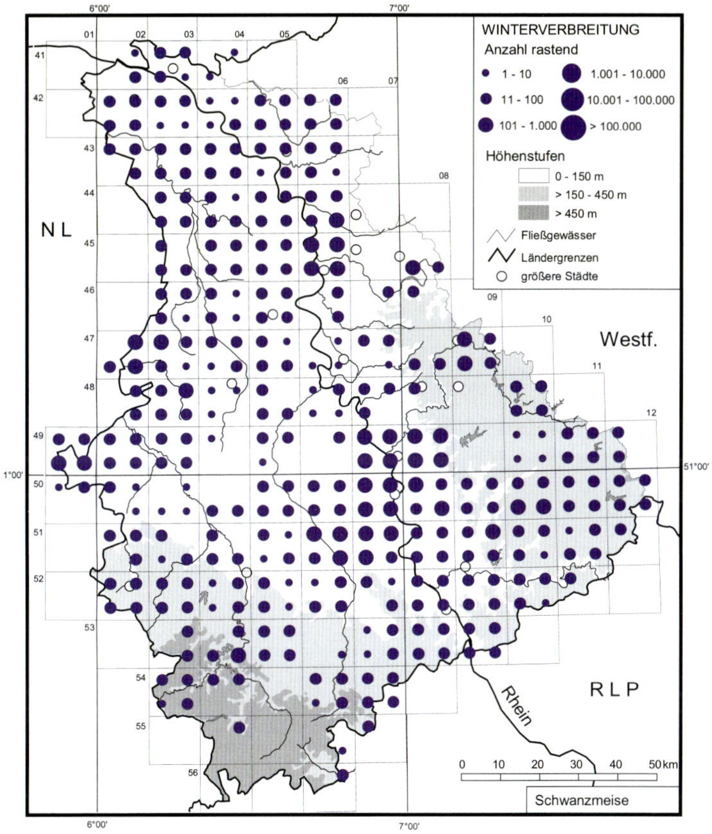

Winterverbreitung 1990-2000

Schwanzmeise, *Aegithalos caudatus*. Foto: MATHIAS SCHÄF

Sumpfmeise *Parus palustris*

Status: Jahresvogel

Gefährdung:
Rote Liste N (nicht gefährdet)
Non-SPEC (nicht gefährdet)

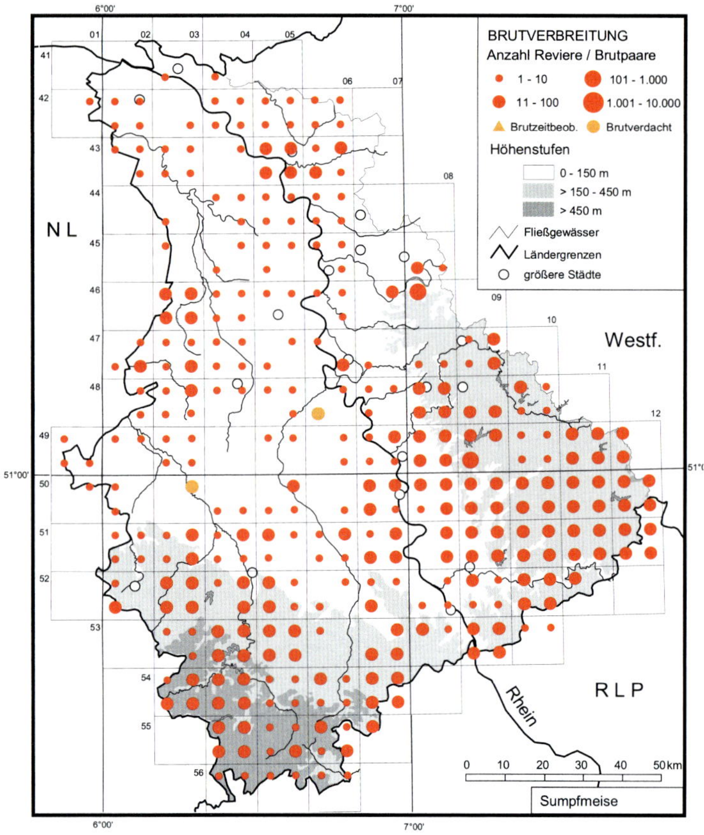

Brutverbreitung 1990-2000

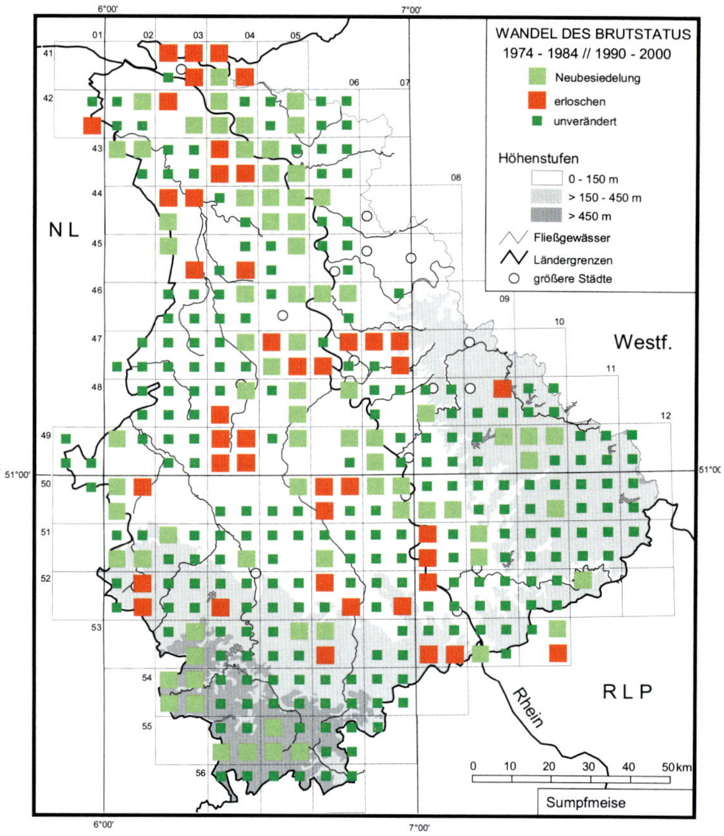

Arealveränderung zwischen 1974-84 und 1990-2000

BRUTVERBREITUNG

Die Sumpfmeise bewohnt strukturell diverse Laubholzhabitate in Wäldern, Feldgehölzen, Gärten und Parks. Generell sind alle Klima- und Höhenstufen besetzt; es zeigt sich jedoch ein deutlicher Schwerpunkt in den mittleren bis hohen Lagen der Mittelgebirge. In den Niederungen ist die Verbreitung lückenhafter und weniger dicht, mit Schwerpunkten im Schwalm-Nette-Gebiet und am Unteren Niederrhein (vgl. mit Weidenmeise). Großräumig zeigt sich ein deutlicher Gradient der Rasterfrequenz vom stark bewaldeten Westfalen (RF = 98 %; NWO 2002) über das Rheinland (RF = 78,5 %) zu den waldarmen NL (RF = 30 %; SOVON 2002). Kleinere Erfassungsdefizite durch Verwechslungen mit der Weidenmeise sind möglich.

Bilanz der Brutvogelkartierung:

Kategorie [BP]	GF	RF %	Minimum [BP]
1-10	181	45,3	181
11-100	139	34,8	1.529
101-500	2	0,5	202
Brutverdacht	2	0,5	
Summe	**324**	**81,0**	**1.912**

AREALVERÄNDERUNGEN

Der Vergleich mit der ersten Kartierung zeigt bei der Sumpfmeise, wie bei anderen Waldvogelarten, eine deutliche und statistisch signifikante Arealvergrößerung um 12 %. Besonders deutlich wird der Zuwachs am Unteren Niederrhein und in den höheren Lagen der Mittelgebirge. Zu beachten ist die Möglichkeit von Erfassungsdefiziten (in der ersten Kartierung) und Verwechslungen mit der ähnlichen Weidenmeise. In Westfalen offenbart sich seit Mitte des 20. Jahrhunderts ein leichter Zuwachs, während lokal, wie im Rheinland, Rückgänge festgestellt wurden (NWO 2002, Mildenberger 1984). In den NL ergibt sich eine stabile Areal- und Bestandssituation (SOVON 2002). Für das Rheinland wird von 1990-2000 ein geschätzter Bestand von 8.500-12.000 Brutpaaren angenommen (0,79 - 1,12 BP/km² bezogen auf die besiedelte Fläche).

Vergleich der Kartierung von 1974-1984 mit 1990-2000:

Kategorie	GF	%	RF %
1 - Nur 1974-84	44	12,6	11,2
2 - Nur 1990-2000	76	21,7	19,3
3 - Gemeinsame GF	230	65,7	58,5
1974-84: 1 & 3	274		69,7
1990-2000: 2 & 3	306		77,9
Veränderung	+32 (+12%)		+8,2

Die Zunahme ist statistisch signifikant (4-Felder X^2-Test**; Vorzeichentest*; McNemar-Test***). Identitäts-Index (nach Scherner 1982): 0,79.

WINTERVERBREITUNG

Die Winterverbreitung deckt sich weitgehend mit der Brutverbreitung und zeigt ebenfalls Schwerpunkte in den mittleren Höhenlagen der Mittelgebirge. Es kann angenommen werden, dass der überwiegende Teil der Brutvögel das Rheinland im Winter nicht verlässt (s. auch MILDENBERGER 1984). Besonders im Winter kommen die Erfassungsschwierigkeiten durch Verwechslungen mit der Weidenmeise zum Tragen. Hält sich im Winterhalbjahr gerne in gemischten Schwärmen (Meisen, Goldhähnchen) auf.

Bilanz der Winterkartierung:

Kategorie [Ex.]	GF	RF %
1-10	139	35,7
11-100	136	35,0
101-1.000	14	3,6
Summe	**291**	**74,8**

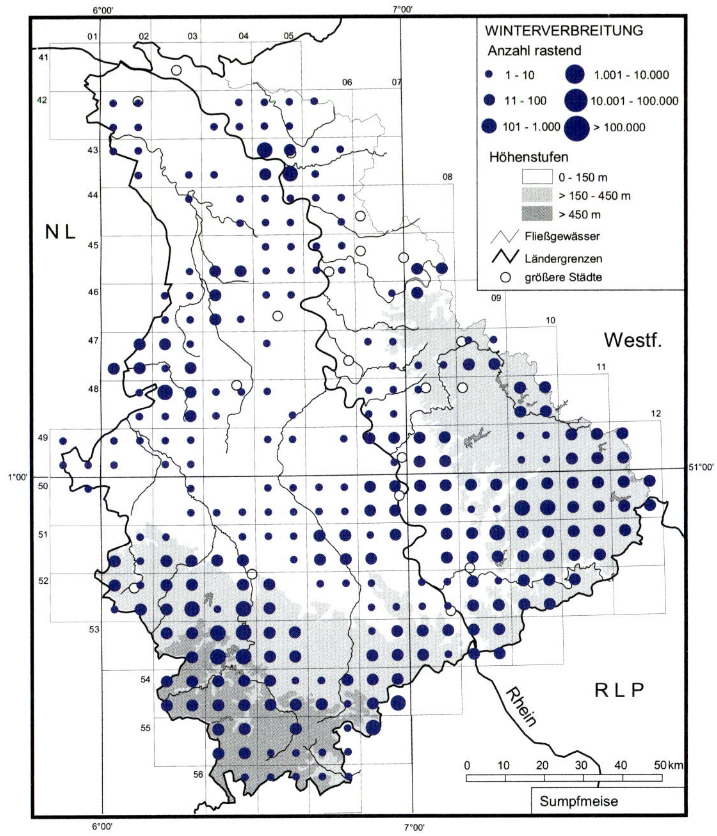

Winterverbreitung 1990-2000

Sumpfmeise, *Parus palustris*. Foto: MATHIAS SCHÄF

Weidenmeise *Parus montanus*

Status: Jahresvogel

Gefährdung:
Rote Liste N (nicht gefährdet)
Non-SPEC (nicht gefährdet)

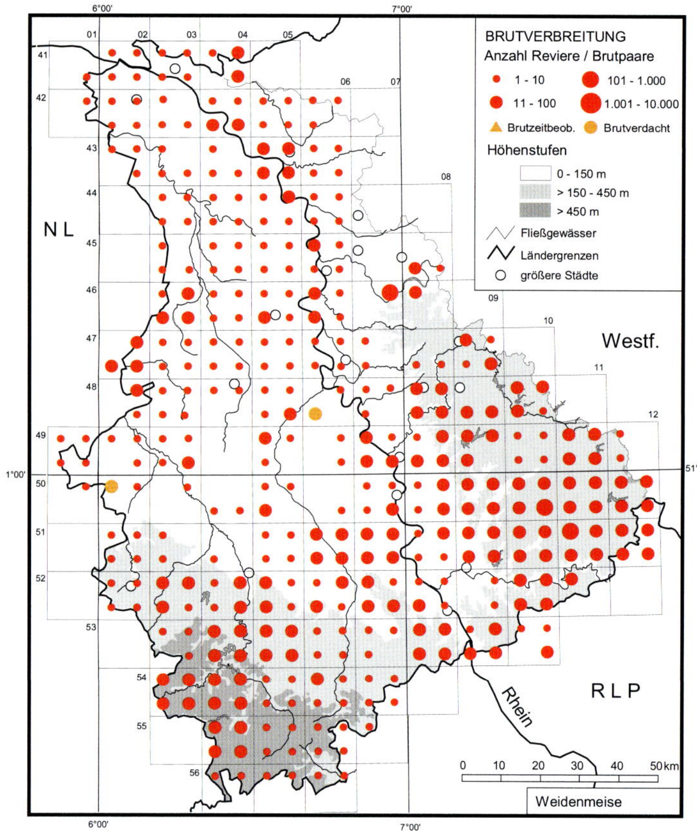

Brutverbreitung 1990-2000

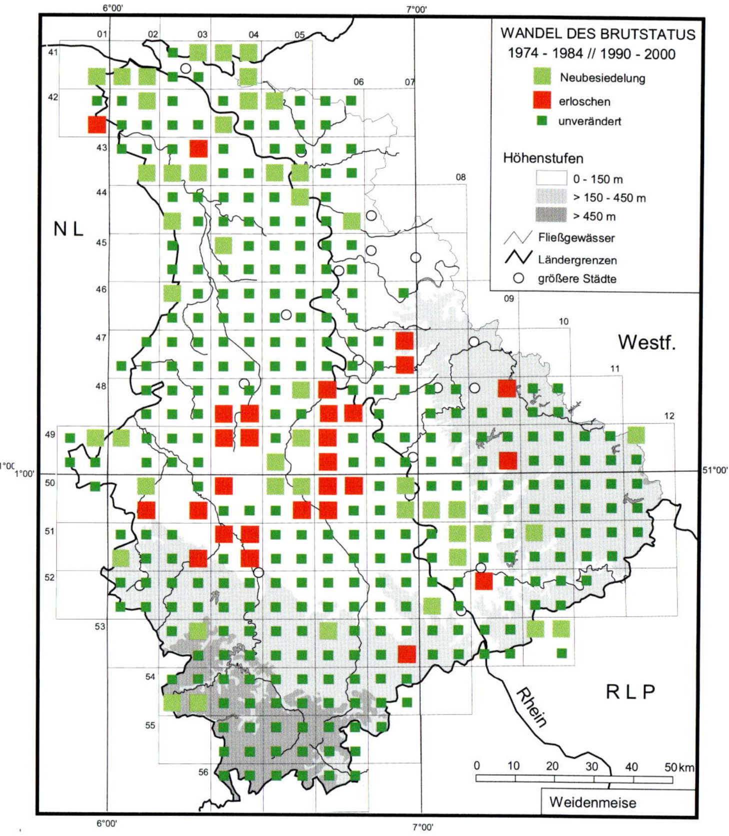

Arealveränderung zwischen 1974-84 und 1990-2000

BRUTVERBREITUNG

Ähnlich wie die nah verwandte Sumpfmeise bewohnt auch die Weidenmeise überwiegend Laub- und Mischwälder, sie bevorzugt jedoch oft die feuchteren Standorte mit höherem Totholzanteil zur Anlage der Nisthöhlen. Die Art ist etwas weiter verbreitet und wird oft in bach- und flussbegleitenden Auwäldern angetroffen, aber auch in Feldgehölzen, Gärten und Parkanlagen. Sumpf- und Weidenmeise kommen vielfach syntop vor, besetzen jedoch unterschiedliche Mikrohabitate und minimieren die interspezifische Konkurrenz durch große Reviere (Voous 1962, Köpke 1967, Ludescher 1973). Die höchsten Dichten finden sich auch bei der Weidenmeise in den waldreichen mittleren und höheren Lagen der Mittelgebirge. Das Flachland ist genauso besiedelt, besonders die Auwälder der Flüsse. Verbreitungslücken bestehen in der ausgeräumten Ackerlandschaft. Wie schon bei der Sumpfmeise fanden sich im benachbarten Westfalen vergleichbare (RF = 98 %; NWO 2002) und in den NL niedrigere (RF = 65 %) Rasterfrequenzen (SOVON 2002).

Bilanz der Brutvogelkartierung:

Kategorie [BP]	GF	RF %	Minimum [BP]
1-10	222	53,8	222
11-100	140	33,9	1.540
101-500	3	0,7	303
Brutverdacht	2	0,5	
Summe	**367**	**88,9**	**2.065**

AREALVERÄNDERUNGEN

Im südlichen Rheinland zeigen sich beim Vergleich der beiden Kartierungen keine auffälligen Arealveränderungen, da das Gebiet schon damals dicht besiedelt war. Lediglich am Unteren Niederrhein ist eine merkliche Arealvergrößerung feststellbar, während in der zentralen Ackerbörde einige Quadranten geräumt wurden. Insgesamt dürften die geschätzten Bestände von 8.200-15.200 Brutpaaren (0,68 - 1,26 BP/km²) bezogen auf die besiedelte Fläche) stabil, vermutlich auch leicht zunehmend sein. Über Bestandszunahmen seit der Mitte des 20. Jahrhunderts wurde mehrfach berichtet (Mildenberger 1984, NWO 2002). Regional sind jedoch auch langfristige Bestandsabnahmen festgestellt worden (Herkenrath & Flosbach 2000). In den NL zeigten sich in den 1990er Jahren ebenfalls leichte Rückgänge (SOVON 2002).

Vergleich der Kartierung von 1974-1984 mit 1990-2000:

Kategorie	GF	%	RF %
1 - Nur 1974-84	28	7,5	7,1
2 - Nur 1990-2000	46	12,3	11,7
3 - Gemeinsame GF	301	80,3	76,6
1974-84: 1 & 3	329		83,7
1990-2000: 2 & 3	348		88,3
Veränderung	+19 (+5,8 %)		+4,6

Die Zunahme ist statistisch signifikant (4-Felder X²-Test*; Vorzeichentest*; McNemar-Test*). Identitäts-Index (nach Scherner 1982): 0,89.

WINTERVERBREITUNG

Brut- und Winterverbreitung sind weitgehend identisch und weisen dieselben Schwerpunkte auf, aber die Rasterbelegung ist im Winter etwas geringer als zur Brutzeit. Lediglich die waldarmen Ackerbaugebiete, die nur vereinzelte Brutvorkommen aufweisen, werden geräumt und die Vögel konzentrieren sich im Winterhalbjahr mehr entlang der (au-) waldreichen Fluss- und Bachtäler, wo sie gerne in gemischten Meisenschwärmen umherstreifen. Verwechslungen mit der ähnlichen Sumpfmeise und Erfassungsdefizite (besonders in den Mittelgebirgen) sind nicht ausgeschlossen.

Bilanz der Winterkartierung:

Kategorie [Ex.]	GF	RF %
1-10	167	43,2
11-100	126	32,6
101-1.000	7	1,8
Summe	**302**	**77,6**

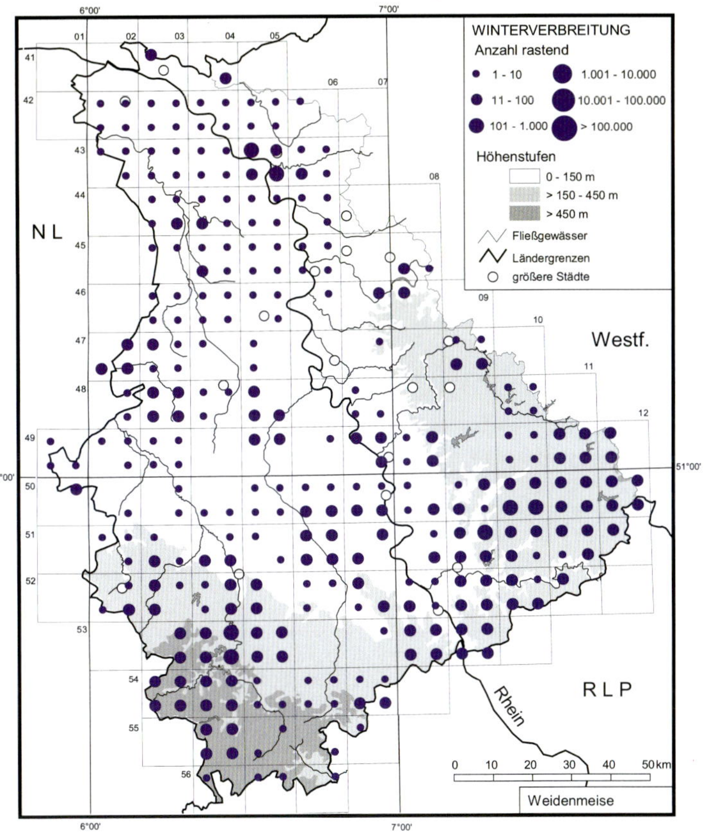

Winterverbreitung 1990-2000

Weidenmeise, *Parus montanus*. Foto: G. NUMME

Haubenmeise *Parus cristatus*

Status: Jahresvogel

Gefährdung:
Rote Liste N (nicht gefährdet)
SPEC 2 (zurückgehend)

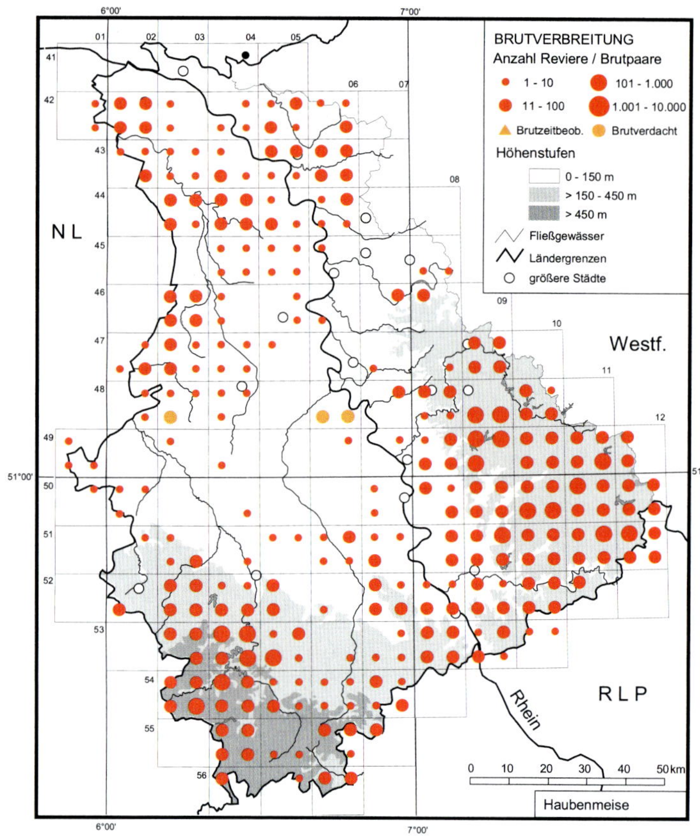

Brutverbreitung 1990-2000

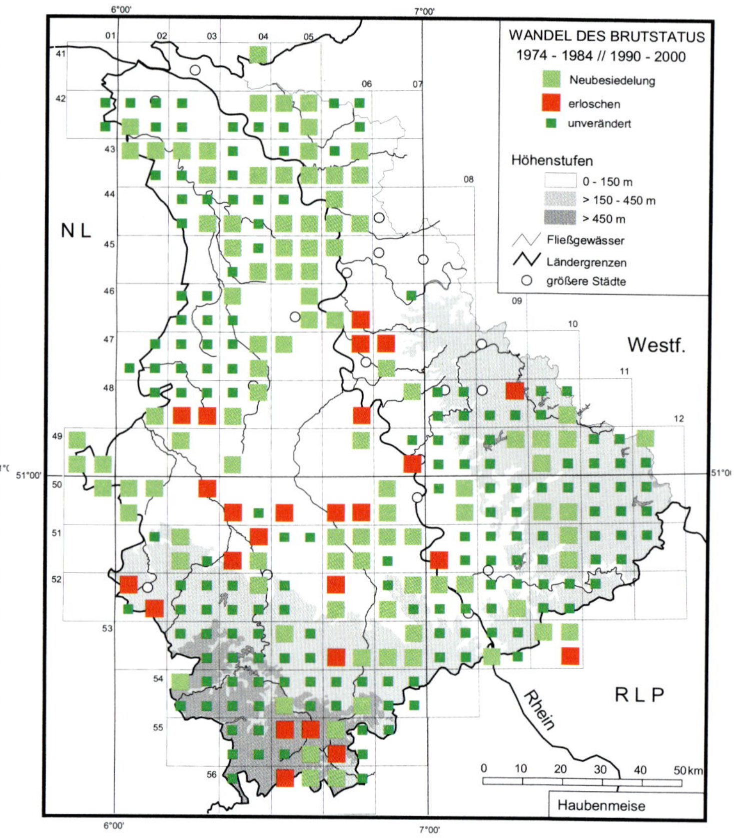

Arealveränderung zwischen 1974-84 und 1990-2000

BRUTVERBREITUNG

Die Haubenmeise zeigt eine starke Bindung an Koniferenvorkommen. Im südlichen Rheinland sind besonders die Fichtenwälder der Mittelgebirge (Eifel, Süderbergland) und im Norden die Kiefernwälder der Niederungen (Schwalm-Nette-Gebiet, Unterer Niederrhein) besiedelt. Die Art geht jedoch vereinzelt auch in Mischwälder sowie nadelholzreiche Gärten und Parkanlagen. Die landwirtschaftlich intensiver genutzten und nadelwaldarmen Tallagen werden gemieden. Erwartungsgemäß zeichnet sich auch hier ein deutlicher Verbreitungsgradient von Westfalen (RF = 84 %; NWO 2002) über das Rheinland (RF = 70,8 %) zu den NL (RF = 40 %) ab (SOVON 2002).

AREALVERÄNDERUNGEN

Im Vergleich zur ersten Kartierungsperiode zeigt sich eine deutliche und statistisch signifikante Arealerweiterung um 40 %, sowohl in den südlichen Mittelgebirgen als auch in den nördlichen Vorkommen entlang der deutsch-niederländischen Grenze und am Unteren Niederrhein. Diese Zunahme begann in ganz NRW bereits im 19. Jahrhundert mit dem vermehrten Anbau von Kiefern sowie Fichten und hat bis ins 20. Jahrhundert angehalten (MILDENBERGER 1984, NWO 2002). Die Art hat in neuerer Zeit von der Aufforstung großer Windwurfflächen mit Nadelhölzern sowie dem Heranwachsen von Nadelalthölzern profitiert, und die Entwicklung entspricht den Trends anderer nicht ziehender Waldvogelarten. Lokal werden aber auch Bestandsabnahmen gemeldet (SKIBA 1993). Der rheinische Brutbestand wird im Erfassungszeitraum auf 9.100-16.900 Paare geschätzt (0,97 - 1,81 BP/km² bezogen auf die besiedelte Fläche). Auch in den Niederlanden wurde ein leichter Zunahmetrend festgestellt (SOVON 2002).

Bilanz der Brutvogelkartierung:

Kategorie [BP]	GF	RF %	Minimum [BP]
1-10	122	29,5	122
11-100	140	33,9	1.540
101-500	18	4,4	1.818
Brutverdacht	3	0,7	
Summe	**283**	**68,5**	**3.480**

Vergleich der Kartierung von 1974-1984 mit 1990-2000:

Kategorie	GF	%	RF %
1 - Nur 1974-84	25	8,6	6,4
2 - Nur 1990-2000	99	34,0	25,2
3 - Gemeinsame GF	167	57,4	42,5
1974-84: 1 & 3	192		48,9
1990-2000: 2 & 3	266		67,4
Veränderung	+74 (+39%)		+18,5

Die Zunahme ist statistisch signifikant (4-Felder X²-Test***; Vorzeichentest*; McNemar-Test***). Identitäts-Index (nach SCHERNER 1982): 0,74.

WINTERVERBREITUNG

Die Winterverbreitung zeigt keine deutliche Abweichung von der Brutverbreitung und die Mehrheit der Haubenmeisen bleibt ganzjährig im Brutgebiet. Die Verbreitungsschwerpunkte sind im Winter wie zur Brutzeit in den mittleren und höheren Regionen der Mittelgebirge und den Kiefernwäldern des Tieflandes (besonders Schwalm-Niederung). Die Haubenmeise sucht zunehmend auch die Winterfütterungen in den Städten auf und kann im Winterhalbjahr regelmäßig in gemischten Meisenschwärmen in reinen Laubgehölzen angetroffen werden. Im Vergleich zur Winterverbreitung 1983-86 hat auch die Haubenmeise in der Anzahl besetzter Quadranten zugenommen.

Bilanz der Winterkartierung:

Kategorie [Ex.]	GF	RF %
1-10	113	29,1
11-100	115	29,6
101-1.000	20	5,2
Summe	**248**	**63,9**

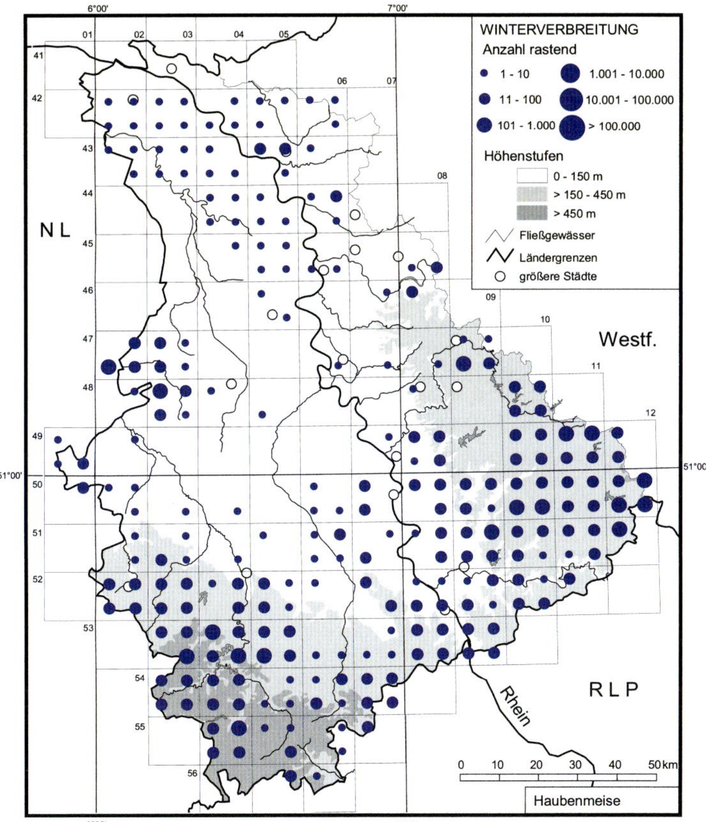

Winterverbreitung 1990-2000

Haubenmeise, *Parus cristatus*. Foto: MATHIAS SCHÄF

Tannenmeise *Parus ater*

Status: Brutvogel, Durchzügler, Wintergast

Gefährdung:
Rote Liste N (nicht gefährdet)
Non-SPEC (nicht gefährdet)

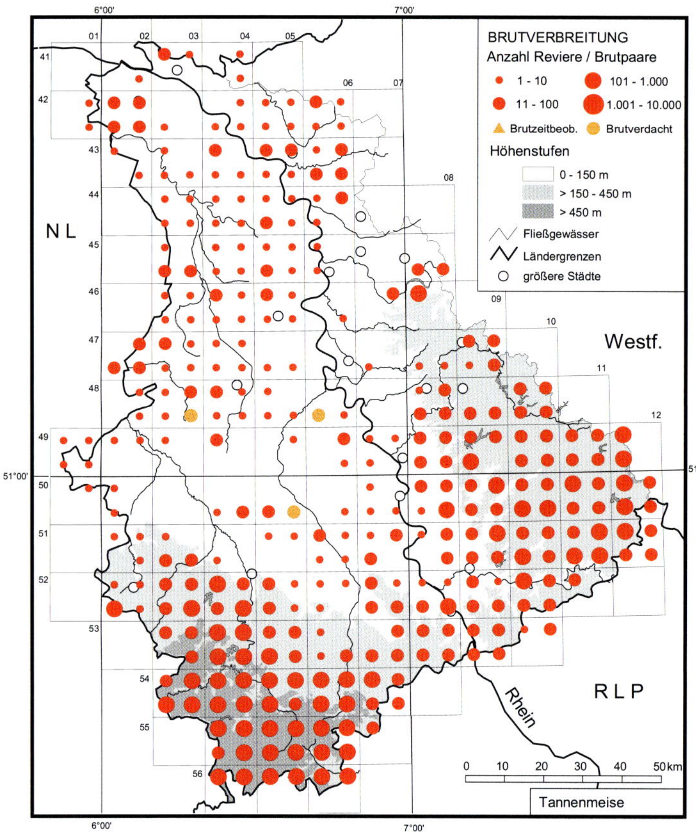

Brutverbreitung 1990-2000

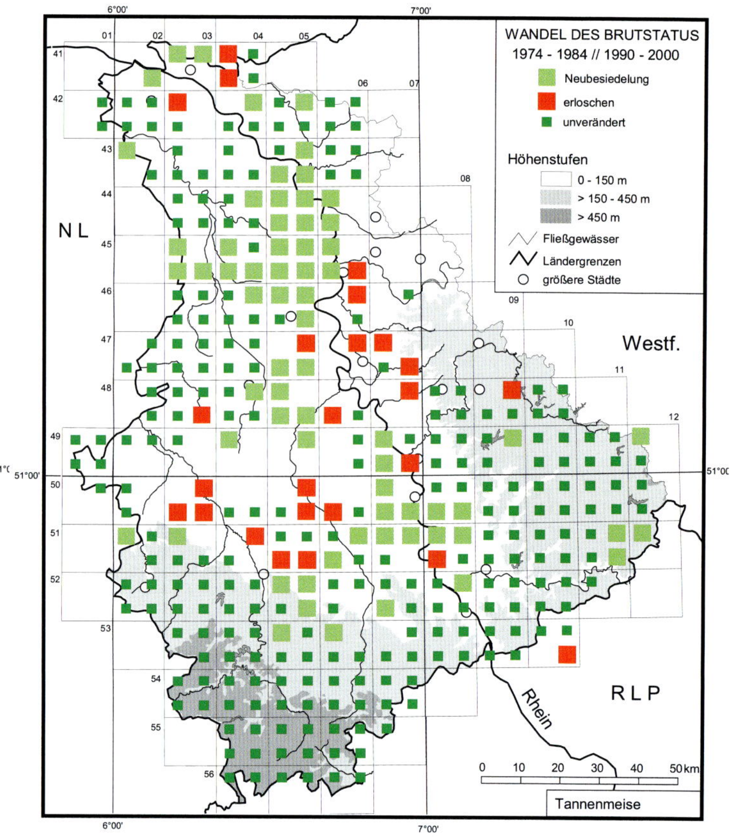

Arealveränderung zwischen 1974-84 und 1990-2000

BRUTVERBREITUNG

Die Verbreitung entspricht denen der Goldhähnchen und Haubenmeise mit Vorkommen in allen Gitterfeldern mit nadelholzreichen Wäldern. Die Schwerpunkte der rheinischen Brutverbreitung liegen daher in den mittleren und höheren Lagen der Mittelgebirge (Eifel, Süderbergland). Aber auch die Kiefern- und Mischwälder sowie zumindest einzelne Nadelbäume enthaltende Feldgehölze, Gärten und Parks der Tieflagen sind in geringerer Dichte besiedelt. Sie fehlt in der waldarmen Ackerbörde und reinen Laubwaldarealen. Auch hier offenbaren sich zunehmende Verbreitungsgrade von den NL (RF = 43 %; SOVON 2002) über das Rheinland (RF = 79,4 %) nach Westfalen (RF = 92 %; NWO 2002).

AREALVERÄNDERUNGEN

Die Besiedlung des Rheinlandes erfolgte wie bei der Haubenmeise mit der Ausdehnung des Fichtenanbaus im 19. Jahrhundert und hält bis heute an (MILDENBERGER 1984). Langfristig sind die Bestände stabil, schwanken jedoch kurzfristig mitunter sehr stark (NWO 2002). Bei dem Vergleich mit der ersten Kartierung 1974-84 wird im Rheinland ein deutlicher und statistisch signifikanter Arealgewinn um 16 % sichtbar. Dies betrifft vor allem die tieferen Lagen zwischen Nette und Unterem Niederrhein, während in den Mittelgebirgen kaum Veränderungen erkennbar sind. Diese Tendenz wird auch bei den übrigen an Koniferenbestände gebundene Arten deutlich (Goldhähnchen, Haubenmeise). Für das Rheinland ergibt sich aus den Kartierungsergebnissen ein geschätzter Bestand von 20.900-38.900 Brutpaaren (1,9 - 3,6 BP/km² bezogen auf die besiedelte Fläche). In den angrenzenden NL wurden in den letzten Jahrzehnten stabile Verbreitung und Bestände festgestellt (SOVON 2002).

Bilanz der Brutvogelkartierung:

Kategorie [BP]	GF	RF %	Minimum [BP]
1-10	134	32,4	134
11-100	131	31,7	1.441
101-1.000	60	14,5	6.060
Brutverdacht	3	0,7	
Summe	**328**	**79,4**	**7.635**

Vergleich der Kartierung von 1974-1984 mit 1990-2000:

Kategorie	GF	%	RF %
1 - Nur 1974-84	25	7,5	6,4
2 - Nur 1990-2000	67	20,0	17,0
3 - Gemeinsame GF	243	72,5	61,8
1974-84: 1 & 3	268		68,2
1990-2000: 2 & 3	310		78,8
Veränderung	+42 (+16 %)		+10,6

Die Zunahme ist statistisch signifikant (4-Felder X^2-Test***; Vorzeichentest*; McNemar-Test***). Identitäts-Index (nach SCHERNER 1982): 0,85.

WINTERVERBREITUNG

Auch bei der Tannenmeise zeigt sich kein wesentlicher Unterschied zwischen Winter- und Brutverbreitung, aber die Rasterbelegung ist etwas geringer (RF = 74,4 % gegenüber 82,2 % zur Brutzeit). Es ist anzunehmen, dass zumindest ein Teil der Brutvögel das Rheinland in strengen Wintern verlässt. Außerdem treten Durchzügler und Überwinterer aus Nord- und Osteuropa auf. Die Tannenmeisen schließen sich im Winterhalbjahr gerne umherstreifenden gemischten Meisenschwärmen an und können dann auch in zur Brutzeit nicht besiedelten Laubgehölzen und an Witterfütterungen beobachtet werden. Im Vergleich zur Kartierung 1983-86 hat sich die Verbreitung leicht vergrößert.

Bilanz der Winterkartierung:

Kategorie [Ex.]	GF	RF %
1-10	119	30,5
11-100	153	39,2
101-1.000	18	4,6
Summe	**290**	**74,4**

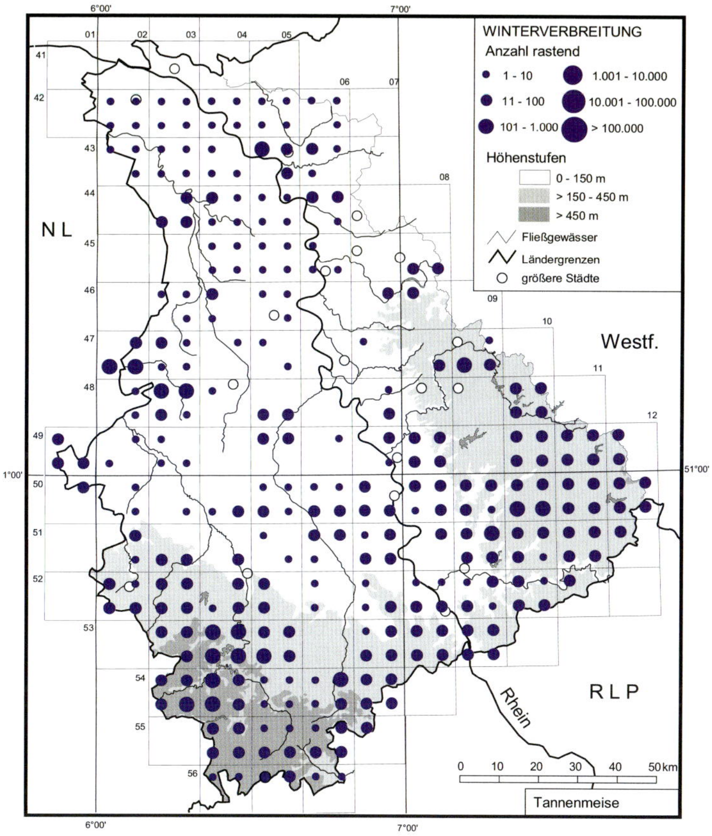

Winterverbreitung 1990-2000

Tannenmeise, *Parus ater*. Foto: MATHIAS SCHÄF

Blaumeise *Parus caeruleus*

Status: Brutvogel, Durchzügler, Wintergast

Gefährdung:
Rote Liste N (nicht gefährdet)
Non-SPEC[E] (nicht gefährdet)

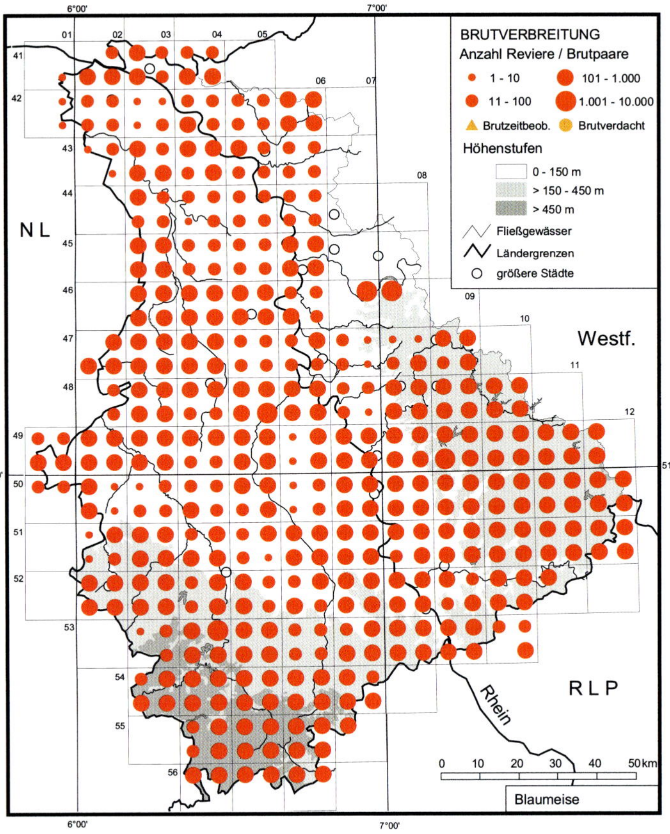

Brutverbreitung 1990-2000

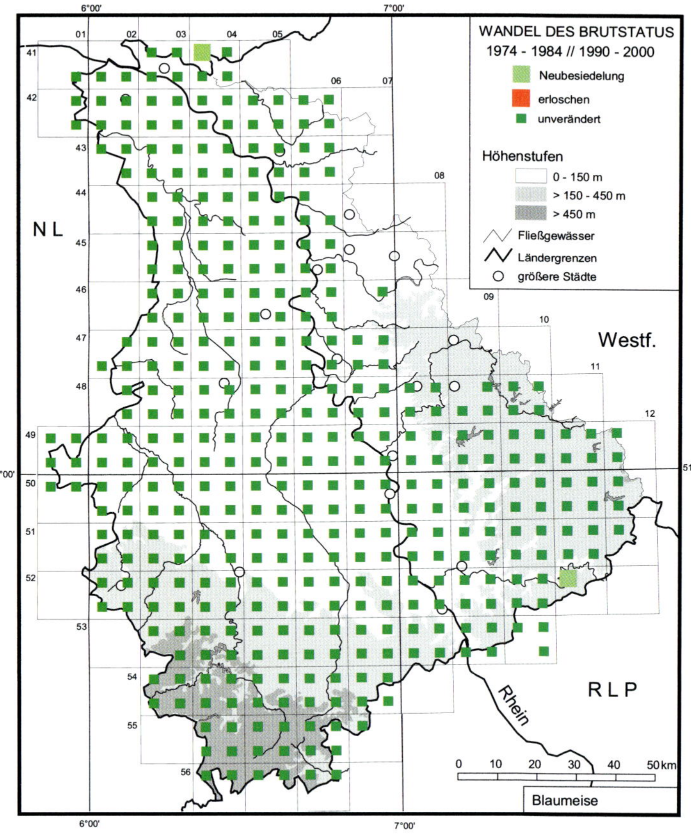

Arealveränderung zwischen 1974-84 und 1990-2000

BRUTVERBREITUNG

Die Blaumeise ist nahezu flächendeckend verbreitet und kommt überall in hoher Dichte vor, wo ein Mindestangebot an Gehölzstrukturen vorhanden ist. Geringere Dichten oder lokales Fehlen nur in komplett ausgeräumter Agrarlandschaft und baumarmen Innenstädten. Die Art ist in den angrenzenden Niederlanden (RF = 95 %) und Westfalen (RF = 100 %) vergleichbar weit verbreitet (SOVON 2002, NWO 2002).

AREALVERÄNDERUNGEN

Der Vergleich mit der ersten Kartierung offenbart keine Arealveränderungen, da bereits damals alle Gitterfelder besetzt waren. Kurzfristig können starke Schwankungen registriert werden, aber langfristig ist die Situation stabil (MILDENBERGER 1984) oder sogar zunehmend (SKIBA 1993). Der Bestand belief sich im Bearbeitungszeitraum im Rheinland auf mindestens 150.000-500.000 Brutpaare (11,1 - 37,0 BP/ km² bezogen auf die besiedelte Fläche). Auch in Westfalen und den NL wurden in den letzten Jahrzehnten stabile bis positive Entwicklungen verzeichnet (NWO 2002, SOVON 2002). Besonders die milden Winter dürften sich fördernd auf die Bestandsentwicklung ausgewirkt haben.

Bilanz der Brutvogelkartierung:

Kategorie [BP]	GF	RF %	Minimum [BP]
1-10	25	6,1	25
11-100	111	26,9	1.221
101-1.000	269	65,1	27.169
1.001-3.000	5	1,2	5.005
Summe	**410**	**99,3**	**33.420**

Vergleich der Kartierung von 1974-1984 mit 1990-2000:

Kategorie	GF	%	RF %
1 - Nur 1974-84	0	0	0
2 - Nur 1990-2000	2	0,5	0,5
3 - Gemeinsame GF	391	99,5	99,5
1974-84: 1 & 3	391		99,5
1990-2000: 2 & 3	393		100,0
Veränderung	+2 (+0,5 %)		+0,5

Identitäts-Index (nach SCHERNER 1982): 1,0.

WINTERVERBREITUNG

Die Blaumeise ist im Winter, wie zur Brutzeit, ebenfalls flächendeckend verbreitet. Bei den Lücken handelt es sich eher um Erfassungsdefizite als um tatsächliches Fehlen der Art. Vermutlich erfolgt im Winter witterungsbedingt außerdem ein Zuzug aus Nordosteuropa. Die Blaumeise ist häufig in gemischten Meisenschwärmen in Waldgebieten und an Winterfütterungen im Siedlungsraum anzutreffen.

Bilanz der Winterkartierung:

Kategorie [Ex.]	GF	RF %
1-10	17	4,3
11-100	135	34,4
101-1.000	227	57,9
1.001-5.000	10	2,6
Summe	**389**	**99,2**

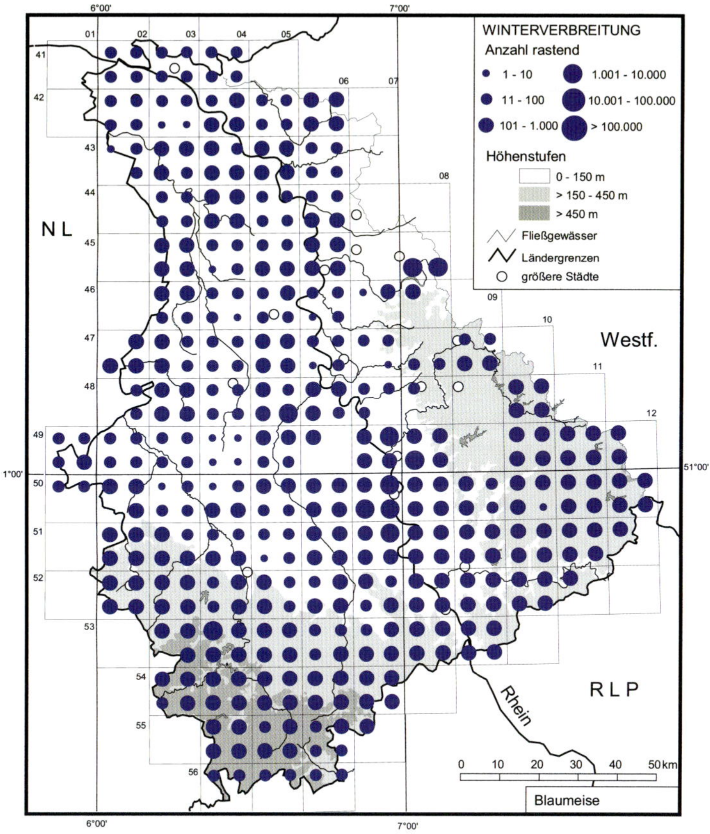

Winterverbreitung 1990-2000

Blaumeise, *Parus caeruleus*. Foto: MATHIAS SCHÄF

Kohlmeise *Parus major*

Status: Jahresvogel

Gefährdung:
Rote Liste N (nicht gefährdet)
Non-SPEC (nicht gefährdet)

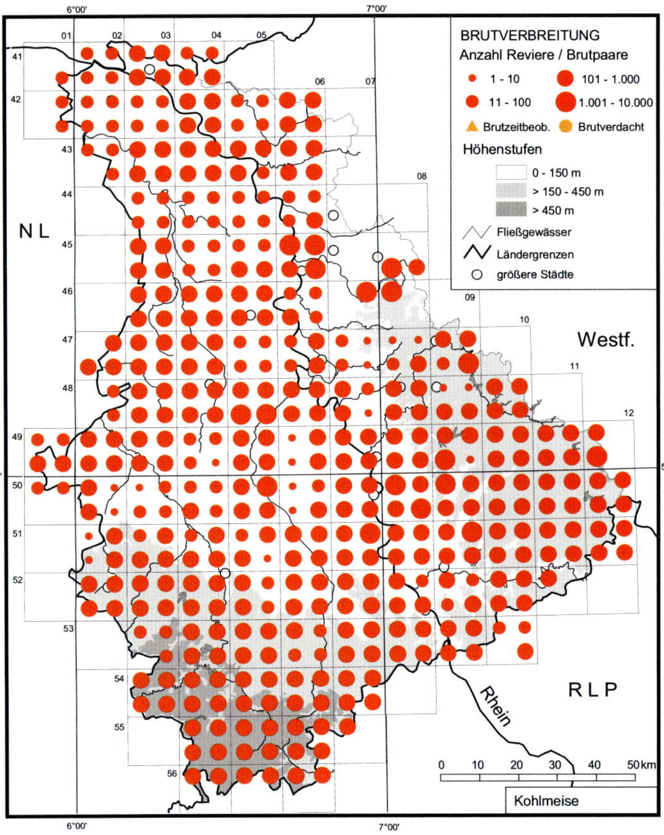

Brutverbreitung 1990-2000

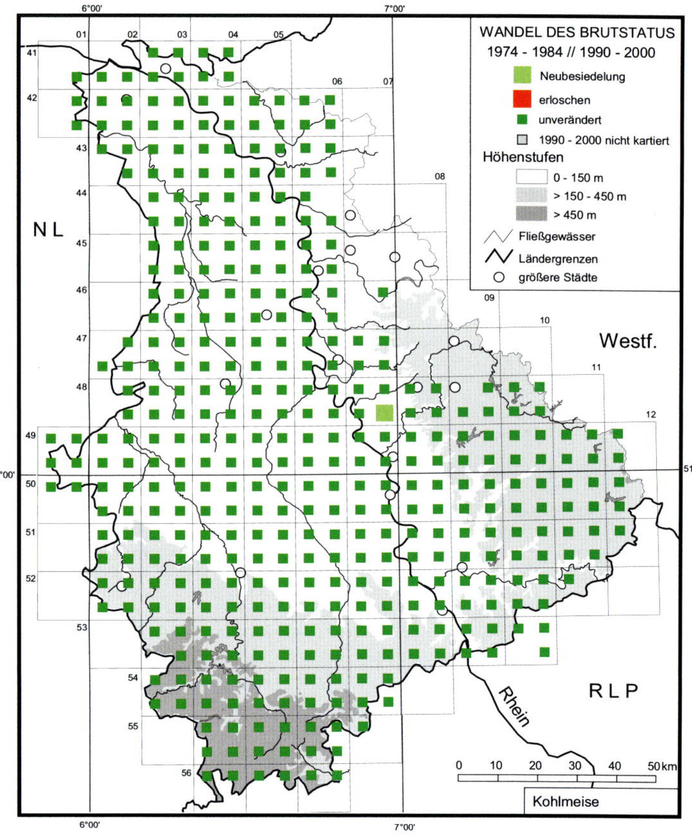

Arealveränderung zwischen 1974-84 und 1990-2000

BRUTVERBREITUNG

Die Kohlmeise ist in hoher Dichte nahezu flächendeckend verbreitet. Kleinere Lücken existieren höchstens in völlig baumloser Ackerflur der zentralen Bereiche des Rheinlandes. Sogar das Innere städtischer Siedlungen wird bewohnt. Gleiches gilt für Westfalen (RF = 100 %; NWO 2002) und die NL (RF = 96 %; SOVON 2002). Die Kohlmeise ist im überwiegenden Teil des Rheinlandes die häufigste Meisenart. Sie wird lediglich biotopbedingt in größeren Nadelwaldgebieten und lichten Laubwäldern von der Tannenmeise bzw. der Blaumeise in ihrer Häufigkeit übertroffen (MILDENBERGER 1984).

AREALVERÄNDERUNGEN

Das Verbreitungsareal zeigt sich beim Vergleich der beiden Erfassungszeiträume stabil und ohne Veränderungen, da bereits 1974-1984 alle Gitterfelder besetzt waren. Wie auch bei anderen Wald- und Gartenvögeln nahmen die Kohlmeisenbestände im Rheinland in den letzten 20 Jahren eher zu als ab. Im Kartierungszeitraum wird der Gesamtbestand auf 250.000-750.000 Brutpaare geschätzt (18,3 - 55,0 BP/km^2 bezogen auf die besiedelte Fläche). In Westfalen und den NL werden gleichermaßen stabile bis positive Entwicklungen registriert und kurzfristige Abnahmen werden schnell wieder ausgeglichen (NWO 2002, SOVON 2002, MILDENBERGER 1984).

Bilanz der Brutvogelkartierung:

Kategorie [BP]	GF	RF %	Minimum [BP]
1-10	19	4,6	19
11-100	92	22,3	1.012
101-1.000	285	69,0	28.785
1.001-5.000	17	4,1	17.017
Summe	**413**	**100,0**	**46.833**

Vergleich der Kartierung von 1974-1984 mit 1990-2000:

Kategorie	GF	%	RF %
1 - Nur 1974-84	0	0	0
2 - Nur 1990-2000	1	0,3	0,3
3 - Gemeinsame GF	392	99,7	99,7
1974-84: 1 & 3	392		99,7
1990-2000: 2 & 3	393		100,0
Veränderung	+1 (+0,3 %)		+0,3

Identitäts-Index (nach SCHERNER 1982): 1,0.

WINTERVERBREITUNG

Die Winterverbreitung zeigt keine Abweichungen von der Brutverbreitung. Die Lücken in der Verbreitungskarte sind durch Erfassungsdefizite bedingt und die Kohlmeise kommt in nahezu allen Gitterfeldern vor. Im Winterhalbjahr häufig in gemischten Meisenschwärmen umherstreifend und auch zahlreich an Winterfütterungen im Siedlungsraum.

Bilanz der Winterkartierung:

Kategorie [Ex.]	GF	RF %
1-10	10	2,6
11-100	118	30,2
101-1.000	236	60,4
1.001-10.000	23	5,9
Summe	**387**	**99,0**

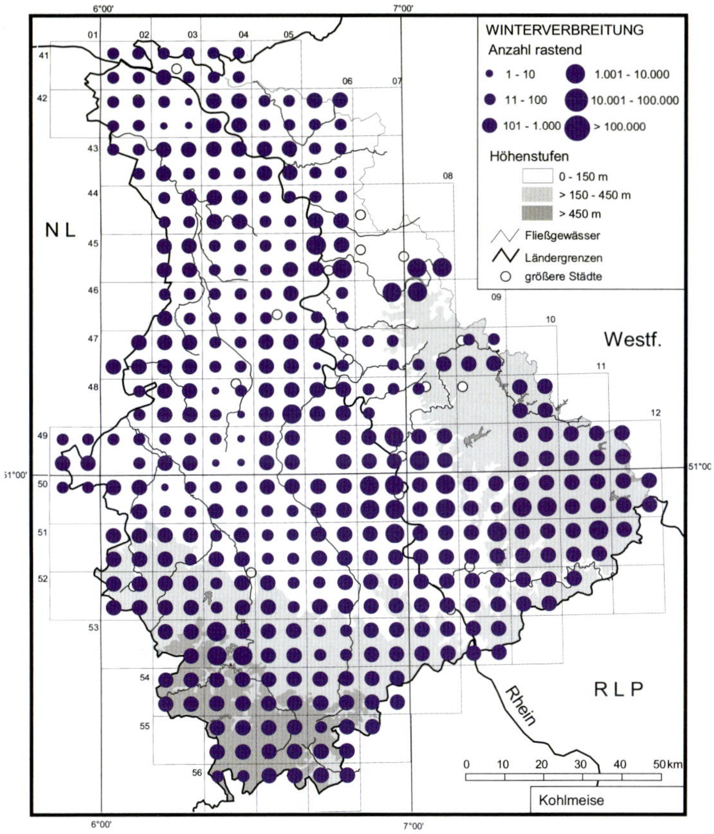

Winterverbreitung 1990-2000

Kohlmeise, *Parus major*. Foto: MATHIAS SCHÄF

Kleiber *Sitta europaea*

Status: Jahresvogel

Gefährdung:
Rote Liste N (nicht gefährdet)
Non-SPEC (nicht gefährdet)

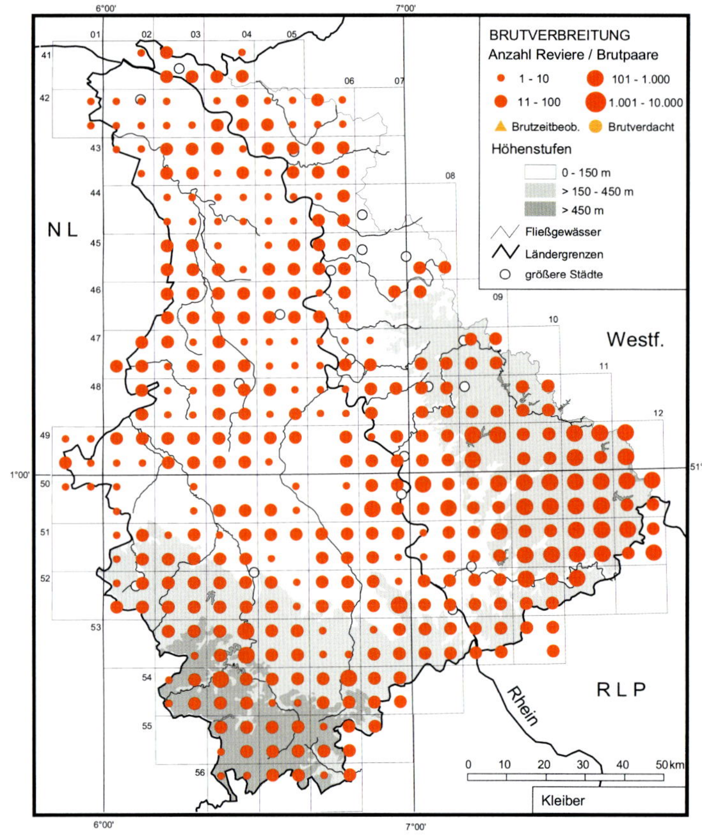

Brutverbreitung 1990-2000

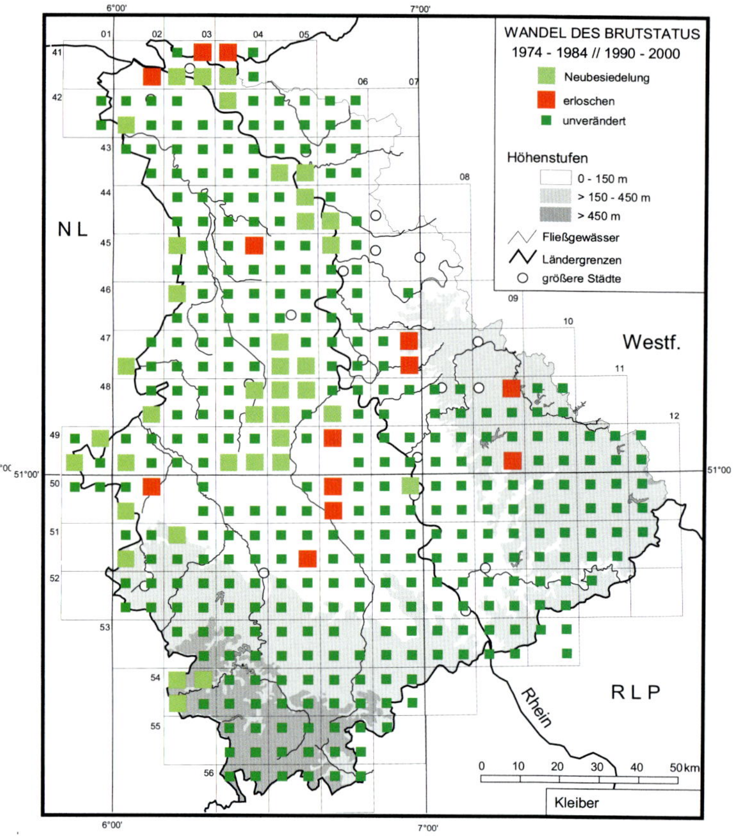

Arealveränderung zwischen 1974-84 und 1990-2000

BRUTVERBREITUNG

Der Kleiber kommt stark verbreitet in Laub- und Mischwaldgebieten sowie altholzreichen Feldgehölzen, Gärten und Parkanlagen vor. Entsprechend der Waldverbreitung liegen die Schwerpunkte in den mittleren bis höheren Lagen der Mittelgebirge (>150 m NN) sowie im Westen des Niederrheinischen Tieflandes. Kleinräumige Verbreitungslücken existieren in der weitgehend gehölzlosen Agrarlandschaft nördlich der Eifel und im Niederrheinischen Tiefland. Prinzipiell werden jedoch alle Klima- und Höhenstufen besiedelt. So ergaben sich auch in den angrenzenden Regionen Westfalens (RF = 99 %; NWO 2002) und der NL (RF = 48 %; SOVON 2002) der Waldverteilung entsprechende Verbreitungsmuster.

Bilanz der Brutvogelkartierung:

Kategorie [BP]	GF	RF %	Minimum [BP]
1-10	104	25,2	104
11-100	241	58,4	2.651
101-500	38	9,2	3.838
Summe	**383**	**92,7**	**6.593**

AREALVERÄNDERUNGEN

Deutliche Arealausweitungen zeigen sich besonders in den Niederungsgebieten des nördlichen Rheinlandes, während die südlichen Verbreitungszentren bereits in der früheren Kartierung komplett besetzt waren. Die Gründe für die Expansion, die auch bei anderen nicht ziehenden Waldvogelarten festgestellt wurde, liegen in der regionalen Ausweitung von Waldgebieten, wachsendem Nistkastenangebot, milden Wintern und Winterfütterungen in Siedlungsbereichen. Dies bestätigend zeigt sich auch in den Nachbarregionen Westfalen und den NL eine merkliche Zunahme in der zweiten Hälfte des 20. Jahrhunderts (NWO 2002, SOVON 2002). Für das Rheinland wird der Bestand auf mindestens 15.800-40.000 Brutpaare geschätzt (1,3 - 3,2 BP/ km² bezogen auf die besiedelte Fläche).

Vergleich der Kartierung von 1974-1984 mit 1990-2000:

Kategorie	GF	%	RF %
1 - Nur 1974-84	13	3,4	3,3
2 - Nur 1990-2000	38	10,0	9,7
3 - Gemeinsame GF	329	86,6	83,7
1974-84: 1 & 3	342		87,0
1990-2000: 2 & 3	367		93,4
Veränderung	+25 (+7,3 %)		+6,4

Die Zunahme ist statistisch signifikant (4-Felder X²-Test**; Vorzeichentest*; McNemar-Test***). Identitäts-Index (nach SCHERNER 1982): 0,93.

WINTERVERBREITUNG

Brut- und Winterverbreitung sind weitgehend identisch, lediglich extrem gehölzarme Gebiete bleiben im Winter ohne Feststellungen. Lokal bestehen Erfassungslücken in den Mittelgebirgen. Der Kleiber profitierte von den milden Wintern der letzten Jahrzehnte und besucht zunehmend die Winterfütterungen in den Stadtgebieten.

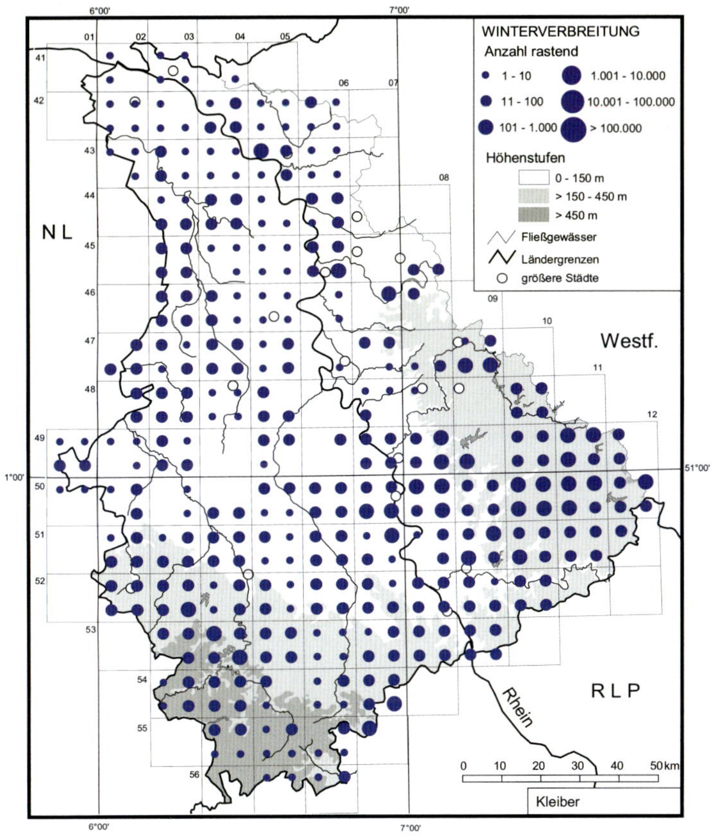

Winterverbreitung 1990-2000

Bilanz der Winterkartierung:

Kategorie [Ex.]	GF	RF %
1-10	121	31,1
11-100	200	51,4
101-1.000	33	8,5
Summe	**359**	**92,3**

Kleiber, *Sitta europaea*. Foto: MATHIAS SCHÄF

Waldbaumläufer *Certhia familiaris*

Status: Brutvogel, Durchzügler, Wintergast

Gefährdung:
Rote Liste N (nicht gefährdet)
Non-SPEC (nicht gefährdet)

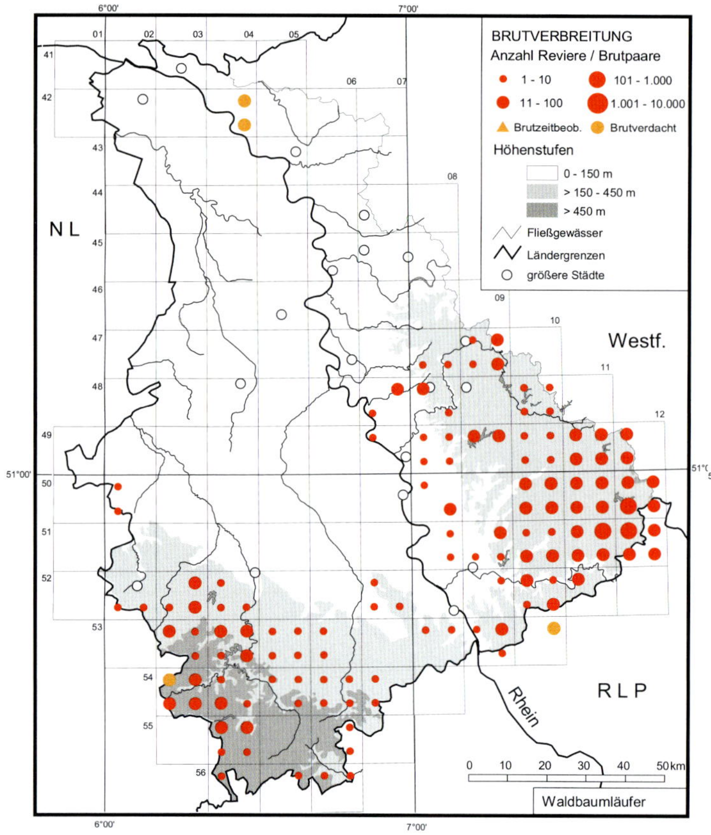

Brutverbreitung 1990-2000

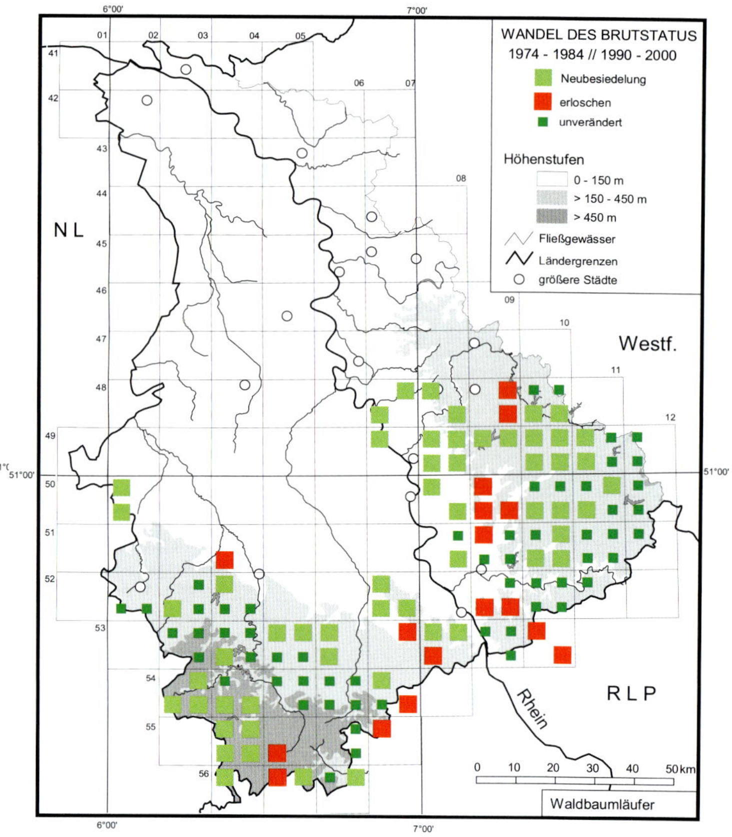

Arealveränderung zwischen 1974-84 und 1990-2000

BRUTVERBREITUNG

Die Brutverbreitung ist im Rheinland auf die altholzreichen Waldgebiete der Mittelgebirge beschränkt und die meisten Vorkommen liegen über 150 m NN. Er tritt nur ganz sporadisch zur Brutzeit auch im Tiefland auf, wobei Verwechslungen mit dem sehr ähnlichen Gartenbaumläufer nicht immer auszuschließen sind. Der Waldbaumläufer bevorzugt die inneren Bereiche großer geschlossener Waldgebiete und fehlt oft in den Randlagen sowie in kleinen Feldgehölzen. Generell können Wald- und Gartenbaumläufer aber in denselben Lebensräumen gefunden werden. Bei sympatrischer Verbreitung kommt es zu einer Kontrastverstärkung (Voous 1962, Sudhaus 1994). Wo der Gartenbaumläufer fehlt, geht der Waldbaumläufer auch in die Tieflandgebiete (z. B. Großbritannien). In den NL ist er nur sehr spärlich (RF = 1 %; SOVON 2002), in Westfalen aufgrund des höheren Wald- und Mittelgebirgsanteiles deutlich weiter verbreitet (RF = 50 %; NWO 2002) als in Nordrhein.

Bilanz der Brutvogelkartierung:

Kategorie [BP]	GF	RF %	Minimum [BP]
1-10	72	17,4	72
11-100	49	11,9	539
101-500	3	0,7	303
Brutverdacht	4	1,0	
Summe	**128**	**31,0**	**914**

AREALVERÄNDERUNGEN

Der Vergleich mit der ersten Kartierung 1974-1984 zeigt einen deutlichen Arealgewinn, besonders in den höheren Lagen der Mittelgebirge. Für die rechtsrheinischen Gebiete berichtete bereits Mildenberger (1984) von einer Zunahme seit den 1960er Jahren, die auch durch langfrsitige Bestandserhebungen von 1982-1997 bestätigt wurde (Herkenrath & Flosbach 2000). Hier können zwei Faktoren eine Rolle spielen: 1) verbesserte Kenntnis der Bestimmungsmerkmale und -fähigkeiten der Beobachter führen zu einer genaueren Erfassung; und 2) wird vermutet, dass sich der Waldbaumläufer langsam nach Nordwesten ausbreitet und im Zuge dessen nehmen die Bestände an der nördlichen Verbreitungsgrenze zu (Mildenberger 1984, NWO 2002). Der positive Trend wird durch die milden Winter der letzten Jahre begünstigt. Die Arealausbreitung bestätigt sich durch die Besiedlung der

Vergleich der Kartierung von 1974-1984 mit 1990-2000:

Kategorie	GF	%	RF %
1 - Nur 1974-84	17	13,1	4,3
2 - Nur 1990-2000	56	43,1	14,2
3 - Gemeinsame GF	57	43,8	14,5
1974-84: 1 & 3	74		18,8
1990-2000: 2 & 3	113		28,8
Veränderung	+39 (+53%)		+9,9

Die Zunahme ist statistisch signifikant (4-Felder X^2-Test**; Vorzeichentest*; McNemar-Test***). Identitäts-Index (nach Scherner 1982): 0,62.

Niederlande 1993, wo der Bestand bis 1997 bereits auf 54 Reviere anstieg (SOVON 2002). Im Landesteil Nordrhein wird ein geschätzter Brutbestand von 3.000-5.600 Paaren (0,71 - 1,33 BP/km² bezogen auf die besiedelte Fläche) angenommen. In den westfälischen Mittelgebirgen ist die Art entsprechend der weiteren Verbreitung deutlich häufiger (7.450-19.000 Reviere; NWO 2002).

WINTERVERBREITUNG

In den Wintermonaten, wenn die Vögel nicht singen, ist die exakte Bestimmung und damit auch Erfassung nochmal sehr viel schwieriger als zur Brutzeit. Daher ist anzunehmen, dass die Winterverbreitung eher unterschätzt wurde. Im Wesentlichen ist die Verbreitung im Winterhalbjahr mit der Brutverbreitung identisch, allerdings gibt es im Winter auch vermehrt Beobachtungen umherstreifender Vögel im Tiefland, z. T. durch Zuzug aus Nordosteuropa. Im Vergleich zu 1983-86 hat sich das winterliche Verbreitungsareal leicht vergrößert.

Bilanz der Winterkartierung:

Kategorie [Ex.]	GF	RF %
1-10	47	13,0
11-100	35	9,7
Summe	**83**	**22,7**

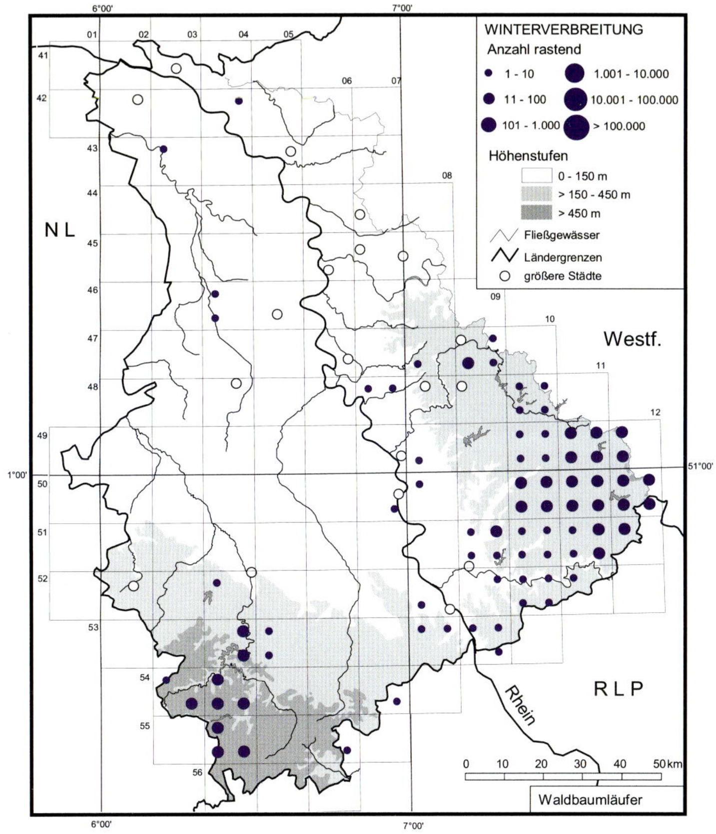

Winterverbreitung 1990-2000

Waldbaumläufer, *Certhia familiaris*. Foto: ANDREAS KLEIN

Gartenbaumläufer *Certhia brachydactyla*

Status: Brutvogel, Durchzügler, Wintergast

Gefährdung:
Rote Liste N (nicht gefährdet)
Non-SPEC^{E} (nicht gefährdet)

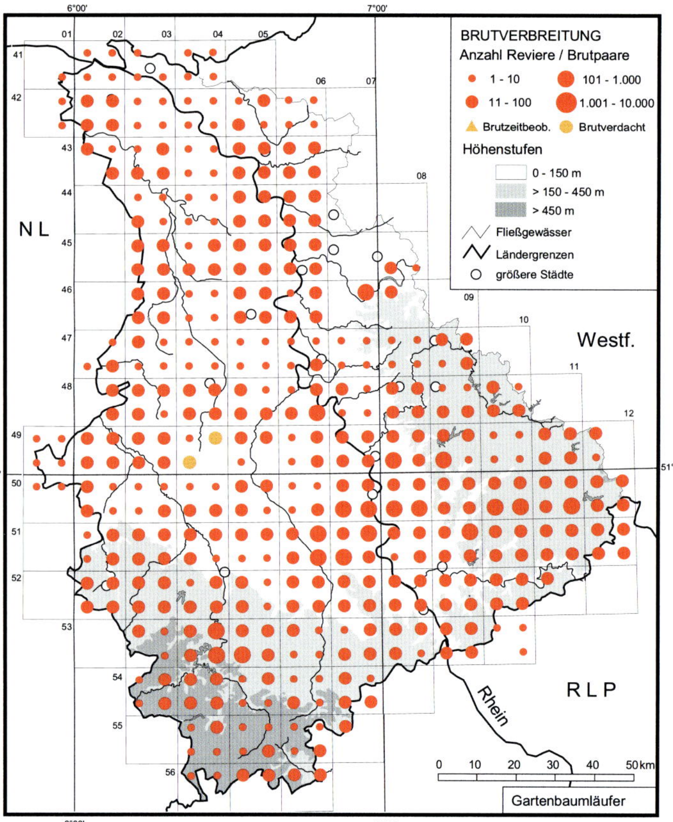

Brutverbreitung 1990-2000

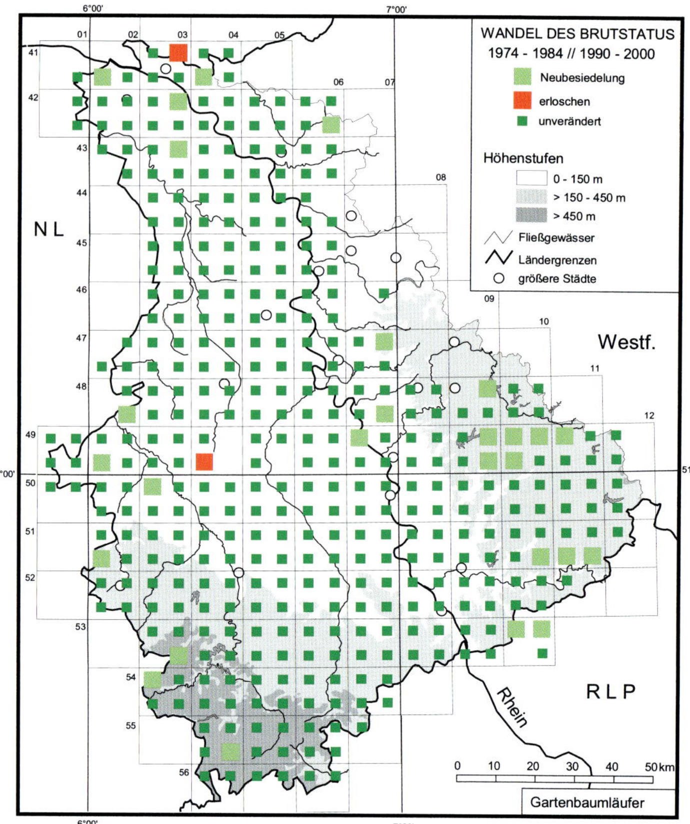

Arealveränderung zwischen 1974-84 und 1990-2000

BRUTVERBREITUNG

Der Gartenbaumläufer ist insgesamt deutlich weiter verbreitet als der nah verwandte Waldbaumläufer und kommt im Rheinland fast flächendeckend vor. Er besiedelt neben geschlossenen Waldgebieten auch kleinere Feldgehölze, Gärten und Parkanlagen, wo der Waldbaumläufer fehlt. Eine Bevorzugung bestimmter Klima- oder Höhenstufen ist nicht erkennbar, aber die Besiedlungsdichte scheint in den Hochlagen der Mittelgebirge abzunehmen (s. auch MILDENBERGER 1984). Die höchsten Dichten werden in den unteren bis mittleren Lagen (< 400 m NN) erreicht (Rheintal, Schwalm-Nette-Gebiet), wo der Waldbaumläufer nicht vorkommt. Der Gartenbaumläufer ist auch in den Niederlanden (RF = 85 %; SOVON 2002) und Westfalen (RF = 98 %; NWO 2002) weit verbreitet.

Bilanz der Brutvogelkartierung:

Kategorie [BP]	GF	RF %	Minimum [BP]
1-10	148	35,8	148
11-100	241	58,4	2.651
101-500	19	4,6	1.919
Brutverdacht	2	0,5	
Summe	**410**	**99,3**	**4.718**

AREALVERÄNDERUNGEN

Nachdem bereits MILDENBERGER (1984) von stabilen Beständen ausging, wurde bei der zweiten Kartierung im Vergleich zur ersten Erfassung ein deutlicher und statistisch signifikanter Arealgewinn um über sieben Prozent registriert. Eine ähnliche Zunahme konnte auch bei anderen nicht ziehenden Arten der Gilde "Waldvögel" festgestellt werden. Für Westfalen deutet sich ab 1970 ein Bestandszuwachs an (NWO 2002) und aus den Niederlanden wird ebenfalls von einer deutlichen Zunahme um +20 % berichtet (SOVON 2002). Im Landesteil Nordrhein wurden im Bearbeitungszeitraum schätzungsweise 16.900-31.400 Brutpaare angenommen (1,2 - 2,3 BP/km² bezogen auf die besiedelte Fläche).

Vergleich der Kartierung von 1974-1984 mit 1990-2000:

Kategorie	GF	%	RF %
1 - Nur 1974-84	2	0,5	0,5
2 - Nur 1990-2000	27	6,9	6,9
3 - Gemeinsame GF	361	92,6	91,9
1974-84: 1 & 3	363		92,4
1990-2000: 2 & 3	388		98,8
Veränderung	+25 (+6,9 %)		+6,4

Die Zunahme ist statistisch signifikant (4-Felder X²-Test***; Vorzeichentest*; McNemar-Test***). Identitäts-Index (nach SCHERNER 1982): 0,96.

WINTERVERBREITUNG

Im Großen und Ganzen stimmen Brut- und Winterverbreitung gut überein. Die Abundanzen gehen im Winter jedoch merklich zurück und es ist anzunehmen, dass ein Teil der Brutvögel abzieht. Dies betrifft vor allem die Hochlagen der Mittelgebirge und waldarme Tieflagen. Aufgrund der Erfassungsschwierigkeiten gerade im Winter ist die Kartierung sicherlich nicht vollständig. Der Gartenbaumläufer ist häufig in umherstreifenden gemischten Meisenschwärmen anzutreffen. Im Winterhalbjahr ist außerdem mit Zuzug aus anderen Gebieten zu rechnen.

Bilanz der Winterkartierung:

Kategorie [Ex.]	GF	RF %
1-10	142	41,6
11-100	136	39,9
101-500	16	4,7
Summe	**294**	**86,2**

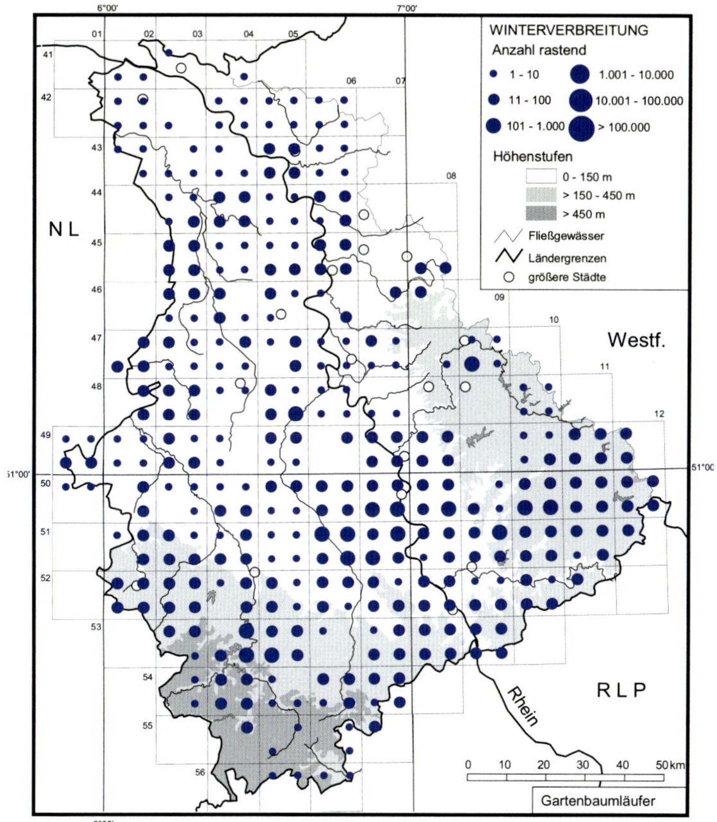

Winterverbreitung 1990-2000

Gartenbaumläufer, *Certhia brachydactyla*.
Foto: MATHIAS SCHÄF

Pirol *Oriolus oriolus*

Status: Brutvogel, Durchzügler

Gefährdung:
Rote Liste 2 (stark gefährdet)
Non-SPEC (nicht gefährdet)

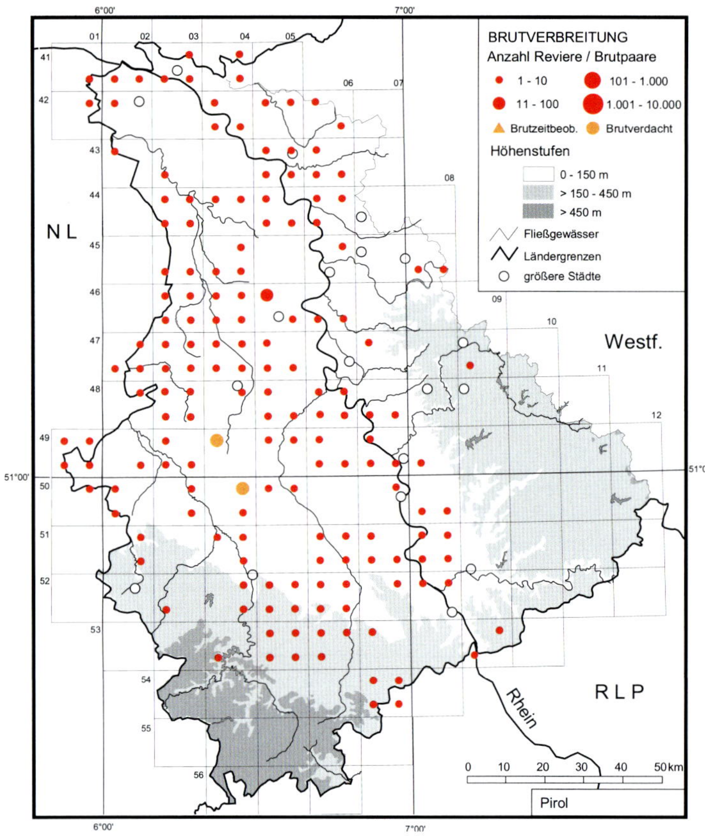

Brutverbreitung 1990-2000

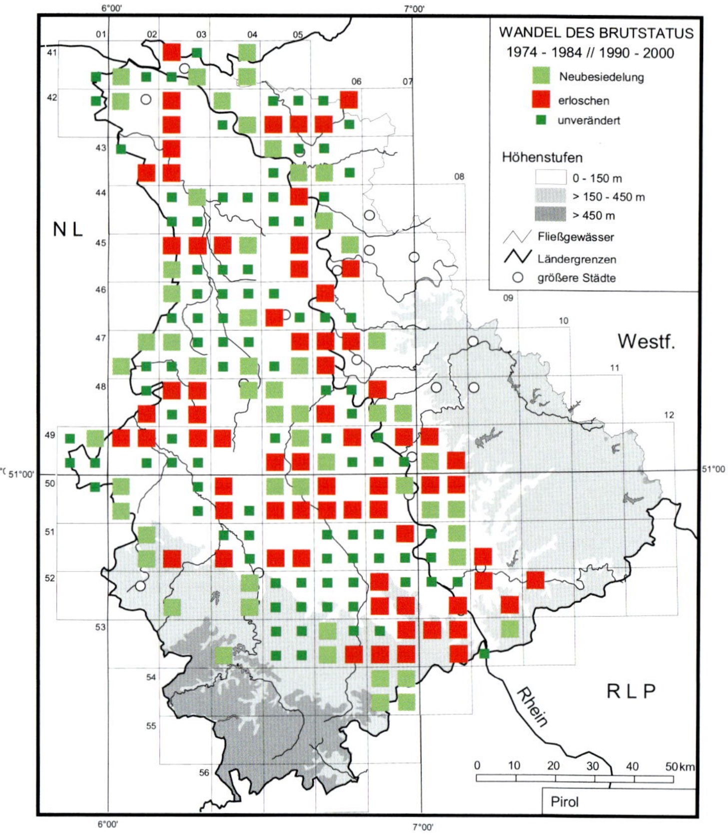

Arealveränderung zwischen 1974-84 und 1990-2000

BRUTVERBREITUNG

Der Pirol besiedelt vornehmlich Auwälder, Feldgehölze, Parkanlagen und Waldränder in den klimatisch günstigen Tieflagen mit Jahrestemperaturen >14°C und Niederschlagsmengen unter 200 mm. Die Vorkommen liegen daher vor allem entlang der Flusstäler und weiten Teilen des Niederrheinischen Tieflandes und der Niederrheinischen Bucht. Am Nordrand der Eifel ist er nur spärlich in Höhen bis 350 m NN vertreten. In höher gelegenen Arealen existieren nur sporadische Einzelvorkommen. Auffallend ist das weitgehende Fehlen in den rechtsrheinischen, niederschlagsreichen Regionen des Untersuchungsgebietes (vgl. Kuckuck, Nachtigall). Der Pirol fehlt außerdem in der waldarmen Agrarlandschaft. Entsprechende Verteilungen wurden in Westfalen (RF = 30 %; NWO 2002) und in den NL festgestellt (RF = 55 %; SOVON 2002).

AREALVERÄNDERUNGEN

Insgesamt zeigt sich beim Vergleich der beiden Kartierungen ein Arealverlust von knapp acht Prozent. Auffallend ist eine hohe Umsiedlungsrate für die lokale Veränderungen in der Habitatzusammensetzung verantwortlich gemacht werden. Jährlich schwankende Brutbestände sind beim Pirol seit jeher bekannt (Mildenberger 1984, NWO 2002). In den intensiv genutzten Landschaften Norddeutschlands wird ein Bestandsrückgang geschildert, der sich zumindest lokal in Westfalen, im Rheinland und den angrenzenden Niederlanden bestätigt (Glutz & Bauer 1993, Skiba 1993, NWO 2002, SOVON 2002). Die negative Entwicklung hat im Landesteil Nordrhein anscheinend bereits in den sechziger Jahren des 20. Jahrhunderts begonnen (Mildenberger 1984). Für die langfristigen Rückgänge spielen wohl auch klimatische Veränderungen sowie Verluste auf den Zugwegen und im Winterquartier eine Rolle (Grummt & Wink 1991). Für das Rheinland legen die Kartierungsergebnisse einen geschätzten Gesamtbestand von 340-630 Brutpaaren nahe (0,06 - 0,12 BP/km² bezogen auf die besiedelte Fläche).

Bilanz der Brutvogelkartierung:

Kategorie [BP]	GF	RF %	Minimum [BP]
1-10	162	39,2	162
11-20	1	0,2	11
Brutverdacht	2	0,5	
Summe	**165**	**40,0**	**173**

Vergleich der Kartierung von 1974-1984 mit 1990-2000:

Kategorie	GF	%	RF %
1 - Nur 1974-84	70	31,5	17,8
2 - Nur 1990-2000	57	25,7	14,5
3 - Gemeinsame GF	95	43,8	24,2
1974-84: 1 & 3	165		42,0
1990-2000: 2 & 3	152		38,7
Veränderung	-13 (-7,9 %)		-3,3

Identitäts-Index (nach Scherner 1982): 0,60.

Neuntöter *Lanius collurio*

Status: Brutvogel, Durchzügler

Gefährdung:
Rote Liste 3 (gefährdet)
SPEC 3 (dezimiert)

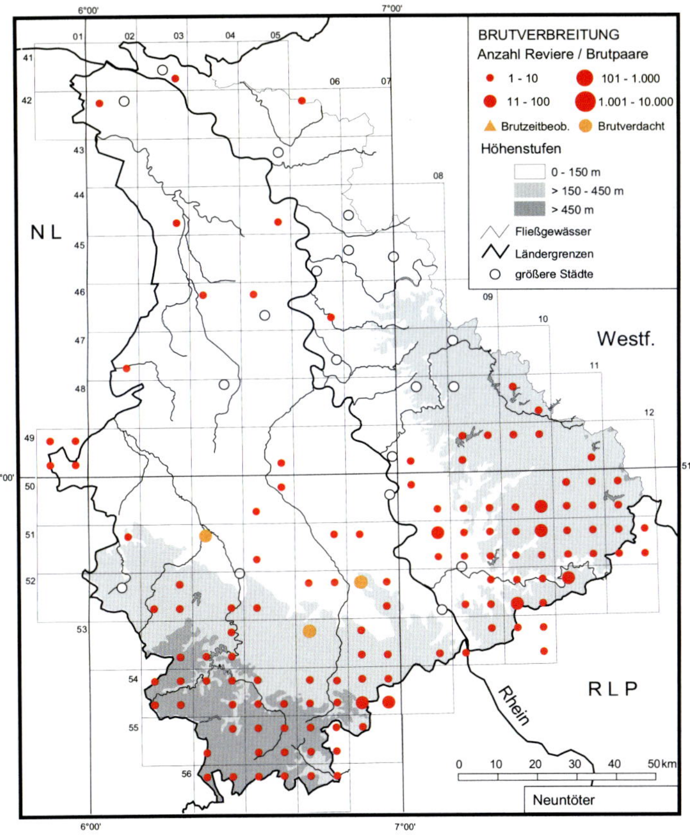

Brutverbreitung 1990-2000

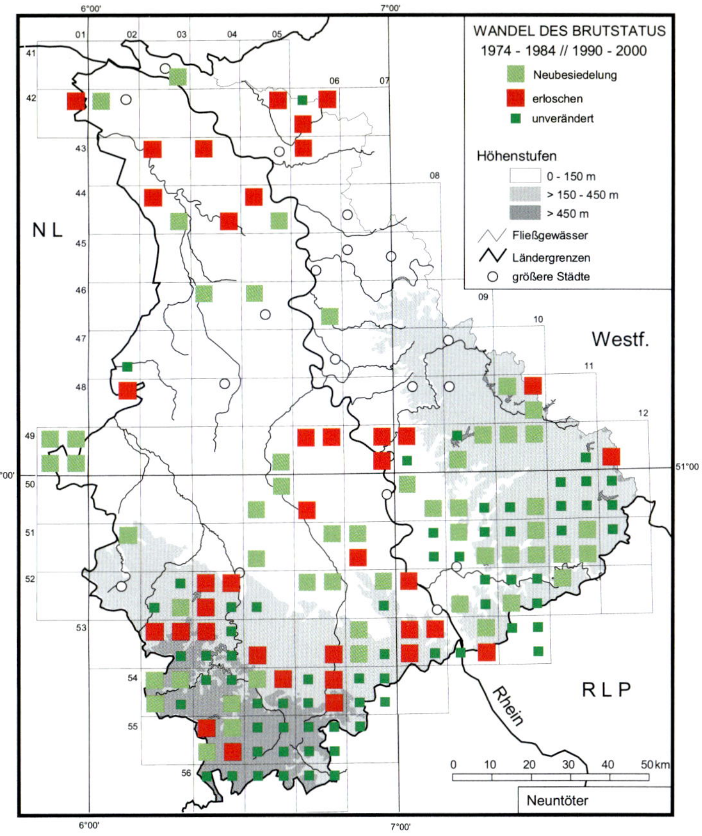

Arealveränderung zwischen 1974-84 und 1990-2000

BRUTVERBREITUNG

Der Neuntöter bewohnt bevorzugt extensiv genutzte Grünlandareale mit Hecken, Gebüschen und jungen Aufforstungen mit reichhaltiger Insektenfauna. Die Verbreitung beschränkt sich im Rheinland daher auf die mittleren bis hohen Lagen der Mittelgebirge, während die landwirtschaftlich intensiv genutzten Niederungen nördlich davon nur noch vereinzelte Vorkommen aufweisen. Da aber auch letztere Gebiete früher einmal besetzt waren (NEUBAUR 1957), spielen neben klimatischen Gründen besonders die Struktur der Landschaft in Abhängigkeit von der Nutzung eine wesentliche Rolle. Wie auch für einige andere kontinental verbreitete Arten zeigt sich ein Verbreitungsgradient von Westfalen mit 59 % besetzter Raster (NWO 2002), über das Rheinland mit 32 % zu den NL mit nur 7 % (SOVON 2002).

AREALVERÄNDERUNGEN

Anfang des 20. Jahrhunderts war der Neuntöter in der Rheinprovinz weit verbreitet und die Bestände stiegen zwischen 1935-1950 weiter an. In den 1960er Jahren setzte ein starker Rückgang ein, der bis zum Ende der 1970er Jahre anhielt und viele Vorkommen verschwinden ließ (MILDENBERGER 1984). Der Vergleich zwischen den beiden Erfassungsperioden zeigt heute insgesamt stabile bis leicht zunehmende Rasterbelegungen, regional sind jedoch erhebliche Unterschiede feststellbar. Während im nördlichen Rheinland, wie auch in den Niederlanden und Teilen Westfalens (SOVON 2002, NWO 2002), viele Vorkommen erloschen und nur wenige Areale neu besiedelt worden sind (Intensivierung der Landnutzung durch Landwirtschaft und Habitatverlust; JAKOBER & STAUBER 1987), zeigt sich in den Mittelgebirgen eine relativ hohe Umsiedlungsrate bei insgesamt konstanten Beständen. Hier spielen lokale Veränderungen im Habitatangebot eine Rolle (Sukzession, Neupflanzung von Hecken und Büschen). Auch klimatische Faktoren können die Bestandsentwicklung begünstigen (MILDENBERGER 1984, NWO 2002). Im Rheinland ergibt sich für den Kartierungszeitraum ein Bestand von schätzungsweise 740-1.370 Brutpaaren (0,17-0,32 BP/km² bezogen auf die besiedelte Fläche).

Bilanz der Brutvogelkartierung:

Kategorie [BP]	GF	RF %	Minimum [BP]
1-10	120	29,1	120
11-100	7	1,7	77
Brutverdacht	3	0,7	
Summe	**130**	**31,5**	**197**

Vergleich der Kartierung von 1974-1984 mit 1990-2000:

Kategorie	GF	%	RF %
1 - Nur 1974-84	38	24,2	9,7
2 - Nur 1990-2000	53	33,8	13,5
3 - Gemeinsame GF	66	42,0	16,8
1974-84: 1 & 3	104		26,5
1990-2000: 2 & 3	119		30,3
Veränderung	+15 (+14%)		+3,8

Identitäts-Index (nach SCHERNER 1982): 0,63.

Raubwürger *Lanius excubitor*

Status: Brutvogel, Durchzügler, Wintergast

Gefährdung:
Rote Liste 1 (vom Aussterben bedroht)
SPEC 3 (dezimiert)

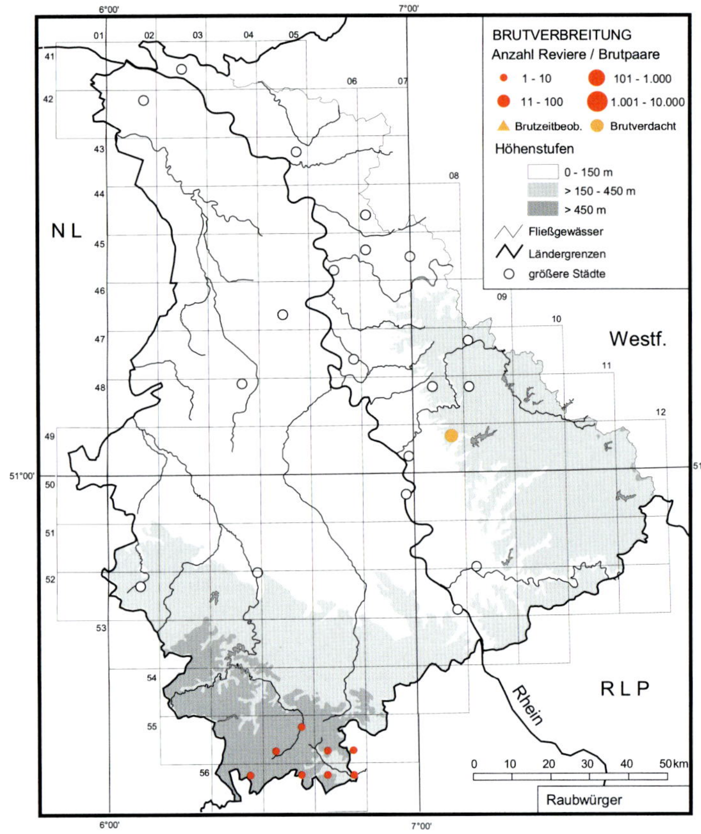

Brutverbreitung 1990-2000

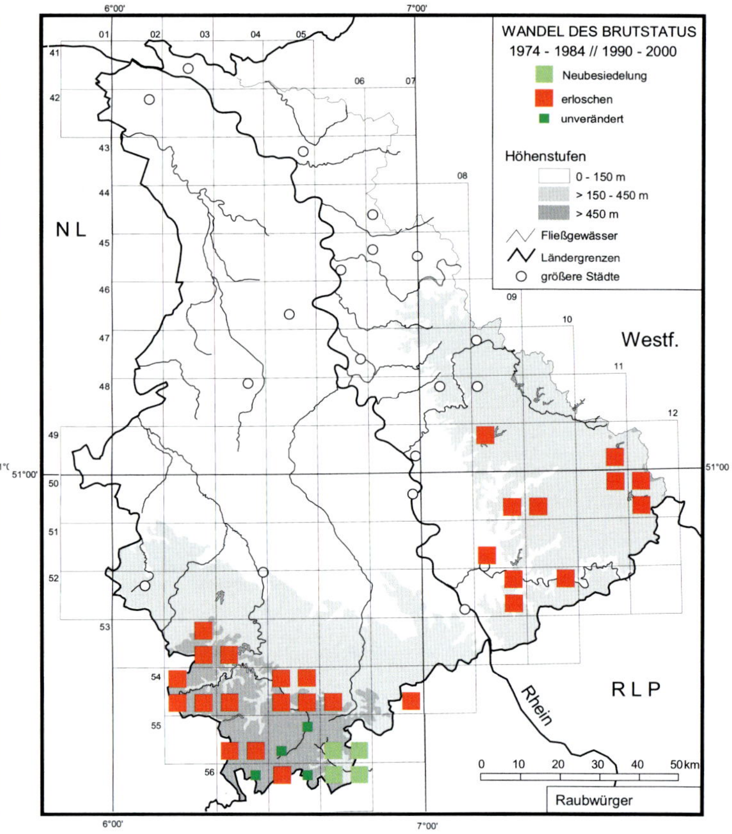

Arealveränderung zwischen 1974-84 und 1990-2000

BRUTVERBREITUNG

Vorkommen des Raubwürgers finden sich noch in weiträumigen, extensiv genutzten Grünlandbereichen und großen Kahlschlägen oder Windwurfflächen mit ausreichendem Angebot an Sitzwarten. Die aktuelle Verbreitung im Rheinland ist auf wenige Raster in den höchsten Lagen der Eifel (>450 m NN) beschränkt. Wie beim Neuntöter sind jedoch nicht allein klimatische Faktoren die Ursache für die geringe Verbreitung, sondern die extensivere Nutzung der verbliebenen Brutgebiete, was ältere Vorkommen in den Tieflagen belegen (MILDENBERGER 1984). In den NL ist die Art vergleichbar selten (RF = 1 %; SOVON 2002), im östlich angrenzenden Westfalen dagegen noch deutlich weiter verbreitet (RF = 13 %), aber auch dort auf die höheren Lagen der Mittelgebirge beschränkt (NWO 2002).

AREALVERÄNDERUNGEN

Der Raubwürger zeigt seit der ersten Kartierung 1974-84 einen dramatischen Arealverlust um -76 %, der bereits in der Mitte des 20. Jahrhunderts begann und zur sukkzessiven Aufgabe der Brutplätze in den Niederungen führte (BEZZEL 1993, MILDENBERGER 1984). Das rheinische Verbreitungsgebiet hat sich auf den südlichsten Rand des Untersuchungsgebietes zusammengezogen, nachdem es kurzfristig zu deutlichen Bestandszunahmen gekommen war als große Windwurfflächen infolge von Stürmen auftraten (WINK 1993). Die rechtsrheinischen Vorkommen sind offenbar vollständig erloschen und auch linksrheinisch wurden die mittleren Lagen geräumt. Die aktuellen rheinischen Brutvorkommen müssen als Ausläufer der ebenfalls rückläufigen Eifel-Population auf rheinland-pfälzischem Gebiet betrachtet werden. Der Bestand in NRW wurde Ende der 1990er Jahre auf 60-100 Brutpaare geschätzt (NOTTMEYER-LINDEN et al. 1997), wovon nur ca. 15-30 Paare (0,05-0,10 BP./km² bezogen auf die besiedelte Fläche) auf den Landesteil Nordrhein entfallen. In Westfalen hat sich der Bestand Ende der 1990er Jahre auf niedrigem Niveau (ca. 60 BP) stabilisiert (NWO 2002). In den westfälischen Verbrei-

Bilanz der Brutvogelkartierung:

Kategorie [BP]	GF	RF %
1-10	8	1,9
Brutverdacht	1	0,2
Summe	**9**	**2,2**

Vergleich der Kartierung von 1974-1984 mit 1990-2000:

Kategorie	GF	%	RF %
1 - Nur 1974-84	27	77,1	6,9
2 - Nur 1990-2000	4	11,4	1,0
3 - Gemeinsame GF	4	11,4	1,0
1974-84: 1 & 3	31		7,9
1990-2000: 2 & 3	8		2,0
Veränderung	-23 (-74%)		-5,9

Die Abnahme ist statistisch signifikant (4-Felder X^2-Test***; Vorzeichentest*; McNemar-Test***). Identitäts-Index (nach SCHERNER 1982): 0,25.

tungszentren zeigen sich von Jahr zu Jahr beträchtliche Schwankungen und nur qualitativ hochwertige Reviere sind alljährlich besetzt (Hölker 2002). Entscheidende Rückgangsursachen sind die Intensivierung der Landwirtschaft auch in den höheren Lagen sowie damit einhergehende Lebensraumzerstörung und Ausräumung der Landschaft. Dies wird verstärkt durch den großen Raumbedarf des Raubwürgers. Für die von Hackenberg & Vos (1994) postulierte Bestandszunahme in der Zentraleifel gibt es bisher keine Bestätigung und die Bestände scheinen hier allenfalls auf niedrigem Niveau stabil. Die niederländische Brutpopulation zeigt ebenfalls starke Rückgänge um -89 % von 15-20 BP 1989-91 auf nur noch 1-4 BP 1998-2000 (SOVON 2002).

WINTERVERBREITUNG

In den Wintermonaten ist die Anzahl besetzter Gitterfelder durch Zuzug von Raubwürgern aus Ost- und Nordosteuropa deutlich größer als zur Brutzeit, was bereits von Mildenberger (1984) erkannt wurde. Dies gilt vor allem für die unteren und mittleren Höhenstufen, wo die Art nicht mehr brütet, während die rheinischen Brutvögel meist ganzjährig im Brutgebiet bleiben. Die Winternachweise verteilen sich über das gesamte Untersuchungsgebiet und alle Höhenstufen, mit Schwerpunkten in der Eifel und im Schwalm-Nette-Gebiet. Auch aus der Wahner Heide wurden regelmäßige Überwinterungen gemeldet. Im Vergleich zur ersten Kartierung hat die Rasterbelegung aber auch im Winter deutlich abgenommen.

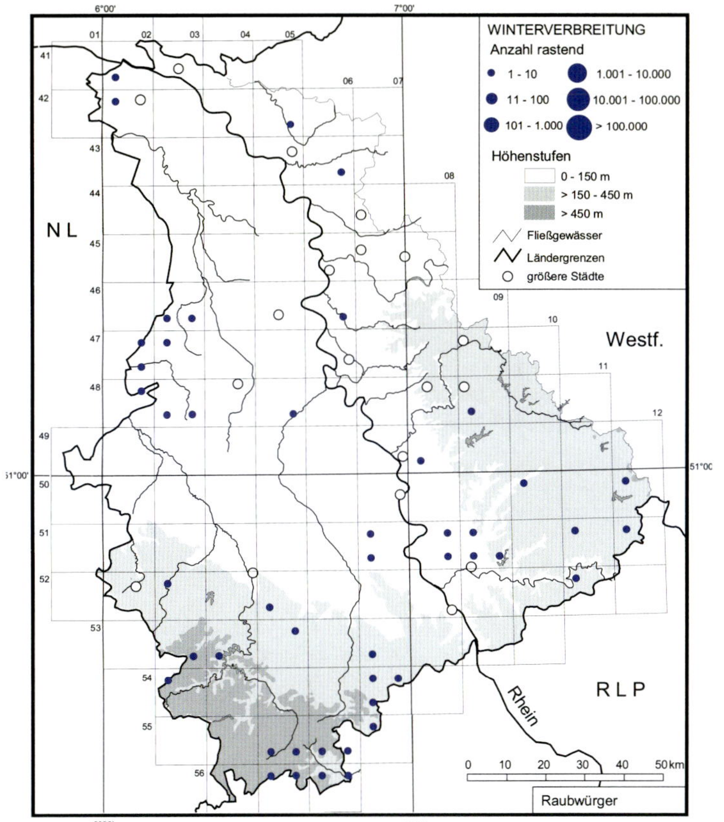

Winterverbreitung 1990-2000

Bilanz der Winterkartierung:

Kategorie [Ex.]	GF	RF %
1-10	48	13,9

Raubwürger, *Lanius excubitor*. Foto: Lutz Ritzel

Neuntöter, *Lanius collurio,* Männchen. Foto: Mathias Schäf

Eichelhäher *Garrulus glandarius*

Status: Brutvogel, Durchzügler, Wintergast

Gefährdung:
Rote Liste N (nicht gefährdet)
Non-SPEC (nicht gefährdet)

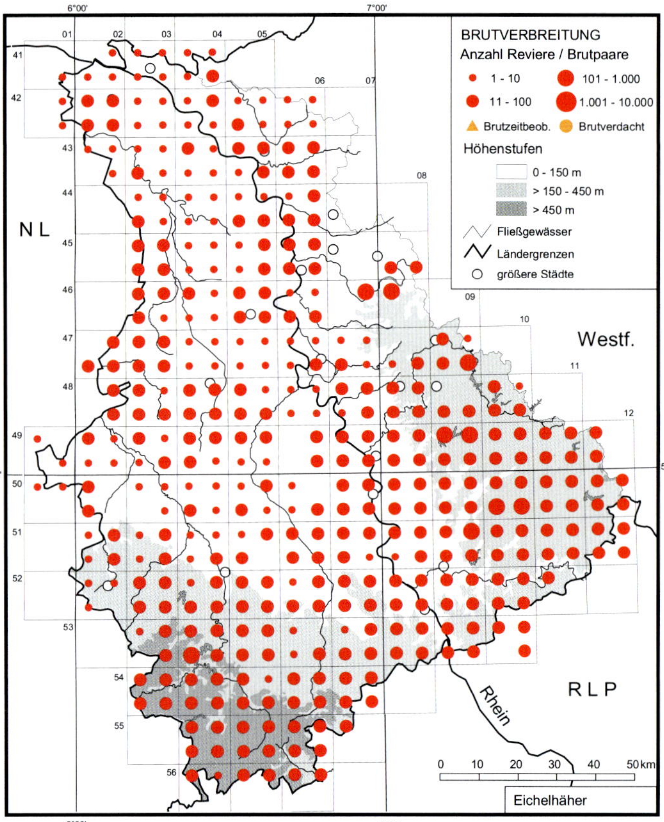

Brutverbreitung 1990-2000

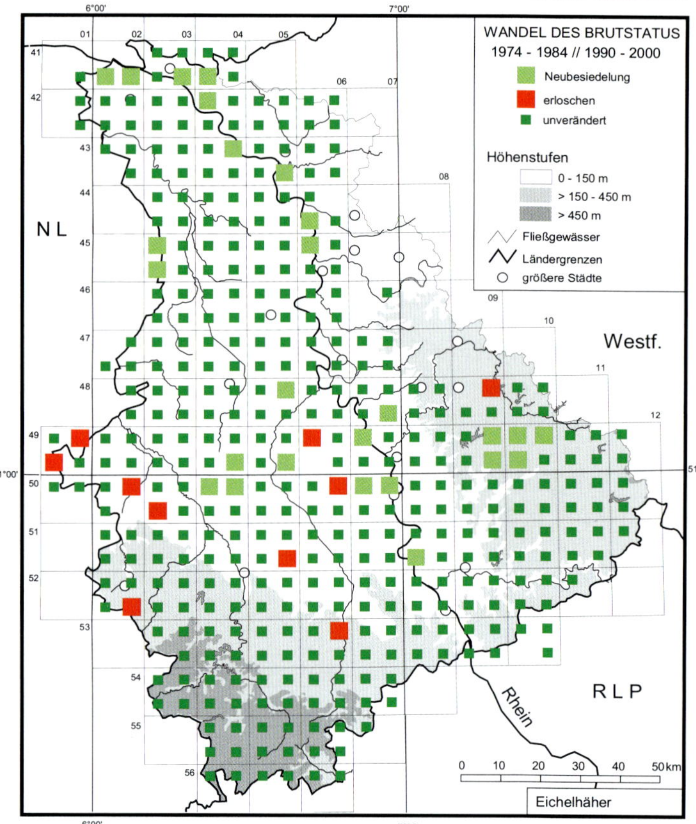

Arealveränderung zwischen 1974-84 und 1990-2000

BRUTVERBREITUNG

Der Eichelhäher besiedelt verschiedenste Gehölzvorkommen von geschlossenen Wäldern über Feldgehölze bis hin zu baumreichen Parks und Gärten. Das Rheinland ist nahezu flächendeckend besetzt, wobei die höchsten Dichten entsprechend der Waldverbreitung in den mittleren bis höheren Lagen der Mittelgebirge erreicht werden, aber auch die Schwalm-Nette-Niederung und Teile des Unteren Niederrheins sind dicht besiedelt. Verbreitungslücken finden sich in den waldarmen Agrargebieten der Tieflagen. Der Eichelhäher ist in den benachbarten NL (RF = 89 %; SOVON 2002) und Westfalen (RF = 99 %; NWO 2002) ähnlich stark verbreitet.

Bilanz der Brutvogelkartierung:

Kategorie [BP]	GF	RF %	Minimum [BP]
1-10	127	30,8	127
11-100	262	63,4	2.882
101-500	9	2,2	909
Summe	**398**	**96,4**	**3.918**

AREALVERÄNDERUNGEN

In den vom Eichelhäher 1974-84 dünner besiedelten Bereichen des Rheinlandes wurden 1990-2000 einige Neubesiedlungen registriert, die eine in den letzten drei Jahrzehnten aufgetretene Bestandszunahme widerspiegeln, welche wiederum in langfristigen lokalen Bestandserfassungen bestätigt werden konnte (HERKENRATH & FLOSBACH 2000). Regionale Zunahmen wurden bereits in den 1970er Jahren verzeichnet (MILDENBERGER 1984). In den Nachbarregionen (Westfalen, NL) wurden ebenfalls stabile bis positive Entwicklungen registriert (SOVON 2002, NWO 2002). Für den Erfassungszeitraum 1990-2000 ergibt sich in Nordrhein ein geschätzter Bestand von 14.300-26.500 Brutpaaren (1,1 - 2,0 BP/km² bezogen auf die besiedelte Fläche).

Vergleich der Kartierung von 1974-1984 mit 1990-2000:

Kategorie	GF	%	RF %
1 - Nur 1974-84	10	2,6	2,5
2 - Nur 1990-2000	26	6,7	6,6
3 - Gemeinsame GF	355	90,8	90,3
1974-84: 1 & 3	365		92,9
1990-2000: 2 & 3	381		97,0
Veränderung	+16 (+4,4 %)		+4,1

Die Zunahme ist statistisch signifikant (4-Felder X^2-Test***; Vorzeichentest*; McNemar-Test**). Identitäts-Index (nach SCHERNER 1982): 0,95.

WINTERVERBREITUNG

Abgesehen von einigen Erfassungslücken (besonders rechtsrheinisch) deckt sich die Winterverbreitung mit der Brutverbreitung. Auch im Winter sind die waldreichen Regionen sowohl der Mittelgebirge als auch der Niederungen am dichtesten besetzt. Gehölzarme Offenlandbereiche zeigen nur spärliche oder gar keine Vorkommen. Gelegentlich kommt es zu größeren Einflügen nordöstlicher Populationen nach Mitteleuropa, die sich auch im gesamten Rheinland durch das Erscheinen größerer Trupps bemerkbar machen.

Bilanz der Winterkartierung:

Kategorie [Ex.]	GF	RF %
1-10	113	29,4
11-100	235	61,2
101-500	20	5,2
Summe	**368**	**95,9**

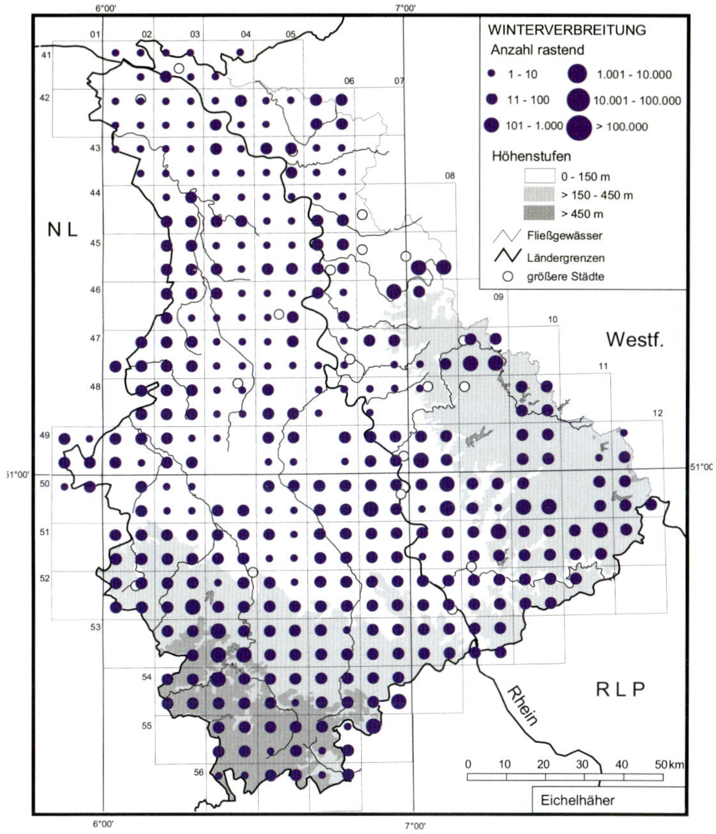

Winterverbreitung 1990-2000

Eichelhäher, *Garrulus glandarius*. Foto: MATHIAS SCHÄF

Elster *Pica pica*

Status: Jahresvogel

Gefährdung:
Rote Liste N (nicht gefährdet)
Non-SPEC (nicht gefährdet)

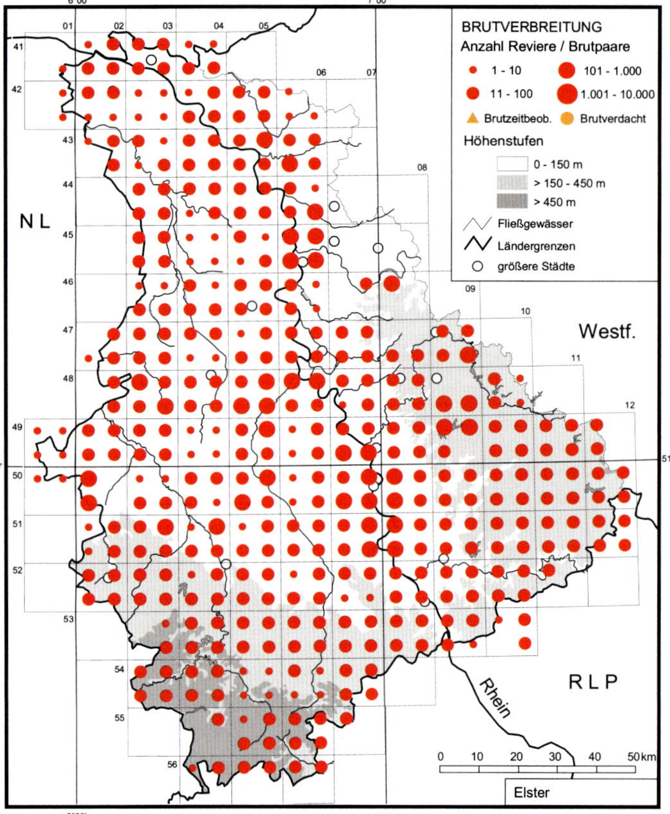

Brutverbreitung 1990-2000

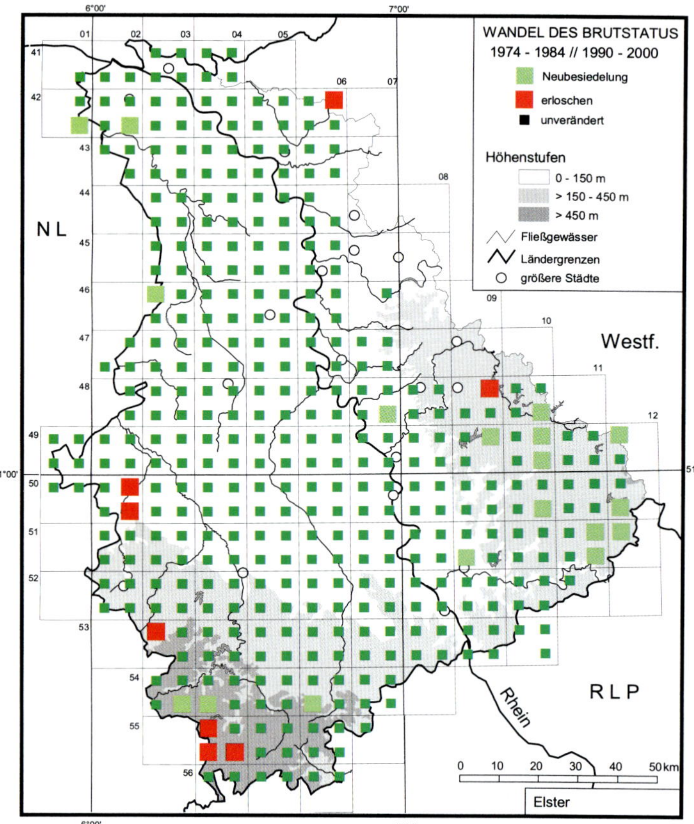

Arealveränderung zwischen 1974-84 und 1990-2000

BRUTVERBREITUNG

Die Elster ist in Gitterfeldern der offenen Kulturlandschaft mit von Feldgehölzen, Ortschaften, Parks und Gärten durchsetztem Grün- und Weideland stark verbreitet. Die Art fehlt nur in ausgeräumter Agrarlandschaft, geschlossenen Waldgebieten und vegetationsarmen Innenstädten. Das Rheinland ist bis auf kleine Lücken in der ausgeräumten Ackerbörde und in waldreichen Hochlagen der Eifel flächig besiedelt. Die höchsten Abundanzen werden in den grünlandreichen unteren bis mittleren Höhenstufen (Rheintal, Schwalm-Nette-Niederung) festgestellt. Auch im sich anschließenden Westfalen (RF = 98 %; NWO 2002) und in den Niederlanden (RF = 96 %) ist sie fast flächendeckend verbreitet (SOVON 2002).

AREALVERÄNDERUNGEN

Da bereits 1974-84 die meisten Gitterfelder besetzt waren, wird die in den letzten Jahrzehnten in vielen Regionen Mittel- und Nordwesteuropas beobachtete Bestandszunahme der Elster beim Vergleich der Kartierungen im Rheinland nicht sichtbar. Für Westfalen und lokal auch in Nordrhein wurden besonders gegen Ende der zweiten Hälfte des 20. Jahrhunderts starke Zunahmen festgestellt (NWO 2002, MEßER 2004, WÜRFELS 1998, HYLA 1991). Zuvor waren die Bestände in Mitteleuropa in folge intensiver Bejagung stark zurückgegangen (MILDENBERGER 1984). Die rezente Zunahme betrifft jedoch vor allem die menschlichen Siedlungsräume, während in der freien Feldflur eine relativ stabile Situation vorzufinden ist (NWO 2002). Entsprechend sind auch die Siedlungsdichten innerhalb der Ortslagen höher als außerhalb und erreichen bis zu 40 Revierpaare/km^2 (PENNEKAMP & BELLEBAUM 2003, WÜRFELS 1998). Im Rheinland verlaufen die Bestandsentwicklungen je nach Nahrungsverfügbarkeit und Nistplatzangebot lokal sehr unterschiedlich (BEISENHERZ 2001). In den Niederlanden sind die Areal- und Bestandssituation heute ebenfalls stabil und unverändert (SOVON 2002). Aus den Kartierungsergebnissen lässt sich für Nordrhein ein geschätzter Bestand von 15.000-30.000 Brutpaaren (1,1 - 2,3 BP/km^2 bezogen auf die besiedelte Fläche) berechnen.

Bilanz der Brutvogelkartierung:

Kategorie [BP]	GF	RF %	Minimum [BP]
1-10	76	18,4	76
11-100	285	69,0	3.135
101-500	38	9,2	3.838
Summe	399	96,6	7.049

Vergleich der Kartierung von 1974-1984 mit 1990-2000:

Kategorie	GF	%	RF %
1 - Nur 1974-84	8	2,0	2,0
2 - Nur 1990-2000	18	4,6	4,6
3 - Gemeinsame GF	366	93,4	93,1
1974-84: 1 & 3	374		95,2
1990-2000: 2 & 3	384		97,7
Veränderung	+10 (+2,7 %)		+2,5

Die Zunahme ist statistisch nicht signifikant (4-Felder X^2-Test n. s.; Vorzeichentest^{+}; McNemar-Test n. s.). Iden-titäts-Index (nach SCHERNER 1982): 0,97.

WINTERVERBREITUNG

Das gesamte Brutgebiet ist auch in den Wintermonaten in gleichbleibender Dichte von der Elster besetzt. Bis auf vereinzelte Erfassungslücken zeigt sich kein Unterschied zwischen Brut- und Winterverbreitung. Eine Räumung der höheren Lagen bei starkem Frost (MILDENBERGER 1984) lässt sich aktuell nicht bestätigen, da sich die Nahrungsverfügbarkeit besonders im Siedlungsbereich verbessert hat und die Winter der letzten Jahrzehnte meist relativ mild waren.

Bilanz der Winterkartierung:

Kategorie [Ex.]	GF	RF %
1-10	44	11,3
11-100	290	74,4
101-1.000	54	13,9
1.001-3.000	1	0,3
Summe	**389**	**99,7**

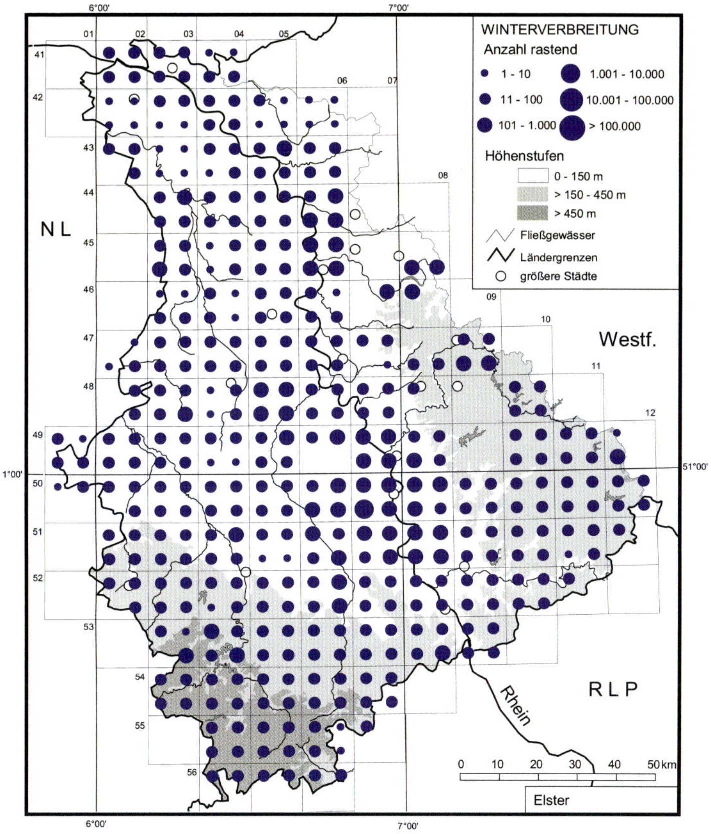

Winterverbreitung 1990-2000

Elster, *Pica pica*. Foto: THOMAS HELMBERG

Tannenhäher *Nucifraga caryocatactes*

Status: Brutvogel, Durchzügler, Wintergast

Gefährdung:
Rote Liste R (arealbedingt selten)
Non-SPEC (nicht gefährdet)

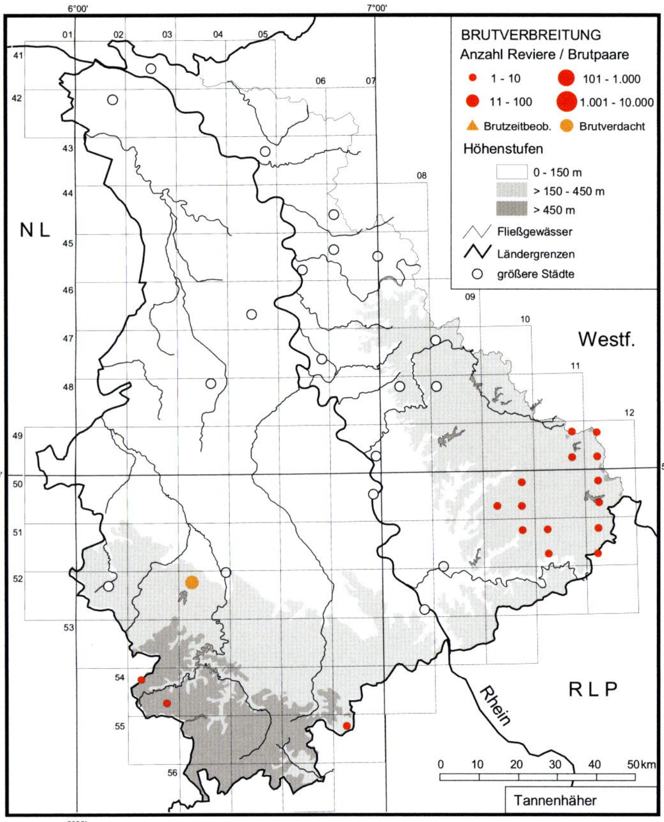

Brutverbreitung 1990-2000

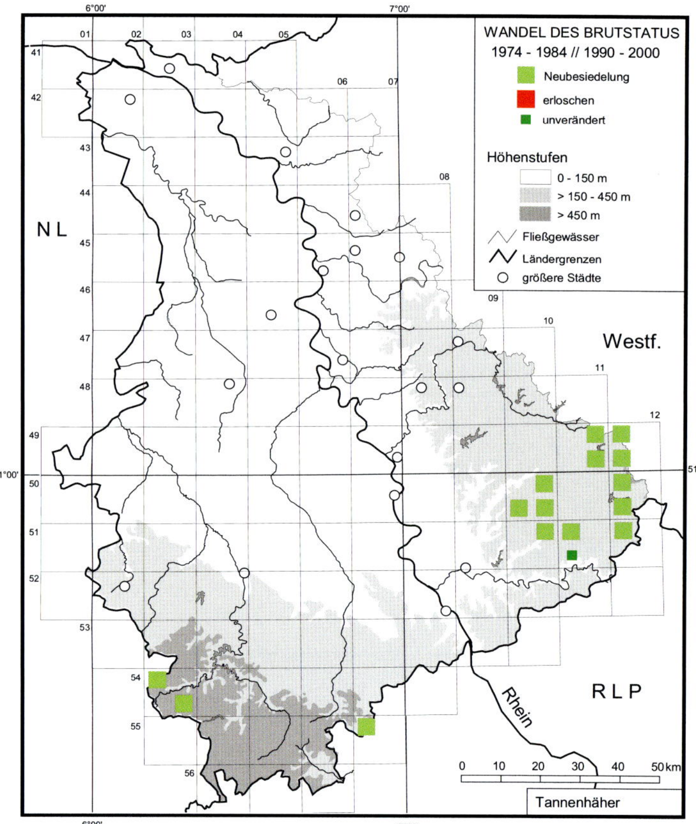

Arealveränderung zwischen 1974-84 und 1990-2000

BRUTVERBREITUNG

Die aktuelle Verbreitung konzentriert sich auf ausgedehnte Nadelwaldkomplexe und Haselnussbestände in den Hochlagen der Mittelgebirge über 350 m NN. Im Rheinland verläuft die nordwestliche Verbreitungsgrenze der in Mitteleuropa brütenden Unterart *Nucifraga caryocatactes caryocatactes* und die Vorkommen sind daher auf den Süden und Südosten von Nordrhein beschränkt. Die Erfassung ist sicherlich noch nicht vollständig und mit weiteren Vorkommen ist zu rechnen. Die Brutgebiete liegen in unmittelbarer Nachbarschaft zu den Brutpopulationen in Rheinland-Pfalz (Hocheifel, Westerwald) und Westfalen (RF = 13 %; NWO 2002).

AREALVERÄNDERUNGEN

Im Vergleich zur ersten Kartierung wird eine erhebliche Arealerweiterung um das 15-fache sichtbar, die im Zusammenhang mit der anhaltenden generellen Ausbreitung der Art zu sehen ist. Ausgehend vom Westerwald wurden die südlichen Bereiche des Bergischen Landes besiedelt und die Hocheifelpopulation breitet sich nach Norden in die Voreifel aus, so dass es Mitte der 1990er Jahre zu ersten Bruten im rheinischen Teil der Eifel kam (Weishaupt 1996). Aufgrund der spezifischen Habitatansprüche ist eine weitere Ausdehnung nach Nordwesten nicht zu erwarten, aber die Lücken im derzeitigen Verbreitungsgebiet könnten sich in naher Zukunft schließen. Für das Rheinland wurden im Erfassungszeitraum schätzungsweise 10-30 Brutpaare angenommen, während im Landesteil Westfalen deutlich höhere Bestandszahlen (300-600 Reviere) berechnet wurden (NWO 2002). Im südlich angrenzenden Landkreis Bad Neuenahr-Ahrweiler (Rheinland-Pfalz) wurden 2001 insgesamt 24 Brutpaare ermittelt (Stickel 2004).

Bilanz der Brutvogelkartierung:

Kategorie [BP]	GF	RF %
1-10	17	4,2
Brutverdacht	1	0,2
Summe	**18**	**4,4**

Vergleich der Kartierung von 1974-1984 mit 1990-2000:

Kategorie	GF	%	RF %
1 - Nur 1974-84	0	0	0
2 - Nur 1990-2000	15	94,1	4,1
3 - Gemeinsame GF	1	5,9	0,3
1974-84: 1 & 3	1		0,3
1990-2000: 2 & 3	16		4,3
Veränderung	+15 (+1.500 %)		+4,1

Die Zunahme ist statistisch signifikant (4-Felder X^2-Test***; Vorzeichentest*; McNemar-Test***). Identitäts-Index (nach Scherner 1982): 0,24.

WINTERVERBREITUNG

Die Winterverbreitung stimmt im Wesentlichen mit der Brutverbreitung überein und bleibt auf die Hochlagen der Mittelgebirge beschränkt. Vereinzelt gelingen jedoch auch Feststellungen umherstreifender Tannenhäher in den Niederungen. Brut- und Winterbestand sind weitgehend identisch (Jahresvogel). Gelegentlich, nicht jedoch im Kartierungszeitraum, kommt es zu Einflügen nordöstlicher Populationen (*N. c. macrorhynchus*). Der letzte derartige Einflug erfolgte im Winter 1985/1986. Gegenüber der Kartierung 1983-86 ist die Winterverbreitung im Zeitraum 1990-2000 größer, was mit den gestiegenen Brutbeständen in Zusammenhang stehen dürfte.

Bilanz der Winterkartierung:

Kategorie [Ex.]	GF	RF %
1-10	13	3,8

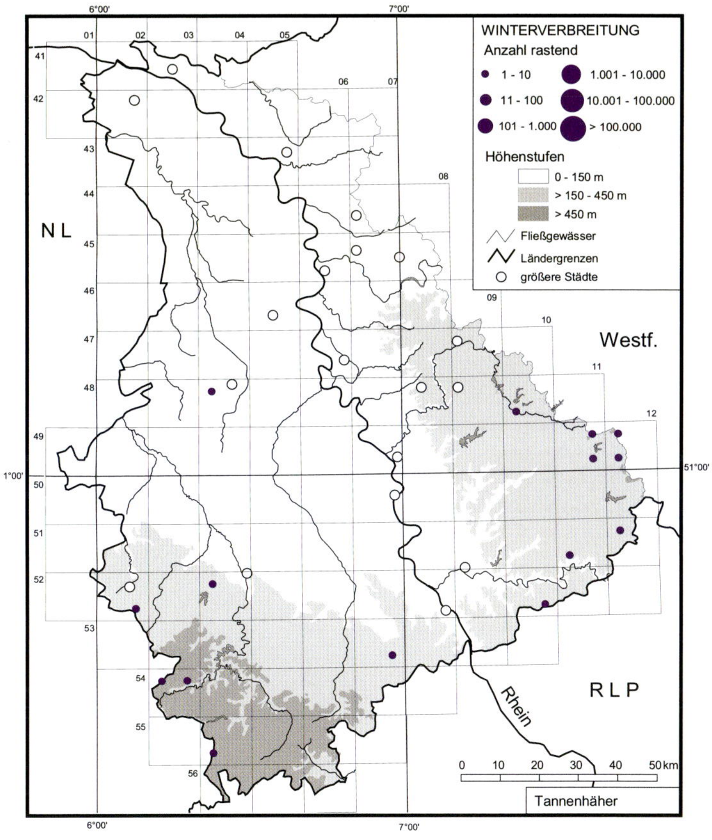

Winterverbreitung 1990-2000

Tannenhäher, *Nucifraga caryocatactes*. Foto: DÉSIRÉE ALTENBURG

Dohle *Corvus monedula*

Status: Brutvogel, Durchzügler, Wintergast

Gefährdung:
Rote Liste V (zurückgehend)
Non-SPEC^{E} (nicht gefährdet)

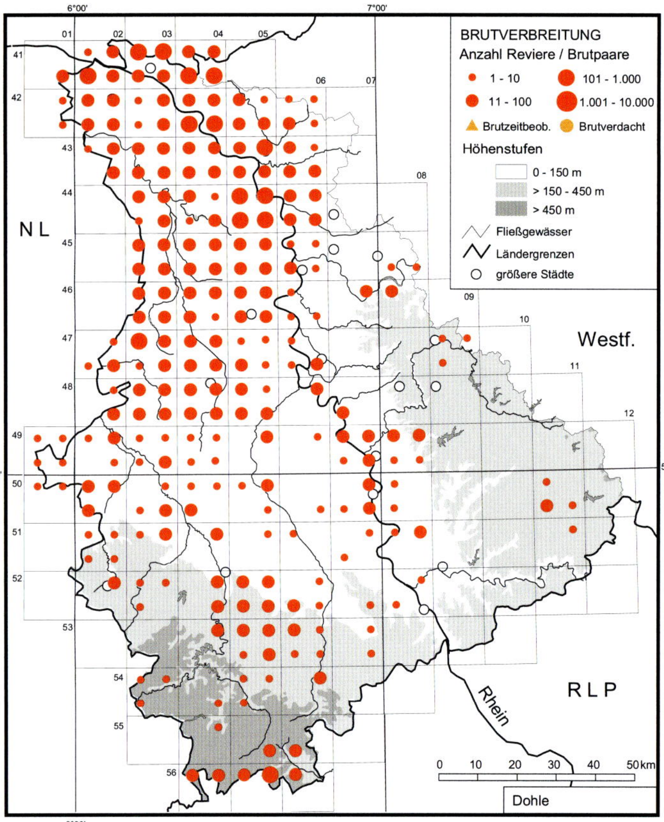

Brutverbreitung 1990-2000

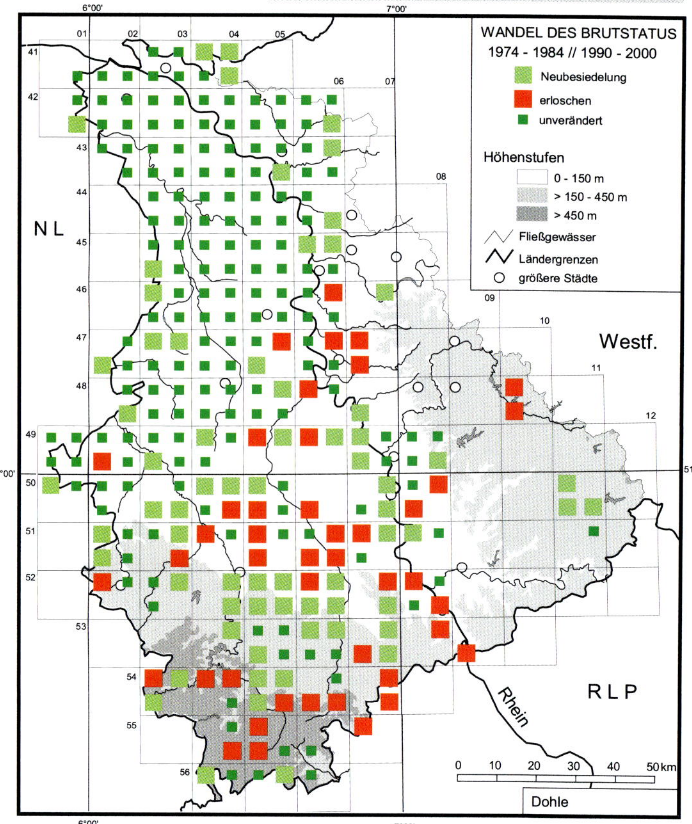

Arealveränderung zwischen 1974-84 und 1990-2000

BRUTVERBREITUNG

Brutvorkommen gab es zum Einen in Gitterfeldern mit Ruinen, Kirchen, Burgen, großen Einzelgehöften, Brücken, Industrieanlagen, Büro- und Wohnhäusern, die Brutmöglichkeiten bieten, und zum Anderen in altholzreichen Laub- und Mischwäldern (Buchenalthölzer), Feldgehölzen, Alleen, Parks mit ausreichendem Höhlenangebot (Schwarzspechthöhlen, Astlöcher). Am dichsteten ist der Untere Niederrhein und das angrenzende Tiefland besiedelt. Nach Süden dünnt die Verbreitung stark aus und ist in der Niederrheinischen Bucht sowie den Mittelgebirgen eher inselartig. Dennoch sind prinzipiell alle Höhenstufen besetzt. Größere Lücken sind in weiten Teilen der niederrheinischen Ackerbörde und dem Bergischen Land erkennbar. In der Eifel ist die Verbreitung lückenhaft, aber lokal bestehen seit längerem Brutvorkommen. Insgesamt zeigt die Verbreitung der Dohle eine große Übereinstimmung mit der Verbreitung der Hohltaube. Großräumig ist ein deutlicher Verbreitungsgradient erkennbar mit hohen Rasterfrequenzen in den NL (RF = 93 %; SOVON 2002) und geringeren in Westfalen (RF = 51 %; NWO 2002). Das Rheinland liegt dazwischen.

Bilanz der Brutvogelkartierung:

Kategorie [BP]	GF	RF %	Minimum [BP]
1-10	100	24,2	100
11-100	133	32,2	1.463
101-500	14	3,4	1.414
Summe	**247**	**59,8**	**2.977**

AREALVERÄNDERUNGEN

Im Norden zeigen sich keine nennenswerten Unterschiede zwischen den beiden Kartierungen. Dagegen kam es in der Südhälfte des Rheinlandes zu größeren Umsiedlungen, wobei die Neubesiedlungen gegenüber den erloschenen Brutplätzen überwiegen, was zu einem leichten und statistisch signifikanten Arealgewinn von 11 % führte. Ab 1970 gingen die Bestände im Rheinland zurück, was auf den Verlust von Nistgelegenheiten (Gebäuderenovierung, Kahlschläge) zurückgeführt wurde (MILDENBERGER 1984). Zumindest regional haben die Bestände in den letzten Jahrzehnten wieder zugenommen, wobei die Entwicklungen, wie in Westfalen (NWO 2002), z. T. gegenläufig sind. Für die Kartierungsperiode ergibt sich ein geschätzter Bestand von 9.300-18.000 Brutpaaren (1,1 - 2,2 BP/km² bezogen auf die besiedelte Fläche). In den NL und Großbritannien wurde ebenfalls eine Bestandszunahme und Arealerweiterung seit den 1970er Jahren festgestellt (SOVON 2002, GREGORY et al. 2004).

Vergleich der Kartierung von 1974-1984 mit 1990-2000:

Kategorie	GF	%	RF %
1 - Nur 1974-84	44	15,9	11,2
2 - Nur 1990-2000	67	24,3	17,0
3 - Gemeinsame GF	165	59,8	42,0
1974-84: 1 & 3	209		53,2
1990-2000: 2 & 3	232		59,0
Veränderung	+23 (+11%)		+5,9

Die Zunahme ist statistisch signifikant (4-Felder X^2-Test n. s.; Vorzeichentest*; McNemar-Test*). Identitäts-Index (nach SCHERNER 1982): 0,75.

WINTERVERBREITUNG

Die Verbreitung in den Wintermonaten deckt sich weitgehend mit der Brutverbreitung. Besonders von der Schwalmniederung bis zum Unteren Niederrhein ist die Art im Winter jedoch noch weiter verbreitet und die Bestandszahlen (im Winter >200.000 Exemplare) steigen sehr stark an. Dies ist auf Zuzug und Rast nordöstlicher Populationen zurückzuführen, während die einheimischen Brutvögel überwiegend ganzjährig anwesend sind. Unter den Vögeln der Mittelgebirgspopulation sind kleinere Ausweichbewegungen feststellbar sobald eine geschlossene Schneedecke vorhanden ist. Gegenüber der ersten Kartierung hat sich die Winterverbreitung nicht verändert.

Bilanz der Winterkartierung:

Kategorie [Ex.]	GF	RF %
1-10	40	11,1
11-100	149	41,4
101-1.000	59	16,4
1.001-10.000	9	2,5
Summe	**257**	**71,4**

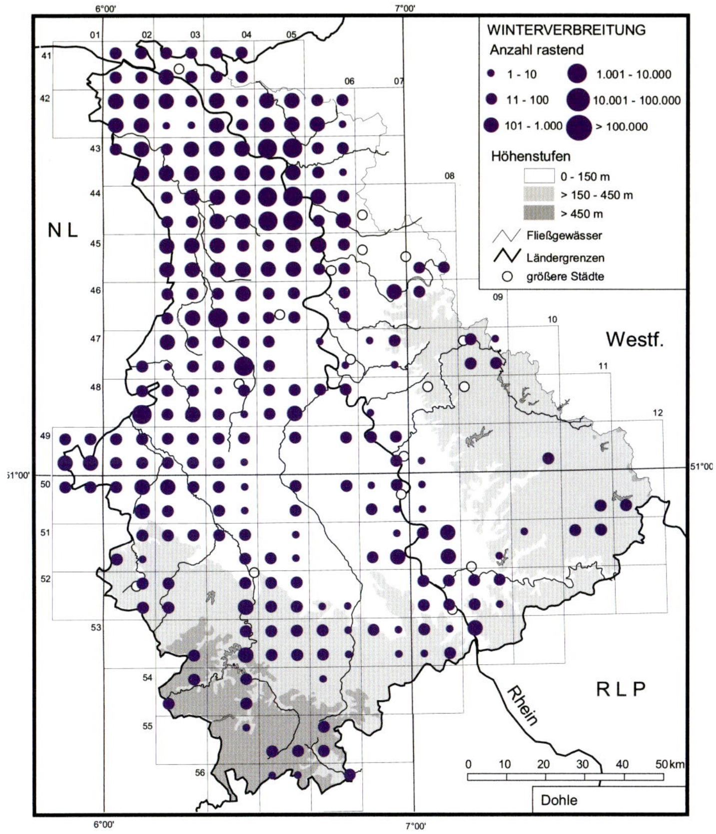

Winterverbreitung 1990-2000

Dohle, *Corvus monedula*. Foto: MATHIAS SCHÄF

Saatkrähe *Corvus frugilegus*

Status: Brutvogel, Durchzügler, Wintergast

Gefährdung:
Rote Liste N (nicht gefährdet)
Non-SPEC (nicht gefährdet)

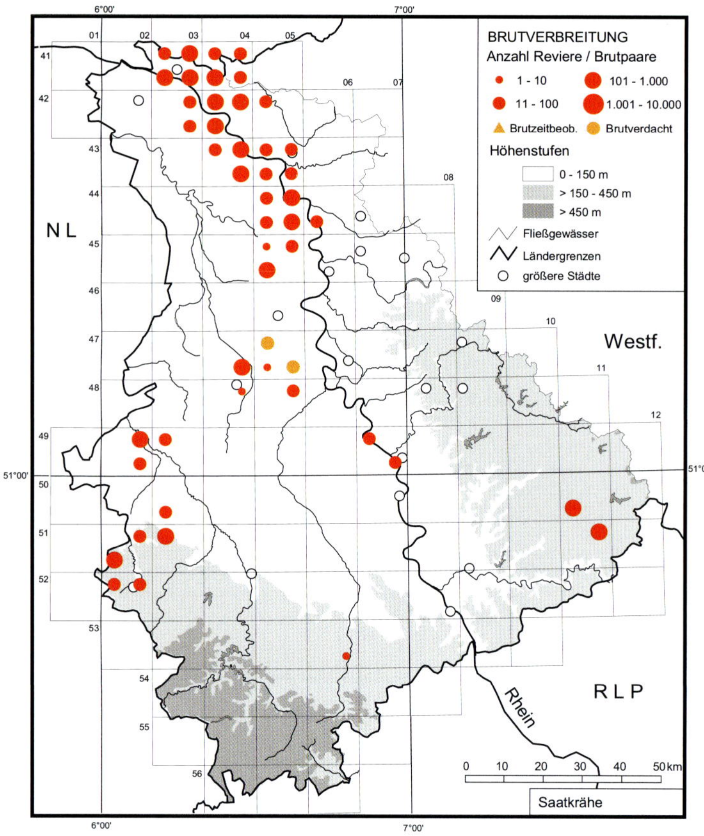

Brutverbreitung 1990-2000

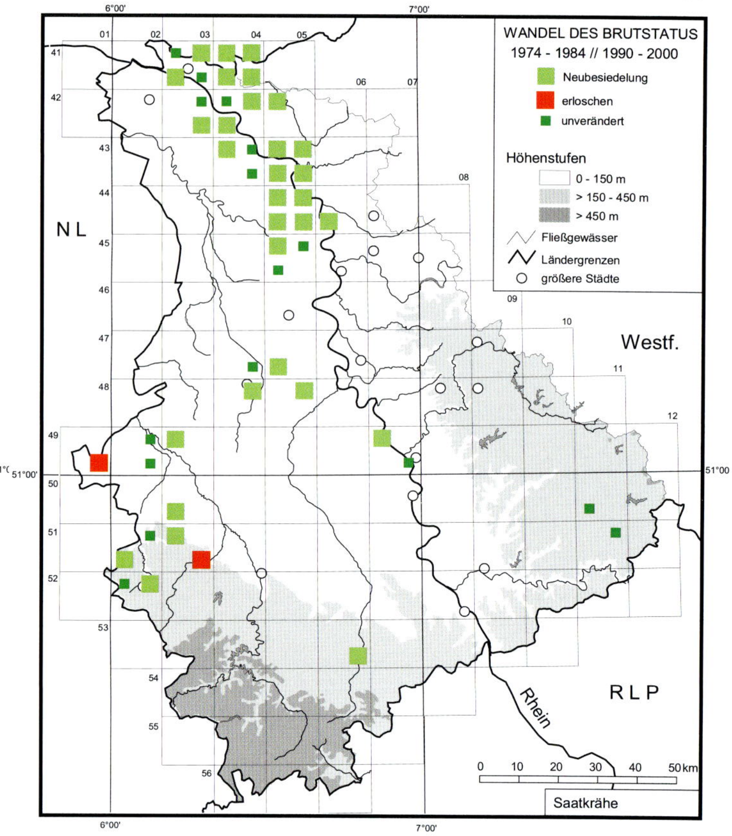

Arealveränderung zwischen 1974-84 und 1990-2000

BRUTVERBREITUNG

Die bekannten Vorkommen der Saatkrähe liegen meist in Feldgehölzen und Parkanlagen in der Nähe menschlicher Siedlungen. Der Schwerpunkt der rheinischen Brutverbreitung befindet sich ganz klar am Unteren Niederrhein und entlang der Landesgrenze nördlich von Aachen. Der Süden des Rheinlandes ist nur punktuell besiedelt. Alle Vorkommen liegen unter 450 m NN. Wie bei der Dohle ist auch bei der Saatkrähe eine Zunahme der Verbreitung von Westfalen (RF = 2 %; NWO 2002) über das Rheinland (RF = 12 %) zu den NL (RF = 25 %) feststellbar (SOVON 2002).

AREALVERÄNDERUNGEN

Nach den starken Rückgängen in der Mitte des 20. Jahrhunderts haben sich die Bestände in ganz Nordrhein-Westfalen ab 1987 wieder stetig erholt: >12.200 BP 1898 in der Rheinprovinz, 3.337 BP 1956, 1.251 BP 1976 und 6.473 BP 1997 (MILDENBERGER 1984, SCHOLZ 1997). Dies führte zur Wiederbesiedlung vieler ehemaliger Koloniestandorte und der Vergleich mit der ersten Kartierung 1974-84 zeigt einen enormen Arealgewinn von über 160 %. Diese positive Entwicklung kann auf die Einstellung der direkten Verfolgung und verminderte Störungen an den Brutplätzen zurückgeführt werden (RÖMER 1989). Ende der 1990er Jahre wird für den Landesteil Nordrhein wieder ein Bestand von 4.603 Brutpaaren in 68 Kolonien angegeben und auch im Landesteil Westfalen verläuft die Bestandsentwicklung positiv (SCHOLZ 1997). In naher Zukunft ist mit einer weiteren Zunahme zu rechnen. Da auch in den NL seit 1970-75 (10.000 BP) eine starke Bestandserholung verzeichnet werden konnte (40.000-60.000 BP 1992-97; SOVON 2002, BIJLSMA et al. 2001), liegt die Vermutung nahe, dass der Untere Niederrhein aufgrund der räumlichen Nähe aus den NL wiederbesiedelt wurde.

Bilanz der Brutvogelkartierung:

Kategorie [BP]	GF	RF %
1-10	4	1,0
11-100	25	6,1
101-200	18	4,4
Brutverdacht	2	0,5
Summe	**49**	**11,9**

Vergleich der Kartierung von 1974-1984 mit 1990-2000:

Kategorie	GF	%	RF %
1 - Nur 1974-84	2	4,1	0,5
2 - Nur 1990-2000	31	63,3	7,9
3 - Gemeinsame GF	16	32,7	4,1
1974-84: 1 & 3	18		4,6
1990-2000: 2 & 3	47		12,0
Veränderung	+29 (+161%)		+7,4

Die Zunahme ist statistisch signifikant (4-Felder X^2-Test***; Vorzeichentest*; McNemar-Test***). Identitäts-Index (nach SCHERNER 1982): 0,54.

WINTERVERBREITUNG

Ähnlich wie die Dohle ist auch die Saatkrähe im Winter sehr viel weiter verbreitet als zur Brutzeit. In den Wintermonaten steigt der Bestand durch den Einflug nordöstlicher Populationen stark an. Besonders im Niederrheinischen Tiefland und entlang des Rheines, kann es dann zu beeindruckenden Ansammlungen kommen (im Rheinland insgesamt schätzungsweise 200.000-300.000 Exemplare). In den östlichen NL sind Rastplätze mit bis zu 10.000 Exemplaren bekannt (Bijlsma et al. 2001). Rastbestände dieser Größenordnung gab es früher auch im Rheinland (Mildenberger 1984). In den Mittelgebirgen und Teilen der Niederrheinischen Bucht ist die Winterverbreitung viel spärlicher und beschränkt sich auf die unteren bis mittleren Höhenstufen.

Bilanz der Winterkartierung:

Kategorie [Ex.]	GF	RF %
1-10	30	8,8
11-100	99	29,0
101-1.000	94	27,6
1.001-10.000	7	2,1
Summe	**230**	**67,5**

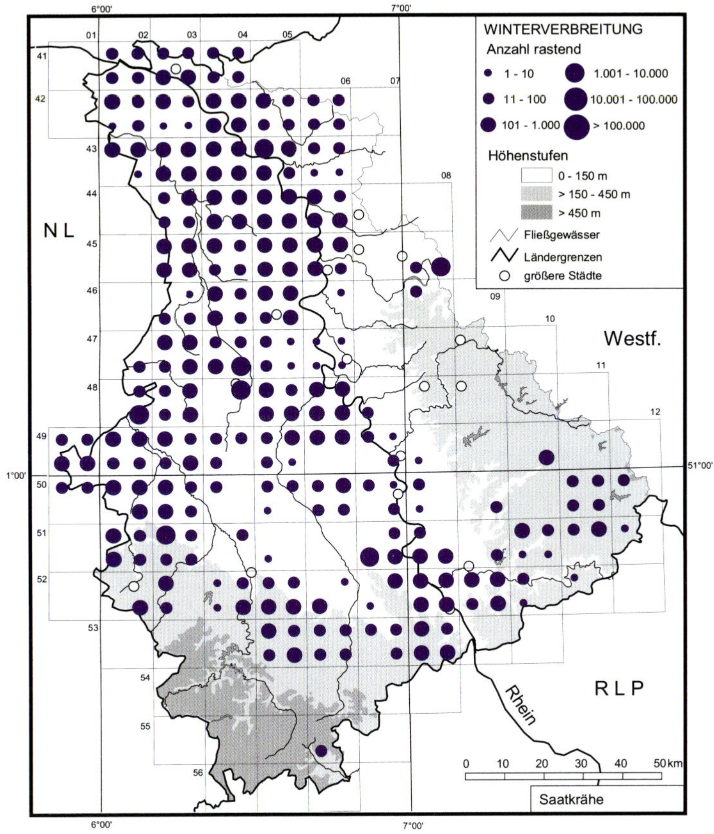

Winterverbreitung 1990-2000

Saatkrähe, *Corvus frugilegus*. Foto: Mathias Schäf

Aaskrähe *Corvus corone*

Status: Brutvogel, Durchzügler, Wintergast

Gefährdung:
Rote Liste N (nicht gefährdet)
Non-SPEC (nicht gefährdet)

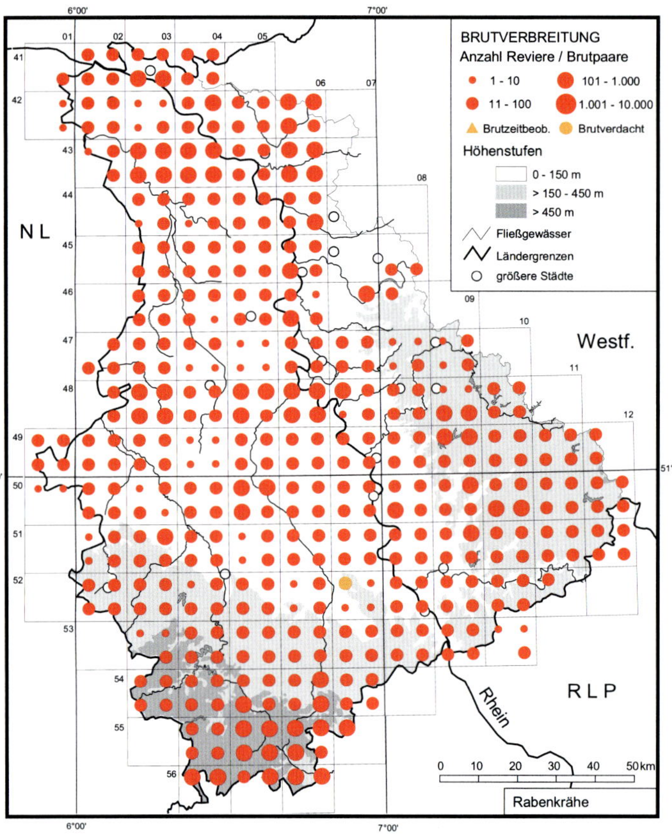

Brutverbreitung der Rabenkrähe 1990-2000

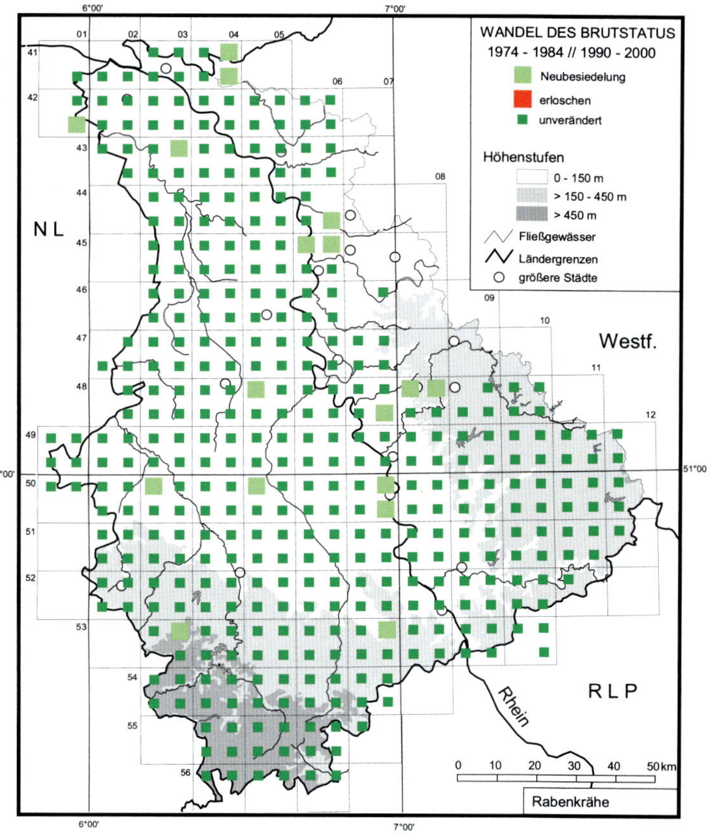

Arealveränderung zwischen 1974-84 und 1990-2000

BRUTVERBREITUNG (*Corvus c. corone*)

Die Rabenkrähe benötigt zum Einen Gehölzvorkommen (Feldgehölze, Alleen, Waldränder, Parkanlagen) zur Nestanlage und zum Anderen offenes Grün- und Ackerland zur Nahrungssuche. Dem entsprechend ist das Rheinland flächendekkend in hoher Dichte besiedelt, mit kleineren Verbreitungslücken allenfalls in komplett ausgeräumter Ackerlandschaft und großflächig geschlossenen Waldgebieten. Nahezu flächendecke Verbreitungen finden sich auch in den Nachbarregionen: NL RF = 97 % (SOVON 2002) und Westfalen RF = 99 % (NWO 2002).

AREALVERÄNDERUNGEN (*Corvus c. corone*)

Der Vergleich mit der ersten Kartierung zeigt keine wesentlichen Veränderungen. Da die Rabenkrähe nahezu alle Gitterfelder besiedelt, wird die Bestandszunahme im Rheinland kaum sichtbar. Einige Quadranten wurden neu besiedelt und die Bestände sind stabil bis leicht ansteigend. Die Art profitiert von der Einstellung der direkten Verfolgung und dem verbesserten Nahrungsangebot in der Nähe menschlicher Siedlungen (Mülldeponien). Für den kartierten Zeitraum wird der Gesamtbestand im Rheinland auf 21.000-40.000 Brutpaare geschätzt (1,5 - 2,9 BP/km² bezogen auf die besiedelte Fläche). Ein vergleichbares Bild zeichnet sich sowohl im angrenzenden Westfalen (NWO 2002) als auch in den Niederlanden ab, wo sich der Bestand von 30.000-40.000 BP 1973-77 auf 70.000-100.000 BP 1998-2000 nahezu verdoppelt hat (SOVON 2002).

Bilanz der Brutvogelkartierung (*Corvus c. corone*):

Kategorie [BP]	GF	RF %	Minimum [BP]
1-10	46	11,1	46
11-100	303	73,4	3.333
101-300	63	15,3	6.393
Brutverdacht	1	0,2	
Summe	**413**	**100,0**	**9.742**

Vergleich der Kartierung von 1974-1984 mit 1990-2000:

Kategorie	GF	%	RF %
1 - Nur 1974-84	0	0	0
2 - Nur 1990-2000	17	4,3	4,3
3 - Gemeinsame GF	376	95,7	95,7
1974-84: 1 & 3	376		95,7
1990-2000: 2 & 3	393		100,0
Veränderung	+17 (+4,5%)		+4,3

Die Zunahme ist statistisch signifikant (4-Felder X^2-Test***; Vorzeichentest*; McNemar-Test***). Identitäts-Index (nach SCHERNER 1982): 0,98.

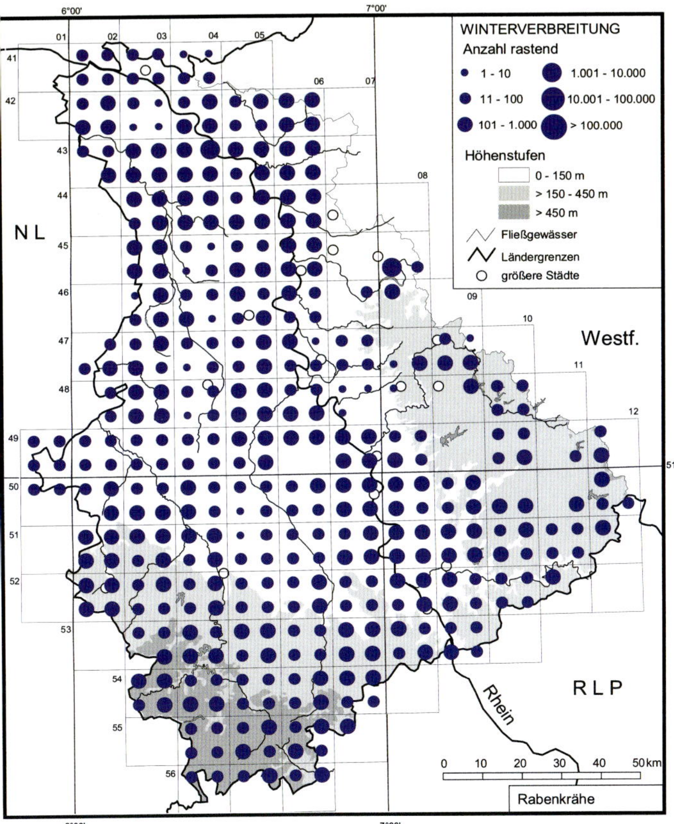

Winterverbreitung der Rabenkrähe 1990-2000

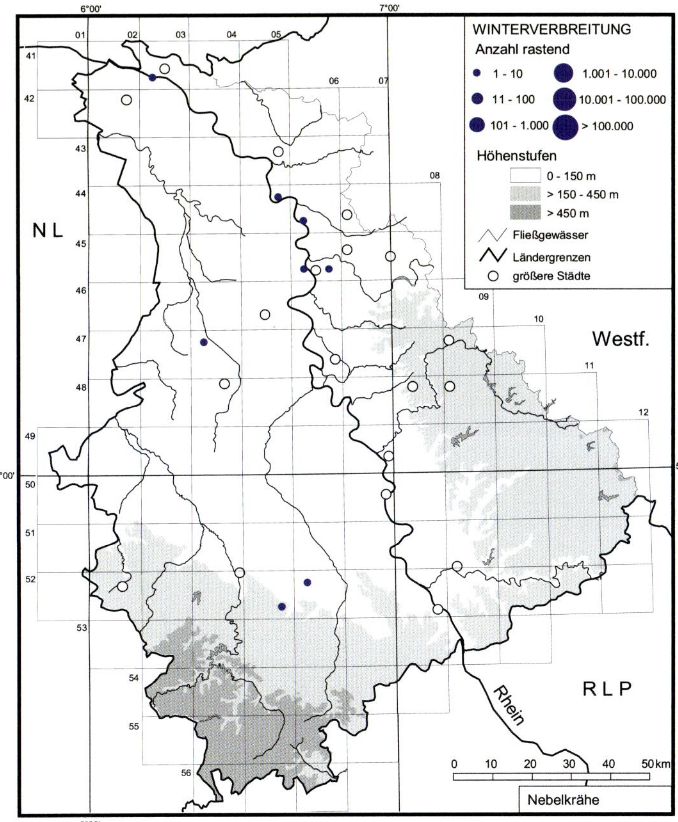

Winterverbreitung der Nebelkrähe 1990-2000

WINTERVERBREITUNG (*Corvus c. corone* und *Corvus c. cornix*)

Die **Rabenkrähe** (*Corvus c. corone*) ist auch im Winter flächendeckend verbreitet und die Brutpopulationen sind Standvögel. Kleinere Lücken (besonders rechtsrheinisch) gehen eher auf Erfassungsdefizite als auf tatsächliches Fehlen zurück. Vermutlich erfolgt außerdem ein Zugzug aus anderen Bereichen Mittel- und Nordeuropas.

Bilanz der Winterkartierung (*C. c. corone*):

Kategorie [Ex.]	GF	RF %
1-10	20	5,2
11-100	183	47,4
101-1.000	178	46,1
1.001-10.000	2	0,5
Summe	**383**	**99,2**

Rabenkrähe, *Corvus c. corone*.
Foto: Mathias Schäf

Die nahe verwandte **Nebelkrähe** (*C. c. cornix*) erscheint selten und unregelmäßig in den Wintermonaten besonders entlang des Niederrheins und den angrenzenden Tieflagen (<150 m NN). Zwischen 1990 und 2000 liegen Beobachtungen aus insgesamt acht Gitterfeldern vor (RF = 2,0 %). Im Vergleich zur ersten Wintervogelkartierung ist die Anzahl der Nachweise weiter gesunken. In den 1970er Jahren erschien sie alljährlich am Unteren Niederrhein (Kreis Wesel), unregelmäßiger in anderen Gebieten und die Gesamttendenz war schon damals rückläufig (Mildenberger 1984). Regelmäßige Wintervorkommen gibt es im Rheinland heute nicht mehr. Möglicherweise haben die milden Winter der letzten Jahrzehnte die Notwendigkeit für Winterfluchten aus den osteuropäischen Brutgebieten vermindert.

Nebelkrähe, *Corvus c. cornix*.
Foto: Mathias Schäf

Kolkrabe *Corvus corax*

Status: Jahresvogel

Gefährdung:
Rote Liste 1 (vom Aussterben bedroht)
Non-SPEC (nicht gefährdet)

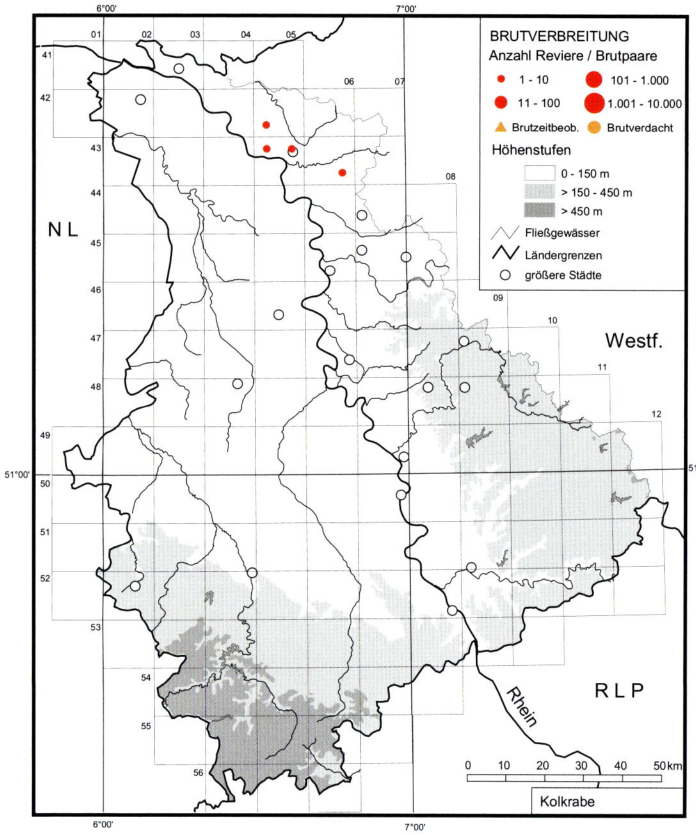

Brutverbreitung 1990-2000

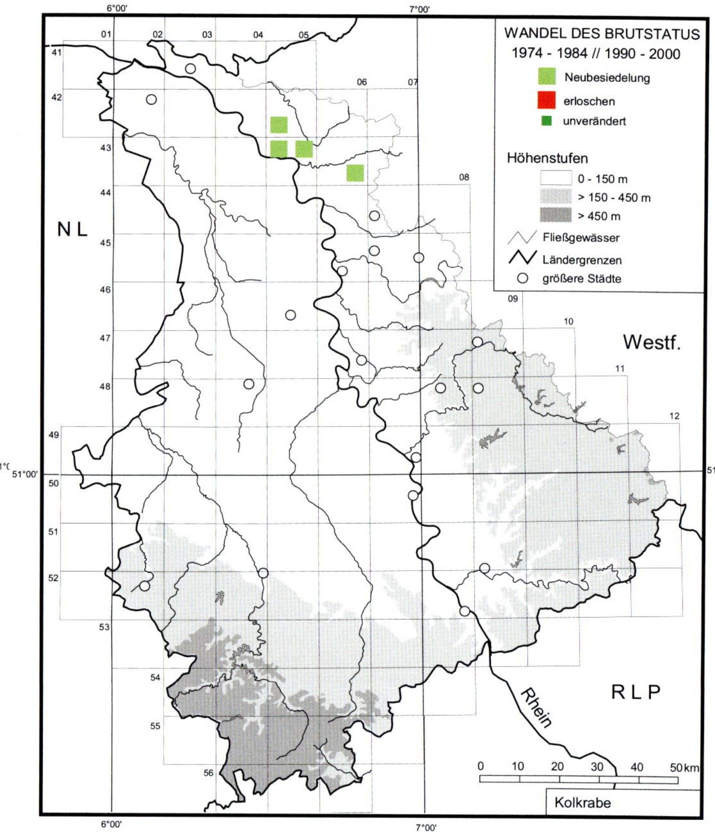

Arealveränderung zwischen 1974-84 und 1990-2000

BRUTVERBREITUNG

Der Kolkrabe besiedelt bevorzugt reich strukturiertes Kulturland, wo Acker- und Grünland mit zusammenhängenden Feldgehölzen, Laub- und Mischwäldern abwechseln. Das aktuelle Vorkommen ist auf ein kleines rechtsrheinisches Gebiet am Unteren Niederrhein bei Wesel beschränkt und geht auf ein Auswilderungsprojekt in dieser Region zurück. In direkter Nachbarschaft liegen weitere Brutreviere auf westfälischer Seite (Jöbges 2001). Im Landesteil Westfalen sind insgesamt zwei Prozent der kartierten Gitterfelder besetzt (NWO 2002), während in den Niederlanden bereits 6 % der Untersuchungsfläche besiedelt sind (SOVON 2002).

AREALVERÄNDERUNGEN

Der Kolkrabe wurde nach dem Einsetzen der Bestandsabnahme um 1870 zu Anfang des 20. Jahrhunderts im Rheinland ausgerottet (1910 Kreis Kleve, um 1930 Kreis Wesel) und die Wiederbesiedlung erfolgte durch ein Auswilderungsprojekt Ende der 1980er Jahre im Bereich des Unteren Niederrheins, wo die letzten Brutplätze lagen (Mildenberger 1984). Die Bestände in diesem Auswilderungsgebiet sind seit Anfang der 1990er Jahre (10-15 BP) zurückgegangen und haben sich auf sehr niedrigem Niveau (1-5 BP) stabilisiert, während die ostwestfälische Population, durch eigenständige Wiederbesiedlung aus Niedersachsen, stetig anwächst und sich nach Westen ausdehnt (Jöbges 2001, NWO 2002). Entsprechend den Entwicklungen in den Nachbarländern (Hessen, Rheinland-Pfalz, Niedersachsen und NL; Reichelt 2001, Renssen & Vogel 2001, Rösner & Müller 2001) kann langfristig mit einem weiteren Anwachsen der rheinischen Population gerechnet werden, auch wenn bisher noch keine Zuwanderer aus den NL oder Westfalen zum Niederrhein vorgerückt sind.

Bilanz der Brutvogelkartierung:

Kategorie [BP]	GF	RF %
1-5	4	1,0

Vergleich der Kartierung von 1974-1984 mit 1990-2000:

Kategorie	GF	%	RF %
1 - Nur 1974-84	0	0	0
2 - Nur 1990-2000	4	100,0	1,0
3 - Gemeinsame GF	0	0	0
1974-84: 1 & 3	0		0
1990-2000: 2 & 3	4		1,0
Veränderung	+4		+1,0

Die Zunahme ist statistisch nicht signifikant (4-Felder X^2-Test*; Vorzeichentest$^+$; McNemar-Test n. s.).

WINTERVERBREITUNG

Die wenigen Winternachweise verteilen sich auf das Rheintal zwischen Kleve und Leverkusen sowie das Süderbergland. Die Herkunft der Vögel ist unklar, wahrscheinlich handelt es sich um umherstreifende Tiere aus den Brutpopulationen am Niederrhein, den Niederlanden und dem Westerwald. Bei weiterem Anwachsen des Brutbestandes ist von einer Zunahme der Feststellungen auszugehen. Bisher handelt es sich eher um sporadische Einzelvorkommen.

Bilanz der Winterkartierung:

Kategorie [Ex.]	GF	RF %
1-10	9	2,6

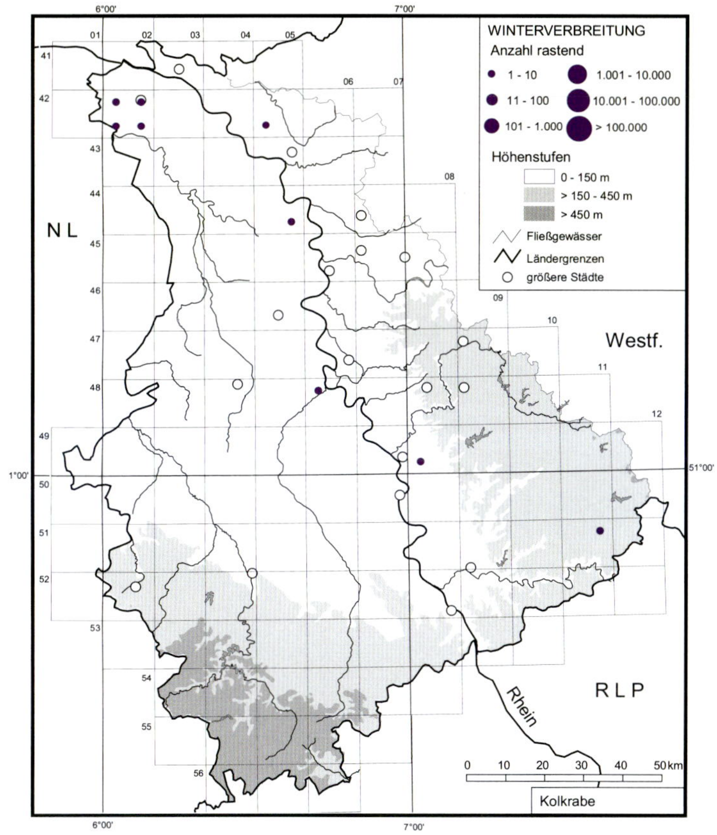

Winterverbreitung 1990-2000

Kolkrabe, *Corvus corax*. Foto: SASCHA RÖSNER

Star *Sturnus vulgaris*

Status: Brutvogel, Durchzügler, Wintergast

Gefährdung:
Rote Liste N (nicht gefährdet)
SPEC 3 (zurückgehend)

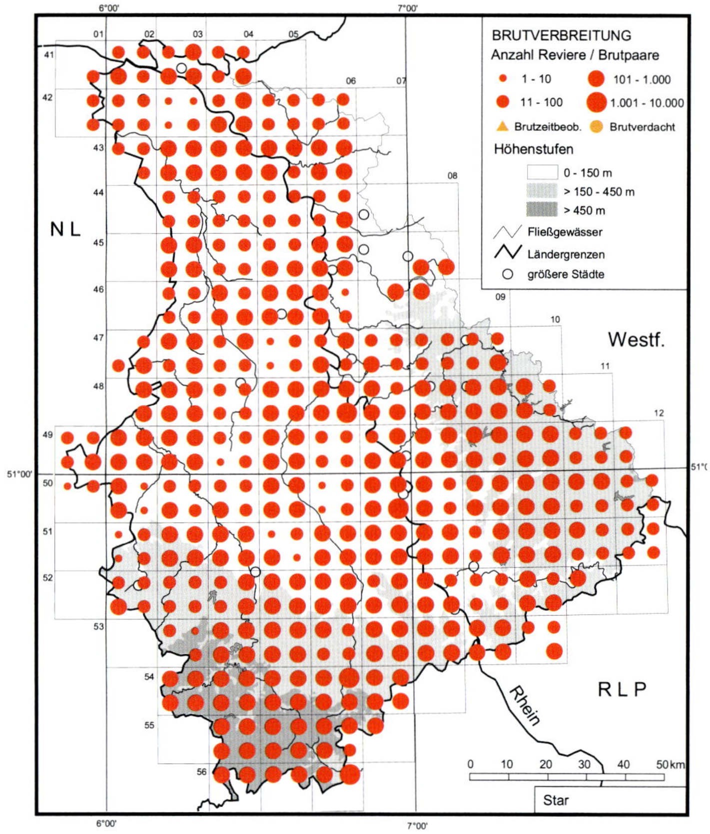

Brutverbreitung 1990-2000

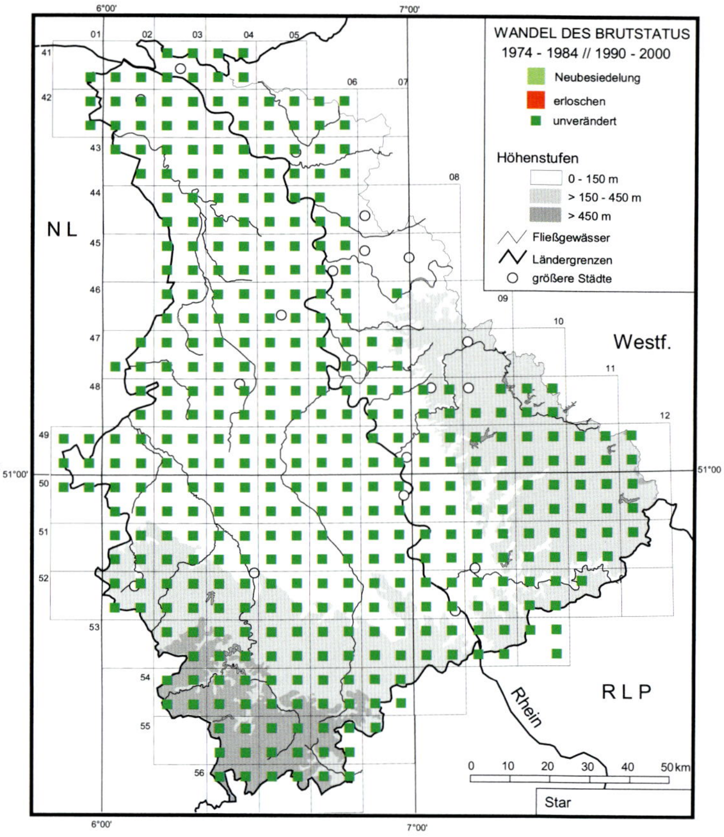

Arealveränderung zwischen 1974-84 und 1990-2000

BRUTVERBREITUNG

Der Star ist sehr weit verbreitet und kommt in allen Gitterfeldern mit ausreichendem Angebot an Nistplätzen (Baumhöhlen, Nistkästen, Gebäude) und Nahrungsplätzen (Grünland) vor. Das Rheinland ist dem entsprechend flächig und in hoher Dichte besiedelt. Kleinere Lücken existieren in der ausgeräumten Agrarlandschaft und im Inneren geschlossener Waldgebiete. Mit Rasterfrequenzen von 96 % und 99 % ist der Star auch in den Niederlanden (SOVON 2002) und Westfalen (NWO 2002) weit verbreitet.

AREALVERÄNDERUNGEN

Der Vergleich zwischen den beiden Kartierungsperioden offenbart keinerlei Arealveränderungen, da alle Gitterfelder auch 1974-84 bereits besetzt waren. Schon Ende der 1970er Jahre galt der Star als einer der häufigsten Brutvögel des Rheinlandes mit stabilen bis zunehmenden Beständen (MILDENBERGER 1984). Dies gilt, ähnlich wie auch in den NL (SOVON 2002), noch heute. Für größere Bestandsrückgänge, wie sie in Westfalen infolge von Grünlandverlusten festgestellt wurden (NWO 2002), gibt es in Nordrhein bisher nur ganz lokale Hinweise (z. B. MEßER 2004). Aus den Kartierungsergebnissen ergibt sich ein Bestand von schätzungsweise 300.000-500.000 Brutpaaren (22,0 - 36,7 BP/km² bezogen auf die besiedelte Fläche).

Bilanz der Brutvogelkartierung:

Kategorie [BP]	GF	RF %	Minimum [BP]
1-10	17	4,1	17
11-100	153	37,0	1.683
101-1.000	239	57,9	24.139
1.001-2.000	4	1,0	4.004
Summe	**413**	**100,0**	**29.843**

Vergleich der Kartierung von 1974-1984 mit 1990-2000:

Kategorie	GF	%	RF %
1 - Nur 1974-84	0	0	0
2 - Nur 1990-2000	0	0	0
3 - Gemeinsame GF	393	100	100
1974-84: 1 & 3	393		100
1990-2000: 2 & 3	393		100
Veränderung	0		0

Identitäts-Index (nach SCHERNER 1982): 1,0.

WINTERVERBREITUNG

Der Star ist auch in den Wintermonaten im gesamten Untersuchungsgebiet in zum Teil größeren Schwärmen anzutreffen, mit den höchsten Dichten in den klimatisch günstigeren Niederungen. Insgesamt werden alle Höhenstufen besetzt, lediglich bei Kälteeinbrüchen kommt es zu lokalen bis regionalen Ausweichbewegungen. Der Abzug von Teilen der Brutpopulation wird möglicherweise durch den Zuzug nordöstlicher Wintergäste ausgeglichen. Lücken in der Verbreitungskarte gehen auf Erfassungsdefizite zurück. Durch die milden Winter der letzten Jahrzehnte hat sich die Rasterfrequenz im Vergleich zur ersten Kartierung 1983-86 (Jan./Dez. RF = 90,6 %) leicht vergrößert, was zum Teil auch daran liegt, dass in milden Wintern die Brutplätze bereits früh besetzt werden.

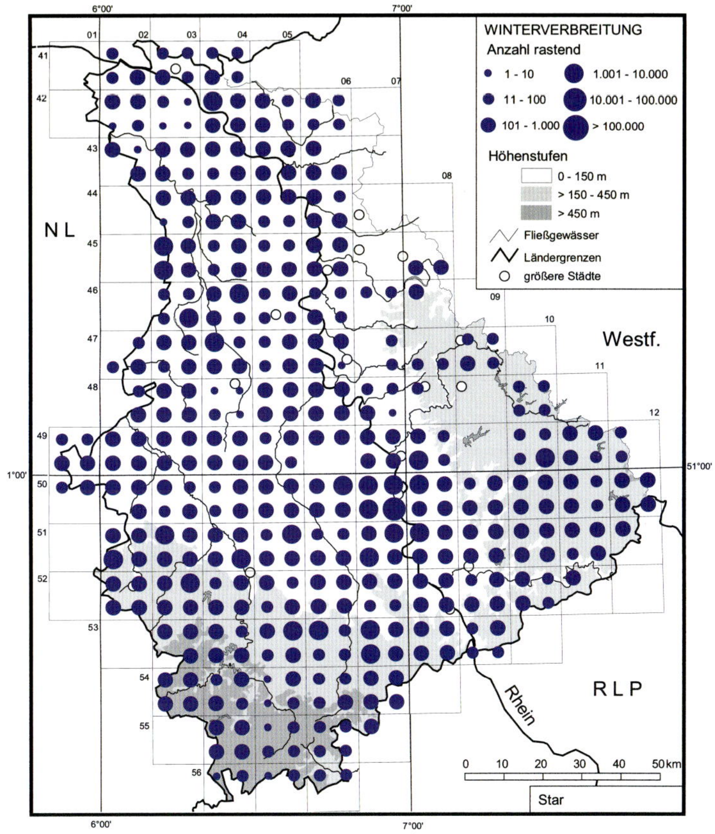

Winterverbreitung 1990-2000

Bilanz der Winterkartierung:

Kategorie [Ex.]	GF	RF %
1-10	16	4,1
11-100	116	29,6
101-1.000	230	58,7
1.001-10.000	25	6,4
10.001-100.000	1	0,3
Summe	**388**	**99,0**

Star, *Sturnus vulgaris*. Foto: MATHIAS SCHÄF

Haussperling *Passer domesticus*

Status: Jahresvogel

Gefährdung:
Rote Liste N (nicht gefährdet)
SPEC 3 (zurückgehend)

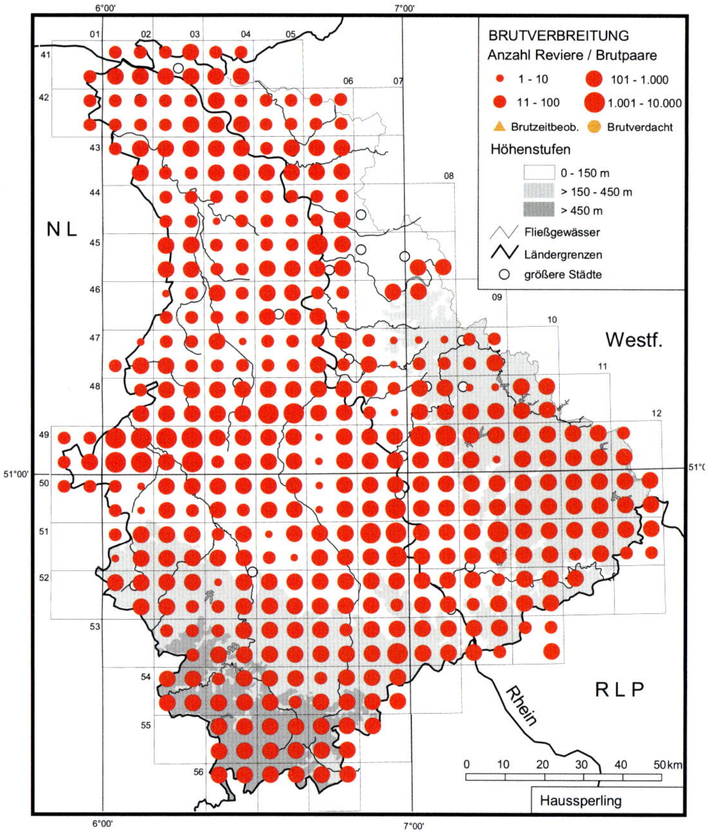

Brutverbreitung 1990-2000

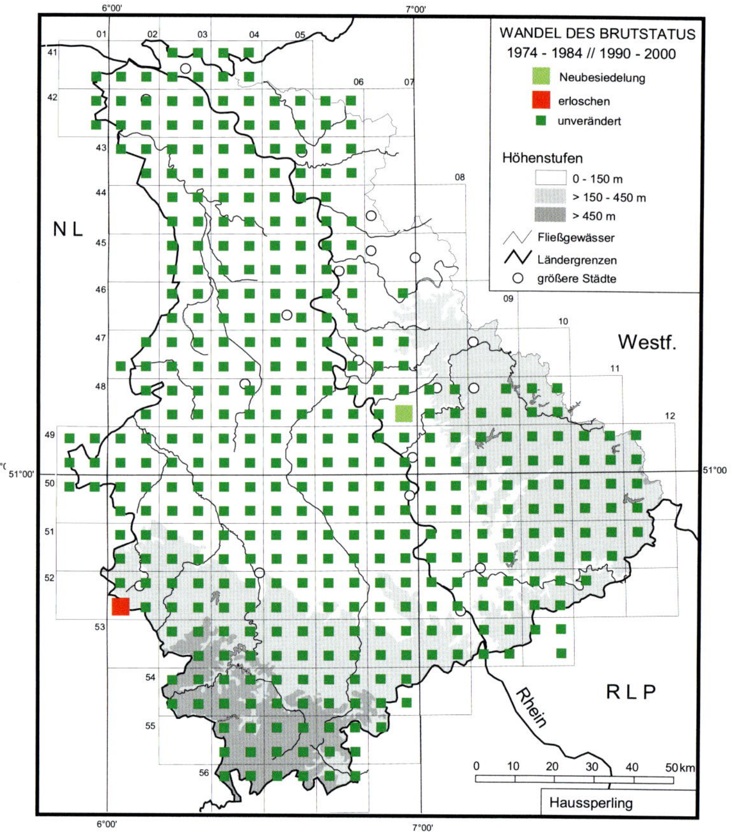

Arealveränderung zwischen 1974-84 und 1990-2000

BRUTVERBREITUNG

Vorkommen des Haussperlings finden sich überall in menschlichen Siedlungen, von Einzelgehöften bis zum Inneren großer Städte. Er fehlt nur ganz lokal in großen Waldgebieten und unbebauter Agrarlandschaft, wo keine Häuser vorkommen. Entsprechend ist das Rheinland flächendeckend in zum Teil sehr hoher Dichte besiedelt (z. B. Schwalm-Nette-Niederung, Kölner Bucht). Gleiches gilt für die benachbarten Regionen Westfalens (RF = 99 %; NWO 2002) und der NL (RF = 95 %; SOVON 2002).

AREALVERÄNDERUNGEN

Der vielfach propagierte Rückgang der Bestände lässt sich hier aufgrund des großen Maßstabes noch nicht bestätigen und die Arealsituation ist im Vergleich zu 1974-84 stabil. Die Bestände sollten auch im Rheinland im Auge behalten werden, da negative Entwicklungen, wie sie im restlichen Europa beobachtet werden (z. B. in den NL seit den 1970er Jahren Bestandsrückgang um 50-70 %; SOVON 2002), nicht auszuschließen sind und die Rückgangsursachen (z. B. Mechanisierung, Rückgang der Viehhaltung, Verschlechterung des Nahrungsangebotes; ROBINSON et al. 2002) auch hier zum Tragen kommen könnten. Selbst wenn die Bestände sehr stark abnehmen würden, wären noch alle Gitterfelder besetzt, da sich bei sehr weit verbreiteten Arten Bestandsveränderungen nicht unmittelbar in Arealveränderungen niederschlagen (vgl. HEINE et al. 1999). Für das Kölner Stadtgebiet wurde 2002 ein Brutbestand von 13.000-17.000 Paaren (3,2 - 4,2 BP./10 ha) erhoben, in den umliegenden Städten kommt die Art in geringerer Dichte vor (SKIBBE & SUDMANN 2002). Im gesamten Landesteil Nordrhein kann in den 1990er Jahren ein Bestand von ca. 250.000-700.000 Brutpaaren (18,4 - 51,5 BP/km² bezogen auf die besiedelte Fläche) angenommen werden. Für Westfalen wird seit den 1960er Jahren eine negative Entwicklung diagnostiziert (NWO 2002), während im Rheinland konkrete Zahlen zur langfristigen Bestandsentwicklung noch fehlen. Lokale Rückgangstendenzen sind aber bereits festzustellen (SKIBA 1993).

Bilanz der Brutvogelkartierung:

Kategorie [BP]	GF	RF %	Minimum [BP]
1-10	22	5,3	22
11-100	111	26,9	1.221
101-1.000	261	63,2	26.361
1.001-5.000	18	4,4	18.018
Summe	**412**	**99,8**	**45.622**

Vergleich der Kartierung von 1974-1984 mit 1990-2000:

Kategorie	GF	%	RF %
1 - Nur 1974-84	1	0,3	0,3
2 - Nur 1990-2000	1	0,3	0,3
3 - Gemeinsame GF	391	99,5	99,5
1974-84: 1 & 3	392		99,8
1990-2000: 2 & 3	392		99,8
Veränderung	0		0

Identitäts-Index (nach SCHERNER 1982): 1,0.

WINTERVERBREITUNG

Der Haussperling ist in den Wintermonaten ebenfalls flächendeckend verbreitet und es zeigen sich keine Unterschiede zwischen Brut- und Winterverbreitung. Lücken können auf Erfassungsdefizite zurückgeführt werden. Der Haussperling ist wohl überwiegend Standvogel, tritt jedoch im Winterhalbjahr auch in umherstreifenden gemischten Finkenschwärmen in der weiten Agrarlandschaft auf. Die Art profitierte von den milden Wintern der letzten Jahre und den Winterfütterungen im Siedlungsbereich.

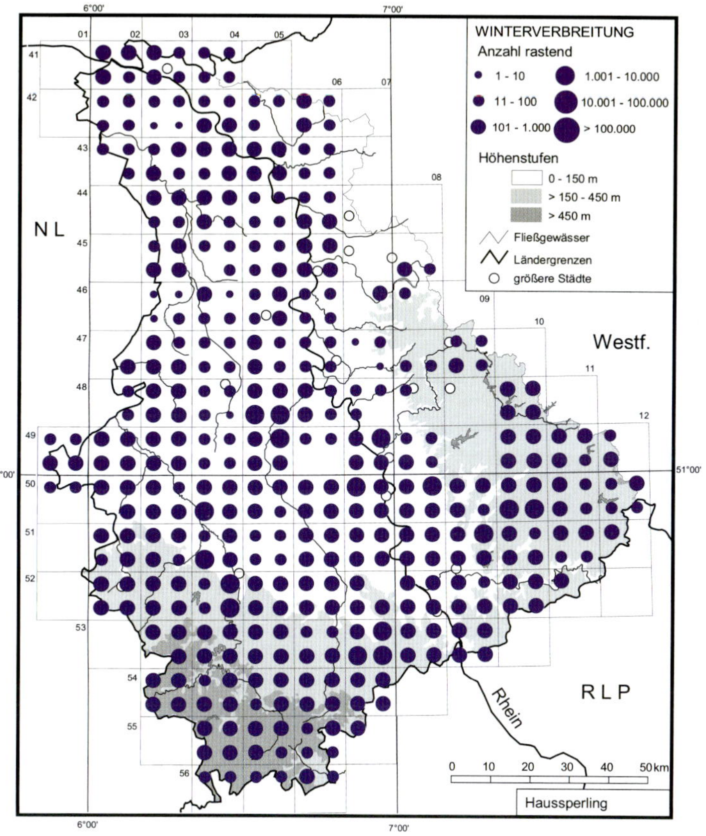

Winterverbreitung 1990-2000

Bilanz der Winterkartierung:

Kategorie [Ex.]	GF	RF %
1-10	9	2,3
11-100	137	35,0
101-1.000	222	56,8
1.001-10.000	16	4,1
Summe	**384**	**98,2**

Haussperling, *Passer domesticus,* Männchen. Foto: MATHIAS SCHÄF

Feldsperling *Passer montanus*

Status: Jahresvogel

Gefährdung:
Rote Liste V (zurückgehend)
SPEC 3 (zurückgehend)

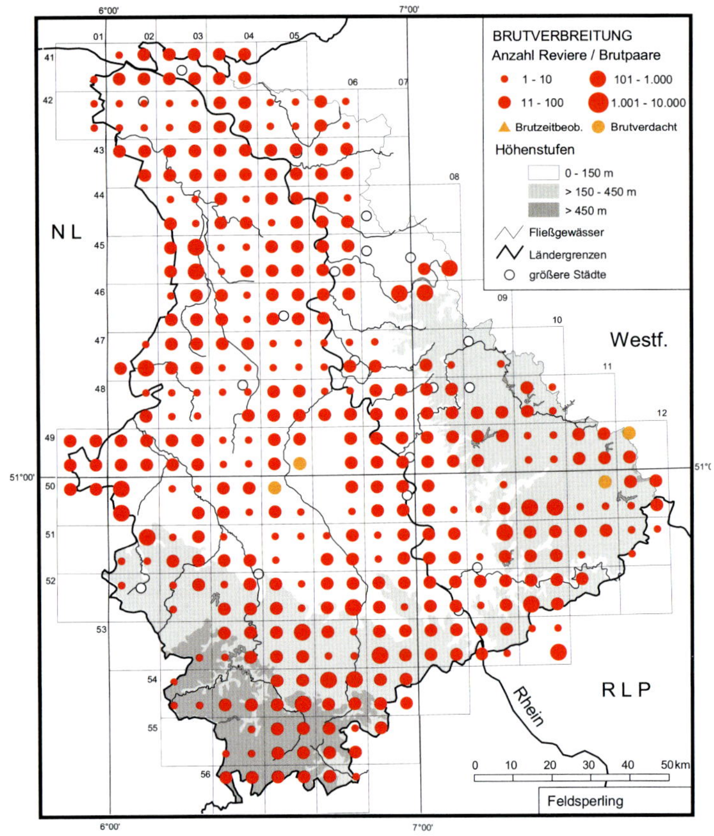

Brutverbreitung 1990-2000

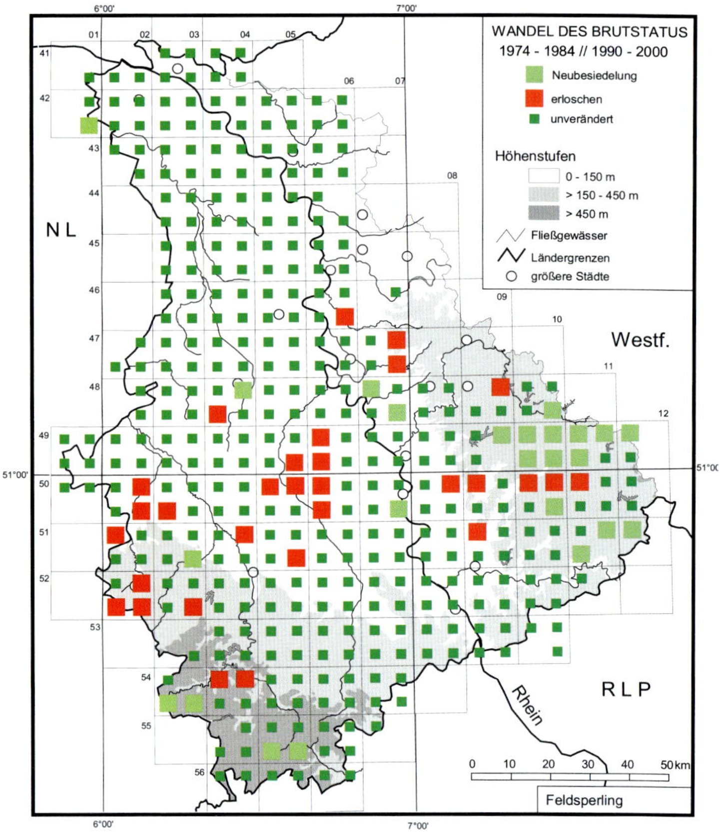

Arealveränderung zwischen 1974-84 und 1990-2000

BRUTVERBREITUNG

Der Feldsperling bewohnt die offene Kulturlandschaft mit eingestreuten Gehölzkomplexen (Feldgehölze, Hecken, Gebüschstreifen, Gärten, Parks) und die Randbereiche ländlicher Siedlungen. Er fehlt in der ausgeräumten Ackerbörde, in geschlossenen Waldgebieten und vegetationsarmen Innenstädten. Im Rheinland ist er in allen Höhenstufen weit verbreitet (besonders im Rheintal, Schwalm-Nette-Gebiet) mit lediglich kleinen Lücken in den ausgeräumten Agrargebieten der Niederrheinischen Bucht und den waldreichen Hochlagen der Mittelgebirge. Fast identische Verteilungsgrade wurden in den NL (RF = 91 %; SOVON 2002) und Westfalen (RF = 92,5 %) ermittelt (NWO 2002).

AREALVERÄNDERUNGEN

Der in zahlreichen Regionen zu beobachtende Bestandsrückgang, z. B. um 70-90 % in den NL (SOVON 2002), schlägt sich im Vergleich der beiden Erfassungszeiträume im Rheinland noch nicht nieder und hier ist nur ein leichter, nicht signifikanter Arealverlust feststellbar. Bereits MILDENBERGER (1984) wies auf rückläufige Tendenzen hin und gleiches wird aktuell auch für Westfalen angenommen (NWO 2002). Hier zeigt sich wieder, dass bei Arten mit einer hohen Rasterfrequenz und Bestandsdichte eine Bestandsreduktion nicht so schnell sichtbar wird, da immer noch alle Raster besetzt sind, selbst wenn die Bestände bereits zurückgehen. Die weitere Bestandsentwicklung sollte deshalb sorgfältig dokumentiert und den Rückgangsursachen (Intensivierung der Landwirtschaft mit großem Pestizideinsatz, Verlust von Ackerrandstreifen und Brutplätzen; WESOLOWSKI 1991, NABU 2004) entgegen gewirkt werden. In England zeigt der Feldsperling nach starken Rückgängen neuerdings eine spürbare Erholung der Bestände (GREGORY et al. 2004). Im Rheinland ergibt sich für den Bearbeitungszeitraum ein geschätzter Brutbestand von 26.000-45.000 Paaren (2,1 - 3,7 BP/km² bezogen auf die besiedelte Fläche).

Bilanz der Brutvogelkartierung:

Kategorie [BP]	GF	RF %	Minimum [BP]
1-10	111	26,9	111
11-100	237	57,4	2.607
101-1.000	20	4,8	2.020
Brutverdacht	4	1,0	
Summe	**372**	**90,1**	**4.738**

Vergleich der Kartierung von 1974-1984 mit 1990-2000:

Kategorie	GF	%	RF %
1 - Nur 1974-84	30	7,8	7,6
2 - Nur 1990-2000	24	6,2	6,1
3 - Gemeinsame GF	333	86,0	84,7
1974-84: 1 & 3	363		92,3
1990-2000: 2 & 3	357		90,8
Veränderung	-6 (-1,7 %)		-1,5

Identitäts-Index (nach SCHERNER 1982): 0,93.

WINTERVERBREITUNG

Die Winterverbreitung deckt sich im Wesentlichen mit der Brutzeitverbreitung. Die höheren Lagen der Mittelgebirge (Eifel) werden jedoch weitgehend geräumt und die Vögel konzentrieren sich in den klimatisch günstigeren Niederungen (Schwalm-Nette-Gebiet, Unterer Niederrhein), wo sie in unterschiedlich großen, gemischten Schwärmen mit Finken und Ammern auftreten.

Bilanz der Winterkartierung:

Kategorie [Ex.]	GF	RF %
1-10	55	14,4
11-100	239	62,4
101-1.000	35	9,1
Summe	**336**	**87,7**

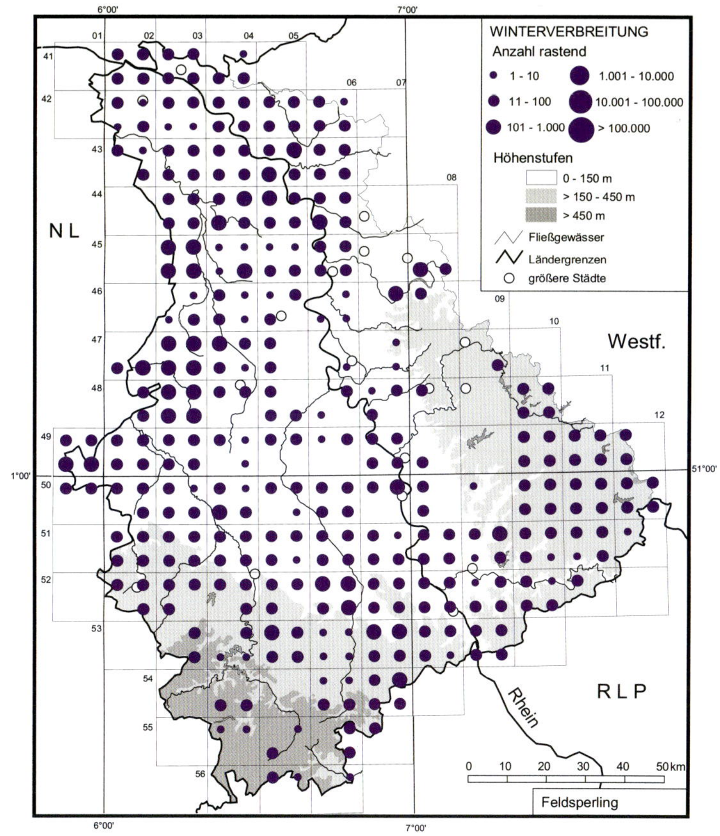

Winterverbreitung 1990-2000

Feldsperling, *Passer montanus*. Foto: Mathias Schäf

Buchfink *Fringilla coelebs*

Status: Brutvogel, Durchzügler, Wintergast

Gefährdung:
Rote Liste N (nicht gefähgdet)
Non-SPEC^E^ (nicht gefährdet)

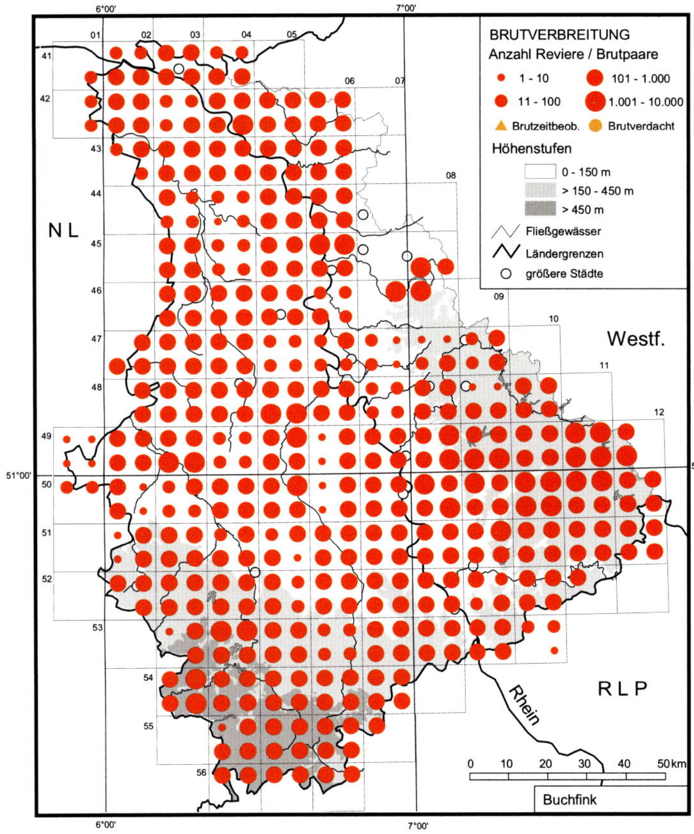

Brutverbreitung 1990-2000

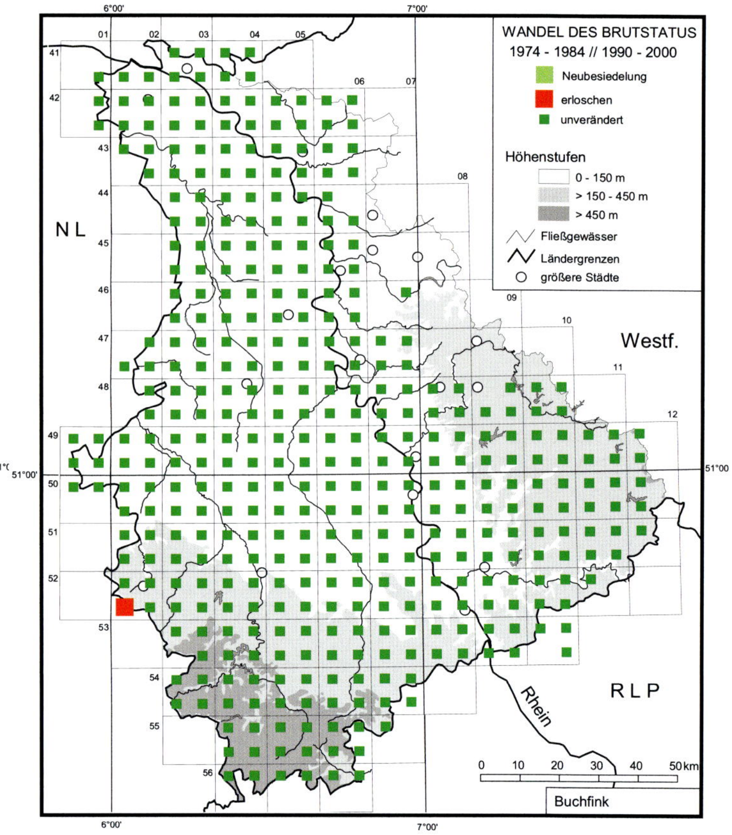

Arealveränderung zwischen 1974-84 und 1990-2000

BRUTVERBREITUNG

Der Buchfink kommt in allen Gitterfeldern vor, selbst wenn nur ein minimaler Baumbestand vorhanden ist. Das gesamte Untersuchungsgebiet ist flächendeckend in sehr hoher Dichte besiedelt. Geringere Abundanzen offenbaren sich nur in der gehölzarmen Ackerbörde und den Innenstädten. Alle Klima- und Höhenstufen sind gleichermaßen dicht besetzt. Die Art ist in den benachbarten NL (RF = 94 %; SOVON 2002) und Westfalen (RF = 100 %; NWO 2002) ebenso weit verbreitet.

AREALVERÄNDERUNGEN

Der Vergleich der beiden Kartierungszeiträume offenbart keine Arealveränderungen, da bereits bei der ersten Erfassung alle Gitterfelder besetzt waren. Regional ist in den 1970er Jahren von leichten Bestandsabnahmen und kurzfristigen Schwankungen berichtet worden (Mildenberger 1984). Im Rheinland wurden Anfang der 1990er Jahre leichte, lokal auch starke Zunahmen (Wink 1995, Meßer 2004) und in Westfalen eher stabile Bestände diagnostiziert (NWO 2002), so dass im Landesteil Nordrhein auch aktuell zumindest von einer stabilen Situation auszugehen ist. In den NL wird sogar von einer deutlichen Bestandszunahme berichtet (SOVON 2002). Im Rheinland wurde für 1990-2000 ein geschätzter Gesamtbestand von ca. 250.000-500.000 Brutpaaren (18,4 - 36,8 BP/km² bezogen auf die besiedelte Fläche) berechnet.

Bilanz der Brutvogelkartierung:

Kategorie [BP]	GF	RF %	Minimum [BP]
1-10	23	5,6	23
11-100	62	15,0	682
101-1.000	292	70,7	29.492
1.001-5.000	35	8,5	35.035
Summe	**412**	**99,8**	**65.232**

Vergleich der Kartierung von 1974-1984 mit 1990-2000:

Kategorie	GF	%	RF %
1 - Nur 1974-84	1	0,3	0,3
2 - Nur 1990-2000	0	0	
3 - Gemeinsame GF	392	99,8	99,8
1974-84: 1 & 3	393		100,0
1990-2000: 2 & 3	392		99,8
Veränderung	-1 (-0,3 %)		-0,3

Identitäts-Index (nach Scherner 1982): 1,0.

WINTERVERBREITUNG

Brut- und Winterverbreitung sind identisch. Abziehende Brutvögel werden durch Wintergäste aus Nordeuropa ersetzt, so dass das rheinische Verbreitungsgebiet ganzjährig gleich bleibt. Im Winterhalbjahr tritt der Buchfink in kleinen bis großen Trupps in Erscheinung, in denen aufgrund des differenzierten Zugverhaltens (BERTHOLD 2000) oft ein Geschlecht überwiegt ("*coelebs*" = ledig, ehelos): die Weibchen ziehen in weiter entfernte Überwinterungsgebiete, während die Männchen in der Nähe der Brutplätze bleiben. Bei anhaltenden Kälteperioden zieht ein größerer Teil der Vögel ab.

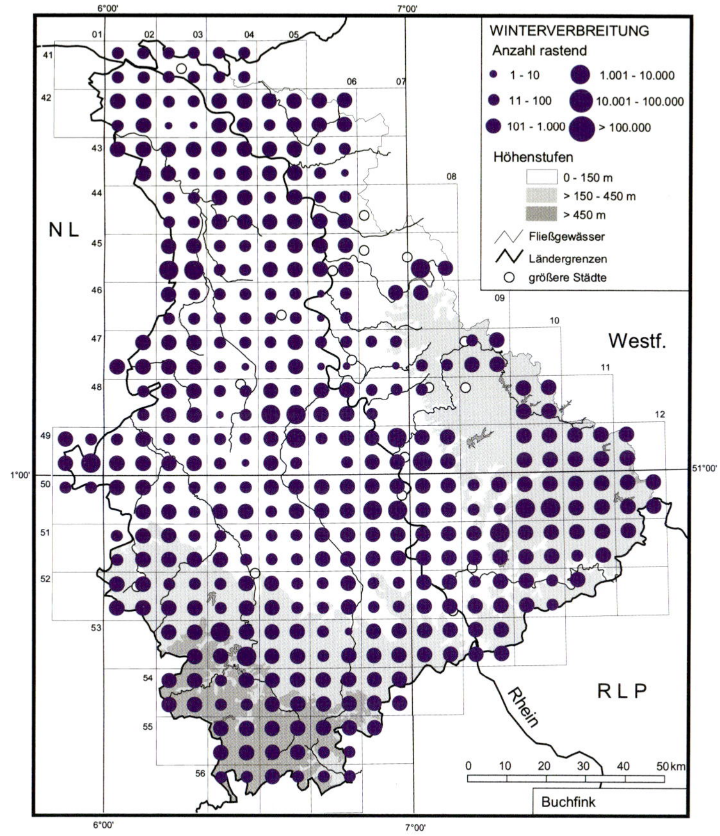

Winterverbreitung 1990-2000

Bilanz der Winterkartierung:

Kategorie [Ex.]	GF	RF %
1-10	12	3,1
11-100	127	32,4
101-1.000	235	60,0
1.001-10.000	16	4,1
Summe	**390**	**99,5**

Buchfink, *Fringilla coelebs,* Männchen. Foto: MATHIAS SCHÄF

Bergfink *Fringilla montifringilla*

Status: Durchzügler, Wintergast

Gefährdung:
Non-SPEC (nicht gefährdet)

WINTERVERBREITUNG

Der Bergfink ist verbreiteter Durchzügler und Wintergast in Laub- und Mischwaldgebieten sowie gehölzreichen Parks und Gärten. Er erscheint nicht selten auch an Winterfütterungen im Siedlungsbereich. Die Schwerpunkte der Winterverbreitung liegen aber in den waldreichen, mittleren Höhenstufen der Mittelgebirge. Auch geeignete Waldareale der Tieflagen sind inselartig besetzt (z. B. Schwalm-Nette-Gebiet, Niersniederung). In manchen Jahren werden invasionsartige Einflüge registriert und besonders bei Kälteeinbrüchen in Nordeuropa steigt der Winterbestand im Rheinland stark an. Die Art fehlt in reinen Nadelwaldgebieten sowie in waldarmer Agrarlandschaft und Innenstädten.

Bilanz der Winterkartierung:

Kategorie [Ex.]	GF	RF %
1-10	57	14,6
11-100	91	23,3
101-1.000	55	14,1
1.001-10.000	2	0,5
Summe	**205**	**52,6**

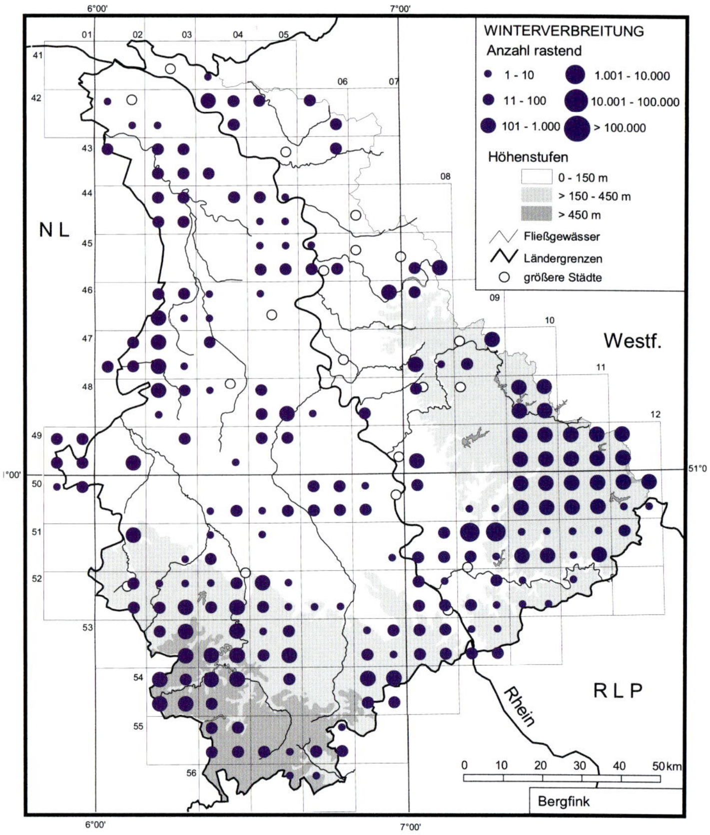

Winterverbreitung 1990-2000

Bergfink, *Fringilla montifringilla*. Foto: MATHIAS SCHÄF

Berghänfling *Carduelis flavirostris*

Status: Durchzügler, Wintergast

Gefährdung:
Non-SPEC (nicht gefährdet)

WINTERVERBREITUNG

Der Berghänfling ist regelmäßiger Wintergast im nordwesteuropäischen Küstenbereich. In den NL überwinterten zwischen 1996-98 2.700-4.500 Vögel, aber nur wenige Beobachtungen gelangen im küstenfernen Hinterland (BIJLSMA et al. 2001). Der westdeutsche Winterbestand (21.950-45.575 Ind.) konzentriert sich auf das Wattenmeer Schleswig-Holsteins und Niedersachsen (DIERSCHKE 2001). Der Berghänfling ist seltener und unregelmäßiger Wintergast in den Tieflagen des Rheinlandes. Alle Nachweise im Untersuchungszeitraum stammen aus dem Rheintal zwischen Köln und Wesel (RF = 1,3 %, n = 5). Bereits 1983-86 war die Art nur noch spärlich verbreitet (RF = 3 %; bezogen auf TK25). Zwischen 1960 und 1980 wurde von regelmäßigen Beobachtungen zumindest am Unteren Niederrhein berichtet (MILDENBERGER 1984). Oft werden kleinere Schwärme mit bis zu 50 Exemplaren festgestellt. Erfassungsdefizite sind nicht auszuschließen, da überfliegende Vögel leicht übersehen werden können. Die Berghänflinge erscheinen im Rheinland am ehesten bei extremen Kälteeinbrüchen im Küstenbereich. Daher könnten die relativ milden Winter der letzten Jahrzehnte zu dem verminderten Auftreten im Rheinland beigetragen haben.

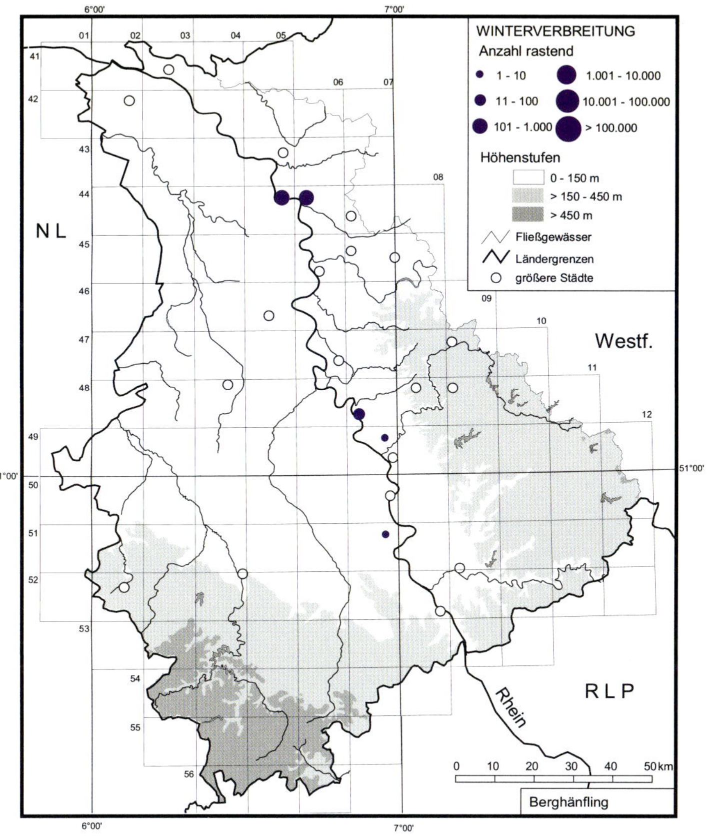

Winterverbreitung 1990-2000

Berghänfling, *Carduelis flavirostris*. Foto: CHRISTIAN WOLF

Stieglitz *Carduelis carduelis*

Status: Brutvogel, Durchzügler, Wintergast

Gefährdung:
Rote Liste N (nicht gefährdet)
Non-SPEC (nicht gefährdet)

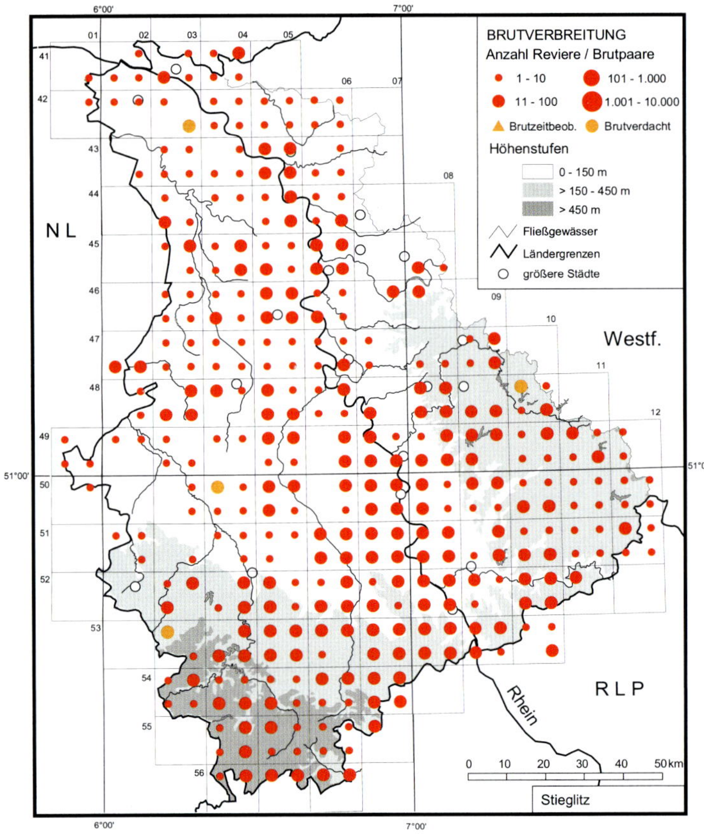

Brutverbreitung 1990-2000

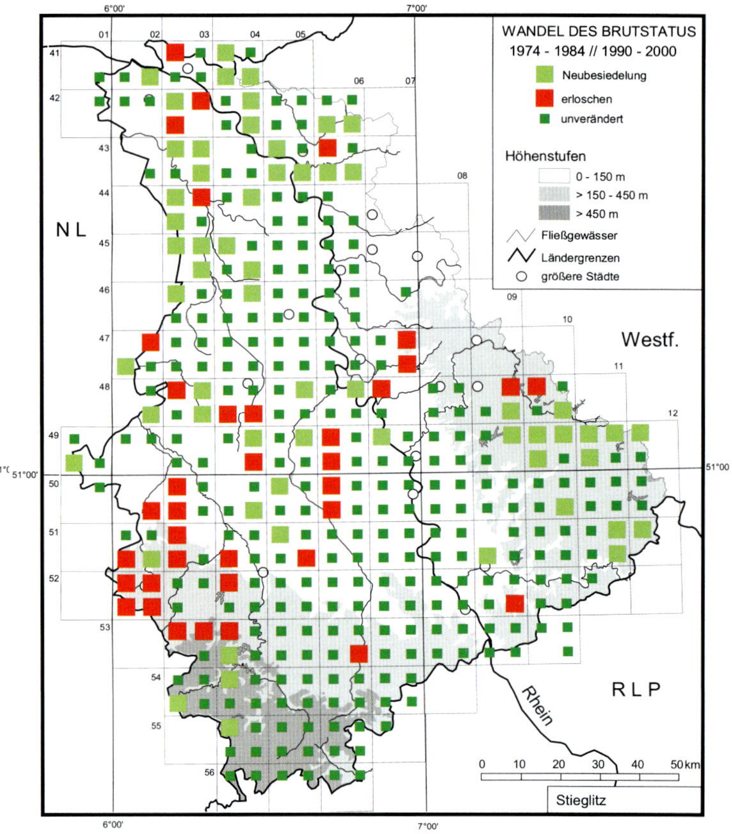

Arealveränderung zwischen 1974-84 und 1990-2000

BRUTVERBREITUNG

Vorkommen des Stieglitzes befinden sich in gut strukturiertem Offen- und Kulturland, gerne in der Nähe menschlicher Siedlungen mit Hecken, Obstgärten, Parkanlagen, Ruderal- und Bracheflächen. Geschlossene Waldgebiete, gehölzarme Agrarlandschaft und Innenstadtbereiche bleiben unbesetzt. Der Schwerpunkt der Brutverbreitung liegt im Süden (Eifel) und Osten (zwischen Erft- und Rheintal, Süderbergland) des Rheinlandes sowie entlang des Rheintales und der deutsch-niederländischen Grenze (Schwalm-Nette-Niederung), die relativ homogen besiedelt werden. Weite Teile der Niederrheinischen Bucht und des Niederrheinischen Tieflandes sind lückenhafter und in geringerer Dichte oder gar nicht besetzt. Dieser Verbreitungsgradient wird durch die Ergebnisse aus Westfalen (RF = 94 %; NWO 2002) und den NL (RF = 72 %; SOVON 2002), sowie die Angaben bei Mildenberger (1984) bestätigt.

AREALVERÄNDERUNGEN

Vielfach wird ein Rückgang der Bestände durch reduziertes Nahrungsangebot postuliert, der jedoch meist nicht durch konkrete Zahlen belegt werden kann. In Westfalen hat der Bestand bis in die 1970er Jahre deutlich, anschließend nur noch schwach zugenommen und scheint stabil (NWO 2002). Der Vergleich der beiden Kartierungen zeigt auch im Rheinland zahlreiche Neubesiedlungen im Bergischen Land sowie an Unterem Niederrhein, Niers und Nette. Insgesamt scheint der Bestand eher ansteigend (Arealgewinn +9,5 %), was auch durch die Entwicklungen in den benachbarten Niederlanden gestützt wird, wo sich die Bestände seit den 1970er Jahren vervierfacht haben (SOVON 2002). In Großbritannien ist der langfristige Trend ebenfalls positiv: 1990-2000 +25 % (Gregory et al. 2004). Aussagen zur langfristigen Bestandsentwicklung werden jedoch durch kurzfristig starke Fluktuationen erschwert. Für den Landesteil Nordrhein wird der Brutbestand im Kartierungszeitraum auf 4.200-8.000 Brutpaare geschätzt (0,36 - 0,69 BP/km² bezogen auf die besiedelte Fläche).

Bilanz der Brutvogelkartierung:

Kategorie [BP]	GF	RF %	Minimum [BP]
1-10	190	46,0	190
11-100	156	37,8	1.716
Brutverdacht	4	1,0	
Summe	**350**	**84,7**	**1.906**

Vergleich der Kartierung von 1974-1984 mit 1990-2000:

Kategorie	GF	%	RF %
1 - Nur 1974-84	37	10,1	9,4
2 - Nur 1990-2000	65	17,7	16,5
3 - Gemeinsame GF	265	72,2	67,4
1974-84: 1 & 3	302		76,8
1990-2000: 2 & 3	330		84,0
Veränderung	+28 (+9,5%)		+7,1

Die Zunahme ist statistisch signifikant (4-Felder X^2-Test*; Vorzeichentest*; McNemar-Test**). Identitäts-Index (nach Scherner 1982): 0,84.

WINTERVERBREITUNG

Die Winterverbreitung stimmt im Wesentlichen gut mit der Brutzeitverbreitung überein, allerdings zieht sich die Art aus den höheren Lagen der Mittelgebirge in die klimatisch günstigeren Niederungen zurück. Besonders bei Kälteeinbrüchen zieht ein großer Teil der Brutpopulation ab und der Winterbestand schwankt witterungsbedingt sehr stark. Die Schwerpunkte der Wintervorkommen liegen im Rheintal und angrenzenden Niederungsgebieten (Kölner Bucht, Schwalm-Nette-Gebiet, Niederrhein) unter 150 m NN. Nachweise über 400 m NN sind selten. Gegenüber der Kartierung 1983-86 zeigt sich keine Veränderung der Verbreitung

Bilanz der Winterkartierung:

Kategorie [Ex.]	GF	RF %
1-10	92	25,1
11-100	155	42,4
101-1.000	18	4,9
Summe	**265**	**72,4**

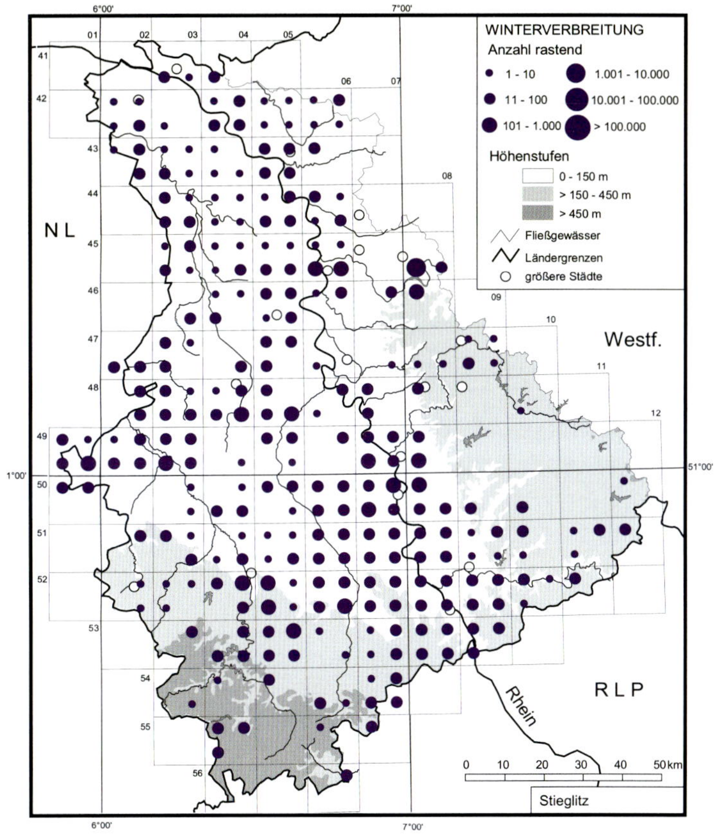

Winterverbreitung 1990-2000

Stieglitz, *Carduelis carduelis*. Foto: Mathias Schäf

Erlenzeisig *Carduelis spinus*

Status: Brutvogel, Durchzügler, Wintergast

Gefährdung:
Rote Liste R (arealbedingt selten)
Non-SPEC^E (nicht gefährdet)

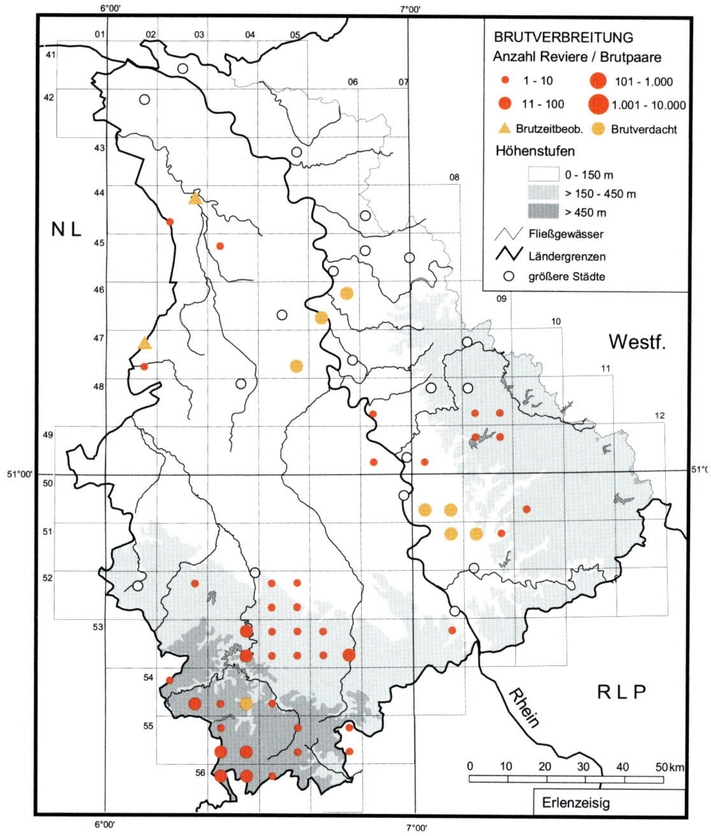

Brutverbreitung 1990-2000

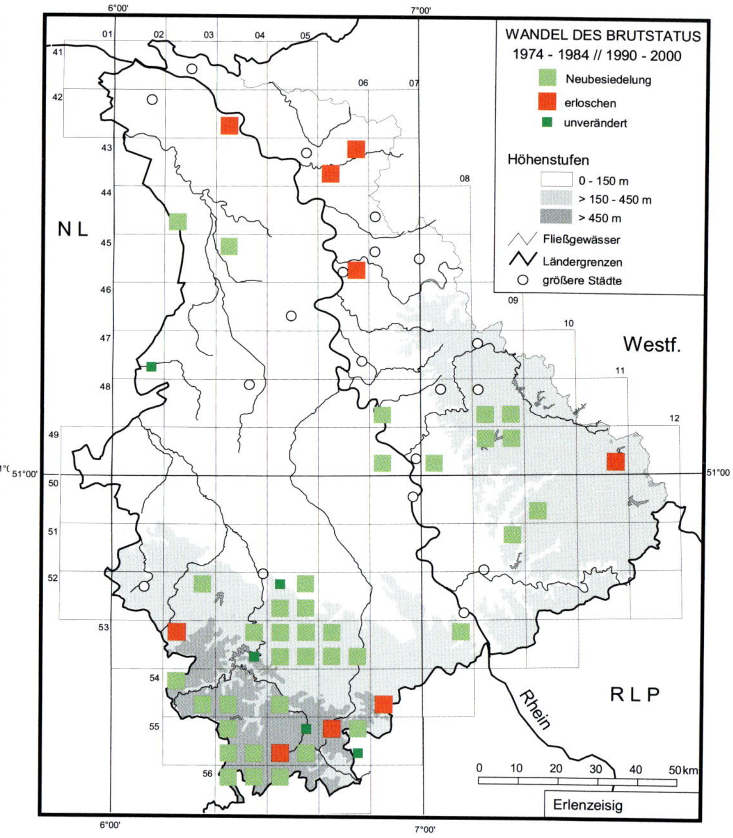

Arealveränderung zwischen 1974-84 und 1990-2000

BRUTVERBREITUNG

Die Brutvorkommen sind auf nadelholzreiche Waldgebiete der Mittelgebirge und zum Teil stadtnahe Parkanlagen beschränkt. Der rheinische Verbreitungsschwerpunkt liegt in den ausgedehnten Fichtenwäldern der mittleren bis höheren Lagen der Eifel. Ob es sich bei allen Beobachtungen wirklich um Brutvögel oder lediglich um übersommernde Tiere bzw. späte Durchzügler gehandelt hat, kann hier nicht mit Sicherheit entschieden werden. Einige Vorkommen sind temporär und nicht in jedem Jahr besetzt. Brutvorkommen sollten zukünftig intensiv erfasst und genau dokumentiert werden, um einen besseren Überblick zur tatsächlichen Brutverbreitung und zum Status im Sommerhalbjahr zu bekommen. Ähnliche Verbreitungsmuster zeigen sich auch in den NL (RF = 17 %; SOVON 2002) und Westfalen (RF = 19 %; NWO 2002).

AREALVERÄNDERUNGEN

Bei dem Vergleich mit den Ergebnissen aus 1974-1984 wird eine starke und statistisch signifikante Arealerweiterung um über 200 % deutlich. Besonders in den Mittelgebirgen scheint die Art in den 1990er Jahren infolge guter Fichtenmasten deutlich häufiger geworden zu sein (vgl. NWO 2002). Auch wenn nicht allen Vorkommen nachweisliche Bruten zugrunde liegen, ist eine Zunahme evident. Auffällig ist auch, dass in zunehmendem Maße die unteren Höhenstufen besiedelt werden und die Vorkommen nicht mehr nur auf die Hochlagen beschränkt sind. Der stark schwankende rheinische Brutbestand betrug im Untersuchungszeitraum schätzungsweise 50-150 Brutpaare (0,03 - 0,09 BP/km² bezogen auf die besiedelte Fläche). Bis Anfang der 1980er Jahre galten Brutnachweise noch als extreme Ausnahmeerscheinung (MILDENBERGER 1984). Große Einflüge im Winter und gute Nahrungsverfügbarkeit (Fichte, Birke, Erle) wirken sich positiv auf den Brutbestand aus. Die weitere Entwicklung sollte genau verfolgt und sorgfältig zwischen Durchzüglern und Brutvögeln differenziert werden. In Westfalen und den Niederlanden nimmt die Art ebenfalls zu (NWO 2002, SOVON 2002).

Bilanz der Brutvogelkartierung:

Kategorie [BP]	GF	RF %
1-10	33	8,0
11-20	8	1,9
Brutverdacht	10	2,4
Summe	**51**	**12,3**

Vergleich der Kartierung von 1974-1984 mit 1990-2000:

Kategorie	GF	%	RF %
1 - Nur 1974-84	8	16,3	2,0
2 - Nur 1990-2000	36	73,5	9,2
3 - Gemeinsame GF	5	10,2	1,3
1974-84: 1 & 3	13		3,3
1990-2000: 2 & 3	41		10,4
Veränderung	+28 (+215%)		+7,1

Die Zunahme ist statistisch signifikant (4-Felder X²-Test***; Vorzeichentest*; McNemar-Test***). Identitäts-Index (nach SCHERNER 1982): 0,22.

WINTERVERBREITUNG

Durch Zuzug nördlicher Populationen übertrifft die Winterverbreitung die Brutverbreitung um ein Vielfaches. Die Erlenzeisige, die meist in mittelgroßen bis großen Trupps auftreten, halten sich bevorzugt in bach- und flussbegleitenden Erlen- und Birkenbeständen, aber auch an entsprechenden Uferbereichen stehender Gewässern sowie in städtischen Garten- und Parkanlagen auf. Alle Höhenstufen werden gleichermaßen aufgesucht. Verbreitungslücken bestehen in Gebieten ohne ausgeprägtes Gewässernetz bzw. Bruchwaldvegetation (Erlen, Birken), z. B. in der vegetationsarmen Ackerbörde der Tiefebene. Die Verbreitung hat sich im Vergleich zur ersten Winterkartierung nicht verändert.

Bilanz der Winterkartierung:

Kategorie [Ex.]	GF	RF %
1-10	18	4,6
11-100	171	43,7
101-1.000	102	26,1
1.001-5.000	2	0,5
Summe	**293**	**74,9**

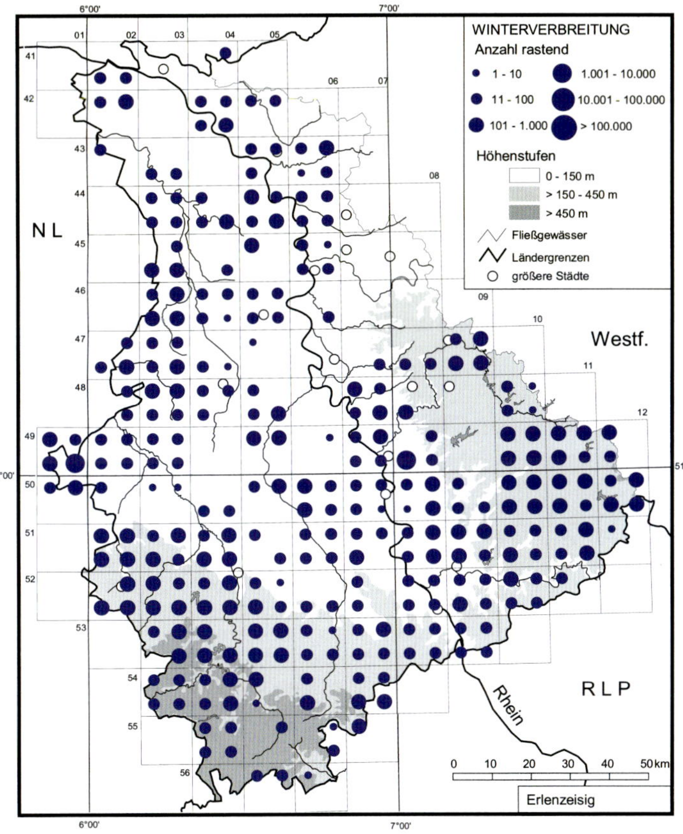

Winterverbreitung 1990-2000

Erlenzeisig, *Carduelis spinus*. Foto: MATHIAS SCHÄF

Bluthänfling *Carduelis cannabina*

Status: Brutvogel, Durchzügler, Wintergast

Gefährdung:
Rote Liste N (nicht gefährdet)
SPEC 2 (zurückgehend)

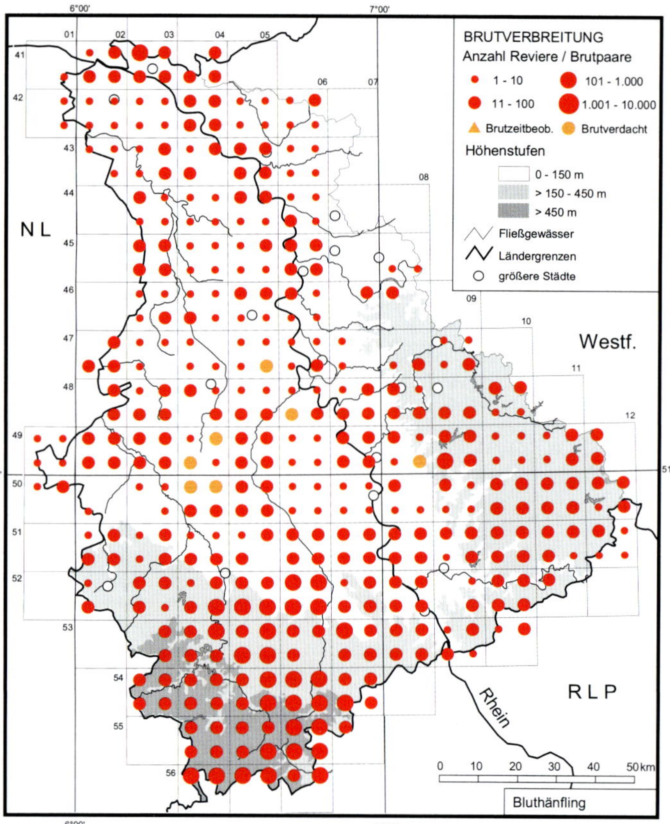

Brutverbreitung 1990-2000

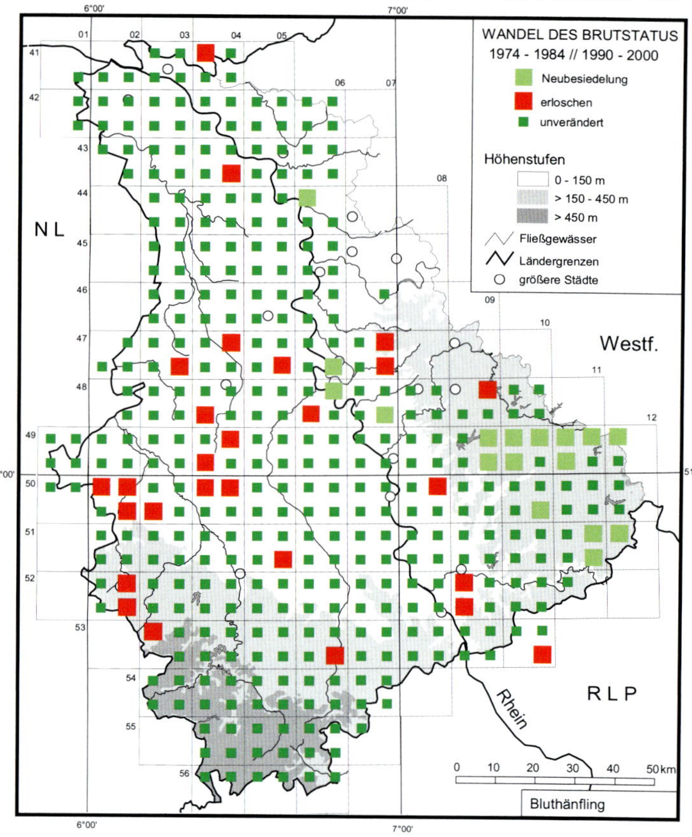

Arealveränderung zwischen 1974-84 und 1990-2000

BRUTVERBREITUNG

Der Bluthänfling besiedelt hecken- und gebüschreiche Agrarlandschaft mit Ruderal- und Bracheflächen, aber auch Parkanlagen, Gärten, Schonungen, Trockenrasen, Weinberge und Kahlschläge. Im Rheinland liegt der Verbreitungsschwerpunkt in den mittleren bis höheren Regionen der Mittelgebirge (besonders Südrand der Köln-Aachener Bucht und Eifel) sowie am Unteren Niederrhein und im Schwalm-Nette-Gebiet. Die landwirtschaftlich intensiv genutzten Tieflagen sind überwiegend in geringerer Dichte besiedelt. Gleichermaßen ist er auch in den Nachbargebieten (Westfalen RF = 99 %, NL RF = 96 %; NWO 2002, SOVON 2002) stark verbreitet.

AREALVERÄNDERUNGEN

Der subjektive Eindruck starker Bestandsabnahmen in den letzten Jahren wird durch die Kartierungsergebnisse (noch) nicht bestätigt. Zwischen den beiden Erfassungszeiträumen sind keine wesentlichen Arealveränderungen evident, so dass Bestandsveränderungen nicht erkennbar sind. Da in den Niederlanden ein merklicher Abwärtstrend festgestellt wurde, sollte auf die Bestandsentwicklung genauer geachtet werden. Lokal wurde auch im Rheinland bereits von rückläufigen Bestandszahlen berichtet (Skiba 1993). In NRW zeigten die Bestände schon immer regionale Schwankungen, blieben jedoch langfristig relativ stabil (Mildenberger 1984, NWO 2002). In Großbritannien hat sich der Bestand nach Rückgängen seit 1970 ab 1994 wieder stabilisiert (Gregory et al. 2004). Die Intensivierung der Landwirtschaft - verschlechterte Ernährungssituation, Brutplatzverluste - dürfte auch diese Art negativ beeinflussen (Nabu 2004). In der Kartierungsperiode 1990-2000 wird ein Gesamtbrutbestand von 14.000-26.000 Paaren im Landesteil Nordrhein angenommen (1,1 - 2,0 BP/km² bezogen auf die besiedelte Fläche). Dieser ist somit in weiten Teilen deutlich weniger dicht besiedelt als Westfalen (NWO 2002).

Bilanz der Brutvogelkartierung:

Kategorie [BP]	GF	RF %	Minimum [BP]
1-10	145	35,1	145
11-100	207	50,1	2.277
101-500	31	7,5	3.131
Brutverdacht	7	1,7	
Summe	**390**	**94,4**	**5.553**

Vergleich der Kartierung von 1974-1984 mit 1990-2000:

Kategorie	GF	%	RF %
1 - Nur 1974-84	28	7,1	7,1
2 - Nur 1990-2000	17	4,3	4,3
3 - Gemeinsame GF	348	88,5	88,5
1974-84: 1 & 3	376		95,6
1990-2000: 2 & 3	365		92,8
Veränderung	-11 (-2,9 %)		-2,8

Die Abnahme ist statistisch nicht signifikant (4-Felder X^2-Test n. s.; Vorzeichentest*; McNemar-Test n. s.). Identitäts-Index (nach Scherner 1982): 0,95.

WINTERVERBREITUNG

Schwerpunkt der Winterverbreitung in Mitteleuropa brütender Bluthänflinge ist das Mittelmeergebiet. Im Winter konzentrieren sich die Beobachtungen im Rheinland auf die klimatisch günstigeren Tieflagen unter 150 m NN in der Köln-Aachener Bucht, im Schwalm-Nette-Gebiet und lokal am Unteren Niederrhein. Beobachtungen über 400 m NN sind sehr selten. Das im Vergleich zum Brutareal stark reduzierte Winterareal legt nahe, dass der größte Teil der Brutpopulation das Rheinland im Winter verlässt. Auch in den NL sind im Winter nur halb so viele Gitterfelder besetzt wie im Sommer (BIJLSMA et al. 2001). Die milden Winter der letzten Jahre haben bisher nicht zu einer Erhöhung der Anzahl besetzter Gitterfelder gegenüber der ersten Kartierung 1983-86 geführt.

Bilanz der Winterkartierung:

Kategorie [Ex.]	GF	RF %
1-10	31	8,6
11-100	85	23,6
101-1.000	4	1,1
Summe	**120**	**33,3**

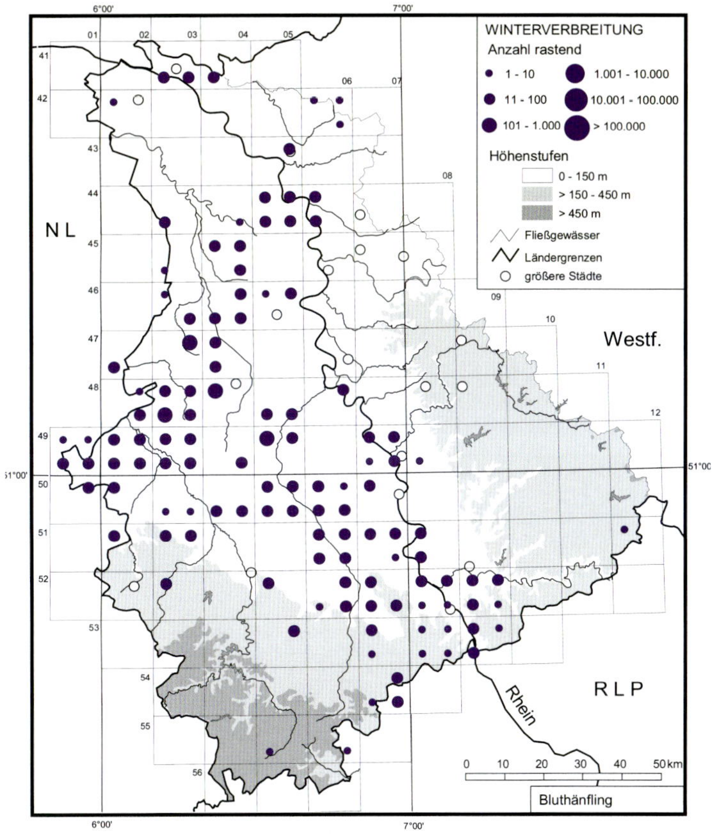

Winterverbreitung 1990-2000

Bluthänfling, *Carduelis cannabina*. Foto: MATHIAS SCHÄF

Birkenzeisig *Carduelis flammea*

Status: Brutvogel, Durchzügler, Wintergast

Gefährdung:
Rote Liste N (nicht gefährdet)
Non-SPEC (nicht gefährdet)

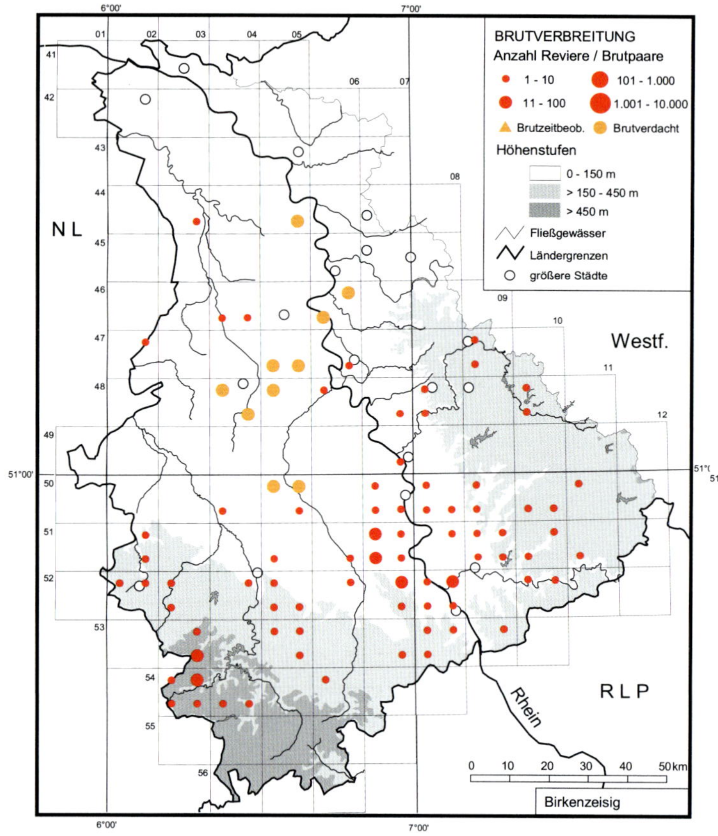

Brutverbreitung 1990-2000

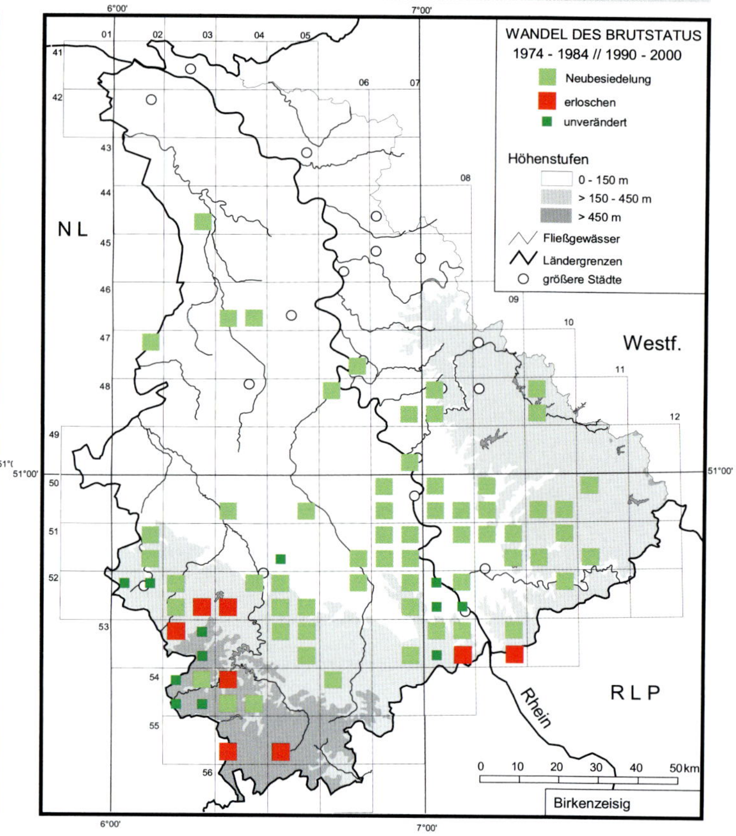

Arealveränderung zwischen 1974-84 und 1990-2000

BRUTVERBREITUNG

Die Unterart *Carduelis flammea cabaret* (Alpenbirkenzeisig) besiedelt vornehmlich Ortsrandlagen mit Gärten, Parks und Friedhöfen sowie Fichtenschonungen und junge Sukzessionsstadien. Im Rheinland sind vor allem Teile der Eifel im deutsch-belgischen Grenzbereich, das Rheintal zwischen Köln und Bonn sowie rechtsrheinische Teile des Süderberglandes besetzt. Nördlich einer Linie Aachen-Köln gibt es bisher nur vereinzelte Vorkommen, wobei zahlreiche Brutzeitbeobachtungen und Erfassungsschwierigkeiten hier eine Unterschätzung der tatsächlichen Verbreitung nahelegen. Prinzipiell werden alle Höhenstufen besiedelt. Erfassungsdefizite sind wahrscheinlich und die Ausbreitung dieser Art verdient erhöhte Aufmerksamkeit. Wieder zeigt sich ein von Westfalen (RF = 42 %; NWO 2002) über das Rheinland (RF = 22,3 %) zu den NL (RF = 8 %; SOVON 2002) verlaufender Verbreitungsgradient.

Bilanz der Brutvogelkartierung:

Kategorie [BP]	GF	RF %	Minimum [BP]
1-10	71	17,2	71
11-100	6	1,5	66
Brutverdacht	10	2,4	
Summe	**87**	**21,1**	**137**

AREALVERÄNDERUNGEN

Der Vergleich mit der ersten Kartierung zeigt eine starke und statistisch signifikante Arealvergrößerung. Der Birkenzeisig hat in den 1990er Jahren weite Teile des südlichen Rheinlandes neu besiedelt. Als Ausgangspunkte dieser Arealvergrößerung sind die Vorkommen im Mittelrheintal und in Belgien anzunehmen, die Mitte der 1970er Jahre zu ersten Ansiedlungen in den Kreisen Aachen (1976) und Düren (1977) führten (MILDENBERGER 1984). Mit weiteren Vorkommen ist zu rechnen. Auch für Westfalen wird von einer Zunahme mit regional kurzfristigen Schwankungen ausgegangen (NWO 2002). In den NL ist der Bestand bis 1985 auf 675-1.190 BP angestiegen, geht aber 1998-2000 wieder auf 200-300 BP deutlich zurück (-23 %; SOVON 2002). Für den Landesteil Nordrhein wird 1990-2000 ein geschätzter Bestand von 200-370 Brutpaaren angenommen (0,07 - 0,13 BP/km² bezogen auf die besiedelte Fläche).

Vergleich der Kartierung von 1974-1984 mit 1990-2000:

Kategorie	GF	%	RF %
1 - Nur 1974-84	8	100,	2,0
2 - Nur 1990-2000	60	75,0	15,3
3 - Gemeinsame GF	12	15,0	3,1
1974-84: 1 & 3	20		5,1
1990-2000: 2 & 3	72		18,3
Veränderung	+52 (+260%)		+13,2

Die Zunahme ist statistisch signifikant (4-Felder X²-Test***; Vorzeichentest*; McNemar-Test***). Identitäts-Index (nach SCHERNER 1982): 0,32.

WINTERVERBREITUNG

Im Winter werden die Brutvögel durch Zuwanderung nördlicher Populationen zahlenmäßig erheblich verstärkt und in manchen Jahren kommt es zu größeren Einflügen. Besonders aus den Flussniederungen liegen zahlreiche Beobachtungen vor. Oft befinden sich einzelne Birkenzeisige in größeren Trupps überwinternder Erlenzeisige und streifen mit diesen in den Fluss- und Bachtälern umher. Sie erscheinen auch regelmäßig in Gärten und Parks der Ortsrandlagen. Generell tritt die Art in allen Höhenstufen auf, schwerpunktmäßig jedoch in den unteren und mittleren Lagen besonders des südlichen Rheinlandes, wo auch die Brutvorkommen liegen. Im Vergleich zur ersten Kartierung 1983-86 zeichnet sich eine deutliche Zunahme der Winterverbreitung ab.

Bilanz der Winterkartierung:

Kategorie [Ex.]	GF	RF %
1-10	52	14,3
11-100	54	14,9
101-500	5	1,4
Summe	**111**	**30,6**

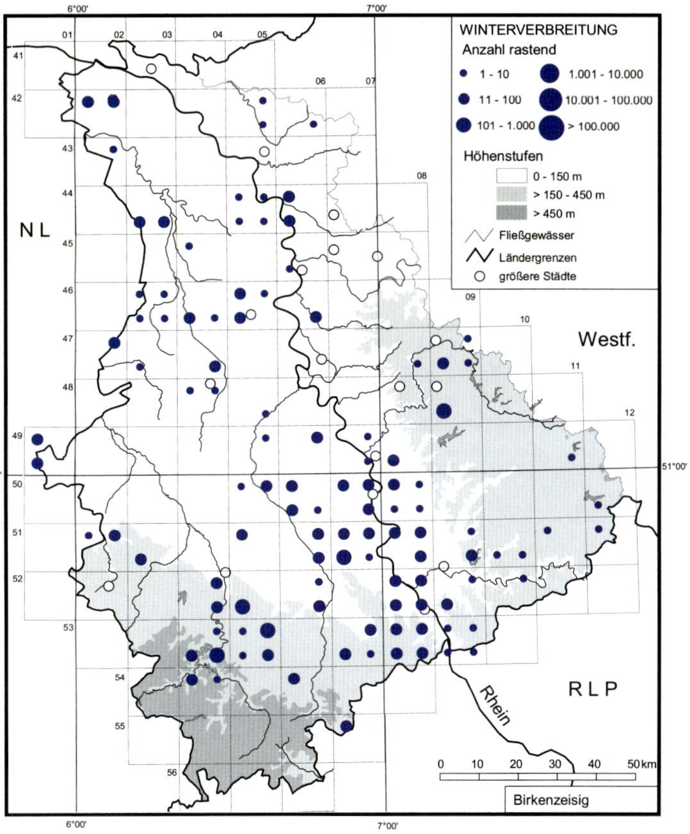

Winterverbreitung 1990-2000

Birkenzeisig, *Carduelis flammea*. Foto: CHRISTIAN DIETZEN

Grünfink *Chloris chloris*

Status: Brutvogel, Durchzügler, Wintergast

Gefährdung:
Rote Liste N (nicht gefährdet)
Non-SPEC^{E} (nicht gefährdet)

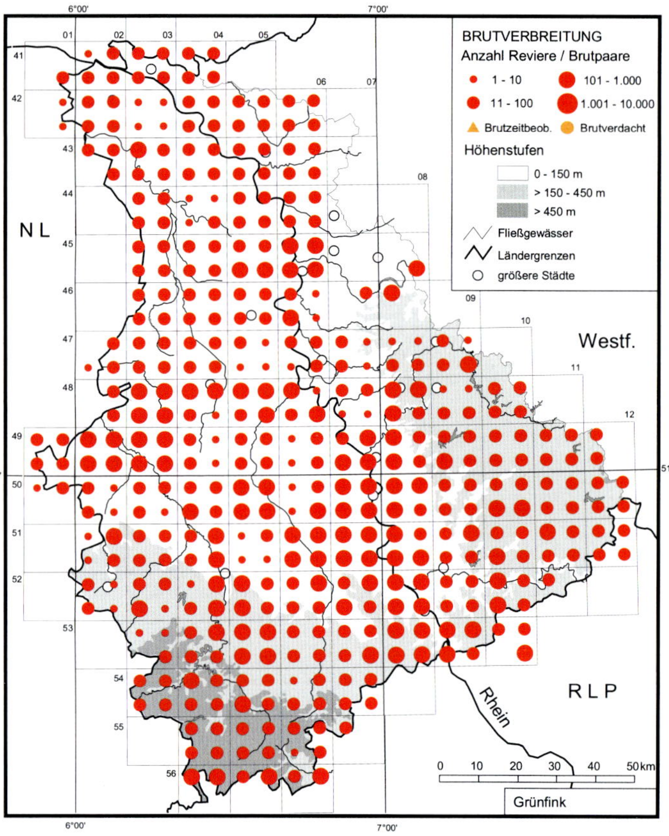

Brutverbreitung 1990-2000

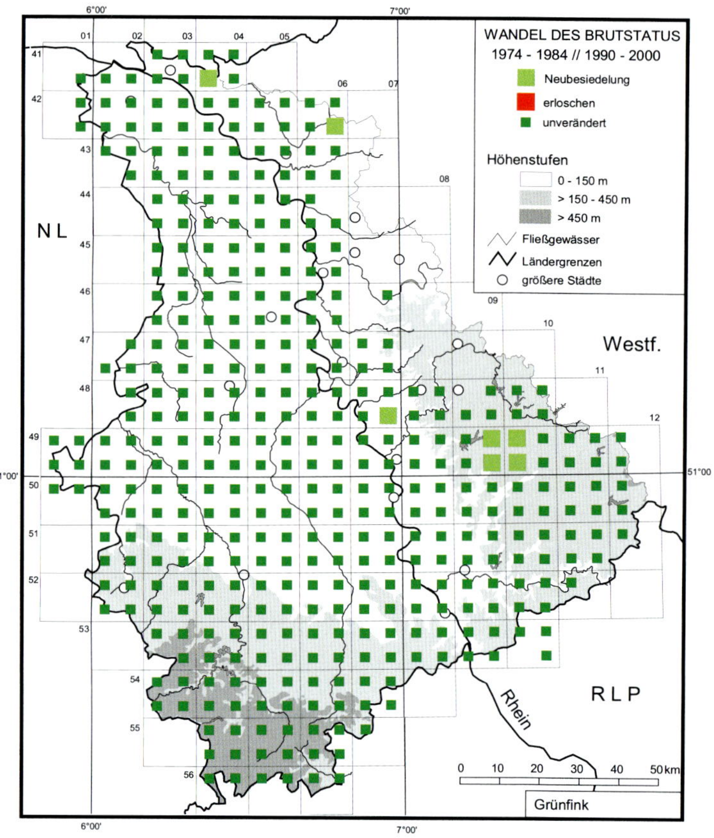

Arealveränderung zwischen 1974-84 und 1990-2000

BRUTVERBREITUNG

Der Grünfink besiedelt zum Einen mosaikartig strukturiertes Offenland, besonders die Randzonen menschlicher Siedlungen mit Gärten, Parks, Friedhöfen, ortsnahen Feldgehölzen und Waldrändern, und zum Anderen in geringem Ausmaß auch ortsferne gebüschreiche Waldrandlagen mit angrenzendem Grünland in den Mittelgebirgen. Das gesamte Rheinland ist, wie auch Westfalen und die Niederlande (RF = 99 % bzw. 93%; NWO 2002, SOVON 2002), mehr oder weniger flächendeckend besetzt, mit kleineren Lücken in baumarmer Agrarlandschaft, großflächig geschlossenen Waldgebieten und in den Innenstädten.

AREALVERÄNDERUNGEN

Die Verbreitung und Bestandssituation ist als stabil einzuschätzen. Die Neubesiedlung von einigen Quadranten im Vergleich zur ersten Kartierung geht eher auf die Schließung von Erfassungsdefiziten als auf Arealerweiterung zurück. Auch in Westfalen, den NL und Großbritannien werden insgesamt stabile bis leicht positive Bestandsentwicklungen verzeichnet (NWO 2002, SOVON 2002, Gregory et al. 2004). Gleiches gilt auch im Rheinland, wird aber in der Kartierung nicht sichtbar, da bereits 1974-84 nahezu alle Quadranten besetzt waren. Für den Kartierungszeitraum wird ein geschätzter Gesamtbestand von 45.000-80.000 Brutpaaren angenommen (3,3 - 5,9 BP/km² bezogen auf die besiedelte Fläche).

Bilanz der Brutvogelkartierung:

Kategorie [BP]	GF	RF %	Minimum [BP]
1-10	52	12,6	52
11-100	256	62,0	2.816
101-1.000	105	25,4	10.605
Summe	**413**	**100,0**	**13.473**

Vergleich der Kartierung von 1974-1984 mit 1990-2000:

Kategorie	GF	%	RF %
1 - Nur 1974-84	0	0	0
2 - Nur 1990-2000	7	1,8	1,8
3 - Gemeinsame GF	386	98,2	98,2
1974-84: 1 & 3	386		98,2
1990-2000: 2 & 3	393		100,0
Veränderung	+7 (+1,8 %)		+1,8

Die Zunahme ist statistisch signifikant (4-Felder X²-Test***; Vorzeichentest*; McNemar-Test*). Identitäts-Index (nach Scherner 1982): 0,99.

WINTERVERBREITUNG

Im Winter ist der Grünfink ebenfalls nahezu flächendeckend verbreitet. Suboptimale Habitate (Hochlagen der Mittelgebirge, gehölzarme Agrarlandschaft) werden jedoch geräumt und die Vögel konzentrieren sich in den reicher strukturierten Regionen der Tieflagen, wo sie größere Schwärme (oft mit anderen Arten) bilden. Bei Kälteeinbrüchen zieht ein Teil der Vögel ab. Im Vergleich zu ersten Winterkarierung hat sich die Verbreitung kaum verändert.

Bilanz der Winterkartierung:

Kategorie [Ex.]	GF	RF %
1-10	57	14,6
11-100	232	59,5
101-1.000	84	21,5
1.001-5.000	2	0,5
Summe	**375**	**96,2**

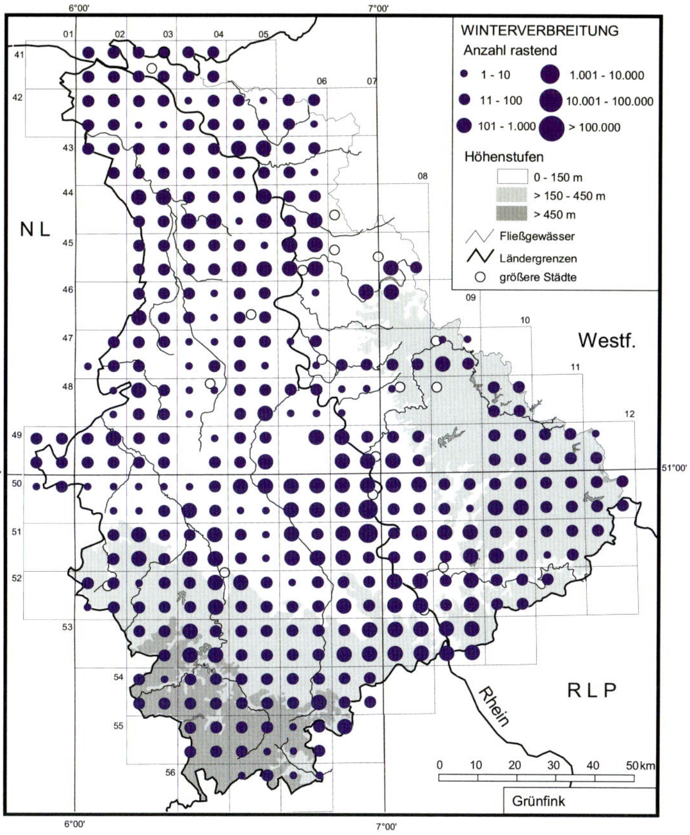

Winterverbreitung 1990-2000

Grünfink, *Chloris chloris*. Foto: MATHIAS SCHÄF

Girlitz *Serinus serinus*

Status: Brutvogel, Durchzügler, Wintergast

Gefährdung:
Rote Liste N (nicht gefährdet)
Non-SPEC^{E} (nicht gefährdet)

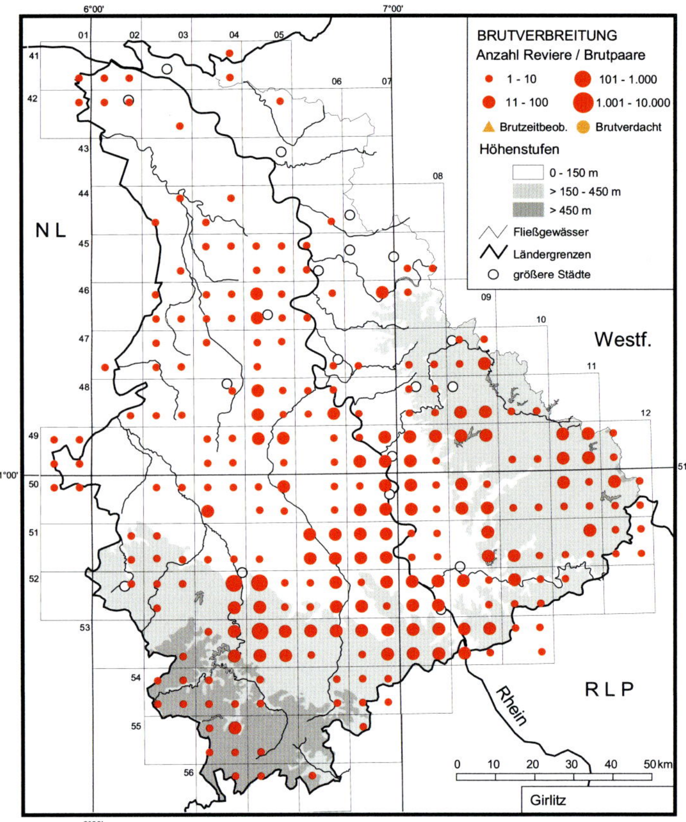

Brutverbreitung 1990-2000

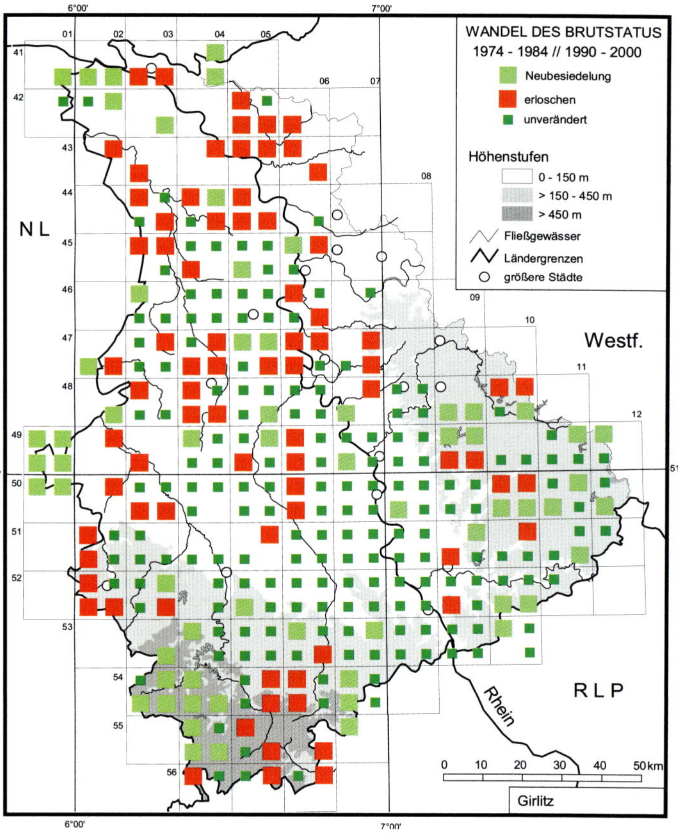

Arealveränderung zwischen 1974-84 und 1990-2000

BRUTVERBREITUNG

Der Girlitz bewohnt vor allem die Randbereiche menschlicher Siedlungen mit ausgedehnten Gärten und Parkanlagen, sowie offene Kulturlandschaft und Weinberge. Die Schwerpunkte der Brutverbreitung liegen im Rheinland in den Tälern der größeren Flüsse, besonders im Rheintal bis Düsseldorf sowie im Süden und Südosten der Köln-Aachener Bucht (Voreifel). Prinzipiell werden zwar alle Höhenstufen besiedelt, aber die Hochlagen in deutlich geringerer Dichte. Auffällig ist eine von Süden nach Norden abnehmende Verbreitung, so dass zahlreiche geeignete Gebiete im Niederrheinischen Tiefland nicht besiedelt sind. Die aktuelle Nordgrenze des geschlossenen Verbreitungsgebietes verläuft knapp nordwestlich der Mittelgebirge durch die Niederrheinische Bucht und dem entsprechend zeigt sich ein deutlich abnehmender Verbreitungsgradient mit nahezu flächendeckender Besiedlung in Westfalen (RF = 94 %; NWO 2002), geringerer Verbreitung im Rheinland (RF = 64,6 %) und sehr spärlicher Verbreitung in den NL (RF = 7 %), wo hauptsächlich der Osten besetzt ist (SOVON 2002).

Bilanz der Brutvogelkartierung:

Kategorie [BP]	GF	RF %	Minimum [BP]
1-10	175	42,4	175
11-100	77	18,6	847
101-500	3	0,7	303
Summe	**255**	**61,7**	**1.325**

AREALVERÄNDERUNGEN

Der Girlitz hat vor ca. 120 Jahren begonnen, das Rheinland von Süden her zu besiedeln und die ersten Brutnachweise gelangen 1883 in Bonn, 1892 in Düsseldorf, 1899 in Aachen und 1922 in Xanten. Besonders in den 1970er Jahren hat der Bestand stark zugenommen, aber vielerorts zeigen sich erhebliche jährliche Schwankungen (Mildenberger 1984). Der Vergleich der beiden Kartierungen zeigt eine relativ stabile Lage, was die Anzahl besetzter Gitterfelder betrifft. Aber innerhalb des Untersuchungsgebietes kam es zu zahlreichen Umsiedlungen (Identitäts-Index nur 0,72). So wurden weite Teile des nördlichen Rheinlandes im Bereich der nördlichen Verbreitungsgrenze geräumt und viele Quadranten in den südlichen Mittelgebirgen neu besiedelt. Der Gesamtbestand wird im Kartierungszeitraum auf 3.000-5.500 Brutpaare geschätzt (0,36 - 0,65 BP/km² bezogen auf die besiedelte Fläche). In Westfalen hat der Brutbestand seit Ende der 1960er Jahre deutlich zugenommen (NWO 2002).

Vergleich der Kartierung von 1974-1984 mit 1990-2000:

Kategorie	GF	%	RF %
1 - Nur 1974-84	79	24,7	20,1
2 - Nur 1990-2000	62	19,4	15,8
3 - Gemeinsame GF	179	55,9	45,6
1974-84: 1 & 3	258		65,7
1990-2000: 2 & 3	241		61,3
Veränderung	-17 (-6,6 %)		-4,3

Identitäts-Index (nach Scherner 1982): 0,72.

Die nach der ersten Kartierung 1974-84 erwartete weitere Ausbreitung im Rheinland nach Norden ist bisher nicht eingetreten, so dass die Kartierungsergebnisse keine Bestandszunahme suggerieren. Die Anzahl besetzter Rasterfelder ist eher stabil bis leicht rückläufig (-7 %). In den NL zeigten sich in den letzten 30 Jahren starke Fluktuationen mit 450-550 BP 1978-79, 100-150 BP 1983-85 und 400-450 BP 1998-2000 (SOVON 2002).

WINTERVERBREITUNG

Der Girlitz überwintert hauptsächlich rund um das Mittelmeer. Im Rheinland sind Winterfeststellungen sehr selten und unregelmäßig, gelingen seit den 1960er Jahren aber fast alljährlich (MILDENBERGER 1984); die Brutpopulation zieht nahezu komplett ab. Die Winterbeobachtungen stammen überwiegend aus den anthropogenen Siedlungsgebieten in den klimatisch günstigen Tieflagen unter 150 m NN, besonders im Rheintal. In milden Wintern harren deutlich mehr Girlitze aus als bei starken Frostperioden, so dass der Winterbestand von Jahr zu Jahr erheblich variiert, d. h. in einzelnen Wintern dürfte die Verbreitung deutlich geringer ausfallen als im Kartenbild kumulativ wiedergegeben. Gegenüber der ersten Kartierung hat sich die Verbreitung kaum verändert.

Bilanz der Winterkartierung:

Kategorie [Ex.]	GF	RF %
1-10	13	3,8
11-100	5	1,5
Summe	**18**	**5,3**

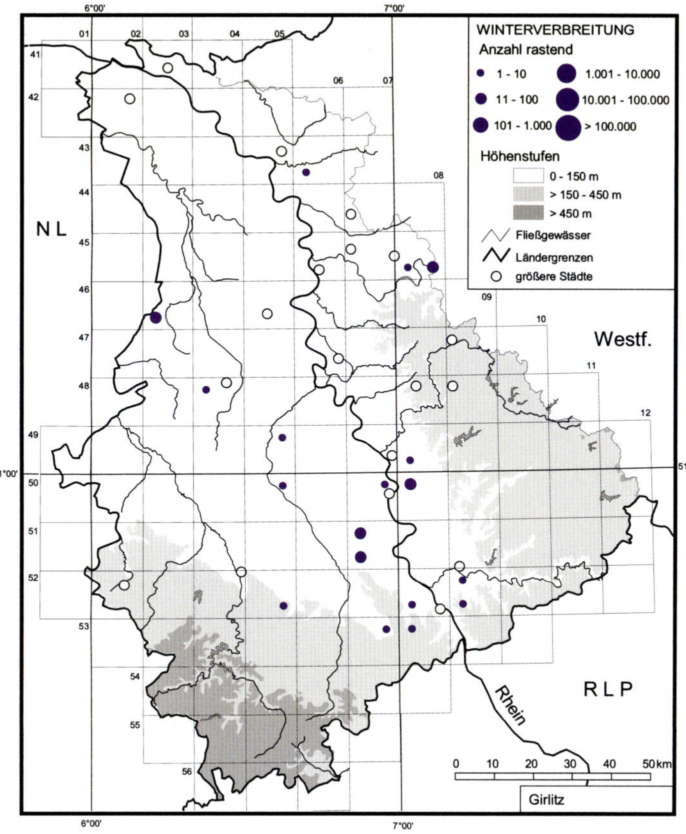

Winterverbreitung 1990-2000

Girlitz, *Serinus serinus*, Männchen. Foto: MATHIAS SCHÄF

Fichtenkreuzschnabel *Loxia curvirostra*

Status: Brutvogel, Durchzügler, Wintergast

Gefährdung:
Rote Liste N (nicht gefährdet)
Non-SPEC (nicht gefährdet)

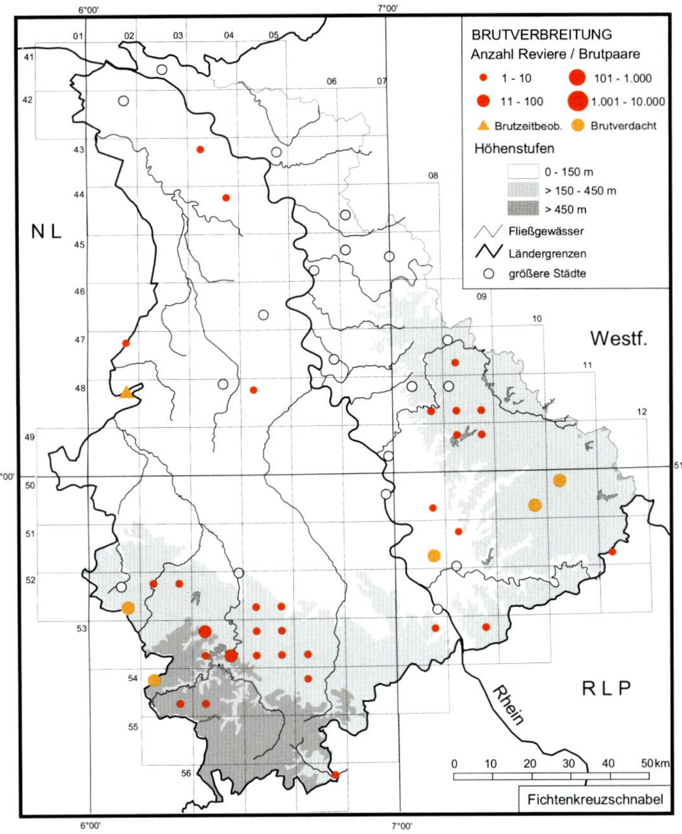

Brutverbreitung 1990-2000

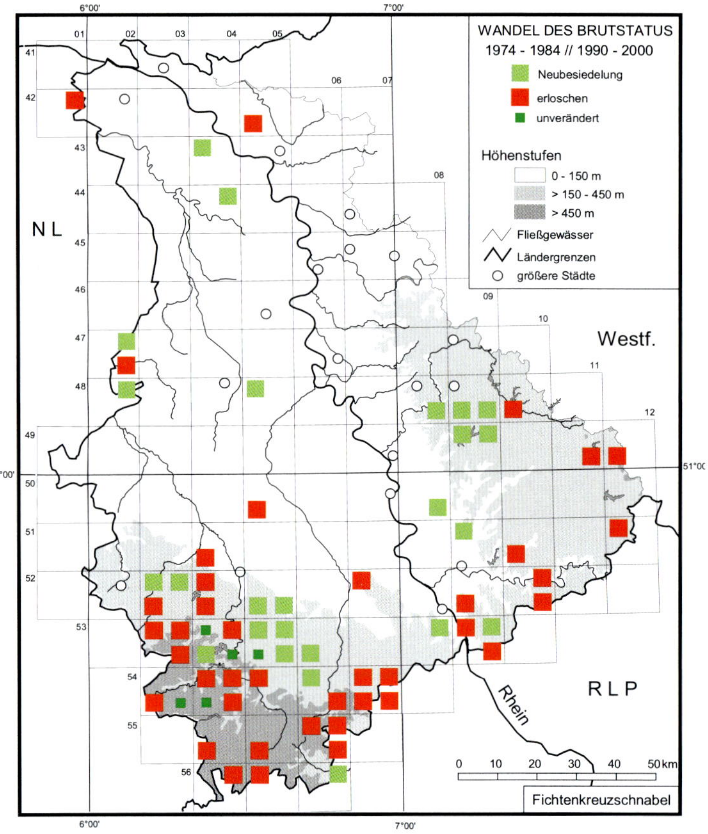

Arealveränderung zwischen 1974-84 und 1990-2000

BRUTVERBREITUNG

Als Brutvogel ausgedehnter Nadelwälder (besonders Fichte) liegen die regelmäßigen Brutplätze im Rheinland in den mittleren bis hohen Lagen der Mittelgebirge (Eifel, Bergisches Land). In den Tieflagen kann es vor allem nach starken Invasionen zu isolierten Brutansiedlungen kommen. Mit 19 % (NL; SOVON 2002) und 26 % (Westfalen; NWO 2002) besetzter Rasterflächen ist die Art in den Nachbarregionen deutlich weiter verbreitet. Aufgrund des sporadischen Auftretens sind die Vorkommen in weniger gut zugänglichen Bereichen nur unvollständig erfasst (bes. Hochlagen der Eifel). Die meisten Brutplätze sind nicht in jedem Jahr besetzt.

AREALVERÄNDERUNGEN

Auffällig ist eine, durch die jährlichen Fluktuationen des Brutbestandes bedingte, hohe Umsiedlungsrate zwischen den beiden Erfassungszeiträumen, d. h. die Brutplätze werden entsprechend des Nahrungsangebotes immer wieder gewechselt. Insgesamt war die Anzahl besetzter Gitterfelder 1990-2000 deutlich geringer (-38 %) als 1974-84. Nach größeren Einflügen, die dem 6-10 jährigen Zyklus der Fichtenmasten folgen (Gatter 1993, Riegel 1993), nimmt der Brutbestand kurzzeitig stark zu, während Verbreitung und Bestand in normalen Jahren deutlich niedriger bleiben. Der Fichtenkreuzschnabel brütet dann auch außerhalb der regelmäßigen Brutgebiete, z. B. in Gärten (von Kannen 1992). Im Bearbeitungszeitraum war der Bestand nach der Invasion 1990/91 am größten und kann auf 150-300 Brutpaare geschätzt werden (0,09 - 0,18 BP/km² bezogen auf die besiedelte Fläche). Die Mehrzahl der in der Karte dargestellten Vorkommen geht auf diesen Einflug zurück und der regelmäßige Brutbestand ist deutlich niedriger (<<100 BP). Aufgrund des geringen Bruterfolges ist der Fortbestand auf Ergänzungen durch Invasionen angewiesen (vgl. NWO 2002, SOVON 2002).

Bilanz der Brutvogelkartierung:

Kategorie [BP]	GF	RF %
1-10	29	7,0
11-100	2	0,5
Brutverdacht	6	1,5
Summe	**37**	**9,0**

Vergleich der Kartierung von 1974-1984 mit 1990-2000:

Kategorie	GF	%	RF %
1 - Nur 1974-84	40	58,8	10,2
2 - Nur 1990-2000	23	33,8	4,4
3 - Gemeinsame GF	5	7,4	1,3
1974-84: 1 & 3	45		11,5
1990-2000: 2 & 3	28		5,7
Veränderung	-17 (-38 %)		-5,8

Die Abnahme ist statistisch signifikant (4-Felder-X²-Test*; Vorzeichentest*; McNemar-Test*). Identitäts-Index (nach Scherner 1982): 0,13.

WINTERVERBREITUNG

Auch im Winter ist der Fichtenkreuzschnabel hauptsächlich auf die ausgedehnten Nadelwälder der Mittelgebirge und Kiefernwälder in den Niederungen beschränkt. Er erscheint aber auch regelmäßig in Gärten und Parks der Ortsrandlagen. Durch Zuwanderung anderer Populationen im Rahmen der opportunistischen Wanderbewegungen sind Verbreitung und Winterbestand oft erheblich größer als der Brutbestand, wobei die Zahlen von Jahr zu Jahr erheblich variieren können. Da die Art nicht selten bereits im Winter brütet, ist die Unterscheidung zwischen Brut- und Wintervorkommen ohnehin fraglich. Einen größeren Einflug gab es in NRW 1990/91 und kleinere Invasionen folgten 1993/94 und 1995.

Bilanz der Winterkartierung:

Kategorie [Ex.]	GF	RF %
1-10	51	13,8
11-100	38	10,2
101-1.000	4	1,1
Summe	**93**	**25,1**

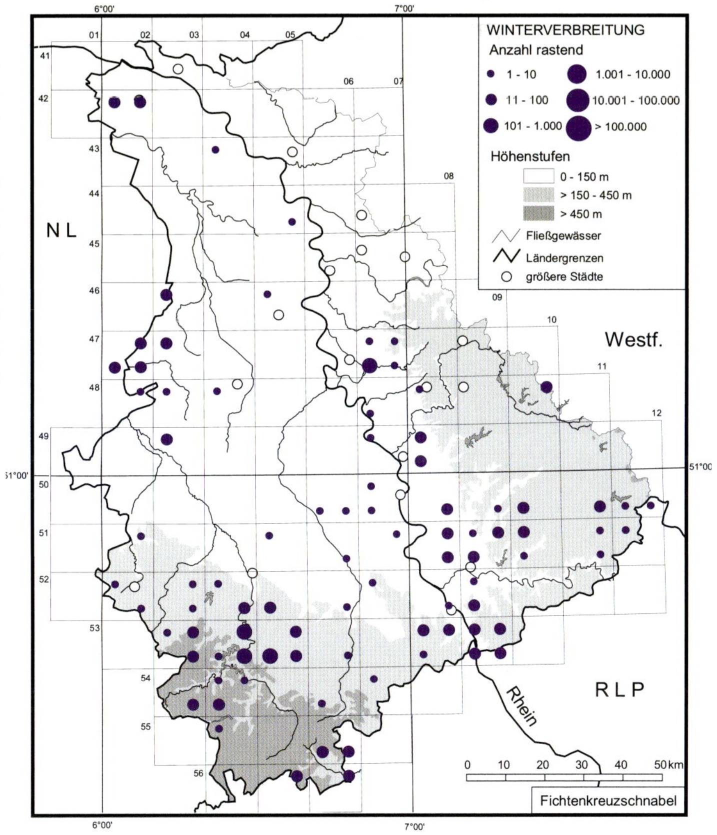

Winterverbreitung 1990-2000

Fichtenkreuzschnabel, *Loxia curvirostra,* Männchen. Foto: MATHIAS SCHÄF

Gimpel *Pyrrhula pyrrhula*

Status: Jahresvogel, Durchzügler, Wintergast

Gefährdung:
Rote Liste N (nicht gefährdet)
Non-SPEC (nicht gefährdet)

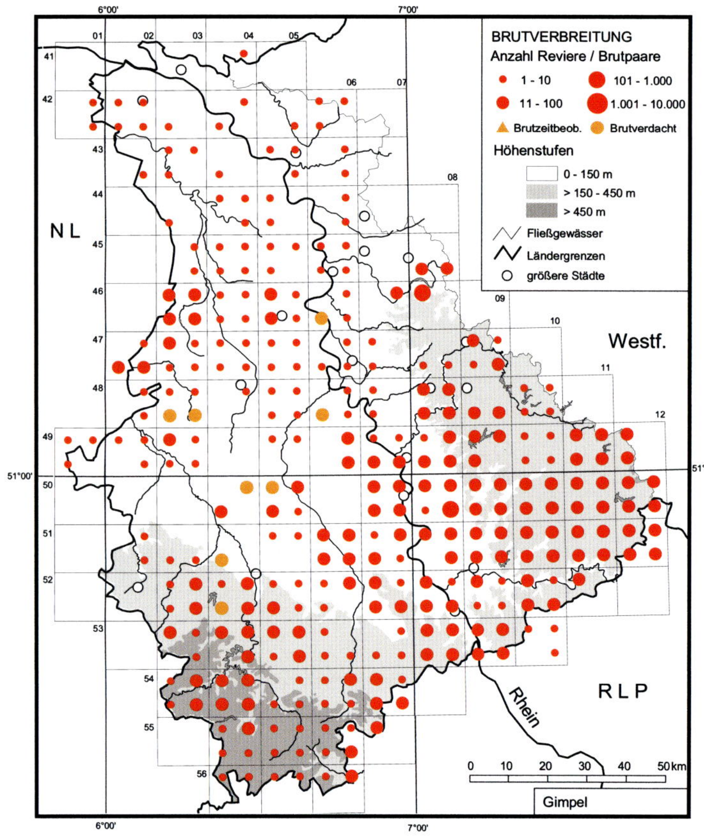

Brutverbreitung 1990-2000

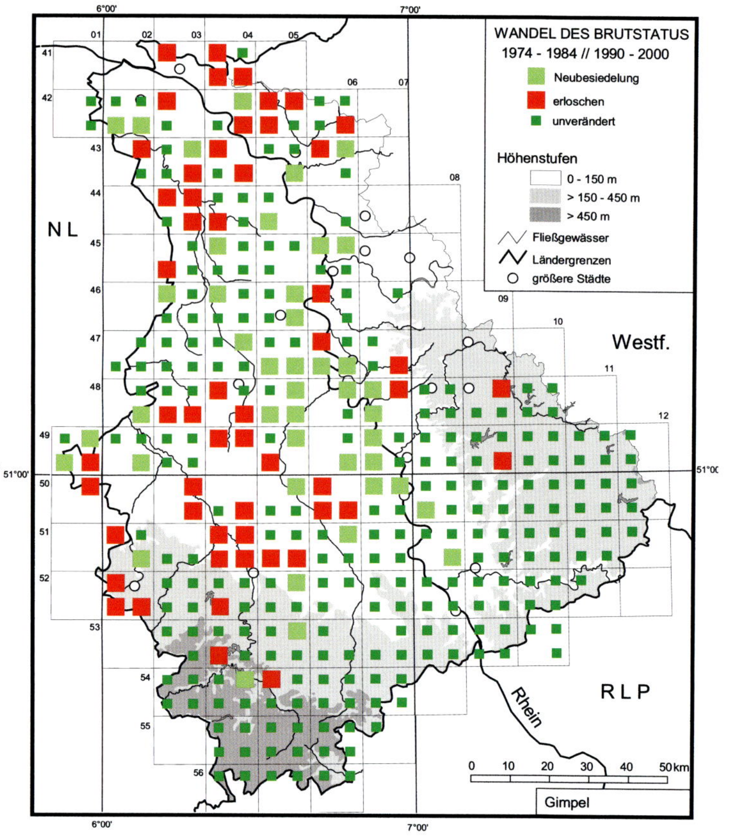

Arealveränderung zwischen 1974-84 und 1990-2000

BRUTVERBREITUNG

Der Gimpel bewohnt bevorzugt Nadel- und Nadel-Laubmischwälder mit ausreichenden Vorkommen beerentragender Sträucher. Er ist verbreitet in geschlossenen Waldgebieten, Feldgehölzen bis hin zu größeren Gärten, Parks und Friedhöfen, die diese Voraussetzungen erfüllen. Gemäß der Waldverteilung liegen die Verbreitungsschwerpunkte in den Mittelgebirgen (Süderbergland, Eifel), aber auch im Gebiet von Schwalm und Nette. Alle Höhen- und Klimastufen sind besetzt, die Niederungen aber aufgrund der geringeren Waldverbreitung lückenhaft und in geringerer Dichte. Ein Verbreitungsgradient ist unübersehbar, mit RF = 99 % in Westfalen (NWO 2002), 76 % im Rheinland und 40 % in den NL (SOVON 2002).

AREALVERÄNDERUNGEN

In den Verbreitungszentren zeigen sich zwischen den beiden Kartierungen keine Arealveränderungen. In den Tieflagen wurde allerdings eine relativ hohe Umsiedlungsrate festgestellt. Der Gesamtbestand im Rheinland scheint jedoch stabil und wurde im Erfassungszeitraum 1990-2000 auf 7.500-13.500 Brutpaare geschätzt (0,73 - 1,31 BP/km² bezogen auf die besiedelte Fläche). Schon Ende der ersten Hälfte des 20. Jahrhunderts setzte im Rheinland und Mitteleuropa generell eine spürbare Bestandszunahme ein, die durch Aufforstungen mit Nadelhölzern und Einwanderung in die Siedlungsgebiete gefördert wurde (MILDENBERGER 1984, BAUER & BERTHOLD 1996, NWO 2002). Aufgrund des unauffälligen Verhaltens (schwaches Territorialverhalten, z. T. kolonieartiges Brüten, Polyandrie) werden Verbreitung und Bestand meist deutlich unterschätzt. In den benachbarten NL wurden regional unterschiedliche Entwicklungen festgestellt, mit Abnahmen im Südosten und sonst stabilen bis positiven Tendenzen (SOVON 2002).

Bilanz der Brutvogelkartierung:

Kategorie [BP]	GF	RF %	Minimum [BP]
1-10	170	41,2	170
11-100	133	32,2	1.463
101-200	2	0,5	202
Brutverdacht	8	1,9	
Summe	**313**	**75,8**	**1.835**

Vergleich der Kartierung von 1974-1984 mit 1990-2000:

Kategorie	GF	%	RF %
1 - Nur 1974-84	54	15,7	13,7
2 - Nur 1990-2000	43	12,5	10,9
3 - Gemeinsame GF	246	71,7	62,6
1974-84: 1 & 3	300		76,3
1990-2000: 2 & 3	289		73,5
Veränderung	-11 (-3,6 %)		-2,8

Identitäts-Index (nach SCHERNER 1982): 0,84.

WINTERVERBREITUNG

Es sind keine wesentlichen Unterschiede zwischen der Verbreitung zur Brutzeit und im Winter erkennbar. Die Gimpel sind im Rheinland überwiegend Standvögel und ganzjährig im Brutrevier präsent. Im Winter werden die gleichen Lebensräume aufgesucht, wie zur Brutzeit; der Gimpel erscheint dann gerne auch in Gärten und Parks der Ortslagen (Winterfütterungen). In manchen Jahren erfolgen invasionsartige Einflüge aus Nordosteuropa (Subspezies *P. p. pyrrhula,* die z. T. durch auffällige Rufe erkannt werden können: "Trompetergimpel"), z. B. 1994 und zuletzt im Winter 2004/2005. Im Vergleich zur Winterverbreitung 1983-86 zeigen sich keine Veränderungen.

Bilanz der Winterkartierung:

Kategorie [Ex.]	GF	RF %
1-10	132	34,0
11-100	156	40,2
101-500	7	1,8
Summe	**295**	**76,0**

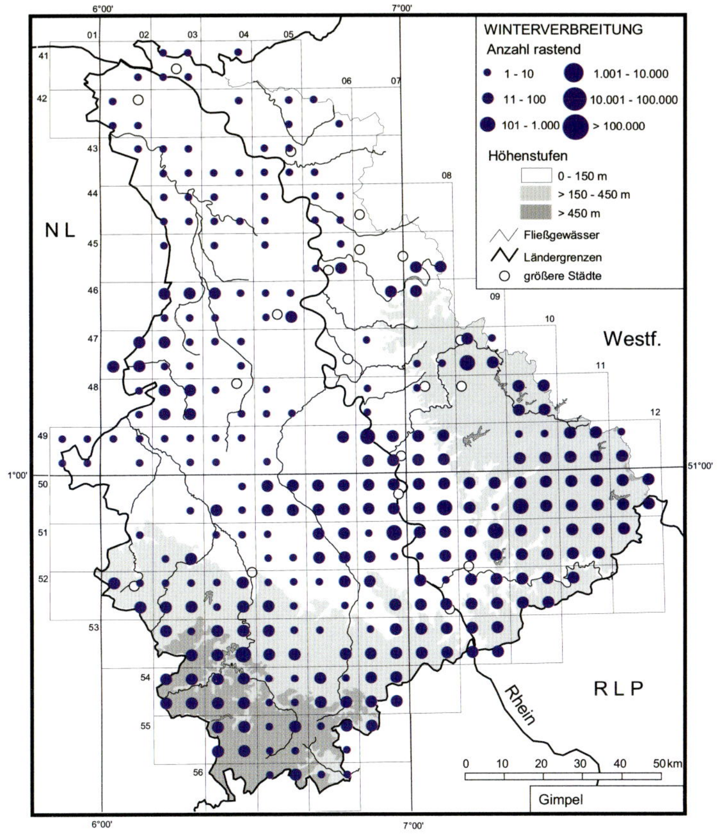

Winterverbreitung 1990-2000

Gimpel, *Pyrrhula pyrrhula,* Männchen. Foto: Mathias Schäf

Kernbeißer *Coccothraustes coccothraustes*

Status: Brutvogel, Durchzügler, Wintergast

Gefährdung:
Rote Liste N (nicht gefährdet)
Non-SPEC (nicht gefährdet)

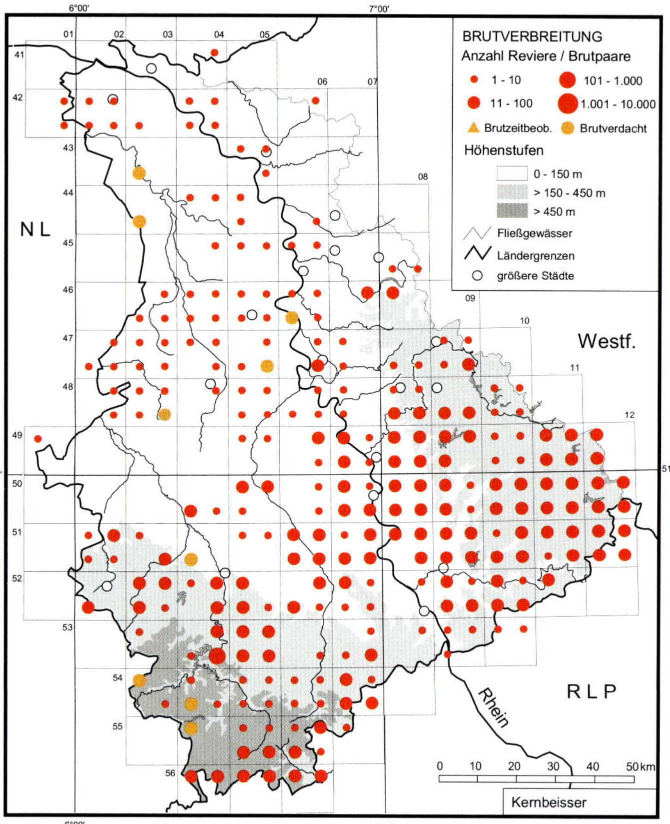

Brutverbreitung 1990-2000

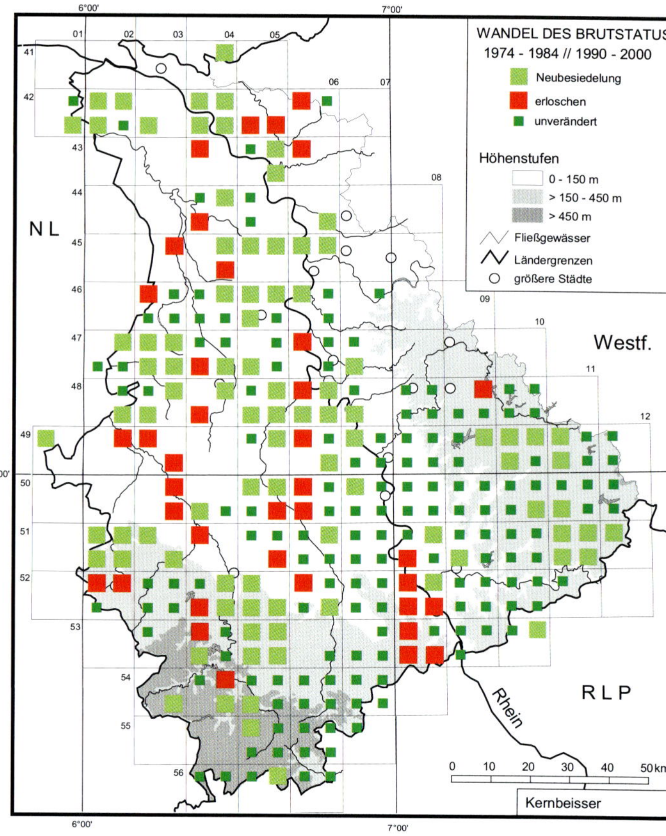

Arealveränderung zwischen 1974-84 und 1990-2000

BRUTVERBREITUNG

Der Kernbeißer besiedelt Laub- und Mischwaldvorkommen inklusive Feldgehölze, Gärten und Parkanlagen. Der Verbreitungsschwerpunkt liegt in den unteren bis mittleren Höhenstufen im Süden und Südosten des Rheinlandes (Eifel, Bergisches Land). Er fehlt in den ausgeräumten Agrarlandschaften der Tieflagen und den großflächigen Nadelwaldkomplexen der Hochlagen. Großräumig ist eine abnehmende Verbreitung von Westfalen (RF = 97 %; NWO 2002) über das Rheinland (RF = 67,4 %) zu den NL (RF = 40 %) auffällig (SOVON 2002).

AREALVERÄNDERUNGEN

Der Vergleich zwischen den beiden Kartierungen zeigt einen deutlichen und signifikanten Arealgewinn um 27 %. Vermutlich handelt es sich hier um tatsächliche Bestandszunahmen, wie sie auch bei kleinflächigeren Bestandserfassungen gefunden wurden (z. B. SKIBA 1993), und nicht lediglich um Erfassungslücken der ersten Kartierung, die jetzt geschlossen wurden. Auch in den benachbarten NL konnte eine positive Bestandsentwicklung (3.000-4.500 BP 1978-83 und 15.000 BP 1995) nachgewiesen werden (SOVON 2002). In Westfalen ist die Bestandssituation zumindest stabil (NWO 2002). Im Rheinland wird der Brutbestand im Kartierungszeitraum auf 5.000-9.500 Paare geschätzt (0,56 - 1,07 BP/km² bezogen auf die besiedelte Fläche). Bedingt durch das unauffällige Verhalten mit meist geringer Rufaktivität werden Bestand und Verbreitung meist unterschätzt.

Bilanz der Brutvogelkartierung:

Kategorie [BP]	GF	RF %	Minimum [BP]
1-10	148	35,8	148
11-100	111	26,9	1.221
101-200	1	0,2	101
Brutverdacht	9	2,2	
Summe	**269**	**65,1**	**1.470**

Vergleich der Kartierung von 1974-1984 mit 1990-2000:

Kategorie	GF	%	RF %
1 - Nur 1974-84	39	13,7	9,9
2 - Nur 1990-2000	91	32,0	23,2
3 - Gemeinsame GF	154	54,2	39,2
1974-84: 1 & 3	193		49,1
1990-2000: 2 & 3	245		62,3
Veränderung	+52 (+27%)		+13,2

Die Zunahme ist statistisch signifikant (4-Felder X^2-Test***; Vorzeichentest*; McNemar-Test***). Identitäts-Index (nach SCHERNER 1982): 0,71.

WINTERVERBREITUNG

Brut- und Winterverbreitung sind weitgehend identisch und es lassen sich keine deutlichen Ausweichbewegungen feststellen. Wie zur Brutzeit zeigen sich deutlich mehr besetzte Gitterfelder im Mittelgebirgsbereich in der Südhälfte des Rheinlandes während der Kernbeißer nur sporadisch in den Tieflagen (Köln-Aachener-Bucht, Schwalm-Nette-Gebiet, Unterer Niederrhein) vorkommt. Im Vergleich zur ersten Winterkartierung hat sich die Verbreitung nicht verändert.

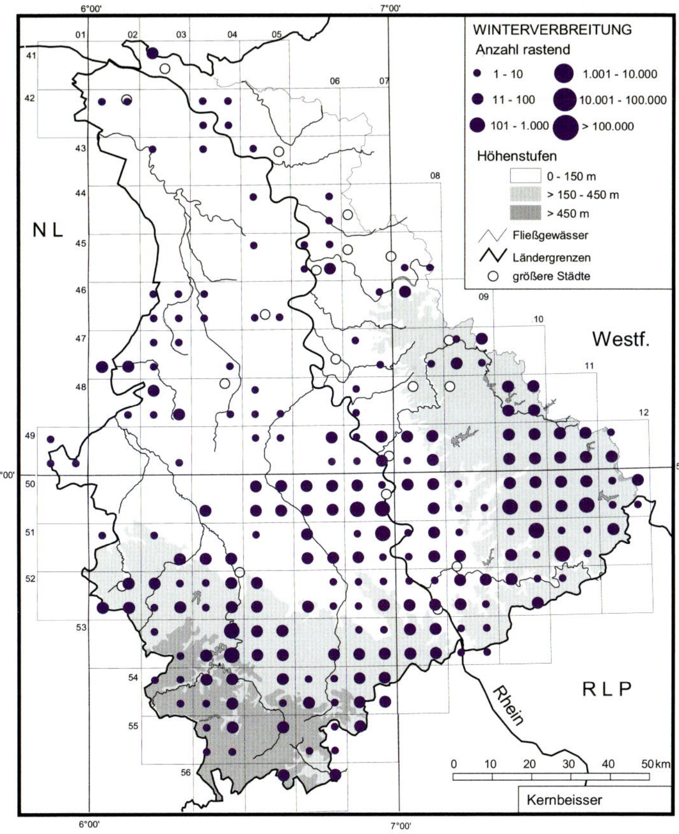

Winterverbreitung 1990-2000

Bilanz der Winterkartierung:

Kategorie [Ex.]	GF	RF %
1-10	114	29,4
11-100	104	26,8
101-500	9	2,3
Summe	**227**	**58,5**

Kernbeißer, *Coccothraustes coccothraustes*. Foto: MATHIAS SCHÄF

Grauammer *Miliaria calandra*

Status: Brutvogel, Durchzügler, Wintergast

Gefährdung:
Rote Liste 2 (stark gefährdet)
SPEC 2 (zurückgehend)

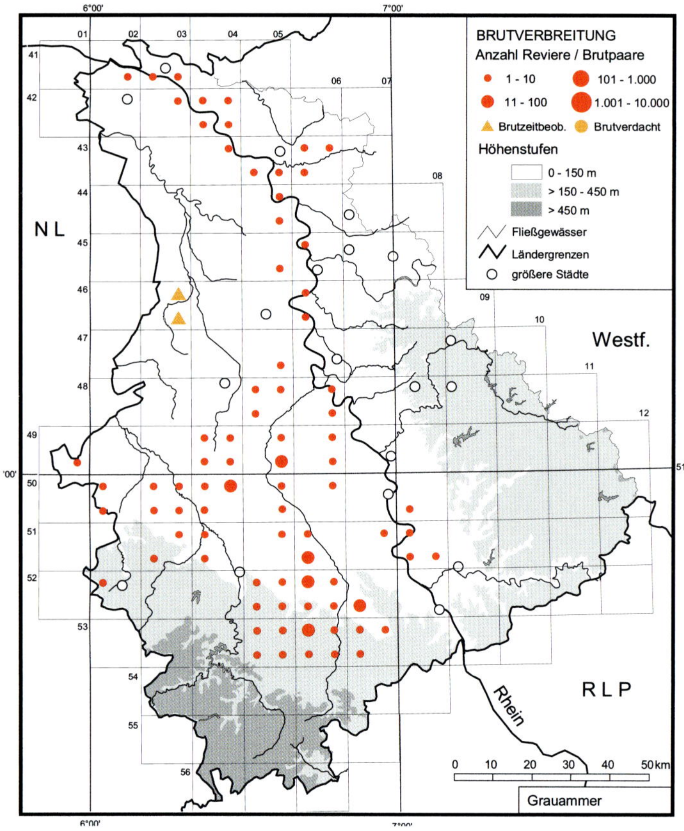

Brutverbreitung 1990-2000

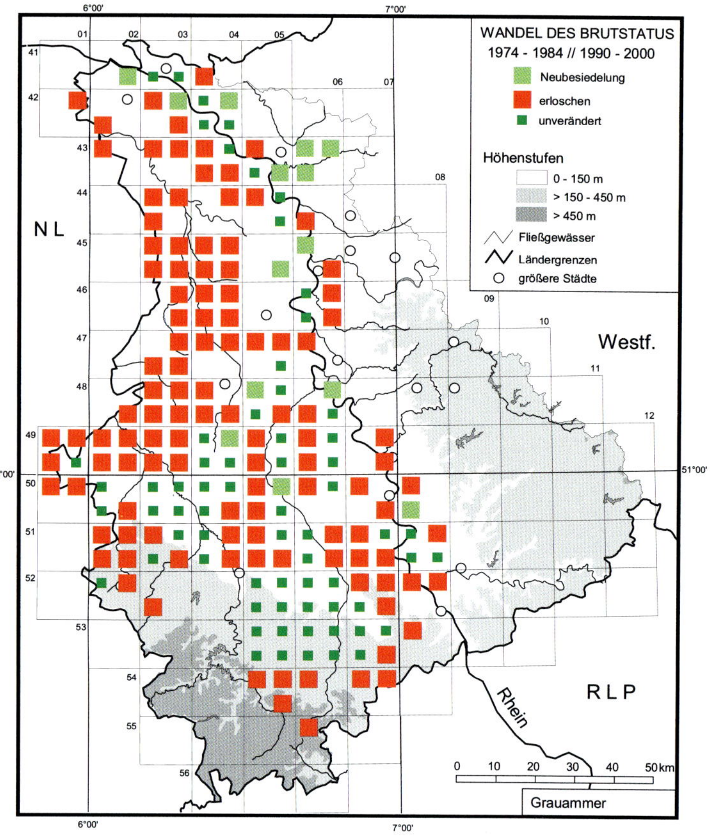

Arealveränderung zwischen 1974-84 und 1990-2000

BRUTVERBREITUNG

Die Grauammer ist ein typischer Bewohner der Agrarlandschaft mit guten Böden, hoher Klimagunst (Jahresmitteltemperatur >13°C, Niederschlagssummen <200 mm) und einer Vegetationsperiode von mindestens 230 Tagen. Der rheinische Schwerpunkt der Brutverbreitung liegt daher in Teilen der Köln-Aachener Bucht und zieht sich nach Norden entlang des Rheines bis zur niederländischen Grenze. Der Norden des Untersuchungsgebietes ist jedoch heute wesentlich weniger dicht besiedelt als der Süden. Rechtsrheinisch und in den höheren Lagen der Eifel gibt es kaum Vorkommen, da die klimatischen Bedingungen ungünstig sind. Sowohl in den NL (RF = 3 %) als auch in Westfalen (RF = 7 %) ist sie deutlich weniger weit verbreitet als im Rheinland (SOVON 2002, NWO 2002).

AREALVERÄNDERUNGEN

Seit der ersten Kartierung 1974-84 hat sich das Brutareal im Rheinland um mehr als die Hälfte verkleinert. Wenigen Neubesiedlungen stehen zahllose Arealverluste im gesamten Rheinland, besonders in den Tieflagen unter 150 m NN, gegenüber. Die Niederungsgebiete waren früher nahezu flächendeckend besiedelt, aber in der zweiten Hälfte des 20. Jahrhunderts ging der Bestand stark zurück (MILDENBERGER 1984). Auch in den Niederlanden und in Westfalen (80-90 % Abnahme) ist die Entwicklung deutlich negativ (SOVON 2002, HÄRTEL 1997, NWO 2002). Im erstgenannten Gebiet sank die Anzahl der Brutpaare von 1.100-1.250 (1975) auf 50-100 (1998-2000). Als Rückgangsursache wird die Intensivierung der Landwirtschaft mit ihren typischen Begleiterscheinungen (Flurbereinigungen, verstärkter Pestizideinsatz) diskutiert (BRICKLE et al. 2000, DONALD & EVANS 1994). Für das Rheinland kann im Bearbeitungszeitraum ein geschätzter Bestand von 280-500 Brutpaaren angenommen werden (0,10 - 0,18 BP/km² bezogen auf die besiedelte Fläche).

Bilanz der Brutvogelkartierung:

Kategorie [BP]	GF	RF %	Minimum [BP]
1-10	74	17,9	74
11-100	6	1,5	66
Brutverdacht	2	0,5	
Summe	**82**	**19,9**	**140**

Vergleich der Kartierung von 1974-1984 mit 1990-2000:

Kategorie	GF	%	RF %
1 - Nur 1974-84	113	58,5	28,8
2 - Nur 1990-2000	14	7,3	3,6
3 - Gemeinsame GF	66	34,2	16,8
1974-84: 1 & 3	179		45,5
1990-2000: 2 & 3	80		20,4
Veränderung	-99 (-55 %)		-25,2

Die Abnahme ist statistisch signifikant (4-Felder X^2-Test***; Vorzeichentest*; McNemar-Test***). Identitäts-Index (nach SCHERNER 1982): 0,56.

WINTERVERBREITUNG

Die Grauammer ist Teil-, Kurz- und Mittelstreckenzieher; die mitteleuropäischen Brutvögel überwintern vor allem in Südost-Frankreich. In klimatisch günstigen Regionen bleiben die Brutvögel ganzjährig anwesend und erhalten z. T. Zuzug aus anderen Gebieten (GLUTZ & BAUER 1997). Weite Teile des rheinischen Brutgebietes werden im Winter geräumt und die Nachweise konzentrieren sich auf ein eng umgrenztes Gebiet in der Zülpicher Börde, wo 50-100 Exemplare überwintern. Diese regionalen Unterschiede wurden bereits von MILDENBERGER (1984) erkannt. Abseits dieses Bereiches gelingen nur sporadische Einzelfeststellungen. Parallel zur Brutbestandsentwicklung ist auch die Winterverbreitung gegenüber der ersten Kartierung Mitte der 1980er Jahre deutlich zurückgegangen.

Bilanz der Winterkartierung:

Kategorie [Ex.]	GF	RF %
1-10	11	3,2
11-100	2	0,6
Summe	**13**	**3,8**

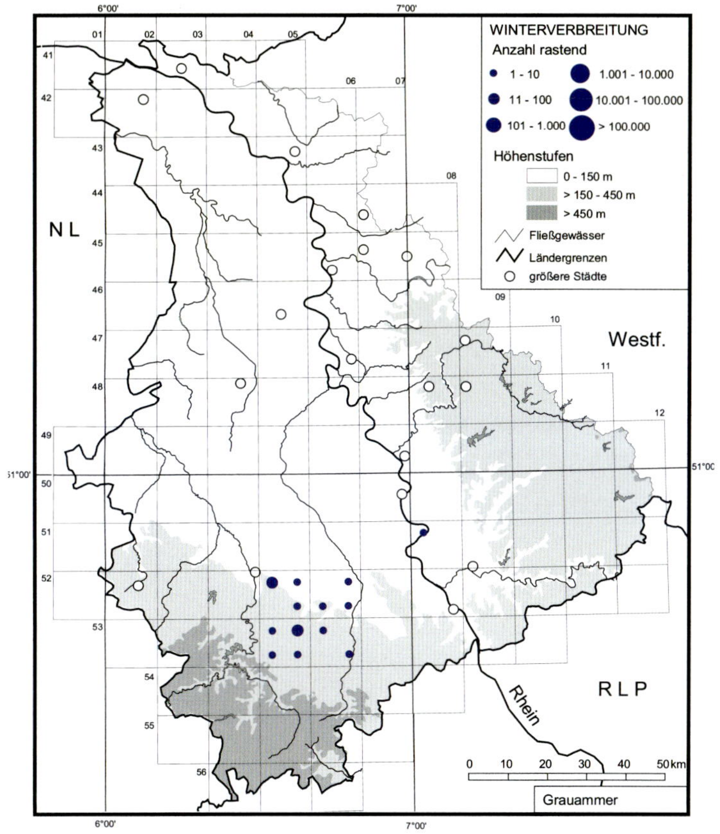

Winterverbreitung 1990-2000

Grauammer, *Miliaria calandra*. Foto: MATHIAS SCHÄF

Rohrammer *Emberiza schoeniclus*

Status: Brutvogel, Durchzügler, Wintergast

Gefährdung:
Rote Liste V (zurückgehend)
Non-SPEC (nicht gefährdet)

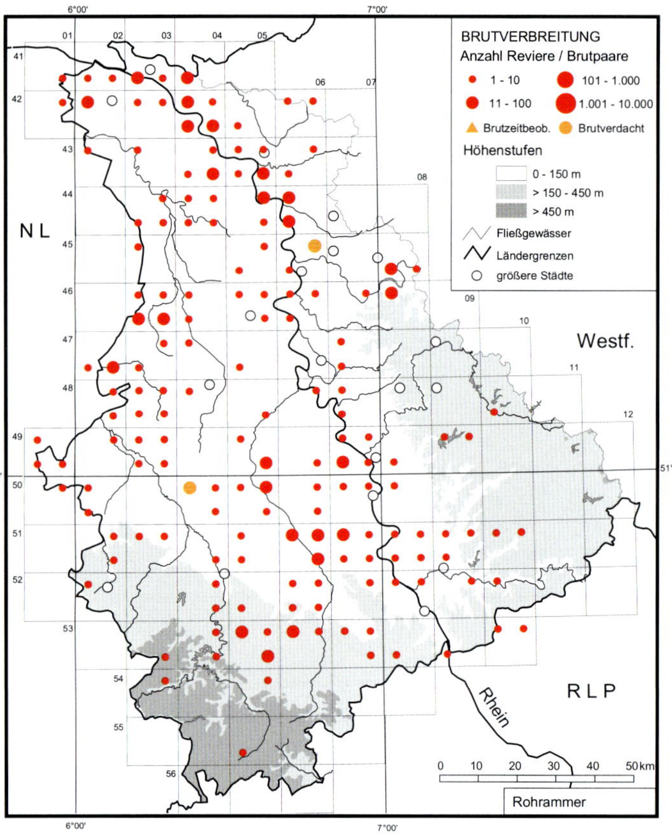

Brutverbreitung 1990-2000

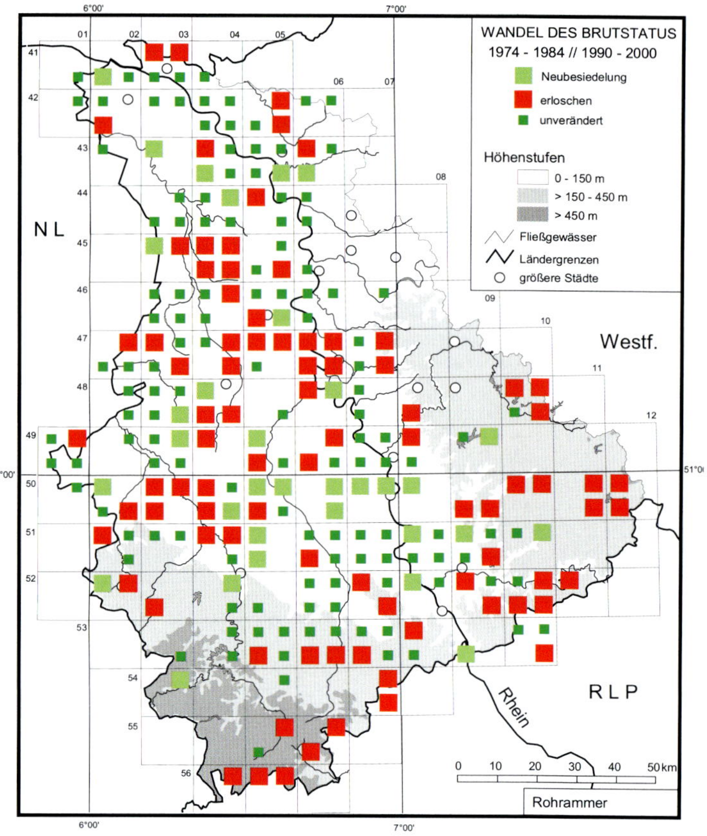

Arealveränderung zwischen 1974-84 und 1990-2000

BRUTVERBREITUNG

Die Rohrammer bewohnt die Verlandungs- und Uferbereiche stehender Gewässer, Feuchtwiesen, Niedermoore, Grabenränder usw. Es sind alle Klima- und Höhenzonen besiedelt; aber da die Tieflagen insgesamt mehr Feuchtgebiete aufweisen, sind diese dichter besetzt als die höheren Lagen. Die Schwerpunkte der Verbreitung liegen im Rheintal (besonders Unterer Niederrhein), an Erft, Rur, Schwalm und Nette sowie den angrenzenden Niederungsgebieten. Sie ist im benachbarten Westfalen etwas (RF = 57 %; NWO 2002) und in den NL deutlich weiter verbreitet (RF = 81 %; SOVON 2002).

AREALVERÄNDERUNGEN

Beim Vergleich mit der ersten Kartierung von 1974-84 wird ein deutlicher Arealverlust von -24 % sichtbar, der das gesamte Verbreitungsgebiet einschließt. Meliorationen, Flurbereinigung und Intensivierung der Landwirtschaft können als Hauptgefährdungsursachen benannt werden (PEACH et al. 1999, NABU 2004). Lokale Abnahmen wurden bereits von MILDENBERGER (1984) diagnostiziert. Auch in Westfalen gingen die Bestände in den 1960er und 1970er Jahren zurück, erholten sich aber seit 1980 durch gezielte Naturschutzmaßnahmen wieder (NWO 2002). Für die Kartierungsperiode 1990-2000 ergeben die Daten einen geschätzten rheinischen Gesamtbestand von 1.500-2.500 Brutpaaren (0,27 - 0,45 BP/km² bezogen auf die besiedelte Fläche). In den NL zeigt sich ein leichter Arealverlust bei mehr oder weniger stabilen Beständen (SOVON 2002).

Bilanz der Brutvogelkartierung:

Kategorie [BP]	GF	RF %	Minimum [BP]
1-10	138	33,4	138
11-100	27	6,5	297
Brutverdacht	2	0,5	
Summe	**167**	**40,4**	**435**

Vergleich der Kartierung von 1974-1984 mit 1990-2000:

Kategorie	GF	%	RF %
1 - Nur 1974-84	86	34,8	21,9
2 - Nur 1990-2000	33	13,4	8,4
3 - Gemeinsame GF	128	51,8	32,6
1974-84: 1 & 3	214		54,5
1990-2000: 2 & 3	161		41,0
Veränderung	-53 (-25 %)		-13,5

Die Abnahme ist statistisch signifikant (4-Felder X^2-Test***; Vorzeichentest*; McNemar-Test***). Identitäts-Index (nach SCHERNER 1982): 0,69.

WINTERVERBREITUNG

Der Großteil der Brutpopulation zieht im Winter aus dem Rheinland ab. Lediglich in den klimatisch günstigen Tieflagen können lokal ganzjährig Rohrammern beobachtet werden. Der Schwerpunkt der Verbreitung liegt im Winter in den Flussniederungen, besonders im Schwalm-Nette-Gebiet und im Rheintal. Vereinzelte Winternachweise existieren aber auch aus höheren Lagen. Gegenüber 1983-86 fallen keine Veränderungen in der Verbreitung auf. In milden Jahren können die Brutplätze bereits Anfang Februar wieder besetzt werden.

Bilanz der Winterkartierung:

Kategorie [Ex.]	GF	RF %
1-10	50	14,5
11-100	15	4,3
Summe	**65**	**18,8**

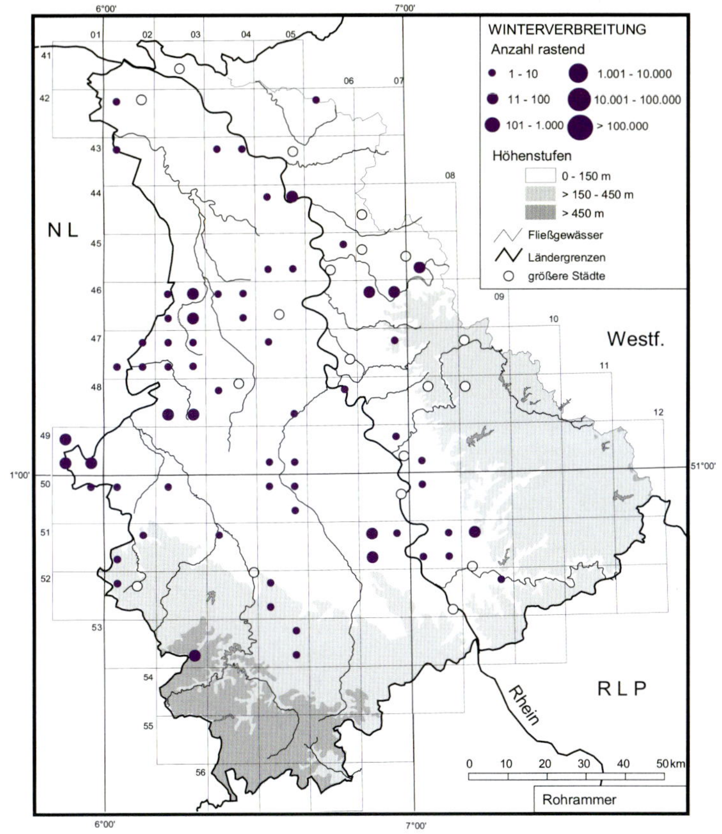

Winterverbreitung 1990-2000

Rohrammer, *Emberiza schoeniclus,* Männchen. Foto: EWALD LIPPOK

Goldammer *Emberiza citrinella*

Status: Jahresvogel

Gefährdung:
Rote Liste V (zurückgehend)
Non-SPEC^E (nicht gefährdet)

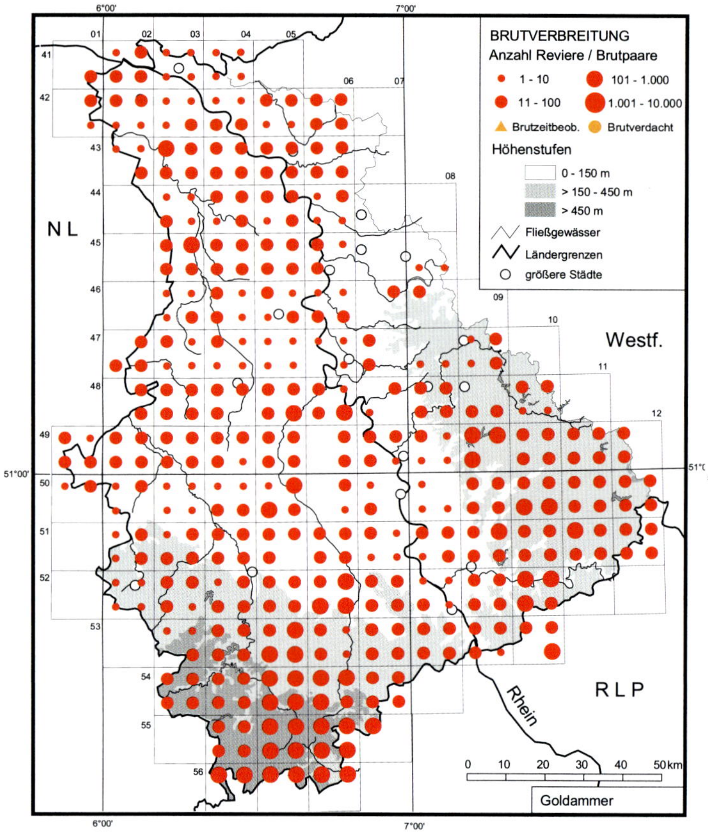

Brutverbreitung 1990-2000

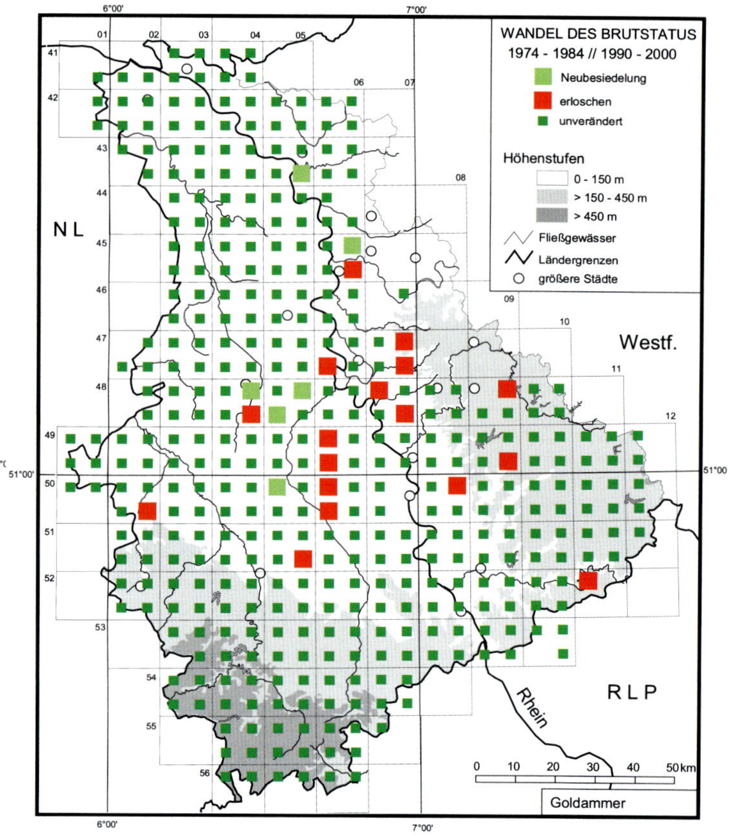

Arealveränderung zwischen 1974-84 und 1990-2000

BRUTVERBREITUNG

Die Goldammer ist ein Bewohner offener bis halboffener Landschaften mit Feldgehölzen, Hecken, Büschen, Waldrandlagen, Aufforstungen u. ä. Im Rheinland ist sie fast flächendeckend verbreitet, mit deutlichem Schwerpunkt in den Mittel- bis Hochlagen der Mittelgebirge. Fehlt in der ausgeräumten Agrarlandschaft, großflächig geschlossenen Waldgebieten und dicht bebauten Siedlungsbereichen. Vergleichbare Verbreitungen wurden im benachbarten Westfalen registriert (RF = 99 %; NWO 2002). In den NL ist sie aufgrund der Meidung des Küstenbereiches geringer verbreitet (RF = 42 %; SOVON 2002).

AREALVERÄNDERUNGEN

Aus dem Vergleich der beiden Kartierungen werden leichte Arealverluste besonders in den landwirtschaftlich intensiver genutzten Tieflagen ersichtlich, während die Situation in den Mittelgebirgen relativ stabil erscheint. Allerdings wird aus dem Bergischen Land von einem Bestandseinbruch Anfang der 1990er Jahre berichtet, von dem sich die Art bis 1997 nicht erholt hatte (HERKENRATH & FLOSBACH 2000). Durch Lebensraumzerstörung und Intensivierung der Landwirtschaft nahm die Art insgesamt ab und verschwand aus einigen Quadranten. Diese negative Entwicklung macht sich in Nordrhein bereits seit Beginn der zweiten Hälfte des 20. Jahrhunderts bemerkbar (MILDENBERGER 1984). Für Westfalen wurde bis Ende der 1970er Jahre eine starke Abnahme registriert, aber die Bestände haben sich anschließend wieder erholt (NWO 2002). Auch in den NL (-24 %) und in Großbritannien (-52 %) gab es deutliche Arealverluste (SOVON 2002, GREGORY et al. 2004). Im Rheinland kann für den Kartierungszeitraum von 40.000-75.000 Brutpaaren ausgegangen werden (3,1 - 5,8 BP/km² bezogen auf die besiedelte Fläche).

Bilanz der Brutvogelkartierung:

Kategorie [BP]	GF	RF %	Minimum [BP]
1-10	104	25,2	104
11-100	243	58,8	2.673
101-200	45	10,9	4.545
Summe	**392**	**94,9**	**7.322**

Vergleich der Kartierung von 1974-1984 mit 1990-2000:

Kategorie	GF	%	RF %
1 - Nur 1974-84	17	4,4	4,3
2 - Nur 1990-2000	6	1,5	1,5
3 - Gemeinsame GF	368	94,1	93,6
1974-84: 1 & 3	385		98,0
1990-2000: 2 & 3	374		95,2
Veränderung	-11 (-2,9 %)		-2,8

Die Abnahme ist statistisch signifikant (4-Felder X^2-Test*; Vorzeichentest*; McNemar-Test*). Identitäts-Index (nach SCHERNER 1982): 0,97.

WINTERVERBREITUNG

Im Großen und Ganzen ist die Winterverbreitung mit der Brutverbreitung identisch, aber ein Teil der Brutpopulation scheint abzuziehen, da die Rasterfrequenz im Winter spürbar geringer ist als zur Brutzeit. Lediglich bei starken Kälteeinbrüchen sind größere Ausweichbewegungen feststellbar. In einigen Bereichen bestehen Erfassungsdefizite. Die Verbreitungsschwerpunkte liegen wie zur Brutzeit im südlichen Rheinland (Voreifel, Bergisches Land), im Schwalm-Nette-Gebiet und Teilen des Unteren Niederrheins. Insgesamt hat sich die Winterverbreitung seit der ersten Kartierung 1983-86 nicht verändert.

Bilanz der Winterkartierung:

Kategorie [Ex.]	GF	RF %
1-10	101	26,2
11-100	168	43,5
101-1.000	37	9,6
Summe	**306**	**79,3**

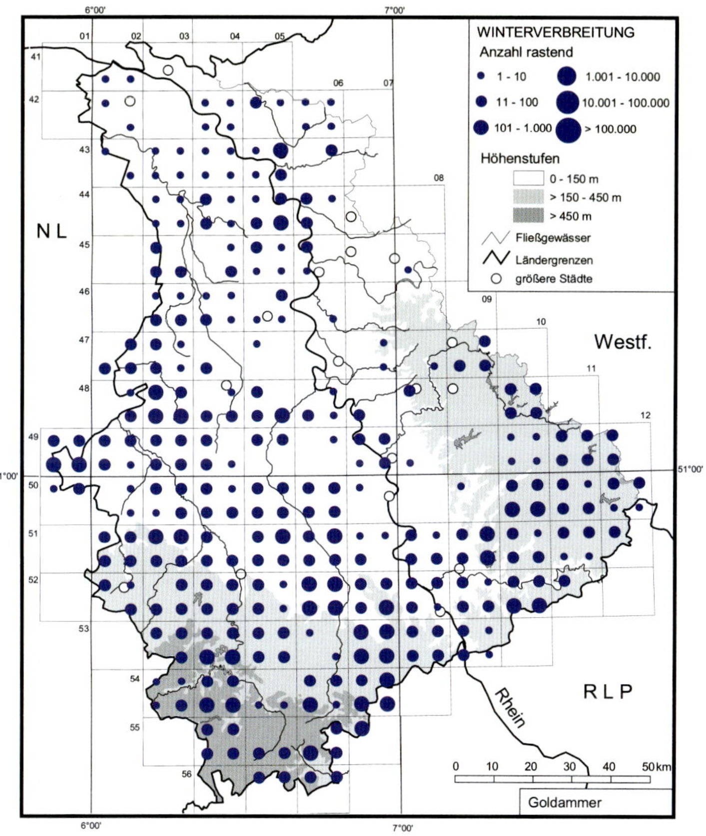

Winterverbreitung 1990-2000

Goldammer, *Emberiza citrinella*. Foto: MATHIAS SCHÄF

Zippammer *Emberiza cia*

Status: Jahresvogel

Gefährdung:
Rote Liste R (arealbedingt selten)
SPEC 3 (dezimiert)

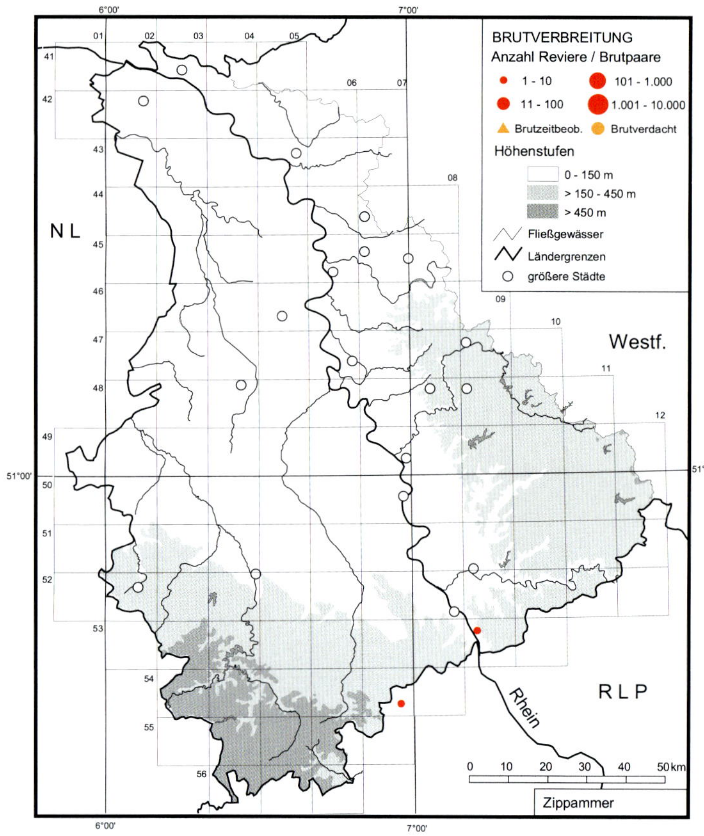

Brutverbreitung 1990-2000

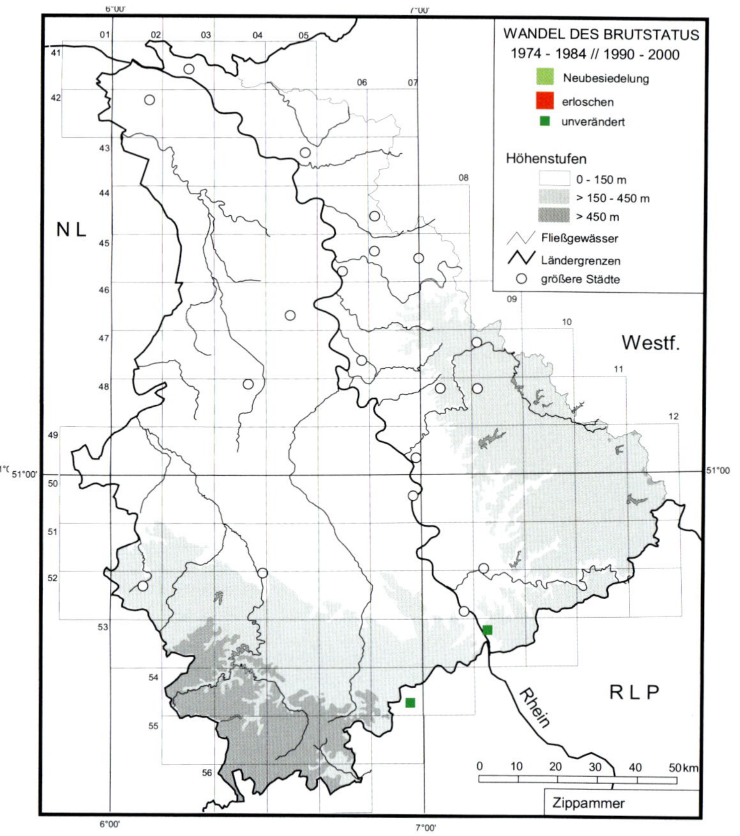

Arealveränderung zwischen 1974-84 und 1990-2000

BRUTVERBREITUNG

Die verbliebenen Brutvorkommen sind auf wenige Weinbergslagen am Mittelrhein (Drachenfels) und im Ahrtal (zumeist Rheinland-Pfalz) beschränkt. Entscheidende verbreitungsbestimmende Faktoren sind hohe Jahresdurchschnittstemperaturen (mindestens 15°C), geringe Niederschlagssummen (<200 mm) und ein hoher Trockenheitsindex. Die Vorkommen im Rheinland sind die nördlichsten in Deutschland, wo die Schwerpunkte in den Tälern von Mosel, Mittelrhein und Lahn in Rheinland-Pfalz liegen. Ehemalige Vorkommen im Siebengebirge sind in den 1970er Jahren erloschen (GLUTZ & BAUER 1997).

AREALVERÄNDERUNGEN

Das rheinische Verbreitungsareal hat sich seit der Kartierung 1974-84 nicht verändert. Von ca. drei Brutpaaren am Drachenfels 1977 (MACKE 1980) konnte 1995 nur noch ein Revier bestätigt werden (BARFKNECHT in ENGLÄNDER et al. 1996a). Gegenüber Veränderungen des Lebensraumes (Flurbereinigung, Intensivierung der Landwirtschaft) scheinen klimatische Faktoren einen geringeren Einfluss auf die Bestandsveränderungen zu haben (GLUTZ & BAUER 1997). Der Rückgang des kleinen rheinischen Bestandes begann bereits in den 1920er Jahren und führte zum Erlöschen vieler Vorkommen an der nördlichen Arealgrenze (MILDENBERGER 1984). Da die Art vergleichsweise heimlich lebt, bleibt zu hoffen, dass einige Vorkommen lediglich übersehen wurden. In den 1990er Jahren sind in Nordrhein mehr als 1-5 Brutpaare nicht mehr anzunehmen.

WINTERVERBREITUNG

Der Status in den Wintermonaten ist noch nicht ganz klar. Die einzige Meldung (RF = 0,3 %) stammt aus dem Brutgebiet am Mittelrhein und es ist anzunehmen, dass zumindest ein Teil der Brutvögel ganzjährig am Brutplatz bleibt (s. auch MILDENBERGER 1984). Aufgrund des heimlichen Verhaltens und der geringen Bestandsgröße sind Erfassungsdefizite jedoch wahrscheinlich.

Bilanz der Brutvogelkartierung:

Kategorie [BP]	GF	RF %
1-5	2	0,5

Vergleich der Kartierung von 1974-1984 mit 1990-2000:

Kategorie	GF	%	RF %
1 - Nur 1974-84	0	0	0
2 - Nur 1990-2000	0	0	0
3 - Gemeinsame GF	2	100	0,5
1974-84: 1 & 3	2		0,5
1990-2000: 2 & 3	2		0,5
Veränderung	0		0

Identitäts-Index (nach SCHERNER 1982): 1,0.

Zippammer, *Emberiza cia*. Foto: Christian Wolf

Ortolan, *Emberiza hortulana*. Foto: Mathias Schäf

Ortolan *Emberiza hortulana*

Status: Brutvogel, Durchzügler

Gefährdung:
Rote Liste 1 (vom Aussterben bedroht)
SPEC 2 (dezimiert)

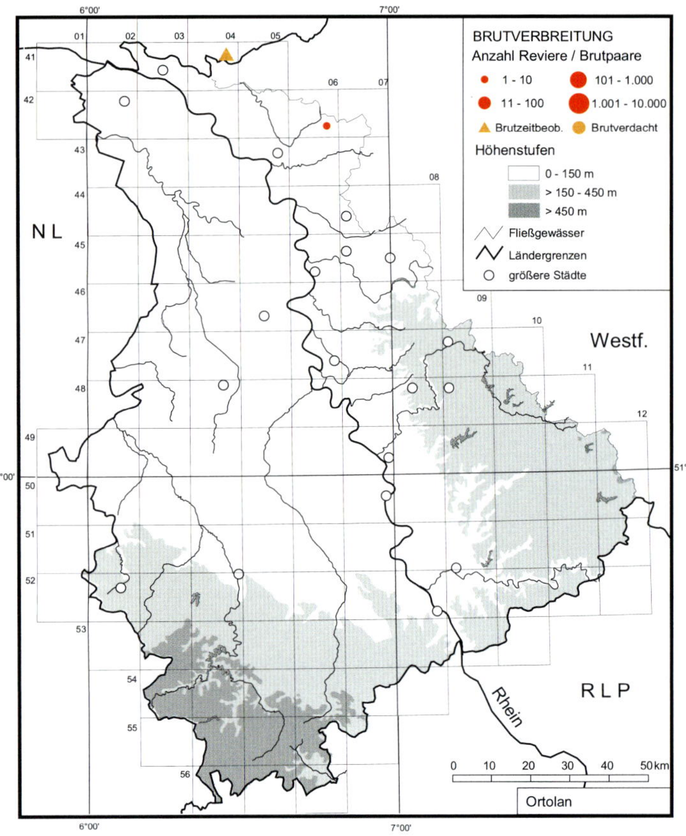

Brutverbreitung 1990-2000

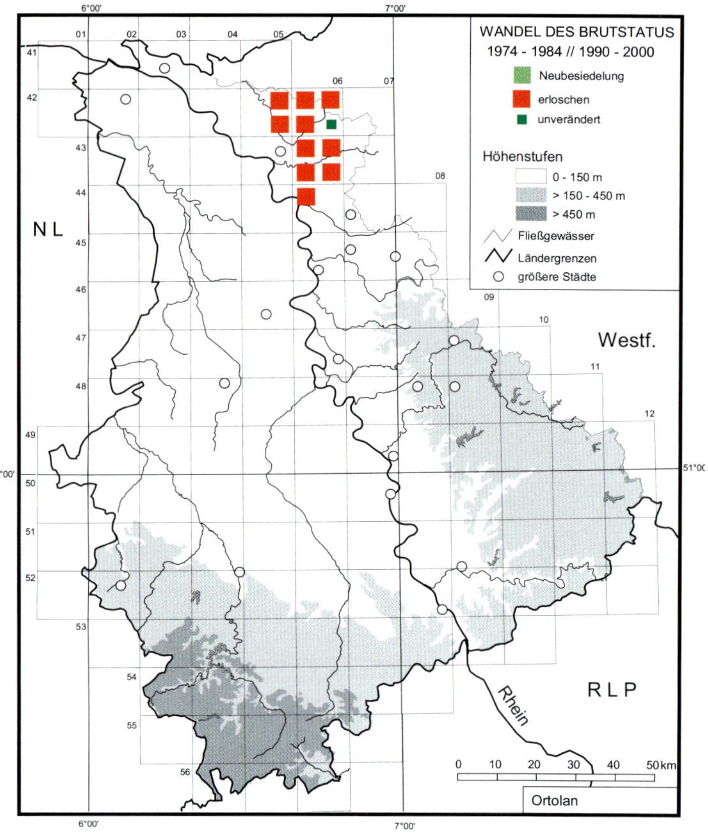

Arealveränderung zwischen 1974-84 und 1990-2000

BRUTVERBREITUNG

Die wenigen verbliebenen rheinischen Vorkommen liegen in der Kulturlandschaft am rechten Unteren Niederrhein, wo kleine Wälder, Feldgehölze und Hecken mit Getreide- und Hackfruchtäckern abwechseln. Diese Restvorkommen sind die spärlichen Ausläufer der ebenfalls schrumpfenden westfälischen Brutpopulation (RF = 2 %; NWO 2002).

AREALVERÄNDERUNGEN

Der Vergleich mit der ersten Kartierung zeigt einen drastischen und statistisch signifikanten Arealverlust von 91 %. Die Art steht kurz vor dem völligen Verschwinden im Rheinland. Anfang des 20. Jahrhunderts war der Ortolan am Unteren Niederrhein weit verbreitet und im rechtsrheinischen geschlossenen Brutareal brüteten um 1968 noch 420-470 Paare. Spätestens in den 1970er Jahren setzte ein dramatischer Bestandsrückgang ein und die Brutpopulation umfasste 1979 nur noch 40 Brutpaare, was einem Rückgang um über 90 % gleichkommt (MILDENBERGER 1984). Im benachbarten Westfalen, wo Mitte der 1980er Jahre noch 300-400 Reviere besetzt waren, ist der Bestand von 1985-88 bis 1992-94 um 86 % zurückgegangen (IKEMEYER & VON BÜLOW 1995, NOTTMEYER-LINDEN et al. 1997). Ähnliche Tendenzen werden auch in anderen Regionen Deutschlands und Mitteleuropas registriert und als Folge von Habitatveränderungen in der intensivierten Landwirtschaft sowie verstärktem Pestizideinsatz interpretiert (NABU 2004). Probleme auf den Zugwegen und im Überwinterungsgebiet sind ebenfalls zu berücksichtigen. Auch für die NL ist ein dramatischer Bestandseinbruch dokumentiert (-92 %), mit noch 1.200-1.700 BP 1950, 120-150 BP 1980 und nur noch 0-2 BP 1998-2000 (SOVON 2002).

Bilanz der Brutvogelkartierung:

Kategorie [BP]	GF	RF %
1-10	1	0,2
Brutverdacht	1	0,2
Summe	**2**	**0,5**

Vergleich der Kartierung von 1974-1984 mit 1990-2000:

Kategorie	GF	%	RF %
1 - Nur 1974-84	10	90,9	2,5
2 - Nur 1990-2000	0	0	0
3 - Gemeinsame GF	1	9,1	0,3
1974-84: 1 & 3	11		2,8
1990-2000: 2 & 3	1		0,3
Veränderung	-10 (-91%)		-2,5

Die Abnahme ist statistisch signifikant (4-Felder X^2-Test***; Vorzeichentest*; McNemar-Test*). Identitäts-Index (nach SCHERNER 1982): 0,30.

SELTENE UND UNREGELMÄßIGE BRUT- UND WINTERVÖGEL

Die folgenden Arten wurden im Bearbeitungszeitraum 1990-2000 nur unregelmäßig (weniger als fünf Nachweise) oder Ausnahmsweise (ein Nachweis) festgestellt. Die uns vorliegenden Beobachtungen werden hier dargestellt, wir weisen jedoch darauf hin, dass diese Zusammenstellung keinen Anspruch auf Vollständigkeit erhebt und in einigen Fällen eine Bearbeitung durch die zuständige Seltenheitenkommission erforderlich ist.

Seidenreiher *Egretta garzetta* W

Am 20.01.1996 wurde ein Individuum bei Wassenberg-Ophoven beobachtet (NOETHLICHS u. GELLISSEN in ENGLÄNDER et al. 1996b). Winterbeobachtungen von Seidenreihern sind in Mitteleuropa sehr selten und auch die südeuropäischen Vögel ziehen weitgehend ab. In den NL liegen aus dem Zeitraum Dezember bis April nur wenige Beobachtungen vor (BIJLSMA et al. 2001). Die Art erscheint nördlich der mediterranen Brutplätze, z. B. in Mitteleuropa, gewöhnlich im Frühjahr/Sommer, wohl infolge von Zugprolongation.

Magellangans *Chloephaga picta* W

Im Rahmen der Wintervogel-Kartierung wurde eine Beobachtung im Raum Düsseldorf (TK 4706) gemeldet. Das natürliche Brutgebiet liegt in Südamerika und alle Feststellungen in Europa gehen auf Gefangenschaftsflüchtlinge und Parkvögel zurück.

Mähnenente *Chenonetta jubata* W

Ein Weibchen dieser in Australien verbreiteten Art hielt sich mehrere Jahre bei Rheinberg-Eversael (TK 4405) auf. Desweiteren gelang eine Beobachtung im Januar 1998 bei Merzenich (TK 5105). Auch hier handelt es sich um Gefangenschaftsflüchtlinge oder verwilderte Parkvögel.

Schwarzkopf-Ruderente *Oxyura jamaicensis* W

Die Mitte des 20. Jahrhunderts in Großbrittanien ausgesetzten Vögel breiten sich seitdem in Westeuropa aus. Im Rahmen der Wintervogel-Kartierung wurde ein Männchen am Rhein bei Rheinberg (TK 4406) festgestellt.

Kappensäger *Mergus cucullatus* W

Diese nordamerikanische Art wird zunehmend in West- und Mitteleuropa beobachtet, wobei die meisten Feststellungen Gefangenschaftsflüchtlingen und Parkvögeln zugerechnet werden. Aus Großbrittanien gibt es allerdings auch Nachweise sicherer Wildvögel. Im hier ausgewerteten Zeitraum gelangen mindestens drei Feststellungen, die aber sehr wahrscheinlich nicht als Wildvögel einzustufen sind: 1) 22.12.1992 ein Weibchen bei Moers (GAßLING in ENGLÄNDER & PRESTEL 1992), 2) 06.12.1994 ein Männchen bei Ratingen-Eggerscheidt (PIPJORKE u. GROßTERLINDEN in BARTHEL 1995) und 3) 15.-16.01.1996 ein Männchen Hinsbecker Bruch (HUBATSCH & KLEIN in ENGLÄNDER et al. 1996b).

Fischadler *Pandion haliaetus* W

Der Fischadler ist im Rheinland ein regelmäßiger Durchzügler März/April und August-Oktober. Die Winterquartiere befinden sich in Afrika südlich der Sahara. Einzelne Vögel überwintern regelmäßig im Mittelmeergebiet, nördlich davon sind Winternachweise sehr selten (BEZZEL 1985). Im Bearbeitungszeitraum gelangen drei Feststellungen (TK 4406, TK 4907, TK 5102) während der Wintervogelerfassungen, die aber keine wirklichen Überwinterungen betreffen, sondern eher auf frühe Heimkehrer in milden Jahren zurückgehen.

Knutt *Calidris canutus* W

Im Rheinland regelmäßiger Durchzügler in sehr kleiner Zahl, vor allem im Herbst von August-Oktober. Im Nordseewatt zahlreicher Wintergast mit z. B. bis zu 117.000 Exemplaren im niederländischen Wattenmeer (BIJLSMA et al. 2001). Während der Wintervogelkartierung gelang eine Feststellung am Unteren Niederrhein (TK 4203).

Pfuhlschnepfe *Limosa lapponica* W

Regelmäßiger Gast an der Meeresküste; im Binnenland zwar alljährlicher, aber dennoch unregelmäßiger Durchzügler. Das Überwinterungsgebiet erstreckt sich von NW-Europa bis Afrika. In den NL umfasst der Winterbestand je nach Witterung zwischen 4.100 und 14.000-38.000 Exemplaren (BIJLSMA et al. 2001). Am 06.02.1999 wurde eine Pfuhlschnepfe bei Rheinberg-Wallach festgestellt (GAßLING & KLINGER in NWO 2000).

Drosseluferläufer *Actitis macularia* W

Das neuweltliche Pendant des Flussuferläufers erscheint nur sehr selten in Mitteleuropa und aus Deutschland liegen derzeit weniger als zehn Nachweise vor. Beachtlich ist daher der erste Nachweis für Nordrhein-Westfalen, wo vom 11.11.1994-01.01.1995 ein diesjähriger Drosseluferläufer an den Klärteichen Sittharder Hof überwinterte (KUHN u.v.a. in ENGLÄNDER et al. 1995b).

Zwergmöwe *Larus minutus* W

Die Zwergmöwe ist regelmäßiger Durchzügler im Rheinland, besonders während des Heimzuges. Die Wintergebiete sind unzureichend bekannt; bei milder Witterung überwintern bis zu >10.000 auf dem Ijsselmeer in den NL (BIJLSMA et al. 2001). Im küstenfernen Binnenland ist sie seltener Wintergast, aber die Zahl der Nachweise stieg in den letzten Jahren an. Von 1990-2000 liegen aus dem Rheinland zwei Beobachtungen vor: 1) 13.01.-24.02.1993 Entenfang bei Wesseling (WITTLING in ENGLÄNDER et al. 1993b) und 2) 20.12.1996 bei Rheinberg-Winterswick (KUHN in KRETZSCHMAR & GLINKA 1997).

Polarmöwe *Larus glaucoides* W

Die Polarmöwe brütet auf Grönland und im östlichen Kanada und erscheint ausnahmsweise in Europa, meist im Winter an der Küste. Systematische Beobachtungen haben zu einer Reihe aktueller Nachweise auch abseits der Küste geführt, u. a. zwei Feststellungen im Rheinland: 1) 14.01.1996 ein Exemplar im ersten Winterkleid Glabbacher Bruch TK 4603 (MÜLLER in KRETZSCHMAR & GLINKA 1997) und 2) ein Exemplar im zweiten Winterkleid bei Rheinberg-Winterswick TK 4405 (MÜLLER u. a. in KRETZSCHMAR & GLINKA 1997). In den letzten zehn Jahren gelangen desweiteren mehrere Beobachtungen in Westfalen (s. Ornitholog. Sammel- und Jahresberichte). Die Mehrzahl der niederländischen Nachweise (n = 88) stammt aus dem Zeitraum Dezember bis Februar (BIJLSMA et al. 2001).

Seidenreiher, *Egretta garzetta.*
Foto: MATHIAS SCHÄF

Pfuhlschnepfe, *Limosa lapponica,* diesjährig.
Foto: MATHIAS SCHÄF

Zwergmöwe, *Larus minutus,* diesjährig.
Foto: MATHIAS SCHÄF

Polarmöwe, *Larus glaucoides,* 1. Winter.
Foto: CHRISTIAN DIETZEN

Dreizehenmöwe *Rissa tridactyla* **W**

Regelmäßiger Gast in der Nordsee und nur sehr selten im küstenfernen Binnenland, meist nach Stürmen im Spätherbst und Winter (z. B. Bijlsma et al. 2001). Im Rheinland wurde im Zeitraum 1990-2000 eine Beobachtung vom 03.12.1996 am Rhein bei Wesel-Büderich (TK 4305) bekannt (Müller u. Buchheim in Kretzschmar & Glinka 1997).

Weißbart-Seeschwalbe *Chlidonias hybrida* **W**

Unregelmäßiger Durchzügler im Rheinland, vor allem im Frühjahr. Brütet in mehreren disjunkten Vorkommen in südwest- und südosteuropäischen Steppengebieten. In manchen Jahren invasionsartige Einflüge in Mitteleuropa. Die westpaläarktischen Brutvögel überwintern überwiegend in Afrika südlich der Sahara und zum Teil auch bereits im Mittelmeergebiet (Bezzel 1985). Vom 18.11.-13.12.1996 hielt sich eine adulte Weißbart-Seeschwalbe im Schlichtkleid auf dem Gelände der Universität Düsseldorf auf (Deykowsky u. Krüger in Kretzschmar & Glinka 1997).

Trottellumme *Uria aalgae* **W**

Typischerweise strikter Hochseebewohner; einzelne geschwächte Individuen können bei starken Herbst- und Winterstürmen ins Binnenland verdriftet werden. So erklärt sich die Beobachtung einer Trottellumme bei Jülich (TK 5004) am 12.02.1994 (Schwarthoff in Hubatsch 1995).

Krabbentaucher *Alle alle* **W**

Ähnlich wie die Trottellumme ist auch der Krabbentaucher ein typischer Meeresvogel und erscheint im Winter regelmäßig in unterschiedlicher Anzahl in der offenen Nordsee, z. B. um Helgoland und im Küstenbereich. Am 12./13.12.1990 wurde ein Exemplar bei Bonn-Beuel (TK 5208) gefunden (Rheinwald & Macke in Engländer et al. 1992). 1990 wurde auch in den NL ein großer Einflug mit 4.000 Exemplaren registriert (Bijlsma et al. 2001).

Rotbugamazone *Amazona aestiva* **B**

Ein Paar dieser südamerikanischen Papageienart brütete zu Beginn des Kartierungszeitraumes mehrere Jahre in Folge (1991-1993) in einem Schleiereulen-Nistkasten im Raum Köln (TK 5107). Für eine dauerhaften Ansiedlung gibt es jedoch bisher keine Anzeichen und das Vorkommen ist mittlerweile erloschen (Kretzschmar 1999).

Schlagschwirl *Locustella fluviatilis* **B**

Ein singender Vogel wurde vom 31.05.-25.06.1996 bei Hennef/Aller festgestellt (Schall u. Herkenrath in Kretzschmar & Glinka 1997). Ein Brüten ist nicht wahrscheinlich, kann aber aufgrund der versteckten Lebensweise auch nicht sicher ausgeschlossen werden. Da die Art ihr Areal nach Westen ausdehnt und auch schon mehrfach westlich des geschlossenen Verbreitungsgebietes gebrütet hat, ist zukünftig durchaus mit weiteren Beobachtungen zu rechnen. Ein zweifelsfreier Brutnachweis steht jedoch für das Rheinland noch immer aus.

Spornammer *Calcarius lapponicus* **W**

Im Bearbeitungszeitraum gelang nur eine Feststellung am Rhein zwischen Duisburg und Krefeld. Beobachtungen im Winter müssen als seltene Ausnahme gelten, während einzelne Exemplare das Rheinland auf dem Herbstzug wohl regelmäßig überfliegen.

Schneeammer *Plectrophenax nivalis* **W**

Die Schneeammer überwintert regelmäßig im deutschen Wattenmeer (6.000-10.000 Ind.) und erscheint nur unregelmäßig im küstenfernen Binnenland (Dierschke 2001). Sie ist im Mittwinter im Rheinland ebenso selten wie die vorangegangene Art. Im Kartierungszeitraum gelang lediglich eine Feststellung im Bergischen Land. Die Zahl der Feststellungen hat in der zweiten Hälfte des 20. Jahrhunderts kontinuierlich zugenommen (Mildenberger 1984).

Schneeammer, *Plectrophenax nivalis*.
Foto: Mathias Schäf

Spornammer, *Calcarius lapponicus*.
Foto: Felix Jachmann

Anhang 1: Ergebniswerte der Brut- und Wintervogel-Kartierungen im Rheinland (Nordrhein) 1990-2000. RP = Rangplatz nach Rasterfrequenz (Brutzeit oder Winter bei Nicht-Brutvögeln), NRW = Nordrhein-Westfalen, D = Deutschland, GF = Anzahl besetzter Gitterfelder, RF = Rasterfrequenz in Prozent für 413 TK 25-Quadranten (Brutzeit) bzw. 393 Quadranten (Vergleich u. Winter), Min. = kartierter Minimalbestand, Bestand = geschätzter Gesamtbestand (s. S. 15-16), % = Änderung der Anzahl besetzter Gitterfelder in Prozent, I_D = Identitäts-Index nach SCHERNER (1982), n.s. = nicht signifikant, $^{+}$= p<0,1, *= p<0,05, **= p<0,01, ***= p<0,001, n.b. = nicht berechnet.

RP	Art	Rote Liste		Brut				Vergleich 1974-84 u. 1990-2000					Winter	
		NRW	D	GF	RF	Min.	Bestand	GF	%		RF	I_D	GF	RF
1	**Kohlmeise** *Parus major*	N	N	413	100,0	46.833	250.000-750.000	+1	+0,3	n.s.	+0,3	1,00	387	99,0
1	**Amsel** *Turdus merula*	N	N	413	100,0	79.383	300.000-900.000	+2	+0,5	n.s.	+0,5	1,00	389	99,5
1	**Star** *Sturnus vulgaris*	N	N	413	100,0	29.843	300.000-500.000	0	0	n.b.	0	1,00	388	99,0
1	**Zaunkönig** *Troglodytes troglodytes*	N	N	413	100,0	26.052	120.300-223.600	-1	-0,3	n.s.	-0,3	1,00	372	95,0
1	**Mönchsgrasmücke** *Sylvia atricapilla*	N	N	413	100,0	22.323	70.000-140.000	+5	+1,3	n.s.	+1,3	0,99	14	4,0
1	**Singdrossel** *Turdus philomelos*	N	N	413	100,0	15.623	50.000-120.000	+2	+0,5	n.s.	+0,5	1,00	116	33,3
1	**Heckenbraunelle** *Prunella modularis*	N	N	413	100,0	14.603	69.400-103.200	0	0	n.b.	0	1,00	330	85,1
1	**Grünfink** *Chloris chloris*	N	N	413	100,0	13.473	45.000-80.000	+7	+1,8	*	+1,8	0,99	375	96,2
1	**Rabenkrähe** *Corvus c. corone*	N	N	413	100,0	9.743	21.000-40.000	+17	+4,5	***	+4,3	0,98	383	99,2
10	**Buchfink** *Fringilla coelebs*	N	N	412	99,8	65.232	250.000-500.000	-1	-0,3	n.s.	-0,3	1,00	390	99,5
10	**Haussperling** *Passer domesticus*	N	V	412	99,8	45.622	250.000-700.000	0	0	n.b.	0	1,00	384	98,2
10	**Ringeltaube** *Columba palumbus*	N	N	412	99,8	26.402	117.400-218.000	+2	+0,5	n.s.	+0,6	0,99	387	98,5
13	**Zilpzalp** *Phylloscopus collybita*	N	N	411	99,5	30.211	132.500-246.200	+2	+0,5	n.s.	+0,5	0,99	73	20,7
13	**Rauchschwalbe** *Hirundo rustica*	3	V	411	99,5	11.391	32.000-59.500	+2	+0,5	n.s.	+0,5	0,99		
13	**Gartengrasmücke** *Sylvia borin*	N	N	411	99,5	5.001	15.400-34.200	+21	+5,7	***	+5,4	0,97		
16	**Blaumeise** *Parus caeruleus*	N	N	410	99,3	33.420	150.000-500.000	+2	+0,5	n.s.	+0,5	1,00	389	99,2
16	**Bachstelze** *Motacilla alba*	N	N	410	99,3	7.370	23.500-43.600	+2	+0,5	n.s.	+0,5	0,99	132	36,7
16	**Rotkehlchen** *Erithacus rubecula*	N	N	410	99,3	24.830	107.200-199.000	+9	+2,4	*	+2,3	0,98	380	97,4
16	**Gartenbaumläufer** *Certhia brachydactyla*	N	N	410	99,3	4.718	16.900-31.400	+25	+6,9	***	+6,4	0,96	294	86,2
20	**Mäusebussard** *Buteo buteo*	N	N	409	99,0	1.747	1.800-3.300	+33	+9,0	***	+8,4	0,95	394	99,2
21	**Hausrotschwanz** *Phoenicurus ochruros*	N	N	404	97,8	5.014	16.900-31.400	+7	+1,8	n.s.	+1,8	0,98	46	13,0
22	**Misteldrossel** *Turdus viscivorus*	N	N	402	97,3	3.649	13.500-25.000	+10	+2,7	*	+2,5	0,97	311	80,4
23	**Fitis** *Phylloscopus trochilus*	N	N	399	96,6	8.479	25.700-47.800	-4	-1,0	n.s.	-1,1	0,97		

RP	Art	Rote Liste		Brut				Vergleich 1974-84 u. 1990-2000					Winter	
		NRW	D	GF	RF	Min.	Bestand	GF	%		RF	I_D	GF	RF
23	**Elster** *Pica pica*	N	N	399	96,6	7.049	15.000-30.000	+10	+2,7	n.s.	+2,5	0,97	389	99,7
25	**Eichelhäher** *Garrulus glandarius*	N	N	398	96,4	3.918	14.300-26.500	+16	+4,4	**	+4,1	0,95	368	95,9
26	**Buntspecht** *Dendrocopos major*	N	N	396	95,9	4.005	13.500-20.000	+13	+3,6	*	+3,3	0,95	359	94,0
27	**Goldammer** *Emberiza citrinella*	V	N	392	94,9	7.322	40.000-75.000	-11	-2,9	*	-2,8	0,97	306	79,3
28	**Feldlerche** *Alauda arvensis*	V	V	391	94,7	8.911	24.900-46.200	-11	-3,0	*	-2,8	0,98	217	59,6
29	**Bluthänfling** *Carduelis cannabina*	N	V	390	94,4	5.553	14.000-26.000	-11	-2,9	n.s.	-2,8	0,95	120	33,3
30	**Mehlschwalbe** *Delichon urbicum*	V	V	386	93,5	8.216	24.300-45.100	-14	-3,7	**	-3,7	0,97		
31	**Kleiber** *Sitta europaea*	N	N	383	92,7	6.593	15.800-40.000	+25	+7,3	***	+6,4	0,93	359	92,3
32	**Turmfalke** *Falco tinnunculus*	N	N	380	92,0	780	1.500-2.000	+33	+9,8	***	+8,4	0,91	353	91,7
33	**Stockente** *Anas platyrhynchos*	N	N	379	91,8	3.745	11.000-21.000	+13	+3,7	n.s.	+3,3	0,92	349	89,5
34	**Dorngrasmücke** *Sylvia communis*	V	N	375	90,8	3.694	6.100-11.400	+8	+2,3	n.s.	+2,0	0,91		
35	**Schwanzmeise** *Aegithalos caudatus*	N	N	372	90,1	3.553	8.200-15.300	+42	+14,0	***	+10,7	0,88	344	88,4
35	**Feldsperling** *Passer montanus*	V	V	372	90,1	4.738	26.000-45.000	-6	-1,7	n.s.	-1,5	0,93	336	87,7
37	**Mauersegler** *Apus apus*	N	V	369	89,3	9.897	21.200-36.700	+26	+8,0	**	+6,6	0,89		
38	**Weidenmeise** *Parus montanus*	N	N	367	88,9	2.065	8.200-15.200	+19	+5,8	*	+4,6	0,89	302	77,6
39	**Türkentaube** *Streptopelia decaocto*	N	V	360	87,2	5.877	13.100-24.300	+9	+2,7	n.s.	+2,3	0,89	301	81,6
40	**Wintergoldhähnchen** *Regulus regulus*	N	N	356	86,2	9.683	44.600-82.900	+62	+22,0	***	+15,8	0,86	339	86,7
41	**Grauschnäpper** *Muscicapa striata*	N	N	350	84,7	2.087	9.000-16.800	-4	-1,2	n.s.	-1,0	0,86		
41	**Stieglitz** *Carduelis carduelis*	N	N	350	84,7	1.906	4.200-8.000	+28	+9,5	**	+7,1	0,84	265	72,4
43	**Tannenmeise** *Parus ater*	N	N	328	79,4	7.635	20.900-38.900	+42	+16,0	***	+10,6	0,85	290	74,4
44	**Grünspecht** *Picus viridis*	3	V	325	78,7	429	730-1.360	+54	+22,0	***	+13,7	0,74	249	67,6
45	**Sumpfmeise** *Parus palustris*	N	N	324	78,5	1.912	8.500-12.000	+32	+12,0	***	+8,2	0,79	291	74,8
46	**Sperber** *Accipiter nisus*	N	N	321	77,7	329	650-1.200	+197	+214,0	***	+50,1	0,50	318	81,9
47	**Klappergrasmücke** *Sylvia curruca*	V	N	320	77,5	870	2.400-4.500	-6	-2,0	n.s.	-1,5	0,81		
48	**Sumpfrohrsänger** *Acocephalus palustris*	N	N	319	77,2	2.049	4.200-7.700	+17	+5,9	n.s.	+4,3	0,83		
49	**Turteltaube** *Streptopelia turtur*	3	V	315	76,3	1.280	2.500-4.700	-13	-4,0	n.s.	-3,1	0,89		

RP	Art	Rote Liste		Brut				Vergleich 1974-84 u. 1990-2000					Winter	
		NRW	D	GF	RF	Min.	Bestand	GF	%		RF	I_D	GF	RF
50	**Waldkauz** *Strix aluco*	N	N	314	76,0	671	1.700-3.100	+43	+17,1	*	+4,6	0,73	229	60,3
51	**Sommergoldhähnchen** *Regulus ignicapillus*	N	N	313	75,8	4.546	14.400-26.800	+85	+41,0	***	+21,6	0,73	29	8,5
51	**Gimpel** *Pyrrhula pyrrhula*	N	N	313	75,8	1.835	7.500-13.500	-11	-3,6	n.s.	-2,8	0,84	295	76,0
53	**Waldlaubsänger** *Phylloscopus sibilatrix*	V	N	312	75,5	1.839	6.900-12.900	+13	+4,6	n.s.	+3,3	0,85		
54	**Kuckuck** *Cuculus canorus*	V	V	310	75,1	868	1.400-2.600	-53	-16,0	***	-13,5	0,85		
55	**Fasan** *Phasianus colchicus*	N	N	293	70,9	3.720	10.500-19.500	-57	-17,0	***	-14,5	0,90	254	70,0
56	**Wacholderdrossel** *Turdus pilaris*	N	N	292	70,7	3.434	7.600-14.100	+40	+17,0	***	+10,1	0,78	324	84,2
57	**Habicht** *Accipiter gentilis*	N	N	291	70,5	274	520-640	+87	+51,0	***	+22,1	0,61	261	69,4
58	**Haubenmeise** *Parus cristatus*	N	N	283	68,5	3.480	9.100-16.900	+74	+39,0	***	+18,5	0,74	248	63,9
59	**Teichhuhn** *Gallinula chloropus*	N	V	280	67,8	915	1.588-2.424	-29	-9,6	**	-7,4	0,85	227	62,2
60	**Hohltaube** *Columba oenas*	N	N	278	67,3	1.250	2.600-4.900	+111	+73,0	***	+28,2	0,67	225	61,6
61	**Blässhuhn** *Fulica atra*	N	N	273	66,1	1.401	2.7950-3.745	+96	+59,0	***	+24,4	0,71	240	65,9
62	**Kiebitz** *Vanellus vanellus*	3	2	272	65,9	1.321	2.500-4.500	-14	-5,1	*	-3,6	0,80	171	49,0
63	**Kernbeißer** *C. coccothrausthes*	N	N	269	65,1	1.470	5.000-9.500	+52	+27,0	***	+13,2	0,71	227	58,5
64	**Baumpieper** *Anthus trivialis*	V	V	266	64,4	2.463	7.600-14.200	-66	-21,0	***	-16,8	0,83		
65	**Gelbspötter** *Hippolais icterina*	V	N	262	63,4	720	1.400-2.650	-13	-4,9	n.s.	-3,3	0,84		
66	**Waldohreule** *Asio otus*	V	N	261	63,2	332	1.600-2.200	+8	+3,7	n.s.	+2,0	0,63	158	44,7
67	**Girlitz** *Serinus serinus*	N	N	255	61,7	1.325	3.000-5.500	-17	-6,6	n.s.	-4,3	0,72	18	5,3
68	**Dohle** *Corvus monedula*	V	N	247	59,8	2.977	9.300-18.000	+23	+11,0	*	+5,9	0,75	257	71,4
69	**Gartenrotschwanz** *Ph. phoenicurus*	3	V	237	57,4	537	890-1.650	-113	-35,0	***	-28,8	0,69		
70	**Steinkauz** *Athene noctua*	3	2	235	56,9	983	1.500-2.500	-6	-2,7	n.s.	+1,6	0,83	178	51,0
71	**Gebirgsstelze** *Motacilla cinerea*	N	N	234	56,7	641	1.400-2.500	+40	+22,7	***	+10,1	0,77	174	45,1
72	**Rebhuhn** *Perdix perdix*	2	2	233	56,4	892	2.500-5.000	-50	-18,0	***	-12,7	0,83	189	53,4
73	**Schleiereule** *Tyto alba*	N	N	229	55,4	270	490-910	+90	+74,0	***	+22,1	0,36	164	46,0
74	**Kleinspecht** *Dendrocopos minor*	3	N	225	54,5	254	480-890	+54	+36,0	***	+13,7	0,52	135	37,5
75	**Nachtigall** *Luscinia megarhynchos*	3	N	219	53,0	528	1.100-2.100	-29	-12,0	**	-7,3	0,82		

RP	Art	Rote Liste		Brut				Vergleich 1974-84 u. 1990-2000					Winter	
		NRW	D	GF	RF	Min.	Bestand	GF	%		RF	I_D	GF	RF
76	**Schwarzspecht** *Dryocopus martius*	3	N	197	47,7	188	390-730	+47	+36,0	***	+11,9	0,59	162	42,6
77	**Wiesenpieper** *Anthus pratensis*	3	N	180	43,6	639	680-1.600	-4	-2,4	n.s.	-1,0	0,59	152	42,9
78	**Haubentaucher** *Podiceps cristatus*	N	N	177	42,9	397	950-1.270	+68	+67,0	***	+17,3	0,69	185	51,7
79	**Eisvogel** *Alcedo atthis*	3	V	176	42,6	176	230-430	+86	+146,0	***	+21,9	0,32	197	52,6
80	**Trauerschnäpper** *Ficedula hypoleuca*	V	N	175	42,4	317	1.100-2.100	+44	+40,0	***	+11,2	0,53		
81	**Rohrammer** *Emberiza schoeniclus*	V	N	167	40,4	435	1.500-2.500	-53	-25,0	***	-13,5	0,69	65	18,8
82	**Schafstelze** *Motacilla flava*	3	V	165	40,0	710	1.300-2.500	-12	-7,1	n.s.	-3,1	0,65		
82	**Pirol** *Oriolus oriolus*	2	V	165	40,0	173	340-630	-13	-7,9	n.s.	-3,3	0,60		
84	**Höckerschwan** *Cygnus olor*	N	N	159	38,5	165	230-310	+50	+49,0	***	+12,7	0,60	191	52,5
85	**Straßentaube** *Columba livia* f.d.	N	N	157	38,0	4.134	>10.000						165	45,0
86	**Baumfalke** *Falco subbuteo*	3	3	140	33,9	128	110-200	+49	+66,0	***	+12,5	0,32		
87	**Teichrohrsänger** *Acrocephalus scirpaceus*	3	N	136	32,9	681	1.000-1.900	+46	+58,0	***	+11,7	0,56		
88	**Neuntöter** *Lanius collurio*	3	N	130	31,5	197	740-1.370	+15	+14,0	n.s.	+3,8	0,63		
89	**Waldbaumläufer** *Certhia familiaris*	N	N	128	31,0	914	3.000-5.600	+39	+53,0	***	+9,9	0,62	83	22,7
90	**Wasseramsel** *Cinclus cinclus*	N	N	126	30,5	182	450-650	+3	+2,7	n.s.	+0,7	0,77	103	27,8
91	**Rotmilan** *Milvus milvus*	2	V	125	30,3	119	70-120	+43	+69,0	***	+10,9	0,48	44	12,8
92	**Feldschwirl** *Locustella naevia*	3	N	124	30,0	239	480-890	-57	-33,0	***	-14,5	0,54		
93	**Flussregenpfeifer** *Charadrius dubius*	3	N	121	29,3	161	270-500	+8	+7,1	n.s.	+2,0	0,56		
94	**Waldschnepfe** *Scolopax rusticola*	3	N	117	28,3	187	240-460	-16	-14,0	+	-4,0	0,51	56	15,7
95	**Nilgans** *Alopochen aegyptiacus*	N	N	107	25,9	106	>200	+106		***	+27,0		105	29,9
96	**Uferschwalbe** *Riparia riparia*	3	V	99	24,0	4.519	6.591	+6	+6,5	n.s.	+1,5	0,61		
97	**Reiherente** *Aythya fuligula*	N	N	98	23,7	179	250-460	+71	+296,0	***	+18,1	0,36	171	48,6
98	**Wespenbussard** *Pernis apivorus*	3	N	96	23,2	84	90-120	+18	+29,0	+	+4,6	0,30		
99	**Graugans** *Anser anser*	N	N	89	21,5	428	300-500	+72	+553,0	***	+18,0	0,33	118	33,7
99	**Zwergtaucher** *Tachybaptus ruficollis*	2	V	89	21,5	144	290-360	+31	+57,0	**	+7,9	0,32	162	45,2
101	**Birkenzeisig** *Carduelis flammea*	N	N	87	21,1	137	200-370	+52	+260,0	***	+13,2	0,32	111	30,6

RP	Art	Rote Liste		Brut				Vergleich 1974-84 u. 1990-2000					Winter	
		NRW	D	GF	RF	Min.	Bestand	GF	%		RF	I_D	GF	RF
101	**Schwarzkehlchen** *Saxicola rubicola*	2	N	87	21,1	174	210-240	-34	-29,0	***	-8,7	0,50	16	4,1
103	**Wachtel** *Coturnix coturnix*	2	N	86	20,8	117	190-350	+25	+48,0	**	+6,4	0,33		
104	**Grauammer** *Miliaria calandra*	2	2	82	19,9		280-500	-99	-55,0	***	-25,2	0,56	13	3,8
105	**Mittelspecht** *Dendrocopos medius*	2	V	72	17,4		280-300	+35	+100,0	***	+8,9	0,48	62	17,4
105	**Graureiher** *Ardea cinerea*	N	N	72	17,4		800-1.200	+57	+518,0	***	+14,5	0,18	342	89,5
107	**Grauspecht** *Picus canus*	3	V	55	13,3		110-200	-19	-28,0	*	-4,8	0,40	30	8,5
108	**Austernfischer** *Haematopus ostralegus*	N	N	52	12,6		100-200	+17	+52,0	**	+4,3	0,66	27	7,9
108	**Heidelerche** *Lullula arborea*	2	3	52	12,6		250-320	-6	-11,0	n.s.	-1,5	0,59	6	1,8
110	**Wasserralle** *Rallus aquaticus*	2	N	51	12,3		100-180	+22	+82,0	**	+5,6	0,44	37	10,8
110	**Erlenzeisig** *Carduelis spinus*	R	N	51	12,3		50-150	+28	+215,0	***	+7,1	0,22	293	74,9
112	**Saatkrähe** *Corvus frugilegus*	N	N	49	11,9		4.603	+29	+161,0	***	+7,4	0,54	230	67,5
113	**Kanadagans** *Branta canadensis*	N	N	47	11,4		60-80	+47		***	+11,9		88	25,2
114	**Braunkehlchen** *Saxicola rubetra*	2	3	38	9,2		45-55	-66	-69,0	***	-16,8	0,30		
115	**Fichtenkreuzschnabel** *Loxia curvirostra*	N	N	37	9,0		150-300	-17	-38,0	*	-5,8	0,13	93	25,1
116	**Sturmmöwe** *Larus canus*	R	N	32	7,7		200-250	+18	+150,0	*	+4,6	0,47	138	39,5
117	**Brandgans** *Tadorna tadorna*	R	N	31	7,5		100-180	+10	+52,0	n.s.	+2,5	0,77	37	10,8
118	**Haubenlerche** *Galerida cristata*	1	2	30	7,3		20-30	-105	-83,0	***	-26,7	0,28	10	2,9
119	**Beutelmeise** *Remiz pendulinus*	R	N	29	7,0		20-30	+27		***	+6,9			
120	**Halsbandsittich** *Psittacula krameri*	N	N	27	6,5		>300	+17	+425,0	***	+6,9		28	8,0
120	**Krickente** *Anas crecca*	N	N	27	6,5		15-25	-9	-31,0	n.s.	-2,4	0,33	147	41,3
122	**Uferschnepfe** *Limosa limosa*	2	1	23	5,6		62-66	+2	+9,5	n.s.	+0,5	0,68	4	1,2
122	**Wachtelkönig** *Crex crex*	1	2	23	5,6		2-43	+9	+90,0	n.s.	+2,3	0,22		
124	**Mandarinente** *Aix galericulata*	N	N	22	5,3		15-20	+22		***	+5,6		41	11,8
125	**Löffelente** *Anas clypeata*	2	N	20	4,8		15-40	+8	+73,0	n.s.	+2,0	0,48	55	15,9
125	**Ziegenmelker** *Caprimulgus europaeus*	2	2	20	4,8		80-90	-7	-29,0	n.s.	-1,8	0,40		
127	**Rostgans** *Tadorna ferruginea*	N	N	19	4,6		10-15	+19		***	+4,9		40	11,7

RP	Art	Rote Liste		Brut				Vergleich 1974-84 u. 1990-2000					Winter	
		NRW	D	GF	RF	Min.	Bestand	GF	%		RF	I_D	GF	RF
127	**Tafelente** *Aythya ferina*	2	N	19	4,6		0-15	+1	+6,7	n.s.	+0,3	0,32	177	49,9
129	**Blaukehlchen** *Luscinia svecica*	2	N	18	4,4		80-120	+6	+60,0	n.s.	+1,5	0,54		
129	**Tannenhäher** *Nucifraga caryocatactes*	R	N	18	4,4		10-30	+15	+1.500	***	+4,1	0,24	13	3,8
131	**Rotschenkel** *Tringa totanus*	1	2	15	3,6		40-45	+3	+25,0	n.s.	+0,8	0,60	3	0,9
131	**Steinschmätzer** *Oenanthe oenanthe*	1	2	15	3,6		5-10	-56	-82,0	***	-14,2	0,28		
133	**Gr. Brachvogel** *Numenius arquata*	2	2	14	3,4		24-28	+6	+100,0	n.s.	+1,5	0,32	31	9,1
133	**Bekassine** *Gallinago gallinago*	1	1	14	3,4		0-1	-11	-50%	*	-2,8	0,26	51	14,6
135	**Silbermöwe** *Larus argentatus*	R	N	13	3,1		5-15	+9	+900	**	+2,8	0,60	185	52,7
135	**Schnatterente** *Anas strepera*	N	N	13	3,1		5-30	+11	+550,0	**	+2,8	0,19	72	20,8
137	**Flussseeschwalbe** *Sterna hirundo*	1	V	11	2,7		>140	+5	+83,0	n.s.	+1,3	0,24		
138	**Knäkente** *Anas querquedula*	1	2	10	2,4		5-25	+3	+43,0	n.s.	+0,8	0,60	5	1,5
138	**Orpheusspötter** *Hippolais polyglotta*	R	R	10	2,4		0-3	+3			+0,8			
140	**Kormoran** *Phalacrocorax carbo*	R	V	9	2,2		200-300	+6	+600,0	*	+1,5	0,35	221	60,9
140	**Raubwürger** *Lanius excubitor*	1	1	9	2,2		15-30	-23	-74,0	***	-5,9	0,25	48	13,9
140	**Tüpfelsumpfhuhn** *Porzana porzana*	1	1	9	2,2		0-5	+1	+100,0	n.s.	+0,2	0,0		
143	**Schilfrohrsänger** *Acrocephalus schoenobaenus*	1	2	8	1,9		1-5	-11	-61,0	*	-2,8	0,27		
143	**Brautente** *Aix sponsa*	N	N	8	1,9		0-2	+8		*	+2,1		30	8,8
143	**Wendehals** *Jynx torquilla*	1	3	8	1,9		1-5	-10	-67,0	*	-2,5	0,34		
146	**Mittelmeer-/Steppenmöwe** *Larus michahellis/ cachinnans*	N	R	6	1,5		1-5	+6		n.s.	+1,5		41	11,8
146	**Säbelschnäbler** *Recurvirostra avosetta*	N	N	6	1,5		0-2	+5	+500,0	n.s.	+1,3	0,40		
146	**Wiesenweihe** *Circus pygargus*	1	2	6	1,5		0-1	0	0,0	n.s.	0,0			
149	**Heringsmöwe** *Larus fuscus*	N	N	5	1,2		0-3	+5		n.s.	+1,3		40	11,7
149	**Schwarzschwan** *Cygnus atratus*	N	N	5	1,2		<5	+5		n.s.	+1,3		25	7,3
151	**Kolkrabe** *Corvus corax*	1	N	4	1,0		1-5	+4		n.s.	+1,0		9	2,6
152	**Gr. Alexandersittich** *Psittacula eupatria*	N	N	3	0,7		ca. 10	+3		n.s.	+0,8		5	1,5
152	**Weißwangengans** *Branta leucopsis*	N	R	3	0,7		0-5						51	14,7

RP	Art	Rote Liste		Brut				Vergleich 1974-84 u. 1990-2000					Winter	
		NRW	D	GF	RF	Min.	Bestand	GF	%		RF	I_D	GF	RF
152	**Lachmöwe** *Larus ridibundus*	N	N	3	0,7		0	-3	-50,0	n.s.	-0,8	0,23	252	70,6
152	**Drosselrohrsänger** *Acrocephalus arundinaceus*	1	2	3	0,7		0-1	-7	-78,0	*	-1,7	0,24		
156	**Zippammer** *Emberiza cia*	R	1	2	0,5		1-5	0	0,0	n.s.	0,0	1,00	1	0,3
156	**Ortolan** *Emberiza hortulana*	1	2	2	0,5		0-2	-10	-91,0	*	-2,5	0,30		
156	**Rohrdommel** *Botaurus stellaris*	1	1	2	0,5		0-1	-1	-50,0	n.s.	-0,2		21	6,4
156	**Weißstorch** *Ciconia ciconia*	1	3	2	0,5		2-3	0	0,0	n.s.	0,0		15	4,4
156	**Bartmeise** *Panurus biarmicus*	R	V	2	0,5		0-2	-1	-33,0	n.s.	-0,3	0,0	2	0,6
156	**Streifengans** *Anser indicus*	N	N	2	0,5		0-1						15	3,9
162	**Trauerseeschwalbe** *Chlidonias niger*	1	1	1	0,2		>40	-4	-80,0	n.s.	-1,0	0,44		
162	**Blässgans** *Anser albifrons*		N	1	0,2		0-1						79	22,9
162	**Kolbenente** *Netta rufina*		2	1	0,2		0-1						31	9,1
162	**Gänsesäger** *Mergus merganser*		3	1	0,2		0-1						132	37,3
162	**Flussuferläufer** *Actitis hypoleucos*	0	1	1	0,2		0-1						20	5,2
162	**Schwarzkopfmöwe** *Larus melanocephalus*	R	R	1	0,2		0-1						?	?
162	**Brachpieper** *Anthus campestris*	0	2	1	0,2		0-1	-6	-100,0	*	-1,5			
162	**Zwergdommel** *Ixobrychus minutus*	0	1	1	0,2		0-1	-1	-100,0	n.s.	-0,3			
169	**Kampfläufer** *Philomachus pugnax*	1	1	0	0,0		0	-4	-100,0	n.s.	-1,0		5	1,5
169	**Rohrschwirl** *Locustella luscinioides*	0	V	0	0,0		0	-4	-100,0	n.s.	-1,0			
171	**Bergfink** *Fringilla montifringilla*		N										205	52,6
172	**Kornweihe** *Circus cyaneus*		1										152	39,0
173	**Rotdrossel** *Turdus iliacus*		N										119	30,5
174	**Schellente** *Bucephala clangula*		N										88	22,6
175	**Zwergsäger** *Mergus albellus*												85	21,8
176	**Saatgans** *Anser fabalis*		N										79	20,3
177	**Pfeifente** *Anas penelope*		R										75	19,2
178	**Spießente** *Anas acuta*	*2*	2										59	16,9

RP	Art	Rote Liste		Brut				Vergleich 1974-84 u. 1990-2000					Winter	
		NRW	D	GF	RF	Min.	Bestand	GF	%		RF	I_D	GF	RF
179	**Waldwasserläufer** *Tringa ochropus*		N										50	12,7
179	**Merlin** *Falco columbarius*												50	12,7
181	**Bergpieper** *Anthus spinoletta*		N										39	9,9
182	**Mantelmöwe** *Larus marinus*		R										34	8,7
182	**Raufußbussard** *Buteo lagopus*		N										34	8,7
184	**Singschwan** *Cygnus cygnus*		R										32	8,1
185	**Rothalstaucher** *Podiceps grisegena*		V										31	7,9
186	**Eiderente** *Somateria mollissima*		V										30	7,6
187	**Zwergschwan** *Cygnus bewickii*												26	6,6
187	**Kurzschnabelgans** *Anser brachyrhynchus*												26	6,6
187	**Mittelsäger** *Mergus serrator*		2										26	6,6
190	**Rothalsgans** *Branta ruficollis*												22	5,6
191	**Samtente** *Melanitta fusca*												21	5,3
192	**Zwergschnepfe** *Lymnocryptes minimus*		N										20	5,1
192	**Prachttaucher** *Gavia arctica*												20	5,1
194	**Seidenschwanz** *Bombycilla garrulus*												18	4,6
195	**Goldregenpfeifer** *Pluvialis apricaria*		1										16	4,1
196	**Silberreiher** *Egretta alba*												15	3,8
196	**Ringelgans** *Branta bernicla*												15	3,8
196	**Bergente** *Aythya marila*		R										15	3,8
196	**Sterntaucher** *Gavia stellata*												15	3,8
200	**Ohrentaucher** *Podiceps auritus*		R										13	3,3
200	**Trauerente** *Melanitta nigra*												13	3,3
202	**Moorente** *Aythya nyroca*		1										10	2,5
202	**Eisente** *Clangula hyemalis*												10	2,5
204	**Sumpfohreule** *Asio flammeus*	0	1										9	2,3

RP	Art	Rote Liste		Brut				Vergleich 1974-84 u. 1990-2000					Winter	
		NRW	D	GF	RF	Min.	Bestand	GF	%		RF	I_D	GF	RF
204	**Schwarzhalstaucher** *Podiceps nigricollis*		V										9	2,3
204	**Schneegans** *Anser caerulescens*		N										9	2,3
204	**Seeadler** *Haliaeetus albicilla*		3										9	2,3
208	**Nebelkrähe** *Corvus corone cornix*												8	2,0
209	**Eistaucher** *Gavia immer*												7	1,8
209	**Zwerggans** *Anser erythropus*												7	1,8
211	**Ringdrossel** *Turdus torquatus*		N										6	1,5
212	**Alpenstrandläufer** *Calidris alpina*		1										5	1,3
212	**Berghänfling** *Carduelis flavirostris*												5	1,3

Gefährdungskategorien Rote Liste: **N** = Nicht gefährdet, **0** = Ausgestorben/Verschollen, **1** = Vom Aussterben bedroht, **2** = Stark gefährdet, **3** = Gefährdet, **V** = Vorwarnliste, **R** = Arealbedingt selten

Anhang 2: Klimadaten für das Rheinland (Nordrhein) 1991-2000

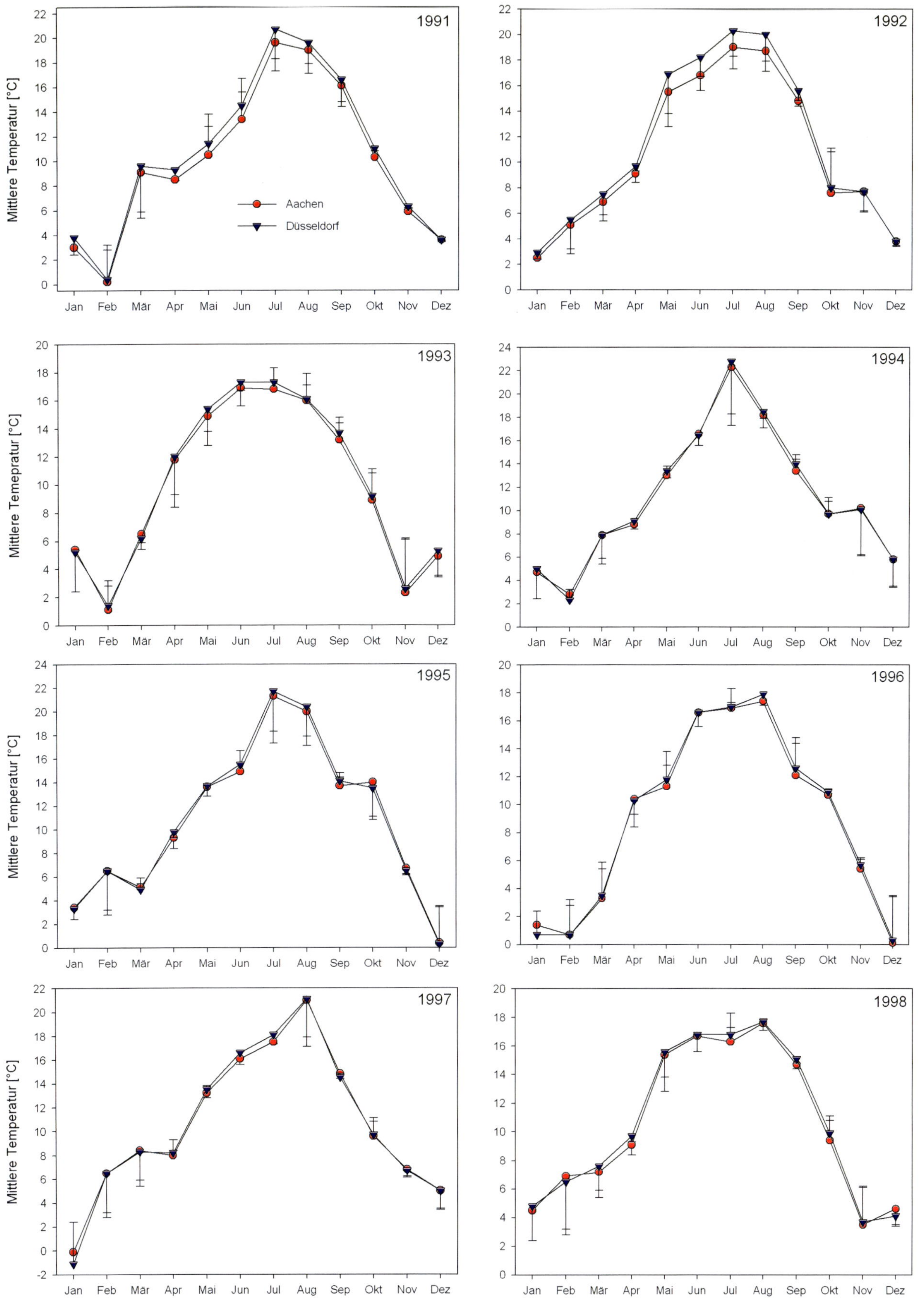

Abb. A2-1: Mittlere monatliche Temperatur an zwei Wetterstationen (Aachen - 202 m NN - und Düsseldorf - 37 m NN -) im Rheinland (Nordrhein) von 1991-1998 nach Daten des DEUTSCHEN WETTERDIENSTES. Die Fehlerbalken geben die Abweichung vom langjährigen Mittel der Jahre 1961-1990 wieder.

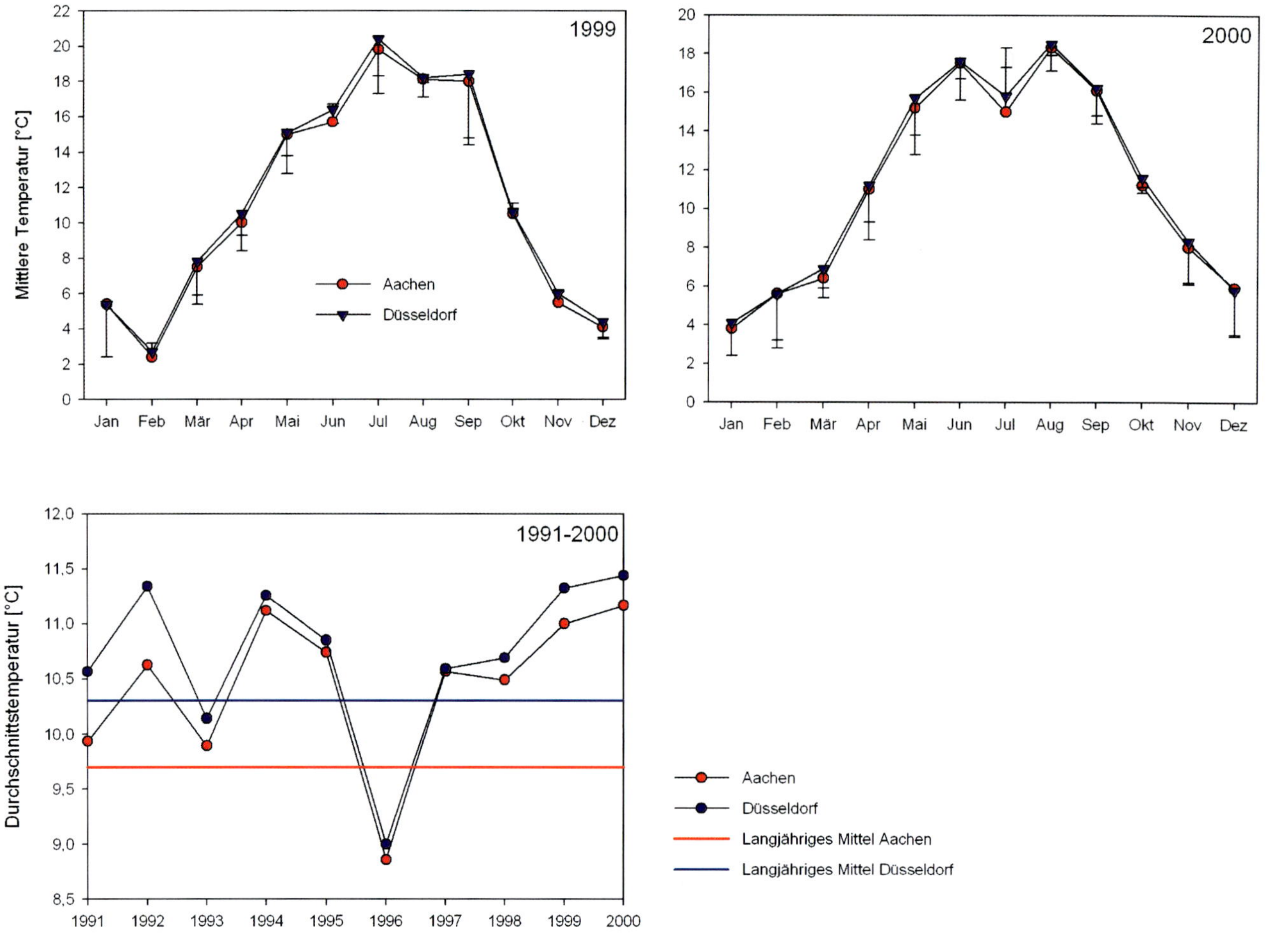

Tab. A2-1 (Fortsetzung): Mittlere monatliche Temperatur an zwei Wetterstationen (Aachen - 202 m NN - und Düsseldorf - 37 m NN -) im Rheinland (Nordrhein) von 1999-2000 und jährliche Durchschnittstemperatur im Vergleich zum langjährigen Mittel nach Daten des Deutschen Wetterdienstes. Die Fehlerbalken geben die Abweichung vom langjährigen Mittel der Jahre 1961-1990 wieder.

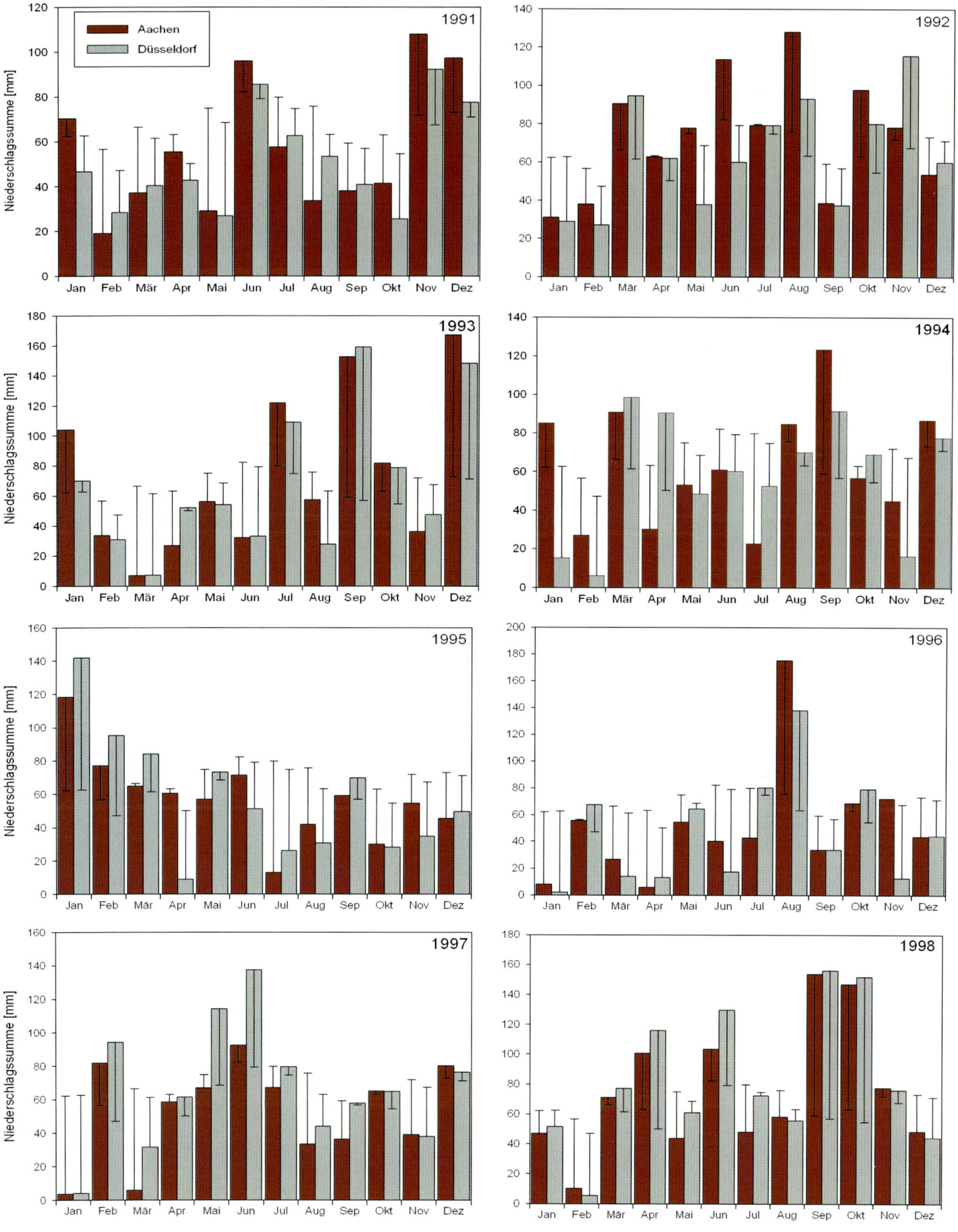

Tab. A2-2: Monatliche Niederschlagssummen im Rheinland (Nordrhein) an zwei Stationen (Aachen -202 m NN - und Düsseldorf - 37 m NN -) 1991-1998 nach Daten des DEUTSCHEN WETTERDIENSTES. Die Fehlerbalken geben die Abweichung vom langjährigen Mittel des Zeitraumes 1961-1990 wieder.

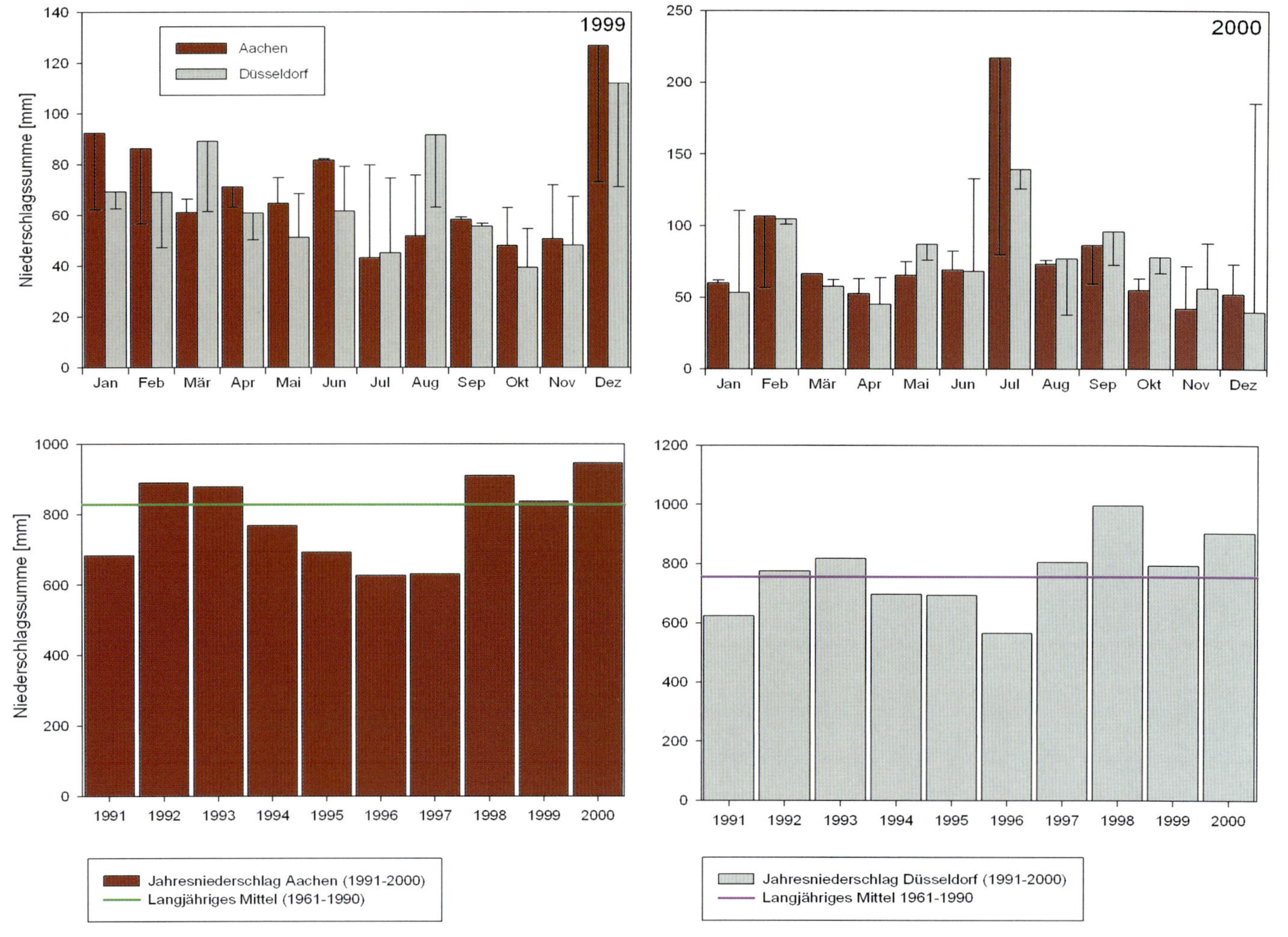

Tab. A2-2 (Fortsetzung): Monatliche (1999-2000) und jährliche Niederschlagssummen im Rheinland (Nordrhein) an zwei Stationen (Aachen -202 m NN - und Düsseldorf - 37 m NN -) nach Daten des DEUTSCHEN WETTERDIENSTES. Die Fehlerbalken geben die Abweichung vom langjährigen Mittel des Zeitraumes 1961-1990 wieder.

Literaturverzeichnis

ADAMSKI, A. (1995): Status, distribution and number of the Red Kite (*Milvus milvus*) in Poland. Vogel und Umwelt **8**, Sonderheft: 21-28.

ALPHÉRAKI, S. (1904): Geese of Russia. Kutschnerew & Co, Moskau.

AMEN, L. (1993): Weißstörche (*Ciconia ciconia*) überwintern und übersommern an Rhein und Erft. Charadrius **29**: 98-104.

ANDRETZKE, H., T. SCHIKORE & K. SCHRÖDER (2005): Artsteckbriefe. In: SÜDBECK, P. et al. (Hrsg.): Methodenstandards zur Erfassung der Brutvögel Deutschlands. S. 135-695. Radolfzell.

ANTHES, N., R. GASTEL & P.-C. QUETZ (2002): Bestand und Habitatwahl einer Ackerpopulation der Schafstelze (*Motacilla f. flava*) im Landkreis Ludwigsburg, Nordwürttemberg. Ornithologische Jahreshefte Baden-Württemberg **18**: 347-361.

ARBEITSGEMEINSCHAFT GREIFVÖGEL (1996): Die Bestandsentwicklung und der Bruterfolg des Baumfalken (*Falco subbuteo*) in Nordrhein-Westfalen 1972-1994. Charadrius **32**: 8-23.

ARBEITSGEMEINSCHAFT GREIFVÖGEL (1997): Die Bestandsentwicklung und der Bruterfolg des Rotmilans (*Milvus milvus*) in Nordrhein-Westfalen 1972-1995. Charadrius **33**: 1-15.

ARBEITSGEMEINSCHAFT GREIFVÖGEL (2000): Die Bestandsentwicklung und der Bruterfolg des Wespenbussards (*Pernis apivorus*) in Nordrhein-Westfalen von 1972-1998 mit Angaben zu Revierverhalten, Mauser und Beringungsergebnissen. Charadrius **36**: 58-79.

ARBEITSGEMEINSCHAFT MÖWEN (1996): Die Winterbestände von Möwen (Laridae) in Nordrhein-Westfalen - Ergebnisse dreijähriger Synchronzählungen. Charadrius **32**: 149-155.

ARBEITSGEMEINSCHAFT WIESENVOGELSCHUTZ DER BIOLOGISCHEN STATIONEN NRW (2000): Brutbestände von Bekassine, Uferschnepfe, Großem Brachvogel und Rotschenkel 1999 in Nordrhein-Westfalen. Charadrius **36**: 201-211.

ARBEITSGEMEINSCHAFT WILDGÄNSE (1996): Ergebnisse der Gänsezählungen im Winter 1992/93 und 1993/1994. Charadrius **32**: 1-7.

BAMMERLIN, R. (1992): Ergebnisse einer zweijährigen Sommervogelkartierung in der Agrarlandschaft der Pellenz (Rheinland-Pfalz). Fauna und Flora in Rheinland-Pfalz, Beiheft **10**: 1-219.

BAMMERLIN, R. (1993): Drastische Bestandsrückgänge von Wendehals, Heidelerche und Steinschmätzer im Regierungsbezirk Koblenz. - Fauna und Flora in Rheinland-Pfalz, Beiheft **10**: 144-155.

BANSE, G. & E. BEZZEL (1984): Artenzahl und Flächengröße am Beispiel der Brutvögel Mitteleuropas. Journal für Ornithologie **125**: 291-305.

BARFKNECHT, R. & M. SCHOTTEN-FINCK (1990): Veränderungen der Brutvogelfauna im NSG "Alter Rhein bei Bienen-Praest" nach einer Entschlammung. Charadrius **26**: 213-225.

BARTHEL, P. H. (1993): Artenliste der Vögel Deutschlands. Journal für Ornithologie **134**: 113-135.

BARTHEL, P. H. (1995): Bemerkenswerte Beobachtungen. Limicola **9**: 112-120.

BARTHEL, P. H. (2004): Was avifaunistische Daten seltener Vogelarten aussagen können. Limicola **18**: 185-202.

BASTIAN, A. & H.-V. BASTIAN (1996): Das Braunkehlchen: Opfer der ausgeräumten Kulturlandschaft. Aula Verlag, Wiesbaden.

BAUER, H.-G. & P. BERTHOLD (1996): Die Brutvögel Mitteleuropas. Bestand und Gefährdung. Aula Verlag, Wiesbaden.

BAUER, H.-G. & G. HEINE (1992): Die Entwicklung der Brutvogelbestände am Bodensee. Vergleich der Rasterkartierungen 1980/81 und 1990/91. Journal für Ornithologie **133**: 1-22.

BAUER, H.-G. & J. HÖLZINGER (1999): *Phoenicurus phoenicurus* (LINNAEUS, 1758) Gartenrotschwanz. In: HÖLZINGER, J .: Die Vögel Baden-Württembergs. Band **3.1**, Singvögel 1: 349-360. Eugen Ulmer, Stuttgart.

BAUER, H.-G., M. BOSCHERT & J. HÖLZINGER (1995): Die Vögel Baden-Württembergs. Atlas der Winterverbreitung. Eugen Ulmer, Stuttgart.

BAUER, H.-G., P. BERTHOLD, P. BOYE, W. KNIEF, P. SÜDBECK & K. WITT (2002): Rote Liste der Brutvögel Deutschlands. 3., überarbeitete Fassung 8.5.2002. Berichte zum Vogelschutz **39**: 13-60.

BEHLE, L. & M. KLEIN (1999): Erster Brutnachweis der Tafelente (*Aythya ferina*) im Süderbergland. Charadrius **35**: 88-91.

BEISENHERZ, W. (2001): Veränderungen der Brutbestände der Elster (*Pica pica*) auf Probeflächen in Bielefeld zwischen 1991 und 2000. Charadrius **37**: 15-22.

BELLEBAUM, J. (2002): Ein "Problemvogel" bekommt Probleme: Bestandsentwicklung der Lachmöwe *Larus ridibundus* in Deutschland 1963-1999. Vogelwelt **123**: 189-201.

BELLEBAUM, J. & D. IKEMEYER (1996): Die Lachmöwe (*Larus ridibundus*) als Brutvogel in Nordrhein-Westfalen. Charadrius **32**: 170-177.

BERNDT, R. & W. WINKEL (1979): Zur Populationsentwicklung von Blaumeise (*Parus caeruleus*), Kleiber (*Sitta europaea*), Gartenrotschwanz (*Phoenicurus phoenicurus*) und Wendehals (*Jynx torquilla*) in mitteleuropäischen Untersuchungsgebieten 1927-1978. Vogelwelt **100**: 55-69.

BERNDT, R. K., B. KOOP & B. STRUWE-JUHL (2002): Vogelwelt Schleswig-Holsteins, Band **5**, Brutvogelatlas. Wachholtz Verlag, Neumünster.

BERTHOLD, P. (1973): Über starken Rückgang der Dorngrasmücke (*Sylvia communis*) und anderen Singvogelarten im westlichen Europa. Journal für Ornithologie **114**: 348-360.

BERTHOLD, P (1974): Die gegenwärtige Bestandsentwicklung der Dorngrasmücke (*Sylvia communis*) und anderer Singvogelarten im westlichen Europa bis 1973. Vogelwelt **95**: 170-183.

BERTHOLD, P. (1976): Methoden der Bestandserfassung in der Ornithologie: Übersicht und kritische Betrachtung. Journal für Ornithologie **117**: 1-69.

BERTHOLD, P. (2000): Vogelzug. Eine aktuelle Gesamtübersicht. - Wissenschaftliche Buchgesellschaft, Darmstadt.

BESER, H.-J. (1995): Gänsesägerweibchen (*Mergus merganser*) mit nichtflüggen Jungen auf dem Rhein in Meerbusch, Kr. Neuss. Charadrius **31**: 18.

BEZZEL, E. (1971): Grobe Analyse der Verbreitung einiger Brutvögel in den Bayrischen Alpen und ihrem Vorland. Anzeiger der Ornithologischen Gesellschaft Bayerns **10**: 3-37.

BEZZEL, E. (1983): Zur Interpretation von Verteilungsmustern (Rasterkarten) bei Sommervögeln. Journal für Ornithologie **124**: 47-63.

BEZZEL, E. (1985): Kompendium der Vögel Mitteleuropas. Nichtsingvögel. Aula Verlag, Wiesbaden.

BEZZEL, E. (1993): Kompendium der Vögel Mitteleuropas. Singvögel. Aula Verlag, Wiesbaden.

BEZZEL, E. & F. LECHNER (1978): Die Vögel des Werdenfelser Landes. Kilda Verlag, Greven.

BEZZEL, E., F. LECHNER. & H. RANFTL (1980): Arbeitsatlas der Brutvögel Bayerns. Themen der Zeit Band **4**, Kilda Verlag, Greven.

BEZZEL, E. & H. UTSCHIK (1979): Die Rasterkartierung von Sommervogelbeständen - Bedeutung und Grenzen. Journal für Ornithologie **120**: 431-440.

BEZZEL, E., I. GEIERSBERGER, G. VON LOSSOW & R. PFEIFER (2005): Brutvögel in Bayern. Verbreitung 1996 bis 1999. Verlag Eugen Ulmer, Stuttgart.

BIBBY, C. J., N. D. BURGESS & D. A. HILL (1995): Methoden der Feldornithologie. Neumann Verlag, Radebül.

BIJLSMA, R. G. (1995): Aantalsverloop en broedsucces van de Dodaars *Tachybaptus ruficollis*. Drentse Vogels **8**: 1-9.

BIJLSMA, R.G., F. HUSTING & K.C. J. CAMPHUYSEN (2001): Common and scarce birds of the Netherlands. Avifauna van Nederland **2**. Utrecht.

BIRDLIFE INTERNATIONAL (2004): Birds in Europe. Population estimates, trends and conservation status. Cambridge.

BOATMAN, N. D., N. W. BRICKLE, J. D. HART, T. P. MILSOM, A. J. MORRIS, A. W. A. MURRAY, K. A. MURRAY & P. A. ROBERTSON (2004): Evidence for the indirect effects of pesticides on farmland birds. Ibis **146** (Suppl. 2): 131-143.

BODE, L. & G. HUSSMANN (1990): Erster Brutnachweis für die Nilgans (*Alopochen aegyptiacus*) im Rheinland. Charadrius **26**: 119-120.

BOSCHERT, M. (2002): Bestandssituation der Schwarzkopfmöwe *Larus melanocephalus* in Deutschland unter Einbeziehung der Ergebnisse der ersten bundesweiten Zählung 1999. Vogelwelt **123**: 241-252.

BOSSELMANN, J. (1968): Der Vorstoß der Wacholderdrossel (*Turdus pilaris*) in die Eifel. Charadrius **4**: 193-196.

BOSSELMANN, J. (1978): Erstbesiedlung und Ausbreitung der Wacholderdrossel (*Turdus pilaris*) im Rheinland. Charadrius **14**: 81-92.

BRÄSECKE, R. (1998): Die Ausbreitung der Nilgans (*Alopochen aegyptiacus*) am Unteren Niederrhein. Beiträge zur Jagd- und Wildforschung **23**: 281-291.

BRAUN, M. (2004): Neozoen in urbanen Habitaten: Ökologie und Nischenexpansion des Halsbandsittichs (*Psittacula krameri* SCOPOLI, 1769) in Heidelberg. Diplomarbeit Fachbereich Biologie, Philipps Universität Marburg.

BREGNBALLE, T., H. ENGSTRÖM, W. KNIEF, M. R. VAN EERDEN, S. VAN RIJN, J. KIECKBUSCH & J. ESKILDSEN (2003): Development of the breeding population of Great Cormorants *Phalacrocorax carbo sinensis* in The Netherlands, Germany, Denmark, and Sweden during the 1990s. Vogelwelt **124**, Supplement: 15-26.

BRICKLE, N. W., D. G. C. HARPER, N. J. AEBISCHER & S. H. COCKAYNE (2000): Effects of agricultural intensification on the breeding success of Corn Buntings *Miliaria calandra*. Journal of Applied Ecology **37**: 742-755.

BROMBACH, H. (1992): Erweitert der Austernfischer (*Haematopus ostralegus*) sein Brutareal? Charadrius **28**: 111-112.

BROMBACH, H. (1993): Überwinternde Hausrotschwänze (*Phoenicurus ochruros*) in der Fabrikanlage der Bayer-AG in Leverkusen. Charadrius **29**: 107-108.

BROMBACH, H. (1997): Der Rauchschwalbenbestand im Raum Leverkusen. Charadrius **33**: 138-139.

BRUDERER, B. & W. HIRSCHI (1984): Langfristige Bestandsentwicklung von Gartenrötel (*Phoenicurus phoenicurus*) und Trauerschnäpper (*Ficedula hypoleuca*) nach schweizerischen Beringungszahlen und Nistkastenkontrollen. Ornithologischer Beobachter **81**: 285-302.

BRUNE, J., E. GUTHMANN, M. JÖBGES & A. MÜLLER (2002): Zur Verbreitung und Bestandssituation des Rotmilans (*Milvus milvus*) in Nordrhein-Westfalen. Charadrius **38**: 122-138.

BUCHHEIM, A. (1996): Das Vorkommen der Schwarzkopfmöwe (*Larus melanocephalus*) in Nordrhein-Westfalen. Charadrius **32**: 178-183.

BUCHHEIM, A. (1998): Erfassung in Nordrhein-Westfalen rastender Kormorane: Ergebnisse landesweiter Synchronzählungen 1992-1997 mit Angaben zum Brutbestand. LÖBF-Mitteilungen **3**/1998: 59-68.

BUSCHE, G. (1997): Bestandsentwicklung der Brutvögel des Wallhecken-Agrarlandes samt Dörfern und Städten im Westen Schleswig-Holsteins 1960 bis 1995. Vogelwelt **118**: 11-32.

BUSCHE, G. & A. STAUDTE (1985): Rasterkartierung zur Hochrechnung großräumiger Bestandszahlen ausgewählter Vogelarten. Die Vogelwelt **106**: 142-149.

CAMPBELL, L. H.,M. I. AVERY, P. DONALD, A. D. EVANS, R. E. GREEN & M. J. WILSON (1997): A review of the indirect effects of pesticides on birds. JNCC Report **227**.

CONRAD, B. & H. STEINHOFF (1999): Rauchschwalbenkartierung 1996 im Kreis Wesel. LÖBF-Mitteilungen **2/99**: 41-44.

DALBECK, L., W. BERGERHAUSEN & M. HACHTEL (1999): Habitatpräferenzen des Steinkauzes *Athene noctua* SCOPOLI, 1769 im ortsnahen Grünland. Charadrius **35**: 100-115.

DENZ, O. (1999): Bestandsentwicklung des Mittelspechtes. LÖBF-Mitteilungen **2/99**: 59-66.

DEUTSCH, A., S. PLEINES, G. SENNERT & K. HUBATSCH (1996): Die Heringsmöwe (*Larus fuscus*) als Sommergast in Nordrhein-Westfalen. Charadrius **32**: 206-219.

VON DEWITZ, W. (2003): Hilfsmaßnahmen für den Eisvogel (*Alcedo atthis*) - Praxisbericht. Charadrius **39**: 65-70.

DICKINSON, E. C. (2003): The Howard and Moore complete checklist of the birds of the World. Helm, London.

DIERMEN, J. VAN, F. WILLEMS & S. R. SUDMANN (2002): Vogels in de Gelderse Poort, deel 1: broedvogels 1960-2000 / Vogelwelt der Gelderse Poort - Teil 1: Brutvögel 1960-2000. Faunawerkgroep Gelderse Poort (Hrsg.), Beek-Ubbergen.

DIERSCHKE, J. (2001): Herkunft, Zugwege und Populationsgröße in Europa überwinternder Ohrenlerchen (*Eremophila alpestris*), Schneeammern (*Plectrophenax nivalis*) und Berghänflinge (*Carduelis flavirostris*). Vogelwarte **41**: 31-43.

DIETZEN, C. & V. M. SCHMIDT (2002): Ornithologischer Sammelbericht 2001 für Rheinland-Pfalz. Fauna und Flora in Rheinland-Pfalz, Beiheft **28**: 7-196.

DIETZEN, C. & V. M. SCHMIDT (2003): Hinweise zur Bestimmung und zum Auftreten ausgewählter Limikolen-Arten in Rheinland-Pfalz. Fauna und Flora in Rheinland-Pfalz, Beiheft **30**: 215-228.

DIETZEN, C., H.-G. FOLZ, E. HENß, F. EISLÖFFEL, M. JÖNCK & C. HOF (2003): Ornithologischer Sammelbericht 2002 für Rheinland-Pfalz. Fauna und Flora in Rheinland-Pfalz, Beiheft **30**: 5-193.

DIETZEN, C., H.-G. FOLZ & E. HENß (2004): Ornithologischer Sammelbericht 2003 für Rheinland-Pfalz. Fauna und Flora in Rheinland-Pfalz, Beiheft **32**: 5-223.

DIETZEN, C., H.-G. FOLZ & E. HENß (2005): Ornithologischer Sammelbericht 2004 für Rheinland-Pfalz. Fauna und Flora in Rheinland-Pfalz, Beiheft **33**: 5-200.

DONALD, P. (2004) The Skylark. T. & A. D. Poyser, London.

DONALD, P. F. & A. D. EVANS (1994): Habitat selection by Corn Buntings *Miliaria calandra* in winter. Bird Study **41**: 199-210.

DONALD, P. F., R. E. GREEN & M. F. HEATH (2001): Agricultural intensification and the collapse of Europe's farmland bird populations. Proceedings of the Royal Society London, Series B **268**: 25-29.

DUCKWORTH, W & T. WYATT (1958): Rapid Statistical Techniques for OR Workers. Operation Research Quarterly **9**: 218ff.

DÜSTERHAUS, B. (1995): Erster Brutnachweis der Ringdrossel (*Turdus torquatus*) in Nordrhein-Westfalen. Charadrius **31**: 133-136.

DVORAK, M., M. RANNER, & H.-M. BERG (1993): Atlas

der Brutvögel Österreichs.Umweltbundesamt, Wien.

DYBBRO, T. (1976): De danske ynglefugles udbredelse. Glostrup, Dänemark.

EBER, G. (1968): Die wichtigsten Wasservogelgebiete in Nordrhein-Westfalen. Anthus **5**: 41-108.

EHRHARD, R. & M. WINK (1987): Veränderungen des Brutvogelbestandes im Großraum Bonn: Analyse der Rasterkartierung 1975 und 1985. Journal für Ornithologie **128**: 477-484.

EHRHARD, R. & M. WINK (1991): Entwicklung der Vogelpopulationen im Großraum Bonn (1975-1990). Charadrius **27**: 113-123.

EISLÖFFEL, F. (1992): Baumbrütende Mauersegler (*Apus apus*) im Hunsrück. Fauna und Flora in Rheinland-Pfalz **6**: 1167-1168. Landau.

ENGLÄNDER, H. (1991): Die Vogelwelt des Bienener Altrheins und seiner Umgebung im Verlauf von vier Jahrzehnten. Natur und Landschaft **66**: 149-151.

ENGLÄNDER, H. & D. PRESTEL (1991): 47. Ornithologischer Sammelbericht für das Rheinland (Zeitabschnitt 16.3.-15.9.1990). Charadrius **27**: 31-44.

ENGLÄNDER, H. & D. PRESTEL (1992): 50. Ornithologischer Sammelbericht für das Rheinland (Zeitabschnitt 16.9.1991-15.3.1992). Charadrius **28**: 151-155.

ENGLÄNDER, H. & D. PRESTEL (1993a): 51. Ornithologischer Sammelbericht für das Rheinland (Zeitabschnitt 16.3.-15.9.1992). Charadrius **29**: 31-34.

ENGLÄNDER, H. & D. PRESTEL (1993b): 52. Ornithologischer Sammelbericht für das Rheinland (Zeitabschnitt 16.9.1992-15.3.1993). Charadrius **29**: 122-125.

ENGLÄNDER, H., S. FRICK & A. GLINKA (1994a): 53. Ornithologischer Sammelbericht für das Rheinland (Zeitabschnitt 16.3.-15.9.1993). Charadrius **30**: 53-56.

ENGLÄNDER, H., S. FRICK & A. GLINKA (1994b): 54. Ornithologischer Sammelbericht für das Rheinland (Zeitabschnitt 16.9.1993-15.3.1994). Charadrius **30**: 173-177.

ENGLÄNDER, H., S. FRICK & D. PRESTEL (1995a): 55. Ornithologischer Sammelbericht für das Rheinland (Zeitabschnitt 16.3.-15.9.1994). Charadrius **31**: 84-90.

ENGLÄNDER, H., S. FRICK & A. GLINKA (1995b): 56. Ornithologischer Sammelbericht für das Rheinland (Zeitabschnitt 16.9.1994-15.3.1995). Charadrius **31**: 181-187.

ENGLÄNDER, H., S. FRICK & A. GLINKA (1996a): 57. Ornithologischer Sammelbericht für das Rheinland (Zeitabschnitt 16.3.-15.9.1995). Charadrius **32**: 29-34.

ENGLÄNDER, H., S. FRICK & A. GLINKA (1996b): 58. Ornithologischer Sammelbericht für das Rheinland (Zeitabschnitt 16.9.1995-15.3.1996). Charadrius **32**: 121-127.

ENGLÄNDER, H., D. PRESTEL & C. WOLF (1992): 49. Ornithologischer Sammelbericht für das Rheinland (Zeitabschnitt 16.3.-15.9.1991). Charadrius **28**: 47-53.

ERNST, U. (1995): Afro-asiatische Sittiche in einer mitteleuropäischen Großstadt: Einnischung und Auswirkung auf die Vogelfauna. Jahrbuch der Papageienkunde **1**: 23-114.

EYLERT, J. (2000): Jagdstatistik als Beitrag zum Landschaftsmonitoring. LÖBF-Mitteilungen **2/00**: 56-67.

EYLERT, J. (2003): Rebhuhn-Monitoring in NRW. LÖBF-Mitteilungen **2**/03: 52-55.

FAHL, G., K. FISCHER, A. KUNZ & M. KUNZ (1998): Zur Bestandssituation des Braunkehlchens (*Saxicola rubetra*) im Westerwald (Rheinland-Pfalz). Fauna und Flora in Rheinland-Pfalz **8**: 1031-1042. Landau.

FIEDLER, W. (1998): Trends in den Beringungszahlen von Gartenrotschwanz (*Phoenicurus phoenicurus*) und Wendehals (*Jynx torquilla*) in Süddeutschland. Vogelwarte **39**: 233-241.

FISCHER, S. (1994): Der Einfluss der Wetterbedingungen auf den Bruterfolg des Drosselrohrsängers *Acrocephalus arundinaceus* am Müggelsee, Berlin. Vogelwelt **115**: 287-292.

FLADE, M. (1998): Neue Prioritäten im deutschen Vogelschutz: Kleiber oder Wiedehopf? Der Falke **45**: 348-355.

FLADE, M. & J. JEBRAM (1995): Die Vögel des Wolfsburger Raumes im Spannungsfeld zwischen Industriestadt und Natur. Wolfsburg.

FLADE, M. & J. SCHWARZ (2004): Ergebnisse des DDA-Monitoringprogramms, Teil II: Bestandsentwicklung von Waldvögeln in Deutschland 1989-2003. Vogelwelt **125**:177-213.

FRANKEN, F. (1996): Brutversuch des Schwarzmilans (*Milvus migrans*) im Naturschutzgebiet Krickenbecker Seen (Kreis Viersen). Charadrius **32**: 82-83.

FRANZ, D. & T. KRAUSE (2003a): Biologie und Verbreitung des Halsbandsittichs in Deutschland. Teil 1. Papageien **5**: 163-167.

FRANZ, D. & T. KRAUSE (2003b): Biologie und Verbreitung des Halsbandsittichs in Deutschland. Teil 2. Papageien **6**: 209-213.

FRANZ, D., T. KRAUSE & L. SIMON (2002): Zur Verbreitung und Biologie des Halsbandsittichs (*Psittacula krameri*) am Oberrhein (Rheinland-Pfalz). Fauna und Flora in Rheinland-Pfalz, Beiheft **28**: 237-251. Landau.

GARTHE, S. (Hrsg.) (1996): Die Vogelwelt von Hamburg und Umgebung. Band **3**. Neumünster.

GARTHE, S. (2003): Verteilungsmuster und Bestände von Seevögeln in der Ausschließlichen Wirtschaftszone (AWZ) der deutschen Nord- und Ostsee und Fachvorschläge für EU-Vogelschutzgebiete. Berichte zum Vogelschutz **40**: 15-56.

GATTER, W. (1993): Explorationsverhalten, Zug- und Migrationsevolution beim Fichtenkreuzschnabel *Loxia curvirostra*. Vogelwelt **114**: 38-55.

GEDEON, K., A. MITSCHKE & C. SUDFELDT (Hrsg.) (2004): Brutvögel in Deutschland. Hohenstein-Ernstthal.

GEORGE, K. (2001): Langjährige Bestandsaufnahmen der Wachtel: Gute Aussichten in Ostdeutschland. Der Falke **48**: 309-311.

GERLACH, J. & M. WINK (2004): Phylogenie und Populationsgenetik des Wanderfalken (*Falco peregrinus*). Die Vogelwarte **42**: 257.

GERSS, W. (1994): Entwicklung der Siedlungsdichte von Brutvögeln auf einer Dauerprobefläche im Rheinland. Charadrius **30**: 186-192.

GERSTENGARBE, F.-W. & P. C. WERNER (2005): Das NRW-Klima im Jahr 2055. - LÖBF-Mitteilungen **2/05**: 15-18.

GIEßING, B. & S. SUDMANN (1994): Die Ausbreitung der Beutelmeise (*Remiz pendulinus*) im nördlichen Rheinland. Charadrius **30**: 166-172.

GILISSEN, N., L. HAANSTRA, S. DELANY, G. BOERE & W. HAGEMEIJER (2002): Numbers and distribution of wintering waterbirds in the Western Palearctic and Southwest Asia in 1997, 1998 and 1999. Results from the International Waterbird Census. Wetlands International Global Series No. **11**, Wageningen, The Netherlands.

GLUTZ VON BLOTZHEIM, U. N., K. BAUER & E. BEZZEL (1966-1997): Handbuch der Vögel Mitteleuropas. Aula-Verlag, Wiesbaden.

GNIELKA, R. (1992): Möglichkeiten und Grenzen der Revierkartierungsmethode. Vogelwelt **113**: 231-240.

GNIELKA, R. & J. ZAUMSEIL (1997): Atlas der Brutvögel Sachsen-Anhalts. Kartierung des Südteils von 1990-1995. Halle.

GREGORY, R. D., D. G. NOBLE & J. CUSTANCE (2004): The state of play of farmland birds: population trends and conservation status of farmland birds in the United Kingdom. Ibis **146**, Suppl. 2: 1-13.

GRELL, M. B. (1998): Fuglenes Danmark. Gads Forlag, Copenhagen.

GROH, G. (1978): Zum Vorkommen einiger gefährdeter Vogelarten in der Pfalz. Naturschutz und Ornithologie in Rheinland-Pfalz **1**: 36-42.

GRUMMT, M. & M. WINK (1991): Veränderungen des Brutvogelbestandes im Rheinland. Vergleich der Rasterkartierungen 1975 und 1990. Charadrius **27**: 105-112.

HACKENBERG, C. & J.-R. VOS (1994): Auf Bestandszunahmen des Raubwürgers (*Lanius excubitor*) im Rheinland achten. Charadrius **30**: 44-47.

HAEUPLER, H. & P. SCHÖNFELDER (1988): Atlas der Farn- und Blütenpflanzen der Bundesrepublik Deutschland. Ulmer, Stuttgart.

HÄRTEL, H. (1997): Untersuchungen zur Bestandsentwicklung der Grauammer (*Miliaria calandra*) im Kreis Paderborn. Charadrius **33**: 214-216.

HAGEMEIJER, W.J.M. & M.J. BLAIR (Edts.) (1997): The EBCC Atlas of European breeding birds: Their distribution and abundance. T & A D Poyser, London.

HANKE, G. (2005): Klimawandel. - LÖBF-Mitteilungen **2/05**: 25-28.

HAUTH, E. (1999): Erster Brutnachweis der Sperbergrasmücke (*Sylvia nisoria*) in diesem Jahrhundert für Nordrhein-Westfalen. Charadrius **35**: 33-37.

HEATH, M., C. BURGESS, N. PEET & H. J. W. HAGEMEIJER (2000): European Bird Populations. Estimates and Trends. BirdLife Conservation Series **10**: 86.

HECKENROTH, H. (1985): Atlas der Brutvögel Niedersachsens 1980. Naturschutz und Landschaftspflege in Niedersachsen **14**. Hannover.

HECKENROTH, H. & V. LASKE (1997): Atlas der Brutvögel Niedersachsens 1981-1995 und des Landes Bremen. Naturschutz und Landschaftspflege Niedersachsen **37**: 1-329. Hannover.

HEINE, G., H. JACOBY, H. LEUZINGER & H. STARK (1999): Die Vögel des Bodenseegebietes. Ornithologische Jahreshefte für Baden-Württemberg **14/15**: 1-847.

HEINE, G., G. LANG & K.-H. SIEBENROCK (1994): Die Vogelwelt im württembergischen Allgäu. Ornithologische Jahreshefte für Baden-Württemberg **10**: 1-352.

HERKENRATH, H. (1990): Stadtbruten der Hohltaube (*Columba oenas*) in Kleve. Charadrius **26**: 57-58.

HERKENRATH, P. & H. FLOSBACH (2000): Zur Bestandsentwicklung ausgewählter häufiger Singvogelarten im Bergischen Land. Charadrius **36**: 104-112.

HESSISCHE GESELLSCHAFT FÜR ORNITHOLOGIE UND NA-

TURSCHUTZ HGON (Hrsg.) (1993, 1995, 1997): Avifauna von Hessen. **1.-4.** Lieferung; Echzell.

HINTERKEUSER, M. (1998): Bruten des Mittelspechtes (*Picoides medius*) im Sieg-Bröl-Bereich, südliches Bergisches Land (Rhein-Sieg-Kreis). Charadrius **34**: 174-178.

HIRALDO, F., J. BUSTAMANTE & J. VINUELA (1995): Überwinterung des Rotmilans (*Milvus milvus*) in Spanien. Vogel und Umwelt **8**, Sonderheft: 53-58.

HÖLKER, M. (2002): Bestandsentwicklung und Bruthabitat des Raubwürgers (*Lanius excubitor*) in der Medebacher Bucht 1990-2001. Charadrius **38**: 169-179.

HÖLKER, M. & M. JÖBGES (1995): Brutbestand und Verbreitung der Rohrweihe (*Circus aeruginosus*) in Nordrhein-Westfalen im Jahre 1993. Charadrius **31**: 201-210.

HÖLZINGER, J. (1997): Die Vögel Baden-Württembergs. Band **3.2**, Singvögel 2. Eugen Ulmer, Stuttgart.

HÖLZINGER, J. (1999): Die Vögel Baden-Württembergs. Band **3.1,** Singvögel 1. Eugen Ulmer, Stuttgart.

HÖLZINGER, J.& M. BOSCHERT (2001): Die Vögel Baden-Württembergs. Band **2.3**, Nicht-Singvögel 3. Eugen Ulmer, Stuttgart.

HÖLZINGER, J.& U. MAHLER (2001): Die Vögel Baden-Württembergs. Band **2.1**, Nicht-Singvögel 2. Eugen Ulmer, Stuttgart.

HÖTKER, H. (1990): Der Wiesenpieper. Neue Brehm Bücherei. Wittenberg.

HÖTKER, H., H.-G. BAUER, M. FLADE, C. SUDFELDT & P. SÜDBECK (2000): Synopse zum zweiten Bericht zur Lage der Vögel in Deutschland - unter besonderer Berücksichtigung der Vögel der Siedlungen. Vogelwelt **121**: 331-342.

HOLLAND, M. & V. WILLE (1991): Brutbestandserfassungen im RAMSAR-Gebiet "Unterer Niederrhein". Charadrius **27**: 161-181.

HUBATSCH, H. (1993): Die Graureiher des Rheinlandes von 1980-1990. Charadrius **29**: 129-136.

HUBATSCH, K. (1995): Nachweise seltener Vögel im Rheinland VIII. Charadrius **31**: 91-94.

HUBATSCH, K. (1996): Die Vögel des Kreises Viersen. Beiträge zur Avifauna Nordrhein-Westfalens **34**, Bergheim.

HÜPPELER, S. (2000): Nilgänse (*Alopochen aegyptiacus*) - Neubürger in der Avifauna Nordrhein-Westfalens. Charadrius **36**: 8-24.

HÜPPELER, S., H. KÖSTER & K.-H. CHRISTMANN (1998): Die Weißwangengans (*Branta leucopsis*) - ein neuer Brutvogel am Unteren Niederrhein. Charadrius **34**: 54-56.

HYLA, W. (1991): Der Brutbestand der Elster (*Pica pica*) auf Probeflächen in Oberhausen. Charadrius **27**: 27-30.

IKEMEYER, D. (1996): Die Schwarzkopfmöwe (*Larus melanocephalus*) als Brutvogel in Nordrhein-Westfalen. Charadrius **32**: 184-190.

IKEMEYER, D. & B. BÜLOW (1995): Zum Rückgang der Ortolan-Population (*Emberiza hortulana*) am Rande der Hohen Mark bei Haltern/Westfalen. Charadrius **31**: 137-146.

JAKOBER, H. & W. STAUBER (1987): Habitatansprüche des Neuntöters (*Lanius collurio*) und Maßnahmen für seinen Schutz. Beihefte zu den Veröffentlichungen für Naturschutz und Landschaftspflege in Baden-Württemberg **48**: 25-55.

JANZING, E. (1994): Prachttaucher (*Gavia arctica*) überwintert auf dem Harkortsee. Charadrius **30**: 57.

JASCHKE, K. (1992): Verstädterung der Wacholderdrossel (*Turdus pilaris*) in Bonn. Charadrius **28**: 113-114.

JENNY, M. (1990): Territorialität und Brutbiologie der Feldlerche *Alauda arvensis* in einer intensiv genutzten Agrarlandschaft. Journal für Ornithologie **131**: 241-265.

JÖBGES, M. (2001): Wiederbesiedlung, Verbreitung und aktuelle Bestandssituation des Kolkraben (*Corvus corax*) in Nordrhein-Westfalen. Charadrius **37**: 91-102.

JÖBGES, M. & B. CONRAD (1996): Monitoring ausgewählter Vogelarten. Zur aktuellen Bestandssituation, -entwicklung und Verbreitung von Rauhfußkauz (*Aegolius funereus*), Kolkrabe (*Corvus corax*) und Schwarzstorch (*Ciconia nigra*) in Nordrhein-Westfalen. LÖBF-Mitteilungen **4/96**: 46-50.

JÖBGES, M. & B. CONRAD (1999): Verbreitung und Bestandssituation des Ziegenmelkers (*Caprimulgus europaeus*) und der Heidelerche (*Lullula arborea*) in Nordrhein-Westfalen. LÖBF-Mitteilungen **2/99**: 33-40.

JÖBGES, M. & H. KÖNIG (2001): Urwaldspecht im Eichenwald. Brutbestand, Verbreitung und Habitatnutzung des Mittelspechtes in Nordrhein-Westfalen. LÖBF-Mitteilungen **2/01**: 12-27.

JÖBGES, M., J. SARTOR, F. SCHNURBUS & M. HEEREN (1997): Aktuelle Untersuchungen zur Verbreitung, Bestandsentwicklung und Habitatpräferenz des Braunkehlchens (*Saxicola rubetra*) in Nordrhein-Westfalen. Charadrius **33**: 124-137.

JÖBGES, M., R. v. SELLE & J. WEGGE (1998): Zum Vorkommen und Bestand des Wendehalses (*Jynx torquilla*) in Nordrhein-Westfalen. Charadrius **34**: 126-135.

JONKERS, D. A. & P. MARÉCHAL (1990): De achteruitgang van de Gekraagde Roodstaart *Phoenicurus phoenicurus* voor nadere discussie. Het Vogeljaar **38**: 49-61.

KAHL-DUNKEL, A. (2002): Warum konnte Köln zur Hochburg der Halsbandsittiche (*Psittacula krameri*) in Deutschland werden? Charadrius **38**: 162-168.

KAHL-DUNKEL, A. & R. WERNER (2002): Winterverbreitung des Halsbandsittichs *Psittacula krameri* in Köln. Vogelwelt **123**: 17-20.

VON KANNEN, C. (1992): Brutnachweis des Fichtenkreuzschnabels (*Loxia curvirostra*) in Korschenbroich, Kr. Neuss. Charadrius **28**: 157.

KELLER, V. (2000): Winter distribution and population change of Red-crested Pochard *Netta rufina* in southwestern and central Europe. Bird Study **47**: 176-185.

KERSTEN, H.-G., B. C. MEYER & V. WILLE (1997): Erfolgreiche Brut des Weißstorches (*Ciconia ciconia*) im Kreis Kleve. Charadrius **33**: 117-123.

KIPP, M. (2003): Zur Bestandsentwicklung des Großen Brachvogels (*Numenius arquata*) im Kreis Minden-Lübbecke. Charadrius **39**: 182-186.

KLAUS, S. & H.-H. BERGMANN (2004): Situation der waldbewohnenden Raufußhuhnarten Haselhuhn *Bonasa bonasia* und Auerhuhn *Tetrao urogallus* in Deutschland - Ökologie, Verbreitung, Gefährdung und Schutz. Die Vogelwelt **125**: 283-295.

KLEIN, B. (1994): Ausbreitung der Hohltaube (*Columba oenas*) durch Anbringung von Nistkästen von 1980-1990 in Korschenbroich, Kr. Neuss. Charadrius **30**: 60.

KLEIN, R. & D. GRUBER (1997): Die Bestimmung und taxonomische Stellung der in Mitteleuropa auftretenden Weißkopfmöwen *Larus cachinnans*. Limicola **11**: 49-75.

KÖPKE, G. (1967): Über das Verhalten der Sumpfmeise und der Weidenmeise zueinander. Anthus **4**: 94-100.

KOFFIJBERG, K., H.-H. BAUER, M. BOSCHERT, G. DELACOUR, C. DRONNEAU, V. KELLER & C. SUDFELDT (2001): Waterbirds in the Rhine valley in 1999/2000 with a summary of trends in 1980-2000. International Commission for the Protection of the Rhine, Koblenz. RIZA 2001.042.

KOLSHORN, P. & H. KLEIN (1999): Die Brutvögel des ehemaligen Munitionsdepots Brüggen-Bracht, Kreis Viersen, mit einer landesweit bedeutsamen Kernpopulation von Heidelerche (*Lullula arborea*) und Ziegenmelker (*Caprimulgus europaeus*). Charadrius **35**: 81-87.

KOSTRZEWA, A., G. SPEER, W. VON DEWITZ & H. WEISER (2000): Zur Populationsökologie des Habichts (*Accipiter gentilis*) in der Niederrheinischen Bucht (1981-1998). Charadrius **36**: 80-93.

KRAUSE, T. (2004): F_1- und F_2-Hybriden zwischen Alexandersittich *Psittacula eupatria* und Halsbandsittich *P. krameri* im Volksgarten in Düsseldorf. Charadrius **40**: 7-12.

KRETZSCHMAR, E. (1999): "Exoten" in der Avifauna Nordrhein-Westfalens. Charadrius **35**: 1-15.

KRETZSCHMAR, E. & S. GLINKA (1997): 2. Ornithologischer Sammelbericht für Nordrhein-Westfalen. Charadrius **33**: 140-150.

KRETZSCHMAR, E., S. & A. GLINKA (1997): 1. Ornithologischer Sammelbericht für Nordrhein-Westfalen. Charadrius **33**: 41-50.

KRETZSCHMAR, E., GLINKA, S. & A. MÜLLER (1998): 3. Ornithologischer Sammelbericht für Nordrhein-Westfalen. Charadrius **34**: 32-46.

KRETZSCHMAR, E., S. GLINKA & A. MÜLLER (1999): 4. Ornithologischer Sammelbericht für Nordrhein-Westfalen. Charadrius **35**: 125-134.

KRÖLL, R., B. STRUCK & H. MICHELS (1968): Wacholderdrossel (*Turdus pilaris*) brütet bei Düsseldorf. Charadrius **4**: 249.

KRUCKENBERG, H. (2003): Muster der Raumnutzung markierter Blässgänse (*Anser albifrons albifrons*) in West- und Mitteleuropa unter Berücksichtigung sozialer Aspekte. Diss. Universität Osnabrück.

KRÜGER, O. & U. STEFENER (1996): Nahrungsökologie und Populationsdynamik des Habichts im östlichen Westfalen. Vogelwelt **117**: 1-8.

KUSCH, W. & G. DEGEN (1981): Literatur zur Rasterkartierung. Falke **28**: 246-247.

LAAKMANN, P. (1987): Neue Heimstatt Niederrhein? Erster erfolgreicher Brutnachweis der Schwarzkopfmöwe. Buntspecht **10**: 50-51.

LAAKMANN, P. & M. BÖING (1993): Beobachtungen zum Brutverhalten eines erstmals in Deutschland im Binnenland brütenden Heringsmöwenpaares (*Larus fuscus*). Charadrius **29**: 78-81.

LACK, P. (1986): The atlas of wintering birds in Britain and Ireland. T & A D Poyser, Calton.

LASKE, V., K. NOTTMEYER-LINDEN & K. CONRADS (1991): Die Vögel Bielefelds. Bielefeld.

LEISTEN, A. (2002): Die Vogelwelt der Stadt Düsseldorf. Brutvogelatlas mit avifaunistischen Beiträgen. Bd. **3** der Schriftenreihe der Biologischen Station Urdenbacher Kämpe e. V., Monheim am Rhein.

LE ROI, O. (1906): Die Vogelfauna der Rheinprovinz. Verhandlungen des naturhistorischen Verein der preußischen Rheinlande und Westfalens **63**: 1-325.

LOSKE, K.-H. (1996): Ein wichtiger Schlafplatz europäischer Rauchschwalben *Hirundo rustica* in Nigeria und seine Bedrohung. Limicola **10**: 42-48.

LOSKE, K.-H. (1998): Langzeitkontrollen bringen es an den Tag: "Allerweltsvogel" Rauchschwalbe in Schwierigkeiten. Der Falke **45**: 100-105.

LOSKE, K.-H., S. GLINKA & M. JÖBGES (1999): Bestandserfassung und Verbreitung der Uferschwalbe (*Riparia riparia*) 1998 in NRW. LÖBF-Mitteilungen **2/99**: 51-59.

LUDESCHER, F.-B. (1973): Sumpfmeise (*Parus p. palustris* L.) und Weidenmeise (*P. montanus salicarius* Br.) als sympatrische Zwillingsarten. Journal für Ornithologie **114**: 3-56.

MACKE, T. (1980): Zu Verbreitung, Ökologie und Bestand der Zippammer (*Emberiza cia*) im Rheinland. Charadrius **16**: 5-13.

MÄDLOW, W. & N. MODEL (2000): Vorkommen und Bestand seltener Brutvogelarten in Deutschland 1995/1996. Vogelwelt **121**: 189-205.

MAHLER, U. & F. WEICK (1994): Der Weißstorch – Vogel des Jahres 1994. Das Weißstorch-Projekt in Baden-Württemberg. 48 S.

MAMMEN, U. & M. STUBBE (2000): Zur Lage der Greifvögel und Eulen in Deutschland. Vogelwelt **121**: 189-215.

MARCHANT, J. H., R. HUDSON, S. P. CARTER & P. WHITTINGTON (1990): Population trends in British breeding birds. British Trust for Ornithology, Tring.

MCNEMAR, Q.(1947): Note on the sampling error of the difference between correlated proportions or percentages. Psychometrika **12**: 153-157.

MEBS, T. (2002): Greifvögel Europas. Biologie, Bestandsverhältnisse, Bestandsgefährdung. 3. Auflage. Franckh-Kosmos Verlag, Stuttgart.

MEBS, T. & W. SCHERZINGER (2000): Die Eulen Europas. Frankh Kosmos Verlags-GmbH, Stuttgart.

MEßER, J. (1990): Säbelschnäblerbrut in der Walsumer Rheinaue (Stadt Duisburg). Charadrius **26**: 55.

MEßER, J. (2004): Vergleich der Avifauna eines innerstädtischen Freiraums im Duisburger Norden von 1980 und 2000. Charadrius **40**: 37-46.

MEßER, J., M. KLADNY, G. SCHMITZ & W. HINGMANN (1995): Auswirkungen von Bergsenkungen auf den Brutvogelbestand im Naturschutzgebiet "Rheinaue Walsum" (Stadt Duisburg). Charadrius **31**: 44-52.

MEYER, B. C. & S. R. SUDMANN (1996): Bruterfolg einer wachsenden Sturmmöwen-Population in Nordrhein. Charadrius **32**: 191-196.

MEYER, B. C. & S. R. SUDMANN (1999): Bestandsentwicklung der Flussseeschwalbe in Nordrhein-Westfalen. LÖBF-Mitteilungen **2/99**: 67-72.

MICHELS, H. (1992): Zur Situation der Verbreitung des Halsbandsittichs (*Psittacula krameri*) im Raum Düsseldorf. Charadrius **28**: 195-196.

MILDENBERGER, H. (1982): Die Vögel des Rheinlandes. Band **I**: Seetaucher bis Alken (Gaviiformes - Alcidae). Beiträge zur Avifauna des Rheinlandes **16-18**: 1-400. Düsseldorf.

MILDENBERGER, H. (1984): Die Vögel des Rheinlandes. Band **II**: Papageien bis Rabenvögel (Psittacidae - Corvidae). Beiträge zur Avifauna des Rheinlandes **19-21**: 1-646. Düsseldorf.

MITSCHKE, A. & S. BAUMUNG (2001): Brutvogel-Atlas Hamburg. Hamburger Avifaunistische Beiträge Band **31**, Hamburg.

MITSCHKE, A., S. GARTHE & R. MULSOW (2000): Langfristige Bestandstrends von häufigen Brutvögeln in Hamburg. Vogelwelt **121**: 155-164.

MÖLLER, D. (1998): Brutvorkommen der Uferschnepfe (*Limosa limosa*) in Ackerflächen. Charadrius **34**: 60-63.

MÖNIG, R. (2003): Zum Winteraufenthalt der skandinavischen Wasseramsel (*Cinclus cinclus cinclus*) in Norddeutschland: Reagiert die Wasseramsel auf den Klimawandel? - Anregungen für ein überregionales Projekt. Charadrius **39**: 75-78.

MOOIJ, J. H. (1993): Development and management of wintering geese in the Lower Rhine area of North Rhine-Westphalia/Germany. Die Vogelwarte **37**: 55-77.

MOOIJ, J. H. (1997): Bestandsentwicklung einiger Grünland-Vogelarten der Rheinvorland-Naturschutzgebiete im Raum Xanten (Kreis Wesel, Nordrhein-Westfalen) von 1978-1996. Charadrius **33**: 157-178.

MOOIJ, J. H. (2001): Reintroduction project for the Lesser White-fronted Goose (*Anser erythropus*) by help of ultra-light aircraft. Casarca **7**: 137-149.

MOOIJ, J. H. & R. BRÄSECKE (2000): Zur Brutbiologie der Nilgans (*Alopochen aegyptiacus*) im Kreis Wesel. Charadrius **36**: 25-35.

MOOIJ, J. H. & R. BRÄSECKE (2001): "Exotische" Wasservögel als Neozoen in Deutschland. Beiträge zur Jagd- und Wildforschung **26**: 357-380.

MÜLLER, A. & H. ILLNER (2001): Erfassung des Wachtelkönigs in Nordrhein-Westfalen 1998-2000. LÖBF-Mitteilungen **2**/01: 36-51.

MÜLLER, A., E. KRETZSCHMAR & S. GLINKA (1999): Avifaunistischer Jahresbericht 1998 für Nordrhein-Westfalen. Charadrius **35**: 135-175.

MÜLLER, W. (1995): Brut- und Winterbestand des Rotmilans (*Milvus milvus*) in der Schweiz. Vogel und Umwelt **8**, Sonderheft: 39-45.

MÜLLER, W. R. (1995): Brutbestände und Bestandsveränderungen einiger gefährdeter Vogelarten in ausgewählten Probeflächen am Unteren Niederrhein. Charadrius **31**: 163-171.

MÜLLER, W. R. (1996): Die Brutbestandsentwicklung der Flussseeschwalbe (*Sterna hirundo*) von 1983-1991 am Niederrhein. Charadrius **32**: 24-28.

MÜLLER, W. R. & W. WISSEN (1992): Brutnachweise des Austernfischers (*Haematopus ostralegus*) in den naturräumlichen Haupteinheiten Niers-Niederung, Issel-Ebene und Niederrheinische Sandplatten. Charadrius **28**: 65-68.

NABU [NATURSCHUTZBUND DEUTSCHLAND e. V.] (2004): Vögel der Agrarlandschaft. Bestand, Gefährdung, Schutz. Bonn.

NATURSCHUTZZENTRUM IM KREIS KLEVE e. V. (2004): Artenschutzprojekt Steinkauz - Abschlussbericht 1996-2003.

NEUBAUR, F. (1957): Beiträge zur Vogelfauna der ehemaligen Rheinprovinz. Decheniana **110**: 1-278.

NIEHUES, F.-J. & M. SCHWÖPPE (2001): Die Trauerseeschwalbe: eine vom Aussterben bedrohte Art. LÖBF-Mitteilungen **2/01**: 28-35.

NIEHUIS, M. (2002): Ergebnisse der Beringung von Beutelmeisen (*Remiz pendulinus*) der Beringergemeinschaft Werner SCHNEIDER. Fauna und Flora in Rheinland-Pfalz **9**: 1217-1247. Landau.

NIETHAMMER, G. (1938): Handbuch der deutschen Vogelkunde. Vol. **2**. Akademische Verlagsgesellschaft, Leipzig.

NIETHAMMER, G. & H. E. WOLTERS (1969): Zur Ausbreitung der Wacholderdrossel (*Turdus pilaris*) im Rheinland. Charadrius **5:** 145.

NITSCHE, G. & H. PLACHTER (1987): Atlas der Brutvögel Bayerns 1979-1983. Bayrisches Landesamt für Umweltschutz, München.

NOBLE, D. G., M. J. RAVEN & S. R. BAILLIE (2001): The breeding bird survey 2000. BTO Research Report **265**. British Trust for Ornithology, Thetford.

NORDRHEIN-WESTFÄLISCHE ORNITHOLOGENGESELLSCHAFT [NWO] (2000): Avifaunistischer Jahresbericht 1999 für Nordrhein-Westfalen. Charadrius **36**: 143-200.

NORDRHEIN-WESTFÄLISCHE ORNITHOLOGENGESELLSCHAFT [NWO] (2002): Die Vögel Westfalens. Ein Atlas der Brutvögel von 1989 bis 1994. Beiträge zur Avifauna Nordrhein-Westfalens, Band **37**, Bonn.

NOTTMEYER-LINDEN, K., M. JÖBGES, E. KRETZSCHMAR, P. HERKENRATH & M. WOIKE (1997): Rote Liste der gefährdeten Vogelarten Nordrhein-Westfalens. Stand Oktober 1996. Charadrius **33**: 69-115.

NTAMPAKIS, D. & I. CARTER (2005): Red Kites and rodenticides - a feeding experiment. - British Birds **98**: 411-416.

ORNITHOLOGISCHE ARBEITSGEMEINSCHAFT BODENSEE (1983): Die Vögel des Bodenseegebietes. Konstanz.

OSSWALD, H. (1992): Eine neue Brutpopulation des Rauhfußkauzes (*Aegolius funereus*) im Norden des Kreises Olpe. Charadrius **28**: 147-148.

OTTO, W. & K. WITT (2002): Verbreitung und Bestand Berliner Brutvögel. Berliner Ornithologischer Bericht, Sonderheft **12**, Berlin.

PEACH, W. J., S. R. BAILLIE & L. UNDERHILL (1991): Survival of British Sedge Warblers (*Acrocephalus schoenobaenus*) in relation to west African rainfall. Ibis **133**: 300-305.

PEACH, W. J., G. M. SIRIWARDENA & R. D. GREGORY (1999): Long-term changes in over-winter survival rates explain the decline of reed buntings *Emberiza schoeniclus* in Britain. Journal of Applied Ecology **36**: 798-811.

PEITZMEIER, J. (1951): Zum ökologischen Verhalten der Misteldrossel (*Turdus viscivorus*) in Nordwesteuropa. Bonner Zoologische Beiträge **2**: 217-224.

PEITZMEIER, J. (1979): Avifauna von Westfalen. 2. unveränderte Auflage mit Anhang. Abh. Landesmuseum Naturkunde Münster in Westfalen **41**: 1-576.

PENNEKAMP, A. & J. BELLEBAUM (2003): Siedlungsdichte und Bestandsentwicklung der Elster (*Pica pica*) am Nordrand des Ruhrgebietes: Ergebnisse einer großflächigen Nestkartierung. Charadrius **39**: 126-137.

POTTS, G. R. (1986). The Partridge: pesticides, predation and conservation. London, Collins.

PREISS, H.-G. (1996): Erster Brutnachweis der Beutelmeise (*Remiz pendulinus*) im Kreis Mettmann. Charadrius **32**: 85-86.

PÜCHEL-WIELING, F., B. WALTER, N. ANTHES, B. BECKERS, C. SUDFELDT & S. R. SUDMANN (2002): Brutbestände von Bekassine, Uferschnepfe, Gr. Brachvogel und Rotschenkel 2000 in Nordrhein-Westfalen. Charadrius **38**: 219-231.

RADERMACHER, W. (1992): Zur Überwinterung und den ersten Rufen der Ringeltaube (*Columba palumbus*) im Bergischen Land. Charadrius **28**: 172-180.

REICHELT, B. (2001): Situation des Kolkraben in Niedersachsen. Charadrius **37**: 81-84.

REICHHOLF, J. (1978): Rasterkartierung im südostbayrischen Inntal. Garmischer Vogelkundliche Berichte **4**: 1-56.

RENSSEN, T. A. & R. L. VOGEL (2001): Brutbestandsentwicklung und Verbreitung des Kolkraben *Corvus corax* in den Niederlanden. Charadrius **37**: 103-106.

RHEINWALD, G. (1993): Atlas der Verbreitung und Häufigkeit der Brutvögel Deutschlands - Kartierung um 1985. Schriftenreihe des DDA **12**, Braunschweig.

RHEINWALD, G., R. EHRHARD & M. WINK (1997): Untersuchungen zu Bestandsänderungen von Brutvögeln im Großraum Bonn durch Rasterkartierung und Punkt-Stopp-Erfassung. Charadrius **33**: 179-195.

RHEINWALD, G. & S. KNEITZ (2003): Die Vögel zwischen Sieg Ahr und Erft. Ginster Verlag, St. Katharinen.

RHEINWALD, G., M. WINK & H.-E. JOACHIM (1984): Die Vögel im Großraum Bonn mit einem Atlas der Brutverbreitung. Band **1**: Singvögel. Beiträge zur Avifauna des Rheinlandes **22-23**. Düsseldorf.

RHEINWALD, G., M. WINK & H.-E. JOACHIM (1987): Die Vögel im Großraum Bonn mit einem Atlas der Brutverbreitung. Band **2**: Nicht-Singvögel. Beiträge zur Avifauna des Rheinlandes **27-28**. Düsseldorf.

RIECK, D. (1996): Der Wiesenpieper im Kreis Euskirchen. Charadrius **32**: 117-120.

RIEGEL, J. (1993): Zum Vorkommen des Fichtenkreuzschnabels (*Loxia curvirostra*) im südlichen Bergischen Land unter besonderer Berücksichtigung der Flugaktivität während der Invasion 1990/91. Charadrius **29**: 158-167.

ROBINSON, H., R. APPLETON & G. CRICK (2002): 20 million birds lost in 30 years - where have the sparrows and starlings gone? BTO News **242**: 37745.

RÖMER, U. (1989): Zu Verfolgungssituation und Bestand der Saatkrähe (*Corvus frugilegus*) im Kreis Soest (Westfalen). Charadrius **25**: 199-205.

RÖSNER, S. & T. MÜLLER (2001): Der Kolkrabe *Corvus corax* in Hessen und Rheinland-Pfalz - Ausrottung, Wiederbesiedlung und aktueller Bestand. Charadrius **37**: 109-111.

VAN ROOMEN, M., E. VAN WINDEN, K. KOFFIJBERG, A. BOELE, F. HUSTINGS, R. KLEEFSTRA, J. SCHOPPERS, C. VAN TOURNHOUT & SOVON GANZEN- EN ZWANENWERKGROEP (2004): Watervogels in Nederland in 2002/2003. SOVON-Monitoringrapport 2004/02, RIZA-rapport BM04.09. SOVON Vogelonderzoek Nederland, Beek-Ubbergen.

ROSE, P. M. (Hrsg.) (1995). Western Palearctic and South West Asia Waterfowl Census 1994. IWRB Publ. **35**. 119 pp.

ROSELAAR, C.S. (1995): Taxonomy, morphology and distribution of the songbirds of Turkey. An atlas of biodiversity of Turkish passerine birds. Pica Press, East Sussex.

ROTH, N., G. NICKLAUS & H. WEYHERS (1990): Die Vögel des Saarlandes. Eine Übersicht. Lanius **27**: 1-228.

SCHERNER, E. R. (1982): Verteilungsmuster brütender Sperlingsvögel (Passeriformes) im Zentralsolling (Rasterkartierung). Die Vogelwelt **103**: 41-61.

SCHIFFERLI, A., P. GEROUDET & R. WINKLER (1980): Verbreitungsatlas der Brutvögel der Schweiz. Schweizer Vogelwarte Sempach.

SCHLÄPFER, A. (1988): Populationsökologie der Feldlerche *Alauda arvensis* in der intensiv genutzten Agrarlandschaft. Ornithologischer Beobachter **85**: 309-371.

SCHMID, H., R. LUDER, B. NAEF-DAENZER, R. GRAF & N. ZBINDEN (1998): Schweizer Brutvogelatlas. Verbreitung der Brutvögel in der Schweiz und im Fürstentum Lichtenstein 1993-96. Schweizerische Vogelwarte, Sempach.

SCHMIDTKE, K., R. PFEIFER, J. STADLER & R. BRANDL (2001): Bestandsschwankungen beim Zwergtaucher *Tachybaptus ruficollis*: Zunahme, Abnahme oder Zyklus? Ornithologischer Anzeiger **40**: 47-56.

SCHOLZ, M. (1997): Zur Bestandsentwicklung der Saatkrähe (*Corvus frugilegus*) in Nordrhein-Westfalen von 1956-1997. Charadrius **33**: 209-213.

SCHUSTER, S. (1982): Rasterkartierung Bodensee - Eine halbquantitative Brutvogel-Bestandsaufnahme. Die Vogelwelt **103**: 24-31.

SCHWARZ, J. & M. FLADE (2000): Ergebnisse des DDA-Monitorings. Teil I: Bestandsänderungen von Vogelarten der Siedlungen seit 1989. Vogelwelt **121**: 87-106.

SCOTT, D. A. & P. M. ROSE (1996): Atlas of Anatidae populations in Africa and Western Eurasia. Wetlands International Publ. No. **41**, Wageningen, The Netherlands.

SEELIG, K.-J., H.-G. BENECKE, F. BRAUMANN & B. NICOLAI (1996). Die Vögel im Naturpark Drömling. Förderkreis Museum Heineanum, Halberstadt.

SHARROCK, J. T. R. (1976): The atlas of breeding birds in Britain and Ireland. Poyser, London.

SKIBA, R. (1993): Vergleichsuntersuchungen zur Siedlungsdichte von Vögeln im Niederbergischen Land. Charadrius **29**: 12-21.

SKIBA, R. (1998): Veränderung der Siedlungsdichte und Artenvielfalt von Vögeln in einem Buchen-Traubeneichenwald nach 40 Jahren. Charadrius **34**: 69-74.

SKIBBE, A. (2001): Bestandsdichte, Bestandsentwicklung und Ökologie überwinternder Greifvögel in der Zülpicher Börde. - Diplomarbeit, Zoologisches Institut der Universität zu Köln.

SKIBBE, A. & S. R. SUDMANN (2002): Bestandsaufnahme des Haussperlings (*Passer domesticus*) in Köln im Jahr 2002. Charadrius **38**: 180-184.

SKOV, H., J. DURINCK, M. F. LEOPOLD & M. L. TASKER (1995): Important bird areas for seabirds in the North Sea. BirdLife International, Cambridge.

SOCIEDAD ESPANOLA DE ORNITOLOGIA/ BIRDLIFE (1997): Atlas de las Aves de Espana (1975-1995). Lynx Edicions, Barcelona.

SOVON (1987): Atlas van der Nederlandse vogels. Arnhem.

SOVON (2002): Atlas van de Nederlandse Broedvogels. Verspreiding, Aantallen, Verandering. Nederlandse Fauna, deel **5**. Utrecht.

STEFFENS, R., R. KRETZSCHMAR & S. RAU (1998): Atlas der Brutvögel Sachsens. In: SÄCHSISCHES LANDESAMT FÜR UMWELT UND GEOLOGIE (Hrsg.). - Materialien zu Naturschutz und Landschaftspflege, Dresden.

STICKEL, W. (2004): Brutbestand des Tannenhähers (*Nucifraga caryocatactes*) 2001 in der Hocheifel, Rheinland-Pfalz. Fauna und Flora in Rheinland-Pfalz, Beiheft **32**: 235-240.

STIEBEL, H. (1997): Habitatwahl, Habitatnutzung und Bruterfolg der Schafstelze *Motacilla flava* in einer Agrarlandschaft. Vogelwelt **118**: 257-268.

STUMPF, T. (1994): Die Bestandssituation des Schwarzkehlchens (*Saxicola torquata*) in Nordrhein-Westfalen. Charadrius **30**: 157-165.

SUDFELDT, C., S. R. SUDMANN, S. VIENKEN & J. WAHL (2000): 30 Jahre Wasservogelmonitoring in Nordrhein-Westfalen: Die Bedeutung der nordrhein-westfälischen Feuchtgebiete für rastende Wasservögel. Unveröff. Gutachten im Auftrag des MURL NRW.

SUDFELDT, C., J. WAHL & M. BOSCHERT (2003): Brütende und überwinternde Wasservögel in Deutschland. Corax **19**, Sonderheft 2: 51-81.

SUDHAUS, W. (1994): Analyse der eiszeitlichen Entstehung von Zwillingsarten in der europäischen Vogelfauna. Senckenbergische Gesellschaft naturforschender Freunde **33**: 97-128.

SUDMANN, S. R. (1998): Wie dicht können Flussseeschwalben *Sterna hirundo* brüten? Extremsituationen auf Brutflössen. Vogelwelt **119**: 181-192.

SUDMANN, S. R. (2000): Rastende Schwimmvögel im Kölner Ballungsraum: nur Stockenten? Vogelwelt **121**: 183-188.

SUDMANN, S. R. (2002): Ergebnisse des Wasservogelmonitorings in Nordrhein-Westfalen im Winter 2000/2001. Charadrius **38**: 189-218.

SUDMANN, S. R. (2004a): Auswertung der nationalen Wasservogelzählung im Zeitraum 2001 bis 2004 für Nordrhein-Westfalen. Auftraggeber: LÖBF NRW, 78 S.

SUDMANN, S. R. (2004b): Auswertung der Rastbestände der Wasservögel im SPA Unterer Niederrhein für die Winterhalbjahre 1999/2000 bis 2003/2004. Auftraggeber: LÖBF NRW, 85 S.

SUDMANN, S. R. & F. HUSTINGS (2003): Parallele Entwicklungen der Brutvogelbestände in den Niederlanden und Nordrhein-Westfalen in den letzten 25 Jahren. Charadrius **39**: 145-166.

SUDMANN, S. R. & M. JÖBGES (2002): Brutbestand und Verbreitung von Zwergtaucher (*Tachybaptus ruficollis*), Haubentaucher (*Podiceps cristatus*), Höckerschwan (*Cygnus olor*), Teichhuhn (*Gallinula chloropus*) und Blässhuhn (*Fulica atra*) in Nordrhein-Westfalen 2001. Charadrius **38**: 99-121.

SUDMANN, S. R. & B. C. MEYER (1993): Aktuelle Situation der niederrheinischen Flussseeschwalben-Population (*Sterna hirundo*). Charadrius **29**: 151-157.

SUDMANN, S. R., M. BOSCHERT & H. ZINTL (2003): Hat die Flussseeschwalbe (*Sterna hirundo*) an Flüssen noch eine Überlebenschance? Charadrius **39**: 48-57.

SUDMANN, S. R., C. SUDFELD, S. GLINKA, M. JÖBGES, A. MÜLLER & G. ZIEGLER (2002): Methodenanleitung zur Bestandserfassung von Wasservogelarten in Nordrhein-Westfalen. Teil 1: Brutbestände. Charadrius **38**: 25-92.

SÜDBECK, P., H. ANDRETZKE, S. FISCHER, K. GEDEON, T. SCHIKORE, K. SCHRÖDER & C. SUDFELDT (Hrsg.) (2005): Methodenstandards zur Erfassung der Brutvögel Deutschlands. Radolfzell.

SVAZAS, S. W. MEISSNER & H. W. NEHLS (1994): Wintering populations of Goosander (*Mergus merganser*) and Smew (*M. albellus*) at the southeastern Baltic coast. Acta Ornithologica Lituanica **9/10**: 56-69.

SVENSSON, L., P. J. GRANT, K. MULLARNEY & D. ZETTERSTRÖM (1999): Die Vögel Europas, Nordafrikas und Vorderasiens. Frankh Kosmos, Stuttgart.

SVENSSON, S., M. SVENSSON & M. TJERNBERG (1999): Svensk fagelatlas. Var Fagelvärld, supplement Nr. **31**. Stockholm.

TEIXEIRA, R. M. (1979): Atlas van de Nederlandse Broedvogels. S-Graveland, Natuurmonumenten.

THIOLLAY, J.-M. (2001): Der Rotmilan in Europa - Beispielloser Rückgang und ein Aufruf zu Aktivitäten. Vogelwelt **122**: 361-362.

THOMAS, B. & K. HUBATSCH (1992): Erste Brut der Beutelmeise (*Remiz pendulinus*) im Kreis Viersen. Charadrius **28**: 156.

THOMSON, D. L., S. R. BAILLIE & W. J. PEACH (1997): The demography and age-specific annual survival rates of song thrushes during periods of population stability and decline. Journal of Animal Ecology **66**: 414-424.

TUCKER, G. M. & M. F. HEATH (1994): Birds in Europe: their conservation status. BirdLife Conservation Series no. **3**. Cambridge.

VAN TUINHORST, C. (in prep.): Het verdwijnen van de Duinpieper (*Anthus campestris*) als broedvogel uit Nederland en Nordwest-Europa. Limosa.

VENNE, C. (2003): Vorkommen und Habitatwahl der Heidelerche (*Lullula arborea*) im Landschaftsraum Senne in Nordrhein-Westfalen. Charadrius **39**: 114-125.

VINICOMBE, K. E. & A. H. J. HARROP (1999): The Ruddy Shelduck in Britain and Ireland, 1986-1994. British Birds **92**: 225-255.

VOOUS, K. H. (1960): Atlas van de europese vogels. Elsevier, Amsterdam, Brüssel.

VOOUS, K. H. (1962): Die Vogelwelt Europas und ihre Verbreitung. Hamburg.

WAHL, J. & S. R. SUDMANN (in Vorb.): 35 Jahre winterliches Wasservogelmonitoring in Nordrhein-Westfalen.

WEGNER, P. (1994): Die Wiederkehr des Wanderfalken (*Falco peregrinus*) in Nordrhein-Westfalen. Charadrius **30**: 2-14.

WEISS, J. (1998): Die Spechte in Nordrhein-Westfalen. Charadrius **34**: 104-125.

WESOLOWSKI, T. (1991): Bedeutung des Bruterfolgs für die Abnahme des Feldsperlings *Passer montanus* in der Schweiz. Ornithologischer Beobachter **88**: 253-263.

WILLE, V. (1998): Ergebnisse der Gänsezählungen am Niederrhein der Winter 1994/95 bis 1996/97. Charadrius **34**: 75-89.

WILLE, V. (2000): 30 Jahre Gänsezählungen in Nordrhein-Westfalen - Die Bedeutung von NRW für Wildgänse. Internes Gutachten für die Biologische Station Rieselfelder Münster.

WINK, M. (1968): Brutversuch der Beutelmeise (*Remiz pendulinus*) an der Siegmündung bei Bonn. Charadrius **4**: 56.

WINK, M. (1973): Die Verbreitung der Nachtigall (*Luscinia megarhynchus*) im Rheinland. Charadrius **9**: 65-80.

WINK, M. (1974): Veränderungen des Brutvogelbestandes in der Siegniederung in den vergangenen 14 Jahren (1960-1973). Die Vogelwelt **95**: 121-137.

WINK, M. (1975): Rasterkartierung der Brutvogelverbreitung im Großraum Bonn. Charadrius **11**: 25-27.

WINK, M. (1980): Aussagemöglichkeiten der Rasterkartierung für langfristige und großflächige Brutvogel-Bestandsveränderungen: Ergebnisse im Großraum Bonn 1974-1978. Journal für Ornithologie **121**: 245-256.

WINK, M. (1983): Voruntersuchung zur Rasterkartierung der Vogelverbreitung im Winterhalbjahr. Charadrius **19**: 73-77.

WINK, M. (1987): Die Vögel des Rheinlandes. Band 3, Atlas zur Brutvogelverbreitung. Beiträge zur Avifauna des Rheinlandes **25-26**: 1-402.

WINK, M. (1990): Die Vögel des Rheinlandes. Band 4: Atlas zur Wintervogelverbreitung. Beiträge zur Avifauna des Rheinlandes **31-32**: 1-236.

WINK, M. (1992a): Rasterkartierung der Brut- und Wintervogelverbreitung im Rheinland: Aussagen zur Bestandsentwicklung der Brutvogelarten zwischen 1975 und 1990. Charadrius **28**, Beiheft: 77-95.

WINK, M. (1992b): Zur Situation der Vogelwelt in der Agrarlandschaft. Mitteilungen aus der Biol. Bundesanstalt für Land- und Forstwirtschaft Berlin-Dahlem Heft 280: 95-108.

WINK, M. (1995a): Bio-Monitoring mittels Rasterkartierung: zur Bestandsentwicklung der Brutvogelarten im Rheinland zwischen 1976-1991. Charadrius **31**: 72-81.

WINK, M. (1995b): Vogelbesiedlung auf neuen Windbruchflächen der Eifel. Charadrius **31**: 114-116.

WINK, M., M. KUHN, H. SAUER-GÜRTH & H.-H. WITT (2002): Ein Eistaucher (*Gavia immer*) bei Düren - Fundgeschichte und erste genetische Untersuchungen. Charadrius **38**: 239-245.

WIRTHMÜLLER, R. (2002): Bruten des Mittelspechtes (*Dendrocopos medius*) in Erlenwäldern. Charadrius **38**: 246-255.

WITT, K. (1985): Sind "Rasterkartierung, Rasterfrequenz" usw. sinnvoll gebildete Begriffe? Journal für Ornithologie **126**: 448.

WITT, K. (2000): Situation der Vogelwelt im städtischen Bereich. Beispiel: Berlin. Vogelwelt **121**: 107-128.

WOG [WESTFÄLISCHE ORNITHOLOGEN-GESELLSCHAFT] (1974): Die in Westfalen gefährdeten Vogelarten (Rote Liste; Stand: 1.1.1975). Alcedo **1**: 82-87.

WONNEBERGER, G. & J. LOMME (2001): Erfahrungsbericht über die Erfassung von Wasserrallen (*Rallus aquaticus*) mit Klangattrappe im Naturschutzgebiet Fleuthkulen, Kreis Kleve. Charadrius **37**: 168-175.

WÜRFELS, M. (1998): Entwicklung der Siedlungsdichte der Elster (*Pica pica*) von 1992 bis 1996 im Bereich der Habichtbrutplätze und auf weiteren Probeflächen in Köln. Charadrius **34**: 90-96.

WÜRFELS, M. (1999): Ergebnisse weiterer Beobachtungen zur Populationsentwicklung des Habichts (*Accipiter gentilis*) im Stadtgebiet von Köln 1993-1998 und zur Rolle der Elster (*Pica pica*) im Nahrungsspektrum des Habichts. Charadrius **35**: 20-32.

YEATMAN-BERTHELOT, D. (1991): Atlas des oisaux de France en hiver. Societé Ornitholigique de France, Paris.

YEATMAN, L. (1976): Atlas des Oiseaux Nicheurs de France de 1970 à 1975. Paris, Frankreich.

ZANG, H. (2003): Zur Entwicklung der Wasseramsel-Population (*Cinclus cinclus*) in Niedersachsen. Charadrius **39**: 79-88.

ZANG, H. & P. SÜDBECK (2000): Zur Situation der Haubenlerche *Galerida cristata* in Niedersachsen. Vogelwelt **121**: 173-181.

ZINGEL, F. (2000): 25 Jahre frei lebende Papageien in Wiesbaden. Jahrbücher des Nassauischen Vereins für Naturkunde **121**: 129-141.

Register der deutschen Vogelnamen

Register der wissenschaftlichen Vogelnamen